개정판

배관공학

Piping Engineering

김영호 지음

북스힐

머리말

人類 文明의 발달 과정에서 어떤 發見이나 發明이 있을 때는 그 속도가 飛躍(비약)하게 된다. 맨 처음 금속을 발견하고 나서 만들어진 것이 祭器(제기)이고, 武器(무기)이며, 물을 수송하기 위한 管(pipe, tube)이었다.

管의 출현은 인간의 생활 터전을 물가로부터 멀리 떨어진 곳으로 확장시켰고 都市가 형성되는 기초가 되었다.

높은 곳으로의 물 공급이 가능해지자 高層建物이 들어서게 되었고, 사막을 가로질러 파이프라인이 가설되자 숲이 조성되고 新都市가 만들어졌다. 發電所나 製鐵所 같은 초대형 공장에 가면 눈에 들어오는 것은 대부분이 배관이다.

配管(piping)이란 관이 관이음쇠, 밸브, 기타 기계 장비에 연결되고 또한 행어와 서포트 등으로 적절하게 지지되고 있는 상태를 말한다. 관은 배관을 구성하는 하나의 요소이며 또한 가장 중요한 부분이다. 原始時代로부터 現代에 이르기까지 관의 용도는 늘어났고 그 중요성은 훨신 더 높아졌다. 모든 산업 분야에서 배관 없이 이루어질 수 있는 것은 아무것도 없다.

이토록 중요한 위치에 있는 것이 관이고 배관임에도 불구하고, 대학에서 커리큘럼에 配管工學이 들어있는 경우는 아직 극소수의 학과에 불과하다. 실정이 이러하니 대부분은 실무에 배치된 후에야 배관 지식의 필요성을 깨닫고 관심을 갖게 되지만, 기본을 다지기가 그리 쉽지가 않았다. 우선은 배관 분야가 廣範圍하기 때문이다. 현재 국제적으로 통용되는 標準(코드 포함)의 종류는 대략 30여 만종이다. 그중에서 工業 분야에 사용되는 것이 대략 절반 정도이고, 배관과 관련된 것 만으로도 5천여 종에 이른다. 그중에서 500여 표준은 실무적으로 항상 다루고 적용해야 하는 것들이다. 코드는 2종 즉 BPVC와 壓力配管(pressure piping)이 배관 분야의 대부분을 지배하지만, 이 또한 분량이 2

만 페이지가 넘는다. 말하자면 가이드 라인 없이 배관 분야를 자습하기란 쉬운 일이 아니었다. 실무자에게는 광범위한 분야의 수많은 정보가 요약된 한 권의 책이 필요했다.

著者는 아주오래 전, 學會의 한 모임에서 왜 工科大學에서 배관을 가르치지 않는가? 라는 질문을 던진 적이 있다. 그때 들었던 답이 '專攻한 사람이 없어서'였고, '그렇다면 내가 해 줄게'라고, 무심코 던진 말이 계기가 되어 20년을 넘도록 배관공학을 강의하였다. 그러면서 늘 생각했던 일이 '실무에 종사하는 전문 기술자들이 국내는 물론 해외 건설현장에서 활용할 수 있는 한 권의 책' 이었다.

配管工學은 인간에게 유용한 배관을 만드는 학문이다. 이는 삶의 질을 향상시키기 위함이며 과학적 지식과 기술을 이용하게 된다.

EPC 회사에 종사하는 전문기술자로부터 미래의 엔지지어를 목표로 수학 중인 학생들에 이르기까지 이 한 권의 책은 분명한 방향키가 되어 줄 것이다.

어려운 가운데서도 이 책의 발간에 힘써주신 (주)도서출판 북스힐 임직원 여러분들께 깊은 감사를 드린다.

저자 김 영 호

이 책의 활용에 대하여

1 일반사항

이 책은 EPC 회사에 종사하는 기술행정 요원으로부터 수학 중인 학생에 이르기까지 배관 관련 업무를 수행하는 모든 기술자를 대상으로 한다.

또한 국내 건설현장은 물론 해외 플랜트 건설현장에서 사용할 수 있도록 국제적으로 통용되는 코드(code)와 표준(standards)를 기본으로 하였다.

4개 편 15개 장으로 구성되었으며, 실무에 종사하는 기술자라면 가이드가 없어도 당연히 필요한 내용부터 살펴보게 될 것이지만, 15개 장을 4개 편으로 구분한 데에는 그만한 이유가 있다.

제1편의 4개 장은 관과 관이음쇠, 밸브, 플랜지 등 배관 구성요소 전체에 공통적으로 적용되는 내용이다. 뒷장에서의 중복된 언급을 피하기 위한 것이다. 이 책의 독자라면 반드시 읽고 넘어가야 할 부분이다.

제2편의 5개 장은 배관의 주요 구성요소인 관과 관이음쇠에 대한 내용으로, 각각의 제품 별 모양과 치수를 비롯하여, 이음방법과 지지에 이르는 주요과정이 기술되었다. 특히 강관의 치수와 재질이 다른 관과의 관계를 명확히 설명하였다. 제조 분야에 종사하는 기술자라면 가장 중요시해야 할 부분이다.

제3편의 3개 장은 배관 구성에 없어서는 안 되는 밸브에 대한 내용으로, 소프트웨어적으로는 기본이론으로부터 실무에서 항상 문제가 되는 누설허용 기준과 세이프티밸브 사이징 방법까지의 내용이 수록되었다. 하드웨어로서는 밸브를 정지, 조절, 특수목적 밸브로 분류했고, 특히 액츄에이터에 대한 내용을 포함시켜서 밸브가 자동제어 되는 원리

를 설명하였다. 배관 기술자뿐만 아니라 밸브 제조분야 또는 밸브관련 기술영업 담당자라면 기본이론을 다룬 제10장(밸브 일반)을 꼭 읽어주기 바란다.

제4편의 3개 장은 배관의 설계, 시공과 검사에 대한 기준으로 소프트웨어에 해당한다. 설계나 감리업무의 필수적인 내용으로 합부판정을 비롯한 여러 가지 선택의 기준이 명시되었다. 건설현장에 근무하는 기술자라면 가장 중요시 해야 할 부분이다.

부록은 본문에 포함 시키기에는 정보량이 너무 크고, 또한 모든 장에서 공통으로 사용 되는 자료들을 찾아보기 쉽게 요약하여 정리한 것이다. 일일이 관련 코드나 표준을 찾아 본다거나 계산을 해야 할 수고를 덜어줄 것이다.

특히 부록5의 『배관 내진 설계』는 배관 분야의 중요한 이슈이나, 제13장(배관설계)과 상충되는 점을 고려하여 별도(참고)로 배치한 것이다.

2 분야별 활용법에 대한 권장

(1) EPC 회사의 설계(engineering) 담당 기술자라면

제13장(배관설계)에서의 순서에 따라 해당하는 앞 장의 데이터를 가져오면 된다. 즉 어떤 방정식을 구성하는 각각의 변수에 선정한 값을 대입하면 결과를 얻는 방법과 같은 절차로 이해하면 좋을 것이다.

(2) EPC 회사의 조달(procurement) 담당 기술자라면

제2장(코드와 표준)에서 적용 표준을 확인하고, 제3장(배관재료)에서 해당 재료를 선택한 다음, 제4장(플랜지, 밸브 및 배관재 사용등급)에서 적합성 여부를 확인할 수 있다. 마지막으로 이에 합당한 품목을 2편(배관재료)과 3편(밸브)에서 선정하여 구매 품목을 결정한다. 국내 표준(KS)을 기준으로 해야 하는 경우라면 국제 표준의 재질과 등급에 해당하는 표준으로 대체하여 사용할 수 있다.

국제 표준은 ft-lb 단위를 사용한 것과 SI 단위(규격 번호 뒤에 'M'이 붙는 표준)를 사용한 것으로 나누어지는데, 두 표준은 서로 다른 것으로 취급된다(예 ASTM B88과 ASTM B88M은 다른 표준이다. 치수가 서로 다르기 때문이다). 그리고 주(主)는 항상 ft-lb 단위를 사용한 규격이 된다는 점에 유의하기 바란다. 예를 들어, '밸브의 호칭지름은 밸브 포트의 지름과 같다'는 것은 in 단위를 사용할 때의 기준이다. SI 단위 즉 mm로 환산한 치수는 다르다.

(3) 건설(construction)현장의 시공기술자가 품질관리를 위한 검사를 시행한다면

제14장(검사 및 시험)에서의 순서에 따라 해당하는 앞 장의 데이터 또는 기준이 되는 값을 가져다 사용하면 된다.

(4) 강의 교재로 사용하는 경우

대학이나 대학원 과정의 강의 교재로 사용하는 경우에는 내용이 방대함에 비하여 강의 시간은 한정되어 있으므로 선별적인 강의가 불기피하다.

우선 한 학기 16주 강의(3시간) 과목일 경우는 배관의 핵심 부분에 해당하는 내용을 선별하여 다루면 되지만 그 분량도 적지는 않다. 앞이나 뒷장의 내용이 필요한 경우(** 장 참조로 되어 있는 부분)에는 해당 부분으로 가서 내용을 확인한 후 되돌아오면 된다.

수업에서 다루지 못한 부분은 강의를 통하여 워힌 요령으로 학생 스스로 공부할 수 있을 것이다. 한 학기에 다룰 부분은 다음을 참고(권장)하기 바란다.

- 제1장(금속과 배관) 제2절(배관)과 제4절(배관재의 사용등급)
- 제2장(코드와 표준) 제1절(코드와 표준이란 무엇인가), 제2절(배관관련 코드와 표준)
- 제3장(배관재료) 제1절(재료의 그룹), 제2절(관, 관이음쇠, 관플랜지재료), 제3절(밸브재료)
- 제5장(금속제의 관)의 선별적 내용
- 제6장(비금속제의 관)의 선별적 내용
- 제7장(관이음쇠)의 선별적 내용
- 제8장(관의 이음)의 선별적 내용

두 학기 강의(3시간) 과목일 경우는, 전반 학기에는 앞에 선별적으로 사용한 내용을 기준으로 하고, 후반 학기는 다음과 같이 5개 장을 대상으로 하되 역시 분량이 적지 않으므로 선별 강의가 되어야 할 것이다.

제4편의 3개 장을 강의 범위에서 제외한 것은 중요도가 낮아서가 아니라, 학교에서는 다루지 않더라도, 현장에서는 필수적으로 활용될 내용이기 때문이다.

- 제9장(관의 신축과 지지)
- 제10장(밸브일반)
- 제11장(정지밸브)의 선별적 내용
- 제4장(플랜지. 밸브 및 배관재의 사용등급)
- 제12장(조절과 안전 및 특수목적밸브)의 선별적 내용

목 차

제 1 편 기초

1장 금속과 배관재 3

1. 금속과 관의 출현 3
   1.1 자연의 재료 3
   1.2 금속관 4
   1.3 비금속관 6
2. 배관 7
   2.1 관의 표준화 7
   2.2 관의 크기 8
3. 관을 통과하는 유량 15
   3.1 유체에 대한 마찰저항 15
   3.2 유량계산 17
4. 배관재의 사용 등급 18
   4.1 클래스와 PN 18
   4.2 정격압력 19
5. 배관시스템에 관련된 주요 용어 21
   5.1 일반사항 21
   5.2 나사 21
   5.3 공통 용어 29
   5.4 관 관련 용어 34
   5.5 밸브 관련 용어 38
   5.6 약자 44

2장 코드와 표준 ··· 51

1. 코드와 표준이란 무엇인가 ··· 51
1.1 코드와 표준 사용에 대한 원칙 ··· 51
1.2 코드와 표준의 차이 ··· 52
2. 배관 관련 코드와 표준 ··· 53
2.1 BPVC(보일러 및 압력용기 코드) ··· 53
2.2 배관 코드 ··· 56
2.3 배관 표준 ··· 59
3. 표준화 기구 ··· 62
3.1 세계 표준화 기구 ··· 62
3.2 주요 국가별 표준화 기구 ··· 63
4. 적용된 코드와 표준 목록 ··· 67
4.1 코드 ··· 67
4.2 국제 표준 ··· 68
4.3 KS ··· 76

3장 배관재료 ··· 85

1. 재료 그룹 ··· 85
1.1 관의 재질 선택기준 ··· 85
1.2 P번호 ··· 86
1.3 UNS 번호 ··· 89
2. 관, 관이음쇠, 관플랜지 재료 ··· 91
2.1 재료의 분류 ··· 91
2.2 철강 재료 ··· 91
2.3 동 및 동합금 ··· 100
2.4 비금속 재료 ··· 102
3. 밸브재료 ··· 104
3.1 재료그룹 ··· 104
3.2 재료 선택의 주의점 ··· 104
4. 볼트와 너트 재료 ··· 114
4.1 볼트 ··· 114
4.2 너트 ··· 123

4장 플랜지, 밸브 및 배관재 사용등급 131

1. 플랜지 및 플랜지식 관이음쇠 사용등급 설정 131
   1.1 재료 사용을 위한 압력-온도 등급 131
   1.2 압력-온도 등급 계산식 135
   1.3 최대 등급 136
2. 밸브의 사용등급 설정 138
   2.1 밸브에 대한 적용 및 제한 범위 138
   2.2 표준급, 특수급 및 제한급 밸브의 압력-온도 등급 설정 143
3. 배관 재료의 그룹별 압력-온도 등급 149
   3.1 탄소강 배관재(그룹 1.1과 1.2) 149
   3.2 스테인리스강 배관재(그룹 2.1과 2.2) 151
   3.3 동관 153
   3.4 PVC관 154
4. 밸브 재료그룹별 압력-온도 등급 158
   4.1 밸브재료 158
   4.2 탄소강 재료(그룹 1.1과 1.2) 158
   4.3 스테인리스강 재료(그룹 2.1과 2.2) 161

제 2 편 관과 관이음쇠

5장 금속제의 관 171

1. 강관의 재료 171
   1.1 강 171
   1.2 강관의 제조방법에 의한 분류 174
   1.3 강관의 기준 ASME B36.10 175
   1.4 주요 강관의 표준 180
2. 스테인리스강관 185
   2.1 스테인리스강 185
   2.2 스테인리스강관의 기준 B36.19 190
   2.3 주요 스테인리스강관 193

3. 주철관 ··· 198
3.1 주철 ··· 198
3.2 주절관 표준 ··· 201
4. 동관 및 동합금관 ··· 206
4.1 동 및 동합금 ··· 206
4.2 동관의 표준 ··· 210

6장 비금속제의 관 ··· 219

1. 플라스틱 배관재 ··· 219
1.1 플라스틱 재료 일반 ··· 219
1.2 재료의 셀분류 시스템 ··· 220
2. 플라스틱 관의 표준과 각각의 치수 ··· 228
2.1 플라스틱 관의 표준 ··· 228
2.2 PVC 파이프 ··· 228
2.3 CPVC 파이프 ··· 234
2.4 PE 파이프 ··· 236
2.5 그 외의 열가소성 플라스틱관 ··· 245
2.6 열경화성 플라스틱관 ··· 249

7장 관이음쇠 ··· 255

1. 관이음쇠 일반 ··· 255
1.1 관이음쇠 공통사항 ··· 255
1.2 표준형 관이음쇠 ··· 257
1.3 철강제 특수형 관이음쇠 ··· 266
2. 철강 및 주철제 관이음쇠 적용표준 ··· 271
2.1 주철제 관이음쇠 ··· 271
2.2 철강제 관이음쇠 ··· 277
3. 동 및 동합금 관이음쇠 ··· 283
3.1 동관 전용 관이음쇠 ··· 283
3.2 솔더링 관이음쇠 (B16.22 및 B16.18) ··· 284
3.3 동합금 주조 나사식 관이음쇠(B16.15) ··· 287
4. 플라스틱 관이음쇠 ··· 288

4.1 플라스틱 관이음쇠의 특성 ···· 288
4.2 플라스틱 파이프 이음 ···· 291

8장 관의 이음 ···· 297

1. 나사식 이음 ···· 297
1.1 일반적인 나사 이음 ···· 297
1.2 특수 나사 이음 ···· 299
1.3 나사의 표준 ···· 300

2. 플랜지 이음 ···· 301
2.1 플랜지 이음의 구성요소 ···· 301
2.2 관플랜지 ···· 302
2.3 개스킷 ···· 308
2.4 볼트 ···· 312
2.5 너트 ···· 320
2.6 와셔 ···· 329

3. 용접 ···· 334
3.1 개요 ···· 334
3.2 배관 용접 ···· 337

4. 관의 재질별 고유 이음방법 ···· 348
4.1 주철관 고유의 이음 ···· 348
4.2 여러 배관재에 공통으로 적용되는 이음 ···· 352
4.3 열가소성 플라스틱 배관에 적용되는 특수이음 ···· 355

9장 관의 신축과 지지 ···· 361

1. 배관에 작용하는 응력 ···· 361
1.1 응력계산 ···· 361
1.2 배관의 신축 ···· 363
1.3 파이프 벤드와 루프 ···· 367

2. 익스펜션조인트 ···· 373
2.1 설치 기준 ···· 373
2.2 종류별 적용특성 ···· 375

3. 관의 지지 ···· 382

3.1 지지의 필요성 ······ 382
3.2 지지 장치의 종류와 용도 ······ 383
3.3 배관의 지지 간격 ······ 391

제3편 밸브

10장 밸브 일반 ······ 397

1. 밸브의 기초 ······ 397
1.1 밸브의 유형과 기능 ······ 397
1.2 밸브의 분류 ······ 398
2. 밸브의 구성 ······ 404
2.1 압력유지 부품 ······ 404
2.2 비압력유지 부품 ······ 406
3. 밸브의 유량 ······ 411
3.1 오리피스 ······ 411
3.2 밸브 유량계수 ······ 416
3.3 정지밸브에 대한 압력시험 ······ 418
3.4 조절밸브 누설 허용기준 ······ 420
4. 조절밸브 유량특성 ······ 422
4.1 유량특성에 영향을 미치는 요소 ······ 422
4.2 고유유량 특성 ······ 427
5. 밸브에서의 캐비테이션 ······ 433
5.1 발생원인 ······ 433
5.2 캐비테이션 지수 ······ 433
5.3 물의 증기압 ······ 435

11장 정지밸브 ······ 439

1. 정지밸브 선택 기준 ······ 439
1.1 정지밸브의 종류 ······ 439
1.2 밸브 관련 표준 ······ 440

2. 선형동작 밸브 ········ 440
2.1 게이트 밸브 ········ 440
2.2 글로브 밸브 ········ 450
2.3 다이어프램 밸브 ········ 455
2.4 체밸브 ········ 458

3. 회전동작 밸브 ········ 466
3.1 볼밸브 ········ 466
3.2 플럭 밸브 ········ 474
3.3 버터플라이 밸브 ········ 478

4. 스트레이너 ········ 484
4.1 스트레이너의 종류 ········ 484
4.2 스트레이너에 사용되는 스크린 ········ 486

12장 조절과 안전 및 특수목적 밸브 ········ 491

1. 조절밸브 ········ 491
1.1 조절밸브의 종류 ········ 491
1.2 조절밸브의 작동형태 ········ 496
1.3 내장형 온도 조절밸브 ········ 500
1.4 조절밸브 선정 ········ 504

2. 액츄에이터 ········ 507
2.1 선택을 위한 고려사항 ········ 507
2.2 액츄에이터의 종류 ········ 509
2.3 액츄에이터의 동작 ········ 511
2.4 다이어프램식 액츄에이터 ········ 512
2.5 피스톤식 액츄에이터 ········ 516
2.6 랙-피니언식(rack&pinion) 액츄에이터 ········ 517
2.7 전기식 액츄에이터 ········ 521
2.8 기타 장치 ········ 521

3. 안전장치 ········ 522
3.1 세이프티밸브와 세이프티 릴리프밸브 ········ 522
3.2 진공 및 에어 릴리프밸브 ········ 529
3.3 세이프티와 릴리프밸브 크기 선정 ········ 535
3.4 세이프티 샤워 ········ 551

4. 특수 목적용 밸브 ··· 555
4.1 감압밸브 ··· 555
4.2 밸런싱밸브 ··· 564
4.3 역류방지밸브 ··· 568
4.4 동결방지밸브 ··· 573

제4편 설계 시공 검사

13장 배관 설계 ··· 581

1. 설계조건 및 기준 ··· 581
1.1 설계 조건 ··· 581
1.2 설계 기준 ··· 583
2. 배관 요소별 내압설계 ··· 588
2.1 강, 합금강, 비철계 금속관의 직선배관 ··· 588
2.2 관으로 제작되는 벤드와 미터이음쇠 ··· 590
2.3 지관 ··· 592
2.4 관단의 막음 ··· 594
2.5 플랜지와 브랭크의 내압설계 ··· 594
2.6 레듀서와 기타 압력이 작용하는 상태에서 사용되는 기타 배관 구성 요소 · 595
3. 요소의 선택과 제한 ··· 595
3.1 관 ··· 595
3.2 관이음쇠, 벤드와 크로스 ··· 596
3.3 보호관 ··· 597
3.4 밸브 ··· 599
3.5 플랜지, 브랭크, 개스킷과 볼트 재료 ··· 600
4. 이음 방법 선택과 제한 ··· 601
4.1 용접 ··· 601
4.2 플랜지 이음 ··· 602
4.3 나사식 이음 ··· 603
4.4 플래어 이음과 압축식 이음 ··· 603
4.5 벨-스피곳 이음 ··· 604

4.6 브레이징, 솔더링 ··· 604

5. 신축성, 유연성과 지지 ··· 605
5.1 신축성, 유연성 ··· 605
5.2 관의 지지 요소에 작용하는 하중 ··· 609
5.3 배관지지 요소 설계 ··· 610

6. 시스템 ··· 616
6.1 감압이 필요한 시스템 ··· 616
6.2 스팀트랩 배관 ··· 617
6.3 연료용 오일 배관 ··· 618

14장 제작 조립 및 설치 ··· 623

1. 금속의 용접 ··· 623
1.1 재료 ··· 623
1.2 작업준비 ··· 624
1.3 용접규칙 ··· 626

2. 브레이징과 솔더링 ··· 633
2.1 브레이징 ··· 633
2.2 솔더링 ··· 634

3. 굽힘과 성형 ··· 635
3.1 굽힘작업으로 만든 벤드 ··· 635
3.2 성형 ··· 636

4. 비금속제 배관 요소 제작 ··· 638
4.1 열가소성 플라스틱 배관재의 이음 ··· 638
4.2 강화 열경화성 플라스틱 배관재의 이음 ··· 640
4.3 결함 복구 작업 ··· 641

5. 조립 ··· 642
5.1 일반 ··· 642
5.2 볼트체결 ··· 642
5.3 벨과 스피곳 이음 ··· 643
5.4 나사이음 ··· 643
5.5 기타 이음 ··· 644

15장 검사 및 시험 ······ 649

1. 검사 ······ 649
   1.1 국제표준에서의 검사 ······ 649
   1.2 시공자 검사의 합격기준 ······ 651
2. 시험 ······ 655
   2.1 시험에 대한 일반 사항 ······ 655
   2.2 국제 표준에서의 시험 ······ 656
   2.3 누설시험 ······ 658
   2.4 최초 사용을 위한 누설시험 ······ 661

부록

1. 재료별 허용응력 ······ 667
   1.1 금속제 파이프와 튜브의 허용응력 ······ 667
   1.2 열가소성 플라스틱관에 대한 정수압 설계응력(HDS) 및 권장온도 ·· 671
   1.3 열경화성 강화플라스틱관의 설계 응력값 ······ 672
   1.4 PVC 플라스틱 파이프에 대한 지속 압력시험 조건 ······ 673
2. 배관재별 탄성계수 및 열팽창계수 ······ 674
3. 파이프와 튜브 자료 ······ 675
   3.1 용접 및 이음매없는 강관의 치수 및 중량 ······ 675
   3.2 용접 및 이음매없는 스테인리스강관의 지수 및 중량 ······ 695
   3.3 Sch 강관과 스테인리스강관의 두께 ······ 698
   3.4 동관 치수와 중량(ASTM B88) ······ 699
   3.5 종별 치수비교 종합 ······ 701
4. 지지대 구성 요소 60종의 명칭과 그림 ······ 705
   4.1 60종 구성 요소의 명칭 ······ 705
   4.2 60종 구성 요소의 그림 ······ 709
5. 배관의 내진 설계 ······ 711

■ 찾아보기 ······ 723

제 1 편

기초

1장 금속과 배관재

1 금속과 관의 출현

1.1 자연의 재료

(1) 물공급 기술

사람에게 물을 공급하는 기술은 가장 긴 역사와 전통을 가진 분야이다. 물을 편리하게 사용하기 위해서는 먼 거리나 높은 위치까지 수송할 수 있는 기술과 수로를 만드는데 필요한 재료가 있어야 한다. 금속을 발견하기 이전에는 자연에 존재하는 재료로 주로 돌과 그 외 대나무 같은 원통형의 나무가 사용되었지만, 후에 발견된 금속제 관만큼 대량생산이 불가능했을 뿐만 아니라 편리하지도 못했다.

메소포타미아, 이집트, 바빌로니아, 중국, 인도, 로마 등의 유적지에서 발견된 우물, 지하수로, 하수로, 욕실, 변소 등을 보면 고대사회도 물 공급설비를 중요하게 다루었음을 알 수 있다. 물을 수송하기에 좋은 재료를 찾는 노력은 동서양이 따로 없었다.

(2) 사금, 동광석 발견

원시의 인류가 모래 속에서 반짝이는 물질 즉 사금을 발견하면서 금속에 대한 관심을 갖게 된다. BC 6000년경 서아시아 메소포타미아 지역의 '멜리아'인 '칼데리아'인은 녹색 및 청록색의 동광석을 발견하였다. 그리고 여기에서 동을 분리하는 기술이 개발되면서 금속 사용의 역사가 시작되고, 동을 사용한 장신구나 제기(祭器)가 출현되었다.

(3) 청동 사용

이집트나 메소포타미아의 유적을 조사한 결과에서도 BC 5000년 경 금속제 장식이나 반지 등이 사용되었다고 하며, BC 4000년 경의 청동기시대부터 유체 수송용으로 청동관을 사용 했다는 기록이 있으나 당시의 유물로는 발견된 것이 없다.

실물로 확인할 수 있는 것은 BC 2750년 경 이집트의 '압실' 신전에서 발견된 초대형 대리석 욕조와 여기에 연결된 급수관과 로마 시대의 급배수관 등이다.

(4) 동과 철의 사용

BC 1000년경 근동 지방에서 철이 발견되고 BC 600~700년경의 그리스, 로마 시대에 들어 와서는 철의 제련기술이 발전하면서 철기시대에 접어들게 되며, 그 후 많은 변천 과정을 거쳐 동과 철은 현대 금속의 주류로써 지위를 확보하였다.

1.2 금속관

(1) 청동기시대의 동관, 청동관

원형의 단면을 갖는 관은 오늘날 물을 수송하는 목적뿐만 아니라 전 산업분야에 기본적으로 사용되는 재료이지만, 청동기시대에 처음으로 금속관 즉 순동과 청동으로 만든 배관이 사용된 것으로 되어있다.

(2) 연관

연관(鉛管)의 출현도 동관, 청동관과 비슷할 것으로 추정되고 AD 1500년경까지는 동관과 같이 사용되다가, 그 후는 점차 용도가 축소되어 현대에 이르러서는 극히 일부분의 특수용도로만 사용된다.

(3) 철관

철을 소재로 하는 철관(iron pipe)은 1454년 독일에서 처음 제조되었다. 철의 용해에 필요한 고온을 얻을 수 있는 방법을 터득하고, 철을 녹여 부어 중공봉(中空棒)을 만들어

낸 것을 가리키는 것이다. 그러나 철관 사용이 본격화되지 못한 것은 관과 관의 이음 방법이 어려웠기 때문이다. 즉 오늘날의 수부(受部, hub, bell 또는 socket)와 삽부(插部, spigot)를 갖는 관이나 관이음쇠가 개발되지 못했기 때문이다.

실제적으로는 1815년경 폐총열(廢銃列)을 연결하여 물을 수송하는 배관으로 사용한 것을 철관 사용의 시초라고 한다. 이것은 그동안 대포와 총을 만들던 군수품 제조 공장들이 파이프를 생산하는 등의 변화를 가져와 철관 제조산업의 기초가 마련되었기 때문이다.

1824년경에는 단접강관, 1885년경에는 이음매없는 강관, 1928년 저주파 용접법, 1954년 경에는 고주파 용접법 등으로 제조기술이 빠르게 발전되어 대량생산이 가능하게 되었다.

(4) 주철관

상수도 보급을 활성화한 주철관은 1562년 독일에서 처음 제조되었다.

이로부터 100여 년 후 1664년, 프랑스에서 최초의 정척(定尺)주철관이 생산되어 베르사이유궁으로의 물 공급 배관에 사용되었다. 1738년에는 주철관 생산용 열원을 숯에서 코크스로 대체하는 기술이 개발되어 주철관 생산이 좀더 쉬워졌으며 생산량도 늘어나게 되었다.

영국의 주철관 생산은 1746년에 이루어졌지만, 주철관 역사에는 중요한 기록을 남겼다. 즉 1785년 수부[1](bell mouse)와 스피곳 관이음쇠를 개발해 낸 것이다. 최초의 주철관 출현 후 220여 년 만의 일이다. 그동안의 주철관 이음은 철판제 밴드를 채워 맞대기 용접하거나, 플랜지와 플랜지 사이에 납 개스킷을 삽입하고 볼트조임(bolting)하는 것으로, 공사에는 많은 불편이 따랐다. 그러므로 이음이 간편한 주철관 이음쇠의 개발은 배관공사 분야의 엄청난 진보를 뜻하는 것이다. 이 이음쇠는 오늘날 까지도 널리 사용되고 있다.

또한 1817년에는 최초의 주철관 표준(BS 78)을 제정하여 대량생산의 기초를 만들었다. 이것은 즉 주철관의 완성을 뜻하는 것이다.

미국은 1819년에 주철관 생산이 시작되었지만, 주철관 제조법을 발전시킨 공이 크다.

---

1. 명칭을 bell mouse라고 했고, 이를 일본에서는 종구(鐘口)로 번역하여 사용하였다. 국내에서도 이를 따라 "종구"형 주철관 이란 용어가 사용되었었다.

용광로에서 직접 주조되는 방식을 취하여 NPS 16(DN 400)까지를 생산했다. 1854에는 그 동안 유일한 방법이었던 수평사형 주조법[2]을 개량하여 수직 주조법을 만들었다. 그리고 1854년부터 수직 주조법을 적용하여 12 ft(3.7 m)의 고압용 주철관과 주철관 이음쇠를 생산하게 되었다.

(5) 스테인리스강관

스테인리스강관은 합금으로서 스테인레스강의 출현과 역사를 같이한다.

1912년 12~13Cr 강이 개발되었고, 현대 스테인레스강관의 주종으로 사용되는 SS 304 및 316 소재의 18Cr-8Ni 강은 1922년경에 개발된 것이다.

1.3 비금속관

플라스틱 관은 PVC를 대표로하여 CPVC, PP, PE, PB, ABS 및 PEX 등 종류가 많다.

PVC는 1860년대에 처음 개발되었지만 1950년대와 1960년대까지는 더 정밀한 압출기술로 보다 안정적인 제조가 가능해졌다. 오늘날 플라스틱 관은 하수와 주거용 배관에서 가스공급 용도로부터 화학 배관에 이르기까지 넓은 용도로 사용된다.

내식성이 높고 사용 수명이 길다는 주장이 있지만 현재까지의 사용 경험는 대략 60년 정도이다. 점토로 만든 배관은 현재 만 125년의 수명을 넘겼다. 즉 점토로 만든 배관재 처럼 100년을 넘는 수명이 입증된 비금속 재료로는 아직 없다.

오늘날 대부분의 파이프 재료는 지상에서 발견되어 세계 어디에서도 사용할 수 있지만 예상 수명이 길지는 않다. 각각의 재료마다 장단점이 있고 특정 분야나 조건에서 더 잘 맞을 수는 있다. 그러나 어떤 재료를 사용하던 내구성은 계속 중요한 고려사항으로 남게 된다.

---

2. 1853년까지는 독점권이 적용되었다.

2 배관

2.1 관의 표준화

1 배관과 배관공학의 의미

배관(配管, piping)이란 관(管, pipe), 관이음쇠, 플랜지, 볼트너트, 개스킷, 밸브 그리고 용기나 장비와 같이 내부에 압력이 가해진 상태에 있는 부분을 포함하는 의미이다. 또한 행어와 서포트는 물론 압력을 받고 있는 구성요소들에서 이상 압력이나 응력 발생을 방지하기 위해서 사용되는 기구들도 포함된다. 관은 배관의 구성요소일 뿐만 아니라 배관의 중요한 부분이다.

즉 배관은 관이 관이음쇠, 밸브, 기타 기계 장비에 연결되고 또한 행어와 서포트 등으로 적절하게 지지되고 있는 상태를 말한다.

배관공학(配管工學, piping engineering)은 인간의 삶의 질을 향상시키기 위하여 과학적 지식과 기술을 이용하여 유용한 배관을 만드는 학문이다. 그러므로 여기에서는 수학과 물리, 화학을 기초로 하는 재료역학, 열역학 및 유체역학의 제반 이론이 기본적으로 사용된다.

2 표준화에 의한 양산의 효과

오랜 사용역사에 비하여 표준에 의한 양산이 가능해진 것은 오래전 일이 아니다.

현재 우리가 사용하는 것과 같은 표준화된 제품은 관에 대한 표준이 제정된 이후 이고, 급배수설비 역사상 1920년대에 들어와 비로써 변기, 세면기, 욕조 및 샤워 등을 갖춘 완전한 욕실과 싱크와 세탁설비를 갖춘 주방이 실내에 들어설 수 있게 된 것과 깊은 관계가 있다.

본격적으로 관에 대한 표준이 제정된 시기는 1930년대 이후로, 사례를 보면 1930년 Brass Pipe, 1931년 Brass Tubing, 1932년 Copper Pipe(WW-P-377)와 Seamless Copper Tubing(WW-P-797) 등의 표준이, 1939년 Wrought-Iron Pipe(B16.2), 1943년 Threaded Cast Iron Pipe for Drainage Systems(A40.5), 1949년 Copper Water Tubes(H23), 1955년 Ductile Iron Pipe, 1966년 PVC관 등이다.

ASME[3]와 ASTM[4] 등 조직의 본격적인 활동결과 국제적으로 모든 분야의 코드와 표준의 체계가 확립되고, 특히 철강재에 대한 표준은 매우 다양해 졌다. 그중에서 관을 비롯한 관이음쇠 밸브 등 배관재료는 표준뿐만 아니라 코드까지도 잘 갖춰진 대표적인 분야이다. 따라서 국내 코드나 표준이 없는 경우라도 국제적으로 통용되는 코드나 표준을 따르면 된다.

2.2 관의 크기

1 파이프와 튜브

(1) 양자 간의 구분

우리가 관(管)이라고 칭하는 용어는 대(竹)나무를 이용하여 물을 필요한 곳으로 끌어다 사용한 고대사회로부터 기원한다. 과학이 발달하면서 기술적으로 앞섰던 영어권에서 파이프(pipe)와 튜브(tube)에 대한 표준을 제정하여 사용하게 되면서, 이것이 그동안 사용 하던 관의 의미로 받아들여진 것이다.

관은 파이프나 튜브나 용도가 같다는 것을 중요시 한 것이고, 파이프나 튜브는 재료와 치수(dimension)에 주안점을 둔 것이다. 즉 관 재료에 따라서 압출 및 인발이나 용접 등 제조방법이 다르고, 또 제조방법에 따라서 이음매가 있거나 이음매가 없도록(seamless) 만들어지며, 두께나 부식성 여부에 따라서 두껍게 만들어 나사를 낼 수 있는 것과 얇게 만들어 나사 가공 없이 그대로 사용할 수 있는 것 등등으로 사실상 구분이 가능하다.

그러나 일반적으로 이해되고 있는 "이음이 있고 나사를 가공할 수 있는 것이 파이프이고, 이음이 없고 나사 가공을 할 수 없는 것이 튜브"라고 구분하는 데에는 다소간의

---

3. The American Society of Mechanical Engineers(ASME, 미국기계학회). 1880 년에 설립. 보일러 사고를 방지하기 위한 표준 제정을 시작으로 현재는 일반산업 및 원자력 산업에 사용되는 모든 압력이 작용하는 장비와 기기에 대한 표준을 제정하고 이에 대한 인증업무도 병행한다. 현재 140여 개국에 100 000명 이상의 회원을 확보하고 있다.

4. American Society for Testing and Materials(ASTM, 미국재료시험학회). 1898년 설립. 세계 최대의 표준개발 단체이며, 제정한 표준은 국제적으로 가장 많이 통용된다. 재료, 제품, 시스템 및 서비스에 대한 표준 개발 및 발행을 위한 포럼을 제공하고 있으며, 생산자, 사용자, 최종 소비자를 대표하는 32 000명 이상의 회원을 보유하고, 100개 이상 국가와 협력한다.

문제가 있다. 예를 들면, 일반적으로 강관은 steel pipe라고 하지만, 이음매 있는 강관도 있고, 이음매 없는 강관도 있으며, steel tube라는 표준도 있기 때문이다.

동관의 경우도 보통 copper tube라고 하지만 copper pipe 표준도 있다. 그래서 코드에서의 정의가 필요하게 된다.

(2) 파이프

파이프(pipe)란 표준[5]에 정해진 치수와 요구조건을 갖춘 원형 단면을 갖는 튜브이다. 그러나 표준에 명시되지 않은 지름을 가진 특수 파이프의 경우, 호칭지름은 바깥지름에 해당한다[6].

(3) 튜브

튜브(tube)란 원형이나 각형의 단면을 가지며 외면이 연속적인 속이 빈 제작물로, 원형 단면을 갖는 경우에는 바깥지름과 안지름 중 한 가지와 두께를 명시해야 하고, 그 치수와 허용 공차는 표준[7]에 합당하여야 한다.

(4) 파이프와 튜브의 차이

파이프나 튜브의 용도는 같은 것이고, 근본적인 차이는 제조되는 치수 표준이 다른 것이다. 시공 측면에서는 파이프가 어떤 방식으로든지 제조된 상태의 원통 그대로 또는 나사를 가공하여 사용하는 데 비하여 튜브는 이음매가 없이 만들어지며 나사를 가공하지 않고 사용한다는 차이가 있다.

앞에서 설명된 것과 같이 표준에 정해진 치수를 따르지 않는 특수용도의 튜브(tube 또는 tubing)가 있고, 이들은 작업상 바깥지름이 중요하기 때문에(예 보일러용 수관이나 연관은 경판의 구멍에 맞추어 끼워 넣어야 하므로) 바깥지름 기준으로 크기의 범위(예 60.3 mm 이하, 두께 0.89~3.18 mm 범위)를 표시한다.

ASTM에 호칭지름 표기 없이 바깥지름을 기준으로 하는 tube[8] 또는 tubing[9]의 표준

---

5. 참고문헌 1
6. ASME B31.1 Power Piping
7. 참고문헌 1
8. ASTM A178 ERW Carbon Steel and Carbon-Manganese Steel Boiler and Superheater Tubes(OD 3.

들이 몇가지 있지만, 이는 일부의 특수용도에 국한된 것이다. 그 외의 모든 재질의 튜브 크기를 나타내는 것은 호칭지름 이다.

이 책에서 관(管)이라는 표현은 파이프와 튜브를 모두 포함(pipe and tube)한 의미로 사용되었다. 그러나 표준의 제목처럼 꼭 구분이 되어야 하는 경우에만 "파이프" 또는 "튜브"를 사용하였다. 예로, 표준에서 "seamless pipe and tube"나 이와 유사한 표기는 "이음매없는 관"으로, "carbon steel pipe"는 "탄소강파이프"로 "copper tube나 stainless steel tube"는 "동 튜브나 스테인리스강 튜브" 등으로 구분이 되도록 하고, 내용상 구분이 불필요한 경우에는 일괄적으로 "관"이라 하였다.

2 호칭지름

(1) 호칭지름에 대한 표현의 변화

모든 기구나 장비에는 크기나 용량을 표시하는 방법이 있다. 관도 마찬가지다. 현재와 같은 다양한 재질과 종류의 배관재가 있기 전에는 주철관, 강관, 동관 정도였다.

강관 이전의 철관을 사용하던 시기에는 IPS(iron pipe size)를 사용했고 이때의 파이프 크기(=호칭지름, nominal size)는 안지름을 사용하였다.

강관이 출현하면서 바깥지름을 표준화하고 크기 별로 단일 두께로만 생산하여 이를 STD(sandard 또는 standard weight)라고 불렀다. 그 후 높은 압력에 적용할 수 있는 관이 필요 해 지면서 XS(extra strong) 또는 XH(extra heavy) 급이, 더 높은 압력용으로 XXS(double extra strong) 또는 XXH(double extra heavy) 급이 출현했다.

기술의 발전으로 기계적으로 더 강하고 내식성이 높아진 재료가 개발되면서 두께는 이전의 철관이나 강관보다 얇아지게 되고, 종류는 다양해 지면서 새로운 크기 표기법에

2~127 mm, 두께 0.4~8.1 mm)
ASTM A312 Seamless Ferritic and Austenite Alloy Steel Boiler Superheater and Heat Exchanger Tubes(OD 12.7 이하, 두께 0.13~1.65 mm)

9. ASTM A539 ERW Coiled Steel Tubing for Gas and Fuel Oil Lines(OD 12.7~127, 두께 0.9~9.1 mm)
ASTM A632 Seamless and Welded Austenitic Stainless Steel Tubing(Small-Diameter) for General Service.(OD 12.7 이하, 두께 0.13~1.65 mm)
ASTM A254 Copper-Brazed Steel Tubing(OD 15.9 이하, 두께 0.51~1.24 mm)

대한 필요성이 대두되었다. 바로 관의 크기를 안지름이나 바깥지름이 아닌 고유의 크기로 표시하는 방법이 확정된 것이다. 전술한 코드의 정의에서처럼 파이프나 튜브나 원형 단면을 가지는 경우 "호칭지름, 바깥지름과 두께"를 표시하도록 한 것이다.

그것이 바로 NPS와 DN이다. 그동안 전통적으로 사용되던 "nominal diameter" "size" "nominal size" 등의 표현과, 안지름 또는 바깥지름 등의 기준은 "호칭지름"으로 모두 대체되었다.

(2) NPS

Nominal pipe size의 첫 글자를 딴 것으로 ft－lb 단위계에서 관의 표준 크기를 표시하는 방법이다. 숫자 다음에 inch를 붙이지 않고 사용하는 무차원 숫자이다. 예로, NPS 2는 바깥지름이 2.375 inch인 관을 표시한다. NPS 12 이하의 관은 바깥지름이 호칭지름보다 크고, NPS 14 이상의 관은 바깥지름이 호칭지름과 같다.

(3) DN

Diameter norminal의 첫 글자를 딴 것으로, NPS에 대하여 mm 단위를 쓰는 경우에 적용하도록 ISO에서 정한 기준이다. 역시 mm를 붙이지 않고 사용한다. DN 기준 즉 mm 단위에서의 바깥지름은 항상 호칭지름보다 크다.

그리고 이 NPS와 DN은 관뿐만 아니라 관이음쇠 및 밸브 모두에 적용되며 양자 간의 관계는 **표 1**과 같다.

3 관의 두께

(1) 발로우식

관의 두께는 사용온도, 압력, 부식, 침식, 진동 그리고 관의 외부에 작용할 힘 등에 대한 강도를 고려하여 정해진다. 계산식은 식(1)과 식(2)의 반지름방향 응력(hoop stress)을 기준으로 한 발로우[10] 식이 응력-두께 계산에 관한 모든 코드에서 기본으로 사용된다.

---

10. Peter Barlow(1776.10.13-1862.3.1 영국). 수학자, 물리학자로 목재의 강도와 응력에 대한 에세이(1817)를 비롯하여 재료 강도 이론에 여러 가지로 공헌함.

표 1 호칭지름

NPS	DN	NPS	DN	NPS	DN	NPS	DN
1/8	6	3-1/2	90	22	550	44	1 100
1/4	8	4	100	24	600	48	1 200
3/8	10	5	125	26	650	52	1 300
1/2	15	6	150	28	700	56	1 400
3/4	20	8	200	30	750	60	1 500
1	25	10	250	32	800	64	1 600
1-1/4	32	12	300	34	850	68	1 700
1-1/2	40	14	350	36	900	72	1 800
2	50	16	400	38	950	76	1 900
2-1/2	65	18	450	40	1 000	80	2 000
3	80	20	500	42	1 050		

주 NPS 80 초과에 대한 DN은 NPS에 25를 곱한 숫자이다

$$P = \frac{2St}{D},\ \mathrm{MPa} \tag{1}$$

$$t = \frac{PD}{2S},\ \mathrm{mm} \tag{2}$$

식에서,

P : 최고사용압력, MPa

S : 허용응력, MPa

t : 관의 두께, mm

D : 관의 바깥지름, mm

이다.

관의 재질별로는 이들 기본식에 각각의 안전율을 감안하여 수정된 식이 적용된다. 즉 강관에 대해서는

$$P = \frac{2St}{(D-2t)\eta} \tag{1-1}$$

스테인리스강관에 대해서는

$$P = \frac{200\eta St}{D} \tag{1-2}$$

동관에 대해서는

$$P = \frac{2St}{D-0.8t} \quad (1\text{-}3)$$

각 식에서 η: 이음 효율, 관의 재질별 허용응력은 **부록** 1를 참조한다.

(2) 관의 두께 표시 방법

관의 두께를 표시하는 방법에는 스케쥴 번호(SchNo)[11]와 중량기준 표시법이 있다.

SchNo는 두께가 얇은 것으로부터 가장 두꺼운 것에 이르기까지 5, 5S, 10, 10S, 20, 20S, 30, 40, 40S, 60, 80, 80S, 100, 120, 140, 160 등 강관 11개 등급과 S가 붙은 스테인리스강관 5개 등급으로 분류되지만, S가 붙은 표준의 두께는 S가 붙지 않는 표준의 두께보다 얇다.

사용해야 할 관의 등급을 알아보기 위해 사용하는 계산식으로 ANSI에서 정한 기준이다. 식(3)과 같이 표시되며 발로우식을 기초로 한 것이다. 과거에는 철계 금속관에만 적용하였으나 현재는 PVC관을 비롯한 일부 비금속관에도 금속관과는 다른 두께의 SchNo를 정하여 사용하고 있다.

$$\text{SchNo} = \frac{P}{S_w} \times 1\,000 \quad (3)$$

식에서

P : 최고 사용압력, kPa

Sw : 배관재의 허용응력, kPa

이다.

중량기준 표시법[12]은 ASME 및 ASTM에서 정한 것으로 관의 단위길이당의 중량을 기준하여 관의 두께를 구분하는 방법으로, LW, STD, XS 과 XXS 등 4개의 등급이다. 현재에는 SchNo(이후 Sch로 표기함)에 포함되어 사용된다.

예를 들면, NPS 10 이하에서는 Sch40과 STD 두께가 같고, NPS 8 이하에서는 Sch 80과 XS의 두께가 같다. 이들 두 방법을 두께 기준으로 배열해 보면 **표** 2와 같으며, 강관과 스테인리스강관의 호칭지름 별 두께는 **부록** 3과 같고, **표** 3은 강관을 기준할 때 상호 표준에서 두께가 유사한 등급을 보여주는 것이다.

---

11. 참고문헌 1
12. 참고문헌 2

표 2 강관과 스테인리스강관의 등급간 두께순 배열

LW	5S	10S	10	20	30	STD	40
60	XS	80	100	120	140	160	XXS

표 3 강관의 중량계법과 SchNo 간의 관계

기호	SchNo	ANSI	KS	비고
LW	10	B36.19M SS	D3576	저압용
STD	40	B36.10M	D3562	중압용
XS	80	B36.10M	D3562	고압용
XXS		B36.10M	-	초고압용

예제 1

시스템 최고압력이 8 MPa로 추정되는 경우 시용해야 할 강관의 등급을 정한다.

해답 강관의 인장강도를 300 MPa, 안전율을 4로 하면 허용응력

$$S_w = \frac{300}{4} = 75\,(\mathrm{MPa})$$

이므로 이를 식 1에 대입하면

$$\mathrm{SchNo} = \frac{P}{S_w} \times 1\,000 = \frac{8}{75} \times 1\,000 = 106$$

그러므로 SchNo 100을 사용한다.

예제 2

35층 주상복합 아파트의 급수압력이 1.06 MPa이다. 사용 배관재는 STS 강관이다. 사용해야 할 등급을 정하라.

해답 STS 304TP관의 인장강도[13]를 53 MPa, 안전율을 4로 하면 허용응력

$$S_w = \frac{5.3}{4} = 13.25\,(\mathrm{MPa})$$

이므로

13. 참고문헌 3

$$\text{SchNo} = \frac{P}{S_w} \times 1\,000 = \frac{1.06}{13.25} \times 1\,000 = 80$$

그러므로 Sch80S를 사용한다.

3 관을 통과하는 유량

3.1 유체에 대한 마찰저항

1 Darcy-Weisbach 방정식

직관에 유체가 흐를 때 마찰에 의한 압력손실은 식(4)로 표시되는 Darcy-Weisbach 공식으로 계산할 수 있다.

$$\Delta p = \lambda \left(\frac{l}{d}\right)\left(\frac{\rho v^2}{2}\right) \tag{4}$$

식에서,

Δp : 마찰저항, Pa

λ : 관마찰계수

l : 관의 길이, m

d : 관의 안지름, m

v : 관내 평균유속, m/s

ρ : 유체의 밀도, kg/m^3

이다.

이 식을 에너지 식으로 변환하면 식(5)가 된다.

$$\Delta h = \frac{\Delta p}{\rho g} = \lambda \left(\frac{l}{d}\right)\left(\frac{v^2}{2g}\right) \tag{5}$$

식에서

Δh : 에너지 손실, m

g : 중력가속도, 9.80 m/s^2

관마찰계수 λ는 관의 조도 ϵ, 관의 안지름 d와 레이놀드수 R_e의 함수이다.

$$R_e = \frac{dv\rho}{\mu} \tag{6}$$

식에서

R_e : 레이놀드수

ϵ : 관 내벽의 절대조도, m

μ : 유체의 동점성계수, Pa · s

이다.

관마찰계수는 관벽의 상대 조도 $\frac{\epsilon}{d}$와 레이놀드수 R_e의 관계를 나타낸 Moody의 선도로 구한다. 관종별 절대조도 ϵ는 동관이나 플라스틱관 0.001 5 mm, 배관용 탄소강관 0.15 mm, 주철관이 1~5 mm 정도이다.

R_e가 약 2 100 이하일 때는 층류, 약 4 000 이상일 때는 난류 영역, 2 100~4 000 구간은 유체 흐름이 불안정하기 때문에 임계영역이라고 부른다. 물을 수송하는 배관시스템에 대한 설계 대상 범위는 난류영역이다. 이런 구간에서 매끄러운 관은 물론 거친 관의 관마찰계수는 식(7)의 Colebrook 공식이 유용하게 사용된다.

$$\frac{1}{\sqrt{f}} = 1.74 - 2\log\left(\frac{2\epsilon}{d} + \frac{18.7}{R_e\sqrt{f}}\right) \tag{7}$$

식(7)에서 $\frac{\varepsilon}{d}$가 0에 가까우면 즉, 아주 매끄러운 관일 경우의 관마찰계수는 $\frac{18.7}{R_e}$에 의해서 결정되고, $\frac{\varepsilon}{d}$와 R_e이 크면 즉, 아주 거친 관 관마찰계수는 $\frac{2\epsilon}{d}$에 의해서 결정된다.

2 Williams-Hazen 방정식

식(8)의 Williams-Hazen 방정식으로 압력손실을 구할 수도 있다.

$$\Delta p = 6.819l\left(\frac{v}{C}\right)^{1.852}\left(\frac{1}{d}\right)^{1.167}(\rho g) \tag{8}$$

또는

$$\Delta h = 6.819l\left(\frac{v}{C}\right)^{1.852}\left(\frac{1}{d}\right)^{1.167} \tag{9}$$

여기서 C는 조도계수(원래는 Williams-Hazen 계수로 불렸다)로 일반적으로 동관이나 플라스틱관은 150, 강관은 140, 심하게 부식되거나 매우 거친 관의 경우는 100 이하이다.

3.2 유량계산

식 (4)로부터 $v = \sqrt{\frac{2}{\lambda\rho}}\, d^{0.5}\left(\frac{\Delta p}{l}\right)^{0.5}$ 가 되고, 유량은 $Q = Av$ 이므로 식(10)이 성립된다.

$$Q = Av = \frac{\pi}{4}\sqrt{\frac{2}{\lambda\rho}}\, d^{2.5} s^{0.5} \tag{10}$$

식에서,

Q : 유량, m^3/s

A : 단면적, m^2

$s = \frac{\Delta p}{l}$: 단위길이 당 마찰저항, Pa/m

이다.

Moody의 선도로부터 관 마찰계수를 찾아 식(10)에 대입하고 Q, d, s의 관계를 선도로 표시한 것이 Darcy-Weisbach 공식에 의한 유량선도이고, 이를 사용하여도 유량선정이 가능하지만, 마찰계수 λ를 구해야 하는 번거로움이 있다.

그래서 물을 수송하는 배관 시스템에서의 유량계산은 이보다 간편한 Williams-Hazen의 관내 유속에 관한 실험식 $v = 0.850\,CR^{0.63}s^{0.54}$ 또는 $v = 0.355\,Cd^{0.63}s^{0.54}$ m/s를 $Q = Av$에 대입하여 얻은 식(11)에서의 Q, d, s의 관계를 선도화한 유량선도를 주로 사용한다.

$$Q = 0.278\ C\, d^{2.63} s^{0.54}\ \ m^3/s \tag{11}$$

식에서,

R : 수력반지름(d/4), m

C : 조도계수

d : 안지름, m

s : 마찰손실, Pa/m

이다.

4 배관재의 사용 등급

4.1 클래스와 PN

1 클래스

배관 구성요소에 대한 사용등급을 구분하는 방법은 여러 가지가 있을 수 있지만, 배관의 가장 중요한 용도가 유체의 수송이므로 배관내에 작용하는 압력을 가준하는 것이 가장 합리적이다.

클래스는 $ft-lb$ 단위계에서 사용되는 압력기준 등급으로 **표 4**에서와 같이 150, 300, 400, 600, 900, 1 500, 2 500 등 7등급으로 구분된다. 단위는 무차원이며 NPS 1/2~24에 적용된다.

클래스 적용이 제외되는 경우는 ①주조 또는 단조재료로 만든 플랜지 및 플랜지식 관이음쇠, ②주조, 단조 또는 판재로 만든 블라인드 플랜지 및 레듀싱 플랜지이다.

2 PN

PN(Pression Nominal)은 메트릭 단위계에서 클래스에 대체되는 압력등급 표시 방법이다. 클래스나 PN은 무차원수 이다.

설계자는 계획하는 시스템에 작용할 최고압력을 추정할 수 있으면 배관재의 압력등급을 기준으로 사용할 배관재를 올바로 선택할 수 있다.

표 4 배관재의 클래스 PN

클래스	150	300	400	600	900	1 500	2 500
PN	20	50	68	110	150	260	420

자료 참고문헌 4, 참고문헌 5, p.A.6

4.2 정격압력

① 정격 압력의 기준

압력에 대한 표현이 여러 가지라 혼동의 소지가 많지만, 배관계통에 대해서는 정격압력[14]에 대한 기준이 명확하다.

정격압력이란, 배관재나 밸브를 사용할 수 있는 압력은 사용유체의 온도에 따라 다르므로 사용 시의 안전을 고려하여 온도별 사용가능 압력한계[15]를 정해 놓은 것이다. 이를 배관재의 온도-압력 등급(pressure-temperature rating) 또는 배관재의 등급(piping classification)이라고도 부른다.

즉 모든 재료의 관은 내부 유체의 온도에 따라서 사용할 수 있는 압력이 달라진다. 따라서 현장에서 흔히 사용하는 "최고사용압력"이라는 말은 반드시 사용되는 온도를 전재로 해야 한다. 코드에서는 재료별, 클래스별로 상세한 온도-압력 등급표를 제시하고 있다. 이 책에서는 **제4장**에서 다룬다.

② 그 외의 압력에 대한 표현

압력에 대한 표현방법은 여러가지다. 배관분야 뿐만아니라 다른 산업분야에서도 공통적으로 사용되는 용어이기 때문이다. 특히 배관재를 다루는데 있어서는 압력에 대한 표현이 정확해야 설계자, 사용자, 공급자 등 당사자들 간에 다툼의 소지가 없어진다. 압력에 대한 올바른 표현이란 객관적으로는 코드에 근거한 용어를 사용하는 것이다.

(1) MAOP

MAOP(maximum allowable operating pressure)는 사용할 수 있는 압력한계이다. 보통 국가기관이 설정한 기준이다. 압축가스용 압력용기, 배관과 저장탱크 등에 적용된다. 배관의 경우 이 값은 관의 두께, 관지름, 사용된 재료의 허용응력 및 안전계수를 고려한 발로우의 공식에서 도출된다. MAOP는 MAWP보다 낮다.

---

14. Rating pressure, Pressure rating, Pressure temperature rating 등으로 표기
15. 참고문헌 4, 6

(2) MAWP

MAWP(maximum allowable working pressure)는 장비 또는 시스템에서 가장 취약한 지점(또는 구성요소)이 정상적인 작동시 특정 온도에서 견딜 수 있는 최대 압력이다. 재료의 허용응력이나 장비의 압력-온도 등급을 초과하지 않는다. 일반적으로 압력용기나 배관재 등의 제작에는 표준화 된 두께의 재료가 사용되므로 설계압력 이상의 압력에 견딜 수 있다. 즉 MAWP는 장비나 시스템이 안전하게 견딜 수 있는 내부 또는 외부 압력을 결정하기 위해 모든 배관 또는 압력용기 등에 명시 되어야 하며, 작동 중에 초과 되어서는 안 되는 압력이다. 결국은 **제4장**의 상용압력을 말하는 것이다.

(3) Working pressure

Working pressure는 MAWP를 줄인 표현이다. 구성요소들이 연속적으로 작동하는데 이상이 없는 압력으로, 재료의 항복점 또는 파열압력보다 안전한 여유를 가진다. 즉 오랫동안 안전한 상태로 사용할 수 있는 압력[16]이다. 이 책에서는 이를 상용압력(常用 壓力)으로 통일하여 사용한다. 다른 장에서의 배관 재별 압력-온도 등급 적용과 일치하기 때문이다.

(4) Design pressure

Design pressure는 압력이 작용하는 상태에서 사용되는 구성요소에 적용된 압력으로, 최소 두께 결정을 위해서 사용한다. 일반적으로 최고 상용압력과 같거나 더 높다. 이 책에서는 설계압력으로 통일 적용한다.

(5) MEOP

MEOP(maximum expected operating pressure)는 시스템이나 장비에 대한 최대 예상 작동압력이다.

---

16. 참고문헌 5. pA.398. The long term, safety-state internal pressure.

5 배관시스템에 관련된 주요 용어

5.1 일반사항

배관시스템을 구성하기 위한 각종 단계에서 사용되는 용어는 대단히 많다. 여기서는 책 전체를 통하여 자주 사용되는 용어, 의미를 정확히 해두어야 할 용어, 그동안 잘못 사용해 왔거나 혼동을 초래할 수 있는 용어들을 선별하여 ①배관 구성요소에 공통적으로 사용되는 것, ②배관에 주로 사용되는 것, ③밸브에 관련된 것 등으로 대별하여 설명하였다. 용어의 정의 등에 객관성을 부여하기 위하여 배관 관련 핸드북과 코드에서의 정의를 따랐으며, 실무 분야에서 이미 사용되고 있지만 잘못된 표현이나 용어는 해당 용어에 병기 하였다.

5.2 나사

1 나사 용어

모든 나사 이음에 적용되는 일반용어 및 특성은 숫나사(male) 및 암나사(female) 모두에 적용된다. **그림 1**에 표시된 각 부에 대한 통일된 명칭은 ①산(crest), ②골(root), ③측면(flank), ④피치(pitch), ⑤나사산 각도(thread flank angle), ⑥나사의 경사(taper angle) ⑦숫나사 바깥지름(male thread OD), ⑧암나사 안지름(female thread ID), ⑨몸통 크기(body size), ⑩어깨(shoulder), ⑪단면(face) 이다.

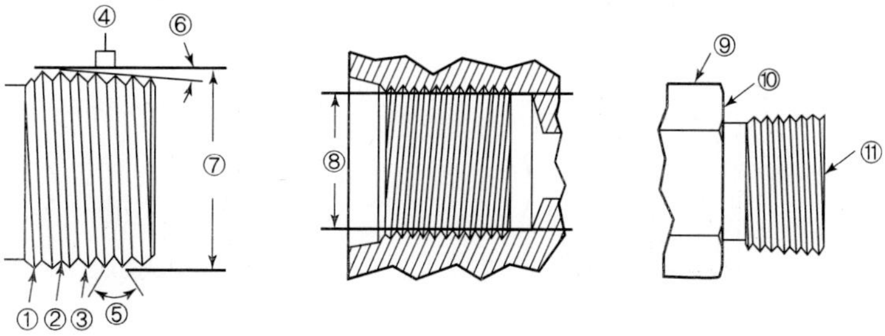

(a) 숫나사 (b) 암나사 (c) 연결구

그림 1 나사에 대한 각부 명칭

2 관용 나사

(1) 관용나사의 종류

나사는 중요한 체결요소의 하나로 여러 종류가 있으나, 그중 파이프에 사용하는 나사를 특히 관용나사(管用, pipe thread)라고 하며, 테이퍼나사(tapered pipe thread, TP)와 평행 나사(parallel < 또는 straight 라고도 한다 > pipe thread, PT)가 있다. 나사산 각도가 55°인 것과 60°인것으로 나누어진다. 실무적으로는 PT 나사, NPT 나사 등으로 사용되며, 각각의 주요 차이점은 **표 5**와 같다.

NPT(national pipe thread)는 미국 관용나사로 전세계 미국표준을 따르는 국가들에서 사용되며, NPTE, NPTI 등으로 표시된다. 각각의 형태는 **그림 2**, 주요 차이점은 **표 5**와 같다. **표 6**은 나사별 주요부 치수를 보여주는 것이다.

(2) 관용나사의 표기법

관용 나사를 표기하는 방법은 ①공칭 나사의 크기, ②인치당 나사 수, ③나사산 계열 기호를 순서대로 지정하여 표기한다. 왼쪽 나사의 경우에는 마지막④에 LH를 추가한다. 그러므로 LH가 없으면 오른쪽 나사이다.

관용 나사의 종류를 구분하기 위해 사용되는 문자는 다음과 같이 명확한 의미를 갖는다.

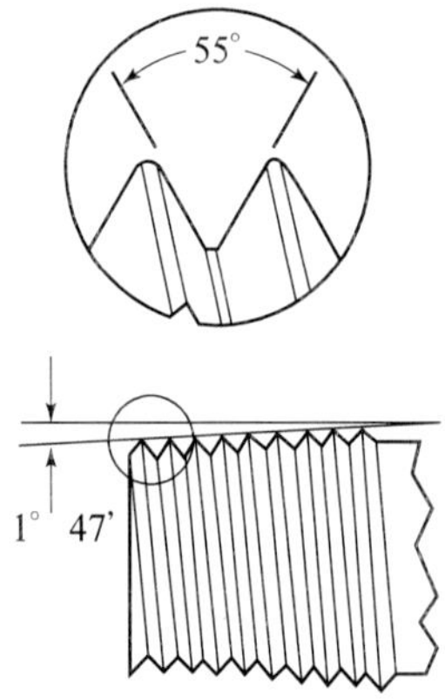

(a) PT 나사(55° 곡면)

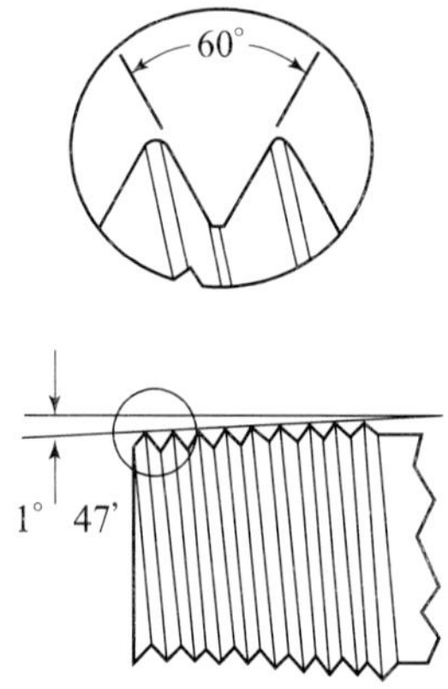

(b) NPT 나사(60° 평면)

그림 2 PT와 NPT 관용나사의 비교

표 5 나사산 표준 간의 비교

구분	관용 테이퍼나사		평행 PF		
	PT	NPT	BSPP	메트릭	NPSM
표준	ISO 7-1 EN 10226-1 KS B 0222 JIS B 0203	ASME B 1.20.1	ISO 228-1 KS D 0221 JIS B 0202	ISO 261 ASME B1.13M JIS B 0205	ASME B 1.20.1
나사의 경사	1°47′(1/16경사)	1°47′(1/16경사)	없음	없음	없음
나사산의 각도	55°	60°	55°	60°	60°
피치 단위	mm (inch로도 표기)	inch	inch	mm	inch
가공방법	곡면(골, 산)	평면(골, 산)	곡면(골, 산)	평면(골, 산)	평면(골, 산)

주 곡면: round, 평면: flat , 골: roots, 산: crests

N : 국가(미국을 의미함)표준

P : 파이프, T: 나사의 경사(taper), C: 커플링(coupling)

S : 평행(straight), M: 기계(mechanical), L: 로크너트(locknut)

H : 호스 커플링(hose coupling), R: 난간용 관이음쇠(rail fitting)

예제 3

다음과 같이 표기된 관용 나사의 의미를 설명한다.

해답 3/8-18 NPT : 나사 수가 18인 3/8“의 국가표준 관용 테이퍼 나사

1/8-27 NPSC : 나사 수가 27인 1/8”의 국가표준 관용 나사(커플링용 평형)

1/2-14 NPTR : 나사 수가 14인 1/2“의 국가표준 관용 테이퍼 나사(난간용 관이음쇠)

1/8-27 NPSM : 나사 수가 27인 1/8”의 국가표준 관용 나사(기계용 평행나사)

1/8-27 NPSL : 나사 수가 27인 1/8”의 국가표준 관용 나사(평형 로크너트)

1/8-11.5 NPSH : 나사 수가 11.5인 1/8”의 국가표준 관용 나사(호수 커플링 평행나사)

표 6 나사별 주요부 지수

호칭크기, in	인치당 나사산 수		지름, in	나사산 각도	피치, in
1/16	NPT	27	.312	60°	.037
	PT	28	.312	55°	.036
1/8	NPT	27	.405	60°	.037
	PT	28	.398	55°	.036
1/4	NPT	18	.540	60°	.0556
	PT	19	.535	55°	.053
3/8	NPT	18	.675	60°	.0556
	PT	19	.672	55°	.053
1/2	NPT	14	.840	60°	.0714
	PT	14	.843	55°	.071
3/4	NPT	14	1.050	60°	.0714
	PT	14	1.060	55°	.071
1	NPT	11-1/2	1.315	60°	.087
	PT	11	1.331	55°	.091
1-1/4	NPT	11-1/2	1.660	60°	.087
	PT	11	1.669	55°	.091
1-1/2	NPT	11-1/2	1.900	60°	.087
	PT	11	1.900	55°	.091
2	NPT	11-1/2	2.375	60°	.087
	PT	11	2.375	55°	.091
2-1/2	NPT	8	2.875	60°	0.125
3	NPT	8	3.500	60°	0.125
3-1/2	NPT	8	4.00	60°	0.125
4	NPT	8	4.500	60°	0.125
5	NPT	8	5.563	60°	0.125
6	NPT	8	6.625	60°	0.125
8	NPT	8	8.625	60°	0.125
10	NPT	8	10.750	60°	0.125
12	NPT	8	12.750	60°	0.125
14 OD	NPT	8	14.000	60°	0.125
16 OD	NPT	8	16.000	60°	0.125
18 OD	NPT	8	18.000	60°	0.125
20 OD	NPT	8	20.000	60°	0.125
24 OD	NPT	8	24.000	60°	0.125

주 NPT 나사의 기본 치수는 소수점 이하 4~5 자리로 표시된다. 이것은 일반적으로 달성되는 것보다 더 높은 정밀도를 의미 하지만, 이러한 치수는 게이지 치수의 기초가 되며 계산에서 오류를 제거하기 위한 것이다.

자료 NPT: 참고문헌 7

3 유니파이 나사

(1) 유니파이 나사의 표준

유니파이 나사로 알려진 이 나사는 여러 가지로 나뉘어 있던 나사들의 통합 표준[17]이다. 인치모듈을 기반으로 한다는 점을 강조하기 위해 인치나사로 표시된다. 나사 형태의 여러 변형이 개발되었지만, 표준에서는 UN 및 UNR 나사 형식만을 다룬다. 메트릭 단위의 치수는 표준의 **부록**에 포함되어있다.

나사의 표준은 60° 삼각형 형태로 지름-피치의 조합, 명칭 및 공차 범위는 국제표준화 기구의 공식표준과 일치한다. 유니파이 나사는 1948년 캐나다, 영국, 미국의 표준화 기구 간의 협정에 따라 사용되었으며 그후 미국 표준나사로 대체되었다.

UN과 UNR의 차이점은 **표 7**에서와 같이 명칭이 다른 것 외에도 ①UN은 나사산과 골이 평면(flat) 또는 선택적으로 곡면(rounded) 형상으로 지정되고. ②UNR은 곡면으로만 지정된다.

(2) 유니파이 나사 계열

나사 계열은 표준계열과 특수계열로 구분되고, 표준계열은 **표 8**과 같이 등급이 매겨진 3개 계열(UNC, UNF, UNEF)과 8가지 상수피치 계열로 구성된다. 특수계열은 표

표 7 UN과 UNR의 차이

적용	UN	UNR	비고
	숫나사, 암나사	숫나사	
나사산의 각도	60°		
가공형태	평면(골, 산), 곡면(골, 산)<선택>	곡면(골, 산)	
나사 계열	UNC, UNF, UNEF	UNRC, UNRF, UNREF	C: 보통나사(coarse), F: 가는나사(fine), EF: 매우가는 나사(extra-fine),
상수피치	4-UN, 6-UN, 8-UN, 12-UN, 16-UN, 20-UN, 28-UN, 32-UN		UN: 유니파이 상수피치(unified constant pitch)
클래스	1A, 2A, 1B, 2B, 3A, 3B		1: 거친급, 2: 보통급, 3: 정밀급 A: 숫나사(external), B: 암나사(internal)

17. 참고문헌 8

표 8 표준 나사 크기별 나사산수(UN/UNR) 1/2

호칭크기 (No, in)	지름, in	등급 나사 계열			상수 피치 계열							
		UNC	UNF	UNEF	4-UN	6-UN	8-UN	12-UN	16-UN	20-UN	28-UN	32-UN
0	0.0600	..	80	..	..	..	..	..	..	..	..	..
1	0.0730	64	72	..	..	..	..	..	..	..	..	..
2	0.0860	56	64	..	..	..	..	..	..	..	..	..
3	0.0990	48	56	..	..	..	..	..	..	..	..	..
4	0.1120	40	48	..	..	..	..	..	..	..	..	..
5	0.1250	40	44	..	..	..	..	..	..	..	..	..
6	0.1380	32	40	..	..	..	..	..	..	..	..	UNC
8	0.1640	32	36	..	..	..	..	..	..	..	..	UNC
10	0.1900	24	32	..	..	..	..	..	..	..	..	UNCF
12	0.2160	24	28	32	..	..	..	..	..		UNF	UNEF
1/4	0.2500	20	28	32	..	..	..	..	..	UNC	UNF	UNEF
5/16	0.3125	18	24	32	..	..	..	..	..	20	28	UNEF
3/8	0.3750	16	24	32	..	..	..	..	UNC	20	28	UNEF
7/16	0.4375	14	20	28	..	..	..		16	UNF	UNEF	32
1/2	0.5000	13	20	28	..	..	..		16	UNF	UNEF	32
9/16	0.5625	12	18	24	..	..	..	UNC	16	20	28	32
5/8	0.6250	11	18	24	..	..	..	12	16	20	28	32
11/16	0.6875	..	..	24	..	..	..	12	16	20	28	32
3/4	0.7500	10	16	20	..	..	..	12	UNF	UNEF	28	32
13/16	0.8125	..	..	20	..	..	..	12	16	UNEF	28	32
7/8	0.8750	9	14	20	..	..	..	12	16	UNEF	28	32
15/16	0.9375	..	..	20	..	..	..	12	16	UNEF	28	32
1	1.0000	8	12	20	..	..	UNC	UNF	16	UNEF	28	32
1-1/16	1.0625	..	..	18	..	..	8	12	16	20	28	..
1-1/8	1.1250	7	12	18	..	..	8	UNF	16	20	28	..
1-3/16	1.1875	..	..	18	..	..	8	12	16	20	28	..
1-1/4	1.2500	7	12	18	..	..	8	UNF	16	20	28	..
1-5/16	1.3125	..	..	18	..	..	8	12	16	20	28	..
1-3/8	1.3750	6	12	18	..	UNC	8	UNF	16	20	28	..
1-7/16	1.4375	..	..	18	..	6	8	12	16	20	28	..
1-1/2	1.5000	6	12	18	..	UNC	8	UNF	16	20	28	..
1-9/16	1.5625	..	..	18	..	6	8	12	16	20	..	..
1-5/8	1.6250	..	..	18	..	6	8	12	16	20	..	..
1-11/16	1.6875	..	..	18	..	6	8	12	16	20	..	..
1-3/4	1.7500	5	..	..	..	6	8	12	16	20	..	..
1-13/16	1.8125	..	..	..	..	6	8	12	16	20	..	..

표 8 표준 나사 크기별 나사산수(UN/UNR) 2/2

호칭크기 (No, in)	지름, in	등급 나사 계열			상수 피치 계열							
		UNC	UNF	UNEF	4-UN	6-UN	8-UN	12-UN	16-UN	20-UN	28-UN	32-UN
1-7/8	1.8750	..	..	..	..	6	8	12	16	20	..	..
1-15/16	1.9375	..	..	..	..	6	8	12	16	20	..	..
2	2.0000	4-1/2	..	..	..	6	8	12	16	20	..	..
2-1/8	2.1250	..	..	..	..	6	8	12	16	20	..	..
2-1/4	2.2500	4-1/2	..	..	..	6	8	12	16	20	..	..
2-3/8	2.3750	..	..	..	..	6	8	12	16	20	..	..
2-1/2	2.5000	4	..	..	UNC	6	8	12	16	20	..	..
2-5/8	2.6250	..	..	..	4	6	8	12	16	20	..	..
2-3/4	2.7500	4	..	..	UNC	6	8	12	16	20	..	..
2-7/8	2.8750	..	..	..	4	6	8	12	16	20	..	..
3	3.0000	4	..	..	UNC	6	8	12	16	20	..	..
3-1/8	3.1250	..	..	..	4	6	8	12	16	..	..	..
3-1/4	3.2500	4	..	..	UNC	6	8	12	16	..	..	..
3-3/8	3.3750	..	..	..	4	6	8	12	16	..	..	..
3-1/2	3.5000	4	..	..	UNC	6	8	12	16	..	..	..
3-5/8	3.6250	..	..	..	4	6	8	12	16	..	..	..
3-3/4	3.7500	4	..	..	UNC	6	8	12	16	..	..	..
3-7/8	3.8750	..	..	..	4	6	8	12	16	..	..	..
4	4.0000	..	..	..	UNC	6	8	12	16	..	..	..
4-1/8	4.1250	..	..	..	4	6	8	12	16	..	..	..
4-1/4	4.2500	..	..	..	4	6	8	12	16	..	..	..
4-3/8	4.3750	..	..	..	4	6	8	12	16	..	..	..
4-1/2	4.5000	..	..	..	4	6	8	12	16	..	..	..
4-5/8	4.6250	..	..	..	4	6	8	12	16	..	..	..
4-3/4	4.7500	..	..	..	4	6	8	12	16	..	..	..
4-7/8	4.8750	..	..	..	4	6	8	12	16	..	..	..
5	5.0000	..	..	..	4	6	8	12	16	..	..	..
5-1/8	5.1250	..	..	..	4	6	8	12	16	..	..	..
5-1/4	5.2500	..	..	..	4	6	8	12	16	..	..	..
5-3/8	5.3750	..	..	..	4	6	8	12	16	..	..	..
5-1/2	5.5000	..	..	..	4	6	8	12	16	..	..	..
5-5/8	5.6250	..	..	..	4	6	8	12	16	..	..	..
5-3/4	5.7500	..	..	..	4	6	8	12	16	..	..	..
5-7/8	5.8750	..	..	..	4	6	8	12	16	..	..	..
6	6.000	..	..	..	4	6	8	12	16	..	..	..

주 표시된 나사 계열별 명칭은 UN 나사산 형태를 나타낸다. UNR(숫나사 전용)은 표에서 UN을 UNR로 바꾸면 된다.

준계열에 포함되지 않은 지름-피치 조합의 모든 나사로 구성된다.

(3) 등급이 매겨진 3개 계열

UNC/UNRC(unified coarse thread, 보통나사)는 일반적으로 나사, 볼트 및 너트의 대량 생산에 사용된다. 보통나사 계열은 가는나사 또는 아주 가는나사 계열보다 내부 나사와의 교차나 날을 닳려 없애는 등에 더 많은 저항을 가지기 때문에의 그만큼 위험이 작다. 일반적으로 주철, 알루미늄, 마그네슘, 황동, 청동 및 플라스틱과 같은 상대적으로 낮은 강도의 재료에 사용된다. 보통나사 계열은 신속한 조립이나 분해가 필요한 경우 또는 취급 도중이나 사용으로 인한 흠집이나 손상이 발생할 가능성이 있는 경우에 유리하다.

UNF/UNRF(unified fine thread, 가는나사) 나사는 고강도 용의 볼트 및 너트에 일반적으로 사용된다. 이 계열은 보통나사보다 나사산 깊이가 얕고 지름이 더 크다. 따라서 암나사는 더 얇은 벽두께가 될 수 있으며, 숫나사는 동일한 크기의 보통나사 계열보다 강도가 더 높다. 암나사와의 교차나 날을 닳려 없애는 등을 방지하기 위해서 동일강도 수준 재료의 보통나사 계열보다 가는나사 계열의 경우 맞물림 길이가 더 길어져야 한다.

UNEF/UNREF(unified extra fine thread, 아주 가는나사)는 베어링 리테이닝 너트, 조정 나사 등과 같이 미세 조정이 필요한 장비 및 나사산 부품, 얇은 튜브 및 얇은 너트에 주로 사용된다.

(4) 상수피치 계열

상수피치 계열(UN/UNR)은 나사의 크기에 관계없이 인치당 나사 수가 일정한 것으로, **표 8**에서와 같이 같이 인치당 4, 6, 8, 12, 16, 20, 28 및 32개의 나사로 구분된다. UNC, UNF, UNEF 나사로는 설계의 특정 요건을 충족하지 못하는 경우를 위하여 광범위한 지름-피치의 조합을 제공하는 것이다. 그 중 8-UN, 12-UN 및 16-UN이 가장 일반적으로 사용되는 나사이다. 또한 상수피지 계열 나사의 일부는 UNC, UNF 또는 UNEF 계열에도 나타난다. 이 때에는 해당 등급 계열의 기호와 공차가 적용된다.

(5) 유니파이 나사의 표기법

유니파이 나사를 표기하는 방법은 ①호칭크기(in 또는 기호), ②인치당 나사 수, ③나사 계열기호, ④클래스와 암, 숫나사 기호를 순서대로 지정하여 표기한다.

예제 4

다음과 같이 표기된 유니파이 나사의 의미를 설명한다.

해답 (1) 1/4-20 UNC-2A(또는 0.250-20 UNC-2A) : 호칭크기 1/4"의 나사수 20인 유니파이 보통나사, 클래스2의 숫나사(또는 호칭지름이 0.25 in이고 나사수 20인~)

(2) 10-32 UNF-2A(또는 0.190-32 UNF-2A) : 호칭 No. 10의 나사수 32인 유니파이 가는나사, 클래스2의 숫나사(또는 지름이 0.190 in이고 나사수 32인~)

(3) 7/16-20 UNRF-2A(또는 0.4375-20 UNRF-2A) : 호칭크기 7/16" 나사수 20인 유니파이 둥근 보통나사, 클래스2의 숫나사(또는 지름이 0.4375 in이고 나사수가 20인~)

(4) 2-12 UN-2A(또는 2.000-12 UN-2A) : 호칭크기 1/4"의 상수피치 12인 유니파이 나사, 클래스2의 숫나사(지름이 2 in이고 상수피치 12인~)

5.3 공통 용어

- **가단주철(malleable iron, MI)** : 취성을 제거하기 위해 오븐에서 열처리 된 주철. 인장강도가 향상되고 신율이 높아져 파손되지 않고 제한된 범위까지 신장이 가능하다.
- **가연성 액체(combusible liquid)** : 인화점이 38°C 이상인 액체
- **갈바나이징(galvanizing)** : 철이나 강을 부식으로부터 보호하기 위하여 표면에 아연을 입힌 것. 용융된 아연에 담갔다가 꺼내는 식의 용융아연 도금은 일반적인 작업 방법이다.
- **가이드(guide)** : 체계적인 정보의 집합 혹은 일련의 다양한 선택에 대한 정보를 제공하는 자료. 구체적인 결정이나 조치의 과정에 대해서는 추천하지 않는다.
- **강(steel)** : 철과 탄소의 합금으로 탄소의 함량은 중량 기준 2% 이만이다. 탄소 외에도 망간, 황, 인, 규소, 알루미늄, 크롬, 동, 니켈, 몰리브덴, 바나다움 등이 포함된다. 강재 종류에 따라 포함되는 원소와 그 함량은 달라진다.
- **냉간가공(cold working), 열간가공(hot working)** : 전혀 가열이 되지 않거나, 가열되더라도 그 온도가 재료의 재결정온도보다는 낮은 온도인 경우를 냉간가공, 재결정온도보다 높은 온도로 가열된 상태에서 가공되는 경우를 열간가공이라고 한다. 따라서 전자는 변형응력이 높고 치수 정밀도와 표면상태가 양호한 반면 후자는 그 반대가 된다. 동관의 이음에서 솔더링이나 브레이징은 대표적인 냉간가공에 해당한다. 1 09

3~871°C의 온도에서 크롬-몰리브덴관의 압출 또는 스웨징은 열성형 또는 열간가공이라 할 수 있다.

- **노말라이징(normalizing, 불림)** : 냉간가공이나 단조 등의 가공으로 인한 내부응력을 제거하여 이상 조직의 균질화 및 가공성 향상을 위한 열처리작업.
- **베이퍼 프레셔(vapor pressure, 증기압)** : 액체가 증발하여 액체표면 위에 존재하는 수증기에 의해 나타나는 압력. 증기압은 액체의 증발 속도를 나타낸다. 정상 온도에서 높은 증기압을 가진 물질을 휘발성 물질이라고 한다. 액체의 온도가 증가함에 따라 분자의 운동 에너지도 증가하고, 분자의 운동에너지가 증가함에 따라 수증기로 전환되는 분자의 수 또한 증가하므로 증기압은 높아지게 된다.
- **브라인(brine)** : 냉동시스템에서 열전달을 위해 사용하는 액체로 상변화가 없다. 불연성이거나 또는 인화점 측정시험[18]에 의한 인화점이 65°C 이상이다.
- **비등(boiling, 沸騰)** : 액체 상태로 존재하던 물질이 기화하는 과정. 액체표면 위에 존재하는 증기압이 물의 온도에 해당하는 증기압과 같아지면 비등이 발생한다. 증발과 다른점은 끓는 점 이상의 온도에서만 일어나는 현상이며, 증발에 비하여 비등은 액체의 내부에서도 기화가 일어난다.
- **세미스틸(semisteel)** : 용선로 또는 전기로에서 주괴(pig iron)에 강 스크랩을 추가하여 만든 고급 주철로 고강도 회주철이라고 한다.
- **스탠다드(standard, 표준)** : 제품의 용도와 기술적 정의 및 품질과 안전기준을 포함하여 사용하는 데 필요한 요구조건에 대한 지침이다. 설계자는 제품 설계를 위하여, 제조자는 제품 제조를 위하여 표준을 사용한다. 배관 구성요소는 전 세계에서 조달된다. 그러므로 모든 자재는 원산지와 상관없이 현장에서 서로 완벽하게 호환되어야 한다. 이러한 목표를 달성하기 위한 것이 표준이다. 특정 표준이 하나 이상의 집행관청에서 채택되거나 또는 사업계약의 일부로 포함된 경우, 이 표준은 코드가 되며 적용이 의무가 된다.
- **스페시피케이션(specification, 사양)** : 코드 또는 표준에서의 요구사항을 초과하는 재료, 구성요소 또는 용도에 대한 특별한 추가 요구사항을 제시하는 문서이다. 코드와

18. Pensky-Martens closed-cup tester. 인화성 액체에 대한 인화점 측정을 위한 시험장치.

표준은 국가 또는 국가의 위임을 받은 기관에 의해 제정공고 되지만, 사양은 민간 기업이나 기구에 의해서 만들어진다. 예를 들어, 표준에서 탄소함량은 최대 0.3%이지만, 이 기준과 달리 탄소함량이 최대 0.23%인 A106 Gr B 파이프가 필요할 경우 또는 표준에서 6 m 길이인 동관을 10 m 길이로 주문하고자 할 경우, 구매 주문서에 이러한 요구를 명시한 사양서를 첨부한다. 이처럼 특정 제품 또는 용도에 대한 추가 요구사항을 해결하기 위해 작성되는 것이 사양이다. 즉 주문제작이 허용되는 것이다.

- **압력(pressure)** : 물에 의해 실제 또는 가상 표면의 단위면적에 작용하는 힘을 압력 또는 압력 강도라고 한다. 제곱 센치당 킬로그램으로 표시된다.

$$p = 10^4 w h + p_a$$

식에서 p: 한 점에서의 절대 압력(kg/cm^2), w: 비중량(kg/m^3), h: 한 지점에서의 물기둥의 높이(m), p_a: 대기압(kg/cm^2)이다.

한 지점에서의 게이지압력은 대기압을 0으로 한 것이다.

$$p = 10^4 w h$$

식에서 p: 게이지 압력(kg/cm^2)이고, 게이지 압력으로부터 절대 압력을 얻으려면 게이지 압력에 대기압을 더한다.

- **어닐링(annealing, annealed, 燒鈍, 풀림)** : 재료를 일정한 온도로 가열한 후 노내에서 냉각시켜 내부조직을 고르게하고 응력을 제거하는 열처리 작업. 동관처럼 가공을 쉽게하기 위한 어닐링(軟化소둔), 응력제거를 위한 풀림, 완전 풀림 등으로 구분된다.
- **열간굽힘(hot bending)** : 열간가공을 위해 적절한 고온으로 가열한 후 필요한 반지름으로 관을 굽히는 작업. 지름이 큰 관은 주름이 생기거나 진원도가 떨어지지 않도록 내부에 모래를 채우고 작업한다.
- **열영향 부(heat affected zone, HAZ)** : 용접시 직접 용융되지는 않았으나 용접 또는 절단 열에 의해 기계적 성질 또는 미세 조직이 변경된 모재 금속의 부분.
- **응력 제거(stress-relieving)** : 용접시 열을 받아 응력이 잔류하고 있는 부분을 대상으로 응력을 완화 시키기 위하여 충분한 온도로 구조 또는 그 일부를 균일하게 가열한 후 다시 균일하게 냉각시키는 작업.

- **이렉션(erection)** : 보통 "설치"라고 하지만, 현장 조립, 제작, 시험 및 검사 등 모든 절차를 거친 배관시스템의 완벽한 설치상태를 가리킨다.
- **질화(nitriding, 窒化)** : 강의 표면에 질소를 침투시켜 표면을 경화시키는 열화학적 처리방법. 침탄 대비 열변형이 작다.
- **증발(evaporation)** : 액체가 끓지 않고 기체로 변하는 현상으로 기화의 특정 유형이다. 기화는 액체의 표면에서만 일어난다.
- **침탄(carburing, 浸炭)** : 저탄소강의 표면에 탄소를 침투시킨후 담금질하여 표면만 고탄소강으로 만들어 경화시키는 방법.
- **캐비테이션(cavitation)** : 액체의 흐름 중 임의의 지점에서의 압력이 증기압 미만으로 떨어 지거나 증기압과 같아지면, 액체는 순간적으로 증기로 변하는데, 이런 현상을 캐비테이션이라고 한다. 생성된 증기압은 액체와 함께 이동하다가 증기압보다 압력이 높은 지점에 도달하면 붕괴된다. 이것은 관이나 배관 요소를 손상시키는 원인이 된다. 혼합물 내의 한 성분이 혼합물 전체의 수증기압에 기여하는 증기압을 분압이라고 한다. 예를 들어, 해수면에서 20°C의 수증기로 포화 된 공기는 각각의 성분에 의한 분압을 합친 것이다. 즉 약 2.3 kPa의 물, 78 kPa의 질소, 21 kPa의 산소 및 0.9 kPa의 아르곤으로 총 102.2 kPa이 되고 이것이 해면에서의 증발압력이다.
- **템퍼링(tempering, 뜨임)** : 담금질한 강철을 알맞은 온도로 다시 가열 하였다가 공기 중에서 식혀서 조직을 연하게하고 안정시켜 내부 응력을 제거하는 열처리작업.
- **패브리케이션(fabrication, 조립)** : 배관 부품들을 현장에서 조립하기 쉽게 일체형으로 결합시키는 일. 조립품이 아닌 경우는 굽힘, 성형, 나사가공, 용접 또는 기타 작업이 포함된다. 이러한 작업은 주로 공장에서 작업한 후 현장으로 수송하여 사용하지만, 장비를 갖추고 현장에서 직접 할 수도 있다.
- **퀜칭(quenching, 담금질)** : 재료의 경도와 강도를 높이기 위해, 재료를 높은 온도(800°C 이상)로 가열하여 일정 시간을 유지한 후에 물이나 오일에 담가 급냉시켜 경도와 강도를 높이는 열처리작업.
- **코드(Code)** : 코드는 공사 결과에 대한 성능을 보증하기 위한 최소한의 기술적 기준으로 국민에게 안전한 시설과 환경을 제공하기 위한 것이다. 규약(規約), 규범(規範), 관례(慣例, 법도(法道) 등으로 해석하며 모두 법을 뜻한다. 법률학적으로 법의 한 종류이다. 그러므로 코드는 법적으로 적용이 의무가 된다. 다만 법과 코드의 차이점은,

법은 항상 유효하며 강제성을 가지지만 코드는 꼭 그렇지 않을 수도 있다[19]. 법에는 벌칙이 있지만 코드에는 벌칙이 없다. 벌칙이 없는 대신 코드 내용에 대한 유효기간은 무한하다.

- **클래시피케이션**(classification) : 영역별 분류 즉 재료, 제품, 시스템, 서비스를 원료, 구성, 특성, 용도 등 유사한 특성에 기초한 체계적 분류.
- **퍼지작업**(purging) : 용접작업이 진행되는 동안 용접부 아래의 배관 내부를 불활성 또는 중성가스로 채워 주는 것. 이는 용접부 아래 부분이 산화 또는 오염되는 것을 방지하기 위한 것이다. 가장 일반적으로 사용되는 가스는 아르곤, 헬륨 및 질소이다. 다만 질소는 오스테나이트계 스테인리스강 용접 시에만 사용하는 것으로 제한된다. 퍼지작업은 용접구간 전체를 대상으로 할 수도 있고, 퍼지작업용 고정장치를 사용하여 용접부 아래의 영역에 국한할 할 수도 있다.
- **평균유속**(mean velocity of flow) : 유동중인 유체의 속도는 해당 지점에서의 유량을 관의 단면적으로 나눈 값이다. 일반적으로 사용되는 값은 정상유동 상태로 가정한 평균값 즉, 평균 유속을 말한다. 그러므로 난류유동과 같은 실제 유동에서의 다른 조건에서의 속도는 이와는 다르다.

$$v = \frac{Q}{A}$$

식에서 v: 평균유속, m/s

Q : 유량, $\mathrm{m^3/s}$

A : 관의 단면적, $\mathrm{m^2}$

이다.

- **프랙티스**(practice, **실행**) : 시험 결과를 만들어 내지 않는 하나 이상의 구체적인 작업을 수행 하도록 하는 일련의 지시. 실행의 예로는 적용, 평가, 청소, 수집, 오염제거, 정밀검사, 설치, 준비, 샘플링, 선발, 훈련 외에도 많은 활동을 포함한다.
- **합금강**(alloy steel) : 탄소 이외의 원소에 의해서 독특한 특성을 가지는 강으로, 합금원소의 함량의 최대치가 망간 1.65%, 실리콘 0.60%, 동 0.60%를 초과하는 경우의 강재 또는 분류상 구조용 합금강에 속하는 경우, 다음의 원소 중 특정 원소의 함량에

19. The law is always valid and enforceable, whereas code might not always be. 참고문헌 9, p.11

대한 명확한 범위가 주어지거나 또는 최소량을 갖도록 명시되거나 요구되는 경우 ①알루미늄, ②니켈, ③붕소, ④티타늄, ⑤크롬(최대 3.99 %), ⑥텅스텐, ⑦코발트, ⑧바나듐, ⑨콜럼븀, ⑩지르코늄, ⑪몰리브덴 또는 원하는 합금 효과를 얻기 위해 임의의 다른 합금 원소가 첨가될 수 있다. 불가피하게 소량의 특정 원소가 합금강에 존재하게 된다. 그러나 용도상 이 값은 중요하지 않거나 지정되지 않거나 필요하지 않다. 명시되거나 요구되지 않은 경우라도 다음 기준을 초과해서는 안 된다. 동 0.35%, 크롬 0.20%, 니켈 0.25%, 몰리브덴 0.06%.

- **흑연화**(graphitization) : 시멘타이트(Fe C)가 고온에서 분해하여, 시멘타이트 속의 탄소가 흑연으로 변화하는 현상. 연강이나 구조용강의 미세 조직은 통상 페라이트(a-Fe)와 세멘타이트(Fe_3C)인데, 열역학적으로는 불안정하고 고온에 두면 세멘타이트는 Fe(페라이트)와 탄소(흑연)로 분해되어 약화된다. 이 분해과정을 흑연화라고 한다. 흑연화에는 강재의 모든 면에 균일하게 분포하는 경우와 용접 열영향부 등 국부적으로 집중되는 경우가 있다. 620~650°C의 온도 범위에서 가장 잘 발생되고, 730~760°C 이상에서는 발생하지 않는다. 실제 환경에서는 보일러 연관 등에서 볼 수 있다. 합금 원소로서 Al은 흑연화를 크게하고 Mo, Cr은 억제 시킨다.

5.4 관 관련 용어

- **계기 배관**(instrument piping) : 계측기를 주 배관에 연결하거나 다른 계측기 및 장비 또는 측정 장비에 연결하는 데 사용되는 모든 배관, 밸브 및 관이음쇠.
- **공칭두께**(nominal wall thickness) : 명칭상의 편의와 실제의 관 두께와 구별하기 위하여 사용되는 것이다. 실제의 관 두께는 공칭두께보다 두꺼울 수도 얇을 수도 있다.
- **관(管)**. 관은 한자 문화권에서 파이프와 튜브를 일괄적으로 표현하는 말이다. 영어에서는 압출이나 용접 등으로 제조법이 다르고, 또 이음매가 없고 나사를 내지 않으므로 두께가 얇은 것과, 이음매가 있고 관용나사를 낼 수 있는 만큼의 두께를 가지는 것 등등 여러 가지 이유로 파이와 튜브로 구분하여 사용하지만. 특별히 구분할 필요가 없는 한 이 책에서는 파이와 튜브를 포함하는 의미로 관을 사용한다.
- **러트 파이프**(wrought pipe) : 연철(軟鐵, wrought iron)과 연강(軟鋼, wrought steel) 모두를 의미한다. 러트는 스켈프(skelp)를 노(爐)내 용접하여 파이프를 만들거나 판

재나 빌렛으로 이음매없는 파이프를 만드는 과정과 같이 어떤 작업을 거쳐서 만들어진 파이프를 가리키는 의미이다. 또한 러트 파이프라는 표현은 캐스트(鑄造) 파이프와 구별하는 의미로도 사용된다. 러트 파이프를 연철 파이프(wrought iron pipe)와 혼동해서는 안 된다. 러트 파이프를 언급할 때는 ERW 파이프, wrought copper tube와 같이 확실한 이름으로 지정해야 한다.

- **롤드 파이프(rolled pipe, 압연 파이프)** : 단조되어 나온 빌렛을 압출하여 두꺼운 두께의 중공 쉘(모관)을 만든 다음 연속적으로 점점 더 큰 지름의 맨드렐을 통과시켜 만들어진 관. 정밀한 치수 공차가 요구되는 경우, 압연된 관은 다이를 통해 냉간 또는 열간 인발된 다음 기계가공하여 마무리된다. 이 공정의 한 가지 변형은 수직의 유압식 피어싱 프레스를 사용하여 빌렛을 수직 압출하여 중공 쉘을 만들기도 한다.
- **미터, 미터조인트(miter joint)** : **그림** 3과 같이 두개 이상의 직선 부분을 갖는 단관을 연결하여 요구하는 각도로 방향이 전환 되도록 만들어진 관이음쇠. 상품화되어 있지 않은 각도나 대구경의 엘보나 롱벤드 제작 등에 적용된다.
- **미터 박스(miter box)** : 90도 절단용 치구. 주로 비금속관의 절단시 정확한 직각 절단을 위하여 사용된다.
- **바이패스(by-pass)** : 대형 밸브의 준비 동작을 위해 소유량을 통과시키기 위한 배관, 감압밸브, 트랩 등 기구에서의 이상 발생 시, 장비나 계량기 등을 직접 통하지 않고도 유체가 흐를 수 있도록 설치하는 비상유로 이다.
- **배킹, 배킹링(backing ring)** : 배킹은 용융된 용접 금속을 지지하기 위해 용접 이음

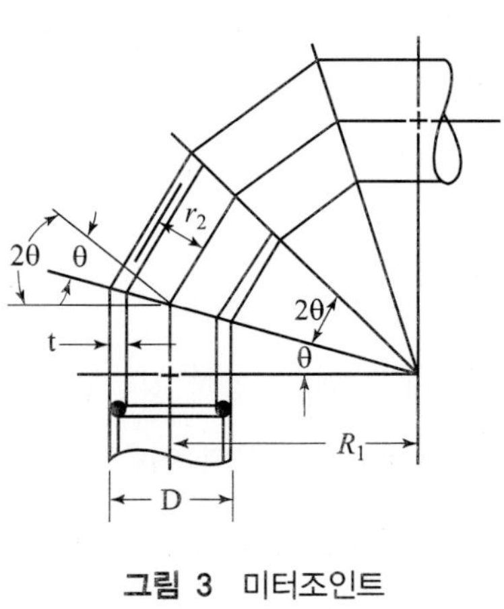

그림 3 미터조인트

부의 하부를 받치는 재료이다. 배관의 용접작업 시 중심을 맞추기 위해서도, 용접 후 용접부가 처짐이나 변형없이 고정되도록 하기 위해 사용된다. 배킹링은 파이프를 용접으로 연결할 때 두 파이프의 루트 사이에 끼우는 링으로, 반지와 같이 일체형인 것으로부터, 2등분, 3등분된 것 등 여러 형태로 사용된다. 용접 시 배킹링은 용융되어 파이프와 일체가 된다.

- **벤투리 포트**(venturi port) : 풀포트의 약 40~50 %인 지름의 포트. 일반적으로 플럭밸브에 사용된다.
- **브랜치 컨넥션**(branch connection) : 기존의 주관(run pipe)에서 새로 지관을 분기하는 방법으로, 관이음쇠를 사용할 수도 있고 관이음쇠 없이 큰관에 작은관을 직접 연결할 수도 있다. 동관의 티뽑기 같은 작업도 해당되지만, 주로 대구경의 강관에서 직접 오려내고 소구경 지관을 붙이는 작업을 말한다.
- **브레이즈**(braze) : 브레이즈는 모재의 용융점보다는 낮고 425°C 이상에서 용융되는 비철금속제 용접봉을 사용하여 그루브, 필릿, 플럭 또는 스폿용접 하는 방식으로, 용접봉은 용융금속의 모세관 현상을 이용하지 않는다. 과거 사용되던 브론즈 용접(bronze welding)이 바로 이에 속한다. 브레이즈는 동, 황동, 청동, 철, 강 등의 재료의 용접에 사용된다.
- **브레이징**(brazing) : 모재의 용융점보다는 낮고 425°C 이상에서 용융되는 브레이징 휠러 메탈을 사용하며, 용융된 용접재가 모세관 현상으로 두 모재의 틈새를 채우는 식으로 이음되는 방식이다. 동관용접에 주로 사용된다.
- **수력반지름**(hydraulic radius) : 접수길이과 유체가 흐르는 단면의 비율. 원형단면을 갖는 관의 경우는

$$R = \frac{\text{유체가 흐르는 단면적}}{\text{접수길이}} = \left(\frac{\pi}{4}d^2\right)/\pi d = \frac{d}{4}$$

식에서 R: 수력반지름, d: 관의 안지름이다.

- **솔벤트 시멘트**(solvent cement, 溶劑) : 결합되는 표면을 용해 또는 연화시키는 용매 접착제로 주로 플라스틱 관과 관이음쇠의 이음에 사용한다.
- **SDR**(thermoplastic pipe standard dimension ratio) : 두께에 대한 관의 바깥지름의 비 즉 inch 단위의 바깥지름을 inch 단위의 두께로 나눈 값이며, 플라스틱 관에서 관의 등급을 구분하는 기준으로 사용한다. ASTM에 따른 것이며 9, 11, 13.5, 17,

21, 26, 32.5, 35, 41, 51, 64, 81 등 여러 개 등급이 있다. PVC, CPVC 등에 따라 적용하는 기준이 다르다. 숫자가 작을수록 두께가 두꺼운 것이며 더 높은 압력에 사용할 수 있다. PE나 PB 파이프에서는 SDR 대신 DR을 사용하며, 이는 파이프의 평균 바깥지름을 관의 최소두께로 나눈 값으로 DR32.5 DR26 DR21 DR17 DR15.5 DR13.5 DR11 DR9.3 DR9 DR7 등이 있다.

- **SIDR(standard inside dimension ratio)** : 두께에 대한 안지름의 비 즉 inch 단위의 평균 안지름을 inch 단위의 관의 최소두께로 나눈 값이다. PE 관에서 SchNo나 DR과 함께 관의 등급을 구분하는 기준으로 사용한다. ASTM에 따른 것이며 SIDR11, 13.5, 17, 21, 26 등 5가지로 표준화되어 있다. 역시 숫자가 작을수록 두께가 두꺼운 것이며 더 높은 압력에 사용할 수 있다.
- **앵커(anchor)** : 배관의 상하 좌우는 물론 회전 등 어떤 방향으로의 변위도 허용되지 않는 가장 강한 고정지지대 이다.
- **어셈브리(assembly, 조립)** : 볼트체결, 용접, 코킹, 솔더링, 브레이징, 시멘팅 또는 나사 이음 등의 방법으로 2개 이상의 배관을 지정된 위치에 정확히 설치하는 작업.
- **완전침투용접(full penetration weld)** : 이음부의 루트를 완전히 소모시킨 용접의 일종이다. 일반적으로 부분 관통 용접보다 강도가 높기 때문에 높은 응력을 받는 이음부에 대한 요구조건인 경우가 많다.
- **컴패니언 플랜지(companion flange)** : 장비나 용기에 이미 붙어있는 플랜지, 관이음쇠 또는 밸브 플랜지에 맞게 이음이 되도록 제작된 관플랜지. 즉 고정되어 있지 않은 플랜지로 관에 부착할 수 있는 방범에 따라 나사식, 용접식, 밴 스토닝[20] 플랜지 등이 있고, 또 삽입식 용접이 가능하도록 관 허브를 둔 청동 플랜지(**그림 4(b)**)는 주조방식으로 제작하며 주로 DN 65 이상의 동관 용접용으로 사용된다.
- **합(合)플랜지와 조(組)플랜지** : 합플랜지는 압력용기나 펌프 등의 장비에 이미 붙어있는 플랜지에 이음되는 플랜지 즉 1매를 말하고, 관과 관을 플랜지이음하기 위하여 2개의 플랜지를 함께 사용하는 경우가 조플랜지 즉 2매의 의미이다.

---

20. van stoning은 용접이나 나사산이 있는 기존의 칼라나 스텁엔드(stub end)를 사용하지 않고, 파이프 끝을 축에 직각으로 직접 구부려 칼라를 형성하는 가공방법. 파이프의 바깥지름과 플랜지의 안지름 간에 여유가 있어 플랜지는 파이프를 축으로 하여 회전시킬 수 있다.

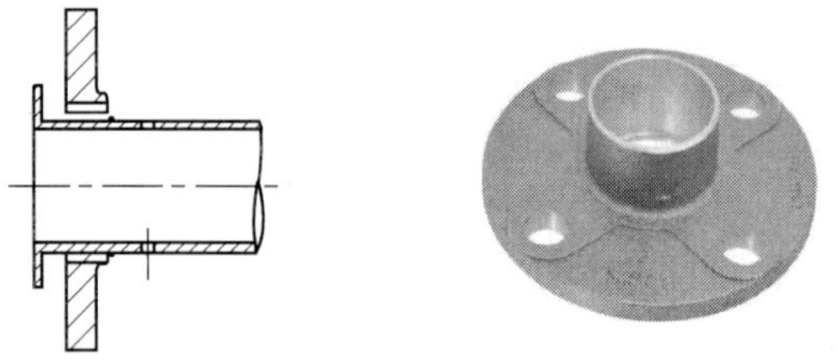

(a) 밴 스토닝 플랜지　　　　(b) 청동 컴패니언 플랜지

그림 4 특수 플랜지의 예

- **휠러메탈(filler metal)** : 용접, 솔더링, 브레이징에 사용하는 금속으로 용융되어 모세관 현상으로 접합부 틈새를 채워 줌으로써 이음이 완성된다. 동관처럼 모재를 용융시키지 않는 야금적 이음 경우에 사용되며, 솔더링에 사용되는 것을 솔더메탈, 브레이징에 사용하는 것을 브레이징 휠러메탈이라고 한다.
- **호칭 두께(nominal thickness)** : 제품 재료 사양 또는 표준에 제시된 제조 공차가 주어진 두께.

5.5 밸브 관련 용어

- **넌리턴밸브(nonreturn valve)** : 폐쇄기구가 물의 힘이 아니라 기계적으로 작동하는 첵밸브. stop-check valve라고도 한다.
- **대기조건(ambient conditions)** : 밸브를 둘러싼 환경에서의 압력과 온도.
- **더블디스크(double-disc)** : 두쪽 디스크 또는 두 개로 분리된 디스크로 시트도 이에 맞춰 2개가 된다. 이런 형태는 일부 게이트 밸브에 사용된다.
- **더블시트 밸브(double-seated valve)** : 시트와 디스크(또는 플럭)이 각각 2개인 밸브.
- **흐름 특성(flow characteristic)** : 밸브의 유량계수와 밸브 스트로크 간의 관계를 말한다.
- **WOG** : water, oil, gas의 첫 글자를 합친 것으로, 내부유체로 물, 오일, 기체, 증기, 진공 등 모든 유체에 사용할 수 있다는 용도 표시이며 주로 볼밸브에서 사용된다. 밸브가 정밀해야만 모든 유체에 겸용할 수 있다.
- **디스크(disc)** : 폐쇄 위치에 따라 흐름을 허용하거나 차단하기 위해 유로에 위치하는 밸브의 부분. 밸브의 형태에 따라서 쐐기, 플럭, 볼, 게이트 또는 기타 기능적으로 유

사한 표현으로 쓰인다. 국제 표준에서는 밀폐장치(obturator)라고 한다.

- **릴리프밸브**(relief valve) : 입구 정압에 의해 작동되는 프레셔 릴리프밸브. 개방압력(설정압력)보다 증가하는 압력에 비례하여 점차적으로 개도가 커지는 프레셔 릴리프 밸브.
- **바이패스**(bypass) : 대형 밸브의 유량제어 요소(디스크, 플럭 등)는 전폐 상태이고, 평상시에는 주위로만 흐름을 허용하기 위해 설치되는 배관 루프. 바이패스 루프에 설치된 스톱 밸브를 바이패스 밸브라고 한다. 배관의 바이패스와는 성격이 약간 다르다.
- **배출계수**(coefficient of discharge) : 프레셔 릴리프밸브의 이론적 배출용량에 대한 측정된 배출용량의 비율.
- **버블 타이트**(buble tight) : 밸브의 시험 방법의 한가지로, 밸브를 완전히 닫은 상태에서, 상류측은 공기로 가압하고 하류측은 물로 가압시켰을 때 하류측에서 기포가 감지되지 않을 경우, 밸브는 버를타이트 되었다고 한다.
- **브랭크, 브랭크 플랜지**(blank flange) : 볼트 구멍이 없는 원판으로 플랜지와 플랜지 사이에 끼워져 사용된다. 블랭크 플랜지로 쓰기도 한다.
- **브라인드 플랜지**(blind flange) : **그림** 5와 같이 볼트 구멍만이 가공된, 관의 끝을 막는데 사용되는 플랜지. 맹(盲)플랜지 라고도 불렸다.

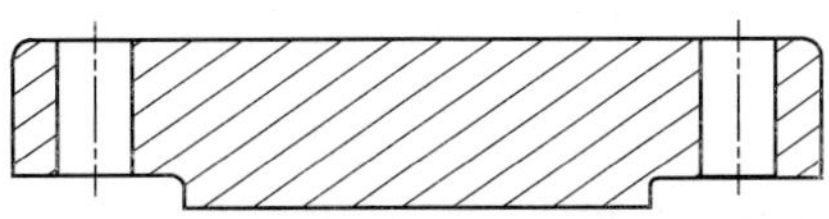

그림 5 브라인드 플랜지

- **블록**(block) **밸브** : 흐름을 차단하거나 흐르게 하는 데 사용되는 밸브. 온-오프 밸브라고도 한다.
- **블로우다운**(blowdown) : 설정 압력과 프레셔 릴리프밸브의 작동후 압력의 차이로, 설정 압력에 대한 백분율로 표시된다.
- **블로우다운 밸브**(blowdown valve) : 압력용기나 배관의 가압된 압력의 일부를 빼내기 위하여 사용되는 밸브.
- CWP(cold working pressure) : 냉수를 사용할 때를 기준한 최고 사용압력을 말한다. 이 용어는 밸브류 특히 볼밸브에서 주로 사용되지만 기계산업 분야에서도 사용된다.

· **선형유동특성**(linear-flow characteristics) : 유량이 유량제어 요소의 변위(개도)와 정비례하는 밸브의 유량특성

· **설정압력**(set pressur) : 릴리프밸브가 열리기 시작하는 시스템의 입구 정압 또는 세이프티밸브가 펑 터지는 압력.

· **세이프티 릴리프밸브**(safety-relief valve) : 급개방 팝동작[21]을 특징으로 하는 프레셔 릴리프밸브 또는 개방압력(설정압력)보다 증가하는 압력에 비례하여 점차적으로 개방되는 프레셔 릴리프밸브.

· **세이프티밸브**(safety valve) : 입구 정압에 의해 작동되고 급개방 또는 팝동작을 특징으로 하는 프레셔 릴리프밸브.

· **시트**(seat) : 디스크나 플럭 같은 닫힘 부재에 의해 압축을 받는 부분. 압축 효과로 밸브가 폐쇄된다.

· **쐐기**(wedge) : 개폐요소가 경사진 시트면과 접촉하도록 스템 중심선에 대해 경사진 형태로 통체. 분리형, 플렉시블형 등이 있다.

· **스로틀링**(throttling, 絞縮) : 전개(全開) 위치와 전폐(全閉) 위치 사이에서 밸브를 개폐하는 요소(디스, 플럭, 볼 등)의 위치를 제어하여 유체의 유속 또는 압력을 조절하는 과정.

· **스트로크**(stroke) : 밸브를 개폐하는 요소(디스, 플럭, 볼 등)가 완폐(완개) 위치에서 완개(완폐) 위치까지 움직이는 거리. 직선 운동하는 밸브의 경우는 mm로, 회전운동하는 밸브의 경우는 각도(0~90)로 표시된다.

· **스팀 상용압력**(steam working pressure, swp) : 스팀에 밸브를 사용할 때 초과해서는 안되는 스팀온도에 상응하는 최대 정격 또는 상용압력. 밸브에 S, SP 또는 SWP로 표시되어 있다.

· **액츄에이터**(actuator) : 전기, 공압, 유압 또는 이들 중 하나 이상의 조합된 방법으로 밸브를 작동시키는 장치.

· ISNRS/NRS, inside screw-nonrising stem/nonrising stem : 스템의 나사산이 밸브 몸통 내부에 있어서 스템은 제자리에서 회전만 되고 디스크가 상하로 이동하여 개

---

21. pop action. 순간적으로 펑 터지는 동작

폐가 이루어지는 밸브(**제11장** 참조).

- **ISRS/RS. inside screw-rising stem/rising stem** : 스템의 나사산은 밸브 몸통 내부에 있으며 내부 유체에 노출되어 있다. 스템은 회전하면서 상하로 이동하여 개폐가 이루어진다. 스템의 위치는 밸브 디스크의 위치를 나타낸다(**제11장** 참조).
- **역류**(backflow) : 정상 또는 예상되는 유체 흐름의 반대 방향으로 발생하는 흐름.
- **역압**(back pressure) : 밸브에서는 배출계통의 압력에 의해서 압력 배출기구의 출구측에 작용하는 정압을 말하며, 위생설비에서는 밸브기준으로 출구측의 압력이 입구측의 압력보다 높아져(또는 상류측의 압력이 하류측보다 낮아지는 것도 같음) 역류가 발생되는 현상을 설명하기 위하여 역압이 중요하게 다루어진다.
- **OS&Y(outside-screw-and-yoke)** : 밸브의 핸들은 제자리에서만 회전하고 스템이 핸들에 있는 나사 스리브를 통하여 오르내린다. 이에 따라 스템에 붙어있는 게이트가 상하로 이동하여 개폐가 이루어지는 밸브이다. 스템에 나사가 나 있고, 나사는 밸브에 작용하는 압력 부분 밖에 있으므로 내부 유체와는 접촉되지 않는다. 밸브 보닛에는 요크가 있고, 요크에는 밸브가 열릴 때 회전스템을 잡아주는 너트가 있다. NPS 2 이상 밸브에 일반적으로 적용된다(**제11장** 참조).
- **요크**(yoke) : 스템 너트를 위치시키거나 밸브 액츄에이터를 장착하는 데 사용되는 밸브의 구성요소.
- **유량계수**(coefficient of flow, flow coefficient) : 밸브 입출구 간의 압력차를 일정하게 유지하고, 완전개방 상태에서 밸브를 통과하는 유량. 유량계수 또는 밸브계수라고도 한다. 압력차를 1 psi(6.9 kPa)로 하고 60°F(16°C)의 물을 통과시켰을 때의 유량을 gpm으로 표시할 때의 C_v와 압력차를 1 kg/cm^2(100 kPa)로 하고 16°C의 물을 통과시켰을 때의 유량을 m^3/h로 표시할 때의 K_v를 주로 사용한다.
- **이그재머네이션**(Examination) : 시각적 또는 기타 방법을 사용하여 결함(지표)을 밝히고 그 중요성을 평가하는 여러 품질관리 작업 중 하나. 공사의 수행자가 시행하는 품질관리를 위한 검사(檢査).
- **인스펙션**(inspection) : 모든 필수 검사 및 시험이 완료되었는지 확인하고, 재료, 제작 및 검사에 대한 모든 문서가 코드 및 엔지니어링 설계의 해당 요구사항을 준수했는지를 확인하는 활동으로 공인 검사관 또는 소유자를 대신하는 검사원이 수행한다. 공사의 발주자 또는 그의 대리인이 시행하는 품질보증을 위한 검사(檢査).

- **짧은 패턴 밸브**(short pattern valve) : 길이를 짧게하기 위하여 표준[22]에 따른 면(面)대(對)면 또는 단(端)대 단 치수로 설계된 밸브.
- **조정밸브**(control valve) : 시스템에서 제어 요소로서의 역할을 하는 밸브. 밸브를 통과하는 유량을 변화시키는 수단을 제공한다.
- **축소 포트**(reduced port) : 밸브에 연결된 관의 안지름보다 작은 포트. 게이트 밸브의 크기보다는 한 단계 작은 파이프 크기 또는 풀포트 볼밸브 지름의 60%와 거의 같다.
- **풀 포트**(full port, full bore) : 밸브 구멍의 지름이 연결 파이프의 안지름과 대략 같은 크기일 때의 지름.
- **폐쇄압력**(closing pressure) : 디스크와 시트가 맞닿을 때 감소되는 밸브 입구 정압과 같은 압력 또는 리프트가 0이 될 때의 압력.
- **포트**(port) : 밸브에서 유체가 통과하는 원형의 구멍. 밸브의 크기 표시인 호칭지름은 이 구멍 즉 포트의 지름과 같다(NPS 기준). 풀포트, 표준포트 축소포트가 있다. 경우에 따라서 보어(bore)라고도 하며, 특히 다이아프램 밸브에서 관통형의 경우에는 풀보어라고 한다.
- **표준 포트**(regular port, standard port) : 밸브 포트의 지름이 풀포트 볼밸브 지름의 약 75~90%, 플럭 밸브 지름의 60~70%인 포트.
- **초크 플로우**(choked flow) : 하류측 압력이 감소해도 유량을 증가시킬 수 없는 흐름. 액체유동 분야에서 이러한 현상은 캐비테이션 또는 유로의 통로가 좁아짐에 의한 플래싱(flashing)에 의해 형성되는 증기기포가 원인이다. 가스의 흐름에서 초크 플로우는 유속이 음속범위에 도달하는 것이 원인이다. 그리고 하류측 압력이 감소함에도 가스유량이 증가하지 않는다.
- **캐비테이션**(cavitation) : 밸브 자체에서의 캐비테이션은 유체가 밸브를 통과할 때 베나콘트랙타 부분에서의 압력이 증기압 이하로 떨어질 때 발생하며, 그 다음에 압력은 다시 증기압 이상으로 회복된다. 증기압보다 낮은 압력에서는 기포가 형성되고, 그 기포는 압력이 회복 되면서 파괴된다. 기포가 파괴되는 에너지에 의해 밸브와 그 하류의 금속관 표면이 침식될 수 있다. 액체 압력이 증기압 이하로 떨어졌다가 다시

22. 참고문헌 10

증기압 이상으로 회복되는 현상과 기포의 형성과 파괴되는 현상을 결합하여 캐비테이션이라고 한다.

- **크래킹 압력**(cracking pressure) : 닫힌 첵밸브가 열리기 시작하고 밸브를 통해 흐름이 허용되는 상류측 압력.
- **트림**(trim) : 관내 유체와 접촉되는 밸브의 구성부품. 일반적으로 스템, 밸브를 개폐하는 요소 및 시트면 등이 해당된다. 유체와 접촉하는 부품들은 제거나 교체가 가능하다. 몸통, 보닛, 요크 및 이와 유사한 부품과 같은 밸브 부품은 트림으로 간주되지 않는다.
- **웨이퍼 몸통**(wafer body) : 길이가 짧은 면대면 치수를 갖는 밸브몸통. 배관의 지름에 맞춰 양쪽 관에 부착된 플랜지 사이에 넣고 특수 길이의 스터드와 너트를 사용하여 설치 하도록 설계되었다.
- **1/4회전 밸브**(quarter-turn valve) : 밸브가 완개 되거나 완폐 되기 위하여 폐쇄 기구가 1/4 회전(90도) 되어야 하는 밸브. 회전운동 밸브 참조.
- **회전운동 밸브**(rotary motion valve) : 밸브가 완개 되거나 완폐 되기 위하여 폐쇄 기구가 1/4 회전운동 하는 밸브. 1/4회전 밸브 참조.
- **흐름 제어요소**(flow control element) : 밸브를 통과하는 유체의 흐름을 허용, 정지, 방해 및 제어하는 밸브의 부분. 디스크 참조.

5.6 약자

❶ 일반사항

약자	원문	비고
Asb	Asbestos (Gaskets)	석면(개스킷)
BE	Beveled end	끝(端)가공
Bld	Blind (flange)	브라이드(플랜지)
Blk	Black (pipe)	흑관
BOM	Bill of materials	재료 청구서
BOP	Bottom of pipe	관의 밑면
Brz	Bronze (valve)	청동(밸브)
Bty	Butterfy (valve)	버터플라이(밸브)
BW	Butt welding	맞대기 용접
cfs	cubic feet per second	ft^3/s
CI	Cast iron	주철
Chk	Check (valve)	첵(밸브)
Cpl	Coupling	커플링
CS	Cast steel, Carbon steel, Cap screw	주강, 탄소강, 캡나사
Csg	Casing	케이싱
CWP	Cold water pressure	냉수 사용시 압력
DI	Ductile iron	덕타일주철
Dia	Diameter	지름
Dim	Dimension	치수
Ditto	Do not use this term	이 용어를 사용하지 마십시오
DR	Dimension ratio	치수비율
DS	Design stress	설계응력
Dwg#	Drawing number	도면 번호
Ea	Each	개
Ecc	Eccentric	편심
EI	Elevation (on drawing)	입면도(도면), 높이
Ell	Elbow	엘보
FE	Flanged ends	플랜지식
FF	Flat/full face	평면/전면(全面)
F/F	Face of flange	플랜지면
Fig	Figure (number)	그림(번호)
Flg	Flange	플랜지
FS	Forged steel	단강(鍛鋼)
Glav	Galvanised	아연도금

약자	원문	비고
Gi	Gray iron	회주철
Glb	Globe (valve)	글로브(밸브)
GJ	Ground joint (union)	헤드와 테일의 접촉면적을 크게한 유니온
GR	Grade	등급
Gsk	Gasket	개스킷
HC	Hose coupling	호스니플
HDBS	Hydrostatic design basis Stress	정압(靜壓) 설계 기초응력
HDS	Hydrostatic design stress	정압 설계응력
HT	High temperature	고온
ID	Inside Diameter	안지름
LJ	Lap joint (flange)	랩조인트(플랜지)
LP	Line pipe	원유, 석유제품, 천연가스 및 물 운반용에 사용되는 고강도 탄소강 파이프
LR	Long radius	장 반지름
LT	Low temperature	저온
M&F	Male and female (ends)	한쪽은 숫나사 한쪽은 암나사
Mat'l	Materials	재료
MFD	Mechanical flow diagram	기계적 계통도(흐름도)
Mfg	Manufacturer	제조자
MI	Malleable iron	가단주철
NC	Normally closed	상시(常時) 폐쇄
Nip	Nipple (pipe)	니플(파이프)
OD	Outside Diameter	바깥지름
Orf	Orifice	오리피스
OS&Y	Outside screw and yoke(valve)	고정위치의 핸들이 돌면 스템이 상하로 이동하는 형태의 밸브
PE	Plain ends	끝(端)가공 없음(강관)
P&ID	Piping and instrumentation diagram	배관과 계장 계통도
PO#	Purchase order or number	구매번호
POE	Plain one end	한쪽 끝은 가공없음(강관)
ppb	Parts per billion	10억 분의 1
PQR	Procedure Qualification Record	절차 적격성 기록
PR	Pressure rated	압력등급
Press	Pressure	압력
PS	Pipe support	파이프지지대
PSV	Pressure safety (relief) valve	프레셔 세이프티(릴리프)밸브
PVF	Pipe, valves and fittings	파이브, 밸브와 관이음쇠
Qty	Quantity	수량
Red	Reducer	레듀서

약자	원문	비고
RR	Red rubber (gasket type)	적고무(개스킷 재료)
RS	Rising stem (valve)	스템이 상하로 이동하는 형식의 밸브
RTE	Reducing tee	레듀싱 티
Rtg	Rating	등급
RTJ	Ring type joint (flange facing)	링형 조인트(플랜지 접촉면)
Sch	Schedule (of pipe or fittings)	스케쥴(관 및 관이음쇠)
SE	Screwed ends	나사식
SDR	Standard dimensional ratio	두께에 대한 바깥지름의 비, inch 단위
SIDR	Standard ID dimension ratio	두께에 대한 안지름의 비, inch 단위
Spec	Specification	사양
SR	Short radius, stress relieve	단 반지름, 응력제거
SRL	Short radius elbow	단 반지름 엘보
SS	Stainless steel	스테인리스강
Std	Standard (pipe or fitting sch)	표준 중량(중량계 법에서의 두께 기준)
Stl	Steel	강
SW	Socket welding	소켓용접
SWP	Safe working pressure	안전 운전(작동) 압력
T&C	Threaded and coupled	나사 가공하여 소켓 끼움(강관)
T&G	Tongue and groove (flange facing)	한쪽은 凸, 다른 한쪽은 凹 가공(플랜지면)
TS	Tensile strength	인장강도
Thd	Threaded	나사
Thk	Theckness	두께
TOE	Thread one end	한쪽 나사(강관이나 니플)
TW	Thermometer well	온도계(또는 온도 센서) 보호관
Vac	Vacuum	진공
Vol	Volume	체적
WE	Weld end	용접식(관이음쇠나 밸브의 이음부)
WI	Wrought iron	연철(軟鐵). 아직 완성품으로 가공되기 전의 재료상태의 철을 의미한다.
WP	Working pressure	작동(가동) 압력
WPS	Welding Procedure Specification	용접 절차 사양. 용접 절차를 설명하는 공식적인 서면 문서
WT	Wall thickness/weight	관의 두께/중량
XS	Extra strong	매우강함(중량계법에서의 두께 기준)
XXS	Double extra strong	매우 매우 강함(중량계법에서의 두께 기준)

2 플라스틱

약자	원문	비고
ABS	Acrylonitrile-Butadiene-Styrene	아크릴로 니트릴 부타디엔 스티렌
AP	Polyacetal	폴리 아세탈
CP	Chlorinated polyether	염소 폴리 에테르
CPVC	Chlornated Polyvinyl Chloride	염화 폴리 비닐
ETFE	Ethylene-tetrafluoroethylene copolymer	에틸렌-테트라 플루오로 에틸렌 공중합체
PB	Polybutylene	폴리부틸렌
PE	Polyethylene	폴리에틸렌
PEX	Cross-linked polyethylene	가교 폴리에틸렌
PP	Polypropylene	폴리 프로필렌
PTFE	Polytetrafluoroethylene	폴리 테트라 플루오로 에틸렌
PVC	Polyvinyl Chloride	폴리 염화 비닐
RTP	Rainforced Thermosetting Plastic	강성 열경화성 플라스틱
RTR	Rainforced Thermosetting Resin	강성 열경화성 수지

3 단체명

약자	원문	비고
AAE	American Association of Engineers	기술자 협회
ACI	American Concrete Institute	콘크리트 연구소
AISC	American Institute of Steel Construction	철강 건설 연구소
AISE	Association of Iron and Steel Engineers	철강 기술자 협회
AISI	American Iron and Steel Institute	철강 협회
API	American Petroleum Institute	석유 협회
ASCE	American Society of Civil Engineers	토목 기술자 협회
ASE	Amalgamated Society of Engineers	통합 기술자 협회
ASHRAE	American Society of Heating, Refrigerating and Air-Conditioning Engineers	미국 냉난방 공조협회
AWG	American wire gauge	전선 게이지
AWS	American Welding Society	용접 협회
FCI	Fluid Controls Institute	유체 제어 연구소
ISA	International Standards Association; Instrument Society of America	국제 표준협회; 미국 기계기구협회
MSS	Manufacturers Standards Society of the Valve and Fittings Industry	밸브 및 이음쇠 제조업 협회 표준
NACE	National Association of Corrosion Engineers	부식 기술자 협회

약자	원문	비고
NFPA	National Fire Protection Association	소방 협회
NSPE	National Society of Professional Engineers	기술사 협회
OSHA	Occupational Safety and Health Act, or Administration	산업안전 보건법 또는 행정기관
PFI	Pipe Fabrication Institute	파이프 제작 연구소
PPI	Plastic Pipe Institute	플라스틱 파이프 연구소
SAE	Society of Automotive Engineers	자동차 기술자 협회

참고문헌

1. ANSI/ASME B36.10/B36.10M Welded and Seamless Wrought Steel Pipe
   ANSI/ASME B36.19/B36.19M Stainless Steel Pipe
2. ANSI/ASME B36.10 Steel Pipe Nominal Wall Thickness Designations
3. KS D3576 배관용 스테인리스강관
4. ASME B16.5 Pipe flange and flanged fittings.
5. Mohinder L. Nayyar. Piping Handbook 7th Edition
6. ASME B16.34 Valves, Flanged, Threaded and Welding End
7. ASME B1.20.1 Pipe Thread, General Purpose
8. ASME B1.1 Unified Inch Screw Threads
9. 金永浩, 한국 미국 일본의 위생설비분야 코드, 설비저널 제43권, 2014.11
10. ASME B16.10 Face-to-Face and End-to-End Dimensions of Ferrous Valves

2장 코드와 표준

1 코드와 표준이란 무엇인가

1.1 코드와 표준 사용에 대한 원칙

코드(code)나 표준(standard)을 제정하는 일은 전문적인 지식과 경험을 가진 많은 인력과 비용이 필요하다. 그래서 스스로의 코드나 표준을 갖고 있지 못한 국가도 많다.

그러나 직접 제정한 코드와 표준이 없다고 해도 문제 될 것이 없다. 국제적으로 통용되는 것을 그대로 사용하면 되기 때문이다.

이것이 코드와 표준의 사용에 대한 원칙이다. 왜냐하면 코드나 표준이 만들어지는 것은 한 국가(또는 국가에 소속된 기관이나 단체)의 역할에서 비롯되지만, 일단 그것이 완성되면 사용에 대해서는 국경이 없기 때문이다. 예를 들면, 유럽의 한 국가에서 한국표준(KS)를 적용하여 제품을 생산하고, 이것을 세계시장에 판매하였을 경우을 상정해 보자. 한국이 그 국가에게 "왜 한국 표준을 적용하였느냐"고 이의를 제기할 수 없다.

우리의 중공업이나 건설산업 분야에서도 많은 경우에 BPVC[1]나 Pressure Piping 같은 코드를 적용하여 건설공사를 수행하고 있지만, 이에 대하여 항의를 받거나 비용을 지불한 적이 없다. 오히려 제정된 코드나 표준이 국제적으로 많이 사용될수록 제정한 국가

1. 참고문헌 1

의 권위는 상승하게 될 것이고, 직간접적으로 경제적인 이득을 보게 된다.

1.2 코드와 표준의 차이

(1) 코드와 표준은 다르다

코드나 표준은 시스템이나 배관 구성요소들이 압력에 대한 안전과 품질을 보장할 수 있는 최소한의 기준을 제시하고, 동시에 이러한 기준을 준수하여 설계를 간편하게 할 수 있도록 한다는 목적과, 국가나 국가로부터 위임을 받은 기관에서 제정공고한다는 점은 같다.

설계자를 포함한 기술자들이 코드와 표준이라는 용어가 동의어이거나 적어도 다소 상호 교환 가능하다고 생각하는 경우가 많지만, 이는 이해가 잘못된 것이다. 코드와 표준은 다르다.

(2) 코드의 뜻

코드는 규약(規約), 규범(規範), 관례(慣例), 법도(法道) 등으로 모두 법을 뜻한다. 설계로부터 공사의 준공에 이르기까지 전 공정에 대한 일반적인 기준이며, 이를 따르는 것은 의무사항이다. 특히 건설분야에서의 코드는 공사결과에 대한 성능을 보증하기 위한 최소한의 기술적 기준으로 국민에게 안전한 시설과 환경을 제공하기 위한 것이다.

(3) 표준의 존재 이유

표준은 코드에 적용할 설계값을 제시하기 위한 것이다. 예를 들어, 보일러와 압력용기 코드(BPVC)는 주로 보일러, 압력용기 등에 대한 안전을 확보하기 위해서 제정되었다. 일반 산업분야의 보일러와 압력용기로부터, 원자력 발전소의 압력부에 사용되는 모든 자재를 포함한다.

이 코드를 기준으로 설계를 하기 위해서는 ①보일러 자체, ②보일러 주변배관, ③보일러 외부배관으로 나누어 관과 각 요소의 사용등급을 결정해야 하고, 그렇게 하기 위해서는 각 요소별 표준을 적용해야 한다. 코드가 시스템 전체를 대상으로 한다면, 표준은 시스템을 구성하는 각각의 요소를 대상으로 한다. 즉 코드에 적용하기 위하여 표준이 있는 것이다.

2 배관 관련 코드와 표준

2.1 BPVC(보일러 및 압력용기 코드)

1 BPVC 코드의 개요

(1) 코드의 출현 경위

1905년 3월 20일 매사추세츠주의 한 공장에서 화재로 인한 보일러의 폭발로 58명의 사망자와 150명의 부상자를 내는 사고가 발생하였다. 같은 해 12월에도 또 다른 공장에서 보일러가 폭발했다. 이러한 사고를 경험한 매사추세츠주는 1907년 ASME의 스팀 보일러 규칙을 기본으로 한 최초의 법률 코드를 제정하였다.

ASME의 보일러 코드위원회는 1911년에 설립되었다. 1914년, 114 페이지의 보일러 코드(Boiler Code) 초판을 발간하였다. 1915년에는 여기에 "고정식 보일러의 건설규칙 및 허용 작동압력"이 추가되었다. 현재 BPVC는 28권의 20,000여 페이지로 구성되며, 전세계 100개 이상의 국가에서 사용되고 있다.

(2) 중요도

BPVC는 기계설비 산업에서 가장 널리 사용되는 코드이며, 12개 분야(section)으로 구성된다. 실무적으로 모든 작업 결과물에 대한 평가나 합격 불합격을 논할 때는 우선 이 코드에 적합한지의 여부가 기준이 된다.

그러므로, 만약 보일러 제조자라면 설계 및 제작에 S-1이나 S-4를 적용할 것이고, 시공자, 감리자 또는 유지관리자라면 S-1이나 S-4뿐만 아니라 S-6이나 S-7도 활용하게 될 것이다.

이 코드는 3년마다 보완되며 이전 3년 동안 추가된 내용과 수정된 내용이 통합된다.

2 섹션별 내용

(1) 12개 섹션의 제목

- S-1 동력용 보일러

- S-2 재료 사양
- S-3 원자력 발전시설 부품의 건설규칙
  - Div.1 원자력 발전소 구성품
  - Div.2 콘크리트 반응 용기와 그 폐쇄규칙
  - Div.3 소비된 핵연료 및 고수준 방사성 폐기물의 운송 및 저장을 위한 봉쇄 시스템
- S-4 난방용 보일러
- S-5 비파괴 검사
- S-6 난방 보일러의 유지 및 운전규칙
- S-7 동력용 보일러 유지 및 운전규칙
- S-8 압력용기
  - Div.1 압력 용기
  - Div.2 압력 용기 대체 규칙
  - Div.3 고압용기 건설을 위한 대안 규칙
- S-9 용접과 브레이징 자격요건
- S-10 FRP 압력용기
- S-11 원자력 발전소 구성요소에 대한 가동 중 검사규칙
- S-12 운송 탱크의 건설 및 계속 사용 규칙 등이다.

(2) 주 섹션과 보충 섹션

기본적으로 1, 3, 4, 5, 8, 10, 11 및 12는 배관에 대한 규칙과 요건을 명시한다. 그러나 2, 5, 9는 1 또는 3과 같은 섹션에서 인용되거나 참조로 언급되지 않는 한 자체적으로는 적용되지 않으므로 코드를 보충하는 섹션이다.

3 모든 배관분야에 적용되는 S-2의 재료 사양

(1) 개요

코드의 보충 섹션으로 간주되는 S-2는 4개 부문(part)으로 구성된다. 그 중 1~3은 재료 사양이고, 4는 BPVC 및 압력배관 코드에서의 다양한 품목에 적용되는 재료의 특성을 포함한다.

이러한 자료는 배관에 관련된 다른 코드나 모든 표준에서 그대로 사용된다.
그동안 실무적으로 모든 배관 공사에 적용했던 재료에 대한 기준은, 알고 사용하였거나

모르고 사용하였거나를 불문하고 이 BPVC의 재료 사양을 근거로 한 것이다.
이 책에서도 역시 재료는 물론 강도에 관련된 모든 자료는 BPVC를 근거로 한다.

(2) 부문 A(철계금속 재질)

부문 A에는 강관, 플랜지, 판재, 볼트 재료 및 주단조품, 주철 및 가단주철에 대한 재료 사양이 포함된다. 이러한 사양은 접두사 SA을 붙여, SA-53 또는 SA-106과 같은 숫자로 표시된다.

(3) 부문 B(비철계금속 재질)

부문 B에는 알루미늄, 동, 니켈, 티타늄, 지르코늄 및 그 합금에 대한 재료 사양이 포함된다. 이러한 사양은 접두사 SB를 붙여, SB-61 또는 SB-88과 같은 숫자로 표시된다.

(4) 부문 C(용접봉, 전극 및 필러메탈)

부문 C에는 용접봉, 전극 및 필러메탈, 브레이징 재료 등의 사양이 포함된다. 이러한 사양은 접두사 SFA를 붙여, SFA-5.1 또는 SFA-5.27과 같은 숫자로 표시된다.

(5) 부문 D(특성)

ft-lb 단위 본과 SI 단위 본 2가지로 발간되며, 부문 D에는 BPVC의 S-1, S-3, 및 S-8에서 허용되는 모든 재료를 두 부분으로 나누어 그 특성을 다룬다

한 부분은 파이프, 피팅, 판재, 볼트 등의 철 및 비철 재료에 대한 허용응력 및 설계응력 강도 자료표가 들어있다. 또한, 철 및 비철 재료의 인장강도 및 항복강도 값을 제공하고 니켈, 고 니켈 합금 및 고 합금강의 영구 변형률을 제한하는 요소들이 나열되있다.

또 다른 한 부분에서는 열팽창계수, 탄성계수 및 압력이 작용하는 상태에서 사용되는 배관 구성요소와 철 및 비철 재료가 사용된 지지대의 설계 및 시공에 필요한 기타 기술자료와 같은 물리적 특성을 제공하는 표와 차트가 들어있다.

2.2 배관 코드

❶ 포함내용

배관 코드는 설계로부터 시스템이나 시설의 완성에 이르기까지 전 공정에 대한 기준이다. 설계 시 반드시 고려해야 하는 허용 재료나 자재, 허용응력 및 각종 하중과 같은 특정 값에 대한 기준을 제시한다. 이를테면 내압, 자중, 지진 하중, 동하중, 열팽창 및 기타 내외부 하중에 견딜 수 있는 최소 관두께 및 구조적 안전을 확보할 수 있는 계산식 등이다. 또한 부품이나 관이음쇠를 사용하지 않고, 표준이 없는 주관에서 분기관을 직접 인출 할 때의 개구부 보강에 대한 설계기준도 포함된다.

밸브, 관플랜지 및 관이음쇠 같은 표준화된 배관 구성요소에 대한 설계기준은 제시하지 않는 대신, 이러한 요소의 표준을 참조하도록 설계 요건을 제시한다.

ASME[2]코드, BS[3], DIN[4], IS[5] 등이 코드이다. 배관 분야에 관한 대표적인 코드는 앞에서 설명된 BPVC, 압력배관 코드와 NPC[6] 등을 들 수 있다.

우리나라의 경우는 건설교통부 제정의 "~~기준"이 코드에 해당하는 것이고, 기계설비 분야의 코드로는 건축기계설비 설계기준(2010)이 있다.

❷ B31 코드의 개요

배관 부분의 코드는 ASME B31이다. 1926년 3월 프로젝트 B31을 시작으로, 1935년에 미국의 압력배관 잠정 코드로서의 초판이 발간되었다. 그 후 지속적인 산업발전 및 다

2. American Society of Mechanical Engineers(미국기계학회, 1880년 설립)
3. 영국 표준협회(British Engineering Standards Association, 1918 설립)가 생산한 표준. British Standards, 공식적인 합의 표준을 의미하며 특히 유럽 표준화 정책에서 인정된 표준화 원칙을 기반으로 한다. BS XXXX [-P] : YYYY 로 표기되며, XXXX는 표준번호, P는 표준 부품 번호(표준이 여러 부분으로 분리 된 번호) 및 YYYY는 표준의 발효일자.
4. 독일 표준화 협회(Deutsches Institut für Normung, 1917년 설립)의 약자 겸, 협회가 제정한 독일 산업표준 (Deutsche Industrienorm)의 약칭. 약 30만 개의 DIN 표준이 있으며 모든 기술분야에서 사용되고 있다.
5. Indian Standards Code for Civil Engineers.
6. National Plumbing Code, ANSI A40.8-1955. 이를 기준으로 PHCC에서 1972년 National Standard Plumbing Code를 출판하였다.

변화된 수요 증가를 고려하여 코드를 몇 개의 부문(section)으로 나누어 발행키로 했다.

1978년 12월부터 ANSI의 B31 위원회는 "ASME의 압력배관 코드 B31 위원회"로 재구성되었다. 따라서 코드는 ASME가 개발하고 ANSI가 인가하는 절차를 따른다.

현재 ASME B31의 압력배관 코드는 다음과 같은 부분으로 발행된다.

③ B31 코드의 섹션별 내용

(1) B31.1 Power Piping(동력 배관)

산업 플랜트 및 해양 응용 분야의 배관을 다룬다. 이 코드는 발전소, 산업 기관 플랜트, 중앙 및 지역난방 플랜트의 전력 및 보조용 배관시스템의 설계, 재료, 제작, 설치, 테스트 및 검사에 대한 최소 요구사항을 규정한다.

적용 범위는 발전용 보일러 및 100 kPa(15 psig) 이상의 압력에서 스팀 또는 증기가 생성되고, 1 103 kPa(160 psig)을 초과하는 압력 또는 120°C(205°F)를 초과하는 온도에서 고온수가 생성되는 고온 고압 온수 보일러의 외부 배관에 적용된다.

(2) B31.2 Fuel Gas Piping(연료용 가스배관)

ANSI / NFPA Z223.1로 대체된 코드이나, 여전히 ASME에서 구할 수 있으며 계량기에서 기기까지의 가스 배관 시스템 설계에 대한 훌륭한 참고 자료이다.

(3) B31.3 Process Piping(공정 배관)

화학, 석유 및 정유공장의 화학 물질 및 탄화수소, 물 및 증기 처리에 대한 설계를 다룬다. 이 코드는 재료 및 구성요소, 설계, 제작, 조립, 설치, 시험, 검사 및 배관 테스트에 대한 요구사항으로 다음의 모든 유체의 배관에 적용된다. ①원료, 중간체 및 완성된 화학 물질. ②석유제품. ③가스, 증기, 공기 및 물. ④유동화 된 고체. ⑤냉매. ⑥극저온 유체.

(4) B31.4 Pipeline Transportation Systems for Liquid Hydrocarbons and Other Liquids (액체 탄화수소 및 기타 액체에 대한 배관 운송시스템)

이 코드는 원유, 응축수, 천연 가솔린, 천연가스 액체, 액화 석유가스, 이산화탄소, 액체

알코올, 액체 무수 암모니아 및 액체와 같은 배관을 통하여 운송되는 액체의 설계, 재료, 건축, 조립, 검사 및 시험에 대한 요구사항을 규정한다.

(5) B31.5 Refrigeration Piping(냉동 배관)

이 코드는 -196°C(-320°F)의 낮은 온도에서 냉매, 열전달 구성요소 및 2차 냉각제 배관의 재료, 설계, 제조, 조립, 설치, 시험 및 검사에 대한 요구사항을 규정한다.

(6) B31.8 Gas Transportation and Distribution Piping Systems(가스수송 및 분배관 시스템)

이 코드는 철 재질의 가스를 운반하는 육상 파이프라인 시스템에 적용된다. 파이프라인 시스템이란 파이프, 밸브, 파이프에 부착된 기구, 압축기 장치, 계량장치, 조절장치, 전달장치, 홀더 및 이에 조립된 부속품들을 포함하여 가스가 운반되는 모든 물리적 시설을 의미한다.

(7) B31.9 Building Services Piping(건물 배관)

이 코드는 산업, 기관, 상업용 및 공공 건물 및 다층 주거용 건축물용 배관 시스템의 설계, 재료, 제작, 설치, 시험, 검사 및 테스트에 대한 요구사항을 규정한다. 그러나 B31.1에서 다루는 크기, 압력 및 온도 범위까지는 필요하지 않다.

(8) B31.11 Slurry Transportation Piping Systems(슬러리 운송 배관시스템)

이 코드는 슬러리 배관 시스템의 설계, 시공, 검사, 보안 요구 사항을 다룬다. 슬러리 처리 플랜트와 슬러리를 받아 들이는 플랜트 사이의 모든 배관을 대상으로 한다. 석탄, 광물 광석 및 기타 고체와 같은 위험한 물질을 포함하지 않는 수성 슬러리를 운반하는 배관시스템도 포함된다.

(9) B31.12 Hydrogen Piping and Pipelines(수소 배관)

이 코드는 가스 및 액체 수소용 배관 및 가스 수소용 파이프라인에 대한 요구사항을 규정한다.

④ B31 코드의 적용

코드자체가 이미 법의 일종이므로 적용은 의무다. 관할 관청이나 시행 관청에서 규정 또는 조례 등에 "~~코드를 따른다"는 식으로 특정 코드가 명시되어야만 의무사항이 되는 것은 아니다.

2.3 배관 표준

① 품질과 안전기준

표준은 제품의 용도를 비롯하여 제조에 필요한 모든 요구조건 즉 품질기준과 안전기준을 제시한다. 주로 설계와 제조에 적용되지만, 구매 과정에도 제품의 보증을 위하여 표준을 사용한다. 국가나 국가로부터 위임을 받은 조직에 의해서만 제정되고 관리되며, 정기적으로 개정과 보완이 이루어진다.

특히 배관 표준은 밸브, 플랜지 및 관이음쇠와 같은 개별 구성요소 또는 구성요소의 등급에 대한 특정 설계기준과 규칙을 제시하는 것이다. 구성요소 별로 다른 표준이 적용되고 표준별로 제품의 특정 요구사항을 제시한다. 이러한 표준은 구성요소에 대하여 다루어져야 할 ①표준 크기, ②안지름과 바깥지름, ③두께, ④압력-온도 등급, ⑤볼트 체결 치수, ⑥나사에 대한 요구사항, ⑦개스킷 두께와 마감에 대한 요구사항, ⑧관과 관이음쇠에 대한 단면, ⑨치수의 허용편차 등에 대한 기준을 제시한다.
표준은 치수을 위주로 하는 것과 성능을 위주로 하는 것으로 구분할 수도 있다.

② 치수표준

치수 표준의 주된 목적은 서로 다른 공급업체가 제조한 유사한 구성품이 물리적으로 상호 교환할 수 있도록 보장하는 것이다. 관이나 관이음쇠 표준은 치수기준 표준의 대표적인 예이다. 그러나 제품 제조 중 특정 치수 표준을 준수한다고 해서 유사한 모든 제품이 같은 성능을 갖는 것은 아니다.

예를 들어, DN 250의 클래스 150 플랜지식 게이트 밸브는 표준[7]에 따라 면대면(face-to-face) 치수 또는 단대단(end-to-end) 치수의 두 가지 형태로 제조될 수 있다. 그리고 밸브는 배관계통에서 상호 교환될 수 있다. 그러나 시트와 디스크 설계는 완전히 다르기 때문에 한 밸브는 다른 밸브보다 훨씬 더 엄격한 시트누설 등급을 충족시킬 수 있다.

❸ 성능표준

치수도 포함은 되지만, 이러한 표준에서는 성능을 더 중요하게 다룬다. 그러나 표준에서 제시하는 성능은 최소한의 기준이라는 것을 명심하여야 한다. 동일한 표준에 따라 설계되고 제조된 배관 구성요소는 기능도 같을 것이다. 예를 들어, 관플랜지와 플랜지식 관이음쇠 표준[8]에 따라 제조된 모든 DN 250 클래스 150의 A105 플랜지를 149°C의 온도에서 사용한다면 표준에 제시된 압력-온도 등급표(**제4장** 참조)로부터 상용압력이 1 590 kPa 임을 알 수 있다.

관플랜지 및 플랜지식 관이음쇠(ASME B16.5), 플랜지식과 나사식 및 용접식 밸브(ASME B16.34), 감압밸브(ASSE-1003)나 워터해머 흡수기(ASSE-1010) 같은 표준은 성능기준 표준의 예이다.

❹ 표준의 적용

표준이 사용되는 형태를 보면, 법령이나 규정에서는 일반적으로 표준을 요구하지 않는다. 그보다는 주로 코드에서와 구매자 사양에서 표준의 사용이 요구된다.

특수한 경우에는 특정 표준을 적용하도록 규정하기도 한다. 앞에서 설명된 것처럼, 표준은 코드와 달리 관할 관청이나 시행 관청에서 규정 또는 조례 등에 "~~표준을 따른다"는 식으로 적용을 명시하는 경우, 그 표준은 코드가 되어 의무사항이 되는 것이다.

ASTM, API, ISO는 대표적인 표준의 예이다. ASME의 경우도 표준을 제정 하지만 이는 코드에 적용하기 위한 일부이고, 주는 코드 제정이다.

7. 참고문헌 2
8. 참고문헌 3

예제 1

ASME B31.1 Power Piping, ANSI/ASME B31.1 Power Piping, ANSI B31.1 Power Piping의 차이점.

해답 ASME B31.1은 국가의 승인을 받은 코드이므로 정식 표기로는 ANSI/ASME B31.1이다. 이러한 표준관리 시스템은 공공연한 사실이기 때문에 제정기관 표시 없이 바로 ANSI B31.1이라도 표기한다. 달리 표기되었지만 모두 같은 것이다.

예제 2

밸브에 대한 각부 치수와 치수 공차는 어떻게 확인할 수 있나

해답 한 가지 표준에 모두 들어있지 않다. ①ASME B16.34[9]에서는 밸브의 치수를 제시하며, ②ASME Y14.5[10]에서는 부품도 및 조립도에 대한 기준과 공차 및 공차를 분석하는 방법을 제시한다. 그러므로 두 가지 표준을 참조해야 한다.

예제 3

ASME B16.34에 정의된 밸브의 치수에 대한 의문이 있는 경우는 어떻게 해결 해야 하나.

해답 ASME는 ASTM이 발행한 참고서를 참조한다. 그래서 ①밸브가 단조품이라면 ASTM A105(배관 부품용 탄소강 단조품)를, ②밸브가 주조품이라면 ASTM A216(고온용, 융착 용접에 적합한 탄소강 주조품)을 참조해야 한다.

예제 4

ASME와 ASTM이 같은 표준번호를 사용할 경우의 표기법

해답 ASTM은 A105, A216과 같이, ASME는 'S'를 추가하여 ASME SA105, ASME SA216과 같이 표기한다.

9. 참고문헌 4
10. 참고문헌 5

3 표준화 기구

3.1 세계 표준화 기구

1 ISO

ISO[11]는 세계 여러 국가의 표준제정 단체들의 대표들로 이루어진 국제적인 표준화 기구로, 스위스 민법에 의해 설립된 비정부 민간 기구이다. 1947년에 출범하였으며 국가마다 다른 산업통상 표준의 문제점을 해결하고자 국제적으로 통용되는 표준을 개발하고 보급한다. ISO의 회원으로 가입하여 활동하고 있는 국가는 2015년 현재 163개 국이다.

현재의 ISO는 1926년 ISA[12]라는 명칭으로 시작되었다. WWⅡ기간 중인 1942년에 활동을 멈추었다가, 전쟁 이후 설립된 UNSCC[13]에 의해 새로운 세계 표준화 기구의 설립이 제안 되면서 ISA와의 협의가 시작되었다. 1946년 10월, ISA와 UNSCC의 25개국 대표들이 모임을 갖고 새로운 표준화 기구 창설을 결의했다. 그리고 그 결과로 ISO는 공식적으로 1947년 2월에 업무를 시작했다

주요 업무는 ①표준 및 관련 활동의 세계적인 협력촉진, ②국제 표준을 개발 및 발간하고, 세계적으로 사용되도록 여러 가지 조치를 취하고, ③회원기관 및 기술위원회의 작업에 관한 정보교환을 주선하며, ④관련 문제에 관심을 갖는 다른 국제기구와 협력하며, 특히 이들이 요청하는 경우 표준화 사업에 관한 연구를 통하여 타 국제기구와 협력한다.

ISO가 정한 표준은 국제 협약이나 국가표준 제정 시 광범위하게 인용 및 활용되므로 국제적인 영향력이 크다. 실질적으로 각국 정부의 표준 정책과 깊은 유대 관계에 있다. 특히 유럽연합의 지역표준화 기구인 CEN과의 협정으로 유럽 표준이 ISO 국제 표준으

---

11. 참고문헌 5. ISO라는 명칭은 International Standards Organization 또는 그 비슷한 정식 명칭을 줄인 것이라는 오해가 많지만, ISO는 머릿 글자를 딴 약칭이 아니고 그리스어의 ισος(로마자: isos, 이소스), 즉 "같다, 동일하다"는 단어에서 따온 것이다. ISO의 발음은 "아이에스오"가 아니라 아이소(또는 이소)로 읽어야 한다.
12. International Federation of the National Standardizing Associations
13. United Nations Standards Coordinating Committee

로 채택되는 가능성이 높아, 유럽의 영향이 매우 크다. 각국의 대표 기관을 지정하고 이 기관으로부터 추천받은 전문가들이 표준개발에 참가한다. 의사 결정은 회원 기관에게 부여되는 투표권 행사로 결정된다. IEC와는 상호 보완적인 협조 관계를 유지하고 있다.

2 IEC

IEC[14]는 모든 전기, 전자, 통신, 원자력 등의 분야에서 각국의 규격·표준의 조정을 행하는 국제 표준기구로 영국 전기기술자협회(BES)와 미국 전기기술자 협회(ACT)에 의하여 1906년에 설립되었다.

IEC 표준은 발전, 송전 및 배전부터 가전제품 및 사무기기, 반도체, 광섬유, 배터리, 태양 에너지, 나노기술 및 해양 에너지뿐만 아니라 그 외의 다른 기술에 이르기까지 광범위한 기술을 포괄하며, 장비, 시스템 또는 구성요소가 국제 표준을 준수하는지 여부를 인증하는 3가지 글로벌 적합성 평가 시스템도 운영한다.

1947년 이후는 ISO의 전기·전자 부문을 담당하고 있다.

3.2 주요 국가별 표준화 기구

1 KS

한국 산업표준(Korean Industrial Standards)은 전산업 분야의 제품 및 시험, 제작 방법 등에 대한 국가표준이다.

2018년 말 기준으로 21개 부문에서 2만여 표준이 제정되어 있다.

21개 부분은 A(기본), B(기계), C(전기), D(금속), E(광산), F(건설), G(일용품), H(식료품), I(환경), J(생물), K(섬유), L(요업), M(화학), P(의료), Q(품질경영), R(수송기계), S(서비스), T(물류), V(조선), W(항공), X(정보)이다.

배관에 관련된 표준은 금속의 경우 B와 D이고, PVC 등 비금속은 M이다.

14. International Electrotechnical Commission(국제전기기술위원회)

2 국내에 통용되는 외국 코드와 표준

국제적으로 통용되는 코드와 표준 외에도 많은 국가들이 자국이 정한 국가표준을 사용한다. 또한 현대의 모든 산업은 국내에만 한정되지 않고 전 세계를 대상으로 발전하기 때문에 국내 코드나 표준만으로는 대처해 나갈 수 없다.

세계시장에 대한 지배력이 큰 국가일수록 그들의 코드와 표준은 막강한 힘을 발휘하게 되므로, 그러한 국가들의 코드와 표준에 대한 이해가 필요가 있다.

미국의 국가표준 ANSI[15]와 ASME[16] 및 ASTM[17], 일본의 JIS, 영국의 BS, 독일의 DIN 등은 국내에서도 통용되는 중요한 것들이다. 유럽의 경우는 국가별 표준 외에도 유럽통합 표준으로 EN이 있고, 캐나다의 경우에는 자국의 표준(CSA)이 없어도 미국 표준을 그대로 사용하기도 한다.

3 ANSI

ANSI는 미국의 코드와 표준을 총괄 관리하고 조정하는 기구이다. 표준을 직접 제정하지는 않으며 ASME, ASTM, ASSE[18] 등 수 많은 단체가 제정한 표준을 일정한 절차에 따라 국가표준으로 인정한다. ASTM, ASME, ASSE 등이 제정한 표준은 대부분 국가표준이다.

ANSI는 자국 표준이 세계 표준화 기구인 ISO와 IEC에서 채택되어 세계의 표준이 될 수 있도록 적극적인 노력을 펼친다. 또 직접 제정하지 않은 표준이라도 자국 산업 및 국민에게 도움이 되는 것이라면 국가표준으로 채택될 수 있도록 하고 있다.

ISO와 IEC에 참여하는 유일한 미국 대표기구다. ISO의 창립에 관여했고 5개의 ISO 상임 이사국(ISO Council) 중의 하나이며, IEC의 12개의 상임이사국 중 하나이다. 그뿐만 아니라 ISO 기술위원회(Technical Committee)의 80%, IEC 기술위원회의 90% 이상

---

15. American National Standards Institute. 1918년 ASME, ASCE, ASTM, AIEE, ASMME 등 5개 단체에 의해 설립. 최초명칭은 American Engineering Standards Committe(AESC), 1928년 ASA (American Standard Association), 1966년 USASI(United States of American Institute)에서 1969년 ANSI가 되었다.
16. American Society of Mechanical Engineers(미국기계학회, 1880년 설립)
17. American Society for Testing and Materials(미국재료시험학회, 1898년 설립)
18. American Society of Sanitary Engineers(미국위생공학회, 1906년 설립)

에 참여하고 있으며, 그 위원회 의장직도 각각 20% 정도를 맡고 있다.

4 ASME

이 조직에서는 주로 코드를 제정하지만, 안전을 확보하기 위한 일부 표준도 제정하였다. ASME의 재료 표준은 일반적으로 탱크, 압력용기, 보일러, 열교환기, 파이프, 관이음쇠, 조립식 배관 부품(piping spool), 대형의 액체나 오일 및 가스 저장 용기와 같이 가압된 상태로 사용되는 장비제조에 적용하기 위함이다.

따라서 BPVC S-8의 압력용기를 설계한다면 ASME 표준을 보아야 한다.

5 ASTM

세계 최대의 표준개발 단체이며, 제정된 표준은 국제적으로 가장 많이 통용된다. 재료, 제품, 시스템 및 서비스에 대한 표준개발 및 발행을 위한 포럼을 제공하고 있으며, 생산자, 사용자, 최종 소비자를 대표하는 32 000명 이상의 회원을 보유하고, 100개 이상 국가와 협력한다.

ASTM은 기계나 장비와 같이 압력이 가해지지 않은 상태로 사용되는 기기를 포함한 금속, 그 외 모든 산업용 화학물질, 산화지르코늄, 플라스틱과 같은 핵물질 등 훨씬 광범위한 재료에 대한 표준을 제정했다.

이 조직이 발행한 표준은 ASME 코드에 적용할 설계값을 제시하기 위해 개발된 것이다.

표준은 7개 영역으로, A(철계금속), B(비철금속), C(시멘트, 세라믹, 콘크리트 및 석재), D(기타 재료), E(기타 품목), F(특정 응용 재료), G(부식, 퇴화 및 재료의 변질)이다.

12 000건 이상의 표준은 책자로 발행되어 관련 기술정보와 함께 전 세계에 공급되고 있다.

ASTM 표준은 자국뿐만 아니라 세계적으로 사용되고 있으며, 특히 철강제품에 대한 표준은 그 종류가 다양할 뿐만 아니라 방대한 데이터를 포함하고 있어 가장 널리 사용된다.

ASTM 본부에는 기술연구소나 시험 시설이 없다. 그러한 표준제정 관련 업무는 전 세계 ASTM 회원들이 자발적으로 수행하기 때문이다.

6 ASTM과 ASME의 관계

두 조직은 재료에 대한 규격화 업무에 서로 협조한다. ASTM과 ASME 표준이 같을 때도 많다. 이런 경우는 ASTM 표준과 ASME 표준 2가지로 만든다.

ASME 표준은 일반적인 제품들에 대한 치수 및 공차를 제시하는 반면 ASTM은 ASME 코드에 기술된 구성요소에 사용되는 재료사양과 품질 및 표준 시험방법을 제시한다. 즉 ASME는 ASTM이 정한 재료를 선택하여 보일러 또는 압력용기용으로 적절히 사용할 수 있게 한다.

ASTM 및 ASME의 재료 표준은 대부분은 거의 동일 하지만 ASME 코드에서는 받아 들이지 않는 ASTM 재료도 많다. 받아들인 것과 그렇지 않은 경우는 표기 방법이 다르다. 예를 들면 ASTM A335와 ASME SA335는 크롬합금 파이프 표준이다. 세부내용이 동일하므로 ASME에서 사용이 승인된 경우에 해당한다. 그래서 "S" 뒤에 ASTM 표준번호가 명기된 것이다.

예제 5

ASTM과 비슷한 ASME 표준의 유무 확인

해답 BPVC 섹션 II를 참조한다. 아래 나열된 표준은 흔히 사용되는 품목들에 대한 것들을 발췌한 것이다.

- SA-53: 파이프, 강, 흑관 및 아연코팅, 용접 및 심리스(ASTM A53/ A53M과 동일)
- SA-106: 고온용 이음매없는 탄소강 파이프(ASTM A106/A106M과 동일)
- SA-213: 이음매없는 페라이트 및 오스테나이트 합금강 보일러, 과열기 및 열교환기 튜브(ASTM A213/A213M과 동일)
- SA-312/SA-312M: 이음매없는 용접 오스테나이트계 스테인리스강관(ASTM A312/A312M과 동일)
- SA-333/SA-333M: 저온용 이음매없는 용접강관(ASTM A333/A333M과 동일)
- SA-335/SA-335M: 고온용 이음매없는 페라이트계 합금강 파이프(ASTM A335/A335M과 동일)
- SA-376/SA-376M: 고온, 중앙기계실용 이음매없는 오스테나이트 강관(ASTM A376/A376M과 동일)
- SA-691: 고온 고압용으로 전기용접 탄소강 강관(ASTM A691과 동일).
- SA-105/SA-105M: 배관용 단조 탄소강(ASTM A105/A105M과 동일)
- SA-182/SA-182M: 단조 또는 압연 합금강 관플랜지, 단조 관이음쇠 및 고온용 밸

브 및 부품(ASTM A182/A182M-과 동일)

- SA-234/SA-234M: 중온 및 고온용 연강화 탄소강 및 합금제 관이음쇠(ASTM A234/A234M과 동일)
- SA-350/SA-350M: 배관 요소에 대한 노치 인성테스트가 필요한 단조, 탄소 및 저 합금강(ASTM A350/A350M과 동일)
- SA-403/SA-403M: 단조 오스테나이트계 스테인리스강관 이음쇠(ASTM A403/A403M과 동일) ▬

예제 6

ASTM A106-2013/A106M-2013 Seamless Carbon Steel Pipe for High-Temperature Service (고온용 이음매없는 탄소강 파이프)의 각 표기의 의미.

해답 · ASTM: 표준을 제정한 단체명, A: 철계금속분야 제품, 106: 순치적으로 부여된 숫자, M: 표준에서 사용한 숫자의 단위가 미터법 임을 표시하며, M이 붙지 않으면 ft-lb 단위를 사용한 것이다. 그러나 표준에 따라서는 제품의 치수가 다른 경우도 있으므로 주의가 필요하다. 2013: 표준의 발행(또는 개정)년도를 표시한다. ▬

4 적용된 코드와 표준 목록[19]

4.1 코드

(1) BPVC

- S-2 재료 사양

(2) B31

- B31.1 동력 배관
- B31.3 공정 배관

---

19. 코드와 표준은 항상 최신 본을 기준으로 하므로 개정 년7도를 표시하지 않은 것이다.

- B31.9 건물 배관

(3) ANSI A40.8

- 위생배관 코드(Plumbing Code)
- PHCC, National Standard Plumbing Code

4.2 국제 표준

❶ 금속제 관, 관이음쇠와 플랜지

표준번호	제목
API 5L	파이프라인용 용접 및 이음매없는 강관
API 520	정유시설 감압 장치의 크기, 선택 및 설치. 일부 크기 및 선택
API 526	플랜지식 강제 프레셔 릴리프밸브
API 609	러그와 웨이퍼형 버터플라이 밸브
ANSI A21.14	가스용 덕타일 주철관이음쇠 DN 80~600
ANSI A21.52	덕타일 주철관, 원심력 금형 또는 사형주철관, 가스용
ANSI A126.2	물용 감압밸브
ANSI Z21.22	온수용 릴리프밸브
ASME B16.1	주철제 관플랜지 및 플랜지식 관이음쇠-C25, C125, C250 및 C800
ASME B16.3	가단주철제 나사식 관이음쇠. C150, C300
ASME B16.4	주철제 나사식 관이음쇠. C125, C250
ASME B16.5	관플랜지와 플랜지식 관이음쇠 C125, C250, NPS 1/2~24
ASME B16.9	공장제작 강제 맞대기용접식 관이음쇠
ASME B16.10	강제 밸브의 면(面)간 및 단(端)간 치수
ASME B16.11	소켓용접 및 나사식 단조 관이음쇠
ASME B16.12	회주철제 나사식 배수관이음쇠
ASME B16.14	관용 나사식 철제 플럭, 부싱 및 로크너트
ASME B16.15	동합금 주조 나사식 관이음쇠, C125 및 C250
ASME B16.18	동합금 주조 솔더링용 관이음쇠
ASME B16.22	동 및 동합금 솔더링용 관이음쇠
ASME B16.24	청동제 관플랜지 및 플랜지식 관이음쇠. 클래스 150,300,600,900,1 500 및 2 500
ASME B16.26	플래어 이음용 동합금 관이음쇠
ASME B16.28	강제 맞대기용접식 단반지름 엘보와 리턴벤드
ASME B16.33	860 kPa 이하 가스배관용 수동식 금속제 가스밸브. DN 15~50
ASME B16.34	플랜지, 나사 및 용접식 밸브

표준번호	제목
ASME B16.36	오리피스 플랜지
ASME B16.39	가단주철제 나사식 유니온. C150, C250, C300
ASME B16.42	덕타일주철제 관플랜지 및 플랜지식 관이음쇠. C150, C300
ASME B16.47	대구경 강제 플랜지
ASME B16.50	동 및 동합금 브레이즈 용접용 관이음쇠
ASME PCC-1	볼트조임 플랜지이음부 압력 작용범위에 대한 지침
ASME PTC 19.3	써모 웰
ASTM A47	페라이트계 가단주철 주조
ASTM A48	회주철 주조
ASTM A53	용접 및 이음매없는 흑관 및 아연도 강관
ASTM A105	배관 부품용 탄소강 단조품
ASTM A106	고온용 이음매없는 탄소강관
ASTM A126	밸브, 플랜지 및 관이음쇠 주조용 회주철
ASTM A135	ERW 강관
ASTM A139	전기융합용접 강관, DN 100 이상
ASTM A161	송유관용 이음매 없는 저탄소 및 탄소 몰리브덴 강관
ASTM A179	열교환기 및 응축기용 이음매없는 냉간압출 저탄소강관
ASTM A181/A181M	일반배관용 단조 탄소강
ASTM A182	단조 또는 압연합금 및 스테인레스강제 관플랜지, 단조 관이음쇠 및 고온용 밸브 및 부품
ASTM A192	고압 보일러튜브용 이음매없는 탄소강관
ASTM A193	고온용 합금강 및 스테인레스 볼트 재료
ASTM A197	용선로 가단주철
ASTM A210	보일러 및 슈퍼히터용 이음매없는 중탄소강관
ASTM A211	스파이럴용접 철 및 강관
ASTM A234/234M	중 고온용 탄소강 및 합금강제 관이음쇠
ASTM A249	보일러 슈퍼히터 열관기와 응축기용 용접 오스테나이트강관
ASTM A254	동 브레이즈 강제 튜빙
ASTM A269	일반용 용접 및 이음매없는 오스테네나이트계 스테인레스강관
ASTM A312/A312M	용접 및 이음매없는 오스테네나이트계 스테인레스강관
ASTM A333	저온용 용접 및 이음매없는 강관
ASTM A335	고온용 페라이트계 합금강관
ASTM A358	고온용 전기융합용접 오스테나이트계 크롬-니켈 스테인레스강관
ASTM A377	압력배관용 닥타일 주철관
ASTM A395/A395M	고온용 압력주조 페라이트계 덕타일주철
ASTM A403/A403M	오스테나트계 스테인리스강 관이음쇠
ASTM A536	덕타일 주철 주조
ASTM A539	가스 및 연료배관용 전기저항용접 코일 강관

표준번호	제목
ASTM A672	고압, 중온용 전기융합용접 강관
ASTM A691	고압, 고온용 전기융합용접 탄소 및 합금강관
ASTM A789	일반용 용접 및 이음매없는 페라이트/오스테나이트계 스테인레스강관
ASTM A790	용접 및 이음매없는 페라이트/오스테나이트계 스테인레스강관(A312와 같으나 듀플렉스)
ASTM A928	페라이트/오스테나이트계 전기융합용접 스테인레스강관(A358과 같으나 듀플렉스)
ASTM B42	이음매없는 동파이프
ASTM B43	이음매없는 단동 파이프
ASTM B547	알루미늄 및 알루미늄합금 성형 및 아크용접 원형 튜브
ASTM B68	이음매없는 연질동관
ASTM B75	이음매없는 동관
ASTM B88/B88M	이음매없는 물용 동관
ASTM B135/B135M	이음매없는 황동관
ASTM B210/B210M	이음매없는 인발알루미늄 및 알루미늄합금 튜브
ASTM B241/B241M	이음매없는 알루미늄 및 알루미늄합금 파이프와 이음매없는 압출 튜브
ASTM B251/B251M	동 및 동합금 튜브에 대한 일반적인 요구사항
ASTM B280	공업용 이음매없는 동관
ASTM B302	나사없는 동파이프
ASTM B315	이음매없는 동합금관
ASTM B361	공장제작 알루미늄 및 알루미늄 합금 용접식 관이음쇠
SAE J513	공업용 관이음쇠
ANSI/AWWA C106/A21.6	금속주형 원심주조 주철관, 물과 기타 액체용
ANSI/AWWA C110/A21.10	덕타일과 회주철제 관이음쇠 NPS 3~48, 물과 기타 액체용
ANSI/AWWA C115/A21.15	덕타일과 회주철제 관이음쇠 NPS 3~48, 물용
ANSI/AWWA C150/A21.50	덕타일 주철관 두께 설계
ANSI/AWWA C151/A21.51	물용 원심 주조 덕타일 주철관
ANSI/AWWA C153/A21.53	덕타일 주철제 콤팩트 관이음쇠, NPS 3~24, NPS 54~64. 물용
AWWA C600	덕타일주철제 주관의 설치
MSS SP-42	플랜지 및 맞대기 용접식 부식방지 게이트, 글로브, 앵글 및 첵밸브, 클래스 150, 300 및 600
MSS SP-67	버터플라이 밸브
MSS SP-70	플랜지 및 나사식 주철제 게이트 밸브
MSS SP-71	플랜지식 및 나사식 주철제 스윙첵 밸브

표준번호	제목
MSS SP-72	일반용 플랜지 및 맞대기 용접식 볼밸브
MSS SP-80	청동제 게이트, 글로브, 앵글 및 첵밸브
MSS SP-83	소켓용접식 및 나사식 탄소강 파이프 유니언
MSS SP-85	플랜지 및 나사식 주철제 글로브 및 앵글밸브
MSS SP-88	다이어프램 밸브
MSS SP-97	보강된 단조 아웃렛 이음쇠-소켓 용접, 나사식 및 맞대기 용접식
MSS SP-82	밸브 압력시험 방법
ASSE 1003	물용 감압밸브 성능 요구 조건
ASSE 1013	감압식 역류방지밸브(RP)와 감압식 소방용 역류방지밸브(RPF)
ASSE 1015	더블첵 역류방지밸브(DC)와 더블첵 소방용 역류방지밸브(DCF) 성능 요구 조건
ASSE 1047	감압식 누설탐지형 소방용 역류방지밸브의 성능 요구 사항. a) 감압식 누설탐지형(RPDA). b) 감압식 누설탐지형 유형 II(RPDA-II)
ASSE 1048	더블첵 누설탐지형 소방용 역류방지잴브의 성능 요구 사항. a) 더블첵 누설탐지형(DCDA). b) 더블첵 누설탐지형 유형 II(DCDA-II)

2 비금속제 관, 합성 파이프, 관이음쇠와 플랜지

표준번호	제목
ASTM B2683	바깥지름 기준 PE관용 소켓식 PE 피팅
ASTM D1527	ABS 플라스틱 파이프, Sch40, 80
ASTM D1784	경질 PVC와 CPVC 화합물
ASTM D1785	PVC 플라스틱 파이프, Sch40, 80, 120
ASTM D2104	PE 플라스틱 파이프, Sch40
ASTM D2239	안지름 기준 PE 플라스틱 파이프(SIDR-PR)
ASTM D2241	PVC 파이프의 압력등급(SDR 계열)
ASTM D2282	ABS 플라스틱 파이프(SIDR-PR)
ASTM D2447	바깥지름 기준 PE 플라스틱 파이프, Sch40, 80
ASTM D2464	나사식 PVC 플라스틱 관이음쇠, Sch80
ASTM D2466	PVC 플라스틱 관이음쇠, Sch40
ASTM D2467	소켓식 PVC 플라스틱 관이음쇠, Sch80
ASTM D2468	ABS 플라스틱 파이프 이음쇠, Sch40
ASTM D2469	ABS 플라스틱 파이프 이음쇠, Sch80
ASTM D2513	열가소성 가스 압력 배관용 튜브와 관이음쇠
ASTM D2517	강화 에폭시 플라스틱 가스 압력 파이프 및 관이음쇠
ASTM D2661	ABS DWV 파이프 및 관이음쇠
ASTM D2662	안지름 기준 PB 플라스틱 파이프(SIDR-PR)
ASTM D2665	PVC DWV파이프와 관이음쇠
ASTM D2729	PVC 배수파이프와 관이음쇠
ASTM D2737	PE 플라스틱 튜브
ASTM D3000	바깥지름 기준 PB 플라스틱 파이프(SDR-PR)
ASTM D3035	바깥지름 기준 PE 플라스틱 파이프(SDR-PR)
ASTM D3262	섬유 유리(유리 섬유 강화 열경화성 수지) 하수관
ASTM D3517	유리섬유(유리 섬유 강화 열경화성 수지) 압력 배관용
ASTM D468	바깥지름 기준 PB 플라스틱 파이프(SDR-PR)
ASTM F437	나사식 CPVC 플라스틱 파이프 이음쇠, Sch80
ASTM F438	소켓식 CPVC 플라스틱 파이프 이음쇠, Sch40
ASTM F439	소켓식 CPVC 플라스틱 파이프 이음쇠, Sch80
ASTM F441	CPVC 플라스틱 파이프, Sch40, 80
ASTM F442	CPVC 플라스틱 파이프(SDR-PR)
ASTM F876	가교 폴리에틸렌(PEX) 튜브
ASTM F2389	PP 배관 시스템의 압력등급

3 기타 배관 구성요소

표준번호	제목
ASME B1.1	통합 인치나사(유이파이 나사)
ASME B1.13	메트릭 나사
ASME B1.20.3	드라이실 파이프나사(인치)
ASME B1.20.1	범용 파이프나사, 인치
ASME B1.20.7	호스카플링 나사
ASME B12.2	일반 용도 용 너트 : 머신 스크류 너트, 6각, 4각형, 6각 플랜지 및 커플링
ASME B15	관플랜지 및 플랜지식 관이음쇠
ASME B16.20	관플랜지용 금속제 개스킷
ASME B16.21	관플랜지용 비금속제 평판 개스킷
ASME B16.25	관, 밸브, 플랜지 및 관이음쇠의 맞대기 용접 단
ASME B18.2.1	4각, 6각, 헤비 6각 및 경사머리 및 6각, 해비6각, 6각 플랜지, 로브 헤드 및 래그 나사(인치 시리즈)
ASME B18.2.2	일반용 너트 : 기계나사 너트, 6각, 4각형, 6각 플랜지 및 커플링 너트(인치 시리즈) 4각 및 6각 너트
ASME B18.2.3.5M	메트릭 육각볼트
ASME B18.2.3.6M	메트릭 헤비 육각볼트
ASME B18.2.3.7M	메트릭 헤비 육각 고조용 볼트
ASME B18.2.4.1M	메트릭 육각너트, 유형1
ASME B18.2.4.2M	메트릭 육각너트, 유형2
ASME B18.22.1	평와셔
ASME B18.22M	매트릭 와셔
ASME B134	플랜지식, 나사식 및 용접식 밸브
ASTM A36/A36M	구조용 강재
ASTM A183	탄소강제 볼트 및 너트
ASTM A193/A193M	고온용 합금강 및 스테인레스 스틸 볼트 재료
ASTM A194/A194M	고압 및 고온용 탄소강 및 합금강 너트
ASTM A203	압력용기용 니켈합금강판
ASTM A216	고온용 융착용접에 적합한 탄소 주강품
ASTM A217	압력부품, 고온용에 적합한 주강품, 마르텐사이트계 스테인레스합금강
ASTM A240	압력용기 및 일반 응용분야 용 크롬 및 크롬-니켈 스테인리스강판, 시트 및 스트립
ASTM A307	탄소강 볼트, 스터드, 나사가공된 로드. 인장강도 414 MPa
ASTM A354	담금질 및 템퍼링 된 합금강 볼트, 스터드 및 기타 외부 나사식 패스너
ASTM A449	열처리된 강제 육각 캡나사, 볼트 및 스터드
ASTM A540	특수용 합금강 볼트 체결
ASTM A563	탄소 및 합금강 너트

표준번호	제목
ASTM A992/A992M	구조용 강재 형태
ASTM B32	솔더메탈
ASTM D2235	ABS 플라스틱 파이프 및 관이음쇠용 솔벤트 시멘트
ASTM D2564	PVC 플라스틱 파이프와 과이음쇠용 솔벤트 시멘트
ASTM D3139	유연한 탄성중합체 씰을 사용하는 플라스틱 압력 파이프용 이음쇠
ASTM F436	강화된 강제 와셔 인치 및 메트릭 치수
ASTM F467	일반용 비철금속제 너트
ASTM F468	일반용 비철금속 볼트, 6각 캡 나사, 소켓 헤드 캡 나사 및 스터드
ASTM F493	CPVC 플라스틱 파이프와 과이음쇠용 솔벤트 시멘트
ASTM F568	탄소 및 합금강 숫나사 메트릭 패스너
ASTM F593	스테인리스강제 볼트, 6각캡과 스터드
ASTM F594	스테인리스강제 너트
ASTM F836/F836M	스테인리스강제 메트릭 너트 유형1
ASTM F844	일반용 비강화 강제 평와셔
ASTM F436	강화된 강제 와셔 인치 및 메트릭 치수
ASTM F467	일반용 비철금속제 너트
ASTM F468	일반용 비철금속 볼트, 6각 캡 나사, 소켓 헤드 캡 나사 및 스터드
ASTM F568	탄소 및 합금강 숫나사 메트릭 패스너
ASTM F593	스테인리스강제 볼트, 6각캡과 스터드
ASTM F594	스테인리스강제 너트
ASTM F836/F836M	스테인리스강제 메트릭 너트 유형1
ASTM F844	일반용 비강화 강제 평와셔
SAE J995	강제너트의 기계적 및 재료 요구사항
SAE J1199	메트릭 숫나사 강제 패스너의 기계적 및 재료 요구 사항
ANSI/AWWA C111/A21.11	고무-가스켓 이음쇠. 덕타일 주철제 압력 파이프 및 관이음쇠용
AWS A5.1	탄소강 아크용접봉
AWS A5.2	철강제 산소 가스용접봉
AWS A5.7	동 및 동합금 용접봉 및 전극
AWS A5.8	브레이징 필러메탈
AWS A5.18	GSAW용 탄소강 필러메탈
MSS SP-58	파이프 행어 및 서포트-재료, 설계, 제조, 선정, 적용 및 설치
MSS SP-69	파이프 행어와 서포트의 선택 및 적용
MSS SP-89	파이프 행어 및 서포트-조립 및 설치
MSS SP-127	배관 시스템을 위한 지지: 지진-바람-동적 설계, 선택 및 응용

4 소재

표준번호	제목
ASTM A320	저온용 합금강과 스테인리스강 볼팅 재료
ASTM A351	압력 부품용, 오스테나이트계 주강품
ASTM A352	저온용에 적합한 압력 부품용, 페라이트 및 마르텐사이트 주강품
ASTM A352	저온 부품용, 페라이트 및 마르텐사이트계 주강품
ASTM A515	중, 고온용 압력용기 탄소강판
ASTM A533	압력용기 플레이트, 합금강, 담금질 및 템퍼링, 망간-몰리브덴 및 망간-몰리브덴-니켈
ASTM A537	압력용기용 열처리 탄소망간실리콘 강판
ASTM A537	압력용기용 열처리 된 탄소 망간 실리콘 강판
ASTM A675	탄소, 열간가공, 특수품질 강바의 기계적 특성
ASTM A696	탄소, 열간 또는 냉간가공, 특수 품질의 압력 부품용 강바
ASTM B16	기계가공용 황동 로드 및 바
ASTM B62	청동 또는 온스메탈 주물의 구성성분
ASTM B140	동-아연-납(레드 브라스 또는 하드웨어 청동) 로드 및 바
ASTM B335	니켈 몰리브덴 합금로드
ASTM B584	일반용 동합금 주물(샌드 캐스팅)
ASTM D1248	전선 및 케이블 용 폴리에틸렌 플라스틱 압출 재료
ASTM D3350	PE 플라스틱 파이프 재료

5 공법 또는 설치기준

표준번호	제목
ACI 318	보강 콘크리트의 건축 코드 요건
ANSI Z358.1	비상 세안기 및 샤워장치
ASTM B828	동 및 동합금 튜브 및 관이음쇠를 솔더링에 의한 모세관 조인트 만들기
ASTM D2657	폴리올레핀 파이프 및 피팅의 열융착
ASTM D2675	열 결합 폴리올레핀 파이프 및 피팅에 대한 실습표준
ASTM D2838	테이퍼형 소켓으로 PVC 또는 CPVC 파이프 및 구성요소 이음(프라이머 및 솔벤트 시멘트) 방법
ASTM F402	열가소성 파이프 및 관이음쇠용 솔벤트 시멘트, 프라이머 및 클리너의 취급 안전
ASTM F2014	배관을 위한 비보강 압출 티 연결

6 시험 검사 등

표준번호	제목
ANSI/FCI 70-2	조절밸브 시트 누설
ANSI/ISA S75.02	조절밸브 용량 시험 절차
ASME Y14.5	치수와 공차
ASTM A350	탄소 및 저합금강 단조, 배관 부품에 대한 노치 인성 테스트
ASTM A530	특수 탄소 및 합금 강관에 대한 일반적인 요구 사항
ASTM D2855	열가소성 파이프 재료에 대한 표준 테스트 방법
ASCE-7	건물 및 기타 구조물에 대한 최소 설계 하중 및 관련 기준
MSS SP-6	관플랜지와 밸브 및 관이음쇠 플랜지 간의 접촉면에 대한 마감 표준
MSS SP-25	밸브, 관이음쇠, 플랜지 및 유니언의 표준 마킹시스템

4.3 KS

표준번호	제목
KS B0201	미터보통나사
KS B0203	유니파이 보통나사
KS B0221	관용 평행나사
KS B0222	관용 테이퍼 나사
KS B0234	강제 너트의 기계적 성질
KS B0816	침투탐상 시험방법 및 침투 지시 모양의 분류
KS B0845	강 용접 이음부의 방사선 투과 시험방법
KS B0885	수동용접 기술검정의 시험방법 및 판정기준
KS B0888	배관 용접부의 비파괴 시험방법
KS B1002	6각 볼트
KS B1012	6각 너트 및 6각 낮은 너트
KS B1031	4각목 둥근머리 볼트
KS B1033	아이볼트
KS B1037	스터드볼트
KS B1500	강제 맞대기 용접식 관이음쇠의 기본 치수 및 허용차
KS B1501	철강제 관플랜지의 압력단계
KS B1503	강제 용접식 관플랜지
KS B1506	스테인리스 강제 용접식 플랜지
KS B1507	강관용 플렉시블 그루브 조인트
KS B1510	동 합금제 관플랜지의 기본 치수
KS B1511	철강제 관플랜지의 기본 치수 및 치수허용차

표준번호	제목
KS B1519	관플랜지의 개스킷 자리치수
KS B1527	파이프 서포트
KS B1531	나사식 가단주철제 관이음쇠
KS B1532	나사식 배수관 이음쇠
KS B1533	나사식 강관제 관이음쇠
KS B1536	벨로즈형 신축관 이음
KS B1537	냉매용 플래어 및 경납땜 관이음쇠
KS B1538	주철 1 MPa Y형 증기 여과기
KS B1543	강제 맞대기 용접식관 이음쇠
KS B1544	구리합금 납땜 관이음쇠
KS B1546	폴리에틸렌 관이음쇠
KS B1547	일반배관용 스테인리스강관 프레스식 관이음쇠
KS B2301	청동제 게이트, 글로브, 앵글, 첵밸브
KS B2308	청동, 황동, 주강, 스테인리스강, 주철제 볼밸브
KS B2319	황동 단조 나사식 게이트 밸브
KS B2330	플러팅 밸브
KS B2331	일반용 수도꼭지
KS B2332	수도용제수밸브
KS B2333	수도용 버터플라이 밸브
KS B2350	주철제 게이트, 글로브, 앵글, 첵밸브
KS B2361	주강제 게이트, 글로브, 앵글, 첵밸브
KS B2373	물용 자동 공기 배출 밸브
KS B2811	숫나사 부품-호칭 길이 및 볼트의 나사부 길이
KS B2813	웨이퍼형 고무붙이 버터플라이 밸브
KS B2822	그루브형 고무시트 버터플라이 밸브
KS B3006	렌치
KS B50072	온수미터
KS B5235	증기압식 지시 온도계
KS B5302	유리제 온도계(전체담금)
KS B5305	부르돈관 압력계
KS B5315	유리제 2중관 온도계
KS B5323	면적 유량계
KS B5578	구리 및 구리합금 관이음쇠
KS B6216	증기용 및 가스용 스프링 안전 밸브
KS B6391	난방용 방열기
KS B6403	난방용 방열기 트랩
KS B6404	난방용 강판 방열기
KS B6405	난방용 방열기 부속품

표준번호	제목
KS B6501	수용 솔레노이드 밸브
KS B6502	증기용 솔레노이드 밸브
KS B6503	연료유용 전자 밸브
KS B ISO 10893	강관의 비파괴검사
KS B ISO 3419	비합금과 합금강의 맞대기 용접식 관이음쇠
KS B ISO 5187	경납땜 이음의 인장 및 전단 시험방법
KS B ISO 6157-1, 2, 3	체결용 부품-일반용 볼트, 너트, 특수용볼트, 스크루 및 스터드
KS B ISO 7005-1	금속제 플랜지-강제 플랜지
KS B ISO 7005-2	금속제 플랜지-주철제 플랜지
KS B ISO 7005-3	금속제 플랜지-동합금 및 복합 플랜지
KS B ISO 8992	패스너-볼트, 스크루, 스터드 및 너트에 대한 일반 요구 사항
KS C8401	강제 전선관
KS D0237	스테인리스강 용접부의 방사선 투과 시험방법 및 투과사진의 등급 분류 방법
KS D0250	강관의 초음파 탐상검사 방법
KS D0252	아크용접 강관의 초음파 탐상검사 방법
KS D2302	납 잉곳
KS D2305	주석 잉곳
KS D3031	저온 압력 용기용 오스테나이트계 고망간 강판
KS D3500	열간 압연 강판 및 강대의 모양, 치수, 무게 및 그 허용차
KS D3503	일반 구조용 압연 강재
KS D3506	용융 아연도금 강판 및 강대
KS D3507	배관용 탄소강관
KS D3512	냉간 압연 강판 및 강대
KS D3515	용접 구조용 압연 강재
KS D3517	기계 구조용 탄소 강관
KS D3521	압력 용기용 강판
KS D3534	스프링용 스테인리스 강대
KS D3536	기계구조용 스테인리스강 강관
KS D3540	중 상온 압력용기용 탄소강관
KS D3541	저온 압력용기용 탄소강 강판
KS D3543	보일러 및 압력 용기용 크로뮴 몰리브데넘강 강판
KS D3550	피복 아크용접봉 심선
KS D3551	특수 마대강(냉간특수강대)
KS D3560	보일러 및 압력용기용 탄소강 및 몰리브데넘강 강판
KS D3562	압력배관용 탄소강관
KS D3563	보일러 및 열교환기용 탄소강관
KS D3564	고압배관용 탄소강관
KS D3565	상수도용 도복장 강관

표준번호	제목
KS D3566	일반 구조용 탄소강관
KS D3568	일반구조용 각형 강관
KS D3569	저온 배관용 탄소강관
KS D3572	보일러, 열교환기용 합금강관
KS D3576	배관용 스테인리스강관
KS D3577	보일러, 열교환기용 스테인리스강관
KS D3578	상수도용 도복장 강관 이형관
KS D3583	배관용 아크용접 탄소강 강관
KS D3585	스테인리스강 위생관
KS D3586	저온 압력용기용 니켈 강판
KS D3588	배관용 용접 대구경 스테인리스강관
KS D3589	압출식 폴리에틸렌 피복강관
KS D3595	일반 배관용 스테인리스강관
KS D3597	스프링용 냉간 압연 강대
KS D3607	분말 융착식 폴리에틸렌 피복강관
KS D3608	수도용 에폭시수지분체 내외면 코팅 강관
KS D3610	중·상온 압력 용기용 고강도 강판
KS D3611	용접 구조용 고항복점 강판
KS D3619	수도용 폴리에틸렌 분체 라이닝 강관
KS D3626	일반 용수용 도복장 강관
KS D3627	일반 용수용 도복장 강관 이형관
KS D3628	스테인리스제 주름관
KS D3630	고온 압력 용기용 고강도 크롬-몰리브덴 강판
KS D3692	냉간 가공 스테인리스 강봉
KS D3698	냉간압연 스테인리스 강판 및 강대
KS D3701	스프링 강재
KS D3705	열간압연 스테인리스 강판 및 강대
KS D3706	스테인리스 강봉
KS D3710	탄소강 단강품
KS D3728	소결 탄소강 구조용부품
KS D3731	내열강봉
KS D3732	내열강판
KS D3747	내열, 내식 밸브용 내열주강
KS D3753	합금 공구강 강재
KS D3755	고온용 합금강 볼트재
KS D3758	배관용 이음매 없는 니켈-크롬몸-철합금관
KS D3760	비닐하우스용 도금 강관
KS D3761	경질염화비닐 라이닝 강관

표준번호	제목
KS D4115	압력 용기용 스테인리스강 단강품
KS D4122	압력 용기용 탄소강 단강품
KS D4125	저온 압력 용기용 단강품
KS D4307	배수용 주철관
KS D4311	덕타일 주철관
KS D4316	덕타일 주철관의 모르타르 라이닝
KS D4323	하수도용 덕타일 주철관
KS D5101	동 및 동합금 봉
KS D5301	이음매없는 동 및 동합금관
KS D5506	인청동 및 양백 판 및 띠
KS D5539	이음매 없는 니켈 동 합금관
KS D5545	동 및 동합금 용접관
KS D6702	일반 공업용 납 및 납합금관
KS D6704	땜납
KS D7004	연강용 피복 아크용접봉
KS D7005	연강용 가스 용접봉
KS D8050	인동땜납
KS D8319	은 땜납
KS D8501	수도용 타르 에폭시 수지도료 및 도장법
KS D ISO 3545-1	강관 및 관이음쇠-기호-제1부 : 원형 횡단면을 갖는 강관 및 관 부속품
KS D ISO 3545-2	강관 및 관이음쇠-기호-제2부 : 정사각형 및 직사각형 중공 단면
KS D ISO 3545-3	강관 및 관이음쇠-기호-제3부 : 관이음쇠 및 원형 단면
KS F4402	진동 및 전압 철근 콘크리트관
KS F4403	원심력 철근 콘크리트관
KS F4405	코어식 프리스트레스트 콘크리트관
KS F4602	기초용 강관 말뚝
KS F8002	강관비계용 부재
KS F8003	강관틀비계용 부재 및 부속 철물
KS F8011	이동식 강관 비계용 부재
KS L3208	도관
KS L5201	포틀랜드 시멘트
KS M3357	냉온수 설비용 플라스틱계 가교화 폴리에틸렌(PE-X)관
KS M3362	냉·온수 설비용 폴리프로필렌(PP)관
KS M3363	냉·온수 설비용 플라스틱 배관계-폴리부틸렌(PB)관
KS M3401	수도용 경질 폴리염화비닐관
KS M3402	수도용경질 폴리염화비닐 이음관
KS M3404	일반용 경질 폴리염화비닐관
KS M3408-1	수도용 플라스틱 배관계-폴리에티렌(PE)-일반사항

표준번호	제목
KS M3408-2	수도용 플라스틱 배관계-폴리에티렌(PE)-관
KS M3408-3	수도용 플라스틱 배관계-폴리에티렌(PE)-이음관
KS M3410	배수용 경질 염화비닐이음관
KS M3413	발포 중심층을 갖는 공압출 염화비닐관
KS M3414	냉·온수 설비용 플라스틱 배관계-염소화 폴리염화비닐(PVC-C)관
KS M3415	냉·온수 설비용 플라스틱 배관계-염소화 폴리염화비닐(PVC-C) 이음관
KS M6613	수도용 고무
KS M6777	비금속 개스킷 재료
KS M ISO 15876-3	폴리부텐이음관
KS M ISO 22391-1, 2,3,5	냉·온수용 플라스틱관 체계-PE-RT관
KTC-B1549-6322	일반배관용 스테인리스강관 그립식 관이음쇠
KWWA-D119 -B1545-5455	구리 및 동합금 플래어 관이음쇠
SPS-KFCA-D4103-5006	스테인리스강 주강품
SPS-KFCA-D4107-5010	고온고압용 주강품
SPS-KFCA-D4111-5012	저온고압용 주강품

참고문헌

1. ASME Boiler and Pressure Vessel Code(BPVC)

2. ASME B16.10 Face-to-Face and End-to-End Dimensions of Ferrous Valves

3. ASME B16.5 Pipe Flanges and Flanged Fittings

4. ASME B16.34 Valves, Flanged, Threaded, and Welding End

5. ASME Y14.5 Dimensioning and Tolerancing

3장 배관재료

1 재료 그룹

1.1 관의 재질 선택기준

1 관의 용도와 재질선택의 기준

관은 유체의 수송용으로 사용되는 것으로만 생각하기 쉽다. 그러나 원형 단면을 가지는 특성상 그 용도는 ①유체의 수송, ②압력전달, ③진공의 보존, ④열교환, ⑤보강재, ⑥물체의 보호 등의 용도로 분류되고 그 중 하나 또는 그 이상의 복합적 용도로 사용된다.

따라서 용도에 적합한 재질을 선택하는 것은 경제적일 뿐만 아니라, 건물이나 시설의 환경을 쾌적하게 유지하면서 에너지 소비효율을 높이는 매우 중요한 일이다. 용도에 적합한 배관재료를 선택하는 조건으로는 ①유체의 화학적 성질, ②유체의 온도, ③작용할 압력, ④외부의 환경, ⑤외부에 작용할 압력, ⑥관의 이음 방법, ⑦관의 중량과 수송의 용이성 등이다.

2 배관 재료 분류

배관재에 사용되는 재료는 매우 다양하기 때문에 그 많은 재료들을 어떻게 분류해야 사용하기가 편리할 것 인가에 대해서는 이미 오래전부터 고민해 왔던 일이다. 관을 기준

표 1 관과 관이음쇠의 분류

대 분 류	중 분 류
금 속 제	철 계
	비 철 계
비 금 속 제	유 기 질 계
	무 기 질 계

으로 한 재질별 분류는 표 1에서와 같이 간단하게 금속재료와 비금속재료로 대별하고, 다시 금속은 철계금속[1]과 비철계금속[2]으로, 비금속은 유기질계와 무기질계 등 4종으로 구분하는 것이다. 이러한 분류는 건물 배관에 국한하는 경우, 철계 금속관으로는 강관 스테인리스강관 주철관 등 Fe를 원료로 하는 재료로, 비철계 금속관은 Fe를 주원료 하지 않는 강이나, 전혀 사용되지 않는 동관이나 알루미늄관 등이 포함되고, 유기질계는 PVC관을 비롯한 모든 플라스틱관, 무기질계에는 도관, 유리관, 콘크리트관 등이 해당된다.

그러나 BPVC[3]를 따르는 플랜트산업 분야, 예를 들면 발전소의 압력부에 사용되는 배관재는 대단히 복잡해진다. 기본적으로 고온과 고압에 견딜 수 있는 기계적, 화학적 성질을 요구하게 된다. 그러므로 건물을 포함한 일반 산업분야로부터 원자력발전소 배관까지의 범위를 포함하기 위해서는 보다 세분된 재료의 구분이 필요하다.

그래서, 코드에서는 일정한 기준에 따른 재료별 그룹을 만들어 편리하게 사용할 수 있도록 하고 있다.

1.2 P번호

1 재료의 그룹화 기준

파이프와 튜브, 플랜지, 밸브, 관이음쇠 등 배관를 구성하는 주요 요소들의 제조에 사용되는 재료는 그 종류가 매우 다양하다. 제조나 조립시 용접 방법을 사용해야 할 경우에는 모재를 기준으로 적합한 재질의 용접재료를 사용하지 않으면 안 된다.

1. Ferrous metal
2. Non-ferrous metal
3. 참고문헌 1. IX(용접성이 유사한 모재 그룹과 용접 절차, 용접장비 및 용접사 기량 검정법 등의 규정)

그래서 BPVC에서는 화학적 조성, 용접성, 브레이징성, 기계적 성질과 같은 비교가 가능한 특성을 기반으로 하여 유사한 재료별로 그룹화하고, 각각에 1에서부터 62까지의 번호를 부여하였다. 이를 P번호라 하며, 더 유사한 재료별로 세분한 것을 그룹번호(G번호)라고 한다.

2 P번호

(1) 요약

P번호를 사용하는 원래 목적은 용접성을 기준으로 소재 그룹을 설정하는 것이었다. 그러나 점차 확대되어 예열, 용접 후 열처리 및 해당 재료로 제작된 관에 대하여 굽힘작업이나 성형작업에 대한 기준으로도 사용하게 되었다. 예를 들어 쉽게 용접이 되어 실무적으로 가장 널리 사용되는 단소강은 P번호 1이 부여되었다. 이것은 다시 강도를 기준하여 ①G1(인장 강도가 485 MPa 이하인 재료), ②G2(인장강도가 485~550 MPa인 재료), ③G3(인장 강도가 550~620 MPa인 재료), ④G4(인장 강도가 620 MPa 이상인 재료)로 세분된다. **표 2**는 전체 내용을 요약 정리한 것이다.

표 2 P번호 요약

모재	용접	브레이징
강 및 합금강	P-No.1~11	P-No.101~103
알미늄 및 알미늄합금	P-No.21~25	P-No.104, 105
동 및 동합금	P-No.31 ~35	P-No.107, 108
니켈 및 니켈합금	P-No.41~47	P-No.110~112
티타늄 및 티타늄합금	P-No.51~53	P-No.115
지르코늄 및 지르코늄합금	P-No.61, 62	P-No.117

(2) 자주사용하는 P번호별 해당재료 및 그룹수

P-번호	기본 금속(일반 또는 예)	그룹 수
1	탄소-망간강(SA516-60,70 등)	4
2	사용되지 않음	
3	1/2 Mo 또는 1/2 Cr, 1/2 Mo	3
4	1 1/4 Cr, 1/2 Mo(SA387-Gr 11 등)	2
5A	2 1/2 Cr, 1 Mo	
5C	크롬, 몰리브덴, 바나듐	5
6	마르텐사이트계 스테인리스강(Gr. 410, 415, 429)	6
7	페라이트계 스테인리스강(Gr. 409, 430)	
8	오스테나이트계 스테인리스강 그룹 1 : Gr. 304, 316, 317, 347 그룹 2 : Gr. 309, 310 그룹 3 : 고망강 Gr. 그룹 4 : 고몰리브덴 Gr.	
9A,B,C	2~4 니켈강	
10A,B,C,F	다양한 저합금 강	
10H	듀플렉스 및 슈퍼 듀플렉스 스테인레스강(Gr. 31803, 32750)	
10I	고크롬 스테인레스강	
10J	고크롬 몰리브덴 스테인레스강	
10K	고크롬 몰리브덴, 니켈 스테인레스강	
11A	다양한 고강도 저합금강	6
11B	다양한 고강도 저합금강	10
15	9 Cr, 1 Mo	
16~20	사용되지 않음	
21	알루미늄 함량이 높음(1000과 3000계열)	
22	알루미늄(5000계열-5052, 5454)	
23	알루미늄(6000계열-6061, 6063)	
24	사용되지 않음	
25	알루미늄(5000계열-5083, 5086, 5456)	
26~30	사용되지 않음	
31	동의 함량이 높음	
32	황동	
33	동 시리콘	

1.3 UNS 번호

UNS[4]는 북미지역에서 널리 사용되는 합금에 대한 분류방식으로 ASTM과 SAE가 공동으로 관리한다. 접두어 문자와 물질 구성을 나타내는 5자리 숫자로 구성된다. 이전에는 3자리 숫자 표기 방식이었으나 더 자세하게 분류하기 위하여 변경된 것이다. 번호의 체계별 내용은 **표 3**과 같다. 처음 3자리 숫자는 과거의 3자리 숫자 체계와 일치하는 경우가 많지만 마지막 2자리 숫자는 더 세분되어 변형된 합금을 나타낸다.

표 3 UNS 번호 체계별 해당 합금

UNS 번호	금속 유형
A00001 ~ A99999	알루미늄 및 알루미늄 합금
C00001 ~ C99999	동 및 동합금(황동 및 청동)
D00001 ~ D99999	특정 기계적 강재
E00001 ~ E99999	희토류 및 희토류 금속 및 합금
F00001 ~ F99999	주철
G00001 ~ G99999	AISI 및 SAE 탄소강 및 합금강(공구강 제외)
H00001 ~ H99999	AISI 및 SAE H-형강
J00001 ~ J99999	주강(공구강 제외)
K00001 ~ K99999	기타 철강 및 합금
L00001 ~ L99999	저융점 금속 및 합금
M00001 ~ M99999	기타 비철금속 및 합금 예 M1xxxx-마그네슘 합금
N00001 ~ N99999	니켈 및 니켈합금
P00001 ~ P99999	귀금속 및 그 합금
R00001 ~ R99999	반응 및 내화성 금속 및 합금 예 R03xxx-몰리브덴 합금, R04xxx-니오븀(콜럼븀) 합금 R05xxx-탄탈 합금, R3xxxx-코발트 합금 R5xxxx-티타늄 합금, R6xxxx-지르코늄 합금
S00001 ~ S99999	내열 및 내식성(스테인리스) 강재
T00001 ~ T99999	공구강
W00001 ~ W99999	용접용 휠러메탈
Z00001 ~ Z99999	아연 및 아연합금

자료 참고문헌 2. p.440

4. Unified Numbering System

그러나 UNS 번호는 재료 특성, 열처리, 제품의 형태 또는 품질에 대한 요구사항을 포함하지 않기 때문에 전체 재료 사양을 기준으로 구성된 것은 아니다.

배관분야에서 많이 사용되는 것으로는 접두사 S의 스테인레스강 합금, C의 동 및 동합금, T의 공구강 등이다. UNS 번호가 지정된 재료에 P번호가 부여되었다면, 다른 ASME 코드에서의 동일한 UNS 번호를 가진 재료는 같은 P번호로 간주한다.

예제 1

이전의 3자리 시스템의 310 스테인리스강의 유형이 UNS 시스템에서의 표기방법.

해답 (1) S31000이 되고. 저탄소 변형 유형인 310S는 S31008이 되었다.

(2) 끝의 두 자리 숫자는 재료의 특성 사양을 나타낸다. UNS S31008에는 최대 허용 탄소 함유량이 0.08%이므로 "08"이 들어간 것이다.

예제 2

다른 코드에서 사용되는 몇 가지 공통재료의 의미.

해답 표기별 의미

공통재료 표기	의미	비고
UNS K11547	T2 공구강	
UNS S17400	ASTM 630 등급	
Cr-Ni 17-4PH	침전 경화 스테인레스강	
UNS S30400	SAE[(1)] 304	
Cr/Ni 18/10, EN 1.4301	스테인레스강	
UNS S31600	SAE 316	
UNS S31603	16L의 저탄소인 316	최대 허용 탄소 함유량이 0.03%이므로 "03"이 들어감
UNS C90300	CDA[(2)] 903	

주 (1) Society of Automotive Engineers
(2) Copper Development Association Inc.

2 관, 관이음쇠, 관플랜지 재료

2.1 재료의 분류

P번호는 핵발전소 배관까지를 포함하는 광범위한 재료를 대상으로 한 것임에 비하여, 배관재 그룹은 건축물에 주로 사용되는 배관재료를 대상으로 한다.

그러나 역시 배관 구성요소도 다양하므로, 배관계통에 미치는 영향과 중요도가 높은 관과 관플랜지 및 플랜지식 관이음쇠[5] 제조용 재료를 기준으로 다루고 있다. 그러므로 다른 배관 구성요소에 대해서도 사용된 재료가 같으면 같은 기준이 적용된다.

재료 그룹에 대한 설명은 **표 4**와 같이 ①탄소강 및 합금강 13개 그룹, ②고합금강 12개 그룹과 ③비철금속 17개 그룹 등 도합 42개 그룹으로 분류되어 있다. 그리고 각 그룹은 적용하는 재료 표준에 따라 단조강, 주조강 및 판재로 구분된다.

국내의 재료도 많이 사용되거나 국제 시장에 유통되는 것들은 국제 기준에 맞춰져 있으므로 코드 적용에는 문제 될 것이 없다.

2.2 철강 재료

❶ 재료 그룹

철강재료는 배관재로 가장 많이 사용하는 재료로 **표 5**와 같다. 그룹1이 탄소강 및 합금

표 4 재료 그룹

대분류	중분류	재료그룹	재료구분
탄소강 및 합금강	탄소강	1.1~1.4	단조강, 주강, 판재
	저합금강	1.5~1.14	
고합금강	스테인레스강	2.1~2.7	
	고합금강	2.8~2.12	
비철금속	니켈강	3.1~3.17	
	니켈합금강		

5. 참고문헌 3

표 5 배관재료 그룹(1/3)

재료 그룹	구성성분	적용 가능한 사양		
		단강품	주강품	판재
1.1	C-Si	A105	A216 Gr. WCB	A515 Gr. 70
	C-Mn-Si	A350 Gr. LF2		A516 Gr. 70 A537 cL1
	C-Mn-Si-V	A350 Gr. LF6 cL1		
	3-1/2Ni	A350 Gr. LF3		
1.2	C-Mn-Si		A216 Gr. WCC A352 Gr. LCC	
	C-Mn-Si-V	A350 Gr. LF6 cL2		
	2-1/2Ni		A352 Gr. LC2	A203 Gr. B
	3-1/2Ni		A352 Gr. LC3	A203 Gr. E
1.3	C-Si		A352 Gr. LCB	A515 Gr. 65
	C-Mn-Si			A516 Gr. 65
	2-1/2Ni			A203 Gr. A
	3-1/2Ni			A203 Gr. D
	C-1/2Mo		A217 Gr. WCI A352 Gr. LC1	
1.4	C-Si			A515 Gr.60
	C-Mn-Si	A350 Gr.LF1 cL.1		A516 Gr.60
1.5	C-1/2Mo	A182 Gr. F1		A204 Gr.A A204 Gr.B
1.7	1/2Cr-1/2Mo	A182 Gr. F2		
	Ni-1/2Cr-1/2Mo		A217 Gr. WC4	
	3/4Ni-3/4Cr-1Mo		A217 Gr. WC5	
1.9	1-1/4Cr-1/2Mo		A217 Gr. WC6	
	1-1/4Cr-1/2Mo-Si	A182 Gr. F11 cL2		A387 Gr.11 cL.2
1.10	2 1/4Cr-1Mo	A182 Gr. F22 cL3	A217 Gr. WC9	A387 Gr. 22 cL2
1.11	C-1/2Mo			A204 Gr. C
1.13	5Cr-1/2Mo	A182 Gr. F5a	A217 Gr. C5	
1.14	9Cr-1M0	A182 Gr. F9	A217 Gr. C12	
1.15	9Cr-1M0-V	A182 Gr. F91	A217 Gr. C12A	A387 Gr. 91 cL 2
1.17	1Cr-1/2Mo	A182 Gr. F12 cL 2		
	5Cr-1/2Mo	A182 Gr. F5		
2.1	18Cr-8Ni	A182 Gr. F304 A182 Gr. F304H	A351 Gr. CF3 A351 Gr. CF8	A240 Gr. 304 A240 Gr. 304H
2.2	16Cr-12Ni-2Mo	A182 Gr. F316 A182 Gr. F316H	A351 Gr. CF3M A351 Gr. CF8M	A240 Gr. 316 A240 Gr. 316H
	18Cr-13Ni-3Mo	A182 Gr. F317		
	19Cr-10Ni-3Mo		A351 Gr. CG8M	
2.3	8Cr-8Ni	A182 Gr. F304L		A240 Gr. 304L
	16Cr-12Ni-2Mo	A182 Gr. F316L		A240 Gr. 316L

표 5 배관재료 그룹(2/3)

재료 그룹	구성성분	적용 가능한 사양		
		단강품	주강품	판재
2.4	18r-10Ni-Ti	A182 Gr. F321 A182 Gr. F321H		A240 Gr. 321 A240 Gr. 321H
2.5	18Cr-10Ni-Cb	A182 Gr. F347 A182 Gr. F347H A182 Gr. F348 A182 Gr. F348H		A240 Gr. 347 A240 Gr. 347H A240 Gr. 348 A240 Gr. 348H
2.6	23Cr-12Ni			A240 Gr. 309H
2.7	23Cr-20Ni	A182 Gr. F310		A240 Gr. 310H
2.8	20Cr-18Ni-6Mo	A182 Gr. F44	A351 Gr. CK3MCuN	A240 Gr. S31254
	22Cr-5Ni-3Mo-N	A182 Gr. F51		A240 Gr. S31803
	25Cr-7Ni-4Mo-N	A182 Gr. F53		A240 Gr. S32750
	24Cr-10i-4Mo-V		A351 Gr. CE8MN	
	25Cr-5Ni-2Mo-3Cu		A351 Gr. CD4MCu	
	25Cr-7Ni-3.5Mo-W-Cb		A351 Gr. CD3MWCuN	
	25Cr-7Ni-3.5Mo-N-CU-W	A182 Gr. F55		A240 Gr. S32760
2.9	23Cr-12Ni			A240 Gr. 309S
	25Cr-20Ni			A240 Gr. 310S
2.10	25Cr-12Ni		A351 Gr. CHB A351 Gr. CE20	
2.11	18Cr-10Ni-Cb		A351 Gr. CF8C	
2.12	25Cr-20Ni		A351 Gr. CH20	
3.1	35Ni-35Fe-10Cr-Cb	B462 Gr. N08020		B463 Gr. N08020
3.2	99.0Ni	B160 Gr. N02200		B162 Gr. N02200
3.3	99.0Ni-Low C	B160 Gr. N02201		B162 Gr. N02201
3.4	67Ni-30Cu	B564 Gr. N04400		B127 Gr. N04400
	67Ni-30Cu-S	B164 Gr. N04405		
3.5	72Ni-15Cr-8Fe	B564 Gr. N06600		B168 Gr. N06600
3.6	33Ni-42Fe-21Cr	B564 Gr. N08800		B409 Gr. N08800
3.7	65Ni-28Mo-2Fe	B462 Gr. N10665		B333 Gr. N10665
	64Ni-29.5Mo-2Cr-2Fe-Mn-W	B462 Gr. N10675		B333 Gr. N10675
3.8	54Ni-16Mo-15Cr	B462 Gr. N10276		B575 Gr. N10276
	60Ni-22Cr-9Mo-3.5Cb	B564 Gr. N06625		B443 Gr. N06625
	62Ni-28Mo-5Fe	B335 Gr. N10001		B333 Gr. N10001
	70Ni-16Mo-7Cr-5Fe	B573 Gr. N10003		B434 Gr. N10003
	61Ni-16Mo-16Cr	B574 Gr. N06455		B575 Gr. N06455
	42Ni-21.5Cr-3Mo-2.3Cu	B564 Gr. N08825		B424 Gr. N08825
	55Ni-21Cr-13.5Mo	B462 Gr. N06022		B575 Gr. N06022
	55Ni-23Cr-16Mo-1.6Cu	B462 Gr. N06200		B575 Gr. N06200
3.9	47Ni-22Cr-9Mo-18Fe	B572 Gr. N06002		B435 Gr. N06002
3.10	25Ni-46Fe-21Cr-5Mo	B672 Gr. N08700		B599 Gr. N08700
3.11	44Fe-25Ni-21Cr-Mo	B649 Gr. N08904		B625 Gr. N08904

표 5 배관재료 그룹(3/3)

재료 그룹	구성성분	적용 가능한 사양		
		단강품	주강품	판재
3.13	49Ni-25Cr-18Fe-6Mo	B581 Gr. N06975		B582 Gr. N06975
	Ni-Fe-Cr-Mo-Cu-Low C	B564 Gr. N08031		B625 Gr. N08031
3.14	47Ni-22Cr-19Fe-6Mo	B581 Gr. N06007		B582 Gr. N06007
	40Ni-29Cr-15Fe-5Mo	B462 Gr. N06030		B582 Gr. N06030
3.15	33Ni-42Fe-21Cr	B564 Gr. N08810		B409 Gr. N08810
3.16	35Ni-19Cr-1-1/4Si	B511 Gr. N08330		B536 Gr. N08330
3.17	29Ni-20.5Cr-3.5Cu-2.5Mo		A351 Gr. CN7M	

주 재료는 ASTM 표준을 기준한 것임

자료 참고문헌 3, Table 1A

강이고, 그룹2가 고합금강으로 스테인리스강을 포함하며, 그룹3이 비철금속으로 분류된 니켈과 니켈합금 재료이다. P번호로 분류된 재료에 대한 구체적인 사양으로 동일재료이거나 밀접하게 일치하는 허용응력 및 항복강도를 기준으로 분류된 것이다. 판재의 경우는 허브가 없는 블라인드 플랜지 및 레듀싱 플랜지에만 사용되는 것이다.

이 재료그룹은 연속적인 번호로 되어있지 않다. 목록에 없는 번호는 배관재료에는 해당하지 않기 때문이며, 밸브의 재료그룹에서 찾을 수 있다.

주요 재료에 대해서는 국제 표준에 해당하는 KS 번호를 병기 하였다. 그러나 아직 합당한 국내 표준이 없을 수도 있다는 점에 유의해야 한다. 재료그룹 번호와 이에 해당하는 압력-온도 등급 번호는 인용한 자료의 체계를 그대로 사용하여 혼동이 없도록 하였다.

재료별 온도에 대한 사용제한 범위는 **제4장**의 압력-온도 등급을 참조해야 한다.

2 주요 철강 재료의 화학적 성분과 기계적 성질

재료별 화학적 성분과 기계적 성질은 **표 6**과 같다. 이는 **표 5**의 그룹 중에서 배관재로 가장 많이 사용되는 재료에 국한된 것이므로, 그 외 재료에 대한 값이 필요한 경우에는 관련 표준을 참고하여야 한다.

표 6 재료별 화학성분과 기계적 성질(재료그룹 1.1~1.4)(1/5)

구분 \ 규격		ASTM A105	ASTM A350					ASTM A216			ASTM A352									
			F1 (cL 1)	LF2 (cL 1, cL 2)	LF3 (cL 1, cL 2)	LF5 (cL 1, cL 2)	LF6 (cL1, cL2, cL3)	Gr WCA UNS J02502	Gr WCB UNS J03002	Gr WCC UNS J02503	LCA	LCB	LCC	LC1	LC2	LC2-1	LC3	LC4	LC9	CA6NM
규격명		배관부품용탄소강 단조품	탄소 및 저합금강 단조품 .배관부품에 대한 노치 인성 테스트					고온용 융착 용접에 적합한 탄소 주강품			저온용에 적합한 압력 함유 부품용, 페라이트 및 마르텐사이트 주강품									
화학성분(%)	C Max	0.35	≤0.30	≤0.30	≤0.20	≤0.30	0.22	0.25	0.30	0.25	0.25	0.30	0.25	0.25	0.25	0.22	0.15	0.15	0.13	0.06
	Mn	0.60~1.05	0.60~1.35	0.60~1.35	≤0.90	0.60~1.35	1.15~1.50	0.70	1.00	1,20	0.70	1.00	1.20	0.50~0.80	0.50~0.80	0.55~0.75	0.50~0.80	0.50~0.80	0.90	1.00
	P Max	0.035	≤0.035	≤0.035	≤0.035	≤0.035	≤0.025	0.035	0.035	0.035	0.04	0.04	0.04	0.04	0.04	0.04	0.04	0.04	0.04	0.04
	S Max	0.040	≤0.040	≤0.040	≤0.040	≤0.040	≤0.025	0.035	0.035	0.035	0.045	0.045	0.045	0.045	0.045	0.045	0.045	0.045	0.045	0.03
	Si	0.10~0.35	0.15~0.30	0.15-0.30	0.20~0.35	0.20~0.35	0.15~0.30	0.60	0.60	0.60	0.60	0.60	0.60	0.60	0.60	0.50	0.60	0.60	0.45	1.00
	Cu Max	0.40	≤0.40	≤0.40	≤0.40	≤0.40	≤0.40	0.30	0.30	0.30	0.30	0.30	..	..	..	..	..	0.3	..	..
	Ni Max	0.40	≤0.40	≤0.40	3.30~3.70	1.00~2.00	≤0.40	0.50	0.50	0.50	0.50	0.50	0.50	..	2.00~3.00	2.50~3.50	3.00~4.00	4.00~5.00	8.50~10.00	3.50~4.50
	Cr Max	0.30	≤0.30	≤0.30	≤0.30	≤0.30	≤0.30	0.50	0.50	0.50	0.50	0.50	0.50	..	..	1.35~1.85	..	..	0.50	11.5~14.0
	Mo Max	0.12	≤0.12	≤0.12	≤0.12	≤0.12	≤0.12	0.20	0.20	0.20	0.20	0.20	0.20	0.45-0.65	..	0.30~0.60	..	..	0.20	0.40~1.00
	V Max	0.08	≤0.08	≤0.08	≤0.03	≤0.03	0.04~0.11	0.03	0.03	0.03	V0.03	V0.03	V0.03	–	..	..	..	..	V0.03	..
	기타 (Cb)	–	≤0.02	≤0.02	≤0.02	≤0.02	≤0.02	1.00	1.00	1.00	–	–	-	–	–	–	–	–	–	–
	(N)	–	...	...	...	...	0.01~0.030	–	–	–	–	–	-	–	–	–	–	–	–	–
기계적 성질	인장강도, MPa Min	485	415-585	485-655	485-655	415-585 485-655	455-630 515-690	415-585	485-655	485-655	415-585	450-620	485-655	450-620	485-655	725-895	485-655	485-655	585	760-930
	항복장, MPa Min	250	205	250	260	205, 260	360, 415	205	250	275	205	240	275	240	275	550	275	275	515	550
	인신율 [50mm] Min(%)	22	28	30	30	28, 30	30, 28	24	22	22	24	24	22	24	24	18	24	24	20	15

주 (1) 대응 표준: ①A105는 KS D3710과, ②A350은 KSD 4125와, ③A216은 SPS-KFCA-D4107-5010과, ④A352는 SPS-KFCA-D4111-5012와 유사함.
(2) 약자 F: Forged, L; Low alloy steel, LF: Low alloy steel forged, cL: Class, Gr: Grade, WCA: Wrought Carbon w/Grade A, LCA: Low carbon w/Grade A

표 6 재료별 화학성분과 기계적 성질 (재료그룹 1.1~1.4) (2/5)

구분 \ 규격		ASTM A217									
		WC1 J12524	WC4 J12082	WC5 J22000	WC6 J12072	WC9 J21890	WC11 J11872	C5 J42045	C12 J82090	C12A J84090	CA15 J91150
규격명		압력부품, 고온용에 적합한 주강품, 마르텐사이트계 스테인리스합금강									
화학성분 (%)	C Max	0.25	0.05~0.20	0.05~0.20	0.05~0.20	0.05~0.18	0.15~0.21	0.20	0.20	0.08~0.12	0.15
	Mn	0.50~0.80	0.50~0.80	0.40~0.70	0.50~0.80	0.40~0.70	0.50~0.80	0.40~0.70	0.35~0.65	0.30~0.60	1.00
	P Max	0.04	0.04	0.04	0.04	0.04	0.020	0.04	0.04	0.0430	0.040
	S Max	0.045	0.045	0.045	0.045	0.045	0.015	0.045	0.045	0.010	0.040
	Si Max	0.60	0.60	0.60	0.60	0.60	0.30~0.60	0.75	1.00..	0.20~0.50	1.50
	Ni Max	..	0.70~1.10	0.60~1.10	..	..	..	..	..	0.40	1.00
	Cr	..	0.50~0.80	0.50~0.90	1.00~1.50	2.00~2.750	1.00~1.50	4.00~6.50	8.00~10.0	8.0~9.5	11.5~14.0
	Mo	0.45~0.65	0.45~0.65	0.90~1.20	0.45~0.65	.90~1.20	0.45~0.65	0.45~0.65	0.90~1.20	0.85~1.05	0.50
	Nb	..	..	..	..	..	..	..	0.03	0.06~0.10	..
	Ni	..	..	..	..	..	..	..	..	0.03~0.07	..
	V	..	..	..	..	..	..	..	0.06	0.18~0.25	..
	기타원소 합계, Min	1.00	0.60	0.60	1.00	1.00	1.00	1.00	1.00	1.00	
기계적 성질	인장강도, MPa Min	450~620	485~655				550~725	620~795		585~760	620~795
	항복장, MPa Min	240	275				345	415		415	450
	인신율[50mm] Min(%)	24	20				18	18		18	18

주 대응 표준: A217은 SPS-KFCA-D4107과 유사함.

표 6 재료별 화학성분과 기계적 성질 (재료그룹 1.1~1.4) (3/5)

구분 \ 규격		ASTM A515			ASTM A516				ASTM A537			ASTM A203				
		Gr 60	Gr 65	Gr 70	Gr 55	Gr 60	Gr 65	Gr 70	cL 1	cL 2	cL 3	A	B	D	E	F
규격명		중,고온용 압력용기용 탄소강판			저, 중온용 압력용기용 탄소강판				압력용기용 열처리된 탄소 망간 실리콘 강판			압력용기용 니켈합금강판				
화학성분(%)	C Max	0.24~0.31	0.28~0.35	0.30~0.35	0.18~0.26	0.21~0.27	0.24~0.29	0.27~0.31	0.24	0.24	0.24	0.17~0.23	0.21~0.25	0.17~0.20	0.20~0.23	0.20~0.23
	Mn	0.98	0.98	1.30	0.60~1.20	0.60~1.20	0.85~1.20	0.85~1.20	0.13~0.55	0.13~0.55	0.13~0.55	0.70~0.80	0.70~0.80	0.70~0.80	0.70~0.80	0.70~0.80
	P Max	0.035	0.035	0.035	0.025	0.025	0.025	0.025	0.035	0.035	0.035	0.035	0.035	0.035	0.035	0.035
	S Max	0.035	0.035	0.035	0.025	0.025	0.025	0.025	0.035	0.035	0.035	0.035	0.035	0.035	0.035	0.035
	Si	0.13~0.45	0.13 0.45	0.13~0.45	0.15~0.40	0.15~0.40	0.15~0.40	0.15~0.40	0.92~1.72	0.92~1.72	0.92~1.72	0.15~0.40	0.15~0.40	0.15~0.40	0.15~0.40	0.15~0.40
	Cu Max	–	–	–	–	–	–	–	–	–	–	–	–	–	–	–
	Ni Max	–	–	–	–	–	–	–	–	–	–	2.10~2.50	2.10~2.50	3.25~3.75	3.25~3.75	3.25~3.75
	Cr Max	–	–	–	–	–	–	–	–	–	–	–	–	–	–	–
	Mo Max	–	–	–	–	–	–	–	–	–	–	–	–	–	–	–
기계적 성질	인장 강도, MPa Min	415~550	450~585	485~620	380~515	415~550	450~585	485~620	450~485	485~550	485~550	450~585	485~620	450~585	485~620	550~690
	항복강, MPa Min	220	240	260	205	220	240	260	310~345	315~415	275~380	255	275	255	275	345~380
	인신율 [50mm] Min(%)	25	23	21	27	25	21	21	18	20	20	23	21	23	21	20

주 (1) 대응 표준: ①A515는 KS D3560과, ②A516은 KS D3540과, ③A537은 KS D3521과, ④A203은 KS D3586과 유사함.
(2) 약자 Gr: Grade, cL: Class

표 6 재료별 화학성분과 기계적 성질 (재료그룹 2.1–2.2) (4/5)

구분 \ 규격		ASTM A182						ASTM A351				
		F304	F304H	F316	F316H	F316L	F317	CF3, CF3A, J92700	CF3M, CF3MA,J92800	CF8, CF8A, J92600	CF8M, J92900	CG8M, J93000
규격명		단조 또는 압연 합금 및 스테인레스강 관플랜지, 단조관이음쇠 및 고온용 밸브 및 부품						압력부품용, 오스테나이트계 주강품				
화학성분 (%)	C Max	0.08	0.04~0.10	0.08	0.04~0.10	0.08	0.08	0.03	0.03	0.08	0.08	0.08
	Mn	2.00	2.00	2.00	2.00	2.00	2.00	1.50	1.50	1.50	1.50	1.50
	P	0.045	0.045	0.045	0.045	0.045	0.045	0.040	0.040	0.040	0.040	0.040
	S	0.03	0.03	0.03	0.03	0.03	0.03	0.040	0.040	0.040	0.040	0.040
	Si Max	1.00	1.00	1.00	1.00	1.00	1.00	2.00	1.50	2.00	1.50	1.50
	Ni	8.0~11.0	8.0~11.0	10.0~14.0	10.0~14.0	10.0~15.0	11.0~15.0	8.0~12.0	9.0~13.0	8.0~11.0	9.0~12.0	9.0~13.0
	Cr	18.0~20.0	18.0~20.0	16.0~18.0	16.0~18.0	16.0~18.0	18.0~20.0	17.0~21.0	17.0~21.0	18.0~21.0	18.0~21.0	18.0~21.0
	Mo	–	–	2.0~3.0	2.0~3.0	2.0~3.0	3.0~4.0	0.5	2.0~3.0	0.5	2.0~3.0	3.0~4.0
	Cb	–	–	–	–	–	–	–	–	–	–	–
	T	–	–	–	–	–	–	–	–	–	–	–
	Ti	–	–	–	–	–	–	–	–	–	–	–
	Fe	나머지	나머지	나머지	나머지	나머지	나머지	나머지	나머지	나머지	나머지	나머지
기계적 성질	인장강도, MPa Min	515	515	515	515	485	515	485	485	530	485	515
	항복장, MPa Min	205	205	205	205	170	205	205	205	240	205	240
	인신율 [50mm] Min(%)	30	30	30	30	30	30	30	30	35	30	25

주 (1) 대응 표준: ①A182는 KS D4115와, ②A351은 SPS-KFCA-D4103-5006(스테인리스 주강품)과 유사함.

(2) 약자 A182에서 F: Forged, H: 탄소함량 High, L: 탄소함량 Low

A351에서 CF3, CF3M : C(Corrosion resistant service, 내식용), F(Fe, Cr, Ni의 함량), 3은 탄소 함량 0.03%(Max), M(몰리브덴 첨가)

(3) ASTM A 703 Appendix. CF3: 304L CF8: 304, CF3M: 316L, CF8M: 316

표 6 재료별 화학성분과 기계적 성질 (재료그룹 2.1–2.2) (5/5)

구분 \ 규격		ASTM A240						
		304 (S300400)	304L (S30403)	304H (S30409)	309H (S30909)	316 (S31600)	316L (S31603)	316H (S31609)
규격명		압력용기 및 일반 응용분야용 크롬 및 크롬 – 니켈 스테인리스 강판, 시트 및 스트립						
화학성분 (%)	C Max	0.08	0.030	0.04~0.10	0.04~0.10	0.08	0.030	0.04~0.10
	Mn	2.00	2.00	2.00	2.00	2.00	2.00	2.00
	P	0.045	0.045	0.045	0.045	0.045	0.045	0.045
	S	0.030	0.030	0.030	0.030	0.030	0.030	0.030
	Si Max	0.75	0.75	0.75	0.75	0.75	0.75	0.75
	Cr	18.0~20.0	18.0~20.0	18.0~20.0	22.0~24.0	16.0~18.0	16.0~18.0	16.0~18.0
	Ni	8.5~10.5	8.0~12.0	8.0~10.5	12.0~15.0	10.0~14.0	10.0~14.0	10.0~14.0
	Mo	–	–	–	–	2.00~3.00	2.00~3.00	2.00~3.00
	N	0.10	0.10	–	–	0.10	0.10	0.10
	Cu	–	–	–	–	–	–	–
	기타	–	–	–	–	–	–	–
기계적 성질	인장강도, MPa Min	515	485	515	515	515	485	515
	항복강도, MPa Min	205	170	205	205	205	170	205
	인신율 [50mm] Min(%)	40	40	40	40	40	40	40
	경도 Min B	201	201	201	217	217	217	217
	R	91	92	92	95	95	95	95

주 대응 표준: A240은 KS D3705, KS D3698의 STS304, STS304L, STS304H, STS309H, STS316, STS316L, STS316H와 유사함.

2.3 동 및 동합금

(1) 제련없이 사용 가능한 금속

동은 연한 금속으로 열전도성과 전기전도성이 매우 높다. 공기에 접촉하기 전 동의 표면은 분홍빛을 띠는 주황빛이다. 열이나 전기 전달용도 외에도 건축 자재나 다양한 합금의 원료로 사용된다. 동은 비교적 반응성이 낮아 자연에 존재하는 금속 원소 중 제련 없이 바로 사용 가능한 순수한 형태로 존재하는 흔치 않은 금속 중 하나이다. 동은 물과는 반응하지 않지만 공기 중의 산소와는 천천히 반응하여 적갈색의 산화동 층을 형성하는데, 다른 금속과 달리 동에서 생성되는 산화동 층은 그 밑에 위치하는 금속을 더한 산화로부터 보호하는 역할을 한다.

동은 다른 금속과의 합금이 용이하여 여러종류의 합금이 있으나, 주로 관의 제조용으로 사용되는 것은 순동과 황동이다.

(2) 동 및 동합금의 종류

동 및 동합금은 그 종류가 다양하므로, UNS 번호 체계를 따라서 C××××× 식으로 C와 5자리 숫자로 병합된 표시방법을 사용한다. 맨 앞의 C는 동(copper)을 의미하고 뒤의 숫자 중 첫번째는 합금의 주성분을 나타내며 모두 7종으로 분류된다. 그 외는 숫자는 합금의 조성을 표시하는 것이다. 1은 순동 및 고(高)동합금, 2는 Cu+Zn계 합금, 3은 Cu+Zn+Pb계 합금, 4는 Cu+Zn+Sn계 합금, 5는 Cu+Sn, Cu+Sn+Pb계 합금, 6은 Cu+Al, Cu+Si, 특수 Cu+Zn계 합금, 7은 Cu+Ni, Cu+Ni+Zn계 합금이다.

표 7은 재료를 기준한 동 및 동합금관의 종류를 보여주는 것이다. 그리고 주요 동합금 재료의 화학적 성분은 **표 8**과 같다.

표 7 동과 동합금관의 종류(1/2)

UNS No.	재료명	특성 및 주요 용도
C10200	무산소동	전기, 열의 전도성, 전연성, 드로잉성이 우수하고 용접성, 내식성, 내후성이 좋다. 고온의 환원성 분위기에서 가열하여도 수소취화를 일으키지 않는다. 열교환기용, 전기용, 화학공업용, 급수, 급탕용 등
C10300		
C10800		
C12000	인탈산동	압광성, 굽힘성, 드로잉성, 용접성, 내식성, 열의 전도성이 좋다. 고온의 환원성 분위기에서 가열하여도 수소취화를 일으키지 않는다. 열교환기용, 화학공업용, 급수, 급탕용, 가스관 등
C12200		

표 7 동과 동합금관의 종류(2/2)

UNS No.	재료명	특성 및 주요 용도
C14200	인산화, 비소화된 인탈산동	열전도성, 내부식성이 좋고 솔더링이 용이하다. 보일러, 열교환기, 응축기용 튜브 등
C23000	단동	색깔과 광택이 아름답고, 압광성, 굽힘성, 드로잉성, 내식성이 좋다. 화장품 케이스, 급배수관, 이음쇠 등
C28000	황동	압광성, 굽힘성, 드로잉성, 도금성이 좋고 강도가 높다. 열교환기, 커튼 로드, 위생관, 제 기기부품, 안테나 로드, 선박용, 제 기기부품 등
C65500	규소청동	내산성이 좋고 강도가 높다. 화학공업용 등
C44300	복수기용 황동	내식성이 좋다. 화력, 원자력 발전용 복수기, 선박용 복수기, 급수 가열기, 증류기, 유냉각기, 조수장치 등의 열교환기용
C44400		
C44500		
C60800		
C68700		
C70400	복수기용 백동	내식성 특히 내해수성이 좋고, 비교적 고온의 사용에 적합하다. 선박용 복수기, 급수 가열기, 화학공업용, 조수장치용 등
C70600		
C71000		
C71500		

표 8 동과 동합금의 화학성분

합금번호	화학성분, %				
	Cu(Ag 포함)	Pb	Fe	P	Zn
C10200[A]	99.95 min	–	–	–	–
C10300	99.95[B] min			0.001~0.005	
C10800	99.95[B] min			0.005~0.012	
C11000	99.90 이상	–	–	–	–
C12000	99.90 min	–	–	0.04–0.012	–
C12200	99.9 min	–	–	0.015~0.040	–
C22000	89.0~91.0	0.05 이하	0.06 이하	–	나머지
C23000	84.0~86.0	0.05 이하	0.05 이하	–	나머지
C26000	68.5~71.5	0.07 이하	0.05 이하	–	나머지
C27000	63.0~67.0	0.07 이하	0.05 이하	–	나머지
C2800	59.0~63.0	0.10 이하	0.07 이하	–	나머지

주 A: 산소는 max. 10 PPM B: Cu+Ag+P

2.4 비금속 재료

1 플라스틱

(1) 플라스틱의 어원

플라스틱(plastic)은 석유에서 추출되는 원료를 결합시킨 고분자화합물의 일종으로, 원하는 형태로 용이하게 가공할 수 있다는 의미의 그리스어(plastikos)에서 유래한다. 열과 압력을 가하여 성형할 수 있으며 합성수지(合成樹脂)라고도 부른다. 레진(resin)이라고도 하지만 이는 천연수지와 합성수지 모두를 포함하는 말이다.

플라스틱은 여러가지 종류가 있으며, 열을 가해서 재가공이 가능한지에 따라서 열가소성플라스틱과 열경화성플라스틱으로 대별된다. 플라스틱의 개발은 천연 플라스틱 물질의 사용으로부터 시작하여 화학적으로 수정된 천연물질(천연고무, 나이트로셀룰로스 등) 사용단계를 거쳐 베이클라이트, 에폭시, 폴리염화비닐 같은 완전한 합성분자로 발전되었다.

(2) 종류

대부분의 플라스틱에 붙는 poly는 중합체(重合體, polymer)라는 뜻으로, 자연에서 얻어야만 했던 물질을 합성하여 만들어 낸 것을 의미한다. 즉 플라스틱은 폴리머와 몇 가지 첨가제와의 화합물로, 그 종류가 매우 다양하다.

(3) 재활용성

플라스틱은 재활용을 반복할 때마다 품질이 나빠지는 특성이 있다. 이는 플라스틱을 구성하는 고분자들의 종류가 일정하지 않기 때문임이 밝혀져, 분자의 종류를 동일하게 함으로써 재활용을 반복하더라도 본래 성질이 유지되는 플라스틱을 실용화하게 되었다. 페트병에 사용되는 플라스틱이 그 예이며, 다른 분야에도 점차적으로 적용될 것이다.

재활용이 불가한 플라스틱도 있으며, 가능은 해도 경제성이 떨어진다는 이유 등으로 재활용률이 그리 높지 않다는 것이 현실이다.

2 열가소성 플라스틱

열가소성 플라스틱(熱可塑性, thermoplastic)은 열을 가하면 녹고, 온도를 충분히 낮추면 고체 상태로 되돌아간다. 즉 열을 가하여 반복적으로 연화 및 재성형을 할 수 있는 플라스틱이다. 이러한 기능을 이용하여 녹여서 압출하거나 형틀에 넣어 성형하는 방식으로 제조된다. 대체적인 분자구조는 분자 간에 약한 상호작용 만이 가능한 선형구조 이다.

제조 또는 사용되는 동안 특정 목적을 달성할 수 있도록 첨가제가 조성물에 혼입되며, 최소한의 보강재도 포함된다. 일반적으로 섬유질(filaments)로 강화하지 않고 사용된다.

3 열경화성 플라스틱

열경화성 플라스틱(熱硬化性, thermosetting) 재료는 열을 가하면 열가소성 플라스틱처럼 녹지않고, 타서 가루가 되거나 기체를 발생시키는 플라스틱이다. 따라서 한번 굳어지면 다시 녹지 않는다. 즉 일단 최종 형태로 경화된 후에는 연화될 수 없으므로 가열을 해도 재성형되지 않는다. 그래서 일반적으로 열경화성 플라스틱은 항상 보강제(예 **유리섬유**) 및 때로는 충전제(예 **모래**)와 결합하여 구조적으로 통합된 복합구조로 사용된다. 대체적인 분자 구조는 망상이다.

배관재로 사용되는 이 범주의 재료로는 RTR(reinforced thermosetting resin, 강화 열경화성 수지)과 FRP(fiberglass reinforced plastic, 유리섬유 강화 플라스틱)이다. RTR과 FRP는 호환되며 관과 관이음쇠 제조에 사용된다. 그 외에도 유리섬유 강화 에폭시 수지, 유리섬유 강화 비닐에스테르와 유리섬유 강화 폴리에스텔도 이 범주에 포함된다.

에폭시 수지로 만든 관과 관이음쇠는 폴리에스텔로 제조된 것보다 일반적으로 더 강하고 높은 온도에 사용된다. 그래서 배관재로 많이 사용된다.

표 9는 이상의 내용을 토대로 정리한, 실제로 관이나 관이음쇠 등으로 제조되어 사용되고 있는 플라스틱 배관재의 분류이다.

표 9 플라스틱 배관 재료의 분류

구분	배관재
열가소성	PVC(polyvinyl chloride), CPVC(chlorinated polyvinyl chloride), PE(polyethylene), PB(polybutylene), PEX(cross-linked polyethylene), PP(polypropylene), ABS(acrylonitrile-butadiene-styrene), PVDF(principally polyvinylidene fluoride)
열경화성	RTR(reinforced thermosetting resin), FRP(fiberglass reinforced plastic)

3 밸브재료

3.1 재료그룹

밸브제조에 사용되는 재료는 4개 그룹으로, ①탄소강 및 합금강 그룹, ②고합금강 그룹, ③비철금속 그룹, ④볼트재료 그룹이다. 그러나 ①,②,④는 배관재료와 같고, ③은 2.3에서 다룬 것이다. 사용되는 원자재의 종류에 따라 다시 단조품, 주조품, 판, 봉 및 관으로 나누었다. 이를 체계적으로 정리한 것이 **표 10** 이다. 밸브 재료 중 가장 많이 사용되는 탄소강과 스테인리스강의 대표적인 등급에 대한 화학성분과 기계적인 성질은 **표 11**과 같다.

밸브 몸통과 보닛 부분에 동일한 재료를 사용할 필요는 없지만, 밸브에 적용된 등급은 몸통의 재질 기준이므로, 보닛은 밸브의 압력-온도 등급에 적합하게 설계되고 재질 선택이 이루어져야 한다. 스템, 디스크, 기타 구성부품도 밸브에 가해질 압력 및 기타 하중을 고려하여 압력-온도 등급과 일치하도록 선정되어야 한다.

3.2 재료 선택의 주의점

재료의 선택에 있어서 주의할 점은 ①탄화물의 흑연화, ②페라이트강의 산화, ③탄소강의 경우 -10°C 이상에서 사용한다고 해도 저온에서의 연성 저하, ④오스테나이트강의 입계 부식에 대한 민감성, ⑤니켈 합금강의 입계부식 가능성 등이다.

또한 밸브에 사용되는 볼트의 재료는 해당 코드나 표준의 한계를 넘겨서 사용되지 않도록 해야 하며, BPVC의 S-2의 재료는 이절에서의 요구사항을 충족하는 재료로 사용할 수 있다. 재료별 사용제한 온도는 압력-온도 등급(**제4장 표 16~19 참조**)에 표시되었다.

표 10 밸브 재료그룹 1(1/6)

재료그룹	구성성분	단조품	주조품	판재	바	관
1.1	C-Si	A105	A216 Gr. WCB	A515 Gr. 70	A105	
	C-Mn-Si	A350 Gr. LF2		A516 Gr.70 A537 Gr. cL. 1	A350 Gr. LF2 A696 Gr. C	A672 Gr. C 70 A672 Gr. B 70
	C-Mn-Si-V	A350 Gr. LF6 cL1			A350 Gr. LF6 cL1	
	3-1/2Ni	A350 Gr. LF3			A350 Gr. LF3	
1.2	C-Si					A 106 Gr. C
	2-1/2Ni		A 352 Gr. LC2	A203 Gr. B		
	3-1/2Ni		A 352 Gr. LC3	A203 Gr. E		
	C-Mn-Si		A216 Gr. WCC A216 Gr. LCC			
	C-Mn-Si-V	A350 Gr. LF6 cL. 2			A350 Gr. LF6 cL2	
1.3	C				A675 Gr. 70	
	C-Si		A 352 Gr. LCB	A515 Gr. 65		A672 Gr. B 65
	C-Mn-Si			A516 Gr. 65		A672 Gr. C 65
	2-1/2Ni			A203 Gr. A		
	3-1/2Ni			A203 Gr. D		
	C-1/2Mo		A217 Gr. WCI A 352 Gr. LC1			
1.4	C				A675 Gr. 60 A675 Gr. 65	
	C-Si			A515 Gr.60		A 106 Gr. B A672 Gr. B 60
	C-Mn-Si	A350 Gr.LF1		A516 Gr.60	A350 Gr.LF1 A696 Gr. B	A672 Gr. C 60
1.5	C-1/2Mo	A182 Gr. F1		A 204 Gr.A A 204 Gr.B	A182 Gr. F1	A 691 Gr. CM 70
1.6	1/2Cr-1/2Mo			A 387 Gr.2 cL1 A 387 Gr.2 cL2		A 691 Gr. 1/2Cr
1.7	C-1/2Mo					A 691 Gr. CM 75
	1/2Cr-1/2Mo	A182 Gr. F2			A182 Gr. F2	
	Ni-1/2Cr-1/2Mo		A217 Gr. WC4			
	3/4Ni-3/4Cr-1Mo		A217 Gr. WC5			

표 10 밸브 재료그룹 1(2/6)

재료그룹	구성성분	단조품	주조품	판재	바	관
1.8	1/2Cr-1/2Mo			A 387 Gr.12 cL2		
	1-1/4Cr-1/2Mo-Si			A 387 Gr.11 cL1		A 691 Gr. 1-1/4Cr
	2 1/4Cr-1Mo			A 387 Gr.22 cL1		A 691 Gr. 2-1/4Cr A 335 Gr. P22 A 369 Gr. FP22
1.9	1-1/4Cr-1/2Mo		A217 Gr. WC6		A 739 Gr.B11	
	1-1/4Cr-1/2Mo-Si	A182 Gr. F11 cL2		A 387 Gr.11 CI.2	A182 Gr. F11 cL. 2	
1.10	2 1/4Cr-1Mo	A182 Gr. F22 cL3	A217 Gr. WC9	A 387 Gr. 22 cL2	A182 Gr. F22 cL. 3 A 739 Gr.B22	
1.11	3Cr-1Mo	A182 Gr. F21		A 387 Gr.21 CI.2	A182 Gr. F21	
	Mn-1/2Mo			A 302 Gr.A & B		
	Mn-1/2Mo-1/2Ni			A 302 Gr.C		
	Mn-1/2Mo-3/4Ni			A 302 Gr.D		
	C-Mn-Si			A 537 Gr. cL2		
	C-1/2Mo			A 204 Gr. C		
1.12	5Cr-1/2Mo			A 387 Gr.5 CI.1 A 387 Gr.5 CI.2		A 691 Gr. 5Cr A 335 Gr. P5 A 369 Gr. FP5
	5Cr-1/2Mo-Si					A 335 Gr. P5b
1.13	5Cr-1/2Mo	A182 Gr. F5a	A217 Gr. C5		A182 Gr. F5a	
1.14	9Cr-1M0	A182 Gr. F9	A217 Gr. C12		A182 Gr. F9	
1.15	9Cr-1M0-V	A182 Gr. F91	A217 Gr. C12A	A 387 Gr. 91 cL. 2	A182 Gr. F91	A 335 Gr. P91
1.16	C-1/2Mo					A 335 Gr. P1 A 369 Gr. FP1
	1Cr-1/2Mo			A 387 Gr. 12 cL. 1		A 691 Gr. 1Cr A 335 Gr. P12 A 369 Gr. FP12
	1-1/4Cr-1/2Mo-Si					A 335 Gr. P11 A 369 Gr. FP11
1.17	1Cr-1/2Mo	A182 Gr. F12 cL. 2			A182 Gr. F12 cL. 2	
	5Cr-1/2Mo	A182 Gr. F5			A182 Gr. F25	
1.18	9Cr-2W-V	A182 Gr. F92			A182 Gr. F92	A 335 Gr. P92 A 369 Gr. FP92

표 10 밸브 재료그룹 2(3/6)

재료그룹	구성성분	단조품	주조품	판재	바	관
2.1	18Cr-8Ni	A182 Gr. F304 A182 Gr. F304H	A351 Gr. CF3 A351 Gr. CF8 A351 Gr. CF10	A240 Gr. 304 A240 Gr. 304H	A182 Gr. F304 A182 Gr. F304H A479 Gr. 304 A479 Gr. 304H	A312 Gr. TP304 A312 Gr. TP304H A358 Gr. 304 A376 Gr. TP304 A376 Gr. TP304H A430 Gr. FP304 A430 Gr. FP304H
2.2	16Cr-12Ni-2Mo	A182 Gr. F316 A182 Gr. F316H	A351 Gr. CF3M A351 Gr. CF8M A351 Gr. CF10M	A240 Gr. 316 A240 Gr. 316H	A182 Gr. F316 A182 Gr. F316H A479 Gr. 316 A479 Gr. 316H	A312 Gr. TP316 A312 Gr. TP316H A358 Gr. 316 A376 Gr. TP316 A376 Gr. TP316H A430 Gr. FP316 A430 Gr. FP316H
	18Cr-8Ni		A351 Gr. CF3A			
	18Cr-13Ni-3Mo	A182 Gr. F317 A182 Gr. F317H	A351 Gr. CF8A	A240 Gr. 317 A240 Gr. 317H		A312 Gr. TP317 A312 Gr. TP317H
	19Cr-10Ni-3Mo		A351 Gr. CG8M A351 Gr. CG3M			
2.3	18Cr-8Ni	A182 Gr. F304L		A240 Gr. 304L	A182 Gr. F304L A479 Gr. 304L	A312 Gr. TP304L
	16Cr-12Ni-2Mo	A182 Gr. F316L		A240 Gr. 316L	A182 Gr. F316L A479 Gr. 316L	A312 Gr. TP316L
	18Cr-13Ni-3Mo	A182 Gr. F317L			A182 Gr. F317L	
2.4	18r-10Ni-Ti	A182 Gr. F321 A182 Gr. F321H		A240 Gr. 321 A240 Gr. 321H	A182 Gr. F321 A479 Gr. 321 A182 Gr. F321H A479 Gr. 321H	A312 Gr. TP321 A312 Gr. TP321H A358 Gr. 321 A376 Gr. TP321 A376 Gr. TP321H A430 Gr. FP321 A430 Gr. FP321H

표 10 밸브 재료그룹 2(4/6)

재료그룹	구성성분	단조품	주조품	판재	바	관
2.5	18Cr-10Ni-Cb	A182 Gr. F347 A182 Gr. F347H A182 Gr. F348 A182 Gr. F348H		A240 Gr. 347 A240 Gr. 347H A240 Gr. 348 A240 Gr. 348H	A182 Gr. F347 A182 Gr. F347H A182 Gr. F348 A182 Gr. F348H A479 Gr. 347 A479 Gr. 347H A479 Gr. 348 A479 Gr. 348H	A312 Gr. TP347 A312 Gr. TP347H A312 Gr. TP348 A312 Gr. TP348H A358 Gr. TP347 A376 Gr. TP347 A376 Gr. TP347H A376 Gr. TP348 A376 Gr. TP348H A430 Gr. TP347 A376 Gr. FP347H
2.6	25Cr-20Ni	A182 Gr. F310H		A240 Gr. 310H		A312 Gr. TP39H A358 Gr. 309H
2.7	23Cr-20Ni	A182 Gr. F310		A240 Gr. 310H	A182 Gr. F310H A479 Gr. 310H	A312 Gr. TP310H A358 Gr. 310H
2.8	20Cr-18Ni-6Mo	A182 Gr. F44	A351 Gr. CK3MCuN	A240 Gr. S31254	A182 Gr. F44 A479 Gr. S31254	A312 Gr. S31254 A358 Gr. S31254
	22Cr-5Ni-3Mo-N	A182 Gr. F51	A351 Gr. CD3MN	A240 Gr. S31803	A182 Gr. F51 A479 Gr. S31803	A789 Gr. S31803 A790 Gr. S51803
	25Cr-7Ni-4Mo-N	A182 Gr. F53		A240 Gr. S32750	A182 Gr. F53 A479 Gr.S32750	A789 Gr. S32750 A790 Gr. S32750
	24Cr-10Ni-4Mo-V		A351 Gr. CE8MN CD4MCuN			
	25Cr-5Ni-2Mo-3Cu		A 995 Gr. 1B			
	25Cr-7Ni-3.5Mo-W-Cb		A 995 Gr. CD3MWCuN 6A			A789 Gr.S32760
	25Cr-7.5Ni-3.5Mo-N-CU-W	A182 Gr. F55		A240 Gr. S32760	A479 Gr.S32760	A790 Gr. S32760
2.9	23Cr-12Ni			A240 Gr. 309S		
	25Cr-20Ni			A240 Gr. 310S	A479 Gr.310S	
2.10	25Cr-12Ni		A351 Gr. CHB A351 Gr. CH20			
2.11	18Cr-10Ni-Cb		A351 Gr. CF8C			
2.12	25Cr-20Ni		A351 Gr. CK20			

표 10 밸브 재료그룹 3(5/6)

재료그룹	공칭표기	단조품	주조품	판재	바	관
3.1	35Ni-35Fe-20Cr-Cb	B462 Gr. N08020		B463 Gr. N08020	B462 Gr .N08020 B473 Gr. N08020	B464 Gr. N08020 B468 Gr. N08020
3.2	99.0Ni	B564 Gr. N02200		B162 Gr. N02200	B160 Gr. N02200	B161 Gr. N02200 B163 Gr. N02200
3.3	99.0Ni-Low C			B162 Gr. N02201	B160 Gr. N02201	
3.4	67Ni-30Cu	B564 Gr. N04400	A494 Gr. M-35-1	B 127 Gr. N04400	B164 Gr. N04400	B165 Gr. N04400 B163 Gr. N04400
	67Ni-30Cu-S		A494 Gr. M-35-1		B164 Gr. N04405	
3.5	72Ni-15Cr-8Fe	B564 Gr. N06600		B168 Gr. N06600	B164 Gr. N06600	B163 Gr. N06600
3.6	33Ni-42Fe-21Cr	B564 Gr. N08800		B409 Gr. N08800	B 408 Gr. N08800	B163 Gr. N08800
3.7	65Ni-28Mo-2Fe	B462 Gr. N10665 B564 Gr. N10665		B333 Gr. N10665	B 335 Gr. N10665 B462 Gr. N10665	B622 Gr. N10665
	64Ni-29.5Mo-2Cr-2Fe-Mn-W	B462 Gr. N10675 B564 Gr. N10675		B333 Gr. N10675	B 335 Gr. N10675 B462 Gr. N10675	B622 Gr. N10675
3.8	54Ni-16Mo-15Cr	B462 Gr. N10276 B564 Gr. N10276		B575 Gr. N10276	B462 Gr. N10276 B574 Gr. N10276	B622 Gr. N10276
	60Ni-22Cr-9Mo-3.5Cb	B564 Gr. N06625		B443 Gr. N06625	B446 Gr. N06625	
	62Ni-28Mo-5Fe			B333 Gr. N10001	B335 Gr. N10001	B622 Gr. N10001
	70Ni-16Mo-7Cr-5Fe			B434 Gr. N10003	B573 Gr. N10003	
	61Ni-16Mo-16Cr			B575 Gr. N06455	B574 Gr. N06455	B622 Gr. N06455
	42Ni-21.5Cr-3Mo-2.3Cu	B564 Gr. N08825		B424 Gr. N08825	B425 Gr. N08825	B423 Gr. N08825
	55Ni-21Cr-13.5Mo	B462 Gr. N06022 B564 Gr. N06022		B575 Gr. N06022	B462 Gr. N06022 B574 Gr. N06022	B622 Gr. N06022
	55Ni-23Cr-16Mo-1.6Cu	B462 Gr. N06200 B564 Gr. N06022		B575 Gr. N06200	B574 Gr. N06022	B622 Gr. N06200

표 10 밸브 재료그룹 3(6/6)

재료그룹	공칭표기	단조품	주조품	판재	바	관
3.9	47Ni-22Cr-9Mo-18Fe			B435 Gr. N06002	B572 Gr. N06002	B622 Gr. N06002
	21Ni-30Fe-22Cr-18Co-3Mo-3W			B435 Gr. R30556	B572 Gr. R30556	B622 Gr. R30556
3.10	25Ni-47Fe-21Cr-5Mo			B599 Gr. N08700	B672 Gr. N08700	
3.11	44Fe-25Ni-21Cr-Mo			B625 Gr. N08904	B649 Gr. N08904	B677 Gr. N08904
3.12	26Ni-43Fe-22Cr-5Mo			B620 Gr. N08320	B621 Gr. N08320	B622 Gr. N08320
	47Ni-22Cr-20Fe-7Mo			B582 Gr. N06985	B581 Gr.N06985	B622 Gr.N06985
	46Fe-24Ni-21Cr-6Mo-Cu-N	B462 Gr.N08367	A351 Gr. CN3MN	B688 Gr. N08367	B462 Gr.N08367 B691 Gr.N08367	
	58Ni-33Cr-8Mo	B462 Gr.N06035 B564 Gr.N06035		B575 Gr. N06035	B462 Gr.N06035 B574 Gr.N06035	B622 Gr.N06035
3.13	49Ni-25Cr-18Fe-6Mo			B582 Gr. N06975	B581 Gr. N06975	B622 Gr. N06975
	Ni-Fe-Cr-Mo-Cu-Low C	B564 Gr. N08031		B625 Gr. N08031	B649 Gr. N08031	B622 Gr. N08031
3.14	47Ni-22Cr-19Fe-6Mo			B582 Gr. N06007	B581 Gr. N06007	B622 Gr. N06007
	40Ni-29Cr-15Fe-5Mo	B462 Gr. N06030		B582 Gr. N06030	B462 Gr. N06030 B581 Gr. N06030	B622 Gr. N06030
3.15	42Ni-2Fe-21Cr	B564 Gr. N08810		B409 Gr. N08810	B408 Gr. N08810	B407 Gr. N08810
	Ni-Mo		A 494 Gr. N-12MV			
	Ni-Mo-Cr		A 494 Gr. CW-12MW			
3.16	35Ni-19Cr-1-1/4Si			B536 Gr. N08330	B511 Gr. N08330	B535 Gr. N08330
3.17	29Ni-20.5Cr-3.5Cu-2.5Mo		A351 Gr. CN7M			
3.18	72Ni-15Cr-8Fe					B167 Gr. N06600
3.19	57Ni-23Cr-14W-2Mo-Ia	B564 Gr. N06230		B435 Gr. N06230	B572 Gr. N06230	B622 Gr. N06230

자료 참고문헌 4

표 11 밸브 주요 재료별 화학성분과 기계적 성질(재료그룹 1.1~1.4) (1/3)

구분 \ 규격		ASTM A696		ASTM A675									ASTM A106		
		Gr.B	Gr.C	Gr.310	Gr.345	Gr.380	Gr.415	Gr.450	Gr.485	Gr.515	Gr.550	Gr.620	Gr.A	Gr.B	Gr.C
규격명		압력부품용 특수 품질 탄소강바		특수품질 강바의 기계적 특성									고온용 이음매없는 탄소강관		
화학성분(%)	C Max	0.32		–									0.25		
	Mn	1.04 Max		–									0.27~0.93		
	P Max	0.035		0.04									0.035		
	S Max	0.040		0.05									0.035		
	Si	0.15~0.35		–									0.10		
	Cu Max	–		0.20									0.40		
	Ni Max	–		–									0.40		
	Cr Max	–		–									0.40		
	Mo Max	–		–									0.15		
	V Max	–		–									0.08		
기계적 성질	인장강도, MPa Min	415	485	310~380	345~415	380~450	415~495	450~53	485~585	515~620	550 Min	620 Min	330	415	485
	항복장, MPa Min	240	275	155	170	190	205	225	240	260	275	380	205	240	275
	인신율[50mm] Min(%)	20	18	33	30	26	22	20	18	18	17	14	45	30	30

표 11 밸브 주요 재료별 화학성분과 기계적 성질(재료그룹 2.1~2.2) (2/3)

구분		ASTM A312							ASTM A358						
구분 \ 규격		TP304, S30400	TP304L, S30403	TP304H, S30409	TP316, S31600	TP316L, S31603	TP316H, S31609	TP321 S32100	TP304, S30400	TP304L, S30403	TP304H, S30409	TP316, S31600	TP316L, S31603	TP316H, S31609	TP321 S32100
규격명		용접 및 이음매없는 오스테나이트 스테인레스강관							고온용 전기용접 오스테나이트계 크롬니켈 스테인리스강관						
화학성분(%)	C Max	0.08	0.035	0.034~0.10	0.08	0.035	0.04~0.10	0.08	0.08	0.035	0.034~0.10	0.08	0.035	0.04~0.10	0.08
	Mn	2.00	2.00	2.00	2.00	2.00	2.00	2.00	2.00	2.00	2.00	2.00	2.00	2.00	2.00
	P	0.045	0.045	0.045	0.045	0.045	0.045	0.045	0.045	0.045	0.045	0.045	0.045	0.045	0.045
	S	0.03	0.03	0.03	0.03	0.03	0.03	0.03	0.03	0.03	0.03	0.03	0.03	0.03	0.03
	Si Max	1.00	1.00	1.00	1.00	1.00	1.00	1.00	1.00	1.00	1.00	1.00	1.00	1.00	1.00
	Ni	8.0~11.0	8.0~13.0	8.0~11.0	10.0~14.0	10.0~14.0	10.0~14.0	9.0~12.0	8.0~11.0	8.0~13.0	8.0~11.0	11.0~14.0	10.0~14.0	11.0~14.0	9.0~12.0
	Cr	18.0~20.0	18.0~20.0	18.0~20.0	16.0~18.0	16.0~18.0	16.0~18.0	17.0~19.0	18.0~20.0	18.0~20.0	18.0~20.0	16.0~18.0	16.0~18.0	16.0~18.0	17.0~19.0
	Mo	–	–	–	2.0~3.0	2.0~3.0	2.0~3.0	0.10	–	–	–	2.0~3.0	2.0~3.0	2.0~3.0	0.10
	Cb	–	–	–	–	–	–	–	–	–	–	–	–	–	–
	T	–	–	–	–	–	–	–	–	–	–	–	–	–	–
	Ti	–	–	–	–	–	–	–	–	–	–	–	–	–	–
	Fe	나머지	나머지	나머지	나머지	나머지	나머지	나머지	나머지	나머지	나머지	나머지	나머지	나머지	나머지
기계적 성질	인장강도, MPa Min	515	485	515	515	485	515	515 (용접)	515	485	515	515	485	515	515 (용접)
	항복장, MPa Min	205	170	205	205	170	205	205 (용접)	205	170	205	205	170	205	205 (용접)
	인신율 [50mm] Min(%)	35							35						

주 대응 표준: ①A312는 KS D3576과, ②A358은 KS D3588과 유사함

표 11 밸브 주요 재료별 화학성분과 기계적 성질(재료그룹 2.1~2.2) (3/3)

구분 \ 규격		ASTM A376																
		TP304, S30400	TP304H, S30409	TP304N, S30451	TP304LN, S30453	TP316, S31600	TP316H, S31609	TP316N, S31651	TP316LN, S31653	TP321 S32100	TP321H S32109	TP347 S34700	TP347H S34709	TP348 S34800	S16800	S31725	S31726	S34565
규격명		고온용 이음매없는 오스테나이트계 스테인리스강관																
화학성분 (%)	C Max	0.08	0.04~0.10	0.08	0.035	0.08	0.04~0.10	0.08	0.035	0.08	0.04~0.10	0.08	0.04-0.10	0.08	0.05~0.10	0.03	0.03	0.03
	Mn	2.00	2.00	2.00	2.00	2.00	2.00	2.00	2.00	2.00	2.00	2.00	2.00	2.00	2.00	2.00	2.00	5.0-7.0
	P	0.045	0.045	0.045	0.045	0.045	0.045	0.045	0.045	0.045	0.045	0.045	0.045	0.045	0.045	0.045	0.045	0.03
	S	0.03	0.03	0.03	0.03	0.03	0.03	0.03	0.03	0.03	0.03	0.03	0.03	0.03	0.03	0.03	0.03	0.01
	Si Max	0.75	0.75	0.75	0.75	0.75	0.75	0.75	0.75	0.75	0.75	0.75	0.75	0.75	0.75	0.75	0.75	1.00
	Ni	8.0~11.0	8.0~11.0	8.0-11.0	8.0-11.0	11.0~14.0	11.0~14.0	11.0-14.0	11.0-14.0	9.0~13.0	9.0-13.0	9.0-13.0	9.0-13.0	9.0-13.0	7.5-9.5	13.5-17.5	14.5-17.5	16.0-18.0
	Cr	18.0~20.0	18.0~20.0	18.0-20.0	18.0-20.0	16.0~18.0	16.0~18.0	16.0-18.0	16.0-18.0	17.0~19.0	17.0-19.0	17.0-19.0	17.0-19.0	17.0-19.0	14.5-16.5	18.0-20.0	17.0-20.0	23.0-25.0
	Mo	–	–	–	–	2.0~3.0	2.0~3.0	2.00-3.00	2.00-3.00	–	–	–	–	–	1.50-2.00	4.0-5.0	4.0-5.0	4.0-5.0
	Cb	–	–	–	–	–	–	–	–	–	–	–	–	–	–	–	–	–
	T	–	–	–	–	–	–	–	–	–	–	–	–	–	–	–	–	–
	Ti	–	–	–	–	–	–	–	–	–	–	–	–	–	–	–	–	–
	Ta	–	–	–	–	–	–	–	–	–	–	–	–	0.1	–	–	–	–
	N	–	–	0.10-0.16	0.10-0.16	–	–	0.10-0.16	0.10-0.16	–	–	–	–	–	–	0.20 max	0.10-0.20	0.040
	기타	–	–	–	–	–	–	–	–	–	–	–	–	Co0.20	–	Cu0.75	Cu0.75	Cb0.10
기계적 성질	인장강도, MPa Min	515	515	550	515	515	515	550	515	515	515	515	515	515	515	515	550	790
	항복장, MPa Min	205	205	240	205	205	205	240	205	205	205	205	205	205	205	205	240	415
	인신율 [50mm] Min(%)	35	35	35	35	35	35	35	35	35	35	35	35	35	35	35	35	35

4 볼트와 너트 재료

4.1 볼트

1 탄소강 볼트, 스터드와 나사 가공용 로드[6]

표 12는 탄소강제 볼트와 스터드의 2 가지 등급에 대한 성능을 화학적 성분과 기계적 성질을 기준으로 정리한 것이다. 볼트의 길이는 1/4~4 in(6.35~100 mm) 범위이다.

그리고, 이 볼트에 합당한 너트의 재질은 A563 이다.

표 12 탄소강 볼트, 스터드와 나사 가공용 로드의 기계적 화학적 성질

(a) 등급별 적용

등급	적용
A	최소 인장 강도가 414 MPa(60 ksi)인 일반용 볼트, 스터드 및 나사 가공용 로드 길이: 1/4~4 in
B	인장 강도가 414~689 MPa(60~100 ksi)이고 주철제 플랜지 이음용 볼트, 스터드 및 나사 가공용 로드, 길이: 1/4~4 in

(b) 화학적 요구 사항

구분	열화학분석	제품분석
C, max	0.29	0.33
Mn, max	1.20	1.25
P, max	0.040	0.041
S, max		
Gr. A	0.15	A
Gr. B	0.05	0.051

주 A : 탈황강은 제품에 대한 성분분석을 근거로 불합격되지 않는다.

(c) 볼트, 스터드와 나사 가공용 로드의 경도

등급	공칭길이 in(mm)	경도[A]			
		브리넬		록크웰 B	
		min	max	min	max
A	3(80)×지름[B] 이하	121	241	69	100
	3(80)×지름 이상	..	241	..	100
B	3(80)×지름[B] 이하	121	212	69	95
	3(80)×지름 이상	..	212	..	95

6. 참고문헌 5.

주 A : 표면 또는 단면에서 측정 한 값.
B : 천공된 헤드나 작은 헤드가 있는 볼트 포함. 이러한 크기와 변형된 헤드가 있는 볼트는 경도만이 유일한 요건이기 때문에 최소 및 최대 경도를 만족해야 한다.

❷ 합금강 및 스테인레스강 볼트 재료

볼트 재료는 관플랜지와 플랜지식 관이음쇠 체결에 사용되므로 특별히 강도에 대한 요구가 중요시된다. 또한 볼트 재료에 대해서는 기본적으로 용접 수리하거나, 해당 코드에 명시된 온도 한계를 초과하여 사용해서는 안 된다. 볼트 재료에 대한 표준은 **표 13**과 같다.

표 13 볼트 재료[1]

고강도[2]	중강도[3]	저강도[4]	니켈과 특수합금[5]
A193 B7	A193 B5	A193 B8 cL1[6]	B164[7][8][9]
A193 B16	A193 B6 A193 B6X	A193 B8C cL1[6] A193 B8M cL1[6]	 B166[7][8][9]
A320 L7[10]	A193 B7M	A193 B8T cL1[6]	
A320 L7A[10]			
A320 L7B[10]	A193 B8 cL2[11]	A193 B8A[6]	B335 N10665[7] N10675[7]
	A193 B8 cL2B[11]		
A320 L7C[10]	A193 B8C cL2[11]	A193 B8CA	
A320 L43[10]	A193 B8M cL2[11] A193 B8M cL2B[11] A193 B8T cL2[11]	A193 B8MA A193 B8TA[6]	B408[7][8][9]
A354 BC			B473[7]
A354 BD	A320 B8 cL2[11] A320 B8C cL2[11]	A307 B1[2]	 B547[7]
A540 B21 A540 B22 A540 B23 A540 B24	A320 BM8F cL2[11] A320 B8M cL2[11] A320 B8T cL2[11]	A320 B8 cL1[6] A320 B8C cL1[6] A320 B8M cL1[6] A320 B8T cL1[6]	
	A449[13]		
	A453 651[14]		
	A453 660[14]		

주 (1) 볼트 재료는 용접 수리해서는 안 된다.
(2) 다른 표로 정리된 모든 재료 및 개스킷과 함께 사용할 수 있다.
(3) 정격압력 및 온도에서 밀봉유지가 가능한 것으로 확인된 모든 재료 및 개스킷과 함께 사용가능.
(4) 다른 표로 정리된 모든 재료와 함께 사용가능 하지만, 클래스 150과 300에 국한된다.

(5) 유사한 니켈 및 특수합금 부품용 볼트로 사용할 수 있다.
(6) 탄화물 고용화 처리되었으나 가공경화되지 않음. A194(고압 고온용 탄소강 및 합금강 너트) 너트를 사용해야 한다.
(7) 너트는 동일한 재료로 가공하거나 A194와 유사한 재질을 사용한다.
(8) 풀림 또는 고온처리 되지 않은 재질의 최대 사용온도는 260°C로 한다. 경질의 경우는 크립 파열 범위의 설계응력에 악영향을 미치기 때문이다.
(9) 단조품은 사용할 수 없다.
(10) 저온용이므로 A194 Gr.4 또는 Gr.7의 너트를 사용한다.
(11) 탄화물 고용화 및 가공경화 처리한 것이다. A194 재료의 너트를 사용한다.
(12) 이 탄소강 패스너(fastener)는 200°C 이상 또는 −29°C 이하에서 사용할 수 없다. 주(4) 참조. 드릴 구멍난 볼트나 헤드 크기가 미달인 볼트는 사용할 수 없다.
(13) 급랭 및 담금질된 볼트에 사용할 수 있는 너트는 A194 Gr.2 또는 Gr.2H 이다. 스터드볼트의 기계적 성질에 대한 요구 사항은 일반 볼트의 경우와 동일하다.
(14) 오스테나이트계 스테인리스강으로 고온용이다.

자료 참고문헌 3, Table 1B

3 고온 및 저온용 합금강 및 스테인리스강의 성질

(1) 고온용 합금강 및 스테인레스강[7]의 성질

표 14는 합금강 및 스테인레스강 볼트 재료 중 많이 사용되는 고온용 재료에 대한 특성을 화학적 성분과 기계적 성질을 기준으로 정리한 것이다.

표 14 고온용 합금강 및 스테인리스강 볼트재료(A193)

(a) 화학적 요구 사항, %

재질	페라이트강			
Gr	B5	B6, B6X	B7, B7M	B16
UNS	5% Cr	13% Cr	Cr–Mo	Cr–Mo–V
C	0.10 Min	0.15 Max	0.37~0.49	0.37~0.49
Mn Max	1.00	1.00	0.65~1.10	0.45~0.70
P Max	0.040	0.040	0.035	0.035
S Max	0.030	0.030	0.040	0.040
Si	1.00 Max	1.00 Max	0.15~0.35	0.15~0.35
Cr	4.0~6.0	11.5~13.5	0.75~1.20	0.80~1.15
Mo	0.40~0.65	–	0.15~0.25	0.50~0.65
V	–	–	–	0.25~0.35
Al Max	–	–	–	0.015

7. 참고문헌 6

재질	오스테나이트강, cL1,1A,1D,2			
Gr	B8, B8A	B8C, B8CA	B8M, B8MA, B8M2, B8M3	B8P, B8PA
UNS	S30400	S34700	S31600	S30500
C Max	0.08	0.08	0.08	0.12
Mn Max	2.00	2.00	2.00	2.00
P Max	0.045	0.045	0.045	0.045
S Max	0.030	0.030	0.030	0.030
Si Max	1.00	1.00	1.00	1.00
Cr	18.0~20.0	17.0~19.0	16.0~18.0	17.0~19.0
Ni	8.0~11.0	9.0~12.0	10.0~14.0	11.0~13.0
Mo	-	-	2.00~3.00	-
Nb+Ta	-	1.10 Max	-	-

재질	오스테나이트강, cL1A,1B,1D,2			오스테나이트강, cL1,1A,2
Gr	B8N, B8NA	B8MN, B8MNA	B8MLCuN, B8MLCuNA	B8T, B8TA
UNS	S30451	S31651	S31254	S32100
C Max	0.08	0.08	0.020	0.08
Mn Max	2.00	2.00	1.00	2.00
P Max	0.045	0.045	0.030	0.045
S Max	0.030	0.030	0.010	0.030
Si Max	1.00	1.00	0.80	1.00
Cr	18.0~20.0	16.0~18.0	19.5~20.5	17.0~19.0
Ni	8.0~11.0	10.0~13.0	17.5~18.5	9.0~12.0
Mo	-	2.00~3.00	6.0~6.5	Ti 0.70 Max
N	0.10~0.16	10.10~0.16	0.18~0.22	-
Cu	-	-	0.50~1.00	-

재질	오스테나이트강, cL1C,1D		오스테나이트강, cL1,1A,1D	
Gr	B8R, B8RA	B8S, B8SA	B8LN, B8LNA	B8MLN, B8MLNA
UNS	S20910	S21800	S30453	S31653
C Max	0.06	0.10	0.030	0.030
Mn Max	4.0~6.0	7.0~9.0	2.00	2.00
P Max	0.045	0.060	0.045	0.045
S Max	0.030	0.030	0.030	0.030
Si Max	1.00	3.5~4.5	1.00	1.00
Cr	20.5~23.5	16.0~18.0	18.0~20.0	16.0~18.0
Ni	11.5~13.5	8.0~9.0	8.0~11.0	10.0~13.0
Mo	1.50~3.00	-	-	2.00~3.00
N	0.20~0.40	0.08~0.18	0.10~0.16	0.10~0.16
Nb+Ta	0.10~0.30	-	-	-
V	0.10~0.30	-	-	-

(b) 기계적 요구사항

• 페라이트강

Gr	지름, mm	최소뜨임 온도,°C	인장강도, MPa	항복강도, MPa	신율(4D), Min %	단면축소율, Min %	경도, Max
B5(4~6%Cr)	~100	593	690	550	16	50	-
B6(13%Cr)	~100	593	760	585	15	50	-
B6X(13%Cr)	~100	593	620	485	16	50	26HRC
B7(Cr-Mo)	65 미만	593	860	720	16	50	321HB 또는 35HRC
	65~100	593	795	655	16	50	
	100~180	593	690	515	18	50	
B7M(Cr-Mo)	100 미만	620	690	550	18	50	235HB 또는 99HRC
	100~180	620	690	515	18	50	
B16(Cr-Mo-V)	65 미만	650	860	725	18	50	321HB 또는 35HRC
	65~100	650	760	655	17	45	
	100~200	650	690	586	16	45	

• 오스테나이트강(1/2)

Gr	지름, mm	열처리	인장강도, MPa	항복강도, MPa	신율(4D), Min %	단면축소율, Min %	경도, Max
cL1,1D:B8,B8M,B8P,B8LN, B8MLN	모든지름	탄화물 고용화처리	515	205	30	50	223HB 또는 965HRB.
cL1: B8C,B8T	“	“	515	205	30	50	223HB 또는 965HRB
cL1A: B8A, B8CA, B8MA, B8PA, B8TA,B8LNA,B8MLNA,B8NA,B8MNA,B8MLCuNA,	“	완성단계로 탄화물 고용화처리	515	250	30	50	192HB 또는 90HRB
cL1B,1D: B8N, B8MN, B8MLCuN	“	탄화물고용화처리	550	240	30	40	223HB 또는 965HRB
cL1C,1D: B8R	“	“	690	380	35	55	271HB 또는 28HRC
cL1C: B8RA	“	완성단계로 탄화물 고용화처리	690	380	35	55	271HB 또는 28HRC
cL1C,ID: B8SA	“	탄화물 고용화처리	655	345	35	55	271HB 또는 28HRC
cL1C: B8SA	“	완성단계로 탄화물 고용화처리	655	345	35	55	271HB 또는 28HRC
cL2: B9,B8C,B8P, B8T,B8N	20 미만	탄화물 고용화 및 가공경화 처리	860	690	12	35	321HB 또는 35HRC
	20초과~25		795	550	15	35	
	25초과~32		725	450	20	35	
	32초과~40		690	345	28	45	

* 오스테나이트강(2/2)

Gr	지름, mm	열처리	인장강도, MPa	항복강도, MPa	신율(4D), Min %	단면축소율, Min %	경도, Max
cL2: B8M, B8MN, B8MLCuN	20 미만	탄화물 고용화 및 가공경화 처리	760	665	15	45	321HB 또는 35HRC
	20초과~25		690	550	20	45	
	25초과~32		655	450	25	45	
	32초과~40		620	345	30	45	
cL2B:B8,B8M2	50미만	탄화물고용화 및 가공경화처리	655	515	25	40	321HB 또는 35HRC
	50~65미만		620	450	30	40	
	65~80		550	380	30	40	
cL2C: B8M3	~50	탄화물고용화 및가공경화처리	585	450	30	60	321HB 또는 35HRC
	50초과		585	415	30	60	

주 A193은 국내 규격 SPS-KOSA0033-D3755-5098(고온용 합금강 볼트재)와 유사함.

(2) 저온용 합금강 및 스테인레스강[8]의 성질

저온용 재료에 대한 특성을 화학적 성분과 기계적 성질 기준으로 정리한 것이 **표 15** 이다.

표 15 저온용 합금강 및 스테인리스강 볼트재료(A320)

(a) 화학성분

화학성분 \ 등급	L7, L7M	L43	B8	B8M	B8T	B8C
C Max	0.38~0.48	0.38~0.43	0.08	0.08	0.08	0.08
Mn Max	0.75~1.00	0.75~1.00	2.00	2.00	2.00	1.00
P Max	0.035	0.035	0.045	0.045	0.045	0.040
S Max	0.040	0.040	0.030	0.030	0.030	0.030
Si Max	0.15~0.35	0.15~0.35	1.00	1.00	1.00	1.00
Ni	–	0.40~0.70	8.0~11.00	10.0~14.00	9.0~12.00	8.0~11.0
Cr	0.80~1.10	0.40~0.60	18.0~20.0	16.0~18.0	17.0~19.0	18.0~20.0
Mo	0.15~0.25	0.20~0.30	–	2.0~3.0	–	–
Ti Min	–	–	–	–	5×C	–

8. 참고문헌 7

(b) 기계적 성질

구분	등급	열처리	지름, mm	인장 강도, MPa	항복 강도, MPa	신율(4D), Min %	단면축소율, Min %	경도, Max
페라이트강	L7,L7A,L7B,L7C,L70, L71,L72,73	담금질과 뜨임	65이하	860	725	16	50	–
	L43	“	100이하	860	725	16	50	–
	B7M	담금질과 뜨임, 650°C Min	65이하	690	550	18	50	235HB 또는 99HRB
	L1	담금질과 뜨임	25이하	860	725	16	50	–
오스테나이트강	cL1: B8, B8C, B8M, B8P, B8F, B8T,B8LN,B8MLN	탄화물고용화처리	모든지름	515	205	30	50	223HB 또는 96HRB
	cL1A: B8A, B8CA, B8MA, B8PA, B8FA, B8TA, B8LNA, B8MLNA	완성단계로 탄화물고용화처리	“	515	205	30	50	192HB 또는 90HRB
	cL2: 8,B8C,B8P, B8F,B8T	탄화물고용화 및 가공경화처리	20이하	860	690	12	35	321HB W 또는 35HRC
			20초과~25	795	550	15	30	
			25초과~32	725	450	20	35	
			32초과~40	690	345	28	45	
	cL2: B8M	탄화물고용화 및 가공경화처리	20이하	760	655	15	45	321HB 또는 35HRC
			20초과~25	690	550	20	45	
			25초과~32	655	450	25	45	
			32초과~40	620	345	30	45	

주 (1) 담금질: quenched, 뜨임: tempered , 풀림: annealed
(2) A320은 KS D 3706(스테인리스 강봉)과 유사함.

4 볼트 마킹

(1) 볼트의 명칭표기

사용자가 볼트의 크기나 재질 등을 확인할 수 있도록 다음과 같이 순서대로 데이터를 지정해야 한다. ①공칭 크기(분수 또는 십진수), ②인치당 나사산, ③제품 길이(분수 또는 2 자리 10진수), ④재료사양, ⑤필요한 경우 보호 마감 처리 방법.

예 1. ASME B18.2.1 표준의 4각볼트, 3/8-16×1-2/2. ASTM A307 Gr.A, ASTM F1941 Fe/Zn 3A에 따른 아연 도금

예 2. ASME B18.2.1에 따른 6각 캡스크류, 1/2-13×4. ASTM A354 Gr.BD, 일반 마감

예 3. ASME B18.2.1에 따른 6각 랙스크류, 0.75×5.00, ASTM F593, 그룹 1, CW(304)

예 4. 6각볼트, M20 x 2.5 x 160, cL 4.6, 아연도금
6각볼트, M36 x 4.0 x 80, 실리콘청동

예 5. 헤비 6각볼트, M20 x 2.5 x 160, cL.4.6, 아연도금
헤비 6각볼트, M36 x 4 x 80, 실리콘청동
헤비 6각볼트 구조용볼트, M24 x 3 x 80, ASTM A325M, 아연도금

(2) 마킹

관플랜지, 플랜지식 관이음쇠, 밸브와 관의 이음 등 볼트를 사용해야 하는 경우는 매우 많다. 그러므로 적정한 재질과 화학적 기계적 요구사항에 맞는 볼트 재료를 선정하는 것은 경제성은 물론 배관의 안전성 면에서 중요한 작업이다.
관이나 밸브에서와 같이 볼트나 너트의 경우에도 제품의 머리부나 반대편 끝 기준은 **표 16**과 같고, 페라이트강의 등급별 표기 방법은 **표 17**, 오스테나이강의 클래스별 표기 방법는 **표 18**과 같다.

그림 1에 표준에 따라 마킹된 제품을 보여준다. B7은 페리트강 볼트, B8M은 오스테나이트강 볼트의 클래스1을 말하며, 제조회사 명을 약자로 표기한 것이다.

표 19는 볼트의 재질에 맞춰 사용해야 하는 너트와 와셔의 재질 및 등급을 보여주는 것이다.

표 16 마킹 기준

구분	지름, mm	마킹지점
볼트	6 이상	머리부
스터드	10 이상	한쪽 끝(端)

표 17 페라이트강 재질의 볼트 마킹

Gr	마킹
B5	B5
B6	B6
B6X	B6X
B7	B7
B7M	B7M
B16	B16

(a) 볼트

(b) 스터드

그림 1 마킹된 제품의 예

표 18 오스테나이트강 재질의 볼트 마킹

클래스	Gr	마킹
cL1	B8	B8
	B8C	B8C
	B8M	B8M
	B8P	B8P
	B8T	B8T
	B8LN	B8F
	B8MLN	B8G
cL1A	B8A	B8A
	B8CA	B8B
	B8MA	B8D
	B8PA	B8H
	B8TA	B8J
	B8LNA	B8L
	B8MLNA	B8K
	B8NA	B8V
	B8MNA	B8W
	B8MLCuNA	B9K
cL1B	B8N	B8N
	B8MN	B8Y
	B8MLCuN	B9J
cL1C	B8R	B9A
	B8RA	B9B
	B8S	B9D
	B8SA	B9F

클래스	Gr	마킹
cL1D	B8	B94
	B8N	B95
	B8P	B96
	B8LN	B97
	B8MLN	B98
	B8N	B99
	B8MN	B100
	B8R	B101
	B8S	B102
cL2	B8	B8
	B8C	B8C
	B8P	B8P
	B8T	B8T
	B8N	B8N
	B8M	B8M
	B8MN	B8Y
	B8MLCuN	B8J
cL2B	B8M2	B9G
	B8	B9
cL2C	B8M3	B9H

표 19 너트와 와셔 사용기준

볼트 Gr	너트 Gr	와셔 Gr
L7	A194 Gr. 7	F436 Type 1
L7M	A194 Gr. 7M	F436 Type 1
L43	A194 Gr. 4 또는 Gr 7	F436 Type 1
B88	A194 Gr. 8	ANSI 304
B8M	A194 Gr. 8M	ANSI 316
B8T	A194 Gr. 8T	ANSI 321
B8C	A194 Gr. 8C	ANSI 347

4.2 너트

① 너트 재료

(1) 너트 재료 표준

너트는 암나사(female thread)가 가공된 것으로, 거의 모든 경우 숫나사가 가공된 볼트와 함께 사용된다. 너트는 일반적으로 강제를 사용하지만, 특수용도로는 스테인리스강이나 비철금속도 사용된다. 각 재료별 적용표준은 **표 20**과 같다.

제조자와 구매자 간의 합의에 따라서는 다른 재질이나 특성을 갖도록 제조될 수 있다.

(2) 탄소 및 합금강[9]

강제너트는 사용된 재료의 화학적 성분을 기준으로 O, A, B, C, D, DH, C3와 DH3 등 8개 등급으로 구분된다. 변형 온도 이상의 온도에서 액체 매체에 담금질하고 427°C (800°F) 이상의 온도에서 뜨임하여 열처리한다. 등급별 화학적, 기계적 요구조건은 **표 21**~**표 23**과 같다.

(3) 스테인리스강

표준에서 탄소강 및 합금강 외 내식성 강제라고 하는 것은 실제로는 스테인리스강제이다. 스테인리스강제의 경우도 인치 너트와 메트릭 너트로 구분되며, 사용되는 재료

표 20 너트 재료별 적용표준

구분	재료 표준	비고
탄소 및 합금강제	A563 Gr. A	4각, 6각너트
	SAE J995 Gr. 2	4각 너트
스테인레스강제	F594, F836	내식성 강
비철금속제	F467	동 및 동합금, 니켈 및 니켈합금, 알미늄합금 티타늄 및 티타늄합금

자료 참고문헌 8, 9, 10. 국내 표준은 KS B1012 B0234 강제 너트가 이와 유사함.

9. 참고문헌 11

표 21 등급별 화학적 요구조건

너트 등급	화학성분, %				
	분석	C	Mn, min	P, max	S, max
O, A, B, C	열 분석	0.55 max	..	0.12	0.15[A]
	제품 분석	0.58 max	..	0.13[B]	..
D[C]	열 분석	0.55 max	0.03	0.040	0.05
	제품 분석	0.58 max	0.27	0.048	0.058
DH[C]	열 분석	0.20~0.55	0.60	0.04	0.05
	제품 분석	0.18~0.58	0.57	0.048	0.058

주 A : 등급 O, A 및 B의 경우 구매자의 승인하에 최대 0.23 %의 황 함량이 허용된다.
B : 산성 Bessemer강에만 해당된다.
C : 등급 D 및 DH의 경우, Mn이 최소 1.35%인 경우, S는 0.05~0.15% 함량이 허용된다.

자료 참고문헌 11. Table 1에 의거 재작성.

표 22 등급 C3와 DH3 너트의 화학적 요구조건

성분	분석	화학성분, %							
		Gr. C3 너트A의 클래스별							DH3
		N	A	B	C	D	E	F	
C, %	열분석	..	0.33-0.40	0.38-0.48	0.15-0.25	0.15-0.25	0.20-0.25	0.20-0.25	0.20-0.53
	제품분석		0.31-0.42	0.36-0.50	0.14-0.26	0.14-0.26	0.18-0.27	0.19-0.26	0.19-0.55
Mn, %	열분석	..	0.90-1.20	0.70-0.90	0.80-1.35	0.40-1.20	0.60-1.00	0.90-1.20	0.40 min
	제품분석		0.86-1.24	0.67-0.93	0.76-1.39	0.36-1.24	0.56-1.04	0.86-1.24	0.37
P, %	열분석	0.07-0.15	0.040 max	0.06-0.12	0.035 max	0.040 max	0.040 max	0.040 max	0.046 max
	제품분석	0.07-0.155	0.045 max	0.06-0.125	0.04 max	0.045 max	0.045 max	0.045 max	0.052 max
S, max %	열분석	0.05	0.05	0.05	0.04	0.05	0.04	0.04	0.05
	제품분석	0.055	0.055	0.055	0.045	0.055	0.045	0.045	0.055
Si, %	열분석	0.20-0.90	0.15-0.35	0.30-0.50	0.15-0.35	0.25-0.50	0.15-0.35	0.15-0.35	..
	제품분석	0.15-0.95	0.13-0.37	0.25-0.55	0.13-0.37	0.20-0.55	0.13-0.37	0.13-0.37	...
Cu, %	열분석	0.25-0.55	0.25-0.45	0.20-0.40	0.20-0.50	0.30-0.50	0.30-0.60	0.20-0.40	0.20 min
	제품분석	0.22-0.58	0.22-0.48	0.17-0.43	0.17-0.53	0.27-0.53	0.27-0.63	0.17-0.43	0.17 min
Ni, %	열분석	1.00max	0.25-0.45	0.50-0.80	0.25-0.50	0.50-0.80	0.30-0.60	0.20-0.40	0.20 minB
	제품분석	1.03 max	0.22-0.48	0.47-0.83	0.22-0.53	0.47-0.83	0.27-0.63	0.17-0.43	0.17 min
Cr, %	열분석	0.30-1.25	0.45-0.65	0.50-0.75	0.30-0.50	0.50-1.00	0.60-0.90	0.45-0.65	0.45 min
	제품분석	0.25-1.30	0.42-0.68	0.47-0.83	0.27-0.53	0.45-1.05	0.55-0.95	0.42-0.68	0.42 min
V, %	열분석	..	..	..	0.020 min	..	..	..	..
	제품분석	..	..	..	0.010 min	..	..	..	..
Mo, %	열분석	..	..	0.06 max	..	0.10 max	..	..	0.15 minB
	제품분석	..	..	0.07 max	..	0.11 max	..	..	0.14 min
Ti, %	열분석	..	..	..	..	0.05 max	..	..	..
	제품분석	..	..	..	..	..	..	..	..

주 A: C3 너트는 관련표준에 나열된 자른 재질로도 제조할 수 있고, 등급 선택은 제조자에 달려 있다.
B: 니켈 또는 몰리브덴이 사용될 수 있다.

자료 참고문헌 11. Table 2에 의거 재작성.

는 두 가지 표준[10]을 기준으로 한다.

동일한 재료를 사용하더라도 **표 23**에서와 같이 합금그룹에 대한 분류와 등급에 대한 표기 방법이 다르다.

F836 표준에 의한 메트릭너트의 등급 표기 방법(예 A1-50)에서, A는 일반적인 구성 유형(오스테나이트)을 나타내며, 1은 합금그룹(304, 305, 384 등)을, 마지막 두 자리(또는 세 자리) 숫자는 속성 등급의 지정된 너트 하중 응력(500 MPa)의 10%를 나타낸다. 즉 "클래스 A1-50은 6개의 허용된 합금 중 하나의 오스테나이트계 강이며, 제조된 너트는 500 MPa의 내력 하중을 가진다"라는 표기가 되는 것이다.

표에서의 '조건'은 특성 등급에 지정된 완제품에 대한 요구조건을 말하는 것이다. 제조자와 구매자 간의 합의에 따라서는 그 외의 다른 조건과 기계적 특성을 적용할 수 있다. 대표적인 합금그룹의 재료에 대한 기계적인 성질과 화학적 요구사항은 **표 24** 및 **표 25**와 같다.

표 23 표준별 비교(F594 vs F836)(1/2)

<table>
<tr><th colspan="3">F594</th><th colspan="3">F836</th></tr>
<tr><th>합금 그룹</th><th>등급</th><th>조건</th><th>합금 그룹</th><th>등급</th><th>조건</th></tr>
<tr><td rowspan="9">1</td><td rowspan="9">304,305,304L
384,8-9LW,
302HQC</td><td rowspan="9">CW</td><td rowspan="9">1. 오스테나이트계:
3(A1,A2,A4)</td><td>A1-50 304,304L,305A</td><td>A, AF</td></tr>
<tr><td>A1-70 384,18-9LW,302HQ</td><td>CW</td></tr>
<tr><td>A1-80</td><td>SH</td></tr>
<tr><td>A2-50</td><td>A, AF</td></tr>
<tr><td>A2-70 321,347</td><td>CW</td></tr>
<tr><td>A2-80</td><td>SH</td></tr>
<tr><td>A4-50</td><td>A, AF</td></tr>
<tr><td>A4-70 316,316L</td><td>CW</td></tr>
<tr><td>A4-80</td><td>SH</td></tr>
<tr><td>2</td><td>316, 316L</td><td>CW</td><td>2. 페라이트계:1(F1)</td><td>F1-45 430B</td><td>A, AF</td></tr>
<tr><td>3</td><td>321, 347</td><td>CW</td><td rowspan="6">3. 마르텐사이트계:
3(C1,C3,C4)</td><td>C1-70 410</td><td>H</td></tr>
<tr><td rowspan="2">4</td><td rowspan="2">430E</td><td rowspan="2">CW</td><td>C1-110</td><td>HT</td></tr>
<tr><td>C3-80 431</td><td>H</td></tr>
<tr><td>5</td><td>410F</td><td>H</td><td>C3-120</td><td>HT</td></tr>
<tr><td rowspan="2">6</td><td rowspan="2">431</td><td rowspan="2">H</td><td>C4-70 416,416Se</td><td>H</td></tr>
<tr><td>C4-100</td><td>HT</td></tr>
<tr><td>7</td><td>630</td><td>AH</td><td>4. 석출 경화: 1(P1)</td><td>P1-90 630</td><td>AH</td></tr>
</table>

10. 참고문헌 12, 13.

주 A: 풀림 또는 용액풀림된 재료로 가공되어, 원재료의 특성을 유지하거나 열간성형 및 용액풀림.
AF: 성형 및 풀림.
AH: 성형 후 용액 풀림 되고 시효 경화시킴.
CW: 풀림된 재료 냉간 성형.
H: 565°C(1 050°F) 매질에서 경화 및 뜨임.
HT: 최소 275°C(525°F)에서 경화 및 뜨임.
SH: 변형 경화된 재료로 가공.

자료 참고문헌 12. Table 2 및 참고문헌 13 Table 2에서 발췌하여 재작성.

표 24 요구되는 기계적 성질 및 조건

합금 그룹	조건	표식	지름	응력, 6각너트		응력, 헤비 6각너트		경도(R)
				ksi	MPa	ksi	MPa	
1	AF	F594A	1/4 to 1-1/2	70	483.0	76	524.4	B85 Max
	A	F594B	1/4 to 1-1/2	75	517.5	81	558.9	B65 to 95
	CW1	F594C	1/4 to 5/8	100	690.0	108	745.2	B95 to C32
	CW2	F594D	3/4 to 1-1/2	85	586.5	92	634.8	B80 to C32
2	AF	F594E	1/4 to 1-1/2	70	483.0	76	524.4	B85 Max
	A	F594F	1/4 to 1-1/2	75	517.5	81	558.9	B65 to 95
	CW1	F594G	1/4 to 5/8	100	690.0	108	745.2	B95 to C32
	CW2	F594H	3/4 to 1-1/2	85	586.5	92	634.8	B80 to C32

자료 참고문헌 12. Table 2에서 발췌하여 재작성함.

표 25 화학적 요구사항

화학성분,	합금그룹1, SS 304	합금그룹2, SS 316
C	0.08%	0.08%
Mn	2.00%	2.00%
P	0.05%	0.05%
S	0.03%	0.03%
Si	1.00%	1.00%
Cr	18.0 to 20.0%	16.0 to 18.0%
Ni	8.0 to 10.5%	10.0 to 14.0%
Cu	1.00%	-
Mo	-	2.00 to 3.00%

(4) 비철금속

비철금속으로 분류되는 너트는 동 및 동합금, 니켈과 니켈합금, 알미늄 합금 및 티타늄과 티타늄합금 이다. 일반적으로 사용되는 너트로 크기는 지름 기준 1/4~1-1/2 in의

표 26 비철금속 너트재료

동 및 동합금		니켈 및 니켈합금		알미늄합금		티타늄 및 티타늄합금	
UNS 번호	합금번호	UNS 번호	합금번호	UNS 번호	합금번호	UNS 번호	합금번호
C11000	110	N10001	335	A92024	2024	R50250	1
C26000	260	N10276	276	A96061	6061	R50400	2
C27000	270	N04400	400	A96262	6262	R50700	4
C46200	462	N04405	405			R56400	5
C46400	464	N05500	500			R56401	23
C51000	510	N06059	599			R52400	7
C61300	613	N06625	625			R58640	19
C61400	614	N06686	686			R55111	32
C63000	630						
C64200	642						
C65100	651						
C65500	655						
C66100	661						
C67500	675						
C71000	710						
C71500	715						

자료 참고문헌 14. Table 1에 의거 재작성.

범위이다. 비철금속제 너트는 배관 산업분야에서 뿐만 아니라 전자산업, 방사성 폐기물 처리, 핵연료 재처리, 탱크류 및 장비, 석유 및 가스산업, 열교환기, 항공우주 산업, 제약, 방위 산업, 식음료 산업, 발전소 및 철강공장과 같은 여러 산업분야에서 광범위하게 사용된다.

표준[11]에서 사용재료별 화학적 성분과 기계적 특성을 규정하고 있으며, **표 26**은 4가지 종류의 비철재료 별 적용 가능한 합금번호이다.

2 너트 마킹

(1) 명칭 표기

사용자가 너트의 크기나 재질 등을 확인할 수 있도록 다음과 같이 표기되어야 한다. 즉 순서대로 ①제품 이름, ②치수 표준, ③공칭 크기(십진수 또는 십진수+분수), ④인치당 나사산, ⑤기계 및 성능 표준, ⑥등급과 그리고 필요한 경우 ⑥보호 마감(사양

11. 참고문헌 14.

및 두께 포함) 요구사항을 표기한다.

예 1. 4각너트, ASME B18.2.2, ½-13, ASTM A 563 등급 A, ASTM F 1941 Fe/Zn 3A에 의한 아연도금.
예 2. 6각너트, ASME B18.2.2, 3½-16, SAE J995 등급 5, 강제.
예 3. 두꺼운 6각 슬롯너트, ASME B18.2.2, 1.000-8, ASTM F 594(함금그룹 1) 내식성 강.

(2) 마킹

너트에는 측면이나 맞닿는(bearing) 표면 또는 모따기 된 면에 너트의 등급과 제조자를 식별할 수 있는 기호나 문자가 양각 또는 음각으로 표시되어야 한다. 다만, 기계나사 너트에는 마킹을 하지 않아도 되며, 양각 표식은 너트의 맞닿는 표면을 넘어 돌출되지 않아야 한다.

표 27은 너트마킹의 일부 예를 보여주는 것이다.

표 27 너트 마킹의 예

표식	표준	재료	너트크기	하중응력		경도(R)	
				ksi	MPa	min	max
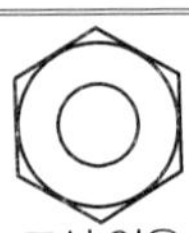 표식 없음	A563 Gr.0	탄소강	1/4~1-1/2	69	475	B56	C32
	A563 Gr.A	탄소강	1/4~1-1/2	90	620	B69	C32
	A563 Gr.B	탄소강	1/4~1	120	827	B69	C32
			1~1-1/2	105	723		
	A563 Gr.C	탄소강, Q/T	1/4~4	144	992	B78	C38
	A563 Gr.C3	내식강, Q/T	1/4~4	144	992	B78	C38
	A563 Gr.D	탄소강, Q/T	1/4~4	150	1 034	B84	C38
	A563 Gr.DH	탄소강, Q/T	1/4~4	175	1 206	C24	C38
	A563 Gr.DH3	내식강, Q/T	1/4~4	175	1 206	C24	C38
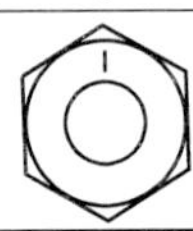	A563 Gr.1	탄소강	1/4~4	130	896	B70	-

주 Q: Quenched(담금질) T: Tempered(뜨임)

참고문헌

1. ANSI/ASME. Boiler and Pressure Vessel Code
2. Oberg, Erik; et al. (2004). Machinery's Handbook (27th ed.). Industrial Press Inc. p.440. ISBN 0-8311-2700-7
3. ASME B16.5 Pipe Flanges and Flanged Fittings
4. ASME B16.34 Valves, Flanged, Threaded, and Welding End
5. ASTM A307 Carbon Steel Bolts, Studs. 60 000 psi Tensile Strength
6. ASTM A182/182M Forged or Rolled Alloy-Steel Pipe Flanges, Forged Fittings, and Valves and Parts for High-Temperature Service 1
7. ASTM A320/A320M Alloy-Steel and Stainless Steel Bolting for Low-Temperature Service
8. ASME B18.2.2 Nuts for General Applications: Machine Screw Nuts, Hex, Square, Hex Flange, and Coupling Nuts(Inch Series)
9. ASME B18.2.4.1M Metric Hex Nuts, Style 1
10. ASME B18.2.4.2M Metric Hex Nuts, Style 2
11. ASTM A563 Standard Specification for Carbon and Alloy Steel Nuts
12. ASTM F594 Stainless Steel Nuts Designation
13. ASTM F836M Style 1 Stainless Steel Metric Nuts(Metric)
14. ASTM F467 Standard Specification for Nonferrous Nuts for General Use(m)

관련 한국 산업표준

1. KS D3710 탄소강 단강품
2. KS D4125 저온 압력 용기용 단강품
3. SPS-KFCA-D4107-5010 고온고압용 주강품
4. SPS-KFCA-D4111-5012 저온고압용 주강품

5. KS D3560 보일러 및 압력 용기용 탄소강 및 몰리브데넘강 강판
6. KS D3540 중·상온 압력 용기용 탄소 강판
7. KS D3521 압력 용기용 강판
8. KS D3586 저온 압력 용기용 니켈 강판
9. KS D4115 압력 용기용 스테인리스강 단강품
10. SPS-KFCA-D4103-5006 스테인리스강주강품
11. KS D3705 열간 압연 스테인리스 강판 및 강대
12. KS D3698 냉간 압연 스테인리스 강판 및 강대
13. KS B1012 6각 너트 및 6각 낮은 너트
14. KS B0234 강제 너트의 기계적 성질

4장 플랜지, 밸브 및 배관재 사용등급

1 플랜지 및 플랜지식 관이음쇠 사용등급 설정

1.1 재료 사용을 위한 압력-온도 등급

❶ 압력–온도 등급 적용의 원칙

클래스나 PN은 상온에서 사용할 때의 최고 상용압력을 기준으로 한 것이므로 사용 온도가 높아지면 이 값이 낮아진다. 압력-온도 등급(Pressure-Temperature Rating) 시스템은 우선 배관재료를 그룹화하고, 동일 그룹의 재료로 제조된 배관재는 사용온도 별로 동일한 상용압력을 가지는 것으로 분류한 것이다.

또한 배관은 여러 가지 구성요소들이 적정하게 배열된 것이므로, 압력을 척도로 하기 위해서는 가장 취약한 부분을 대상으로 하지 않으면 안 된다. 예를 들어 100 bar까지 사용할 수 있는 관과 50 bar까지 사용할 수 있는 관이음쇠가 사용된 배관이라면 취약 부분인 관이음쇠를 기준으로 그 계통의 상용압력은 50 bar로 제한하지 않으면 안 된다.

압력-온도 등급은 최대 허용 가능한 온도에서의 게이지압력 즉, 재료별 클래스별 사용 온도별 상용압력을 구체화한 것이다. 적용 가능한 재료 및 클래스가 지정되어 있다. 해당 클래스 내에서는 중간 온도에 대한 직선 보간이 허용된다. 그러나 클래스 간에는 직선 보간이 허용되지 않는다.

표 1 배관재별 적용 범위

	클래스								DN
	150	300	400	600	900	1 500	2 500	4 500	
플랜지	O	O	O	O	O	O	O	×	15~600
플랜지식 관이음쇠	O	O	O	O	O	O	O	×	15~600

2 배관재에 대한 적용 및 제한 범위

플랜지와 플랜지식 관이음쇠에 대한 온도-압력 등급 적용 범위는 **표 1**과 같다. 적용에 제한을 받는 품목은 ①주조 또는 단조 재료로 만든 플랜지 및 플랜지식 관이음쇠, ②주조, 단조 또는 판재로 만든 블라인드 플랜지 및 레듀싱 플랜지이다.

3 체결용 볼트의 단면적

플랜지, 플랜지식 관이음쇠에 대한 압력-온도 등급은 다음과 같은 계산식에 의해서 구해지며, 이는 뒤에서 다루게 될 밸브의 압력-온도 등급 계산식과 유사하다. 등급 계산을 위해서는 압력과 기타 하중을 지탱하기 위한 구성요소의 치수 및 재료의 특성이 최우선으로 고려되어야 하며, 그 외의 등급에 영향을 미치는 요소로는 ①개스킷의 누설방지를 위해 볼트를 조임에 따라서 플랜지에 발생하는 응력, ②부착된 배관으로부터 플랜지에 전달되는 하중으로 발생되는 플랜지 및 플랜지식 관이음쇠의 뒤틀림, ③밸브와 같이 플랜지에 붙는 구성요소와 플랜지 자체에 적용되는 제한사항 등이다.

플랜지 체결용 볼트 단면적은 다음의 식(1)로 구한다.

$$A_b \geq \frac{p_c A_g}{7000} \tag{1}$$

식에서

A_b : 인장응력이 작용하는 볼트의 유효 전면적

A_g : **표 2**의 바깥지름 R과 동일한 지름으로 둘레가 정해지는 면적

p_c : 압력등급 번호(예 클래스 150이면 p_c=150, 클래스 300이면 p_c=300)

이다.

표 2 플랜지 치수 (링조인트 이외, 모든 클래스) (단위: mm)

	바깥지름			안지름	바깥지름			안지름	높이		깊이	최소바깥지름	
DN	RF, LM, LT	SM	ST	LT,ST	LF,LG	SF	SG	LG,SG	RF	LM,SM, LT,ST	GF	SF, SG	LF, LG
	R	S	T	U	W	X	Y	Z				K	L
15	34.9	18.3	35.1	25.4	36.5	19.9	36.5	23.8				44	46
20	42.9	23.8	42.9	33.3	44.4	25.4	44.4	31.8	2			52	54
25	50.8	30.2	47.8	38.1	52.4	31.8	49.2	36.5	또는	7	5	57	62
32	63.5	38.1	57.2	47.6	65.1	39.7	58.7	46.0	7			67	75
40	73.0	44.4	63.5	54.0	74.6	46.0	65.1	52.4				73	84
50	92.1	57.2	82.6	73.0	93.7	58.8	84.1	71.4				92	103
65	104.8	68.3	95.2	85.7	106.4	69.8	96.8	84.1	2			105	116
80	127.0	84.1	117.5	108.0	128.6	85.7	119.1	106.4	또는	7	5	127	138
90	139.7	96.8	130.2	120.6	141.3	98.4	131.8	119.1	7			140	151
100	157.2	109.5	144.5	131.8	158.8	111.1	146.0	130.2				157	168
125	185.7	136.5	173.0	160.3	187.3	138.1	174.6	158.8				186	197
150	215.9	161.9	203.2	190.5	217.5	163.5	204.8	188.9	2			216	227
200	269.9	212.7	254.0	238.1	271.5	214.3	255.6	236.5	또는	7	5	270	281
250	323.8	266.7	304.8	285.8	325.4	268.3	306.4	284.2	7			324	335
300	381.0	317.5	362.0	342.9	382.6	319.1	363.5	341.3				381	392
350	412.8	349.2	393.7	374.6	414.3	380.8	395.3	273.1				413	424
400	469.9	400.0	447.5	425.4	471.5	401.6	449.3	423.9	2			470	481
450	533.4	450.8	511.2	489.0	535.0	452.4	512.8	487.4	또는	7	5	533	544
500	584.2	501.6	558.8	533.4	585.8	503.2	560.4	531.8	7			584	595
600	692.2	603.2	666.8	641.4	693.7	604.8	668.3	639.8				692	703

주 (1) 약자 RF: raised face, LM: large male, LT: large tongue, SM: small male, ST; small tongue, LF: large female, SF: small female, LG; large groove, SG: small groove, GF: groove, female. **그림** 1 참조

(2) 기호가 표시하는 치수는 **그림** 1의 플랜지 형태 참조

(3) RF 플랜지에서 raised 높이(2 또는 7 mm)를 제거하여 플랜지의 두께(**그림** 1의 t_f)가 유지된다면 FF 플랜지로 전환될 수 있다.

(4) 형태별 플랜지 및 플랜지식 관이음쇠의 맞닿는 외면에 대한 공차는 다음과 같다.

① LT, ST, GF의 안지름과 바깥지름: ± 0.5 mm ② RF 플랜지(2 mm raised)의 바깥 지름: ±1.0 mm

③ RF 플랜지(7 mm raised)의 바깥 지름: ±0.5 mm

자료 참고문헌 1

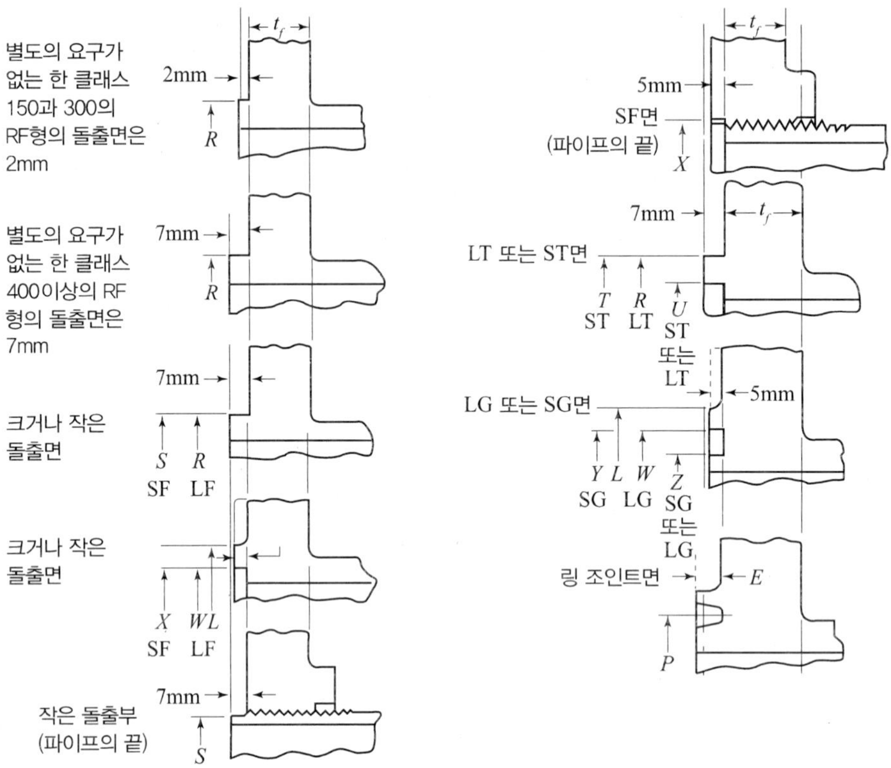

그림 1 플랜지 면과 플랜지 두께와의 관계, 중심 간 및 종단 간 치수

4 플랜지식 관이음쇠의 두께

플랜지식 관이음쇠의 최소 두께는 다음의 식(2)로 계산된 값보다 커야 한다.

$$t = 1.5\left(\frac{p_c d}{2S_f - 1.2p_c}\right) \tag{2}$$

식에서

S_f : 응력 상수 7 000

d : 관이음쇠의 안지름

t : 계산된 두께이며, 최종 단위는 d를 표현하는 데 사용된 단위와 같다.

식(2)로 계산된 플랜지식 관이음쇠의 두께는 p_c와 동일한 내부 압력을 받을 때 재료의 응력을 48.28 MPa(7 000 psi)로 하여 설계된 단순 실린더 두께보다 50% 더 두껍다. 실제로 플랜지식 관이음쇠의 클래스별 최소 두께(t_m)은 식(2)로 계산된 값보다 약 2.5 mm 만큼 더 두껍게 규정되어 있다.

⑤ 재료의 특성

압력-온도 등급 계산에는 재료별 허용응력, 최대인장강도 및 항복강도를 사용한다. 표준이나 자료표에 나열된 값이 동일하지 않을 경우는 가장 낮은 값이 사용되었다.

1.2 압력-온도 등급 계산식

① 클래스 300 이상의 배관재

표로 제시된 압력-온도 등급은 다음 공식에 의해 확립되었다.

$$p_t = \frac{C_1 S_1}{8\,750} p_r \leq p_c \tag{3}$$

식에서

C_1 : 10, S_1 단위를 MPa로 하면 계산된 p_t는 bar가 된다.

p_r : 압력등급, 즉 클래스 인덱스. 모든 클래스 300 이상에 대해 p_r은 클래스 숫자와 동일하다. 즉 클래스 300은 p_r= 300, 클래스 600이면 p_r= 600이 된다. 다만, 클래스 150에 대해서는 식(4)로 구한 값을 초과하지 않아야 한다.

S_1 : 온도 T에서 지정된 재질의 응력, MPa

p_c : 지정된 온도 T에서의 최대압력[1], bar

p_t : T에서의 지정된 재료에 대한 상용압력 등급, bar이다.

② 그룹1의 재료

제3장 표 5의 그룹 번호1 재료에 대해 응력은 다음과 같이 결정되었다[2]. ①크리프 범위 이하의 온도에서 S_1은 다음 값과 같거나 이보다 작다. 즉 38°C에서의 최소 항복강도의 60%, 온도 T에서의 항복강도의 60%, 온도 T에서의 최대 인장강도[3]의 25% 값의 1.25

1. Ceiling pressure
2. 참고문헌 1. Annex B
3. Ultimate tensile strength

배 ②크리프 범위 내 온도에서의 S_1은 온도 T에서의 허용응력. ③어떠한 경우에도 선택한 응력 값은 온도가 상승해도 증가하지 않는다. ④크리프 범위는 370°C를 초과한다. ⑤코드에 나열된 허용응력 값이 다른 경우는 낮은 값을 적용하며, 낮은 허용응력 값이 나타나지 않고 허용응력 값이 해당 온도에서의 항복강도의 2/3를 초과하는 경우는 2/3 값을 적용한다.

❸ 그룹2와 그룹3의 재료

제3장 표 5의 그룹2와 그룹3에 속하는 재료별 클래스 300 이상에 대한 압력-온도 등급은 식(3)을 적용하고, 거기에 ❷ 그룹1의 재료에 적용된 조건을 똑같이 적용하여 확립되었다. 다만 60% 적용은 70%로 높여 적용된 것이다.

그룹2 재료의 경우, 재질 속성이 낮은 온도에 사용해야 한다는 표시가 되어있지 않는 한 크리프 범위는 510°C를 초과하는 것으로 간주한다.

그룹3 재료의 경우, 크리프 범위가 시작되는 온도는 재료별로 결정되었다.

❹ 클래스 150의 모든 재료

클래스 150 재료에 대한 압력-온도 등급은 식(3)을 적용하고, 거기에 ❸ 그룹2와 그룹3의 재료에 적용된 조건이 똑같이 적용되어 확립되었다. 다만 클래스 150에 대한 p_c값을 115로 하는 경우와 p_t값을 식(4)로 구한 값으로 하는 특별한 경우는 제외되었다.

$$p_t \leq C_2 - C_3 T \tag{4}$$

식에서

C_2 : 21.41, C_3: 0.03724

T : 재료의 온도로 단위가 °C로 표시되면 p_t는 bar 단위가 되며, 538°C를 초과할 수 없다. T 값이 38°C 이하일 때는 38°C로 한다.

1.3 최대 등급

압력-온도 등급 설정에는 최대압력(ceiling pressures, p_c)에 대한 고려가 포함된 것이다.

설계 시 p_c를 기준하면 효과적으로 응력 값을 정할 수 있기 때문이다. 최대압력-온도 값은 고강도 재료에 대한 사용범위의 상한을 정하고, 변형의 한계를 결정하는 데 사용된다. 최대압력 값은 **표 3**과 같으며. 모든 시설이나 시스템의 배관에서 이 기준을 초과하여 사용하는 것은 허용되지 않는다.

표 3 최대 사용압력 등급, p_c bar

온도 °C	클래스						
	150	300	400	600	900	1 500	2 500
−29~38	20.0	51.7	68.9	103.4	155.1	258.6	430.9
50	19.5	51.7	68.9	103.4	155.1	258.6	430.9
100	17.7	51.5	68.7	103.0	154.6	257.6	429.4
150	15.8	50.3	66.8	100.3	150.6	250.8	418.2
200	13.8	48.6	64.8	97.2	145.8	243.4	405.4
250	12.1	46.3	61.7	92.7	139.0	231.8	386.2
300	10.2	42.9	57.0	85.7	128.6	214.4	357.1
325	9.3	41.4	55.0	82.6	124.0	206.6	344.3
350	8.4	40.3	53.6	80.4	120.7	201.1	335.3
375	7.4	38.9	51.6	77.6	116.5	194.1	323.2
400	6.5	36.5	48.9	73.3	109.8	183.1	304.9
425	5.5	35.2	46.5	70.0	105.1	175.1	291.6
450	4.6	33.7	45.1	67.7	101.4	169.0	281.8
475	3.7	31.7	42.3	63.4	95.1	158.2	263.9
500	2.8	28.2	37.6	56.5	84.7	140.9	235.0
525	1.9	25.8	34.4	51.6	77.4	129.0	214.9
538	1.4	25.2	33.4	50.0	75.2	125.5	208.9
550	−	25.0	33.3	49.8	74.8	124.9	208.0
575	−	24.0	31.9	47.9	71.8	119.7	199.5
600	−	21.6	28.6	42.9	64.2	107.0	178.5
625	−	18.3	24.3	36.6	54.9	91.2	152.0
650	−	14.1	18.9	28.1	42.5	70.7	117.7
675	−	12.4	16.9	25.2	37.6	62.7	104.5
700	−	10.1	13.4	20.0	29.8	49.7	83.0
725	−	7.9	10.5	15.4	23.2	38.6	64.4
750	−	5.9	7.9	11.7	17.6	29.6	49.1
775	−	4.6	6.2	9.0	13.7	22.8	38.0
800	−	3.5	4.8	7.0	10.5	17.4	29.2
816	−	2.8	3.8	5.9	8.6	14.1	23.8

주 클래스 150의 플랜지와 플랜지식 관이음쇠의 사용온도는 538°C(1 000°F)까지이다.

자료 참고문헌 1

2 밸브의 사용등급 설정

2.1 밸브에 대한 적용 및 제한 범위

1 밸브재료

밸브에 대한 압력-온도 등급은 여러 단계의 절차를 거쳐서 결정되었다. 일반적인 기계공학적 방법이 적용되고, 밸브 관련 표준에서의 치수가 고려되었다.

또한, 밸브 성능은 응력 및 변형과 관련이 있으므로 작용하는 압력과 하중을 기본으로 하여 허용응력, 극한강도 및 항복강도는 필수적인 고려 사항이다. 밸브는 다양한 조건에서 유체가 흐르고 있을 때 부분적 또는 완전 차단이 기계적으로 가능해야 하는 기구라는 점에 특별히 유의해야 한다.

따라서 밸브제조에 사용되는 재료에 대해서는 여러 가지 요구조건이 따르게 되는 것이다. 밸브 몸통과 보닛(bonnet)에 똑같은 재료를 사용할 필요는 없지만, 두가지 모두 **제3장**의 **표 10**(밸브재료 그룹)에 열거된 재료로 구성되어야 한다.

밸브에 지정된 압력-온도 등급은 밸브 몸통을 기준으로 한 것이므로, 밸브의 중요한 구성 요소가 되는 보닛은 밸브 몸통에 적합하도록 설계되고, 이에 따라 재료가 선택되어야 한다. 몸통과 보닛 사이에 들어가는 개스킷과 조립에 사용되는 볼트와 너트는 물론, 스템(stem), 디스크(disc) 및 기타 부품의 재질은 밸브의 압력-온도 등급과 일치 해야 한다.

2 압력-온도 등급 적용 범위

모든 밸브는 취약 부분에 해당하는 몸통과 보닛 부분 즉 몸통 조립에 사용한 볼트재료와 몸통과 보닛 조립에 사용된 볼트재료의 등급은 -29~38°C에서의 상용압력 요건을 충족할 수 있어야 한다.

압력-온도 등급은 클래스별로 지정되며, 표준급, 특수급 및 제한급으로 구분된다.

제한급은 별도의 기준에 따르며 DN 65 이하의 나사식 또는 용접식 밸브에 대하여만 적용한다. 일반적인 압력-온도 등급 적용범위는 **표 4**와 같다.

적용 제한범위는 ①DN 1 250을 초과하는 대형 플랜지식 밸브, ②클래스 2 500 이상

표 4 밸브 적용 범위

	클래스								DN
	150	300	400	600	900	1 500	2 500	4 500	
플랜지식밸브	O	O	O	O	O	O	O		15~600
용접식 밸브								O	15~600
나사식 밸브	O	O	O	O	O	O			15~1 250

또는 정격온도 538°C(1 000°F) 이상에 사용하는 나사식 밸브, ③DN 65를 초과하는 나사식 및 소켓 용접식 밸브 등이다.

그리고, 플랜지식 밸브를 제외하고, **표 4**의 값은 정격온도를 기준으로 분류된 것이므로 동일 클래스 내에서는 물론, 클래스와 클래스 간에서도 정격온도가 아닌 중간 온도에 대해서는 직선 보간법을 적용하여 압력-온도 중간등급을 결정할 수 있다.

③ 밸브의 최소두께

밸브 몸통에 대한 실제의 두께는 **표 5**에서의 최소두께(t_m)나 식(2)로 계산한 두께보다 더 두꺼워야 한다. 식(5)는 밸브의 설치 및 사용 시의 다양한 조건은 고려하지 않고 일반적인 항목으로만 구성된 것이므로 이 식에 의한 계산 결과를 밸브 설계에 사용하거나 밸브 몸통의 최소두께(**표 5**) 또는 최소 두께에 대한 기본 계산식(**표 6**)을 대체하는 값으로는 사용할 수 없다.

왜냐하면, 식(5)는 p_c와 동일한 내부 압력을 받을 때의 응력을 48.28 MPa(7 000 psi)로 하여 설계된 단순 실린더의 두께보다 더 두껍기 때문이다. ①클래스 150~2 500 밸브의 두께는 50% 더 두껍고, ②클래스 4 500 밸브의 두께는 약 35% 더 두껍다.

표 5의 최소두께는 식(5)로 계산된 것보다 약 2.5 mm 더 두껍게 규정된 것이다.

클래스 2 500 이상 등급의 밸브에 대해서는 조립 응력, 밸브 폐쇄 응력, 원형 이외의 형상일 경우 응력 집중 현상 등 추가적인 응력 발생 요인이 다양하므로 두께 추가 여부는 제조자가 결정해야 한다.

$$t = 1.5\left(\frac{p_c d}{2S_f - 1.2p_c}\right) \tag{5}$$

식에서

d : 안지름 또는 포트의 지름으로 유로, 즉 관 안지름의 90% 이상이어야 한다. 밸

브 내부가 라이닝되었거나 라이닝이 끼워져 있거나 또는 카트리지가 유로의 일부분을 형성하는 데 사용되는 경우의 d는 각각의 두께가 고려된 최후의 안지름이 되어야 한다.

p_c : 압력등급 번호(예 클래스 150이면 p_c= 150, 클래스 300이면 p_c= 300)

이다.

그러나 이 방정식은 $p_c > 4\,500$에는 적용하지 않는다.

S_f : 응력 상수 7 000

d : 관이음쇠의 안지름

t : 계산된 두께이며, 최종 단위는 d를 표현하는 데 사용된 단위와 같다.

표 5 밸브 몸통의 최소두께, t_m, mm(1/3)

안지름 d, mm	클래스						
	150	300	600	900	1 500	2 500	4 500
3	2.5	2.5	2.8	2.8	3.1	3.6	4.9
6	2.7	2.8	3.1	3.2	3.6	4.6	7.2
9	2.9	3.0	3.3	3.6	4.2	5.6	9.6
12	3.1	3.3	3.6	4.1	4.8	6.6	12.0
15	3.3	3.5	3.8	4.5	5.3	7.7	14.3
18	3.5	3.7	4.1	5.0	5.9	8.7	16.7
21	3.7	4.0	4.3	5.4	6.4	9.7	19.0
24	3.9	4.2	4.6	5.9	7.0	10.7	21.4
27	4.1	4.4	4.9	6.4	7.5	11.7	23.7
31	4.3	4.7	5.1	6.7	8.3	13.1	26.9
35	4.6	5.0	5.3	6.9	9.0	14.5	30.0
40	4.9	5.3	5.6	7.2	9.9	16.2	33.9
45	5.2	5.7	5.9	7.5	10.8	17.9	37.9
50	5.5	6.0	6.2	7.8	11.8	19.6	41.8
55	5.6	6.2	6.5	8.3	12.7	21.3	45.7
60	5.7	6.4	6.8	8.8	13.6	23.0	49.6
65	5.8	6.5	7.2	9.3	14.5	24.7	53.6
70	5.9	6.7	7.5	9.9	15.5	26.4	57.5
75	6.0	6.9	7.9	10.4	16.4	28.1	61.4
80	6.1	7.0	8.2	1.9	17.3	29.8	65.3
85	6.2	7.2	8.5	11.4	18.2	31.5	69.3
90	6.3	7.4	8.9	11.9	19.1	33.2	73.2
95	6.4	7.5	9.2	12.5	20.1	34.9	77.1
100	6.5	7.7	9.5	13.0	21.0	36.6	81.0
110	6.5	8.0	10.2	14.0	22.8	40.0	88.9
120	6.7	8.4	10.9	15.1	24.7	43.4	96.7
130	6.8	8.7	11.6	16.1	26.5	46.9	104.6
140	7.0	9.0	12.2	17.2	28.4	50.3	112.4

표 5 밸브 몸통의 최소두께, t_m, mm(2/3)

안지름 d, mm	클래스						
	150	300	600	900	1 500	2 500	4 500
150	7.1	9.4	12.9	18.2	30.2	53.7	120.3
160	7.3	9.7	13.6	19.3	32.0	57.1	128.1
170	7.5	10.0	14.3	20.3	33.9	60.5	136.0
180	7.6	10.3	14.9	21.3	35.7	63.9	143.8
190	7.8	10.7	15.6	22.4	37.6	67.3	151.7
200	8.0	11.0	16.3	23.4	39.4	70.7	159.5
210	8.1	11.3	17.0	24.5	41.3	74.1	167.4
220	8.3	11.7	17.6	25.5	43.1	77.5	175.2
230	8.4	12.0	18.3	26.6	45.0	80.9	183.1
240	8.6	12.3	19.0	27.6	46.8	84.4	190.9
250	8.8	12.7	19.7	28.7	48.6	87.8	198.8
260	8.9	13.0	20.3	29.7	50.5	91.2	206.6
270	9.1	13.3	21.0	30.8	52.3	94.6	214.5
280	9.3	13.6	21.7	31.8	54.2	98.0	222.3
290	9.4	14.0	22.4	32.8	56.0	101.4	230.2
300	9.6	14.3	23.0	33.9	57.9	104.8	238.0
310	9.8	14.6	23.7	34.9	59.7	108.2	245.9
320	9.9	15.0	24.4	36.0	61.6	111.6	253.7
330	10.1	15.3	25.1	37.0	63.4	115.0	261.6
340	10.2	15.6	25.7	38.1	65.2	118.4	269.4
350	10.4	16.0	26.4	39.1	67.1	121.9	277.2
360	10.6	16.3	27.1	40.2	68.9	125.3	285.1
370	10.7	16.6	27.8	41.2	70.8	128.7	292.9
380	10.9	16.9	28.4	42.2	72.6	132.1	300.8
390	11.1	17.3	29.1	43.3	74.5	135.5	308.6
400	11.2	17.6	29.8	44.3	76.3	138.9	316.5
410	11.4	17.9	30.5	45.4	78.2	142.3	324.3
420	11.5	18.3	31.1	46.4	80.0	145.7	332.2
430	11.7	18.6	31.8	47.5	81.8	149.1	340.0
440	11.9	18.9	32.5	48.5	83.7	152.5	347.9
450	12.0	19.3	33.2	49.6	85.5	155.9	355.7
460	12.2	19.6	33.8	50.6	87.4	159.4	363.6
470	12.4	19.9	34.5	51.7	89.2	162.8	371.4
480	12.5	20.2	35.2	52.1	91.1	166.2	379.3
490	12.7	20.6	35.9	53.7	92.9	169.6	387.1
500	12.9	20.9	36.5	54.8	94.8	173.0	395.0
510	13.0	21.2	37.2	55.8	96.6	176.4	402.8
520	13.2	21.6	37.9	56.9	98.4	179.8	410.7
530	13.3	21.9	38.6	57.9	100.3	183.2	418.5
540	13.5	22.2	39.2	59.0	102.1	186.6	426.4
550	13.7	22.6	39.9	60.0	104.0	190.0	434.2
560	13.8	22.9	40.6	61.1	105.8	193.4	442.1
570	14.0	23.2	41.3	62.1	107.7	196.9	449.9
580	14.2	23.5	41.9	63.1	109.5	200.3	457.8
590	14.3	23.9	42.6	64.2	111.4	203.7	465.6
600	14.5	24.2	43.3	65.2	113.2	207.1	473.5
610	14.6	24.5	44.0	66.3	115.0	210.5	481.3

표 5 밸브 몸통의 최소두께, t_m, mm(3/3)

안지름 d, mm	클래스						
	150	300	600	900	1 500	2 500	4 500
620	14.8	24.9	44.6	67.3	116.9	213.9	489.2
630	15.0	25.2	45.3	68.4	118.7	217.3	497.0
640	15.1	25.5	46.0	69.4	120.6	220.7	504.9
650	15.3	25.9	46.7	70.5	122.4	224.1	512.7
660	15.5	26.2	47.3	71.5	124.3	227.5	520.6
670	15.6	26.5	48.0	72.5	126.1	230.9	528.4
680	15.8	26.8	48.7	73.6	128.0	234.4	536.3
690	15.9	27.2	49.4	74.6	129.8	237.8	544.1
700	16.1	27.5	50.0	75.7	131.6	241.2	552.0
710	16.3	27.8	50.7	76.1	133.5	244.6	559.8
720	16.4	28.2	51.4	77.8	135.3	248.0	567.7
730	16.6	28.5	52.1	78.8	137.2	251.4	575.5
740	16.8	28.8	52.7	79.9	139.0	254.8	583.4
750	16.9	29.2	53.4	80.9	140.9	258.2	591.2
760	17.1	29.5	54.1	82.0	142.7	261.6	599.0
770	17.3	29.8	54.8	83.0	144.6	265.0	606.9
780	17.4	30.1	55.4	84.0	146.4	268.4	614.7
790	17.6	30.5	56.1	85.1	148.2	271.9	622.6
800	17.7	30.8	56.8	86.1	150.1	275.3	630.4
820	18.1	31.5	58.1	88.2	153.8	282.1	646.1
840	18.4	32.1	59.5	90.3	157.5	288.9	661.8
860	18.7	32.8	60.8	92.4	161.1	295.7	677.5
880	19.0	33.4	62.2	94.5	164.8	302.5	693.2
900	19.4	34.1	63.5	96.6	168.5	309.4	708.9
920	19.7	34.8	64.9	98.7	172.2	316.2	724.6
940	20.0	35.4	66.2	100.8	175.9	323.0	740.3
960	20.3	36.1	67.6	102.9	179.6	329.6	756.0
980	20.7	36.7	68.9	104.9	183.3	336.6	771.7
1 000	21.0	37.4	70.3	107.0	187.0	343.5	787.4
1 020	21.3	38.1	71.6	109.1	190.7	350.3	803.1
1 040	21.7	38.7	73.0	111.2	194.3	357.1	818.8
1 060	22.0	39.4	74.3	113.3	198.0	363.9	834.5
1 080	22.3	40.0	75.7	115.4	201.7	370.7	850.2
1 100	22.6	40.7	77.0	117.5	205.4	377.5	865.9
1 120	23.0	41.4	78.4	119.6	209.1	384.4	881.6
1 140	23.3	42.0	79.7	121.7	212.8	391.2	897.3
1 160	23.6	42.7	81.1	123.7	216.5	398.0	913.0
1 180	23.9	43.3	82.4	125.8	220.2	404.8	928.7
1 200	24.3	44.0	83.8	127.9	223.9	411.6	944.4
1 220	24.6	44.7	85.1	130.0	227.5	418.5	960.1
1 240	24.9	45.3	86.5	132.1	231.2	425.3	975.8
1 260	25.2	46.0	87.8	134.2	234.9	432.1	991.5
1 280	25.6	46.6	89.2	136.3	238.6	438.9	1,007.2
1 300	25.9	47.3	90.5	138.4	242.3	445.7	1,022.9

주 안지름 d는 유로 즉 관 안지름의 90% 이상이어야 한다.

자료 참고문헌 2

표 6 최소 두께에 대한 기본 계산식, mm

클래스 p_c	안지름 d, mm	계산식 t_m, mm
150	3≤d<50	$t_m(150) = 0.064d+2.34$
150	50≤d≤100	$t_m(150) = 0.020d+4.50$
150	50<d≤100	$t_m(150) = 0.0163d+4.70$
300	3≤d<25	$t_m(300) = 0.080d+2.29$
300	25≤d≤50	$t_m(300) = 0.070d+2.54$
300	50<d≤1300	$t_m(300) = 0.033d+4.40$
600	3≤d<25	$t_m(600) = 0.086d+2.54$
600	25≤d≤50	$t_m(600) = 0.058d+3.30$
600	50<d≤1 300	$t_m(600) = 0.0675d+2.79$
900	3≤d<25	$t_m(900) = 0.150d+2.29$
900	25≤d≤50	$t_m(900) = 0.059d+4.83$
900	50<d≤1 300	$t_m(900) = 0.10449d+2.54$
1 500	3≤d<1 300	$t_m(1\ 500) = 0.18443d+2.54$
2 500	3≤d≤1 300	$t_m(2\ 500) = 0.34091d+2.54$
4 500	3<d≤1 300	$t_m(4\ 500) = 0.78488d+2.54$

주 (1) t_m: 제조 시 검사를 위한 밸브 몸통의 두께는 **표 5**의 t_m 또는 **표 6**의 수식을 사용하여 계산된 값보다 작아서는 안 된다. 선형 보간법을 적용하여 중간 두께 값을 구할 수 있다. 최소두께는 내부의 물과 접촉되는 면으로부터 측정되어야 한다. 최소 두께 측정에는 라이너, 라이닝 또는 카트리지 두께는 포함되지 않는다.

(2) d : 유동 통로 즉 관의 안지름의 90% 이상이어야 한다.

자료 참고문헌 2

2.2 표준급, 특수급 및 제한급 밸브의 압력-온도 등급 설정

❶ 압력-온도 등급 구분

압력-온도 등급은 클래스 별로 지정되며, 각 클래스는 다시 표준, 특별 및 제한급으로 구분된다. 표준급은 비파괴검사를 제외한 일반적인 검사를 거친 밸브이고, 특수급은 일반적인 검사에 추가하여 비파괴 검사를 거친 밸브로, 나사식 또는 용접식이 해당한다.

2 표준급

(1) 그룹1 재료

제3장의 **표 10**에 열거된 재료의 클래스 300 이상에 대한 압력-온도 등급은 다음 계산식(6)에 의해 확립된 것이다. **표 7**의 A(표준급)로 표기된 값을 초과할 수 없다.

$$p_{st} = \frac{C_1 S_1}{8\ 750} p_r \le p_{ca} \tag{6}$$

식에서

C_1 : 10, S_1 단위를 MPa로 하면 계산된 p_{st}는 bar가 된다.

p_r : 압력등급, 즉 클래스 인덱스. 클래스 300으로부터 클래스 4 500에 대해 p_r은 클래스 숫자와 동일하다. 즉 클래스 300은 p_r= 300, 클래스 600이면 p_r= 600이 된다. 다만, 클래스 150에 대해서는 클래스 150과 클래스 300 사이의 중간 등급은 보간법으로 구한다.

p_{ca} : 온도 T에서의 최대압력[4](**표 7** 참조), bar

p_{st} : T에서의 지정된 재료에 대한 상용압력 등급, bar

S_1 : 온도 T에서 지정된 재질의 응력, MPa로 ①크리프 범위[5] 이하에서는 온도 T에서의 항복강도의 60% 이하, ②38°C(100°F)에서의 최소 항복강도의 60%, ③온도 T에서의 최대 인장강도의 1.25 배의 25%를 취한다. 또한 선택된 응력 값은 온도가 증가함에 따라 증가 하지 않아야 한다.

(2) 그룹2와 그룹3 재료

제3장의 **표 10**에 열거된 그룹2 및 그룹3에 해당하는 재료의 표준급 밸브의 클래스 300으로부터 클래스 4 500에 대한 압력-온도 등급은 다음과 같은 방법으로 설정되었다.

①그룹1 재료에서의 60%, 요소는 70%이고, ②그룹2 재료인 경우 크리프 범위는 재료 특성에 따라 낮은 온도에 사용한다는 특별한 명시가 없는 510°C(950°F)를 초과하는

4. Ceiling pressure
5. 그룹 1 재료의 크리프 범위는 370℃(700 °F)를 초과하는 온도로 간주한다.

온도로 간주된다. ③그룹 3 재료의 경우 크리프 온도 개시는 개별적으로 되어야 한다.

(3) 클래스 150의 모든 재료

클래스 150으로 표시된 표준급 밸브의 압력-온도 등급은 다음의 계산 방법으로 확립 된 것이다. ①클래스 150에 대한 압력등급 지수인 $p_r = 115$로 한다. ②클래스 150과 클래스 300 사이의 중간등급 지정을 위한 계산에서는 클래스 150의 $p_r = 115$, 클래스 300의 $p_r = 300$으로 하여 보간법으로 구한다. ③클래스 150에 대한 온도 T에서의 사용압력 등급 p_{st}값(bar)은 식(7)로 계산된 값은 값을 초과할 수 없다.

$$p_{st} \leq C_2 - C_3 T \tag{7}$$

식에서

C_2 : 21.41

C_3 : 0.03724. 온도 T을 °C로 표시하면 결과치 p_{st}는 bar 단위가 된다.

T : 재료의 온도, °C 이다.

식(7-3)에서 T 값은 538°C(1 000°F)를 초과할 수 없고, 38°C 이하 일 때는 38°C로 한다.

3 특수급

제3장의 **표 10**에 열거된 모든 재료를 사용한 특수급 밸브의 압력-온도 등급은 식(8)에 의해 설정되었다. **표 7**의 압력-온도 등급표에서 B로 표시된다.

$$p_{sp} = \frac{C_2 S_2}{7\,000} p_r \leq p_{cb} \tag{8}$$

식에서

C_1 : 10, S_2 단위를 MPa로 하면 계산된 p_{sp}는 bar가 된다.

p_r : 압력등급, 즉 클래스 인덱스. 모든 클래스 300 이상에 대해 p_r은 클래스 숫자와 동일하다. 즉 클래스 300은 $p_r = 300$, 클래스 600이면 $p_r = 600$이 된다. 다만, 클래스 150에 대해서는 $p_r = 115$로 한다. 클래스 150에서 클래스 300 사이의 등급 지정을 위한 계산에서는 클래스 150의 $p_r = 115$, 클래스 300의 $p_r =$

표 7 최대압력(ceiling pressure), bar(1/2)

온도,°C	A-표준급						
	150	300	600	900	1 500	2 500	4 500
-29~38	20.0	51.7	103.4	155.1	258.6	430.9	775.7
50	19.5	51.7	103.4	155.1	258.6	430.9	775.7
100	17.7	51.5	103.0	154.6	257.6	429.4	773.0
150	15.8	50.3	100.3	150.6	250.8	418.2	752.8
200	13.8	48.6	97.2	145.8	243.4	405.4	729.8
250	12.1	46.3	92.7	139.0	231.8	386.2	694.8
300	10.2	42.9	85.7	128.6	214.4	357.1	642.6
325	9.3	41.4	82.6	124.0	206.6	344.3	619.6
350	8.4	40.3	80.4	120.7	201.1	335.3	603.3
375	7.4	38.9	77.6	116.5	194.1	323.2	581.8
400	6.5	36.5	73.3	109.8	183.1	304.9	548.5
425	5.5	35.2	70.0	105.1	175.1	291.6	524.7
450	4.6	33.7	67.7	101.4	169.0	281.8	507.0
475	3.7	31.7	63.4	95.1	158.2	263.9	474.8
500	2.8	28.2	56.5	84.7	140.9	235.0	423.0
525	1.9	25.8	51.6	77.4	129.0	214.9	386.7
538	1.4	25.2	50.0	75.2	125.5	208.9	375.8
550	1.4	25.0	49.8	74.8	124.9	208.0	374.2
575	1.4	24.0	47.9	71.8	119.7	199.5	359.1
600	1.4	21.6	42.9	64.2	107.0	178.5	321.4
625	1.4	18.3	36.6	54.9	91.2	152.0	273.8
650	1.4	14.1	28.1	42.5	70.7	117.7	211.7
675	1.4	12.4	25.2	37.6	62.7	104.5	187.9
700	1.4	10.1	20.0	29.8	49.7	83.0	149.4
725	1.4	7.9	15.4	23.2	38.6	64.4	115.8
750	1.4	5.9	11.7	17.6	29.6	49.1	88.2
775	1.4	4.6	9.0	13.7	22.8	38.0	68.4
800	1.2	3.5	7.0	10.5	17.4	29.2	52.6
816	1.0	2.8	5.9	8.6	14.1	23.8	42.7

300으로 하여 보간법으로 구한다.

p_{cb} : 지정된 온도 T에서의 최대압력, bar

p_{sp} : 특수급에 대한 지정된 온도 T에서의 상용압력, bar

S_2 : 온도 T에서 지정된 재료의 응력, MPa로 다음과 같이 설정된다.

①크리프 범위[6] 이하의 온도에서 S_2는 온도 T에서의 항복강도의 62.5%와 같거나 그

보다 작은 값. ②38°C(100°F)에서의 최소 항복강도의 62.5%, ③온도 T에서의 최대 인장강도의 25 %, ④크리프 범위 내의 온도에서 S_2 값은 온도 T에서의 허용응력 또는 온도별 항복강도의 62.5% 이하. ⑤선택된 응력 값은 온도가 증가함에 따라 증가하지 않아야 한다.

4 제한급

용접 또는 나사식 DN 65 이하의 소형밸브로 다음과 같은 요구 사항에 부합해야 제한급으로 지정될 수 있다. 제한급 밸브에 대한 압력-온도 등급은 **제3장**의 **표 10**(밸브재료)에 열거된 그룹1 및 그룹2 재료에 **표 8**의 계수를 적용하여 식(9)로 구한다.

$$p_{ld} = \frac{7\,000}{7\,000 - (y - 0.4)p_r} p_{sp} \tag{9}$$

식에서

p_r : 압력 등급지수. 클래스 300으로부터 클래스 4 500에 대한 p_r은 클래스 번호(예, 클래스 300이면 p_r= 300)와 같다. 클래스 150에 대해서는 p_r= 115으로 한다. 클래스 150과 클래스 300 사이의 중간 등급을 구할 때는 클래스 150의 p_r= 115, 클래스 300의 p_r= 300으로 하여 직선 보간법으로 구한다. p_r 값은 4 500을 초과할 수 없다.

p_{ld} : 온도 T에서 특정 재료에 대한 제한등급의 상용압력

p_{sp} : 온도 T(38~540°C 범위)에서 지정된 재료에 대한 특수등급의 상용압력. 이 특수급 상용 압력은 압력-온도 등급 **표 7**에서 "특수급"으로 지정되어 있고, 이 값은 제한등급을 설정하는 데 사용된다.

y : 재료 계수(**표 8** 참조)

---

6. 재료 특성이 낮은 온도 용임을 명시하지 않는 한, 크리프 범위는 그룹 1 재료의 경우 370℃(700°F)를, 그룹 2 재료의 경우 510℃(950°F)를 초과하는 온도로 간주한다. 그룹 3 재료의 경우 크리프 온도 범위에 대한 한계는 개별 기준에 따라 결정해야 한다.

표 7 최대압력(ceiling pressure), bar(2/2)

온도,°C	B-특수급						
	150	300	600	900	1 500	2 500	4 500
−29~38	20.0	51.7	103.4	155.1	258.6	430.9	775.7
50	20.0	51.7	103.4	155.1	258.6	430.9	775.7
100	20.0	51.7	103.4	155.1	258.6	430.9	775.7
150	20.0	51.7	103.4	155.1	258.6	430.9	775.7
200	20.0	51.7	103.4	155.1	258.6	430.9	775.7
250	20.0	51.7	103.4	155.1	258.6	430.9	775.7
300	20.0	51.7	103.4	155.1	258.6	430.9	775.7
325	20.0	51.7	103.4	155.1	258.6	430.9	775.7
350	19.8	51.5	102.8	154.3	257.1	428.6	771.4
375	19.3	50.6	101.0	151.5	252.5	420.9	757.4
400	19.3	50.3	100.6	150.6	251.2	418.3	753.2
425	19.0	49.6	99.3	148.9	248.2	413.7	744.6
450	18.1	47.3	94.4	141.4	235.8	393.1	707.6
475	16.4	42.8	85.5	128.2	213.7	356.3	641.3
500	13.7	35.6	71.5	107.1	178.6	297.5	535.4
525	11.7	30.5	61.2	91.8	153.2	255.1	459.2
538	11.0	29.0	57.9	86.9	145.1	241.7	435.1
550	11.0	29.0	57.9	86.9	145.1	241.7	435.1
575	10.9	28.6	57.1	85.7	143.0	238.3	428.8
600	10.3	26.9	53.5	80.4	134.0	223.4	401.9
625	8.7	23.0	45.7	68.6	114.3	190.6	342.8
650	6.9	17.9	35.5	53.1	88.6	147.9	266.1
675	6.2	16.0	31.6	47.3	78.9	131.7	237.0
700	4.8	12.4	25.0	37.3	62.3	103.7	186.5
725	3.7	9.7	19.5	28.9	48.3	80.2	144.5
750	2.8	7.4	14.8	22.1	36.7	61.2	110.3
775	2.2	5.8	11.4	17.2	28.5	47.6	85.6
800	1.8	4.4	8.8	13.2	22.0	36.6	65.6
816	1.4	3.4	7.2	10.7	17.9	29.6	53.1

자료 참고문헌 2

표 8 재료계수, y

	적용 온도, °C					
	480 이하	510	538	565	595	620 이상
페라이트강	0.4	0.5	0.7	0.7	0.7	0.7
오스테나이트강	0.4	0.4	0.4	0.4	0.5	0.7
기타 연성재료	0.4	0.4	0.4	0.4	0.4	0.4

자료 참고문헌 2

3 배관 재료의 그룹별 압력-온도 등급

3.1 탄소강 배관재(그룹 1.1과 1.2)

배관재로 사용할 수 있는 재료는 매우 다양하므로, 플랜지와 플랜지식 관이음쇠를 기준으로 **제3장**의 **표** 4에서 탄소강 및 합금강은 13개 그룹으로 분류되었다. 그리고 그룹별로 각각 다른 압력-온도 등급이 있으나, 이 장에서는 그 중 가장 많이 사용되는 재료로, 탄소강을 사용한 제품에 국한하였다. 언급되지 않은 재료는 인용문헌을 참고한다.

표 9.1 탄소강 배관재의 압력-온도 등급(그룹1.1 재료)

(a) 해당 재료

공칭표기	단강		주강		판재	
	ASTM	KS	ASTM	KS	ASTM	KS
C-Si	A105(1)	D3710	A216 Gr. WCB(1)	KFCA D4107	A515 Gr. 70(1)	D3560 SBB49
C-Mn-Si	A350 Gr. LF2(1)	D4125 SFL2			A516 Gr. 70(1),(2)	D3540 SGV480
C-Mn-Si-V	A350 Gr. LF6 cL1(4)	D4125				
3-1/2Ni	A350 Gr. LF3	D4125 SFL3			A537 cL1(3)	D3521 SPPV335

(b) 상용압력, bar

사용온도 °C	클래스						
	150	300	400	600	900	1 500	2 500
-29~38	19.6	51.1	68.1	102.1	153.2	255.3	425.5
50	19.2	50.1	66.8	100.2	150.4	250.6	417.7
100	17.7	46.6	62.1	93.2	139.8	233.0	388.3
150	15.8	45.1	60.1	90.2	135.2	225.4	375.6
200	13.8	43.8	58.4	87.6	131.4	219.0	365.0
250	12.1	41.9	55.9	83.9	125.8	209.7	349.5
300	10.2	39.8	53.1	79.6	119.5	199.1	331.8
325	9.3	38.7	51.6	77.4	116.1	193.6	322.6
350	8.4	37.6	50.1	75.1	112.7	187.8	313.0
375	7.4	36.4	48.5	72.7	109.1	181.8	303.1
400	6.5	34.7	46.3	69.4	104.2	173.6	289.3
425	5.5	28.8	38.4	57.5	86.3	143.8	239.7
450	4.6	23.0	30.7	46.0	69.0	115.0	191.7
475	3.7	17.4	23.2	34.9	52.3	87.2	145.3
500	2.8	11.8	15.7	23.5	35.3	58.8	97.9
538	1.4	5.9	7.9	11.8	17.7	29.5	49.2

주 (1) 425°C 이상의 온도에 장시간 노출되면 강재의 탄화물 상이 흑연으로 전환될 수 있으므로, 허용 가능하지만 425°C 이상의 장시간 사용은 권장되지 않는다.
(2) 455°C 이상에서는 사용하지 않는다.
(3) 370°C 이상에서는 사용하지 않는다.
(4) 260°C 이상에서는 사용하지 않는다.

자료 참고문헌 1

표 9.2 탄소강 배관재의 압력-온도 등급(그룹1.2 재료)

(a) 해당 재료

공칭표기	단강		주강		판재	
	ASTM	KS	ASTM	KS	ASTM	KS
C-Mn-Si			A216 Gr. WCC(1) A352 Gr. LCC(2)	KFCA D4107 KFCA D4111		
C-Mn-Si-V	A350 Gr.LF6 cL2(3)	D4125				
2-1/2Ni			A352 Gr. LC2	KFCA D4107	A203 Gr. B(1)	D3586
3-1/2Ni			A352 Gr. LC3	KFCA D4111	A203 Gr. E(1)	D3586 SL3N275

(b) 상용압력, bar

사용온도 °C	클래스						
	150	300	400	600	900	1 500	2 500
-29~38	19.8	51.7	68.9	103.4	155.1	258.6	430.9
50	19.5	51.7	68.9	103.4	155.1	258.6	430.9
100	17.7	51.5	68.7	103.0	154.6	257.6	429.4
150	15.8	50.2	66.8	100.3	150.5	250.8	418.1
200	13.8	48.6	64.8	97.2	145.8	243.2	405.4
250	12.1	46.3	61.7	92.7	139.0	231.8	386.2
300	10.2	42.9	57.0	85.7	128.6	214.4	357.1
325	9.3	41.4	55.0	82.6	124.0	206.6	344.3
350	8.4	40.0	53.4	80.0	120.1	200.1	333.5
375	7.4	37.8	50.4	75.7	113.5	189.2	315.3
400	6.5	34.7	46.3	69.4	104.2	173.6	289.3
425	5.5	28.8	38.4	57.5	86.3	143.8	239.7
450	4.6	23.0	30.7	46.0	69.0	115.0	191.7
475	3.7	17.1	22.8	34.2	51.3	85.4	142.4
500	2.8	11.6	15.4	23.2	34.7	57.9	96.5
538	1.4	5.9	7.9	11.8	17.7	29.5	49.2

주 (1) 425°C 이상에 장시간 노출되면 강재의 탄화물상이 흑연으로 전환될 수 있으므로, 허용 가능. 하지만 425°C 이상에서 장시간 사용은 권장되지 않는다.
(2) 340°C 이상에서는 사용하지 않는다.
(3) 260°C 이상에서는 사용하지 않는다.

자료 참고문헌 1

3.2 스테인리스강 배관재(그룹 2.1과 2.2)

스테인리스강 배관재는 **제3장 표 4**의 고합금강(12개 그룹)에 속한다. 역시 그룹 별로 각각 다른 압력-온도 등급이 있으나, 그 중에서 스테인리스강을 사용한 제품에 국한하였다.

표 10 스테인리스강 배관재의 압력-온도 등급(그룹2.1 재료) (1/2)

(a) 해당 재료

공칭 표기	단조		주조		판재	
	ASTM	KS	ASTM	KS	ASTM	KS
18Cr-8Ni	A182 Gr. F304 (1)	D4115 STS F304	A 351 Gr. CF3 (2)	KFCA D4103	A 240 Gr. 304 (1)	D3705 STS304
	A182 Gr. F304H	D4115 STS F304H	A 351 Gr. CF8 (1)	KFCA D4103	A 240 Gr. 304H	D3705 STS304H

(b) 상용압력, bar

사용온도 °C	클래스						
	150	300	400	600	900	1 500	2 500
-29-38	19.0	49.6	66.2	99.3	148.9	248.2	413.7
50	18.3	47.8	63.8	95.6	143.5	239.1	398.5
100	15.7	40.9	54.5	81.7	122.6	204.3	340.4
150	14.2	37.0	49.3	74.0	111.0	185.0	308.4
200	13.2	34.5	46.0	69.0	103.4	172.4	287.3
250	12.1	32.5	43.3	65.0	97.5	162.4	270.7
300	10.2	30.9	41.2	61.8	92.7	154.6	257.6
325	9.3	30.2	40.3	60.4	90.7	151.1	251.9
350	8.4	29.6	39.5	59.3	88.9	148.1	246.9
375	7.4	29.0	38.7	58.1	87.1	145.2	241.9
400	6.5	28.4	37.9	56.9	85.3	142.2	237.0
425	5.5	28.0	37.3	56.0	84.0	140.0	233.3
450	4.6	27.4	36.5	54.8	82.2	137.0	228.4
475	3.7	26.9	35.9	53.9	80.8	134.7	224.5
500	2.8	26.5	35.3	53.0	79.5	132.4	220.7
538	1.4	24.4	32.6	48.9	73.3	122.1	203.6
550	–	23.6	31.4	47.1	70.7	117.8	196.3
575	–	20.8	27.8	41.7	62.5	104.2	173.7
600	–	16.9	22.5	33.8	50.6	84.4	140.7
625	–	13.8	18.4	27.6	41.4	68.9	114.9
650	–	11.3	15.0	22.5	33.8	56.3	93.8
675	–	9.3	12.5	18.7	28.0	46.7	77.9
700	–	8.0	10.7	16.1	24.1	40.1	66.9
725	–	6.8	9.0	13.5	20.3	33.8	56.3
750	–	5.8	7.7	11.6	17.3	28.9	48.1
775	–	4.6	6.2	9.0	13.7	22.8	38.0
800	–	3.5	4.8	7.0	10.5	17.4	29.2
816	–	2.8	3.8	5.9	8.6	14.1	23.8

주 (1) 538°C 이상의 온도에서는 탄소 함량이 0.04% 이상일 경우에만 사용한다.
(2) 425°C 이상에서는 사용하지 않는다.

자료 참고문헌 1

표 10 스테인리스강 배관재의 압력-온도 등급(그룹2.2 재료) (2/2)

(a) 해당 재료

공칭표기	단조강		주강		판재	
	ASTM	KS	ASTM	KS	ASTM	KS
16Cr-12Ni-2Mo	A 182 Gr. F316 (1) A 182 Gr. F316H	D4115 STS F316 D4115 STS F316H	A 351 Gr. CF3M (2) A 351 Gr. CF8M (1)	KFCA D4103 KFCA D4103	A 240 Gr. 316 (1) A 240 Gr. 316H	D3705 STS316 D3705 STS316H
18Cr-13Ni-3Mo	A 182Gr. F317 (1)				A 240 Gr. 317 (1)	
19Cr-10Ni-3Mo			A 351 Gr. CG8M (3)	KFCA D4103		

(b) 상용압력, bar

사용온도 °C	클래스 150	300	400	600	900	1 500	2 500
-29-38	19.0	49.6	66.2	99.3	148.9	248.2	413.7
50	18.4	48.1	64.2	96.2	144.3	240.6	400.9
100	16.2	42.2	56.3	84.4	126.6	211.0	351.6
150	14.8	38.5	51.3	77.0	115.5	192.5	320.8
200	13.7	35.7	47.6	71.3	107.0	178.3	297.2
250	12.1	33.4	44.5	66.8	100.1	166.9	278.1
300	10.2	31.6	42.2	63.2	94.9	158.1	263.5
325	9.3	30.9	41.2	61.8	92.7	154.4	257.4
350	8.4	30.3	40.4	60.7	91.0	151.6	252.7
375	7.4	29.9	39.8	59.8	89.6	149.4	249.0
400	6.5	29.4	39.3	58.9	88.3	147.2	245.3
425	5.5	29.1	38.9	58.3	87.4	145.7	242.9
450	4.6	28.8	38.5	57.7	86.5	144.2	240.4
475	3.7	28.7	38.2	57.3	86.0	143.4	238.9
500	2.8	28.2	37.6	56.5	84.7	140.9	235.0
538	1.4	25.2	33.4	50.0	75.2	125.5	208.9
550	-	25.0	33.3	49.8	74.8	124.9	208.0
575	-	24.0	31.9	47.9	71.8	119.7	199.5
600	-	19.9	26.5	39.8	59.7	99.5	165.9
625	-	15.8	21.1	31.6	47.4	79.1	131.8
650	-	12.7	16.9	25.3	38.0	63.3	105.5
675	-	10.3	13.8	20.6	31.0	51.6	86.0
700	-	8.4	11.2	16.8	25.1	41.9	69.8
725	-	7.0	9.3	14.0	21.0	34.9	58.2
750	-	5.9	7.8	11.7	17.6	29.3	48.9
775	-	4.6	6.2	9.0	13.7	22.8	38.0
800	-	3.5	4.8	7.0	10.5	17.4	29.2
816	-	2.8	3.8	5.9	8.6	14.1	23.8

주 (1) 538°C 이상의 온도에서는 탄소 함량이 0.04% 이상일 경우에만 사용한다.
(2) 455°C 이상에서는 사용하지 않는다.
(3) 538°C 이상에서는 사용하지 않는다.

자료 참고문헌 1

3.3 동관

1 동관의 상용압력

B88 표준의 이음매없는 동관 자체의 상용압력은 사용온도 66°C(150°F) 조건에서 항복강도 35 GPa(연질)과 69 GPa(경질)을 기준한 것으로 표 11과 같다.

표 11 동관의 상용압력, bar

호칭지름		K		L		M	
NPS	DN	연질	경질	연질	경질	연질	경질
1/4	8	62.9	123.8	53.4	105.1	-	-
3/8	10	66.2	130.2	45.6	89.8	33.4	65.7
1/2	15	52.3	102.7	42.3	83.2	29.0	56.9
5/8	5/8	43.2	84.7	37.0	72.7	-	-
3/4	20	49.9	98.2	34.1	67.0	23.9	46.9
1	25	38.4	75.4	29.0	56.9	19.7	38.8
1 1/4	32	31.2	61.2	25.7	50.5	19.8	39.0
1 1/2	40	29.0	56.9	23.9	47.0	19.4	38.1
2	50	25.5	50.1	21.3	41.9	17.5	34.4
2 1/2	65	23.3	45.8	19.7	38.6	16.1	31.5
3	80	22.6	44.3	18.6	36.5	14.8	29.2
3 1/2	90	21.4	42.1	17.8	34.9	14.8	29.0
4	100	21.1	41.4	17.2	33.7	14.7	28.9
5	125	20.2	39.6	15.8	31.0	13.7	26.8
6	150	20.3	39.9	14.7	28.8	12.8	25.1
8	200	21.6	42.4	15.9	31.1	13.4	26.3
10	250	21.6	42.4	15.9	31.2	13.4	26.4
12	300	21.6	42.4	14.8	29.2	13.4	26.4

표 12 동관 이음부의 압력 등급[(1)], bar

사용된 용접재	사용온도 °C, Max	동관 K ,L, M					
		물, 비부식성 액체 및 가스					스팀[(3)]
		6~25	32~50	65~100	125~200[(2)]	250~300[(2)]	전규격
50A[(4)]	38	13.79	12.06	10.34	8.96	6.89	-
	66	10.34	8.62	6.89	6.20	4.83	-
	93	6.89	6.20	5.17	4.83	3.45	-
	121	5.86	5.17	3.45	3.10	2.76	1.00
95TA[(5)]	38	34.47	27.58	20.68	18.61	10.34	-
	66	27.58	24.13	18.96	17.24	10.34	-
	93	20.68	17.24	13.79	12.41	9.65	-
	121	13.79	18.96	10.34	9.31	7.58	1.00
브레이징용[(6)]	93	*	*	*	*	*	-
	121	20.68	14.48	11.72	10.34	10.34	-
	177	18.61	13.10	10.34	10.34	10.34	8.27

주 (1) 솔더 조인트의 등급은 ASME B16.22 및 B16.18에 의함.
(2) 압축 공기 또는 기타 가스의 1.4 bar 이상에는 사용이 제한됨.
(3) 스팀에 대한 값은 참고문헌 3에 의함.
(4) 주석과 납의 함량이 50:50인 솔더메탈(ASTM B32 Gr 50A)로 음용수 배관에는 사용할 수 없음.
(5) 주석 90% 안티몬 5%인 솔더메탈(ASTM B32 Gr 95TA)
(6) 용융 온도 538°C 이상인 브레이징 필러메탈(AWA A5.8)
*동관의 압력등급과 같다.

2 이음부 기준 상용압력

동관의 강도는 관 자체보다 솔더링이나 브레이징으로 이음된 부분의 강도가 낮으므로 이를 기준으로 한다. 이음부의 강도는 사용된 용접재의 조성에 따라 달라진다. 브레이징은 솔더링보다 훨씬 강한 이음 강도를 가지지만, 경질 동관의 경우 용접부 부근을 연화시킨다. 납이 들어 있는 솔더는 음용수 배관에 사용하는 것은 금지되지만, 난방, 냉방 및 기타 건축배관에는 사용될 수 있다. **표 12**는 솔더링 또는 브레징한 동관에 대한 상용압력 등급이다.

3.4 PVC관

1 정수압 설계응력

PPI[7]에서 권장하는 정수압에 대한 설계응력은 PVC관의 압력 등급을 평가하는 데 사용된다. PVC 관을 정수압이 작용하는 23°C(73°F)의 물에 사용할 때의 정수압 설계응력은 14.0 MPa, 11.2 MPa, 8.7 MPa 및 7.0 MPa의 4가지로 구분된다. 이러한 정수압 설계 응력은 표준[8]에서의 모든 요구 사항을 충족하는 관에만 적용된다.

PPI가 권장하는 정수압 설계응력은 1/2~2-1/2 in(12.5-63.5 mm) 크기의 관에 대한 테스트를 기반으로 한 것이며, 대표적인 PVC 재료 6가지에 대한 정수압 설계응력은 **표 13**과 같다.

7. Plastics Pipe Institute
8. 참고문헌 4

표 13 6가지 PVC 재료별 정수압 설계응력

재료별	정수압 설계응력	재료별	정수압 설계응력
PVC1120	14.0 MPa	PVC2116	11.2 MPa
PVC1220	14.0 MPa	PVC2112	8.7 MPa
PVC2120	14.0 MPa	PVC2110	7.0 MPa

2 사용압력 등급

PVC관의 치수, 설계 응력 및 압력등급 간의 관계는 ISO 방정식으로 알려진 식(10)을 사용한다. 압력등급은 파이프에 이상이 발생하지 않고 안전하게 사용할 수 있는 최대 수압이다.

$$2S/P = (D_o/t) - 1 \tag{10}$$

식에서

S : 정수압 설계응력, MP

P : 압력등급, MPa

D_o : 바깥지름, mm

t : 관 두께 mm

이다.

이식을 6가지 재료로 제조된 PVC관에 적용한 사용압력 등급은 **표 14**와 같다. 이는 내부 유체로 23°C(73°F) 물을 사용하는 기준이다. 다만 식(10)으로 계산된 값보다

표 14.1 Sch40 PVC관의 사용 압력등급(23°C 물 기준), MPa(1/2)

NPS	재료별			
	PVC1120, 1220,2120	PVC2116	PVC2112	PVC2110
1/8	5.58	4.48	3.45	2.76
1/4	5.38	4.27	3.38	2.69
3/8	4.27	3.45	2.69	2.14
1/2	4.14	3.31	2.55	2.07
3/4	3.31	2.69	2.07	1.65
1	3.10	2.48	1.93	1.52
1-1/4	2.55	2.04	1.59	1.24
1-1/2	2.28	1.79	1.45	1.17
2	1.93	1.52	1.17	0.97
2-1/2	2.07	1.65	1.31	1.03
·3	1.79	1.45	1.10	0.90
3-1/2	1.65	1.31	1.03	0.83

표 14.1 Sch40 PVC관의 사용 압력등급(23°C 물 기준), MPa(2/2)

NPS	재료별			
	PVC1120, 1220,2120	PVC2116	PVC2112	PVC2110
4	1.52	1.24	0.97	0.76
5	1.31	1.10	0.83	0.69
6	1.24	0.97	0.76	0.62
8	1.10	0.83	0.69	0.55
10	0.97	0.76	0.62	0.48
12	0.90	0.76	0.55	0.48
14	0.91	0.70	0.56	0.42
16	0.91	0.70	0.56	0.42
18	0.91	0.70	0.56	0.42
20	0.84	0.70	0.56	0.42
24	0.84	0.63	0.49	0.42

주 Sch40의 압력등급은 나사가 가공되지 않은 관에만 적용한다.

자료 참고문헌 4, Table X1.1

표 14.2 Sch80 PVC관의 사용 압력등급(23°C 물 기준), MPa

NPS	재료별							
	PVC1120, 1220, C2120		PVC2116		PVC2112		PVC2110	
	나사없음	나사있음	나사없음	나사있음	나사없음	나사있음	나사없음	나사있음
1/8	8.48	4.21	6.76	3.38	5.31	2.62	4.21	2.14
1/4	7.79	3.93	6.21	3.10	4.90	2.41	3.93	1.93
3/8	6.34	3.17	5.03	2.55	3.93	2.00	3.17	1.59
1/2	5.86	2.90	4.69	2.34	3.65	1.79	2.90	1.45
3/4	4.76	2.34	3.79	1.93	2.96	1.45	2.34	1.17
1	4.34	2.21	3.45	1.72	2.69	1.38	2.21	1.10
1-1/4	3.59	1.79	2.90	1.45	2.21	1.10	1.79	0.90
1-1/2	2.41	1.65	2.62	1.31	2.00	1.03	1.65	0.83
2	2.76	1.38	2.21	1.10	1.72	0.90	1.38	0.69
2-1/2	2.90	1.45	2.34	1.17	1.79	0.90	1.45	0.76
·3	2.55	1.31	2.07	1.03	1.59	0.83	1.31	0.62
3-1/2	2.41	1.17	1.93	0.97	1.52	0.76	1.17	0.62
4	2.21	1.10	1.79	0.90	1.38	0.69	1.10	0.55
5	2.00	0.97	1.59	0.83	1.24	0.62	0.97	0.48
6	1.93	0.97	1.52	0.76	1.17	0.62	0.97	0.48
8	1.72	0.83	1.38	0.69	1.03	0.55	0.83	0.41
10	1.59	0.83	1.31	0.62	1.03	0.48	0.83	0.41
12	1.59	0.76	1.24	0.62	0.97	0.48	0.76	0.41
14	1.54	..	1.26	..	0.98	..	0.77	..
16	1.54	..	1.26	..	0.98	..	0.77	..
18	1.54	..	1.26	..	0.98	..	0.77	..
20	1.54	..	1.19	..	0.98	..	0.77	..
24	1.47	..	1.19	..	0.91	..	0.77	..

자료 참고문헌 4, Table X1.2

표 14.3 Sch120 PVC관의 사용 압력등급(23°C 물 기준), MPa

NPS	재료별							
	PVC1120, 1220, 2120		PVC2116		PVC2112		PVC2110	
	나사없음	나사있음	나사없음	나사있음	나사없음	나사있음	나사없음	나사있음
1/2	6.96	3.52	5.58	2.83	4.34	2.21	3.52	1.72
3/4	5.31	2.69	4.27	2.14	3.31	1.65	2.69	1.31
1	4.96	2.48	3.93	2.00	3.10	1.52	2.48	1.24
1-1/4	4.14	2.07	3.31	1.65	2.55	1.31	2.07	1.03
1-1/2	3.72	1.86	2.96	1.45	2.34	1.17	1.86	0.90
2	3.24	1.65	2.62	1.31	2.00	1.03	1.65	0.83
2-1/2	3.24	1.59	2.55	1.31	2.00	1.03	1.59	0.83
·3	3.03	1.52	2.48	1.24	1.93	0.97	1.52	0.76
3-1/2	2.62	1.31	2.14	1.03	1.65	0.83	1.31	0.69
4	2.96	1.52	2.34	1.17	1.86	0.90	1.52	0.76
5	2.76	1.38	2.21	1.10	1.72	0.83	1.38	0.69
6	2.55	1.31	2.07	1.03	1.59	0.83	1.31	0.62
8	2.62	1.24	2.00	0.97	1.59	0.76	1.24	0.62
10	2.55	1.24	2.00	0.97	1.59	0.76	1.24	0.62
12	2.34	1.17	1.86	0.97	1.45	0.76	1.17	0.55

자료 참고문헌 4, Table X1.3

낮은 압력 등급의 관도 제조될 수 있으며, 이런 경우에는 제품에 SDR이 표시되어야 한다. SDR PVC관에 대한 압력 등급은 **표 15**와 같다.

표 15.1 SDR PVC관의 사용 압력등급(23°C 물 기준), MPa

SDR	재료별			
	PVC1120, PVC1220, PVC2120	PVC2116	PVC2112	PVC2110
	나사없음	나사없음	나사없음	나사없음
11	2.75			
35	0.81			
51	0.55			
81	0.34			
13.5	2.17	1.72	1.38	1.10
17	1.72	1.38	1.10	0.86
21	1.38	1.10	0.86	0.69
26	1.10	0.86	0.69	0.55
32.5	0.86	0.69	0.55	0.43
41	0.69	0.55	0.43	0.34
64	0.43	0.34	NPR	NPR

자료 참고문헌 5. Table A1.5, Table X1.1에 의거 재작성

주 NPR=Not pressure rate

표 15.2 사용 압력등급별 해당 SDR PVC관

압력등급. MPa	재료별 해당 SDR			
	PVC1120, 1220, 2120	PVC2116	PVC2112	PVC2110
27.17	13.5	–	–	–
1.72	17	13.5	–	–
1.38	21	17	13.5	–
1.10	26	21	17	13.5
0.86	32.5	26	21	17
0.69	41	32.5	26	21
0.55	–	41	32.5	26
0.43	64	–	41	32.5
0.34	–	64	–	41

자료 참고문헌 5. Table X1.1

4 밸브 재료그룹별 압력-온도 등급

4.1 밸브재료

밸브 제조에 사용할 수 있는 재료도 역시 매우 다양하다. **제3장**의 **표 10**(밸브재료)에서와 같이 ①탄소강 및 합금강 그룹, ②고합금강 그룹, ③비철금속 그룹으로 분류된다. 그리고 각각의 그룹별로 압력-온도 등급이 있다. 여기서도 그 중 실무적으로 가장 많이 사용되는 재료인 탄소강과 고합금강 그룹에 속하는 스테인리스강을 대상으로 하였다.

4.2 탄소강 재료(그룹 1.1과 1.2)

표 16 탄소강 재료의 압력 온도 등급(그룹1.1 재료)

(a) 해당 재료

ASTM	KS	ASTM	KS	ASTM	KS	ASTM	KS
A105 (1), (2)	D3710	A515 Gr. 70 (1)	D3560 SBB49	A696 Gr. C (3)		A672 Gr. B70 (1)	
A216 Gr. WCB (1)	KFCA D410	A516 Gr. 70 (1), (4)	D3540 SGV480	A350 Gr. LF6 Cl. 1 (5)	D4125	A672 Gr. C70 (1)	
A350 Gr. LF2 (1)	D4125	A537 Cl. 1 (3)	D3521 SPPV335	A350 Gr. LF3 (6)	D4125		

(b) 상용압력, bar

A: 표준급

온도 °C	상용압력, bar						
	150	300	600	900	1 500	2 500	4 500
−29~38	19.6	51.1	102.1	153.2	255.3	425.5	765.9
50	19.2	50.1	100.2	150.4	250.6	417.7	751.9
100	17.7	46.6	93.2	139.8	233	388.3	699
150	15.8	45.1	90.2	135.2	225.4	375.6	676.1
200	13.8	43.8	87.6	131.4	219	365	657
250	12.1	41.9	83.9	125.8	209.7	349.5	629.1
300	10.2	39.8	79.6	119.5	199.1	331.8	597.3
325	9.3	38.7	77.4	116.1	193.6	322.6	580.7
350	8.4	37.6	75.1	112.7	187.8	313	563.5
375	7.4	36.4	72.7	109.1	181.8	303.1	545.5
400	6.5	34.7	69.4	104.2	173.6	289.3	520.8
425	5.5	28.8	57.5	86.3	143.8	239.7	431.5
450	4.6	23	46	69	115	191.7	345.1
475	3.7	17.4	34.9	52.3	87.2	145.3	261.5
500	2.8	11.8	23.5	35.3	58.8	97.9	176.3
538	1.4	5.9	11.8	17.7	29.5	49.2	88.6

B: 특수급

온도 °C	상용압력, bar						
	150	300	600	900	1 500	2 500	4 500
−29~38	19.8	51.7	103.4	155.1	258.6	430.9	775.7
50	19.8	51.7	103.4	155.1	258.6	430.9	775.7
100	19.8	51.6	103.3	154.9	258.2	430.3	774.5
150	19.6	51	102.1	153.1	255.2	425.3	765.5
200	19.4	50.6	101.1	151.7	252.9	421.4	758.6
250	19.4	50.5	101.1	151.6	252.6	421.1	757.9
300	19.4	50.5	101.1	151.6	252.6	421.1	757.9
325	19.2	50.1	100.2	150.3	250.6	417.6	751.7
350	18.7	48.9	97.8	146.7	244.6	407.6	733.7
375	18.1	47.1	94.2	141.3	235.5	392.5	706.5
400	16.6	43.4	86.8	130.2	217	361.7	651
425	13.8	36	71.9	107.9	179.8	299.6	539.3
450	11	28.8	57.5	86.3	143.8	239.6	431.4
475	8.4	21.8	43.6	65.4	109	181.6	326.9
500	5.6	14.7	29.4	44.1	73.5	122.4	220.4
538	2.8	7.4	14.8	22.2	36.9	61.6	110.8

주 (1) 425°C 이상의 온도에 장시간 노출되면 강재의 탄화물 상이 흑연으로 전환될 수 있으므로 허용 가능하지만 425°C 이상에서의 장시간 사용은 권장되지 않는다.
(2) 455°C 이상에서는 사용된 강철만 사용한다.
(3) 370°C 이상에서는 사용하지 않는다.
(4) 455°C 이상에서는 사용하지 않는다.
(5) 260°C 이상에서는 사용하지 않는다.
(6) 345°C 이상에서는 사용하지 않는다.

자료 참고문헌 2

표 17 탄소강 재료의 압력 온도 등급(그룹 1.2 재료)

(a) 해당 재료

ASTM	KS	ASTM	KS	ASTM	KS	ASTM	KS
A106 Gr. C (1)		A203 Gr. B (2)	D3586	A350 Gr. LF6 Cl. 2 (3)	D4125	A352 Gr. LC3 (4)	KFCA D4111
A203 Gr. B (2)	D3586	A216 Gr. WCC (2)	KFCA D4107	A352 Gr. LC2 (4)	KFCA D410	A352 Gr. LCC (4)	KFCA D4111

(b) 상용압력, bar

A: 표준급

온도 °C	상용압력, bar						
	150	300	600	900	1 500	2 500	4 500
−29~38	19.8	51.7	103.4	155.1	258.6	430.9	775.7
50	19.5	51.7	103.4	155.1	258.6	430.9	775.7
100	17.7	51.5	103.0	154.6	257.6	429.4	773.0
150	15.8	50.2	100.3	150.5	250.8	418.1	752.6
200	13.8	48.6	97.2	145.8	243.2	405.4	729.7
250	12.1	46.3	92.7	139.0	231.8	386.2	694.8
300	10.2	42.9	85.7	128.6	357.1	642.6	642.6
325	9.3	41.4	82.6	124.0	206.6	344.3	619.6
350	8.4	40.0	80.0	120.1	200.1	333.5	600.3
375	7.4	37.8	75.7	113.5	189.2	315.3	567.5
400	6.5	34.7	69.4	104.2	173.6	289.3	520.8
425	5.5	28.8	57.5	86.3	143.8	239.7	431.5
450	4.6	23.0	46.0	69.0	115.0	191.7	345.1
475	3.7	17.1	34.2	51.3	85.4	142.4	256.3
500	2.8	11.6	23.2	34.7	57.9	96.5	173.7
538	1.4	5.9	11.8	17.7	29.5	49.2	88.6

B: 특수급

온도	상용압력, bar						
°C	150	300	600	900	1 500	2 500	4 500
-29~38	20.0	51.7	103.4	155.1	258.6	430.9	775.7
50	20.0	51.7	103.4	155.1	258.6	430.9	775.7
100	20.0	51.7	103.4	155.1	258.6	430.9	775.7
150	20.0	51.7	103.4	155.1	258.6	430.9	775.7
200	20.0	51.7	103.4	155.1	258.6	430.9	775.7
250	20.0	51.7	103.4	155.1	258.6	430.9	775.7
300	20.0	51.7	103.4	155.1	258.6	430.9	775.7
325	20.0	51.7	103.4	155.1	258.6	430.9	775.7
350	19.8	51.1	102.2	153.3	255.5	425.8	766.4
375	19.3	48.4	96.7	145.1	241.9	403.1	725.6
400	19.3	43.4	86.8	130.2	217.0	361.7	651.0
425	18.0	36.0	71.9	107.9	179.8	299.6	539.3
450	14.4	28.8	57.5	86.3	143.8	239.6	431.4
475	10.7	21.4	42.7	64.1	106.8	178.0	320.4
500	7.2	14.5	29.0	43.4	72.4	120.7	217.2
538	3.7	7.4	14.8	22.2	36.9	61.6	110.8

주 (1) 425°C 이상에서는 사용하지 않는다.
(2) 425°C 이상의 온도에 장시간 노출되면 강재의 탄화물 상이 흑연으로 전환될 수 있으므로 허용 가능하지만 425°C 이상에서의 장시간 사용은 권장되지 않는다.
(3) 260°C 이상에서는 사용하지 않는다.
(4) 345°C 이상에서는 사용하지 않는다.

자료 참고문헌 2

4.3 스테인리스강 재료(그룹 2.1과 2.2)

표 18 스테인리스강 재료의 압력 온도 등급(그룹 2.1 재료)

(a) 해당 재료

ASTM	KS	ASTM	KS	ASTM	KS	ASTM	KS
A182 Gr. F304 (1)	D4115 STS F304	A312 Gr.TP304(1)		A351 Gr.CF8(1)	KFCA D4103	A430 Gr. FP304(1)	
A182 Gr. F304H	D4115 STS F304H	A312 Gr.TP304H		A358 Gr.304(1)		A430 Gr. FP304H	
A240 Gr. 304 (1)	D3705 STS304	A351 Gr.CF10		A376 Gr.TP304(1)		A479 Gr. 304(1)	
A240 Gr. 304H	D3705 STS304H	A351 Gr.CF3(2)	KFCA D4103	A376 Gr.TP304H		A479 Gr. 304H	

(b) 상용압력, bar

A: 표준급

온도 °C	상용압력, bar						
	150	300	600	900	1 500	2 500	4 500
-29~38	19.0	49.6	99.3	148.9	248.2	413.7	744.6
50	18.3	47.8	95.6	143.5	239.1	398.5	717.3
100	15.7	40.9	81.7	122.6	204.3	340.4	612.8
150	14.2	37.0	74.0	111.0	185.0	308.4	555.1
200	13.2	34.5	69.0	103.4	172.4	287.3	517.2
250	12.1	32.5	65.0	97.5	162.4	270.7	487.3
300	10.2	30.9	61.8	92.7	154.6	257.6	463.7
325	9.3	30.2	60.4	90.7	151.1	251.9	453.3
350	8.4	29.6	59.3	88.9	148.1	246.9	444.4
375	7.4	29.0	58.1	87.1	145.2	241.9	435.5
400	6.5	28.4	56.9	85.3	142.2	237.0	426.6
425	5.5	28.0	56.0	84.0	140.0	233.3	419.9
450	4.6	27.4	54.8	82.2	137.0	228.4	411.1
475	3.7	26.9	53.9	80.8	134.7	224.5	404.0
500	2.8	26.5	53.0	79.5	132.4	220.7	397.3
538	1.4	24.4	48.9	73.3	122.1	203.6	366.4
550	1.4(3)	23.6	47.1	70.7	117.8	196.3	353.4
575	1.4(3)	20.8	41.7	62.5	104.2	173.7	312.7
600	1.4(3)	16.9	33.8	50.6	84.4	140.7	253.2
625	1.4(3)	13.8	27.6	41.4	68.9	114.9	206.8
650	1.4(3)	11.3	22.5	33.8	56.3	93.8	168.9
675	1.4(3)	9.3	18.7	28.0	46.7	77.9	140.2
700	1.4(3)	8.0	16.1	24.1	40.1	66.9	120.4
725	1.4(3)	6.8	13.5	20.3	33.8	56.3	101.3
750	1.4(3)	5.8	11.6	17.3	28.9	48.1	86.7
775	1.4(3)	4.6	9.0	13.7	22.8	38.0	68.4
800	1.2(3)	3.5	7.0	10.5	17.4	29.2	52.6
816	1.0(3)	2.8	5.9	8.6	14.1	23.8	42.7

B: 특수급(1/2)

온도 °C	상용압력, bar						
	150	300	600	900	1 500	2 500	4 500
-29~38	19.8	51.7	103.4	155.1	258.6	430.9	775.7
50	19.4	50.5	101.0	151.5	252.5	420.8	757.4
100	17.5	45.6	91.2	136.8	228.0	380.0	683.9
150	15.8	41.3	82.6	123.9	206.5	344.2	619.6
200	14.8	38.5	77.0	115.4	192.4	320.7	577.2
250	13.9	36.3	72.5	108.8	181.3	302.2	543.9
300	13.2	34.5	69.0	103.5	172.5	287.5	517.5
325	12.9	33.7	67.5	101.2	168.7	281.1	506.0
350	12.7	33.1	66.1	99.2	165.3	275.5	496.0
375	12.4	32.4	64.8	97.2	162.0	270.0	486.0
400	12.2	31.7	63.5	95.2	158.7	264.5	476.1
425	12.0	31.2	62.5	93.7	156.2	260.4	468.7

B: 특수급(2/2)

온도 °C	상용압력, bar						
	150	300	600	900	1 500	2 500	4 500
450	11.7	30.6	61.2	91.8	153.0	254.9	458.9
475	11.5	30.1	60.1	90.2	150.3	250.5	450.9
500	11.3	29.6	59.1	88.7	147.8	246.4	443.5
538	11.0	28.6	57.3	85.9	143.1	238.5	429.4
550	10.9	28.4	56.8	85.1	141.9	236.5	425.7
575	10.0	26.1	52.1	78.2	130.3	217.2	390.9
600	8.1	21.1	42.2	63.3	105.5	175.8	316.5
625	6.6	17.2	34.5	51.7	86.2	143.6	258.5
650	5.4	14.1	28.2	42.2	70.4	117.3	211.2
675	4.5	11.7	23.4	35.1	58.4	97.4	175.3
700	4.1	10.7	21.3	32.0	53.3	88.9	160.0
725	3.5	9.2	18.5	27.7	46.2	77.0	138.6
750	2.8	7.4	14.8	22.1	36.7	61.2	110.3
775	2.2	5.8	11.4	17.2	28.5	47.6	85.6
800	1.8	4.4	8.8	13.2	22.0	36.6	65.6
816	1.4	3.4	7.2	10.7	17.9	29.6	53.1

주 (1) 538°C의 온도에서는 탄소함량이 0.04% 이상인 경우에만 사용한다.
(2) 345°C 이상이어야 한다.
(3) 455°C를 넘지 않아야 한다.
(4) 538°C 넘지 않아야 한다.
(5) 플랜지 등급은 538°C까지이다.

자료 참고문헌 2

표 19 스테인리스강 재료의 압력 온도 등급(그룹 2.2 재료)

(a) 해당 재료

ASTM	KS	ASTM	KS	ASTM	KS	ASTM	KS
A182 Gr. F316(1)	D4115 STS F316	A312 Gr. TP316(1)		A351 Gr. CG3M(3)		A430 Gr. FP316(1)	
A182 Gr. F316H	D4115 STS F316H	A312 Gr. TP316H		A351 Gr. CF8A(2)		A430 Gr. FP316H	
A182 Gr. F317(1)		A312 Gr. TP317(1)		A351 Gr. CF8M(1)	KFCA D4103	A479 Gr. 316(1)	
A240 Gr. 316(1)	D3705 STS316	A351 Gr. CF3A(2)		A358 Gr. 316(1)		A479 Gr. 316H	
A240 Gr. 316H	D3705 STS316H	A351 Gr. CF3M(3)	KFCA D4103	A376 Gr. TP316(1)		A351 Gr. CG8M94)	KFCA D4103
A240 Gr. 317(1)		A351 Gr.CF10M		A376 Gr. TP316H			

(b) 상용압력, bar

A: 표준급

온도 °C	상용압력, bar						
	150	300	600	900	1 500	2 500	4 500
−29~38	19.0	49.6	99.3	148.9	248.2	413.7	744.6
50	18.4	48.1	96.2	144.3	240.6	400.9	721.7
100	16.2	42.2	84.4	126.6	211.0	351.6	632.9
150	14.8	38.5	77.0	115.5	192.5	320.8	577.4
200	13.7	35.7	71.3	107.0	178.3	297.2	534.9
250	12.1	33.4	66.8	100.1	166.9	278.1	500.6
300	10.2	31.6	63.2	94.9	158.1	263.5	474.3
325	9.3	30.9	61.8	92.7	154.4	257.4	463.3
350	8.4	30.3	60.7	91.0	151.6	252.7	454.9
375	7.4	29.9	59.8	89.6	149.4	249.0	448.2
400	6.5	29.4	58.9	88.3	147.2	245.3	441.6
425	5.5	29.1	58.3	87.4	145.7	242.9	437.1
450	4.6	28.8	57.7	86.5	144.2	240.4	432.7
475	3.7	28.7	57.3	86.0	143.4	238.9	430.1
500	2.8	28.2	56.5	84.7	140.9	235.0	423.0
538	1.4	25.2	50.0	75.2	125.5	208.9	375.8
550	1.4(5)	25.0	49.8	74.8	124.9	208.0	374.2
575	1.4(5)	24.0	47.9	71.8	119.7	199.5	359.1
600	1.4(5)	19.9	39.8	59.7	99.5	165.9	298.6
625	1.4(5)	15.8	31.6	47.4	79.1	131.8	237.2
650	1.4(5)	12.7	25.3	38.0	63.3	105.5	189.9
675	1.4(5)	10.3	20.6	31.0	51.6	86.0	154.8
700	1.4(5)	8.4	16.8	25.1	41.9	69.8	125.7
725	1.4(5)	7.0	14.0	21.0	34.9	58.2	104.8
750	1.4(5)	5.9	11.7	17.6	29.3	48.9	87.9
775	1.4(5)	4.6	9.0	13.7	22.8	38.0	68.4
800	1.2(5)	3.5	7.0	10.5	17.4	29.2	52.6
816	1.0(5)	2.8	5.9	8.6	14.1	23.8	42.7

B: 특수급(1/2)

온도 °C	상용압력, bar						
	150	300	600	900	1 500	2 500	4 500
−29~38	19.8	51.7	103.4	155.1	258.6	430.9	775.7
50	19.4	50.5	101.0	151.5	252.5	420.8	757.4
100	17.5	45.6	91.2	136.8	228.0	380.0	683.9
150	15.8	41.3	82.6	123.9	206.5	344.2	619.6
200	14.8	38.5	77.0	115.4	192.4	320.7	577.2
250	13.9	36.3	72.5	108.8	181.3	302.2	543.9
300	13.2	34.5	69.0	103.5	172.5	287.5	517.5
325	12.9	33.7	67.5	101.2	168.7	281.1	506.0
350	12.7	33.1	66.1	99.2	165.3	275.5	496.0
375	12.4	32.4	64.8	97.2	162.0	270.0	486.0
400	12.2	31.7	63.5	95.2	158.7	264.5	476.1
425	12.0	31.2	62.5	93.7	156.2	260.4	468.7

B: 특수급(2/2)

온도 °C	상용압력, bar						
	150	300	600	900	1 500	2 500	4 500
450	11.7	30.6	61.2	91.8	153.0	254.9	458.9
475	11.5	30.1	60.1	90.2	150.3	250.5	450.9
500	11.3	29.6	59.1	88.7	147.8	246.4	443.5
538	11.0	28.6	57.3	85.9	143.1	238.5	429.4
550	10.9	28.4	56.8	85.1	141.9	236.5	425.7
575	10.0	26.1	52.1	78.2	130.3	217.2	390.9
600	8.1	21.1	42.2	63.3	105.5	175.8	316.5
625	6.6	17.2	34.5	51.7	86.2	143.6	258.5
650	5.4	14.1	28.2	42.2	70.4	117.3	211.2
675	4.5	11.7	23.4	35.1	58.4	97.4	175.3
700	4.1	10.7	21.3	32.0	53.3	88.9	160.0
725	3.5	9.2	18.5	27.7	46.2	77.0	138.6
750	2.8	7.4	14.8	22.1	36.7	61.2	110.3
775	2.2	5.8	11.4	17.2	28.5	47.6	85.6
800	1.8	4.4	8.8	13.2	22.0	36.6	65.6
816	1.4	3.4	7.2	10.7	17.9	29.6	53.1

주 (1) 538°C의 온도에서는 탄소함량이 0.04% 이상인 경우에만 사용한다.
(2) 425°C 를 넘지 않아야 한다.
(3) 플랜지 등급은 538°C까지이다.

자료 참고문헌 2

참고문헌

1. ASME B16.5 Pipe Flanges and Flanged Fittings
2. ASME B16.34 Valves, Flanged, Threaded, and Welding End
3. CDA, The Copper Tube Handbook
4. ASTM D1785 PVC Plastic Pipe, Schedules 40, 80, and 120
5. ASTM D2241 SDR PVC 압력등급 파이프

제 2 편

관과 관이음쇠

5장 금속제의 관

1 강관의 재료

1.1 강

1 철과 탄소합금

강관의 제조에 가장 많이 사용되는 재료가 강이다. 너무나 종류가 다양하기 때문에 코드에서는 이를 구분하기 쉽도록 유사한 재질별로 그룹화해 두었다는 것은 앞(**제3장** 배관재료 참조)에서 이미 다루었다. 그러므로 이 장에서는 강 중에서도 실무적으로 가장 자주 접하게 되는 대표적인 주요 재질을 기준으로 다룬다.

강은 철과 탄소의 합금이다. 보통 철강이라고 써 왔지만 철은 강을 만들기 위한 소재이고, 제품을 만드는 데 사용되는 재료는 강이다. 강은 **표 1**에서와 같이 저합금강과 고합금강으로 구분된다. 여기서 함량의 고, 저를 나타내는 원소가 탄소이므로 강은 탄소강을 말하는 것이 된다.

결과적으로 관의 제조에 사용되는 재료는 저탄소강, 중탄소강, 고탄소강과 고합금강에 속하는 스테인리스강이다.

표 1 강의 분류

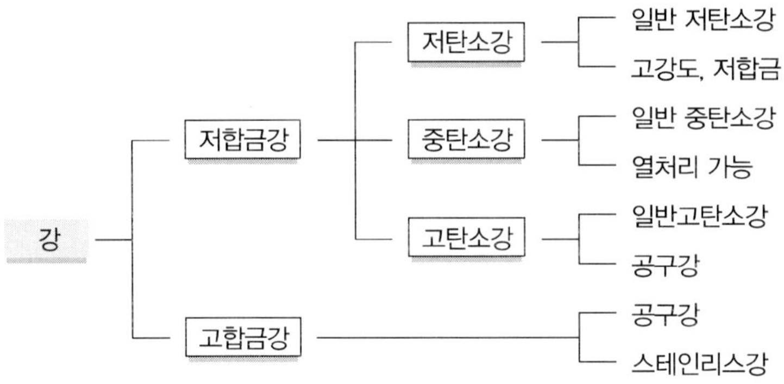

2 탄소강

(1) 탄소강의 범위

탄소강은 중량 기준으로 탄소함량이 최대 2.1%인 강이다.

AISI[1]에서는 다음과 같은 경우를 탄소강이라고 정의한다. ①최소 함량이 지정되지 않거나, 크롬, 코발트, 몰리브덴, 니켈, 니오비윰, 티타늄, 텅스텐, 바나듐, 지르코늄 또는 합금 효과를 얻기 위해 첨가되는 기타 원소를 포함한다. ②동은 최소 0.40%를 초과하지 않는다. ③또는 망간 1.65%, 실리콘 0.605%, 동 0.60%를 초과하지 않는다.

또한 "탄소강"이란 용어는 스테인리스강 이외 강으로 지칭될 수 있고, 이 경우 탄소강은 합금강을 포함할 수 있다.

탄소함량이 증가함에 따라 강은 열처리를 통해 더 단단하고 강하게 만들 수 있으나 대신 연성이 낮아진다. 열처리에 관계없이 탄소함량이 높을수록 용접성은 저하되고 융점은 낮아진다. 열처리가 가능한 탄소강은 중량 대비 탄소함량이 0.30~1.70% 범위이다. 다른 원소의 미량의 불순물은 강의 품질에 상당한 영향을 미친다. 특히 유황은 작업 온도에서 강이 취성이 되어 부스러지게 만든다. 구조용 탄소강[2]과 같은 저합금 탄소강은 약 0.05%의 황을 포함하며, 용융점은 1 426~1 538°C 이다. 망간은 저탄소강의 경화성 향상을 위해 첨가되는데, 이러한 원소가 추가되면 분류상 저합금강이 되지만, 탄소강에 대한 정의에서는 중량 기준으로 최대 1.65%의 망간이 허용된다.

---

1. American Iron and Steel Institute(미국 철강연구소)
2. 참고문헌 1.

(2) 연강과 저탄소강

연강은 탄소함량이 낮은 철로 질기지만 쉽게 템퍼링(뜨임) 되지 않는다. 그러나 탄소강 및 저탄소강으로 알려진 강은 저렴하기 때문에 강의 가장 일반적인 형태로 널리 사용된다.

연강은 중량 대비 0.05-0.25%의 탄소를 함유하며 가단성과 연성으로 인장강도가 낮지만 성형이 쉽고, 경도는 침탄을 통해 향상될 수 있다. 큰 단면적이 요구되는 용도에는 변형의 최소화를 위해 사용된다. 연강의 밀도는 약 7.85 g/cm^3(7 850 kg/m^3) 및 영율은 200 GPa 이다.

저탄소강은 중량 대비 0.05-0.30%의 탄소를 함유하며, 두 개의 항복점을 가진다. 첫 번째 항복점(또는 상부 항복점)은 두 번째 항복점(하부 항복점)보다 높고 항복강도는 상한 항복점 이후에 급격히 떨어진다. 만약 저탄소강이 상부 및 하부 항복점 사이의 응력만을 받는다면 표면은 소성변형대(帶)가 만들어지게 된다. 저탄소강은 다른 강보다 탄소가 작고 냉간성형이 가능하고 취급이 용이하다. 항복강도로 인한 파단의 위험이 없으므로 구조용으로 적합하다.

(3) 중탄소강

중탄소강은 중량 대비 0.3-0.6%의 탄소를 함유하며, 연성과 강도가 균형을 이루며 내마모성이 좋다. 그러므로 대형 부품이나 단조 및 자동차 부품에 사용된다.

(4) 고탄소강

고탄소강은 중량 대비 0.6-1.0%의 탄소를 함유하며, 대단히 강하다. 스프링, 절삭공구 및 고강도 와이어에 사용된다. 초고탄소강을 분류상에 추가하는 경우도 있으나, 여기서는 일반적인 분류에 따랐다. 초고탄소강은 중량 대비 1.25-2.0%의 탄소를 함유하며, 높은 경도에 템퍼링할 수 있는 강이다. 비산업용 칼이나 차축 또는 펀치와 같은 특수 목적에 사용된다. 탄소함량이 2.5% 이상인 대부분의 강은 분말 야금법으로 제조된다.

1.2 강관의 제조방법에 의한 분류

1 강관 일반

강의 종류처럼 강관의 종류도 다양하다. 강관은 용도가 광범위하기 때문이다. 관의 6가지 용도 중에서 주된 용도는 역시 유체의 수송이고, 어떤 유체의 수송이냐에 따라 물, 가스, 증기, 오일 등등의 용도로 세분된다. 또한 어떤 온도와 압력이 작용하는 상태로 사용될 것이냐에 따라서 고저압과 고저온 및 고온고압 등의 용도로 구분된다.

이는 분야별 용도별로 특성에 맞는 강관의 표준이 정해졌기 때문에 가능한 것이다. 그러나 수많은 종류의 강관별 표준이 각기 다른 기준을 사용한다면, 사용상의 혼란은 불가피해진다. 호환이 불가능하고 이음 방법이나 관이음쇠 사용에 엄청난 문제가 발생하게 될 것이다. 그러므로 각기 다른 표준을 적용하더라도 기본적으로는 통일된 기준이 있지 않으면 안 된다.

그 기준이 바로 ASME B36.10/36.10M 코드이다. 모든 강관은 이 코드에서 정한 기준 및 범위 내에 있다. 제조 시 강관의 끝부분 가공 형태는 ①보통평면(PE), ②베벨가공(BE), ③나사를 가공하고 한쪽에 커프링을 끼움(T&C), ④플랜징 등이 있다. T&C로 주문하는 경우에는 커프링의 비율을 명시한다. 특수한 커프링의 홈과 같은 다른 형태의 끝부분은 주문에 따라서 제조될 수 있다.

2 제조방법

(1) 이음매없는 강관

강관은 제조법에 따라 **표 2**와 같이 이음매 없는 강관과 이음매가 있는 강관으로 대별된다. 이음매없는 강관은 주로 압출이나 인발공정을 거쳐 이음매 없이 생산되는 관이다.

(2) 용접강관

단접강관은 1 400°C 정도로 가열된 강대나 적정 폭의 강판을 단접기에서 관 형태로 성형한 후 양단을 롤로 압축하여 만든다. 용접강관은 강대나 적정 폭의 강판을 상온에서 연속 성형한 후 양단을 용접한 것이다. 용접 방법에 따라 전기저항용접[3], 가스용접, 아크용접[4] 강관이 있다. 아크용접 강관은 다시 몇 가지로 세분된다. UOE 강관이란 U형 프레스와 O형 프레스 및 확관(expanding) 공정을 거쳐 제조된 것을, 롤벤딩 강관은

표 2 제조방법에 따른 강관의 종류

- 이음매 없는 강관
- 이음매 있는 강관
  - 단접강관
  - 용접강관
    - 전기저항 응접강관
    - 가스용접 강관
    - 아크용접 강관
      - U.O.E 강관
      - 스파이럴 강관
      - 롤벤딩 강관
      - 연속성형 강관

3~5개의 장척 롤로 평판을 곡면으로 성형한 후 용접하여 만든 것을, 스파이럴강관은 광폭의 강대를 나선형으로 성형하면서 용접한 강관이다.

1.3 강관의 기준 ASME B36.10

1 B36.10의 개요

이 B36.10 코드는 용접 및 이음매없는 강관에 대한 ①호칭지름, ②바깥지름 및 ③두께를 제시하는 강관에 대한 기준이다. 강관(스테인리스강관도 동일)은 ASTM 이외에도 여러 단체에서 제정한 다수의 표준이 사용되고 있지만, 표준 번호가 다르더라도 혼용이나 호환이 가능한 이유는 B36.10 코드의 3가지 기준을 통일적으로 적용하기 때문이다. 그러므로 국제적으로 여러 국가들이 강관을 생산하여 세계시장에 유통시키고 있고, 원산지가 서로 다른 제품이나 표준이 다른 강관을 함께 사용하더라도 상충되는 어떠한 문제도 발생하지 않는 것이다.

B36.10과 B36.10M이 있으며, 전자는 NPS와 ft-lb 단위로 표시하고, 후자는 DN과 SI 단위로 표기하는 서로 독립된 규격이다.

3. ERW(electric resistance welding)
4. SAW(submerged arc welding)

2 호칭지름

모든 관의 크기 즉 규격은 호칭지름으로 식별되지만, 제조할 때는 바깥지름(OD)을 기준으로 하게 된다. 그래서 호칭지름과 바깥지름이 반드시 표기되는 것이다. 그러나 이 두 가지 표시만으로는 안지름을 알 수 없으므로 관의 두께 표시도 필수적인 항목이다.

또 관을 생산하기 위해서는 재료의 규격이 중요하다. 판재를 무한정의 크기로 만들 수는 없기 때문이다.

그러므로 NPS를 기준으로 할 때에는 관의 바깥지름이 호칭지름보다 큰 구간(NPS 12 이하)과 바깥지름이 호칭지름과 같은 구간(NPS 14 이상)이 있게 된다. 이는 강관 제조에 사용되는 강판이나 코일의 생산 규격(폭×길이) 중 폭의 크기와 관계가 된다.

그러나 DN 기준에서는 바깥지름이 항상 호칭지름보다 크므로 혼동이 없어야 한다.

이 코드에 규정된 관의 크기는 NPS 1/8~80(DN 6~2 000)이다.

3 관의 두께

하나의 NPS나 DN에 하나의 두께만 있는 것이 아니라 여러 개 또는 수많은 두께로 구분된다. SchNo를 기준한 두께 11종(Sch5~Sch160)과 중량계의 3종(STD, XS, XXS) 등 14종이 기본적으로 포함되고, 그 외에도 SchNo나 중량계 기준을 따르지 않는 두께가 있다. 호칭지름이 커질수록 SchNo나 중량계 기준 이외의 두께를 갖는 것이 더 많다.

이렇게 다양한 두께를 규정하는 것은 낮은 압력으로부터 높은 압력에 이르기까지의 사용 범위를 고려한, 즉 사용상의 편의를 위한 것이며, 기계공학적 강도를 고려한 적정 두께의 제시 그리고 제조상의 효율성 등이 감안된 것이다.

표 3에서는 14종의 기본적인 두께만을 발췌 정리한 것이고, 그 이외의 두께와 중량에 대한 상세자료는 **부록 3.1**을 참고한다.

예제 1

코드 B36.10M에 의한 강관 DN 100은 몇 가지 두께로 공급(또는 제조)될 수 있는가?

해답 DN 100의 치수는 표에 정리된 것과 같이 SchNo 5, 10, 30, 40, 80, 120 및 160 등 7종과, 중량계 표시로는 STD, XS 및 XXS 등 3종 및 그 외 두께 10종 등 20 가지이나 STD = Sch40, XS = Sch80이므로, 실제로는 18가지의 바깥지름은 같지만 두께가 다른 제품이 공급될 수 있다.

예제 2

여러 가지 강관의 표준과 코드 B36.10의 관계 그리고 다른 재질의 관 표준과의 관계는 무엇인가?

해답 (1) 일반적으로 강관의 표준은 B36.10 코드의 범위 중에서 일부분만을 선택한 것이다. 예로 KS D3507(배관용 탄소강관)은 B36.10의 호칭경과 OD를 따르면서 임의의 두께가 적용된 것이고, KS D3562(일반 배관용 탄소강 강관)은 B36.10의 Sch40 (=STD) 두께만을 발췌하여 독립 시킨 중압용 강관 규격이다. B36.10의 Sch80(=XS) 두께만을 발췌한 것은 고압용, Sch160이나 XXS 두께만을 발췌한 것은 초고압용 강관 표준으로 사용된다.

(2) B36.10은 모든 강관 치수의 기준일 뿐만아니라, 다른 재질의 관 치수 제정에도 영향을 미친다. 스테인리스강관은 물론 동관(ASTM B42), PVC관(D1780, D2241), CPVC관(F442) 및 PE관(D3035) 등의 치수(바깥지름과 두께. 두께는 다를수 있다)도 강관과 같다.

(3) 이렇듯 다양한 두께로 제조범위를 정하는 것은 선택의 폭을 넓게하기 위함이며, 그만큼 용도가 다양함을 의미한다.

4 단위 중량

강관의 공칭 중량은 다음 공식 (1)로 계산된 값이며, 코드에서 표에 제시된 값도 이를 근거로 한 것이다.

$$W_{pe} = 0.0246615(D-t)t \tag{1}$$

식에서

D : 관의 바깥지름(공차는 DN 400 이하: 0.1 mm, DN 450 이상: 1.0 mm), mm (D를 바깥지름으로 보는 경우는 수학적인 공식을 적용할 때 만이다)

t : 관의 두께(공차는 0.01 mm), mm

W_{pe} : 단위 중량(공차는 0.01 kg/m), kg/m 이다.

표 3 용접 및 이음매없는 강관의 치수, B36.10M (1/2)

호칭지름		바깥 지름, mm	강관의 두께, mm													
NPS	DN		Sch5	Sch10	Sch20	Sch30	STD	Sch40	Sch60	XS	Sch80	Sch100	Sch120	Sch140	Sch160	XXS
1/8	6	10.3		1.24		1.45	1.73	1.73		2.41	2.41					
1/4	8	13.7		1.65		1.85	2.24	2.24		3.02	3.02					
3/8	10	17.1		1.65		1.85	2.31	2.31		3.20	3.20					
1/2	15	21.3	1.65	2.11		2.41	2.77	2.77		3.73	3.73				4.78	7.47
3/4	20	26.7	1.65	2.11		2.41	2.87	2.87		3.91	3.91				5.56	7.82
1	25	33.4	1.65	2.77		2.90	3.38	3.38		4.55	4.55				6.35	9.09
1-1/4	32	42.2	1.65	2.77		2.97	3.56	3.56		4.85	4.85				6.35	9.70
1-1/2	40	48.3	1.65	2.77		3.18	3.68	3.68		5.08	5.08				7.14	10.15
2	50	60.3	1.65	2.77		3.18	3.91	3.91		5.54	5.54				8.74	11.07
2-1/2	65	73.0	2.11	3.05		4.78	5.16	5.16		7.01	7.01				9.53	14.02
3	80	88.9	2.11	3.05		4.78	5.49	5.49		7.62	7.62				11.13	15.24
3-1/2	90	101.6	2.11	3.05		4.78	5.74	5.74		8.08	8.08				-	-
4	100	114.3	2.11	3.05		4.78	6.02	6.02		8.56	8.56		11.13		13.49	17.12
5	125	141.3	2.77	3.40			6.55	6.55		9.53	9.53		12.70		15.88	19.05
6	150	168.3	2.77	3.40			7.11	7.11		10.97	10.97		14.27		18.26	21.95
8	200	219.1	2.77	3.76	6.35	7.04	8.18	8.18	10.31	12.70	12.70	15.09	18.26	20.62	23.01	22.23
10	250	273.1	3.40	4.19	6.35	7.80	9.27	9.27	12.70	12.70	15.09	18.26	21.44	25.40	28.58	25.40
12	300	323.9	3.96	4.57	6.35	8.38	9.53	10.31	14.27	12.70	17.48	21.44	25.40	28.58	33.32	25.40
14	350	355.6	3.96	6.35	7.92	9.53	9.53	11.13	15.09	12.70	19.05	23.83	27.79	31.75	35.71	

표 3 용접 및 이음매없는 강관의 치수, B36.10M (2/2)

호칭지름		바깥지름, mm	강관의 두께, mm													
NPS	DN		Sch5	Sch10	Sch20	Sch30	STD	Sch40	Sch60	XS	Sch80	Sch100	Sch120	Sch140	Sch160	XXS
16	400	406.4	4.19	6.35	7.92	9.53	9.53	12.70	16.66	12.70	21.44	26.19	30.96	36.53	40.49	
18	450	457.0	4.19	6.35	7.92	11.13	9.53	14.27	19.05	12.70	23.83	29.36	34.93	39.67	45.24	
20	500	508.0	4.78	6.53	9.53	12.70	9.53	15.09	20.62	12.70	26.19	32.54	38.10	44.45	50.01	
22	550	559.0	4.78	6.35	9.53	12.70	9.53	–	22.23	12.70	28.58	34.93	41.28	47.63	53.98	
24	600	610.0	5.54	6.35	9.53	14.27	9.53	17.48	24.61	12.70	30.96	38.89	46.02	52.37	59.54	
26	650	660.0		7.92	12.70	–	9.53			12.70						
28	700	711.0		7.92	12.70	15.88	9.53			12.70						
30	750	762.0	6.35	7.92	12.70	15.88	9.53			12.70						
32	800	813.0		7.92	12.70	15.88	9.53	17.48		12.70						
34	850	864.0		7.92	12.70	15.88	9.53	17.48		12.70						
36	900	914.0		7.92	12.70	15.88	9.53	19.05		12.70						
38	950	965.0					8.74			21.70						
40	1000	1,016.0					9.53			12.70						
42	1050	1,067.0					9.53			12.70						

자료 참고문헌 2. Table 1에 의거 재작성

1.4 주요 강관의 표준

1 국제적 통용의 강관 표준

강관은 지역이나 국가별로 수 많은 표준이 있지만, 국제적으로 통용되는 것은 ASME 코드와 ASTM 표준이다. 그러므로 이 장에서도 이들을 기준으로 하여 설명한다. **표 4**는 탄소강과 합금강관의 표준을 정리한 것이며, 이중 실무적으로 많이 사용되는 강관이 **표 5**이다.

2 A53

(1) 적용범위

기계 및 압력 응용 분야에서의 물, 증기, 공기, 가스, 오일 등의 비교적 중, 저압 환경

표 4 강관의 표준

(a) 탄소강관

구분	표준							
	A213	A333	A335	A369	A714	A672	A691	A426
이음매없는 합금강관	O	O	O	O	O			
ERW파이프		O			O			
EFW파이프						O	O	
원심주조 합금강파이프								O

(b) 저 및 중합금강

구분	표준															
	A53	A106	A120	A179	A192	A210	A134	A135	A139	A178	A214	A254	A587	A671	A672	API5L
이음매없는 강관	O	O	O	O	O	O										O
ERW 강관	O							O		O	O		O			O
EFW강파이프							O		O					O	O	O
노내 맞대기용접 강파이프	O															O
동브레즈튜빙												O				

주 ERW: Electric Resistance Welded, EFW: Electric Fusion Welded,
A는 ASTM 표준을 표시함

표 5 대표적인 강관의 표준

<table>
<tr><th>표준의 명칭</th><th>표준</th><th>적용</th><th>비고(KS)</th></tr>
<tr><td rowspan="2">용접 및 이음매없는 강관
(흑관 및 아연도)</td><td>A53</td><td rowspan="2">중, 저압 환경에서의 일반 배관용(물, 증기, 가스, 공기, 오일 등)과 350°C 이하의 압력배관용. DN 6~DN 650. 두께는 B36.10M에 따름</td><td rowspan="6">D3507
D3562
D3569</td></tr>
<tr><td>A333</td></tr>
<tr><td rowspan="3">고온용 이음매없는 탄소강파이프</td><td>A106</td><td rowspan="3">고온 배관용(물, 증기 가스 등)
DN 6~DN 1200. 두께는 B36.10M에 따름</td></tr>
<tr><td>A335</td></tr>
<tr><td>A376</td></tr>
<tr><td>전기저항용접(ERW) 강파이프</td><td>A135</td><td>배관용(물, 증기, 가스, 공기, 오일 등)
DN 50~DN 750과 DN 20~DN 125의 두 종류</td></tr>
<tr><td>전기아크용접 강파이프</td><td>A139</td><td>액체, 가스, 증기 배관용. 직선용접과 나선용접형이 있다.
DN 100 이상, 관두께 25.4 mm 이하</td><td>D3583</td></tr>
<tr><td>정제시설용 이음매없는 저탄소 및 탄소 몰리브덴강튜브</td><td>A161</td><td>고온의 각종 가열기용, 고온 고압의 유체 수송 배관용.
DN 50~DN 200, 관두께 5.59 mm 초과</td><td></td></tr>
<tr><td>보일러 및 과열기용 탄소강 및 탄소-망간강튜브</td><td>A178</td><td rowspan="4">보일러, 열교환기, 응축기, 과열기 및 이와 유사한 열전달 장치용</td><td rowspan="4">D3563
D3572
D3564</td></tr>
<tr><td>열교환기 및 응축기용 이음매 없는 냉간압출 저탄소강튜브</td><td>A179</td></tr>
<tr><td>고압용, 이음매없는 보일러 탄소강튜브</td><td>A192</td></tr>
<tr><td>이음매없는 중탄소강 보일러 및 과열기용 튜브</td><td>A210</td></tr>
<tr><td>스파이럴용접 강 및 철파이프</td><td>A211</td><td>배관용(액체, 가스, 증기 등), OD 기준 101.6~1 219.2 mm, 두께 1.6~4.4 mm 범위. 관의 치수는 B36.10M의 기준에 따름</td><td>F4602</td></tr>
<tr><td>가스 및 연료배관용 전기저항용접 코일 강튜빙</td><td>A539</td><td>가스 및 연료용 오일 배관용
OD 기준 60.3 mm 이하, 두께 0.89~3.18 mm 범위</td><td></td></tr>
</table>

주 A는 ASTM 표준, D와 F는 KS로 ASTM과 유사한 표준을 나타냄.

에서 사용되는 일반 배관용과 350°C 이하의 압력배관용 탄소강관이다. 제조방법에 따라 용접 및 이음매없는 관으로, 도금 여부에 따라 흑관 및 아연도 강관으로 구분된다. 고압에는 사용되지 않는다.

(2) 종류와 등급

제조방법에 따라 F. E. S 등 3가지 형태로 구분하고, 이를 다시 강도 기준으로 A와 B 등급으로 나눈다. 이 표준의 강관에 대한 화학적인 성분과 기계적 성질은 **표 6**과 같다.

표 6 표준별 강관의 화학성분과 기계적성질

구분 \ 표준		A53					A106			A135		A179	A192	A210	
		F	E		S										
		Gr.A	Gr.A	Gr.B	Gr.A	Gr.B	Gr.A	Gr.B	Gr.C	Gr.A	Gr.B			Gr.A1	Gr.C
규격명		용접 및 이음매없는 강관					고온용 이음매없는 탄소강관			ERW강관		열교환기와 응축기용 이음매없는 저탄소강튜브	고압용 이음매없는 보일러튜브	보일러와 과열기용 이음매없는 중탄소강튜브	
화학성분 max (%)	C	0.30	0.25	0.30	0.25	0.30	0.25	0.30	0.35	0.25	0.30	0.06-0.18	0.06-0.18	0.27	0.035
	Mn	1.20	0.95	1.20	0.95	1.20	0.27-0.93	0.29-1.06	0.29-1.06	0.95	1.20	0.27-0.63	0.27-0.63	0.93	0.29-1.06
	P	0.05	0.05	0.05	0.05	0.05	0.035	0.035	0.035	0.035	0.035	0.035	0.035	0.035	0.035
	S	0.045	0.045	0.045	0.045	0.045	0.035	0.035	0.035	0.035	0.035	0.035	0.035	0.035	0.035
	Cu	0.40	0.40	0.40	0.40	0.40	0.40	0.40	0.40	–	–	–	–	–	–
	Ni	0.40	0.40	0.40	0.40	0.40	0.40	0.40	0.40	–	–	–	–	–	–
	Cr	0.40	0.40	0.40	0.40	0.40	0.40	0.40	0.40	–	–	–	–	–	–
	Mo	0.15	0.15	0.15	0.15	0.15	0.15	0.15	0.15	–	–	–	–	–	–
	V	0.08	0.08	0.08	0.08	0.08	0.08	0.08	0.08	–	–	–	–	–	–
	Si	–	–	–	–	–	0.10	0.10	0.10	–	–	0.25	0.25	0.10*	0.10*
	Nb	–	–	–	–	–	–	–	–	–	–	–	–	–	–
기계적성질	인장강도, MPa min	330	330	415	330	415	330	415	485	331	414	325	325	415	485
	항복강도,, MPa min	205	205	240	205	245	205	240	275	207	241	180	180	255	275
	연신율[50mm] min(%)	36	36	36	36	36	28(20)	22(12)	20(12)	35	30	35	35	30	30

주 (1) 연신율은 길이방향 값이며, ( )은 반지름방향 값이다.

(2) *은 min이다.

(3) A179, A192, A210의 경우 바깥지름이 3.2 mm보다 작거나 두께가 0.4 mm 미만인 관에 대해서는 기계적 특성 요건을 적용하지 않는다.

(4) 수압시험 압력은 다음식으로 구한다.

$P=\frac{2St}{D}$ 식에서 P:수압시험압력, MPa. t: 관 두께, mm. D:바깥지름, mm, S: 재료의 허용응력(항복은력의 60%), MPa이다.

(3) 호칭지름과 두께

관의 크기는 NPS 1/8~26(DN 6~650)의 범위로, 두께는 B36.10에 따르며, 제조 시 이 표준의 다른 모든 요구 사항을 준수하는 경우에는 공칭두께와 다른 규격의 관도 제공될 수 있다.

(4) 적용특성

용접에 적합하며 형별에 따라 코일링, 굽힘 및 플랜징 등의 성형이 용이하다. ①F형은 플랜징이 금지된다. ②E형의 A 등급은 코일링과 냉간굽힘에 적합하고, B등급은 냉간굽힘만 가능하다. ③S형의 A등급은 코일링과 냉간굽힘이 가능하고 B등급은 냉간굽힘만 가능하다.

3 A106

(1) 종류와 등급

고온용 이음매 없는 탄소강관으로, 탄소의 함량에 따라 A, B, C 등 3등급으로 나뉘며, 이 표준의 강관에 대한 화학적인 성분과 기계적 성질은 **표 6**과 같다.

(2) 호칭지름과 두께

NPS 1/8~48(DN 6~1 200)으로 B36.10에 정해진 두께를 가진다. 또한 이 표준의 다른 모든 요건을 준수할 경우 다른 규격의 관도 제공될 수 있다.

(3) 적용특성

굽힘, 플랜징 및 유사한 성형작업과 용접성이 좋다. 여기서 용접성은, 강을 용접할 때 강의 등급에 적합한 용접절차가 사용됨을 전제로 한 것이며, 고온용으로 사용할 때에는 가능한 한 흑연화를 고려하여야 한다.

4 A135

(1) 적용범위, 종류와 등급

물, 증기, 가스 또는 기타 액체 수송 배관용의 전기저항용접(ERW) 강관이다. 강도를 기준으로 각각 A, B 등급으로 나뉜다. 특별 주문으로 열간 또는 냉간 확관된 관으로 생산할 수도 있다. 다만 관의 냉간 확관 시의 팽창량은 바깥지름의 1.5 %를 초과하지 않아야 한다. 이 표준의 강관에 대한 화학적인 성분과 기계적 성질은 **표 6**과 같다.

(2) 호칭지름과 두께

NPS 2~30(DN 50~750)과 NPS 3/4~5(DN 20~125)의 두 가지로 구분되며 DN 별 두께는 B36.10M에 의해 2.11~3.40 mm 범위로 크기에 따라 다르다. 이 표준의 모든 요구사항을 충족하면 다른 규격의 관도 제공될 수 있다. **표 7**은 이 표준에서의 일부 규격에 대한 치수이다. 두께는 B36.10M에서의 Sch10 임을 알 수 있다.

(3) 적용특성

A등급만 플랜징이나 굽힘 작업을 할 수 있다. 다양한 목적으로의 사용에 대한 적합성은 관의 치수, 구성성분 및 사용조건에 좌우된다.

표 7 DN 20~DN 125 강관의 치수 및 시험압력

NPS	DN	바깥지름, mm	두께, mm	중량, kg/m	시험압력, MPa	
					A	B
3/4	20	26.7	2.11	1.28	17.24	17.24
1	25	33.4	2.77	2.09	17.24	17.24
1-1/4	32	42.2	2.77	2.69	16.55	17.24
1-1/2	40	48.3	2.77	3.11	14.48	16.55
2	50	60.3	2.77	3.93	11.72	13.10
2-1/2	65	73.0	3.05	5.26	10.34	11.72
3	80	88.9	3.05	6.46	8.27	9.65
3-1/2	90	101.6	3.05	7.41	6.89	8.27
4	100	114.3	3.05	8.37	6.21	7.58
5	125	141.3	3.40	11.58	5.86	6.89

5 보일러, 열교환기, 과열기용 강관(A179, A192, A210)

(1) 적용범위

관형 열교환기, 응축기 및 이와 유사한 열전달 장치용 이음매없는 강관의 대표적인 표준으로 저탄소강관, 탄소강관, 중탄소강관 이다. 다른 배관용 강관과 달리 바깥지름을 기준으로 표시되며 최소 두께를 규정한다.

(2) 종류와 등급

표준에서 ft－lb 단위로 명시한 값과 SI 단위로 명시한 값, 즉 표준번호 뒤에 'M'의 유무는 각각 다른 표준으로 간주된다. 두 가지 단위계로 명시된 값은 정확한 등가 값이 아니므로 각각의 값은 독립적으로 사용해야 한다. 두 단위계의 치수가 부합하지 않을 수 있기 때문이다. 그러므로 mm 치수의 관을 주문하고자 할 경우에는 표준번호 뒤에 꼭 "M"을 표기해 주어야 한다. 이 표준의 강관에 대한 화학적인 성분과 기계적 성질은 **표 6**과 같다.

(3) 적용특성

열전달을 목적으로 하는 용도에 사용하는 관으로, 내식성은 일반 탄소강 수준이다. 더 높은 내식성이 요구되는 경우는 다른 재질 검토가 필요하다.

각 표준의 모든 요구 사항을 충족하는 경우에는 표준에 명시된 것보다 바깥지름이 더 작고 두께가 더 얇은 관도 제공될 수 있다.

2 스테인리스강관

2.1 스테인리스강

1 녹이 적은 강

스테인리스강은 중량을 기준으로 최대 1.2%의 탄소와 최소 11%의 크롬이 포함된 합금으로, 영문(stain-less)의 뜻처럼 녹, 부식이 일반 강철에 비해서 작다. 내식성은 크롬

함량의 증가에 따라 높아진다.

몰리브덴을 첨가하면 산을 감소시키고 염화물 점식(点蝕, pitting)에 대한 내식성이 증가된다. 따라서, 사용하는 환경에 적합하도록 크롬 및 몰리브덴 함량이 조절된 다양한 등급의 스테인리스강이 개발되었으며 강도, 내식성, 내오염성 등이 요구되는 많은 응용 분야에 사용할 수 있게 되었다.

2 종류

스테인리스강은 니켈이 함유되었는지, 철의 오스테나이트 구조가 안정되었는지 등에 따라 여러 종류가 있다. **표 8**에서와 같이 철(Fe)-크롬(Cr)계열과 철-크롬-니켈(Ni)계열로 대별된다. Fe-Cr계열은 다시 페라이트계와 마르텐사이트계로, Fe-Cr-Ni계열은 Ni과 Cr의 함량에 따라 오스테나이트계와 페라이트계로 나누어진다. 일반적으로 Ni은 오스테나이트 촉진원소, Cr은 페라이트 촉진원소로 알려져 있다.

표 8 스테인리스강의 분류

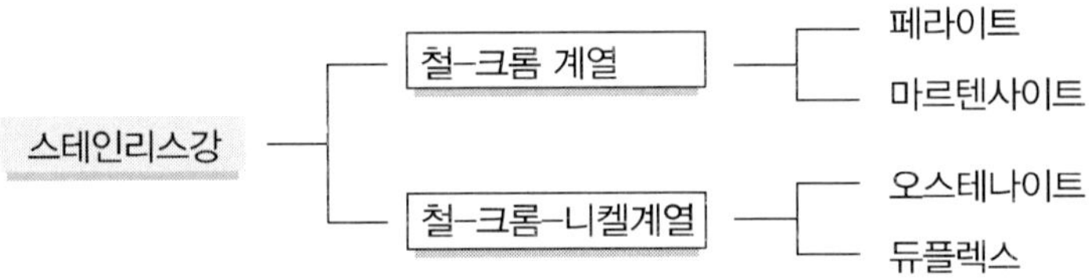

3 페라이트계 스테인리스강

(1) 구조

페라이트계 스테인리스 강은 탄소강과 같은 페라이트 미세구조를 가지며 이는 체심입방 결정체이다. 크롬의 함량이 10.5~27%이고, 탄소함량은 마르텐사이트계보다 낮아 0.1% 이하이다. 니켈은 거의 또는 전혀 함유되지 않는다. 일부 페라이트계에는 납이 포함되기도 하지만 대부분의 페라이트계에는 Mo를 포함하며, 약간의 Al이나 Ti를 포함한다.

(2) 특성

미세구조는 크롬 첨가로 인해 모든 온도 범위에 존재하며 오스테나이트계 스테인리스강과 마찬가지로 열처리로는 경화시킬 수 없다. 또한 오스테나이트계 스테인리스강과 같은 정도의 냉간 가공으로는 강화되지 않으며, 탄소강과 같이 자성을 가진다. 니켈을 함유하지 않기 때문에 오스테나이트계 등급보다 저렴하여 여러 산업분야에서 사용된다.

일반적인 등급은 Cr의 함량이 약 10.5%인 409, 409CB와 Cr의 함량이 약 17%인 430이다. 전자는 자동차 배기관으로 후자는 건축재료, 싱크대 등 주방용품 등으로 사용된다.

4 마르텐사이트계 스테인리스강

(1) 특성

마르텐사이트계 스테인리스강은 스테인리스강 중에서 가장 먼저 개발된 것이다. 페라이트나 오스테나이트계에 비해 내식성은 떨어지고 자성을 띄지만, 경도와 강도가 높고, 또한 기계가공이 용이할 뿐만아니라 열처리를 통하여 강도를 더 높일 수도 수도 있다. 이러한 여러가지 특성 때문에, 공업용 스테인리스강, 스테인리스 공구강 및 내크리프강으로 널리 사용된다.

(2) 등급

0.2~1.2%의 비교적 높은 탄소 함량과 12%~18%의 Cr과 0.2~1%의 Mo을 함유한다. 다음과 같이 4가지 등급으로 분류된다. ①Fe-Cr-C 등급은 엔지니어링 및 내마모성 응용 분야에 널리 사용된다. ②Fe-Cr-Ni-C 등급은 탄소의 일부를 니켈로 대체하므로서 인성과 내식성을 향상시킨 것이다. ③13% Cr 및 4% Ni(주조 등급 CA6NM) 등급은 주조성과 용접성이 좋고 특히 캐비테이션에 의한 침식에 대한 저항력이 좋기 때문에 수력 발전소에서 사용하는 펠톤, 카프란 및 프란시스 터빈에 사용된다. ④침전경화 등급은 가장 잘 알려진 EN 1.4542(일명 17/4PH)으로서 마르텐사이트 경화와 침전 경화를 결합한 것으로 강도와 인성이 높다. 항공 우주산업에 주로 사용된다. 크리프 저항 등급은 Nb, V, B, Co를 소량 첨가하면 강도가 향상됨과 동시에 내크리프성이 약 650°C까지 확대된다.

5 오스테나이트계 스테인리스강

(1) 구조

스테인리스강에 충분한 니켈 및 망간(또는 망간)과 질소가 첨가되면 면심입방 결정구조인 오스테나이트 미세구조로 바뀌며, 저온 영역에서 융점까지 모든 온도에서 이 구조를 유지한다. 그래서 오스테나이트계 스테인리스강이라는 용어가 생겼다. 크롬과 니켈의 함량은 16~26%, 6~20%의 범위이다. 모든 스테인리스강 생산의 약 2/3를 차지한다.

(2) 특성

항복강도가 낮으므로(200~300 MPa) 구조 및 기타 하중지지 구성 요소로의 사용은 제한된다. 이에 비하여 듀프렉스 스테인리스강은 내식성과 강도 두가지 요건을 동시에 만족시킬 수 있어서 선호되는 경향이 있다.

신율이 높기 때문에 큰 변형이 요구되는 제조공정(주방용 싱크대 제조를 위한 딥 드로잉 같은 공정)에서의 사용이 용이하다. 모든 공정에서 용접이 가능하며, 용접방법으로는 전기 아크용접이 가장 많이 사용된다.

얇은 시트와 작은 지름의 바는 냉간가공으로 연신율을 줄임으로써 강화할 수 있다. 다만, 용접된 경우, 용접 부위는 냉간작업 전에 이미 일반강과 같은 낮은 강도로 돌아간 상태이다. 그래서 냉간 가공된 오스테나이트계 스테인리스강의 사용이 제한되는 것이다. 오스테나이트계 스테인리스강은 비자성이며 극저온에서 연성을 유지한다. 200 계열과 300 계열로 세분될 수 있다.

(3) 종류

200 계열은 크롬-망간-니켈 합금으로, 니켈의 사용을 최소화하기 위해 망간 및 질소의 사용을 최대화한다. 질소 첨가로 인해 300 계열의 스테인리스강보다 약 50% 높은 항복강도를 가진다. 201 계열은 냉간 가공을 통해 경화될 수 있다. 202 계열은 범용 스테인리스강이다. 니켈 함량을 줄이고 망간을 증가시키면 내부식성이 떨어지게 된다.

300 계열은 크롬-니켈 합금으로, 오로지 니켈에 의해 오스테나이트 미세구조가 이루어 진다. 일부 고합금 등급에서는 니켈 함량을 줄이기 위해 질소가 포함된다. 300 계열은 종류가 많아 가장 널리 사용되는 재질 그룹이다. 잘 알려진 등급은 18/8 및 18/10의 304 이다. 그 다음이 오스테나이트계 스테인리스강 316이다. 몰리브덴을 2% 첨가하면

산 및 염화물 이온으로 인한 국부부식에 대한 내성이 향상된다. 316L 또는 304L과 같은 저탄소 재질은 용접으로 인한 부식 문제를 방지하기 위해 사용된다. "L"은 합금의 탄소함량이 0.03% 미만임을 의미한다.

6 듀플렉스 스테인리스강

(1) 구조

듀플렉스 스테인리스강은 오스테나이트와 페라이트의 혼합 미세구조를 가지며, 일반적으로 합금 비율은 50/50을 목표로 한다. 그러나 상업적으로는 그 비율을 40/60으로 하기도 한다. 오스테나이트계 스테인리스강보다 Cr(19-32%)과 Mo(최대 5%)의 함량이 높은데 비하여 Ni 함량이 낮은 것이 특징이다. 그래서 듀플렉스 스테인리스강의 항복강도는 오스테나이트계 스테인리스강의 약 2배이고, 혼합 미세구조는 오스테나이트계 스테인리스강 계열의 304 및 316에 비해 염화물 응력부식균열에 대한 향상된 내식성을 가진다.

듀플렉스 스테인리스강은 일반적으로 내식성에 따라 ①린(lean)듀플렉스, ②표준 듀플렉스, ③슈퍼 듀플렉스로 나눈다.

(2) 특성

듀플렉스 스테인리스강의 특성은 유사한 성능을 갖는 슈퍼오스테나이트 등급보다 전체적으로 합금 함량이 낮아 저렴하다는 이점이 있어 많은 응용 분야에서 사용될 수 있다. 처음으로 듀플렉스 스테인리스강을 광범위하게 사용한 분야는 펄프 및 제지산업이고, 현재는 석유 및 가스산업분야가 가장 큰 수요처가 되었으며, 더 높은 내식성이 요구됨에 따라 수퍼 듀플렉스 및 하이퍼 듀플렉스 등급이 개발되었다. 최근에는 건축과 건설분야(콘크리트 보강 철근, 교량용 판재, 해안공사용) 및 수처리 산업분야에서 구조용으로 사용할 수 있도록, 내식성은 다소 낮아지더라도 가격이 더 저렴한 린 듀플렉스가 개발되었다. 이상의 재질 간의 물리적 성질은 **표 9**와 같다.

표 9 스테인리스강의 물리적 성질(20°C 기준)

구분	종류 (ASTM)	밀도, kg/dm^3	탄성계수, GPa	평균열팽창계수, $10^{-6} \cdot K^{-1}$		열전도율, W/(m · K) (20°C)	비열, J/(kg · K) (20°C)	열저항, $(\Omega \cdot mm^2)/m$ (20°C)
				20~200°C	20~400°C			
페라이트계	409	7.7	220	11.0	12.0	25	460	0.60
	430	7.7	220	10.0	10.5	25	460	0.60
마르텐사이트계	420	7.7	215	11.0	12.0	30	460	0.60
오스테나이트계	304	7.9	200	16.5	17.5	15	500	0.73
	316	8.0	200	16.5	17.5	15	500	0.75
듀플렉스	2205	7.8	200	13.5	14.0	15	500	0.80
	2304	7.8	200	13.5	14.0	15	500	0.80

2.2 스테인리스강관의 기준 B36.19

1 스테인리스강관 일반

스테인리스강의 종류가 많은 만큼 스테인리스강관의 종류도 여러 가지가 있다. 관의 6가지 용도 중에서 주된 용도는 유체의 수송이고, 어떤 유체의 수송이냐에 따라 물, 가스, 증기, 오일 등등의 용도에 맞게 표준화되어 있다. 그러나 많은 종류의 스테인리스강관별 표준이 각기 다른 기준을 사용한다면, 사용상의 혼란이 불가피해진다. 그래서 강관과 마찬가지로 용도별로 각기 다른 표준을 적용하더라도 기본적으로는 통일된 기준이 있지 않으면 안 된다. 그 기준은 ASME B36.19M 코드이다. 모든 스테인리스강관은 이 코드에서 정한 기준 및 범위 내에 있다.

2 코드의 개요

이 코드에서는 **표 10**과 같이 용접 및 이음매없는 스테인리스강관의 ①호칭지름, ②바깥지름, ③두께를 규정하고 있는 스테인리스강관에 대한 치수 기준이다.

스테인리스강관은 ASTM 이외에도 여러 단체가 제정한 표준이 있지만, 제정자가 달라 표준이 다르더라도 이 3가지 기준은 통일적으로 적용된다. 그러므로 강관처럼 국제적으로 여러 국가들에 의한 스테인리스강관이 유통되더라도, 즉 원산지가 서로 다른 제품이나 표준이 다른 스테인리스강관을 함께 사용하더라도 상충되는 어떠한 문제도 발

표 10 용접 및 이음매없는 스테인리스강관의 치수, B36.19M

호칭지름		바깥지름, mm	두께, mm			
NPS	DN		Sch5s	Sch10s	Sch40s	Sch80s
1/8	6	10.3	–	1.24	–	–
1/4	8	13.7	–	1.65	–	–
3/8	10	17.1	–	1.65	–	–
1/2	15	21.3	1.65	2.11	2.77	3.73
3/4	20	26.7	1.65	2.11	2.87	3.91
1	25	33.4	1.65	2.77	3.38	4.55
1-1/4	32	42.2	1.65	2.77	3.56	4.85
1-1/2	40	48.3	1.65	2.77	3.68	5.08
2	50	60.3	1.65	2.77	3.91	5.54
2-1/2	65	73.0	2.11	3.05	5.16	7.01
3	80	88.9	2.11	3.05	5.49	7.62
3-1/2	90	101.6	2.11	3.05	5.74	8.08
4	100	114.3	2.11	3.05	6.02	8.56
5	125	141.3	2.77	3.40	6.55	9.53
6	150	168.3	2.77	3.40	7.11	10.97
8	200	219.1	2.77	3.76	8.18	12.70
10	250	273.1	3.40	4.19	9.27	12.70
12	300	323.9	3.96	4.57	9.53	12.70
14	350	355.6	3.96	4.78	9.53	12.70
16	400	406.4	4.19	4.78	9.53	12.70
18	450	457.0	4.19	4.78	9.53	12.70
20	500	508.0	4.78	5.54	9.53	12.70
22	550	559.0	4.78	5.54		
24	600	610.0	5.54	6.35	9.53	12.70
30	750	762.0	6.35	7.92	-	-

자료 참고문헌 3. Table 1에 의거 재작성

주 수압시험 압력은 다음식으로 구한다

$P = \frac{2St}{D}$ 식에서 P:수압시험압력, MPa. t: 관 두께, mm. D:바깥지름, mm, S: 재료의 허용응력(항복강도의 50%), MPa 이다.

생하지 않는 것이다.

B36.19와 B36.19M이 있으며, 전자는 호칭지름을 NPS로 단위를 ft−lb로 표시하고, 후자는 DN과 SI 단위로 표기한다.

③ 스테인리스강관과 강관 치수 간의 차이

(1) 호칭지름과 바깥지름

스테인리스강관의 호칭지름이나 바깥지름 등의 치수는 강관과 동일하다. 강관에 대한 기준을 그대로 스테인리스강관에 적용하였기 때문이다. 관 생산을 위한 재료의 규격도 강관 재료와 동일하다. 그러므로 강관과 같이 NPS를 기준으로 할 때에는 관의 바깥지름이 호칭지름보다 큰 구간(NPS 12 이하)과 바깥지름이 호칭지름과 같은 구간(NPS 14 이상)이 있다.

그러나 B36.19는 모든 크기의 관을 포함하지 않는다. 그러므로 DN 800(NPS 32) 이상에 대한 치수 요구사항은 강관 기준인 B36.10에 따른다.

(2) 강관과의 치수 차이

강관과 스테인리스강관의 치수 간 차이는, ①강관에 비하여 스테인리스강관의 크기(규격) 수가 작다(DN 6~750). 그러므로 그 이상 규격에 대해서는 B36.10을 적용한다. ②관 두께는 규격별로 4종(Sch5S, Sch10S, Sch40S, Sch80S) 이다. ③DN 200까지의 두께는 강관과 동일하고, DN 250 이상에서는 강관보다 얇다(Sch5S는 동일, Sch10S는 일부 규격에서만 다름). 이를 요약 정리한 것이 **표 11**이다.

표 11 스테인리스강관과 강관 간의 치수간 차이점

<table>
<tr><th colspan="2">구분</th><th>스테이리스강관</th><th>강관</th></tr>
<tr><td colspan="2">DN(NPS)</td><td>6~750(1/8~30)
(800 이상은 강관의 기준을 따름)</td><td>6~2 000(1/8~80)</td></tr>
<tr><td colspan="2">OD</td><td colspan="2">동일</td></tr>
<tr><td rowspan="3">관두께</td><td>전체종류</td><td>4종(Sch5S, 10S, 40S, 80S)
(그 외의 두께가 필요한 경우는 강관의 기준을 따름)</td><td>기본 14종+그 외 두께
(다수)</td></tr>
<tr><td>DN 6~200</td><td colspan="2">동일</td></tr>
<tr><td>DN 250 이상</td><td>얇다</td><td>두껍다</td></tr>
<tr><td rowspan="2">단위
중량, kg/m</td><td>DN 6~200</td><td colspan="2">동일
(Sch5 = Sch5S, Sch10 = Sch10S, Sch40 = Sch40S, Sch80 = Sch80S)</td></tr>
<tr><td>DN 250 이상</td><td>작다</td><td>크다</td></tr>
</table>

2.3 주요 스테인리스강관

1 스테인리스강관의 표준

스테인리스강관에도 여러 표준이 있지만, 국제적으로 통용되는 것은 ASME 코드와 ASTM 표준이다. 그러므로 이 장에서도 이들 표준을 기준으로 하여 설명한다. 표 12는 스테인리스강관의 표준을 정리한 것이며, 이중 실무적으로 많이 사용되는 스테인리스강관이 표 13이다.

2 A312, A358

(1) 적용범위

A312는 용접 및 이음매없는 냉간가공된 오스테나이트 스테인리스강관으로 ①250°C 이하의 고온 특히 크리프 및 응력파단을 고려해야 하는 용도, ②일반 부식성 유체의 수송용, ③일반 배관용 등으로 사용된다.

A358은 전기융합용접 오스테나이트 크롬-니켈 스테인리스강관으로 ①부식성 유체, ③고온의 유체, ③부식성을 가지는 고온의 유체, ④일반 배관용 등으로 사용된다. 사실상 두 표준의 관은 같은 용도에 사용되는 것으로, 이음매없는 관이냐 용접관이냐의 차이이다.

표 12 스테인리스강관의 표준

구분		표준								
		A312	A358	A376	A213	A268	A409	A451	A789	A790
이음매없는 스테인리스 강관	오스테나이트계	O		O	O				O	O
	페라이트/마르텐사이트계					O				
	페라이트/오스테나이트계								O	O
	원심주조오스테나이트							O		
용접 스테인리스 강관	오스테나이트계	O	O				O			
	페라이트/마르텐사이트계					O				
	페라이트/오스테나이트계								O	O

주 A는 ASTM 표준을 표시함

표 13 대표적인 스테인리스강관

표준의 명칭	표준	적용	비고(KS)
용접 및 이음매없는 오스테네나이트계 스테인레스강파이프	A312	인반 배관용(물, 증기, 가스, 공기, 오일 등)	D3576
고온용 전기융합용접 오스테나이트계 크롬-니켈 스테인레스강파이프	A358	고온 배관용(물, 증기 가스 등)	D3588
페라이트/오스테나이트계 전기융합용접(EFW) 스테인레스강파이프	A928	A358과 동일하나 듀플렉스. 제조방법에 따라 6가지 클래스가 있다. Gr.2205, 2304, 255, 2507, 329	
고온용 이음매없는 오스테나이트계 스테인리스강파이프	A376	발전소 등의 고온 배관용, 보일러 등 히터 튜브용. TP304, 316, 321, 347, 348 등 17개 등급	D3577
일반용 용접 및 이음매없는 오스테나이트계 스테인레스강튜빙	A269	일반적인 저, 고온의 부식성 유체 배관용	D3588 D3595
일반용 용접 및 이음매없는 페라이트/오스테네나이트계 스테인레스강튜빙	A789	일반적인 부식성 유체 배관. 응력 부식균열에 대한 내성이 필요한 배관용	D3588 D3595
용접 및 이음매없는 페라이트/ 오스테네나이트계 스테인레스강파이프	A790	A312와 동일하나 듀플렉스. 응력 부식균열에 대한 내성이 필요한 배관, 일반적인 부식성 유체 배관용. 고온에서 장기간 사용하면 취화되기 쉽다	
위생배관용 용접 및 이음매없는 오스테나이트계 스테인레스강튜빙	A270	유제품 및 식품 산업 배관용, 특수 표면 마감 처리. 위생배관 등급 적용. 의약품 품질을 요청할 수 있다. DN 300 이하	D3585
보일러, 과열기 및 열교환기용 이음매없는 페라이트 및 오스테네나이트강튜브	A213	보일러, 과열기 및 열교환기용 튜브, 바깥지름 기준 3.2~127 mm, 두께 0.4~12.7 mm	D3577
보일러 슈퍼히터 열관기와 응축기용 용접 오스테나이계 스테인리스강튜브	A249	보일러, 과열기, 열교환기 또는 응축기 튜브와 같은 용도. DN 300 이하, 관두께 0.4~8.1mm	

주 A는 ASTM 표준, D와 F는 KS로 ASTM과 유사한 표준을 나타냄.

(2) 등급

두 표준의 제품은 용도 뿐만아니라 등급 분류도 유사하다. TP304H, TP309H, TP309HCb, TP310H, TP310HCb, TP316H, TP321H, TP347H 및 TP348H는 기존의 TP304, TP309Cb, TP310Cb, TP310S, TP316, TP347 및 TP348를 개량한 것으로 크리프 및 응력 파단을 고려해야 하는 용도에 사용된다. P321 및 TP321H 등급의 이음매없는 관의 경우 공칭두께 9.5 mm 이상에 대해서는 강도에 대한 요구조건이 낮다.

A358의 경우는 제조방법에 따라 cL1(이중 용접과 방사선 검사), cL2(방사선 검사 없는 이중 용접) cL3(단일 용접) cL4(단일용접), cL5(이중 용접과 스폿 방사선 검사)등 5가지 클래스로 나뉜다.

(3) 화학적 성분

여러 등급별 요구특성을 위하여 탄소, 망간, 인, 황, 실리콘, 크롬, 니켈, 몰리브덴, 티타늄, 콜룸, 탄탈룸, 질소, 바나듐, 동, 세슘, 붕소, 알루미늄 등에 필요한 화학적 조성에 적합해야 한다. 모든 관은 필요한 열처리 온도 및 냉각테스트 요건에 따라서 열처리 공정을 거친 후에 공급된다. 재료의 인장 특성은 규정된 인장강도 및 항복강도를 준수해야 한다. 두 표준의 스테인리스강관에 대한 등급별 화학적인 성분은 **표 14**와 같다.

(4) 관의 크기

B36.19M(**표 10** 참조)의 기준에 맞춰 DN 6~750, SchNo 5S~80S의 4가지 두께로 공급된다. 다만, 5S와 10S는 나사를 가공하여 사용할 수 없다.

스테인리스강관의 단위 중량은 **부록 3**에 명시되어 있지만, 공식을 사용하여 직접 계산할 수 있다. **표 15**는 등급별 비중량 기준의 중량 계산식을 보여주는 것이다.

그리고 해당 표준의 모든 요건을 준수하는 경우에는 치수가 다른 관도 주문 및 공급될 수 있다. 즉 표준에 명시되지 않은 규격이나 치수는 B36.10M을 따르면 된다. 두 표준의 스테인리스강관에 대한 등급별 기계적 성질은 **표 16**과 같다.

(5) 적용특성

표준에서 ft−lb 단위로 명시한 값과 SI 단위로 명시한 값, 즉 A312와 A312M, A358과 A358M은 각각 다른 표준으로 간주된다. 두가지 단위계로 명시된 값은 정확한 등가 값이 아니므로 각각의 값은 독립적으로 사용해야 한다. 두 단위계의 치수가 부합하지 않을 수 있기 때문이다. 그러므로 mm 치수의 관을 주문하고자 할 경우에는 표준번호 뒤에 꼭 “M”을 표기해 주어야 한다.

표 14 오스테나이트계 스테인리스강관(A312, A358, A376)의 Gr별 화학적 성분

Gr.	UNS, No	화적 성분, %										
		C	Mn	P	S	Si, max	Cr	Ni	Mo	Ti	Nb	N
TP304	S30400	0.08	2.0	0.045	0.03	1.0	18.0−20.0	8.0−11.0				
TP304L	S30403	0.035	2.0	0.045	0.03	1.0	18.0−20.0	8.0−13.0				
TP304H	S30409	0.04−0.10	2.0	0.045	0.03	1.0	18.0−20.0	8.0−11.0				
TP304N	S30451	0.08	2.0	0.045	0.03	1.0	18.0−20.0	8.0−18.0				0.10−0.16
TP304LN	S30453	0.035	2.0	0.045	0.03	1.0	18.0−20.0	8.0−12.0				0.10−0.16
TP309	S30900	0.20	2.0	0.045	0.03	0.75	22.0−24.0	12.0−15.0				
TP309S	S30908	0.08	2.0	0.045	0.03	1.0	22.0−24.0	12.0−15.0	0.75			
TP309H	S30909	0.04−0.10	2.0	0.045	0.03	1.0	22.0−24.0	12.0−15.0				
TP309Cb	S30940	0.08	2.0	0.045	0.03	1.0	22.0−24.0	12.0−16.0	0.75		(2)	
TP309HCb	S30941	0.04−0.10	2.0	0.045	0.03	1.0	22.0−24.0	12.0−16.0	0.75		(2)	
TP310	S31000	0.25	2.0	0.045	0.03	1.50	24.0−26.0	19.0−22.0				
TP310S	S31008	0.08	2.0	0.045	0.03	1.0	24.0−26.0	19.0−22.0	0.75			
TP310H	S31009	0.04−0.10	2.0	0.045	0.03	1.0	24.0−26.0	19.0−22.0				
TP310Cb	S31040	0.08	2.0	0.045	0.03	1.0	24.0−26.0	19.0−22.0	0.75		(2)	
TP310HCb	S31041	0.04−0.10	2.0	0.045	0.03	1.0	24.0−26.0	19.0−22.0	0.75		(2)	
TP316	S31600	0.08	2.0	0.045	0.03	1.0	16.0−18.0	11.0−14.0	2.0−3.0			
TP316L	S31603	0.035	2.0	0.045	0.03	1.0	16.0−18.0	10.0−14.0	2.0−3.0			
TP316H	S31609	0.04−0.10	2.0	0.045	0.03	1.0	16.0−18.0	11.0−14.0	2.0−3.0			
TP316Ti	S31635	0.08	2.0	0.045	0.03	0.75	16.0−18.0	10.0−14.0	2.0−3.0	(1)		0.1
TP316N	S31651	0.08	2.0	0.045	0.03	1.0	16.0−18.0	10.0−14.0	2.0−3.0			0.10−0.16
TP316LN	S31653	0.035	2.0	0.045	0.03	1.0	16.0−18.0	11.0−14.0	2.0−3.0			0.10−0.16
TP317	S31700	0.08	2.0	0.045	0.03	1.0	18.0−20.0	10.0−14.0	3.0−4.0			
TP317L	S31703	0.035	2.0	0.045	0.03	1.0	18.0−20.0	11.0−15.0	3.0−4.0			
TP321	S32100	0.08	2.0	0.045	0.03	1.0	17.0−19.0	9.0−12.0				0.1
TP321H	S32109	0.04−0.10	2.0	0.045	0.03	1.0	17.0−19.0	9.0−12.0				0.1
TP347	S34700	0.08	2.0	0.045	0.03	1.0	17.0−19.0	9.0−13.0				
TP347H	S34709	0.04−0.10	2.0	0.045	0.03	1.0	17.0−19.0	9.0−13.0				
TP347LN	S34751	0.05−0.02	2.0	0.045	0.03	1.0	17.0−19.0	9.0−13.0			0.20−50.0	0.06−0.10
TP348	S34800	0.08	2.0	0.045	0.03	1.0	17.0−19.0	9.0−13.0				
TP348H	S34809	0.04−0.10	2.0	0.045	0.03	1.0	17.0−19.0	9.0−13.0				

주 (1) 5×(C−N)−0.70, (2) 10×C min 1.10 max

표 15 등급별 중량 계산식

등급	비중량, kg/m	중량 계산식
304, 304L, 304H, 321, 321H	7.93	$W = 0.02491t(D-t)$
309, 309S, 310, 310S, 316, 316L, 316H, 317, 317L, 317H, 347, 347H,	7.98	$W = 0.02507t(D-t)$
430	7.70	$W = 0.02419t(D-t)$
405, 409, 444	7.75	$W = 0.02435t(D-t)$

주 식에서 W: 관의 중량(kg), t, D: 두께와 바깥지름(mm) 이다.

표 16 A312 및 A358 스테인리스강관의 Gr별 기계적 성질(1/2)

구분, Gr	표준		강도, min, MPa	
	A312	A358	인장	항복
TP201 (S20100)	O		515	260
TP201LN (S20153)	O		655	310
TPXM-19 (S20910)	O		690	380
TPXM-10 (S21900)	O		620	345
TPXM-11 (S21904)	O		620	345
TPXM-29 (S24000)	O		690	380
TP304 (S30400)	O	O	515	205
TP304L (S30403)	O	O	485	170
TP304H (S30409)	O	O	515	205
TP304N (S30451)	O	O	550	240
TP304LN (S30453)	O	O	515	205
TP309 (S30900)	O	O	515	205
TP309S (S30908)	O	O	515	205
TP309H (S30909)	O	O	515	205
TP309Cb (S30940)	O	O	515	205
TP309HCb (S30941)	O	O	515	205
TP310 (S31000)	O	O	515	205
TP310S(S31008)	O	O	515	205
TP310H (S31009)	O	O	515	205
TP310Cb (S31040)	O	O	515	205
TP310HCb (S31041)	O	O	515	205
TP316 (S31600)	O	O	515	205
TP316L (S31603)	O	O	485	170
TP316H (S31609)	O	O	515	205
TP316Ti(S31635)		O	515	205
TP316N (S31651)	O	O	550	240
TP316LN (S31653)	O	O	515	205
TP317 (S31700)	O	O	515	205
TP317L (S31703)	O	O	515	205

표 16 A312 및 A358 스테인리스강관의 Gr별 기계적 성질(2/2)

구분, Gr			표준		강도, min, MPa	
			A312	A358	인장	항복
TP321 (S32100)	용접관			O	515	205
	이음매 없는관	t≤9.50	O		515	205
		t>9.50	O		485	170
TP321H (S32109)	용접관			O	515	205
	이음매 없는관	t≤9.50	O		515	205
		t>9.50	O		480	170
TP347 (S34700)			O	O	515	205
TP347H (S34709)			O	O	515	205
TP347LN (S34700)			O	O	515	205
TP348 (S34800)			O	O	515	205
TP348H (S34809)			O	O	515	205

주 TP : tubular product(관형 제품), ( )는 UNS 번호이다.

3 주철관

3.1 주철

1 주철 일반

(1) 철과 탄소의 합금

주철(鑄鐵, cast iron)은 철과 탄소의 합금계에서 1.7% 이상의 탄소를 함유하는 철의 합금이다. 보통 탄소 함량은 2.06~6.7%로 나타나 있으나 흔히 사용되는 것은 3~4%이다. 탄소가 많아서 단단하고 부서지기가 쉬우므로 압연·단조 등의 가공은 할 수 없으나, 강에 비해서 융점이 낮아 쉽게 용해되기 때문에 주물로 쓰기에는 편리하다.

주철 제품은 강도가 높고 강에 비하여 녹이 덜 슬고 가격이 저렴하기 때문에 기계 부품으로부터 취사용구에 이르기까지의 다양하게 사용되고 있다.

주철은 기본적으로 백주철(白, white iron), 회주철(灰, gray iron), 연성주철(延性, ductile iron), 가단주철(可鍛, malleable iron) 등 네 가지 유형이 있다.

(2) 백주철

주철의 탄소는 시멘타이트(Fe_3C)의 형태로 존재하는 경우와 단독의 탄소가 흑연의 형태로 존재하는 등의 두 가지 경우가 있으며, 또한 주철로서의 성질도 다르다. 탄소가 세멘타이트 형태 또는 흑연 형태가 될 것인지는 주철 속의 탄소와 규소의 양 및 주조시의 냉각속도와의 관계이다. 탄소나 규소가 작고 급랭되면 세멘타이트로 된다. 세멘타이트는 굳은 화합물이므로, 세멘타이트를 많이 함유하는 주철은 단단하고 내마모성은 우수하지만 부서지기가 쉽다. 이와 같은 주철의 단면은 조직이 치밀하고 백색으로 빛나기 때문에 백주철이라고 한다. 백주철은 주조성이 좋고 높은 압축강도, 경도 및 내마모성을 갖게하는 탄화물이 넓게 퍼져있는 것이 특징이다.

(3) 회주철

냉각속도가 느리고 탄소나 규소가 많은 경우에는 탄소가 유리되어 흑연의 형태로 되기가 쉽다. 백주철에 비해서 연하지만 잘 깨어지지 않는 성질을 가졌으면, 단면에는 검은 색깔의 흑연이 덮여 있으므로 회색으로 보인다. 이러한 주철을 회주철이라고 부른다. 일반적으로 페라이트나 펄라이트 또는 이것들이 혼재한 기지(基地)에 흑연이 섞여있는 형태로 현미경으로 보면 지렁이(片狀)와 같은 모양이 벌려져 있는 것처럼 보인다. 회주철은 미세구조에 흑연 성분이 들어있어 가공성과 내마모성이 좋은 특징을 가진다. 대표적인 회주철의 사용 예가 배수용주철관이다.

(4) 연성주철

회주철에 마그네슘이나 세슘을 약간 첨가하면, 흑연은 구상(球狀)으로 변화하여 회주철의 2~3배 강하고 질긴 즉 연(延)성을 가지는 주철이 된다. 구상흑연주철(球狀黑鉛 鑄鐵, nodular cast iron) 또는 덕타일(ductile)주철이라고도 부른다. 연성이 필요한 중요 기계 부품이나 수도관 등에 사용한다.

(5) 가단주철

가단주철은 주조성이 좋은 백주철을 용해 주조하여 적당하게 열처리를 가함으로써 견인성(堅靭性)을 부여한 것이다. 보통의 주철은 강도가 약하고 가단성(可鍛性)이 부족하다. 그 이유는 주철의 합금원소인 탄소가 큰 흑연결정을 이루고 있고, 이 흑연 부분의 강도가 약하고 균열 발생의 원인이 되기 때문이다.

그래서 탄소가 흑연으로 분해되지 않고 철과의 화합물인 세멘타이트가 되도록 백주철을 만들어, 이것을 철광석 같은 철의 산화물과 함께 900°C 정도로 가열하여 세멘타이트를 분해 시키고, 분리되어 나오는 탄소는 산화시켜 제거함으로써 거의 철로만 이루어지는 부분을 만듦으로써 가단성을 부여한 것이다.

열처리 방법에 따라 분해되는 탄소를 중심부까지 산화제거 하여 내부가 하얀 백심가단 주철과, 중심쪽으로 분해되어 나온 흑연을 그대로 남겨두어 내부가 검은 흑심가단주철의 두 종류가 생긴다.

가단주철은 주강(鑄鋼)에 가까운 성질을 가지며 주조성과 절삭성이 좋다. 주강을 사용 하기에는 너무 작거나 구조가 복잡하여 제조가 곤란하고 또한 보통 주철보다 큰 강도와 연성(延性)을 필요로하는 부품에 널리 사용된다.

2 주철의 화학적 물리적 성질

회주철과 덕타일주철의 화학성분은 **표 17**, 물리적 기계적 성질은 **표 18**과 같다.

표 17 주철의 화학성분, %

성분	회주철	덕타일주철
C	3.2~3.7	2.8~3.7
Si	1.6~2.7	1.7~2.5
Mn	0.4~0.8	0.2~0.4
P	0.6 이하	0.1 이하
S	0.1 이하	0.05 이하
Mg	-	0.03 이하

표 18 주철의 물리적 기계적 성질

항목	회주철	덕타일주철
인장강도, MPa	150 이상	420 이상
신율, %	-	10 이상
탄성계수, GPa	110	160
브리넬경도, Hs	212 이하	230 이하
포아슨비	0.25~0.28	0.28~0.29
밀도, kg/m^3	7.2×10^3	7.15×10^3

3 주철관 제조방법

(1) 정적 주조

주철관은 정적 또는 원심 주조 공정으로 제조된다. 관의 바깥지름을 안지름으로 하는 주형(鑄型, mold) 안에 코어를 삽입하고 그 사이에 용철(溶鐵)을 부어 넣어 중력으로 용철이 다져지게 하는 원리로 관을 주조하는 방법이다. 용철을 붓는 방식에 따라 수직과 수평 주조, 주형에 따라서 사형(沙型)과 금형(金型) 주조법이 있다.

(2) 원심 주철관

원심 주조도 수직 및 수평 두 가지 유형이 있다. 주철관은 일반적으로 수평 주조기에서 주로 생산된다. 원심 주조는 회전되는 주형(鑄型) 안에 용철을 부어 넣고 원심력으로 용철이 다져지게 되어 관이 만들어지는 원리이다. 주형은 금속의 응고가 완료될 때까지 회전한 다음에 관으로부터 분리된다. 주형은 모래 또는 영구주형, 흑연, 탄소 또는 강 등으로 만들 수 있다. 원심 주물 공정은 수축이 없기 때문에 결함이 없는 고품질의 관을 제조하는 수단이 된다. 이 주조방법에서는 냉각이 이루어지는 대로 외부로부터 내부로, 즉 이상적인 방향으로 응고가 이루어지게 되므로 정적 주조방법으로 생성된 주철관보다 깨끗하고 밀도가 높은 제품이 생산된다.

3.2 주철관 표준

1 ASTM과 AWWA

주철관에 대한 국제적 통용 표준은 ASTM과 AWWA이이다. **표 19**는 주철관 표준을 정리한 것이며, 이중 실무적으로 사용되는 주철관이 **표 20**이다.

표 19 주철관 표준

구분	표준						
	ASTM					AWWA	
	A48	A126	A278	A395	A536	A21.51	A21.52
회주철	O	O	O				
덕타일				O	O	O	O

표 20 주철관의 종류

<table>
<tr><th>표준</th><th>표준의 명칭</th><th>적용</th><th>비고(KS)</th></tr>
<tr><td>AWWA
A21.51/C151</td><td>물 및 기타 액체용
금형 또는 사형
원심주조 덕타일주철관</td><td>물, 배수, 재생수용 원심주조 덕타일주철관, DN 80~1 600 범위.
다른 방식의 조인트식 주철관에도 적용된다.</td><td rowspan="3">D4307
(배수용)
D4323
(히수도용)
D4311
(덕타일)</td></tr>
<tr><td>AGA A21.52</td><td>가스용 원심주조
덕타일주철관</td><td>가스용 덕타일주철관, DN 80~600 범위.
천연가스 수송 및 분배 시스템에는 사용이 제한되며, 바이오 가스와 공압용이다.</td></tr>
<tr><td>AWWA
A21.50/C150</td><td>덕타일주철관의
두께 설계</td><td>AWWA C151의 덕타일주철관에 대한 요구사항에 맞는 관두께 설계기준이다.</td></tr>
</table>

2 물용과 가스용

주철관은 물용과 가스용으로 대별된다. 국제적으로 통용되는 것으로 ①물 또는 기타 액체용 주철관에 대한 표준과 ②가스산업용 주철관에 대한 표준이 있다. 특히 주철관의 두께 설계에 대해서는 **표 20**에서와 같이 별도의 표준(AWWA A21.50/C150)이 있어 여러가지 형태의 이음 방법에 대처할 수가 있다.

3 AWWA A21.51/C151

(1) 적용범위

물, 배수, 재생수용의 원심주조방식으로 제조되는 덕타일 주철관으로, 기본은 푸쉬온(push-on) 및 메카니칼 조인트식이다.

(2) 종류와 등급

이음 방식이 푸쉬언 및 메카니칼 조인트식을 기본으로 하고 있지만 그 외 다른 형태의 이음방식을 취하는 주철관에도 공통적으로 적용된다.

(3) 호칭지름과 두께

관의 크기는 DN 80~1 600 범위로, 표준에서의 규격 범위는 **표 21**과 같다. 표준두께는 강관에서의 SchNo와 같이 상용압력 등급에 맞게 정해진 두께이고, 특수두께란

표 21 푸쉬언 및 미케니칼 조인트식 덕타일주철관

이음방법별		DN	클래스
푸쉬언조인트식	표준두께	80~1600	150, 200, 250, 300, 350,
	특수두께	80~1350	50, 51, 52, 53, 54, 55, 56
메카니칼조인트식	표준두께	80~600	250, 300, 350
	특수두께	80~600	50, 51, 52, 53, 54, 55, 56

추철관에만 적용하는 두께 등급이다. 이는 강관이나 스테인리스강관처럼 양 끝이 같지 않고 한쪽은 스피곳(插部)이고 다른 한쪽은 벨(受部)형태로 제조되기 때문이다. 특수등급은 일부 나사산, 그루브형 또는 볼 및 소켓 또는 특별한 설계 조건에 적합하게 사용되도록 하기 위한 것이다. 일반적으로 표준 압력등급 관보다 가용성은 낮다. 이러한 기능은 금속 두께와 압력등급의 기능을 비교하거나 표준에 표시된 설계 공식을 사용하여 계산할 수도 있다. 표준두께를 취하는 주철관의 치수는 **표 22**, 특수두께를 취하는 주철관의 치수는 **표 23**과 같다.

표 22 표준두께를 취하는 주철관의 치수

호칭지름		바깥지름		클래스별 두께, mm					주조 공차, mm
NPS	DN	in	mm	150	200	250	300	350	
3	80	3.96	100.58	–	–	–	–	6.35	1.27
4	100	4.48	121.92	–	–	–	–	6.35	1.27
6	150	6.90	175.26	–	–	–	–	6.35	1.27
8	200	9.05	229.87	–	–	–	–	6.35	1.27
10	250	11.10	281.94	–	–	–	–	6.60	1.52
12	300	13.20	335.28	–	–	–	–	7.11	1.52
14	350	15.30	388.62	–	–	7.11	7.62	7.87	1.78
16	400	17.40	441.96	–	–	7.62	8.13	8.64	1.78
18	450	19.50	483.87	–	–	7.87	8.64	9.14	1.78
20	500	21.60	548.64	–	–	8.38	9.14	9.65	1.78
24	600	25.80	655.32	–	8.38	9.40	10.16	10.92	1.78
30	750	32.00	812.80	8.64	9.65	10.67	11.43	12.45	1.78
36	900	38.30	972.82	9.65	10.67	11.94	12.95	14.22	1.78
42	1050	44.50	1,130.30	10.41	11.94	13.21	14.48	16.00	1.78
48	1200	50.80	1,290.32	11.68	13.21	14.73	16.26	17.78	2.03
54	1350	57.56	1,462.79	12.95	14.73	16.51	18.29	20.07	2.29
60	1500	61.61	1,564.89	13.72	15.49	17.27	19.30	21.08	2.29
64	1600	65.67	1,668.02	14.22	16.26	18.29	20.32	22.10	2.29

주 참고문헌 6에 의거 SI 단위로 재작성

(4) 적용특성

주철관은 지하매설 급수배관 시스템에 광범위하게 사용된다. 덕타일주철관은 상수도 주관용 회주철관을 대체한 것으로, 내식이 좋아서 수명이 길기 때문에 주로 상하수도관과 가스공급용 매설배관으로 사용된다. 회주철보다 강도는 더 강하고 취성은 덜하다.

표 23 특수두께 클래스별 관두께 및 중량 (1/2)

호칭지름		바깥지름		두께 cL	두께, mm	중량		
NPS	DN	in	mm			스피곳, kg/m	벨, kg/m	본당
4	100	4.48	121.92	51	6.60	16.79	17.39	96.62
				52	7.37	18.73	19.32	107.05
				53	8.13	20.51	21.10	116.58
				54	8.89	22.29	22.89	126.55
				55	9.65	23.93	24.52	136.08
				56	10.41	25.71	26.31	145.61
6	150	6.90	175.26	50	6.35	23.78	24.82	151.96
				51	7.11	26.45	27.50	167.83
				52	7.87	29.13	30.17	185.98
				53	8.64	31.81	32.85	201.85
				54	9.40	34.48	35.52	217.73
				55	10.16	37.16	38.20	233.60
				56	10.92	39.68	40.72	249.48
8	200	9.05	229.97	50	6.86	33.89	35.37	217.73
				51	7.62	37.45	38.94	238.14
				52	8.38	41.17	42.65	260.82
				53	9.14	44.74	46.22	283.50
				54	9.91	48.30	49.79	306.18
				55	10.67	51.72	53.21	326.59
				56	11.43	55.29	56.92	349.27
10	250	11.10	281.94	50	7.37	44.74	46.67	285.77
				51	8.13	49.34	51.27	315.25
				52	8.89	53.80	55.73	342.47
				53	9.65	58.26	60.19	369.68
				54	10.41	62.57	64.65	396.90
				55	11.18	67.03	69.11	424.12
				56	11.94	71.34	73.27	449.06
12	300	13.20	335.28	50	7.87	57.07	59.45	365.15
				51	8.64	62.42	64.80	396.90
				52	9.40	67.77	70.15	430.92
				53	10.16	73.12	75.50	462.67
				54	10.92	78.47	80.70	494.42
				55	11.68	83.67	86.05	528.44
				56	12.45	89.02	91.40	560.20

표 23 특수두께 클래스별 관두께 및 중량 (2/2)

호칭지름		바깥지름		두께 cL	두께, mm	중량		
NPS	DN	in	mm			스피곳, kg/m	벨, kg/m	본당
14	350	15.30	388.62	50	8.38	70.60	74.76	458.14
				51	9.14	76.84	81.15	496.69
				52	9.91	83.08	87.24	532.98
				53	10.67	89.32	93.48	571.54
				54	11.43	95.42	99.58	610.09
				55	12.19	101.66	105.97	648.65
				56	12.95	107.75	111.91	684.94
16	400	17.40	441.96	50	8.64	82.93	87.69	535.25
				51	9.40	90.06	94.82	580.61
				52	10.16	97.20	101.95	623.70
				53	10.92	104.18	108.94	666.79
				54	11.68	111.32	116.07	709.88
				55	12.45	118.45	123.21	752.98
				56	13.21	125.44	130.19	796.07
18	450	19.50	495.30	50	8.89	95.71	101.06	619.16
				51	9.65	103.74	109.09	666.79
				52	10.41	111.76	117.11	716.69
				53	11.18	119.79	125.14	766.58
				54	11.94	127.81	133.17	814.21
				55	12.70	135.69	141.19	864.11
				56	13.46	143.72	149.07	911.74
20	500	21.60	548.64	50	9.14	109.24	115.18	705.35
				51	9.91	118.15	124.10	759.78
				52	10.67	127.07	133.02	814.21
				53	11.43	135.99	141.93	868.64
				54	12.19	144.91	150.85	923.08
				55	12.95	153.68	159.77	977.51
				56	13.72	162.44	168.39	1,029.67
24	600	25.80	655.32	50	9.65	138.07	145.20	889.06
				51	10.41	148.77	155.90	952.56
				52	11.18	159.47	166.61	1,018.33
				53	11.94	170.02	177.16	1,084.10
				54	12.70	180.72	187.86	1,149.88
				55	13.46	191.43	198.41	1,213.38
				56	14.22	201.98	209.11	1,279.15
30	750	32.00	812.80	50	9.91	176.12	188.30	1,152.14
				51	10.92	193.95	206.14	1,261.01
				52	11.94	211.79	223.97	1,369.87
				53	12.95	229.47	241.66	1,478.74
				54	13.97	247.16	259.35	1,585.33
				55	14.99	264.84	277.03	1,694.20
				56	16.00	282.38	294.57	1,800.79

주. 참고문헌 6에 의거 SI 단위로 재작성

4 동관 및 동합금관

4.1 동 및 동합금

1 사용온도 제한

동 및 동합금은 합금된 원소 중에서 가장 낮은 재결정 온도를 갖는 특정원소 기준으로 사용하여야 한다. 즉 그 특정 원소의 재결정 온도보다 낮은 온도 범위에서만 사용되어야 한다. 재결정 온도는 냉간 가공된 시편이 연화되기 시작하는 온도이다. 이러한 재결정화는 일반적으로 인장강도가 현저하게 감소되는 현상을 동반한다.

따라서 동의 함량이 70% 이상인 황동은 최대 200°C의 온도에서 훌륭하게 사용될 수 있는 반면, 60%인 황동은 150°C 이상의 온도에서 사용이 제한된다.

BPVC에서는 황동관과 동파이프 및 튜브는 208°C를 초과하는 온도에서의 사용을 제한 한다. 다만 보일러용 튜브로 사용할 때는 예외로 한다.

압력배관 코드(ASME B31)에서는 보다 구체적으로 증기, 가스 및 공기배관의 경우 208°C를 초과하는 온도에서는 황동관과 동파이프 및 튜브의 사용을 제한한다.

2 물리적 기계적 성질

동의 물리적 성질은 **표 24**와 같다. 냉간가공에 의해 가공 경화된 동관과 황동관을 가열하면 금속조직의 재배열(재결정)이 일어나서 기계적 성질도 변화한다. 동과 황동은 저온이 되면 인성이 증가하나 고온이 되면 강도가 저하된다. 재료에 반복되는 응력이 작용하면 피로에 의한 균열이 생기고, 온도가 높아짐에 따라 피로강도는 감소한다.

3 내식 특성

동과 동합금은 담수에 대한 내식성이 뛰어나서 공업적인 용도에는 사용상의 문제가 없다. 동은 담수와 접하면 동의 표면에 아산화동(Cu_2O)를 생성하고 그 위에 물에 대한 용해도가 작은 염기성탄산동($CuCO_3 \cdot Cu(OH)_2$)을 생성해서 보호피막으로 작용한다. 그러나 이 피막은 담수의 수질에 의해 크게 지배되고, 내식성에도 영향을 미친다.

표 24 동의 물리적 성질

성질	수치	
원자량	63.57	
결정구조	면심입방격자 a = 3.607 5 Å 활면(111), 쌍정면(111)	
액상선온도	1 083°C	
고상선온도	1 065°C	
비등점	2 595°C	
밀도	8.96 g/cm^3	
융해잠열	205 kJ/kg	
증발잠열	4 815 kJ/kg	
열전도율	401 W/(m · K)	
열팽창계수	−191~16°C	14.1×10^{-6} m/(m · K)
	25~100°C	16.8×10^{-6} m/(m · K)
	20~200°C	17.7×10^{-6} m/(m · K)
비열	20°C	0.385 6 kJ/(kg · K)
	100°C	0.394 1 kJ/(kg · K)
종탄성계수	연질동관	120 GPa
	경질동관	120~135 GPa

동과 동합금은 약 알카리성에 대해서 가장 안정된 상태를 유지하고, 중성 부근에서도 부식속도는 크지 않다. 그러나 pH가 낮은 물은 내식성을 현저하게 저하시킬 수 있다. 또 pH가 낮고 중탄산이온에 비하여 황산이온을 많이 함유하는 경우에는 동관에 공식이 발생할 수 있다. 내식성에 영향을 미치는 인자는 염분의 농도와 대기오염 이다. 그래서 임해지역의 지하수는 가용성 염분농도가 현저하게 높아서 부식성이 커지므로 이런 경우에는 내 해수성 배관재 사용이 권장된다. 건물 공조용 냉각수는 냉각탑을 순환하므로 대기 중의 아황산가스 등의 오염성분을 흡수하여 냉각수가 산성화될 수 있고 공조기의 냉매 응축기에 사용된 동관이 부식될 수 있다.

동과 동합금은 일반적으로 산화성 산에 심하게 부식되지만 비산화성 산에 대해서는 충분한 내식성을 가진다. 다만, 비산화성 산에서도 용존산소와 제이철이온(Fe^{3+}) 등의 산화제가 포함되는 경우는 상당히 부식된다. 고농도의 알칼리유에 대해서는 동과 동합금의 내식성이 충분하지 않다. 산화제를 함유한 암모니아수 혹은 습한 암모니아 가스에 대해서는 가용성착(可溶性錯) 이온을 생성하게 되므로 심하게 부식된다. 또한 암모니아 응력부식 균열을 발생시키는 경우가 많다.

동과 동합금은 중성과 알칼리성의 염류수용액에 대해서는 내식성이 크다. 그러나 산성염 용액에 의해서는 부식이 심한 경우가 있으므로 사용에 주의가 필요하다.

4 동관 및 동합금관

(1) 동관

동관이라 함은 순동(純銅)으로 제조된 동관의 의미이다. 그러나 실제로는 동의 정제 과정에서 불순불이 완전하게 제거되지 않으므로 동의 함량은 100%가 아니다. 그래서 실무적으로는 동합량이 99.96% 이상이면 순동관이라 한다. 재료는 무산소동과 인탈산동 이지만, 배관용으로 사용되는 것은 인탈산동이다.

(2) 동합금관

동합금관은 요구하는 특성, 예를 들면 강도, 해수에 대한 내식성 등을 높이기 위하여 여러 원소를 혼합한 재료로 만들어진 관이다. 주로 아연의 함량을 기준으로 분류되며 이를 황동(brass)라고 하고, 주석이 포함되는 경우를 청동(bronze)이라고 한다. 그러나 관으로 사용되는 것은 대부분 황동관이다.

가장 보편화 된 황동은 동 65%와 아연 35%인 합금이다. 동과 아연의 비율에 따라 단동(丹銅, red brass, 동 88%, 주석 8~10% 및 아연 2~4%), 7-3 황동(동 70%, 아연 30%), 6-4 황동(동 60%, 아연 40%를), 델타메탈, 네이벌 황동(주석 첨가로 내해수성을 높인 황동) 등으로 특징을 알아볼 수 있는 이름이 붙어있다. 단동은 적색이 강하기 때문에 붙여진 이름이나 건메탈(gunmetal)이라고도 한다. 예전에는 총기류 제작에 사용된 재질이기 때문이다(현재는 강으로 대체되었다).

동합금은 아연의 비율이 높을수록 색이 옅어지고 아연의 비율이 낮을수록 적색을 띤다. 일반적으로 아연 함량이 증가함에 따라 경도는 증가하지만 동시에 취성도 증가하기 때문에 45% 이상은 사용하지 않는다.

(3) 연질과 경질

순동관의 경우는 기본적으로 연질(O)과 경질(H)의 두 가지로 공급되지만, 용도에 따라서는 반연질(OL), 반경질(1/2H)과 그 외의 더 세분된 템퍼(質)로도 공급된다.

연질동관의 압력등급은 경질동관의 압력 등급의 약 60% 정도이다. 동관을 브레이징하면 이음부 즉 열을 받은 부위의 동관은 연질로 변하므로 연질동관의 압력등급을 적용해야 한다. 연질동관은 매우 쉽게 굽혀지므로 코일로도 직관으로도 공급된다.

경질동관은 제조과정을 거치면서 가공경화 된 것으로 직관으로만 공급되며, 대분분 유체 수송용도나 건물 배관용으로 사용된다.

따라서 동관을 가열할 때는 450~550°C가 적당하고, 황동관의 경우는 함유량에 따라 다르지만 보통 450~600°C이다. 동관이나 동합금관은 고온에서 휨 등의 가공을 피하는 것이 좋고, 연질관은 상온에서 가공하는 것이 좋다.

5 동관 제조

(1) 이음매 없는 동관

동 및 동합금관은 일반적으로 피어싱(piercing) 및 압출 공정을 거쳐 이음매 없이 제조되지만, 대구경관이나 특수용도의 관은 용접으로도 제조된다. 가장 일반적으로 사용되는 것은 압출공정으로 제조된 이음매없는 동관이다.

(2) 피어싱과 압출

가열된 상태의 동 빌렛의 중심에 축방향으로 구멍을 뚫는 공정이 피어싱이다. 이 공정을 거쳐 두께가 두꺼운 중공빌렛(shell 또는 mother pipe<母管>)이 만들어 지며, 이것이 동관이 되는 기본 재료이다. 모관의 내부로 맨드렐을 통과시켜 관의 안지름을 결정한 다음 이것을 다시 다이스와 플럭 사이를 통과시켜서 바깥지름과 안지름을 맞춘다. 피어싱 공정과 압출공정이 한 장비에서 이루어지는 경우와 두 공정을 분리시킨 경우도 있다. 관을 밀어서 빼내기 때문에 압출(壓出) 공정이 된다.

(3) 냉간 인발

모관을 인발하여 동관을 제조하는 공정으로, 이 용도의 장비를 인발기(draw bench)라고 한다. 인발은 1회로 끝나는 것이 아니고 큰 구경에서 중간 구경으로, 중간 구경에서 작은 구경으로 점진적으로 줄여나가는 식으로 여러 단계를 거치는 것이 일반적이다. 관을 당겨서 빼내기 때문에 인발(引拔)공정이 된다.

(4) 그 외의 공정

다른 중요 공정으로는 대구경 동관 제조를 위한 컵-앤-드로우(cup-and-draw) 및 튜브-롤링(tube-rolling) 공정이 있다. 전자는 동판을 펀칭하여 원형의 프랭크(blank)를 만들고 이것을 컵으로 만든 다음 4단계로 딥 드로잉(deep drawing)하여 동관을 제조하는 방법이고, 후자는 모관을 진동 테이퍼 다이스와 맨드릴 사이를 통과시켜 점진적으로 레듀싱하여 동관을 제조하는 냉간 가공법이다.

4.2 동관의 표준

1 용도별 동관의 표준

동관(튜브와 파이프)은 화학, 공정, 자동차, 해양, 식음료 및 건축산업 전반에 걸쳐 광범위한 응용분야를 갖는다.

동 및 동합금관에도 여러 표준이 있지만, 국제적으로 통용되는 것은 ASTM 이므로 이를 기준으로 한다. **표 25**는 동 및 동합금관 표준을 정리한 것이며, 이중 실무적으로 많이 사용되는 동 및 동합금관이 **표 26**이다.

표 26에서 표준사이즈라 함은 강관(스테인리스강관도 같음)의 바깥지름과 동일한 치수를 갖는 관을 말한다.

표 25 동 및 동합금관의 표준

구분		표준											
		B42	B43	B68	B75	B88	B111	B280	B302	B315	B466	B467	B608
이음매 없는관	동파이프	O							O				
	단동파이프		O										
	동튜브			O	O	O	O	O					
	단동튜브						O						
	문츠메탈						O						
	Admiralty 튜브						O						
	알미늄청동						O			O			
	알미늄황동						O						
	동-니켈파이프										O		
용접관	동-니켈파이프											O	
	동합금관												O

자료 B는 ASTM 표준임

표 26 주요 용도별 동관

표준	표준	적용	비고(KS)
이음매없는 동파이프, 표준 사이즈	B42	배관, 보일러 급수관 및 유사한 용도의 이음매없는 동 파이프. 표준 두께와 XS 2종, DN 6~300	강관과 동일 치수
이음매없는 단동 파이프, 표준 사이즈	B43	배관, 보일러 급수관 및 유사한 용도의 이음매없는 단동 파이프(O61). 계단 난간과 같은 건축 분야용(H58). 표준 두께와 XS 2종, DN 6~300	강관과 동일 치수
나사없는 동파이프, 표준 사이즈	B302	나사없는 이음매없는 인탈산동관, 단일 두께, DN 6~300	강관과 동일 치수
이음매없는 물용 동튜브, 일반배관용	B88	일반적인 용도에 광범위하게 사용되는 동관의 대표적인 표준 DN 8~300	D5301
이음매없는 동튜브	B75	일반 공업용의 원형, 직사각형 및 정사각형 단면을 갖는 동관. 원형 단면 기준 DN 8~50	
광휘소둔*된 이음매없는 동튜브	B68	내 표면이 극히 깨끗해야 하는 용도, 즉 냉동배관, 오일 및 가솔린 배관 등. DN 8~50	
공조 및 냉동용 이음매없는 동튜브	B280	에어컨, 냉장고, 냉동기 등의 냉매 배관 및 보일러 등의 열교관환용 코일 등	
배수관용 동튜브(DWV)	B306	오배수, 통기, 우수 등의 위생배관용. DN 32~200	

주 * bright annealed(光輝燒鈍). 환원성 분위기에서의 열처리. 처리 물의 표면을 밝고 미려하게 유지시키는 열처리 방법.

2 표준사이즈의 동 및 동합금 파이프(B42, B43, B302)

(1) 표준 간의 차이

배관을 위한 파이프나 튜브는 여러 가지 재질이 있지만, 기준이 되는 것은 역시 가장 종류가 많고 용도가 광범위한 강관이다. 따라서 동관 및 동합금관도 동과 동합금만의 고유 규격뿐만 아니라 기하학적으로 강관의 치수와 같은 것이 필요하다. 시공상의 편의 즉 재질이 다른 배관재가 함께 사용되어야 하는 경우가 많기 때문이다.

B42, B302 및 B43은 표준은 관의 제조나 배관 시공 시의 기준이 되는 바깥지름의 치수가 강관과 동일한 관의 표준이다.

B42와 B43는 **표 27**과 **표 28**에서와 같이 치수는 동일하고 재질과 화학적 성분과 기계적 성질은 다르다. 전자는 순동이고 후자는 단동이라 불리는 동합금이다. 재료별로 비중량이 다르므로 이론 중량도 다를 수밖에 없다.

B302는 순동 제품으로 앞의 두 표준과 바깥지름은 동일하고 두께만 다르다. 그러므로 이론 중량도 다르다.

치수는 ft-lb 단위를 표준으로 하며, mm, kg/m 단위의 값은 환산하여 표기된 것으로 참고용이다.

(2) B42

보일러 물 공급배관 및 유사한 목적으로 사용하도록 STD(표준)과 XS의 두가지 두께로 공급된다. 바깥지름이 강관이나 스테인리스강관 치수와 동일하여 이들 배관과 함께 사용할 수 있다. 재료는 C10200, C10300, C10800, C12000 및 C12200 중의 어떤 것을 사용할 수 있으나 주로 인탈산동인 C12200이 사용된다.

(3) B43

배관용과 건축용 두 가지 용도의 이음매없는 동합금관(丹銅管, red brass pipe)으로 전자는 배관, 보일러 급수관 및 유사한 목적으로, 후자는 계단의 난간이나 가이드 레일과 같은 건축 분야용으로 사용된다.

(4) B302

배관용으로 이음은 브레이징으로 하며, 강관이나 스테인레스강관과 동일한 바깥지름을 가지므로 이들과의 혼용이 가능하다. 재료는 C10300과 C12200 중의 어떤 것을 사용할 수 있으나 주로 인탈산동인 C12200이 사용된다.

3 B88 동관

(1) 적용

위생 배관 및 이와 유사한 용도로 사용하는 물용 이음매없는동관(튜브) 이다. 이음방식으로는 주로 브레이징이나 솔더링을 사용하지만, 에어컨 같은 기기나 장비와의 이음에는 플래어 또는 압축식 이음방식도 사용된다. 냉간인발 공정으로 제조되여 필요한 템퍼 및 표면 마감 처리를 위하여 어닐링으로 마무리된다. 튜브가 코일로 제공되는 경우에는 코일링 후에 어닐링이 수행되는 반면, 직관으로 제공되는 경우는 경질이다. 일반적인 배관용으로 사용되는 동관은 대부부 이 표준에 의한 동관이고, 국내 생산제품 또한 이 표준을 따른 것이다. 재료는 C10200, C10300, C10800, C12000 및 C12200 중의 어떤 것을 사용할 수 있으나 주로 인탈산동인 C12200이 사용된다.

표 27 표준 사이즈의 동 및 동합금 파이프의 치수

호칭지름		바깥지름		B42, B43				B302				B42				B43			
				STD 두께		XS 두께		두께		중량		STD 중량		XS 중량		STD 중량		XS 중량	
NPS	DN	in	mm	in	mm	in	mm	in	mm	lb/ft	kg/m	lb/ft	kg/m	lb/ft	kg/m	lb/ft	kg/m	Lb/Ft	kg/m
1/8	6	0.41	10.3	0.062	1.57	0.100	2.54	-	-	-	-	0.259	0.385	0.371	0.551	0.253	0.38	0.363	0.539
1/4	8	0.54	13.7	0.082	2.08	0.123	3.12	0.065	1.65	0.376	0.559	0.457	0.679	0.625	0.929	0.447	0.66	0.611	0.908
3/8	10	0.68	17.1	0.090	2.29	0.127	3.23	0.065	1.65	0.483	0.718	0.641	0.953	0.847	1.26	0.627	0.93	0.829	1.23
1/2	15	0.84	21.3	0.107	2.72	0.149	3.78	0.065	1.65	0.613	0.91	0.955	1.42	1.25	1.86	0.934	1.39	1.23	1.83
3/4	20	1.05	26.7	0.114	2.90	0.157	3.99	0.065	1.65	0.780	1.16	1.30	1.93	1.71	2.54	1.27	1.89	1.67	2.48
1	25	1.32	33.4	0.126	3.20	0.182	4.62	0.065	1.65	0.989	1.47	1.82	2.70	2.51	3.73	1.78	2.65	2.46	3.66
1 1/4	32	1.66	42.2	0.146	3.71	0.194	4.93	0.065	1.65	1.26	1.87	2.69	4.00	3.46	5.14	2.63	3.91	3.39	5.04
1 1/2	40	1.90	48.3	0.150	3.81	0.203	5.16	0.065	1.65	1.45	2.16	3.20	4.76	4.19	6.23	3.13	4.65	4.10	6.09
2	50	2.38	60.3	0.156	3.96	0.221	5.61	0.065	1.65	1.83	2.72	4.22	6.27	5.80	8.62	4.12	6.12	5.67	8.43
2 1/2	65	2.88	73.0	0.187	4.75	0.280	7.11	0.065	1.65	2.22	3.30	6.12	9.10	8.85	13.15	5.99	8.90	8.66	12.87
3	80	3.50	88.9	0.219	5.56	0.304	7.72	0.083	2.11	3.45	5.13	8.76	13.02	11.80	17.54	8.56	12.72	11.6	17.24
3 1/2	90	4.00	101.6	0.250	6.35	0.321	8.15	0.095	2.41	4.52	6.72	11.40	16.94	14.40	21.40	11.2	16.65	14.1	20.96
4	100	4.50	114.3	0.250	6.35	0.341	8.66	0.107	2.72	5.72	8.50	12.90	19.17	17.30	25.71	12.7	18.87	16.9	25.12
5	125	5.56	141.3	0.250	6.35	0.375	9.53	0.132	3.35	8.73	12.97	16.20	24.08	23.70	35.22	15.8	23.48	23.2	34.48
6	150	6.63	168.3	0.250	6.35	0.437	11.10	0.158	4.01	12.40	18.43	19.40	28.83	32.90	48.90	19.0	28.24	32.2	47.86
8	200	8.63	219.1	0.312	7.92	0.500	12.70	0.202	5.13	21.00	31.21	31.60	46.96	49.50	73.57	30.9	45.92	48.4	71.93
10	250	10.75	273.1	0.365	9.27	0.500	12.70	0.256	6.50	32.70	48.60	46.20	68.66	62.40	92.74	45.2	67.18	61.1	90.81
12	300	12.75	323.9	0.375	9.53	-	-	0.313	7.95	47.40	70.45	56.50	83.97	-	-	55.3	82.19	-	-

주 (1) STD: Regular, XS: Extra Strong

(2) 수압시험 압력은 다음식으로 구한다

$P=\frac{2St}{D-0.8t}$ 식에서 P:수압시험압력, MPa. t: 관 두께, mm. D:바깥지름, mm, S: 재료의 허용응력, MPa이다.

표 28 표준 사이즈의 동 및 동합금 파이프의 화학성분과 기계적 성질

구분 \ 표준		B42				B43		B302	
		O61	H80	H80	H55	O61	H58		
규격명		이음매없는 동파이프, 표준 사이즈				이음매없는 단동 파이프, 표준 사이즈		나사없는 동파이프, 표준 사이즈	
화학성분(%)	Cu(Ag 포함)	99.9[A] min				84.0-86.0		99.95[A] min	99.9[A] min
	P	0.04 max				–		0.001-0.005	0.015-0.040
	Pb	–				0.05 max		–	–
	Fe	–				0.05 max		–	–
	Zn	–				나머지		–	–
기계적 성질	인장강도, MPa min	294	310	260	250	276	303	248	
	항복강도[B], MPa min	88[C]	280	220	210	83[C]	124	207	
	연신율[50mm] min(%)					35	-		
관의 사이즈		전규격	DN 8~50	DN 50 이상	DN 50~300				
재료		C10200, C10300, C10800, C12000, C12200						C10300	C12200

주 A: Ag 포함

B: 하중이 가해진 상태에서 0.5% 신장기준(B42, B43에 만 해당).

C: 가벼운 직선 작업은 허용됨

(2) 치수

동관의 치수는 ft－lb 단위(B88)와 SI 단위(B88M) 두 종류가 있다. 그러나 B88과 B88M은 서로 다른 표준이라는 것에 유의해야 한다. 국내 표준은 B88과 같은 것으로 in와 lb를 mm 와 kg 으로 환산한 치수이다. B88M은 영국코드(BS)의 동관 치수이다.

표 29는 두 표준 간의 차이를 요약한 것으로 혼동을 피하기 위함이다. 이 표준의 제품은 3가지 표준 두께로 공급된다. 관 두께가 두껍고 무거운 순서로 K, L M 형이다. 바깥지름은 항상 호칭지름보다 1/8 in 더 크다.

(3) 기계적 성질

이 표준의 동관의 강도에 대한 요구 조건은 **표 30**과 같으며, **표 31**은 이 표준의 동관에 대한 치수이다.

표 29 B88과 B88M 동관 표준의 비교

구분	B88	B88M
호칭지름	8. 10. 15. 20. 25. 32. 40. 50. 65. 80. 100. 125. 150. 200. 250. 300	6, 8, 10, 12, 15, 18, 22, 28, 35, 42, 54, 67, 79, 105, 130, 156, 206, 257, 308
표준두께	3종(K, L. M)	3종(A, B, C)
바깥지름	호칭지름(NPS) + 1/8 in	호칭지름과 같음
비고		BS 2871(= EN 1057)과 같음

표 30 B88 동관의 강도

템퍼	제품형태	경도(R)		인장강도, min, MPa
		스케일	값	
연질(O60)	코일	F	50 max	207
연질(O50)	직관	F	55 max	207
경질(H)	직관	30T	30 max	248

표 31 B88 이음매없는 물용동관의 치수

호칭지름		바깥지름		두께, mm			중량, kg/m		
NPS	DN	in	mm	K	L	M	K	L	M
1/4	8	0.375	9.53	0.89	0.76	–	0.20	0.19	0.16
3/8	10	0.500	12.70	1.24	0.89	0.64	0.40	0.29	0.21
1/2	15	0.625	15.88	1.24	1.02	0.71	0.51	0.42	0.30
5/8	–		19.05	1.24	1.07	–	0.62	0.54	0.39
3/4	20	0.875	22.23	1.65	1.14	0.81	0.95	0.68	0.49
1	25	1.125	28.58	1.65	1.27	0.89	1.24	0.97	0.69
1 1/4	32	1.375	34.93	1.65	1.40	1.07	1.55	1.31	1.01
1 1/2	40	1.625	41.28	1.83	1.52	1.24	2.02	1.69	1.40
2	50	2.125	53.98	2.11	1.78	1.47	3.06	2.60	2.17
2 1/2	65	2.625	66.68	2.41	2.03	1.65	4.34	3.69	3.02
3	80	3.125	79.38	2.77	2.29	1.83	5.94	4.95	3.98
3 1/2	90	3.625	92.08	3.05	2.54	2.11	7.61	6.38	5.32
4	100	4.125	104.78	3.40	2.90	2.41	9.68	8.00	6.93
5	125	5.125	130.18	4.06	3.18	2.77	14.37	11.31	9.90
6	150	6.125	155.58	4.88	3.56	3.10	20.61	15.16	13.24
8	200	8.125	206.38	6.88	5.08	4.32	38.60	28.70	24.50
10	250	10.125	257.18	8.59	6.35	5.38	59.97	44.79	38.09
12	300	12.125	307.98	10.29	7.18	6.45	85.99	60.09	54.63

주 수압시험 압력은 다음식으로 구한다

$P = \frac{2St}{D-0.8t}$ 식에서 P:수압시험압력, MPa. t: 관 두께, mm. D:바깥지름, mm, S: 재료의 허용응력, MPa 이다.

참고문헌

1. ASTM A36 Carbon Structural Steel
2. ANSI/ASME B 36.10M Welded and Seamless Wrought Steel Pipe
3. ANSI/ASME B 36.19M Stainless Steel Pipe
4. ANSI/AWWA A21.51/C151 Ductile Iron Pipe Centrifugally Cast
   - 4-1 KS D 4307 배수용 주철관
   - 4-2 KS D 4323 하수도용 덕타일 주철관
   - 4-3 KS D 4311 덕타일 주철관
5. ANSI/AGA A21.52 Ductile-Iron Pipe, Centrifugally Cast for Gas
6. ANSI/AWWA A21.50/C150 Standard for Thickness Design of Ductile-Iron Pipe
7. ASTM A53 Pipe, Steel, Black and Hot-Dipped, Zinc-Coated, Welded and Seamless
   - 7-1 KS D 3507 배관용 탄소강관
   - 7-2 KS D 3562 압력배관용 탄소강관
   - 7-3 KS D 3569 저온 배관용 탄소강관
8. ASTM A106 Seamless Carbon Steel Pipe for High Temperature Service
9. ASTM A135 Electric-Resistance-Welded Steel Pipe
10. ASTM A179 Seamless Cold-Drawn Low-Carbon Steel Heat-Exchanger and Condenser Tubes
    - 10-1 KS D 3563 보일러 및 열교환기용 탄소강관
    - 10-2 KS D 3572 보일러, 열교환기용 합금강관
    - 10-3 KS D 3564 고압배관용 탄소강관
11. ASTM A192 Seamless Carbon Steel Boiler Tubes for High-Pressure Service
12. ASTM A210 Seamless Medium-Carbon Steel Boiler and Superheater Tubes
13. ASTM A312 Seamless and Weled Austenitic Stainless Steel Pipes
    - 13-1 KS D 3576 배관용 스테인리스강관
14. ASTM A358 Electric-Fusion-Welded Austenitic Chromium-Nickel Stainless Steel Pipe

for High-Temperature Service

14-1 KS D 3588 배관용 용접 대구경 스테인리스강관

15. ASTM B42 Seamless Copper Pipe, Standard Sizes
16. ASTM B43 Seamless Red Brass Pipe, Standard Sizes
17. ASTM B302 Threadless Copper Pipe
18. ASTM B88 Seamless Copper Water Tube

18-1 KS D 5301 이음매없는 동 및 동합금관

18-2 KS D 5545 동 및 동합금 용접관

19. 金永浩, 동관의 표준 설계와 시공, 1984
20. 金永浩, 동관 및 동관이음쇠, 1990

6장 비금속제의 관

1 플라스틱 배관재

1.1 플라스틱 재료 일반

1 플라스틱의 분류

플라스틱은 열가소성과 열경화성으로 분류되며, 종류가 다양함은 이미 앞장에서 설명되었다. 이 장에서는 배관재로 잘 알려진 일부 플라스틱만을 대상으로 한다.

플라스틱 재료에는 가공을 용이하게 하고, 특정 성능을 향상 시키며, 제품에 독특한 외관과 색상을 부여할 뿐만 아니라, 제조 및 사용 중에 필요한 보호 기능을 제공하기 위하여 여러 가지 재료를 첨가하게 된다. 각 첨가제의 역할은 다음과 같다.

(1) 열 안정제(heat stabilizers)

특히 가공 중에 발생할 수 있는 플라스틱을 열화로부터 보호한다.

(2) 산화 방지제(antioxidants)

가공 중 및 사용 중 산화를 방지한다.

(3) 자외선 스크린 또는 안정제(ultraviolet screens, or stabilizers)

실외 보관은 물론 날씨에 노출될 때 자외선으로부터의 보호.

(4) 윤활제(lubricants)

점도를 낮추며 압출 가공시 다이스나 기타 금속물질 표면과의 마찰 저항을 줄임으로써 작업을 촉진하고 작업속도를 개선한다.

(5) 안료(pigments)

제품에 독특한 색상을 부여한다.

(6) 가공 보조제(processing aids)

가공 중 재료 혼합 및 융합을 촉진하여 재료의 균질화 및 그 특성을 최적화한다.

(7) 속성 수정자(property modifiers)

충격강도 또는 유연성과 같은 특정한 속성을 향상시킨다.

(8) 충전재(fillers)

부피를 줄이는 목적으로 가장 많이 사용되지만, 강성을 증가 시키거나 가공 특성을 수정하기 위한 목적으로 사용되기도 한다.

1.2 재료의 셀분류 시스템

1 PVC의 셀분류

(1) PVC

순수한 상태의 플라스틱은 반투명하고 무색의 단단한 폴리머이다. 가소제를 첨가하여 연화시킴으로 상용화할 수 있었다. 그리고 그 결과물은 정원용 호스, 와이어 코팅, 실험실용 튜브와 같은 품목의 제조에 사용되었다. 그 후 압출 및 성형장비의 발전과 안정제 및 윤활 첨가제를 이용하여 배관에 적합한 경질제품의 압출이 가능해졌다. 이러한 새로운 비탄성 조성물은 초기의 PVC와 구별하기 위해 uPVC 또는 경질PVC라 했고, 현재에도 종종 이같은 표현이 사용된다.

일반적으로 사용 가능한 열가소성 플라스틱 중에서 경질 PVC는 높은 강도와 강성을 제공하며, 압력 및 비압력 배관용으로 우수한 재료가 되었다. 주요 용도로는 수도관, 배수 및 하수도관, 도관, 전력 및 통신용 덕트 등이다.

PVC는 다른 플라스틱보다 훨씬 다양한 크기와 두께의 파이프, 관이음쇠, 밸브 및 기구 등으로 제공된다.

(2) 셀분류 시스템

경질 PVC 제품의 정의를 위해 ASTM은 재료 구분방식을 두 가지로 확립시켰다. 이것은 특성 셀분류 시스템을 기반으로 한 것이다. 그 중 하나가 '경질 PVC 및 CPVC 화합물 표준 사양[1]'이다. 이것은 중합체의 성질 및 4가지 주요 속성에 따라 **표 1**과 같이 PVC 재질을 분류하는 방법이다. 5번째 특성인 내화학성에 대한 요구사항은 **표 2**와 같다.

이 분류 시스템은 경질 PVC 재료를 식별하는 방식으로 사용되어, 관 제조를 위한

표 1 경질 PVC 화합물 및 CPVC 화합물 등급

선택 순서	요구값	셀 클래스											
		0	1	2	3	4	5	6	7	8	9	10	11
1	기본이 되는 플라스틱	지정하지 않음	PVC	CPVC	PVC								
2	내충격성, min, J/m		<34.7	34.7	80.1	266.9	533.8	800.7					
3	인장강도, MPa		<34.5	34.5	41.4	48.3	55.2						
4	탄성계수, MPa		<1 930	1 930	2 206	2 482	2 758	3 034					
5	변형온도, min, °C		<55	55	60	70	80	90	100	110	120	130	140

주 (1) PVC는 단일중합체이다.
(2) 내충격성은 Izod 충격강도를 기준으로 한다.
(3) 변형온도(deflection temperature under load, DTUL)는 지정된 하중(1.8 MPa)이 작용하고 있는 상태에서 폴리머 또는 플라스틱 샘플이 변형되는 온도이다.
(4) 셀값 10, 11은 드물게 CPVC 화화물 특별히 고온 등급에만 적용된다.

자료 참고문헌 1, Table 1.

---

1. 참고문헌 1

표 2 PVC 화합물의 지정된 접미사별 내화학성

시험용액	접미사			
	A	B	C	D
H_2SO_4 (93%, 55±2°C)에 14일간 담금				
중량변화				
증가, max, %	1.0*	5.0*	25.0	NA*
감소, max, %	0.1*	0.1*	0.1	NA
굴곡 항복강도의 변화				
증가, max, %	5.0*	5.0*	5.0	NA
감소, max, %	5.0*	25.0*	50.0	NA
H_2SO_4 (80%, 60±2°C)에 30일간 담금				
중량변화				
증가, max, %	NA	NA	5.0	15.0
감소, max, %	NA	NA	5.0	0.1
굴곡 항복 강도의 변화				
증가, max, %	NA	NA	15.0	25.0
감소, max, %	NA	NA	15.0	25.0
ASTM 오일 No.3 (23°C)에 30일간 담금				
중량변화				
증가, max, %	0.5	1.0	1.0	10.0
감소, max, %	0.5	1.0	1.0	0.1

주 * 흐르는 물로 씻고 공기 분사 또는 기타 기계적 수단으로 건조된 시험편은 산 탱크에서 꺼낸 후 2시간 이내에 발한이 없어야 한다. NA: 해당 사항 없음

재료 즉 PVC 및 CPVC 화합물을 특성에 맞게 선정할 수 있도록 한 것이다. 선택 순서는 5자리 또는 6자리로 이루어지며, 속성 중 제일 낮은 값을 기준으로 셀 번호를 결정해야 한다.

대부분의 PVC 압력 파이프는 장기강도를 극대화하기 위해 일반적으로 최소량의 가공 첨가제 및 물성 개질제를 사용하는 셀 클래스 12454-C의 최소 요구사항을 충족시키는 재료로 만들어진다.

(3) 충격강도

표 1에서의 내충격성을 나타내는 값은 충격강도 시험 결과를 기본으로 한다. 일반적으로 플라스틱은 금속과 달리 빠르고 강한 충격에는 깨지기 쉽다. 이러한 특성은 배관 구성부품의 소재로 선정하는 경우 매우 중요한 인자가 된다.

PVC관에 대한 충격강도는 아이조드 충격강도(Izod impact strength)가 사용된다. 이

방법은 일정한 무게의 추(pendulum)를 이용하여 시편을 가격하고 반력에 의해 회전되는 추의 높이로 얻는 흡수에너지(J/m)를 시편 노치부의 단면적으로 나눈 값을 사용한다. 그러나 충격강도는 인위적으로 노치를 만들어 측정하므로 실제 제품의 충격강도와는 약간 거리가 있다.

예제 1

PVC 재료가 클래스 12454-C이다. 이 재료의 특성과 내화학성을 설명하라.

해답 표 1과 표 2에서 순서별로 셀 클래스 번호에 해당하는 값을 선택하면 다음과 같은 특성을 가진 화화물이 된다.

	셀클래스: 12454-C	비고
기본 플라스틱	PVC 단일중합체	표 1 참조
내충격성, min, J/m	34.7	
인장강도, MPa	48.3	
탄성, MPa	2758	
열변형온도, min, °C	70°C	
내화학성	C	표 2 참조

예제 2

셀 클래스가 12345와 234611이다. 이 재료의 특성과 내화학성을 비교하라.

해답 표 1에서 순서별로 셀 클래스 번호에 맞는 값을 선택하면 다음과 같은 특성을 가진 화화물이 된다.

	셀클래스: 12345	셀클래스: 243611
기본 플라스틱	PVC 단일중합체	CPVC
내충격성, min, J/m	34.7	266.9
인장강도, MPa	41.4	41.4
탄성, MPa	2482	3034
열변형온도, min, °C	80	140

(4) 신, 구 재료 등급 표기법

표준(D1784)에서의 표기법인 '유형 및 등급' 시스템은 기술적으로 오래된 표기법 임에도 불구하고 아직도 많은 배관 표준에서 그대로 적용된다. 그래서 신판 표준에는 새로운 표기법과 과거 표기법을 비교할 수 있도록 **표 3**과 같은 대비표가 들어있다. 압력 파이프 사용 분야의 경우는 표준에서의 셀 분류 시스템에 요구하는 재료를 추가하는 식으로 보완된 방법이 사용된다.

표 3 경질PVC 배관재료의 상업적인 유형 및 등급분류(구 표기법과 신 표기법 비교)

구분	유형 및 등급 (구)	셀 분류(신)
경질 PVC 재료	유형Ⅰ, 등급1 유형Ⅰ, 등급2 유형Ⅰ, 등급3 유형Ⅱ, 등급1 유형Ⅲ, 등급1	12454-B 12454-C 11443-B 14333-D 13233
CPVC 재료	유형 Ⅳ, 등급1	23447-B

주 셀 분류는 **표 1**, **표 2** 참조

(5) 요구사항

모든 PVC 압력 파이프 표준에서는 규정에 따른 최소 장기강도[2]를 가지도록 제조할 것을 요구한다. 특히 음용수 배관용 PVC관에 대해서는 수질에 영향을 미치지 않는 재료의 사용을 요구한다.

(6) PVC 재료의 응력등급

대부분의 ASTM 및 기타 PVC 압력 파이프 표준에서는 4자리 숫자로 PVC 재료의 응력 등급을 식별하게 된다. 첫 번째 두 자리는 표준의 이전 판에서의 유형과 등급이며(**표 3** 참조) 마지막 2자리는 23°C(73.4°F)의 물에 대한 재료의 최대권장 정수압설계응력(HDS[3])이다. 최대 HDS는 재료의 정수압설계기준(HDB[4])의 1/2이며, 이는 D2837에 따른 재료의 LTHS[5]의 범위 내에 있다. **표 4**는 가장 일반적인 PVC 재료의 응력등급을

2. 참고문헌 2
3. hydrostatic design stress(정수압설계응력)
4. hydrostatic design basis(정수압설계기준)

나타낸다.

표 4 일반적인 PVC재료의 응력등급

재료	표기내용	HDS	HDB
PVC 1120	유형Ⅰ, 등급1 (셀클래스 12454-B)	14.0 MPa	28.0 MPa
PVC 1220	유형Ⅰ, 등급2 (셀클래스 12454-C)	14.0 MPa	28.0 MPa
PVC 2120	유형Ⅱ, 등급1 (셀클래스 14333-D)	14.0 MPa	28.0 MPa
PVC 2116	유형Ⅱ, 등급1 (셀클래스 14333-D)	11.2 MPa	22.4 MPa
PVC 2112	유형Ⅱ, 등급1 (셀클래스 14333-D)	8.7 MPa	17.4 MPa
PVC 2110	유형Ⅱ, 등급1 (셀클래스 14333-D)	7.0 MPa	14.0 MPa

2 PE의 셀분류

(1) PE

폴리에틸렌(PE)은 폴리올레핀 계열(에틸렌, 프로필렌 및 부틸렌을 포함한 올레핀 가스의 중합에서 유도된 물질) 중 가장 잘 알려진 성분이다. 순수한 형태의 PE는 왁스 같은 느낌의 반투명하고 거친 물질이다. PE는 부분적으로 결정질이고 부분적으로 비결정질이다.

이러한 구조적 특성은 PE의 단기 및 장기 기계적 특성에 크게 영향을 준다.

PE 폴리머에서 결정질 영역이 형성될 수 있는 정도는 밀도에 의한다. 밀도가 높은 물질은 더 많은 결정질 영역을 가지므로 강성과 인장강도가 높아진다. 그러나 결정성이 증가하면 대신 연성 및 인성은 낮아진다.

PE는 상온의 주변 환경에서 사용할 때 PVC보다 강도와 강성은 낮지만, 저온에서 사용할 때에는 인성, 연성 및 유연성이 좋으므로 PVC 다음으로 많이 사용되는 플라스틱이다. PE 파이프는 가공, 보관 및 서비스 중에 PE 폴리머를 보호하기 위해 PE 합성 물질에는 소량의 열안정제, 산화방지제 및 자외선(UV) 스크린 또는 UV 화학 안정제가 포함된다.

---

5. long-term hydrostatic strength(장기 정수압강도)

표 5 PE 배관재료에 대한 셀 등급 제한(ASTM D3350에 의함)

<table>
<tr><th rowspan="2">선택 순서</th><th rowspan="2" colspan="3">요구값</th><th rowspan="2">시험 방법</th><th colspan="8">셀 클래스</th></tr>
<tr><th>0</th><th>1</th><th>2</th><th>3</th><th>4</th><th>5</th><th>6</th><th>7</th></tr>
<tr><td>1</td><td colspan="3">밀도, g/cm³</td><td>D1505</td><td>a</td><td>0.925이하</td><td>>0.925 -0.940</td><td>>0.940 -0.955</td><td>>0.955</td><td>..</td><td>..</td><td>c</td></tr>
<tr><td>2</td><td colspan="3">용융지수</td><td>D1238</td><td>a</td><td>>1.0</td><td>1.0-0.4</td><td><0.4-0.15</td><td><0.15</td><td>(A)</td><td></td><td>c</td></tr>
<tr><td>3</td><td colspan="3">굴곡 탄성계수, MPa, 2%</td><td>D790</td><td>a</td><td><138</td><td>138-<276</td><td>276-<552</td><td>552-<758</td><td>758-<1103</td><td>>1103</td><td>c</td></tr>
<tr><td>4</td><td colspan="3">인장강도, MPa</td><td>D638</td><td>a</td><td><15</td><td>15-<18</td><td>18-<21</td><td>21-<24</td><td>24-<28</td><td>>28</td><td>c</td></tr>
<tr><td rowspan="4">5</td><td rowspan="4">균열 성장 저항</td><td rowspan="3">Ⅰ. ES CR</td><td>a.시험조건 (100% igepal)</td><td rowspan="3">D1693</td><td>a</td><td>A</td><td>B</td><td>C</td><td>C</td><td>..</td><td>..</td><td>c</td></tr>
<tr><td>b.시험기간, h</td><td>a</td><td>48</td><td>24</td><td>192</td><td>600</td><td></td><td></td><td></td></tr>
<tr><td>c.불합격 max, %</td><td>a</td><td>50</td><td>50</td><td>20</td><td>20</td><td></td><td></td><td>c</td></tr>
<tr><td colspan="2">Ⅱ.PENT, h, 80 °C, 2.4 MPa,노치 깊이 F1473 표 1</td><td>F1473</td><td>a</td><td>0.1</td><td>1</td><td>3</td><td>10</td><td>30</td><td>100</td><td>c</td></tr>
<tr><td rowspan="2">6</td><td rowspan="2">정수 압강 도등 급</td><td colspan="2">Ⅰ.정수압설계 기초,MPa(23°C)</td><td>D2873</td><td>(B)</td><td>5.52</td><td>6.89</td><td>8.62</td><td>11.03</td><td>..</td><td>..</td><td></td></tr>
<tr><td colspan="2">Ⅱ.최소 요구 강도, MPa(20°C)</td><td>ISO 12161</td><td></td><td>..</td><td>..</td><td>..</td><td>..</td><td>8</td><td>10</td><td>..</td></tr>
</table>

주 (1) ESCR: Environmental Stress Cracking Resistance(환경 응력 균열 저항)
PENT: Pennsylvania Notch Test(ASTM F-1473). 몰딩된 시편(molded plaques)사용
igepal: 비이온성 비변성 세제. ESCR 시험시 사용되는 용액으로, Rhodia의 등록상표이다.
(2) a: 규정하디 않음, c: 지정값, (*A*): ASTM D3350 S10.1.4.1 (*B*): 압력등급 아님

자료 참고문헌 3

(2) 재료의 분류

배관에 사용되는 폴리에틸렌 중합체는 ①비교적 유연한 형태의 저밀도, ②다소 단단하고 유연성이 적은 형태의 중밀도, ③더욱 단단하고 강한 고밀도 등 3가지 유형으로 분류된다. 대부분의 압력 파이프는 중밀도 PE의 상단과 고밀도 PE의 하단 범위의 밀도를 갖는 재료로 만들어 진다. 이 범위의 재료는 인성, 유연성 및 장기강도가 최상의 균형을 이루기 때문이며, 비압력용 배관은 주로 더 단단한 고밀도 재료로 만들어진다. PE 배관재료를 식별하는 기준은 'PE 파이프 및 관이음쇠 재료의 표준[6]'이다.

여기서는 배관에 사용되는 다양한 재료를 다루기 위해 PVC와 같이 **표 5**의 셀 클래스 형식을 사용한다. 즉 PE 재료를 6가지 주요 항목의 특성에 대해 지정된 셀값 범위로 분류된다. 선택 순서는 5자리 또는 6자리 숫자로 이루어지며, 속성 중 제일 낮은 값

6. 참고문헌 3

표 6 색과 자외선 안정제

색상 표시문자	색과 자외선 안정제
A	자연색
B	채색
C	최소 카본블랙 2%의 검은 색
D	UV 안정제로 자연색
E	UV 안정제로 채식

을 기준으로 셀 번호를 결정해야 한다. 숫자 뒤에 붙는 문자는 착색제 및 UV 안정제의 혼입을 지정하는 데 사용된다. 색과 자외선 안정제는 **표 6**과 같다.

표준[7]의 구 분류법에서는 재료의 밀도 범위와 등급, 주로 용해 흐름 또는 처리 특성을 조합하여 PE를 유형별로 분류했다.

PVC와 유사하게 PE 배관 표준은 PE 응력등급 재료를 네 자리 숫자로 분류하는데, 이 중 처음 2자리는 유형과 등급을 나타내며 마지막 두 자리는 23°C의 물에서 재료의 HDS 값이다. 일반적으로 사용되는 PE 배관재료를 이 전통적인 지정 시스템에 따라 설명하면 다음과 같다. ①PE 2406는 유형Ⅱ(즉, 중 밀도), 등급4인 PE 재료로, 23°C의 물에 대해 HDS가 4.3 MPa인 물질. [2406의 '06"은 HDS 값을 나타냄], ②PE 3408은 유형Ⅲ(즉, 고밀도), 등급4인 PE 재료로, 23°C의 물에 대해 HDS가 5.5 MPa인 물질이다.

이런 방식의 구 시스템을 현재 표준(D3350)에서의 셀 클래스 시스템과 비교할 수 있도록 **표 7**과 같은 상호대조표가 들어있다

표 7 상업용 PE 배관재료 분류(신, 구방법 대비)

구 방법(D1248)에서의 유형 및 등급	신 방법(D3350)에서의 셀분류시스템
PE 2406	PE 212333
PE 3406	PE 324443
PE 3408	PE 334434

주 D3350에서의 셀 1과 6의 경우, 결과 값은 특정 셀에 대해 표시된 한계 내에 있어야 한다. 다른 속성의 경우 재료 값은 지정된 셀 한계 내에 있거나 그 이상일 수 있다. 각 항목의 속성값 범위는 **표 5** 참조.

7. 참고문헌 4

예제 3

셀 클래스가 PE233424B 이다. 이 재료의 특성을 설명하라.

해답 **표 5**에서 선택 순서별로 셀 클래스 번호에 맞는 값을 선택하면 다음과 같은 특성을 가진 화화물이 된다.

		셀 클래스 233424B	비고
밀도, g/cm^3		0.925-0.940	**표** 5 참조
용융지수		<0.4-0.15	
굴곡 탄성계수, MPa		276-<552	
인장강도, MPa		21-<24	
균열성장저항	I	시험조건: B, 시험시간: 24h, 불합격: 50%	
	II	F1473 1h	
정수압강도등급		11.03 MPa. 23°C	
B		UV 안정제로 채식	**표** 6 참조

2 플라스틱 관의 표준과 각각의 치수

2.1 플라스틱 관의 표준

플라스틱으로 제조된 관의 종류도 금속관과 마찬가지로 종류가 다양하다.

금속관에서는 강관의 치수를 기본으로 하여 다른 재료를 사용하더라도 이와 동일한 치수를 갖도록 표준화되어 있다. 물론 일부 특수 용도의 경우는 이 원칙을 벗어나는 예외 표준도 있다.

플라스틱 관에서는 PVC 파이프가 강관처럼 대표적인 치수가 된다. 바깥지름을 기준하는 것이 주가 되지만 일부 표준은 안지름을 기준으로 한다.

플라스틱 재료 전체에 대한 표준은 **표 8**과 같다.

2.2 PVC 파이프

1 특성과 용도

가소제가 없고 비교적 소량의 다른 성분을 함유한 단단한 화합물로만 제조되며, 다른

표 8 플라스틱 재료별 관의 표준

	표준의 명칭	표준	적용	비고(KS)
PVC	PVC 플라스틱 파이프, Sch40, 80, 120	D1785	물배관 및 산업용, NPS 1/2-24	M3401 M3404 M3414 M3404
	PVC 압력등급 파이프, SDR 계열	D2241	물배관 및 산업용, NPS 1/8-38	
	PVC 압력등급 파이프	C900	물배관, NPS 4~12	
	PVC DWV 파이프와 관이음쇠	D2665	오배수, 통기배관 NPS1-1/4-12	
	PVC 배수파이프 및 관이음쇠	D2729	옥외 배수배관 NPS 2-6	
CPVC	CPVC 플라스틱 파이프, Sch40, 80	F441	온냉수배관: 산업용, NPS 1/4-12	
	CPVC 플라스틱 파이프(SDR-PR)	F442	온냉수배관: 산업용, NPS 1/4-12	
	CPVC 플라스틱 온냉수분배 시스템	D2846	온냉수배관, NPS 3/8-2	
PE	PE 플라스틱 파이프, Sch40, 안지름 기준	D2104	냉수배관: 산업용, NPS 1/2-6	M3408
	PE 가스 압력 배관용 튜브와 관이음쇠	D2513	가스 라인용, NPS 14-24	
	PE 플라스틱 파이프(SIDR-PR), 안지름 기준	D2239	냉수배관: 산업용, NPS 1/2-6	
	PE 플라스틱 파이프(SDR-PR), 바깥지름 기준	D3035	냉수배관: 산업용, NPS 1/2-6	
	PE 플라스틱 파이프, Sch40, 80. 바깥지름 기준	D2447	냉수배관: 산업용, NPS 1/2-12	
	PE 플라스틱 파이프, DR-PR. 바깥지름 기준	F714	냉수, 오 배수: 산업용, NPS 3-48	
	PE 플라스틱 튜빙	D2737	냉수배관용, NPS 1/2-2	
PB	PB파이프, 안지름 기준	D2662	온냉수배관: 산업용, NPS 1/2-6	M 3363
	PB튜빙	D2666	온냉수배관: 산업용, NPS 1/2-2	
	PB파이프, DR계열	D3000	온냉수배관: 산업용, NPS 1/2-6	
	온냉수배관용 PB튜빙	D3309	온냉수배관용, NPS 1/8-2	
PEX	가교 폴리에틸렌(PEX) 튜빙	F876	온수난방배관, NPS 1/4-2	M3357
	가교 폴리에틸렌(PEX) 튜빙	F877	온냉수배관, NPS 1/4-2	
PP	PP 배관 시스템의 압력등급	F2389	NPS 3/8~28	M3362
ABS	ABS 플라스틱 파이프, Sch40, 80	D1527	냉수배관: 산업용, NPS 1/8-12	
	ABS 플라스틱 파이프(SIDR-PR)	D2282	냉수배관: 산업용, NPS 1/8-12	
	ABS DWV 파이프 및 관이음쇠	D2661	오배수 및 통기배관, NPS 1-1/4-6	
FRP	화이버그라스 압력 파이프	D3517	DN 200-3600	
	강화 에폭시 플라스틱 가스 압력 파이프 및 관이음쇠	D2517	LP, 석유각스용, NPS 2-12	
	원심 주조 화이버그라스 파이프	D2997	DN 15-3600	
	화이버그라스 하수 파이프	D3262	DN 200-3600	

주 D, F: ASTM 표준, C: AWWA 표준이며, 비고란은 유사한 KS 표준을 명시한 것이다.

플라스틱 재료를 사용한 경우보다 훨씬 큰 크기와 두께의 관과 관이음쇠, 밸브 및 기구 등으로 공급된다. 플라스틱의 특성상 온도가 높아지거나 또는 관내 유체에 의하여 관이 유연해지는 경우에는 연속적인 지지가 되어야 한다.

PVC는 사용압력등급(6가지 PVC 재료별 사용압력 등급은 **제4장** 참조)이 낮고 솔벤트에 대한 저항력도 낮다. 그러므로 장기강도 및 내화학성에 대한 악영향을 최소화하기 위해 압력 파이프 화합물에는 최소량의 첨가제가 사용된다. 화재 발생 시 독가스를 발생한다는 등등의 이유로 국가에 따라서는 건물 내 배관재로의 사용을 금하기도 한다. 열가소성 PVC 파이프로 액체의 압력배관 용도이다. 고유의 위험으로 인해 제조업체에 따라서는 제품에 대한 공압 테스트를 허용하지 않는 경우도 있다.

2 표준 D1785와 D2241

PVC 파이프는 SchNo나 SDR로 구분한다. 이에 대한 대표적인 표준이 D1785와 D2241이며, ft−lb 단위로 표시된 값을 표준으로 간주한다. mm로 표시된 값은 SI 단위로의 수학적인 변환 값이며 참고용이다. 각각의 표준에 의한 제품간의 차이는 **표 9**와 같다.

표 9 표준간의 차이점

구분	D1785	D2241	비고
압력등급	Sch40, 80, 120	SDR11, 13.5, 17, 21, 26, 32.5, 41. 51, 64, 81	
생산범위	NPS 1/8~24	NPS 1/8~36	
호칭지름, 바깥지름	동일함		강관(B36.10)과 동일
두께	다름		

3 크기별 치수

두 표준에 의한 PVC 파이프는 호칭지름과 바깥지름이 강관(ASME B36.10)과 동일하다. 두께는 부분적으로 같거나 다르다. 예를 들면 Sch40의 NPS 1/8~10의 두께는 강관의 STD와 Sch80의 NPS 1/8~10의 두께는 강관의 Sch80 두께와 동일하다.

SDR로 구분되는 파이프는 **표 10**에서와 같이 11, 13.5, 17, 21, 26, 32.5, 35, 41, 51, 64, 81 등 11가지로 표준화되어 있고, 다시 철관의 크기(IPS[8]), 동관의 크기(CTS[9])와 같은 것 그리고 농업에서 가장 일반적으로 사용되는 농업용 파이프(PIP[10]) 크기로 나누어진다. 크기가 같다는 것은 호칭지름과 바깥지름 만을 의미하며 두께는 다르다.

표 10에서의 ①철관 크기와 같다는 것은 호칭지름과 바깥지름 만을 의미하며, 두께는 부분적으로 같거나 다르다. ②동관 크기와 같다는 것도 역시 호칭지름과 바깥지름 만을

표 10 11가지 SDR의 구분

구분	IPS	CTS	PIP
해당 SDR	13.5, 17, 21, 26, 32.5, 41, 64	11, 13.5, 17, 21	21, 26, 32.5, 35, 41, 51, 81

8. IPS: Iron Pipe Size
9. CTS: Copper Tube Size
10. PIP: Plastic Irrigation Pipe

의미한다. 그리고 이에 속하는 PVC관의 사용 압력등급은 13.8 bar(200 psi)이다. ③PIP 크기는 오늘날 농업에서 가장 일반적으로 사용되는 PVC 관보다 더 큰 크기가 공급된다.

SchNo와 SDR별 PVC 파이프의 치수는 **표 11**~**표 13**과 같다.

표 11 Sch40, 80, 120 PVC 파이프 치수 (D1785)

호칭지름		바깥지름		두께, mm					
				Sch40		Sch80		Sch120	
NPS	DN	in	mm	in	mm	in	mm	in	mm
1/8	6	0.41	10.3	0.068	1.73	0.095	2.41		
1/4	8	0.54	13.7	0.088	2.24	0.119	3.02		
3/8	10	0.68	17.4	0.091	2.31	0.126	3.20		
1/2	15	0.84	21.3	0.109	2.77	0.147	3.73	0.170	4.32
3/4	20	1.05	26.7	0.113	2.87	0.154	3.91	0.170	4.32
1	25	1.32	33.4	0.133	3.38	0.179	4.55	0.200	5.08
1-1/4	32	1.66	42.2	0.140	3.56	0.191	4.85	0.215	5.46
1-1/2	40	1.90	48.3	0.145	3.68	0.200	5.08	0.225	5.72
2	50	2.38	60.3	0.154	3.91	0.218	5.54	0.250	6.35
2-1/2	65	2.88	73.0	0.203	5.16	0.278	7.06	0.300	7.62
3	80	3.50	88.9	0.216	5.49	0.300	7.62	0.350	8.89
3-1/2	90	4.00	101.6	0.226	5.74	0.318	8.08	0.350	8.89
4	100	4.50	114.3	0.237	6.02	0.337	8.56	0.437	11.10
5	125	5.56	141.3	0.258	6.55	0.375	9.53	0.500	12.70
6	150	6.63	168.3	0.280	7.11	0.432	10.97	0.562	14.27
8	200	8.63	219.1	0.322	8.18	0.500	12.70	0.718	18.24
10	250	10.75	273.1	0.365	9.27	0.593	15.06	0.843	21.41
12	300	12.75	323.9	0.406	10.31	0.687	17.45	1.000	25.40
14	350	14.00	355.6	0.437	11.10	0.750	19.05		
16	400	16.00	406.4	0.500	12.70	0.843	21.41		
18	450	18.00	457.2	0.562	14.27	0.937	23.80		
20	500	20.00	508.0	0.593	15.06	1.031	26.19		
24	600	24.00	609.6	0.687	17.45	1.218	30.94		

자료 참고문헌 5. Table1과 2에 의거 재작성

표 12 SDR PVC 파이프의 치수 (IPS) (D2241)

호칭지름		바깥지름		두께, min, mm													
				SDR64		SDR41		SDR32.5		SDR26		SDR21		SDR17		SDR13.5	
NPS	DN	in	mm	in	mm	in	mm	in	mm	in	mm	in	mm	in	mm	in	mm
1/8	6	0.41	10.29													0.060	1.524
1/4	8	0.54	13.72													0.060	1.524
3/8	10	0.68	17.41													0.060	1.524
1/2	15	0.84	21.34													0.062	1.575
3/4	20	1.05	26.67									0.060	1.524	0.062	1.575	0.078	1.981
1	25	1.32	33.40							0.060	1.524	0.063	1.600	0.077	1.956	0.097	2.464
1-1/4	32	1.66	42.16					0.060	1.524	0.064	1.626	0.079	2.007	0.098	2.489	0.123	3.124
1-1/2	40	1.90	48.26					0.060	1.524	0.073	1.854	0.090	2.286	0.112	2.845	0.141	3.581
2	50	2.38	60.32					0.073	1.854	0.091	2.311	0.113	2.870	0.140	3.556	0.176	4.470
2-1/2	65	2.88	73.02					0.088	2.235	0.110	2.794	0.137	3.480	0.169	4.293	0.213	5.410
3	80	3.50	88.90			0.085	2.159	0.108	2.743	0.135	3.429	0.167	4.242	0.206	5.232	0.259	6.579
3-1/2	90	4.00	101.60			0.098	2.489	0.123	3.124	0.154	3.912	0.190	4.826	0.235	5.969	0.296	7.518
4	100	4.50	114.30	0.070	1.778	0.110	2.794	0.138	3.505	0.173	4.394	0.214	5.436	0.265	6.731	0.333	8.458
5	125	5.56	141.30	0.087	2.210	0.136	3.454	0.171	4.343	0.214	5.436	0.265	6.731	0.327	8.306	0.412	10.465
6	150	6.63	168.28	0.104	2.642	0.162	4.115	0.204	5.182	0.255	6.477	0.316	8.026	0.390	9.906	0.491	12.471
8	200	8.63	219.08	0.135	3.429	0.210	5.334	0.265	6.731	0.332	8.433	0.410	10.414	0.508	12.903		
10	250	10.75	273.05	0.168	4.267	0.262	6.655	0.331	8.407	0.413	10.490	0.511	12.979	0.632	16.053		
12	300	12.75	323.85	0.199	5.055	0.311	7.899	0.392	9.957	0.490	12.446	0.606	15.392	0.750	19.050		
14	350	14.00	355.60			0.341	8.661	0.430	10.922	0.538	13.665	0.666	16.916	0.823	20.904		
16	400	16.00	406.40			0.390	9.906	0.492	12.497	0.615	15.621	0.762	19.355	0.941	23.901		
18	450	18.00	457.20			0.439	11.151	0.554	14.072	0.692	17.577	0.857	21.768	1.095	27.813		
20	500	20.00	508.00			0.488	12.395	0.615	15.621	0.769	19.533	0.952	24.181	1.176	29.870		
24	600	24.00	609.60			0.585	14.859	0.738	18.745	0.923	23.444	1.143	29.032	1.412	35.865		
30	750	30.00	762.00			0.732	18.593	0.923	23.444	1.154	29.312	1.428	36.271	1.765	44.831		
36	900	36.00	914.40			0.878	22.301	1.108	28.143	1.385	35.179	1.714	43.536	2.118	53.797		

자료 참고문헌 6, Table1과 2에 의거 재작성

표 13.1 SDR PVC 파이프의 치수 (CTS) (D2241)

호칭지름		바깥지름, mm		두께, min, mm							
				SDR21		SDR17		SDR13.5		SDR11	
NPS	DN	in	mm	in	mm	in	mm	in	mm	in	mm
1/2	15	0.625	15.88					0.060	1.52	0.060	1.52
3/4	20	0.875	22.22			0.060	1.52	0.065	1.65	0.080	2.03
1	25	1.125	28.58	0.060	1.52	0.066	1.68	0.083	2.11	0.102	2.59
1-1/4	32	1.375	34.92	0.065	1.65	0.081	2.06	0.102	2.59	0.125	3.18
1-1/2	40	1.625	41.28	0.077	1.96	0.096	2.44	0.12	3.05	0.148	3.76
2	50	2.125	53.98	0.101	2.57	0.125	3.18	0.157	3.99	0.198	5.03

자료 참고문헌 6, Table A1.6에 의거 재작성

표 13.2 SDR PVC 파이프의 치수 (PIP) (D2241)

호칭지름		바깥지름, mm		두께, min, mm													
				SDR81		SDR51		SDR41		SDR35		SDR32.5		SDR26		SDR21	
NPS	DN	in	mm	in	mm	in	mm	in	mm	in	mm	in	mm	in	mm	in	mm
8	200	6.140	155.96	0.076	1.93	0.120	3.05	0.150	3.81			0.189	4.80				
8	200	8.160	207.26	0.101	2.57	0.160	4.06	0.199	5.05			0.251	6.38				
10	250	10.200	259.08	0.126	3.20	0.200	5.08	0.249	6.32			0.314	7.98				
12	300	12.240	310.90	0.151	3.84	0.240	6.10	0.299	7.59			0.377	9.58				
15	375	15.300	388.62	0.189	4.80	0.300	7.62	0.373	9.47	0.437	11.10	0.471	11.96	0.588	14.94	0.728	18.49
18	450	18.701	475.00			0.366	9.30	0.456	11.58	0.534	13.56	0.575	14.61	0.719	18.26		
21	525	22.047	559.99			0.432	10.97	0.538	13.67	0.63	16.00	0.678	17.22	0.848	21.54		
24	600	24.803	629.99			0.486	12.34	0.605	15.37	0.709	18.01	0.763	19.38	0.954	24.23		
27	675	27.953	710.00			0.548	13.92	0.682	17.32	0.799	20.29	0.86	21.84	1.075	27.31		

자료 참고문헌 6, Table A1.7에 의거 재작성

2.3 CPVC 파이프

1 특성과 용도

CPVC는 PVC의 화학적 변형이다. 재료는 PVC와 마찬가지로 분류되며(**표** 1과 2 참조), 압력 등급의 제품을 다루는 대부분의 CPVC 표준은 구 표기법에서의 유형 및 등급 지정과 23°C의 물에 대한 최대권장 HDS를 결합한 4자리 숫자로 응력 등급 물질을 식별한다.

현재 D1784에 의해 인정되는 유일한 CPVC 응력 등급은 23°C의 물에 대한 HDS 값이 13.78 MPa(**표** 3 참조)인 유형IV, 등급1 재료를 나타내는 CPVC 4120이다. 또한 고온용 제품을 포함하는 대부분의 CPVC 파이프 표준에서 온수 배관과 같은 용도로는 82°C(180°F)의 물에 대해 권장되는 3.45 MPa의 HDS(또는 6.9 MPa의 HDB) 이상이어야 한다.

CPVC는 주변 온도에서의 강도 및 강성을 포함하여 여러가지 특성이 PVC와 매우 유사하다. 그러나 CPVC의 화학적 구조에 들어있는 잔량의 염소로 인하여 최대 작동온도 한계는 PVC보다 28°C(50°F) 만큼 높아진다. 그러므로 CPVC는 압력용으로 사용할 경우 최대 93°C(200°F), 비압력용으로는 최대 100°C(210°F)까지 사용할 수 있다.

주요 용도는 물용 압력 배관 즉 온냉수 배관, 건물의 스프링클러 배관 및 고온 기능 및 우수한 내 화학성을 활용할 수 있는 많은 산업 응용분야이다.

2 표준 F441과 F442

열가소성 파이프로의 치수 비율과 압력등급에 적합하게 만들어진 CPVC 파이프로 대표적인 표준은 F441과 F442이다. SI 단위로 표시된 표준과 ft－lb 단위의 표준이 있으며, 각각은 별도의 표준으로 간주된다. 각 표준에 명시된 값은 정확한 값이 아닐 수도 있고, 값이 서로 일치하지 않을 수도 있기 때문이다. 또한 압축공기나 기타 압축가스 또는 테스트 구성요소 및 시스템에 사용된 CPVC 파이프 경우에는 기체에 대한 고유의 위험성이 있으므로 공압 테스트를 허용하지 않는다. 각각의 표준 제품 간의 차이는 **표** 14와 같다.

표 14 표준 간의 차이점

구분	F441	F442	비고
압력등급	Sch40, 80	SDR11, SDR13.5, SDR17, SDR21, SDR26, SDR32.5	
생산범위	NPS 1/8~24 (치수는 D1785 PVC 파이프와 동일)	NPS 1/4~12 (치수는 D2241의 PVC 파이프와 동일)	
호칭지름, 바깥지름	동일(두께는 다름)		강관(B36.10)과 동일

3 압력등급

CPVC 파이프에 대한 사용 압력등급은 PVC 파이프에서와 같은 식(**제4장**의 식(10))으로 계산된다. 지속 및 파열압력 테스트 요구사항 및 압력등급은 NPS 2 이하의 관을 대상으로 한 테스트 결과로 얻은 응력값이며, 더 큰 파이프에 대해서도 유효하다. 그 결과는 **표 15**와 같다.

표 15 나사가 가공되지 않은 CPVC 4120 파이프의 압력등급(수온 23°C 기준) (F442)

SDR	압력등급, MPa
11	2.76
13.5	2.17
17	1.72
21	1.38
26	1.10
32.5	0.86

주 나사가 가공된 관에는 적용되지 않는다. 4120은 유형 I, 등급1(표 3의 23447) HDS 13.78 MPa인 재료 표시 기호임.

자료 참고문헌 8, Table X1.1

4 크기별 치수

(1) 치수 구분

두 표준에 의한 CPVC 파이프는 SchNo와 SDR로 구분된다.

(2) SchNo

SchNo로 분류되는 제품은 Sch40과 Sch80 두 가지로, PVC(D1785) 파이프와 동일한 치수를 가진다.

(3) SDR 번호

SDR 번호로 분류되는 제품은 11, 13.5, 17, 21, 26, 32.5 등 6가지로 표준화되어 있다. 호칭지름과 바깥지름은 PVC 파이프와 동일하고 두께는 다르다. SDR CPVC 파이프의 치수는 **표 16**과 같다.

2.4 PE 파이프

❶ 재료

(1) PE 플라스틱 및 화합물

PE 배관재료에 대한 셀 등급적용 기준(**표 5** 참조)이 정해져 있음에도 불구하고, 사용자 그룹이나 해당 표준에서 사용되는 용어가 일치되지 않아 혼동의 소지가 있다. PE와 관련된 ASTM 표준에서는 **표 17**과 같이 약간씩 다른 용어가 사용되므로 재료를 구분하여야 할 때는 주의가 필요하다. 또한 유형별 공칭밀도는 **표 18**과 같다.

표 16 SDR CPVC 파이프의 치수 (F442)

호칭지름		바깥지름		두께, min, mm											
				SDR32.5		SDR26		SDR21		SDR17		SDR13.5		SDR11	
NPS	DN	in	mm	in	mm	in	mm	in	mm	in	mm	in	mm	in	mm
1/4	8	0.54	13.72									0.060	1.524	0.060	1.524
3/8	10	0.68	17.41									0.060	1.524	0.061	1.549
1/2	15	0.84	21.34									0.062	1.575	0.076	1.930
3/4	20	1.05	26.67					0.060	1.524	0.062	1.575	0.078	1.981	0.095	2.413
1	25	1.32	33.40			0.060	1.524	0.063	1.600	0.077	1.956	0.097	2.464	0.119	3.023
1-1/4	32	1.66	42.16			0.064	1.626	0.079	2.007	0.098	2.489	0.123	3.124	0.151	3.835
1-1/2	40	1.90	48.26			0.073	1.854	0.090	2.286	0.112	2.845	0.141	3.581	0.173	4.394
2	50	2.38	60.32			0.091	2.311	0.113	2.870	0.140	3.556	0.176	4.470	0.216	5.486
2-1/2	65	2.88	73.02			0.110	2.794	0.137	3.480	0.169	4.293	0.213	5.410	0.261	6.629
3	80	3.50	88.90	0.108	2.743	0.135	3.429	0.167	4.242	0.206	5.232	0.259	6.579	0.318	8.077
3-1/2	90	4.00	101.60	0.123	3.124	0.154	3.912	0.190	4.826	0.235	5.969	0.296	7.518	0.363	9.220
4	100	4.50	114.30	0.138	3.505	0.173	4.394	0.214	5.436	0.265	6.731	0.333	8.458	0.409	10.389
5	125	5.56	141.30	0.171	4.343	0.214	5.436	0.265	6.731	0.327	8.306	0.412	10.465	0.506	12.852
6	150	6.63	168.28	0.204	5.182	0.255	6.477	0.316	8.026	0.390	9.906	0.491	12.471	0.602	15.291
8	200	8.63	219.08	0.265	6.731	0.332	8.433	0.410	10.414	0.508	12.903	0.639	16.231	0.785	19.939
10	250	10.75	273.05	0.331	8.407	0.413	10.490	0.511	12.979	0.632	16.053	0.792	20.117	0.978	24.841
12	300	12.75	323.85	0.392	9.957	0.490	12.446	0.606	15.392	0.750	19.050	0.945	24.003	1.160	29.464

자료 참고문헌 8, Table E2에 의거 재작성

표 17 표준별 PE 플라스틱 및 화합물을 설명하는 데 사용되는 용어

D1248	D3350	D4976	표시내용
유형: 0, I, II, III, IV	유형: I, II, III	클래스 5, 1, 2, 3, 4	밀도 범위
		그룹 1, 2	구조(선형 또는 망상)
클래스: A,B,C,D	클래스: PE + 6자리(**표** 5) + 문자(**표** 6)		성분과 용도
범주: 1,2,3,4,5		등급: 1, 2, 3, 4, 5	용융지수
등급: E,J,D 또는 W	등급: 0, I, II, III, IV(**표** 18 참조)		1또는 2자리

자료 참고문헌 4, Terminology에 의거 재작성

표 18 PE 플라스틱 압출재의 종류에 따른 분류

유형	공칭밀도, g/cm^3
0	0.910 미만
I	0.910~0.925
II	0.925~0.940 초과
III	0.940~0.960 초과
IV	0.960 초과

주 채색되지 않은 재료 기준이며, 기본 플라스틱의 공칭밀도는 제조업체에서 확인 가능.
자료 참고문헌 4, Table 1에 의거 재작성

(2) Sch40, 80 PE 파이프

표준(D1248)에 정의된 등급 P14, P23, P24, P34 등 4종의 재료를 사용한 PE 파이프다. 이 4종의 재료는 **표** 5의 셀 클래스 분류방법을 적용하여 설명할 수 있다.

(3) DR번호 PE 파이프

이 파이프에 적합한 화합물은 표준(D3350)에 따라 **표** 19와 같이 3종류이다.

표 19 PE 파이프 제조용 재료

PE재료 표시	PE1404	PE2406	PE3408
화학적성질(**표** 5의 셀클래스)			
밀도	1	2	3
용융지수	2	3 또는 4	3 또는 4
굴곡탄성계수	3	3 또는 4	4 또는 5
인장강도	1	3 또는 4	4 또는 5
균열성장저항	1	6	6
정수압강도등급	1	3	4
색과 자외선 안정제(**표** 6)	C	C 또는 E	C 또는 E

2 바깥지름 기준의 PE 파이프(D2447과 D3035)

(1) 종류

PE 파이프는 바깥지름 기준과 안지름 기준의 두 가지로 구분되며, 바깥지름 기준의 대표적인 표준은 D2447과 D3035이다. SchNo와 치수비율(DR)에 적합하게 만들어진 파이프이다. 치수비율은 inch 단위를 사용하여 구한 값이 사용된다. 특히 DR은 파이프의 평균 바깥지름을 관의 최소두께로 나눈 값이며, 계산된 결과가 0.062 inch (1.6mm) 미만이면 임의로 0.062 inch로 한 것이다.

ft−lb 단위로 표시된 값이 표준으로 간주된다. SI 단위로 표시된 값은 수학적 변환값으로 참고용이다. 각각의 표준에 의한 제품 간의 차이는 **표 20**과 같다.

(2) SchNo의 PE 파이프와 DR 번호의 PE 파이프의 치수

SchNo로 분류되는 제품은 Sch40과 Sch80 두 가지로, PVC(D1785)와 동일한 치수를 가지지만 두 표준 간의 차이는 **표 21**과 같다.

DR 번호로 분류되는 10가지 제품의 치수는 SchNo 제품과 동일한 호칭지름과 바깥지름을 가지지만 두께는 다르다. 각각의 치수는 **표 22**와 같다.

표 20 표준 간의 차이점

구분	D2447	D3035
압력등급	Sch40, 80	DR32.5 DR26 DR21 DR17 DR15.5 DR13.5 DR11 DR9.3 DR9 DR7
생산범위	바깥지름 기준 NPS 1/2~12 (치수는 D1785 PVC 파이프와 동일)	바깥지름 기준 NPS 1/2~24 (바깥지름만 D2241의 PVC 파이프와 같고 두께는 다름)
비고	KS M3408	

표 21 SchNo의 PVC와 PE 파이프의 차이

구분	PVC(D1785)	PE(D2447)
Sch40	NPS 1/8~24	NPS 1/2~12
Sch80	NPS 1/8~24	NPS 1/2~6
Sch120	NPS 1/2~12	없음

표 22 DR 번호별 PE 파이프의 치수 (D3035) (1/2)

호칭지름		바깥지름		두께, min									
				DR32.5		DR26		DR21		DR17		DR15.5	
NPS	DN	in	mm	in	mm	in	mm	in	mm	in	mm	in	mm
1/2	15	0.84	21.3	0.062	1.570	0.062	1.570	0.062	1.570	0.062	1.570	0.062	1.570
3/4	20	1.05	26.7	0.062	1.570	0.062	1.570	0.062	1.570	0.062	1.570	0.068	1.730
1	25	1.32	33.4	0.062	1.570	0.062	1.570	0.063	1.600	0.077	1.960	0.084	2.130
1-1/4	32	1.66	42.2	0.062	1.570	0.064	1.630	0.079	2.010	0.098	2.490	0.107	2.720
1-1/2	40	1.90	48.3	0.062	1.570	0.073	1.850	0.09	2.290	0.112	2.840	0.123	3.120
2	50	2.38	60.3	0.073	1.850	0.091	2.310	0.113	2.870	0.14	3.560	0.153	3.890
3	80	3.50	88.9	0.108	2.740	0.135	3.430	0.167	4.240	0.206	5.230	0.226	5.740
4	100	4.50	114.3	0.138	3.510	0.173	4.390	0.214	5.440	0.265	6.730	0.290	7.370
5	125	5.56	141.3	0.171	4.340	0.214	5.440	0.265	6.730	0.327	8.310	0.359	9.120
6	150	6.63	168.3	0.204	5.180	0.255	6.480	0.315	8.000	0.390	9.910	0.427	10.850
8	200	8.63	219.1	0.265	6.730	0.332	8.430	0.411	10.440	0.507	12.880	0.556	14.120
10	250	10.75	273.1	0.331	8.410	0.413	10.490	0.512	13.000	0.632	16.050	0.694	17.630
12	300	12.75	323.9	0.392	9.960	0.490	12.450	0.607	15.420	0.75	19.050	0.823	20.900
14	350	14.00	355.6	0.431	10.950	0.538	13.670	0.667	16.940	0.824	20.930	0.903	22.940
16	400	16.00	406.4	0.492	12.500	0.615	15.620	0.762	19.350	0.941	23.900	1.032	26.210
18	450	18.00	457.2	0.554	14.070	0.692	17.580	0.857	21.770	1.059	26.900	1.161	29.490
20	500	20.00	508.0	0.615	15.620	0.769	19.530	0.952	24.180	1.176	29.870	1.290	32.770
22	550	22.00	558.8	0.677	16.940	0.846	21.490	1.048	26.620	1.294	32.870	1.419	36.040
24	600	24.00	609.6	0.738	18.750	0.923	23.440	1.143	29.030	1.412	35.860	1.548	39.320

자료 참고문헌10. Table3과 4에 의거 재작성

표 22 DR 번호별 PE 파이프의 치수 (D3035) (2/2)

호칭지름		바깥지름		두께, min									
				DR13.5		DR11		DR9.3		DR9		DR7	
NPS	DN	in	mm	in	mm	in	mm	in	mm	in	mm	in	mm
1/2	15	0.84	21.34	0.062	1.570	0.076	1.930	0.090	2.290	0.093	2.360	0.120	3.050
3/4	20	1.05	26.67	0.078	1.980	0.095	2.410	0.113	2.870	0.117	2.970	0.150	3.810
1	25	1.32	33.40	0.097	2.460	0.120	3.050	0.141	3.580	0.146	3.710	0.188	4.780
1-1/4	32	1.66	42.16	0.123	3.120	0.151	3.840	0.178	4.520	0.184	4.670	0.237	6.020
1-1/2	40	1.90	48.26	0.141	3.580	0.173	4.390	0.204	5.180	0.211	5.360	0.271	6.880
2	50	2.38	60.32	0.176	4.470	0.216	5.490	0.255	6.480	0.264	6.710	0.339	8.610
3	80	3.50	88.90	0.259	6.580	0.318	8.080	0.376	9.550	0.389	9.880	0.005	12.700
4	100	4.50	114.30	0.333	8.460	0.409	10.390	0.484	12.290	0.500	12.700	0.643	16.330
5	125	5.56	141.30	0.412	10.460	0.506	12.850	0.598	15.190	0.618	15.700	0.795	20.190
6	150	6.63	168.28	0.491	12.470	0.602	15.290	0.712	18.080	0.736	18.690	0.946	24.030
8	200	8.63	219.08	0.639	16.230	0.784	19.910	0.927	23.550	0.958	24.330	1.232	31.290
10	250	10.75	273.05	0.796	20.220	0.977	24.820	1.156	29.360	1.194	30.330	1.536	39.010
12	300	12.75	323.85	0.944	23.980	1.159	29.440	1.371	34.820	1.417	35.990	1.821	46.250
14	350	14.00	355.60	1.037	26.340	1.273	32.330	1.505	38.230	1.556	39.520	2.000	50.800
16	400	16.00	406.40	1.185	30.100	1.455	36.960	1.720	43.690	1.778	45.160	2.286	58.060
18	450	18.00	457.20	1.333	33.860	1.636	41.550	1.935	49.150	2.000	50.800	2.571	65.300
20	500	20.00	508.00	1.481	37.620	1.818	46.180	2.151	54.640	2.222	56.440	2.857	72.570
22	550	22.00	558.80	1.630	41.400	2.000	50.800	2.366	60.100	2.444	62.080	3.143	79.830
24	600	24.00	609.60	1.778	45.160	2.182	55.420	2.581	65.560	2.667	67.740	3.429	87.100

자료 참고문헌10. Table3과 4에 의거 재작성

3 바깥지름과 안지름 기준의 PE 파이프(D2104와 D2239)

이에 속하는 PE 파이프의 대표적인 표준은 D2104와 D2239이다. Sch40과 치수비율(SIDR) 기준의 파이프이다. SIDR은 파이프의 평균 바깥지름을 관의 최소두께로 나눈 값이다. SchNo로 분류되는 제품은 Sch40 한 가지이고, SIDR 번호로 분류되는 제품은 19, 15, 11.5, 9, 7. 5.3 등 6가지이다. 동일한 호칭지름과 안지름을 가지지만 두께는 다르다. 두 표준 간의 차이는 **표 23**과 같고, 표준별 PE파이프의 치수는 **표 24**와 같다.

표 23 표준간의 차이점

구분	D2104	D2239
압력등급	Sch40	SIDR19, SIDR15, SIDR11.5, SIDR9, SIDR7, SIDR5.3
생산범위	안지름 기준 NPS 1/2~6	안지름 기준 NPS 1/2~6
비고	KS M3408	

표 24 Sch40과 SIDR 번호별 PE 파이프(안지름 기준)의 최소두께 (D2104)

호칭지름		평균 안지름		D2239										D2104	
				SIDR19		SIDR15		SIDR11.5		SIDR9		SIDR7		Sch40	
NPS	DN	in	mm	in	mm	in	mm	in	mm	in	mm	in	mm	in	mm
1/2	15	0.622	15.80	0.060	1.52	0.060	1.52	0.060	1.52	0.069	1.75	0.089	2.26	0.109	2.77
3/4	20	0.824	20.93	0.060	1.52	0.060	1.52	0.072	1.83	0.092	2.34	0.118	3.00	0.113	2.87
1	25	1.049	26.64	0.060	1.52	0.070	1.78	0.091	2.31	0.117	2.97	0.150	3.81	0.133	3.38
1-1/4	32	1.380	35.05	0.073	1.85	0.092	2.34	0.120	3.05	0.153	3.89	0.197	5.00	0.140	3.56
1-1/2	40	1.610	40.89	0.085	2.16	0.107	2.72	0.140	3.56	0.179	4.55	0.230	5.84	0.145	3.68
2	50	2.067	52.50	0.109	2.77	0.138	3.51	0.180	4.57	0.230	5.84	0.295	7.49	0.154	3.91
2-1/2	65	2.469	62.71	–	–	0.165	4.19	0.215	5.46	–	–	–	–	0.203	5.16
3	80	3.068	77.93	-	-	0.205	5.21	0.267	6.78	–	–	–	–	0.216	5.49
4	100	4.026	102.26	–	–	0.268	6.81	0.350	8.89	–	-	–	–	0.237	6.02
6	150	6.065	154.05	-	–	0.404	10.26	0.527	13.39	–	–	–	–	0.280	7.11

자료 참고문헌 12와 참고문헌11에 의거 재작성

4 사용 압력등급

PE 파이프에 대한 사용 압력등급은 PVC 파이프에서와 같은 식(**제4장** 식(10))으로 계산되며 그 결과는 **표** 25~**표** 27과 같다.

표 25 사용 재료별 SchNo별 PE 파이프의 사용압력 등급(23°C 수온 기준), MPa

호칭지름		재료별					
		PE2306, PE2406, PE3306, PE3406		PE2305		PE1404	
NPS	DN	Sch40	Sch80	Sch40	Sch80	Sch40	Sch80
1/2	15	13.0	18.4	103	14.6	8.2	11.7
3/4	20	10.5	14.9	8.3	11.9	6.6	9.4
1	25	9.8	13.7	7.8	10.9	6.2	8.7
1-1/4	32	8.0	11.3	6.3	9.0	5.1	7.2
1-1/2	40	7.2	10.2	5.7	8.1	4.5	6.5
2	50	6.0	8.8	4.8	7.0	3.8	5.6
2-1/2	65	6.6	9.2	5.2	7.3	4.2	5.9
3	80	5.7	8.1	4.5	6.5	3.7	5.2
3-1/2	90	5.2	7.5	4.1	5.9	3.4	4.8
4	100	4.8	7.0	3.8	5.6	NPR	4.5
5	125	4.2	6.3	3.4	4.9	NPR	4.0
6	150	3.8	6.1	NPR	4.8	NPR	3.9
8	200	3.4		NPR		NPR	
10	250	NPR		NPR		NPR	
12	300	NPR		NPR		NPR	

주 (1) 나사가 가공되지 않은 파이프에 적용됨(PE파이프에는 나사가공을 허용하지 않음)
(2) NPR: 사용압력등급 없음(0.34 MPa 미만의 압력등급은 권장하지 않음)

자료 참고문헌9 Table X1.1에 의거 재작성

표 26 사용 재료별 DR 번호별 PE 파이프의 사용압력 등급, MPa

• 23°C 수온 기준

DR	SIDR	PE 파이프 재료별		
		PE3408	PE2408	PE1404
7	–	1.84	1.45	0.92
9	7	1.38	1.09	0.69
9.3	–	1.33	1.05	0.66
11	9	1.10	0.87	0.55
13.5	11.5	0.88	0.69	0.44
15.5	–	0.76	0.60	0.38
17	15	0.69	0.54	0.34
21	19	0.55	0.43	0.28
26	24	0.44	0.34	0.22
32.5	30.5	0.35	0.28	0.17

자료 (1) 참고문헌10. TableX1.1에 의거 재작성
(2) SIDR 자료는 참고문헌 13. Chapter 5, Table 6에 의함

표 27 사용 재료별 Sch40 PE 파이프의 사용압력 등급, MPa

• 23°C 수온 기준

호칭지름		재료별			D2104	
NPS	DN	PE2306,2406 3306, 3406	PE2305	PE1404	Sch40	
1/2	15	1.31	1.03	0.83	0.109	2.77
3/4	20	1.03	0.83	0.69	0.113	2.87
1	25	0.97	0.76	0.62	0.133	3.38
1-1/4	32	0.83	0.62	0.48	0.140	3.56
1-1/2	40	0.69	0.55	0.48	0.145	3.68
2	50	0.62	0.48	0.41	0.154	3.91
2-1/2	65	0.69	0.55	0.41	0.203	5.16
3	80	0.55	0.48	0.34	0.216	5.49
4	100	0.48	0.41	NPR	0.237	6.02
6	150	0.41	NPR	NPR	0.280	7.11

주 (1) 나사가 가공되지 않은 파이프에 적용됨(PE 파이프에는 나사가공을 허용하지 않음)
(2) NPR: 사용압력 등급 없음(0.34 MPa 미만의 압력등급은 권장하지 않음)

자료 참고문헌11. Table X1.1에 의거 재작성

2.5 그 외의 열가소성 플라스틱관

1 PB 파이프

(1) 특성과 용도

폴리부틸렌(polybutylene)은 저밀도 폴리에틸렌과 유사한 강성을 가지지만 고밀도 폴리에틸렌(PE)의 강도보다 장기 강도가 높은 폴리올레핀이다. 온도가 상승해도 PE보다 장기 강도에 대한 영향이 낮은 것이 특징이다. 대부분의 PE는 온도 상한이 약 60°C (140°F)이나 PB는 거의 93°C(200°F) 이다.

PB 파이프 및 튜브의 주요 용도는 물 공급 배관 및 향상된 고온 강도를 이용하는 곳이다. 여기에는 주거용 건물의 온냉수 배관, 스프링클러 배관 및 고온의 폐수 배관과 같은 산업 용도가 포함된다.

(2) 재료

PB는 내 화학성과 열 용해성이 PE와 유사하다. PB 배관재료 표준은 ASTM D2581(PB 플라스틱 성형 및 압출 재료)이다. 압력 배관재료는 유형Ⅱ, 등급1 재료를 나타내는 PB2110로 23°C 물에 대한 HDS는 6.89 MPa이다. PB 온수 배관재료는 82°C(180°F)의 물에 대한 HDS는 3.45 MPa이 되어야 한다.

(3) 표준 D2662와 D3000

PE관의 대표적인 표준은 D2662와 D3000이다. D2662는 안지름을 기준고 ft−lb 단위로 표시된 값을 표준으로 간주한다. 그러나 D3000은 바깥지름을 기준으로 하며 SI 단위로 명시된 값을 표준으로 간주한다.

2 PEX 파이프

가교(架橋) 폴리에틸렌(cross-linked polyethylene)은 실제로 열경화성 물질이다. 그러나 PEX 파이프와 튜브는 모든 열가소성 파이프 제조에 사용된 것과 같은 압출 공정으로 열가소성 플라스틱 PE로 만들어지기 때문에 열가소성플라스틱 분야에 포함하여 다룬다.

유일한 차이점은 PEX의 경우 파이프가 압출되는 동안 또는 파이프 압출 직후에 중합체 사슬의 가교가 일어난다는 점이다.

PE의 가교는 고온 성능, 내 화학성 및 내 균열성, 내 크립성 및 내 마모성을 향상 시킨다. 대부분의 PE의 온도 상한이 약 60°C(140°F) 임에 비하여 PEX 배관은 최대 93°C (200°F)까지 사용할 수 있다.

PE 배관재료를 가교 시키기 위한 상업적인 방법은 ①실렌 경화(silane curing), ②과산화물 경화(peroxide curing), ③방사선(radiation) 등 이며, 세 가지 방법 모두 동등한 제품을 생산할 수 있다.

현재 PEX 배관재료는 23°C 물에 대해 4.34 MPa, 82°C 물에서는 2.76 MPa의 HDS 값을 제공한다. 일부 재료는 93°C(200°F)에서 2.2MPa의 HDS 값을 가진다.

PEX는 PEX-Al-PEX 복합 파이프에도 일반적으로 사용된다. 이 파이프는 PEX 내부 및 외부에 얇은 관형 알루미늄 보강재를 입힌 것으로 파이프의 압력 등급을 크게 향상시킨 것이다. PEX 및 PEX-Al-PEX 파이프는 DN 50까지 제조된다. 주요 응용 분야는 향상된 고온 성능을 활용하기 위한 용도 즉, 온 냉수 배관 시스템, 온수난방, 바닥 또는 복사난방 시스템, 제설 시스템 및 스프링클러 배관 등이다.

3 PP 파이프

(1) 특성

폴리프로필렌(polypropylene)은 고밀도 PE와 특성이 유사하지만 다소 단단하고, 내열성이 있으며, 무게는 가벼우나 덜 거친 폴리올레핀이다. 또한 내 화학성과 내열성 면에서 PE와 유사하다. PE와 마찬가지로 PP는 소켓융접, 맞대기 융접 및 전기융접에 의해 자체적으로 결합될 수 있다. 강성이 높고 상승된 온도에 대한 내성이 우수하여 지상 배관 및 고온 유체의 수송용 배관에 PE 대신으로 사용된다.

(2) 용도

주요 응용 분야는 부식성 배수 배관이다. PP는 ABS 또는 PVC보다 우수한 내 용제성을 제공한다. 특히 난연성 등급의 재료로 만들어진 PP 파이프는 실험실, 병원 및 화학 제조 분야의 부식성 배수 배관으로도 사용된다.

PP의 또 다른 주요 응용 분야는 부식성 화학물질을 가압 상태로 수송하는 배관용도이다. 이 응용 분야의 경우 압력등급 PP 파이프 및 소켓 융접용으로 DN 150까지 공급된다.

현재로는 PP 압력 파이프에 대한 통일된 표준이 없다. 그러므로 사용 가능한 제품은 독점권(특허 등)을 가진 것들이다.

(3) 재질

PP 재질은 ASTM D4101(폴리프로필렌 몰딩 및 압출 재질의 표준)에 의해 두 가지 유형으로 분류된다. 유형Ⅰ은 강성과 강도가 가장 높지만 중간 정도의 인성을 갖는 재료이다. 유형Ⅱ는 경도와 강도가 낮다. 특히 낮은 온도에서 인성이 개선된 재료(프로필렌과 에틸렌 또는 다른 올레핀과의 공중합체)이다. 두 유형 모두 파이프에 사용된다.

(4) 공급 범위

PP 파이프 및 피팅은 난연성 재료로 제조되며 Sch40과 Sch80으로 제공된다. 이음 방법으로는 솔벤트 시멘트 조인트, 나사 또는 기계식 이음방식이 적용된다. 다만, Sch80만 나사를 가공하여 사용할 수 있다.

4 ABS 파이프

(1) 특성

ABS(acrylonitrile butadiene styrene) 플라스틱은 스티렌-아크릴로 니트릴 공중합체와 스티렌-아크릴로 니트릴을 부타디엔과 반응시켜 형성된 공중합체를 조합하여 제조된다. 부타디엔 공중합체는 인성을 부여하는 반면, 아크릴로 니트릴 공중합체는 강도, 강성 및 경도를 좋게 한다. 그 결과 성형 및 압출이 용이한 견고하고 상대적으로 강한 플라스틱이 된다.

(2) 용도

ABS는 압력 배관용도로, 주로 물 수송 분야에 사용되었지만 현재는 더 강하고 내 화학성이 높은 PVC로 대체되었다. 현재의 주요 용도는 DWV 배관이다. 이는 우수한 강성, 내열성, 저온에서의 인성 및 속성 경화되는 솔벤트 이음이 가능하기 때문이다. 그러나 관이음쇠나 부품 등은 독점권을 가지고 있기 때문에 사용시 유의해야 한다.

(3) 재료

ABS 재료는 ASTM D1788(강성 ABS 플라스틱에 대한 표준)에 의해 분류된다. 셀 클래스에 의해 3가지 성질 즉 충격강도(인성), 항복강도(단기 강도) 및 하중 작용 상태에서의 변형 온도(온도 저항)의 속성값이 주어진다.

ABS DWV 파이프 재료의 최소 셀 분류는 ABS 2-2-2이어야 하며 이는 노치 충격강도 0.1 Nm/mm, 변형 온도 82°C(180°F) 및 인장강도 2.76 MPa이다.

5 불소플라스틱 파이프

(1) 불소플라스틱

불소플라스틱(fluoroplastics)은 불소로 대체된 수소의 일부 또는 전부를 갖는 광범위한 파라핀계 중합체 군을 나타낸다. 완전 플루오르화 플루오로 카본은 퍼플루오로 알콕시(PFA, perfluoroalkoxy), 폴리트라 플루오로 에틸렌(PTFE, polytrafluoroethylene) 및 플루오르화 에틸렌 프로필렌(FEP, fluorinated ethylene propylene)을 포함한다. 부분적으로 플루오르화 된 플루오로 플라스틱은 에틸렌 테트라 플루오로 에틸렌 (ETFE, ethylene tetrafluoro-ethylene), 폴리클로로 트리플루오로 에틸렌(CTFE, polychloro-trifluoroethylene), 에틸렌 클로로 트리플루오로 에틸렌(ECTFE, thylenechloro-trifluoroethylene) 및 폴리 비닐리덴 플루오라이드(PVDF, polyvinylidene fluoride)를 포함한다.

(2) 특성

플루오르화 폴리머는 화학물질에 대한 탁월한 내성과 용매에 대한 내성이 우수하다. 또한 향상된 고온 특성을 제공하며 매우 안정적이고 내구성이 높다. 이 제품군 대부분의 구성원은 가공 또는 열 안정제를 거의 또는 전혀 추가하지 않아도 된다. 이러한 이유로 고순도의 물 또는 기타 액체를 유지해야 할 때 사용이 지정되기도 한다. 이 재료는 내화성이 뛰어나다.

(3) 라이닝 재료

다양한 종류의 플루오르화 폴리머는 내 화학성 향상을 위해 금속배관용 라이너로 사용된다. 불소플라스틱으로 만들어진 파이프, 튜브 및 관이음쇠는 주로 PVDF 및 PFA이며 DN 150까지 생산되고, 일반적으로 소켓 열융착 방법으로 연결된다.

PVDF는 강도, 내마모성 및 내 크리프성이 우수하며 70~150°C의 온도 범위에서 사용할 수 있다. PFA는 강도와 크리프 저항이 다소 낮지만 더 큰 인성을 제공하며 최대 200°C까지 사용할 수 있다.

(4) 방사선에 대한 내성

불소화 플라스틱은 또한 풍화 및 전자기 방사선에 대한 탁월한 내성을 가진다. 이러한 재료는 풍화 및 자외선 저항을 달성하기 위해 첨가제를 사용할 필요가 없고, 방사선에 대한 내성을 활용하여 핵폐기물의 재처리 및 유사한 방사선 집약적 노출 부분에 사용된다.

또한 첨가물이 없기 때문에 이 파이프는 초순수 상태를 유지하고 금속 이온 오염이 없어야 하는 유체를 운반하는 데에도 사용된다.

(5) 열가소성 플라스틱 재료의 물리적 특성

이상의 열가소성 플라스틱을 재료로 하는 배관재료들에 대한 물리적 특성은 요약하면 **표 28**과 같다. 이는 여러 가지 재료 중에서 용도에 적합한 것을 선택하는 데 참고할 수 있도록 개략적인 값을 비교한 것이다.

2.6 열경화성 플라스틱관

1 표준과 코드

열경화성 플라스틱관에 대한 표준으로는 ASTM, API, BS, DIN 및 ISO 등에서 유리섬유 파이프 및 관이음쇠에 대한 테스트 방법 등을 제정 및 관리하고 있다.

ASME 및 BS는 압력배관에 대한 코드를 제공한다. 그러므로 고품질 유리섬유 파이프 제조업체는 하나 이상의 해당 표준에 따라 제품을 생산해야 한다.

표 28 열가소성 플라스틱 배관 재료의 물리적 특성

항목		시험방법	ABS	PVC	CPVC	PE	PB	PEX	PVDF
비중		D792	1.08	1.40	1.54	0.95	0.92	0.94	1.76
인장강도	MPa	D638	48	55	55	22	29	19	48
	$\times 10^{-3}$ psi		7.0	8.0	8.0	3.2	2.8	4.2	7.0
인장탄성율	MPa	D638	2,346	2,829	2,898	828	62	380	1,518
	$\times 10^{-3}$ psi		340	410	420	120	9	55	220
충격강도	J/m	D256	214	53	80	>534	>534	>534	203
	ft · lb/in		4	1	1.5	>10	>10	>10	3.8
선챙창계수	m/m · °C	D696	108	54	63	162	162	130	126
	in/in · °F		60	30	35	90	90	72	70
열전도성	cal.cm/s · ℃	C177	516 $\times 10^{-6}$	464 $\times 10^{-6}$	378 $\times 10^{-6}$	344 $\times 10^{-6}$	1100 10^{-6}	464 $\times 10^{-6}$	516 $\times 10^{-6}$
	Btu · in/h · ft^2 · °F		1.35	1.1	1.0	3.2	3.2	1.5	1.5
비열	cal/g · °C Btu/lb · °F	–	0.34	0.25	0.20	0.55	0.45	0.55	0.29
사용제한온도 (수압 없음)	°C	–	80	65	100	70	100	100	150
	°F		180	150	210	160	210	210	300
사용제한온도 (수압 있음)	°C	–	70	55	80	60	80	95	140
	°F		160	130	180	140	200	180	280

주 단위 환산기준: psi×6.9×10^3 = MPa, (ft · lb/in)×53.4 = J/m. (in/in · °F)×1.8 = m/m · °C, (Btu · in/h · ft^2 · °F)×344×10^6 = cal.cm/s · °C, Btu/lb · °F = cal/g · °C

자료 참고문헌 16. Table D1.9에 의거 재작성

2 FRP 파이프

(1) 특성

FRP(fiberglass reinforced plastic)은 열경화성 플라스틱으로 유리섬유 강화플라스틱이라고도 하는 강화 열경화성 플라스틱(reinforced thermosetting resin, RTP)이다.

즉 섬유로 강화된 폴리머를 모체로 하는 복합 플라스틱이다. 강화용 섬유는 일반적으로 유리섬유, 탄소섬유 강화 중합체, 아라미드 또는 현무암이다. 페놀 포름알데히드 플라스틱이 현재도 사용되고 있지만, 중합체는 일반적으로 에폭시, 비닐에스테르 또는 폴리에스테르 등의 열경화성이다.

복합 플라스틱은 원하는 재료 및 기계적 특성을 갖는 제품을 만들어내기 위해 서로

다른 특성을 갖는 2가지 이상의 재료를 결합시켜 생성되는 플라스틱을 말한다.

섬유강화 플라스틱은 강도와 탄성을 기계적으로 향상 시키기 위해 섬유 재료를 사용하는 복합 플라스틱의 일종이다. 파이프로 제조할 때에는 산, 부식제 또는 용매에 강한 플라스틱으로 구성할 수 있고, FRP 파이프에 라이너와 커버를 추가하여 슬러리에 대한 내마모성을 향상 시킬 수 있다.

(2) FRP 제조공정

FRP는 2가지 별개의 공정을 거쳐서 만들어지는데, ①섬유 재료가 제조되고 형성되는 공정, ②섬유 재료가 성형되는 동안 모재와 결합되는 공정이다.

(3) 용도

열경화성 플라스틱은 다양한 유형과 대구경 및 벽 두께로의 파이프 제조가 가능하며 열가소성 플라스틱보다 더 높은 압력과 온도에서 사용될 수 있다. 내 부식성과 금속 배관재의 강도가 요구되는 대부분의 산업분야와 4~149°C(40~300°F) 범위의 환기 및 액체 응용분야에 효율적으로 사용된다.

(4) 공급범위

FRP 파이프의 공급범위는 DN 15-3600이다. 파이프 및 관이음쇠에 관한 시험방법과 제품 표준으로는 ASTM, API, BS, DIN 및 ISO 등이 있고, 그 중 ASME 및 BS는 압력 배관에 대한 것이다.

아크릴로 니트릴-부타디엔-스티렌(ABS) 파이프

ABS는 배수 파이프로 널리 사용되며, 일반 또는 소켓형의 Sch40 및 Sch80도 가능하다. 이음 방법으로는 솔벤트 시멘트 또는 나사식이 적용되지만 Sch80만 나사 가공이 가능하다.

ABS 파이프 및 관이음쇠는 ASTM 표준 D2661(ABS Sch40 플라스틱 드레인, 폐기물 및 벤트 파이프 및 관이음쇠)을 준수해야 한다.

참고문헌

1. ASTM D1784 Rigid PVC Compounds and Compounds
2. ASTM D2837 Standard Test Method for Obtaining Hydrostatic Design Basis for Thermoplastic Pipe Materials or Pressure Design Basis for Thermoplastic Pipe Products (열가소성 배관재료에 대한 정압 설계기초를 얻는 표준방법)
3. ASTM D3350 Polyethylene Plastics Pipe and Fittings Materials
4. ASTM D1248 Polyethylene Plastics Extrusion Materials for Wire and Cable
5. ASTM D1785 PVC Plastic Pipe, Schedules 40, 80, and 120
6. ASTM D2241 Schedule 40, 80 pressure rated (SDR) series
7. ASTM F441 CPVC Plastic Pipe, Schedules 40 and 80
8. ASTM F442 CPVC Plastic Pipe(SDR-PR)
9. ASTM D2447 PE Plastic Pipe, Sch40 and 80, Based on Outside Diameter
10. ASTM D3035 PE Plastic Pipe (DR-PR) Based on Controlled Outside Diameter
11. ASTM D2104 PE Plastic Pipe, Schedule 40
12. ASTM D2239 PE Plastic Pipe (SIDR-PR) Based on Controlled Inside Diameter
13. Plastics Pipe Institute, Handbook of Polyethylene Pipe March 2009
14. ASTM D2662 PB Plastic Pipe (SIDR-PR) Based on Controlled Inside Diameter
15. ASTM D3000 PB Plastic Pipe (SDR-PR) Based on Outside Diameter
16. Mohinder L. Nayyar, Piping Handbook, 7th. McGraw Hill
17. ASTM D3517 "Fiberglass" (Glass-Fiber-Reinforced Thermosetting-Resin) Pressure Pipe
18. ASTM D2517 Reinforced Epoxy Resin Gas Pressure Pipe and Fittings
19. ASTM D3262 "Fiberglass" (Glass-Fiber-Reinforced Thermosetting-Resin) Sewer Pipe
20. ASTM D3517 "Fiberglass" (Glass-Fiber-Reinforced Thermosetting-Resin) Pipe
21. ASTM D2661 Standard Specification for Acrylonitrile-Butadiene-Styrene (ABS) Schedule 40 Plastic Drain, Waste, and Vent Pipe and Fittings

7장 관이음쇠

1 관이음쇠 일반

1.1 관이음쇠 공통사항

1 피팅

관이음쇠는 국제적인 공통어인 피팅(fitting)의 우리말이다. 영어의 피팅은 맞추다, 꼭 맞다는 fit에서 나온 것으로 관과 관, 관과 기구 등을 연결하거니 이음할 때 사용된다.

배관의 주종을 이루는 관의 경우는 재질만 다를 뿐 호칭지름 만큼의 종류가 있지만 관이음쇠의 경우는 그렇지 못하다. 그래서 그 종류가 대단히 많다. 관이음쇠가 다양할수록 작업이 편해지고 효율적이며 경제적인 배관이 될 수 있기 때문이다.

관이음쇠는 함께 사용될 관과 동일하거나 동등 이상의 재질로 제조된 것을 사용하여야 한다. 다만 적용 코드의 범위 내에서 온도-압력 기준으로 허용되는 다른 재질의 것도 사용할 수 있다. 관과 관이음쇠, 이음쇠와 이음쇠 또는 기구 간 이음방법은 크게 기계적인 방법과 야금(冶金)적인 방법이 적용된다.

관이음쇠는 관의 재질에 상관없이 동일한 명칭으로 불리고 사용되는 표준형 관이음쇠와 일부 재질의 관에만 적용되는 특수 이음쇠로 구분한다. 그러나 실무적으로는 이에 속하지 않는 명칭과 형태의 여러 가지 관이음쇠도 제조자 표준 또는 독점권에 의하여 생산되고 있다. 그러므로 어떤 형태의 관이음쇠를 사용할 것인가는 배관의 특성에 맞는

다는 것을 전제로 경제성을 고려하여 결정한다.

2 구경수 기준 관이음쇠의 종류

모든 관이음쇠는 구경수를 기준으로 **표 1**에서와 같이 접속구가 1개인 것으로부터 4개인 것으로 대별되며, 이음방식에 따라 나사식 용접식 등으로 구분된다.

표 1 관이음쇠의 구경수에 따른 종류

<table>
<tr><th>구경수</th><th>해당 이음쇠</th><th>재료</th><th>아음방식</th></tr>
<tr><td>1</td><td>캡, 플럭, 스텁엔드</td><td rowspan="4">관 재료와 동일
(제3장 참조)</td><td rowspan="4">나사식, 플랜지식, 용접,
솔더링 또는 브레이징,
솔벤트 용접</td></tr>
<tr><td>2</td><td>엘보, 리턴, 레듀서, 커플링, 스웨지니플, 어댑터</td></tr>
<tr><td>3</td><td>티</td></tr>
<tr><td>4</td><td>크로스</td></tr>
</table>

3 관이음쇠의 크기 표기

관의 크기를 표기할 때는 호칭지름(NPS나 DN) 한 가지만 필요하지만, 관이음쇠는 특히 구경이 여러 개일 경우 표시순서에 맞추지 않으면 안 된다. 표기를 잘못하면 사용하고자 하는 관이음쇠가 아닌 것이 될 수 있기 때문이다. 구경수 1개인 것으로부터 4개인 경우 각각의 표기 순서는 **표 2**와 같다. 이음 방식은 관이음쇠 표기 앞에 용접식, 나사식 등으로 명시할 수 있지만, 관종별에 따라서는 구경과 이음방식 기호를 같이 표기해야 완전한 표기가 되기도 한다.

표 2 관이음쇠 크기 표기순서

구경 수	표기 순서	관이음쇠
1	구경	캡, 플럭, 스텁엔드
2	큰 구경①, 작은 구경②	엘보, 리턴, 레듀서, 커플링, 스웨지니플, 유니온, 어댑터
3	수평선 상의 큰 구경① 수평선 상의 작은 구경② 나머지 구경③	티
4	제일 큰 구경①, 제일 큰 구경과 일직선 상의 다른 구경 ②, 나머지 두 구경 중 큰 구경③, 마지막 구경④	크로스

예제 1

DN 200 관에서 DN 100과 DN 80으로 분기하고자 할 때 사용하여야 할 티의 크기를 강관과 동관의 경우로 구분하여 표시하라. 이음방법은 용접과 브레이징이다.

해답 (1) 강관의 경우: 용접식 티 200×100×80

(2) 동관의 경우: 200×100×80, C×C×C

예제 2

구경이 각기 다른 플랜지식 강제 티가 10개 필요한 현장에서 제품을 주문하고자 한다. 수평선상의 구경은 DN 300과 DN 150이고 나머지 구경은 DN 200이다. 이형티의 크기를 어떻게 표기하여 주문해야 하는가.

해답 플랜지식 티 300×150×200

1.2 표준형 관이음쇠

1 관이음쇠의 명칭

관이음쇠는 종류만이 아니라 사용되는 재료도 광범위하다. 금속제의 관(**제5장** 참조)에서 다룬 바와 같이 배관 산업분야에서 철강제 배관재에 대한 코드와 표준이 대부분을 차지하는 이유는 그만큼 종류가 많고 용도가 다양하기 때문이다. 따라서 관이음쇠도 철강제를 기준으로 발전되었고, 이를 기본으로 다른 재질의 관이음쇠도 표준이 갖추어졌다.

따라서 표준형 관이음쇠의 명칭은 **표 3**에서와 같이 ①엘보, ②리턴, ③티, ④크로스, ⑤캡, ⑥레듀서, ⑦스텁엔드, ⑧카플링, ⑨스웨지니플, ⑩유니온 등 10종이며, 철강제 이외의 모든 재질의 관이음쇠에 통용된다. 각각의 용도 및 특성은 다름과 같다.

2 엘보와 리턴

엘보와 리턴은 유로의 방향을 전환하기 위하여 사용되는 관이음쇠이다. 주로 90°, 45°, 22.5°가 사용되고, 리턴은 180°이다. 장반지름(LR)[1] 엘보나 리턴은 유로의 방향 전환으로 인한 마찰손실이 커서는 안 되는 배관에 단반지름(SR)[2] 제품 대신 사용된다.

표 3 표준 관이음쇠의 종류

기본명칭	세부명칭		기본명칭	세부명칭	
엘보	90도 엘보	장반지름엘보	레듀서	동심 레듀서	
		단반지름엘보		편심 레듀서	
	45도 엘보		스텁엔드	장 스텁엔드	
리턴	장반지름 리턴			단 스텁엔드	
	단반지름 리턴		커플링	풀 커플링	
티	스트레이트* 티			하프 커플링	
	레듀싱 티			레듀싱 커플링	
크로스	스트레이트* 크로스		스웨지니플	동심 스웨지니플	
	레듀싱 크로스			편심 스웨지니플	
캡			유니온		

주 * streat 티, 실무적으로는 equal tee, equal cross 라고도 한다

그림 1에서와 같이 in 기준의 중심대면[3] 거리(A)는 엘보의 곡률반지름과 같다. LR엘보의 곡률반지름은 호칭지름(NPS)의 1.5 배이고, SR엘보의 곡률반지름은 호칭지름과 동일하다.

45°엘보의 기능은 90°엘보와 동일하지만 치수 측정은 90°엘보와 다르다. 45°엘보의 곡률반지름은 90°LR(1.5 D)과 동일하지만, 중심대면거리(B)는 90°LR엘보처럼 반지름과 동일하지 않다. 굽힘각도가 작기 때문이다. 그러므로 SR 45°엘보는 사용할 수 없다.

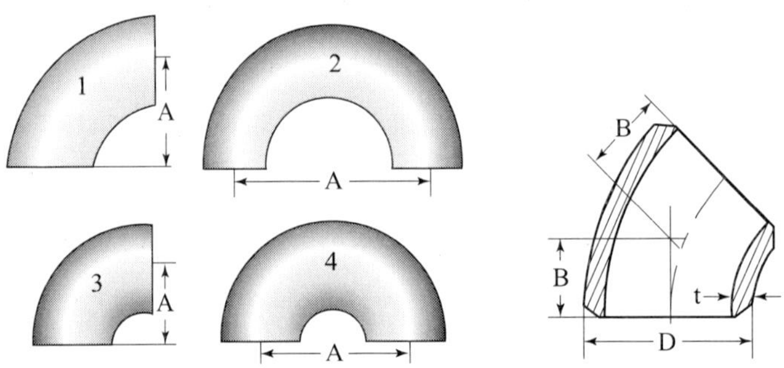

그림 1 90° 엘보, 리턴과 45° 엘보

1. 長半徑, long radius
2. 短半徑, short radius
3. 中心對面 center to face

예제 3

NPS 2 탄소강제 엘보와 리턴의 장, 단반지름 제품에 대한 곡율 반지름을 구한다.

해답 그림 1에서 중심대면 거리 A는

(1) 90° LR엘보

$1.5 \times 2(\text{NPS}) = 3$ (in)

(2) 180° LR리턴

LR엘보 2개를 합친 것과 같으므로

$2 \times 90°$LR엘보 이므로 $A = 6$ (in)

(3) 90° SR엘보

NPS $2 = 2$ (in)

(4) 180° SR리턴

90° SR엘보 2개를 합친 것과 같으므로

$2 \times 90°$ SR엘보 이므로 $A = 4$ (in)

3 티

가장 일반적인 관이음쇠인 티(tee)는 유체 흐름을 혼합(mixing)하거나 분류(diverting)시키는 데 사용된다. 지름이 다른 관를 연결할 수도 있고 배관의 방향을 전환할 수도 있다.

구경이 동일한지 서로 다른지에 따라 **그림** 2(a)와 같이 스트레이트티와 레듀싱티로 구분하고, 이러한 티의 변형으로 **그림** 2(b)와 같이 측면티(lateral)가 있다. 측면티는 티와 유사하지만 직각이 아닌 45°각도의 측면 개구를 가지기 때문에 배관을 45°로 분기한다. 티의 종류지만 분기 방향이 다른 것이다. 또한 측면티는 오배수 배관에 사용되는 Y관과는 다르다. Y관은 45도 각도로 2개의 분기관을 갖는 것으로, 2개의 분기관은 유입

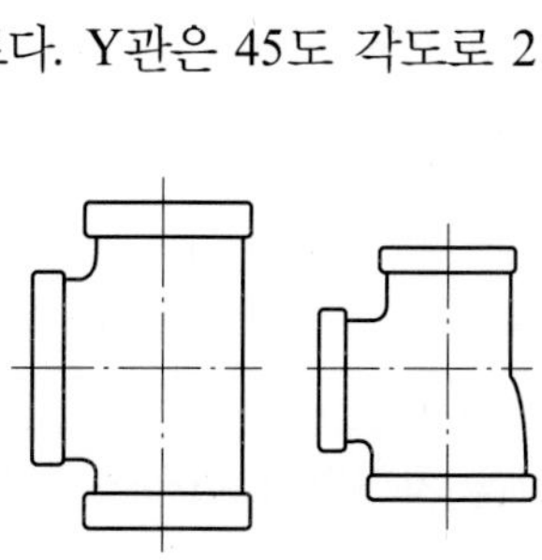

(a) 스트레이트티와 레듀싱티

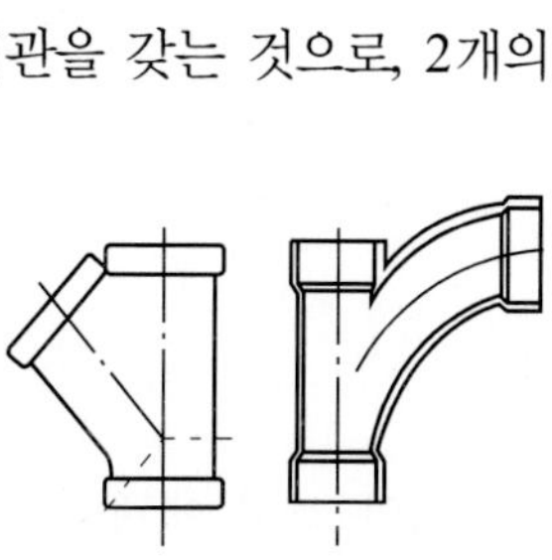

(b) 측면티(lateral)

그림 2 티의 여러가지 형태

관의 중심선과 대칭을 이루며, 2개의 유출 방향은 유입 방향에 대해 22.5°이기 때문이다.

4 크로스

크로스(cross)는 **그림 3**과 같이 4방향 이음쇠 또는 교차분기관이라고도 불리며, 하나의 입구와 3개의 출구(또는 그 반대)를 가지며 나사식, 용접식, 솔벤트 용접식 등 여러 가지 이음방식이 적용된다.

크로스는 4개 관이 연결된 중심에 있기 때문에 내부 유체의 온도가 변하면 배관에 응력을 가할 수 있다. 이런 점에서는 티를 사용하는 것이 크로스를 사용할 때보다 안정적이다. 이는 다리가 3개인 의자와 다리가 4개인 의자처럼 작용하기 때문이다. 기하학적으로 어떤 세 개의 동일 직선상에 있지 않은 점은 일관된 평면을 정의할 수 있다. 따라서 3개의 다리는 본질적으로 안정되어 있다. 반면에 4개의 지점은 과대한 평면을 결정하게 되고 또한 일관성이 없기 때문에 관이음쇠에 물리적인 응력을 발생시킬 수 있다.

크로스는 냉수배관이나 소방용 스프링클러 시스템에서처럼 내부 유체의 온도변화가 작아 일반적으로 열팽창으로 인한 응력이 문제 되지 않는 배관에 주로 사용된다. 온수나 위생 배관에서는 일반적으로 사용되지 않는다. 또한 통상적으로 크로스 1개의 값은 티 2개보다 높다.

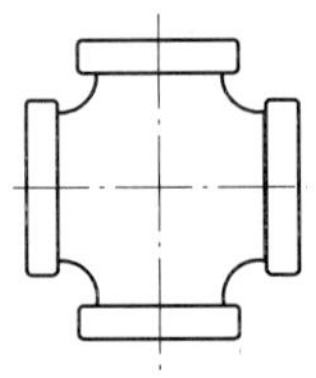

(a) 이퀼 크로스

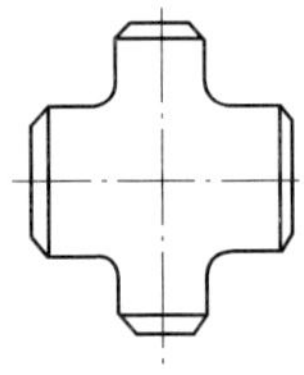

(b) 레듀싱 크로스

그림 3 크로스

5 캡과 플럭

캡(cap)은 **그림 4(a)**와 같이 액체나 가스의 누설을 차단하기 위하여 관의 한쪽 끝을 막아주는 이음쇠 이다. 차후 배관이 연장될 것에 대비하여 사용되는 것이므로 배관으로부터 분리하기 쉽게 나사식이 주로 사용되지만 용접식도 있다. 동관이나 PVC와 같은 비금속관 용은 솔더링이나 솔벤트 용접식이다.

관의 외부에 모자처럼 씌워지는 것을 캡이라고 하는 데 대하여, 플럭은 **그림** 4(b)와 같이 관의 내부로 삽입되는 형태로 관을 막아주는 이음쇠이다. 산업시설의 외기 노출 배관에 사용되는 캡은 외부가 원형이거나, 정사각형, 직사각형, U자나 I자형 또는 손잡이가 달린 것도 있다. 솔벤트 용접이나 솔더링 캡을 사용하여, 향후 연결지점이 되어야 할 경우에는 캡 앞에 5~10 cm 거리의 관을 남겨 두어야 한다. 배관 연장을 위해서는 캡이 설치된 관 부분을 절단해 내고 새 이음쇠를 붙일 수 있어야 하기 때문이다.

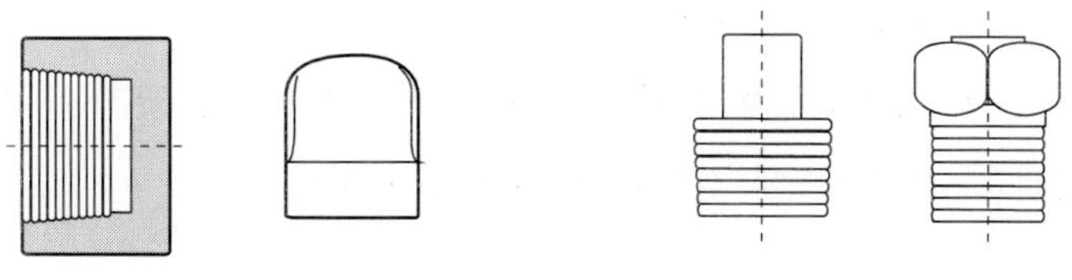

(a) 캡(나사식, 용접식)　　(b) 플럭(4각, 6각)

그림 4 캡과 플럭

6 레듀서

레듀서(reducer)는 **그림** 5와 같이 큰 관에서 작은 관으로 줄이거나 그 반대의 경우를 만드는 이음쇠로, 관지름의 변화를 가져오는 모든 이음쇠를 지칭할 수도 있다.

레듀서는 관지름을 변화시켜 시스템의 유량을 맞추기 위해서 또는 기존의 관에 다른 크기의 관을 연결하기 위하여 사용된다. 축소 길이는 일반적으로 큰 관과 작은 관 지름의 평균길이와 같다.

레듀서는 일반적으로 동심(同心)이지만, 편심(偏心) 레듀서는 배관의 수평(레벨)을 상단 또는 하단에 맞추기 위하여 사용된다.

또한, 레듀서는 유체 흐름에 대한 마하수(mach number)에 따라 노즐 또는 디퓨저로 사용될 수도 있다. 즉 노즐은 유체의 속도를 증가시키는 반면, 디퓨저는 유체의 속도를 감소시킨다.

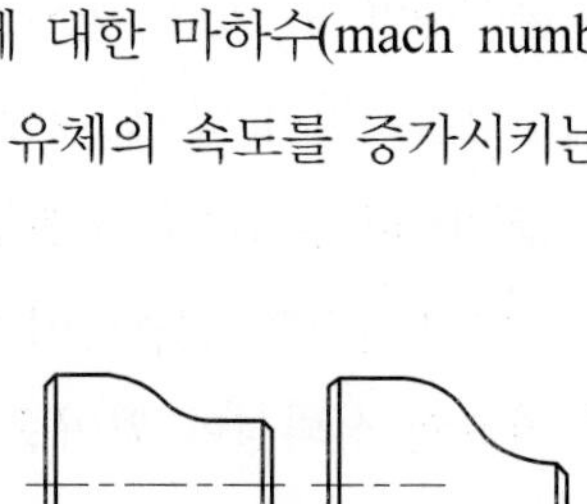

그림 5 동심과 편심 레듀서

7 스텁엔드

스텁엔드(stubend)는 **그림** 6과 같이 관을 플랜지에 직접 용접하는 대신에 사용되는 이음쇠 이다. 길이에 따라 장 단형이 있다.

스텁엔드 플랜지이음에는 일반적으로 나사산 볼트를 사용하여 두 표면을 단단히 결합 하도록 압착하는 과정이 포함된다. 누설 방지를 위하여 플랜지 사이에 개스킷이 들어간다.

금속제 백킹링과 함께 사용되는 스텁엔드 플랜지는 폴리에틸렌 파이프의 끝에 연결되거나 맞대기 용접으로 관과 연결된다.

동관용의 경우는 스텁엔드의 안지름이 동관의 바깥지름에 맞게 확관된 것을 사용하게 되므로, 동관을 스텁엔드에 삽입하고 브레이징 한다.

(a) 장, 단 스텁엔드　　(b) 플랜지이음

그림 6 스텁엔드

8 커플링과 니플

그림 7의 커플링(coupling)이나 **그림** 8의 니플(nipple)은 사용 목적이 같다. 두 개의 관 또는 기구나 관이음쇠를 연결하기 위한 것이다. 용도가 같으면서도 다른 명칭을 사용하는 것은 접속 형태가 다르기 때문이다.

커플링은 관이 안으로 들어와 이음되는 형태이다. 그래서 강관용은 암나사가 가공되어 있고 동관용은 관 삽입 후 솔더링할 수 있다. 동일 크기의 관을 연결하는 커플링과 크기가 다른 관을 연결하는 레듀싱커플링이 있다. 레듀싱커플링은 레듀서 또는 어댑터라고도 부른다. 또한 일반형과 슬립(slip)형으로도 구분된다. 일반 커플링은 파이프가 과도하게 삽입되는 것을 방지하기 위해 내부에 멈춤턱이 있다. 그러므로 나중에 조립되는 관은 삽입 길이가 부족해져서 이음의 신뢰성이 떨어질 수 있다.

슬립커플링은 수리용 커플링이라고도 하며 내부에 멈춤턱이 없다. 따라서 부식이나 동파 등으로 인한 누설이 있는 부분까지 밀어 넣을 수 있고 경우에 따라서는 잘라 낼

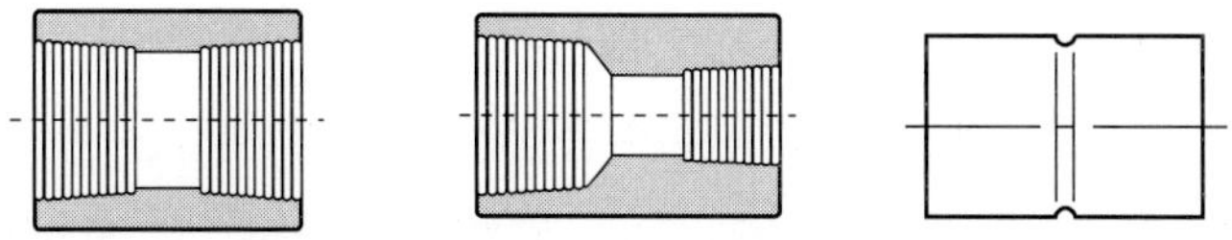

(a) 나사식 커플링　(b) 레듀싱커플링　(c) 솔더링용 커플링

그림 7　커플링

수도 있다. 정렬을 위한 멈춤턱이 없기 때문에 슬립커플링의 최종 위치를 올바르게 맞추는 것은 설치 작업자에 달려 있다.

니플은 관의 내부로 들어가 이음되는 형태이다. 강관, 황동관, CPVC관 등의 단관(短管)에 숫나사가 가공되거나 또는 나사가 없는 동관으로 제조되어 2개의 다른 이음쇠를 연결하는 데 사용된다. 연속적인 나사 가공이 되어있는 것을 클로즈(close)니플, 양쪽 숫나사 사이에 가공되지 않은 부분이 있는 단니플과 장니플로 구분된다. 길이와 바깥지름에 대한 기준은 **그림 8**과 같다.

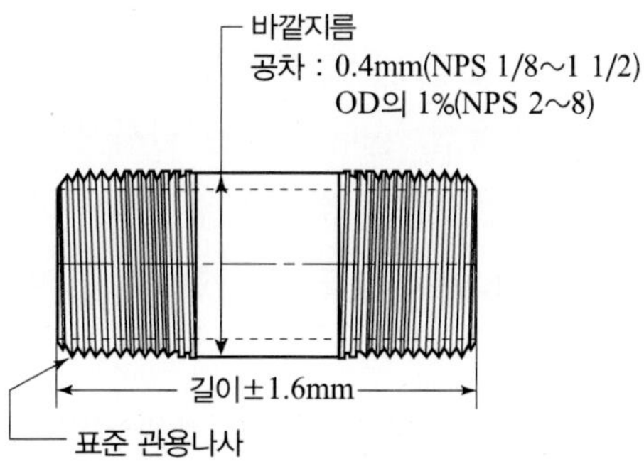

그림 8　니플

9 스웨지니플

그림 8과 같은 스웨지니플(swage nipple)은 구경이 다른 관이나 배관 구성품을 연결하기 위한 이음쇠로 양 끝에 숫나사가 가공되어 있는 것이 주종이나 용접식도 있다. 동심형과 편심형이 있고, 레듀서나 레듀싱 커플링과 형태나 용도는 유사하지만, 길이가 길고 성형 방식이 다르다.

스웨지니플은 단조 방식으로 제조되지만, 한쪽 구경을 축관(swaging)하는 방법으로도 제조된다. 이러한 이음쇠를 사용하는 목적은 영구인 누설방지에 있다.

공칭 크기는 NPS 1/4~12이고, 표준[4]에서 상용압력은 이음매없는관을 기준으로 계산하도록 규정하고 있다. 소재로 사용되는 이음매없는 관의 재질은 탄소강, 합금강, 스테인리스강 및 듀플렉스 스테인리스강관이며, 두께는 일반적으로 Sch10S, Sch20, STD, Sch40, XS, Sch80, Sch160, XXS이다.

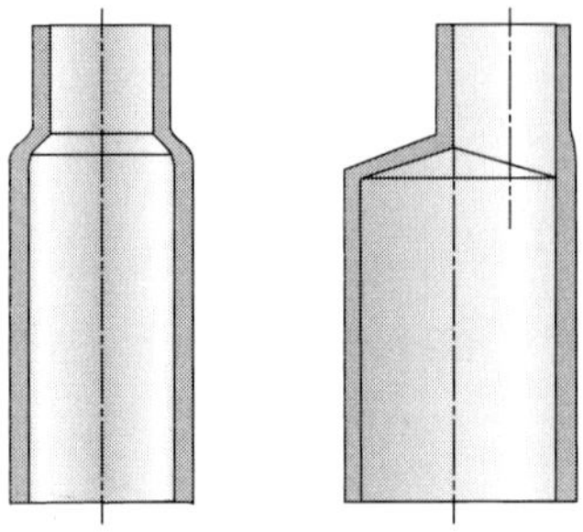

그림 9 스웨지니플

⑩ 유니온

그림 10의 유니온은 관과 관을 연결하지만 유지 보수를 위해 배관을 분리할 수 있으므로 커플링과는 다르다. 솔벤트 용접, 솔더링 또는 나사식으로 이음하는 커플링과 달리 유니온은 필요한 경우 여러번 결합하고 분리할 수 있다. 너트, 머리(head) 및 꼬리(tail piece) 등 세 부분으로 구성된다. 머리와 꼬리가 합쳐지면 너트는 두 끝을 단단히 눌러 연결부를 밀봉한다.

유니온은 플랜지 이음의 축소형으로 알반 배관용과 절연목적의 유니온이 있다. 절연 유니온은 이종 금속(동과 아연도 강관 등)을 전기적으로 분리하는 역할이다. 이종의 금속이 맞대고 있으면 전기 전도성 용액과 접촉할 때(일반적인 수돗물은 전도성 임), 전기 화학적 회로를 형성하게 되므로 전기 분해에 의해 전압이 생성된다. 따라서 두 금속 중 한쪽 금속에서 다른쪽 금속으로 전류가 흐르게 되고, 이온의 이동으로 한 금속은 용해되어 다른 금속에 증착된다.

절연 유니온은 플라스틱 라이너 같은 절연재를 사용하여 전기회로를 차단하여 전기부식을 제한한다. 일반 유니언은 결합된 부품 중 하나를 기계적으로 회전시켜 밀봉하여 누설을 방지한다.

---

4. 참고문헌 1

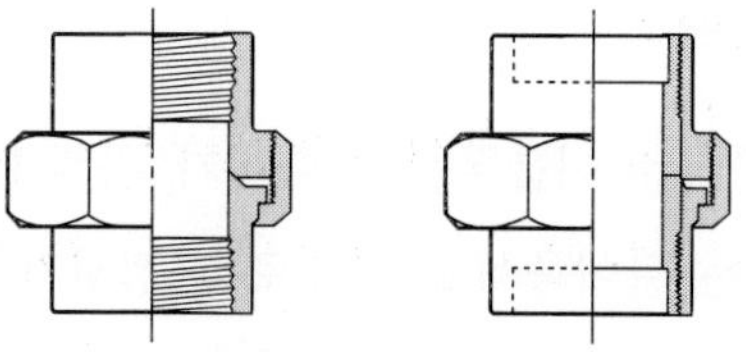

(a) 나사식　　　　(b) 용접식

그림 10 유니온

⑪ 어댑터

(1) 용도

배관재의 재질에 따라서는, 특히 동관이나 비금속관용 관이음쇠에는 표준형 이외에 어댑터가 많이 사용된다. 어댑터도 2개의 서로 다른 부품의 연결을 위하여 사용되는 것으로 ①관과 관, 관과 밸브 및 기구나 장비와의 이음, ②나사와 비나사 간의 이음, ③다른 재질 간의 이음, ④지름이 다른 관 간의 이음, ⑤암나사와 숫나사 간의 이음 등에 사용된다.

(2) 동 및 동합금제 어댑터

그림 11(a)의 어댑터는 표준형 이음쇠(엘보, 티, 레듀서 등)와 함께 동관에서 많이 사용되는 것으로 동관과 동관은 물론 동관과 밸브 및 기구나 장비와의 이음에 사용된다. **표 4**에서와 같이 재질로는 순동제와 동합금제로 구분되며, 이음 방식에 따라 여러 가지 조합이 가능하다. 구경이 서로 다른 것, 암나사와 숫나사, 동관과 철강제 관, PT 나사와 NPT 나사 간 등을 연결할 수 있다. 비금속관에도 동 또는 동합금제 어댑터가 사용되지만 크기와 치수는 서로 다르다.

표 4 동관용 어댑터의 종류

재질	이음방식	이음 방법 기호
순동 동합금	나사식	C, Ftg
	솔더링(브레이징)	M, F
	플래어링	M, F

주　C: 동관이 삽입됨. Ftg: 동관과 같은 OD를 가짐, M: male, F: female의 약자임.

(3) 그 외 여러 가지 어댑터

그림 11(b)의 플랜지어댑터는 이음부를 강화하기 위해 PE 파이프를 맞대기 융착하고 다른 플랜지식 파이프 또는 관이음쇠을 볼트로 고정시키는 어댑터이다.

그림 11(c)의 어댑터스풀(adapter spools)은 지름이 다른 파이프나 압력등급 또는 관끝(端)의 설계가 다른 파이프를 연결하기 위한 특수 관이음쇠로 크로스오버 스풀이라고도 하며 유전(油田) 배관에서 주로 사용된다.

그림 11(d)의 신축 어댑터(expansion adapters)는 관의 수축을 흡수하는 유연한 플렉시블 구간을 갖는 어댑터로 PE, PB같은 비금속관에 사용된다.

이 외에도 메카니칼 조인트(mechanical joint, MJ)는 PE관과 다른 재질의 관의 연결용이며, 벨 어댑터(bell adapters)는 MJ와 유사하지만 결합 플랜지에 대해 확실한 밀봉 유지를 위해 스테인리스강제 백업링이 포함되어 있다.

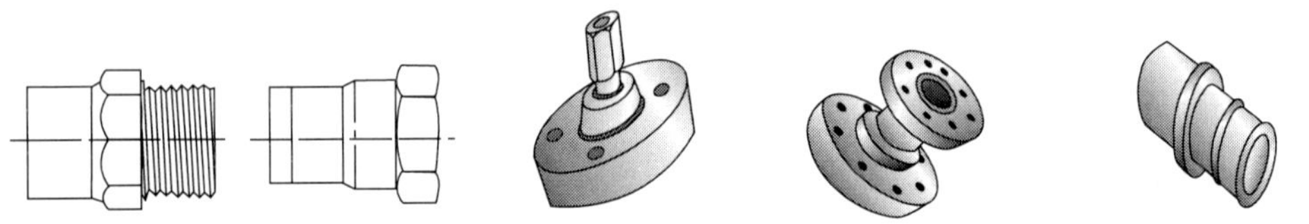

(a) 일반 어댑터(CM. CF) (b) 풀랜지 어댑터 (c) 어댑터 스풀 (d)신축 어댑터

그림 11 어댑터의 여러 가지 형태

1.3 철강제 특수형 관이음쇠

1 분기용 단조 관이음쇠(forged branch fittings)

(1) 아웃렛 이음쇠

아웃렛 이음쇠(branch outlet fitting)는 특수 관이음쇠로 분류된다. 기존의 배관은 물론 신설배관에서 주관(run 또는 header)을 절단하지 않고 부분적인 가공만으로 큰 관에서 작은 관 또는 동일한 크기의 지관(branch 또는 outlet)을 설치하기 위하여 사용된다. 현장에서는 흔히 오렛(O'let)이라고 부른다.

여러 배관 코드에서는 주관에 직접 용접하거나 또는 아웃렛 이음쇠를 사용한 지관의 설치를 허용하고 있다. 다만, 분기용 개구(開口, opening)를 만들기 위해 주관에서 일부분의 재료를 도려냄으로써 약화된 강도를 충분하게 보강해야 한다. 보강재의 재질이나 강도는 주관이나 지관에 이미 사용한 재료와 같거나 동등 이상이어야 한다.

(2) 적용표준

이전에는 용접식 아웃렛 관이음쇠에 대한 표준이 없었다. 1995년에 맞대기용접식, 소켓 용접식과 나사식의 단조방법으로 제조된 탄소강제 90°및 45°의 아웃렛 이음쇠에 대한 표준[5]이 개발되었다.

이 표준은 필수 치수, 마감방법, 공차 및 테스트 요구사항 등의 일반적인 내용을 규정한다. 표준이 없었을 때는 제조자의 자체 설계에 따라 용접식 아웃렛 이음쇠가 제조되었고, 설치할 시스템을 관리하는 코드에 합당한 것인지의 여부만을 검토하였다. 그리고 설치시는 보강재를 포함하여 제조자의 권장 사항에 따라야 했다.

현재는 표준의 치수를 따르면 되지만 그 종류가 90°와 45°의 용접식, 나사식과 소켓 용접식에 국한되어 있다. 그러나 실제로 현장에서 사용되는 종류는 형태와 치수가 다양하고 아직 독점권을 가진 여러 유형의 아웃렛 이음쇠가 있으므로, 표준화된 치수 및 속성은 제조자 자료를 사용해야 한다. 또한 설계자는 응력 강화계수와 같은 적절한 매개변수를 고려해야 한다.

2 형태별 종류

(1) 제조범위

표 5에서와 같이 분기 각도는 90°와 45°의 2종으로, DN 8~600의 크기와 5가지 클래스로 구분되며, 단조 방식으로 제조된다. 지관의 접속방법은 맞대기용접, 나사식 및 소켓용접 등 3종이다. 아웃렛 이음쇠의 클래스와 관에 적용되는 두께 기준 등급 간의 관계는 **표** 6과 같다. 이음쇠는 적용 가능한 코드에 의해 허용되는 단조품에 대한 ASTM 표준에 따라 탄소강, 스테인리스강, 크롬-몰리브덴강 및 합금강으로 제조된다.

---

5. 참고문헌 1

(2) 실무적으로 사용되는 명칭

표준의 명칭은 90°와 45°아웃렛 이음쇠로 단순하지만 현장에서 사용되는 용어는 다양하며 제조자에 따라서도 다른 명칭이 사용된다. 기본적으로 이음방법+olet의 형식이며 weldolet, thredolet, sockolet, latrolet, elbolet, sweepolet, insert weldolet, nipolet 등이다.

표 5 아웃렛 이음쇠의 종류별 제조범위

명칭	이음 방법	형태	DN	클래스					비고
				STD	XS	Sch160	3 000	6 000	
90° 아웃렛 이음쇠	맞대기 용접	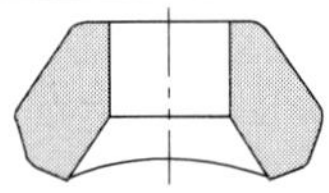	6~600	O	O	O			weldolet
	나사식	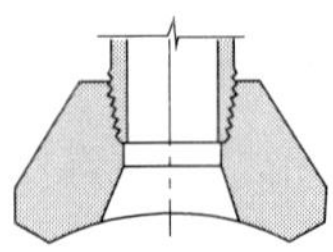	6~100				O	O	thredolet
	소켓용접	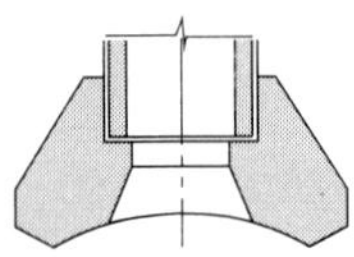	6~100				0	O	sockolet,
45° 아웃렛 이음쇠	맞대기 용접	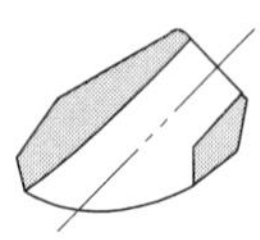	8~50	O	O				
	나사식	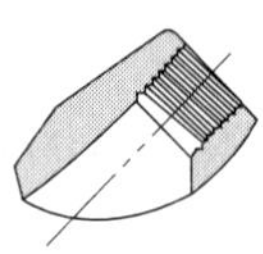	8~50				O	O	
	소켓용접	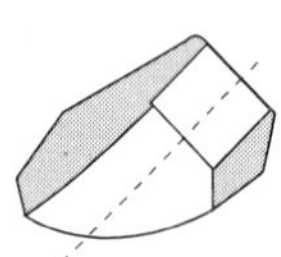	8~50				0	O	

표 6 아웃렛 이음쇠의 클래스와 관의 SchNo와의 관계

아웃렛 클래스	이음방식	관 두께기준*
STD	맞대기용접	STD
XS	맞대기용접	XS
Sch160	맞대기용접	Sch160
3 000	나사식, 소켓용접	XS
6 000	나사식, 소켓용접	Sch160

주 *주관 또는 지관의 두께가 기준보다 더 얇거나 두꺼우면 이 표준의 범위를 벗어난 것으로 간주한다. 다만 당사자의 합의에 따라 기준보다 얇거나 두꺼운 제품을 사용할 수 있다.

자료 참고문헌 1, Table 1에 의거 재작성.

3 주요 O'let의 용도

(1) 웰도렛(weldolet)

모든 지관 접속용 오렛 중에서 가장 일반적으로 사용되는 것으로, 응력 집중을 최소화하고 보강이 완전하게 이루지도록 설계되었다. 먼저 주관에 용접되고 그다음 지관이 용접된다. 두 번의 용접을 쉽게 할 수 있도록 끝단이 일정한 각도로 면취(面取, bevelled)되어 있으므로 용접식 이음쇠로 간주된다.

(2) 소코렛(sockolet)과 스레도렛(thredolet)

기본 웰도렛을 사용하지만 지관은 오렛의 소켓에 삽입된다. 구경은 주관의 출구과 일치하며, 소켓의 안지름은 대략적으로 지관의 바깥지름과 같다. 주관에 용접되는 소켓의 지관쪽은 용접식과 나사식으로 구분된다. 용접식을 소코렛, 나사식을 스레도렛이라고 한다. 따라서 지관을 연결할 방법에 따라서 선택 사용할 수 있다. 소코렛은 소켓 이음쇠로 간주되며 클래스 3 000, 6 000 및 9 000으로, 트레도렛은 나사식 이음쇠로 간주되며 클래스 3 000 및 6 000으로 제조된다.

(3) 래트로렛(latrolet)과 엘보렛(elbolet)

레트로렛은 주관에 45°각도의 측면 연결에 사용된다. 주관에는 용접된 후 이에 접속되는 지관은 맞대기 용접이나 나사 이음한다. 클래스 3 000과 6 000으로 제조된다.

엘보렛은 주관의 엘보 부분에 용접되고, 여기에 서모웰 및 계측기 설치를 위한 90°LR엘보(SR엘보 용으로도 제조 가능)가 부착된다. 접속되는 90°LR엘보는 맞대기 용

접이나 나사 이음한다. 역시 클래스 3 000과 6 000으로 제조된다.

(4) 니포렛(nipolet)

니포렛은 주관에 용접하여 여기에 바로 퇴수나 벤트 밸브를 부착할 수 있는 일체형 이음쇠이다. 8.9~16.5 cm(3.5~6.5 in)의 길이를 가지며, XS 및 XXS 배관용이다. 밸브와의 이음방식은 소켓용접 또는 나사식이다.

(5) 스위포렛(sweepolet)과 인서트 웰도렛(insert weldolet)

스위포렛은 주관의 바깥지름에 안장처럼 접촉되도록 가공되고 보강이 이루어진 맞대기 용접식 이음쇠로. 일체형으로 제조되어 응력강화율이 낮고 피로에 대한 수명이 길다.

인서트 웰도렛은 스위포렛을 사용해야 하는 경우보다는 완화된 조건에서 사용되는 스위포렛 형태의 맞대기 용접식 이음쇠이다.

용접부는 방사선검사나 초음파 및 기타 표준 비파괴 검사방식을 적용하여 쉽게 검사할 수 있고, 특정 보강 요구사항을 추가하여 제조될 수도 있다.

(6) 브라조렛(brazolet)

브라조렛은 원래 황동 또는 동관과 함께 사용하도록 소켓용접(브레이징) 또는 나사식으로 설계된 것이다. 그러나 현재는 여러 가지 철강재로도 제조되고 맞대기 용접식도 추가되었다. 따라서 분류상으로는 맞대기 용접 이음쇠 군에 속한다.

(7) 커포렛(coupolet)

커포렛은 화재 방지용 스프링클러 시스템 및 기타 저압배관에 사용하도록 설계된 것이다. NPT 암나사로 제조되었으며 클래스 300용 이다. **그림** 12는 이상의 여러가자 중 몇가지 특이한 아웃렛의 형태를 보여주는 것이다.

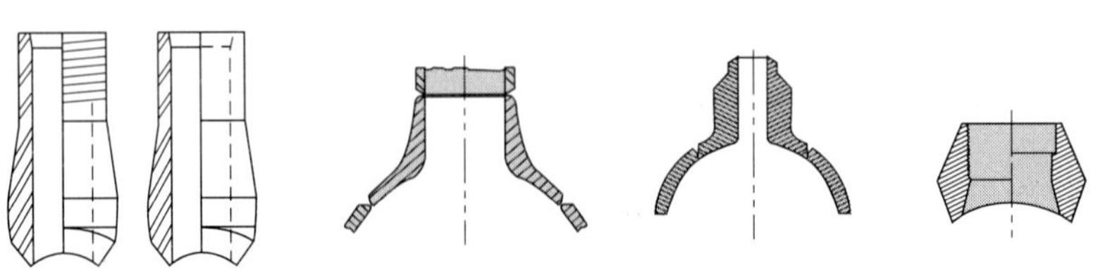

(a) 니포렛(나사, 용접식) (b) 스위포렛 (c) 인서트웰도렛 (d) 브라조렛

그림 12 아웃렛 이음쇠의 특이한 형태의 예

2 철강 및 주철제 관이음쇠 적용표준

2.1 주철제 관이음쇠

1 주철 재료별 표준

주철제 관이음쇠 재료로는 덕타일주철, 회주철, 가단주철이다. 덕타일과 회주철제 관이음쇠는 전통적인 주조방법으로 벨과 스피곳(bell-and-spigot), 푸쉬온(push-on) 플랜지 및 메카니칼 조인트 또는 기타 독점적인 설계를 포함한 다양한 형태로 생산되고 또한 널리 사용된다.

주철제 관이음쇠는 회주철제와 가단주철제 모두를 포함하는 것이다. 강관에서는 B36.10 코드가 모든 강관의 기준이 되는 것처럼, **표 7**에서와 같이 주철제 관이음쇠도 일반 배관용에 대해서는 ASME, 상수도용에 대해서는 AWWA를 기준으로 한다.

표 7 주철제 관이음쇠 적용표준

표준		명칭	적용	비고(KS)
ASME	B16.4	회주철제 나사식 관이음쇠	cL 125, 250: NPS 1/4~12의 티, 크로스, 45와 90도 엘보, 리듀싱티, 캡, 커플링, 레듀싱 커플링 cL 250: 45와 90도 엘보, 스트레이트티, 스트레이트크로스	
	B16.3	가단주철제 나사식 관이음쇠	cL 150, 300: NPS 1/8~6 종류는 B16.4와 동일	B1581
	B16.1	회주철제 관플랜지와 플랜지식 관이음쇠	cL 25, 125, 250, 800: NPS 1~96의 플랜지. 엘보, 티, 크로스, 측면티, 와이, 레듀서	볼트 너트 및 개스킷 자료 포함
	B16.12	주철제 나사식 배수관이음쇠	NPS 1/4~8의 엘보, 티, 크로스, 와이, 카플링, 레듀서, 옵셋, 트랩	B1532
AWWA	C110/A21.10	덕타일과 회주철제 관이음쇠	NPS 3~48, 물과 기타 액체용	
	C111/A21.11	고무-개스킷 이음쇠. 덕타일 주철제 압력 파이프 및 관이음쇠용	NPS 2~48, 메카니칼(그랜드형) 이음쇠	
	C115/A21.15	덕타일과 회주철제 관이음쇠	NPS 3~48, 물용	
	C153/A21.53	덕타일 주철제 콤팩트 관이음쇠	NPS 3~24, NPS 54~64. 물용	

2 나사식 관이음쇠

(1) 주철제(Cast-Iron Threaded Fittings, ASME B16.4)

이 표준에 의한 주철제 나사식 관이음쇠는 클래스 125 및 250의 NPS 1/4~12(DN 6~300)의 티, 크로스, 엘보, 캡, 커플링 등이다. 다만 클래스 250은 45°및 90°엘보, 스트레이트 티 및 스트레이트 크로스에만 적용된다.

표준에서는 ①압력-온도 등급, ②크기 및 리듀싱된 이음쇠에 대한 표기방법, ③마킹, ④재료에 대한 최소 요구사항, ⑤치수 및 공차, ⑥나사 , ⑦코팅에 대한 속성을 지정한다.

클래스 125 및 250의 압력-온도 등급은 **표 8**과 같다. 등급은 내부 유체와 무관하며 나열된 온도에서의 최대 비충격 압력이다. 최소한 재료는 **표 9**의 클래스 A를 사용해야 하고, 이음쇠에는 표준의 나사[6]가 가공되어야 한다.

표 8 회주철 나사식 관이음쇠의 압력-온도 등급

사용온도		cL 125		cL 250	
°F	°C	psi	bar	psi	bar
-20~150	-29~66	175	12.07	400	27.59
200	93	165	11.38	370	25.52
250	121	150	10.35	340	23.45
300	149	150	10.35	310	21.38
350	177	125*	8.62	300	20.69
400	204	..	..	250†	17.24

주 * 125 psig(8.6 barg)의 포화증기 온도를 반영하여 최대 353°F(178°C)까지 허용된다.
† 250 psig(10.3 barg)의 포화증기 온도를 반영하여 최대 406°F(208°C)까지 허용된다.

표 9 밸브, 플랜지 및 관이음쇠용 회주철

기계적 화학정 성질		A	B	C
인장강도 ksi (MPa)		21 (145)	31 (214)	41 (283)
화학적 성분	P, max. %	0.75		
	S, max. %	0.15		

자료 참고문헌 3

6. 참고문헌 2

(2) 가단주철제(Malleable-Iron Threaded Fittings, ANSI/ASME B16.3)

가단주철제 나사식 관이음쇠는 클래스 150 및 300 두가지 등급이며 속성은 주철제 나사식 관이음쇠(ASME B16.4)와 동일하다. NPS 1/8~6(DN 3~150)의 범위로 제조된다. 이 관이음쇠의 압력-온도 등급은 **표 10**과 같다. 압력-온도 등급은 역시 내부 유체와 무관하며 해당 온도에서 최대 비충격 압력이다. 자연색(검정)이나 아연도금이 주종이지만, 구매자의 요구에 따라 다른 것도 제공될 수 있다. 클래스 150 가단주철제 관이음쇠는 주거용 건물의 수도 배관에 일반적으로 사용되는 아연도금 나사식 관이음쇠이다.

가단주철의 최소한의 특성은 **표 11**의 값을 충족해야 하고, 이음쇠에는 표준의 나사가 가공 되어야 한다.

표 10 가단주철제 관이음쇠의 압력-온도 등급

사용온도		cL 150		cL 300					
				NPS 1/4~1		NPS 1-1/4~2		NPS 2-1/2~3	
°F	°C	psi	bar	psi	bar	psi	bar	psi	bar
-20~150	-29~66	175	12.07	2000	137.94	1500	103.46	1000	68.97
200	93	265	18.28	1785	123.11	1350	93.11	910	62.76
250	121	225	15.52	1575	108.63	1200	82.76	825	56.90
300	149	185	12.76	1360	93.80	1050	72.42	735	50.69
350	177	150*	10.35	1150	79.32	900	62.07	650	44.83
400	204	..	..	935	64.49	750	51.73	560	38.62
450	232	..	..	725	50.00	600	41.38	475	32.76
500	260	..	..	510	35.17	450	31.04	385	26.55
550	288	..	..	300	20.69	300	20.69	300	20.69

주 * 150 psig(10.3 barg)의 포화증기 온도를 반영하여 최대 366°F(186°C)까지 허용된다.

표 11 관이음쇠용 가단주철의 기계적성질

기계적 화학정 성질	A
인장강도 ksi (MPa)	40 (275)
항복강도 ksi (MPa)	30 (200)
신율 2 in (50 mm) min %	5

자료 참고문헌 4

(3) 배수관이음쇠(Cast-Iron Threaded Drainage Fittings, ASME B16.12)

배수용주철관의 표준은 A126 회주철을 사용하며 주조방식으로 제조되는 것이다. 그러나 구매자의 요구에 따라 제조자는 A197의 가단주철제도 제공할 수 있다. NPS 1/4~8의 엘보, 티, 크로스를 기본으로 하여 배수관에만 사용되는 Y, 트랩, 옵셋 등이 제공된다.

이 표준에 의한 이음쇠 중에는 일반적으로 사용되는 것과 다른 명칭이 사용되므로 호칭에 유의해야 한다. 엘보는 일반적인 90°, 45°이외 60°, 22-1/2° 11-1/4° 5-5/8° 등 여러 각도와 길이의 제품이 공급되므로 선택의 폭이 넓다. 제조 범위는 NPS 1-1/4~8이며 해당 품목별 유효 범위는 **표 12**와 같다.

티, 크로스, Y-브랜치는 **그림 13**과 같이 표준형태의 직각형 외에 45°티를 베이신(basin)티라 하고, 크로스도 티의 형태를 따라 베이신크로스라고 한다. 표준이음쇠에서의 측면티에 해당하는 것이 Y-브랜치이며 90°와 45°로, S, L, 레듀싱 등 여러 형태가 있다.

표 12 엘보

	90°엘보			45°엘보		60° 엘보	특수엘보		
	S	L	XL	S	L		22 -1/2°	11 -1/4°	5 -5/8°
1 1/4	O	O	O	O	O	O	O	O	O
1 1/2	O	O	O	O	O	O	O	O	O
2	O	O	O	O	O	O	O	O	O
2 1/2	O	O	O	O	O	O	O	O	O
3	O	O	O	O	O	O	O	O	O
4	O	O	O	O	O	O	O	O	O
5	O	O		O	O	O	O	O	O
6	O	O		O	O	O	O	O	O
8	O	O		O					

주 S: short, L: long, XL: extra long

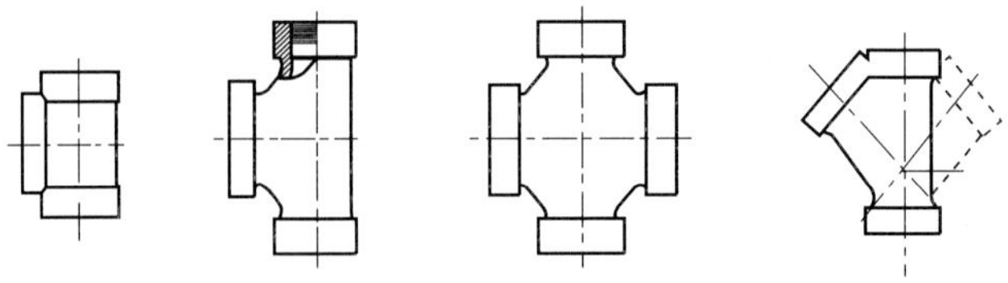

(a) 티 (b) 베이신티 (c) 베이신크로스 (d) Y-브랜치

그림 13 베이신티와 크로스

트랩은 오수와 배수관을 통한 하수가스의 실내 유입을 차단하기 위하여 사용되는 기구이다. 일반적으로 관을 S, P, U자 형으로 가공하여 내부에 봉수(封水)층을 형성하도록 하는 것이지만, 주철제의 경우는 **그림 14**와 같이 관이음쇠의 한 종류로 제조된다. 런닝(running)트랩은 U자 형태의 트랩으로 통기관 설치방법에 따라 2중 통기식과 단독 통기식으로 구분된다. 제조 범위는 NPS 1-1/4~4이다.

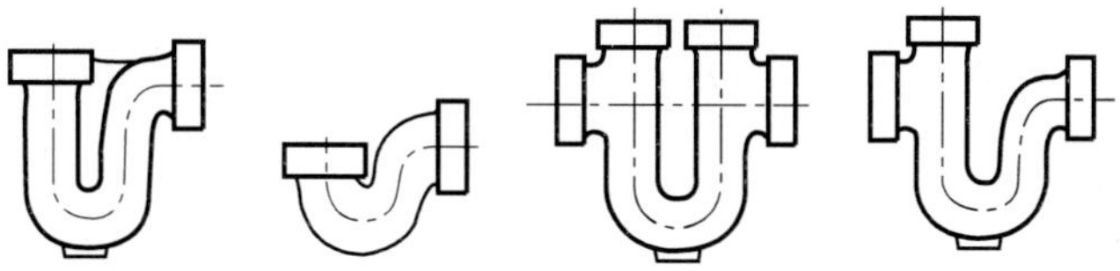

(a) P-트랩 (b) 욕조트랩 (c) 런닝트랩

그림 14 트랩

인크리서(increaer)는 **그림 15**에서와 같이 구경이 서로 다른 관을 연결하기 위한 것이다. 표준 관이음쇠에서의 레듀서 또는 레듀싱 커플링과 같은 용도이다. NPS 1-1/2~8 범위로 제조된다.

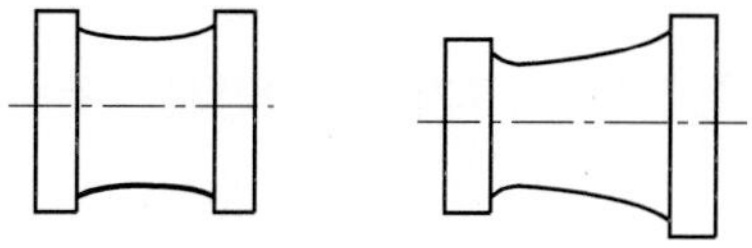

(a) 커플링 (b) 인크리서

그림 15 커플링과 인크리서

옵셋은 배수배관이 수직면뿐만 아니라 수평면에서도 중심축을 변화시켜야 할 경우에 사용되는 것이다. 이미 고려된 경우에는 설계시 이에 대한 대비가 이루어진다. 그러나 현장에서는 예상하지 못한 지장물을 만나게 되어 불기피하게 배관의 축을 변경해야 하는 경우도 있다.

특히 주철관의 경우는 부분적으로 관을 굽혀서 옵셋을 만드는 것은 불가능하다. 제조 범위는 오수 배수 배관에 주로 사용되는 NPS 2~6 크기에 국한되며 **표 13**과 같이 옵셋 길이와 높이가 기준이 된다.

표 13 옵셋

(단위: mm)

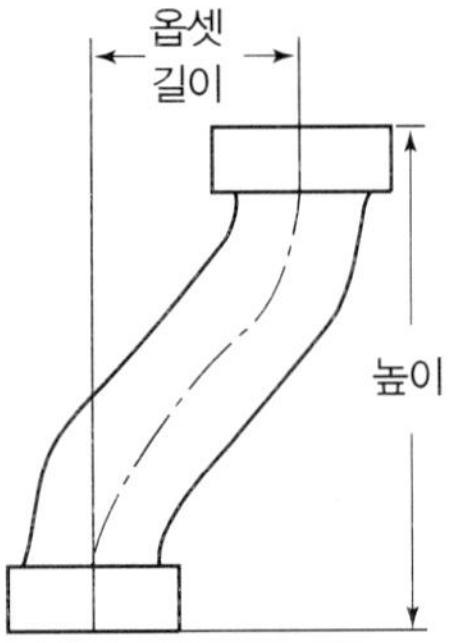

NPS	옵셋길이	높이	NPS	옵셋길이	높이
2	101.6	190.5	5	152.4	320.8
	152.4	241.3		203.2	371.6
	203.2	292.1		254.0	422.4
	254.0	342.9		304.8	473.2
3	101.6	222.3	6	152.4	346.2
	152.4	273.1		203.2	397.0
	203.2	323.9		254.0	447.8
	254.0	374.7		304.8	498.6
4	101.6	247.7			
	152.4	298.5			
	203.2	349.3			
	254.0	400.1			
	304.8	250.9			

3 플랜지식 관이음쇠(Cast-Iron Flanged Fittings, ASME B16.1)

이 표준에서는 주철제 플랜지식 관이음쇠에 대한 압력-온도 등급, 크기, 마킹, 재료에 대한 최소 요구사항, 치수 및 공차, 볼트, 개스킷 및 테스트 관련 사항을 지정한다.

관이음쇠는 압력등급 25, 125, 250 및 800으로, 엘보, 티, 크로스, 레듀서, 측면티, Y 등으로 제조된다. 모든 등급에 모든 크기가 적용되는 것은 아니다. 4가지 클래스 별 사용 가능한 크기는 **표 14**와 같고, 비 충격압력 온도 등급은 **표 15**와 같다. 사용재료는 A126(**표 9** 참조)의 클래스 A 또는 B이어야 한다.

표 14 클래스별 적용 구분

클래스	적용 범위, NPS(DN)	클래스	적용 범위, NPS(DN)
25	4~72 (100~1800)	250	1~30 (25~750)
125	1~96 (25~2400)	800	1~12 (25~300)

표 15 주철제 관플랜지 및 플랜지식 관이음쇠의 압력–온도 등급, bar

온도 \ cL 별 NPS		cL 25* (A 126 cL A)		cL 125				cL 250*				cL 800* (A 126 cL B)
				A 126 cL A	A 126 cL B			A 126 cL A	A 126 cL B			
		4~36	42~96	1~12	1~12	14~24	30~48	1~12	1~12	14~24	30~48	2~12
−20~150°F	−29~66°C	3.10	1.72	12.06	13.79	10.34	10.34	27.58	34.47	20.68	20.68	55.15
200	93	2.76	1.72	11.38	13.10	9.31	7.93	25.51	31.71	19.30	17.24	..
225	107	2.41	1.72	10.69	12.41	8.96	6.89	24.47	30.33	18.61	15.51	..
250	121	2.07	1.72	10.34	12.06	8.62	5.86	23.44	28.61	17.92	13.79	..
275	135	1.72	1.72	10.00	11.72	8.27	4.48	22.41	27.23	17.24	12.06	..
300	149	..	..	9.65	11.38	7.58	3.45	21.37	25.85	16.55	10.34	..
325	163	..	..	8.96	10.69	7.24	..	20.34	24.47	15.86	8.62	..
353†	178	..	..	8.62	10.34	6.89	..	19.30	23.09	15.17	6.89	..
375	191	..	..	..	10.00	..	..	18.27	21.72	14.48	..	..
406‡	208	..	..	..	9.65	..	..	17.24	19.99	13.79	..	..
425	218	..	..	..	8.96	..	..	..	18.61	..	..	..
450	232	..	..	..	8.62	..	..	..	17.24	..	..	..

주 (1) 참고문헌 5, Table 1-1의 psi를 bar로 환산함

(2) 사용자가 지정하지 않으면 정수압 검사는 불필요하다. 시험 압력은 100°F 압력등급의 1.5배로 한다.

*제한

(1) 클래스 25: 주철제 관플랜지 및 플랜지식 관이음쇠를 가스용으로 사용할 경우의 최대압력은 1.72 barg (25 psig)로 제한된다. 1.72 barg(25 psig) 이상의 압력-온도 등급은 비 충격 유체용으로만 적용된다.

(2) 클래스 250: 액체용으로 사용될 때 NPS 14 이상의 압력-온도 등급은 관플랜지에만 적용되며 플랜지식 관이음쇠에는 적용되지 않는다.

(3) 클래스 800: 스팀에는 적용되지 않으며, 비 충격 유체용으로만 적용된다.

† 353°F(최대)는 8.62 batg(125 psig)의 포화증기 온도를 반영한 것이다.

‡ 406°F(최대)는 17.24 barg(250psig)의 포화증기 온도를 반영한 것이다.

2.2 철강제 관이음쇠

1 철강제 관이음쇠의 표준

주요 배관재료(**제3장** 참조)는 표준의 관이음쇠 제작에도 사용된다. 강관에서는 B36.10 코드가 모든 강관의 기준이 되는 것처럼, **표 16**에서와 같이 철강제 관이음쇠도 ASME를 기준으로 한다.

표 16 강제 관이음쇠 적용표준

표준	명칭	적용	비고
ASME B16.5	관플랜지와 플랜지식 관이음쇠	cL 150, 300, 400, 600, 900, 1 500, 2 500. NPS 1/2~24의 관플랜지, 플랜지식 관이음쇠	볼트 너트 및 개스킷 자료 포함 재료: 배관재료 그룹 (제3장 표 5 참조)의 다양한 재료 사용
ASME B16.11	나사식 및 소켓용접식 단조 강제 관이음쇠,	나사식: cL 2 000, 3 000, 6 000. NPS 1/8~4의 엘보, 티, 크로스, 레듀서, 커플링, 캡 소켓 용접식: cL 3 000, 6 000, 9 000. NPS 1/8~4의 엘보, 티. 커플링	재질: A105, A182, A350 (KS B1513)
ASME B16.9	맞대기 용접용식 단조 강제 관이음쇠	STD, XS, Sch160, XXS. NPS 1/2~48의 엘보,리턴, 티, 크로스, 레듀서, 스텁엔드, 캡, 측면티	재질: A2304, A403, A420, B815, B361, B363, B366 (KS B1543)
ASME B16.28	강제 맞대기용접식 SR엘보와 리턴	NPS 1~42의 90SR엘보	재질: A2304, A403, A420

2 플랜지식 관이음쇠(Cast-and Forged-Steel and Nickel-Alloy Flanged Fittings, ASME B16.5)

강 및 니켈합금을 사용하여 주조 및 단조로 제조된다. 플랜지식 관이음쇠의 적용 표준은 ASME B16.5이다. 이 표준은 NPS 1/2~24(DN 15~600) 및 클래스 150, 300, 400, 600, 900, 1 500 및 2 500의 관플랜지 및 플랜지식 관이음쇠에 대한 개구부 표시법, 등급, 재료, 치수, 공차, 마킹, 테스트 및 방법을 규정한다.

그림 16과 같이 엘보, 티, 크로스, 레듀서, 래터럴 Y 등으로 제조된다. 그러나 모든

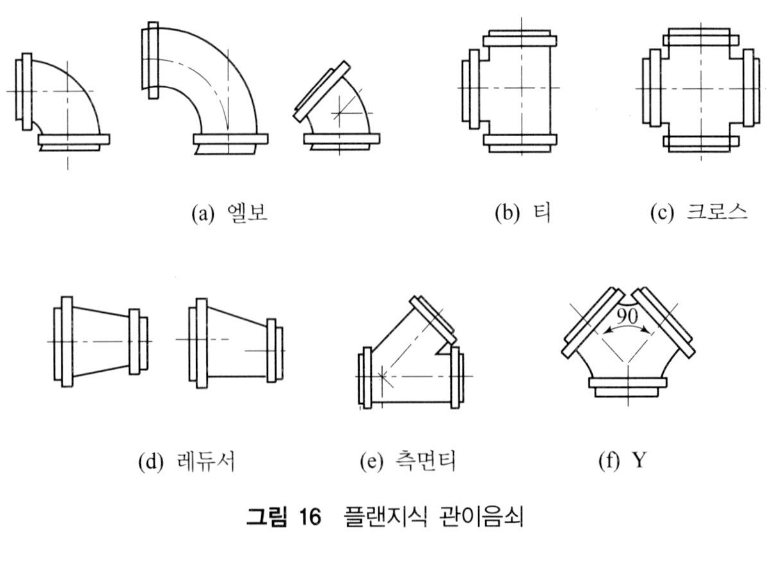

그림 16 플랜지식 관이음쇠

압력 등급에서 모든 크기가 적용되는 것은 아니다. 보다 일반적으로 사용되는 관이음쇠의 치수는 **표 17**과 같다. 이 표준에는 볼트 및 개스킷에 대한 권장 사항과 요구사항도 포함되어 있다. 각 압력등급 내에서 관이음쇠의 치수는 사용 재료에 관계없이 일정하게 유지된다. 재료별 물리적 특성이 다양하므로 각 클래스 내의 압력 온도 등급은 사용된 재료에 따라 다르다. 예로, 클래스 600 단조 탄소강(A105)제 플랜지는 204°C(400°F)에서 87.6 barg(1 270 psig)의 등급이고, 같은 클래스의 단조 스테인리스강(A182, F304)제 플랜지는 동일 온도에서 64.8 barg(940 psig)이다. 따라서 플랜지식 관이음쇠 압력 -온도 등급에 대해서는 표준(ASME B16.5)을 참고하여야 한다.

표 17 강제 플랜지식 관이음쇠

NPS	클래스	해당 이음쇠	비고
1~24	150, 300, 400, 600, 900, 1 500, 2 500	FF, RF등 플랜지식과 RJ(ring joint)식 엘보(45, 90, SR, LR), 티. 크로스, 측면티, 레듀서	ASME B16.5

주 재질은 배관재료 그룹 (제3장 표 5 참조)의 다양한 재료가 사용됨.
자료 참고문헌 6에 의거 재작성

③ 나사식 및 소켓용접식 관이음쇠(Forged-Steel Threaded and Socket-Welding Fittings, ASME B16.11)

단조방식으로 제조되는 강제 나사식 및 소켓용접식 관이음쇠의 적용 표준은 ASME B16.11 이다. 표준에는 압력 온도 등급, 치수, 공차, 마킹 및 재료 요구사항이 규정되어 있다. 관이음쇠의 종류 및 크기는 **표 18**과 같으며 탄소강 및 합금강제이다. 허용되는 재료는 **제3장 표 5**의 A105, A182 또는 A350을 준수하는 단조품, 바, 이음매 없는 파이프 및 이음매없는 튜브이다.

나사식 관이음쇠는 클래스 2 000, 3 000 및 6 000, 소켓 용접 관이음쇠는 클래스 3 000, 6 000 및 9 000이 있다. 관이음쇠의 크기 및 사용 조건에 대한 제한 사항은 실무 작업 시 적용을 받아야 하는 코드에 따른다. 관이음쇠의 최대 허용압력은 제조공차, 부식 허용한계 및 기계적 강도를 고려하여, 동등한 재료로서 이음매없는 파이프에 대해 계산된 압력과 동일한 것으로 한다. 또한 소켓용접 관이음쇠의 경우의 압력등급은 벤드의 단면과 관의 단면이 겹침용접할 수 있어야 하므로, 파이프 두께에 해당하는 압력등

표 18 단조 강제 나사 및 소켓 용접식 관이음쇠

NPS	클래스	해당 이음쇠	적용표준
1/8~4	2 000, 3 000, 6 000	나사식의 엘보(45, 90, SR), 티. 크로스, 커플링, 레듀서, 하프커플링, 캡	ASME B16.11
1/8~4	3 000, 6 000, 9 000	소켓용접식의 엘보(45, 90, SR), 티. 크로스, 커플링	

표 19 관이음쇠의 클래스와 관의 두께와의 관계

관이음쇠 클래스		관 두께 기준
나사식	소켓용접식	
2 000	3 000	Sch80, XS
3 000	6 000	Sch160
6 000	9 000	XXS

급과 같아야 한다. 다양한 파이프 두께별로 사용이 권장되는 관이음쇠의 압력등급은 **표 19**와 같고, 나사식 관이음쇠에는 표준(ASME B1.20.1)의 나사가 가공되어야 한다.

4 맞대기 용접식 관이음쇠(Wrought-Steel Butt-Welding Fittings)

(1) 맞대기용접식 단조강제 관이음쇠(ASME B16.9)

이 표준은 **표 20**에서와 같이 강제 맞대기 용접식 엘보, 티, 크로스, 리듀서, 측면티, 겹침용접용 스텁엔드(lapjoint stub ends), 캡 및 새들의 치수 및 제조 공차를 규정한다.

범위는 NPS 1/2~48((DN 1~1 200)이며, 표준의 요구사항에 맞게 제조되어야 한다. 관이음쇠의 압력-온도 등급은 동등한 재료, 동일 크기 및 공칭 두께를 갖는 관과 같거나 동등 이상을 요구한다. 압력-온도 등급은 분석 또는 시험의 결과로 정해지지만 관이음쇠에 대합 압력시험은 요구하지 않는다. 그러나 함께 사용하려는 관에 규정된 것과 동일한 시험압력에서 누설없이 견딜 수 있어야 한다. 크기와 유형이 같은 관이음쇠의 설치부 치수는 두께에 관계없이 동일하다.

표 20 맞대기 용접용식 단조 강제 관이음쇠

품목	NPS (DN)	클래스(NPS)	적용 표준
90, 45 LR엘보	1/2~48(12~1 200)	STD, XS(1/2~48), Sch160(1~12) XXS(3/4~8)	ASME B16.9
LR 레듀싱 엘보	2~24(50~600)		ASME B16.9
LR리턴	1/2~24(15~600)		ASME B16.9
90 SR엘보	1~42(25~1 050)	STD(1~42), XS(1 1/2~42)	ASME B16.28
SR리턴	1~24(25~600)		ASME B16.9
스트레이트 티와 크로스	1/2~48(12~1 200)	STD, XS(1/2~48), Sch160(1~12) XXS(1/2~8)	ASME B16.9
레듀싱 티와 크로스	1/2~44(15~1 100)		ASME B16.9
스텁엔드	1/2~24(15~600)		ASME B16.9
캡	1/2~48(15~1 200)	Sch40, Sch30, Sch20	ASME B16.9
레듀서(동심, 편심)	3/4~34(20~850)	STD, XS(1/2~34), Sch160(1~12) XXS(1/2~8)	ASME B16.9
측면티	1~24(25~600)		

표 21 지름이 다른 이음쇠별 조합

관이음쇠	큰지름 범위(NPS)	작은지름 범위(NPS)
LR 레듀싱 엘보	2~24	1~22
레듀서(동심, 편심)	3/4~48	3/8~46
레듀싱 아웃렛티	1/2~48	3/8~46
레듀싱 크로스	1/2~48	3/8~46

(2) 맞대기용접식 강제 SR엘보와 리턴(ASME B16.28)

이 표준은 강제 맞대기용접식 SR엘보 및 리턴의 치수 및 제조 공차를 규정한다. 범위는 NPS 1/2~24(DN 15~600)이며, 재료는 **표 22**와 같이 A234, A403 또는 A420으로 그 등급은 화학적 및 물리적 특성이 관재료와 동일하다.

SR엘보 및 리턴의 곡률반지름은 관이음쇠의 호칭지름(NPS)과 같고(**그림 1** 참조),

표 22 재료

재료	특수이음쇠	적용 표준
단조 탄소강 및 합금강의 관이음쇠, 중온 및 고온용	S9	ASTM A234
오스테나이트계 스테인리스제 관이음쇠	S9	ASTM A403
탄소강 및 합금강제 관이음쇠, 저온용	S6	ASTM A420

압력-온도 등급은 동일 재질과 크기 및 공칭 두께를 갖는 이음매없는 관에 대해 계산된 값의 80%를 취한다. 관이음쇠에 대한 압력시험은 요구하지 않는다. 그러나 함께 사용하려는 관에 규정된 것과 동일한 시험압력에서 누설없이 견딜 수 있어야 한다. 크기와 유형이 같은 관이음쇠의 설치부 치수는 두께에 관계없이 동일하다.

(3) 측면티

국가 표준이 적용되지 않는 품목이므로 제조자의 표준을 따라야 한다. 상용압력은 측면티로 제조될 소재의 관에 대해 설정된 허용압력의 40%를 취한다. 그러나 관의 허용압력과 동일한 압력을 충족해야 하는 경우의 측면티는 일반적으로 더 두꺼운 두께의 관으로 제조된다. 더 두꺼운 관이란 동일 재질의 환봉(丸棒)을 기계 가공하여 해당 두께의 관 표준에 맞춘 것이다.

측면티의 치수 공차는 NPS 8(DN 200) 까지는 1.0 mm(1/32 in) 이하, NPS 10~48(DN 250~1 200)까지는 1.0mm(1/16 in) 이하이다. 상품화된 측면티의 두께는 STD와 XS급으로 **그림** 17에 표시된 주요부 치수는 **표** 23과 같다.

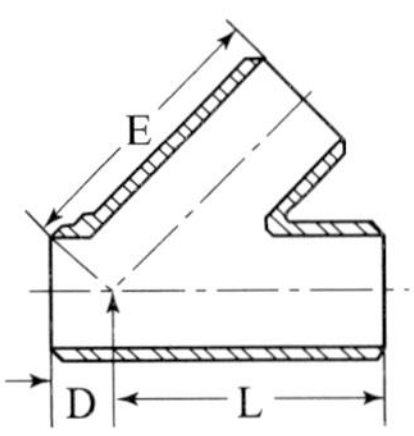

그림 17 측면티

표 23 상품화된 맞대기 용접식 측면티의 치수(1/2)

NPS	STD						XS					
	L, E		D		개략중량		L,E		D		개략중량	
	in	mm	in	mm	lb	kg	in	mm	in	mm	lb	kg
1	5.75	146.1	1.75	44.5	1.7	0.8	6.50	165.1	2.00	50.80	2.5	1.1
1-1/4	6.25	146.1	1.75	44.5	2.4	1.1	7.25	184.2	1.25	31.75	3.8	1.7
1-1/2	7.00	158.8	2.00	50.8	3.2	1.5	8.50	215.9	2.50	63.50	5.4	2.4
2	8.00	177.8	2.50	63.5	5.0	2.3	9.00	228.6	2.50	63.50	7.7	3.5
2-1/2	9.50	203.2	2.50	63.5	9.2	4.2	10.50	266.7	2.50	63.50	13.5	6.1
3	10.00	241.3	3.00	76.2	12.6	5.7	11.00	279.4	3.00	76.20	18.8	8.5
3-1/2	11.50	254.0	3.00	76.2	17.2	7.8	1.50	38.1	3.00	76.20	25.6	11.6
4	12.00	292.1	3.00	76.2	20.8	9.4	13.50	342.9	3.00	76.20	32.8	14.9

표 23 상품화된 맞대기 용접식 측면티의 치수(2/2)

NPS	STD						XS					
	L, E		D		개략중량		L,E		D		개략중량	
	in	mm	in	mm	lb	kg	in	mm	in	mm	lb	kg
5	13.50	304.8	3.50	88.9	31.4	14.2	15.00	381.0	3.50	88.90	49.8	22.6
6	14.50	342.9	3.50	88.9	42.4	19.2	17.50	444.5	4.00	101.60	79.0	35.8
8	17.50	368.3	4.50	114.3	76.0	34.5	20.50	520.7	5.00	127.00	140.0	63.5
10	20.50	444.5	5.00	127.0	124.0	56.2	24.00	609.6	5.50	139.70	202.0	91.6
12	24.50	520.7	5.50	139.7	180.0	81.6	27.50	698.5	6.00	152.40	273.0	123.8
14	27.00	622.3	6.00	152.4	218.0	98.9	31.00	787.4	6.50	165.10	340.0	154.2
16	30.00	685.8	6.50	165.1	275.0	124.7	34.50	876.3	7.50	190.50	433.0	196.4
18	32.00	762.0	7.00	177.8	326.0	147.8	37.50	952.5	8.00	203.20	526.0	238.5
20	35.00	812.8	8.00	203.2	396.0	179.6	40.50	1,028.7	8.50	215.90	628.0	284.8
24	40.50	889.0	9.00	228.6	544.0	246.7	47.50	1,206.5	10.00	254.00	882.0	400.0

3 동 및 동합금 관이음쇠

3.1 동관 전용 관이음쇠

1 동관 이음쇠의 종류

동관용 이음쇠는 솔더링(브레이징)용과 나사식, 동제(wrought copper)와 동합금제(copper alloy)로 구분된다. 동제는 동관 전용이고 나사식은 동관과 동합금관 모두에 사용된다.

2 동관이음쇠 사용 시의 유의점

동관이음쇠 사용 시의 유의점은 어떤 표준의 동관에 사용할 것인지에 따라 사용하여야 할 동관 이음쇠의 표준이 다르다는 점이다. 즉 국제적으로 통용되는 동관의 표준은 ASTM B88과 ASTM B88M 이다. 우리나라나 일본의 동관은 ASTM B88을 따른 것이고, 영국, 독일, 프랑스 등의 유럽국의 동관을 기준한 표준이 ASTM B88M이다(**제1장** 참조). 따라서, 이 책에서도 ASTM B88 동관 및 이와 치수가 같은 동합금관(**제5장** 참조)에 사용되는 **표 24**의 동관이음쇠 표준을 기준으로 한다.

표 24 동관이음쇠의 표준

표준	명칭	적용	비고(KS)
ASME B16.22	동 및 청동제 솔더링용 관이음쇠	NPS 1/8~8의 동과 청동 주물제 어댑터, 엘보, 리턴, 티, 플럭, 캡 커플링, P-트랩	B5578
ASME B16.18	동합금제 솔더링용 관이음쇠	NPS 1/4~12의 동합금 주물제 어댑터, 엘보, 리턴, 티, 플럭, 캡 커플링, P-트랩	B1544
ASME B16.15	청동제 나사식 관이음쇠, C125 및 C250	클래스 125, 250, NPS 1/8~4의 청동 주물제 엘보, 티, 크로스, 커플링, 레듀서, 리턴 벤드, 45°Y-브랜치	
ASME B16.26	플래어 이음용 동합금 관이음쇠	NPS 3/4~2의 동합금 주물제 티, 엘보	B1537

3.2 솔더링 관이음쇠 (B16.22 및 B16.18)

1 동관 이음쇠의 재질

솔더링 관이음쇠는 주로 동관과 동관의 이음에 사용되므로 주된 재료도 동(wrought copper)이다. 그러나 동관과 동관의 이음 외에도 동관과 밸브, 동관과 기구 등을 연결하기 위해서는 동제 관이음쇠 만으로는 불가능 한 경우가 있다. 따라서 동합금제의 관이음쇠가 필요하게 된다. 동제 관이음쇠는 일반적으로 동 함량이 83% 이상이어야 하고, 주조된 황동 관이음쇠는 재료표준[7]을 준수해야 한다. 공칭 성분은 Cu 85%, Sn 5%, Pb 5% 납 및 Zn 5%이다.

2 주요부 치수

솔더링(또는 브레이징)은 관이음쇠에 동관을 삽입하고 용가재인 솔더멜탈(또는 브레이징 휠러메탈)을 용융시켜서 틈새로 침투시키는 방법이므로, 관이음쇠와 동관 사이의 틈새가 이음강도를 좌우하게 된다. 용가재가 잘 침투되는 범위가 있기 때문이다. 따라서 솔더링 관이음쇠는 **표 25**와 같이 암관(female end)과 숫관(male end)의 치수가 매우 중요하다.

7. 참고문헌 7

표 25 솔더링 이음부의 치수(mm)

NPS	숫관(male end)			암관(female end)			재료두께*min			이음쇠 안지름† O	
	바깥지름 A		삽입 길이 K	안지름 F		삽입 깊이 G	B16.22	B16.18		B16.22	B16.18
	min	max	min	min	max	min	몸통부 T	몸통부 T	이음부 R	min	min
1/8	6.30	6.38	7.87	6.40	6.50	6.35	0.48	..	..	4.57	..
1/4	9.47	9.55	9.65	9.58	9.68	7.87	0.58	2.03	1.27	7.62	7.87
3/8	12.62	12.73	11.18	12.75	12.85	9.65	0.66	2.29	1.27	9.91	10.92
1/2	15.80	15.90	14.22	15.93	16.03	12.70	0.74	2.29	1.27	13.21	13.72
5/8	18.97	19.08	17.53	19.10	19.20	15.75	0.79	..	..	16.00	..
3/4	22.15	22.25	20.57	22.28	22.38	19.05	0.84	2.54	1.52	18.80	19.81
1	28.50	28.63	24.64	28.65	28.75	23.11	1.02	2.79	1.78	24.89	25.91
1 1/4	34.85	34.98	26.16	35.00	35.10	24.64	1.12	3.05	1.78	31.24	32.00
1 1/2	41.17	41.33	29.46	41.35	41.48	27.69	1.30	3.30	2.03	37.34	38.10
2	53.87	56.31	112.01	54.05	54.18	34.04	1.50	3.81	2.29	49.28	50.29
2 1/2	66.57	66.73	38.86	66.75	66.88	37.34	1.70	4.32	2.54	61.47	62.48
3	79.27	79.43	43.69	79.45	79.58	42.16	1.91	4.83	2.79	73.41	74.68
3 1/2	91.97	92.13	50.04	92.15	92.28	48.51	2.18	5.08	3.05	85.60	86.87
4	104.67	104.83	56.39	104.85	104.98	54.86	2.44	5.59	3.30	97.54	99.06
5	130.07	130.23	69.09	130.25	130.38	67.56	2.82	7.11	4.32	119.38	123.70
6	155.47	155.63	81.79	155.65	155.78	78.49	3.15	8.64	5.08	145.29	148.34
8	206.22	206.43	103.89	206.45	206.58	100.84	4.39	9.65	7.87	191.77	196.09
10	257.02	257.23	104.65	257.25	257.38	101.60	..	12.19	12.19	..	244.35
12	307.82	308.03	117.35	308.05	308.18	114.30	..	14.22	14.22	..	293.62

주 각부 치수는 **그림 18** 참조

* 재료 두께에서 이음부는 축(확)관 된 부분, 몸통부는 원관 부분임.

† 이음쇠 안지름은 B16.22에서는 축관된 부분을, B16.18에서는 원관 부분을 기준함.

자료 참고문헌 11. Table 2와 참고문헌 12의 Table 3에 의거 재작성.

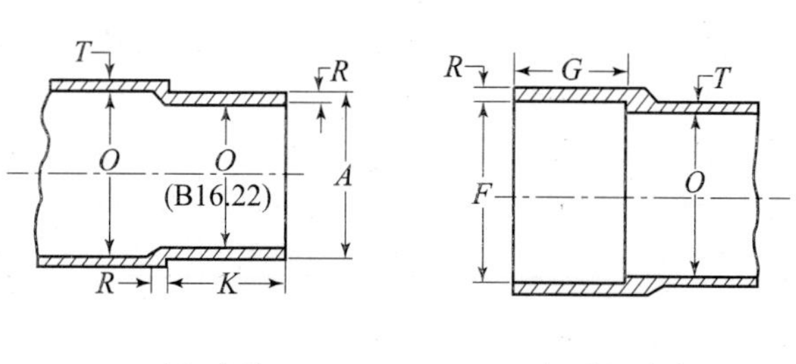

(a) 숫관 (b) 암관

그림 18 솔더링용 이음부

③ 압력-온도 등급

솔더링은 주로 소구경 동관에 사용되며, 용가재(溶加材)인 솔더메탈[8]은 보통 50A (50-50 주석 납)를, 이보다 좀 더 높은 강도를 요구하는 경우에는 95TA(95% 주석 5% 안티몬 합금)가 사용된다. 대구경 동관의 이음에는 브레이징을 적용하므로 용가재도 브레이징 휠러메탈을 사용한다. 50A와 95TA로 솔더링한 경우와 브레이징한 경우의 이음부 강도를 비교하면 브레이징한 경우가 높다(**제4장 표 12** 참조). 관이음쇠 자체에 대한 압력온등급은 **표 26**과 같다.

표 26 동합금 이음쇠의 압력-온도 등급, kPa

NPS	사용온도							표준별 해당	
	−29~38°C −20~100°F	66°C 150°F	93°C 200°F	121°C 250°F	149°C 300°F	177°C 350°F	204°C 400°F	B16.22	B16.18
1/4	6280	5340	5130	5020	4920	4190	3140	O	O
3/8	5360	4560	4380	4290	4200	3570	2680	O	O
1/2	4970	4220	4060	3980	3890	3310	2480	O	O
5/8	4350	3700	3550	3480	3410	2900	2170	O	O
3/4	4010	3410	3270	3210	3140	2670	2000	O	O
1	3400	2890	2780	2720	2660	2270	1700	O	O
1 1/4	3020	2570	2470	2420	2370	2010	1510	O	O
1 1/2	2810	2390	2300	2250	2200	1870	1400	O	O
2	2500	2130	2040	2000	1960	1670	1250	O	O
2 1/2	2310	1960	1890	1850	1810	1540	1150	O	O
3	3180	1850	1780	1740	1710	1450	1090	O	O
3 1/2	2090	1770	1700	1670	1630	1390	1040	O	O
4	2020	1710	1650	1610	1580	1340	1010	O	O
5	1850	1570	1510	1480	1450	1230	920	O	O
6	1720	1460	1410	1380	1350	1150	860	O	O
8	1860	1580	1520	1490	1460	1240	930	O	O
10	1860	1580	1520	1490	1460	1240	930	..	O
12	1740	1480	1420	1390	1360	1160	870	..	O

주 (1) 압력-온도 등급은 관이음쇠의 가장 큰 구경 기준임.
(2) 압력-온도 등급은 허용응력 기준 계산 결과를 10 단위로 내림한 것임.

자료 참고문헌 11. Table 3.1.1-2와 참고문헌 12, Table 3.1.1-1에 의거 재작성

8. 참고문헌 15

3.3 동합금 주조 나사식 관이음쇠(B16.15)

이 표준은 순동제 소구경 플럭, 부싱, 캡 및 커플링 등을 대체하기 위한 동합금 주조 나사식 관이음쇠로 클래스 125 및 250 두 가지이다.

90°와 45°엘보, 리턴, 티, 크로스, 카플링, 레듀서, Y-브랜치, 캡, 부싱, 소켓프럭이 NPS 1/8~4 범위로 제조된다. 원래 황동관에 사용하기 위한 것이었으나 현재는 동 및 동합금 관 모두에 사용된다. 부싱은 **그림 19**와 같이 구경이 다른 두 가지 부품이나 기구 등을 연결할 때 사용하고, 플럭은 **그림 20**과 같이 관끝을 막아주는 데 사용하는 이음쇠이다.

비충격 압력-온도 등급은 **표 27**, 허용되는 재료는 **표 28**과 같다.

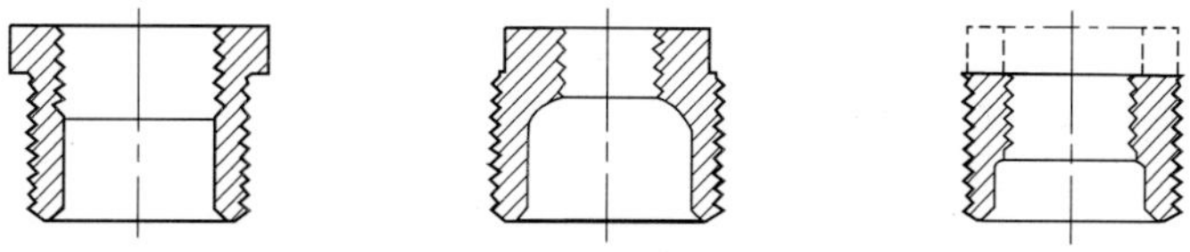

(a) 외부헤드형 (b) 내부헤드형 (c) 평면형

그림 19 부싱의 형태

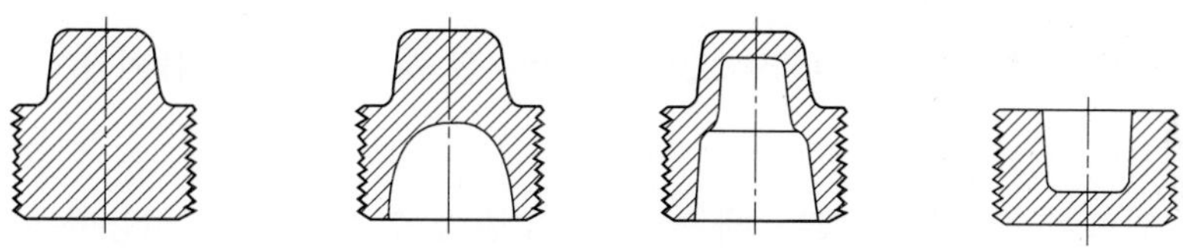

(a) 솔리드형 (b) 코어형 (c) 카운터 싱크형

그림 20 소켓 플럭

표 27 클래스 125, 250 청동주조 나사식 관이음쇠의 압력-온도 등급

사용온도		cL 125		cL 250	
°F	°C	psi	bar	psi	bar
-20~150	-29~66	200	13.8	400	27.6
200	100	190	12.9	385	26.2
250	125	180	12.3	365	24.9
300	150	165	11.3	335	23.0
350	175	150	10.4	300	20.8
400	200	125	8.9	250	17.8

주 등급은 내부 유체와 무관하다.

표 28 재료

UNS번호	합금	해당표준
C83600	청동, 온스메탈	ASTM B62
C83800	동합금주물	ASTM B584
C84400	동합금주물	ASTM B584
C36000	황동 로드 및 바	ASTM B16
C32000	동-아연-납 합금(레드 브라스)로드 및 바	ASTM B140
C31400	동-아연-납 합금(하드웨어 청동)로드 및 바	ASTM B140

4 플라스틱 관이음쇠

4.1 플라스틱 관이음쇠의 특성

1 종류 및 특성

플라스틱 관이음쇠는 급수관용과 배수관용으로 대별되고 금속제 관이음쇠와 거의 같은 종류와 크기로 제조된다.

급수배관 용으로는 90°와 45°엘보, 티, 소켓, 캡 등의 기본 이음쇠와 수도꼭지 부착 전용의 엘보, 티, 소켓, 밸브 부착용 소켓 및 플랜지 등이 있고. 배수관 용은 대기압을 초과하는 압력이 작용하지 않는 배관 즉, 배수관과 통기관 등에 사용하는 이음관으로, 90°와 45°엘보, 티, 소켓, 캡 등의 기본 이음쇠와 배수관 전용의 Y관, YT관, DT단관, YT-C관 청소구, 슬리브, 바닥트랩 등의 종류가 있다. 특히 배수관 이음쇠에서는 엘보 대신 곡관이라는 용어를 사용하나, 용도와 형태는 같은 것이다.

플라스틱 관이음쇠의 특성은 금속제 관이음쇠와 같은 표준형의 범용제품도 있으나, 이보다는 특성화된 이음방식을 적용하는 독점권을 가진 제품들도 사용된다. 독점기간이 종료되어 제조 및 사용이 일반화된 것도 있으나 아직 독점권이 인정되는 제품도 있고, 또 신규의 제품이 출현하기도 한다. 따라서 플라스틱 배관에서 특수 이음방식 적용을 결정하는 것은 플라스틱 관이음쇠 제조자를 선정하는 의미와 같다.

명칭 또한 제조자 별로 다르게 사용하는 경우가 많아, 금속 배관용 관이음쇠와 같이 통일된 규격과 명칭의 사용이 어려운 점도 있다. 그러므로 상세한 자료가 필요할 경우는 제조사의 자료를 참고하거나 문의하여야 한다.

2 플라스틱 관이음쇠의 표준

각종 플라스틱 관이음쇠의 ASTM 표준은 **표 29**와 같다. 적용범위는 함께 사용되는 관(**제6장** 참조)과 같으나, 재료별 관이음쇠로의 특성은 약간씩 다르다.

플라스틱 배관의 경우, 다양한 화학 및 폐기물 배출물에 대한 탁월한 내성, 부식성 토양에 대한 내성, 긴 길이로의 생산 가능성, 유체 흐름에 대한 저항이 작다는 등등의 많은 장점이 있다. 그러나 반면에 열악한 구조적 안정성(추가 지지가 필요), 고온에서의 낮은 압력등급, 일부 플라스틱의 햇빛에 노출시 발생하는 물리적 변화, 용매에 대한 낮은 내식성의 단점도 있다. 기본적으로는 금속재료 대비 기계적 강도가 낮다은 것이다.

이러한 강도 문제는 PVC 관을 이용하는 파이프라인이나 관개(灌漑)수리(水利) 분야에서는 매우 중요한 것이다. **표 30**은 가장 광범위하게 사용되는 PVC 관이음쇠에 대하여 연속적으로 가할 수 있는 압력을 보여주는 것으로, 관계단체[9]에서 제안된 값이다.

표 29 플라스틱 관이음쇠의 표준

종별	표준의 명칭	표준 번호
PVC	열가소성 가스 압력 배관용 튜브와 관이음쇠	D2513
	나사식 PVC 플라스틱 관이음쇠, Sch80	D2464
	PVC 플라스틱 관이음쇠, Sch40	D2466
	소켓식 PVC 플라스틱 관이음쇠, Sch80	D2467
	PVC DWV파이프와 관이음쇠	D2665
	PVC 배수파이프와 관이음쇠	D2729
	PVC 플라스틱 배관 시스템용 솔벤트 시멘트	D2564
CPVC	나사식 CPVC 플라스틱 파이프 이음쇠, Sch80	F437
	소켓식 CPVC 플라스틱 파이프 이음쇠, Sch40	F438
	소켓식 CPVC 플라스틱 파이프 이음쇠, Sch80	F439
PE	PE 플라스틱 파이프 재료	D3350
ABS	소켓식 ABS 플라스틱 파이프 이음쇠, Sch80	D2469
	ABS DWV 파이프 및 관이음쇠	D2661
	ABS 플라스틱 파이프 및 피팅용 솔벤트 시멘트	D2235
FRP	강화 에폭시 플라스틱 가스 압력 파이프 및 관이음쇠	D2517

9. PVC Fittings Division of the Irrigation Association

표 30 Sch40 및 Sch80 PVC 관이음쇠의 지속가능 최대 작동압력(제안)

(73°F〈23°C〉의 물 기준), kPa

NPS	Sch40		Sch80	
	최소 파열압력 (ASTM D2466)	최대 상용압력	최소 파열압력 (ASTM D2467)	최대 상용압력
1/2	13,169	2,468	18,754	3,509
3/4	10,618	1,993	15,168	2,848
1	9,928	1,862	13,927	2,606
1-1/4	8,136	1,524	11,445	2,151
1-1/2	7,308	1,365	10,411	1,944
2	6,136	1,145	8,894	1,675
2-1/2	6,688	1,255	9,377	1,758
3	5,792	1,089	8,274	1,551
3-1/2	5,309	993	7,653	1,427
4	4,895	917	7,171	1,338
5	4,275	807	6,412	1,193
6	3,861	731	6,136	1,151
8	3,447	641	5,447	1,020
10	3,103	579	4,137	965
12	2,896	545	3,999	945

주 이 표는 일반 참고용임. 적절한 최대 작동압력은 관이음쇠에 대한 설계 및 현장 조건에 따라 크게 달라질 수 있기 때문이다. 특히 반복적인 서지압력이 존재할 경우에는 피로효과로 인해 장기 강도를 낮출 수 있다. 제조자에 권장 사항을 문의해야 한다.

자료 참고문헌 18. p.D.53 Table D1.12에 의거 재작성

③ 관이음쇠별 특성

PVC 배관은 플라스틱 파이프 중 가장 널리 사용되는 것으로, 주로 솔벤트 시멘트 이음과 엘라스토머씰(elastomeric seals) 이라는 두 가지 기술이 적용된다. 열융착 이음도 가능 하지만, 용융 점도(melt viscosity)가 너무 높아서 현장 조건에서는 확실하게 견고한 이음을 만들어 내기 어렵다. 솔벤트 시멘트 이음의 경우는 압력 및 온도 등급이 낮고 용매에 대한 내성이 낮다. 그 외에 나사식, 플랜지식도 사용되고, 독점권을 가진 여러 가지 특수한 이음방식도 사용된다.

CPVC 관이음쇠도 급수 및 배수용이다. PVC와 동일한 특성을 갖지만, PVC보다 더 높은 압력 및 온도 등급이 요구되거나 더 강력한 배관 시스템이 필요한 경우에 사용된다.

PE 관이음쇠는 용재를 이용한 이음 즉 솔벤트 시멘트 이음방식을 사용할 수 없어 메카니컬식이나 소켓식 및 관과 관의 맞대기 열융착 방법이 적용된다.

PB 관이음쇠는 열가소성 플라스틱의 특징을 이용하여 메카니컬식 관이음쇠, 전기 융착식 관이음쇠, 열융착식 관이음쇠 등의 세 종류가 있다. 따라서 배관의 용도에 맞는 이음방식을 선택하여 사용한다.

ABS 관이음쇠는 배수용으로 널리 사용되며, 일반형 또는 소켓이 있는 Sch40 및 Sch80의 2 종류가 있다. Sch80은 고온 부식성 액체, 화학처리, 산업도금, 냉각수 분배, 탈 이온수 계통, 화학물질 배수 및 폐수처리시설에 사용된다. 최대 사용온도는 99°C(210°F) 이다. 솔벤트 시멘트, 나사식 또는 플랜지 이음이 적용된다. 나사식 이음은 Sch80만 가능하다.

4.2 플라스틱 파이프 이음

1 이음방법 선택의 기준

플라스틱관 간의 이음 방식에는 금속제 관에서의 기본적인 방식인 나사 이음이나 플랜지 이음 외에도 비금속 재료 고유의 이음방식이 추가된다. 열가소성 플라스틱관 별로 적용 가능한 이음방식은 **표 31**과 같다. 이러한 다양한 방식 중에서 어떤 방식을 취할 것

표 31 열가소성 배관재별 이음에 적용되는 방법

이음방법	ABS	PVC	CPVC	PE	PEX	PB	PP	PVDF
솔벤트 시멘트	O	O	O	-	-	-	-	-
열융착	-	-	-	O	-	O	O	O
나사식(1)	O	O	O	O	-	-	O	O
플랜지식(2	O	O	O	O	-	O	O	O
그루브(3)	O	O	O	O	-	-	O	O
메카니칼 조인트(4)	O	O	O	O	O	O	O	O
엘라스토머씰	O	O	O	O	O	O	O	O
플래어링(5)	-	-	-	O	-	O	-	-

주 (1) 일반적으로 Sch80 두께 이상의 파이프로 제한된다.
(2) 플랜지 어댑터는 열융착, 솔벤트 시멘트 또는 나사식으로 플라스틱관에 부착할 수 있다.
(3) 그루브 가공을 위해서는 재료에 따라 최소 파이프 두께가 필요하다.
(4) 대부분의 경우 내부 보강재는 이러한 피팅에 의해 생성되는 압축력에 대하여 파이프를 영구적으로 지지할 수 있어야 한다.
(5) 상품화된 모든 등급의 관을 플래어링 할 수 없으므로, 특별한 경우는 제조자에 문의해야 한다.

자료 참고문헌 16. p.D.28 Table D1.8에 의거 재작성

이냐는 현장 여건상의 효율성을 기준으로 검토되어야 한다. 여기서는 플라스틱 배관에 사용되는 이음 방법에 대해서만 다루고, 그 외 다른 배관재에서도 사용되는 공통적인 방법은 다음 장에서 다룬다.

2 플라스틱 배관의 고유 이음 방식별 특성

(1) 솔벤트 시멘트 이음

접착제 이음방식으로 불려왔던 것으로, 접착제가 솔벤트(solvent cement)이다. 배관 자체가 허용되는 모든 용도의 플라스틱 배관에 사용할 수 있는 방법이다. 이음이 견고하여 압력 배관에도 사용할 수 있다.

작업 과정은, 테이퍼 형상의 소켓(허브)과 관의 삽입부에 접착제(솔벤트와 시멘트의 화합물)를 도포(塗布)하여 관의 외부과 소켓의 내면에 팽창시키고, 소켓에 관을 삽입하면 소켓과 관의 탄력성으로 팽윤면(膨潤面)을 압착함으로써 접촉면을 일체화하여 이음하는 방식이다. 그러므로 소켓이나 관의 한쪽에만 접착제를 도포하면 접착제가 묻지 않은 부분이 발생하여 이음 불량이 될 수 있으므로 주의한다. **그림 21**은 PVC관을 솔벤트 시멘트 이음한 예를 보여주는 것이다.

접착제의 역할은 화학적 반응으로 액채상태에서 관과 관이음쇠의 접촉면을 용해시킨다. 건조된 후에는 두 면이 균일한 형태로 융합되어 누설방지 이음이 생성된다.

솔벤트 시멘트 이음은 플라스틱 파이프의 특정한 유형과 일반적인 직선형태의 관 및 소켓달린 관이음쇠에 대해서만 사용할 수 있다. 솔벤트 시멘트는 ①PVC 플라스틱 파이프용(ASTM D2564)과 ②ABS 플라스틱 파이프용(ASTM D2235)으로 구분된다. 표준에 합당한 다양한 제품이 있으므로, 선택 시에는 제조자와 상의하는 것이 좋다. **표 32**는 솔벤트 시멘트의 조성의 한 예이다.

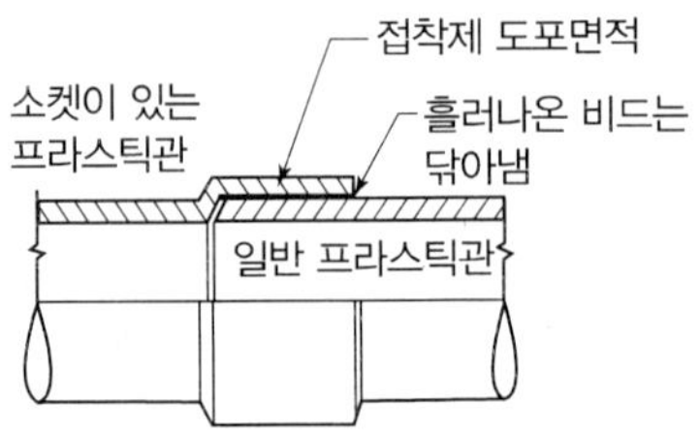

그림 21 솔벤트 시멘트 이음

표 32 솔벤트 시멘트 조성(예)

성분	THF	MEK	CYH	ACE	PVC	Si	기타
조성, %	0~17	9~23	23~27	23~34	10~13	1~4	0.02~0.4

주 THF: tetrahydrofuran, MEK: methyl ethyl ketone, CYH: cyclohexanone, ACE: acetone,
기타: 용매 수용성 아크릴 공중합체(solvent soluble acrylic copolymer associative thickener)

(2) 열융착

플라스틱관의 이음 방법은 끊임없는 이음쇠의 개발이 이루어짐에 따라 현재는 금속 배관재와 같이 여러가지 이음방식을 사용할 수 있다. 그 중 금속관에서의 용접과 같이 플라스틱관에서의 용접방식이 열융착(heat fusion joints)이다.

이 방식은 열가소성 플라스틱 파이프 재료에만 적합한 견고한 이음으로 압력 배관에도 사용할 수 있다. 열은 플라스틱 표면을 균일하게 녹여 겹쳐지는 두 부분을 일체형으로 융합하는 데 사용된다. 관의 끝과 끝을 맞대기 이음하거나, 소켓에 관을 삽입하는 겹침 이음할 수 있다. 소켓방식을 사용하는 경우, 특별히 제조된 소켓 내부에 와이어가 들어 있어 삽입된 관이 빠지지 않도록 마찰력을 높여주는 소켓이음쇠를 사용할 수도 있다.

맞대기 열융착을 위해서는 파이프의 끝을 외부 열원(대개 평평한 전기 열선판)으로 용융온도까지 가열한 다음 가열된 열선판을 제거하면, 파이프의 두 끝이 일체가 되는 이음이 만들어진다.

소켓 조인트는 소켓에 파이프의 끝을 삽입하고, 관이음쇠 내부에 내장된 와이어를 전용 전원에 연결하고, 소켓을 용융점까지 가열하여 파이프를 소켓 내부에 융착시킨다. 이러한 열융착 이음방법 적용 시에는 단계별 제조자의 지침을 잘 따라야 한다. 실제 작업 시에는 제조자들이 공동으로 인증하는 절차에 따라 적합한 자격을 갖춘 자가 작업을 수행하도록 하는 것이 관행이다. 상세한 작업요령은 열융착 이음에 관한 표준[10]을 참고한다.

(3) 엘라스토머씰

엘라스토모씰(elastomeric seal)은 압축된 탄성중합체 링이나 개스킷을 말하며, 플라

10. 참고문헌 32

스틱 배관용으로 설계된 많은 형태의 기계식 이음쇠에서 밀봉용으로 사용되는 것이다. 이 씰은 관의 변형으로 인해 마모되거나 손실되지 않도록 플라스틱 관의 내부에 들어가는 금속제 슬리브와 함께 사용된다. 스리브가 관내에 고정되어 있어서 씰이 압축력에 견디게 되기 때문이다.

압축식 이음쇠인 메카니칼 조인트나 이와 유사한 이음방식에서 사용되는 고무링, 고무륜, 고무개스킷 같은 것들이 모두 이에 속한다. **그림** 22는 PVC관을 엘라스토모 개스킷을 사용한 이음방식의 예를 보여주는 것이다. 국내에서 사용되는 고무링 조인트는 **그림** 22에서의 개스킷 대신 O-링을 사용하는 것이다.

압축식 이음쇠를 선택할 때는 열 수축 또는 배관의 유동으로 생성될 수 있는 인발력(삽입된 관을 빼려는 힘, pull-out force)에 대하여 관을 제자리에 고정시킬 수 있는 용량의 관이음쇠를 고려해야 한다. 특히 구경이 작은 관 용의 압축식 이음쇠는 관이 고장나거나 항복에 의해 영구적으로 늘어날 수 있을 정도로 큰 인발력에 대해서도 파이프를 고정시킬 수 있는 능력을 갖도록 설계되어 있다.

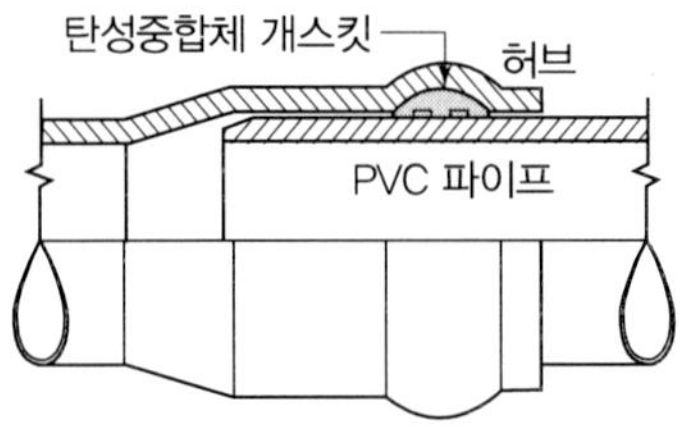

그림 22 탄성중합체 개스킷 조인트

참고문헌

1. MSS SP-97 Integrally Reinforced Forged Branch Outlet Fittings Socket Welding Threaded and Buttwelding Ends
2. ASME B1.20.1 Pipe Thread-General Purpose
3. ASTM A 126 Gray Iron Castings for Valves, Flanges, and Pipe Fittings
4. ASTM A197 Cupola Malleable Iron
5. ASME B16.1 Gray Iron Pipe Flanges and Flanged Fittings Classes 25, 125, and 250
6. ASME B16.5 Pipe flange and flanged fittings.
7. ASTM B62 Composition Bronze or Ounce Metal Castings
8. ASME B16.9 Factory-Made Wrought Buttwelding Fittings
9. ASME B16.11 Forged Fittings, Socket-Welding and Threaded
10. ASME B16.12 Cast Iron Threaded Drainage Fittings
11. ASME B16.22 Copper and Copper Alloy Solder-Joint Pressure Fittings
12. ASME B16.18 Cast Copper Alloy Solder Joint Pressure Fittings
13. ASME B16.15 Cast Copper Alloy Threaded Fittings
14. ASME B16.26 Cast Copper Alloy Fittings for Flared Copper Tubes
15. ASTM B32 Solder Metal
16. Mohinder L. Nayyar, Piping Handbook 7th. McGraw-Hill
17. ASTM D2513 PE Gas Pressure Pipe, Tubing, and Fittings
18. ASTM D2464 Threaded PVC Plastic Pipe Fittings, Sch80
19. ASTM D2466 PVC Plastic Pipe Fittings, Sch40
20. ASTM D2467 PVC Plastic Pipe Fittings, Sch80
21. ASTM D2665 PVC Plastic Drain, Waste, and Vent Pipe and Fittings
22. ASTM D2729 PVC Sewer Pipe and Fittings
23. ASTM D2564 Solvent Cements for PVC Plastic Piping Systems

24. ASTM F437 Threaded CPVC Plastic Pipe Fittings, Sch80
25. ASTM F438 Socket-Type CPVC Plastic Pipe Fittings, Sch40
26. ASTM F439 CPVC Plastic Pipe Fittings, Sch80
27. ASTM D3350 PE Plastics Pipe and Fittings Materials
28. ASTM D2469 Socket-Type ABS Plastic Pipe Fittings, Sch80
29. ASTM D2661 ABS Sch40 Plastic Drain, Waste, and Vent Pipe and Fittings
30. ASTM D2235 Solvent Cement for ABS Plastic Pipe and Fittings
31. ASTM D2517 Reinforced Epoxy Resin Gas Pressure Pipe and Fittings
32. ASTM D 2657 Heat Fusion Joining of Polyolefin Pipe and Fittings

8장 관의 이음

1 나사식 이음

1.1 일반적인 나사 이음

1 용도

나사 이음은 관의 양단에 관용 나사를 내고 나사식 관이음쇠를 사용하여 연결하는 것으로 가장 널리 쓰이는 방법이다. 관에 나사를 내야 하므로 그만큼 관의 두께가 두꺼워야 한다. 주로 강관 등 철강제 배관에만 적용되던 방법이었으나, 현재는 비철금속이나 동관 및 PVC 등 비금속 재질의 관에서도 사용된다.

배관의 용도를 기준으로 하면, 나사 이음은 일반적으로 저압 소구경, 비 가연성 용도의 배관에 사용된다. 나사식의 철강제 관은 가정용 가스 배관에 주로 사용되지만 NPS 12까지의 나사 이음은 저압의 액체용 배관 용도로도 사용된다.

2 밀봉재

나사 이음 시는 누설방지 이음을 보장하기 위해 종종 배관 내의 액체(물, 온수, 가스, 오일 등)에 적합한 나사산 밀봉제나 윤활제(潤滑劑, lubricants)가 사용된다. 밀봉재의 사용 기준은 다음과 같이 나사의 가공 상태를 기준으로 한다.

①가공이 잘된 나사에는 아마씨 오일(linseed oil)이나 분말 아연 또는 니켈을 함유한 화합물과 같은 윤활제를 사용하면 누설방지 이음을 만드는 데 충분하다. ②불완전한 나사에 대하여는 밀봉의 정밀도를 높이기 위하여 흰색 납이나 씰테이프가 필요할 수 있다. ③누설이 있어서는 안 되는 고압 배관의 경우는 나사 이음부를 씰용접 할 수 있다. 씰 용접작업 시에는 용접부에 균열이 발생하지 않도록 노출된 모든 나사가 덮이도록 해 주어야 한다. 나사 이음이 끝난 후 45°이상으로 나사를 되돌리면 누설될 수 있으므로 주의가 필요하다. 액상 씰재가 경화한 후에는 나사를 다시 조여서는 안 된다. 나사는 손으로 돌려서 멈춘 위치에서 파이프렌치를 사용한다.

3 나사식 이음의 회전 및 토크

나사 이음에서 조임이 느슨하면 누설이, 과도하면 나사산에 변형이 생겨서 씰성능 저하의 원인이 될 수 있다. 회전 방법을 권장하는 경우 조임 권장 숫자가 매우 작다. 소구경관에서는 일반적으로 3을 초과하지 않는다. 이 숫자는 토크렌치가 필요하지 않은 경우로 다음의 두 가지 유형이 있다.

①TFFT[1]는 손의 힘으로만 조일 때 권장되는 관이음쇠의 전체 회전수이고, ②FFWR[2]는 렌치를 작동시켜 저항이 느껴진 후 이음쇠를 올바른 지점에 맞출 때까지의 권장 회전수이다.

토크는 힘의 측정이다. 일반적으로 토크 렌치를 사용하여 조일 때 사용되는 회전력이다. 권장 토크 값은 이음 요소가 제대로 조여졌는지 확인하는 데 필요한 최대 회전력을 측정한 것이다. 토크는 lb-ft 또는 N-m와 같은 단위로 측정할 수 있다. 토크는 시스템이 더 높은 압력에서 작동할 때 이음이 얼마나 단단해야 하는지를 이해하는 데 도움이 되므로 중요한 값이다.

테이퍼 나사가 가공된 이음쇠의 경우에는 과도하게 조이지 않아야 한다. 평행나사가 가공된 이음쇠보다 나사가 손상되기 쉽고, 이로 인해 누설이 발생하여 재사용이 불가능할 수 있다. 테이퍼 나사를 갖는 이음부의 조립에 토크가 아닌 TFFT가 권장되는 이유이다.

1. Tturns from finger tight
2. Flats from wrench resistance 또는 Flats method라고도 한다.

표 1 강관 나사 이음 시 표준 체결량

DN	체결길이(산수), mm	체결량(파이프렌치 값)
15	8.16 (4.5산)	2.7 (1.5산)
20	9.53 (5.3산)	2.7 (1.5산)
25	10.39 (4.5산)	3.5 (1.5산)
32	12.70 (5.5산)	3.5 (1.5산)
40	12.70 (5.5산)	3.5 (1.5산)
50	15.88 (6.9산)	4.6 (2.0산)
65	17.46 (7.6산)	5.8 (2.5산)
80	20.64 (8.9산)	5.8 (2.5산)
100	25.40 (11.0산)	6.9 (3.0산)
125	28.58 (12.4산)	8.1 (3.5산)
150	28.58 (12.4산)	8.1 (3.5산)

관의 호칭지름에 맞는 파이프렌치를 사용할 때의 조임의 정도는 **표 1**과 같다.

1.2 특수 나사 이음

❶ 내압관 이음(pressure-tight joints)

저압용 내압(耐壓) 관이음은 암나사는 평행으로, 숫나사는 관용 테이퍼 나사(NPTE)로 제조된 것을 사용한다. 대표적으로 사용되는 것이 커플링이다. 커플링의 연성으로 인해 평행나사와 관용 테이퍼 나사가 서로 맞춰질 수 있기 때문이며, 다음과 같이 평행-테이퍼 커플링과 테이퍼-테이퍼 커플링 2가지가 사용된다. ①평행-테이퍼 커플링의 상품화된 크기는 STD(Sch40) 이하의 파이프 용으로 DN 50까지 공급된다[3]. ②테이퍼-테이퍼 커플링은 XS(Sch80) 파이프용으로 모든 크기가 상품화되어 있고, 이는 DN 65 이상의 STD 파이프에도 사용할 수 있다. 이상의 커플링의 나사부의 길이는 나사표준[4]에 합당해야 한다.

❷ 건식 밀봉나사(dry-seal pipe threads)이음

건식 밀봉나사[5]는 특히 밀봉이 요구되거나, 윤활제가 존재하여 유동 매체를 오염시킬

---

3. API 5L에 따라 제조됨
4. 참고문헌 1

수 있는 용도에 사용된다.

나사는 나사표준에서 다루는 관용나사와 유사하다. 본질적인 차이는 건식-씰 파이프 나사산의 경우 산과 골이 절단됨이 없고 암나사와 숫나사의 간의 접촉 즉 금속 대 금속의 접촉이 이루어지도록 함으로써 나선을 따르는 누설 경로를 차단한 것이다. 이러한 목적 달성을 위해서는 나사산의 일부를 수정하고 제조상의 정확도가 필요하다. 숫나사 및 암나사의 골은 산보다 약간 더 잘린다. 즉 골은 산보다 넓다. 따라서 산과 골의 접촉은 측면 접촉과 일치하거나 측면 접촉 이전에 산과 골에서 이루어진다.

건식 밀봉 파이프 나사는 냉매 시스템 및 항공기, 자동차 및 해양 서비스의 연료 및 유압 제어 라인에 사용된다. 나사는 최대 DN 75까지이다.

1.3 나사의 표준

1 나사 가공

고품질이 요구되는 나사 이음의 경우에는 부드럽고 깨끗한 나사가 필요하다. 현장에서 공구를 사용하여 파이프 나사를 가공하는 경우에는 나사산 표면이 다소 불완전할 수 있다. 나사의 형상이나 치수가 바르지 못하면 누수 사고의 원인이 될 수 있으므로 나사를 올바르게 가공하기 위해서는 좋은 기계를 사용할 필요가 있다.

관의 절단으로부터 면취와 나사 가공까지 전공정의 작업이 가능한 전동 나사기계나 자동 절삭식 나사기계가 많이 사용된다. 따라서 가공된 나사의 치수 정밀도는 향상되었다. 그렇지만 일정 수량의 나사를 가공한 후에는 나사 게이지를 사용하여 치공구의 상태를 검사하여 교체의 필요성 여부를 확인해야 한다.

나사의 치수 표준은 ASME B1.20.1(세부사항은 **제1장** 관용나사 참조)이다. 특수 용도를 포함하여 테이퍼 및 평행 파이프 나사의 치수, 공차 및 측정방법을 지정한다. 원형 단면을 갖는 일반적인 파이프에는 관용 테이퍼(숫나사 및 암나사)가 사용된다. 그러나 평행나사는 특정 유형의 파이프 커플링, 그리스 컵, 연료 및 오일 관이음쇠, 고정구용 기계적 조인트, 도관 및 호스 커플링에 유리하다. 철강제 관의 주종인 강관에 가공하는 나사는 종전에는 절삭나사가 주로 사용되었으나 현재는 소성가공에 의한 전조(轉造)나

5. 참고문헌 2

사도 사용된다.

2 나사별 이음효율

각각의 가공법을 적용하여 나사를 가공한 강관에 관이음쇠을 연결하고 인장응력, 굽힘응력을 가하면 절삭나사의 경우는 연결된 관이음쇠에 가까운 나사의 골 부에서 파괴되지만, 전조나사는 나사부는 파괴되지 않고 나사가 없는 관부분이 파괴되거나 변형된다.

강관에 나사를 내면 그 부분은 두께가 얇아져 강도가 약해지기 때문이다. 그래서 절삭 나사를 사용하는 나사 이음 효율은 60%로, 전조나사는 관과 동등한 강도로 인정되어 이음 효율을 100%로 한다.

또한 이음부에 굽힘모멘트가 가해지면 관이음쇠 이음부로부터 구부러지게 되고, 변위량이 많아지면 곧 나사부에 균열이 발생하게 된다. 따라서 매설관의 경우는 지반이 부등침하 하는 곳, 배관의 한쪽은 건물에 고정되어 있고 다른 한쪽은 침하될 것으로 예상되는 곳에서는 6개의 엘보를 사용하여 배관하고 나사의 회전에 의해 변위를 흡수하도록 하거나, 가요성을 갖는 이음쇠나 관을 사용한다.

2 플랜지 이음

2.1 플랜지 이음의 구성요소

1 기본재료

플랜지이음은 1차적으로 파이프에 플랜지를 부착한 다음, 플랜지와 플랜지 사이에 개스킷을 삽입하고 최종적으로는 플랜지 간을 볼트로 체결하여 이음이 완성된다. 그래서 볼트이음(bolting)으로 분류되기도 하지만, 여기서는 배관분야에 통상적으로 사용되는 대로 플랜지 이음이라고 한다. 그러므로 플랜지이음을 위한 기본적인 구성요소는 ①관플랜지, ②개스킷, ③볼트 및 너트이다. 그 외에 작업을 위한 공구나 장비가 필요하다.

구성요소들은 여러 국가표준에 따라 제조된다. 또한 일부 제조자는 기존의 전통적인 플랜지 이음 방식에 비하여 비용과 조립 또는 체결시간을 줄일 수 있는 독점권을 가진 특수체결식 이음쇠도 공급하고 있다. 사용자가 어떤 이유로든지 편리하다고 판단하여 이러한 독접적인 방법을 적용할 경우에는 반드시 적용 코드 범위 내에서 이루어져야 한다.

2 적용 코트 및 표준

플랜지이음은 배관분야에서 뿐만 아니라 전 산업분야에서 널리 사용되기 때문에 설계, 제조, 시공 등의 분야별로 적용해야 하는 코드와 수많은 표준이 있다. 따라서 이러한 기준들을 적절하게 활용하면 안전하고 경제적인 결과를 얻을 수 있다.

플랜지 이음은 다음과 같은 경우에 유리하다. ①배관 구성요소를 설치된 상태로는 수리할 수 없는 경우, ②결합되는 구성요소 간을 용접할 수 없는 경우, ③빠르게 현장에서 직접 조립을 해야 하는 경우, ④수리를 위해 구성품 또는 배관 구간을 자주 떼어내야 할 경우.

2.2 관플랜지

1 플랜지의 종류

(1) 원형 플랜지

BPVC S-8(압력용기)에서는 원형(circular-type) 플랜지를 파이프에 조립하는 방법에 따라서 ①헐거운형, ②일체형 및 ③옵션형 등 3가지로 정의한다. 그리고 용접부 및 기타 구조에 대한 세부사항은 코드의 규정에 명시된 치수 요구사항을 충족해야 한다.

헐거운형(loose-type)이란, 파이프와 플랜지를 조립한 상태에서 관을 축으로 하여 플랜지가 돌아갈 수 있을 정도로 틈새가 있다는 것이다. 그리고 그 틈새는 최종 작업인 용접으로 메워지게 된다. **그림 1**에서와 같이 파이프와 플랜지를 나사식으로 조립하거나, 파이프에 플랜지를 밀어 넣을 수 있는 슬립-온(slip-on) 형태이다. 특히 슬립-온 형에는 플랜지가 노즐 목이나 용기 또는 파이프에 직접 부착되지 않는 형태도 포함된다. 그러

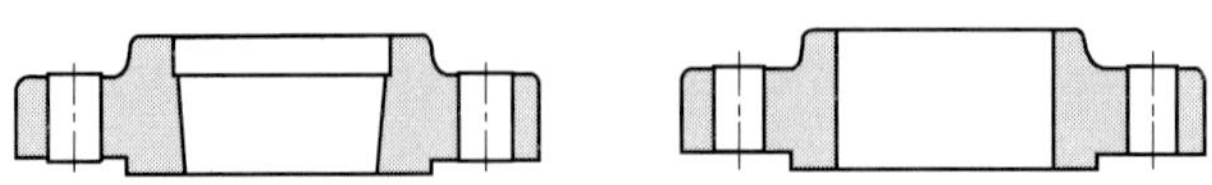

(a) 나사식 (b) 슬립-온

그림 1 헐거운 플랜지

나 이러한 형태는 플랜지와 파이프가 직접 이음되어 일체가 되는 기계적 이음 방법과 같은 강도를 갖는 것은 아니다.

(2) 일체형 플랜지

일체형(integral-type)은 **그림** 2에서와 같이 목이 긴 형태의 플랜지로 용접 넥(welding neck) 플랜지, 오리피스 플랜지, 컴패니언 플랜지 등 관련 표준에 따라 여러 명칭이 사용된다. 일반적인 형태는 플랜지와 노즐 넥이 일체형으로 주조 또는 단조 된다. 그러나 노즐 넥이 용기나 파이프에 용접된 것도 이 풀랜지의 범주에 포함되며, 일체형 구조와 동등한 강도를 갖는 것으로 간주한다.

옵션형 플랜지(optional-type)는 노즐넥을 가진 플랜지, 용기 또는 파이프에 용접한 것들을 말하며, 이렇게 조립된 것은 하나의 유니트로 간주한다. 이 범주에 속하는 플랜지는 규정된 하중값을 초과하지 않는 경우, 설계의 단순화를 위해 헐거운 형태의 플랜지로 간주하여 강도를 계산할 수 있다. 그러나 그 외에는 일체형 플랜지로 강도를 계산하여야 한다.

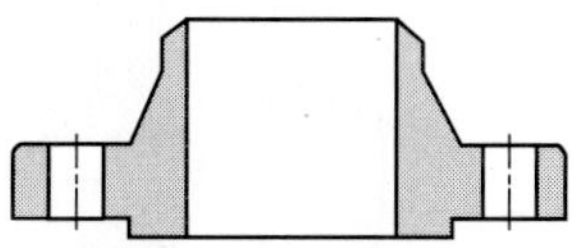

그림 2 일체형 플랜지

2 플랜지 접촉면의 형식

(1) 표준 접촉면

플랜지에는 수많은 종류의 접촉면이 있다. 그 중 가장 간단한 것은 매끄러운 표면으로 기계 가공하는 FF(plain face, flat face)이다. 이러한 유형이 클래스 125 주철제 플랜지식 관이음쇠 이다. **표** 2는 주철제 플랜지 **표** 4는 강제 플랜지 및 플랜지식 관이음쇠의 표준이며, 이에 따른 전형적인 플랜지 접촉면의 형식은 **그림** 3과 같다.

RF(raised face), 랩(lapped) 및 대형 M&F(large male-and-female)는 치수가 동일하고 비교적 넓은 접촉면적을 가진다. 금속제 개스킷을 이러한 면과 함께 사용하는 경우 개스킷의 압축력을 높이기 위해 개스킷 접촉면적을 줄여 주어야 한다

L- T&G(large tongue-and-groove), S- T&G(small tongue-and-groove), S- M&F(small

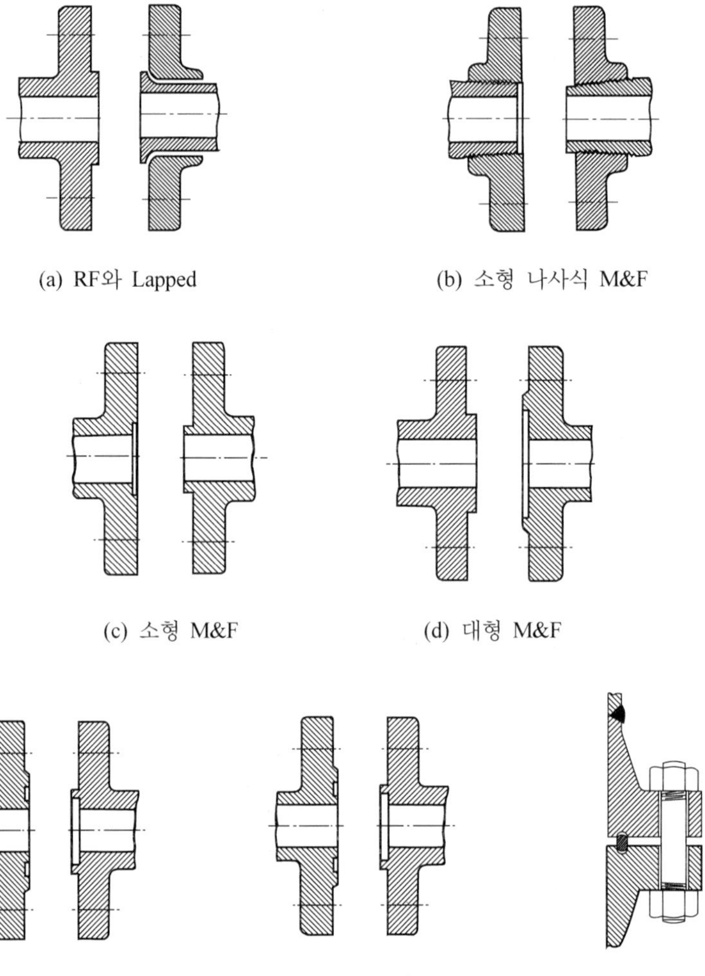

(a) RF와 Lapped (b) 소형 나사식 M&F

(c) 소형 M&F (d) 대형 M&F

(e) 소형 TG (f) 대형 TG (g) RJ

그림 3 대표적인 플랜지 접촉면의 형상

male-and-female) 및 RJ(ring joint) 순서로 접촉면적은 커진다.

(2) 접촉면 유형의 선택

특정 용도를 위한 특수한 유형의 접촉면을 갖는 플랜지는 수없이 많다. 그러나 경제적인 측면에서 가능한 한 표준 접촉면을 갖는 플랜지를 사용하는 것이 바람직하다.

플랜지 접촉면 유형의 선택은 용도에 따라 상당히 다르다. 어떤 접촉면을 사용해야 하는지를 정확하게 결정할 수 있는 특별한 방법이 있는 것이 아니기 때문이다. 이런 경우 일반적으로 경험이 매우 중요하다.

플랜지 설계에서는 장비에 대한 예상 수명 동안 이음면에서 필요한 압축이 유지되도록 플랜지와 볼트의 재료, 플랜지 및 개스킷의 비례 치수를 선택하는 것이 중요하다.

그러므로 ①플랜지면의 유형, ②접촉면 마감, ③개스킷 유형 및 비율, ④단단한 조인트를 고정하고 유지하는 데 필요한 볼트 하중 및 ⑤볼트 하중을 지지하는 데 필요한 플랜지 비율 등을 고려해야 한다.

고온 및 고압의 경우, TG 및 RJ와 같이 주어진 볼트 하중에 대해 높은 접촉 압력을 제공하는 접촉면을 선택하는 것이 일반적이다. 그러나 접촉 압력이 높으면 개스킷이 과압축 되지 않도록 개스킷 부하를 점검해야 한다. 대부분의 용도에 동일하게 성공적인 이음은 플랜지면에 접촉하는 표면을 톱니 모양으로 가공한 금속 개스킷(profile serrated metal gasket)을 사용하여 만들 수 있으며, 이는 일반적인 RF 대 RF 표면 유형일 수 있다.

(3) 플랜지 이음의 방식

플랜지를 관에 부착하는 방식으로는 주로 **그림** 4(a)와 같이 나사 이음과 용접이지만, 금속대 금속 접촉을 위해 **그림** 4(b)와 같이 파이프 끝을 직접 90도 각도로 접어올려(lapped) 파이프에 플랜지를 걸리게 만든 다음 플랜지와 플랜지를 볼트로 조임하는 방법도 적용된다. 접촉면은 평평하거나, 톱니 모양이거나, 링 조인트용 그루브가 있는 등으로 다양하다.

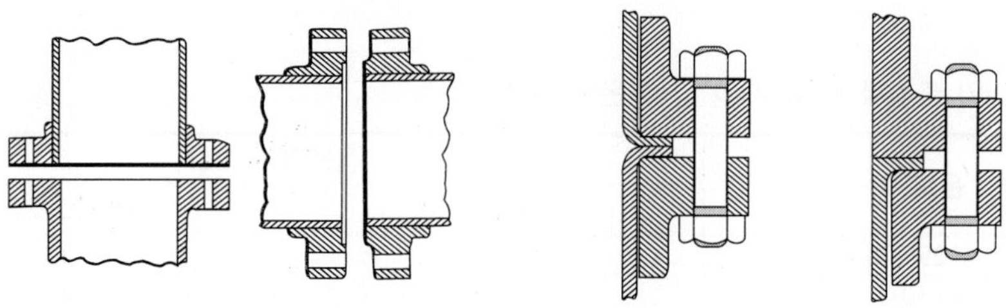

(a) 나사식과 용접식(FF와 MF) (b) 래핑된 관과 관의 이음(라운형과 4각형)

그림 4 플랜지 이음방식

3 재료별 플랜지

(1) 주철제 플랜지(Gray Iron Pipe Flanges, ASME B16.1)

클래스 25, 125 및 250으로 제조범위는 NPS 1~96이다. 치수 요구사항, 압력등급(7장 표 15 참조), 재료 및 볼트 요구사항 등은 주철제 플랜지식 관이음쇠와 같다.

클래스별 제조범위는 표 2와 같으며, 클래스 125 플랜지용 볼트 지름은 12.7~32 mm(1/2~1-1/4 in), 클래스 250용은 19~328.6mm(3/4~1-1/8 in)이다.

클래스 125 및 250 주철제 플랜지는 동급의 강제 플랜지(ASME B16.5)와 함께 사용할 수 있다. 다만, 클래스 150 강제 플랜지를 클래스 125 주철제 FF 플랜지에 사용할 경우에는 강제 플랜지도 같은 형태(FF)이어야 한다.

표 2 주철제 플랜지 표준

플랜지	표준	클래스	재료
회주철제 관플랜지	ASME B16.1	25(NPS 4~96), 125(NPS 1~96), 250(NPS 1~48)	A126 cL A 와 B
덕타일 주철제 관플랜지	ASME B16.42	150(NPS 1~24), 300(NPS 1~24)	A395

(2) 덕타일 주철제 관플랜지(Ductile Iron Pipe Flanges, ASME B16.42)

클래스 150 및 300의 두 종류로 제조범위는 NPS 1~24이다. 온도-압력 등급은 표 3과 같다.

표 3 덕타일 주첼제 관플랜지의 압력-온도 등급

온도 °C	상용압력, bar	
	클래스 150	클래스 300
-29~38	17.2	44
50	17.0	43
100	1.0	41
150	14.8	39
200	13.9	36
250	12.1	35
300	10.2	33
343	8.6	31

자료 참고문헌 4. Table 1

(3) 강제 관플랜지

표 4에서와 같이, 대표적으로 ①관플랜지(강 및 니켈합금제), ②대구경 강제 플랜지, ③오리피스 플랜지 등 3가지 표준으로 강제 플랜지를 규정하고 있다. 강제 플랜지는 배관 재료 그룹 1.1~3.17(**제3장 표 5** 참조)에 포함되는 어떤 재질로도 제조될 수 있다.

강 및 니켈 합금제는 강제 플랜지 중에서도 가장 폭넓게 사용되며 NPS 1~24 범위로 제조된다. 일반적으로 사용되는 재료는 단조탄소강[6], 단조 저합금강 및 스테인리스강[7]이다.

압력등급은 150~2 500의 7가지 클래스로 구분된다. 또한 클래스별로 여러 형태가 있다.

대구경 강제 플랜지는 NPS 26~36 범위의 6가지 클래스로 제조된다. 각 클래스 내에서 형태별 치수는 재료에 관계없이 일정하지만 압력-온도 등급은 재료에 따라 다르다.

오리피스 플랜지는 일체형(integral) 플랜지라고도 부르는 목이 긴 플랜지이다.

5가지 클래스가 있고 클래스별로 A와 B의 두 계열로 치수를 규정한다. 플랜지 형태도 여러 가지로, 다양한 재료를 사용할 수 있으며 NPS 1~24 범위로 제조된다.

A계열은 일반적인 용도이고, B계열은 A계열의 플랜지보다 볼트서클 지름이 작다. 그러므로 두 계열의 플랜지는 호환되지 않는다. 일부 플랜지식 밸브, 장비나 압력용기 등에 부착된 플랜지는 B계열 플랜지만 호환될 수 있다는 점에 유의하여야 한다.

이상의 강제 관플랜지는 주조 또는 단조 방식으로도 제조될 수 있다. 각 표준에서는 재료, 치수, 압력 온도 등급 및 볼트 및 개스킷에 대한 권장 사항을 규정한다. 각 플랜지

표 4 강제 플랜지 표준

플랜지	표준	클래스별 제조범위	재료
관플랜지 및 플랜지식 관이음쇠	ASME B16.5	클래스 150, 300, 400, 600, 900, 1 500: NPS 1/2~24 클래스 2 500: NPS 1/2~12	강 및 니켈 합금제 (배관 재료그룹 1.1~3.17. **제3장 표 5** 참조)
대구경 강제 관플랜지	ASME B16.47	클래스 75, 150, 300: NPS 26~60 클래스 400, 6 000, 9 000: NPS 26~36	상동
강제 오리피스 플랜지	ASME B16.36	용접식: 클래스 300, 600, 900, 1 500 (NPS 1~24), 2 500(NPS 1~12) 용접식: 클래스 400(NPS 4~24)	상동

6. 참고문헌 7
7. 참고문헌 8

의 압력-온도 등급은 해당 배관재료 그룹의 등급과 같다.

2.3 개스킷

1 플랜지 이음부의 개스킷

개스킷은 일반적으로 압축 상태에서 결합된 물체의 누설을 방지하기 위해 둘 이상의 결합 표면 사이의 공간을 채우는 기계적 밀봉이다. 개스킷은 기계 부품에서 불규칙성 즉 울퉁불퉁한 면을 채워주어 완벽하지는 않은 표면 간의 결합이 되도록 한다. 개스킷은 일반적으로 판재를 절단하여 제조된다.

관내 유체의 누설 없는 이음부를 만들기 위해 플랜지 이음면을 연삭하고 랩핑하려면 많은 비용이 소요된다. 그러므로 이러한 작업 대신 플랜지보다 연한 재질의 개스킷이 일반적으로 접촉면 사이에 삽입되는 것이다. 볼트를 조이면 개스킷 재료가 경미한 가공 결함을 메꾸어 유체의 밀폐가 이루어지게 된다.

2 개스킷 재료

개스킷 재료는 배관 내 유체에 대한 화학적 및 압력 저항과 온도에 따른 열화에 대한 저항을 기준으로 선택된다. 개스킷 재료는 금속 또는 비금속이다.

금속 링 조인트 개스킷 재료는 금속 개스킷 표준[8], 비금속 개스킷은 비금속제 평판 개스킷 표준[9]에 따른다.

플랜지에는 매우 다양한 개스킷 유형이 사용된다. 코르크, 고무, 식물성 섬유, 흑연 또는 석면과 같은 부드러운 개스킷은 일반적으로 표면이 비교적 평평하다.

반 금속 개스킷은 밀폐된 유체의 압력, 온도에 견딜 수 있는 금속과 탄력성을 부여하기 위해 연질의 재료를 결합한 것으로, 다양한 단면형상으로 제조된다. 이는 금속 개스킷의 장점을 유지하면서 과도한 볼트 하중이 없이도 씰을 고정하기 위해 접촉면적을 줄이는 것을 목표로 한다.

---

8. 참고문헌 12
9. 참고문헌 13

적고무 개스킷을 사용하는 FF 플랜지는 최고 105°C(220°F)의 온도에서 만족스러운 결과를 갖지만, 흑연 강 합성 개스킷을 사용하는 RF 플랜지는 일반적으로 최대 400°C (750°F)의 온도에 사용된다. 다양한 용도에 따른 개스킷 재료의 선택범위는 **표 5**와 같다.

3 접촉 면적에 따른 개스킷 압축

(1) 개스킷 접촉면적

플랜지에 대한 개스킷 접촉면적이 작으면 볼트 조임력을 낮출 수 있으므로 링형 접촉면으로 단단한 이음이 이루어지게 되고, 플랜지에 작용하는 응력은 낮아진다. 열악한 사용 조건의 경우 플랜지와 플랜지 간의 틈을 씰용접 하는 경우도 있으나, 씰이 올바르게 만들어지면 씰용접 없이도 볼트 조임으로만의 이음이 유지될 수 있고 또한 분해결합도 용이하다.

(2) 개스킷 압축 범위

일반적인 유형의 고압 플랜지 이음에서는 플랜지에 접촉되는 개스킷 면적이 작으므로, 저압 플랜지 이음에 사용되는 전면 개스킷에서 얻을 수 있는 것보다 더 높은 단위 압축을 얻을 수 있다. 내부의 압력이 가해지기 전에 개스킷을 사용하는 경우 개스킷 표면에 대한 압축은 사용된 볼트 하중에 따라 다르다. 표준의 RF 강제 플랜지의 경우, 볼트의 응력을 414 MPa(60 ksi)로 가정할 때 개스킷 압축 범위는 클래스 150~400 플랜지에서는 정격 작동압력의 28~43배, 클래스 600~2 500 플랜지에서는 1~28배이다.

저압용 표준에서 합성 개스킷을 사용하면 일반적으로 207 MPa(30 ksi)의 볼트 응력이 적합하다. 볼트 장력의 일부가 압력 하중을 지지하는 데에도 사용되므로 내부 압력을 적용하면 접촉면의 압축율은 감소한다.

(3) 초기 압축력

개스킷 재료가 이음면과 밀접하게 접촉되는 데 필요한 초기 압축은 개스킷 재료와 이음면의 특성에 달려 있다. 연질고무 개스킷 경우 일반적으로 28~42 MPa의 압축 응력이 적합하다. 톱니 모양의 적층 석면 개스킷은 83~124 MPa로 압축되면 이음은 만족할 만하다. 동, 모넬 및 연철과 같은 금속 개스킷에는 항복강도를 초과하도록 초기 압축이 이루어져야 한다. 금속 개스킷에는 207~414 MPa의 압력이 사용된다.

표 5 용도별 개스킷 재료

<table>
<tr><th>사용유체</th><th>적용</th><th>개스킷 재료[(1)]</th></tr>
<tr><td rowspan="3">스팀(고압)</td><td>최대 1 000°F (538°C)</td><td>나선형 압축 석면 또는 흑연
강, 주름 또는 평면
모넬, 주름 또는 평면
수소 소둔 철
스테인리스강(12~15% Cr), 주름
순철, 특수 링형 조인트
압축 석면, 나선형</td></tr>
<tr><td>최대 750°F (399°C)</td><td>압축 석면, 나선형</td></tr>
<tr><td>최대 600°F (316°C)</td><td>짜서 만든 석면, 금속 석면
동, 주름 또는 평면</td></tr>
<tr><td>스팀(저압)</td><td>최대 220°F (105°C)</td><td>적고무[(2)], 철선삽입</td></tr>
<tr><td rowspan="3">물</td><td>고온, 중온의 고압</td><td>흑고무와 적고무, 철선삽입</td></tr>
<tr><td>고온의 저압</td><td>갈색고무와 적고무, 철선삽입</td></tr>
<tr><td>온수</td><td>압축 석면</td></tr>
<tr><td rowspan="5">물</td><td rowspan="5">냉수</td><td>적고무, 철선삽입</td></tr>
<tr><td>흑고무</td></tr>
<tr><td>연성고무</td></tr>
<tr><td>석면</td></tr>
<tr><td>갈색고무, 섬유 삽입</td></tr>
<tr><td rowspan="2">오일(온)</td><td>최대 750°F (399°C)</td><td>압축 석면</td></tr>
<tr><td>최대 1 000°F (538°C)</td><td>순철, 특수 링형 조인트</td></tr>
<tr><td rowspan="2">오일(냉)</td><td>최대 212°F (100°C)</td><td>압축 석면</td></tr>
<tr><td>최대 300°F (149°C)</td><td>압축 네오프렌, 섯면</td></tr>
<tr><td rowspan="3">에어</td><td>최대 750°F (399°C)</td><td>압축 석면</td></tr>
<tr><td>최대 220°F (105°C)</td><td>적고무</td></tr>
<tr><td>최대 1 000°F (538°C)</td><td>나선형 압축 석면</td></tr>
<tr><td rowspan="4">가스</td><td>최대 1 000°F (538°C)</td><td>금속 석면</td></tr>
<tr><td>최대 750°F (399°C)</td><td>압축 석면</td></tr>
<tr><td>최대 600°F (316°C)</td><td>짜서 만든 석면</td></tr>
<tr><td>최대 220°F (105°C)</td><td>적고무</td></tr>
<tr><td rowspan="2">산</td><td>(가변적 부식)</td><td>납판 또는 합금강</td></tr>
<tr><td>온 또는 냉의 미네랄 산</td><td>압축 청석면, 짜서 만든 청석면</td></tr>
<tr><td rowspan="5">암모니아</td><td>최대 1 000°F (538°C)</td><td>금속 석면</td></tr>
<tr><td>최대 750°F (399°C)</td><td>압축 석면</td></tr>
<tr><td>묽은 용액</td><td>적고무</td></tr>
<tr><td>온</td><td>얇은 석면</td></tr>
<tr><td>냉</td><td>납판</td></tr>
</table>

주 (1) 다수의 개스킷 제조자는 고온용으로 비석면, 비금속 개스킷 재료를 사용하고 있으나, 이러한 재료는 대부분 독점적인 것으로, 특정 용도로의 적용 가능여부는 제조자에 문의해야 한다.

(2) 적고무(Red Rubber)는 SBR(Styrene Butadiene Rubber)과 천연고무가 혼합된 제품. 공기, 온수 및 냉수, 포화증기 및 외기 노출 배관용의 범용 가스켓 재료이다. 표면이 고르지 않은 플랜지에 적합하다.

자료 참고문헌 14. p.A.96 Table A2.19에 의거 재작성

과도한 볼트 하중 없이도 높은 단위 압축을 얻을 수 있는 다양한 형태의 주름 및 톱니 모양의 금속 개스킷도 사용할 수 있다. 이런 것들은 볼트를 처음 압축할 때 흐르는 접촉 영역을 제공하여 초기에 단단한 이음이 되도록 만들어졌다. 그러나 동시에 개스킷 본체에 가해지는 압축 응력은 고온에서 볼트 및 플랜지 재료의 장시간의 하중 전달 능력과 비교할 수 있을 정도로 충분히 낮다.

(4) 잔류 압축력

누설을 방지하는 데 필요한 개스킷의 잔류 압축은 초기 압축이 플랜지 이음면과 밀접하게 접촉하는 데 얼마나 효과적인지에 달려 있다. 시험결과로는 배관 내 압력의 1~2배 정도의 개스킷 잔류 압축력 만으로도 이음부가 굽혀지지 않고, 높고 급격한 온도변화를 겪지 않는 경우 누설을 방지하기에 충분하다. 그러나 배관의 이음부는 일반적으로 이 두 가지 방해 영향을 모두 견디어야 하므로, 작동 압력의 최소한 4~6배에 이르는 잔류 개스킷 압축이 되도록 하여야 한다.

4 링형 가스켓 이외의 개스킷

링형 이외의 개스킷 재료 및 유형은 **표 6**과 같다. 각 그룹에 포함된 개스킷을 사용할 때 발생하는 것보다 볼트 하중이나 플랜지 모멘트를 증가시키지 않는 다른 개스킷을 사용할 수 있다. 그러므로 개스킷의 치수 표준[10]을 참조하는 것이 좋다. 선택된 치수는 개스킷의 유형과 특성을 기반으로 해야 한다. 여기서 특성이란 밀도, 유연성, 내부 유체와의 호환성 및 밀봉 유지에 필요한 개스킷 압축이 포함된다. 개스킷 내부 지름(플랜지면 사이)에서 홈 또는 포켓이 필요하거나 개스킷이 플랜지 안지름을 침범해야 할 필요성이 있는지를 고려해야 한다. 개스킷 재료의 부분적 붕괴로 인해 발생할 수 있는 손상을 포함하여, 내부 유체가 개스킷에 미칠 수 있는 영향을 고려해야 한다.

10. 참고문헌 13

표 6 개스킷 그룹 및 일반 재료

개스킷 그룹번호	개스킷 재료
Ⅰa	자체적으로 힘이 가해지는 유형: O링, 금속, 탄성중합체(elastomer), 자체 밀봉으로 간주되는 기타 유형의 개스킷
	직물이 들어가지 않은 탄성중합체
	작동 조건에 적합한 압축 시트
	불소중합체, 면직물이 들어간 탄성중합체
	탄성중합체(와이어 보강 유무에 관계없음)
	식물성 섬유
Ⅰb	비금속 충전재가 들어간 나선형으로 감은 금속
	콜게이트(corrugated) 알루미늄, 동 및 동합금 또는 콜게이트 알루미늄이나 동 및 동합금의 이중 외피 안에 비금속 재료를 충전한 것
	콜게이트 알루미늄, 동 또는 황동
Ⅱa와 Ⅱb	콜게이트 금속 또는 콜게이트 금속 이중 외피 안에 비금속 재료를 충진한 것
	콜게이트 금속
	평판 금속 외피 안에 비금속 재료를 충전한 것
	홈이 파진 금속
Ⅲa와 Ⅲb	속이 찬 평판 연질 알루미늄 속이 찬 평판 금속
	링 조인트

자료 참고문헌 9. Table B-1에 의거 재작성

2.4 볼트

1 볼트의 표준

볼트는 일반적으로 원기둥 또는 원뿔 모양으로, **그림 5**에서와 같이 원기둥 몸통은 나사가 가공된 부분과 나사가 없는 부분(shank)으로 구성된다. 나사는 숫나사가 가공되어 있다.

볼트의 표준은 **표 7**과 같이 인치계열 표준에서 모든 종류를 규정한다. 메트릭계열에서는 인치계열 표준에서의 각 유형을 독립된 표준으로 한 것이다. 각각의 표준에 의한 크기별 제조범위는 **표 8**~**표 10**과 같다.

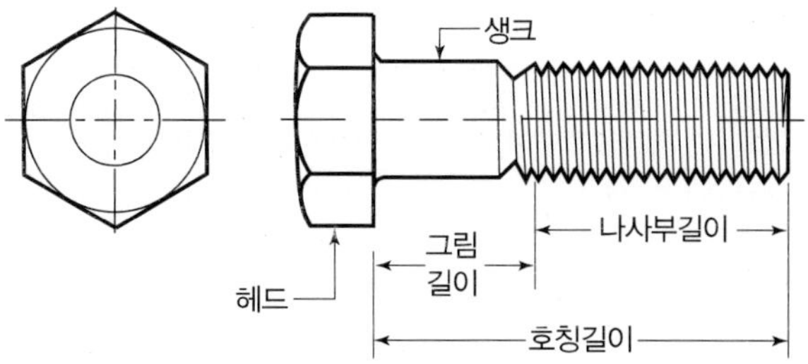

그림 5 볼트의 각부분의 명칭

표 7 볼트의 표준

볼트	표준	클래스별 제조범위	재료
4각, 6각, 헤비 6각 볼트	ASME B18.2.1	9가지 유형의 인치 시리즈 볼트 및 나사.	강제: ASTM A307, Gr.A 스테인리스강제: ASTM F593, Group 1, CW(304) 비철금속제: ASTM F468.
메트릭 6각볼트	ASME B18.2.3.5M	6각볼트	SAE J1199 또는 ASTM F568. 스테인리스강제: 제조자와 사용자간 합의 비철금속제: 제조자와 사용자간 합의
메트릭 헤비 6각 볼트	ASME B18.2.3.6M	헤비 6각볼트	상동
메트릭 헤비 6각 구조용 볼트	ASME B18.2.3.7M	헤비 6각 구조용볼트	SAE J1199 cL8.8 SAE J1199 cL10.9

표 8 9가지 유형의 인치계열 볼트(1/2)

나사크기	4각 볼트	6각 볼트	6각 헤비볼트	아스큐 헤드 볼트	6각 캡스크류	6각헤비 스크류	6각플랜 지스크류	로브 헤드 스쿠류	언더헤드 필릿
1/4	O	O	..	..	O	..	O	O	O
5/16	O	O	..	..	O	..	O	O	O
3/8	O	O	O	O	O	O	O	O	O
7/16	O	O	..	..	O	..	O	O	O
1/2	O	O	O	O	O	O	O	O	O
9/16	..	..	..	..	O	..	O	O	O
5/8	O	O	O	O	O	O	O	O	O
3/4	O	O	O	O	O	O	O	O	O
7/8	O	O	O	O	O	O	..	O	O
1	O	O	O	O	O	O	..	O	O
1-1/8	O	O	O	..	O	O	..	O	O
1-1/4	O	O	O	..	O	O	..	O	O
1-3/8	O	O	O	..	O	O	..	O	O
1-1/2	O	O	O	..	O	O	..		O
1-5/8	..	O	O	..	O	O	..	..	..
1-3/4	..	O	O	..	O	O	..	..	O
1-7/8	..	O	O	..	O	O	..	..	
2	..	O	O	..	O	O	..	..	O

표 8 9가지 유형의 인치계열 볼트(2/2)

나사크기	4각 볼트	6각 볼트	6각 헤비볼트	아스큐 헤드 볼트	6각 캡스크류	6각헤비 스크류	6각플랜 지스크류	로브 헤드 스쿠류	언더헤드 필릿
2-1/4	..	O	O		O	O	..	..	O
2-1/2	..	O	O		O	O	..	..	O
2-3/4	..	O	O		O	O	..	..	O
3	..	O	O		O	O	..	..	O
3-1/4	..	O	..	..	..	O	..	..	..
3-1/2	..	O	..	..	..	O	..	..	..
3-3/4	..	O	..	..	..	O	..	..	..
4	..	O	..	..	..	O	..	..	..
4-1/4	..	..	..	..	..	O	..	..	..
4-1/2	..	..	..	..	..	O	..	..	..
4-3/4	..	..	..	..	..	O	..	..	..
5	..	..	..	..	..	O	..	..	..
5-1/4	..	..	..	..	..	O	..	..	..
5-1/2	..	..	..	..	..	O	..	..	..
5-3/4	..	..	..	..	..	O	..	..	..
6	..	..	..	..	..	O	..	..	..

자료 참고문헌 15

표 9 메트릭계열 볼트

볼트 크기	ASME B18.2.3.5M 6각 볼트	ASME B18.2.3.6M 6각 헤비볼트	ASME B18.2.3.7M 6각 헤비 구조용 볼트
M5.0 × 0.80	O	..	..
M6.0 × 1.00	O	..	..
M8.0 × 1.25	O	..	..
M10 × 1.50	O	..	..
M12 × 1.75	O	O	..
M14 × 2.00	O	O	..
M16 × 2.00	O	O	O
M20 × 2.50	O	O	O
M22 × 2.50	..	..	O
M24 × 3.00	O	O	O
M27 × 3.00	..	..	O
M30 × 3.50	O	O	O
M36 × 4.00	O	O	O
M42 × 4.50	O	..	..
M48 × 5.00	O	..	..
M56 × 5.50	O	..	..
M64 × 6.00	O	..	..
M72 × 6.00	O	..	..
M80 × 6.00	O	..	..
M90 × 6.00	O	..	..
M100 × 6.00	O	..	..

표 10 메트릭볼트의 지름

볼트지름, mm	6각 볼트	6각 헤비볼트	6각 헤비 구조용 볼트
0.5	M5	..	..
0.65	M6	..	..
0.75	M8~M14	M12~M14	..
1.25	M16	M16	M16
1.5	M20~M30	M20~M30	M20~M30
2.30	M36~M48	M36	M36
3.00	M56~M72	..	..
4.80	M80~M100	..	..

2 볼트의 재료

(1) 3가지 볼트 재료

볼트의 재료는 ①강제, ②스테인리스강제와 ③비철금속제로 대별된다. 비철금속재로는 동 및 동합금, 니켈합금, 알미늄합금, 티타늄과 티타늄합금 등이다. 플랜지의 재질별 사용해야 하는 볼트의 재질도 다르다.

(2) 주철제 플랜지용

주철제 플랜지 간의 이음에 사용되는 볼트재료는 주철제 플랜지 표준[11]에 따라서 탄소강 볼트 A307 Gr.B 사용이 권장되며, 회주철제 플랜지에 강제 플랜지가 사용되어야 할 때 사용되는 볼트는 철강제 플랜지용 볼트를 사용해야 한다.

(3) 철강제 플랜지용

철강제 플랜지용 볼트는 고강도, 중강도, 저강도 플랜지 및 니켈과 특수합금 플랜지로 구분하여 각각 사용할 수 있는 볼트의 재질이 규정되어 있다. 볼트 제조용으로 사용되는 재질에 대해서는 이미 **제3장**에서 다루었으므로 이를 참조한다.

(4) 회주철제 플랜지용

회주철 플랜지용 볼트는 회주철 자체가 연성이 낮으므로 사용 시에는 다음과 같은

11. 참고문헌 3

점에 유의하여야 한다. 주철제 플랜지에 과도한 응력이 가해지지 않도록 체결 시 볼트 조임 토크 제어와 함께 플랜지 면을 올바르게 정렬하여야 한다. 또한, 연성이 부족한 점을 고려하여 배관의 하중이 주철제 플랜지로 전달되는 것을 제어할 수 있도록 하여야 하며, 급속한 압력 변동과 같이 갑작스러운 하중이 발생할 수 있는 부위에는 주철제 플랜지 사용을 피해야 한다.

(5) 플랜지의 클래스 기준 사용볼트

클래스 150 강제 플랜지와 클래스 125 주철제 플랜지를 볼트이음하는 경우의 개스킷은 **표 6**의 그룹 번호 Ia 재료를 사용해야 하며 강제 플랜지는 FF 플랜지여야 하고, ① 저강도 볼트사용 시 개스킷은 지름이 플랜지의 볼트서클과 같은 링 개스킷을 사용한다. ②중강도 또는 고강도 볼트 사용 시의 개스킷은 지름이 플랜지의 바깥지름과 같은 전면 가스켓을 사용해야 한다.

클래스 300 강제 플랜지를 클래스 250 주철제 플랜지에 볼트이음하는 경우의 개스킷은 **표 6**의 그룹 번호 Ia 재료이어야 하며, ①저강도 볼트 사용 시 개스킷은 지름이 플랜지의 볼트서클과 같은 전면 개스킷을 사용해야 하고, 플랜지 형태는 FF 또는 RF 모두 사용이 가능하다. ②중강도 및 고강도 볼트 사용 시에는 플랜지의 바깥지름과 같은 전면 가스켓을 사용해야 한다. 클래스 300 강제 플랜지와 클래스 250 주철 플랜지는 모두 FF 플랜지여야 한다. 이상의 내용을 플랜지-볼트-개스킷 관계로 요약한 것이 **표 11**이다.

3 볼트에 가공된 나사

볼트와 너트의 나사는 일반적으로 유니파이 나사산 표준[12]에 따른다. 지름이 1 in 이하 너트의 등급 2A는 볼트나 스터드에 맞고, 등급 2B는 유니파이 보통나사 계열의 볼트에 적용된다. 지름이 1-1/8 in(28 mm) 이상인 볼트와 너트는 8-UN 나사계열이 적용된다.

A193과 A320의 등급7(**제3장 표 14**의 B7, **표 15**의 L7, L7M)의 볼트는 고온 및 저온 분야에 일반적으로 사용되는 볼트로, 재료를 열처리한 후 롤링 방법으로 나사가 가공된 것이다. 롤링 나사 가공은 냉간 공법으로 이루어지므로, 발생하는 압축응력은 나사의

12. 참고문헌 24

표 11 주철제와 강제 플랜지 사용시 볼트와 개스킷

플랜지		사용 볼트	사용되는 개스킷 재료
강제	주철제		
cL 150	cL 125	저강도	**표 6**의 그룹 번호 Ia의 플랜지의 볼트서클과 같은 지름의 링 개스킷 강제 플랜지는 FF 플랜지이어야 한다
		중강도, 고강도	**표 6**의 그룹 번호 Ia의 플랜지의 바깥지름과 같은 지름의 전면 개스킷 강제 플랜지는 FF 플랜지이어야 한다
cL 300	cL 250	저강도	**표 6**의 그룹 번호 Ia의 플랜지의 볼트서클과 같은 지름의 전면 개스킷 플랜지는 FF, RF 모두 가능
		중강도, 고강도	**표 6**의 그룹 번호 Ia의 플랜지의 바깥지름과 같은 지름의 전면 개스킷 플랜지는 모두 FF 플랜지이어야 한다

골(谷, root)에서의 피로 강도를 증가시킨다. 볼트 나사부의 골은 대개 가장 약한 지점이다. 볼트에서 가장 작은 단면적을 갖는 부분이기 때문이다. 볼트의 응력영역 A는 다음 식(1)으로 계산된다.

$$A = \frac{0.7854(D - 0.9743)^2}{N} \tag{1}$$

식에서 D는 공칭 볼트 지름이고 N은 인치당 나사산 수이다.

일반적으로 가는나사 계열의 볼트는 보통 나사계열의 볼트보다 약간 높은 내력(약 10%)을 가진다. 암 숫나사의 맞물림 길이는 나사의 교차나 닳려 없어지는 것과 같은 고장이 아니라, 인장력에 의한 볼트의 절단(切斷)과 같은 고장이 없도록 충분해야 한다. 실무적으로는 볼트 조립에서 나사산 높이가 낮은 가는 나사가 약한 것으로 간주된다. 그래서 가는 나사 볼트는 조립품에 대한 적용이 제한되는 것이다. 따라서 가는 나사가 가공된 볼트는 고정력 보다는 미세 조절용으로 사용해야 한다.

4 볼트 조임

(1) 볼트 조임 순서

볼트 재질별 적용되는 치수는 관플랜지 및 플랜지식 관이음쇠[13]에 규정되어 있다.

고정 및 조임에는 평균적으로 ①저압 및 중압용 설치의 경우 볼트는 렌치로 엇갈린

순서로 조여야 이음부가 적절하게 조여진다. ②고압 및 고온 이음의 경우는 각 스터드를 정확한 장력으로 조여주는 것이 중요하므로, 토크 렌치가 사용되기도 한다.

(2) 조임력

조임력에 대한 확실한 방법이 요구되는 특수한 경우에는, 명확한 신장이 달성될 때까지 스터드를 조일 수 있다. 이 조건에서는 각 스터드에 207~241 MPa(30~35 ksi)의 초기 냉간 장력이 권장된다. 스터드 재료의 탄성계수는 약 207.6 MPa(30 ksi) 이므로 장력은 유효 길이의 0.1 %를 신장시키는 힘이 된다.

(3) 볼트의 유표 길이

볼트의 유효 길이는 너트면과 너트 두께 사이의 거리다. 이러한 거리를 마이크로 미터로 측정하려면 평평한 머리가 있는 특수 스터드가 필요하다. 이음이 완료된 후 길이와 비교하여 실제의 길이를 주기적으로 점검하면 스터드의 영구적인 신장을 감지할 수 있다.

영구신장이 있으면 이는 이음부에 과도한 응력이 작용하였거나, 이완 또는 크리프된 것 임을 나타낸다. 이러한 현상이 심해지면 이음부를 올바르게 유지하기 위해 새로운 스터드로 교체해야 한다.

(4) 윤활제

특수 나사 윤활제는 260°C(500°F) 미만 및 260~540°C(500~1 000°F) 온도 모두에서 사용할 수 있다. 이러한 윤활유는 초기 조임을 용이하게 할 뿐만 아니라 사용 후 쉽게 분해할 수 있도록 한다. **표 12**는 윤활이 잘 된 나사산과 베어링 표면을 조이는 데 필요한 회전력을 보여주는 것이다. 나사산과 베어링 표면에 윤활유가 없는 상태에서 시험할 때에는 주어진 볼트 응력 확보를 위해서 토크를 75~100% 증가시켜야 할 수도 있다.

5 볼트 선정 시의 유의점

볼트는 축방향의 조임력을 적용하는 너트와 짝을 이루어 이음을 만드는 것이다. 나사가

13. 참고문헌 9

표 12 8-UN 나사가 가공된 볼트의 조임력

볼트 지름 in	나사 수. in당	인장응력 영역		응력[1]							
				30 ksi (207 MPa)				60 ksi (414 MPa)			
				토크		볼트당 힘		토크		볼트당 힘	
		in^2	cm^2	ft-lb	kg-m	lb	kg	ft-lb	kg-m	lb	kg
1/2	13	0.142	0.915	30	35	4,257	1,931	60	69	8,514	3,862
9/16	12	0.182	1.174	45	52	4,560	2,068	90	104	10,920	4,953
5/8	11	0.226	1.458	60	69	6,780	3,075	120	138	13,560	6,151
3/4	10	0.334	2.155	100	115	10,020	4,545	200	230	20,040	9,090
7/8	9	0.606	3.910	160	184	18,180	8,246	320	369	36,360	16,493
1	8	0.462	2.981	245	282	13,860	6,287	490	565	27,720	12,574
1-1/8	8	0.790	5.097	355	409	23,700	10,750	710	818	47,400	21,500
1-1/4	8	1.000	6.452	500	576	30,000	13,608	1,000	1,152	60,000	27,216
1-3/8	8	1.233	7.955	680	783	36,990	16,778	1,360	1,567	73,980	33,557
1-1/2	8	1.492	9.626	800	922	44,760	20,303	1,600	1,843	89,520	40,606
1-5/8	8	1.780	11.484	1,100	1,267	53,400	24,222	2,200	2,535	106,800	48,444
1-3/4	8	2.080	13.419	1,500	1,728	62,400	28,304	3,000	3,456	124,800	56,608
1-7/8	8	2.410	15.548	2,000	2,304	72,300	32,795	4,000	4,609	144,600	65,589
2	8	2.770	17.871	2,200	2,535	83,100	37,694	4,400	5,069	166,200	75,387
2-1/4	8	3.560	22.968	3,180	3,664	106,800	48,444	6,360	7,328	213,600	96,887
2-1/2	8	4.440	28.645	4,400	5,069	133,200	60,419	8,800	10,139	266,400	120,837
2-3/4	8	5.430	35.032	5,920	6,821	162,900	73,890	11,840	13,641	325,800	147,780
3	8	6.510	42.000	7,720	8,894	195,300	88,587	15,440	17,789	390,600	177,173
3-1/4	8	7.690	49.613	..	..	230,700	104,644	..	..	461,400	209,288
3-1/2	8	8.960	57.806	..	..	268,800	121,926	..	..	537,600	243,851
3-3/4	8	10.340	66.710	..	..	310,300	140,750	..	..	620,400	281,409
4	8	18.110	116.838	..	..	354,300	160,708	..	..	708,600	321,416

주 (1) 응력은 응력 영역을 기준으로 계산 된 것임. 8-UN 나사는 **제1장 표 8** 참조,

자료 참고문헌 14. p.A.99, Table A2.20에 의거 재작성

가공되어 있지 않은 그립길이(grip length, **그림 5** 참조)는 볼트가 관통해야 하는 재료 및 와셔의 두께를 합친 것과 같은 길이가 되도록 선택해야 한다.

그립길이가 너무 길면 너트를 충분하게 조일 수 없고, 반대로 그립 길이가 부족하면 나사산이 구멍 안으로 들어가 나사부에 전단 하중이 가해져 구멍에 상처를 내거나 내면을 마모시킨다. 그러므로 구멍으로 들어가는 나사산은 두 개 이하가 되어야 한다.

많은 볼트는 비회전 볼트로 설계되어 제자리에 고정되므로 공구로 잡아줄 필요가 없고 해당 너트만 회전하여 조립이 이루어진다.

볼트의 헤드는 다양한 형태를 가지지만 어떤 형태라도 조립에 사용되는 도구와 맞물리도록 설계되었다. 볼트 헤드가 제자리에 고정되어 움직이지 않으면 공구는 너트를 조이는 데만 필요하다.

그림 5에서 나사부길이는 계산 목적으로만 사용되는 참고 치수이다. 볼트의 호칭길이 6 in(150 mm)까지의 나사부 길이는 나사지름(in) + 0.25 in의 2배이고, 호칭길이 6 in 이상에서는 나사지름(in) + 0.50 in의 2배이다. 볼트의 나사부 길이는 그립길이의 조정에 따라 변동된다.

2.5 너트

1 너트의 표준

(1) 마찰력, 신장력과 압축력의 조합

너트는 나사 구멍이 있는 일종의 패스너로, 항상 여러 부품을 함께 고정하기 위해 결합 볼트와 함께 사용된다. 너트와 볼트는 약간의 탄성변형을 가져오는 나사의 마찰, 볼트의 신장과 고정할 부품의 압축이 조합되어 이음을 유지한다.

진동이나 회전으로 너트가 이완될 수 있는 경우에는 잠금 와셔, 잼 너트 같이 다양한 잠금 기능을 가진 특수 너트를 사용할 수 있다.

(2) 너트의 각

처음에는 볼트 헤드나 너트는 4각이 가장 흔하게 쓰이던 형태였다. 수작업으로 제조하기가 훨씬 쉬웠기 때문이다. 현재는 6각이 선호되기 때문에 4각너트의 사용이 드물어지긴 했지만, 특정 크기에 대해 최대 토크와 그립이 필요한 경우에는 아직도 많이 사용된다. 그 이유는 각 면의 길이가 클수록 스패너와 더 큰 접촉면적을 가지며 너트를 조이는 데 더 큰 힘을 가할 수 있기 때문이다.

현재 가장 일반적인 모양은 볼트 헤드와 비슷한 이유로 6각형이다. 6면은 공구 접근에 좋은 각도를 제공하므로 좁은 공간에서의 작업이 유리하기 때문이다. 그러나 면이 더 많아지면 너트가 둥글게 되기 쉽다. 6각형에서는 옆면으로 공구를 옮기는 데는 1/6 회전으로 가능하며 최적의 그립이 된다. 6변 이상의 다각형은 필요한 그립을 제공하지 못하게 되고 6변 미만의 다각형은 완전히 회전하는 데 더 많은 시간이 걸린다.

(3) 너트의 용도와 표준

너트는 가정용 기구에 사용하는 것으로부터 다양한 기술 표준을 충족하도록 설계된

표 13 너트 표준

너트	표준	적용	재료
일반용 너트	ASME B18.2.2	일반적인 용도. 14가지 유형의 인치계열 너트	· 강제: ASTM A563 Gr.A · 탄소강 및 합금강제(4각너트): SAE J955 Gr.2 · 스테인리스강제: ASTM F594 · 비철금속제: ASTM F467
6각너트, 형식1	ASME B18.2.4.1M	메트릭계열 6각 너트, 유형1	· 강제: ASTM A533M cL.5, cL.10(열처리) · 스테인리스강제: ASTM F836M · 비철금속제: ASTM F467M
6각너트, 형식2	ASME B18.2.4.2M	메트릭계열 6각 너트, 유형2	· 강제: ASTM A533M cL.9, cL.12(열처리) · 스테인리스강제: ASTM F836M · 비철금속제: ASTM F467M

특수 산업용에 이르기까지 수 많은 종류가 있다. 자동차, 엔지니어링 및 산업 응용 분야에 사용되는 너트는 일반적으로 토크 렌치를 사용하여 설정된 특정 토크로 조여야 한다. 너트는 해당 볼트와 호환되는 강도를 기준으로 등급이 매겨진다.

너트의 표준은 **표 13**과 같이 치수 기준으로는 인치와 메트릭계열로, 재료 기준으로는 ①강제, ②스테인리스강제와 ③비철 금속제로 대별된다. 비철금속은 동 및 동합금, 니켈합금, 알미늄합금, 티타늄과 티타늄합금이다. 재료에 대해서는 **제3장**에서 다루었으므로 이를 참조한다.

2 인치계열 너트

모든 용도로 사용되는 14가지 유형의 유니파이 나사가 가공된 너트를 포함한다. 재료는 탄소강, 합금강, 스테인리스강, 동 및 동합금, 니켈 및 니켈합금, 알미늄 합금, 티타늄 및 티타늄 합금이 표준화되어 있고, 사용자와 제조자의 합의에 따라 그 이외 재료도 사용할 수 있다. 유형별 제조범위는 **표 14**와 같다. 그 중 강제 너트는 탄소 및 합금강(A563) 재료를 사용하며 가장 광범위하게 사용되는 너트이다. 강제 너트는 **표 15**, 비철금속제 너트는 **표 17**에서와 같이 너트의 등급, 크기, 유형, 나사계열 및 표면처리(마감) 방법 별로 지정된 내하중(耐荷重) 응력을 가져야 한다. 내하중이란 볼트를 길이방향으로 신장시키는 인장력이며, 너트의 내하중 응력은 너트에 가해지는 인장하중과 나사부 인장응력 영역의 곱으로 계산된다. 나사부에 대한 인장응력 영역은 식(2)로 계산되며, 그 결과가 **표 16**과 **표 18**이다.

표 14 인치계열 너트

나사 크기	4각및 6각 기계 나사 너트	작은 패턴 6각 기계 나사 너트	4각 너트	6각 평너트및 6각 평잼 너트	6각 너트 및 육각 잼 너트	6각 슬롯 너트	6각 두꺼운 너트	6각 두꺼운 슬롯 너트	헤비 4각 너트	헤비 6각 평너트및 헤비 6각 평잼 너트	헤비 6각 너트및 헤비 6각 잼너트	헤비 6각 슬롯 너트	6각 플랜지너트및 대형 6각 플랜지 너트	6각 커플링너트
0	O	O	–	–	–	–	–	–	–	–	–	–	–	–
1	O	O	–	–	–	–	–	–	–	–	–	–	–	–
2	O	O	–	–	–	–	–	–	–	–	–	–	–	–
3	O	O	–	–	–	–	–	–	–	–	–	–	–	–
4	O	O	–	–	–	–	–	–	–	–	–	–	–	–
5	O	O	–	–	–	–	–	–	–	–	–	–	–	–
6	O	O	–	–	–	–	–	–	–	–	–	–	O	O
8	O	O	–	–	–	–	–	–	–	–	–	–	O	O
10	O	O	–	–	–	–	–	–	–	–	–	–	O	O
12	O	–	–	–	–	–	–	–	–	–	–	–	O	–
1/4	O	–	O	–	O	O	O	O	O		O	O	O	O
5/16	O	–	O	–	O	O	O	O	O		O	O	O	O
3/8	O	–	O	–	O	O	O	O	O	–	O	O	O	O
7/16	–	–	O	–	O	O	O	O	O	–	O	O	O	O
1/2	–	–	O	–	O	O	O	O	O	–	O	O	O	O
9/16	–	–	–	–	O	O	O	O	O	–	O	O	O	O
5/8	–	–	O	–	O	O	O	O	O	–	O	O	O	O
3/4	–	–	O	–	O	O	O	O	O	–	O	O	O	O
7/8	–	–	O	–	O	O	O	O	O	–	O	O	–	O
1	–	–	O	–	O	O	O	O	O	–	O	O	–	O
1-1/8	–	–	O	O	O	O	O	O	O	O	O	O	–	O
1-1/4	–	–	O	O	O	O	O	O	O	O	O	O	–	O
1-3/8	–	–	O	O	O	O	O	O	O	O	O	O	–	O
1-1/2	–	–	O	O	O	O	O	O	O	O	O	O	–	O
1-5/8	–	–	–	–	O	–	–	–	–	–	O	O	–	O
1-3/4	–	–	–	–	O	–	–	–	–	O	O	O	–	O
1-7/8	–	–	–	–	O	–	–	–	–	–	O	O	–	O
2	–	–	–	–	O	–	–	–	–	O	O	O	–	O
2-1/4	–	–	–	–	O	–	–	–	–	O	O	O	–	O
2-1/2	–	–	–	–	O	–	–	–	–	O	O	O	–	O
2-3/4	–	–	–	–	O	–	–	–	–	O	O	O	–	O
3	–	–	–	–	O	–	–	–	–	O	O	O	–	O
3-1/4	–	–	–	–	O	–	–	–	–	O	O	O	–	O
3-1/2	–	–	–	–	O	–	–	–	–	O	O	O	–	O
3-3/4	–	–	–	–	O	–	–	–	–	O	O	O	–	O
4	–	–	–	–	O	–	–	–	–	O	O	O	–	O
4-1/4	–	–	–	–	..	–	–	–	–	–	–	–	–	O
4-1/2	–	–	–	–	..	–	–	–	–	–	–	–	–	O
4-3/4	–	–	–	–	..	–	–	–	–	–	–	–	–	O
5	–	–	–	–	..	–	–	–	–	–	–	–	–	O
5-1/4	–	–	–	–	..	–	–	–	–	–	–	–	–	O
5-1/2	–	–	–	–	..	–	–	–	–	–	–	–	–	O
5-3/4	–	–	–	–	..	–	–	–	–	–	–	–	–	O
6	–	–	–	–	..	–	–	–	–	–	–	–	–	O

자료 참고문헌 25

표 15 강제 너트에 대한 기계적 요구조건

등급	크기, in	유형	내력[A]				경도			
			무도금[B]		아연도금[B]		B		R	
			ksi	MPa	ksi	MPa	min	max	min	max
UNC와 8-UN, 6-UN 나사 기준										
O	1/4~1-1/2	4각	69	476.1	52	358.8	103	302	B55	C32
A	1/4~1-1/2	4각	90	621.0	68	469.2	116	302	B68	C32
O	1/4~1-1/2	6각	69	476.1	52	358.8	103	302	B55	C32
A	1/4~1-1/2	6각	90	621.0	68	469.2	116	302	B68	C32
B	1/4~1	6각	120	828.0	90	621.0	121	302	B69	C32
B	1-1/8~1-1/2	6각	105	724.5	79	545.1	121	302	B69	C32
D[C]	1/4~1-1/2	6각	135	931.5	135	931.5	159	352	B84	C38
DH[D]	1/4~1-1/2	6각	150	1035.0	150	1035.0	248	352	C24	C38
DH3	1/2~1	6각	150	1035.0	150	1035.0	248	352	C24	C38
A	1/4~4	헤비 6각*	100	690.0	75	517.5	116	302	B68	C32
B	1/4~1	헤비 6각	133	917.7	100	690.0	121	302	B69	C32
B	1-1/8~1-1/2	헤비 6각	116	800.4	87	600.3	121	302	B69	C32
C[C]	1/4~4	헤비 6각	144	993.6	144	993.6	143	352	B78	C38
C3	1/4~4	헤비 6각	144	993.6	144	993.6	143	352	B78	C38
D[C]	1/4~4	헤비 6각	150	1035.0	150	1035	159	352	B84	C38
DH[D]	1/4~4	헤비 6각	175	1207.5	150	1035	248	352	C24	C38
DH3	1/4~4	헤비 6각	175	1207.5	150	1035	248	352	C24	C38
A	1/4~1-1/2	두꺼운 6각**	100	690.0	75	517.5	116	302	B68	C32
B	1/4~1	두꺼운 6각	133	917.7	100	690.0	121	302	B69	C32
B	1-1/8~1-1/2	두꺼운 6각	116	800.4	87	600.3	121	302	B69	C32
D[C]	1/4~1-1/2	두꺼운 6각	150	1035.0	150	1035.0	159	352	B84	C38
DH[D]	1/4~1-1/2	두꺼운 6각	175	1207.5	175	1207.5	248	352	C24	C38
UNC와 12-UN 나사 기준										
O	1/4~1-1/2	6각	65	448.5	49	338.1	103	302	B55	C32
A	1/4~1-1/2	6각	80	552.0	60	414.0	116	302	B68	C32
B	1/4~1	6각	109	752.1	82	565.8	121	302	B69	C32
B	1-1/8~1-1/2	6각	94	648.6	70	483.0	121	302	B69	C32
D[C]	1/4~1-1/2	6각	135	931.5	135	931.5	159	352	B84	C38
DH[D]	1/4~1-1/2	6각	150	1035.0	150	1035.0	248	352	C24	C38
A	1/4~4	헤비 6각	90	621.0	68	469.2	116	302	B68	C32
B	1/4~1	헤비 6각	120	828.0	90	621.0	121	302	B69	C32
B	1-1/8~1-1/2	헤비 6각	105	724.5	79	545.1	121	302	B69	C32
D[C]	1/4~4	헤비 6각	150	1035.0	150	1035.0	159	352	B84	C38
DH[D]	1/4~4	헤비 6각	170	1173.0	150	1035.0	248	352	C24	C38
A	1/4~1-1/2	두꺼운 6각**	90	621.0	68	469.2	116	302	B68	C32
B	1/4~1	두꺼운 6각	120	828.0	90	621.0	121	302	B69	C32
B	1-1/8~1-1/2	두꺼운 6각	105	724.5	79	545.1	121	302	B69	C32
D[C]	1/4~1-1/2	두꺼운 6각	150	1035.0	150	1035.0	159	352	B84	C38
DH[D]	1/4~1-1/2	두꺼운 6각	175	1207.5	175	1207.5	248	352	C24	C38

주 *A*: 너트의 시험 하중을 결정하려면 적절한 너트 시험하중 응력에 나사의 인장응력 영역을 곱한다. UNC, UNF 및 8-UN 나사계열의 응력영역은 **표 18** 참조.

B: 무도금 너트는 일반(무도금 또는 무코팅) 마감 처리를 하거나 너트 나사를 오버랩하여 조립할 수 있도록

두께가 불충분한 도금 또는 코팅된 숫나사 패스너와 함께 사용하기 위한 너트이다.
아연도금 너트는 용융 아연도금, 기계 아연코팅 또는 너트 나사를 오버랩하여 조립할 수 있도록 충분한 두께의 도금 또는 코팅된 숫나사 패스너와 함께 사용하기 위한 너트이다.

C: 규격 A194/A194M, 등급 2 또는 등급 2H의 요건에 따라 제작되고 등급 기호가 표시된 너트는 등급 C 및 D 너트와 동등한 것으로 본다. A194 아연도금 인치 나사계열 너트를 공급할 때 아연코팅, 오버랩, 윤활 및 회전 용량 테스트는 표준 A563에 따른다.

D: DH 등급의 너트와 동일하다. A194 아연도금 인치 나사계열 너트를 공급할 때 아연코팅, 오버랩, 윤활 및 회전 용량 테스트는 표준 A563에 따른다.

* heavy hex 너트, **hex thick 너트

자료 참고문헌 28. Table 3에 의거 재작성

표 16 강제 너트의 인장응력 영역

UNC			UNF			8-UN		
크기와 피치	인장응력 영역		크기와 피치	인장응력 영역		크기와 피치	인장응력 영역	
	in²	cm²		in²	cm²		in²	cm²
1/4×20	0.0318	0.205	1/4×28	0.0364	0.235	-	-	-
5/16×18	0.0524	0.338	5/16×24	0.0580	0.374	-	-	-
3/8×16	0.0775	0.500	3/8×24	0.0878	0.566	-	-	-
7/16×14	0.1063	0.686	7/16×20	0.1187	0.766	-	-	-
1/2×13	0.1419	0.915	1/2×20	0.1599	1.032	-	-	-
9/16×12	0.182	1.174	9/16×18	0.203	1.310	-	-	-
5/8×11	0.226	1.458	5/8×18	0.256	1.652	-	-	-
3/4×10	0.334	2.155	3/4×16	0.373	2.406	-	-	-
7/8×9	0.462	2.981	7/8×14	0.509	3.284	..	..	..
1×8	0.606	3.910	1×12	0.663	4.277	1×8	0.606	3.910
1-1/8×7	0.763	4.923	1-1/8×12	0.856	5.523	1-1/8×8	0.790	5.097
1-1/4×7	0.969	6.252	1-1/4×12	1.073	6.923	1-1/4×8	1.000	6.452
1-3/8×6	1.155	7.452	1-3/8×12	1.315	8.484	1-3/8×8	1.233	7.955
1-1/2×6	1.405	9.064	1-1/2×12	1.581	10.200	1-1/2×8	1.492	9.626
1-3/4×5	1.90	12.258	-	-	-	1-3/4×8	2.08	13.419
2×4-1/2	2.50	16.129	-	-	-	2×8	2.77	17.871
2-1/4×4-1/2	3.25	20.968	-	-	-	2-1/4×8	3.56	22.968
2-1/2×4	4.00	25.806	-	-	-	2-1/2×8	4.44	28.645
2-3/4×4	4.93	31.806	-	-	-	2-3/4×8	5.43	35.032
3×4	5.97	38.516	-	-	-	3×8	6.51	42.000
3-1/4×4	7.10	45.806	-	-	-	3-1/4×8	7.69	49.613
3-1/2×4	8.33	53.742	-	-	-	3-1/2×8	8.96	57.806
3-3/4×4	9.66	62.322	-	-	-	3-3/4×8	10.34	66.710
4×4	11.08	71.484	-	-	-	4×8	11.81	76.193

자료 참고문헌 28. Table 4에 의거 재작성

표 17 비철금속 너트의 재료별 기계적인 성질

재료	합금번호	기계적인성질 표식	경도 min^A	응력, min	
				ksi	MPa
동 및 동합금	110	F 467A	65 HRF	30	206.7
	260	F 467AB	55 HRF	60	413.4
	270	F 467B	55 HRF	60	413.4
	462	F 467C	65 HRB	50	344.5
	464	F 467D	55 HRB	50	344.5
	510	F 467E	60 HRB	60	413.4
	613	F 467F	70 HRB	80	551.2
	614	F 467G	70 HRB	75	516.8
	630	F 467H	60 HRB	100	689.0
	642	F 467J	75 HRB	75	516.8
	651	F 467K	75 HRB	70	482.3
	655	F 467L	60 HRB	50	344.5
	661	F 467M	75 HRB	70	482.3
	675	F 467N	60 HRB	55	379.0
	710	F 467P	50 HRB	45	310.1
	715	F 467R	60 HRB	55	379.0
니켈 및 니켈합금	59 Gr.1	F 467FN	21 HRC	120	826.8
	59 Gr.2	F 467GN	23 HRC	135	930.2
	59 Gr.3	F 467HN	25 HRC	160	1 102.4
	59 Gr.4	F 467JN	80 HRB	100	689.0
	335	F 467S	20 HRC	115	792.4
	276	F 467T	20 HRC	110	757.9
	400	F 467U	75 HRB	80	551.2
	405	F 467V	60 HRB	70	482.3
	500	F 467W	24 HRC	130	895.7
	625	F 647AC	85 HRB-35 HRC	60	413.4
	686 Gr.1	F 467BN	21 HRC	120	826.8
	686 Gr.2	F 467CN	23 HRC	135	930.2
	686 Gr.3	F 467DN	25 HRC	160	1 102.4
	686 Gr.4	F 467EN	65 HRB-25 HRC	100	689.0
알미늄합금	2024-$T4^B$	F 467X	70 HRB	55	379.0
	6061-T6	F 467Y	40 HRB	40	275.6
	6262-T9	F 467Z	60 HRB	52	358.3
티타늄 및 티타늄합금	1	F 467AT	140 HV	40	275.6
	2	F 467BT	150 HV	55	379.0
	4	F 467CT	200 HV	85	585.7
	5	F 467DT	30 HRC	135	930.2
	7	F 467ET	160 HV	55	379.0
	19	F 467FT	24 HRC	120	826.8
	23	F 467GT	25 HRC	125	861.3
	5-1-1-1	F 467HT	24 HRC	105	723.5

주 *A* : 알루미늄 및 티타늄 합금의 경우 경도는 참고용이다.

B : 알루미늄 합금 2024-T4는 자연적으로 노화된 상태로 공급되어야 한다. 이 재료는 1/4 in보다 큰 너트에는 권장되지 않는다.

자료 참고문헌 33. Table 2에 의거 재작성

표 18 비철금속제 너트의 인장응력 영역

크기, in	UNC 나사수/in	UNC 인장응력 영역 in^2	UNC 인장응력 영역 cm^2	UNF 나사수/in	UNF 인장응력 영역 in^2	UNF 인장응력 영역 cm^2	8-UN 나사수/in	8-UN 인장응력 영역 in^2	8-UN 인장응력 영역 cm^2
1/4	20	0.0318	0.205	28	0.0364	0.235	..	..	..
5/16	18	0.0524	0.338	24	0.0580	0.374	..	..	..
3/8	16	0.0775	0.500	24	0.0878	0.566	..	..	..
7/16	14	0.1063	0.686	20	0.1187	0.766	..	..	..
1/2	13	0.1419	0.915	20	0.1599	1.032	..	..	..
9/16	12	0.182	1.174	18	0.203	1.310	..	..	..
5/8	11	0.226	1.458	18	0.256	1.652	..	..	..
3/4	10	0.334	2.155	16	0.373	2.406	..	..	..
7/8	9	0.462	2.981	14	0.509	3.284	..	..	..
1	8	0.606	3.910	12	0.663	4.277	..	..	..
1-1/8	7	0.763	4.923	12	0.856	5.523	8	0.790	5.097
1-1/4	7	0.969	6.252	12	1.073	6.923	8	1.000	6.452
1-3/8	6	1.155	7.452	12	1.315	8.484	8	1.233	7.955
1-1/2	6	1.405	9.064	12	1.581	10.200	8	1.492	9.626

자료 참고문헌 33. Table 4에 의거 재작성

$$A_s = 0.7854(D - \frac{0.9743}{n})^2 \quad (2)$$

식에서

A_s : 인장응력 면적, in^2

D : 공칭 크기(기본 주 지름), in

n : 인치당 나사수 이다.

3 메트릭계열 너트

메트릭계열 너트는 인치계열 너트의 각 유형을 별도의 표준으로 정한 것이다. 재료는 인치계열 너트와 같지만 메트릭 단위를 사용한 재료 표준을 적용하는 것이 다르고, 그 외의 기술적인 사항은 인치계열 너트 표준과 유사하다.

배관 분야에 주로 사용되는 6각 너트의 유형별 제조범위는 **표 19**와 같다. 유형1과 유형2의 차이점은 너트의 두께가 다른 것으로, 유형2가 유형1보다 더 두껍다.

표 19 메트릭계열의 6각 너트

나사크기	ASME B18.2.4.1M 6각너트 유형1	ASME B18.2.4.2M 6각너트 유형2
M1.6 × 0.35	O	..
M2.0 × 0.40	O	..
M2.5 × 0.45	O	..
M3.0 × 0.50	O	O
M3.5 × 0.60	O	O
M5.0 × 0.80	O	O
M6.0 × 1.00	O	O
M8.0 × 1.25	O	O
M10 × 1.50	O	0
M10 × 1.50	O	O
M12 × 1.75	O	O
M14 × 2.00	O	O
M16 × 2.00	O	O
M20 × 2.50	O	O
M24 × 3.00	O	O
M30 × 3.50	O	O
M36 × 4.00	O	O

4 너트 및 볼트 조합의 적합성

너트와 볼트는 재질도 종류도 다양하기 때문에 실무에서는 볼트에 적합한 너트를 구분하는 자체가 쉽지 않다. 기본적으로는 기계적인 강도가 볼트와 같거나 동등 이상인 것을 선택하는 것이다. **표** 20은 볼트의 등급을 기준으로 사용하려는 의도에 맞는 너트의 적합성을 제공하는 자료이다.

표 20 너트 및 볼트 적합성 가이드(1/2)

볼트 등급[(4)]	표면마감[(5)]	호칭크기, in	등급과 너트 유형[(1)]					
			권장[(2)]		적합[(3)]			
			6각	헤비 6각	4각	6각	헤비 6각	두꺼운 6각
A307 Gr.A	무도금과 아연도금	1/4~1-1/2	A	..	A	B,D,DH	A,B,C,D,DH,DH3	A,B,D,DH
		>1-1/2~2	..	A	..	A[(6)]	C,D,DH,DH3	..
		>2~4	..	A	..	..	C,D,DH,DH3	..
A307 Gr.B	무도금과 아연도금	1/4~1-1/2	..	A	A	B,D,DH	B,C,D, DH,DH3	..
		>1-1/2~2	..	A	..	A[(6)]		..
		>2~4	..	A	..	..	C,D,DH,DH3	..
A325 유형1	무도금	1/2~1-1/2	..	C	..	..	C3,D,DH,DH3	..
	아연도금	1/2~1-1/2	..	DH	..	..	..	..

표 20 너트 및 볼트 적합성 가이드(2/2)

볼트 등급[4]	표면마감[5]	호칭크기, in	등급과 너트 유형[1]					
			권장[2]		적합[3]			
			6각	헤비 6각	4각	6각	헤비 6각	두꺼운 6각
A325 유형3	무도금	1/2~1-1/2	..	C3	..	..	DH3	..
A354 Gr.B,C	무도금	1/4~1-1/2	..	C	..	D,DH	C3,D,DH,DH3	D.DH
		>1-1/2~4	..	C	..	..	C3,D,DH,DH3	
	아연도금	1/4~1-1/2	..	DH	..	..	..	DH
		>1-1/2~4	..	DH	..	..	..	..
A354 Gr.B, D	무도금	1/4~1-1/2	..	DH	..	DH	D,DH,DH3	D,DH
		>1-1/2~4	..	DH	..		DH3	
A394 유형O	아연도금	1/2~1	A	..	..	B,D	..	..
A394 유형1,2	아연도금	1/2~1	D,H	..	..	D	..	..
A394 유형3	무도금	1/2~1	DH3	..	..		C3	..
A449 유형1,2	무도금	1/4~1-1/2	B	..	..	D,DH	B,C,C3,D,DH,DH3	B,D,DH
		>1-1/2~3	..	A	..		C,C3,D,DH,DH3	
	아연도금	1/4~1-1/2	..	DH	..	D,DH	D	D,DH
		>1-1/2~3	..	DH	..	..	D	..
A490 유형1,2	무도금	1/2~1-1/2	..	DH	..	..	DH3	..
A490 유형3	무도금	1/2~1-1/2	..	DH3	..	..	..	..
A687	무도금	1-1/4~3	..	D	..	..	DH,DH3	..
	아연도금	1-1/4~3	..	DH	..	..		

주 (1) 공칭 크기 3/4 인치 이상에서 DH 너트의 가용성은 매우 제한적이며 일반적으로 5만 개 이상의 특별 주문에서만 사용할 수 있다. 소량은 A194 Gr. 2H 너트 사용을 고려한다.

(2) "권장"은 너트와 함께 사용될 때 필요한 하중으로 볼트를 조일 수 있는 가장 적합한 기계적 특성과 치수 구성(유형)을 가진 시중에서 판매되는 너트이다.

(3) "적합"은 너트와 함께 사용될 때 필요한 하중으로 볼트를 조일 수 있는 기계적 특성을 가진 너트이다. 그러나 치수 조합(유형) 적합성 및 가용성을 고려해야 한다. 다른 것은 적합하지 않다.

(4) "볼트"라는 용어에는 모든 숫나사 유형의 패스너가 포함된다.

(5) 무도금 너트는 숫나사 패스너와 함께 사용하기 위한 너트로, 일반(무도금 또는 무코팅) 마감재이거나 너트 나사를 오버랩하여 조립할 수 있도록 두께가 불충분한 도금 또는 코팅이 되어 있다. 아연 도금된 너트는 조립성을 좋게하기 위해 너트 나사을 오버랩해야 할 정도로 충분한 두께의 도금 또는 코팅이 되어 있거나, 용융아연도금이 되어 있지 않은 숫나사 패스너에 사용하기 위한 너트이다.

(6) 1-1/2~2 인치 이상의 육각 너트는 표준(AME B18.2.2)에 SMS 들어있지 않은 크이기나 시판되고 있으므로, 이러한 너트는 적합하다.

자료 참고문헌 28, Table X1.1 Nut and Bolt Suitability Guide.

2.6 와셔

1 와셔의 표준

(1) 와셔의 용도

와셔는 중간에 구멍이 있는 평평한 원형 또는 디스크 모양의 금속제 부품이다. 볼트, 너트와 함께 사용되어 너트의 삽입을 최소화하고, 조임 토크를 줄이며, 볼트에 걸리는 하중을 고르게 분산시키기 위하여 사용된다. 주로 원형이지만 4각형도 사용된다. 일반적으로 사용되는 원형 와셔는 대략 안지름의 2배가 되는 바깥지름을 가지지만 정확한 치수는 표준에 따라야 한다.

와셔는 여러 가지 재료로 제조될 수 있지만, 플랜지 이음에 사용하는 것은 금속제이어야 한다. 금속제는 경화시키지 않은 와셔와 경화된 와셔로 구분되며, 일반적으로 경화시키지 않은 평와셔가 사용된다.

(2) 와셔의 표준

와셔는 인치계열과 메트릭계열로 구분되며 대표적인 표준은 **표 21**과 같다.

2 경화시키지 않는 평와셔

경화시키지 않는 와셔는 ASME B18.22.1에 따라 제조된다. 인치계열로 유형 A와 유형 B가 있다. 유형 A의 평와셔는 정밀성이 중요하지 않은 공차 범위가 넓은 강제 와셔이

표 21 와셔의 표준

구분	표준	클래스별 제조범위	재료
평와셔	ASME B18.22.1	일반용도의 평와셔, 유형 A와 B, 인치계열	철 또는 비철금속, 플라스틱 등
경화된 강제와셔	ASTM F436/436 M	유형 1, 2의 원형 와셔, 경사 와셔, 잘린 와셔 등 3가지 형태. 경화, 스탬핑된 와셔, 인치와 메트릭 계열의 범용 기계 및 구조용. 제조범위: M12~M100	강제(개방형 로, 염기성 산소 또는 전기로 공정으로 제조된 것)
일반용 평와셔	ASTM F844	경화하지 않은 와셔. 치수는 ASME B18.22.1의 유형 A와 동일	강제(열간 압연, 열간 압연 및 산세) 냉간 압연 강. 바 스톡(냉간 압연) 등

다. 너트의 삽입을 최소화하고 토크를 돕기 위해 주로 볼트 헤드와 너트의 치수와 관련된 비율을 적용한 크기로 개발되었다. 유형 B의 평와셔는 공차범위가 작은 강제와셔이다. 강도가 낮은 재료를 사용하는 경우 더 넓은 영역으로 하중을 분산시키기 위한 목적으로 설계된 것이며 접촉면적이 좁은 것, 표준형과 넓은 것 등 3가지로 구분된다.

일반적인 용도로 가장 널리 사용되는 유형 A 와셔의 공칭 크기는 **표 22**와 같다.

표 22 유형 A 일반 와셔의 크기별 치수(1/2) (단위: in)

공칭 크기	안지름 공차			바깥지름 공차			두께		
	기본	+	−	기본	+	−	기본	max	min
−	0.078	0.000	0.005	0.188	0.000	0.005	0.020	0.025	0.016
−	0.094	0.000	0.005	0.250	0.000	0.005	0.020	0.025	0.016
−	0.125	0.008	0.005	0.312	0.008	0.005	0.032	0.040	0.025
No.6 0.138	0.156	0.008	0.005	0.375	0.015	0.005	0.049	0.065	0.036
8 0.164	0.188	0.008	0.005	0.438	0.015	0.005	0.049	0.065	0.036
10 0.190	0.219	0.008	0.005	0.500	0.015	0.005	0.049	0.065	0.036
3/16 0.188	0.250	0.015	0.005	0.562	0.015	0.005	0.049	0.065	0.036
12 0.216	0.250	0.015	0.005	0.562	0.015	0.005	0.065	0.080	0.051
1/4 0.250 N	0.281	0.015	0.005	0.625	0.015	0.005	0.065	0.080	0.051
1/4 0.250 W	0.312	0.015	0.005	0.734	0.015	0.007	0.065	0.080	0.051
5/16 0.312 N	0.344	0.015	0.005	0.688	0.015	0.007	0.065	0.080	0.051
5/16 0.312 W	0.375	0.015	0.005	0.875	0.030	0.007	0.083	0.104	0.064
3/8 0.375 N	0.406	0.015	0.005	0.812	0.015	0.007	0.655	0.080	0.051
3/8 0.375 W	0.438	0.015	0.005	1.000	0.030	0.007	0.083	0.104	0.064
7/16 0.438 N	0.464	0.015	0.005	0.922	0.015	0.007	0.065	0.080	0.051
7/16 0.438 W	0.500	0.015	0.005	1.250	0.030	0.007	0.083	0.104	0.064
1/2 0.500 N	0.531	0.015	0.005	1.062	0.030	0.007	0.095	0.121	0.074
1/2 0.500 W	0.562	0.015	0.005	1.375	0.030	0.007	0.109	0.132	0.086
9/16 0.562 N	0.594	0.015	0.005	1.156	0.030	0.007	0.095	0.121	0.074
9/16 0.562 W	0.625	0.015	0.005	1.469	0.030	0.007	0.109	0.132	0.086
5/8 0.625 N	0.656	0.030	0.007	1.312	0.030	0.007	0.095	0.121	0.074
5/8 0.625 W	0.688	0.030	0.007	1.750	0.030	0.007	0.134	0.160	0.108
3/4 0.75 N	0.812	0.030	0.007	1.469	0.030	0.007	0.134	0.160	0.108
3/4 0.75 W	0.812	0.030	0.007	2.000	0.030	0.007	0.148	0.177	0.122
7/8 0.875 N	0.938	0.007	0.030	1.750	0.030	0.007	0.134	0.160	0.108
7/8 0.875 W	0.938	0.007	0.030	2.250	0.030	0.007	0.165	0.192	0.136
1 1.00 N	1.062	0.007	0.030	2.000	0.030	0.007	0.134	0.160	0.108
1 1.00 W	1.062	0.007	0.030	2.500	0.030	0.007	0.165	0.192	0.136
1-1/8 1.125 N	1.250	0.030	0.007	2.250	0.030	0.007	0.134	0.160	0.108
1-1/8 1.125 W	1.250	0.030	0.007	2.750	0.030	0.007	0.165	0.192	0.136
1-1/4 1.250 N	1.375	0.030	0.007	2.500	0.030	0.007	0.165	0.192	0.136
1-1/4 1.250 W	1.375	0.030	0.007	3.000	0.030	0.007	0.105	0.192	0.136
1-3/8 1.375 N	1.500	0.030	0.007	2.750	0.030	0.007	0.165	0.192	0.136
1-3/8 1.375 W	1.500	0.045	0.010	3.250	0.045	0.010	0.180	0.213	0.153
1-1/2 1.500 N	1.625	0.030	0.007	3.000	0.030	0.007	0.165	0.192	0.136
1-1/2 1.500 W	1.625	0.045	0.010	3.500	0.045	0.010	0.180	0.213	0.153

표 22 유형 A 일반 와셔의 크기별 치수(2/2) (단위: in)

공칭 크기	안지름 공차			바깥지름 공차			두께		
	기본	+	−	기본	+	−	기본	max	min
1-5/8 1.625	1.750	0.045	0.010	3.750	0.045	0.010	0.180	0.213	0.153
1-3/4 1.750	1.875	0.045	0.010	4.000	0.045	0.010	0.180	0.213	0.153
1-7/8 1.875	2.000	0.045	0.010	4.250	0.045	0.010	0.180	0.213	0.153
2 2.000	2.125	0.045	0.010	4.500	0.045	0.010	0.180	0.213	0.153
2-1/4 2.250	2.375	0.045	0.010	4.750	0.045	0.010	0.220	0.248	0.193
2-1/2 2.500	2.625	0.045	0.010	5.000	0.045	0.010	0.238	0.280	0.210
2-3/4 2.750	2.875	0.065	0.010	5.250	0.065	0.010	0.259	0.310	0.228
3 3.000	3.125	0.065	0.010	5.500	0.065	0.010	0.284	0.327	0.249
주(1)(2)				주(3)					

주 (1) 표에서의 크기는 이전에 "표준 플레이트" 및 "SAE"에 규정되었던 것이다. 두 규정에서의 공통 크기의 경우, SAE 크기는 'N'(좁다), 표준 플레이트 'W'(넓다)가 붙는다. 표의 크기는 물론 그 외의 모든 크기의 A형 와셔는 ID, OD 및 두께 치수를 기준으로 주문한다.
(2) 와셔의 공칭 크기는 동등한 공칭 나사 또는 볼트 크기와 함께 사용하도록 설계되었다.
(3) OD가 0.734 in, 1.156 in, 1.469 in. 크기의 와셔는 동전으로 작동되는 벤더에 사용할 수 있어서 제조를 피한다.

자료 참고문헌 34. Table A.

3 경화된 와셔

(1) 특성

경화, 스탬핑된 일반 와셔는 ASTM F436에 따라 제조된다. 와이어로 압연된 일반 와셔의 적용 가능한 특성은 AISI 1060 탄소강[14] 또는 이와 동등한 것으로 록크웰 경도 C45-53의 경도가 되도록 열처리된다. 경화된 와셔는 고(高)토크로 조임이 필요한 분야에 사용된다.

인치와 메트릭 두 가지 계열로 나누어지며, 유형 1과 2가 있다. 유형 1은 탄소강제이고, 유형 2는 탄소강과 유사하지만 대기부식에 대한 내성 및 풍화 특성을 갖는 강제로 제조된 것이다. 이러한 강의 대기부식에 대한 내성은 Cu 첨가 유무에 관계없이 탄소강보다 실질적으로 우수하다. 이러한 강은 대기에 노출되는 많은 용도에 도금 없이 사용

14. UNS No. G10600 . 최대 0.4 %의 실리콘과 1.2 %의 망간을 함유하며, 동, 몰리브덴, 알루미늄, 크롬 및 니켈과 같은 원소도 잔류할 수 있다.

할 수 있다.

(2) 제조형태

경화시키지 않은 와셔는 원형의 평나사 임에 비하여 이 표준의 와셔는 ①원형 ②경사형 ③잘린형 등 3가지이다.

원형(circular) 와셔는 공칭 크기 M12~M100으로 작업 공간이 충분하고 각도가 허용되는 용도에 적합하다.

경사(beveled) 와셔는 정사각형과 직사각형이 있으며 공칭 크기는 M12~M36으로, 표준형 빔 및 채널과 같은 구조용 형강에 사용할 수 있고, 1:6 비율로 경사진 표면을 가진다.

잘린(clipped) 와셔는 작업 공간의 제한으로 원형의 일부를 잘라낼 필요가 있는 경우에 사용하며 평형 또는 경사 면으로 되어 있다.

(3) 요구되는 기계적인 성질

경화된 와셔의 경도는 38~45 HRC이어야 한다. 용융 아연도금 이외의 방법으로 아연 도금된 와셔의 경도는 26~45 HRC이다.

침탄 와셔는 최소 0.015 in 깊이의 침탄이 이루어져야 하며, 표면 경도는 69~73 HRA 또는 73~83 HR15N이어야 한다. 용융 아연도금 이외의 방법으로 도금된 침탄 와셔의 경도는 63~73 HRA 또는 73~83 HR15N이다.

침탄 및 경화시킨 와셔는 최소 30 HRC 또는 65 HRA의 코어 경도를 가져야 한다.

(4) 화학적 요구사항

유형별 화학적 요구사항은 **표 23**과 같고, 이상에서의 각각의 조건에 합당하게 제조되는 와셔의 크기별 치수는 **표 24**와 같다.

표 23 화학적 요구사항

화학성분	구분	함량, %	
		유형 1	유형 3[A]
P	열분석	0.040	0.040
	제품분석	0.050	0.045
S	열분석	0.050	0.050
	제품분석	0.060	0.055
Si	열분석	..	0.15-0.35
	제품분석	..	0.13-0.37
Cr	열분석	..	0.45-0.65
	제품분석	..	0.42-0.68
Ni	열분석	..	0.25-0.45
	제품분석	..	0.22-0.48
Cu	열분석	..	0.25-0.45
	제품분석	..	0.22-0.48

주 *A* : 풍화강제 와셔는 또한 다른 강으로도 제조될 수 있다.

표 24 경화된 와셔의 크기별 치수

공칭크기, mm[A]	안지름, mm		바깥지름, mm		두께, mm		잘린 면에서 와셔 중심 까지의 길이, mm[B]
	max	min	max	min	max	min	
12	14.4	14.0	27.0	25.7	4.6	3.1	10.5
14	16.4	16.0	30.0	28.7	4.6	3.1	12.2
16	18.4	18.0	34.0	32.4	4.6	3.1	14.0
20	22.5	22.0	42.0	40.4	4.6	3.1	17.5
22	24.5	24.0	44.0	42.4	4.6	3.4	19.2
24	26.5	26.0	50.0	48.4	4.6	3.4	21.0
27	30.5	30.0	56.0	54.1	4.6	3.4	23.6
30	33.6	33.0	60.0	58.1	4.6	3.4	26.2
36	39.6	39.0	72.0	70.1	4.6	3.4	31.5
42	45.6	45.0	84.0	81.8	7.2	4.6	36.7
48	52.7	52.0	95.0	92.8	7.2	4.6	42.0
56	62.7	62.0	107.0	104.8	8.7	6.1	49.0
64	70.7	70.0	118.0	115.8	8.7	6.1	56.0
72	78.7	78.0	130.0	127.5	8.7	6.1	63.0
80	86.9	86.0	142.0	139.5	8.7	6.1	70.0
90	96.9	96.0	159.0	156.5	8.7	6.1	78.7
100	107.9	107.0	176.0	173.5	8.7	6.1	87.5

주 *A* : 공칭 와셔 크기는 공칭 나사 지름이 동일한 볼트 너트와 함께 사용하도록 되어 있다.
B : 표의 길이보다 더 짧게 잘릴 수도 있다.

3 용접

3.1 개요

1 용접의 특성

(1) 용접의 종류

용접(鎔接, welding)이란 두 개의 동일 금속 또는 다른 금속 사이에 고열을 가해 녹여 붙이는(融合) 기술이다. 공학적으로는 ①융접(融接, fusion welding), ②압접(壓接, pressure welding), ③솔더링과 브레이징을 모두 포함하는 용어이다.

융접은 모재를 융해시켜서, 압접은 모재를 소성변형시켜 붙이는 방법으로 스폿웰딩(spot welding)이라고도 한다. 솔더링과 브레이징은 융접이나 압접과 달리 저온 금속 결합방식으로 모재는 그대로 두고 용가재만 녹여서 붙이는 방법이다. 작업온도를 기준으로 450°C 미만일 때와 이상으로 구분한다. 그러므로 용접은 즉 융접을 말한다.

융접을 더 세분하면, 피복제로 어떤 것을 사용하느냐에 따라 전기용접과 특수용접으로 구분된다.

(2) 피복제

피복제란 용접 시 공기에 노출됨으로써 발생하는 화학변화를 줄이고 용접이 잘되도록 하기 위해 사용되는 재료이다. 전기용접에 사용되는 용접봉에는 피복제가 포함되어 있고, 가스 용접에서는 피복제 역할을 하는 물질로 다른 가스를 사용한다. 예를들면 TIG 용접에는 알곤 가스를, MIG 용접에서는 CO_2 가스를 사용한다. 이렇듯 피복제의 차이 말고는 전기용접이나 가스용접의 원리는 동일한 것이다.

피복제의 구체적인 역할은 다음과 같다. ①차폐작용(shielding)으로, 중성 또는 환원성 가스를 발생하여 아크를 대기로부터 차단하여 용융지(molten metal)를 보호하는 역할을 한다. ②탈산작용(deoxidation)으로, 작업 중에 산소 또는 불순물 등의 다른 가스를 제거하는 역할을 한다. ③합금작용(alloying)으로 Mn, Si, Ni, Mo, Cr 등이 첨가되어 있어서 용착금속의 성질을 개선시킨다. ④이온작용(ionizing)으로, 전자의 이동을 촉진하여 아크를 안정화 시킨다. ⑤보온작용(insulating)으로, 용접부 표면에 슬래그를 형성하여 용착금속의 냉각속도를 줄이며, 용접비드의 표면을 좋게만든다. 즉 슬래그의 두께가 얇을수록 용접비드의 품질은 떨어진다.

(3) 용접 이음의 형태

용접은 배관 구성 요소 간을 이음하는 데 가장 일반적으로 사용된다. 나사식이나 플랜지이음보다 이음의 강도가 높고 누설이 적을 뿐만 아니라, 응력 분포의 관점에서 가장 만족 스러운 결과를 가져오는 것이 용접이기 때문이다. 또, 플랜지와 같이 배관계통에 중량을 추가하지도 않으며, 나사식과 같이 관의 두께를 늘릴 필요도 없다.

파이프-파이프, 파이프-플랜지, 파이프-밸브 및 파이프-관이음쇠 간의 모든 이음이 가능하다. 용접방법은 다르더라도 용접결과 즉 용접된 이음의 형태는 ①맞대기 이음(butt joint), ②겹침 이음(lap joint), ③티 이음(T joint), ④모서리 이음(corner joint) 및 ⑤가장자리 이음(edge joint) 중의 한 가지가 된다. 그 중에서도 맞대기 이음은 모든 크기에 사용될 수 있다. **그림 6**은 이와 같은 용접 결과물에 대한 형상을 보여주는 것이다.

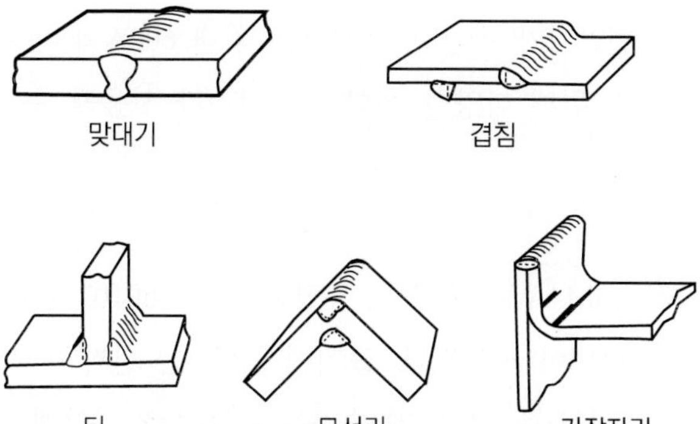

그림 6 용접결과 5가지 기본유형

2 피복금속 아크용접

(1) 배관분야에 주로 사용되는 용접방법

용접공학에서 분류하는 여러 가지 용접방법이 있으나, 배관분야에 주로 사용되는 방법은 수동 금속 아크용접(manual metal arc welding, MMA 또는 MMAW)으로 알려진 피복금속 아크용접(shield metal arc welding, SMAW)[15]이다.

배관 이음에서 SMAW가 주로 사용되는 이유는 ①별도의 보호가스 공급이 불필요하므로 장비가 매우 간단하다. ②전자세 및 좁은 장소에서도 용접이 가능하다. ③옥외 용접이 가능하다. ④거의 모든 금속재료에 적용이 가능하다는 등의 장점이 있기 때문이다. 그러나 기계화가 어렵고, 숙련된 용접사가 필요하며, 용접봉 교체, 슬래그 제거 등의 작업이 불가피하므로 시간 소비가 많다. 결과적으로 생산성은 낮다.

용접되는 재료의 두께는 용접사의 기능에 따라 다르지만 하한은 1.5 mm(0.06 in)이고, 상한은 규정이 없다. 적절한 이음쇠의 준비 및 다중 패스 사용으로 사실상 무제한 두께의 재료를 이음할 수 있다.

(2) 용접장비

용접 장비는 ①정전류 용접 전원 공급 장치와 ②전극 홀더, ③접지 클램프 및 ④이들을 연결하는 용접 케이블(용접 리드라고도 한다)로 구성되는 간단한 시스템이다.

전원 공급장치는 스텝-다운(step-down) 변압기[16]와 직류 모델의 경우 정류기(rectifier)로 구성되어 교류를 직류로 변환시켜 준다. 용접기에 일반적으로 공급되는 전력은 고전압 교류이므로 변압기는 전압을 줄이고 전류를 증가시키는 데 사용된다. 예를 들어 50A에서 220V 대신 변압기가 공급하는 전력은 최대 600A의 전류에서 약 17~45V이다. 이러한 효과를 얻기 위해 다양한 유형의 변압기가 사용될 수 있다.

(3) 용접봉

가장 많이 사용되는 SMAW용 탄소강 용접봉[17]은 "E6010"과 같이 영문자 뒤에 4자리 숫자를 더한 표기 방법이 사용된다. 표기에서 "E"는 전기 아크용접봉, 앞의 두자리 수(60)는 최소 인장강도(ksi)를, 세 번째 숫자는 용접자세(1: 아래 보기, 2:수평 보기, 3: 수직 보기, 4: 위 보기)를, 그리고 마지막 숫자(0)는 피복제 유형과 사용 가능 전류를 표시(**표 26** 참조)한다.

(4) SMAW 용접 시 주의사항

아연도금 강관이나 관이음쇠 등의 용접에는 용접 전류와 용접속도 등 용접조건 외에

---

15. 비공식적인 현장 용어로는 스틱용접(stick welding)이라고도 한다.
16. 높은 1차측 전압을 낮은 2차측 전압으로 변환하는 장치. 코일의 1차 권선은 2차 권선보다 더 많다
17. 참고문헌 37

표 26 피복재 유형 및 사용가능 전류

숫자	피복재 유형	사용 가능 전류
0	고 셀룰로오스 나트륨	DC+
1	고 셀룰로오스 칼륨	AC, DC±
2	고 티타니아 나트륨	AC, DC−
3	고 티타니아 칼륨	AC, DC±
4	철 분말, 티타니아	AC, DC±
5	저 수소 나트륨	DC+
6	저 수소 칼륨	AC, DC+
7	고 철분 산화철, 철분말	AC, DC±
8	저 수소 칼륨, 철분말	AC, DC±

도 작업 시에 발생하는 흄[18](fume) 가스에 대해서도 유의하여야 한다. 피복 아크용접 시에는 피복 용접봉(일미나이트계, 라임티타니아계 또는 고산화티탄계)을 사용하기 때문이다. 특히 고셀룰로오스계와 저수소계 피복 용접봉을 사용하는 경우에는 아연도금을 제거하고 용접 하는 것이 좋다.

3.2 배관 용접

❶ 홈 용접

(1) 완전침투와 부분침투

홈 용접(groove welds)은 맞대기(butt)용접이라고도 부른다. 일반적으로 연결 중인 두 부품 사이의 간격을 메우는 용접방식이다. 홈 용접을 위해서는 금속을 용접하는 동안의 침투력을 유지하는 것이 중요하다. 따라서 용접할 두께가 3.2 mm(1/8 in) 미만이면 용접 면을 가공없이 원래 상태 그대로 두 요소를 맞대 놓고 용접하면 되지만, 두께가 두꺼울 때는 용접 면을 V, X, J, K, U, H 등의 형상으로 모서리 가공(beveling)한다.

문자는 가공된 면을 측면에서 보았을 때의 형상을 표현한 것이고, 이렇게 가공된 두 요소를 합쳐서 생긴 공간인 홈에 용접재를 용융시켜 메꾸면 두 요소는 일체가 되고 이

18. fume. 금속을 용융시키는 과정에서 발생하는 분진, 여기에는 용접봉 재질, 피용접재 및 용접방법에 따라서 다양한 유해 인자가 포함된다.

것이 홈 용접이다.

홈 용접은 완전침투(CJP[19]), 즉 용접재가 용융되어 홈 안을 부족한 곳이 없이 완전하게 메운 상태 또는 부분침투(PJP[20]), 즉 홈 안에 용입부족 부분이 포함된 것으로 간주된다.

CJP 용접은 용접할 요소가 크고 강한 금속일 때 만들어진다. 적절한 용접재를 사용하면 용접부의 강도가 이음하려는 모재보다 더 강하게 되므로 강도계산이 필요 없다.

PJP 용접은 부하 전달을 위해 연결된 부품의 전체 강도를 요구하지 않아도 되는 경우에 사용된다.

홈 용접은 자동화 또는 수작업으로 이루어지며, 동합금 용접봉을 사용하는 브레이즈로 수행할 수도 있다. 홈 용접에서 가장 강한 용접은 결함이 가장 적을 때이다.

(2) 용접면 가공의 표준

홈 용접을 위한 용접 면의 가공은 좋은 용접조직을 만들어내기 위한 중요한 작업이다.

그래서 관과 관이음쇠 등 배관 구성요소 간의 홈 용접을 위한 용접면 가공 표준[21](**제 14장 그림 1** 및 **표 1** 참조)이 확립되어 있다. 그리고 이러한 용접면 가공 표준은 관이음쇠나 밸브 같은 특정 요소[22]를 관리하는 표준에서도 그대로 적용된다.

(3) 면가공 시의 유의 사항

용접면 가공은 일반적으로 기계가공 또는 연삭으로 이루어 지지만, 두꺼운 파이프는 베벨링 전용공구를 사용하기도 한다.

탄소강 및 저 합금강의 경우, 특히 두께 12 mm 이하의 파이프는 산소 절단 후 베벨링하고, 슬래그는 용접 전에 연마하여 제거한다.

파이프 및 관이음쇠에 허용되는 편심 및 크기 공차 범위가 넓기 때문에 배관의 내부에서는 안지름이 맞지 않는 경우가 발생할 수 있다. 그러므로 해당 재료별로 적용기준

---

19. CJP: complete joint penetration
20. PJP: partial joint penetration,
21. 참고문헌 38
22. 맞대기 용접용 관이음쇠(참고문헌 39), 플랜지식관이음쇠(참고문헌 9), 플랜지식, 나사식, 용접식 밸브(참고문헌 40)

이 되는 코드에서의 맞춤 공차에 대한 제한범위를 잘 준수하여야 한다.

용도상 용접의 정밀도가 요구되는 응용 분야에서는 안지름이 일치되도록 히기 위해서 관이음쇠의 내부를 적절하게 가공할 필요도 있다. 안지름을 가공해야 할 때에는 최소 두께에 대한 기준을 초과하지 않도록 한다.

두께가 다른 배관 부품을 용접할 때는 두꺼운 부재에서 얇은 부재로의 이음이 완만(緩慢)한 경사로 이루어져야 한다. 바람직한 경사면의 길이는 구성 요소 간의 옵셋 높이의 보통 3배[23]이다.

주강제 관이음쇠 및 밸브 몸통의 두께는 일반적으로 이음할 파이프의 두께보다 두껍다. 그러므로 파이프와 부품 간의 용접 시에도 완만한 경사가 되도록 해야 한다. 이를 위하여 관이음쇠 및 밸브 몸통의 원통형 단(端)부를 이음할 파이프의 공칭 두께로 가공할 수도 있다[24].

2 필릿 용접

(1) 필릿 용접의 적용성

필릿(fillet) 용접은 2개의 용접 금속이 직교하는 티 용접이나, 두 금속을 포개거나 붙여 놓고 가장자리나 모서리를 용접하는 즉 **그림 6**에서 맞대기를 제외한 모든 형태의 용접이 필릿 용접에 속한다. 두 금속이 수직으로부터 수평 사이의 어떠한 각도로도 용접될 수 있음을 보여주는 것이다.

필릿 용접에서는 연결 중인 두 구속 간의 틈새로 용융금속이 침투하지 않는다. 필릿 용접은 일반적으로 용착된 금속이 삼각형 단면을 가지며, 삼각형의 한면이 각 금속에 연결되어 있다. 필릿 용접은 홈 용접에 비하여 용접 강도가 낮음에도 불구하고 다양한 형태로의 용접이음에 가장 많은 사용된다. 이는 다른 형태의 용접에 비하여 훨씬 큰 공차로 작업할 수 있을 뿐만 아니라 더 넓은 오차범위가 허용되기 때문이다.

23. 참고문헌 41, 42

24. 참고문헌 41, 42

(2) 원둘레 필릿 용접

원둘레 필릿 용접은 용접 비드가 360도 이어지는 것이다. 일반적으로 NPS 2 이하의 관과-소켓이음쇠 간의 용접에 사용된다. **그림 7**은 현장에서 많이 사용되는 3가지의 대표적인 필릿 용접의 예이다. 이러한 유형의 용접 부위는 전단 및 굽힘응력을 받게 되므로 이음부에 적절한 용입이 필수적이다. 소켓용접 시에는 특히 중요하다. 왜냐하면 외관이 깨끗해 보이면 소켓 내부를 닦아 내는 작업을 소홀히 할 수 있고, 내부를 닦아 내지 않은 상태로 용접이 되면 용입부족으로 완전하고 견고한 필릿 용접이 될 수 없기 때문이다. 그리고 이러한 상태는 완성된 후 용접부에 대한 일반적으로 행하는 육안검사로는 용입부족에 대한 결함을 확인할 수 없다.

또한 이음 요소 간 팽창량의 차이를 허용하기 위해서는 용접 전에 관단부와 관이음쇠 사이에 1.5 mm(1/16 in)의 간격을 유지시켜야 한다.

필릿 용접에서는 소켓 용접이 허용되지 않는 경우도 있다. 응력 부식균열 또는 농축셀 작용을 촉진하는 용액을 사용한 핵 또는 방사성 물질이나 부식성 유체를 포함하는 배관에는 관의 크기에 상관없이 모두 맞대기 용접하여야 한다. 배관 내부로의 완벽한 용입이 이루어져야 하기 때문이다.

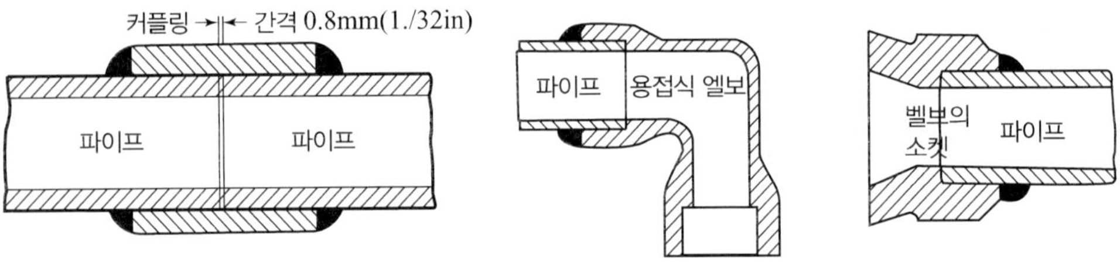

(a) 파이와 파이프 (b) 파이프와 관이음쇠 (c) 밸브와 파이프

그림 7 필릿 용접의 예

3 브레이즈와 브레이징

(1) 브레이즈

브레이즈(braze)[25]와 브레이징을 같은 것으로 보는 경우가 있으나, 유사하지만 서로 다르다. 유사점은 사용하는 용접봉에 있다. 용융온도는 425°C 이상이고 작업온도는 모재의 용융점에 비하여 상당히 낮은 동합금 용접봉을 사용하기 때문이다. 그러므로 두

방법 모두 융합(融合)은 이루어지지 않는다. 다른 점은 브레이즈는 아크용접 공정과 동일하게 맞대기나 필릿 용접이지만 브레이징은 모세관 작용을 이용하는 방법이다.

브레이즈(또는 브레이즈 용접)는 과거에 사용되었던 브론즈 용접(bronze welding)과 유사하다. 모재가 동합금인 용기나 장비 및 동합금 관의 용접에도 사용되지만, 이보다는 철강재 모재에 동합금 용접봉을 사용하는 경우가 더 많다. 0.2 mm까지의 박판을 용접할 수 있으나 3 mm 이상의 재료에 사용하는 것은 적합하지 않다.

식품, 제약, 주류, 음료수 등의 제조산업에서 장비나 배관의 용접에 주로 사용된다. 용접재로 동합금봉을 사용하는 이유는 위생성과 용접부에 대한 내식성을 향상시키기 위함으로, 일종의 고급 용접이다.

직각 단면을 갖는 부재도 맞대기 또는 겹침하여 브레이즈 할 수 있지만 단부가 정확히 직각이 되도록 가공하고 용접부에 지그를 사용하는 등으로 정확히 정열된 상태로 작업하지 않으면 결과를 신뢰할 수 없다. 적절하게 준비되어 작업된 경우의 맞대기 용접은 높은 강도를 얻을 수 있다. 그러나 용접봉의 취성으로 인해 일반적으로 적용할 수는 없다.

(2) 브레이징

브레이징(brazing)은 450°C(840°F) 이상에서 용융되는 용접재를 사용하고, 모재의 용융점보다 작업온도는 훨신 낮다. 모재의 용융없이 이음하는 기술이다. 실제로는 750°C 전후에서 작업이 이루어진다. 동관이음쇠에 동관을 삽입하고 이음부를 적절하게 가열한 후 용접재를 대면 용접재가 용융되어 모세관 작용으로 틈새로 고르게 침투되어 이음이 완성된다. 그래서 용접재를 용접봉과 달리 브레이징 필러메탈(filler metal)이라고 한다.

(3) 브레이징의 적용성

동관 이음에 주로 사용되지만, 다른 재질의 관에서도 사용된다. 브레이징을 위해서는 모세관 작용이 일어날 수 있도록 적절한 접합 틈새를 갖는 표준화된 전용의 동관 이음쇠를 사용해야 한다. 브레이징 필러메탈은 이음부 틈새가 최소일 때 즉 용융되어 침투된 두께가 얇을 때 가장 큰 강도를 나타낸다. 얇은 합금 층은 또한 최고의 연성을 가지기 때문이다.

---

25. **제1장** 관에 관한 용어 참조. 브레이즈 용접(braze welding)이라고도 한다.

철 및 비철제 배관을 브레이징 할 경우, 동에 은이 섞인 합금을 사용하려면 이음부의 틈새는 일반적으로 0.15 mm(0.006 in) 이하, 바람직하게는 0.1 mm(0.004 in) 이하이어야 한다. 0.07 mm(0.003 in) 미만의 틈새라면 조립하기가 어렵고, 0.15 mm(0.006 in)보다 크면 이음부의 강도가 낮게 된다.

특정 알루미늄 합금에 대한 브레이징에서는 다른 재질의 브레이징과 대부분 유사하다. 그러나 용융된 합금의 흐름이 느리므로 이음부의 틈새는 다소 커야 한다.

알루미늄의 경우 0.12~0.25 mm(0.005~0.010 in)의 간격이 적합하다. 브레이징 온도에서는 이음부 틈새가 제어대상이므로 이종 금속 간의 이음 시에는 특히 중요하다. 이 경우 이음 되는 재료의 상대 팽창률이 반드시 고려되어야 한다.

(4) 브레이징 이음부의 강도

브레이징은 용접재 자체의 강도가 상당히 강하므로 견고한 이음이 이루어진다. 낮은 온도에서 사용되는 경우의 브레이징 부위의 상용압력(**제4장 표 12** 참조)은 관 자체의 상용압력과 같다. 용접재의 용융온도 범위는 재질에 따라 다르나 보통 600°C 이상의 고온이다.

관과 관이음쇠와 같이 각 요소 간의 겹침이음에서 겹침부의 길이, 브레이징 합금의 전단강도 및 일반적으로 결합하는 브레이징 표면적의 평균 비율(브레이징 되어야 할 표면적 중에서 실제 브레이징 된 면적의 비율)이 브레이징의 강도를 결정하는 주요 요소이다.

전단 강도는 폭에 이음부 길이를 곱한 면적에 브레이징 표면적의 비율을 곱한 후 사용된 합금의 전단 강도를 적용하여 계산할 수 있다. 겹침부 길이를 결정하는 경험적인 방법은, 두 요소 중에서 더 얇은 것 또는 더 약한 쪽 두께의 2배가 되도록 하는 것이다. 일반적으로 이러한 길이가 충족되면 이음부에 적절한 강도가 유지된다. 결과가 의심스러운 경우에는 기본적 강도 계산식을 사용해야 한다. 그러나 겹침부의 길이가 안전한 값으로 미리 결정되어 상품화된 전용의 관이음쇠를 사용할 수 있으므로, 실무적으로는 이러한 상세한 계산을 해야 할 필요가 없다.

황동 및 동파이프의 경우에는 주조나 단조된 동합금 및 순동제 관이음쇠를 사용하면 된다. 관이 삽이 되어야 하는 정확한 깊이와 이음의 강도가 유지될 수 있는 안지름이 갖추어져 있다. 관이음쇠에 홈을 만들고 여기에 미리 브레이징 합금 링을 삽입한 이음쇠도 공급된다. 이런 경우는 관을 삽입한 후 가열만으로 이음이 완성된다.

(5) 브레이징 필러메탈

브레이징에 사용하는 용접재는 여러 가지 원소가 합유된 합금으로, 용융점은 모재 금속의 용융점보다는 낮고 450°C보다는 높다. 용접재는 기계적인 성질보다 화학적 성분을 기준으로 분류된다. 용접재는 잘 정의된 8개 그룹으로 ①은이 포함된 합금(BAg) 17종, ②백금이 포함된 합금 5종, ③Al-Si 합금 7종, ④Cu-P 합금(BCuP) 7종, ⑤Cu-Zn 합금 6종, ⑥Cu-Ni 합금 9종, ⑦Cu-Co 합금 1종, ⑧Cu-Mg 합금 2종 등 총 54종으로 표준화되어 있다.

그 중 동관 이음에는 ④의 BCuP 그룹이 주로 사용되지만 ①의 BAg 그룹을 사용하면 더 좋은 결과를 가져올 수 있다. 표기법에서 맨 앞의 'B'는 브레이징용 임을 의미한다.

BAg 그룹의 용접재는 알미늄과 마그네슘을 제외한 대부분의 철계 금속이나 비철계 금속에 사용된다. 화학적 조성은 **표 27**과 같으며, 일반적으로 겹침용접 부위에 사용되지만, 용접 조건이 엄격하지 않은 부위에는 맞대기 이음 할 수도 있다. 이음부의 틈새는 0.05~0.13 mm(0.002~0.005 in)가 모세관 작용이 일어나는 적당한 범위이다.

표 27 BAg 그룹 용접재의 화학적 조성

재료 등급	화학성분, %									고상선 온도, °C	액산선 온도, °C	작업온도, °C
	Ag	Cu	Zn	Cd	Ni	Sn	Li	P	기타 원소			
BAg-1	44.0~46.0	14.0~16.0	14.0~18.0	23.0~25.0	-	-	-	-	0.15	607	618	618~760
BAg-1a	49.0~51.0	14.5~16.5	14.5~18.5	17.0~19.0	-	-	-	-	0.15	627	635	635~760
BAg-2	34.0~36.0	25.0~27.0	19.0~23.0	17.0~19.0	-	-	-	-	0.15	607	702	702~843
BAg-2a	29.0~31.0	26.0~28.0	21.0~25.0	19.0~21.0	-	-	-	-	0.15	607	710	710~843
BAg-3	49.0~51.0	14.5~16.5	13.5~17.5	15.0~17.0	2.5~3.5	-	-	-	0.15	632	688	688~816
BAg-4	39.0~41.0	29.0~31.0	26.0~30.0	-	1.5~2.5	-	-	-	0.15	671	779	799~899
BAg-5	44.0~46.0	29.0~31.0	23.0~37.0	-	-	-	-	-	0.15	677	743	743~843
BAg-6	49.0~51.0	33.0~35.0	14.0~18.0	-	-	-	-	-	0.15	688	774	774~871
BAg-7	55.0~57.0	21.0~23.0	15.0~19.0	-	-	4.5~5.5	-	-	0.15	618	652	652~760
BAg-8	71.0~73.0	나머지	-	-	-	-	-	-	0.15	779	779	779~899
BAg-8a	71.0~73.0	나머지	-	-	-	-	0.25~0.50	-	0.15	766	766	766~871
BAg-13	53.0~55.0	나머지	4.0~6.0	-	0.5~1.5	-	-	-	0.15	718	857	857~968
BAg-13a	55.0~57.0	나머지	-	-	1.5~2.5	-	-	-	0.15	771	893	871~982
BAg-18	59.0~61.0	나머지	-	-	-	9.5~10.5	-	0.025	0.15	602	718	718~843
BAg-19	92.0~93.0	나머지	-	-	-	-	0.15~0.30	-	0.15	779	891	877~982
BAg-20	29.0~31.0	27.0~39.0	30.0~34.0	-	-	-	-	-	0.15	677	766	766~871
BAg-21	62.0~64.0	27.5~29.5	-	-	2.0~3.0	5.0~7.0	-	-	0.15	691	802	802~899

자료 참고문헌 43, 44, 45, 46.

BCuP 그룹은 동관에 주로 사용된다. **표 28**과 같은 성분을 가지며 작업온도 범위는 **표 29**와 같다. 후럭스를 사용하지 않아도 재료에 포함된 P가 작용하여 후럭스의 역할을 대신해 준다. 그러나 동관과 동합금 이음쇠의 이음에는 후럭스를 사용하여야 한다. 온도가 상승할 때 대기에서 산성과의 접촉 시 외에는 내식성이 좋다. 작업온도 범위는 액상선 이하에서부터 시작되는 것에 주의해야 한다.

①BCuP-1은 장방형(strip) 단면을 가지며 최소 0.25 mm로 이음부에 미리 넣어서 사용할 수 있도록 고안되었다. P를 더 함유하는 다른 용접재보다 약간 더 유연하며 또한 작업 온도에서 유동성이 낮다. ②BCuP-2와 BCuP-4는 작업온도에서 유동성이 좋으며 매우 작은 0.03~0.08 mm 정도의 틈새에도 침투가 잘 이루어진다. ③BCuP-3와 BCuP-5는 이음부 틈새가 잘 맞지 않는 곳에 사용된다. 이음부 틈새는 0.03-0.13 mm가 적당하다. ④BCuP-6은 BCuP-2와 BCuP-3의 특징을 약간씩 가지고 있다. 용접 범위에서 틈새가 적은 경우에는 틈새를 꽉 채우며 클 경우에는 유동이 매우 잘된다. 이음부 틈새는 0.03~0.13 mm가 적당하다.

표 28 BCuP 용접재의 화학성분(%)

AWS 등급	P	Ag	Cu	기타원소합계
BCuP-1	4.8-5.2	-	나머지	0.15
BCuP-2	7.0-7.5	-	나머지	0.15
BCuP-3	5.8-6.2	4.8-5.2	나머지	0.15
BCuP-4	7.0-7.5	5.8-6.2	나머지	0.15
BCuP-5	4.8-5-2	14.5-15.5	나머지	0.15
BCuP-6	6.8-7.2	1.8-2.2	나머지	0.15
BCuP-7	6.5-7.0	4.8-5.2	나머지	0.15

자료 참고문헌 43, 44, 45, 46.

표 29 BCuP 용접재의 고상선, 액상선 및 브레이징 온도

AWS 등급	고상선		액 상 선		브레이징 온도범위	
	°F	°C	°F	°C	°F	°C
BCuP-1	1 310	710	1 695	924	1 450-1 700	788-927
BCuP-2	1 310	710	1 460	793	1 350-1 550	732-843
BCuP-3	1 190	643	1 495	813	1 325-1 500	718-816
BCuP-4	1 190	643	1 325	713	1 275-1 450	691-788
BCuP-5	1 190	643	1 475	802	1 300-1 500	704-816
BCuP-6	1 190	643	1 450	788	1 350-1 500	732-816
BCuP-7	1 190	643	1 420	771	1 300-1 500	704-816

⑤BCuP-7은 BCuP-3 또는 BCuP-5보다 유동성이 좋으며 액상선 온도가 낮다. 열교환기와 관이음쇠에 링형태로 미리 넣어 사용하는 등으로 용도가 광범위하다. 이음부 틈새는 0.03~0.13 mm가 적당하다.

(6) 플럭스

플럭스(flux)는 브레이징과 솔더링 작업 전의 준비 단계에서 용접부에 대한 연마작업으로 완전히 제거되지 못한 여분의 산화물을 제거하며, 가열 중 관표면을 잘 감싸주어 산화를 방지하고, 용융된 용접재의 확산이 잘 이루어지도록 하는 것이다. 이는 강제 용접봉에서의 피복재와 같은 역할이므로 적정한 재질을 사용해야 한다.

솔더링용 플럭스는 약간의 부식성이 있는 것과 부식성이 없는 것이 있으나, 동관이음에는 약간의 부식성을 가진 염화아연($ZnCl_2$)과 염화암모늄(NH_4Cl)이 주성분인 플럭스를 사용한다. 따라서 작업 후에는 관 내외부에 남아 있는 플럭스는 잘 닦아내어야 한다.

브레이징용 플럭스는 작업 시 산화물 생성의 억제와 용융된 용접재의 확산을 돕는다. 따라서 용접재가 이음부 틈새로 잘 침투해 들어간다. 상품화된 것으로는 분말과 페이스트 및 액체형이 있으나 페이스트를 주로 사용한다. 주성분은 붕산이나 붕산염 또는 불화물과 침윤제(wetting agents)이다.

4 솔더링

(1) 브레이징과 솔더링의 차이

솔더링이 브레이징과 다른 점은 450°C 이하에서 용융되는 용접재를 사용하는 것일뿐 모세관 작용을 이용하는 것이나, 작업 절차, 방법은 동일하다. 실제로는 250°C 전후에서 작업이 이루어진다. 솔더링용 용접재를 솔더메탈(solder metals)이라고 하며, 모재인 동관의 용융온보다 훨씬 낮은 온도에서 용융되므로 모재와 융합되지 않는다.

동관 이음 전용이던 솔더링은 현재는 스테인리스강관 등의 이음에도 적용된다. 솔더링 전용의 스테인리스강관 이음쇠에 관을 삽입하고 용접재를 용융시켜 이음하는 것이다. 이 방법을 적용할 때 용접재는 주석 함량이 높은 것이어야 하며 적정한 플럭스를 사용한다.

솔더링에 사용하는 용접기는 전기 가열기를 비롯하여 여러 종류가 있으므로 관지름에 따라 적정한 장비를 사용하여야 작업을 효율적으로 수행할 수 있을 뿐만 아니라 정밀작업이 이루어질 수 있다.

(2) 솔더링 이음부의 강도

그림 8은 커플링을 사용하여 동관과 동관을 이음하는 대표적인 예를 보여주는 것이다. 동관 이음쇠는 용접재가 용융되어 잘 침투되고 확산되어 가장 강한 이음강도를 낼 수 있는 틈새를 갖도록 제조된 것이다.

완전한 솔더링을 위해서는 이음 부위의 틈새가 적을수록 용접재가 잘 침투되어 이음 강도가 높아진다. 그러므로 솔더링 전 접촉면을 닦고 후럭스를 칠하여 조립한 후 적절하게 가열한 다음 용접재를 용융시켜야 한다. 작업 후 잔량의 후럭스는 냉각되기 전에 닦아낸다.

그림 9는 DN 20, K형 동관을 솔더링한 것으로 (a)는 작업이 정상적이지 못하여 이음부의 1/3 정도에만 솔더가 침투한 경우이고, (b)는 정상으로 이음된 것이다. 두 시편을 대상으로, 커플링에서 동관을 다시 빼내기 위하여 가해진 힘은 955 kg과 3 175 kg 이었다. 이와 같은 시험 결과는 동관을 솔더링했을 때 이음부 길이의 1/3 이상으로만 솔더가 침투되면 배관유지에 필요한 강도는 유지된다는 것을 보여주는 예이다. 동관 이음부의 사용압력 등급은 **제4장(표 12)**을 참조하기 바란다.

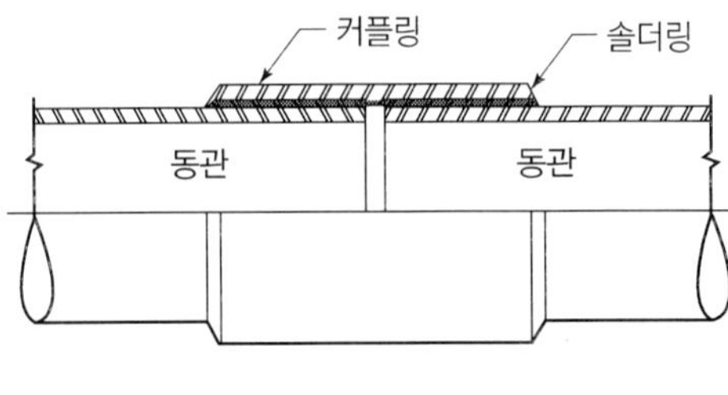

그림 8 동관의 솔더링 이음

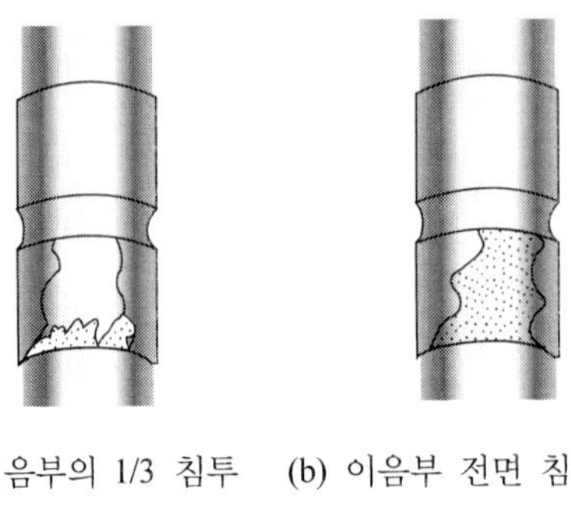

(a) 이음부의 1/3 침투 (b) 이음부 전면 침투

그림 9 용접재 침투 길이

(3) 솔더메탈

솔더메탈은 **표 30**과 같이, 소재에 따라 주석-납 합금, 주석-안티몬 합금, 은-납 합금 및 과거 연납(軟鑞, soft solder)으로 불리던 것 등을 합쳐 10개 그룹의 54종으로 구분

표 30 솔더메탈의 화학성분과 용융 온도

구분	ASTM 합금 등급	화학성분, %					고상선 온도, °C	액상선 온도, °C
		Sn	Pb	Antimony		Ag		
				최소	최대			
주석-납 합금	70A	70	30	−	0.12	−	183	192
	63A	63	37	−	0.12	−	183	183
	60A	60	40	−	0.12	−	183	190
	50A	50	50	−	0.12	−	183	216
	45A	45	55	−	0.12	−	183	227
	40A	40	60	−	0.12	−	183	238
	40C	40	58	1.8	2.4	−	185	231
	35A	35	65	−	0.25	−	183	247
	35C	35	63.2	1.6	2.0	−	185	234
	30A	30	70	−	0.25	−	183	255
	30C	30	68.4	1.4	1.8	−	185	250
	25A	25	75	−	0.25	−	183	266
	25C	25	73.7	1.1	1.5	−	184	263
	20B	20	80	0.20	0.50	−	183	277
	20C	20	79	0.80	1.20	−	184	270
	15B	15	85	0.20	0.50	−	227	288
	10B	10	90	0.20	0.50	−	268	299
	5A	5	95	−	0.12	−	270	312
주석-안티몬 합금	95TA	95	−	−	5		233	240
주석-은 합금	96.5TS	96.5	−	−	−	3.5	221	221
주석-아연 합금		Sn	Zn					
		91	9				199	199
		80	20				199	270
		70	30				199	311
		60	40				199	341
		30	70				199	376
납-은 합금		Pb	Ag	Sn				
	Ag 2.5	97.5	2.5	−			304	304
	Ag 5.5	94.5	5.5	−			304	365
	Ag 1.5	97.5	1.5	1.0			309	309
카드늄-은 합금		Cd	Ag					
		95	5				338	393
카드늄-아연 합금		Cd	Zn					
		82.5	17.5				265	265
		40	60				265	335
		10	90				265	399
아연-알루미늄합금		Zn	Al					
		95	5				382	382

주 주석-납합금은 일부 등급만 표기된 것이다.

자료 참고문헌 47, 45, 46

된다. 솔더메탈은 주석의 함량을 기준으로 분류되지만 몇 가지는 안티몬이나 은의 함량을 기준으로 하기도 한다.

동관 이음용 솔더메탈 성분 중에서는 주석이 가장 중요한 요소이다. 주석과 동이 쉽게 반응하여 고용체(固溶體, solid solution)를 형성하여 강한 접착력을 가지기 때문이다. 그러나 주석이 동에 고용되는 정도에는 한계가 있고, 그 한계를 넘으면 동과 주석의 접촉 면에 얇은 주석동(Cu_6Sn_5)의 화합물 층이 생성된다. 이 화합물이 120°C 이상에서 장시간 방치되면 성장하여 취성을 나타낸다. 동관에 사용되는 최소한의 솔더는 50A로 Sn과 Pb가 각각 50%이며, 용융점이 낮아 작업이 용이하고 가격도 저렴하다. 그러나 강도가 비교적 약하여 사용온도와 압력이 낮은 부분에만 사용할 수 있다. 온도와 압력이 더 높고 이음강도가 요구되는 경우에는 Sb5나 Ag5.5를 사용 하는 것이 안전하다.

4 관의 재질별 고유 이음방법

4.1 주철관 고유의 이음

1 주철관 이음의 특수성

(1) 비 전통적인 이음방법

앞에서 다룬 나사식, 플랜지식과 용접은 관의 이음에 대한 전통적인 방법으로서의 금속과 비금속, 철과 비철 등의 구분없이 모든 배관 재료에 적용되는 것이다. 예외적으로 재질에 따라서는 적용할 수 없는 방법도 있을 수 있다.

이 절에서는 앞에서 다룬 전통적인 방법에 속하지 않는 배관재 별로 고유한 이음 방법과 특수한 아이디어를 상품화시켜서 독점권을 가진 이음방식을 다룬다. 그들 중에는 이미 독점기간이 종료되어 일반화된 방식도 있지만, 특성상 이들 모두를 포함한다.

(2) 주철관 이음 방법의 다양성

주철관은 용접이 어렵고, 나사를 가공하거나 절단하기도 어렵다. 그러므로 주철관 그대로의 상태로 적용할 수 있는 소켓 이음이나 플랜지 이음과 같은 기계적 이음이 사용되는 것이다.

주철관은 건축물이나 시설에서의 오배수 등의 위생배관 용으로도 사용되지만, 이 보다는 상수도처럼 장거리의 파이프라인에 매설형태로 사용되므로 그에 맞는 요구조건이 따르게 된다. 강도는 일반적인 조건이므로 제외로 하고 ①작업이 쉬워야 한다. ②이음부가 이완되지 않아야 한다. ③다양한 지형 조건에 맞춰 변위에 대한 허용 범위가 커야 한다는 등이다.

그래서 주철관은 다른 배관재에 비하여 여러 가지 특수한 이음 방법이 개발되어 사용되는 것이다. 이러한 특수한 이음 방법은 제조자 별로 보유한 특허이기도 하다. 그래서 고유 명칭이 사용되기도 한다. 그러므로 주철관 사용에 있어서 이음 방법을 명시하는 것은 곧 제품(제조사)를 지정하는 결과가 된다. 이 장에서는 대표적인 주철관 이음 방식만 다루므로 소개되지 않은 특수 방법은 제조자의 자료를 참고하기 바란다.

2 벨과 스피곳 조인트(bell-and-spigot joint)[26]

현장에서는 리드 조인트로 부른다. 가장 오래된 주철관 이음의 기초적인 방식으로 매설되는 주철관에 주로 사용된다. 한쪽은 벨(bell)[27]이 있고 다른 쪽은 주철관(spigot) 그대로의 형태를 가진 것이다.

이음 작업은, 벨에 주철관(spigot)을 끼우고 틈에 충전재(oakum 또는 yarn)를 채운 후 용융납을 부어 넣어 밀봉하는 것이다. 납이 관의 온도까지 냉각된 후 코킹 재료로 완전히 압축되고 수밀이 유지될 때까지 공압 또는 수공구를 사용하여 조인트를 코킹해야 한다. 납 대신 컴파운드나 시멘트가 사용되기도 한다. 납과 오쿰은 위생 배관에서는 일반적으로 사용되는 밀봉재이다. 이 방식은 덕타일 주철관에는 사용되지 않는다.

이형태의 주철관은 표준화되어 있으며, **표 31**과 같이 NPS 3~24 범위이고 조립된 형태는 **그림 10**과 같다.

26. 참고문헌 48

27. 다른 재질의 관과 관이음쇠에 사용되는 소켓(socket)이나 허브(hub)와 같은 의미이다. 종구(鐘口, bell mouse)라고도 불렸다.

표 31 벨-스피곳

NPS	클래스	소켓 깊이, in	두께 표시 기호	관의 두께, in
3~24	50, 100, 150, 200, 250, 300, 350	3.30, 3.88, 4.38, 4.50,	21, 22, 23, 24, 25, 26	0.32, 0.35, 0.38, 0.41, 0.44, 0.48, 0.52, 0.56, 0.59, 0.63, 0.64, 0.68, 0.73, 0.78, 0.79, 0.84, 0.85, 0.92

주 금속주형을 사용하여 원심 주조된 주철관 기준이며, 공칭길이는 18 ft(5.5 m)이다.

자료 참고문헌 48에 의거 요약함

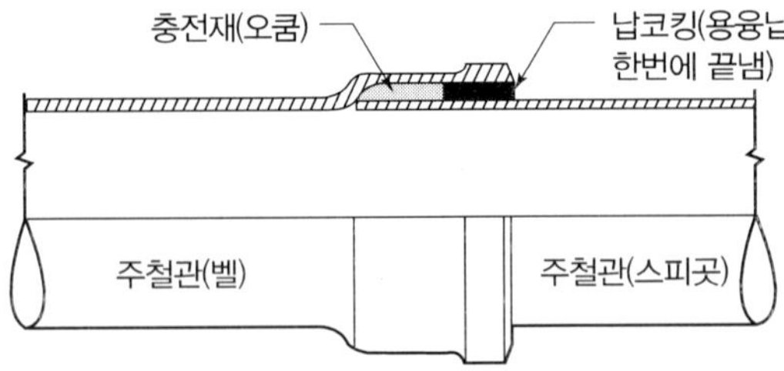

그림 10 벨-스피곳 조인트

③ 타이튼 조인트(tyton joint)

타이튼 조인트는 독점권을 가졌던 이음방식으로, **그림 11**과 같이 긴 홈이 있는 개스킷이 벨 내부로 들어가도록 설계되었다. 벨의 내부형상은 전구를 수정한 것 같은 모양이며, 굴곡 부분은 개스킷의 홈에 맞게 되어있어 개스킷이 충분히 안착된다.

파이프(spigot)에 약간의 테이퍼가 있어서 조립이 용이하며, 벨에 스피곳을 삽입하면 이음이 완성되는 아주 간단한 방법이다. 표준 크기는 NPS 3~24 범위이고, 공칭길이는 18 ft(5.5 m) 이다. 조인트 최대 편심 각도는 NPS 12까지는 5°, NPS 14~16은 4°도, NPS

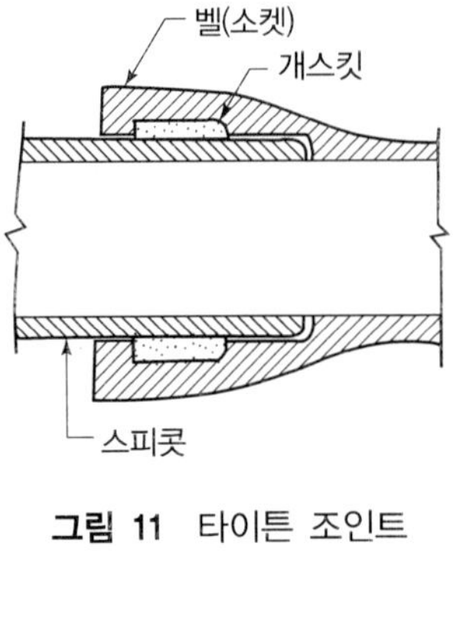

그림 11 타이튼 조인트

18~24는 3°이다. 벨이 있는 주철관, 벨과 스피곳 이음쇠는 타이튼 조인트 파이프에 함께 사용할 수 있다.

4 볼-소켓 조인트(ball-and-socket joints)

강 횡단, 해저 배관 또는 큰 유연성이 필요한 장소에 배관하는 경우, 덕타일 주철관은 **그림** 12와 같은 메카니칼 글랜드 유형의 볼-소켓 조인트가 사용된다.

작업방법은 매우 간단하여, 벨에 개스킷을 삽입하고 그 안으로 볼쪽 관을 밀어 넣고 제 위치를 맞춘 다음 리테이너를 채우면 끝난다. 볼트를 전혀 사용하지 않기 때문에 볼트레스 조인트라고 한다. 벨이나 볼은 주조 시 관과 일체형으로 주조되는 것이 일반적이나 대구경일 경우에는 벨이나 볼을 별도로 제조하여 관에 조립하여 사용하는 경우도 있으므로, 사용 시에는 제조자에 문의하는 것이 좋다.

공급 범위는 NPS 6~30이다. 길이방향 수축이 가능하며 조인트의 이탈 방지가 확실한 것이 특징이다. 누설없이 15°의 편심이 허용된다.

이 유형의 주철관은 무겁기 때문에 수중에 가라 앉일 수 있어서 강을 횡단하기 위한 클램프나 가대 장치가 없어도 된다. 또한 조인트가 분리되지 못하도록 견고하게 고정되어 있어서 주철관에 케이블을 묶어 강을 가로질러 당길 수도 있다. 다이버 활용 없이도 바지선, 교량 또는 부양선을 이용하여 직접 배관할 수도 있다.

이 조인트는 상당한 압력의 물, 하수, 공기, 가스, 오일 및 기타 유체 수송 용도로 적합하다. 또한 벨과 스피곳 주철관이나 메카니칼(그랜드형) 조인트형 주철관이나 관이음쇠와도 호환될 수 있다. 다만 벨에 삽입하기 전에 일부 형태에서는 스피곳 끝에 있는 일체형 볼을 잘라내야 할 수도 있다.

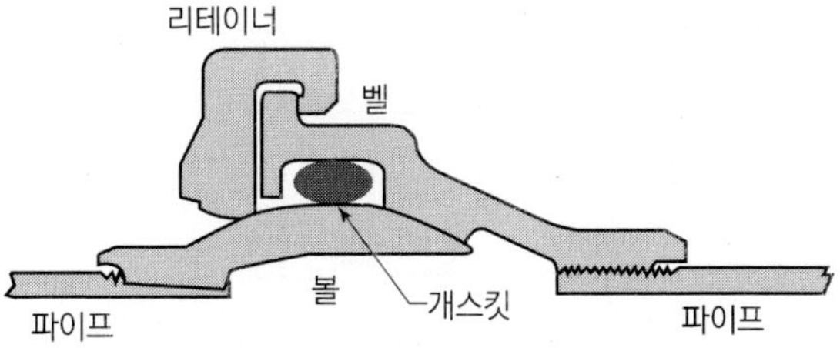

그림 12 볼과 소켓 조인트

5 그 외 주철관 전용의 특수 조인트

이외에도 ①기계 가공된 테이퍼 시트를 사용하여 코킹 하거나 압축 개스킷 사용이 불필요한 유니버설 파이프 조이트(universal pipe joints), ②주철관 뿐만 아니라 강관에도 사용되는 압축 슬리브 커플링(compression-sleeve coupling) 등 여러 가지 방법들이 있다. 이러한 특수 이음방식을 적용할 경우는 제조자의 자료를 참고하여야 한다.

4.2 여러 배관재에 공통으로 적용되는 이음

1 메카니칼(그랜드형) 조인트(mechanical(gland-type) joint)[28]

소켓이음과 플랜지이음의 장점을 취한 방법이다. 주철관용은 벨과 스피곳 조인트 주철관에 대한 치수를 수정하거나 변형시켜 만든 것으로, NPS 2~48로 표준화되어 있다. 공칭길이는 관의 경우 18 ft(5.5 m)이다.

이 조인트는 벨과 스피곳 조인트의 납과 충전재를 사용하던 방식을 스터핑박스로 대체한 것이다. 즉 밸브에서의 스타핑박스와 같이 그 내부에 패킹과 그랜드(壓輪)가 들어간다.

일반적으로 저압 및 중압의 가스 배관, 특히 LNG 또는 건식 제조가스 수송배관, 상수도관, 하수도관 및 공정배관으로도 사용된다.

작업 과정은 먼저 스피곳에 그랜드와 고무링(또는 패킹링)을 순서적으로 끼운 다음 이를 벨에 삽입하고 벨의 플랜지와 그랜드의 플랜지를 볼트조임함으로써 **그림** 13과

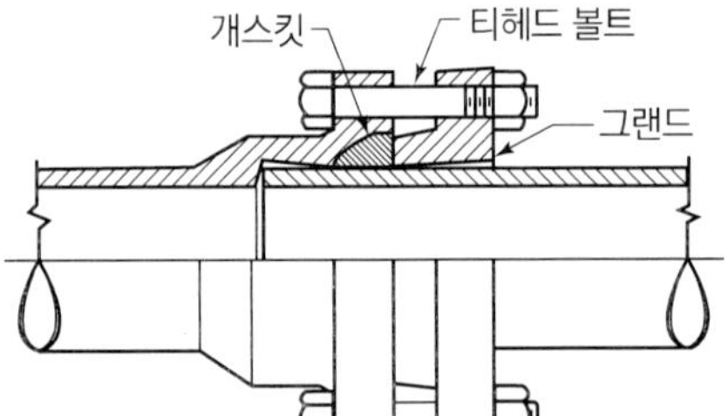

그림 13 메카니탈 조인트

28. 참고문헌 49

같이 이음이 완성된다. 상당한 압력이 상용하는 상태에서도 기밀성이 좋고 안정성이 높은 강한 조인트가 되는 것 외에도, 길이방향의 팽창 또는 수축을 흡수하며 비교적 큰 3.5~7°의 변위가 허용되며, 수중작업이 가능하다는 등의 장점이 있다.

이 방식은 PVC, CPVC 배관에도 응용되고 있으며, 최근에는 강관에도 원리가 적용되고 있으나 형상은 완전히 다르다.

2 분할식 링 커플링(grooved segmented-ring coupling)

주철관에 주로 사용되던 것이나, 현재는 강관에도 적용되고 있다. 현장에서는 통상 구르브 조인트(grooved joint)라고 하거니 독점권을 가졌던 브랜드명을 사용하기도 한다.

이 방법을 적용하기 위해서는 주철관이나 강관의 끝부분에 구루빙 즉 홈을 가공해야 한다. 이음부로부터 관의 이탈을 방지하기 위해 커플링이 파이프를 잡을 수 있도록 하는 것이다. 홈이 가공된 관을 맞대고 관지름에 맞는 분할식 링 커플링을 맞추고 볼트조임 하면 **그림 14**와 같이 이음이 완성된다.

작은 지름용 커플링은 최소 두 쪽, 큰 지름용은 여러 쪽으로 나누어진다. 관 끝에 그루브가 가공된 관이음쇠는 커플링과 함께 사용할 수 있다. 개스킷은 커플링의 구성 부품으로 내부에 들어 있으며, 이 개스킷 재질을 적절히 선택하면 조인트는 거의 모든 유체 또는 가스와 함께 지상은 물론 지하매설용으로 사용할 수 있다.

이러한 유형 이음은 ①작은 각도의 반지름방향 변위와 축 방향의 변위를 흡수 할 수 있고, ②배관내 압력으로 개스킷 밀봉력을 높여준다. ③자주 계통을 분해해야 할 필요가 있는 시스템에서 빠른 해체와 조립 등의 장점이 있다.

커플링은 파이프 끝의 홈이 필요 없는 형태로도 제공된다. 이 형식은 결합된 파이프 끝을 잡는 강화된 강철 인서트를 사용함으로써 조인트 분리가 방지되는 구조를 가진다.

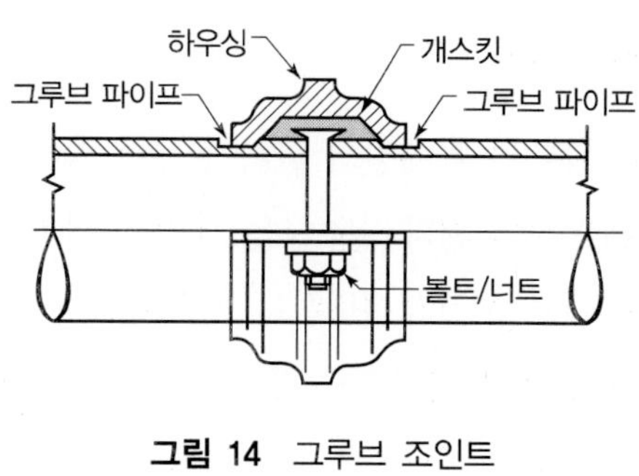

그림 14 그루브 조인트

③ 압축 커플링(compression couplings)

압축 커플링은 소켓이음을 개량한 것으로, 쉽게 분해될 수 있는 강성 비압력식 조인트이다. 노허브 조인트라고도 부른다.

허브(소켓, 벨)가 없는 직선의 주철관 이음에 사용되도록 개발된 것인데. 금속관의 보수유지 용으로도 응용되었다. 현재는 강관, 스테인리스강관, 동관 등 금속관은 물론 PVC나 CPVC 배관에도 사용된다. 강관의 표준 치수에 맞도록 제조되는 모든 파이프에는 특별한 치수 변경없이 사용할 수 있다.

압축 커플링의 구조는 **그림 15**와 같이 ①내부에 들어가는 탄성중합체 개스킷, ②외부 덥개인 금속 슬리브와 ③개스킷을 조이고 압축하는 데 사용되는 일체형 크램프로 구성된다.

금속재료는 보통 스테인리스강이 사용된다.

이 조인트는 조립이 용이하고 강도가 높기 때문에 소구경의 지상 배관용에 적용되며 작업은 간편하지만 다른 방법에 비하여 안전성이 염려된다. 지하 매설용으로는 파이프 주변의 토양이나 습기에 의한 부식 때문에 수명이 짧아 권장되지 않는다.

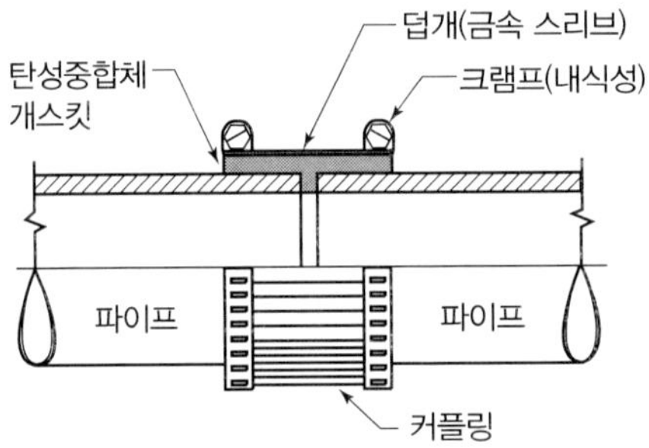

그림 15 노허브 조인트

④ 플래어 이음(flared joints)

연강, 동 및 알루미늄과 같은 연한 재질의 금속 튜브에 사용되는 단단한 압력형 조인트이지만 다른 재질의 관에도 사용된다. 관 끝을 벌려 나팔처럼 가공하여 사용하므로 나팔관 이음이라고도 한다. 튜브를 플래어링하는 데 사용되는 공구는 튜브를 잡아주는 다이와 튜브의 끝에 들어가서 냉간 가공으로 플래어를 형성하는 맨드릴로 구성된다. 가장 일반적인 플래어 관이음쇠 표준은 NPS 2 이하의 소구경용으로 45°와 37°이며, 냉동 및 공조 산업에 사용되는 것은 일반적으로 45°이고 유압 호스용으로는 37.5°가 사용한다.

작업과정은 ①플래어 어댑터를 분해하여 너트를 파이프에 끼운다. ②너트가 끼워진 파이프의 끝을 공구의 맨드릴로 어댑터 접촉면 각도로 벌려준다. ③어댑터를 관 끝에 맞추고 너트를 채우면 누설방지 씰을 형성하는 이음이 이루어진다. **그림 16**은 동관의 플래어 이음한 예를 보여주는 것이다.

플래어 이음은 열을 사용할 수 없는 장소나, 계통을 자주 분해해야 하는 곳은 물론이고 특히 높은 수준의 장기 신뢰성을 제공하기 때문에 종종 시스템의 중요한 부분[29]이면서 접근이 어려운 위치에 사용된다. 프로판, LPG 또는 LNG에 사용되는 동관은 45° 플래어 유형의 황동제 관이음쇠를 사용한다. 플래어 관이음쇠는 NPS 3/4~2로 표준화[30] 되어있다.

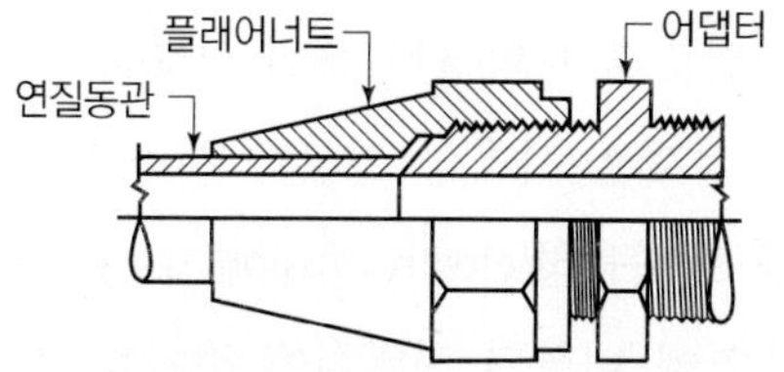

그림 16 플래어 이음

4.3 열가소성 플라스틱 배관에 적용되는 특수이음

1 PE관의 고유 이음

(1) PE관 이음의 특성

PE 플라스틱은 용재를 이용한 접착(솔벤트 시멘트이음)이 될 수 없기 때문에, 메카니컬식이나 열융착식 이음방법이 적용된다. 관종 별로 대표적인 이음방법은 다음과 같다.

(2) 수도용 PE 이층관의 이음

수도용 PE 이층관은, 주로 기계식 관이음쇠로 이음되고, 메카니컬식 관이음쇠의 구

---

29. mission-critical

30. ASME B16.26 Flaring adapters

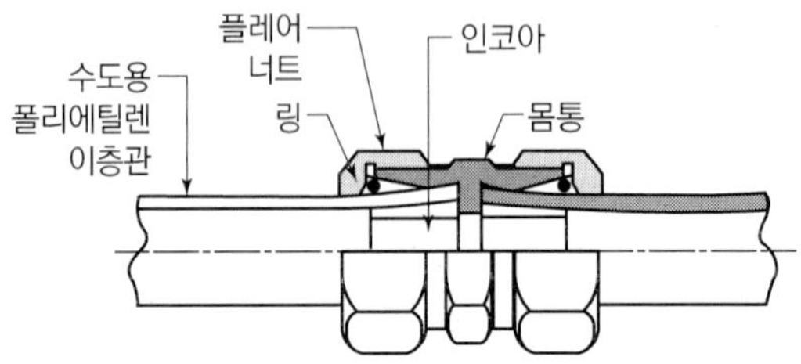

그림 17 수도용 PE 2층관용 메카니컬이음쇠

조는 다양하나, **그림 17**에서와 같이 테이퍼진 인코아를 사용하여 플래어 너트로 링을 죔으로 밀봉과 빠짐을 방지하는 구조이다.

(3) 가스용 PE관의 이음

가스용 PE관은 히터의 열로 튜브와 관이음쇠 상호의 수지를 용융하여 이음하는 열융착 이음을 사용하였지만, 현재는 시공성 향상과 시공품질의 안정화를 위해, 히터를 사용하지 않고 융착 가능한 전기융착(electro fusion, EF)식 관이음쇠를 사용한다.

이 관이음쇠는 소켓 내면에 내장된 전열선에 전기를 통하게 하여, 관 외면과 관이음쇠 내면 모두를 함께 용융시켜 융착시키는 공법이다.

(4) 상수도 배관용 PE관의 이음

수도 배관용 PE관의 이음에도 전기융착식 관이음쇠를 사용한다. 시공성 향상 및 품질의 안정화가 그 목적이다. 또한 메카니컬 관이음쇠를 사용하여 이종관이나 PE관과 기기와의 이음도 가능하다. **그림 18**은 상수도 배관용 PE관 이음쇠로 규격화되어 있는 메카니컬 관이음쇠를 사용하여 이종관을 이음한 예를 보여주는 것이다.

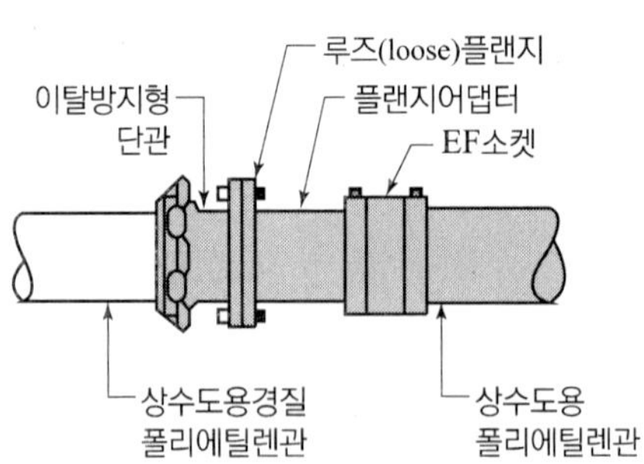

그림 18 수도용 PE관과 이종관의 이음예

(5) 건축배관용 PE관의 이음

건축배관용 PE관의 이음은 상수도 배관용 폴리에칠렌관과 동일하며, EF 관이음쇠가 사용된다. 또한 기기와의 이음은 나사 이음이 많다.

(6) 가교 PE관의 이음

관이음쇠의 규격은 수도용 가교 PE관 이음쇠와 가교 PE관 이음쇠의 2종류가 있다. 각각의 규격은 두 종류의 관(M종 단층관과 E종 이층관)에 적용할 수 있는 기계식과 전기용착식의 이음방식을 규정한다. 그러나 관이음쇠는 제조회사 별로 구조와 형상 및 치수가 다르다. 즉 이음의 방식을 정하면 한 제조사의 제품이 지정되는 것이므로 선택과 사용에 유의한다.

M종의 관이음쇠는 단층관에 사용되는 이음방법으로 관이음쇠에 삽입이나 너트, 밴드 또는 슬리브 등으로 조여서 체결하거나 관에 삽입된 O-링에 의해서 수밀성을 확보하는 것이다. E종의 관이음쇠는 복층관에 사용되는 이음방법으로, 관이음쇠 자체에 전열선 등의 발열체가 들어있어서 융착 이음이 가능한 삽입식 관이음쇠이다. 가교PE 간의 융착이 어렵기 때문에, 관 외층과 관이음쇠 내층은 융착이 쉬운 비 가교 PE을 사용하는 점이 구조적인 특징이다

(7) 금속강화 PE관의 이음

금속강화 포리에틸렌관은, 전용의 메케니컬식 관이음쇠로 이음한다. 스테인리스강재 압축링을 가진 관이음쇠에 관을 삽입한 후 전용 공구로 압축링을 압축하여 체결하며 인코아 부분을 압축하여 지름을 축소시켜 관의 빠짐과 수밀성을 확보하는 구조이다. 그 외의 관이음쇠는 관을 삽입하는 것만으로 관 외면의 빠짐 방지링과 관 내면의 패킹으로 관 빠짐과 수밀성을 확보하는 구조다. 어떤 관이음쇠도 이음 후에는 이음부를 눈으로 보고 확인할 수 있는 구조로 되어 있다.

2 PB 관의 고유 관이음쇠

(1) PB 관이음쇠의 종류

PB 관이음쇠는 열가소성수지의 특징을 이용하여 M종의 관이음쇠(메카니컬식 관이음

쇠), E종의 관이음쇠(전기 융착식 관이음쇠), H종의 관이음쇠(열융착식 관이음쇠)의 세 종류가 규정 되어있다. 또한, E종의 관이음쇠에는 A형(정전류 방식)과 B형(정전압 방식)의 2종류가 있다. 따라서 각각의 특징과 용도에 따라 선정하여 사용한다.

(2) M종의 관이음쇠(메카니컬 조인트)

관이음쇠에 관을 삽입하고 너트, 밴드, 슬리브 등을 조여 O-링으로 수밀성을 확보하는 이음방법이다.

(3) E종의 관이음쇠(전기 융착식 관이음쇠)

관이음쇠 자체에 전열선 등의 발열체가 들어있는 융착이 가능한 관이음쇠로 전기를 통할 때 그 전열선을 발열시켜, 일체화하는 이음방식이다.

(4) H종의 관이음쇠(열융착식 관이음쇠)

PE수지로 형성된 관과 관이음쇠를 히터를 이용해 가열 용융시켜 삽입하여 일체화 시키는 이음방식이다.

참고문헌

1. ASME B1.20.1 Pipe Thread-General Purpose
2. ASME B1.20.3 Dryseal Pipe Threads(Inch)
3. ASME B16.1 Gray Iron Pipe Flanges and Flanged Fittings Classes 25, 125, and 250
4. ASME B16.42 Ductile Iron Pipe Flanges and Flanged Fittings Classes 150 and 300
5. ASTM A126 Gray Iron Castings for Valves, Flanges, and Pipe Fittings
6. ASTM A395 Ferritic Ductile Iron Pressure-Retaining Castings for Use at Elevated Temperatures
7. ASTM A105 Carbon Steel Forgings for Piping Applications
8. ASTM A182 Forged or Rolled Alloy and Stainless Steel Pipe Flanges, Forged Fittings, and Valves and Parts for High-Temperature Service
9. ASME B16.5 Pipe flange and flanged fittings
10. ASME B16.47 Large Diameter Steel Flanges
11. ASME B16.36 Orifice Flanges
12. ASME B16.20 Metallic Gaskets for Pipe Flanges
13. ASME B16.21 Nonmetallic Flat Gaskets for Pipe Flanges
14. Mohinder L. Nayyar, Piping Handbook 7th. McGraw-Hill
15. ASME B18.2.1 Square, Hex, Heavy Hex, and Askew Head and Hex, Heavy Hex, Hex Flange, Lobed Head, and Lag Screws (Inch Series)
16. ASME B18.2.3.5M Metric Hex Bolts
17. ASME B18.2.3.6M Metric Heavy Hex Bolts
18. ASME B18.2.3.7M Metric Heavy Hex Structural Bolts
19. ASTM A307 Carbon Steel Bolts, Studs, and Threaded Rod 60 000 PSI Tensile Strength
20. ASTM F593 Stainless Steel Bolts, Hex Cap Screws, and Studs
21. ASTM F468 Nonferrous Bolts, Hex Cap Screws, Socket Head Cap Screws, and Studs for General Use
22. ASE J1199 Mechanical and Material Requirements for Metric Externally Threaded

Steel Fasteners
23. ASTM F568 Carbon and Alloy Steel Externally Threaded Metric Fasteners
24. ASME B1.1 Unified Inch Screw Threads
25. ASME B18.2.2 Nuts for General Applications: Machine Screw Nuts, Hex, Square, Hex Flange, and Coupling Nuts(Inch Series)
26. ASME B18.2.4.1M Metric Hex Nuts, Style 1
27. ASME B18.2.4.2M Metric Hex Nuts, Style 2
28. ASTM A563 Carbon and Alloy Steel Nuts
29. SAE J995 Mechanical and Material Requirements for Steel Nuts
30. ASTM F594 Stainless Steel nuts
31. ASTM A533/A533M Pressure Vessel Plates, Alloy Steel, Quenched and Tempered, Manganese-Molybdenum and Manganese-Molybdenum-Nickel
32. ASTM F836M Style 1 Stainless Steel Metric Nuts (Metric)
33. ASTM F467M Nonferrous Nuts for General Use
34. ASME B18.22.1 Plain Washers
35. ASTM F436/436M Hardened Steel Washers Inch and Metric Dimensions
36. ASTM F844 Washers, Steel, Plain(Flat), Unhardened for General Use
37. AWS A5.1/A5.1M Carbon Steel Electrodes for Shielded Metal Arc Welding
38. ASME B16.25 Buttwelding Ends
39. ASME B16.9 Factory-Made Wrought Buttwelding Fittings
40. ASME B16.34 Valves, Flanged, Threaded and Welding End
41. BPVC S-I 및 Ⅲ
42. ASME B31.1 power Piping
43. AWS A5.8M/A5.8 Filler Metals for Brazing and Braze Welding
44. CDA. Copper Tube Handbook-2019
45. 金永浩. 銅管의 標準設計와 施工. 1984
46. 金永浩. 銅管 銅管이음쇠. 1990
47. ASTM A32-2014. Solder Metals
48. ANSI/AWWA C106/A21.6 Cast Iron Pipe Centrifugally Cast in Metal Molds For Water or Other Liquids
49. NPFC WW-P-421 Pipe, Cast Gray and Ductile Iron, Pressure(For Water and other Liquids)
49. ANSI/AWWA C111/A21.11 Mechanical(Gland-Type) Joints
50. ASME B16.26 Cast Copper Alloy Fittings for Flared Copper Tubes

9장 관의 신축과 지지

1 배관에 작용하는 응력

1.1 응력계산

1 반지름방향 응력

(1) 응력 발생영역

배관계통에서 응력이 발생하는 기본적인 영역은 ①내부 압력에 의하여 발생하는 응력, ②압력과 관의 자중에 의하여 발생하는 종 방향 응력, ③팽창과 수축에 의해 발생하는 응력이다. 통상적으로 배관 재료의 응력계산에 사용하기 위한 허용응력 S는 재료의 최소 인장강도의 1/4을 취한다. 그러나 이 장에서는 표준에서 정한 허용응력 값을 그대로 적용하지 않는다. 더 작게 잡아야 할 경우가 많기 때문이다.

(2) 반지름방향 응력

반지름방향 응력(hoop stress)은 내부에 작용하는 압력에 의하여 발생되며, 배관에서는 가장 중요시하는 응력이다. 용접으로 관을 제조하면 이음매가 있게 되고, 이음 부분의 강도는 모재보다는 약해질 수 있다. 그래서 관에서는 이음효율 E를 규정하고, 최대 허용응력 S_E는 재료의 기본 허용응력에 E를 곱한 값이 적용된다[1]. 그러므로 이음매없는 관의 이음효율은 1이고 최대 허용응력은 재료의 인장강도 1/4를 그대로 사용하지만, 맞대기 용접관의 이음효율은 0.60 이므로 최대 허용응력은 감소되어야 한다($S_E = 0.60S$)

식(1)은 주어진 압력에 대하여 사용할 수 있는 최소 관 두께를 나타내며, 식(2)는 주어진 관두께에 대하여 사용할 수 있는 최대 압력을 결정하는 식이다. 두 식 모두 바로 우식(**제1장** 식(1)과 (2)참조)을 기본으로 한다.

$$t_m = \frac{pD}{2S_E} + A \tag{1}$$

$$p = \frac{2S_E(t_m - A)}{D} \tag{2}$$

식에서,

t_m : 최소 관두께, mm

S_E : 최대 허용응력, kPa

D : 바깥지름, mm

A : 제조 허용오차와 나사가공, 홈가공 및 부식을 고려한 여유두께, mm

p : 내부압력, kPa

이다.

두 식에서 제조 시의 공차나 나사절삭, 홈가공 과정에서 없어진 재료와 부식 등 모두를 감안한 것이 A이고 이것이 여유 두께이다.

현장에서 실제로 사용되는, 코드(ASME B36.10)에 의한 강관은 제조 허용공차 12.5%와 부식여유 0.64 mm(DN 50 이하) 또는 1.65 mm(DN 65 이상)가 적용된 두께로 표준화되어 있다. 그러므로 부식의 정도가 더 심하거나 반대로 작은 것으로 알려진 경우에 사용 가능한 압력은 식(2)를 사용하여 다시 계산해 볼 수 있다. 배관재료별 그룹별 상용압력에 대해서는 **제4장**을 참조하기 바란다.

주 1 참고문헌 1에서 사용되는 배관재료의 S_E 값이 이렇게 만들어진 것이다.

② 길이방향 응력

길이방향 응력(longitudinal stress)은 압력과 관의 중량 및 기타 지속적으로 작용하는 힘에 의해 증가가 불가피하다. 그러므로 모든 응력의 합은 시스템에 가해질 최고 사용온도에서도 기본 허용응력 S를 초과하지 않도록 해야 한다.

압력에 의해 발생되는 길이방향 응력은 내압에 의하여 발생하는 반지름방향 응력의 1/2이다. 이는 재료의 기본적인 허용응력의 1/2은 관의 중량과 지속적으로 작용하는 힘에 대응하여 발생한다는 의미이다.

이러한 응력을 고려하여 수평 배관에 대한 지지간격이 결정된다(**표 5** 참조). 응력은 팽창과 수축으로 인하여 주기적으로 발생하며, 크리프 현상은 약간의 응력완화를 허용하기 때문에, 코드(ASME B31)에서는 식(3)을 사용하여 설계 시의 허용응력 범위 S_A를 구하도록 하고 있다.

$$S_A = 1.25S_c + 0.25S_h \tag{3}$$

식에서

S_A : 허용응력 범위, kPa

S_c : 가장 차가운 온도에서의 냉간 허용응력, kPa

S_h : 시스템에서 가장 높은 온도에서 허용되는 고온 허용응력, kPa

이다.

1.2 배관의 신축

① 신축량

(1) 신축의 허용

모든 배관작업은 주변 온도에서 이루어 지지만, 실제의 배관은 더 높거나 낮은 온도에서 작동하게 된다. 물이나 증기와 같은 뜨거운 유체 배관은 더 높은 온도에서 작동하는 대표적인 예이다. 주변 온도에서 작동 온도로 상승함에 따라 배관의 길이는 늘어나게 되고, 이로 인해 관과 관의 이음부나 분기점과 같은 배관계통의 특정 영역에는 응력이 발생하여 극단적으로는 파손이 발생할 수 있다.

그러므로 배관계통은 온도변화에 따른 신축(伸縮, expansion and contraction)이 허용되도록 구성되어야 한다.

(2) 계산식

배관에서 급탕이나 난방과 같이 냉수를 어떤 온도까지 가열하는 과정에서는 반드시 신축을 고려해야 한다. 온도변화를 수반하는 배관계통에서의 신축량은 식(4)로 계산한다. 그리고 이 신축량을 흡수해 줄 수 있는 신축이음(expansion joint, 이후 익스펜션조인트로 한다)을 사용하여 배관계통을 안전하게 유지하여야 한다.

$$\Delta L = \alpha \times L \times \Delta t \tag{4}$$

식에서,

ΔL : 신축량, m

α : 열팽창계수, m/(m℃) (**부록 2 참조**)

Δt : 최초 온도와 최종 온도와의 차($t_2 - t_1$)°C

이다.

예제 1

탄소 강관을 사용하는 고온수 배관 30 m에서의 팽창량을 계산한다. 다만 내부 유체 온도는 160°C. 강관은 Sch80의 DN 100이며, 설치될 때의 주변 온도는 20°C로 한다.

해답 (1) 계산으로 구한다.

배관 길이 $L = 30\,\text{m}$, $\Delta t = 140$°C(=160°C-20°C),

선팽창계수는 $\alpha = 11.39 \times 10^{-6}\,\text{m/(m℃)}$이므로 이를 식(4)에 대입하면

$$\begin{aligned}\Delta L &= \alpha \times L \times \Delta t \\ &= (11.39 \times 10^{-6}) \times 30 \times 140 \\ &= 0.0478\,(\text{m}) = 47.8\,\text{mm}\end{aligned}$$

(2) 기존의 계산된 자료를 활용한다.

부록 2에서 탄소강에 대한 $\Delta t = 140$℃일 때의 팽창량은 100 m당 159.52 mm이므로, 30 m에 대해서는 47.86 mm가 된다.

(3) **표** 1의 자료에서 찾는다.

표 1에서 탄소강에 대한 $\Delta t = 138$℃일 때의 팽창량은 1.82 mm/m, $\Delta t =$

149 ℃ 일 때의 팽창량은 1.96 mm/m 이므로, 보간법으로 $\Delta t = 140$ ℃ 일 때의 팽창량을 구하면 1.845 mm/m 가 되고, 이를 30 m 에 대한 값으로 환산하면 55.35 mm 가 된다.

(4) 결정

이상 3가지 방법을 적용한 결과가 서로 다르다. 만약 결과를 기준으로 익스펜션조인트를 구하거나 지지 금구를 선택하는 데에 활용한다면 큰 값을 적용하는 것이 안전하므로, 팽창량은 55.35 mm 로 한다.

(3) 주요 배관재별 팽창량

유체의 온도가 변화되면 배관계통을 구성하는 모든 재료의 치수도 변화된다. **표 1**은 주요 배관재별 온도변화에 따른 팽창량을 보여주는 것이다.

2 팽창량에 대한 고려

(1) 예방조치

스팀이나 온수와 같은 고온에서 작동하는 시스템의 경우는 팽창 속도가 더 빠르다. 그러므로 짧은 길이의 배관에서는 즉시 감지할 수 있는 움직임이 발생할 수 있다.

고층건물에 일반적으로 적용되는 냉수나 냉각수와 같이 5~40°C의 낮은 온도 조건으로 운전되는 계통에서도 단위 길이 당의 팽창률은 낮지만, 전체의 배관 길이에 대한 총 팽창량은 크게 된다. 그러므로 설계 시에는 당연히 고려되는, 계통에 작용하는 압력과 관의 중량 및 기타의 하중뿐만 아니라, ①과도한 응력과 피로로 인한 관과 지지대의 파손, ②이음부에서의 누설, ③연결된 장비로부터 배관으로 가해지는 유해한 힘과 응력 등과 같은 열에 의한 팽창과 기타 움직임에 대해서도 예방조치를 고려하여야 한다.

(2) 지지대의 필요성

전체적으로 응력 발생 수준이 미미하게 작용하는 배관은 변위에 대한 억제가 불필요하지만, 관의 중량을 지지하고 장비와 연결된 배관을 보호하기 위해서는 앵커와 구속장치(레스트레인)가 필요하다. 앵커에 의한 고정력에서, 앵커와 앵커 간의 거리가 멀면 관의 변위를 흡수할 수 없게 된다. 그러므로 강관의 경우 긴 직선배관의 양쪽 끝에 앵커를 설치하는 것은 허용되지 않는다.

표 1 주요 배관 재료별 온도변화에 따른 팽창

	포화 수증기압 kPa(g)	온도 °C	선팽창량(mm/m)		
			탄소강관	304 스테인리스강관	동관
	-	-34	-0.16	-0.25	-0.27
	-	-29	-0.10	-0.17	-0.18
	-	-23	-0.05	-0.08	-0.09
	-	-18	0.00	0.00	0.00
	-	-12	0.07	009	0.10
	-	-7	0.13	0.18	0.20
	-100.7	0	0.20	0.30	0.31
	-100.7	4	0.25	0.38	0.38
	-100.0	10	0.32	0.47	0.47
	-99.3	16	0.38	0.56	0.57
	-98.6	21	0.44	0.65	0.66
	-97.9	27	0.51	0.75	0.75
진공	-96.5	32	0.57	0.84	0.85
	-94.5	38	0.63	0.93	0.94
	-89.6	49	0.76	1.13	1.14
	-81.4	60	0.88	1.31	1.33
	-69.0	71	1.02	1.49	1.50
	-49.6	82	1.14	1.68	1.71
	-22.1	93	1.27	1.87	1.92
	0 .0	100	1.35	1.98	2.03
	17.2	104	1.41	2.07	2.10
	71.0	116	1.54	2.26	2.30
	142.7	127	1.68	2.45	2.49
	238.6	138	1.82	2.65	2.68
	360.6	149	1.96	2.83	2.88
	517.1	160	2.11	3.03	3.08
	712.3	171	2.25	3.23	3.28
	953.6	182	2.40	3.43	3.48
	1 249.0	193	2.54	3.63	3.68
	1 604.0	204	2.69	3.83	4.06
	9 039.0	304	4.11	5.65	5.77
	-	404	5.67	7.56	7.72
	-	504	7.31	9.54	9.76

자료 참고문헌 2. p46.10 Table 10에 의거 재작성

(3) 익스펜션조인트의 설치 여부

모든 배관은 열에 의한 신축을 허용할 수 있어야 한다. 그러므로 설계 시에는 배관에 충분한 유연성이 확보되도록 파이프 벤드나 루프 또는 익스펜션조인트의 설치여부를 검토해야 한다. 배관의 신축으로 인한 힘이 펌프나 터빈 같은 회전기계에 전달될 수도 있다. 이런 경우에는 회전 기계의 케이싱을 변형시키거나, 베어링의 정열을 깨트릴 수 있으며, 궁극적으로는 구성요소에 고장을 발생시킨다. 따라서 신축과 변위에 대해서는

해당 장비 제조자가 허용하거나 권고하는 기준을 따라야 한다.

1.3 파이프 벤드와 루프

❶ 응력 해석

배관에 작용하는 응력 해석을 정밀하게 하기 위해서는 수학적 분석과 복잡한 계산이 필요하게 된다. 그러므로 일반적으로는 컴퓨터 프로그램을 활용한다.

일반적인 유체수송용 배관에 대해서는 이러한 고차적인 분석이 필요한 경우는 흔하지 않다. 대부분의 배관계통이 단순할 뿐만 아니라 온도 범위도 분석과 해석이 어렵지 않기 때문이다. 기계설비와 같은 일반적인 배관에는 다음과 같이 몇 가지 형태의 벤드가 주로 사용되기 때문에 이러한 범위에 대한 응력 해석이면 무리가 없다.

❷ L벤드

(1) 외팔보 방법

L벤드를 해석하는 데 사용하는 **그림 1**의 외팔보(cantilever beam)방법은 L벤드 뿐만 아니라 Z벤드, 파이프 루프, 주관을 도려내고 직접 용접한 지관 및 좀더 복잡한 배관 구성에 대한 해석에도 사용된다. 이 방정식[식(7) 참조]은 배관에 회전력은 작용하지 않는 것으로 가정한 식이기 때문에 좀 보수적이다. 회전이 없기 때문에 결과적으로 앵커의 저지력은 높아지게 된다. 그러므로 복잡한 계통이나 고급 시설에 대한 해석일 경우에는 좀 더 엄격한 분석이 권장된다.

그림 1에서 AB 간의 열팽창이나 수축으로 인한 움직임을 수용하는 데 필요한 BC간

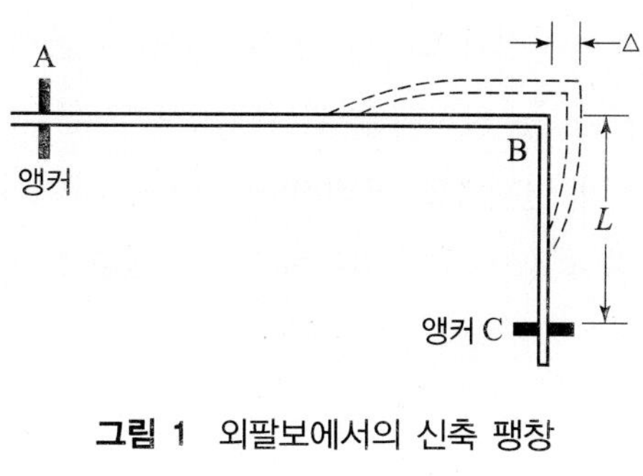

그림 1 외팔보에서의 신축 팽창

의 거리는 식(5)를 사용하여 계산할 수 있다.

$$L = \sqrt{\frac{3\Delta DE}{S_A}} \tag{5}$$

식에서

L : AB 간의 열팽창을 수용하기 위해 필요한 길이 BC, mm

Δ : AB간 열팽창 또는 수축 길이, mm

D : 실제 배관 바깥지름, mm

E : 재료의 탄성 계수, kPa

S_A : 재료의 허용응력 범위, kPa 이다.

(2) 강관과 동관에 대한 적용

일반적으로 사용되는 이음매없는 강관이나 ERW 강관(A53 Grade B 재질)의 허용응력 S_A는 100~117 MPa이므로 관 자체로는 과도한 응력이 작용하지 않는 상태로 사용될 수 있다. 그러나 지지대에 대해서는 매우 큰 반작용력으로 작용하므로 앵커에서의 큰 지지력이 필요하다. 특히 지름이 큰 관에서는 더욱 그렇다.

그러므로 설계 시에는 응력 범위 $S_A = 100$ MPa, $E = 190$ GPa로 가정하여 식(5)를 식(6)으로 완화시켜 사용한다. 이는 너무 과도한 여유를 주어 관 길이가 길어지지 않는 합리적인 결과를 얻기 위함이다. 또한 식(6)은 맞대기 용접강관(A53 재질)과 경질동관(B88)에도 적용할 수 있다.

$$L = 75\sqrt{\Delta D} \tag{6}$$

L벤드 설계에 사용하는 외팔보 방법은 열응력이 없다고 가정한 것이므로 관 지지대 설계 시에는 이런 점에 유의하여야 한다. L벤드 수평 배관에는 B지점 부근에 지지대의 설치가 필요하다. 그리고 A지점과 C지점 간에는 배관의 움직임을 저지할 수 있도록 행어나 서포트 등 어떤 형태로든 지지대를 설치해 주어야 한다. 상하 방향의 변위에 대비한 행어는 길이방향으로의 변위량도 고려하여 충분한 길이의 슬라이드 플레이트와 행어 로드 등, 관의 흔들림이 4°이내로 허용하도록 구성요소를 갖추어야 한다.

(3) 수평과 수직배관의 L벤드

수평과 수직배관 형태의 L벤드의 경우, 수평배관의 지지대는 스프링 행어가 되어야 한다. 그리고 그 스프링 행어는 정상적인 작동 온도에서 배관의 전체 무게의 1.25 배까지도 지탱할 수 있도록 설계되어야 한다. 앵커나 연결된 장비에 의해서 L벤드에 가해지는 힘은 식(7)로 계산된다.

$$F = \frac{12 E_c I \Delta}{10^6 L^3} \tag{7}$$

식에서

F : 힘, kN

E_c : 재료의 탄성계수, kPa

I : 관성 모멘트, mm^4

L : 옵셋이 길이, mm

Δ : 옵셋의 변위, mm

이다.

(4) 옵셋의 L벤드

DN 25 이상인 옵셋의 L벤드 설계에는 식(7) 대신 식(6)을 사용하며, 이 경우 보수적으로 작용하는 힘은 지름 1 mm당 90 N(예, DN 80인 관에는 7 200 N의 힘이 작용)으로 추정된다.

3 Z벤드

그림 2와 같은 Z벤드 배관은 움직임이 단순하기 때문에 매우 효과적으로 변위에 대비할 수 있다. Z벤드를 구하는 간단하면서도 보수적인 방법은 옵셋의 수직 배관부 L의 길이를 식(5)로 계산한 L벤드 값의 65%로 설계하는 것이다. 이를 식으로 표시하면

$$L = 48.7\sqrt{AD} \tag{8}$$

식에서

L : 옵셋의 수직 배관부 길이, mm

Δ : 앵커와 앵커간의 거리, mm

D : 관의 바깥지름, mm

이다.

Z벤드에서 가해지는 힘은 식(9)로 계산할 수 있고, 결과는 허용할 수 있는 정확도를 가진다.

$$F = C_1 \Delta \left(\frac{D}{L}\right)^2 \tag{9}$$

식에서

C_1 : 101 kN/mm

F : 힘, kN

D : 관의 바깥지름, mm

L : 옵셋의 수직 배관부 길이, mm

Δ : 앵커와 앵커 간의 거리, mm

이다.

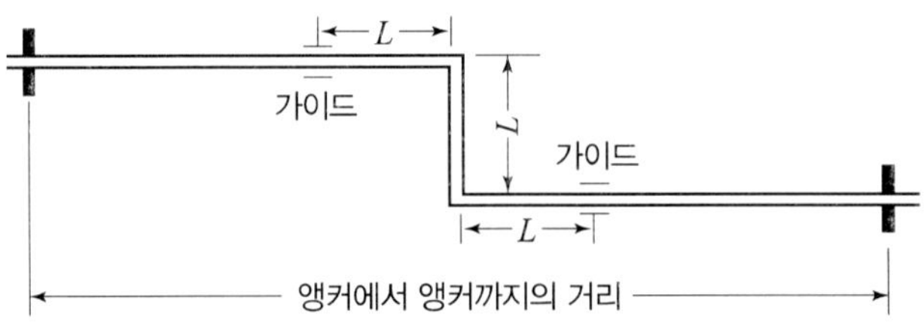

그림 2 Z벤드

4 U벤드와 루프

루프나 U벤드는 일반적으로 긴 배관에 사용된다. 배관 루프의 길이를 설계하는 간단한 방법은 앵커와 앵커 간의 거리를 구하고 식(5)를 사용하여 움직임 즉 관의 신축을 흡수할 수 있는 길이 L을 구하는 것이다. 그리고 루프의 치수 $W = \frac{L}{5}$, $H = 2W$로 한다.

가이드 설치 간격은 $2L$보다는 길어야 하고, 가이드와 가이드 간의 배관은 지지를 해 주어야 한다.

L 벤드에서와 같은 기준으로, 가이드 사이의 거리는 관의 지름별 최대 허용 행어 간

격을 초과하지 않아야 한다.

표 2는 DN 25~600의 강관을 사용한 배관에서 앵커와 앵커 간의 팽창(수축) 길이 50~300 mm에 대한 루프의 치수를 보여주는 것이다. 루프에 가해지는 힘을 간단히 계산해 내는 방법은 없지만, 그 힘은 일반적으로 크지 않다. 보수적인 계산 결과로는 관지름 1 mm당 35 N을 취한다. 예를 들어 강관 DN 50에는 1.75 kN, DN 300에는 10.5 kN의 힘이 작용한다.

표 2 탄소강관 루프의 치수(A53 Grade B 기준)

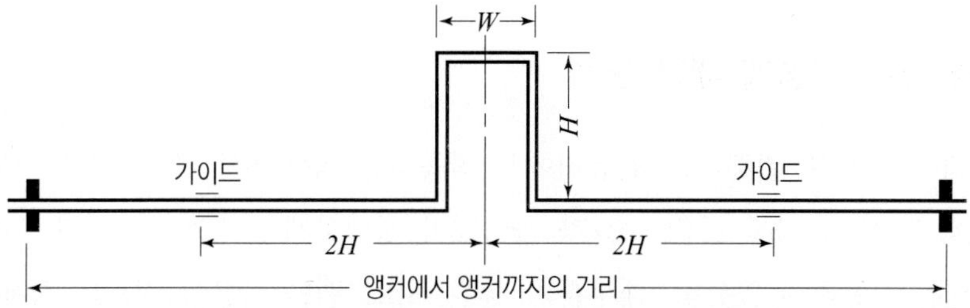

DN	앵커와 앵커 간의 배관 신축량, mm											
	50		100		150		200		250		300	
	W	*H*	*W*	*H*	*W*	*H*	*W*	*H*	*W*	*H*	*W*	*H*
25	0.6	1.2	0.9	1.8	1.1	2.1	1.2	2.4	1.4	2.7	1.5	3.0
50	0.9	1.8	1.2	2.4	1.5	3.0	1.7	3.4	1.8	3.7	2.1	4.3
80	1.1	2.1	1.5	3.0	1.8	3.7	2.0	4.0	2.3	4.6	2.4	4.9
100	1.2	2.4	1.7	3.4	2.0	4.0	2.3	4.6	2.6	5.2	2.7	5.5
150	1.5	3.0	2.0	4.0	2.4	4.9	2.7	5.5	3.0	6.1	3.4	6.7
200	1.7	3.4	2.3	4.6	2.7	5.5	3.2	6.4	3.7	7.3	4.0	7.9
250	1.8	3.7	2.6	5.2	3.0	6.1	3.5	7.0	4.0	7.9	4.3	8.5
300	2.0	4.0	2.7	5.5	3.4	6.7	3.8	7.6	4.3	8.5	4.7	9.4
350	2.1	4.3	2.9	5.8	3.5	7.0	4.0	7.9	4.6	9.1	4.9	9.8
400	2.3	4.6	3.0	6.1	3.8	7.6	4.3	8.5	4.9	9.8	5.3	10.7
450	2.4	4.9	3.4	6.7	4.0	7.9	4.6	9.1	5.2	10.4	5.6	11.3
500	2.6	5.2	3.5	7.0	4.3	8.5	4.9	9.8	5.5	11.0	5.9	11.9
600	2.7	5.5	3.8	7.6	4.4	8.8	5.3	10.7	5.9	11.9	6.4	12.8

주 W, H의 단위는 m임.
L은 식(5)로 계산한 것이며 $W = L/5$, $H = 2W$, $2H + W = L$임.
루프에 변형을 가할 수 있는 힘은 관지름 mm당 대략 35 N (예, DN 200 강관은 7 000 N)

5 콜드스프링

콜드스프링이나 콜드 포지셔닝은 관이 옵셋되거나 예상되는 움직임과 반대 방향으로 움직이는 현상이다. 모든 배관에서 콜드스프링이 발생해서는 안 된다. 계산으로 구한 신축량의 2배를 흡수할 수 있는 능력이 되도록 파이프 벤드나 루프를 크게 설계해도 콜드스프링이 발생하면 이를 감당할 수 없기 때문이다.

예를 들어 75 mm의 신축량을 흡수할 수 있도록 설계된 L벤드는, 콜드스프링에 대해서는 150 mm 이상의 신축량을 흡수할 수 있어야 한다.

6 기존 배관 구성에 대한 분석

정밀한 배관 분석을 위해서는 컴퓨터에서 작동하는 응력분석 프로그램을 사용하는 것이다. 응력과 신축, 하중 등의 자료가 들어있어 정밀하게 분석할 수 있다. 그러나 간단한 배관에는 사용하지 않는다. 대부분의 경우 프로그램을 사용할 정도의 상세한 분석을 요구하지는 않기 때문이다. 프로그램을 사용하지 않고도 단순한 배관에서는 물론 좀 더 복잡한 다중배관에 대해 앵커 기준으로 실제나 가상으로 구간을 나누어 여러 개의 단일 평면 배관으로 해석해도 만족할 만한 결과를 얻을 수 있기 때문이다. **그림** 3과 같은 경우는 L과 Z 벤드로 평가할 수 있다.

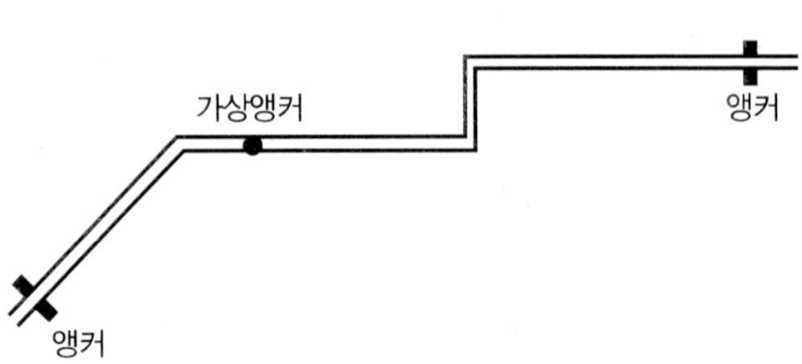

그림 3 다중 배관의 예

2 익스펜션조인트

2.1 설치 기준

1 신축량 흡수 기구

(1) 익스펜션조인트 설치의 필요성

배관의 고유 유연성을 최대한으로 활용해야 하지만, 배관계통의 벤드나 루프가 흡수하기에는 팽창량이 너무 크거나, 루프 설치 공간이 부족한 경우에는 익스펜션조인트를 설치해야 한다.

일반적으로 샤프트나 공동구 같은 터널 배관이나 고층건물의 입상관, 특히 스팀이나 고온수 배관과 같이 신축량이 큰 배관계통에는 루프를 사용할 수 없다. 그러므로 축방향이나 반지름방향의 신축을 흡수할 수 있는 익스펜션조인트를 사용하여야 한다.

(2) 익스펜션조인트와 수축팽창 보상장치

배관에서의 축(길이)방향 또는 반지름방향의 변위를 수용하는 데 사용되는 것은 익스펜션조인트와 수축팽창 보상장치[2]이다.

익스펜션조인트는 누설을 방지하는 방법을 기준으로, 패킹을 사용하는 형식과 패킹을 사용하지 않는 형식[3]의 두 가지로 구분된다.

팽창 보상장치는 플랙시블 호스, 파이프 커넥터 등을 말한다.

2 익스펜션조인트 설치방법

(1) 축방향 설치

축방향의 변위를 흡수하는 방식은 앵커와 앵커 사이의 거리를 직선 구간으로 나누고, 직선 배관에 익스펜션조인트를 설치하여 축방향의 변위를 흡수하도록 하는 것이다. 익

2. expansion compensating devices
3. packed and packless expansion joints

스펜션조인트에는 주로 압력에 의한 추력(推力, thrust)이 작용하므로 앵커에 작용하는 부하가 크다. 즉 앵커력이 커야 한다. 그러므로 이 경우는 가이드 설치를 잘해 주어야 하며, 설치 간격을 조정하면 분기 배관의 변위를 제한할 수 있다.

축방향 설치는 터널 배관이나 지중 매설배관 또는 고층건물의 입상관과 같이 자연적인 옵셋이 없는 길이가 긴 배관에 적용된다.

(2) 반지름 또는 옵셋방향 설치

반지름 또는 옵셋방향 설치는 축방향의 신축과 수직을 이루는 배관에 익스펜션조인트를 설치하고, 반지름방향의 변위만을 흡수하도록 하는 것이다. 일반적으로 앵커력이 작아도 되고 최소한의 가이드만 요구된다.

이 방법은 분기관의 숫자가 적거나 전혀 없고, 자연적으로 옵셋이 형성된 배관에 광범위하게 적용된다.

3 익스펜션조인트의 형식

(1) 패킹을 사용하는 형식

패킹을 사용하는 익스펜션조인트는 슬립 조인트과 유연한 볼 조인트 이다.

이 형식에서는 배관의 변위를 흡수하기 위해 스리브나 볼이 스라이딩 되며, 슬라이딩면 간의 틈으로부터의 누설을 차단하기 위하여 어떤 형태로든 씰 또는 패킹이 필요하다.

이러한 형식의 대부분의 장치는 약간의 유지 관리가 필요 하지만 치명적인 고장은 발생되지 않으며, 수선하여 사용할 수 있다. 누설이 있을 경우는 시스템을 정지시키지 않고 압력이 작용하는 상태에서 패킹 그랜드를 분리하여 보수하고 재설치할 수 있다.

이 유형은 ①장기적인 안전성을 우선하는 계통, ②누수가 발생하면 사람의 생명이 위협받을 수 있는 곳, 그리고 ③극히 고가인 시설에 사용된다. 전형적인 응용분야는 입상관, 터널, 지하 매설배관 및 분배 배관 시스템이다.

(2) 패킹을 사용하지 않는 형식

패킹을 사용하지 않는 익스펜션조인트는 금속제나 고무제 벨로우즈를 사용하는 것을 비롯하여 플렉시블 호스, 파이프 커넥터 등이다.

이 형식에서는 배관의 변위를 흡수하기 위해 밀봉요소(예, 벨로우즈)가 변형 또는 굴곡된다. 일반적으로 유지 보수가 불필요 하지만 고장 즉 누설이 발생하면 수리는 불가능하다. 시스템을 정지하고 배수해야 하며 전체 장치를 교체해야 한다.

또한 가능성은 낮지만 밀봉 요소의 치명적인 고장이 발생할 수 있으며, 이러한 점은 설계 시 특정 상황을 상정하여 반드시 고려되어야 한다.

이 유형은 가스 및 유독성 화학물질을 다루는 곳과 같이 작은 누설도 허용되지 않는 곳에 사용한다. 그 외에도 제한 온도가 있어서 이 형식을 사용할 수 없는 곳이 있으며, 또 대단히 큰 지름의 관에는 비용이 과대해질 수 있다.

모든 경우, 익스펜션조인트를 설치할 때는 제조자의 권장에 따라 가이드와 앵커를 같이 설치하여야 한다.

2.2 종류별 적용특성

1 스립 조인트

(1) 구조

스립 조인트(slip type joint)는 **그림 4**와 같이 몸통에 스리브를 끼워 넣고, 몸통과 슬리브 사이의 패킹을 그랜드로 압축시켜 누설을 제어하는 방식으로, 배관의 축방향 변위만을 수용하도록 설계되었다. 패킹은 여러 겹의 압축식을 사용한다. 이는 펌프나 밸브의 스터핑 박스(**제10장** 밸브일반, **그림 1** 참조)에 사용하는 것과 유사하다. 그랜드를 조여주거나 패킹의 교체 또는 보충을 위해 정기적인 유지 보수가 필요하다.

그랜드가 한도까지 조여진 조인트에서 누설이 발생할 경우에는 패킹의 교체가 필요하다. 그러나 패킹 기술의 발전으로 현재는 자가 윤활성의 세미플라스틱 패킹을 사용하므로, 시스템을 정지시키지 않고도 압력이 작용하는 상태에서 윤활제를 주입할 수 있는 제품도 있다.

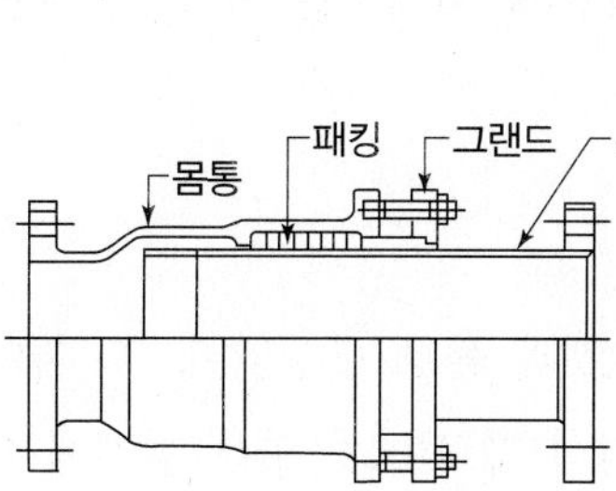

그림 4 스립형 익스펜션조인트의 예

일부 제품은 부품의 교체가 아닌, 패킹과 그랜드를 조합한 누설 관련 부분을 통체로 교환하게 되어있다. 응용 분야에 따라서는 거의 누설 없이도 사용된다. 그러나 완전한 밀봉이 보장되지는 않는다.

(2) 용도와 제조범위

이러한 형식은 누설이 전혀 없어야 하는 곳에는 사용할 수 없다. 연결된 배관이 신축될 때 슬리브의 움직임으로 인해 패킹이 마모될 수 있기 때문이다.

또한 마모된 패킹이 관내 유체에 섞일 수 있으므로, 유체의 오염이 용납되지 않는 배관 시스템에도 사용할 수 없다.

슬립 조인트는 특히 직선 변위가 큰 배관에 적합하다. 반지름방향의 옵셋 또는 회전은 허용되지 않는다. 패킹이 왜곡 됨으로 인하여 누수가 발생할 수 있기 때문이다. 따라서 배관에 적절하게 가이드를 설치해야 한다.

표준의 슬립형 익스펜션조인트는 탄소강으로 제조되고, 파이프와는 용접 또는 플랜지식으로 이음되며 공급 범위는 40~910 mm이다.

최고 사용 압력과 온도는 2.1 MPa, 425°C이다. 더 크고 더 높은 온도와 압력에 사용할 수 있는 제품도 설계가 가능하다.

싱글형의 표준으로는 축방향 이동거리 기준으로 보통 100 mm, 200 mm 또는 300 mm로 설계된다. 중간에 앵커와 받침대가 있는 더블형은 이동 거리가 싱글형의 2배가 된다. 이동거리가 더 긴 제품도 설계가 가능하다.

(3) 유의사항

대부분의 제조자는 사용자의 요청이 없는 한 석면을 기반으로 하는 패킹을 사용한다. 석면은 사용이 금지된 재료임에 유의하여야 한다. 비용이 증가 되지만 석면이 사용되지 않은 흑연과 같은 패킹을 사용하기 위해서는 반드시 사전에 지정을 해 주어야 한다.

2 볼 조인트

볼 조인트는 **그림 5**와 같이 소켓과 볼로 구성되며, 그 사이의 틈에 들어있는 밀봉제에 의해 누설이 제어된다. 씰은 강성 재료이고, 일부 설계에서는 유연한 밀봉제를 볼과 소켓 사이의 틈에 주입 시키는 방법이 사용된다.

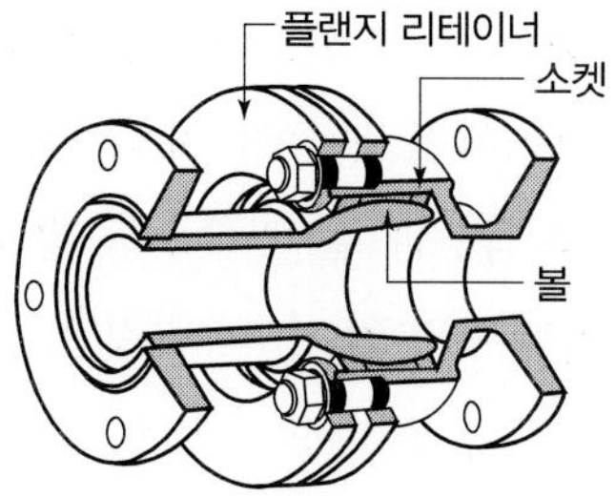

그림 5 볼형 익스펜션조인트의 예

이 유형은 반지름방향 및 옵셋방향 변위를 흡수하는 데 사용된다. 축방향 변위는 수용할 수 없다. 그러므로 축방향 변위를 흡수하기 위해서는 움직임과 직각 방향의 옵셋 배관이 필요하다.

원래 볼형은 내 외측 두 부분의 밀봉만으로 누설을 방지하도록 설계된 것이라, 배관계통에서 떼어내지 않고서는 수리나 교체가 불가능했다. 그러나 스립형에서 성명한 것처럼 기술의 발전으로 자가 윤활성의 세미플라스틱 패킹을 사용하게 됨으로서 시스템을 정지하지 않고도 압력이 작용하는 상태에서 윤활제를 주입할 수 있게 되었다.

표준의 볼형 익스펜션조인트는 32~760 mm의 범위로 공급되며, 나사식, 용접식 또는 플랜지식 이음이 가능하다. 최고 사용 압력과 온도는 2.1 MPa과 400°C이다. 더 크고 더 높은 온도와 압력에 사용할 수 있는 제품도 제조된다.

3 벨로우즈형 익스펜션조인트

(1) 금속제 벨로우즈형

이것은 얇은 두께의 벨로우즈가 굽힘이나 꺾임에 의한 변위를 흡수하는 것이다. 벨로우즈 재료는 일반적으로 SS304, 316 또는 321이 사용되지만, 사용조건에 맞으면 다른 재질도 가능하다. 20~80 mm의 소형의 경우는 일반적으로 청동이나 강으로 제조된다.

금속제 벨로우즈를 사용하는 익스펜션조인트는 일반적인 기계설비 배관의 압력과 온도 범위에 사용할 수 있는 정도로 설계되었다. 그래서 덕트나 굴뚝 연결용의 사각 단면을 갖는 형태로도 제조된다.

압력이 과하게 작용하거나, 지지가 부적합하거나 기타의 힘이 가해지면 벨로우즈는 비틀어질 수 있다. 저압에 적용하는 경우는 그러한 비틀림 현상을 기하학적으로 또는 두께를 두껍게 하는 등의 방법으로 제어할 수 있다. 그러나 높은 압력일 때는 내부의 압력을 받는 이음 부위는 보강이 필요하다. 외부 보강은 필요치 않다. 실제적으로는 그러한 비틀림이 작용할 것을 고려하여 보강이 이루어진 벨로우즈가 공급된다.

싱글과 더블 벨로우즈형은 슬립형과 같이 주로 축방향의 변위를 흡수하는 데 사용한다. 일부의 반지름방향의 변위를 흡수할 수도 있지만, 반지름방향 변위가 큰 경우에는 유니버설형을 사용한다.

유니버설형은 볼 대신 벨로우즈가 사용된다는 것을 제외하고는 볼형과 유사하게 움직이기 때문에 볼형 대신 사용되기도 한다.

(2) 고무 벨로우즈 형

고무제 벨로우즈는 싱글형 금속제 벨로우즈 익스펜션조인트와 유사하다. 비금속 탄성 중합체 벨로우즈를 사용하였기 때문에 온도와 압력에 대한 제한이 엄격하다.

이 유형도 배관의 신축을 흡수하는 데 사용할 수 있지만, 기본적으로는 급수가압 펌트 상단에 설치하는 것과 같이 장비와 배관 사이에 설치한다. 주로 장비에서 발생하는 진동과 소음을 차단하고, 장비나 용기 등의 노즐에 작용하는 응력을 제거하는 용도로 사용된다.

(3) 플렉시블 호스

플렉시블 호스는 비금속의 탄성 중합체나 금속제 주름관을 사용하고 외부는 보강을 위해 금속망을 씌워 제조된다. 장비와 배관 사이에 설치하여 장비에서 발생하는 진동과 소음을 차단하고, 장비나 용기 등의 노즐에 작용하는 응력을 제거하는 용도로 사용된다.

플렉시블 호스는 옵셋형 익스펜션조인트로 적합하며, 특히 입상관으로부터 분기되는 지관이나 동관에서의 분기 배관용으로 적합하다.

이상 각각의 제품의 예는 **그림 6**과 같다.

(a) 금속제 (b) 고무제 (c) 플렉시블호스

그림 6 벨로우즈형 익스펜션조인트

4 익스펜션조인트 선정

(1) 선정절차

열에 의한 파이프의 신축을 흡수하여 배관계통을 안전하게 유지하기 위해서는 다음과 같은 과정을 거쳐서 설치할 익스펜션조인트를 구한다. ①배관계통을 적당하게 몇 개의 구간으로 나눈다. ②각 구간 별 신축량을 계산한다. ③구간별로 사용할 익스펜션조인트(루프 또는 익스펜션조인트)를 선정한다. ④익스펜션조인트를 기준으로 전후의 동일한 거리에 고정점 즉 앵커를 설치한다. 일반적으로 ①에서 나누어진 구간의 시작과 끝 지점이 앵커 포인트가 된다.

(2) 익스펜션 루프를 사용할 경우

앞에서 다룬 것처럼 익스펜션 루프를 설치할 수 없는 조건이 아니라면, 표의 값을 활용하거나 L벤드를 구하는 방정식을 이용하여 루프의 길이를 구한다. 사용재료별 탄성계수, 허용응력 등은 **부록**의 자료를 사용한다.

(3) 익스펜션조인트를 사용할 경우

사용하고자 하는 제품의 기술자료를 확보하고, 이로부터 팽창(수축)량을 흡수할 수 있는 능력을 기준으로 선정한다. 보통 싱글형과 더블형으로 구분되며, 더블형은 싱글형 흡수능력의 2배 정도이다. 상용압력과 최고 사용온도 범위가 시스템에 적합한지의 여부는 당연한 검토 사항이 된다.

표 3은 벨로우즈형 익스펜션조인트의 예로, 벨로우즈 재질은 스테인리스강, 양 단은 탄소강관으로 사용압력 1.6 MPa, 최고 사용온도 300°C인 제품이다. 치수를 보여주기 위한 단면도는 맞대기 용접식으로 외통(外筒, 케이싱)이 없는 형태이다. 제조자와 사용자의 합의에 따라 플랜지식과 외통이 있는 형태로도 공급된다.

표 3 벨로우즈형 익스펜션조인트의 치수(예)

DN	축방향 변위		파이프 단		전체길이	벨로우즈	유효 단면적	축방향 스프링력	중량
	mm	±mm	d mm	t mm	L mm	D mm	cm^2	N/mm	kg
15	20	10.0	21.3	2.0	170	35	7	37	0.3
20	20	10.0	26.9	2.3	170	35	7	37	0.4
25	25	12.5	33.7	2.6	180	48	13	42	0.5
32	25	12.5	42.4	2.6	180	52	16	50	0.6
40	38	19.0	48.3	2.9	225	65	24	73	0.9
	60	30.0	48.3	2.9	305	61	22	47	2.0
50	40	20.0	60.3	2.9	230	81	38	62	1.8
	60	30.0	60.3	2.9	315	81	38	42	3.0
65	45	22.5	76.1	3.2	265	96	56	66	2.5
	70	35.0	76.1	3.2	350	96	56	42	3.8
80	30	15.0	88.9	3.2	225	116	80	150	4.5
	50	25.0	88.9	3.2	290	116	80	95	5.0
	100	50.0	88.9	3.2	490	116	80	48	6.0
100	30	15.0	114.3	3.6	225	139	120	187	6.0
	60	30.0	114.3	3.6	310	139	120	100	6.5
	110	55.0	114.3	3.6	525	139	120	50	8.8
125	30	15.0	139.7	4.0	245	167	172	264	9.0
	60	30.0	139.7	4.0	345	167	167	144	10.0
	110	55.0	139.7	4.0	545	167	167	72	13.0
150	30	15.0	168.3	4.5	245	198	251	321	11.0
	60	30.0	168.3	4.5	345	198	251	160	12.0
	110	55.0	168.3	4.5	590	198	251	80	15.0
175	30	15.0	193.7	5.4	270	227	330	410	12.0
	60	30.0	193.7	5.4	335	229	332	212	13.5
	110	55.0	193.7	5.4	540	229	332	106	18.0
200	30	15.0	219.1	5.9	295	252	416	347	13.0
	60	30.0	219.1	5.9	363	253	416	250	14.5
	110	55.0	219.1	5.9	595	253	416	125	19.0
250	30	15.0	273.0	6.3	295	310	670	510	17.0
	60	30.0	273.0	6.3	310	310	670	250	21.0
	110	55.0	273.0	6.3	530	310	670	125	29.0
300	70	35.0	323.9	7.1	390	385	980	470	30.0
	125	62.5	323.9	7.1	530	385	980	235	43.0
	250	125.0	323.9	7.1	1200	385	980	120	94.0
350	70	35.0	355.6	8.0	390	415	1,140	510	34.0
	125	62.5	355.6	8.0	530	415	1,140	255	52.0
	250	125.0	355.6	8.0	1180	415	1,140	137	99.0
400	70	35.0	355.6	8.0	390	465	1,470	580	42.0
	125	62.5	355.6	8.0	530	465	1,470	265	86.0
	250	125.0	355.6	8.0	1180	465	1,470	135	128.0
450	70	35.0	457.2	8.0	440	515	1,850	660	56.0
	125	62.5	457.2	8.0	550	515	1,850	340	73.0
	250	125.0	457.2	8.0	1150	515	1,850	170	148.0
500	70	35.0	508.0	8.0	440	564	2,250	730	60.0
	125	62.5	508.0	8.0	550	564	2,250	375	83.0
	250	125.0	508.0	8.0	1150	564	2,250	190	175.0

주 각부 치수는 다음 그림과 같다.

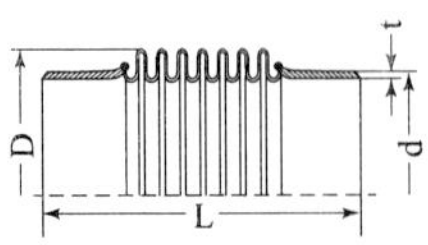

예제 2

예제 1에서 계산된 팽창량을 기준으로, 해당 구간에 설치할 익스펜션 루프를 구하고 앵커 설치 지점을 결정한다.

해답 (1) 표 2를 활용한다

예제 1에서 3가지 방법으로 구한 팽창량의 평균값이 50.34 mm이다. 이를 기준으로 표 2의 앵커와 앵커 간의 신장량 50 mm를 적용하면. 루프의 폭 $W = 1.2\,\mathrm{m}$, 높이 $H = 2.4\,\mathrm{m}$이므로 전체길이($L = 2H + W$)가 6 m인 루프를 설치한다.

(2) 계산으로 구한다

식(5)를 사용하면, 팽창량 $\Delta = 50\,\mathrm{mm}$, Sch80의 DN 100 강관의 OD는 114.3 mm. 탄소강의 탄성계수 E: 189 475 MPa, 탄소강관의 허용응력 S_A : 94 MPa 이므로 각각을 식에 대입하면

$$L = \sqrt{\frac{3\Delta DE}{S_A}} = \sqrt{\frac{3 \times 50 \times 114.3 \times 189475}{94}} = 5.87(\mathrm{m})$$

이고

예제 1에서 결정한 팽창량 55.35 mm를 그대로 적용하면 $L = 6.17\,\mathrm{m}$가 된다.

(3) 앵커 포인트는 구간이 30 m이므로, 익스펜션 루프를 기준으로 전후 15 m 지점이다.

예제 3

예제 1에서 계산된 팽창량을 기준으로, 해당 구간에 설치할 벨로우즈형 익스펜션조이트를 구하고 앵커 설치지점을 결정한다.

해답 (1) 선정을 위한 자료

시스템의 운전온도: 160°C이고 이 온도에서의 포화 증기압은 517.1 kPa, Sch80의 DN 100 탄소강관의 두께는 8.56 mm이다.

(2) 표 3으로부터 DN 100의 축방향 변위 110 mm를 선정한다.

(3) 검토

상용압력(1.6 MPa)과 최고 사용온도(300°C)는 시스템 조건에 합당하지만, 배관과 이음 되어야 하는 벨로우즈의 파이프 단의 두께(3.6 mm)가 Sch80 강관의 두께보다 얇다.

따라서 배관과 벨로우즈를 맞대기 용접하기 위해서는 파이프 단의 두께를 Sch80과 동일하게 하거나 또는 플랜지식으로 이음할 수 있도록 제조자와 협의 하여야 한다.

3 관의 지지

3.1 지지의 필요성

1 배관의 지지

(1) 배관계통의 길이

배관계통은 그 길이가 길기 때문에 관 자체의 중량은 물론, 열에 의한 신축, 유체의 유동에 의한 진동이 배관에 작용한다. 특히 노출 배관에는 적설 하중도 크게 작용한다. 하중과 진동, 신축은 배관계통을 구성하는 기계나 계측장치 등에도 영향을 미쳐 성능을 저하시킨다. 이러한 문제의 발생을 방지하기 위하여 관을 잘 지지해 주어야 한다.

배관의 지지는 필수적으로 사용되는 것이다. 배관의 용도와 사용조건에 따라 다양한 형식과 구조가 있으므로 적정하게 선택하여 사용하여야 한다.

(2) 4가지 주요 기능

파이프의 지지 또는 지지대는 파이프에 작용하는 하중을 지지 구조물로 전달하도록 설계된 배관의 구성 요소이다. 자지대에 작용하는 부하는 파이프의 자체중량을 비롯하여 파이프가 운반하는 내용물, 파이프에 부착된 모든 관이음쇠와 밸브, 그리고 절연과 같은 파이프 덮개 등의 중량을 포함한다.

4가지 주요 기능은 ①고정(anchor), ②안내(guide), ③충격 흡수(absorb shock), ④지정된 하중 지지(support)이다. 고온 또는 저온 응용 분야에 사용되는 파이프 지지대에는 단열재가 포함될 수도 있다.

파이프 지지대에 대한 전체적인 구성은 하중 및 작동 조건에 따라 달라진다.

2 관련 코드와 표준

배관의 지지에 관련된 코드와 표준은 **표** 4와 같다. 코드에서는 배관에 지지대를 설치해야 하는 원칙과 지지의 유형 4가지를 제시한다. 이에 따라 재료, 제조, 조립, 설치 및 시험 검사 등에 대한 표준이 제정되었다.

행어와 서포트로 대표되는 지지대를 구성하기 위한 각각의 부품 또는 조립품은 60종

표 4 지지관련 코드와 표준

코드, 표준	명칭	포함내용
ASME B31.1	동력배관 코드	배관의 안전과 품질을 위한 4가지 유형 즉 행어, 서포트, 앵커 및 가이드에 대한 설치 원칙 제시
MSS SP-58	실행 표준	행어와 서포트에 대한 재료, 설계, 제조, 선정, 적용과 설치에 관한 표준. 지지대를 구성하는 요소별 명칭과 이에 따른 60종의 그림(type chart)제공
MSS SP-69	"	행어와 서포트에 대한 선택 및 적용과 사용 온도범위 권장
MSS SP-89	"	행어와 서포트의 제작 조립 및 설치에 대한 권장
MSS SP-90	"	행어와 서포트 관련 주요 용어 및 약어 정의. 일반적으로 사용되는 파이프 행거 및 지지대 구성 요소 그림제공

의 명칭으로 분류되고 그림으로 예시하고 있으므로 제조자는 물론 사공 현장에서도 이를 참고하면 된다. **제2장**에서 다룬 바와 같이 코드에 적용하기 위하여 표준이 있는 것이며, 코드와 표준이 잘 조합되어야 완전한 건설의 결과물이 이루어질 수 있다.

3.2 지지 장치의 종류와 용도

❶ 행어

(1) 행어의 용도와 종류

행어(hanger)는 수평 배관을 위에서 매다는 지지대로 인장 하중을 견딜 수 있도록 설계된 것이다. 조임부를 측면에 두고 행어 로드나 볼트를 사용하여 조이는 형태이다.

반지름과 길이방향의 변위는 허용하지만 상하 즉 수직방향의 변위는 제한되는 장치이다. ①수직방향의 변위가 전혀 없는 강성(剛性)행어, ②적은 변위는 허용하는 가변(可變)행어, ③큰 변위를 허용하는 고정(固定)행어로 구분된다.

(2) 강성 행어

강성 지지대(rigid support)는 배관에 유연성이 없도록 특정 방향으로의 변위를 제한하는 데 사용된다. 강성 지지대의 주요 기능은 앵커(anchor), 레스트레인(restraint), 가이드(guide) 또는 레스트레인과 가이드가 될 수 있다.

이와 같은 원리가 행어에 적용된 것이 강성(rigid) 행어이며, 배관의 수직 방향 변위

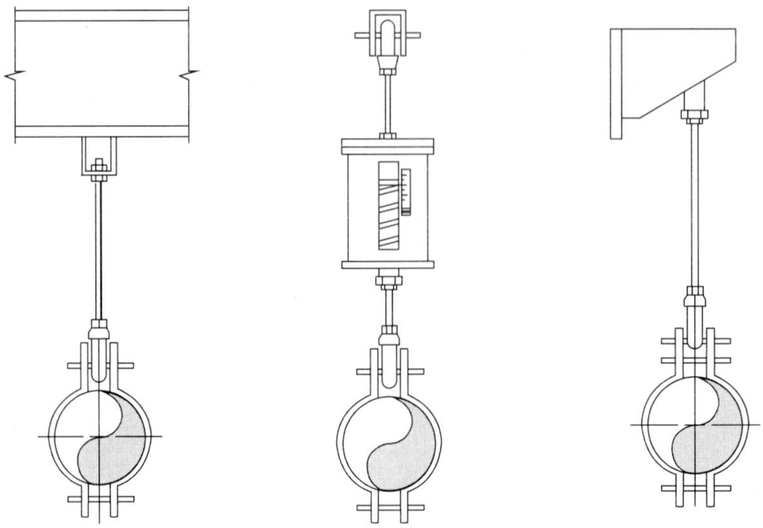

(a) 강성 행어　　　　(b) 가변 행어　　　　(c) 고정 행어

주　각 구성 요소의 명칭은 **부록 4** 참조

그림 7　여러가지 행어의 예

를 제한하는 데 사용된다. 행어 클램프, 아이 너트, 타이 로드, 빔 부착구(빔이 아니고 콘크리트 천정이나 벽일 경우는 이에 합당한 부착구)로 구성된다.

(3) 가변 행어

가변(variable 또는 spring) 행어는 관의 수직 변위가 제한되지 않는 경우에 사용하는, 배관에 어느 정도의 유연성을 제공하는, 즉 수직방향의 변위를 허용하는 행어이다.

가변 행거(또는 서포트)는 사용자의 특정 요구 사항에 맞도록 설계할 수 있다. 배관 하중이 변화되면 스프링이 압축 또는 신장됨으로서 균형을 이루게 되며, 이 때 스프링에 작용한 하중은 스프링 상수(kg/mm^2)와 배관의 변위(mm)의 곱이다.

스프링 행어의 선택은 일반적으로 ①지지대가 제공해야 하는 하중과 변위, ②지지대의 물리적 배치(상단 또는 베이스 장착), ③파이프가 견딜 수 있는 허용 하중에 대한 편차 등의 3가지 범주이다. 고온에서 저온으로의 부하 변동에 대한 한계는 설계 시의 응력계산에 의해 결정되지만 각각의 스프링행어 설치 위치에 따라 달라질 수 있다. 그러나 일반적으로 부하 변동은 25%를 초과하지 않도록 한다.

(4) 고정 행어

고정(constant)행어는 배관의 높이에 맞도록 행어 로드의 길이가 고정되어 설치 후에는 거리 조정이 불가한 형태이다. 그래서 로드(rod) 행어라고도 부른다. 클램프, 아이 너트, 타이 로드, 빔 부착구 등으로 구성된다. 거리를 늘리거니 줄일 필요가 있을 경우에는 길이에 맞는 행어 로드로 교체하여야 한다. 인장 하중에만 견딜 수 있게 설계되었으므로, 압축 하중이 작용하면 행어에는 좌굴(buckling)이 일어날 수 있다. 고정 행어의 선택은 파이프 크기, 하중, 온도, 절연, 조립 길이 등에 따라 달라진다. 힌지와 클램프가 함께 제공되기 때문에 실질적인 마찰력이 작용하지 않는다.

2 서포트와 레스트레인

(1) 서포트와 레스트레인의 차이

코드[4]에서는 "배관 시스템은 온도의 변동에 따라 치수 변화를 겪게 되므로 연결된 장비는 물론, 가이드 및 앵커 같은 구속장치로 인하여 자유 팽창이나 수축이 제한되는 경우, 구속되지 않는 다른 위치에서 변위가 발생하게 된다"고 정의하고 있다. 그러므로 서포트(support)와 레스트레인(restraint)은 기능이 유사하면서도 다른 점을 가지고 있다.

레스트레인은 배관시스템의 열팽창으로 인한 변위를 구속하거나 제한하는 데 사용되는 구조적 요소로 정의할 수 있다.

이에 반하여, 서포트는 배관 시스템의 중량 하중과 허용 한계 이내에서 지속되는 축 방향 응력을 흡수하는 데 필요한 구조적 요소 또는 조립체로 정의할 수 있다.

즉 서포트의 기능은 파이프, 관이음쇠, 플랜지조합, 밸브 및 파이프의 보온 또는 내외부의 코팅이나 라이닝으로 인해 발생하는 추가 하중이 포함된 모든 파이프의 중량을 지탱하는 것이다. 배관의 구성에 따라 서포트와 레스트레인이 조합된 지지대가 한 위치에 설치될 수 있다. 예를 들어 슈-서포트나 슈-가이드는 서포트와 레스트레인의 대표적인 조합이다.

---

4. 참고문헌 3. 319.2.1

(2) 서포트

서포트 배관을 밑에서 받쳐주는 지지대로, 행어와 같이 반지름과 길이방향의 변위는 허용하고 수직 방향의 변위는 제한한다.

종류는 ①수직 방향의 변위가 전혀 없는 강성 서포트, ②적은 변위는 허용하는 가변 서포트, ③길이방향의 큰 변위를 허용하는 고정 서포트로 구분된다.

그림 8(a)는 철제 구조물에 견고하게 고정된(rigid) 서포트로 축 방향의 이동이 자유롭도록 롤러 받침대를 사용한 예이다. **그림 8**(b)는 가변 서포트로 스프링을 사용하기 때문에 스프링 서포트라고 하며, 배관의 유동이나 변위의 발생을 흡수하므로 서포트의 길이가 가변적인 경우이다. 진동을 발생시키는 펌프나 냉동기 같은 장비 주변의 배관에 적합한 것이다. **그림 8**(c)는 파이프 하부에 새들(saddle)을 부착하여 파이프와 철제 구조물과의 직접적인 마찰이 없도록 하고, 파이프를 유-볼트로 철제 구조물에 고정한 다음 보온한 경우이다.

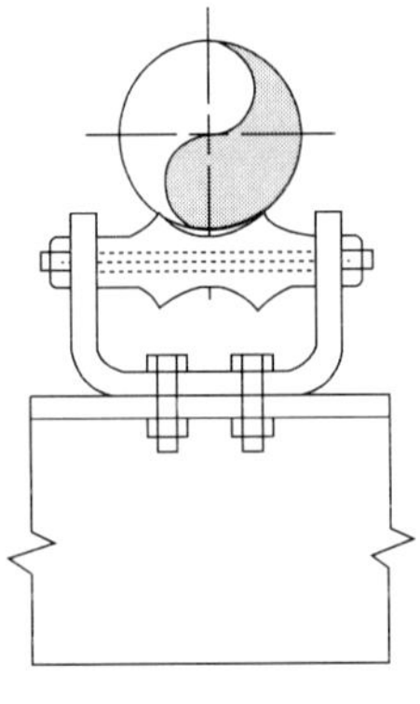

(a) 강성 서포트

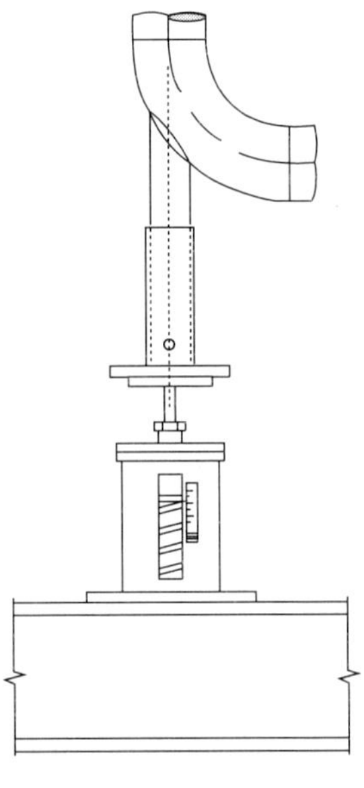

(b) 가변 서포트

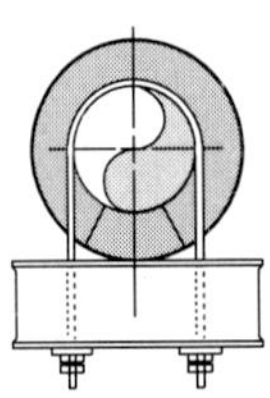

(c) 강성 서포트(보온)

주 각 구성 요소의 명칭은 **부록 4** 참조

그림 8 여러가지 서포트의 예

새들과 철제 구조물 간의 미끄러짐은 롤러를 사용한 경우보다 마찰력이 크다.

(3) 레스트레인

레스트레인은 열에 의한 변위를 구속하거나 제어하는 기능 외에도 다음 중 하나 이상을 수행해야 할 수도 있다. ①열팽창으로 인한 배관 이동을 제한하거나 방향 전환. ②파이프에 작용하는 열응력을 허용 한계 이내로 유지시킨다. ③연결된 장비로 열부하가 전달되지 않도록 한다. ④풍 하중, 지진 하중, 워터해머로 인한 충격하중 및 기타 동적 하중 등 배관 시스템에 가해지는 추가적인 하중을 흡수하여 배관의 처짐 및 이로 인한 발생 응력을 허용 한계 이내로 유지시킨다.

3 앵커

(1) 앵커의 용도

열 팽창에 의한 힘만이 배관의 정렬을 변경시킬 수 있는 것은 아니다. 진동, 배관의 흔들림과 풍력과 같은 외부에서 작용하는 힘에 의해서도 배관은 움직이게 된다. 이러한 움직임이 크면 배관계통에 사고가 발생하게 되므로, 배관의 움직임을 제한하지 않으면 안 된다.

배관의 이동을 방지하거나 이동 방향을 제어하기 위해 사용되는 것이 파이프 앵커(anchor)이다. 앵커는 3개의 직교방향과 3개의 회전방향의 변위를 제한하는, 즉 모두 6개의 자유도를 제한하는 견고한 지지대이다. 일반적으로 용접된 지주(支柱, stanchion)로 강철 또는 콘크리트에 용접되거나 볼트로 고정된다. 콘크리트에 고정시키기 위해서는 앵커볼트가 필요하다.

이러한 유형의 지지에서는 정상적으로 작용하는 하중에 의한 힘과 마찰력이 중요하므로 마찰력을 완화시키기 위해서 필요한 경우는 관과 지지대 사이에 흑연 패드 또는 PTFE 플레이트를 삽입한다.

(2) 앵커의 두기지 유형

파이프 앵커에는 고정(fixed)형과 방향(directional)형의 두 가지 유형이 있다.

고정앵커는 배관의 모든 변위를 차단해야 하는 위치에 설치한다. 배관 용어로는 이 위치가 즉 고정점이다. 배관을 고정하는 가장 일반적인 방법은 파이프를 지지대 또는 구조 부재에 직접 용접하는 것이다. **그림 9(a)**에서와 같이 파이프와 지주(또는 슈)를 평행하게 맞대고 약 300 mm(12 in) 길이를 용접한다. 지주의 밑면은 빔이나 구조체에 용접된다.

방향앵커는 **그림 9(b)**에서와 같이 파이프의 선형 축을 따라 한 방향(반대 방향으로의 변위는 방지)으로의 변위는 수용하면서, 수직 방향의 변위를 차단하는 데 사용된다. 방향앵커는 파이프의 움직임을 건물, 구조물, 장비 등으로부터 멀어지도록 하는 데 사용된다.

앵커설치 시의 유의점은, 고정할 파이프가 절연된 경우에는 파이프 슈를 먼저 파이프에 용접한 다음에 철골 구조에 용접되도록 한다.

4 가이드

(1) 가이드의 용도

가이드는 배관의 변위 전체에 대한 제한이 불필요한 경우에 사용되며, 시스템의 작동 중에 파이프의 팽창으로 인하여 배관이 구부러지지 않고 축 방향으로의 직선 정렬을 유지시키기 위하여 사용되는 지지대이다. 배관의 축 방향 이동은 허용하면서 반지름방향의 변위를 제한한다. 파이프 및 철골 구조에 용접된 파이프 앵커와 달리 가이드는 축

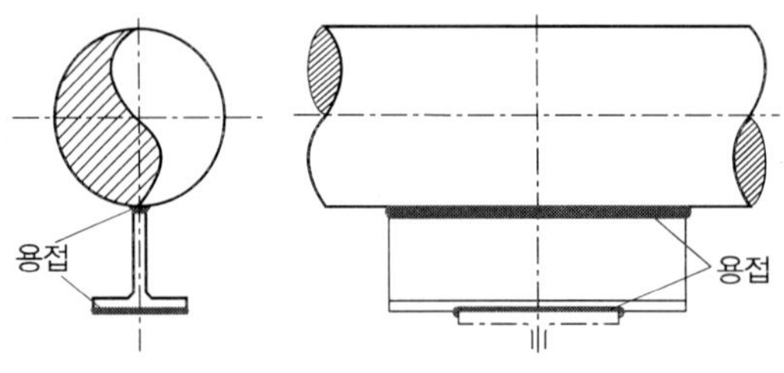

(a) 고정형

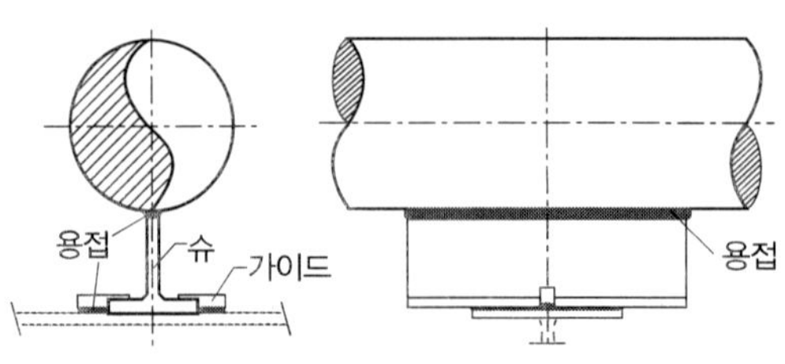

(b) 이동형

그림 9 앵커의 예

방향으로만 미끄러지게 되어있다. 그래서 가이드를 슬라이딩 포인트라고도 부른다.

그림 10(a)는 외통의 내부에서 축 방향으로 미끄러지는 원통형 가이드의 예이고, **그림** 10(b)는 파이프가 슈에 지지되고 슈의 양쪽에 가이드가 부착되어 길이방향으로만 미끄러지게 되어있는 가장 일반적으로 사용되는 형태를 보여주는 것이다.

(2) 설치

가장 일반적인 예가 익스펜션조인트의 전후 배관의 일정 거리에 설치하는 것이지만, 이음부와 고정점(anchor point) 전후의 배관 정렬을 위해서도 일정 거리마다 설치된다.

이들은 주로 배관 받침대(rack)에 적절한 간격을 유지하며 설치된다.

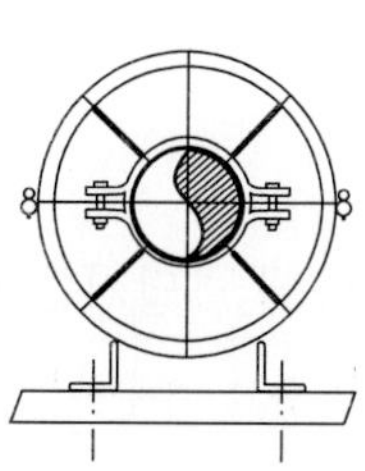

(a) 원형 슬라이드 가이드

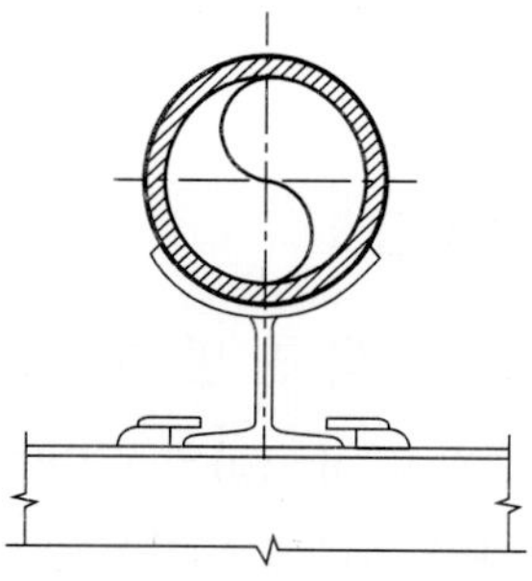

(b) 슈와 슬라이판 가이드

주 각 구성 요소의 명칭은 **부록 4** 참조

그림 10 가이드의 예

5 기타 지지대

(1) 브레이스

브레이스(brace)는 열팽창과 중력에 의한 힘 이외의 외력에 의한 흔들림을 제한하는 장치이다. 특히 **그림** 11에서와 같이 좌우로 흔들릴 수 있는 배관을 잡아 주는 것을 스웨이 브레이스(sway brace)라고 하며 진동 제어, 충격하중 흡수, 열팽창에 따른 파이프 이동의 가이드 또는 레스트레인, 배관의 흔들림 방지 등을 위해 사용된다. 한 개만 사용되는 경우보다는 2개, 3개, 6개 등 여러 개를 동시에 사용하는 경우가 대부분이다.

장력 및 압축 하중 모두에 구속력을 제공할 수 있도록 스프링이 포함된다.

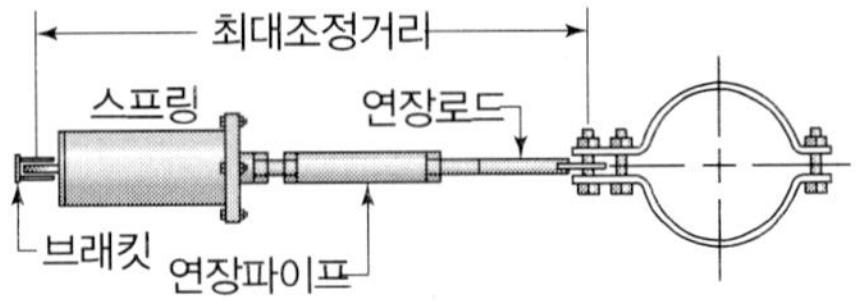

그림 11 스웨이 브레이스

(2) 강성 스트럿

강성 스트럿(rigid strut)은 견고한 클램프, 스트럿, 용접 클레비스로 구성되는 지지대로 브레이스와 유사하다. 인장과 압축 하중을 견딜 수 있도록 설계되었다. 스트럿은 수평 방향뿐만 아니라 수직 방향으로도 설치될 수 있다. V형 스트럿을 사용하여 2 자유도를 제한할 수 있다. 이러한 지지대의 선택은 파이프 크기, 하중, 온도, 단열재, 조립 길이에 따라 다르다. 힌지와 클램프가 함께 제공되므로 실질적인 마찰력이 작용하지 않는다.

(3) 이어. 슈, 러그 등

지지가 불편한 형태의 관 및 관이음쇠, 중량물 등에 매달기를 쉽게 할 수 있도록 부착하는 것으로 **그림** 12(a)~(g)의 이어(ears), 관이나 주요 부분이 철제 구조물과 직접 마찰되지 않도록 관의 하단에 부착하는 **그림** 12(h)와 (i)의 슈(shoes), 수직 배관의 경우 중량으로 인하여 밑으로 떨어지려는 것을 방지하기 위하여 사용하는 **그림** 12(j)와 (k)의 러그(lugs)나 스커트(skirts) 등 다양한 지지대가 있다.

그러므로 배관의 형태와 구조에 맞게 적정한 지지대를 사용하여 배관의 변위를 흡수하고 이완이나 처짐, 비틀림 등의 변형이 발생하지 않도록 하여야 한다.

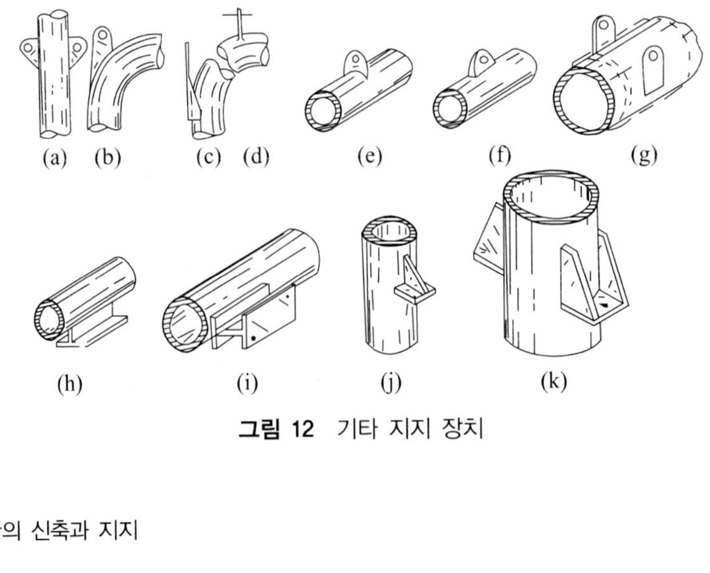

그림 12 기타 지지 장치

3.3 배관의 지지 간격

표 5는 표준의 강관과 동관이 물과 스팀배관으로 사용할 경우의 지지간격과 그 외 여러 재질의 배관재 별 지지 기준을 보여주는 것이다. 견고한 배관과 유연한 배관에 대한 지지간격의 구체적인 자료는 앞 절에서 이미 설명되었다. 즉 관의 두께를 결정하는 주요 요인은 반지름방향과 축방향 응력이다. 전자는 내압에 의하여, 후자는 압력과 관의 자중과 관에 가해지는 기타 중량에 의해 발생된다. 기계설비에 사용되는 표준화된 배관재료는 압력과 반지름방향 응력을 견딜 수 있는 충분한 두께로 만들어진 것이다.

그러므로 **표 5**와 같은 간격으로 배관이 지지되면, 특별한 사유가 발생하지 않는한 상세한 응력계산은 사실상 불필요하다. 견고한 배관과 유연한 배관에 대한지지 간격은 **제 13장**의 **표 8**를 참조한다.

표 5 수평 배관의 최대 지지간격(행어, 서포트)

<table>
<tr><th rowspan="3">DN</th><th colspan="10">지지간격, m</th><th colspan="2" rowspan="2">환봉규격</th></tr>
<tr><th colspan="2">STD 강관</th><th colspan="2">동관</th><th rowspan="2">소방 배관</th><th rowspan="2">덕타일 주철관</th><th rowspan="2">회 주철관</th><th rowspan="2">그라스관</th><th rowspan="2">플라스틱관</th><th rowspan="2">FRP관</th></tr>
<tr><th>물</th><th>스팀</th><th>물</th><th>스팀</th><th>mm</th><th>in</th></tr>
<tr><td>8</td><td>–</td><td>–</td><td>1.5</td><td>1.5</td><td rowspan="23">소방협회요구사항에따른다</td><td rowspan="23">*최대 간격: 6.1 m (20 ft).
*최소 간격: 관1본당 행어1
*DN 150 이하는 물용 강관의 간격을 넘지 않을것</td><td rowspan="23">*최대 간격: 3 m (10 ft).
*최소 간격: 관1본당 행어1</td><td rowspan="23">*최대 간격: 2.4 m (8 ft).
*제조자의 지침을따름</td><td rowspan="23">재료와 용도별제조자의 권장에따름</td><td rowspan="23">재료와 용도별제조자의 권장에따름</td><td></td><td></td></tr>
<tr><td>10</td><td>2.1</td><td>2.4</td><td>1.5</td><td>1.8</td><td>M10</td><td>3/8</td></tr>
<tr><td>15</td><td>2.1</td><td>2.4</td><td>1.5</td><td>1.8</td><td>M10</td><td>3/8</td></tr>
<tr><td>20</td><td>2.1</td><td>2.7</td><td>1.5</td><td>2.1</td><td>M10</td><td>3/8</td></tr>
<tr><td>25</td><td>2.1</td><td>2.7</td><td>1.8</td><td>2.4</td><td>M10</td><td>3/8</td></tr>
<tr><td>32</td><td>2.1</td><td>2.7</td><td>2.1</td><td>2.7</td><td>M10</td><td>3/8</td></tr>
<tr><td>40</td><td>2.7</td><td>3.7</td><td>2.4</td><td>3.0</td><td>M10</td><td>3/8</td></tr>
<tr><td>50</td><td>3.0</td><td>4.0</td><td>2.4</td><td>3.4</td><td>M10</td><td>3/8</td></tr>
<tr><td>65</td><td>3.4</td><td>4.3</td><td>2.7</td><td>4.0</td><td>M12</td><td>1/2</td></tr>
<tr><td>80</td><td>3.7</td><td>4.6</td><td>3.0</td><td>4.3</td><td>M12</td><td>1/2</td></tr>
<tr><td>90</td><td>4.0</td><td>4.9</td><td>3.4</td><td>4.6</td><td>M12</td><td>1/2</td></tr>
<tr><td>100</td><td>4.3</td><td>5.2</td><td>3.7</td><td>4.9</td><td>M16</td><td>5/8</td></tr>
<tr><td>125</td><td>4.9</td><td>5.8</td><td>4.0</td><td>5.5</td><td>M16</td><td>5/8</td></tr>
<tr><td>150</td><td>5.2</td><td>6.4</td><td>4.3</td><td>6.1</td><td>M20</td><td>3/4</td></tr>
<tr><td>200</td><td>5.8</td><td>7.3</td><td>4.9</td><td>7.0</td><td>M20</td><td>3/4</td></tr>
<tr><td>250</td><td>6.1</td><td>7.9</td><td>5.5</td><td>7.6</td><td>M20</td><td>7/8</td></tr>
<tr><td>300</td><td>7.0</td><td>9.1</td><td>5.8</td><td>8.5</td><td>M20</td><td>7/8</td></tr>
<tr><td>350</td><td>7.6</td><td>9.8</td><td>–</td><td>–</td><td>M24</td><td>1</td></tr>
<tr><td>400</td><td>8.2</td><td>10.7</td><td>–</td><td>–</td><td>M32</td><td>1</td></tr>
<tr><td>450</td><td>8.5</td><td>11.3</td><td>–</td><td>–</td><td>M24</td><td>1</td></tr>
<tr><td>500</td><td>9.1</td><td>11.9</td><td>–</td><td>–</td><td>M30</td><td>1-1/4</td></tr>
<tr><td>600</td><td>9.8</td><td>12.8</td><td>–</td><td>–</td><td>M30</td><td>1-1/4</td></tr>
<tr><td>750</td><td>10.1</td><td>13.4</td><td>–</td><td>–</td><td>M30</td><td>1-1/4</td></tr>
</table>

주 지지간격이 별도로 계산되거나, 집중하중(플랜지, 밸브, 특수기구 등)이 작용하거나 또는 배관의 방향 전환으로 서포트가 추가되어야 하는 경우 등에는 이 표의 값이 적용되지 않는다.

자료 참고문헌4. Table 4에 의거 재작성

참고문헌

1. ASME B31.9 Code for Building Services Piping
2. ASHRAE Handbook 2016. HVAC Systems and Equipment
3. ASME B31.1 Code for Pressure Piping
4. MSS SP-58 Pipe Hangers and Supports-Materials, Design
5. MSS SP-69 Pipe Hangers and Supports-Selection and Application
6. MSS SP-89 Pipe Hangers and Supports-Fabrication and Installation Practices
7. MSS SP-90 Guidelines on Terminology for Pipe Hangers and Supports

제 3 편

밸브

10장 밸브 일반

1 밸브의 기초

1.1 밸브의 유형과 기능

1 밸브의 유형

밸브는 액체, 가스, 증기, 슬러리 및 액체 혼합물 등등의 다양한 유체를 수송하기 위한 모든 배관 시스템의 필수적인 요소이다.

수로에 나무나 돌로 만든 쐐기를 사용하여 물의 흐름을 차단하거나, 유량을 감소시키거나 방향을 바꾸는 등의 원시적인 방법으로부터 시작하여 사람들은 여러 유형의 간단하고 정교한 오늘날의 밸브를 개발했다.

게이트, 글로브, 첵, 볼, 플럭, 버터플라이, 다이어프램, 핀치, 프레셔 릴리프 및 프레셔 컨트롤 밸브 등 다양한 유형의 밸브가 있다. 이러한 각 유형에는 각기 다른 특징과 기능을 제공하는 몇 가지 범주와 설계가 있다.

일부 밸브는 자력식인 반면 다른 밸브는 수동으로 작동하거나, 전기모터나 공압 또는 유압식 및 액츄에이터에 의해 구동된다.

2 밸브의 기능

밸브 제조에 사용되는 재료는 앞에서 이미 다룬 바와 같이 금속 및 비금속 모두이다. 밸브는 산업용 배관 시스템은 물론 수송 및 분배를 위한 파이프 라인, 빌딩 서비스 배관, 공공시설 및 관개 배관 시스템에 사용된다

산업, 상업, 주거 및 기타 공공시설의 배관 시스템은 인체의 동맥 및 정맥과 같이 현대 문명의 활력을 전달하는 것이다. 이러한 배관 시스템에서의 밸브는 시스템의 의도된 목표를 달성하기 위해 유량을 흐르게 하거나 정지 시키거나, 조절 및 제어하는 기능이다.

유체 압력이 설정된 한계를 초과하면 밸브가 이상 압력을 완화시켜 배관 시스템 또는 구성요소에 문제가 생기지 않도록 해 준다. 진공을 유지하거나 차단해 준다. 또한 원하는 범위 또는 한계 내에서 유체의 압력 또는 온도를 유지해 준다.

특정 용도에 적합한 밸브를 선택하려면 유량, 공정 설계 요구사항, 배관 설계 기준 및 경제적 요인과 같은 사항을 검토해야 한다. 그리고 밸브의 기능, 구성 요소별 재료 및 성능을 포함한 밸브 특성을 평가하여야 한다.

이 장에서는 밸브를 선택하고 적용하는 데 일반적으로 고려되어야 할 내용을 간단하게 다룬다.

1.2 밸브의 분류

1 기계적 동작 기준

(1) 선형동작 밸브

밸브 폐쇄기구의 기계적 또는 주기적 운동이 선형동작으로 이루어지는 밸브이다. 게이트, 글로브, 다이어프램, 리프트 첵밸브와 같이 폐쇄 기구가 흐름을 허용, 정지 또는 조절하기 위해 직선으로 움직인다.

(2) 회전동작 밸브

밸브 폐쇄기구의 기계적 또는 주기적 운동이 회전동작으로 이루어지는 밸브이다. 버터플라이, 볼, 플럭, 편심 및 스윙 첵밸브와 같이 밸브 폐쇄 기구가 어떠한 각도 또는 원형 경로를 따라 움직인다.

(3) 1/4 회전 밸브

회전동작 하는 밸브 중에서 특히 밸브 폐쇄기구의 1/4 회전, 각도로는 0~90도 범위의 동작으로 개폐가 이루어지는 밸브를 말한다.

표 1은 밸브 폐쇄 기구의 움직임에 따른 밸브의 분류이다.

표 1 동작 기준 밸브의 분류

밸브형태	선형동작	회전동작	1/4회전
게이트 밸브	O		
글로브 밸브	O		
스윙 첵밸브		O	
리프트 첵밸브	O		
틸팅 디스크 첵밸브		O	
접이식 디스크 첵밸브		O	
인라인 첵밸브	O		
스톱 첵밸브	O	O	
볼밸브		O	O
핀치 밸브	O		
버터플라이 밸브		O	O
플럭 밸브		O	O
다이어프램 밸브	O		
세이프티밸브	O		
릴리프밸브	O		

주 (1) 틸팅 디스크 첵밸브는 디스크의 동작을 고려할때 스윙 첵밸브와 동일한 범주로 본다.
(2) 스윙 첵밸브가 닫힌 상태를 유지시키기 위해 외부의 힘이 제공되면 이를 스톱 첵밸브로 본다.

2 용도별 기준

밸브의 종류나 형태가 다양하지만 용도별로는 정지(stop), 조절(control), 수도(faucet) 및 냉매밸브 등의 4가지 범주로 구분된다. 그러나 실무적으로는 언급된 분류 기준들이 상호 조합되어 사용된다.

이 장에서는 밸브의 종류를 용도별 분류 즉 밸브가 사용되는 목적을 기준으로 하여 각각의 특성과 적용성을 다루기로 한다. 다만 수도밸브와 냉매밸브에 대한 세부내용은 다루지 않는다. 위생과 냉동공학을 참고하기 바란다.

(1) 정지밸브

정지밸브는 필요에 따라서 밸브 하류로의 흐름을 차단하거나 시스템으로부터 분리시키는 목적으로 사용되는 밸브의 총칭이다. 정상 상태에서는 전개 상태로 사용되며, 보수 유지와 사고 시 등에는 전폐되어야 하는 밸브이다. 그러므로 이런 범주의 밸브는 유량이나 압력 등을 조정한다는 등의 목적으로는 사용되지 않는다. 통상적으로 수동밸브라 불리는 대부분의 밸브가 이에 속한다.

(2) 조절밸브

조절밸브는 유체 흐름을 조절하기 위해 배관 시스템에서 광범위하게 사용된다. 유량, 압력 또는 온도 등 어떤 목표 값을 제어 하는지의 여부에 관계없이, 동작은 압력, 유량 또는 온도 컨트롤러의 신호에 응답하여 이루어지게 되며, 이는 밸브를 통한 유량을 증가 또는 감소시킴으로써 달성된다. 유량 제어 밸브에 대한 주요 요구사항은 개도와 관련하여 유량 예측이 가능하도록 조정될 수 있어야 하고, 또한 손상 없이 필요한 압력강하를 부여하는 것이다. 특별히 설계된 글로브, 니들, 버터플라이, 볼, 플럭 및 다이어프램 밸브는 다양한 각도에서 이러한 요구 사항을 충족시킬 수 있다.

(3) 냉매밸브

팽창밸브라고도 부른다. 액체나 가스의 흐름을 제어해 주는 밸브로, 냉동 사이클을 구성하는 주요 요소이다. 냉매 액의 증발에 의한 열 흡수작용이 용이하도록, 냉매의 압력과 온도를 강하시키며 냉동 부하의 변동에 대응할 수 있도록 냉매 유량을 조절하는 밸브이다.

수동식과 자동식으로 구분된다. 자동식에는 온도식, 정압식, 전자식, 플로트식과 열전식 팽창밸브가 있다. 냉장고나 에어컨 등의 제조 시에 구성 부품으로 사용되므로, 현장에서 직접 다루어야 할 경우는 흔치 않다.

(4) 수도(水道)밸브

주택이나 건물 등에서 물 공급 계통에 사용되는 각종 수도꼭지가 이에 속한다. 퀵오프닝 특성이 적용되는 대표적인 밸브이다.

3 밸브의 크기별 기준

(1) 밸브 크기

밸브 크기는 NPS나 DN으로 표시된다. 이는 밸브와 배관의 연결부 또는 플랜지식의 경우 연결되는 플랜지의 크기와도 같다. 밸브 양쪽 끝에 레듀서가 부착되는 경우 밸브의 크기는 레듀서 연결단부의 크기와 같아야 한다.

밸브 크기는 밸브의 안지름(포트의 지름)과 같아야 하는 것이 표준이다. 그러나 산업이 발달 함에따라 밸브에 대한 상용압력이 점차 높아지게 되고, 밸브의 재질이나 크기 등이 더 다양해 지면서 이러한 원칙을 고수하기가 어렵게 되었다.

즉 밸브는 상용압력을 기준으로 클래스 150에서 사작하여 클래스 4 500까지 높아졌다. 그래서 밸브의 크기는 밸브의 안지름과 반드시 같을 필요가 없어졌다. 그러나 너무 작게 만들어서는 안되기 때문애 밸브코드[1]에서는 **표 2**와 같이 밸브의 안지름을 규정하고 있고, 클래스 150, 300, 600의 NPS 12 이하 밸브의 크기는 안지름과 같다.

(2) 소형 밸브

크기에 따라 밸브를 소형과 대형의 두 가지로 분류하는 것이 일반적이다. NPS 2 이하의 밸브 또는 NPS 2-1/2 이하의 밸브를 소형밸브로 하고 있다.

(3) 대형 밸브

NPS 2-1/2 이상 밸브를 말하지만, 역시 NPS 2-1/2까지를 소형 밸브로도 분류할 수 있다는 점에 유의한다. 크기에 따른 분류는 다양할 수 있으므로 참고용 기준으로 생각하여야 한다.

4 온도별 사용압력 등급

(1) 클래스

밸브의 압력 온도 등급은 **제4장**에서 다룬 것과 같이 클래스 번호로 지정된다.

---

1. 참고문헌 1

표 2 밸브의 안지름, d

NPS	DN	클래스150		클래스300		클래스600		클래스900		클래스1 500		클래스2 500	
		in	mm	in	mm	in	mm	in	mm	in	mm	in	mm
1/2	15	0.50	12.7	0.50	12.7	0.50	12.7	0.50	12.7	0.50	12.7	0.44	11.2
3/4	20	0.75	19.1	0.75	19.1	0.75	19.1	0.69	17.5	0.69	17.5	0.56	14.2
1	25	1.00	25.4	1.00	25.4	1.00	25.4	0.87	22.1	0.87	22.1	0.75	19.1
1-1/4	32	1.25	31.8	1.25	31.8	1.25	31.8	1.12	28.4	1.12	28.4	1.00	25.4
1-1/2	40	1.50	38.1	1.50	38.1	1.50	38.1	1.37	34.8	1.37	34.8	1.12	28.4
2	50	2.00	50.8	2.00	50.8	2.00	50.8	1.87	47.5	1.87	47.5	1.50	38.1
2-1/2	65	2.50	63.5	2.50	63.5	2.50	63.5	2.25	57.2	2.25	57.2	1.87	47.5
3	80	3.00	76.2	3.00	76.2	3.00	76.2	2.87	72.9	2.75	69.9	2.25	57.2
4	100	4.00	101.6	4.00	101.6	4.00	101.6	3.87	98.3	3.62	91.9	2.87	72.9
5	125	5.00	127.0	5.00	127.0	5.00	127.0	4.75	120.7	4.37	111.0	3.62	91.9
6	150	6.00	152.4	6.00	152.4	6.00	152.4	5.75	146.1	5.37	136.4	4.37	111.0
8	200	8.00	203.2	8.00	203.2	7.87	199.9	7.50	190.5	7.00	177.8	5.75	146.1
10	250	10.00	254.0	10.00	254.0	9.75	247.7	9.37	238.0	8.75	222.3	7.25	184.2
12	300	12.00	304.8	12.00	304.8	11.75	298.5	11.12	282.4	10.37	263.4	8.62	218.9
14	350	13.25	336.6	13.25	336.6	12.87	326.9	12.25	311.2	11.37	288.8	9.50	241.3
16	400	15.25	387.4	15.25	387.4	14.75	374.7	14.00	355.6	13.00	330.2	10.87	276.1
18	450	17.25	438.2	17.00	431.8	16.50	419.1	15.75	400.1	14.62	371.3	12.25	311.2
20	500	19.25	489.0	19.00	482.6	18.25	463.6	17.50	444.5	16.37	415.8	13.50	342.9
22	550	21.25	539.8	21.00	533.4	20.12	511.0	19.25	489.0	18.00	457.2	14.87	377.7
24	600	23.25	590.6	23.00	584.2	22.00	558.8	21.00	533.4	19.62	498.3	16.25	412.8
26	650	25.25	641.4	25.00	635.0	23.75	603.3	22.75	577.9	21.25	539.8	17.62	447.5
28	700	27.25	692.2	27.00	685.8	25.50	647.7	24.50	622.3	23.00	584.2	19.00	482.6
30	750	29.25	743.0	29.00	736.6	27.37	695.2	26.25	666.8	24.62	625.3	20.37	517.4
32	800	31.25	793.7	31.00	787.4	29.00	736.6	28.00	711.2	–	–	–	–
34	850	33.25	844.5	33.00	838.2	30.75	781.0	29.75	755.6	–	–	–	–
36	900	35.25	895.3	35.00	889.0	32.62	828.5	31.50	800.1				
38	950	37.25	946.1	37.00	939.8	34.37	872.9	33.25	844.5		–		–
40	1 000	39.25	996.9	39.00	990.6	36.25	920.7	35.00	889.0				
42	1 050	41.25	1 047.7	41.00	1 041.4	38.00	965.2	36.75	933.4				
44	1 100	43.25	1 098.5	43.00	1 092.2	39.87	1 012.6	38.50	977.9				
46	1 150	45.25	1 149.3	45.00	1 143.0	41.62	1 057.1	40.25	1 023.3				
48	1 200	47.25	1 200.1	47.00	1 193.8	43.50	1 104.9	42.00	1 066.8				
50	1 250	49.25	1 250.9	49.00	1 244.6	45.25	1 149.3	43.75	1 111.2				

자료 참고문헌 1. Table A에 의거 재작성.

사용 재질을 기준으로 표준급, 특수급 및 제한급 등 세 가지 유형에 대하여, 클래스 150, 300, 400, 600, 900, 1 500, 2 500 및 4 500로 구분되며, 클래스 별 압력-온도 등급(**제4장 표 16~표 19** 참조)에 표시된 온도는 압력이 작용하는 용기를 포함하여 구성 요소에 대한 온도이다. 배관 시스템 또는 펌프, 탱크, 열교환기, 압력용기, 밸브 등은 구성 요소로 간주된다.

(2) 밸브의 급수 및 제한

밸브의 급수별(표준, 특수, 제한급 및 중간급)과 밸브의 이음방식별로 클래스에 적용할 수 있는 범위는 **표 3**과 같다. 플랜지식 밸브의 경우는 어느 클래스를 막론하고 표준급으로만 적용할 수 있다. 이는 플랜지 이음부에서의 누설문제 즉 안전성이 감안된 것으로, 특수급, 제한급이나 중간급으로는 사용을 금지한다는 의미이다.

표 3 밸브 분류 및 제한

클래스	150	300	400	600	900	1 500	2 500	4 500(1)
표준급(2)	O	O	O	O	O	O	O	O
특수급(3)	O	O	O	O	O	O	O	O
제한급(4), (5)	O	O	O	O	O	O	O	O
중간급(6)	O	O	O	O	O	O	O	O
맞대기용접식	O	O	O	O	O	O	O	O
소켓용접식(4), (7)	O	O	O	O	O	O	O	O
플랜지식(8)	STD	STD	STD	STD	STD	STD	STD	
나사식(4), (7), (9)	O	O	O	O	O	O	O	

주 (1) 클래스 4 500은 용접식 밸브에만 적용된다.
(2) 표준급 밸브는 코드(ASME B16.34. 이하 같음)에서의 요구사항을 준수하는 밸브로, **제4장 표 16~표 19**의 A급 값을 초과해서는 안 된다.
(3) 코드의 요구시험에 합격한 나사식 또는 용접식 밸브는 특수급 밸브로 지정할 수 있다. **제4장 표 16~표 19**의 B급의 값을 초과해서는 안 된다. 플랜지식 밸브에 특수급을 적용해서는 안 된다.
(4) 코드의 요구사항을 준수하는 NPS 2-1/2 이하의 용접 또는 나사식 밸브는 제한급 밸브로 지정할 수 있다. 플랜지식 밸브는 제한급을 적용하지 않는다.
(5) 2 500 이상의 나사식 밸브 및 4 500 이상의 소켓용접식 밸브는 코드의 범위에 속하지 않는다.
(6) 용접식 또는 나사식 밸브는 보간법을 적용하여 표준급 또는 특수급의 중간급을 적용할 수 있다.
(7) NPS 2-1/2 보다 큰 나사식 및 소켓용접 밸브는 코드의 범위에 속하지 않는다.
(8) 플랜지식 밸브는 표준급으로 한다.
(9) 나사식 밸브에 2 500 이상 또는 538°C(1 000°F) 이상의 온도 등급은 코드의 범위에 속하지 않는다.

2 밸브의 구성

2.1 압력유지 부품

1 몸통

내부 유체와 접촉되는 부분이나 부품들 즉 ① 밸브 몸통, ②보닛 또는 덮개, ③디스크 및 몸통 보닛 볼트는 밸브의 압력 유지 부품으로 분류된다.

밸브 몸통은 내부 밸브 부품을 수용하고 유체 흐름을 위한 통로를 제공하며, 주조, 단조, 조립 또는 이와 같은 방법들의 조합으로 제조된다.

밸브 몸통의 제조에는 다양한 종류의 금속 및 합금(**제3장** 배관재료 참조)은 물론 비금속도 사용된다. 다만 사용되는 재료는 특정한 규격이나 크기 및 압력 등급의 제한 범위 내에 들어야 한다. 밸브 몸통의 끝단(端, end)은 맞대기나 소켓용접식, 나사식, 플랜지식 또는 볼트식, 솔더링, 브레이징, 솔벤트 시멘트 이음, 기계적 이음이나 커플링 이음 등의 다양한 방법으로 배관 또는 장비의 노즐에 연결할 수 있도록 설계된다.

표 4는 밸브 몸통에 사용되는 재료별 적용 가능한 이음 방법을 보여주는 것이다.

표 4 밸브 몸통 재질 및 사용 가능한 이음방법

이음방법 / 재료	플랜지	용접		나사	솔더링	브레이징	기계적 이음	솔벤트 시멘트
		맞대기	소켓					
탄소강	O	O	O	O			O	
스테인리스강	O	O	O	O			O	
합금강	O	O	O	O			O	
회주철	O			O				
덕타일주철	O			O				
청동	O			O	O	O	O	
황동	O			O	O	O	O	
순동	O			O	O	O	O	
열가소성 플라스틱	O						O	O

주 플랜지식 밸브에는 플랜지식과 플랜지 사이에 끼워 사용하는 웨이퍼 및 러그식 밸브가 포함된다

② 보닛과 보닛 볼트

(1) 보닛

보닛은 밸브 몸통에 고정되어 압력을 유지하는 공간을 완성한다. 게이트, 글로브, 첵 및 다이어프램 밸브의 경우에는 밸브 스템이 통과 할 수 있는 개구부를 가지고 있어서 이를 통한 누설을 방지할 수 있도록 일반적으로 스터핑 박스가 포함된다. 특히 밸브가 설치된 상태에서 밸브 내부에 접근하여 수리 및 교체작업이 가능하게 한다

밸브의 주요 동작에는 보닛과 요크 및 작동 메커니즘이 포함된다. 보닛은 밸브 상단의 동작을 지지하는 기본요소가 된다. 밸브 보닛을 밸브 몸통에 부착하는 방법에는 ① 볼트, ②압력 씰(seal) 이음, ④나사, ⑤용접, ⑥유니온 조인트, ⑦클램프 씰 등 여러 가지 유형의 다음 방법이 적용된다. 일부 밸브에는 밸브 몸통과 보닛을 하나로 결합시킨 설계가 적용되기도 하는데, 이를 일체형 보닛이라고 한다.

볼트 체결형으로의 보닛 설계는 일반적으로 회주철 또는 가단주철, 주강이나 단강 및 합금강을 사용하는 NPS 2-1/2 이상 및 클래스 600 이하의 밸브에 사용된다.

압력 씰 이음식의 보닛 설계는 일반적으로 클래스 600 이상의 등급으로 제조되는 밸브에 적용되며, 몸통과 보닛 접합부의 기밀성이 우수한 것으로 간주된다. 클래스 900 이상의 밸브에 볼트 체결형 보닛 설계를 적용하여 생산되는 경우도 있다.

(2) 보닛 볼트

볼트에는 볼트, 너트 및 와셔가 포함된다. 사용할 볼트는 적용 가능한 코드, 표준 또는 관련 규정에 따라 적용 할 수 있는 재료로 만들어야 한다. 허용되는 볼트 재질은 해당 밸브 표준(**제3장** 배관재료)을 참조한다.

③ 디스크와 트림

(1) 디스크

디스크는 위치에 따라 흐름을 허용, 조절 또는 정지시키는 부분이다. 플럭 밸브나 볼 밸브의 경우 디스크를 플럭 또는 볼이라고 한다. 밸브 디스크는 주조, 단조 또는 조립으로 제작될 수 있다. 밸브가 닫힌 위치에 있을 때 디스크는 밸브 시트와 합쳐진 상태가 되고, 유체의 압력에 의해 디스크가 시트에서 멀어지도록 작동하는 첵밸브나 세이프

티 릴리프밸브를 제외한 다른 밸브에서는 밸브 스템이 움직여야 디스크가 밸브 시트에서 멀어질 수 있다.

경우에 따라 밸브 디스크는 압력 유지 부품 또는 압력을 포함하는 부품으로 간주하지 않는다. 왜냐하면, 밸브가 열린 위치에 있을 때 디스크는 압력 유지 또는 압력이 가해진 상태에서 기능을 수행하지 않기 때문이다. 그러나 동일한 밸브가 닫히면 디스크는 압력 유지 기능을 수행하게 된다.

(2) 트림

밸브 트림 부품은 서로 다른 힘과 조건을 견디어야 하는 다양한 특성으로 인해 여러 가지 재료와 재질로 구성된다. 예로, 부싱 및 패킹 그랜드는 밸브 디스크 및 시트와 같은 힘과 조건에서 사용되는 것이 아니다. 유량특성, 화학성분, 압력, 온도, 유량, 속도 및 점도는 적합한 트림 재료를 선택할 때 고려해야 할 중요한 사항이다. 트림 재료는 밸브 몸통 또는 보닛의 재료와 같을 수도 있고 다를 수도 있다.

2.2 비압력유지 부품

1 밸브 시트

(1) 시트 수

밸브에는 하나 이상의 시트가 있을 수 있다. 글로브 또는 스윙 첵밸브의 경우는 일반적으로 하나의 시트가 있으며, 디스크와 밀봉을 형성하여 흐름을 차단한다. 두 개의 시트가 있는 게이트 밸브의 경우에는 하나의 시트는 상류측에 다른 하나는 하류측에 있다.

게이트 밸브 디스크 또는 쐐기에는 밸브 시트와 접촉하여 흐름의 차단을 위해 밀봉을 형성하는 2개의 시트 표면이 있다. 멀티 포트 플럭 밸브 및 볼밸브에는 플럭 또는 볼의 수에 따라 여러 개의 시트가 있을 수 있다.

(2) 누설비율

밸브의 누설비율은 밸브 디스크와 시트 사이의 밀봉 효과에 정비례한다. 밸브 표준 MSS SP 61, API 598 및 ASME B16.34는 허용 가능한 누설비율을 지정하고 있다. 그러므로 밸브 사용자는 적용에 대한 요구사항을 충족시키기 위해 누설비율에 대한 정도를 지정할 수 있다. 밸브 제조업체는 금속 시트로는 쉽게 달성할 수 없는 원하는 기밀성을 얻기 위하여 효과적인 엘라스토머[2] 및 금속제 시트와 관련된 여러 조합의 밸브 시트 재료를 개발하여 사용하고 있다.

(3) 시트의 종류

밸브 시트에는 일체형, 교환가능형 또는 재생 가능한 시트 링 등이 있다. 소형 밸브에는 일반적으로 나사식, 스웨지식[3] 용접 또는 납땜식 시트가 사용된다. 대형 밸브에는 소형 밸브에 적용하는 시트 외에도 밸브 몸통과 일체로 주조 또는 단조되고 열처리에 의해 강화되거나 스텔라이트[4]와 같은 단단한 재료로 표면이 강화된 시트도 있다. 스텔라이트를 사용하여 밸브 시트와 디스크를 모두 경화시킨 경우는 밸브를 완전히 스텔라이트 처리 했다고 하고, 시트만 경화시킨 경우는 밸브를 반쯤 스텔라이트 처리 했다고 부른다. 이 방법 이외에도 열처리는 또 다른 경화 방법이 된다.

(4) 마찰에 의한 손실(摩損) 예방

밸브 디스크 및 밸브 시트 간의 마찰에 의한 손실 즉 마모(磨耗)를 방지하거나 최소화하여야 한다. 이를 위하여 밸브 시트 부분 중 디스크와 접촉하는 면과 디스크 표면 중에서 시트와 접촉하는 면은 경도가 서로 다르다. 즉, 고정식 밸브 시트는 디스크 장착 면보다 약간 경화되어 있다. 이와같이 두 면 간의 경도 차이를 유지하는 것은 밸브 산업 분야에서 일반적인 관행이다.

2 밸브스템

(1) 용도

밸브 스템은 밸브를 열거나 닫을 때 디스크, 플럭 또는 볼에 필요한 동작을 전달하는

---

2. elastomer(탄성 중합체), 실리콘 고무와 같은 합성고무 따위.
3. swaged-in. 지름이 작게 만들어져 늘려서 끼워야 하고, 압착력에 의하여 기밀성유지가 좋다.
4. Stellite. 내마모성을 위해 설계된 다양한 코발트-크롬 합금. 합금은 또한 텅스텐 또는 몰리브덴 및 소량의 탄소를 함유 할 수있다

기구이다. 한쪽 끝은 밸브 핸드휠, 액츄에이터 또는 레버에 연결되고 다른 쪽 끝은 밸브 디스크에 연결된다. 게이트 또는 글로브 밸브가 열리거나 닫치려면 디스크는 선형운동, 버터플라이 밸브는 디스크가 회전운동 해야 한다. 스톱 첵밸브 이외의 첵밸브에는 스템이 없다.

(2) 외부나사와 요크를 가진 라이싱 스템(RS W/OS&Y)

스템의 가장 바깥쪽 부분에는 나사가 있고 밸브 안쪽의 스템 부분에는 나사가 없다. 스템의 나사부는 스템 패킹에 의해서 유동 매체에 노출되지 않는다. 이러한 밸브는 두 가지 형태로 설계되는데, 하나는 스템과 핸드휠이 고정되어 함께 오르내리고, 다른 하나는 핸드휠은 고정되고 스템만이 오르내리는 형태인데, 핸드휠에는 나사를 통과시키는 슬리브가 있다. OS&Y은 NPS 2 이상 밸브에 일반적으로 적용된다.

일부 코드[5]에서는 NPS 3 및 600 psi(4 140 kPa) 이상의 압력용으로는 OS&Y 밸브를 사용하도록 규정하고 있다.

(3) 슬라이딩 스템

밸브를 여닫을 때 스템이 회전하지 않고, 밸브 안팎으로 미끄러 진다. 이러한 설계는 수동 레버 작동식 퀵 오픈 밸브, 유압 또는 공압 시린더로 작동하는 컨트롤 밸브에 적용된다.

(4) 로타리 스템

볼, 플럭 및 버터플라이 밸브에서 일반적으로 사용되는 스템이다. 스템의 1/4 회전 동작으로 밸브가 열리거나 닫친다.

3 스템 패킹

스템 패킹은 응용 분야에 따라 다음 두 가지 기능 중 하나 또는 두가지 기능을 모두 수행한다. ①밸브로부터 유동 매체의 누설 방지, ②밸브로 외부 공기 유입방지(진공용). 스템 패킹에는 부품의 하나로 스터핑 박스가 포함된다. 패킹링은 패킹 너트나 패킹 그

5. ASME B31.1, Power Piping

랜드 볼트를 조여 줌으로서 적정한 상태로 압축이 이루어진다.

누설방지를 위해 정기적으로 패킹링을 점검하고 조여주어야 하며, 만약 누설이 멈추지 않으면 패킹을 교체해 주어야 한다.

원추형 스프링 와셔(belleville washers)[6]는 누설을 효과적으로 차단하기 위해 패킹에 상시 힘을 가하여 압축을 유지하는 데 사용된다.

스터핑 박스(stuffing box)는 밸브 스템의 회전이나 슬라이딩 부분 사이로의 유체누설을 방지하기 위한 패킹이나 씰 등이 채워지는 곳으로, 밸브를 어떻게 사용하느냐에 따라서 다음과 같은 부품 중 일부 또는 전부를 포함하게 된다.

①중간 랜턴링으로 분리된 2개의 패킹링 세트, ②하단 정크링, ③하부 패킹링 세트를 지나 누수를 감지하고 누수 수집 탱크로 배출되는 누수 연결구, ④압축 공기를 사용하여 패킹링을 제거하기 위한 블로우오프 연결, ⑤원추형 스프링 와셔, ⑥패킹 씰에서 누설을 방지하기 위해 외부 스템 공급 장치를 사용하는 스템씰 연결. ⑦스템씰 연결의 대안으로 밸브 내 진공 손실을 방지하기 위해 그리스 또는 실란트 씰 연결, ⑧진공용 패킹 등.

그림 1은 이와 같은 스터핑 박스의 간단한 예를 보여주는 것이다.

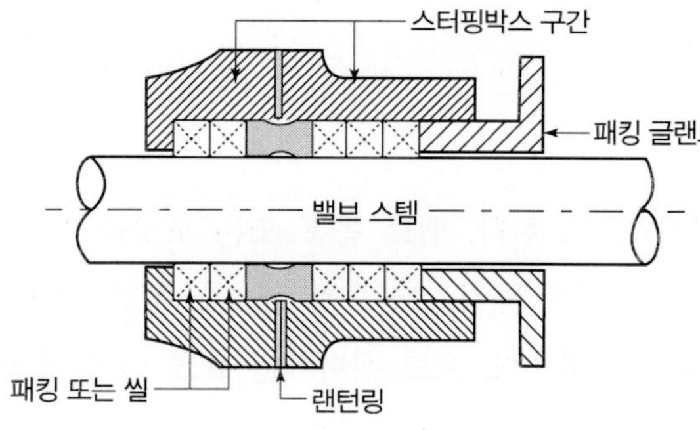

그림 1 스터핑 박스

6. Belleville washers. 원추형 스프링, 원추형 스프링 와셔, 디스크 스프링, 컵 스프링 와셔로 알려진 Belleville 와셔는 축을 따라 정적으로 또는 동적으로 힘을 가할 수 있는 원추형 쉘 즉 와셔 모양의 스프링이다.

4 스템 프로텍터와 백 시트

(1) 스템 프로텍터

OS&Y 게이트 및 글로브 밸브의 경우, 밸브가 열린 위치에 있을 때는 스템의 나사부가 외부 환경에 노출되므로, 이 부분에 공기 중 먼지 등의 이물질이 쌓여서 부드러운 작동이 불가능하거나 스템 부싱의 수명을 단축시킬 수 있다.

그래서 스템을 보호하기 위해 투명한 플라스틱 슬리브나 튜브 또는 끝에 캡이 있는 파이프 형태의 스템 보호 덮개를 씌워준다. 보호 덮개는 스템이 최대로 움직일 수 있는 길이이어야 한다.

(2) 백 시트

백시트는 스템의 어깨와 보닛의 밑면에 있는 결합면으로 구성된다. 스템이 완전히 열린 위치에 있을 때 밀봉을 형성한다. 밸브 쉘에서 패킹 챔버로의 유동 매체의 누설 및 밸브 외부로의 누설을 방지하기 위한 것이다. 백 시트는 밸브를 통하여 유체 흐름을 방해하지 않으면서 보닛 너머로 밸브를 분해할 수 있다. 또한 밸브 작동 중에 스터핑 박스를 교체할 수 있다.

5 요크

요크(yoke)는 요크암이라고도 한다. 밸브 몸통 또는 보닛을 작동 메커니즘과 연결하는 부품이다. 경우에 따라 요크에 패킹 그랜드가 볼트로 체결되기도 한다. 많은 밸브들이 보닛과 일체형의 요크를 사용한다. 요크 상단에는 요크 너트, 스템 너트 또는 요크부싱이 있으며 밸브 스템이 통과한다. 동력을 사용하는 밸브의 경우 요크암은 액츄에이터를 적절히 지지할 수 있도록 더 크고 강하게 만들어진다. 요크는 일반적으로 스터핑 박스, 포지셔너, 액츄에이터 커플링 등을 부착할 수 있게 되어있다. 구조적으로 요크는 액츄에이터에 의해 발생되는 힘, 모멘트 및 토크를 견딜 수 있을 만큼 견고해야 한다.

밸브스템이 통과하는 요크 상단에는 암나사 너트가 고정되어 있다. 게이트 및 다이어프램 밸브에서는 요크너트가 회전하므로 그 회전 방향에 따라 스템이 상하로 이동하게 된다. 글로브 밸브의 경우 너트가 고정된 상태로 유지되고 스템이 너트를 통해 회전하게 된다. 일반적으로 요크너트나 요크부싱은 작은 힘으로도 작동할 수 있도록 밸브의 스템보다 연한 재질로 만든다. 밸브의 개폐에 더 큰 힘이 필요한 밸브에는 경화된 스템과 요크 부싱 사이의 마찰 최소화를 위해 부동방지가 된 요크 슬리브 베어링이 사용된다.

3 밸브의 유량

3.1 오리피스

❶ 오리피스 통과유량

(1) 오리피스

유량해석 시의 밸브는 오리피스로 가정한다. 오리피스는 유로의 단면을 축소 시킨 것이다. 유로의 단면이 축소되면 입출구 간에 압력차가 발생하게 되고 이것이 즉 밸브에서의 부차적 손실인 압력강하(pressure drop)이다. 내부 구조상 마찰저항 때문에 에너지 손실이 발생한 결과로, 영향을 미치는 요인 중 일부는 유로의 단면과 모양의 변화, 유로의 장애물 및 유로의 방향 변화가 포함된다.

(2) 유로 단면 변화의 영향

오리피스는 베르누이 방정식 즉 유속이 증가하면 압력은 낮아지고, 반대로 유속이 감소 하면 압력은 높아지는 원리를 적용하여 유량측정에 사용한다. 기본적으로 단면적에 유속을 곱하는 것은 같으나 유체가 통과하는 구멍이 작아서 저항이 크게 발생하므로 그대로 사용할 수는 없다.

배관계통에 오리피스를 설치한 **그림** 2를 기준으로 통과하는 유량을 계산해 보자.

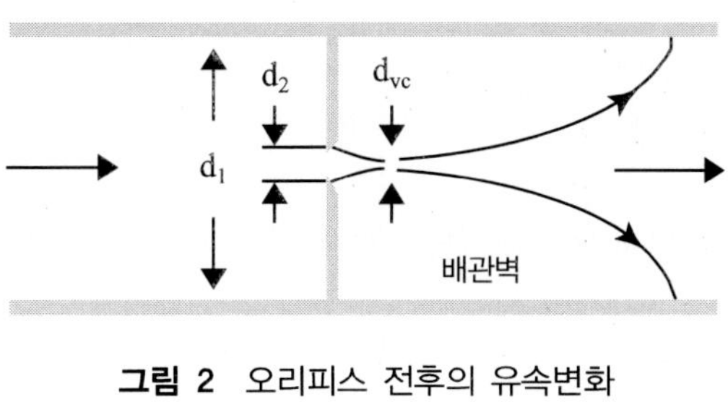

그림 2 오리피스 전후의 유속변화

d_1은 관의 안지름(mm), d_2는 오리피스의 지름(mm), d_{vc}는 베나콘트렉타(vena contracta)의 지름(mm)이다. 수평 배관이며 마찰손실은 무시할 수 있고, 비압축성, 비점성 유체의 층류유동으로 가정한다.

관와 오리피스에서의 유속 V_1, V_2(m/s)와 유체의 밀도를 ρ(kg/m^3), 압력을 P_1, P_2 (Pa)라고 하고 두 지점간의 에너지 손실을 구하면

$$P_1 + \frac{1}{2}\rho V_1^2 = P_2 + \frac{1}{2}\rho V_2^2$$

또는

$$P_1 - P_2 = (\frac{1}{2}\rho V_2{}^2) - (\frac{1}{2}\rho V_1{}^2) \quad (1)$$

이 된다. 관과 오리피스의 단면적을 A_1, A_2(m^2)로 하여 연속방정식을 사용하면

$$Q = A_1 V_1 = A_2 V_2 \text{ 또는 } V_1 = \frac{Q}{A_1},\ V_2 = \frac{Q}{A_2}$$

이다. 이를 식(1)에 대입하면

$$P_1 - P_2 = \frac{1}{2}\rho(\frac{Q}{A_1})^2 - \frac{1}{2}\rho(\frac{Q}{A_2})^2$$

가 된다. 그러므로 통과 유량은

$$Q = A_2\sqrt{\frac{2(P_1 - P_2)/\rho}{1-(A_2/A_1)^2}}$$

$$= A_2\sqrt{\frac{1}{1-(d_2/d_1)^4}}\sqrt{2(P_1 - P_2)/\rho} \quad (2)$$

가 된다.

식에서 Q: 이론유량, $\beta = d_2/d_1$로 하고 유량계수(coefficient of discharge) C_d(무차원)를 고려하면

$$Q = C_d A_2\sqrt{\frac{1}{1-\beta^4}}\sqrt{2(P_1 - P_2)/\rho} \quad (3)$$

가 된다. 여기서 더 간단하게 표시되는 체적 유량식을 얻기 위해 C를 도입하고 이를 오리피스 유량계수라고 정의했다.

$$C = \frac{C_d}{\sqrt{1-\beta^4}} \tag{4}$$

그러므로 최종적으로 오리피스를 통과하는 유량계산식은

$$Q = CA_2\sqrt{2(P_1 - P_2)/\rho}\ ,\ \mathrm{m^3/s} \tag{5}$$

이 되고, 질량유량($\dot{m}$)은

$$\dot{m} = \rho Q = CA_2\sqrt{2\rho(P_1 - P_2)},\ \mathrm{kg/s} \tag{6}$$

이 된다.

이상의 여러 방정식에서는 실제로 유선의 지름이 가장 작은 베나콘트렉타의 단면적을 적용하지 않았으며, 또한 실제로 마찰손실은 무시할 수 없고, 점도와 난류효과도 존재한다는 문제점이 있다. 그래서 유량계수가 고려된 것이고 이는 레이놀드수를 함수로 하는 방정식으로 계산된다.

2 유로 면적과 유속

밸브를 통과하는 유량은 결국 유로 면적과 유속이 변수이고, 유로 면적은 포트의 지름이 기준이다. 글로브 밸브 형태를 기본으로 하는 조절밸브 경우의 유량계수는 오리피스 이론을 적용하므로 밸브를 통과하는 유량을 구하기 위해서도 밸브 유량계수(flow coeffi-cient)가 필요하다.

특히 조절밸브에서 유량계수란 밸브의 능력을 표시하는 값으로, 적정 규격을 선정하는 데 있어서 필수적인 자료일 뿐만 아니라, 그 밸브의 신뢰성을 입증하는 것이다. 밸브의 유량계수는 밸브의 각 개도마다 다른 값을 가지므로, 밸런싱 밸브와 같은 경우에는 밸브 크기별 유량계수를 많이 제시되는 밸브일수록 사용범위가 넓은 제품이다. 밸브 입, 출구에서의 압력이 $P_1,\ P_2(Pa)$일 때 통과유량 Q는

$$Q = K_v\sqrt{P_1 - P_2} = K_v\sqrt{\Delta P} \tag{7}$$

이 된다. 이 식에서 K_v는 유량계수, ΔP는 압력강하이다.

압력 회복계수

오리피스는 유량을 조절하거나 측정하는 데 사용하는 대표적인 기구이다. 안지름이 큰 배관에 지름이 작은 오리피스를 삽입하면, 그 오리피스 전후에서의 유속이 변화되어 압력이 떨어진다.

그림 3은 밸브가 설치된 배관계통에서 ①밸브(오리피스) 입구, ②베나 콘트랙타, ③밸브 출구 등 3지점 간의 압력 변화를 보여주는 것이다. 압력 변화는 즉 유속변화를 가져오게 되므로 베나콘트랙타에서 최저의 압력과 최대의 유속이 나타난다. 이 지점을 통과하면서 압력과 속도는 점차 회복되지만 저항에 의하여 입구측 상태보다는 항상 낮다.

밸브를 통과하는 유체의 압력이 베나콘트랙타를 지난 다음 어느 수준까지 회복될 수 있는지를 나타내는 값이 회복계수(valve recovery coefficient)이며, 식(8)과 같이 표시된다.

$$K_m = \frac{\triangle P_m}{\triangle P_{vc}} = \frac{\triangle P_m}{P_1 - P_{vc}} \tag{8}$$

최대 압력강하는

$$\triangle P_m = K_m (P_1 - P_{vc}) \tag{9}$$

가 된다. 식에서

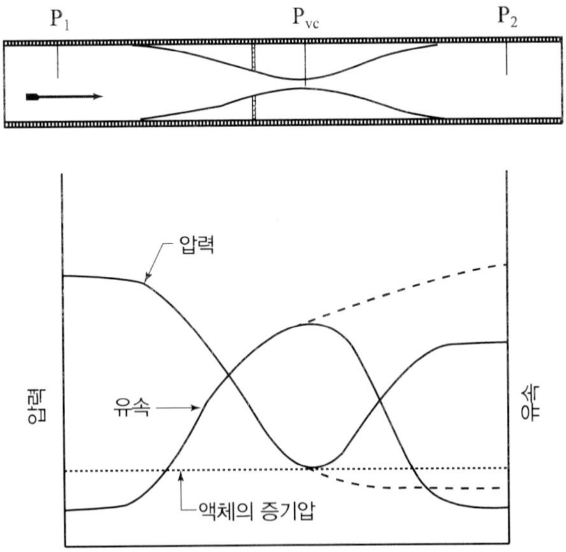

그림 3 오리피스에 의한 압력과 유속의 변화

K_m : 회복계수

P_1 : 밸브 입구에서의 압력

P_{vc} : 베나콘트랙타에서의 압력

$\triangle P_m$: $P_1 - P_2$

$\triangle P_{vc}$: $P_1 - P_{vc}$

이다.

그림 4는 실무적으로 많이 사용하는 볼밸브와 글로브 밸브를 대상으로 회복계수를 비교한 것이다. 밸브 전체를 통해서 유지되는 압력강하($\triangle P_{obs}$)를 보면 볼밸브의 경우는

$$\triangle P_{obs} = P_1 - P_{2A}$$

로 그 값이 작은데 비하여, 글로브 밸브의 경우는

$$\triangle P_{obs} = P_1 - P_{2B}$$

로 볼밸브에 비하여 매우 크다. 만약 두 밸브의 유량계수(C_v 또는 K_v)가 같다면 압력강하($P_1 - P_2$)가 서로 다르다고 해도 밸브를 통과하는 유량은 같을 것으로 생각하기 쉽지만, 실제적으로는 같지 않다.

유량은 $\triangle P_{obs}$에 비례하기 때문이다. 이렇게 밸브의 종류별로 회복계수가 다른 것은 밸브 내부의 기하학적 구조 때문이다. **표 5**는 밸브 몸통의 형태별 회복계수를 보여주는 것이다.

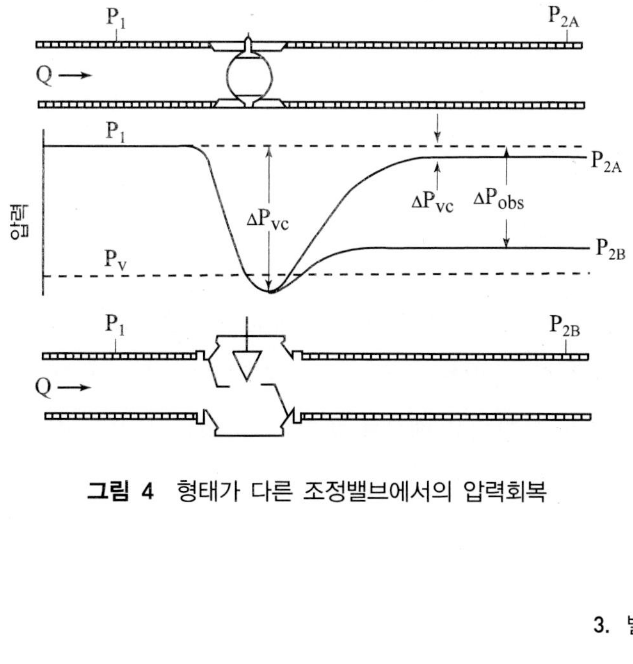

그림 4 형태가 다른 조정밸브에서의 압력회복

표 5 밸브 몸통 형상별 대표적인 회복계수(전개 상태 기준)

밸브 몸통 형상	회복계수(K_m)
글로브: 싱글시트, 유로개방	0.70~0.80
글로브, 더블 시트	0.70~0.80
앵글: 유로개방	
벤츄리 아웃렛	0.20~0.25
표준 시트링	0.50~0.60
앵글: 유로개방	
최대 오리피스	0.70
최소 오리피스	0.90
볼밸브:	
V-노치	0.40
컨벤셔날	0.30
버터플라이 밸브:	
60°개방	0.55
90°개방	0.30

자료 참고문헌 6.p213에 의거 재작성

4 압력강하

대부분의 경우 압력강하는 난류범위에서 작동할 때 유량의 제곱에 따라 달라진다. 정지밸브의 경우에는 동일한 크기의 밸브를 비교할 때 이 값이 작은 밸브가 상대적으로 좋은 밸브라고 할 수 있다. 그러나 조절밸브에서는 이 값을 조정하여 목표치를 맞추게 되므로 그 범위가 커야 좋다. 그래서 밸브 몸통은 유로가 90°로 방향을 전환함에 따라 저항이 크게 발생하는 글로브 형태를 취한다. 조절밸브의 성능선도는 유량과 압력강하를 양축으로 표시한다.

3.2 밸브 유량계수

C_v와 K_v

밸브 특히 조절밸브 선정의 편의를 위해서 제조자는 밸브용량 즉 밸브를 통과할 수 있는 유량을 표시해야 한다. 밸브의 유량은 유량계수(C_v, K_v)의 함수이기 때문이다.

유량계수는 일정한 조건에서 밸브를 통과할 수 있는 유량을 체적유량으로 표시한 것으로 다음과 같이 주로 C_v 또는 K_v값이 사용되지만 SI 단위계로는 A_v로도 표시된다.

제조자는 또한 기준 이외의 압력강하에 대한 유량계수도 제공해야 한다.

(1) C_v

밸브 전후의 압력차를 1 psi로 하고, 비중이 1인 60°F의 맑은 물을 흘렸을 때 통과될 수 있는 유량을 GPM으로 표시하며, $ft-lb$ 단위계를 사용하는 국가들에서 사용된다.

(2) K_v

밸브 전후의 압력차를 1 bar로 하고 비중이 1인 5~40°C의 맑은 물을 흘렸을 때 통과할 수 있는 유량을 m^3/h로 표시하며, 메트릭 단위계를 사용하는 유럽, 한국, 일본 등에서 사용된다. K_v는 오리피스의 통과유량 식(5)에서 $CA_2\sqrt{2/\rho}$와 같은 것이고 물의 경우에는 $CA_2\sqrt{2}$ 이다. 그리고 이들의 관계는 식(10)과 같이 환산된다.

$$1K_v = 1.167C_v,\ 1C_v = 0.86K_v \tag{10}$$

즉 1 GPM=0.227 m^3/h, 1 m^3/h=4.403 GPM을 의미하는 것이다.

2 유량 시험장치

유량계수는 규정된 유량 시험장치를 사용하여 구한다. **그림 5**는 시험용 밸브에 대한 여러 개도에서의 유량계수을 구하기 위한 일반적인 시험장치이다. 글로브 밸브1로 입구측 압력(PG1. 예 200 kPa)을 조절하거나 맞추고, 글로브 밸브2로 밸브 전후에 일정한 차압이 되도록 조정한다(PG2. 예 100 kPa). 공급 압력 변동을 최소화하기 위해서는 중력 탱

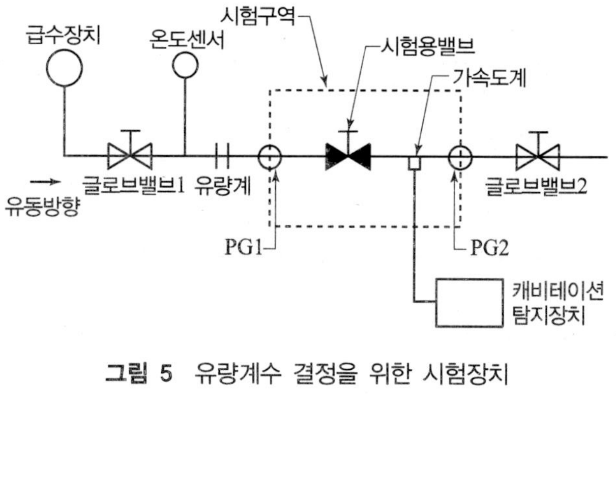

그림 5 유량계수 결정을 위한 시험장치

크를 사용할 수 있고, 또 바이패스 밸브를 두어 공급 압력을 미세하게 조정할 수도 있다. 세부사항은 표준[7]을 참조한다.

3.3 정지밸브에 대한 압력시험[8]

쉘(shell) 누설시험

밸브의 압력 등급을 입증하기 위한 시험이다. 밸브 내부에서 외부로의 누설 즉, 밸브 몸통 자체에 누설이 있는지의 여부를 판단하기 위함이며, 시험 절차와 방범은 다음과 같다. ①시험압력은 시험용 밸브의 사용온도 38°C(100°F) 기준에서의 설계압력 등급의 1.5배 이내의 압력으로 한다. ②쉘 누설시험은 밸브가 부분적으로 열린 위치에 있고 밸브 끝이 닫힌 상태에서 수행되어야 한다. 밸브에 필요한 쉘 시험압력에 견디도록 설계되지 않은 다이어프램 밸브의 다이어프램과 같은 내부 부품이 밸브에 있는 경우 밸브의 압력 유지 부품은 별도로 시험할 수 있다. 그러므로 제조자는 이러한 제한에 대한 안내 문구가 제품에 포함되도록 해야 한다. ③압력 경계벽을 통한 시각적 누설은 허용되지 않는다. 쉘 테스트 중 스템씰에서의 누설이 불합격의 원인이 되어서는 안 된다. 스템씰은 눈에 띄는 누설 없이 밸브의 사용온도에서의 설계 압력 등급과 동일한 압력을 유지할 수 있어야 한다. ④쉘 누설시험의 최소 지속 시간은 **표 6**과 같다.

2 시트 폐쇄상태 시험

정지 밸브 및 첵밸브와 같은 차단 또는 격리 용도로 설계된 각 밸브는 시트의 폐쇄로

표 6 쉘 누설 시험 지속 시간

밸브 크기, DN	시험 시간 (초)
50 이하	15
65-200	60
250 이상	180

7. 참고문헌 2.
8. 참고문헌 3.

유체의 흐름을 차단할 수 있는지를 판단하기 위한 기밀시험을 실시해야 한다. 시험 절차와 방법은 다음과 같다.

①시험압력은 시험용 밸브의 사용온도 38°C(100°F) 기준에서의 설계압력 등급의 1.1배 이상의 압력으로 하며, 시험 매체로는 액체나 가스를 사용한다. 제조업체의 선택에 따라 **표 7**에 표시된 밸브 크기 및 압력 등급에 대해서는 5.6 bar(80 psi) 이상의 가스 압력시험으로 대체할 수 있다. ②시트 폐쇄 시험은 순수한 시트 표면 상태에서 수행되어야 한다.

밀봉에 도움되는 재료를 삽입하거나 사용해서는 안 된다. ③밸브 작동 중 손상방지를 위해 필요한 경우는 등유보다 점도가 낮은 경유를 시트 표면에 도포 할 수 있다. ④밸브의 1차 시트가 윤활제용 플럭 밸브와 같이 실란트 재료를 사용하도록 설계된 경우는 실란트 재료가 사용된 상태에서 시험할 수 있다. 실란트가 2차 또는 백업 시트씰(seal)의 역할을 하도록 설계된 경우에는 폐쇄 시험 중 실란트 재료는 제거된 상태가 되어야 한다. ⑤조립 작업 시 윤활제를 사용하는 경우 시험결과에 영향을 미치지 않으면 시험 전에 이를 제거하지 않아도 된다. ⑥각 시트 폐쇄 시험의 지속 시간은 **표 8**에 따른다. ⑦각 시트 폐쇠 시의 최대 허용 누설량은 표준의 시험조건 하에서 NPS 단위당 액체로는 10 mL/h, 기체로는 0.1 SCFH(DN 당으로는 0.4 mL/h의 액체 또는 120 NmL/h의 가스) 이하가 되어야 한다. 구체적인 기준은 **표 9**와 같다. 다만 첵밸브와 같은 압력 또는 유체의 역류작용을 폐쇄하는 동작을 하는 밸브의 경우 허용 누설률은 4배 증가 할

표 7 가스압력 시험으로 대체할 수 있는 범위

밸브크기, DN	밸브 클래스
300 이하	300 이하
100 이하	모든 클래스

표 8 시트 폐쇠 시험시간

밸브 크기, DN	시험 시간 (초)
50 이하	15
65-200	30
250-450	60
500 이상	120

표 9 NPS/DN 당 누설량

구분 \ 시험용 매체	액체		기체	
	NPS 당	DN 당	NPS 당	DN 당
단위 시간당 누설량	10 cc/h	0.4 cc/h	10 SCFH 2.88 SCIM	120 cc/h
분당 누설량	0.167 cc/min	6.6×10^{-3} cc/min	47.2 cc/min	2 cc/min
단위 시간당 기포량	2.66(1)방울/min	0.11(1)방울/min	1 180(2)기포/min	50(2)기포/min

주 (1) 참고용임. cc당 16방울(drop) 기준이며, 대략 지름이 0.50 cm(3/16 in)인 구형 방울과 같다.

(2) 참고용임. cc당 25개 기포(bubble) 기준이며, 지름이 약 0.42 cm(5/32 in)인 구형 기포와 같다.

※ 이 누설률은 0.167"OD x 0.091"ID 관이 1"의 깊이로 물에 잠긴 상태의 니들밸브에서 측정된 질소가스 누설량을 기준 한 것이다. 튜브 끝을 모서리가 없이 정사각형으로 매끄럽게 자르고 튜브 축은 수면과 평행하다. 누설은 90 psi에서 10분 동안 40개 기포와 같은 수준으로 조정된 것이다. 40개 기포 = 1.6 mL 또는 1기포 = 0.04 SCC에 해당하며, 이 자료를 사용하면 분당 1기포에 해당하는 누설율은 4.1×10^{-5} in^3/s ($6.7x10^{-4}$ mL/s) 이다.

☞ 단위: 1 mL = 1 cc

SCFH(Standard cubic feet per hour, at 14.7 psia, 60°F⟨1.01 bar, 16℃⟩)

SCIM(Standard cubic inch per minute, at 14.7 psia, 60°F⟨1.01 bar, 16℃⟩)

수 있다. ⑧폐쇄 시 유체의 밀봉을 위해 플라스틱 또는 엘라스토머와 같은 시트 폐쇄부재를 사용하는 밸브의 경우에는 시트 폐쇠시험 기간 동안 눈에 띄는 누설이 없어야 한다.

3.4 조절밸브 누설 허용기준

일반 조절밸브

모든 밸브의 성능 검사 항목 중에는 기본적으로 수압시험이 포함된다. 일반적으로 는 밸브의 내부에서 외부로의 누설검사 만으로 알고 있는 경우가 많으나, 밸브에서의 누설 허용기준은 내부로의 누설시험 결과에 대한 허용기준이다.

표 10은 조절밸브의 누설등급을 나타내는 것이며, **표 11**은 누설등급 Ⅵ에 대하여 허용되는 최대 시트 누설량에 대한 기준이다. 이는 제조 과정에서 정밀을 기한다고 해도 가공 시는 허용공차가 주어지기 때문에 실제 밸브를 사용할 때는 최소한의 누설은 허용되어야 한다는 것이다. 정지 밸브에 대해서도 정밀한 차단을 필요로 하는 경우에는 당사자 간의 합의하에 누설등급을 정할 수 있다.

표 10 조절밸브의 누설등급의 개요

<table>
<tr><th>누설등급</th><th>최대누설 허용 값</th><th>시험용 매체</th><th>시험압력</th><th>시험절차</th></tr>
<tr><td>I</td><td>×</td><td>×</td><td>×</td><td>사용자와 공급자간 합의 시 시험 불필요</td></tr>
<tr><td>II</td><td>정격 유량의 0.5%</td><td rowspan="3">10~52°C의 공기 또는 물</td><td rowspan="3">300~400 kPa 또는 최대 차압 중 낮은 값</td><td rowspan="3">A</td></tr>
<tr><td>III</td><td>정격 유량의 0.1%</td></tr>
<tr><td>IV</td><td>정격 유량의 0.01%</td></tr>
<tr><td>V</td><td>차압 6.9 kPa 일 때 포트지름 25.4 mm당 0.0005 mL/min</td><td>10~52°C의 물</td><td>밸브 플럭 전후의 최대 압력 강하(규격상 몸통에 대한 정격 압력 이하)</td><td>B</td></tr>
<tr><td>VI</td><td>표 11에 표시된 유량 미만</td><td>10~52°C의 공기 또는 질소</td><td>3.5 bar 또는 밸브 플럭 전후의 최대 압력 강하 중 낮은 값</td><td>C</td></tr>
</table>

주 A : 밸브의 입구에 압력을 가한다. 밸브출구는 대기에 개방되거나 또는 수두손실이 낮은 측정장치에 연결되고, 액추에이터는 상시 전폐 추력이 작용되도록 한다.

B : 배관에 밸브를 연결하고 배관과 밸브몸통에 물을 채우고 스템을 돌려 밸브플럭을 닫은 상태에서 밸브입구에 압력을 가한다. 액추에이터에는 최대의 추력이 가해지도록 한다. 안정되어 누설이 발생할 때까지 기다린다.

C : 밸브 입구에 압력을 가한다. 액추에이터는 완전폐쇄 추력으로 조정한 상태에서 안정되어 누설이 발생할 때까지 기다린다. 적절한 측정 장치를 사용한다.

자료 참고문헌 4

표 11 누설등급 VI의 최대 시트 누설 허용치

포트 지름, in	기포 수/min	누설량 mL/min
1	1	0.15
1-1/2	2	0.30
2	3	0.45
2-1/2	4	0.60
3	6	0.90
4	11	1.70
6	27	4.00
8	45	6.75
10	-	11.1
12	-	16.0
14	-	21.6
16	-	28.4

자료 참고문헌 4

② 감압밸브

감압밸브 표준[9]에서는 이를 정역학(靜力學)시험이라고 한다. 정역학시험은 1, 2로 구분되며. 1은(앞에서 다룬 시트 폐쇄상태 시험과 같이) 내부 누설 즉 밸브를 닫았을 때 1차 측에서 2차 측으로의 누설 여부를, 2는(전술한 쉘 누설시험과 같이) 외부누설 즉 밸브 내부에서 외부로의 누설 여부를 판단하는 시험이다. ①정역학 시험1은 내부로의 누설 여부를 판단하는 시험으로, 2차측의 압력을 172 kPa(25 psi)에 맞추고 1차측에 1724 kPa(250 psi)의 압력을 5분간 작용시켰을 때 2차측으로 누설이 없어야 한다. 즉 2차측 압력이 계속 상승하지 않아야 한다. ②정역학 시험2는 외부로의 누설 여부 판단하는 시험으로 1, 2차 측에 1724 kPa(250 psi)의 압력을 5분간 작용시켰을 때 외부로의 누설이 없어야 한다.

4 조절밸브 유량특성

4.1 유량특성에 영향을 미치는 요소

① 포트와 플럭

밸브를 통과할 수 있는 유량은 유량계수에 비례한다. 이러한 유량계수에 영향을 미치는 것은 밸브 내부의 구조이며 그중 포트와 플럭이 가장 중요하다. 이들의 형상을 어떤 형태로 가공하느냐에 따라서 밸브의 유량특성이 달라지기 때문이다.

② 플럭과 디스크

플럭은 시트와 접촉하는 부분으로 스템에 붙어있으며 유량이 통과하는 면적을 변화 시킨다. 글로브 밸브에서는 플럭이고, 게이트와 첵밸브에서는 디스크, 볼과 버터플라이 밸브에서는 디스크나 베인(vane)이라 부른다. 접촉면의 형태와 기능에 따라 퀵오프닝(quick

---

9. 참고문헌 5.

표 12 플럭에 대한국가 별 명칭

미국	유럽	일본
퀵오프닝 특성	flat	평면(平面)
컨투어	shaped, formed	원추(圓錐)
	skirt, pierced(구멍을 낸 것)	

opening) 플럭, 컨투어(contoured) 플럭과 브이포트(v-port) 플럭 등이 있다.

디스크(disc)는 시트와 접촉하는 플럭의 한 부분으로 유체의 흐름을 억제하는 기능을 갖는다. 플럭의 형태에 따라서 디스크가 있는 경우와 없는 경우가 있고, 플럭이 없이 디스크만 있는 경우도 있다. 디스크 플럭이란 이러한 의미에서 나온 말이다. 같은 형상을 취하면서도 **표 12**에서와 같이 명칭이 달리 표기되는 경우가 있으므로 용어에 혼동이 없어야 한다.

(1) 퀵오프닝 플럭

퀵오프닝 유량특성이 있는 밸브에서의 플럭 형태이다. **그림 6**에서와 같이 밸브의 개도(lift)가 포트의 지름(D)의 25%가 되면 유로의 단면적이 포트의 단면적과 같아지게 되어, 밸브 개도를 더 이상 변화시키지 않아도 통과 유량은 최대치에 가깝게 된다. 포트의 지름이 D인, 밸브에서의 최대 유로 면적은 포트의 단면적 A_P이고, 이때 최대유량이 통과된다.

$$A_P = \frac{\pi D^2}{4},\ \mathrm{mm}^2 \tag{11}$$

밸브의 개도를 L(mm)이라 할 때, 포트와 플럭 사이로 유체가 통과할 수 있는 면적 A_S는

$$A_S = \pi DL,\ \mathrm{mm}^2 \tag{12}$$

$A_P = A_S$ 일 때 최대 유량이 흐르게 되므로

$$L = \frac{D}{4},\ \mathrm{mm} \tag{13}$$

가 된다. 즉 개도가 0.25D 일 때 최대의 유량에 근접하지만, 플럭에 의한 저항이 있기 때문에 실제로는 10~15% 개도를 가산한 0.35D에서 최대 유량에 도달한다.

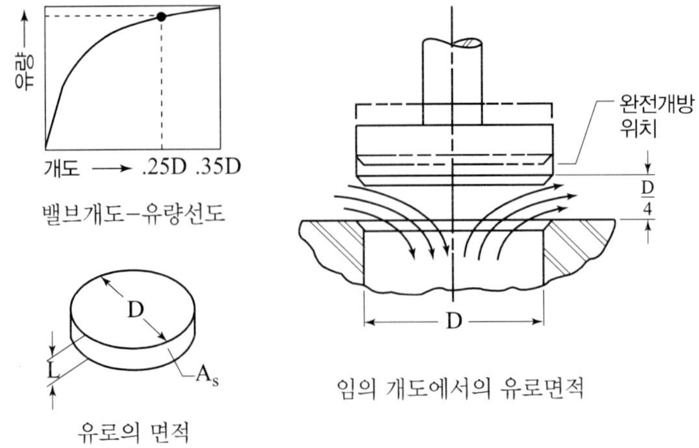

그림 6 퀵오프닝 플럭의 유로면적

(2) 컨투어 플럭 또는 V-포트플럭

리니어 또는 이퀄퍼센테이지 특성을 갖는 밸브에서는 플럭이 포트 안으로 들어가 유체의 저항이 더 크게 발생 되도록 하는 구조이며, 그러면서도 역시 최대 유량이 통과되어야 하는 경우에 사용되는 플럭이다. 이런 형태의 플럭은 유량 변화가 서서히 이루어지며 최대 유량에 대한 밸브의 개도는 퀵오프닝 플럭과 유사하거나 조금 더 크다. 보통 포트 지름의 45% 개도에서 최대 유량에 도달하게 된다.

그림 7에서 포트의 지름이 각각 D_1, D_2이고 포트의 단면적을 A_p라고 하면 컨투어플럭에서는 그대로 식(14)가 되지만, V-포트 플럭에서는 실제 유로면적 A_a는 포트 단면적에서 플럭의 단면적 A_{plug}를 뺀 면적이 되므로

$$A_p = \frac{\pi D_1^2}{4}, \mathrm{mm}^2 \tag{14}$$

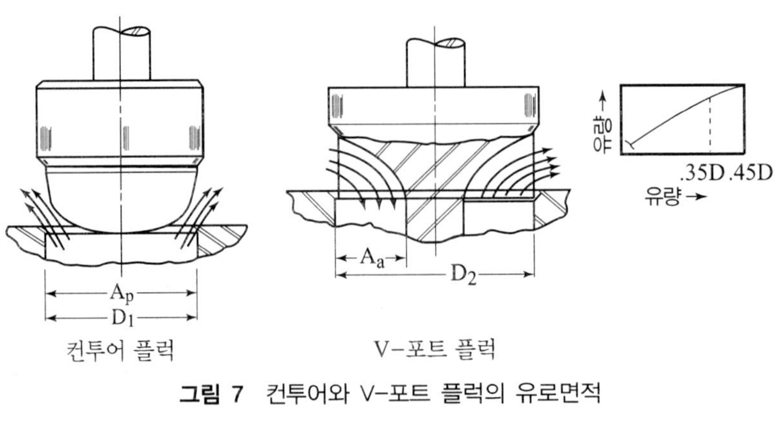

그림 7 컨투어와 V-포트 플럭의 유로면적

$$A_a = (\frac{\pi D_2^2}{4} - A_{plag}),\ \mathrm{mm}^2 \tag{15}$$

이 된다. 여기서 $D_2 > D_1$이면 $A_a = A_p$이고 $0.45D$에서 최대 유량에 도달된다.

(3) 특성화된 플럭과 케이지 형상

제조자가 밸브를 설계된 유량 곡선에 정확히 근접시키도록 하는 방법은 ①밸브 몸통의 형태, ②플럭의 형상, ③시트지름과 관련하여 사용 가능한 리프트, ④공정에서 요구하는 최대유량과 최소유량 조절비율 즉 레인저빌리티[10], ⑤시트 접합부 설계에 달려있다.

최대 흐름 용량은 일반적으로 컨투어프럭 아래가 더 크다. 풀포트 개도에서 컨투어플럭 위로의 흐름 용량은 아래쪽 흐름 용량의 80%에 불과하다. 아래쪽에 가까운 흐름은 설계 유량특성의 기울기 또는 게인[11]을 보다 근접하게 되므로 제어의 안정성이 향상된다. **그림 8**은 유량 곡선에 최대한 근접시키도록 특성화된 플럭과 케이지의 예를 보여준다. V-포트 플럭은 위와 아래로의 유량 차이가 훨씬 작다.

컨투어플럭의 시트와 접하는 면의 가공 형상에 따라서 플럭의 명칭은 달라진다. ①

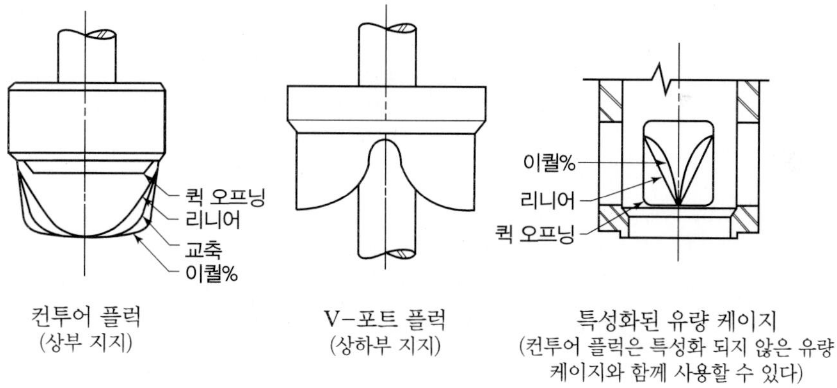

그림 8 유량 특성화된 플럭과 케이지의 형상

---

10. rangeabitity. 조절밸브의 범위는 외부 신호를 수신한 후 조절밸브에 의해 작동될 수 있는 최대유량 대 최소유량의 비율로 정의된다. 턴다운(turndown) 비율이라고도 한다. 예를 들어, 유량계의 턴다운 비율이 50대1이라면 유량계는 최대유량의 1/50까지 정확하게 측정할 수 있음을 의미한다.

11. gain. 조절밸브에서의 게인은 해당 입력의 변화에 대응하는 출력의 변화 비율로 정의된다. 조절밸브의 경우 출력은 시스템의 유량(Q)이고 입력은 밸브의 개도(h)이다. 게인의 그래픽적 해석은 설치된 특성곡선의 기울기이다.

플럭이 없으면 디스크 프럭이 되므로 퀵오프닝 플럭이 되고, ②풀럭이 원추에 가까운 형태로 가공되면 리니어 플럭, ③경사가 둔하게 가공되면 교축(스로틀링) 플럭이며, ④원통에 가깝게 가공되면 이퀄퍼센테이지 플럭이 된다. 각도를 더 조정하여 변형시킨 스퀘어루트(square root)와 하이퍼볼릭(hyperbolic) 특성의 플럭도 특수 목적 밸브에 사용된다.

그림 9는 가공 형상을 달리한 여러 가지 플럭을 사용한 밸브의 개도와 유량과의 관계를 단순하게 표현한 것이다.

케이지(cage)는 유체가 통과할 수 있는 개구부가 있는 원통으로, 플럭은 이 케이지 내부에 위치하게 된다. 따라서 플럭의 상하 운동에 따른 유로 면적이 변화되므로 유량은 증가 또는 감소하게 된다. 조절밸브에서 유량을 조절하는 중요한 요소이다.

그러므로 케이지의 설계 및 배치는 밸브의 유량특성에 미치는 영향이 크므로, 제조자에 따라 다양한 형태의 케이지를 사용한다. 케이지는 또한 플럭이 시트 쪽으로 정확히 이동 하도록 안내하여 전폐가 이루어지도록 한다. 다른 밸브에서 보닛이나 덮개가 하던 스템의 안내 역할을 대신하는 것이다. **그림 10**은 케이지의 한 예를 보여주는 것이다.

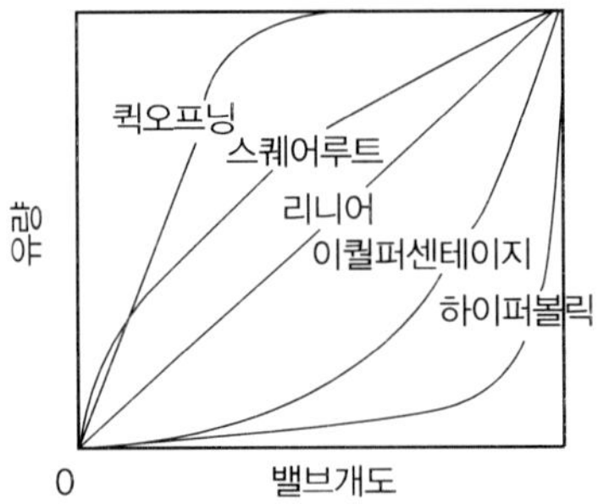

그림 9 컨투어 플럭의 가공 형상별 유량 특성

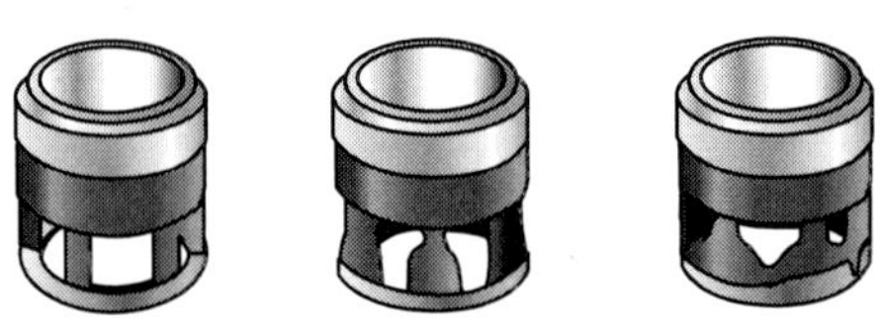

(a) 퀵오프닝 (b) 리니어 (c) 이퀄퍼센티지

그림 10 케이지의 형상별 유량특성

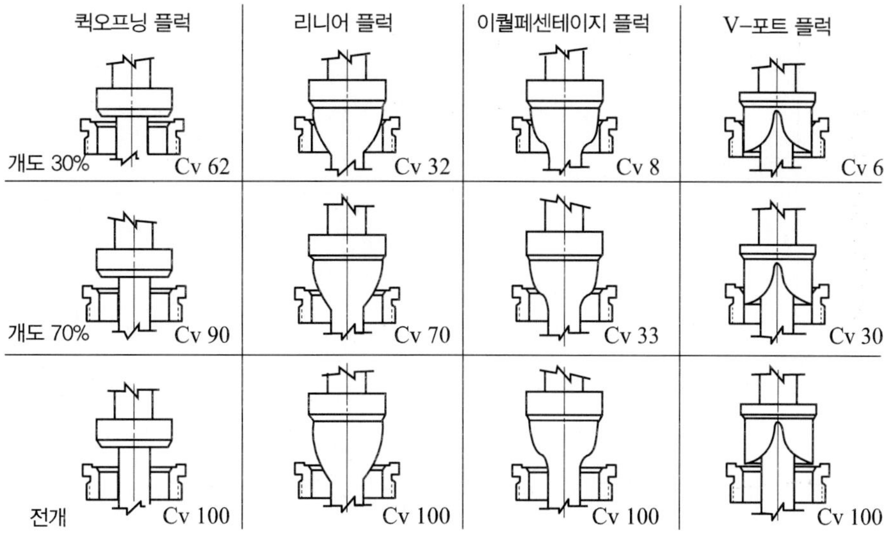

그림 11 동일 개도에서의 플럭 형태별, 유량특성 및 유량과의 관계[12]

그림 11은 포트 안으로 들어가는 4가지 형태의 특성화된 플럭에 대한 밸브 내부 모양(포트와 플럭의 윤곽)과 단계별 동일 개도에서의 유량 비율을 보여준다.

4.2 고유유량 특성

① 차압 일정시의 유량

(1) 유량특성 선도

조절밸브에서의 고유유량 특성(inherent valve characteristics)이란 배관계통의 적절한 유량을 안정적으로 제어하기 위하여, 밸브 전후 차압을 일정하게 유지한 상태에서의 유량과 수송 능력을 밸브 트림의 운동량과의 관계로 표시한 것이다. 그러므로 고유유량 특성과 밸브 설치 후 사용 조건에서의 실제 유량특성과는 다르다.

밸브의 고유유량 특성은 기본적으로 사용되는 3가지 이외에도 컨투어프럭의 각도를 변형시켜서(**그림 8** 참조) 얻어진 스퀘어루트와 하이퍼볼릭 특성이 있다.

유량특성은 배관계통의 제어에 밀접한 관계가 있으므로 제어 루프의 해석에 따라 적

12. 참고문헌 6. p50에 의거 재작성

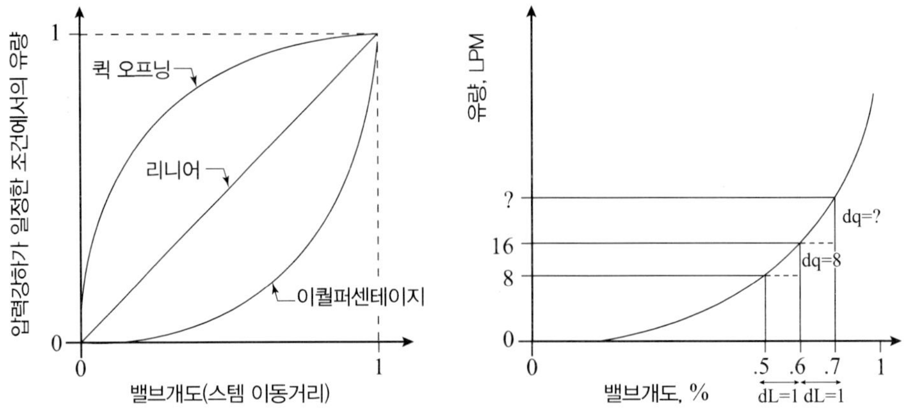

(a) 3가지 밸브의 유량특성 비교　　(b) 이퀄퍼센테이지 특성밸브

그림 12　조절밸브의 고유유량 특성선도

절한 유량특성이 있는 밸브를 선택해야 한다. **그림 12**는 3가지 대표적인 형태의 고유유량특성을 비교하기 위한 선도이다.

(2) 퀵오프닝 특성

퀵오프닝(quick opening, 급개형) 특성을 갖는 밸브는 닫친 상태에서 밸브를 열 때 작은 개도에서도 많은 유량이 토출된다. 초기 밸브 스템의 작은 변위에서는 거의 선형적인 관계를 가지며 많은 유량을 송수할 수 있는 특성이 있다. 즉 개도가 10%만 되도 정격 유량의 50%에 도달한다.

그러나 밸브개도를 크게 해도 유량의 변화는 완만하며 전개해도 유량변화는 거의 없다. 이런 특성의 제어밸브는 유량의 신속한 개폐를 필요로 하는 계통에 적합하다. 일반적으로 수도밸브 같은 수동의 글로브 밸브는 이러한 특성을 갖는다. 반면에 이런 밸브는 소 유량이나 중 유량이 토출되어야 하는 경우, 밸브의 개도를 정확하게 고정시킬 수 없다. 그러므로 2위치 제어가 되어야 하는 시스템에 적합하다.

(3) 리니어 특성

리니어(linear, 선형) 특성을 갖는 밸브에서는 개도 즉 스템 변위량에 따른 유량의 변화가 비례관계를 갖는다. 유량과 스템 변위량의 관계는 일정한 압력강하를 갖는 기울기가 된다. 이러한 특성을 갖는 밸브는 증기-공기 열교환기와 같이 증기코일을 갖는 장치나 이 장치의 바이패스, 3방-밸브에서의 바이패스 배관, 유체의 수위제어와 같이 일정

유량제어 계통에 효율적으로 적용되며, 유량계수 K_v와 밸브의 개도L의 관계는

$$K_v = KL \tag{16}$$

로 표시되며, 식에서 K는 상수이다.

(4) 이퀄퍼센테이지 특성

이퀄퍼센테이지(equal percentage, 등비율) 특성이란 밸브의 개도 증감 비율이 동일한 경우, 이에 따른 유량 증가 비율도 동일한 것이다. 밸브 스템의 변위량에 따른 유량의 변화가 등비율 (等比率) 즉 지수(exponential)적으로 변화된다.

예를 들어 **그림** 12 (b)에서 밸브 개도가 50%(L = 0.5)일 때 유량은 8 LPM 이다. 밸브 개도가 60%(L = 0.6)가 되면 유량이 16 LPM으로 증가한다. 밸브를 통한 압력강하는 일정하게 유지되는 가정하에 개도가 70%(L = 0.7) 일 때의 유량을 추정하면, 밸브의 개도 변화 dL = 0.1일 때 유량 변화 dp = 8 LPM으로 유량증가 비율은 100%가 된다. 다시 밸브 개도가 L = 0.6에서 L = 0.7로 변화되면 dL = 0, 1에 대해 dq/q = 1(100%)이므로 dp = 16 LPM이어야 한다. 그러므로 유량은 q + dq = 16 + 6 = 32 LPM이 되고 유량증가 비율 역시 100%가 된다.

이러한 특성을 갖는 밸브는 일반적으로 압력 제어용도로 사용된다. 압력강하가 큰 응용 분야에 가장 적합하다. 따라서 이 밸브를 코일에 조합하여 사용하면 출력을 선형화할 수 있다. 고온 및 냉수(chilled water) 코일 제어용으로의 사용하면 제어에 대한 세부조정이 용이하고 보다 안정적인 시스템이 될 수 있다.

밸브개방 초기부터 전개까지의 밸브 스템 변위량 비율과 이에 따른 유량의 변화율이 일정한 관계를 유지하므로 유량계수를 K_v, 밸브의 개도를 L이라 하면

$$\frac{dK_v}{dL} = KK_v \tag{17}$$

로 표시된다. K는 상수이다.

2 고유유량 특성의 적용

(1) 코일

밸브의 고유유량 특성과 가열(또는 냉각)코일의 성능곡선을 결합하여 **그림** 13에서와

같이 장비에서의 적절한 열전달 특성을 보장 할 수 있다. 즉 일반적인 가열코일이나 냉각코일에서의 유량-열 출력 관계는 **그림 13**(a)에서와 같이, 작은 유량에서도 열 출력은 빠르게 증가하다가 설계점에 가까워지면서 느려지게 된다. 이러한 관계를 유량-밸브개도의 관계로 표시해 보면 **그림 13**(b)에서와 같이 밸브개도의 증가 비율과 유량의 증가 비율이 같게 되고 (이퀄퍼센테이지 특성의 밸브임으로), 이를 다시 밸브개도-열출력 관계로 표시해 보면 밸브개도의 증가에 비례하여 열출력이 증가하는 선형 코일 출력을 얻게 된다.

(2) 유량곡선의 왜곡

세 가지 흐름의 형태는 유체가 조절밸브를 통과하는 과정에서의 압력강하가 일정하다는 가정하에서이고, 실제 조건에서 밸브의 압력강하는 최대(제어할 때)와 최소(밸브가 완전히 열렸을 때) 사이에서 변하게 된다. 이 두 압력강하 즉 최대치와 최소치의 비율을 밸브의 위력(威力, authority)라고 한다. **그림 14**는 밸브에서의 압력강하 감소에 따른 위력의 변화로 선형특성과 등비율 특성 밸브에서의 유량커브가 왜곡된 결과를 보여준다. 그림에는 나타내지 않았지만 2위치나 on/off 제어에 사용하는 퀵오프닝 특성 밸브도 마찬가지로 목표점에 접근 할 때까지 유량 커브는 왜곡된다.

그러므로 사용할 조절밸브에서의 압력강하 범위를 정하는 것은 밸브의 위력에 직접적인 영향을 미치는 것이므로, 지관에서 발생하는 전체 압력강하의 최소 25%에서 최대 50%는 되어야 한다. 지관 구간에서의 전체 압력강하란 공급 주관에서 분기되어 다시 환수 주관으로 이어지는 지관 구간에서 발생하는 관마찰저항, 관이음쇠, 코일, 밸런싱

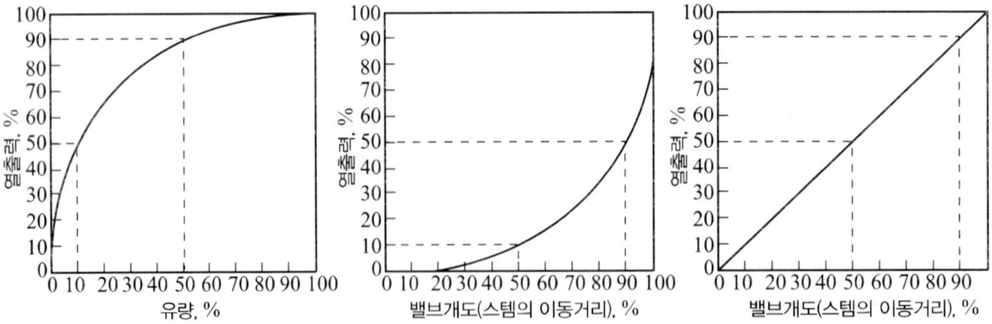

(a) 유량-열출력 (b) 밸브 개도-유량 (c) 밸브개도-열출력

그림 13 이퀄퍼센테이지 특성을 갖는 밸브에서의 열출력, 유량, 밸브 개도의 관계

기구와 제어밸브 등에서의 부차적 손실 등을 모두 감안한 것을 말한다.

조절밸브가 시스템의 어느 위치에 설치되느냐에 따라서 밸브에 적용할 압력강하는 다르게 정한다. 밸브 압력강하를 크게 잡으면 밸브 크기는 작아지고 제어력은 향상되지만, 마찰손실과 에너지 손실은 더 커지기 때문이다.

(2) 밸브의 위력

밸브위력(威力, authority)이란 조절 밸브 선정의 기초를 설명하는 용어이다. 설계의 품질을 결정하는 중요한 요소는 수많은 결정사항에 대한 고려가 올바르게 이루어졌는지, 그리고 조절밸브는 밸브의 위력에 기반하여 적정하게 선정되었는지이다.

조절밸브가 과대하게 선정되었다면, 밸브는 물론 기타 장비의 성능, 내구년수와 신뢰성은 떨어지게 된다. 반면, 조절밸브가 작게 선정되었다면, 밸브의 위력은 높겠으나 설계 용량을 달성할 수는 없게 된다. 또한, 설계는 에너지 최적화를 고려해야 하지만 밸브의 위력이 낮아 이 또한 불가능하게 된다.

밸브위력은 일반적으로 설계유량 조건에서 전체 회로(밸브 포함)의 압력강하 대비 전개 상태에서 조절밸브의 압력강하 비율로 정의된다. 밸브위력은 다음 식(18)과 같이 표시된다.

$$A_{auo} = \frac{\triangle p_{val}}{\triangle p_{ttl}} = \frac{\triangle p_{val}}{\triangle p_{br} + \triangle p_{val}} \quad (18)$$

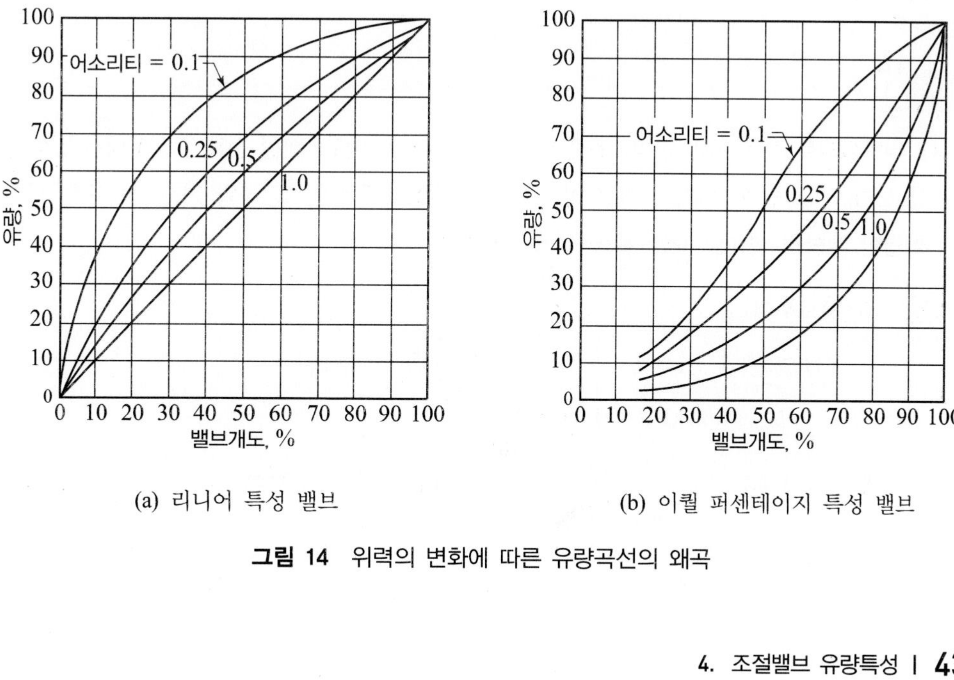

(a) 리니어 특성 밸브 (b) 이퀄 퍼센테이지 특성 밸브

그림 14 위력의 변화에 따른 유량곡선의 왜곡

식에서

A_{auo} : 조절 밸브의 위력(무차원)

Δp_{ttl} : 배관 시스템의 총 압력강하(조절밸브 포함), kPa

Δp_{br} : 배관 전체 길이에 대한 압력강하(조절밸브 제외), kPa

Δp_{val} : 조절밸브 입출구 간의 압력강하, kPa

이다.

조절밸브 위력의 범위는 0.0~1.0이다. 위력이 낮으면 코일에서의 출력은 원하던 선형 출력 대신 퀵오프닝 출력으로 바뀌게 되어 유량과 온도 및 압력이 급하게 변하게 되므로 밸브에 떨림이 발생할 수 있다.

위력이 1.0일 때 밸브는 이론적인 유량곡선을 따라 작동한다. 위력이 높으면 밸브가 완전히 열린 상태에서도 높은 압력 손실이 발생한다. 그러므로 목표치를 조정하는 용도로 사용되는 조절밸브에서의 위력은 일반적으로 0.25~0.5 범위에 있어야 제어성과 에너지 성능 간의 균형이 맞게 된다. **표 13**은 이상의 내용을 요약한 것이다.

표 13 밸브 위력 범위별 제어 정도

밸브위력 범위	제어성능
0~0.25	공정한 제어가 불안정한 범위
0.25~0.5	공정하고 양호한 제어 범위
0.5~1.0	양호한 제어범위

예제 1

최대 부하상태로 가동 중인 난방시스템에서 유량은 4 l/s이고, 배관 전체길이에 대한 압력강하는 15 kPa이다. 밸브 위력을 0.8로 하기 위한 조절밸브에서 압력강하와 이를 기준으로 시스템에 적합한 밸브의 선정을 위한 유량계수를 구한다.

해답 식(18)로부터

$$\Delta p_{val} = A_{aut}(\Delta p_{br} + \Delta p_{val}) = 0.8(15 + \Delta p_{val})$$

$$\therefore \Delta p_{val} = 60\,\text{kPa} = 0.6$$

밸브 유량계수 $Kv = \dfrac{Q}{\sqrt{\Delta p_{val}}}$, 유량은 14.4 m^3/h 이므로

$Kv = 18.58$ 이므로, 이 값에 가장 가까운 값을 가지는 밸브를 선택한다.

5 밸브에서의 캐비테이션

5.1 발생원인

조절밸브에서의 캐비테이션은 액체 매체에서만 발생하며 주요 요인은 유체 속도와 압력 강하이다. 액체의 상류 압력이 밸브를 통과할 때 증기압 아래로 갑자기 떨어지면 증기포(vapor bubbles)가 형성된다. 캐비테이션은 밸브 트림 출구의 하류에서 압력이 회복될 때 이러한 증기포가 붕괴되는 것이다. 이러한 현상은 2개의 과정으로 발생하는데, ①1차는 내부 유체의 압력이 임계점까지 떨어지는 단계이고, ②2차는 증기의 공동(空洞) 즉 증기포가 형성되는 단계이다.

증기포는 유체와 함께 운반되어 밸브 내 고압 영역에 도달하게 되고, 갑자기 터지거나 쭈그러져 파열된다. 이로 인한 압력 감소는 유체가 밸브를 통과할 때의 속도를 증가시키며, 유체가 밸브를 통과하고 나면 다시 속도는 떨어지고 압력은 증가한다. 그러나 기포가 고체 표면과 접촉하면서 파열될 때, 그 공극(孔隙)으로 유체가 돌진하게 되므로 국부적으로 높은 압력이 발생하게 되는 것이다.

캐비테이션은 밸브 내 표면 부식은 물론 인접된 배관 부분을 손상시키며, 소음과 진동의 원인이 된다. 소음은 마치 배관계통에 자갈이 흐르는 것과 유사한 것으로 설명된다.

5.2 캐비테이션 지수

조절밸브에서의 캐비테이션 발생 여부를 판단하는 방법으로 식(19)로 표시되는 캐비테이션 지수(cavitation index)를 사용한다.

$$K = \frac{P_2 - P_v}{P_1 - P_2} \tag{19}$$

식에서

K : 캐비테이션 지수(무차원수)

P_1, P_2 : 입, 출구측 압력(절대압력), kPa

P_v : 입구 유체 온도에서의 수증기압(**표 14** 참조), kPa

이다.

그림 15는 식(19)을 기반으로 한 조절밸브의 압력강하 설정 범위를 보여주는 것이다. 선도에서 어두운 부분은 $K \leq 0.5$ 범위로 캐비테이션 손상이 발생할 수 있는 구간이며, 약간 밝은 부분은 $K < 0.8$ 범위로 캐비테이션임을 알 수 있는 소음과 진동이 발생할 수 있는 구간이다. 그 외의 백색 영역이 안전한 압력강하 범위가 된다.

간혹 실무 보고서는 케비테이션에 의한 손상을 증거로, K를 사용하여 예측한 것 보다는 약간 낮은 압력강하에서도 캐비테이션이 발생할 수 있다는 것을 확인해 준다. 이러한 사실을 감안하여 짧은 기간 동안은 어두운 영역 내에서의 작동 조건이 허용되기도 한다.

이 선도는 통상적인 조건 즉 표준의 수온에서 밸브의 개도가 40% 이내이고, 해발 300 m 이하에서 사용되는 조절밸브에만 적용되는 것이므로, on-off 밸브에 대해서는 제조자의 자료를 참고하기 바라며, 보다 정확한 캐비테이션 발생 여부에 대해서는 분석 프로그램 사용을 권장한다. 이러한 프로그램에는 정적과 동적 입출구 압력과 유량 범위, 고도, 수온 및 사용 조건 등이 들어있다.

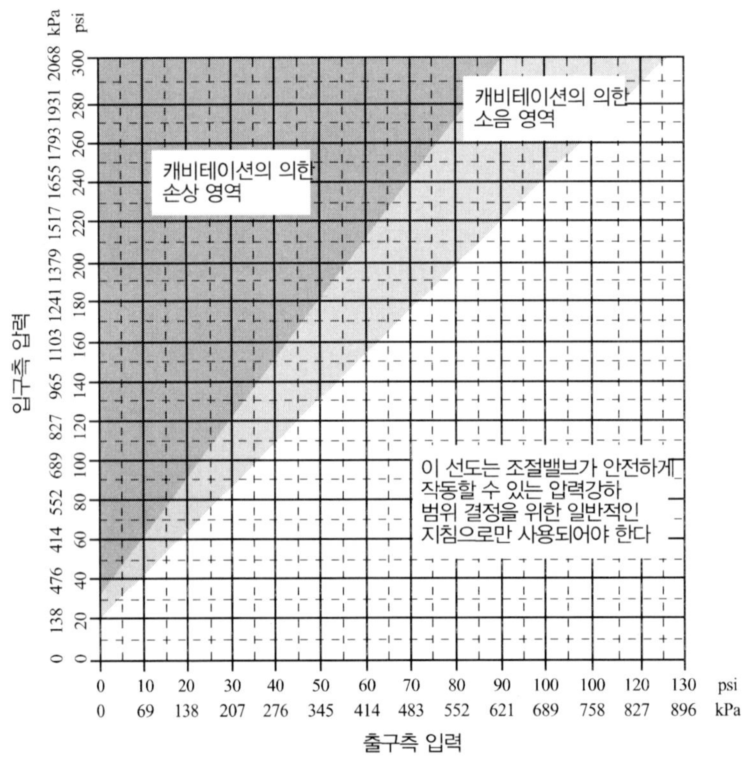

그림 15 조절밸브의 압력강하 범위 선정 선도[13]

5.3 물의 증기압

물의 증기압(vapor pressure)은 물이 증발하는 압력으로, 물이 증기와 동적 평형상태에 이르렀을 때의 포화 증기압을 뜻한다. 다른 물질들처럼, 물의 증기압은 온도에 대한 함수로 정의되며 식(20)과 같이 표시된다.

$$P_v = \exp(20.386 - \frac{5132}{T}) \tag{20}$$

식에서

P_v : 증기압, kPa

T : 절대온도, K

이다.

온도에 따른 증기압은 **표 14**와 같다.

표 14 물의 온도별 증기압

온도, °C	증기압		
	kPa	torr	atm
0	0.6113	4.5851	0.0060
5	0.8726	6.5450	0.0086
10	1.2281	9.2115	0.0121
15	1.7056	12.7931	0.0168
20	2.3388	17.5424	0.0231
25	3.1690	23.7695	0.0313
30	4.2455	31.8439	0.0419
35	5.6267	42.2037	0.0555
40	7.3814	55.3651	0.0728
45	9.5898	71.9294	0.0946
50	12.3440	92.5876	0.1218
55	15.7520	118.1497	0.1555
60	19.9320	149.5023	0.1967
65	25.0220	187.6804	0.2469
70	31.1760	233.8392	0.3077
75	38.5630	289.2463	0.3806
80	47.3730	355.3267	0.4675
85	57.8150	433.6482	0.5706
90	70.1170	525.9208	0.6920
95	84.5290	634.0196	0.8342
100	101.3200	759.9625	1.0000

13. 참고문헌 7

참고문헌

1. ASME B16.34 Valves-Flanged, Threaded, and Welding End
2. ANSI/ISA(International Society of Automation) Standard S75.02 Control Valve Capacity Test Proceducers
3. MSS(Manufacturers Standardization Society) SP61 Pressure Testing of Valves
4. ANSI/FCI 70-2 Control Valve Seat Leakage
5. ANSI/ASSE 1003 Performance Requirements for Water Pressure Reducing Valves
   5-1. ANSI A112.26.2 Water Pressure Reducing Valves
6. J.W. Hutchison. ISA Handbook of Control Valves. 2nd Edition
7. Utah State University, UTHA Water Research Laboratory. CLA-VAL, Cavitation guide. 2011.3

11장 정지밸브

1 정지밸브 선택 기준

1.1 정지밸브의 종류

(1) 정지밸브의 용도와 설계요구 조건

정지밸브는 유체유동을 차단하는 목적으로 사용되는 밸브이다. 주로 전개(全開) 상태로 사용되다가 필요 시에는 전폐(全閉) 상태가 된다.

정지밸브에 대한 기본 설계 요구사항은 전개 위치에서 유동에 대한 저항이 최소가 되고, 전폐 시는 완벽한 차단이 이루어져야 하는 특성을 갖는 것이다.

①게이트, ②글로브, ③첵, ④볼, ⑤플럭, ⑥다이어프램 및 ⑦버터플라이 밸브는 다양한 면에서 위의 요구 사항을 충족하므로 정지밸브 용도로 널리 사용된다.

이 이들을 선형동작 밸브와 회전동작 밸브로 구분하여 각각의 용도와 특성을 설명한다. 다만 첵밸브는 형태에 따라 양쪽에 모두 속하므로 여기서는 편의상 선형동작에 포함하였다.

(2) 사용할 밸브 유형의 결정

사용하고자 하는 밸브 유형은 다음을 포함한 여러 가지 변수들을 고려하여 결정한다. ①압력 강하, ②시트 누설의 허용 정도, ③사용될 유체의 특성, ④시스템 누설의 허용

정도, ⑤작동에 대한 요구 사항, ⑥초기투자비, ⑦유지보수비 등

1.2 밸브 관련 표준

밸브 관련 표준도 파이프, 튜브에 관련된 표준만큼 다양하다. 이는 배관을 다루는데 매우 중요한 부분이기 때문이다.

국제적으로 통용되는 밸브 표준을 제공하고 있는 기관들은 다음과 같다.

①ASME 코드와 표준, ②AWWA 표준과 사양, ③ARI[1] 표준, ④ASSE 표준, ⑤API[2] 표준 및 사양, ⑥ISA[3] 표준, ⑦MSS[4] 표준 등이다.

각각의 표준에는 적용 범위에 따라 설계, 압력-온도 등급, 치수, 공차, 재료, 비파괴 검사, 시험 및 검사, 품질 보증을 위한 규칙 및 요구사항 들을 포함하고 있다.

이러한 표준들은 코드, 사양, 계약 또는 규정에 따라 선택되고 적용된다.

표 1은 MSS의 정지밸브에 대한 표준을 요약 정리한 것이다.

2 선형동작 밸브

2.1 게이트 밸브

1 용도 및 특성

(1) 용도

게이트 밸브는 주로 정지밸브 역할을 하도록 설계되었다. ①소켓 또는 용접식 게이트 밸브는 일반적으로 공기, 연료 가스, 급수, 증기, 윤활유 등에, ②나사식 게이트 밸브는

1. Air-Conditioning and Refrigeration Institute(공조냉동협회)
2. American Petroleum Institute(미국 석유협회)
3. The International Society for Measurement and Control(국제 계측제어협회)
4. Manufacturers Standardization Society of the Valve and Fittings Industry(제조업체 표준화 협회-밸브와 피팅산업)

표 1 MSS 표준별 적용 범위 요약 (1/2)

표준	등급 또는 클래스	적용밸브	크기, NPS	재료
MSS SP-42 cL 150, 내식처리된 게이트, 글로브, 첵밸브, 플랜지식과 맞대기 용접식	cL 150	게이트, (OS&Y)[1]	1/4~24	A351: CF8, CF8M, CF8C, CF3, CF3M Alloy 20, CN7M A182, A240, A276, A479
		글로브(T, Y, 앵글형), (OS&Y)	1/4~24: 글로브와 앵글 1/2~24: Y형 글로브	
		첵(스윙, 리프트, Y형)	1/4~24: 리프트 첵 1/2~24: 스윙 첵	
MSS SP-67 버터플라이 밸브	cL 25, 125, 150, 300, 400, 600, 900, 1 500, 2 500	플랜지 없음(웨이퍼식), 편플랜지식(러그식)와 플랜지식밸브	1-1/2~72	청동(B16.24) 회주철(B16.1) 덕타일주철(B16.42) ASME B16.34 재료
	cL[2] C606 등급	그루브식과 숄더식	ASME B16.34, B16.1, B16.24, B16.42, B16.47의 압력등급	
MSS SP-68 고압용 버터플라이 밸브(옵셋형)	ASME B16.34 등급	웨이퍼식과 러그식	3~24 30~48	A126 cL B 황동 또는 청동
MSS SP-70 주철제 나사식 및 플랜지식 게이트 밸브	125, 150, 800	Ⅰ: 솔리드 쐐기 디스크 Ⅱ: 솔리드 쐐기 디스크 Ⅲ: 더블 디스크, 평행 시트	a. 2~48: 플랜지식 b. 2~6: 나사식	A126 cL B 황동 또는 청동
MSS SP-71 회주철제 나사식 및 플랜지식 스윙 첵밸브	125, 250	Ⅰ: 만류, 금속 대 금속 씰(seal)[3] Ⅱ: 만류, 콤포지션 씰 대 금속 씰 Ⅲ: 청수용, 금속 대 금속 씰 Ⅳ: 청수용, 콤포지션 씰 대 금속 씰	a. 2~24(DN 50-600): 플랜지식 b. 2~6(DN 50-100)[4]: 나사식	A126 cL B 트림: 청동, 주철, 스테인리스강
MSS SP-72 일반용 나사식 및 플랜지식 볼밸브	150, 300, 400, 900 (ASME B16.24, B16.5), 150, 300(ASME B16.42)	볼밸브(풀포트, 표준포트, 축소포트)	1/2~36	탄소강, 합금강, 스테인리스강, 가단주철, 청동
MSS SP-78 주철제 나사식 및 플랜지식 플럭 밸브	125, 250, 800	플럭 밸브(플랜지식, 나사식, 윤활식, 비윤활식)	2~12: 플랜지식 2~6: 나사식	A126, A48, B62, B584, A47, A536, A197, A283
MSS SP-80 청동제 게이트, 글로브, 앵글 및 첵밸브	a.125, 150, 200, 300, 350	a. 나사식, 솔더링식	a. 1/8~3: 나사식 1/4~3: 솔더링식	청동 B61, B62, B124, B584, B371, B99, B16, B140, A494
	b.150, 300	b. 플랜지식	b. 1/2~3: 플랜지식	
MSS SP-81 스테인리스강 보닛없는 플랜지식 나이프 게이트 밸브	상용압력 150 psi 이하인 밸브(사용온도 범의 32~150°F)	보닛없는 플랜지식 나이프 게이트 밸브	2~24	스테인리스강 또는 스테인리스 라이닝 주조 또는 조립. A290, A351, A276, A743, A216, B62, A126

표 1 MSS 표준별 적용 범위 요약 (2/2)

표준	등급 또는 클래스	적용밸브	크기, NPS	재료
MSS SP-85 주철제 글로브 및 앵글 밸브(플랜지 및 나사식)	125, 250	글로브, 앵글, 나사식, 플랜지식	2~12: 플랜지식 2~6: 나사식	주철 A126 cL B
MSS SP-88 다이아프램식[5] 밸브	Cat.A: 125, 150 Cat.B: 1/2~1 (200 psi) 1-1/4~2 (175 psi) 2-1/2~4 (150 psi) 5, 6 (125 psi) 8 (100 psi) 10, 12 (65 psi) 14, 16 (50 psi) Cat.C: 제조자 등급	다이아프램식 밸브	1/2~16	청동 B62 주철 A126, cL.B 가단주철 A47 탄소강 A216, WCB 스테인리스강 A351 덕타일주철 A395 알루미늄 B126
MSS SP-99 인스트루먼트 밸브[6]	10 000 psi 이하 (사용온도 100°F)	밸브(니들, 팩리스, 볼, 플럭, 첵)와 매니폴드	1 이하	강 및 합금강 ASME B16.34의 재료
MSS SP-105 코드 적용 인스트루먼트 밸브[6]	10 000 psi 이하 (사용온도 100°F)	밸브(니들, 팩리스, 볼, 플럭, 첵)와 매니폴드	1 이하	강 및 합금강 ASME B16.34, B31.1, B31.3의 재료 ASME S-Ⅲ
MSS SP-108 탄성 시트형 주철체 편심형 플럭 밸브	1~12: 175 psi CWP[7] 14~72: 150 psi CWP	플럭 밸브(나사식, 플랜지식, 미케니칼조인트, 그루부식)	3~72	주철 A126,cL B A48, cL 40 A536

주 (1) Outside screw and yoke(외부 나사와 요크).
(2) 밸브 끝단은 ANSI/AWWA C-606을 준수해야 한다.
(3) MSS SP-71의 그림 참조.
(4) DN은 제1장 표 1 참조.
(5) 내용은 해당 표준에 있는 것이다.
(6) 밸브 유형, 크기, 등급, 구성 재료 및 용도의 적합성은 구매자의 책임이다.
(7) Cold working pressure.

공기, 기체 또는 액체 시스템에서 전개나 전폐 상태로 사용된다. 나사 이음으로 인한 누수에 대한 우려는 연결부를 밀봉 용접하거나 나사산 밀봉제를 사용하여 해결할 수 있다. ③화재 예방 시스템의 수 배관 또는 배수 배관과 같은 저압 및 저온 시스템에서는 플랜지식 게이트 밸브가 사용된다.

밸브가 완전히 열리면 유체 또는 가스는 저항이 거의 없는 직선으로 밸브를 통해 흐른다. 그러나 게이트 밸브는 정확한 제어가 불가능하므로 유량조절 등 어떤 목표치를 조절하는 데에 사용해서는 안 된다.

부분적으로 열린 상태로 사용되는 경우에는 높은 유속으로 인해 밸브 내의 디스크와 시트 표면이 침식될 수 있고, 진동으로 인해 부분적으로 열린 밸브 디스크가 흔들릴 수도 있다.

다만 저속 스로틀링에 사용되는 특별히 설계된 게이트 밸브, 예를 들면 펄프 원료저장 시설 용의 슬라이드 게이트 밸브[5] 같은 경우는 이에 해당하지 않는다(**그림 3** 참조).

(2) 게이트 밸브의 장단점

게이트 밸브의 장점은 ①차단 특성이 우수하다. ②양방향(uni-direction) 설치가 가능하다. ③밸브를 통한 압력손실이 작다는 등이고, 반면 게이트 밸브의 단점은 ①개폐가 빠르게 이루어지지 않는다. 게이트 밸브를 전개 또는 전폐 즉 스템을 최대한으로 이동시키기 위해서는 핸드휠이나 액츄에이터를 여러번 돌려야 한다. ②설치, 작동 및 유지보수를 위해 넓은 공간이 필요하다. ③전폐 지점 부근에서 디스크의 느린 움직임은 유체 속도를 높이게 되므로, 시트와 게이트의 접촉 표면에 마치 강선을 잡아당긴 것 같은 자국이 발생된다. 이런 현상은 또한 슬라이딩 부품에 마손(摩損)을 일으킨다. ④게이트 밸브의 일부 설계는 응용 분야에 따라 열 결합(thermal binding)이나 압력 결합(pressure binding)을 견디어야 하는 목적용으로 사용하기에는 취약하다. ⑤고온 변동이 발생하는 시스템에서, 쐐기형 디스크 게이트 밸브는 밸브 끝단의 배관 하중으로 인하여 쐐기형 디스크와 밸브 시트 사이의 접촉 각도가 변화되어 시트로부터 과대한 누수가 있을 수 있다. ⑥밸브가 설치되어 있는 상태에서 시트를 수리하거나 가공하기가 어렵다. 이상은 용도에 맞는 게이트 밸브를 선택할 때 반드시 고려해야 하는 사항이다.

---

5. guillotine gate valves for pulp stock. 나이트게이트 밸브라고도 한다.

② 게이트 밸브의 구조

(1) 세가지 요소

게이트 밸브는 몸통, 보닛 및 트림의 세 가지 주요 요소로 구성된다. 몸통은 일반적으로 플랜지, 스크류 또는 용접을 통해 배관에 연결된다. 움직이는 부품이 들어있는 보닛은 일반적으로 볼트로 몸통에 연결되어 청소 및 유지보수가 가능하다. 밸브 트림은 스템, 게이트, 쐐기 또는 디스크 및 시트링으로 구성된다. 게이트 밸브의 두 가지 기본 유형은 ①쐐기형 디스크, ②이중 디스크형이며 각 유형별 몇 가지 변형이 있다. 세번째 유형은 ③콘디트(conduit) 밸브로, 전개와 전폐로 작동하는 밸브이다.

(2) 쐐기형 디스크를 가진 게이트 밸브

상하로 움직이는 동작이 원활하도록 쐐기(wedge)형으로 제작된 디스크를 사용하는 게이트 밸브이다. 쐐기형 디스크는 **그림 1**과 같이 통체(solid), 프렉시블(flexible), 분할(split) 등의 유형이 있다.

①통체형 디스크는 디스크가 일체형으로 만들어진 것으로, 게이트 밸브 중 가장 경제적이라 NPS 2 이하의 소형 게이트 밸브는 대부분 이형태의 디스크이다. 특성은 파이프 하중이나 열 변동에 의한 시트 정렬의 변화를 보정해 주는 능력이 없기 때문에 누설에 가장 취약하다. 통체디스크는 1차 측 압력에 의해서 디스크가 2차 측으로 밀리면서 시트에 밀착되어 유로를 차단하게 되므로 시트에 흠집을 내기 쉽다.

NPS 2 이하의 경우를 제외하고는 일반적으로 121°C(250°F)를 초과하는 온도에서의 사용이 권장되지 않는다. 그러므로 주로 중간 이하의 압력과 온도용으로 사용된다. 냉수나 상온의 수배관에는 일반적으로 회주철 또는 가단주철제가 사용된다.

②플렉시블형은 통체형과 같은 일체형 구조지만, 시트와 접촉면의 뒤 부분은 비어있는 공간이 되므로 디스크의 움직임은 유연성을 가지게 된다. 이 구조는 통체형 디스크의 강도를 유지하면서 시트와 접촉 시의 밀봉 개선을 위해 시트 정렬의 변화를 보정해 준다. 이러한 설계는 열 결합을 견디어야 하는 상황에서 더 우수한 기밀성과 개선된 성능을 제공한다.

③분할형 디스크는 두 조각으로 구성된 것으로 밸브 몸통의 테이퍼형 시트 사이에 안착 되는 형태이다. 디스크가 전폐 위치까지 독립된 2개의 시트에 따라서 오르내리게 되므로 시트에 흠집이 잘 나지 않는 장점이 있다. 스템이 하향 이동하면 두 조각으로

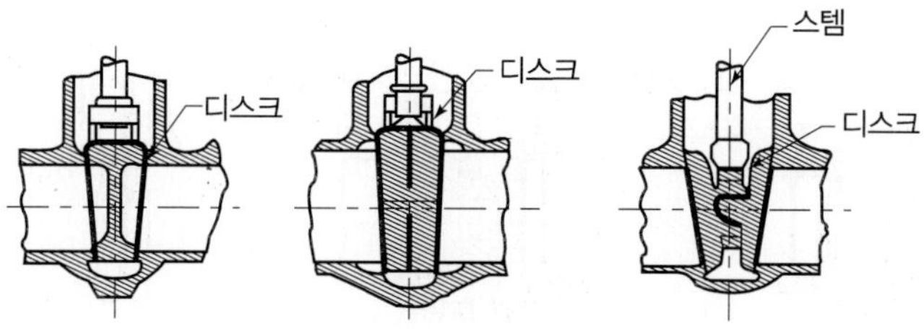

(a) 통체형 (b) 프렉시블형 (c) 분할형

그림 1 쐐기형 디스크 종류의 예

분할된 쐐기형 디스크는 밸브 시트와 평평한 각으로 양쪽의 시트에 끼워지는 식으로 고정되고, 스템이 상향 이동하면 밸브 시트로부터 멀어지게 된다. 그러므로 밸브 스템은 수직이 되도록 설치해야 하는 것이 원칙이다.

이 유형은 배관의 변형으로 인해 밸브 시트가 뒤틀릴 수 있는 경우에 선호된다. 시트의 변형에 대한 유연성이 좋기 때문이다.

(3) 이중형 디스크를 가진 게이트 밸브

이 형식의 디스크는 **그림 2**와 같이 스템이 조여짐에 따라 쐐기형 디스크가 시트에 강하게 밀착되는 구조이다. 이중원판형, 병렬슬라이드형 및 나이프게이트형 등이 있다. 일부 이중 디스크 평행 시트 밸브는 디스크의 한쪽 또는 다른 쪽에 가해지는 유체의 압력에 의해 디스크가 시트에 밀착되도록 설계되었다.

이 유형의 주요 장점은 디스크를 몸통 안으로 밀어 넣을 수 없다는 것으로, 밸브를 열기가 어렵게 작용한다는 것이다. 이런 점은 밸브를 여닫는데 모터를 사용하는 경우에 특히 중요하다. 밸브가 거의 닫힐 때만 접촉하는 쐐기형 게이트 밸브에서의 쐐기와는 달리, 평행 시트 밸브에서의 각 디스크는 밸브를 열거나 닫는 동안 시트와 미끄럼 운동을 하게 된다. 따라서 이러한 구성 요소는 금속으로 만들어져야 하며, 금속은 서로 미끄러질 때 마손되거나 찢어지지 않아야 한다.

이중 디스크 병렬형 게이트 밸브는 온도 변화에 따라 닫힌 위치에서 고착될 가능성이 적기 때문에 고온 증기용으로 선호되는 경우가 많다.

①이중원판형은 스템의 추력에 따라 상호 평행한 디스크를 시트에 밀착시켜서 유체의 유동을 정지시키는 구조로, 분할형 디스크와 같이 한쪽의 시트로도 유로 차단이 가능하다. 이 형식의 밸브도 스템이 수직이 되도록 설치해야 한다.

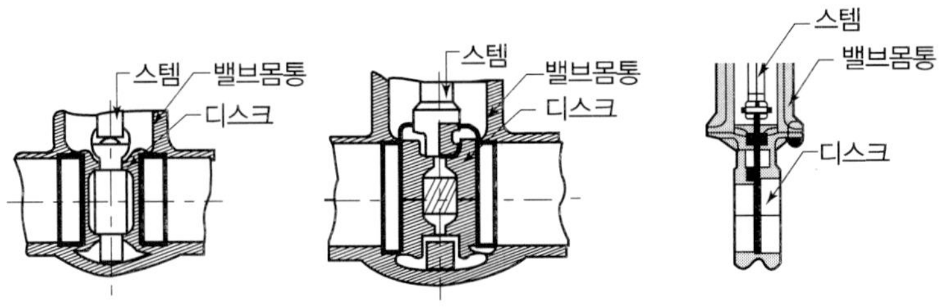

(a) 이중원판형 (b) 병렬슬라이드형 (c) 나이프게이트형

그림 2 이중형 디스크 종류의 예

②병렬슬라이드형은 서로 평행한 2개의 디스크 조합으로 스프링의 반발력을 보조로 하고, 유체의 압력을 이용하여 유로를 차단하는 구조이며 비교적 대구경에 사용된다.

③나이프게이트형은 원형이면서 날카로운 칼날 모양의 디스크로, 콤팩트한 구조로 되어 있어 설치 및 운전 보수 공간을 줄일 수 있다.

(4) 콘디트 게이트 밸브

슬라이드 밸브 또는 평행 슬라이드 밸브라고도 한다. **그림** 3과 같이 디스크 표면은 항상 몸체의 시트와 접촉한다. 이중 디스크 또는 더블 시트 게이트 밸브와 마찬가지로 디스크는 흐름 방향에 따라 하류 시트에 자리 잡고 있다. 콘디트 게이트 밸브의 안지름은 연결되는 파이프의 안지름과 같다.

이 밸브는 피그가 배관을 통과하면서 축적된 침전물 또는 잔해물을 청소하는 파이프라인에 사용된다. 일반적인 응용 분야에는 부유 고형물이 있는 더러운 강물, 슬러지 또는 이물질이 있는 물을 다루는 시스템 이지만, 현재에는 석유화학 산업에서도 많이 사용된다.

디스크를 구성하는 조립부품이 차지해야 하는 공간과 스페이서 절반을 모두 수용할 수 있도록 디스크 비율이 길기 때문에 넓은 설치 공간을 필요로 한다. 밸브 포트를 막기 위해서는 블랭크를 반쯤 밑으로 움직여 밸브를 닫는다. 스페이서는 밸브 몸통의 물에 잠기는 부분에 들어간다. 테프론(PTFE) 시트를 사용하는 밸브는 저온에서 중간온도(232°C<450°F>) 범위에 사용할 수 있으며, 금속 시트를 사용하는 밸브는 최대 538°C(1 000°F)의 온도까지 사용할 수 있다.

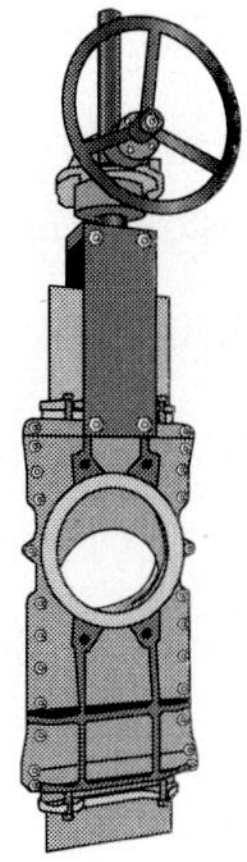

그림 3 슬리이드 게이트 밸브의 예

3 밸브 스템과 디스크의 운동

(1) RS(rising stem)

밸브 스템과 디스크의 움직임에 따라 RS, NRS, OS&Y 등 3가지 형태로 구분되며, 이러한 스템 형식은 글로브 밸브와 같이 다른 형태의 밸브에서도 공통적으로 사용된다.

RS는 핸들을 회전시키면 핸들, 디스크와 스템이 함께 오르내리는 형태의 밸브로 소구경에서 주로 사용된다. 밸브 핸들의 높이를 기준으로 밸브가 열렸는지 닫혔는지는 알 수 있으나, 레버가 달린 볼밸브나 버터플라이 밸브처럼 열린 정도를 알기는 어렵다. 또한 열릴 때 더 많은 공간이 필요하게 된다.

RS 밸브에서 스템 상부의 나사가 있는 부분은 유체 또는 가스와 직접 접촉하지 않는다. 상부 너트는 핸드 휠에 견고하게 고정되고, 하부너트 스러스트 칼라 또는 패킹글랜드 플랜지에 의해 요크에 고정된다.

(2) NRS(non-rising stem)

핸들을 회전시키면 스템은 고정된 위치에서 회전만 되고 내부에서 디스크가 오르내리는 형태의 밸브이다. 디스크에는 암나사가 밸브 스템 하단에는 숫나사가 가공되어 있고 이는 디스크의 암나사에 의해 고정되며 스러스트 칼라에 의해 스템의 수직 운동이 억제된다.

이런 형태의 밸브는 개도에 비하여 핸들의 위치가 변하지 않으므로 높이가 낮은 장점이 있는 반면 밸브의 개폐 정도를 알 수가 없다. 따라서 외부에서 개폐 정도를 알 수 있게 할 목적으로 개도 표시기가 부착되기도 한다. 주로 대구경이면서 설치 공간이 제한되고, 유지 관리 시의 편의를 고려해야 하는 장소에 사용된다.

NRS 밸브는 통과하는 유체가 나사산을 부식 또는 침식시키거나 나사산에 침전물을 남기지 않아야 하는 경우에 선호되며, 매립형으로는 이 형식의 밸브가 바람직하다.

그림 4는 클래스 125인 주철제 NRS 게이트 밸브의 예이며 주요 구성부의 명칭을 보여주는 것이다. 트림의 요소는 교환할 수 있어야 한다.

(3) OS&Y(outside screw and yoke)밸브

핸들의 위치는 고정되어 있고 핸들이 회전하면 스템이 핸들 위로 오르내리는 형태의 밸브이다. 이 형태의 밸브는 스템에 가공된 나사부가 외부에 있어서 유체와 직접 접촉하지 않는 구조이므로 유체에 의한 부식이 없다. 내식성이 요구되며 고온 및 고압계통에 주로 사용된다. 또한 핸들 위로 올라온 밸브 스템의 높이에 따라 밸브의 개폐 상태를 알 수 있다.

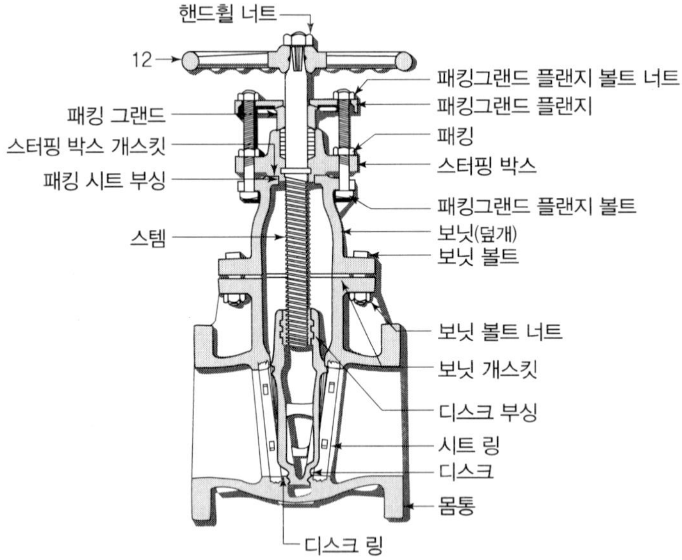

주) 제조업체에 따라서는 부품이나 명칭이 다를 수 있다.

그림 4 NRS 게이트 밸브의 구성과 주요부 명칭

4 열과 압력 바인딩

(1) 열 바인딩

열 바인딩이란 열의 영향으로 디스크와 시트가 눌러붙는 현상 즉 열 결합을 말한다. 고온계통이 작동하는 동안 밸브가 단단히 잠겼을 때 이러한 열 결합이 발생한다. 나중에 시스템이 정지되고 냉각될 때 밸브 시트는 디스크의 수축보다 더 많이 안쪽으로 수축된다.

이는 밸브를 열기 위해 핸드 휠이나 밸브 액츄에이터가 작동될 때 분리되거나 움직이지 않을 정도로 디스크와 시트를 단단히 눌러 붙게 할 수 있다.

평행시트 게이트 밸브는 열 결합 가능성이 있는 용도에 가장 적합하다. 분할형 쐐기 디스크 또는 플렉시블 쐐기 디스크를 사용하는 게이트 밸브는 열 결합이 우려되는 경우 통체형 쐐기 디스크 밸브보다 성능이 더 우수하다.

(2) 압력 바인딩

압력 바인딩 또는 압력 결합이란 밸브의 내부 공간에 과도한 압력이 작용하게 되어 밸브를 열 수 없거나 또는 밸브 구성부품이 손상되는 현상이다.

밸브를 고온 환경에 적용할 때 시스템 종료를 위해 밸브를 닫으면 물이나 증기와 같은 유동 매체가 밸브 보닛 영역에 갇치게 된다. 이 포획 된 액체 또는 응축수가 배관의 상류 또는 하류로 보내질 수 없는 구조의 밸브에서는 시스템이 작동 온도로 복귀할 때 보닛 내부 공간에 과도한 압력을 발생시키게 된다. 이 보닛 내부 공간에 압력이 쌓이면 밸브가 열리지 않으며 밸브 부품이 손상될 수 있다.

밸브 보닛 내부공간에 형성된 과도한 압력이 상류 시트를 통하여 누설이 적절하면 압력 바인딩은 발생하지 않을 수 있다. 그래서 다음과 같은 조치를 취하여 압력 바인딩 문제를 해결할 수 있다. ①디스크의 상류 쪽에 작은 구멍을 뚫어 공간의 과도한 압력이 빠져 나가도록 한다[6]. ②밸브 보닛-넥과 밸브의 상류 단 사이에 작은 수동 정지 밸브를 설치한다. 이 밸브는 시동 중에는 반드시 열려 있어야 한다. ③보닛에 작은 릴리프밸브를 설치한다. 이러한 목적에 적합한 전용의 밸브를 제공하는 업체도 있다.

---

6. 볼밸브에서는 이러한 목적으로 볼에 구멍을 뚫는 경우가 있고, 이를 side vented ball이라고 한다.

2.2 글로브 밸브

1 용도 및 특성

(1) 용도

글로브 밸브는 직통밸브(예 게이트, 플럭, 볼밸브 등)보다 약간 높은 압력강하를 나타내지만 밸브를 통한 압력강하가 제어요소가 아닌 경우에는 정지 밸브로 사용되고, 유량 조절 용도에 효과적이다.

밸브 설계 시는 조기 고장을 방지하고 만족스러운 서비스를 보장하기 위하여 밸브의 정확한 용도를 고려한 유량 제어 범위와 압력강하 범위를 정해야 한다. 차압이 높게 발생하는 교축 용도로의 사용을 위해서는 특별히 설계된 밸브 트림이 필요하다.

일반적으로 밸브 디스크에 가해지는 최대 차압은 상류측 최대 압력의 20% 또는 1 380 kPa(200 psi) 중 작은 값을 초과하지 않아야 한다. 이러한 차압 한계를 초과하는 범위에서의 사용이 불가피한 경우에는 특수 트림을 가지도록 설계된 밸브이어야 한다.

글로브 밸브의 일반적인 사용 분야는 광범위하지만 중요 용도는 유량제어이다. 다른 형태의 밸브를 사용하는 것에 비하여 효과적 분야로는 ①유량을 조절해야 하는 냉각수 시스템, ②유량이 조절되고 기밀성이 중요한 연료유 시스템. ③기밀성과 안전이 주요 고려 사항일 때 고지점의 공기배출과 저지점의 퇴수용. ④급수, 화학 물질 공급, 응축기의 공기 배출 및 배수 시스템의 퇴수용. ⑤보일러의 공기배출 및 퇴수, 증기 배관의 공기배출 및 퇴수, 히터 등의 퇴수용. ⑥터빈의 차단 및 퇴수용. ⑦터빈 윤활유 시스템 및 이와 유사한 용도 등이다.

(2) 특성

밸브 몸통의 형상이 구형(球形)이기 때문에 붙여진 이름이다. 압력강하가 큰 이유는 유체의 유동 방향이 90도로 바뀌기 때문이며, 이러한 특성을 이용하기 위하여 조절밸브로 사용하는 밸브 몸통은 주로 글로브 형태이다.

밸브를 폐쇄할 때에는 시스템 전체 압력이 디스크에 가해지고 이 압력은 그대로 밸브 스템에 추력(推力, thrust)으로 전달되므로 조작력이 크지 않으면 안 된다. 즉 큰 글로브 밸브를 압력이 작용하는 상태에서 여닫으려면 스템에 막대한 힘을 가하지 않으면 안 된다. 이러한 이유로 글로브 밸브의 실제 크기는 DN 300(NPS 12) 까지로 제한된다.

DN 300보다 큰 글로브 밸브가 있다면 이것은 표준의 예외이다. 국제적으로는 DN 1 200(NPS 48)의 글로브 밸브가 제조되고 사용된다.

고압시스템에 사용되는 대구경 글로브 밸브는 수동조작이 불가하여 모터 구동이나 유공압 등을 이용하게 된다.

(3) 글로브 밸브의 장단점

다른 형태의 여러 가지 정지 밸브가 있으나 그 중에서 글로브 밸브를 사용함에 따른 장점은 ①교축 조절 기능은 보통이지만 차단 기능이 좋다. ②전개와 전폐 간의 스템 이동 거리가 짧다(게이트 밸브 대비). ③독특한 기능을 제공하는 티형, 와이형 및 앵글형 등으로 제공되므로 용도별 특성에 맞게 선택할 수 있다. ④설치된 상태에서 시트를 기계 가공하거나 표면을 갈아 내기가 쉽다. ⑤디스크에 스템을 부착하지 않은 상태에서 글로브 밸브는 스톱 첵밸브로 사용할 수 있다는 등이다.

이에 반하여 ①압력강하가 크다(게이트 밸브 대비). ②밸브를 폐쇄하려면 다른 형태의 밸브에 비하여 더 큰 힘 또는 액츄에이터가 필요하다(시트 아래 압력이 있는 상태). ③시트 아래는 교축 흐름이 되고 시트 위는 흐름이 차단이 된다는 등의 단점이 있다

2 글로브 밸브의 형태별 종류

그림 5는 전형적인 플랜지식 대형 글로브 밸브(T형)의 예를 보여주는 것이다. 글로브 밸브는 일반적으로 RS가 사용되지만, 대형의 경우는 OS&Y 구조이다. 글로브 밸브의 구성요소는 게이트 밸브의 구성요소와 유사하다.

글로브 밸브에서는 흐름 선에 평행하거나 경사가 있는 평면에 시트가 있어서 디스크와 시트를 쉽게 개조하거나 교체할 수 있다. 그래서 글로브 밸브의 유지관리는 비교적 쉽다. 그러므로 글로브 밸브는 밸브 유지 보수가 빈번한 서비스에 특히 적합하다.

밸브를 수동으로 작동시키는 경우 디스크 이동 거리가 짧아 조작 시간을 절약할 수 있다. 특히 자주 밸브를 조정해야 하는 경우라면 더욱 작업시간을 절약할 수 있는 이점이 있다. 각각의 형태별 특성은 다음과 같다.

(1) 티형 글로브 밸브

글로브 밸브의 표준형은 **그림 5**와 같으며, 수평형이라고도 불린다. 유량계수가 가

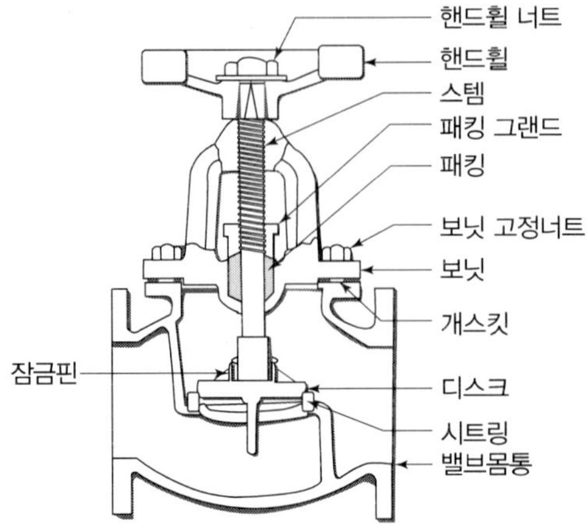

(주) 제조업체에 따라서는 부품이나 명칭이 다를 수 있다.

그림 5 표준 글로브 밸브

장 낮고 압력강하가 크다. 제어 밸브 주변의 바이패스 라인과 같은 혹독한 조건에서의 교축 용도로 사용된다. 압력강하가 문제가 되지 않고 조절이 필요한 응용 분야에서도 티 패턴 글로브 밸브를 사용할 수 있다.

(2) 와이형 글로브 밸브

티형 글로브 밸브의 변형으로, 글로브 밸브 중 흐름에 대한 저항이 가장 작다. 심한 침식이 없이 장기간 개방된 상태로 사용될 수 있다. 년 중 일정 계절에만 사용되거나 또는 시설의 최초 사용 등의 교축 용도로 광범위하게 사용된다.

퇴수관 용으로는 일반적으로 닫힌 상태로 사용되며, 필요 시 배관내 이물질 제거를 위해 밸브 안으로 막대를 통과시킬 수도 있다.

(3) 앵글형 글로브 밸브

통상적으로 앵글밸브로 불리는 밸브이다. 엘보를 사용하거나 추가적인 용접을 사용하지 않고 흐름 방향을 90도 바꾸어 준다. 와이형 글로브 밸브보다 유량계수는 약간 낮다.

앵글밸브는 슬러그 흐름[7]을 처리할 수 있는 능력이 있기 때문에 맥동(脈動) 흐름 있

7. slugging 또는 slug flow. 관 단면에 가득한 흐름으로 액막을 가진 포탄형의 큰 기포와 작은 기포를

는 용도에 사용된다.

(4) 니들 밸브

글로브 밸브 범주로 보다는 별도의 밸브로 다루어지는 경우가 많으나, 몸통 구조가 같으므로 글로브 밸브의 한 종류로 보기도 한다. 니들 밸브는 일반적으로 기기, 게이지 및 계량기 배관 용도에 사용된다. 니들 밸브를 사용하면 매우 정확한 유량 조절이 가능하므로 고압 및 고온과 관련된 분야에 광범위하게 사용된다. 니들 밸브에서의 니들은 스템의 끝이 된다.

3 글로브 밸브의 구조

글로브 밸브의 유형은 디스크를 어떻게 설계하느냐에 따라 나누어진다.

(1) 플럭 디스크

시트와의 접촉면이 넓고 긴 테이퍼형이 되며, 시트의 형태는 디스크에 맞추어 진다. 이 유형의 시트는 콤포지션 디스크보다 조절기능이 더 낫다. 유체 흐름으로 인한 침식 작용에 대하여 최대 저항을 가진다.

(2) 콤포지션(composition) 디스크

디스크 홀더에 단단한 비금속제 링을 삽입하고 너트로 조립된 복합형 디스크로 평평한 면을 가지기 때문에 평면 디스크라고도 하며, 캡과 같이 시트에 가압 접촉하게 된다. 이러한 유형의 디스크와 시트의 조합은 스팀 및 온수용으로 사용되며, 교축 시 차압이 높게 발생하는 용도에는 적합하지 않다. 이 디스크는 교체가 가능하다.

(3) 컨벤셔날(conventional) 디스크

플럭형과 달리 시트의 경사면과 디스크면 간의 접촉면적이 작다. 이 좁은 접촉 영역

가진 부분이 교대로 나타나는 흐름. 유체 역학적 슬러깅은 二相유동에서 액체의 느린 속도에 비하여 기체는 빠른 속도로 흐르기 때문에 발생한다. 배관 내 압력 변동은 슬러그 흐름으로 인해 발생할 수 있다.

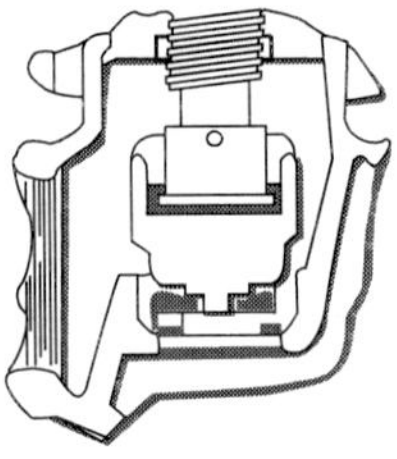

(a) 플럭 디스크

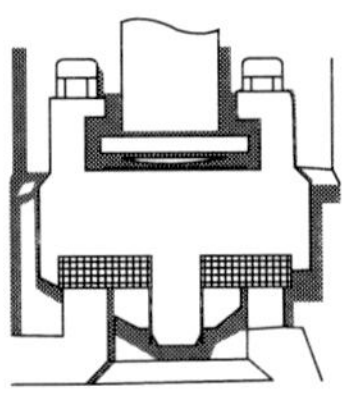

(b) 콤포지션 디스크

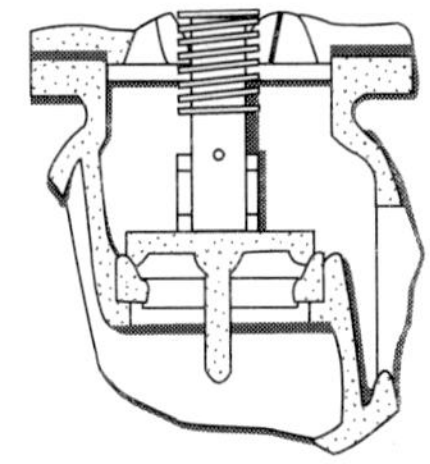

(c) 컨벤셔날 디스크

그림 6 글로브 밸브 디스크의 형태

은 시트에 달라붙는 딱딱한 침전물을 부수어 내는 경향이 있어서 압착식 폐쇄가 가능하다.

이러한 조합은 디스크와 시트 간의 접촉이 양호하고 적당한 교축의 조절을 가능하게 한다.

그림 6은 이상 3가지 디스크의 모양을 보여주는 것이다.

주철제 글로브 밸브에서 디스크 및 시트링은 일반적으로 청동으로 만들어진다.

최대 399°C(750°F)의 온도에 사용할 수 있는 강제 글로브 밸브에서 트림은 일반적으로 스테인리스강으로 만들어지기 때문에 눌러 붙거나 마손에 대한 저항력이 좋다.

접촉면은 일반적으로 다른 부분보다 더 높은 경도를 얻기 위해 열처리된다. 트림의 재료로는 코발트계 합금을 포함한 다른 재료도 사용된다. 밸브가 닫힐 때 디스크는 시트 접촉면의 맨 아래까지 내려가 맞닿아서 완전한 밀착이 되어야 한다.

사용 등급(클래스)이 저압인 글로브 밸브에서 스템과 디스크의 배열에는 긴 잠금식 너트가 사용된다. 더 높은 압력 등급의 글로브 밸브의 경우에는 밸브 몸통에 디스크 가이드를 붙인다. 디스크 면과 시트링이 마손되지 않도록 디스크는 스템에서 자유롭게 회전된다. 스템은 단단한 추력지지 판에 의해 받쳐지게 되므로 스템과 디스크 접촉면은 마손되지 않는다.

특히 디스크와 시트는 금속 대 금속의 접촉으로 밸브가 폐쇄되는 것이 일반적이지만, 특별한 경우에는 디스크와 시트 간에 비금속의 패킹을 넣어 밀봉 효과를 높이는 경우도 있다. 이런 것을 소프트 시트라고 한다.

2.3 다이어프램 밸브

1 용도 및 특성

(1) 용도

다이어프램 밸브는 다이어프램이 밸브 몸통의 유로를 수직의 선형운동으로 차단하여 유체의 흐름을 제어하는 밸브이다.

①깨끗하거나 더러운 물과 공기용, ②탈염수 시스템, ③부식성 유체, ④원자력 시설의 방사성 폐기물 시스템, ⑤진공 서비스, ⑥식품 가공, 제약 및 양조 시스템등에 널리 사용된다. 또한 PTFE 등으로 밸브 내부를 코팅하여 초청정(超淸淨) 상태로 유지 할 수 있어서 반도체 공장의 순수가스와 물 배관, 제약회사의 고순도 유체관리에도 사용된다.

사용상 다음과 같은 장점을 가진다.

①정지밸브 및 교축용 밸브로 사용할 수 있다. ②다양한 라이닝으로 내 화학성이 우수하다. ③스템에서의 누설 요인이 없다. ④기포없는 유체흐름이 된다. ⑤고형물, 슬러리 및 기타 불순물이 머물수 있는 포켓이 없으므로 슬러리 및 점성 유체에 적합하다. ⑥유해 화학 물질 및 방사성 유체에 특히 적합하다. ⑦유동 매체에 대한 오염이 없으므로 식품가공, 제약, 양조 및 기타 오염이 없어야 하는 용도에 광범위하게 사용된다.

반면에 다음과 같은 단점이 있으므로 밸브 선정 시 유의하여야 한다.

①위어가 배관 내의 퇴수를 방해 할 수 있다. ②작동 온도와 압력은 다이어프램 재료에 의해 제한된다. 일반적으로 압력은 1 380 kPa(200 psi), 온도는 최대 204°C(400°F)로 제한된다. ③다이어프램 기준으로 정수압이 제한될 수 있다. ④다이어프램이 불순물이 포함된 유체 용도에서 개도를 광범위하게 변화시켜야 하는 교축용 일 때는 침식이 발생할 수 있다. ⑤다이어프램 밸브는 일반적으로 DN 15-300의 크기로 제조된다.

(2) 특성

모든 다이어프램 밸브는 양방향 설치가 가능하고, 정지밸브 및 교축용 밸브로 사용할 수 있다. 다이어프램 밸브는 다른 유형의 밸브로는 불가능한 특정 저압 용도로서의 이점을 기진다. 유체 통로가 매끄럽고 유선형으로 되어있어 압력 강하가 최소화된다.

중간정도의 유량 조절용으로 적합하며 부유 물질이 포함된 액체 수송용으로도 누설 차단 특성이 뛰어나다. 유체 흐름은 밸브의 작동 부분과는 격리되어 있으므로 유체의 오염이나 작동 메커니즘이 부식될 염려가 없다. 밸브 스템 주위에 누설이 발생할 수 있는 경로가 없기 때문에 밸브가 거의 누설되지 않는다. 이러한 기능이 있기 때문에 시스템 내부 또는 외부로의 누설이 허용되지 않는 시스템의 경우 필수적으로 다이아프램 밸브를 사용해야 한다.

밸브의 기능을 발휘할 수 있는 최대 압력은 다이어프램 재료와 사용 유체의 온도에 따라 달라진다. 또한 밸브의 정격 설계 수명은 사용 조건에 영향을 받는다. 시스템 수압 시험 압력은 다이어프램의 최대 압력 등급을 초과해서는 안 된다.

2 다이어프램 밸브의 구성

다이어프램 밸브는 ①유로에 배치된 위어, ②밸브의 상단 압력 경계를 형성하는 유연한 다이어프램, ③다이어프램을 위어에 대항하는 데 사용되는 컴프레서 및 ④다이어 프램을 본체에 고정하고 압축기를 작동시키는 보닛 및 ⑤핸드 휠로 구성된다.

다이어프램 밸브는 맞대기 용접 또는 소켓 용접식, 플랜지식, 나사식, 클램프, 그루브식, 열가소성플라스틱 밸브를 위한 솔벤트 시멘트 조인트식 등 다양한 이음방식으로 제조된다. 밸브 몸통은 티 형과 앵글형 두 가지다.

다이어프램 밸브는 다양한 화학 물질에도 사용에 적합하도록 몸통의 형태나 다이어프램 및 라이닝 재료를 선택할 수 있다. 부식성이 심한 유체에는 스테인리스강이나 PVC 재질의 밸브를 사용하거나, 다른 재질의 밸브에 유리, 고무, 납, 플라스틱, 티타늄 등으로 라이닝 된 것을 사용한다. **표 2**에 다이어프램으로 사용되는 일반적인 재료의 일부를 보여준다.

3 다이어프램 밸브 유형별 종류

기본적으로 다이어프램 밸브는 위어형 및 직선형의 두 가지 설계이다. 부식성 응용 분야에 적합하도록 밸브 몸통의 내부 및 플랜지를 라이닝할 수 있다. 밸브를 어떤 유체에 사용할 것인지에 따라 다양한 라이닝 재료를 선택할 수 있다.

표 2 다이어프램 재료별 적용온도 범위

밸브 형태	용도	재료	온도, °F(°C) 최소	온도, °F(°C) 최대
콘벤셔널 위어	연마제	부드러운 천연고무	−30 (−34)	180 (82)
	물	천연고무	−30 (−34)	180 (82)
	음식 및 음료	천연고무(백색)	0 (−18)	160 (71)
	약한 화학물질, 공기, 오일	네오프렌	−30 (−34)	200 (93)
	약한 화학물질, 고진공	강화네오프렌	−30 (−34)	200 (93)
	기타 화학물질, 가스	염화부틸(흑색)	−20 (−29)	250 (121)
	음식 및 음료	염화부틸(백색)	−10 (−23)	225 (107)
	특수 과산화수소	Clear Tygon	0 (−18)	150 (66)
	오일과 가솔린	Hycar(일반 목적)	10 (−12)	180 (82)
	산화(酸化)용	Hypalon	0 (−18)	225 (107)
	양조용	순수수지고무	−30 (−34)	160 (71)
	온도에 대한 특별 서비스	실리콘	50 (10)	350 (177)
	방사성 조건	G.R.S.	−10 (−23)	225 (107)
	강한 화학물질, 솔벤트	테프론	−30 (−34)	325 (163)
	강한 화학물질	Kel−F	60 (16)	250 (121)
	득정의 산(酸)	폴리에틸렌	10 (−12)	135 (57)
가득찬 흐름(滿流)	시원한 맥주	고무(백색)	−30 (−34)	160 (71)
	뜨거운 맥즙과 시원한 맥주	염화부틸(백색)	−10 (−23)	225 (107)
	시원한 맥주	순수수지고무	−30 (−34)	160 (71)
일직선	물	천연고무	−30 (−34)	180 (82)
	화학물질, 공기, 오일	네오프렌	0 (−18)	180 (82)
	오일과 가솔린	Hycar(일반 목적)	10 (−23)	180 (82)
	지방산	염화부틸(흑색)	0 (−18)	225 (107)
	산화(酸化)용	Hypalon	0 (−18)	200 (93)
	음식 및 음료	염화부틸(백색)	−10 (−23)	200 (93)

자료 참고문헌 1. pA.517, TableA10.10에 의거 재작성

(1) 위어형 다이어프램 밸브

그림 7에서와 같이 밸브 몸통의 필수 부분으로 위어가 있다. 위어는 다이어프램이 압축되어 흐름을 막는, 다른 밸브에서의 시트와 같은 역할이다. 구조가 비교적 간단하며 대부분의 다이어프램 밸브는 이 형식을 취한다. 시트에 맞춰지도록 설계된 다이어프램 즉 대형의 차단 영역을 가질뿐만 아니라 퀵오프닝 특성의 밸브가 되기 때문이다.

이 유형의 다이어프램 밸브는 일반적으로 큰 크기로 생산된다. 위로 올려진 형태의 위어는 다이어프램이 전개에서 전폐 위치로 이동하는 거리를 짧게하여 다이어프램의 응력 및 변형량을 줄여 줌으로서 다이어프램의 수명을 높여 준다.

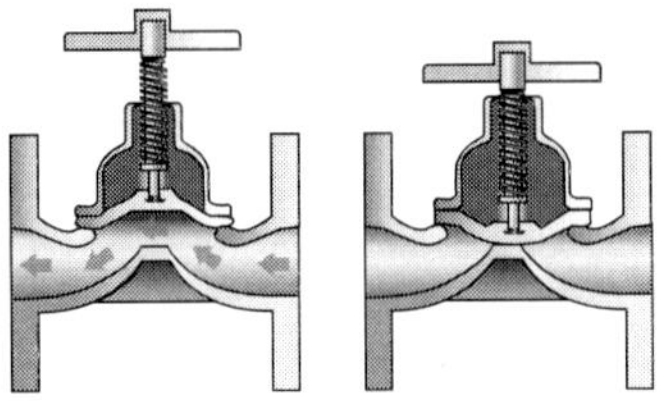

(a) 전개 (b) 전폐

그림 7 위어형 다이어프램 밸브

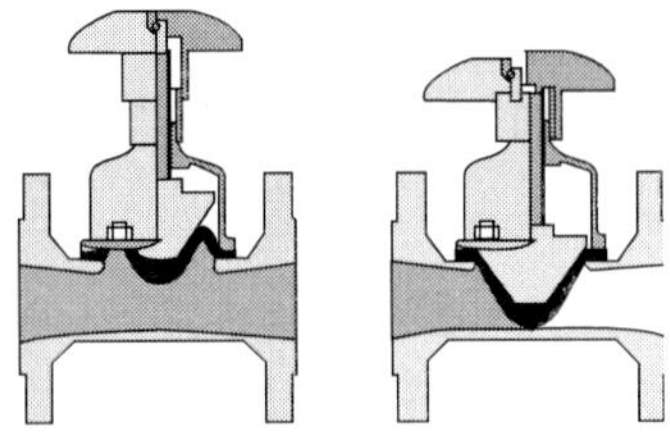

(a) 전개 (b) 전폐

그림 8 관통형 다이어프램 밸브

(2) 관통형 다이어프램 밸브

위어형 다이어프램 밸브의 변형된 형태로 **그림** 8과 같이 밸브 몸통의 유로 단면에 축소부가 전혀 없는 관통형(straight-through)의 풀 보어형(full-bore) 밸브이다. 즉 밸브에서의 압력손실을 최소화 시킨 구조이나, 관통형 밸브가 열려 있으면 다이어프램은 최대 높이로 상승한 상태이고 이 때는 어느 방향으로든 완벽한 유선형 흐름이 된다.

밸브가 닫히면 다이어프램이 단단히 밀봉되므로 배관내 유체에 모래나 섬유질 물질이 함유되어 있어도 폐쇄가 확실하게 이루어진다.

풀보어형의 밸브는 음료 산업에서 가장 광범위하게 사용된다. 설치된 상태에서 밸브를 열거나 밸브를 떼어내지 않고도 스팀이나 가성소다로 볼-브러시 청소[8]를 행할 수 있다. 밸브의 개폐를 위한 다이어프램의 이동 거리가 길고 밸브의 외형도 위어형에 비해 크다. 그러므로 주로 소형에 사용되며 다이어프램의 수명이 짧아 용도가 제한적이다.

2.4 첵밸브

1 용도 및 특성

(1) 용도

첵밸브는 펌프가 멈추는 경우와 같이, 배관계통에 작용하던 압력이 변동되면 유체유동은 순간적으로 정지되고 이로 인한 역류에너지는 하류에서 상류로 작용하게 된다. 이 역류 에너지를 흡수하는 역할을 하는 기구가 첵밸브다.

8. 밸브 내부로 공처럼 만든 부러쉬(ball-brush cleaner)를 밸브에 통과시켜서 내부를 청소하는 방법

첵밸브는 최소 저항으로 유체를 한 방향으로 흐르게 하고, 누설을 최소화하여 역류를 차단하도록 설계되었다.

(2) 특성

밸브가 완전하게 닫친 상태에서는 역류가 차단되지만 이는 밸브 1, 2차 측 간의 압력차가 존재할 때이고, 유동이 정지되어 압력차가 없어지면 밸브가 열릴 수 있다는 점에 유의하여야 한다. 즉 첵밸브의 작동 형태나 구조에 따라서 역류차단 기능은 운전 중이던 펌프가 정지될 때와 같이 일시적으로만 가능하다.

사용되는 첵밸브의 유형은 티형의 리프트 첵, 스윙 첵, 틸팅 디스크 첵과 와이형의 리프트 첵 및 볼 첵밸브 등이다.

첵밸브는 DN 6(NPS 1/4)에서 DN 1800(NPS 72)의 크기로 제공되지만, 특정 크기에 대한 요구가 있으면 다른 크기를 사용할 수도 있다. 배관 시스템에 따라 배관과의 연결이 편리하도록 첵밸브에는 맞대기 용접, 소켓용접, 나사식 또는 플랜식 등으로 제조된다.

(3) 첵밸브의 장단점

첵밸브의 장점은 자력식으로 밸브를 열거나 닫을 수 있는 외부 수단이 필요하지 않으며, 작동이 빠르다는 것이다.

반면에 단점으로는 첵밸브의 부품으로 인한 것으로 ①모든 움직이는 부품이 밀폐되어 있으므로 밸브가 열려 있는지 또는 닫혀 있는지 확인하기가 어렵다. 또한 내부 부품의 상태를 평가한다거나 확인할 수가 없다. ②첵밸브는 유형 별로 설치에 대한 제한이 있다. ③디스크가 열린 위치로 붙어 있을 수 있다는 등이다.

2 첵밸브의 구조별 종류

(1) 몸통 기준 유형

첵밸브에는 밸브 몸통을 기준으로 여러 유형이 있다. 유로를 차단하는 방법 즉 시트를 막아 유동을 차단하는 방법으로 디스크나 플럭, 플랩(flap), 볼이나 볼콘(ball cone) 등을 사용하는 종류로 구분되고, 형태에 따라서는 스윙형, 리프트형, 볼형 등으로 구분된다. 다음은 일반적으로 사용되는 몇 가지 유형의 첵밸브에 대한 설명이다.

(2) 기본형 첵밸브

기본형의 첵밸브는 밸브 몸통, 보닛 또는 덮개와 디스크로 구성된다. 디스크는 힌지에 의해 밸브에 부착되며 디스크는 스윙하여 밸브 시트에서 멀어지면서 상류로의 흐름을 허용하고, 흐름이 정지되면 밸브 시트로 돌아가 하류로의 역류가 차단되도록 한다.

스윙 첵밸브와 틸팅 디스크 첵밸브가 이 유형에 속한다.

스윙 첵밸브는 디스크가 완전히 열린 위치 또는 완전히 닫힌 위치로 이동할 때 디스크가 안내되지 않는다. 유동 중일 때는 유체의 힘에 디스크가 열리고, 유동이 정지되면 역류 에너지와 자중에 의해 닫친다. 역압에 의하여 디스크가 시트에 압착되는 구조로 가장 보편적으로 사용하는 형식이다. 그러나 1, 2차측 압력 간의 차가 클 때의 경우이고, 유동정지 시간이 길어지면 압력차가 없어지므로 밸브는 전폐 되지 않으며 열릴 수 있다. 그러므로 위생배관에서의 오염방지를 위한 역류방지밸브(backflow preventer) 용도로는 사용할 수 없다. 리프트 첵밸브에 비하여 압력손실이 작아 대구경에도 사용되지만, 구경이 커질수록 디스크의 이동 거리가 멀어져 전개에서 전폐까지의 시간이 길어지므로, 디스크가 시트와 접촉될 때 큰 충격음 즉 워터해머가 발생한다. 워터해머 방지를 위하여 디스크에 직결한 힌지핀에 균형 추를 다는 등의 완충장치를 설치하기도 한다. 그러나 확실한 방법은 첵밸브 상류측에 워터해머 흡수기를 설치하여 충격압력을 흡수시켜 디스크 파손 등을 방지하는 것이다.

스윙 첵밸브는 수평 및 수직 설치 모두가 가능하지만, 수직배관에 설치하는 경우는 유체의 상류측이 첵밸브의 입구측과 일치하는 방향이 되어야 한다.

스윙 첵밸브는 용도가 다양한 만큼 요구 사항을 충족시키기 위해 여러 가지 디스크 및 시트 형태가 사용되고 있다. 소프트 시트는 금속대 금속 시트에 비하여 향상된 기밀성을 가지며, 탄성체가 삽입된 금속 시트링으로 구성된 콤비네이션 시트는 더 우수한 기밀성을 제공한다.

디스크와 시트의 접촉 각도는 0도에서 45도까지 다양하며 수직 시트의 각도는 0이 된다. 시트 각도가 크면 디스크의 이동 거리가 줄어들어 빠르게 닫치게 되므로 워터해머의 가능성이 최소화된다. 일반적으로 시트 각도는 5~7도 범위이다.

틸팅 디스크(tilting disc) 첵밸브는 스윙 첵밸브가 가진 고유의 약점을 보완하기 위한 것이다. 여러 기능의 조합으로 밸브가 완전히 열리고 유속이 낮을 때 흐름이 일정하게 유지되며, 순방향 흐름이 중단되면 빠르게 닫힐 수 있다. 돔 모양의 디스크는 표면의

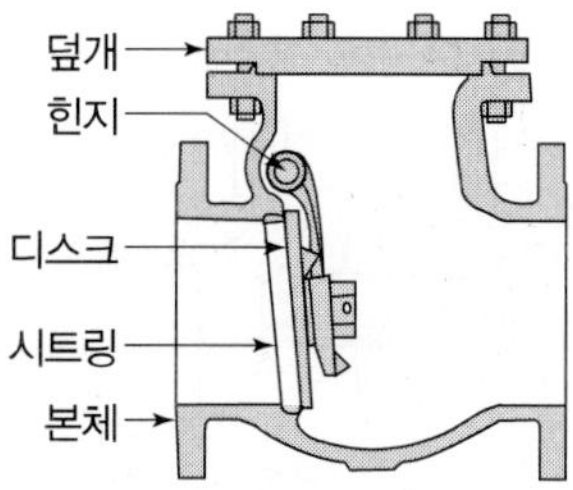

(a) 스윙첵

(b) 틸팅 다스크

그림 9 기본형 첵밸브

하단과 상단 모두에 유체가 흐르면서 흐름에 뜨게 된다. 따라서 충격을 최소한으로 완충하는 효과가 있다. 맥동, 난류 및 고속 흐름에서도 잘 작동한다. 이러한 특성으로 인해 밸브의 리프트가 길어지고 동적 하중이 줄어들게 된다. **그림 9**는 이상 두가지 첵밸브의 예이다.

(3) 리프트 첵밸브

리프트형 첵밸브는 **그림 10**에서와 같이 디스크가 밸브 몸통 또는 보닛에 설치된 가이드를 따라서 유체의 힘과 자중에 의해 수직방향의 상하운동으로 개폐가 이루어지는 구조이다. 디스크는 피스톤 형태로, 유체의 유동으로 피스톤이 열리고 유동이 중단되면 중력에 의해 밀려 내려와 밸브 시트로 되돌아가 역류가 차단된다.

리프트 첵밸브는 특히 유속이 높은 고압 서비스에 적합하다. 리프트 첵밸브에서 피스톤 디스크는 긴 접촉면을 갖는 중앙 위치의 충격 완충장치(dash pot)에 의해 정확하게 중심이 잡혀 있고, 상류로의 흐름이 멈출 때 충돌하듯 시트에 말착된다. 피스톤과 충격 완충장치의 벽은 대략 같은 두께로 제조된다. 큰 스팀 자켓은 충격 완충장치 외부와 피스톤 내부에 위치하여 부등 팽창으로 인한 고착을 방지한다.

시트링은 원통 형태로 무겁고 균일한 두께의 단면을 갖는 구조이며, 몸체와의 접합은 일반적으로 나사 조임으로 하고 씰 용접된다. 흐름의 개구부는 풀포트이다.

리프트 첵밸브의 시트 디자인은 글로브 밸브와 유사하다. 디스크는 일반적으로 피스톤 또는 볼 형태이다. 볼 리프트 첵밸브는 점성이 높은 유체용으로 사용된다.

리프트 첵밸브는 스윙 첵밸브보다 우수한 기밀성을 가진다.

피스톤형 리프트 첵밸브는 사용 유체의 침전물이 피스톤 상부로 들어가 갇치게 되면

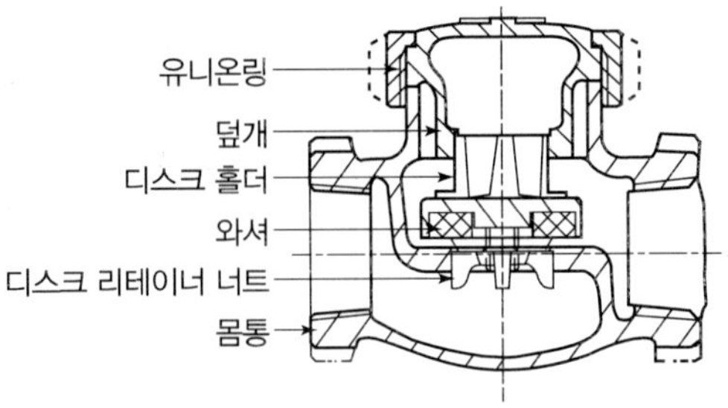

그림 10 리프트 첵밸브의 예

이것이 노출된 표면에 들러붙는 경향이 있다.

대형 리프트 첵밸브에는 디스크 위의 챔버와 밸브의 다운 스트림 측면 사이에 압력 평형(이퀼라이저)관이 들어간다.

(4) 홀딩 디스크 첵밸브

홀딩 디스크(folding disc) 첵밸브는 접이식 또는 이중 플레이트 첵밸브라고도 한다. **그림** 11과 같이 중앙에 부착된 2개의 반원 디스크로 구성되며 디스크는 코일 스프링이 누르고 있는 구조이다. 유체가 디스크를 밀어 올릴 수 있는 압력이 되어야 밸브를 통한 유동이 가능해지며, 상류로 흐름이 시작되면 반원 디스크가 뒤로 접힌다. 스프링에 의해 열렸던 반원 디스크는 상류 흐름이 중단되면 날개를 펴듯 반원이 원형을 이루어 흐름 경로를 빠르게 닫아 하류로의 역류가 차단되도록 한다. 밸브 시트에는 부드럽게 닫치면서 밀봉 효과을 높이기 위하여 비 금속재의 패킹이나 실을 사용한다.

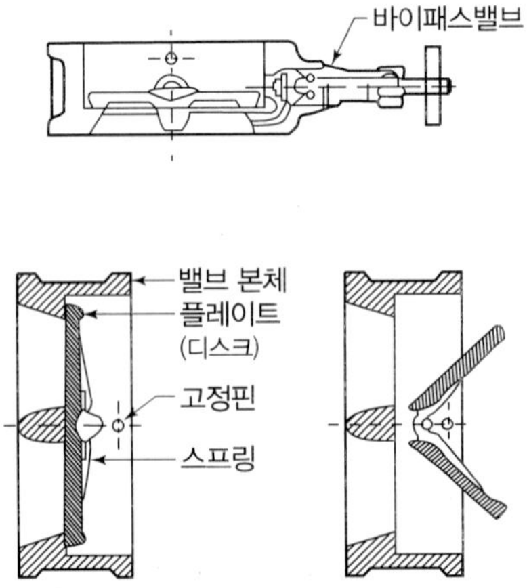

그림 11 홀딩 디스크 첵밸브

유량의 급격한 변동에 대한 추종성이 좋아 맥동이 발생할 수 있는 배관계통에 적합하다. 이 형태의 첵밸브는 ①급격한 작동으로 스프링 파손이 용이하다. ②스프링 탄성에 의한 압력 손실이 크다. ③납작한 형태(wafer 형)가 많아 스윙 첵밸브에 비하여 설치 공간이 작다는 등의 장단점을 갖는다. 펌프의 토출측 수직 배관과 같이 역류에너지가 크게 작용할 수 있는 배관계통에 충격 흡수용으로 적합하지만, 밸브 이후 배관 내 유체를 퇴수시켜야 할 필요성에 대비하여 바이패스 밸브를 부착해야 한다.

(5) 볼과 볼콘 첵밸브

볼 첵밸브는 **그림 12**와 같이 디스크가 구(球, ball) 형인 리프트형 첵밸브이다. 밸브 시트와 접촉하는 디스크 면이 항상 변화한다. 즉 유체의 흐름에 따라 볼이 시트를 떠났다가 흐름이 중단되면 다시 시트로 돌아가 유로를 막아 줌으로 상류로의 역류가 차단되도록 한다. 주로 유압용으로 사용된다.

볼콘 첵밸브는 볼을 콘(cone, 圓錐)의 형태로 가공한 디스크를 사용한다고 해서 붙여진 이름이다. 새로운 형태의 첵밸브로, 기존의 스윙형이나 리프형 첵밸브에서의 압력손실이 크다는 단점을 보완한 것이다. 이 형태를 취하는 밸브는 ①압력손실이 극히 낮아 유속변화가 작다, ②소음, 진동이 발생하지 않는다, ③소프트 시트와 스프링을 사용하여 1, 2차 측 간의 차압이 없는 상태(0.5 psi)에서도 차단이 확실하다. ④냉각에 따른 쇼크가 없다, ⑤외형이 작아 설치 등 취급이 용이하다는 등의 장점을 갖는다. 주로 부식성 환경에서는 물론, 고온 고압(2.8 MPa, 176°C) 용으로 사용된다.

그림 13은 볼콘 첵밸브의 구성 예로, 몸통은 청동이나 스테인리스강을, 스프링 등 주요부는 스테인리스강을 사용한다. **그림 13(a)**는 Cv 0.47~6의 소유량 계통에 사용되며, (b)는 Cv 0.85~81의 중대 유량 범위에 적용된다.

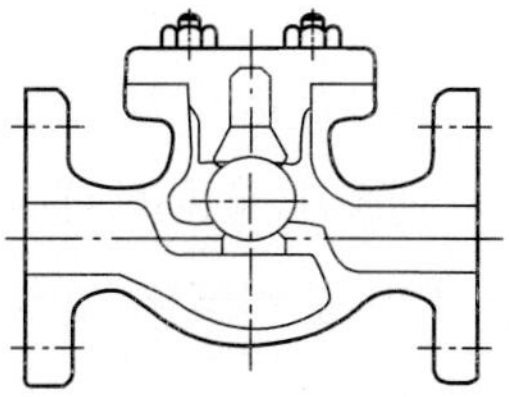

그림 12 볼형 첵밸브

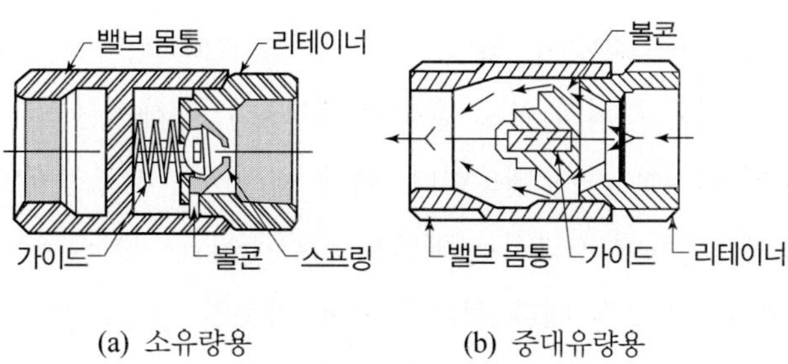

(a) 소유량용

(b) 중대유량용

그림 13 볼콘 첵밸브의 구성

(6) 스톱 첵밸브

이 유형은 양방향으로 설치가 가능한 스템이 있는 첵밸브이다. 그러면서 게이트나 글로브 밸브와 같은 정지 밸브로 사용될 수 있다. 밸브의 몸통은 티형, Y형, 앵글형 및 경사형 등이 있고, 디스크는 스윙 디스크 또는 피스톤 리프트 디스크로 되어있다.

밸브스템은 디스크나 피스톤에 고정되지 않는다. 시스템이 정상적으로 작동하는 동안은 첵밸브로 사용되다가 필요한 경우 나사식 스템을 사용하여 디스크나 피스톤을 밀어 밸브를 폐쇄시킬 수 있다. 스템이 완전히 조여졌을 때는 자유롭게 움직이던 디스크나 피스톤이 게이트 또는 글로브 밸브와 마찬가지로 시트에 고정된다.

3 첵밸브 적용 시의 고려사항

(1) 작용하는 중력

첵밸브의 기능에는 중력이 중요한 역할을 하므로 체크밸브의 위치와 방향을 항상 고려해야 한다.

(2) 리프트와 볼 첵밸브

리프트와 볼 첵밸브는 항상 리프트 방향이 수직이 되도록 설치해야 한다.

(3) 스윙 첵밸브

스윙 첵밸브는 디스크가 항상 중력에 의해 잘 움직여야 하며 정확한 위치에 확실하게 폐쇄 되야 한다. 밸브를 통과하는 유체의 유속은 스윙 첵밸브의 수명에 상당한 영향을 미친다. 첵밸브는 정상 조건에서 유속에 의해 디스크가 완전히 열리고 시트에 맞춰 닫칠 수 있도록 충분한 크기여야 한다. 그래야만 첵밸브 고장의 주요 원인인 디스크 펄럭임을 최소화할 수 있다. 또한 펌프, 엘보, 제어밸브 또는 티 분기점과 같이 난류의 원인이 되는 부위의 바로 밑에 첵밸브를 설치해서는 안 된다. 첵밸브의 상류측 배관은 직선이 되어야 하기 때문이다. 이에 관해서는 제조업체의 권장 사항을 따르는 것이 좋다.

제조업체에 따라서는 첵밸브 상류측에 관지름의 8~10배의 직선거리를 둘 것을 권장하지만, 때로는 배관 설치나 사용 가능한 공간상의 문제로 이러한 권장 사항을 준수하지 못할 수 있다. 이럴 때에는 대안으로 권장 사항과 같은 효과를 가져올 수 있는 방식을 적용해야 한다.

유량이 상향인 경우에만 수직배관에 스윙 첵밸브를 사용할 수 있다. 또한, 유속과 유체 압력은 디스크 무게를 극복하고 완전히 열린 위치로 스윙하기에 적합해야 한다.

흐름이 맥동이면서 유량은 작을 것으로 예상되는 경우에는 스윙 첵밸브를 사용하지 않는 것이 좋다. 디스크가 스윙하면서 시트에 지속적으로 닿아 밸브가 손상되어 스윙 디스크가 느슨해 질수 있기 때문이다.

(4) 인라인 볼 첵밸브

인라인 볼 첵밸브는 수평, 수직 배관 모두에 적합하다.

(5) 첵밸브의 일반적인 응용 분야

표 3은 다양한 유형의 첵밸브에 대한 특성을 고려한 것으로, 적용분야에 적합한 첵밸브를 결정하는 데 사용될 수 있다.

표 3 첵밸브 적용

흐름형태	유체의 종류	유속범위, m/s	권장되는 첵밸브형태
소량의 역류가 있는 등류	물, 오일	0.3-2.0	레버버와 중심추를 가진 스윙첵
	스팀, 물, 가스	2.0-30.0	단순 스윙첵
등류	물, 오일	1.5-3.0	인라인 가이드 디스크첵
맥동	공기 또는 가스	1.5-3.0	쿠션 체임버가 있는 인라인 가이드 디스크첵
장상적인 역류가 있는 등류	물, 오일	2.0-3.0	보조 스프링으로 닫치는 스윙첵
심한 역류가 있는 등류	물, 오일	2.0-3.0	완충장치가 있는 스윙첵
등류 또는 맥류	스팀, 물 또는 가스	2.5-50.0	티 또는 경사형 리프트첵
등류 또는 맥류(심한 역류)	스팀, 물 또는 가스	3.0-50.0	티형 리프트첵
등류	스팀, 물 또는 가스	4.0-75.0	틸팅 디스크첵
등류 또는 맥류	스팀, 물, 가스, 오일	6.0-75.0	Y형 리프트첵
등류 또는 맥류(심한 역류)			완충장치가 있는Y형 리프트첵

주 등류(等流, uniform flow), 맥동(脈動, pulsating flow), 완충장치(緩衝, dash pot), 충심추(錘, center weight)

자료 참고문헌 1. pA.506 Table A10.9에 의거 재작성

3 회전동작 밸브

3.1 볼밸브

1 용도 및 특성

(1) 용도

볼밸브는 깨끗한 가스, 압축 공기, 포화증기, 오일 및 액체용 등으로 광범위하게 사용되는 1/4 회전 밸브이다. 슬러리 용으로도 사용할 수 있지만 침전물 축적을 방지할 수 있는 준비가 되어있어야 한다.

연성 시트로 나일론, 델린(delrin), 합성고무 및 플루오르화 폴리머와 같은 재료를 사용하면 탁월한 밀봉성능을 가지게 된다. 불소화 폴리머 시트를 사용하는 볼밸브의 경우는 사용 온도 범위가 270~260°C(450~500°F), 흑연 시트를 사용하면 538°C(1 000°F)까지 또는 그 이상의 조건에도 사용이 가능하다.

금속제 등받이(metalbacking) 시트는 화재 안전용으로도 사용할 수 있다.

볼밸브의 작동은 플럭 밸브와 유사하다. 볼밸브는 조임기구 없이 누설이 방지되는 차단 기능을 가지며, 몸통과 포트가 매끄럽기 때문에 흐름에 대한 저항은 무시할만한 정도이다.

(2) 특성과 사용의 장단점

볼밸브는 정지밸브로 뿐만 아니라 액츄에이터를 부착하여 조절밸브로도 많이 사용된다. 볼밸브에 대한 일반적인 특성이자 장점은 다음과 같다.

①압력손실이 작다. 밸브의 전개 시에는 유로가 배관과 같은 형상이 되므로 유체에 저항을 주는 요소가 없기 때문이다. ②조작이 용이하여 자동화가 쉽다. 핸들의 90° 회전으로 개폐가 가능하고, 액츄에이터를 부착시킬 수 있어 간단히 자동제어 밸브로 사용할 수 있다. ③기밀성이 좋다. 연질 시트로 볼을 받치고 있어 스템이 90° 회전해도 패킹과의 원주방향 움직임이 적기 때문이다. ④설치가 용이하고 공간도 작게 소요된다. 정지밸브에 속하는 다른 밸브보다 외형이 작고 가볍기 때문이다. ⑤보수가 쉽다. 내식성, 내마모성과 물리 화학적 성질이 우수한 재질의 시트를 사용하여, 시트가 손상되는 경우에도 교환과 재조립이 용이하여 바로 성능을 복원시켜 사용할 수 있다. ⑥멀티 포

트 디자인은 게이트 또는 글로브 밸브로 할 수 없는 다양한 기능을 제공하므로 필요한 밸브 수를 줄일 수 있다. ⑦고품질 볼밸브는 고압 및 고온 응용 분야에서 안정적인 서비스를 제공한다. ⑧밸브를 작동시키는 데 필요한 힘은 게이트 또는 글로브 밸브에 필요한 힘보다 작다.

반면 볼밸브가 갖는 단점으로는 ①지속적인 조절이 필요한 용도에는 적합하지 않다. ②슬러리 또는 이와 유사한 용도로 사용되는 경우에는 부유물이 몸통에 침전되어 마모, 누설 또는 밸브 고장이 유발될 수 있다.

2 볼밸브의 구성

(1) 3가지 포트

볼밸브의 주요 구성 요소는 **그림 14**에서와 같이 몸통, 구(球)형 플럭 및 시트이다. 볼밸브는 포트 기준으로 ①풀 포트, ②표준 포트, ③축소 포트 등 세 가지의 크기로 제조된다.

표준 포트는 벤츄리 포트라고도 한다. **표 4**와 같이 풀 포트 밸브는 포트의 지름이 파이프의 안지름과 같고, 표준과 축소 포트는 포트 지름이 파이프 안지름보다 작다. 그러므로 동일 유량에 대한 유체저항이 서로 다르다.

특별한 규정이 없는 한 볼밸브는 풀 포트이어야 한다. 유체저항을 최소화하기 위한 것이다. 표준에 의하지 않고 임의로 포트의 지름을 작게 만든 것은 비정상 밸브이고, 이러한 밸브를 사용하므로 배관계통에서의 소음 발생과 유량 부족과 같은 문제가 유발되는 것이다. 표준 포트나 축소 포트를 갖는 제품은 저항이 크게 발생하므로 주로 조절밸브 용으로 사용된다.

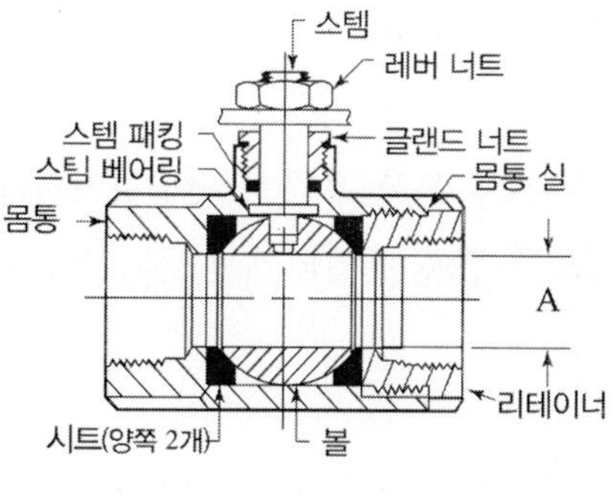

그림 14 볼밸브 구성 및 부품명칭

표 4 볼밸브의 포트별 지름

NPS	DN	포드, (A, inch)		
		풀	표준	축소
1/4	6	0.25		-
3/8	8	0.37		-
1/2	15	0.50	0.37	0.31
3/4	20	0.75	0.56	0.46
1	25	1.00	0.75	0.62
1-1/4	32	1.25	0.93	0.77
1-1/2	40	1.50	1.12	0.93
2	50	2.00	1.50	1.24
2-1/2	65	2.50	1.87	1.55
3	80	3.00	2.25	1.86

주 그림 14 참조

자료 참고문헌 2. Table 1에 의거 재작성

(2) 씰링 밥법

스템 씰링은 볼트 체결형 패킹 글랜드나 O-링 씰을 사용한다. 볼밸브는 플럭 밸브에서 사용하는 것과 같은 윤활제-씰 방식[9]을 사용할 수도 있다.

윤활 씰 시스템이 있는 밸브를 윤활 볼밸브라고 하며 다른 밸브를 비 윤활 볼밸브라고 한다.

(3) 흐름방향

볼밸브의 용도는 일반적으로 유체의 유입과 유출이 동일한 단 방향의 유로 차단용으로 사용되지만, 포트와 시트 수에 따라 유체흐름의 방향전환이 가능하다. 따라서 단방향, 양방향 또는 다방향용으로 사용할 수 있다. 즉 2방, 3방, 4방 또는 5방 볼밸브가 가능하다.

2방 볼밸브는 시트가 하나인, 유체 흐름이 단방향이지만 양방향(uni-direction) 설치용이다. 유량이 지정된 포트를 통해 유입되고 유출되어야 하는 경우 3방, 4방 또는 5방

9. lubricant-seal system. 윤할이 필요한 부분에 작은 구멍을 만들어 외부에서 이구멍을 통해 윤활유를 넣어주는 방법.

볼밸브도 단방향일 수 있다. 볼의 상류측과 하류측에 2개의 시트가 제공되는 2방 볼밸브를 양방향 밸브라고 한다. 다중 포트 볼밸브는 한쪽 방향 이상의 흐름을 허용하므로 이런 기능을 이용하면 온냉의 유체를 혼합(mixing)할 수도 있고, 유량을 분산(diverting)시키거나 우회시킬 수도 있다. 여러 개의 밸브를 사용하지 않아도 되므로 배관계통을 단순화시킬 수 있다.

(4) 이음의 형태

볼밸브는 용도와 사용범위가 다양한 만큼 배관과의 이음 방법도 일반적으로 사용되는 나사, 플랜지, 솔더링 또는 브레이징식 이외에 고온 고압에 사용하는 SW(소켓용접)과 THD(소켓-나사)식 이음 방법이 추가된다.

SW, THD는 **그림 15**에서와 같이 볼밸브 양측에 소켓(tail piece)과 유니온 너트를 결합한 것으로, 소켓에 나사를 가공한 것이면 나사 이음 용이 되고, 소켓이 용접용으로 가공된 것이면 관과의 이음은 용접이 된다. 유니온 너트를 풀어 분리된 소켓을 관에 나사식 체결 또는 용접한 후 유니온 너트를 조이면 이음이 완성되는 형태이다.

(5) 압력과 온도에 따른 사용구분

볼밸브는 고압용 및 저압용으로 구분되어 제조된다. 볼밸브는 처음에는 저압용에 주로 사용되었으나 제조기술의 발전으로 고압 및 초고압용으로도 사용할 수 있게 되었다.

그림 15 소켓용접(나사)식 볼밸브

3 볼밸브의 유형별 종류

(1) 볼의 지지 방법

볼밸브의 종류는 재질을 비롯하여 고온, 고압용, 내부식용 등 다양한 종류가 있어서 일반 배관으로부터 핵발전소 플랜트에 이르기까지 적용 범위가 넓다. 볼밸브는 기본적으로 몸통 내에서 볼이 어떻게 지지 되는지에 따라 플로팅형과 트러니언형으로 분류된다.

플로팅(floating) 볼밸브는 **그림 16(a)**에서와 같이 볼이 시트에 의하여 받쳐지는 구조 즉 볼과 밸브몸통이 직접 접촉되지 않고, 떠 있는 것과 같은 형태임으로 붙여진 이름이다. 플로팅 볼 설계는 모든 유형의 볼밸브에 가장 일반적으로 적용된다. 구성 부품도 간단하고, 높은 기밀성을 가지지만 볼의 중량과 유체압력이 모두 시트에 가해지므로 시트 재질은 매우 중요하며, 볼밸브의 성능을 좌우하게 된다.

트러니언(trunnion) 볼밸브 또는 더블 트러니언 볼밸브는 **그림 16(b)**에서와 같이 볼이 하단과 상단의 트러니언이라고 하는 일체형 짧은 샤프트로 지지되는 구조이다. 트러니언에는 베어링이 들어있어서 상단의 트러니언과 연결된 밸브스템을 돌려 밸브를 열거나 닫을 때 볼의 회전이 자유롭다. 플로팅 형의 볼과 달리 트러니언 형의 볼은 제자리에 단단히 고정된다.

트러니언 볼밸브는 분할형 몸통의 대형 밸브에 적용되며, 트러니언 볼밸브를 작동시키는 데 필요한 토크는 플로팅 볼밸브에서의 토크보다 실질적으로 작다. 상류측의 밸브시트는 유체압력을 받는 볼에 의하여 압착 되면서 밀봉이 이루어진다. 밸브시트는 연질로 리테이너에 의하여 유지되고, 스프링 탄성으로 압착된다.

트러니언 볼밸브는 시트의 손상이 적어 플로팅 볼밸브보다 고온 고압까지 사용 가능하지만 구조가 복잡하고 고가이다.

어떤 유형이던 시트의 재료는 합성수지와 고무 등의 탄성재료가 일반적이며, 고온용은 금속제의 밸브시트가 사용된다. **표 5**는 주요 시트 재료별 적용성을 보여주는 것이다.

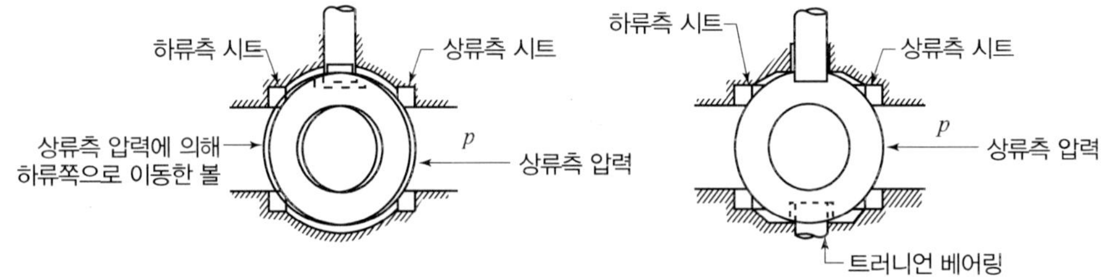

(a) 플로팅 볼밸브　　(b) 트러니언 볼밸브

그림 16 볼의 지지 형태에 따른 볼밸브 종류

표 5 볼밸브 시트 재질별 적용성

재질	사용온도범위	적용성(특수기능)
PFTE	~200°C	일반적인 용도. 최저 토크. 내 화학성이 우수함.
RPTFE	~230°C	가장 일반적인 용도. 제시된 토크 값에 대한 기본재료. 강화시켜 긴 수명을 갖도록 함.
Multifill RTFE	~230°C	RPTFE를 카본 그래파이트로 강화 함. 토크는 RPTFE보다 30% 작다. 증기계통에 이상적임.
UHMPWE	~75°C	고형분이 높은 슬러리 또는 불소 이탈을 방지해야 하는 계통에 적용. 토크는 RPTFE보다 30% 크다.
PEEK	~320°C	고강도, 내마모성이 좋으나 가격이 높다. 토크는 RPTFE보다 40% 이상 크다.

(2) 몸통 형상

볼과 시트가 들어가는 밸브 몸통은 제조방식에 따라 **그림** 17에서와 같이 일체형과 분할형으로 나누어진다. 일체형에는 ①사이드 엔트리, ②톱 엔트리, ③용접식 등이 있고 분할형으로는 ①2피스 몸통, ②3피스 몸통 등이 있다. 이는 부품의 조립을 간편하게 하면서도 보수유지의 편의 그리고 고압 고온에 사용할 때의 안전성을 고려한 것이다.

사이드 엔트리 볼밸브는 볼이 몸통 한쪽 끝에서 삽입되어 제위치에 고정된다. 이 밸브에는 플랜지식이나 나사식 연결부를 갖는다. 이 유형은 일반적으로 저렴한 소형 밸브에 주로 사용된다. 최대 DN 150까지 제조된다.

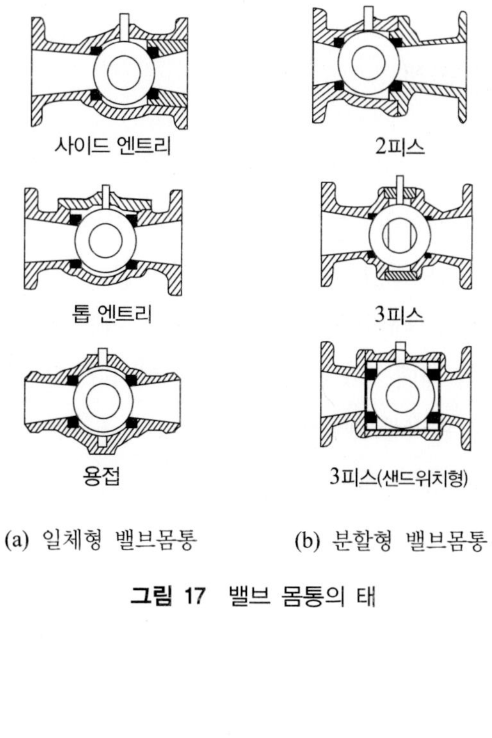

그림 17 밸브 몸통의 태

톱 엔트리 볼밸브는 설치된 상태에서도 상부의 밸브 보닛 커버를 열어서 조립, 분해, 수리 또는 유지보수 작업을 실행할 수 있다.

분할형 몸통은 두 부분으로 구성된 몸통과 보닛, 볼, 시트링, 스템 및 기타 내부 부품으로 구성된다. 두 쪽으로 분리된 몸통은 플랜지 체결로 조립된다. 분할된 두 개의 몸통 중 한쪽 몸통은 크고 다른쪽 몸통은 작다. 볼을 더 큰 몸통 부분에 삽입한 후 더 작은 몸통 부분을 볼트 체결로 조립된다. 스터핑 박스는 더 큰 몸통 부분에 일체로 구성된다.

소형의 분할형 볼밸브에서는 두 부분으로 된 몸통이 나사식으로 조립된다. 이처럼 두 부분으로 된 몸통 사이의 플랜지 또는 나사식 조립부는 잠재적 누설의 원인이 된다.

플랜지 체결식은 일반적으로 모든 크기의 밸브에 사용 가능하지만, 대형 밸브에서는 플랜지 체결 방식이 표준이다. 분할형으로 DN 50 이하의 소형 볼밸브는 나사식 체결이 기본이다. 분할형 볼밸브는 DN 15~DN 900까지의 크기로 제조된다.

3피스 볼밸브에서 밸브의 중간 부분은 모든 밸브 내부를 유지하는 주요 부분이며 스템은 상단의 구멍을 통과한다. 양쪽 2개의 몸통은 볼트 또는 스터드 및 너트로 가운데 몸통에 조립된다. 배관과의 연결은 맞대기 용접, 소켓 용접, 나사식 또는 플랜지 체결 방식이 적용된다. 이 유형은 DN 15~DN 900까지의 크기로 제조된다.

어떤 방법으로 든지 3 부분로 이루어진 몸통을 하나로 만들기 위해서는 2번의 조립이 필요하고, 이것은 결과적으로 누설 가능 부가 추가되는 것이다.

4 볼밸브의 다양한 옵션

(1) 핸들

볼밸브에는 고온 고압에서의 안전성, 유지관리의 편의, 진동에 대한 대책 등으로 다양한 옵션이 적용된다. 게이트나 글로브 밸브 개폐에는 일반적으로 원형핸들을 사용한다. 그러나 볼밸브는 주로 레버핸들을 사용하는데, 이는 개폐를 쉽게하며 외부에서도 레버의 위치로서 밸브의 개폐 정도를 알 수 있게 함이다. 그러나 설치 위치나 사용조건에 따라서는 이보다 더 편리한 핸들이 있을 수 있다. T자핸들, 긴 레버핸들, 타원형 핸들(oval handle), 체인이 달린 레버 등이 있다.

(2) 진동에 의한 풀림 방지

기차나 전철과 같은 역사에 기차가 들어오고 나갈 때는 진동이 발생하게 되고 이것은 배관계통으로도 전달된다. 그러므로 닫친 밸브가 열려서는 안 되거나 그 반대의 경우에 대비하여 볼밸브에는 여러 가지 형태로 잠금 기능을 추가할 수 있다. 잠김 핸들(latch-lock handle) 패드걸쇠(pad-locking devices) 등이 있으며 특별한 경우 90도 전개 후 자동으로 닫치게 하거나, 그 반대로 사용하는 스프링 리턴 핸들 등이 있다.

(3) 연장 스템(stem extension)

보온이 되는 배관에 표준형의 밸브를 설치하면 보온재의 두께로 밸브가 완전하게 덮여 버리게 된다. 이러한 경우에도 핸들을 보온재 밖에 위치 하도록 하기 위하여 스템의 길이를 연장한 것이다. 또한 진동에 의한 풀림을 방지해야 할 경우에는 잠금장치(locking stem extension)가 있는 연장 스템을 사용한다. **그림 18**은 이러한 옵션이 적용된 볼밸브의 예이다.

(a) 연장 스템　　(b) 잠김 핸들

그림 18 옵션이 적용된 볼밸브 예

(4) 정전기 방지를 위한 접지기능

볼밸브의 밸브시트에 사용되는 불소계 수지는 비전도체 이지만 고속의 가스나 석유제품 등의 유체에 사용되는 경우는 마찰이나 볼의 회전에 따른 정전기에 의해 스파크가 일어날 수 있다. 이러한 일을 방지하기 위하여 볼밸브가 접지될 수 있도록 접지용 핸들을 사용한다. 그리고 핸들과 밸브 몸통 간에는 스틸 스프링 와셔나 코일을 사용하여 전기적인 회로가 이루어지도록 한다.

(5) 벤티드 볼

상류 측에 면하는 볼에 작은 구멍(vent hole)을 낸 것을 말한다. 볼밸브는 폐쇄조건에서도 볼 내부에 유체를 보유하게 된다. 이러한 상태에서 계속 가열이 이루어져 압력이 높아지게 되면, 높아진 압력을 밸브 상류측으로 넘겨지도록 하기 위한 것이다. 밸브 몸통에도 벤트 홀이 가공되어 있을 경우에는 이와 연결하여 밸브 밖으로 이상 압력을 배출할 수도 있다. 이는 이상 압력으로 밸브의 손상이나 악화, 밸브의 폭발 같은 사고를 피할 수 있도록 하는 일종의 안전 조치이다.

벤티드 볼을 갖은 밸브는 액체질소, 액체산소와 같이 저온의 액체를 수송하는 극저온 시설에서 적용하며, 밸브 주위에서 열이 상승함에 따른 팽창압력을 상류측으로 벤트되게 하여 발생압력을 등화(等化)시켜서 볼이나 시트같은 내부 부품이 튀어나오는 사고를 방지하기 위함이다. 벤티드 볼을 사용해도 시트의 부하 성능은 저하되지 않는다. 이 옵션이 적용된 밸브는 냉동시스템에도 광범위하게 사용된다. 벤트는 상류측에 있고, 정확한 흐름방향을 알 수 있게 밸브 몸통에 유로방향을 표시해 주어야 한다.

3.2 플럭 밸브

1 용도 및 특성

(1) 용도

코크라고도 하는 플럭 밸브는 일반적으로 빠른 차단이 필요한 곳에서 게이트 밸브와 같이 전개(全開) 또는 전폐 상태로 사용되는 밸브이다.

플럭 밸브의 사용 분야는 ①공기, 가스 및 증기 서비스, ②천연가스 배관 시스템, ③석탄 슬러리, 광물 광석, 진흙 및 하수 적용, ④오일 배관 시스템, ⑤진공으로부터 고압용 등이다. 일반적으로 유량 조절용으로는 사용되지 않지만, 일부 응용 분야에서는 특별히 설계된 플럭 밸브를 공기나 가스 및 액체의 양을 조절하는 용도로 사용한다. 또한 다양한 라이닝 방법이 적용되므로 플럭 밸브는 화학산업 분야에서도 널리 사용된다.

사용압력 범위는 진공으로부터 69 000 kPa(10 000 psi)까지이며, 사용온도 범위는 46~816°C(50~1 500°F)이다.

(2) 특성

플럭 밸브는 볼밸브에서 볼 대신 플럭이 사용된 것처럼 형태도 작동방식도 볼밸브와 유사한 점이 많다. 플럭 밸브 사용상의 특성 겸 장점은 다음과 같다,

①부품이 작고 설계가 단순하다. ②개폐 동작이 빠르고 쉽다. ③설치된 상태로 수리 또는 청소가 가능하다. ④유체에 대한 저항이 작다. ⑤누설 차단 기능이 확실하다. 테이퍼형 플럭의 쐐기 작용을 이용하는 것 외에도 밀봉제를 주입하거나 슬리브를 교체하여 밀봉을 유지할 수 있다. ⑥다중 포트 설계로 필요한 밸브 수를 줄이고 흐름 방향을 자유롭게 변경할 수 있다.

반면, 플럭 밸브 사용상의 단점은 ①높은 마찰력으로 인해 작동하는 데 더 큰 힘이 필요하다. ②DN 100 이상의 밸브의 개폐를 위해서는 액츄에이터를 사용해야 한다. ③테이퍼형 플럭으로 인해 포트의 단면적이 줄어든다. ④일반적으로 플럭 밸브는 볼밸브보다 비쌀 수 있다.

2 플럭 밸브의 구성

(1) 기본설계

플럭 밸브의 기본 설계는 **그림 19**와 같다. 테이퍼형 플럭의 개구부가 흐름 방향으로 정렬 되면 전개 상태가되어 전체 흐름이 확보되고, 플럭을 1/4 회전하면 전폐되어 흐름이 정지된다. 플럭 밸브에서 필수 기능은 밸브 몸통 및 테이퍼형 플럭이다. 밸브 내부

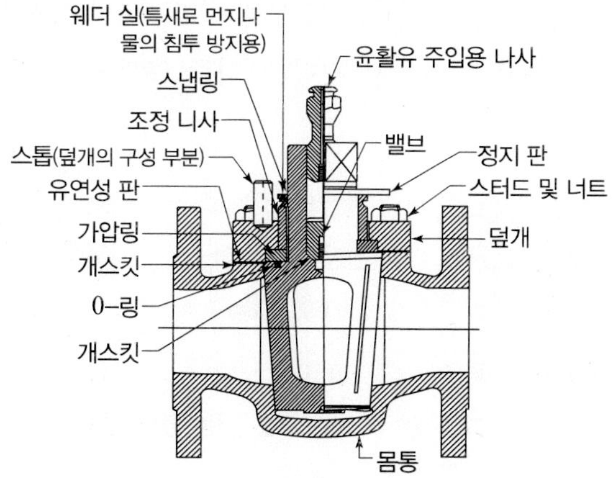

그림 19 플럭 밸브의 구성과 주요 부품의 명칭

에서 서로 접촉하는 부분의 윤곽 설계를 잘 해주어야 유량 효율이 극대화된다. 테이퍼형 플럭의 포트는 일반적으로 직사각형이나, 모서리가 둥근 포트로도 공급된다.

(2) 유형

플럭 밸브의 주요 유형 또는 형태는 표준형, 벤츄리, 단(短)플럭, 라운드 포트 및 멀티 포트 등으로 구분된다.

(3) 플럭

플럭은 일반적으로 아래쪽으로 가늘어지는 형이지만 위쪽으로 가늘어지는 플럭도 사용된다. 또한 대부분의 플럭 밸브는 톱 엔트리 형이다. 톱 엔트리 플럭 밸브에서 테이퍼형 플럭은 밸브 상단으로부터 하단으로 끼워져 몸통에 조립된다. 경우에 따라서 플럭은 밸브 하단으로부터 상단으로 끼워져 몸통에 조립되기도 한다. 이러한 플럭을 바톰 엔트리 또는 역 플럭 밸브라고 한다. 플럭 밸브는 원통형 플럭을 사용할 수도 있다. 원통형 플럭은 파이프의 단면적과 같거나 더 넓은 포트 개구부를 가진다. ①표준형 플럭은 테이퍼형 포트를 사용하는 플럭이다. 포트 개구부 면적은 파이프 단면적의 70~100% 이다. 경우에 따라 대면 길이[10]는 표준 게이트 밸브보다 길다. ②벤츄리형 플럭은 유선형 흐름을 제공하는 플럭으로, 포트 크기를 줄일 수 있다. 포트 개구부 면적은 파이프 단면적의 40~50% 이다. 대부분의 플럭 밸브에서 포트 개구부는 파이프 단면적의 60~70%로 다양하다. ③원형 포트(풀 포트)는 파이프 또는 피팅의 안지름 이상인 플럭 및 몸통을 통한 원형 포트를 갖는다. 작동 효율은 동일한 크기의 게이트 밸브와 같거나 더 크다. 풀 포트를 가진 플럭 밸브는 유량제어 기구로의 효용성은 없다. ④다중 포트는 플럭에 여러 개의 포트가 가공된 것이다. 다중 포트를 사용하면 유체 흐름이 여러

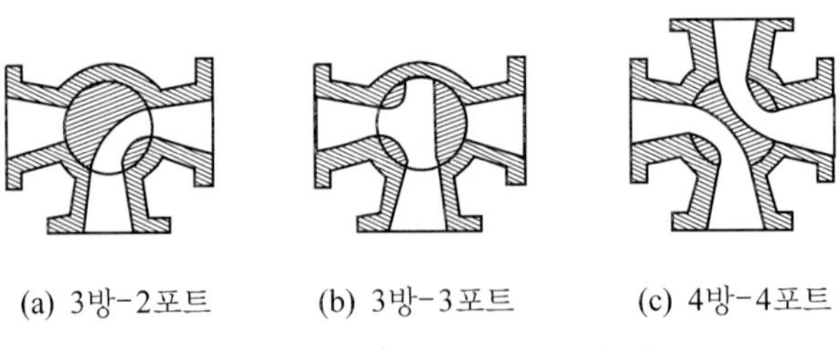

(a) 3방-2포트 (b) 3방-3포트 (c) 4방-4포트

그림 20 다중포트를 갖는 플럭 밸브

10. face-to-face lengths

방향이 되도록 설치할 수 있다. 배관을 단순화시킬 수도 있을 뿐만아니라 작동이 편리하여 유리한 점이 많다. **그림 20**과 같이 2방향, 3방향 또는 4방향 밸브 대신에 3방향 또는 4방향 멀티포트 밸브를 사용할 수도 있다.

3 윤활식, 비윤활식 플럭 밸브

(1) 윤활식 플럭 밸브.

윤활식이란 밀봉제(또는 윤활유)를 주입하는 식의 플럭 밸브를 말한다. 플럭 축의 중심에 수직의 가는 홀이 만들어져 있고, 이 수직 홀에서 다시 반지름방향의 홀이 분기된다. 수직 홀의 밑바닥은 막혀있고 상단에는 밀봉제(sealant) 주입구가 있다. 이를 통하여 밀봉제가 주입되고 주입구 밑에 췍밸브를 두어 밀봉제의 역류를 방지한다. 밀봉제는 수직 홀로 주입되어 반지름방향의 홀로 흐르고, 다시 윤할용 그루브(groove)를 통하여 방사(放射)되어 플럭의 안착면을 윤할시킨 다음 플록의 길이방향으로 흘려내려 윤활제 홈으로 모아진다.

밀봉제를 넣어주는 이유는 다음과 같은 기능을 수행하기 위함이다. ①플럭과 몸통 간의 밀봉이 항상 유지되도록 하여 내부 누설이 방지되거나 최소화된다. ②몸통과 플럭의 접촉면을 부식으로부터 보호한다. ③윤활유 역할로 밸브를 여닫는 데 필요한 힘을 줄여준다.

밀봉제 주입구 나사를 조절하여 주입량을 늘리거나, 주입용 수공구로 밀봉제를 가압 주입시키면 밀봉제 압력이 높아지게 되고, 이는 플럭을 밀어 올리는 힘으로 작용하여 접촉하고 있던 시트로부터 순간적으로 들리게 된다. 따라서 플럭을 쉽게 돌릴 수 있다.

밀봉제 압력은 배관내 유체 압력보다 높기 때문에 밸브 몸통와 플럭 사이에 이물질이 들어가는 것은 불가능하다. 밀봉제는 파이프의 유동 매체와 호환 가능하고, 용해 되거나 씻겨나가지 않아야 하며, 유동 매체의 온도를 견딜 수 있어야 한다. 세척되거나 용해된 밀봉제는 유동 매체를 오염시킬 수 있으며 플럭과 몸통 사이의 밀봉이 파손되어 누설이 발생할 수도 있다.

윤활식 플럭 밸브는 몸통과 플럭이 서로 달라붙지 않고 마모가 덜하며, 일부의 사용 환경에서는 부식에 대한 저항력 또한 높아질 수 있다. 일반적으로 DN 15-900 범위의 크기로 제조되며, 사용압력 범위는 일반적으로 17 250 kPa(2 500 psi)이나, 그 이상에서도 사용된다. 적용 가능한 유체는 공기, 가스, 산, 알칼리, 물, 스팀, 오일, 연료 등이다.

(2) 비 윤활 플럭 밸브

비 윤활 플럭 밸브에는 에라스토머 라이너나 스리브가 포함되어 있으며, 이는 몸통에 가공된 작은 틈에 끼우는 식으로 설치된다.

테이퍼 및 광택 처리된 플럭은 쐐기처럼 작용하여 슬리브에 의해 몸통에 압착된다. 따라서, 비금속 슬리브는 플럭과 몸통 사이의 마찰을 감소시킨다.

비 윤활 플럭 밸브는 유지 보수를 최소화 해야 하는 경우에 사용된다. 윤활식 플럭 밸브와 마찬가지로 닫치면 기포 누설도 방지되며 크기도 적정하다.

3.3 버터플라이 밸브

1 용도 및 특성

(1) 용도

일반적으로 정지밸브 및 유량조절용으로도 사용되지만, 볼밸브와 같이 액츄에이터를 조합하여 조절밸브로도 사용된다.

정지밸브로서의 버터플라이 밸브는 고압 및 고온 조건뿐만 아니라 저압 및 저온용으로도 적합하다. 대규모 송수, 분배 및 냉각수 배관 등에 광범위하게 사용된다. 구체적인 사용범위는 다음과 같다.

①냉각수, 공기, 가스 및 기타 유사한 용도(예 화재 예방, 순환수 등), ②라이닝된 밸브가 요구되는 부식성 환경. ③식품가공, 화학 및 제약분야, ④슬러리 및 이와 유사한 유체용. ⑤고압의 고온수 및 스팀용, ⑤냉각수 또는 공기 공급 시스템과 같이 차압이 낮은 조건에서의 유량 조절, ⑦진공용 등이다.

버터플라이 밸브의 사용상의 장점은 ①글로브 또는 기타 밸브에 비해 설치공간이 작다. ②구조가 간단하고 소형 경량이다. ③조작이 쉽고 개폐 시간이 짧다. ④기포도 차단되는 기밀성을 가진다는 등이며.

반면에 단점으로는 ①유량 조절용은 낮은 차압 조건과, 30~80% 범위의 디스크 개도로 제한된다. ②캐비테이션과 초크흐름(choked flow)에 대한 잠재적인 문제를 안고 있다는 등이다.

(2) 특성

버터플라이 밸브는 몸통 내에서 스템을 축으로 하여 원판 디스크가 회전함에 따라서 개폐가 이루어지며 1/4 회전으로 전폐 위치에서 전개 위치가 된다. 작동이 빠르고 압력 강하가 낮아 그만큼 압력 회복계수는 높다. 따라서 낮은 압력강하가 요구되는 용도에 매우 적합하다.

소프트 시트 사용으로 기포의 흐름도 차단할 뿐만 아니라 완전 밀폐가 가능하다. 고무 시트를 사용하여 밀봉성을 중시한 것이 일반적이지만 현재는 금속 시트를 가진 구조도 개발되었기 때문에 고온, 고압용으로도 사용이 가능한 것이다.

다양한 재질로의 라이닝을 통하여 침식 및 내식성을 향상시킴으로써 화학 물질에 대한 사용도 가능하다.

2 버터플라이 밸브의 구성

(1) 구성 요소

버터 플라이 밸브에는 짧은 원형 몸통, 원형 디스크, 샤프트, 금속 대 금속 또는 소프트 시트, 상하단 샤프트 베어링 및 스터핑 박스로 구성된다. **그림 21**은 버터플라이 밸브의 구성을 보여주는 것이다.

(2) 몸통의 형식

그림 22와 같이 배관계통과 접속하는 방법에 따라 ①웨이퍼(wafer)식, ②러그(lug)식, ③플랜지식 및 ③용접식 등이 일반적인 형태이고, 이에 더하여 이음 유형을 충족시키기

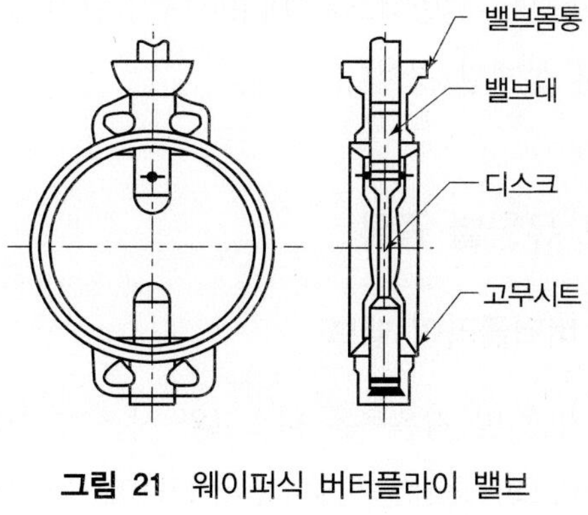

그림 21 웨이퍼식 버터플라이 밸브

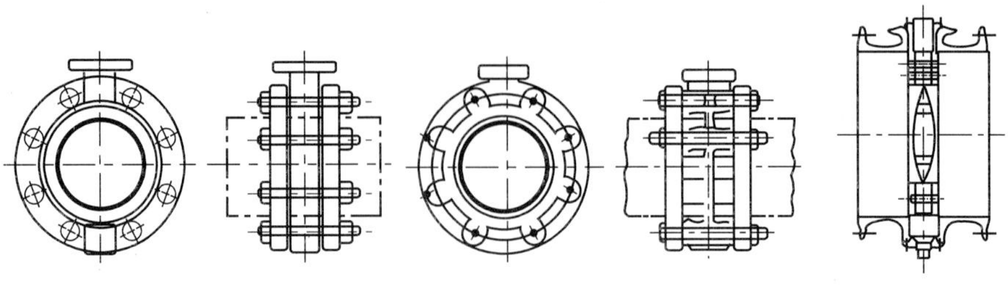

(a) 웨이퍼식　　(b) 러그식　　(c) 플랜지식

그림 22　밸브몸통 형식

위해 나사식, 그루브식 및 솔더식 밸브도 공급된다. 경우에 따라 버터플라이 밸브는 직사각형 또는 정사각형으로도 제조된다.

웨이퍼식 버터플라이 밸브는 밸브 자체에 플랜지가 없는 구조로 밸브 전후의 배관 플랜지 사이에 끼워 넣어 사용하는 것이다. 일반적으로 DN 300 이하의 크기로 제조된다. 크기에 제한이 따르는 것은 본질적으로 플랜지와 플랜지 사이에 더 큰 중량의 밸브를 고정하기가 어렵기 때문이다.

러그식 버터플라이 밸브는 웨이퍼식과 같이 밸브 전후의 배관 플랜지 사이에 끼워 넣어 사용하지만, 밸브 몸통의 외주부에 돌기(突起) 형태의 플랜지를 가진 구조이다. 외주부의 플랜지에는 나사 없는 구멍, 전 나사구멍, 양끝 한쪽나사 구멍을 가진 것이 있다.

플랜지식(double flange) 버터플라이 밸브는 밸브 양단에 플랜지를 가진 구조다.

러그식 및 플랜지식 버터플라이 밸브는 웨이퍼식처럼 크기의 제한이 없다. 플랜지와 플랜지 사이에 설치하는 데도 문제가 없기 때문이다. 다만 플랜지의 표면이 휘거나 볼트의 조임 토크가 고르지 않아서 발생할 수 있는 문제는 일반적인 것으로 다른 형태의 밸브에서도 마찬가지다.

용접식 버터플라이 밸브는 일반적으로 대형이며 끝단이 맞대기 용접식으로, 특정 응용 분야를 위해 특별히 설계된 것이다.

3 버터플라이 밸브 유형별 종류

(1) 저압 또는 동심형 버터플라이 밸브

버터플라이 밸브의 저압 및 저온용은 디스크와 샤프트 축은 동심이다. 즉 **그림 23(a)**와 같이 디스크 축이 밸브의 중심선과 유로(파이프)의 중심선에 위치한다. 일반적인 대부분의 버터플라이 밸브가 이형식을 취한다. 전개 위치에서 디스크는 유체의 흐름을 반으로 나누며 디스크는 중간에 위치하고 흐름과 평행이 되며, 시트는 탄성재료가 사용된다. 내부를 라이닝할 수도 있고 라이닝하지 않을 수도 있으나, 대부분 라이닝된 것이 사용된다. 가장 일반적으로 사용되는 라이닝 및 시트 재료는 부나N, 네오프렌, 프로르셀(Fluorcel), 하이퍼론(Hypalon), EPDM, TFE, 바이톤 등이다. 적용 온도는 탄성 재료의 온도 능력 기준으로 제한된다. 일반적으로 클래스 150 및 300으로 생산된다.

(2) 고성능 또는 편심 버터플라이 밸브

고성능 버터플라이 밸브는 디스크 축의 위치가 다르다. 기준이 되는 중심선으로부터 벗어난 위치 즉 옵셋(offset)된 것이다. 단일 옵셋, 2중 옵셋형이 주로 사용되었으나 현재는 3중 옵셋 방식을 적용하여 작동 및 기밀성을 향상시킨 고성능 버터플라이 밸브도 공급된다.

단일 옵셋형은 **그림** 23(b)와 같이 디스크 축이 밸브 중심선에서 옵셋된 것이다.

2중 옵셋형은 **그림** 23(c)와 같이 디스크 축이 밸브의 중심선과 유로의 중심선으로부터 옵셋된 것이다.

3중 옵셋형은 **그림**23(d)와 같이 디스크 축이 밸브와 유로의 중심선으로부터 옵셋된 것은 2중 옵셋형과 같고, 여기에 추가하여 시트와 디스크 접촉면이 원추각으로 이루어진 것이다. 이 원추의 각은 두 개의 편심축 옵셋과 함께 디스크가 마찰없이 시트에 밀봉된다. 이렇게 디스크 축의 옵셋으로 밸브나 유로의 중심선으로부터 벗어나면 디스크는 기하학적으로 편심(한쪽은 무겁고 다른 쪽은 가벼움)되고, 디스크가 밸브 시트에서 멀어지거나 시트로 이동할 때의 동작이 중단없이 이루어지게 된다.

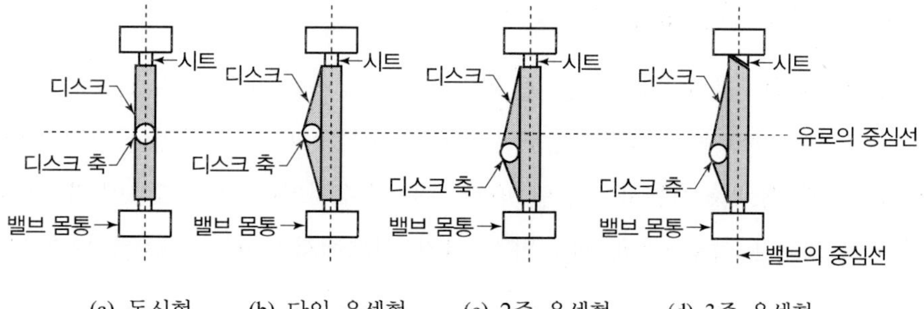

(a) 동심형 (b) 단일 옵셋형 (c) 2중 옵셋형 (d) 3중 옵셋형

그림 23 전폐상태의 버터플라이 밸브

디스크가 시트에 밀착될 때까지의 중단없는 동작은 시트 표면과의 마찰과 또한 마찰로 인한 불필요한 마모를 방지할 수 있게 된다.

결과적으로 이러한 설계는 균일한 밀봉을 가능하게 하여 금속 시트를 사용해도 긴밀한 차단이 가능하다. 또한 다른 형태의 금속 시트를 사용하는 밸브보다 비용이 작게 들고, 작동을 위한 토크도 더 낮으므로 자동화하기가 쉽다. 3중 옵셋은 일반적으로 금속 시트가 필요하고 정밀한 차단(게이트 밸브 용도와 유사)과 1/4 회전 동작이 요구되는 응용 분야에서 사용된다. 이러한 유형의 버터플라이 밸브는 DN 40~5 000까지의 다양한 크기로 제조된다.

4 버터플라이 밸브 적용시 고려사항

(1) 디스크 가이드가 없다

버터플라이 밸브의 디스크에는 가이드가 없다. 즉 디스크 움직임은 유도되지 않는다. 따라서 밸브의 작동은 유량 특성에 영향을 받는다. 특히 난류 유동의 영향을 받는다.

그러므로 버터플라이 밸브는 펌프 토출 노즐, 엘보, 제어밸브 또는 티 브랜치와 같은 난류유동의 원인이 되는 요소의 하류측에 설치해서는 안 된다. 밸브에 대한 난류의 영향을 최소화하려면 다음과 같은 조치를 취해야 한다.

①난류 발생원으로부터 관 지름의 4~6배 거리의 하류측에 밸브를 설치한다. ②디스크 축이 엘보 또는 펌프 토출구가 형성하는 평면에 있도록 설치한다. 밸브의 상류 측에 둘 이상의 구성 요소가 있는 경우, 디스크 축 방향을 결정할 때는 밸브에 인접한 구성 요소가 고려되어야 한다.

(2) 유량 조절용(교축용)으로 사용할 때

버터플라이 밸브를 유량 조절용 즉 교축용으로 사용할 때에는 디스크에 의해 흐름이 분리되기 전에 난류가 생성되지 않도록 밸브의 하류측 배관에 적절한 직선거리를 두어야 한다. 또한 밸브를 사용하는 동안 배관 내를 퇴수시켜야 하는 경우에 대비하여 밸브의 위치와 파이프 경로, 자유 개도 또는 폐쇄 상태에서의 퇴수 위치를 고려해야 한다.

(3) 유로 방향

버터플라이 밸브는 기본적으로 양방향 설치형이다. 고성능 버터플라이 밸브의 경우,

때로는 저압 및 저온용 버터플라이 밸브의 경우에서도, 흐름의 방향을 반대로 할 때 밸브를 열거나 닫으려는 동작을 위한 토크가 더 커져야 할 필요가 있다. 이러한 경우 밸브는 물론 액츄에이터도 양방향으로의 흐름이 가능해야 한다.

(4) 조작 토크

모든 밸브에서와 마찬가지로 버터플라이 밸브도 전폐 상태에서 열림 방향으로 조작할 때에 최대의 토크를 필요로 한다. 전개가 아닌 중 개도 상태에서는 유체압력에 의하여 급격히 닫치게 된다. 이와같이 유체의 운동에너지에 의하여 밸브에 작용하는 토크를 불평형 토크라고 한다. **그림 24**에 불평형 토크를 적용한 버터플라이 밸브의 토크 곡선의 한 예를 보여준다. 버터플라이 밸브를 조절밸브로 사용하고자 할 때에는 액츄에이터 선정에 충분히 주의할 필요가 있다.

(5) 유속의 제한

버터플라이 밸브는 항상 디스크가 유로에 있으므로 디스크와 시트링은 유체의 영향을 확실하게 받는다. 그 때문에 특히 동심형에서는 시트링이 고무일 때는 관내 유속에 제한을 두는 경우가 있으므로 배관설계 시에는 이점을 충분히 고려해야 한다. 유속의 제한 값은 제품에 따라 다르므로 제조자에 문의한다.

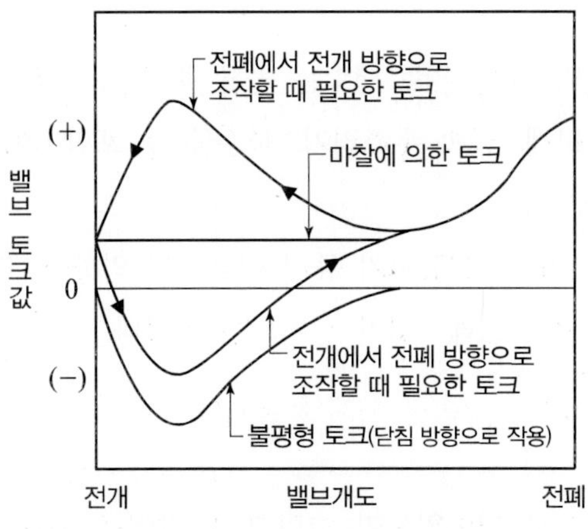

그림 24 버터플라이 밸브의 토크곡선

(5) 관의 안지름과 디스크의 간섭

밸브를 전개했을 때 디스크가 밸브 몸통을 벗어나기 때문에 디스크의 외주부가 접속 플랜지나 관의 안지름부에 부딪치는 등의 간섭이 없도록 해야 한다. 따라서 디스크의 바깥지름과 관의 안지름 간에는 **표 6**과 같은 틈새를 주어야 한다.

표 6 간섭방지를 위한 틈새

밸브 크기, NPS	반지름방향의 틈새	
	mm	in
2~6	1.5	0.06
8~20	3.0	0.12
24~48	6.4	0.25

자료 참고문헌 3. Table D.1

4 스트레이너

4.1 스트레이너의 종류

(1) 스트레이너의 용도

스트레이너는 밸브와 같이 온수 냉수는 물론 증기 등 모든 용도의 배관에 공통으로 설치되어 배관 내의 모래, 금속 부스러기, 불순물 등 포함되어서는 안 되는 물질을 걸러 내 주는 기구이다.

밸브, 유량계, 터빈, 노즐, 열교환기 등이 이물질에 의하여 고장이 없이 작동할 수 있도록 그 앞에는 반드시 스트레이너가 설치되어야 한다.

(2) Y형 스트레이너

Y형은 몸통이 Y형으로 되어있으며, **그림 25**와 같이 입구와 출구가 일직선상에 있고, 그 직선에 대하여 45° 경사에 스크린 수납부가 있다. 스크린은 하부에서 꺼내는 구조로 되어 있다.

배관과의 접속방법은 DN 50 이하의 경우에는 나사식이 많으며, DN 65 이상은 플랜

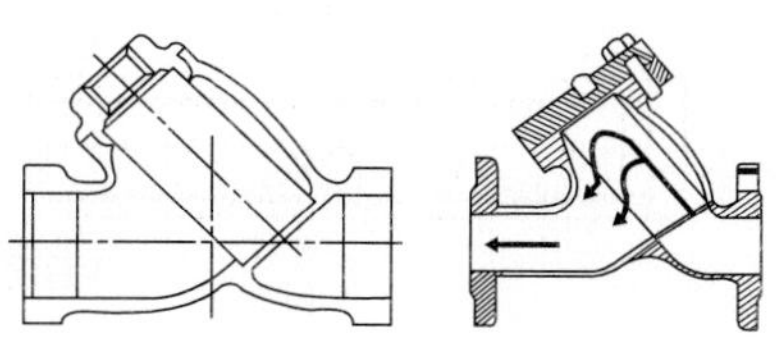

그림 25 Y형 스트레이너

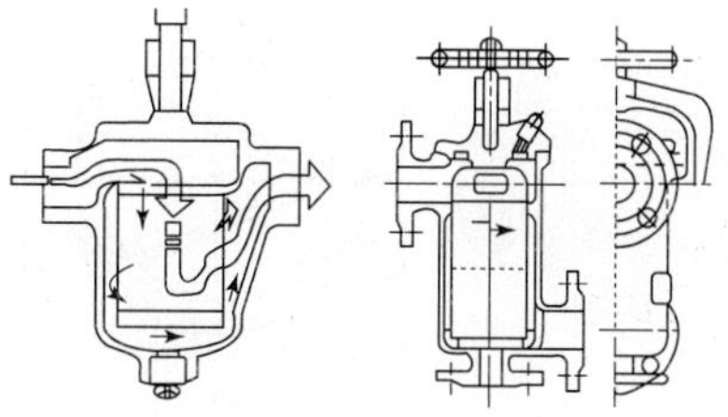

그림 26 U형 스트레이너

지 식이다. 몸통 재료는 청동, 주철, 연철, 스테인리스주강 등 주조품이고, 대구경은 강판을 사용하여 용접제작된 것도 있다.

Y형 스트레이너는 내면의 마모가 있으므로, 현재에는 몸통을 주철제로 하고 그 내면을 피복한 것도 많이 사용된다.

(3) U형 스트레이너

U형은 몸통이 U자 형태이며, **그림 26**과 같이 입구와 출구가 일직선상의 것과 중심선이 약간 어긋난 것도 있다. 바스켓을 위쪽으로 들어 올려서 이물질을 제거하는 형식이라 바스켓 스트레이너 라고도 부른다.

압력손실은 Y형보다 크고 재료, 스크린, 크기, 관 접속방법 등은 Y형과 거의 같다. 그 외 U형의 경우 드레인 플럭은 2차측에 설치하는 것이 일반적이다.

(4) V형 스트레이너

스크린의 형상이 **그림 27**과 같이 V자형이고, 입구 및 출구가 일직선상에 있는 구조이다. 스크린은 2개의 틀로 나뉘어 있으며, 스크린은 상하 어느 방향에서도 꺼낼 수 있다. 압력손실은 Y형보다 작고, 크기와 중량 모두 Y형과 U형의 중간으로 DN 65 이상의 배관에 사용한다.

(5) T형 스트레이너

그림 28과 같이 몸통이 T자형이며, 배관계통에 설치하는 것과 코너부에 설치하는 것이 있다. T형과 Y형 스트레이너는 보통 접속배관의 안지름과 같은 지름의 몸통 내에 스크린이 있는 구조로 스크린의 여과 면적을 크게하는 것에는 제약이 따른다.

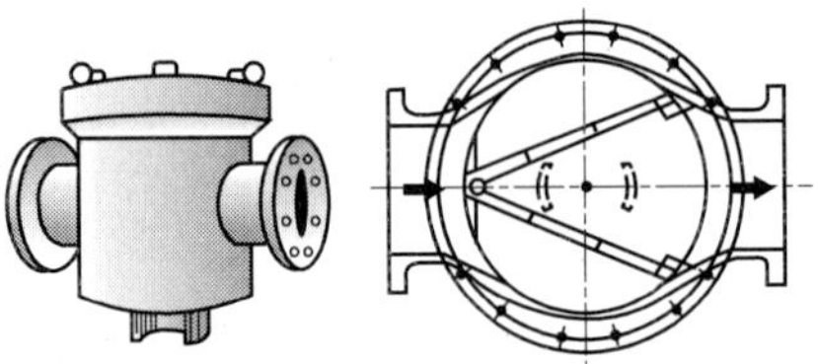

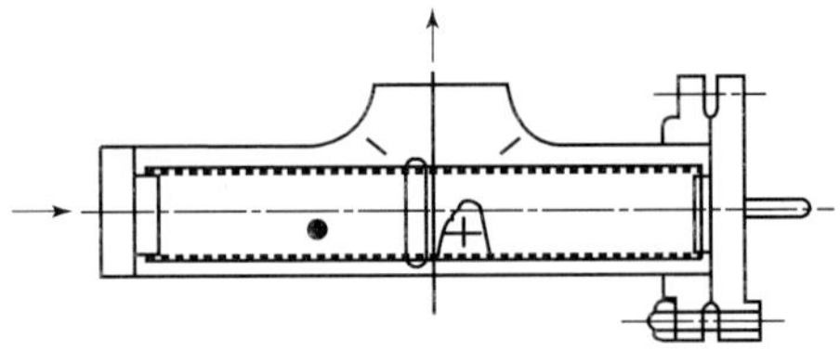

그림 27 V형 스트레이너　　**그림 28** T형 스트레이너

(6) 복식형 스트레이너

그림 29와 같이 스트레이너에는 단식과 복식이 있으며, 예비의 기기를 가지지 못한 배관계에 설치하는 것으로는 스크린의 통과면적 또는 이물질이 쌓이는 용적을 고려하여 복식으로 한다. 보통 복식은 출입구에 설치한 차압계 또는 압력계에 의하여 규정의 압력 값 이하로 되었을 때 교체하여 청소하는 구조를 가졌다.

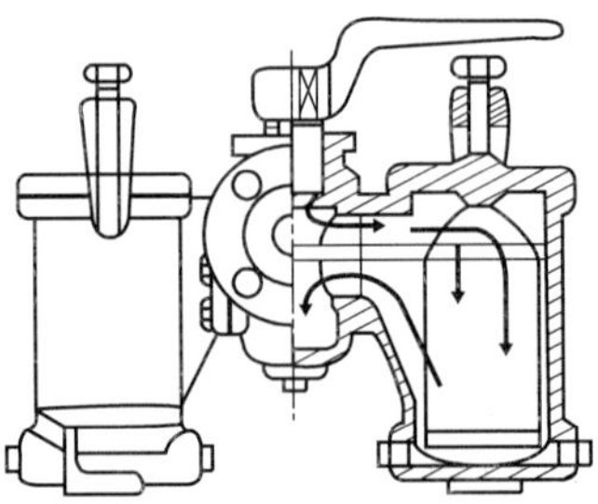

그림 29 복식 바스켓형

4.2 스트레이너에 사용되는 스크린

(1) 제작방법

스크린은 배관계통에 이물질을 잡아내 주는 것으로 스트레이너에서 뿐만 아니라 계량기나 감압밸브와 같이 독립된 기구에도 사용된다. 스트레이너에 있어서는 가장 중요 구성부품 이다. 접속되는 배관지름, 여과목적, 용도 등에 따라 사용되는 스크린은 달리 선정되어야 한다.

스크린은 스테인리스강 등 내식성 재료로 판재에 천공(穿孔, perforated)된 것과 그물처럼 짠 망상(網狀, mesh)이 있다.

(2) 천공 스크린

고압, 고온용이나 고점도의 액체에 사용되는 경우에는 견고한 스크린이 필요하다. 그래서 이런 용도로는 천공된 스크린을 사용하며, 특정한 레벨의 여과효과가 필요한 용도로는 천공된 것을 트랩 형태로 만든 스크린, 망상 스크린, 천공스크린 등을 혼합 사용하는 것이 좋다.

(3) 망상 스크린

망상 스크린(mesh screen)은 내식성의 금속 실로 짠 망이고, 메시(mesh, 체)란 가루 물질 입자의 크기를 분류하는 표준이다. 숫자가 클수록 입자가 작은 것이다.

ASTM 기준(sieve designation)과 Tyler 기준이 있다.

① ASTM 기준은 1인치에 들어가는 줄 수를 기준한 것이며, ②Tyler 기준은 구멍 수를 기준 한 것이다. 양자 모두 숫자가 클수록 체는 더 잘다.

자의 크기를 메시 기준으로 표시할 때는 -80 메시나 +80 메시와 같이 -, +를 붙인다. -는 80 메시 체로 쳤을 때 90% 이상이 통과했다는 의미이고, +는 90% 이상이 체 위에 걸렸다는 뜻이다.

표 7은 메시 번호별 SWG No.와의 비교, 금속망의 굵기와 체 눈의 크기 및 공간율에 대한 일부 예를 보여주는 것이다.

(4) 여과수준

과대 여과(overstraining)로 유체의 흐름이 영향을 받지 않도록 천공과 망상 스크린을 어떻게 조합하여 사용할 것인지를 잘 고려하여야 한다.

일반적으로 여과 수준은 제거해야 할 입자 크기의 1/2 이상으로 한다. 여과 수준을 너무 높여 미세한 것까지를 걸러내려 하면 스트레이너를 통과할 때의 유체저항이 커짐으로 차압이 급격하게 증가하게 된다. 스크린에 손상이 발생될 뿐만 아니라 배관 시스템의 저항이 커져 펌프의 양정이 상승하게 되고 유량이 감소하는 현상이 발생할 수 있다.

표 8은 주철제 스트레이너에 사용되는 스크린의 유효면적을 보여 주는 것이다.

표 7 메시의 예

메시	SWG*	금속망의 지름, mm	체 눈의 크기, mm	공간율
5	18	1.219	3.860 8	57.8
	21	0.813	4.266 8	70.6
10	24	0.559 0	1.980 9	60.8
	28	0.375 9	2.164 0	72.6
20	28	0.375 9	0.894 1	49.6
	32	0.274 3	0.995 7	61.5
40	34	0.233 7	0.401 3	39.9
	36	0.193 0	0.442 0	48.4
60	37	0.172 7	0.250 6	35.3
	39	0.132 1	0.291 2	47.6
80	39	0.132 1	0.185 4	34.1
	41	0.111 8	0.205 7	42.0
100	40	0.129 1	0.132 1	27.0
	42	0.101 6	0.152 4	36.0
160	45	0.071 1	0.087 6	29.6
	47	0.050 8	0.107 9	45.2
200	47	0.050 8	0.076 2	36.0
	48	0.086 4	0.086 4	46.2

주 *British imperial standard wire gauge(영국 표준 와이어 게이지) 지름

표 8 스크린의 유효면적

DN	스크린구멍의 지름 ϕ mm	관의 단면적 A_p, cm^2	스크린 구멍의 전체면적 $A_s cm^2$	스크린 구멍 이외의 면적 A_f cm^2	비율 $\frac{A_f}{A_p}$
50	1.2	20.26	194.00	69.81	3.45
65		31.68	286.00	102.97	3.25
80		45.61	364.19	131.10	2.88
100	3.2	81.10	638.13	255.23	3.15
125		126.64	949.09	379.68	3.00
150		182.39	1 156.06	462.45	2.54
200		324.32	2 157.29	862.90	2.66
250		506.71	3 259.41	1 303.74	2.57
300		729.68	4 295.28	1 718.13	2.35

주 Class 125 Y형 주철제 스트레이너의 예임.

자료 참고문헌 4. pp 256-257에 의거 재작성.

참고문헌

1. Mohinder L. Nayyar, Piping Handbook, 7th. McGraw Hill
2. MSS SP-110. Ball Valves Threaded, Socket-Welding, Solder Joint, Grooved and Flared Ends
3. API Standard 609. Lug and Wafer- type Butterfly Valve
4. Conbrao 기술자료집. CPCA9000. 2017.6. Safety and Relief Valves. 2015.5
5. Stockham Valve & Fittings Catalog

12장 조절과 안전 및 특수목적 밸브

1 조절밸브

1.1 조절밸브의 종류

1 조절밸브 구성

(1) 정의

조절밸브란 정지밸브처럼 독립된 개체를 표현하는 용어가 아니고 복합어(複合語)이다. 즉 밸브에 감지, 조절과 구동 등 3가지 기능이 추가되어야 붙일 수 있는 말로, 제어시스템의 일부이다. 그래서 조절밸브란 "제어변수를 목표치에 일치시키기 위하여 상태를 측정하고 그 측정된 값과 목표치를 비교하여 정정(訂正)동작을 수행하는 기구"로 정의한다.

목표치는 압력, 온도, 유량, 수위 등이 되지만, 결국은 매체(媒體, media)의 유량을 조절하여 이루어지게 된다.

(2) 외장형과 내장형 조절밸브

일반적으로는 외형을 기준으로, 밸브에 감지기(센서), 조절기(컨트롤러), 구동기(驅動器) 등 각각의 기능이 조합되어 목표치를 관리하는 것과, 이 3가지 기능이 밸브 몸통 안에 모두 들어있어서 외형적으로는 밸브 몸통 한 개뿐인 일체형으로 구분할 수 있다.

전자를 외장형 조절밸브라고 한다면 후자는 내장형(built-in type) 조절밸브이다. 모듀트롤 모터로 작동하는 2-방이나 3-방 조절밸브는 외장형의 대표적인 예이고, 내장형으로는 온도센서 겸 자력식 액츄에이터로 구동되는 온조조절밸브를 대표적인 예로 들 수 있고, 세이프티 릴리프밸브나 감압밸브, 역류방지밸브와 같은 특수목적에 사용되는 밸브도 내장형 조절밸브에 속한다. 어떤 형태이던 조절밸브는 안전성(safety), 안정성(stability)과 정확성(accuracy)이 기본적인 요구 사항이다.

(3) 조절밸브의 기능

조절밸브의 기능은 공급(supply), 분배(diverting)와 혼합(mixing) 기능 중 한가지나 두가지 또는 모든 기능을 복합적으로 수행한다.

(4) 조절밸브의 구분

조절밸브를 구분하는 것은 간단하지 않으나 **표 1**과 같이 시작으로부터 완료까지 한

표 1 조절밸브의 종류

동작	밸브 몸통	시트(포트)	용도
선형	글로브	싱글	유량조절(throttle)
		더블	
		케이지[1]	
		3방, 4방	혼합[3] (방향제어)
			분배[4] (방향제어)
	앵글 (글로브)	벤투리	방향제어
		케이지	
		에이콘[2]	
	게이트	복수오리피스	개폐(on-off)
		나이프	
회전	볼	풀포트	개폐(on-off)
		표준포트	
		축소포트	
	플럭	원추형	개폐(on-off)
		원주형	
		편심구형	
	버터플라이		유량조절(throttle)

주 (1) cage, (2) acorn(플럭의 한 형태) (3) mixing (4) divert

공정(사이클) 동안의 최종 단계인 밸브의 동작을 기준으로 하고, 조정하려는 목표치와 밸브를 합성하여 압력조절밸브, 온도조절밸브, 유량조절밸브, 수위조절밸브 등으로 부른다.

동작은 밸브의 디스크(플럭, 게이트, 볼, 블레이드)와 연결된 스템이 어떻게 움직여서 개폐가 이루어지는지의 구분으로, 사용되어야 할 액츄에이터의 형식을 정하는 데 기본적인 요소이다. 몸통은 정지밸브 중에서 어떤 형태를 사용할 것인가의 구분이다.

2 조절밸브의 몸통

(1) 싱글시트의 글로브 또는 이와 유사한 몸통

가장 기본적인 형태로 기계설비에 많이 사용된다. **그림** 1에서와 같이 포트가 1개(싱글시트)인 것과 2개(더블시트)인 것이 있다. 싱글시트는 글로브 밸브의 기본형태로, 하나의 포트와 플럭이 대응하는 구조이다. 대형이나 고압용은 밸브 플럭이 케이지에 의해 안내 되도록 하거나, 액츄에이터가 발휘해야 할 힘을 줄일 수 있도록 압력 균형(pressure-balanced)을 갖도록 설계된다.

다음과 같은 장점을 가진다. ①유체의 반력은 차압에 비례하며 전폐 위치에서 최대값이 된다. 액츄에이터의 추력에 의하여 밸브가 닫칠 수 있는 차압은 비교적 작다. ②밸브 닫힘 차압의 정격값 내에서 사용하는 한 밸브시트 누설은 작다. ③비례제어 밸브로서 필요한 이론 유량특성의 실현이 용이하다. ④구조가 단순하여 유체 중의 이물질의 영향을 받는 구동부가 작으므로 오작동을 일으키는 일이 작다. ⑤밸브 개폐 시의 마찰 손실이 작은 구조이므로 비례제어 동작에 의한 히스테리시스가 작다. ⑥적용분야는 광범위하지만 밸브 닫힘 차압에 대한 정격값은 밸브의 크기가 커지면 작아지므로 DN 80 이하에 주로 사용된다.

(2) 더블시트의 글로브 밸브

더블시트를 사용하는 이유는 작은 힘으로 밸브를 작동시키기 위한 것이다. 밸브의 크기가 커지거나 차압이 매우 높은 경우는 밸브 폐쇄에도 큰 힘이 필요하다. 따라서 이러한 힘을 낼 수 있는 액츄에이터를 사용하지 않으면 안 된다. 그러나 무제한으로 대형의 액츄에이터를 제작할 수는 없으므로, 더블시트 밸브를 사용하여 작은 힘으로도 밸브를 전폐하기 위한 것이다. 더블시트 밸브는 한 개의 스템에 2개의 플럭이 장착되므로 유체

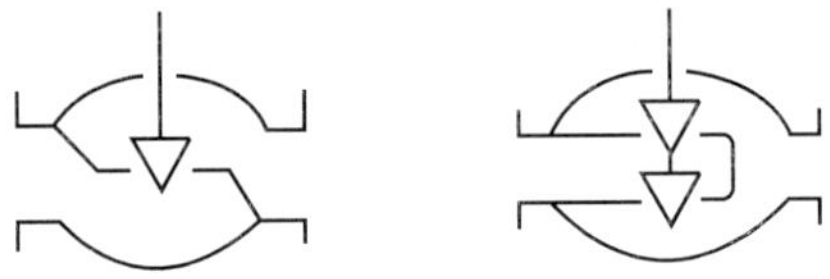

그림 1 글로브 밸브 몸통의 두 가지 형태

는 두 플럭에 균형적으로 힘을 가하게 된다. 즉 유체는 상부 플럭에 대해서는 싱글시트 밸브에서와 같이 밸브를 여는 쪽으로 힘을 가하고, 하부 플럭에는 반대로 밸브를 닫으려는 힘으로 작용하게 되므로 두 플럭 간에 힘의 균형을 이루게 된다.

그러나 더블시트 밸브는 제조 시의 가공오차와 재료의 팽창으로 유체를 완전하게 차단하지 못하는 단점이 있다. 따라서 더블시트형 밸브를 사용하는 경우에는 누설등급 3 정도를 감안한다. 또한 2개의 포트를 통하게 되므로 유량은 동일 지름의 싱글시트형보다 증가하지만 밸브 개방 시에는 힘의 균형이 깨질 수 있다.

더블시트 밸브는 다음과 같은 특징이 있다. ①적용 차압이 크므로 공급관과 환수관의 차압이 큰 관로에 적합하고, 밸브 크기 대비 유량이 크다. ②유량특성이 우수한 조절밸브로 사용할 수 있다. ③금속제 밸브 플럭과 케이지의 경우는 구조적으로 밸브 시트에서의 누설량이 크다(싱글시트 밸브 대비 수십 배 정도). 그래서 현재는 EPDM, 바이톤 등의 연질시트를 사용하여 누설량을 줄이는 제품이 표준이다. ④고가이므로 싱글시트 밸브로서는 전폐 차압을 만족할 수 없는 경우와 비례 제어성과 신뢰성을 중시하는 경우에 사용한다. 일반적인 사용 범위는 DN 40~150 이다. ⑤더블시트의 원리인 압력 평형도 대유량 시의 유체 거동은 복잡하고, 진동과 소음이 발생할 수도 있다. ⑥적용분야로는 대형의 열원설비, 압력제어계통, 지역냉난방의 주관계통, 고압증기 밸브, 대형공조기의 냉, 온수 2방향 밸브용 등이 있다.

(3) 볼밸브

볼밸브는 유체저항이 작으며 유량계수가 크고, 차단 특성이 우수하여 온-오프 또는 시퀀스 제어에 적합하다. 볼이 움직일 때의 마찰손실이 작으므로 밸브 액츄에이터 토크가 작아도 되고 개폐 동작의 반복이 가능하기 때문이다. 금속 시트 볼밸브는 고온용으로 설계되었으며 용접할 수 있다. 소프트 시트 볼밸브는 엄격한 차단이 요구되는 최대 250°C(482°F)의 일반 액체 또는 기체에 사용된다.

(4) 2방과 3방 밸브

2방 밸브는 유로가 2개인 일반적인 밸브로 상류에서 하류로 흐르는 유체를 개, 폐 및 조절하는 용도이다.

3방 밸브는 유로가 3개인 밸브이고 2방 밸브와 같은 용도 이외에도 혼합과 분배 기능이 추가된다. 혼합용으로 사용할 때는 2개의 유입구와 1개의 유출구로 사용하는 것이고. 분배형으로는 1개의 유입구와 2개의 유출구로 사용하는 것이다.

그림 2는 2개의 관로 A와 B를 제3의 관로 AB에 접속하는 혼합용 밸브의 예로, 각각의 통과 유량은 A+B = AB의 관계를 갖는다.

3방 밸브의 두 형식은 밸브의 내부 구조가 다르므로 배관과 역으로 접속하여 사용하면 급격하게 닫혀 워터해머가 발생하여 액츄에이터의 출력이 약한 경우에는 밸브가 파손될 수도 있다. 3방향 밸브의 주 용도는 ①중대형의 것은 온수 보일러와 냉동기 등의 급수 주관의 온도조절 밸브, ②축열탱크의 고온과 저온의 혼합, ③냉각탑 냉각수의 공급과 환수의 혼합 등이다. 모두가 물의 온도 제어이다. 공조기에는 냉온수 공급 배관을 별도로 하여 온도를 제어하는 방법이 사용되지만, 3방 밸브를 이용한 혼합방식도 사용된다. 3방 밸브의 다른 장점은 유체반력이 작고 밸브 크기에 비하여 소형의 액츄에이터로 조절가능 하며, 밸브에서의 압력강하는 부하의 압력손실분 정도로 작으므로 유수음도 작다.

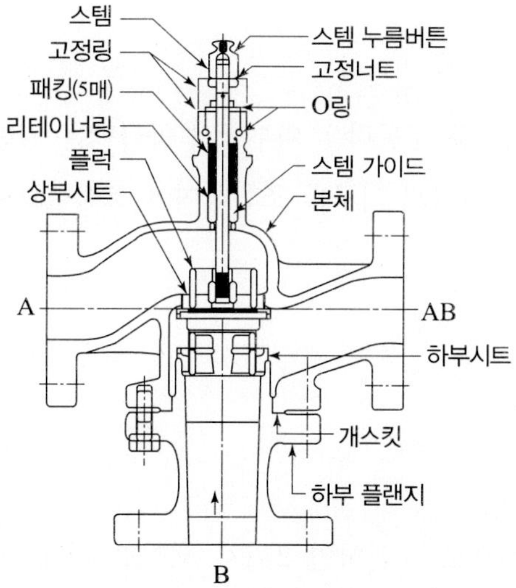

그림 2 3-방 밸브(혼합용)

1.2 조절밸브의 작동형태

1 자력식과 타력식

(1) 자력식(self operated) 조절밸브

온도조절(thermostatic) 밸브처럼 밸브 구동력을 외부로부터 받지 않고 밸브 자체에서 생산하여 사용하는 밸브이다. 밸브의 구성은 보통 밸브 몸통과 구동부로 나누어져 있다. 구동부는 대개 밸브 몸통에 설치되어 있는 그대로의 상태에서 분해 가능한 구조이다. 작동원리는 감온부 속에 들어있는 물질의 수축팽창이나 상변화에 따른 체적의 증감을 운동에너지로 변환시켜, 이를 모세관을 통해 액츄에이터에 전달하여 밸브를 제어하는 것이다. 2위치 제어와 비례제어 되는 것이 있다.

자력식 밸브사용 시의 주의 사항은, ①조정 값의 재설정은 원거리에서는 불가하고 배관에 설치된 밸브에서만 가능하다. 재설정 기능을 생략한 제품도 있다. ②밸브의 작동은 유체 에너지를 이용하므로 압력 등 유체의 조건에 따라서는 구동력이 약할 수 있다. ③조절밸브는 스스로 감지, 조절, 구동의 자동제어 요소를 처리하는 장점이 있지만 이들의 기능을 기기별로 배열, 설치한 자동제어 시스템에 비하면 조절범위와 제어 성능면에서 제약이 많다. 일반적으로는 제어에 대해 부하변동 등의 외란에 의한 변화가 그렇게 크지 않고, 또 제어정도(精度)가 높게 요구되지 않는 경우에 적용된다.

(2) 타력식 조절밸브

타력식은 전기나 공압 등 구동력을 외부에서 공급받는 일반적인 조절밸브이다. 감지, 조절, 구동 기능이 있는 각각의 기구를 조합하여야 조절밸브로서의 기능이 가능한 것들이 모두 이에 속한다.

2 제어 방식

(1) 2위치 제어

조절밸브를 제어방식으로 구분하면 2위치 제어와 비례제어 밸브로 대별된다. 보통 밸브의 운동방식으로 구분하고, 밸브 몸통은 공용이다.

2위치 제어는 on-off 제어라고도 한다. 외부로부터의 신호에 따라서 액츄에이터의 작동으로 밸브는 전개 또는 전폐 상태가 된다. 2위치 제어 밸브의 경우는 일반적으로 밸브의 개폐만을 목적으로 하므로, 밸브 저항이 작은 것이 요구되어, 보통 배관과 같은 호칭지름의 밸브를 선택한다.

밸브 구조상 여닫침 동작을 빠르게 하기 위해 약간 열림 위치의 유량에서 전개 상태로의 유량이 되도록 퀵오프닝 특성의 디스크형 플럭을 채용한 전용 글로브 밸브도 있다.

그러나 이런 것은 기계설비 분야에서는 효용성이 없으므로, 비례제어용으로 사용하는 밸브 몸통을 그대로 사용하고 액츄에이터만 2위치 제어 방식을 적용한다.

반면, 2위치 제어 전용으로 제작된 밸브 몸통의 경우는 중간 열림에서의 마찰을 줄이거나 원활하게 하고 미세한 작동이 될 수 있도록 제작상의 배려가 없어도 되므로 상대적으로 구조가 간단하여 경제적일 수는 있다.

전자밸브는 대표적인 2위치 제어 밸브이다. 특징은 밸브 구동에 솔레노이드를 사용하는 점이고, 개폐 동작이 다른 전동 밸브에 비하여 빠르다. 솔레노이드 기구는 자체적으로 직선운동 하며, 밸브 스템을 움직여서 밸브를 개폐할 수 있는 추력이 대단히 작으므로 유체의 차압이 큰 관로에서는 추력의 부족하므로 밸브의 개폐가 어렵다. 그래서 일반적으로 DN 15 이하에는 솔레노이드 추력으로 직접 밸브 플럭을 개폐하는 형식인 직동식 전자밸브가 주로 사용된다. 기계설비에는 파일럿 밸브로 사용된다. 파일럿밸브가 열리면 유체 압력이 중요부에 전달되어 압력평형이 변화하므로 주 밸브가 열리는 원리이다.

(2) 비례제어 밸브

조절 신호의 크기에 비례하여 밸브 개도가 변하도록 작동하는 조절밸브이다. 비례제어 밸브는 조절 신호에 대응하여 밸브를 적절한 개도 상태로 유지하는 것이 가능하고, 그 결과 유량은 입력신호와 일정한 관계를 유지하면서 조절된다.

밸브 전후의 압력강하가 일정한 경우, 유량은 밸브의 개구 면적에 비례하며 밸브를 통과하는 유량을 구하기 위해서는 밸브의 유량계수(Cv, Kv)가 필요하다.

실제 배관에서는 밸브 이외의 관로에서 생기는 압력손실은 유량에 따라 비선형으로 변하기 때문에 밸브에서의 압력강하는 일정한 값으로 유지하기 어렵다. 그래서 이론상의 유량과 실제 유량 간에는 차이가 있게 된다. 밸브에서의 압력손실의 비율이 크면 관로저항의 영향에 따른 유량특성과의 왜곡이 작다. 그러므로 양호한 비례제어 결과를 얻기 위해서는 관로 전체의 압력손실 중에 조절 밸브에서의 압력손실이 차지하는 비율(밸브의 위력)을 일정 수준으로 확보하는 것이 좋다. 이러한 이유로 비례제어 밸브의 크기는 배관지름보다 작게 선정되는 것이다.

3 제어대상별 제어 결과

(1) 제어대상

조절밸브 사용목적은 목표치 관리이고, 목표 즉 제어대상은 공정의 온도, 압력, 유량, 수위라는 것은 이미 앞에서도 설명되었다. 이러한 것들을 조절하는 것을 공정조절(process control)이라 하고, 이에 사용되는 것이 조절밸브이다.

표 2와 같이 제어대상별 센서만 다르고, 외부 신호는 동일하다. 공압의 경우 3~15 psi(20~100 kPa)이거나 전자의 경우 4~20 mA 이다.

즉 같은 신호를 받지만 각각 필요로 하는 변수(온도, 압력, 유량, 수위)를 조절하는 것이다. 그리고 조절밸브는 비정상적인 상황에서도 안전하게 시스템을 정지시킬 수 있도록 고장 시 닫힘(fail-close) 또는 고장 시 열림(fail-open) 기능을 갖는다.

(2) 목표치는 유량 조절의 결과로 달성

이상과 같이 제어대상은 다르지만 전폐와 전개를 제외한 중간 단계에서는 입력신호에 비례하여 밸브 개도가 변하며, 이에 따라 유량도 변하게 되므로 최종적으로 압력이나 온도가 제어된다. 각각의 경우 신호에 따른 밸브와 유체의 상태를 정리하면 **표** 3과 같다.

표 2 제어 루프의 구성

제어대상	제어루프			
	센서	컨트롤러	액츄에이터	전원
압력	압력-Δp발신기	PIC	다이어프램	4~20 mA
유량	유량계	FIC		
수위	수위미터, 유량계	LIC		
온도	온도	TIC		

표 3 신호에 따른 밸브의 개도와 유체의 유동 상태

제어 대상	신호, mA	밸브 개도	유체상태	
압력	4(0%)	전폐	압력 최대	
	증가	개도증가	압력 감소	
	20(100%)	전개	압력 최소	
유량	4(0%)	전폐	유량 0	
	증가	개도증가	유량 증가	
	20(100%)	전개	유량 최대	
수위 (수위계사용)	4(0%)	전폐	수위 일정	
	증가	개도증가	서서히 수위 증가	
	20(100%)	전개	급격히 수위 증가	
수위 (유량계사용)	4(0%)	전폐	탱크 수위 상승	
	증가	개도증가	유입 유출량이 균형을 이루면 수위는 고정	
	20(100%)	전개	탱크 수위 저하	
온도			증기	물
	4(0%)	전폐	유량 0	불변
	증가	개도증가	유량증가	유체온도 상승
	20(100%)	전개	유량최대	유체온도 최고

(3) 수위조절용 플로트밸브

보일러의 보급수 탱크, 용기나 급수 저수탱크 등의 수위를 항상 일정하게 유지하기 위한 방법으로는 제어루프를 갖춘 복잡한 조절밸브 대신 **그림 3**과 같은 플로트 밸브를 사용하는 것이 간단하면서도 정확할 수 있다.

이 밸브는 플로트를 수면에 띄워두고, 수위가 내려가면 플로트에 접속된 레버가 작동하여 디스크를 열어 급수가 이루어진다. 그리하여, 일정 수위로 도달되면 플로트가 부상(浮上)하여 레버를 눌러 내려서 디스크를 닫는다.

그림 3 수위 조절밸브의 예

1.3 내장형 온도 조절밸브

❶ 내장형 조절밸브의 특성

(1) 구성

최근의 온도조절용 밸브로는 새로운 기술이 적용된 제품들이 보급되고 있어, 외장형과 같이 독립된 기능 간의 복잡한 조합이 없이도 간단하게 설치하여 정확한 온도조절이 가능하다. 내장형 조절밸브의 특성은 기본 요소인 감지, 조절, 구동부가 모두 밸브 몸통에 들어 있고, 자체적인 에너지로 작동하는 자력식 조절밸브를 통칭하는 것이다.

주로 자동온도조절(thermostatic valve)이 필요한 분야에서 널리 사용된다. 밸브 작동의 기준이 되는 온도를 감지하는 방식은 기본적으로 외기온도 감지식[1]과 내부 유체온도 감지식[2]으로 대별된다. 넓은 의미에서의 외기온도 감지식은 주변온도 감지는 물론 제한된 공간[3]의 온도 감지 및 표면온도 감지[4]도 포함된다. **그림 4**는 이상 여러 유형의 온도 조절 밸브의 예를 보여주는 것이다.

외기온도 감지형 밸브(**그림 33** 참조)는 내부에 감지, 조절, 구동 기능이 모두 들어있고 외부 동력 없이 작동하는 자력식의 온도 조절밸브이다. 열동(熱動)식 액츄에이터

그림 4 자력식 온도조절밸브(예)

---

1. ambient temperature sensing
2. in-line temperature sensing
3. instrument enclosure or analyzer housing temperature sensing
4. surface temperature sensing

(thermal actuator)는 내부에 들어있는 작동물질의 수축팽창에 따른 에너지로 밸브를 제어한다. 액츄에이터는 온도감지 즉 센서의 역할을 겸한다.

(2) 작동 원리

밸브의 열리는 온도(opening temperature, 설정 온도)를 기준으로, 이보다 일정온도 편차(보통 10°F <5.5°C>)가 발생하면 밸브가 닫치게 된다. **표 4**에서와 같이 일정 온도가 높아지면 전폐되는 방식과 일정 온도가 낮아지면 전폐되는 두 가지 방식이 있다. 전자를 순동작, 후자를 역동작 밸브라고 한다. 이러한 기능을 이용하는 대표적인 예가 동결과 과열 방지이다.

동결방지(freeze protection) 밸브란 외기 온도나 시스템 내부 유체(물) 온도가 설정 온도(보통 35°F<1.7°C> 또는 40°F<4.4°C>)에 도달하면 밸브가 열려 유체를 외부로 배제하고, 다시 온도가 상승하면 닫치는 동작을 반복함으로써 시스템의 유체가 동결되지 않도록 하는 용도이다.

과열방지(scald protection) 밸브는 유체온도가 제한(안전)범위 이상으로 상승하면 미량의 유체가 센서를 통과하게 되고, 그 온도가 허용 한도 이상으로 상승하면 밸브가 열려 과열된 만큼 유체를 배제 시키다. 다시 안전온도 범위로 되돌아오면 닫치는 동작을 반복함으로써 유체손실을 최소화하면서 온도가 제한범위 이상으로 상승하지 않도록 하는 용도의 밸브이다.

(3) 자력식 조절밸브의 장단점

자력식 조절밸브는 정지밸브와 같이 밸브 몸통 하나로 이루어진 조절밸브이다.
사용상의 장점은 ①온도변화에 대한 반응이 빠르고, 압력변동에 대한 영양이 없다. ②작동 온도 대역이 좁아 정밀제어에 대한 신뢰성이 높다. ③가동 부품이 거의 없어 수명이 길다. ④외부 전원이 불필요하다. ⑤각각의 독립된 기능을 조합하여 사용되는 외장

표 4 자력식 온조조절밸브의 작동 형태

동작	전폐 조건	적용예
순동작(direct acting)	전개온도 +10°F (5.5°C)	동결방지밸브
역동작(reverse acting	전개온도 −10°F (5.5°C)	과열방지밸브

형 조절밸브에 비하여 소형, 경량이며 주기적인 보정이 불필요하므로 설치와 유지관리 모두가 간편하고 쉽다. ⑥반복 작용이 빈번한 시스템, 위험하거나 극한 환경에 적합하다. ⑦경제성이 높다는 등이다.

반면 단점은 크기에 제한이 있는 것이다. 주로 DN 50 이하의 소형이 주종이다. 그러나 유량을 기준으로 소형 밸브를 병렬 설치하는 방법으로 이러한 단점은 해소될 수 있다.

2 혼합과 분배용으로의 응용

그림 5는 3방의 자력식 내장형 온도조절 밸브로 분배 또는 혼합용으로 설계된 것이다. 자력식 3방 밸브를 쿨러나 열교환기의 냉각수 제어에 사용하는 예로, 3방 밸브의 배치 방법에 따른 분배와 혼합과정이 된다.

외장형에 비하여 응답 속도가 빠르며 외형은 작고 가볍다. 내부 유체의 온도에 따라 유량을 자동으로 정확히 분배(혼합)할 수 있는 서멀로이드(thermoloid) 감지기 겸 조절기가 들어있다. 서멀로이드는 현재로서는 가장 진보된 열동식 액츄에이터이다.

이런 밸브는 ①라디에이터나 열교환기 등의 냉각수 제어, ②윤활유나 유압유체 냉각 시스템, ③원수(raw water)의 직접적인 냉각, ④일정한 온도를 유지시켜야 하는 각종 기구나 시스템등에 효과적으로 사용된다.

(1) 분배용으로 사용할 때

분배용도로 사용할 때는 유체 온도에 따라 유입된 유체의 흐름을 두 개의 유출구로 분배 하거나 또는 유체의 온도에 따라서 어느 한쪽으로만 유출되도록 한다.

그림 5(b)는 엔진의 출구온도 조절을 위하여 냉각수의 일부는 쿨러(열교환기)로 일부는 엔진으로 되돌리는 분배계통이며, 반대로 점선처럼 배치하면 엔진 입구온도 조절을 위한 혼합계통이 된다.

(2) 혼합용으로 사용할 때

혼합용으로 적용할 경우는 2개의 입구 포트로부터의 유입량에 비례하여 원하는 출구 온도를 만든다. **그림 5(c)**는 냉동시스템의 응축기 입구 온도조절을 위한 혼합계통이 되며, 반대로 점선처럼 배치되면 응축기 출구 온도조절을 위한 분배계통이 된다.

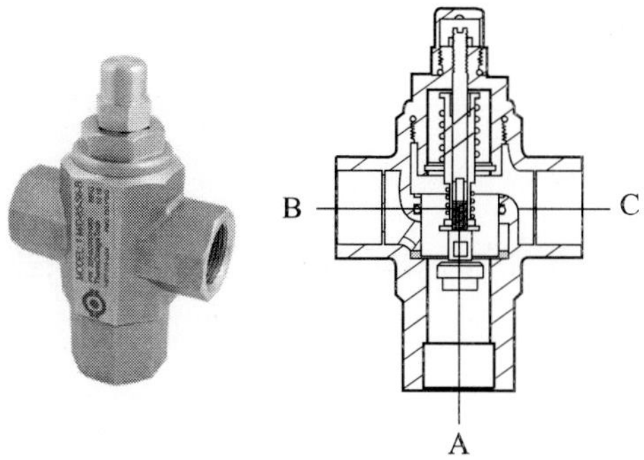

혼합 시 : 냉수입구(C) + 온수입구(B) = 온도조절된 유체출구(A)
분배 시 : 온도조절된 유체입구(A) = 냉수출구(B) + 온수출구(C)

(a) 외형과 내부 구조

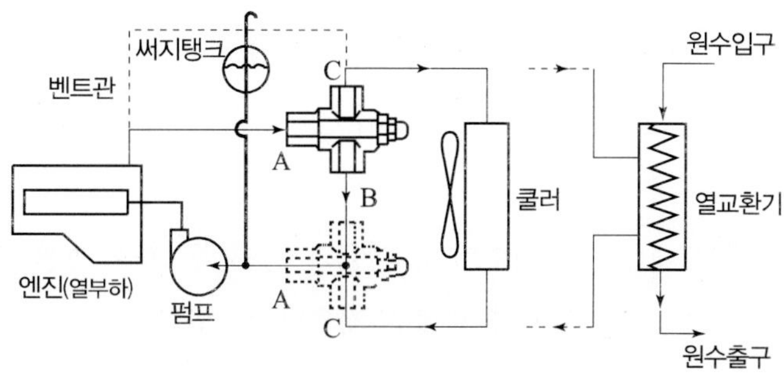

(b) 냉각수의 분배(diverting)

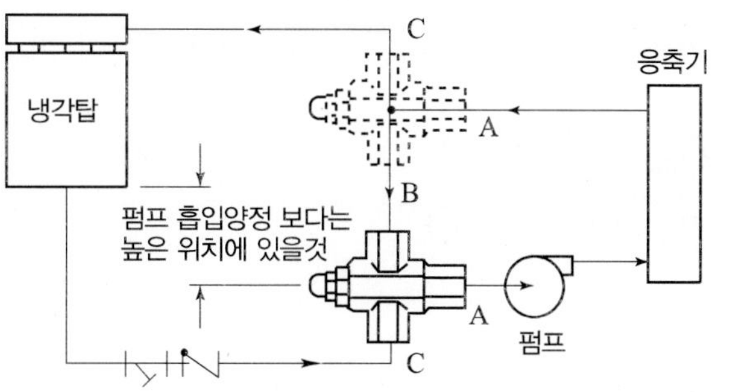

(c) 직접냉각을 위한 혼합(mixing)

그림 5 내부 유체온도 감지형 자력식 3-방 온도조절밸브

1.4 조절밸브 선정[5]

1 유량계수

조절밸브의 유량은 즉 유량계수로 표시되는 C_v이고, 이것은 밸브 유량과 밸브에서의 압력강하 계수 K의 함수이다.

$$C_v = \frac{A \times N_1}{\sqrt{K}} \tag{1}$$

식에서,

A : 밸브 베나콘트랙타의 단면적으로, 일반적으로 오리피스 단면적의 70%이다.

C_v : 유량계수. 압력 강하가 1 psi 일 때의 유량, GPM(US).

N_1 : 상수로 A가 mm^2인 경우 0.059(in^2인 경우는 38.1)이다.

이다.

C_v는 원래 액체에 대한 유량계수지만, 다음과 같이 두 가지 흐름 상태에 대한 변환계수를 적용하여 가스 또는 증기 유체에도 적용할 수 있다.

(1) 정상 흐름

밸브에서의 압력강하가 다음 한계 미만일 때는 정상흐름이 된다.

$$\text{액체 경우: } \triangle P_{\mathrm{lim}} = F_l^2(p_1 - p_v) \tag{2}$$

$$\text{가스 경우: } \triangle P_{\mathrm{lim}} = F_l^2(0.5 \times p_1) \tag{3}$$

식에서

$\triangle P_{\mathrm{lim}}$: 밸브에서의 압력강하의 제한 범위

F_l : 압력회복계수(무차원)

p_1 : 밸브 입구 압력, p_v: 각 유체의 유동 온도에서의 증기압이고, 모든 압력은 절대값이다.

---

5. 참고문헌 2. ppA.536~A.539

(2) 초크유동

실제 압력강하가 ΔP_{lim}을 초과하는 경우는 초크유동이 된다. 초크유동 조건은 액체를 통과시키는 밸브에서는 캐비테이션, 가스 또는 증기를 통과시키는 밸브에서는 높은 소음 발생의 원인이 되므로 유의하여야 한다.

예제 1

압력강하 계수 $K=1$이고 베나콘트랙타의 단면적 $A=25\,\text{mm}^2$인 경우 C_v값을 구한다.

해답 상수 N_1의 값은 0.059 이므로, 이와 함께 각각의 값을 식(1)에 대입하면

$$C_v = \frac{A \times N_1}{\sqrt{K}} = \frac{25 \times 0.059}{\sqrt{1}} = 1.475 \ \ [\text{GPM}]$$

이 된다.

메트릭 단위로 환산하면 $1\,\text{GPM} = 0.227\,\text{m}^3/\text{h}$ 이므로 유량은 0.334 m^3/h이다.

2 액체 유체용 조절밸브

물과 같이 액체 유체를 통과시키는 용도로 사용되는 조절밸브에서의 유량계수는 다음과 같은 수식을 적용하여 구한다.

<table>
<tr><th>정상흐름</th><th>초크흐름</th><th>비고</th></tr>
<tr><td>$\Delta p < F_l^2(\Delta p_s)$일 때</td><td>$\Delta p > F_l^2(\Delta p_s)$일 때</td><td rowspan="5">사이징을 위한 Δp
· 최대 $\Delta p = \Delta p_s$
· 출구압력이 증기압보다 높으면
$\Delta p = p_1 - p_v$
· 출구 압력이 증기압 이하인 경우
$\Delta p = p_1 - (0.96 - 0.28\sqrt{\frac{p_v}{p_c}})p_v$
식(4)</td></tr>
<tr><td colspan="2">체적유량</td></tr>
<tr><td>$C_v = N_{2q}\sqrt{\frac{G_f}{\Delta p}}$ 식(5)</td><td>$C_v = N_2 \frac{q}{F_l}\sqrt{\frac{G_f}{\Delta p_s}}$ 식(6)</td></tr>
<tr><td colspan="2">중량유량</td></tr>
<tr><td>$C_v = N_3 \frac{W}{500\sqrt{G_f \Delta p}}$ 식(7)</td><td>$C_v = N_3 \frac{W}{500 F_l \sqrt{G_f \Delta p_s}}$ 식(8)</td></tr>
</table>

식에서

F_l : 압력회복계수(무차원), G_f: 유동 온도에서의 비중량(16°C에서 물은 1)

$\Delta p = p_1 - p_2$, kPa

N_2 : 11.7(q 는 m^3/h이고 p 는 kPa기준)

N_3 : 5.32(W 는 kg/h , p는 kPa 기준)

p_c : 열역학적 임계점에서의 압력, 물의 경우 21 370 kPa

p_v : 흐르는 온도에서 액체의 증기압, kPa

q : 액체 유량, m^3/h , W: 질량유량, kg/h 이다.

3 가스와 스팀용 조절밸브

유체 유동시에 사용되는 C_v 계산식은 가스와 증기을 통과시키는 용도의 조절밸브에도 적용될 수 있다. 차이점은 가스의 밀도가 Δp에 따라 변한다는 것이며, 이는 점진적인 과정이므로 $\sqrt{\Delta p}$와 흐름의 관계는 더이상 선형이 아니라 곡선이 된다.

그러나 다음의 간단한 방정식은 합리적으로 정확도를 가진다.

정상흐름		초크흐름	
$\Delta p < F_l^2(\frac{p_1}{2})$일 때		$\Delta p > F_l^2(\frac{p_1}{2})$일 때	
체적유량			
$C_v = \frac{N_4 q}{963}\sqrt{\frac{G_g T}{\Delta p(p_1 + p_2)}}$	식(9)	$C_v = \frac{N_{4g}\sqrt{G_g T}}{834 F_l p_1}$	식(10)
중량유량			
$C_v = \frac{N_5 W}{3.22\sqrt{\Delta p(p_1 - p_2) G_g}}$	식(11)	$C_v = \frac{N_5 W}{2.8 F_l p_1 \sqrt{G_g}}$	식(12)
포화증기			
$C_v = \frac{N_5 W}{2.1\sqrt{\Delta p(p_1 + p_2)}}$	식(13)	$C_v = \frac{N_5 W}{1.83 F_l p_1}$	식(14)
과열증기			
$C_v = \frac{N_5 W(1 + 0.0007 T_{sh})}{2.1\sqrt{\Delta p(p_1 + p_2)}}$	식(15)	$C_v = \frac{N_5 W(1 + 0.000 T_{sh})}{1.83 F_l p_1}$	식(16)

식에서

C_v : 유량계수, F_l: 압력회복계수(무차원)

G_g : 가스 비중량(공기는 1.0)

N_4 : 323(q 는 $\mathrm{m^3/h}$이고 p는 kPa, T는 °K 기준)

N_5 : 14.8(q 는 $\mathrm{m^3/h}$이고 p는 kPa 기준)

p_1 : 상류측 압력, kPa, p_2: 하류측 압력, kPa

Δp : 압력강하($p_1 - p_2$), kPa

q : 가스 유량(100 kPa, 16°C에서), $\mathrm{m^3/h}$

T : 유동 유체온도, °K , T_{sh}: 과열증기 온도, °C

W : 중량유량, kg/h

이다.

따라서 유체의 종류별 해당 수식으로 구한 C_v값을 기준하면 적정한 용량의 조절밸브를 구할 수 있다.

2 액츄에이터

2.1 선택을 위한 고려사항

1 용도와 크기

액츄에이터는 밸브를 여닫거나 시스템을 제어하는 역할을 수행하는 기계 구성요소로, 제어신호와 에너지원을 필요로 한다. 제어 신호는 상대적으로 낮은 에너지로, 공압, 유압, 전기 등이 사용된다. 제어 신호가 수신되면 액츄에이터는 에너지를 기계적 운동으로 변환하여 응답한다. 밸브 스템의 선형 또는 회전 동작이 그 예이며 결과적으로 제어변수 즉 흐름을 변경하게 된다.

밸브에 부착하여 원격조정이나 자동제어용으로 사용하며, 크기, 형태, 출력 및 제어모드 등 종류가 다양하다. 액츄에이터의 크기는 토크를 기준으로하며 소형인 솔레노이드이나 또는 써멀 액츄에이터로부터 대형의 공압 및 전자 액츄에이터에 이르기까지 다양하다.

2 밸브를 작동시키기 위한 힘

사용자나 설계자가 시스템에 적용할 액츄에이터 유형을 선택하기 위해서는 여러 가지 고려할 사항이 있다. 우선 정지밸브의 작동을 예로 살펴보자.

수동으로 작동되는 밸브는 시스템이 정지되거나 사고가 발생하더라도 개도의 위치가 변경되지 않는다. 설치 시 또는 마지막에 설정된 개도 그 상태로 남아 있다.

게이트 또는 글로브 밸브는 닫거나 열기 위해서 시계 방향(clockwise, CW) 또는 반시계 방향(counter clockwise, CCW)으로 회전하는 밸브 스템 또는 요크 너트에 부착된 핸드휠이 있어야 한다. 볼, 플럭 또는 버터플라이 밸브와 같이 1/4 회전 밸브에는 밸브를 작동시키는 레버가 있어야 한다.

그러나 다음과 같은 경우는 사람의 힘으로 불가능하다. ①대형 밸브나 고압에서 작동하는 밸브의 개폐. ②밸브를 수동으로 여닫거나 조절하는 데 걸리는 시간이 시스템에서 요구하는 시간보다 길다. ③원격 위치에서 밸브를 작동시킨다. ④사고 또는 특정 시스템 작동 모드에서는 밸브가 설정된 위치(전개 또는 전폐)에 도달해야 한다. 이런 경우에는 사람의 힘보다 크고 빨리 작동하는 힘 즉 액츄에이터가 필요하게 된다.

전기, 공압, 유압, 스프링 또는 이러한 에너지 중 하나 이상의 조합된 외부 에너지원을 활용하는 액츄에이터가 장착된 밸브를 동력식 밸브(actuated valves)라고 한다.

3 고장 시 상태(페일-세이프 시스템)

기계나 시스템이 오작동이나 고장을 일으킬 경우, 이로 인해 더 위험한 상황이 되지 않도록 설계되어야 하며, 그렇게 설계된 것을 공학에서는 페일-세이프(fail-safe) 시스템이라고 한다.

페일-세이프 시스템은, 특정 위험이나 사고에 대한 고유 안전과는 달리, 고장이 불가능하거나 발생할 것 같지 않다는 것을 의미하는 것이 아니고, 시스템 고장이 안전하지 않은 결과가 되는 것을 방지하거나 완화시키는 것이다. 즉, 페일-세이프 시스템에 장애가 발생한다면, 그때의 안전상태는 최소한 장애 이전의 상태와 같다.

조절밸브에서도 외부 에너지원이 고장나면 밸브가 설계 기능을 달성하기 위해 필요한 위치에서 벗어날 수 있다. 그러므로 밸브 액츄에이터를 선택하기 전에 다음과 같은 4가지 고장 시 상태(failure modes)를 고려하여야 한다.

(1) FAI(fail-as-is)

밸브는 외부 정전 시 마지막 위치를 그대로 유지한다.

(2) 고장 시 닫침(fail-closed)

정전 전의 밸브의 위치에 관계없이 전폐상태가 되도록 외부 에너지원이 공급된다.

(3) 고장 시 열림(fail-open)

밸브에는 정전 전의 밸브 위치에 관계없이 전개상태가 되도록 외부 에너지원이 곱급된다.

(4) 고장 시 잠김(fail-locked)

공기 또는 불활성 가스 액츄에이터에는 정상적인 공압원 제어에 이상이 발생할 때 액츄에이터로 공급되는 압력이 차단된다.

2.2 액츄에이터의 종류

❶ 선정기준

액츄에이터의 종류는 다양하지만 일반적으로 밸브용 액츄에이터는 다음과 같은 것들이 사용된다. 액츄에이터는 제어 신호, 페일-세이프 동작, 설치 주변의 환경, 전폐(또는 전개)에 필요한 압력 등 요구 사항을 고려하여 선정하여야 한다.

❷ 기어 액츄에이터

스퍼, 베벨 또는 웜기어 액츄에이터는 밸브를 수동으로 작동시키는 데 필요한 힘을 줄이기 위해 사용된다. 스퍼기어 액츄에이터는 글로브, 앵글 및 첵밸브와 함께 사용된다. 베벨기어 액츄에이터는 게이트 밸브에 사용된다. 웜기어 액츄에이터는 일반적으로 1/4

회전 밸브에 사용된다.

밸브를 수동으로 작동시키기 위해 필요한 견인력(rim pull force)이 주어진 값을 초과하는 경우는 기어 액츄에이터를 사용해야 한다. **그림 6**에서와 같이 밸브 작동토크는 견인력×거리(1/2×핸드휠 지름)이고, 견인력 즉 핸들의 림을 잡고 당길 때 밸브를 움직이는 데 필요한 힘은 22~113 kg(50~250 lb)의 범위이므로, 밸브 작동 토크를 계산할 수 있고 또한 이를 기준으로 액츄에이터 필요성 여부를 판단할 수 있다.

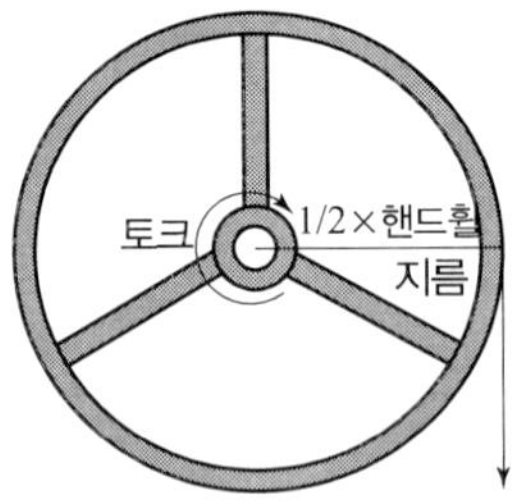

그림 6 밸브 핸드 휠의 견인력

3 전동기 액츄에이터

전동기는 밸브의 개도를 조절하기 위한 에너지를 제공한다. 전원이 끊어지면 고장시 상태는 FAI(fail-as-is)가 된다. 스템의 이동속도는 제조업체 표준으로 알려진 30 cm/min (12 in/min)에서 150 cm/min(60 in/min)까지 다양하다. 그러나 112 cm/min(45 in/min) 이상의 스템 속도를 달성하기 위해서는 특별한 기능이 필요하다.

4 공압(pneumatic) 액츄에이터

공기, 질소 또는 다른 불활성 가스와 같은 압축가스에 의해 제공되는 원동력을 이용하며, 다이아프램식, 피스톤식(또는 시린더식), 랙-피니언식(rack-pinion)등이 있다. 선형운동과 회전운동이 기본이고 선형-회전운동으로 변하는 유형이 포함된다.

선형운동 액츄에이터는 이동 스템이 있는 밸브와, 회전식 및 선형-회전식 공압 액츄에이터는 회전 스템이 있는 밸브에 사용된다. 공압 액츄에이터는 매우 높은 추력과 큰 토크를 낼 수 있는 것이 특징이다. 그러므로 공압 액츄에이터는 유형에 따라 스트로크의 길이와 속도가 크게 달라질 수 있다.

공압 액츄에이터는 공기 손실 시나 고장 시 열림 또는 고장 시 닫침 상태를 제공할 수 있다. 피스톤식 공압 액츄에이터에는 공기 고장시 밸브를 고장시 열림이나 고장시 닫침 상태가 되도록 스프링이 장착되어 있다.

다이어프램식 공압 액츄에이터는 다이아프램의 강도를 고려하여 공압이 정해지므로 추력 및 토크 생성 능력이 제한적이다. 다이어프램 강도로 인해 또한 다이어프램 액츄에이터의 스트로크는 25~100 mm(1~4 in)로 제한된다. 공기베인(vane) 공압 액츄에이터는 1/4 회전 밸브와 함께 사용되며 밸브 스템에 직접 장착 할 수 있다.

5 유압 액츄에이터와 솔레노이드 액츄에이터

유압 액츄에이터는 가압된 액체, 보통 오일이지만 때로는 물을 사용하거나 밸브를 작동시키기 위한 원동력을 제공하기 위해 공정의 액체가 사용된다. 공압 액츄에이터와 마찬가지로 이 액츄에이터는 고장시 열림 또는 고장시 닫침의 두가지 고장시 상태가 적용될 수 있다.

솔레노이드 액츄에이터에는 스트로크가 짧고 낮은 추력을 갖는 것이 특성이다. 솔레노이드 밸브는 직동식 및 파일럿 작동식 등 두가지 작동방식이 사용된다. 직동식 솔레노이드 밸브에서는, 코일에 에너지를 공급함으로써 발생된 자속에 의해 디스크가 시트로부터 완전 개방 위치로 들어 올려지고, 코일을 차단함으로써 디스크가 시트로 복귀된다. 파일럿 작동식 솔레노이드 밸브는 시스템 압력을 작동력으로 사용한다. 솔레노이드 밸브는 모든 고장시 상태를 적용할 수 있다.

2.3 액츄에이터의 동작

액츄에이터의 상태를 나타내는 데에는 여러가지 표현 있고, 또 액츄에이터는 결국 밸브의 동작으로 마무리되므로 밸브와 액츄에이터 간의 관계를 잘 이해하여야 한다. **표 5**는 같은 동작에 대한 다른 표현들을 정리한 것이다.

상시 전개/전폐(normally open/close)은 제어용으로 사용되는 밸브의 개도가 평상시에 전개 상태인지 전폐 상태인지를 나타낸다.

신호 열림(air to open)은 평소에는 닫혀있다가 외부 신호가 들어오면 밸브가 서서히 열리는 동작을 말한다. 그러므로 만약 시스템에 문제가 발생하면 신호가 밸브에 전달되

표 5 액츄에이터 동작에 대한 밸브의 상태

밸브 상태	상시 전폐	상시 전개
	normally close	normally open
액츄에이터	역동작	순동작
	reverse acting	direct acting
	fail to open	fail to close
	air to open	air to close

지 않으므로 밸브는 전폐 상태가 된다.

그 반대가 신호 닫침(air to close) 이다. 그래서 이상 시 닫침(fail to close) 또는 이상 시 열림(fail to close)이라고 한다.

2.4 다이어프램식 액츄에이터

1 공압식 액츄에이터

고압의 진공이나 압축공기를 에너지원으로 사용하기 때문에 붙여진 이름이다. 모든 조절밸브의 대부분이 공압식 액츄에이터를 사용한다. 그 중에서도 스프링/다이어프램 액츄에이터는 단순성과 스프링력으로 밸브의 페일-크로스나 페일-오픈 상태가 안전하게 유지되기 때문이다.

기능은 고압의 진공이나 압축공기에 의한 에너지를 선형운동이나 회전운동으로 변환시킨다. 공압에너지는 작동을 위한 예비전원에 전원을 저장해 둘 필요가 없기 때문에 시동과 정지 동작이 신속하게 이루어질 수 있다. 또한 상대적으로 작은 압력으로 큰 힘을 생산할 수 있다. 이 힘이 다이어프램을 움직여 밸브를 통과하는 액체의 흐름을 제어한다.

공압식 액츄에이터의 대표적인 형태는 다이어프램식, 피스톤식과 랙-피니온식이다. 다이어프램이나 피스톤식은 글로브 밸브나 게이트 밸브와 같이 선형동작하는 기구에, 랙-피니온식은 볼밸브, 버터플라이 밸브, 플럭 밸브와 같은 회전동작하는 기구와 조합되어 사용된다. 공압식 액츄에이터의 종류별 특성은 **표 6**과 같다.

표 6 공압식 액츄에이터의 종류별 특성

형태		장점	단점	적용성
선형 운동	스프링과 다이어프램	· 기계적인 폐쇄 · 설계가 단순함 · 제어장치 유무에 관계없이 제어성이 좋다	· 속도가 느리다 · 강성(stiffness)이 약함 · 출력이 약함 · 불안정(instability)함 · 다이어프램 수명이 짧다	선형 동작형 밸브 DN 15~200
	피스톤	· 적당한 추력을 가짐 · 외형이 작다 · 설계가 단순함 · 제어장치가 있어 제어성이 탁월함 · 행정이 길다 · 고속이 가능하다(옵션 기능) · 적당한 강성이 있다.	· 고장 시 스프링을 크게 압축시켜야 함 · 유지보수 불편 · 피스톤에 바이톤 등 연질의 0링 사용으로 수명이 짧다.	선형 동작형 밸브 DN 15~750
회전 운동	스프링과 다이어프램	· 기계적인 페일 세이프 · 외형이 작다 · 설계가 단순함 · 역동작으로의 전환이 쉽다 · 제어장치가 있어 제어성이 탁월함	· 불안정 · 스프링 동작에 의한 추력이 작다 · 유지보수 불편	회전 동작형 밸브 DN 15~150
	랙-피니언	· 내구성과 신뢰성이 높다 · 적용 가능 밸브 종류가 다양하다 · 밸브에 직접 장착 할 수 있다. · 외형이 작다 · 설계가 단순함 · 역동작으로의 전환이 쉽다	· 대형의 경우 외형이 크다	회전 동작형 밸브 DN 8~750 댐퍼 및 도어 개폐 장치에 적용 가능
	피스톤	· 적당한 추력 · 외형이 작거나 크다 · 설계가 단순함 · 제어 장치가 있어 제어성이 좋다 · 기계적인 페일 세이프 가능(옵션 기능)	· 속도가 느리다 · 고장 시 스프링을 크게 압축시켜야 함	회전 동작형 밸브 DN 25~600

자료 참고문헌 1 p1127. Table 6.4a에 의거 재작성

2 다이어프램식 액츄에이터의 구성

다이어프램식 액츄에이터는 **그림 7**과 같이 밸브와 액츄에이터, 포지셔너의 조합으로 사용된다. 액츄에이터는 다이어프램과 스프링, 스프링 스템과 요크로 구성된다. 유연성이 있는 다이어프램은 상하부 하우징 사이에 고정되며 보통 고무재질을 사용하고 공압으로 상하운동하여 스프링에 힘을 전달한다. 이 힘은 다시 스프링 스템을 통해 직선 운동으로 변환되고 밸브 스템에 연결된 플럭에 의해 밸브를 개폐한다. 공압이 차단되었을 때는 스프링의 탄성에 의해 밸브는 원위치된다.

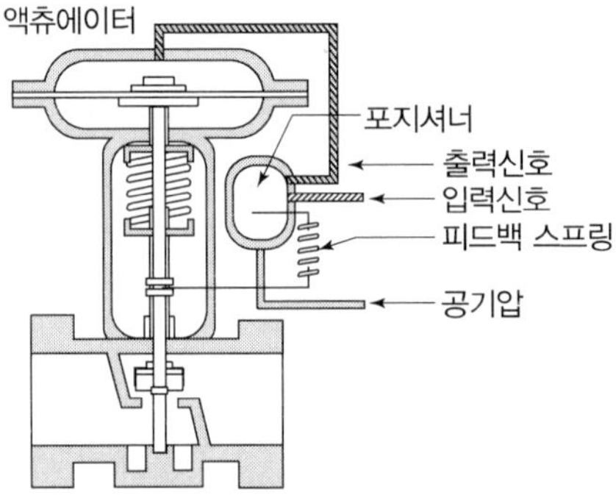

그림 7 공압식 액츄에이터

3 순동작과 역동작

순동작과 역동작으로 구성된 다이어프램과 밸브의 조합을 **그림 8**에 표시하였다. **그림 8**(a)의 순동작 액츄에이터는 다이어프램과 하부 하우징 사이에, (b)의 역동작 액츄에이터는 상부 하우징과 다이어램 사이에 밀봉된 체임버가 있다. 즉, 다이어프램에 대응하는 스프링은 다이어프램 하부나 상부에 위치한다.

체임버 내의 공기압이 증가하여 스프링의 탄성을 능가하면 다이어프램이 스템을 밀어 내려 밸브는 닫치거나 열리게 된다. 스프링은 공기압의 변동에 대응하여 밸브를 여닫는 데 적합한 힘을 가지도록 설계되었다.

예를 들면, **그림 8**(b)의 상시 전폐형 즉 역동작 밸브에 신호 범위가 55~90 kPa인 공압식 액츄에이터를 사용한 경우, 공압신호가 55 kPa 이하에서는 밸브는 전폐 상태이다. 55~90 kPa 범위에서는 체임버에 들어오는 공압에 비례하여 밸브가 제어되며, 공압이 90 kPa 이상에서는 밸브가 전개된다.

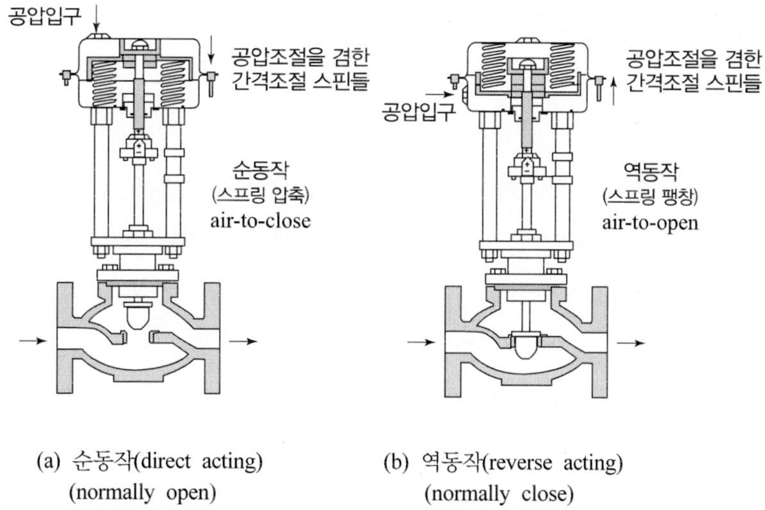

그림 8 다이어프램 액츄에이터의 순동작과 역동작 밸브

상품화된 조절밸브용 스프링의 일반적인 허용오차는 ±10%이다. 그리고 스프링 강도가 서로 다른 액츄에이터를 사용하는 2개의 밸브를 연결하여 단일 제어신호를 사용할 수있다.

4 역동작으로의 전환

역동작하는 밸브로 만들기 위해서는 두 가지 방법을 적용할 수 있다. 역동작 밸브 몸통을 가진 경우에는 순동작 액츄에이터를 사용한다. 밸브 몸통 자체가 순동작용일 경우에는 액츄에이터가 역방향으로 작동하는 것을 사용하여야 하고 또한 그러한 구조 즉 밀봉체임버가 다이어프램과 하부 하우징 사이에 있도록 만들어져야 한다.

5 액츄에이터 선정

선정시 크기가 적당한지 또는 더 큰 액츄에이터나 공압포지셔너 릴레이가 필요한지 등을 결정하기 위해서는 제조사의 전폐/전개(close-off) 압력 자료를 참조하는 것이 필수이다.

단일동작(single-acting)용으로 사용할 경우는 스프링 탄성 때문에 10% 미만이나 90% 이상 신호에서의 제어성은 나빠진다. 그리고 스템에 비틀림이 발생하면 쉽게 파손되고, 적용 리프트에 제한이 따르게 된다..

2.5 피스톤식 액츄에이터

1 구조

그림 9와 같이 구조는 다이어프램식과 유사하다. 다이어프램이 피스톤으로 바뀐 것이 다를 뿐이지만, 보다 동적인 강성을 제공한다. 또한 공기압이 높기 때문에 스프링력에 대항해야 하는 다이어프램 액츄에이터보다 소형이다. 공압을 액츄에이터 내부의 피스톤 상부나 하부에 공급해서 스템을 통해 직선 운동으로 전환한다. 공압에 의해 피스톤이 열리고 닫치는 동작은 2중동작(double acting)형이 기본이다. 단일동작형은 공압으로 피스톤이 열리기만 하고 닫칠 때는 다른 힘을 이용해야 하기 때문에 피스톤 상부에 스프링이 들어간다.

2중 동작형은 피스톤이 견고하게 유지되므로 10% 미만의 저개도 운전 시에도 제어성이 좋다. 따라서 피스톤형 액츄에이터는 일반적으로 다이어프램의 행정(stroke)이 아주 짧거나 추력(thrust)이 아주 작을 때 사용된다.

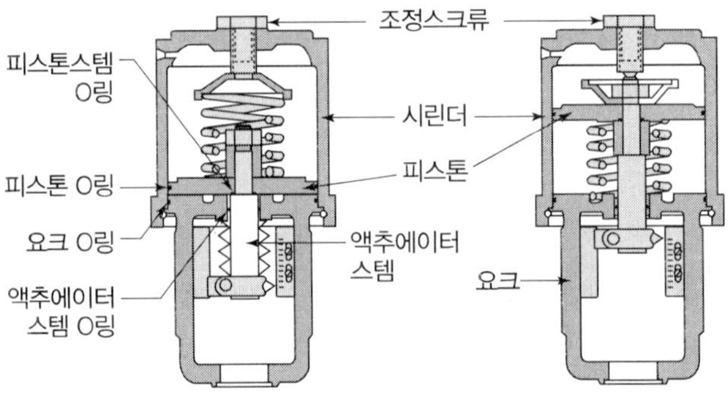

(a) 역동작(피스톤수축)
(air-to-retract)
(normally close)
(air-to-open)

(b) 순동작(피스톤팽창)
(air-to extend)
(normally open)
(air-to-close)

그림 9 피스톤램 액츄에이터의 순동작과 역동작 밸브

2 종류

유압식(hydraulic type)과 모터 구동식(motorized type)이 있다.

유압식은 압축된 오일이나 고압을 작동 에너지로 하기 때문에 조작력이 크고, 동작

속도도 빠르며, 구조가 견고하여 고장이 작다. 또한 압축오일을 교환해 줌으로서 장시간 사용이 가능하다. 그러나 보수가 힘든 단점이 있다.

모터 구동식은 전기식 액츄에이터라고도 부르며, 모터에 특별한 장치를 부착하여 밸브 스템을 움직이는 것으로서 근래에는 조절계기의 조작량 신호가 전기식으로 바뀜에 따라, 계기 신호를 모터에 직접 전달하여 동작시키는 간편성으로 사용은 증가하는 추세다.

이 형태의 단점은 동작 속도가 느리며 기계적 구조와 전기 배선 등이 복잡하다. 그래서 고장이 많고 수리 시는 고가의 비용과 시간을 필요로 하며, 방폭이 요구되는 시스템에 적용할 경우에는 방폭형 액츄에이터를 사용해야 한다. 안전도는 공압식보다 낮다.

장점은 계기나 컴퓨터에서 신호를 직접 받아 동작할 수 있으며, 제어하고자 하는 곳에 공압이나 유압이 없어도 전기 배선만 가능하다면 단독으로 원거리에 설치하여 사용할 수 있다. 모터의 관성상 미세한 제어는 공압이나 유압식에 비해 떨어진다. 따라서 대부분의 전기 액츄에이터는 밸브의 개폐용으로 사용되며, 제어용으로 사용하고자 할 경우에는 이에 적합하도록 특별히 제작된 모터를 채용해야 한다.

2.6 랙-피니언식(rack & pinion) 액츄에이터

❶ 특성

이 액츄에이터는 궁극적으로 내구성과 신뢰성을 위해 설계 및 제조된 새로운 형태의 밸브제어 기구이다. 초대형 모델을 제외하고는 모두 교체 가능한 인서트 드라이브 어댑터와 다양한 액츄에이터 구동 방식을 가지고 있어서 여러 형태의 밸브에 직접 장착하여 사용할 수 있다. 랙-피니언 액츄에이터는 주로 상시 전폐(normally close) 상태의 밸브를 필요 시에만 전개해 주는 용도로 사용한다.

❷ 구조

그림 10과 같이 몸통 안에 피니언(pinion, 회전운동)과 랙(rack, 선형운동)이 조합된 기어, 피스톤과 스프링이 들어있다. 랙 기어는 피스톤에 붙어 있고, 피스톤과 피스톤 사의의 중앙 체임버와 피스톤과 앤드캡(end cap) 사이에 바깥 체임버가 구성된다.

단일동작형의 경우는 바깥 쳄임버 안에 스프링이 들어있기 때문에 스프링 체임버라고도 부른다. 몸체의 바닥 쪽에는 각종 밸브와의 조립이 가능한 면으로 마운팅 키트

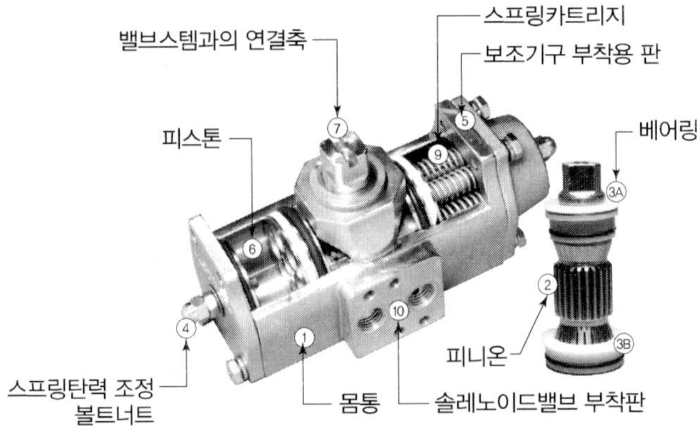

그림 10 랙-피니온형 액츄에이터 주요 구성부와 명칭

(mounting kit) 부착을 위한 볼트홀(NAMUR 표준)이 가공되어 있다. 그 외에도 부속품 장착이 가능하다. 부속품으로는 솔레노이드밸브, 리밋수위치, 포지션 인디케이터, 포지셔너 등이 있으나 솔레노이드 밸브 이외 것들은 필요에 따라서 부착 여부가 결정된다.

솔레노이드 밸브는 솔레노이드 코일의 통전 시 밸브를 열거나 닫는 전자 기계식 조절 요소로서 액츄에이터로 공급되는 공압을 제어한다. 보통 수동밸브를 대신하거나 원격제어가 요구 되는 곳에 사용된다. 가동부의 마찰, 조작부의 히스테리시스 및 밸브 플럭이 유체로부터 받는 힘(불평형력)에 대한 영향에 관계없이 입력 신호에 맞춰 밸브 플럭의 위치를 항상 정확하게 비례시키는 역할을 한다.

3 동작

2중동작형과 단일동작형으로 구분된다. 2중동작형은 밸브의 여닫침을 모두 공기압에 의존하고, 단일동작형은 밸브 열림은 공기압으로, 닫침은 공기압과 스프링 탄성을 같이 이용하는 것이다. 그래서 스프링 리턴형이라고도 부른다.

그림 11은 액츄에이터의 동작을 설명하는 것이다. (a)는 2중동작형 액츄에이터가 CCW로 움직여 닫쳐있던 밸브가 열리는 동작과 CW로 움직여 열린 밸브를 다시 닫치는 동작을 보여준다. (b)는 단일동작(스프링 리턴)형 액츄에이터로, 닫쳐있던 밸브가 열리는 과정은 2중동작형 액츄에이터의 CCW와 같고, 열려 있던 밸브가 다시 닫치는 동작은 공압과 스프링탄성력을 겸용하는 것이 다르다. 각각의 동작은 상호 연관되어 **표 7**과 같이 결과적으로 밸브의 개폐로 끝난다.

포트 P_1으로 공압입력 → 바깥 체임버내
압력증가 → 피스톤 ⑦을 힘 F로 압축 →
랙기어에 의해 피니언은 CW로 회전(밸브 닫힘)

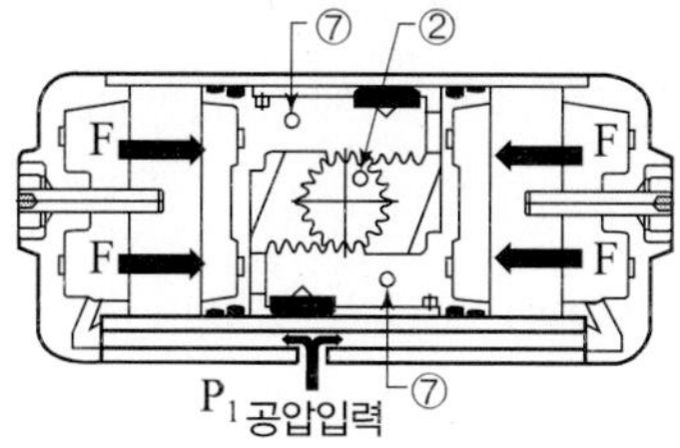

시계방향 동작(밸브 닫힘)

피스톤 ⑦이 닫힌상태에서 → 포트 P_2로 공압입력
→ 중앙체임버 내 압력증가 → 피스톤⑦을
힘 F_1으로 밀어 앤드캡쪽으로 열림 →
랙기어에 의해 피니언은 CCW로 회전(밸브 열림)

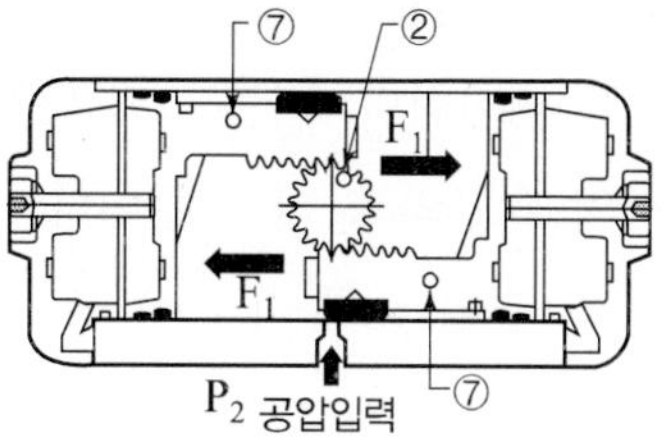

반시계방향 동작(밸브 열림)

(a) 2중동작 액츄에이터

피스톤 ⑦이 닫친상태에서 → 포트 P_2로
공압입력 → 중앙체입버내 압력증가 →
피스톤 ⑦을 힘 F_1으로 밀어 앤드캡쪽으로 열림 →
랙기어에 의해 피니언은 CCW로 회전(밸브 열림)

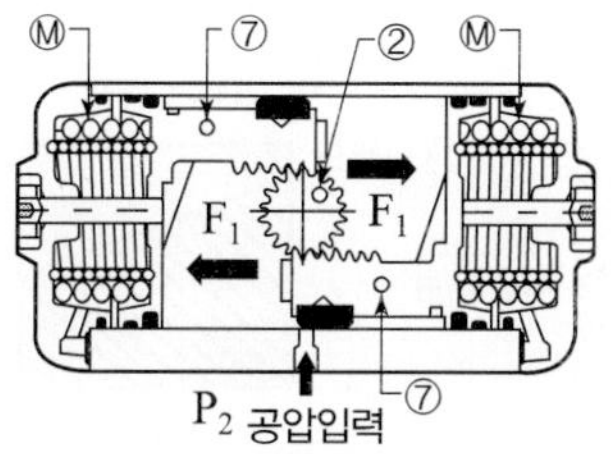

반시계방향 동작(밸브 열림)

스프링Ⓜ이 압축된 상태에서 →
포트 P_2로 공압배출 → 중앙체입버내 압력감소 →
스트링탄력 Fm으로 피스톤 ⑦을 압축 →
랙기어에 의해 피니언은 CW로 회전(밸브 닫힘)

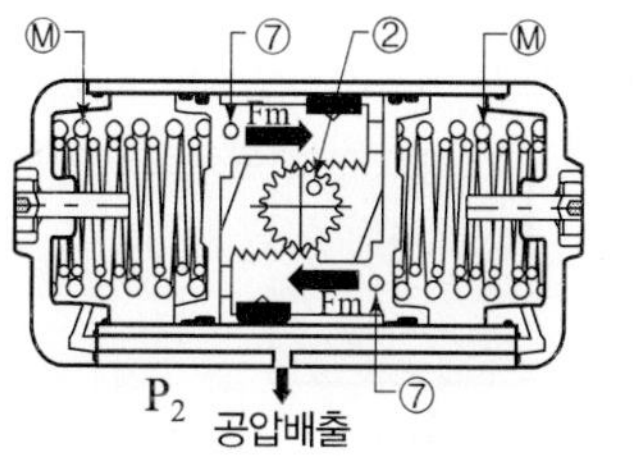

시계방향 동작(밸브 닫힘)

(b) 단일동작(스프링리턴) 액츄에이터

그림 11 랙–피니언 액츄에이터의 동작

표 7 액츄에이터에 의한 밸브의 동작

	공기압		피니언 기어	스프링	밸브
	A 포트	B 포트			
AD	공급	배출	CCW		열림
	배출	공급	CW		닫힘
AS	공급	배출	CCW	압축	열림
	배출		CW	팽창	닫힘

4 적용

볼밸브(2방, 3방, 4방), 버터플라이 밸브, 플럭 밸브나 댐퍼의 조정에는 랙-피니언 액츄에이터가 가장 적합하다. 이는 **그림 12**와 와같이 액츄에이터에 필요한 토크 곡선이 밸브나 댐퍼에서의 요구와 같기 때문이다.

2중동작형의 경우는 개시(start) 토크나 완료(close) 토크가 같으며 가장 높은 토크를 필요로 한다.

단일 동작형의 경우는 공기압과 스프링 행정으로 구분하여, CCW 즉 공기압으로 잠긴 밸브를 열려면 개시 토크가 커야 하고 전개되고 나면 즉 완료 토크는 작다. 열린 밸브를 다시 닫을 때는 공압과 스프링 탄성력을 같이 이용하게 되므로 개시 토크는 크고 밸브가 전폐되고 나면 즉 완료 토크는 작다. 이처럼 랙-피니언 액츄에이터는 1/4 회전으로 밸브의 개폐가 이루어지며, 0~1/4 사이에서는 조절된다.

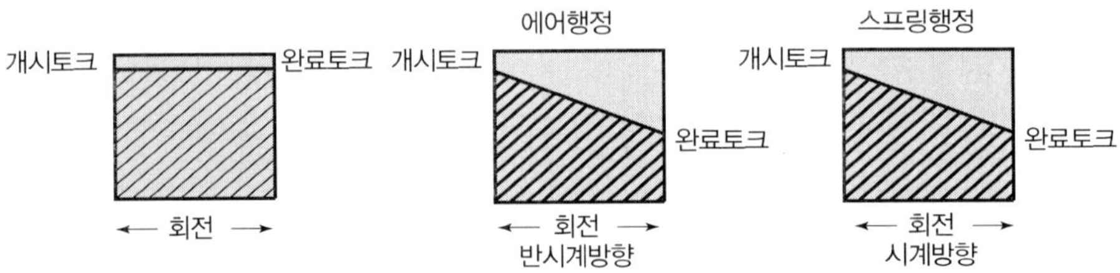

(a) 2중동작형 (b) 단일동작형(스프링 리턴)

그림 12 랙-피니언형 액츄에이터의 토크 도표

5 액츄에이터 선정

사용하고자 하는 밸브의 닫침과 열림에 필요한 토크에 안전율을 가산한 토크를 기준으로 액츄에이터 크기를 선정한다. 안전율 산정에는 다음의 사항들을 고려하여야 한다.

①밸브에 대한 사항(밸브 제조사, 밸브 형태, 밸브 크기, 밸브 기능과 구동 특징), ②구동 조건(유체, 온도, 압력, 유량, 구동 빈도수와 1회 구동 시간), ③밸브 토크 특징, ④최대 허용 가능 밸브 토크 스위치, ⑤액츄에이터 사항(공급 압력의 최대와 최소값, on/off 또는 컨트롤 방식, 2중 또는 단일동작, 고장시 상태(fail position), 작동 빈도), ⑥기타 사항(리밋 스위치, 포지셔너, 솔레노이드 밸브 필요성 여부 등), ⑦설치환경 요건(실내, 실외, 해수, 부식환경 등), ⑧외장 보호 형태(폭발위험 지역 혹은 비 폭발위험 지역, 주변 온도) 등이다.

2.7 전기식 액츄에이터

전기식 액츄에이터도 공압식과 같이 액츄에이터의 구동력으로 밸브를 제어하는 것이나, 동력원으로 공압 대신 전기를 사용하는 것이 다를 뿐이다.

액츄에이터에 전원이 정회전 쪽으로 공급되면 모터가 정방향으로 회전하여 밸브가 열리고, 역회전 쪽으로 공급되면 모터가 역방향으로 회전하여 밸브가 닫친다.

액츄에이터 내부에 상하한 리밋 스위치가 있어 정상적인 밸브 스토크가 되면 모터가 정지하여 더 이상 열리거나 닫치지 않게 된다. 모터에 의해 구동되므로 전원공급이 차단되면 밸브는 그 자리에서 멈추게 된다. 그래서 전원이 차단되는 경우라도 고장 시 열림 또는 고장 시 닫침이 되도록 스프링이 내장된 스프링리턴 형을 사용하기도 한다.

입력신호로 연속제어가 가능하며 포지셔너가 부착된 경우는 일반적으로 4~20 mA의 신호에 의해 연속제어가 가능하다. 2위치 제어로 사용할 경우는 전원 전환 스위치를 사용 하여도 된다.

모터 구동이므로 동작 속도가 비교적 느리다. 그러므로 문제가 되는 경우에는 내부에 기어를 조합하여 속도를 향상시켜 주어야 한다.

2.8 기타 장치

(1) 포지셔너

컨트롤러의 제어신호를 증폭하여 얻은 힘으로 밸브 플럭의 위치를 정확한 위치에 놓이게 조정하여 정밀한 제어가 되도록 하기 위해 사용된다. 즉 포지셔너(positioner)의 기능은 증폭된 압축공기 압력으로 차압을 극복하고, 제어 기기에서의 제어신호와 밸브의 개도를 항상 선형비례 관계를 유지시킨다.

밸브에서의 차압, 스템의 저항, 다이어프램의 히스테리시스에 관계없이 주어진 입력신호에 대응하는 일정한 밸브 개도를 유지하도록 하는 것이다. 반면에 포지셔너로 인하여 제어시스템의 비선형성과 시간지연의 요소가 증가되는 측면도 있다.

공압식, 전기식 등이 있으며. 액츄에이터 마다 항상 부착되는 것이 아니라 선택적으로 사용된다. 다음과 같은 경우에는 포지셔너를 사용하는 것이 좋다.

①밸브의 작동속도와 정확성을 높이고자 할 때, ②대형의 밸브를 사용할 때(일반적으로 DN 100 이상), ③컨트롤러와 밸브 사이의 거리가 멀 때(40 m 이상 떨어진 경우),

④밸브의 차압 변동 폭이 커서 진동이 심할 때, ⑤넓은 범위에서 정확한 밸브의 열림이 요구될 때, ⑥고온 고압 유체를 제어하기 위해 사용될 때, ⑦고점도, 침전물 등이 포함된 유체에 사용할 때 등이다.

포지셔너는 액츄에이터의 축과 연결되며 별도의 공압을 공급해야 한다.

(2) 부스터

컨트롤러와 액츄에이터의 사이가 멀거나 대용량의 액츄에이터인 경우 동일한 압력에서 유량을 증폭하여 액츄에이터를 신속하게 동작시키기 위함을 목적으로 사용된다.

설치 위치는 컨트롤러 또는 포지셔너 출력 측과 액츄에이터 사이가 된다.

(3) 리밋 스위치와 포지션 트랜스미터

리밋 스위치는 밸브의 개/폐를 확인할 수 있는 신호 또는 다른 밸브를 작동할 수 있는 신호를 보내는 역할이며, 포지션 트랜스미터는 밸브 개도가 얼마나 열렸는가를 4~20 mA의 출력으로 나타내 주거나 또는 저항으로 나타내어 제어실에서 밸브 개도를 확인할 수 있게 하는 장치다.

(4) 핸드휠

시운전 중이나 액츄에이터의 구동 동력 실패 시 비상용으로 제어밸브를 수동으로 동작 시키기 위한 보조 장치이다.

보통 조절 밸브 주변에 바이패스 배관이 없는 경우에 설치한다.

3 안전장치

3.1 세이프티밸브와 세이프티 릴리프밸브

1 안전밸브 명칭

배관 시스템에 사용되는 대표적인 안전장치는 ①프레셔 세이프티밸브(pressure safety valve, PSV), ②프레셔 릴리프밸브(pressure relief valve, PRV)와 ③프레셔 릴리빙밸브

(pressure-relieving valve)이다. 통상적으로 안전밸브라고 불려왔던 용어의 정식 명칭으로, 배관 및 압력용기 등의 장비에 대한 과압 보호에 사용되는 자동 감압장치이다.

배출 대상에 따라서 압력 배출용이면 프레셔 릴리프밸브, 공기 배출용이면 에어 릴리프밸브, 진공방지용이면 진공 릴리프밸브 등으로 부른다.

최근에는 압력과 온도 두 가지를 기준으로 작동하는 TP 릴리프밸브도 사용되고 있다. 특별히 온수기나 온수 저장 탱크와 같이 온도와 압력을 동시에 보호해야 하는 기구나 시스템에 적용한다.

2 프레셔 세이프티밸브

세이프티밸브는 일반적으로 가스 또는 증기용으로 사용되며, 과도한 압력을 방출하여 시스템을 보호한다. 개방 및 원위치 되는 재장착 특성이 압축성 유체의 성질 및 잠재적 위험에 잘 적응하기 때문이다.

정상 압력상태에서 밸브 디스크는 스프링이 미는 힘에 의해 밸브 시트에 고정되어 유체의 흐름을 차단하고 있다. 시스템 압력이 높아지게 되면, 증가되는 압력에 따라 디스크에 가해지는 유체의 힘과 스프링 힘이 근접하게 되고, 두 힘이 균등해지면 내부 유체는 시트를 통과하여 도피하기 시작한다. 밸브 디스크는 도피되는 유체에 의해 양력(揚力)을 받도록 설계되었으므로, 증가된 디스크 표면적에 양력이 가해지면 스프링에 의한 압축력을 극복하고 밸브가 최대 개도에 빠르게 도달할 수 있게 한다.

세이프티밸브 디스크 설계의 또 다른 이점은, 밸브가 재장착 즉 원위치로 되돌아가는 압력이 설정압력보다 낮기 때문에 재장착 전에 시스템 압력을 안전한 수준으로 낮추는 것이다.

설정압력과 재장착(전폐)되는 압력 간의 차와 설정압력의 비율을 블로우 다운(blowdown)이라고 한다.

3 프레셔 릴리프밸브

(1) 용도와 특성

주로 액체용으로 사용된다. 프레셔 릴리프밸브 밸브는, 액체의 특성 즉 공기처럼 팽창하지 않으므로 디스크에 추가적인 양력이 필요 없기 때문에 밸브 개도는 시스템 압력에 비례한다는 점을 제외하고는 세이프티 릴리프밸브와 유사한 방식으로 작동한다. 즉, 설정된 압력에 도달했을 때 자동으로 작동하여 내부 유체를 방출하여 압력이 설정 압력 미만으로 감소되면 밸브는 다시 정상상태로 복귀한다. 세이프티밸브와 프레셔 릴리프밸브의 차이점을 요약하면 **표 13**과 같다.

(2) 4가지 범주

프레셔 릴리프밸브가 사용되어야 하는 곳은 코드상 11개의 범주[6]이고, 그 중에서 기계 설비분야는 **표 14**와 같이 ①산업용의 고압보일러(S-1), ②건물이나 시설의 난방용 보일러(S-4), ④압력용기(S-8) 그리고 ⑤기타(진공)가 해당된다.

종류와 규격이 매우 다양하므로 적정 모델이나 규격 선정에 신중하여야 한다. 그러므로 선택하기 전에 ①재료(몸통과 트림), ②밸브 입구의 크기(DN, 최소와 최대), ③장비

표 13 세이프티밸브와 세리프티 릴리프밸브의 차이

	PSV	PRV
용도	압력이 높아지면 발생할 수 있는 사고 방지를 위함	
작동방식	설정압력에 도달하면 빠르게 전개되어 재설정압력 이하로 낮아질 때까지 열려 있게 된다. 재 설정 압력은 설정압력 보다 낮다.	압력의 증감에 따라 밸브의 개도가 비례 조절되므로, 설정압력 초과 시에도 방출은 서서히 이루어진다. 설정점 이상의 압력만을 감소시킨다.
적용	압축성 유체(가스, 증기, 스팀 등)	비압축성 유체(온 냉수, 오일 등)

표 14 PSV와 PRV 설치대상

범주	적용	몸통 재질	설정 압력, kPa	최고사용온도, °C
S-1	고압보일러(증기)	Brz, CI	103~1 720	230
S-4	난방용보일러(저압증기)	Brz	34~103	121
	난방용 보일러(온수)	Brz	138~1 206	
S-8	공기	Br, Brz, Stl, SS	103~6 200	430
	증기			
	물	Brz, CS, SS		
기타	진공	Brz, SS	101	

주 (1) Brz: 청동, Br: 황동, CI: 주철, Stl: 강, SS: 스테인리스강, CS: 탄소강
(2) S는 참고문헌 3에서의 Section 표시임

주 6 참고문헌 3.

나 관과의 이음방법(나사식, 플랜지식), ④설정압력(최소와 최대값), ⑤사용온도, ⑥인증 범위(V, HV, UV 등), ⑦사용 유체의 종류(온수, 증기, 가스, 에어 등) 등의 목록을 만들고 이를 토대로 사용 모델을 결정하는 것이 좋다.

(3) 밸브 구조와 용량

스프링식(spring loaded pressure relief valves)과 균형식(balanced pressure relief valve)으로 구분된다. 후자도 스프링식이지만 밸브의 성능 특성에 대한 배압의 영향을 최소화하기 위해 벨로우즈 또는 피스톤으로 밸브 디스크의 균형을 잡아준 것이다.

그림 13은 대용량의 난방용 온수 보일러에 사용되는 스프링식 프레셔 릴리프밸브의 예로 그 구조와 주요 구성부 명칭을 설명한 것이며, 대상이 된 프레셔 릴리프밸브에 대한 설정압력 별 배출용량은 **표** 15와 같다. 제조업체별 모델별 용량은 다를 수 있으므로 실제 적용 시에는 사용할 제품을 기준으로 하여야 한다.

균형 릴리프밸브는 일반적인 릴리프밸브에 비하여 내장배압[7]이 너무 높거나 중첩 배압[8]이 설정압력에 비해 크게 다른 경우에 사용해야 한다. 일반적으로 총 배압(내장배압+중첩배압)이 설정압력의 약 50%를 초과하지 않는 곳에 적용한다. 특정한 밸브 설계를 위하여 배압을 제한해야 하는 경우에는 제조자에 문의해야 한다.

균형밸브에서 높은 배압은 디스크의 불균형 부분에 폐쇄력을 가하는 경향이 있어, 밸

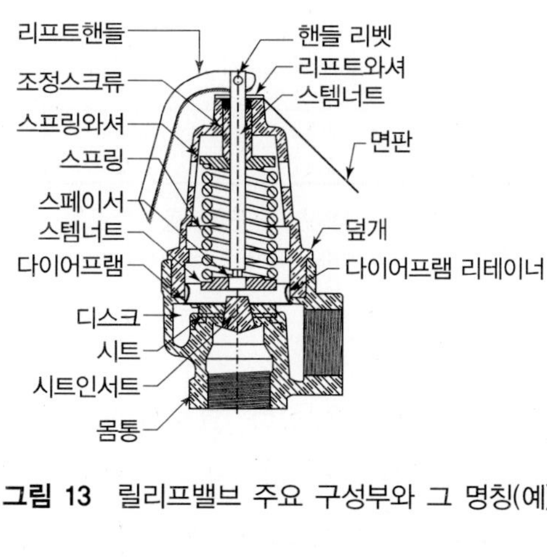

그림 13 릴리프밸브 주요 구성부와 그 명칭(예)

7. Built-up back pressure. 릴리프밸브가 작동한 후 흐름의 결과로 배출 측에 발생하는 압력.
8. Superimposed back pressure. 릴리프밸브가 작동할 때 배출측(배관)에 존재하는 압력으로 시스템에 따라 일정하거나 가변적일 수 있다.

표 15 그림 13 릴리프밸브의 온수 배출용량(kW)

설정 압력(kPa) \ DN	20×25	25×32	32×40	40×50	50×65
103	0.16	0.26	0.44	0.60	1.00
138	0.19	0.30	0.52	0.71	1.17
172	0.22	0.35	0.60	0.82	1.35
207	0.24	0.41	0.68	0.92	1.52
241	0.27	0.44	0.76	1.03	1.70
276	0.30	0.48	0.84	1.14	1.87
310	0.33	0.53	0.91	1.24	2.05
345	0.35	0.57	0.99	1.35	2.23
379	0.38	0.62	1.07	1.46	2.40
414	0.41	0.66	1.15	1.56	2.58
448	0.44	0.71	1.23	1.67	2.75
483	0.47	0.75	1.31	1.78	2.93
517	0.49	0.80	1.38	1.88	3.10
551	0.52	0.85	1.46	1.99	3.28
586	0.55	0.89	1.54	2.10	3.46
620	0.58	0.94	1.62	2.20	3.63
655	0.61	0.98	1.81	2.31	3.81
689	0.63	1.03	1.78	2.41	3.98
724	0.66	1.07	1.85	2.52	4.16
758	0.69	1.12	1.93	2.63	4.33
793	0.72	1.16	2.01	2.74	4.51
827	0.75	1.21	2.09	2.84	4.68
862	0.77	1.25	2.17	2.95	4.86
896	0.80	1.30	2.25	3.06	5.04
931	0.83	1.34	2.32	3.16	5.21
965	0.86	1.39	2.40	3.27	5.39
1 000	0.89	1.43	2.48	3.38	5.56
1 034	0.91	1.48	2.56	3.48	5.74
1 069	0.94	1.52	2.64	3.59	5.91
1 103	0.97	1.57	2.72	3.69	6.09

주 (1) 최고 사용온도 120°C용 밸브 기준, DN은 입구측×출구측임.
(2) 설정압력보다 10% 높아졌을 때의 배출용량이며, 실제는 이 값의 90%를 적용한다.

자료 참고문헌 4. p88 10-600S

브 개도가 감소되어 유량이 줄어들 수 있다. 그래서 제조자는 배압 보정계수라고 하는 용량 보정계수를 제공하여 이러한 유량 감소를 상쇄하도록 한다.

전형적인 배압 보정계수를 구하기 위해서는, 압축성 유체용은 **그림 14**, 비압축성 유체(액체)용은 **그림 15**를 사용한다. 액체용의 경우는 **그림 15**에 표시된 계수가 모든 과압에 적용된다. 그러나 압축성 유체용의 경우 허용 과압이 10%, 16% 또는 21%인지에 따라 계수가 달라질 수 있다.

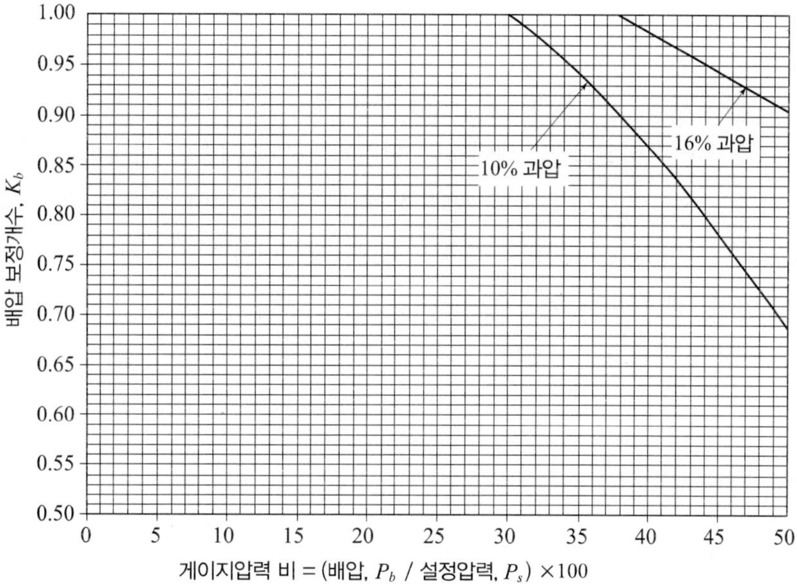

주 (1) 이 선도는 여러 릴리프밸브 제조자가 권장하는 값의 절충을 나타낸 것으로, 밸브의 제조자 또는 증기(또는 가스)의 임계압력을 알 수 없을 때 사용한다. 설정압력 50 psig 이상을 대상으로 한 것이므로, 주어진 설정압력에 대해 임계압력 미만의 배압으로 제한된다. 설정압력이 50 psig 미만 또는 아임계 유량에 대해서는 제조자에게 K_b 값을 문의해야 한다.

(2) 21% 과압의 경우 K_b는 1.0~ P_b / P_s=50%이다.

그림 14 균형 벨로우즈 릴리 프밸브에 대한 배압보정 계수, Kb(증기와 가스)

(참고문헌 5, Fig 30에 의거 재작성)

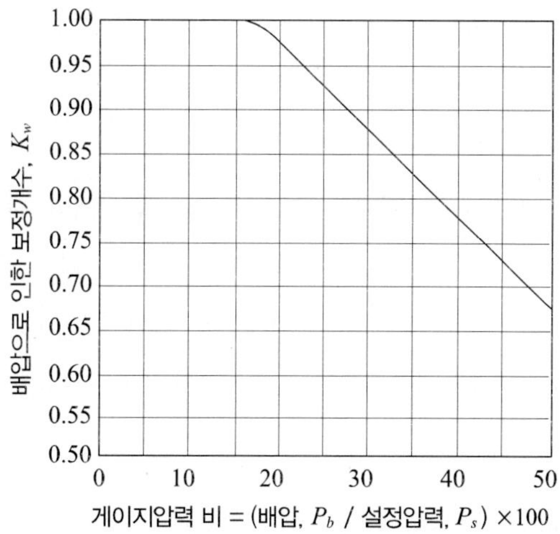

주 이 선도는 다양한 제조자가 권장하는 값을 나타낸 것으로, 제조자를 모르는 경우에 사용한다. 알 수 있는 경우는 제조자로부터 적용 가능한 보정계수를 문의한다

그림 15 균형 벨로우즈 릴리프밸브에 대한 용량 보정계수, 배압에 의한 Kw

(참고문헌 5, Fig 31에 의거 재작성)

4 프레셔 릴리빙밸브

프레셔 릴리빙밸브는 압축성 및 비압축성 유체 모두에 사용할 수 있는 세이프티 릴리프 밸브이다. 즉 세이프티밸브 및 세이프티 릴리프밸브의 기능을 하나로 결합시킨 설계이다. 증기나 가스와 같은 압축성 유체와 함께 사용하면 과압 방출을 위해 펑 터지는식(pops open)으로 열리고, 물 또는 다른 액체와 같은 비압축성 유체에 사용될 때는 용기, 탱크, 열교환기, 배관 또는 기타 장비를 보호하기 위한 설정압력 이상으로 증가되는 압력에 비례하여 점진적으로 열린다.

5 T&P 릴리프밸브

(1) 용도

릴리프밸브에 대한 일반적인 관념은 높은 압력에 의한 밀폐 용기나 배관 등에서의 압력 파괴에 대한 보호 장치이다. 그러나 최근에는 입력과 온도 2가지 기준의 온도-압력 릴리프밸브(temperature and pressure relief valve, T&P)도 사용된다.

코드(BPVC. S-4)에 의하여 난방용 온수보일러, 온수저장탱크 등의 온도와 압력 보호용으로 적용된다. 난방용 보일러는 주로 주거용 건물에 사용되고, 또한 주거용 건물에는 항시 사람들이 있기 때문에 보다 더 안전을 기하기 위함이다. 즉 압력에 이상이 있을 때 뿐만 아니라 온도에 이상이 발생할 때도 작동되는 안전밸브이다.

(2) 특징

T&P 릴리프밸브는 온도와 압력 두 가지를 모두 감지해야 하므로 온도 감지기 등 트림의 요소는 물에 잠기거나 접촉이 되어야 한다. 따라서 밸브 몸통의 내부는 물론 트림의 요소는 비금속으로 코팅이 되어있다. 보일러 내의 가열된 물에 의해 접촉부식이나 전기부식이 발생하지 않도록 하기 위함이며, 이 코팅은 장시간 사용에도 떨어지지 않는 접착력을 갖는다.

(3) 용량

그림 16은 T&P 릴리프밸브의 예이며, 프레셔 릴리프밸브처럼 압력에 의하여 작동하는 기능에 온도에 의해서도 작동되는 기능이 추가된 것이다. 일정 길이의 온도 감지

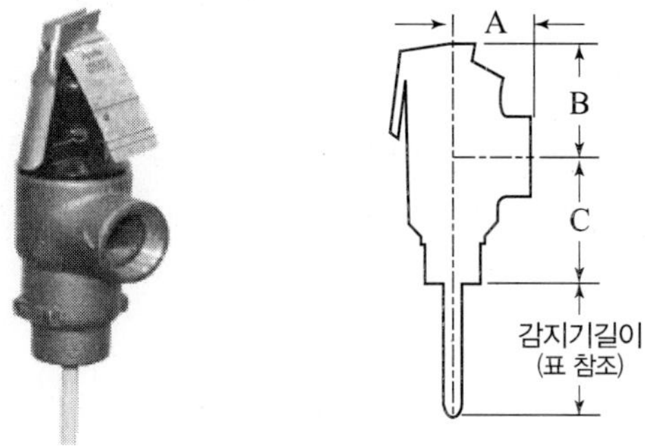

그림 16 T&P 릴리프밸브

표 16 T&P 릴리프밸브의 용량

DN	감지기 길이, mm	용량, kWh	각부 치수, mm		
			A	B	C
20×20	68, 110, 190	475, 560	40	88	64
25×25	77, 120, 207	535, 632	40	88	60
32×25	100	900, 1060	44	110	49
40×40	105	1500, 1770	63	148	43
50×40	83	1500, 1770	63	148	66

주 접속구는 M×FNPT 기준이며, ASME S-4 기준 용량임
자료 참고문헌 6 및 참고문헌 4, p104 18C에 의거 재작성

기가 물에 잠겨 보일러 내부 온도를 감지하게 되므로 **표 16**에서와 같이 감지기의 길이별 용량으로 구분된다. 압력 설정은 860 kPa과 1 000 kPa 두 가지이며 사용온도는 최대 98°C이다.

3.2 진공 및 에어 릴리프밸브

1 진공 릴리프밸브

(1) 수직관의 퇴수

배관계통의 요철(凹 凸) 부분에는 드레인 밸브와 에어벤트 밸브를 설치하여 필요 시 퇴수시키거나 공기를 빼 주는 데 사용한다.

이에 대하여 계통에 진공이 발생하지 않도록 하기 위하여 사용되는 것이 진공 릴리프밸브(vacuum relief valve, VRV)이다. 배관계통 특히 수직 배관이나 밀폐용기 등에서 유동이 정지될 때에는 진공이 발생한다. 예로, 난방시스템에 문제가 발생하면, 보수를 위해 퇴수를 시키지만 물이 잘 빠지지 않아 작업이 지연될 뿐만 아니라, 난방공급을 할 수 없는 경우가 발생한다. 수직관의 물이 안 빠지는 이유는 상부가 진공상태가 되었기 때문이다.

(2) 용도와 용량

진공 릴리프밸브는 설정된 압력(진공)에 도달되었을 때 자동으로 공기를 내부로 유입켜 진공을 깨뜨려 주는 역할을 한다. 이 밸브 역시 배관계통이나 장비로 단위 시간당 유입되어야 하는 공기의 양을 기준으로 선정되므로, 프레셔 릴리프밸브와 마찬가지로 용량이 있다.

그림 17은 저압용 진공 릴리프밸브의 예로, 밸브의 주요 구성과 그 명칭을 보여주는 것 이다. 작동원리는 프레셔 릴리프밸브와 반대로 배관이나 용기의 내부에 진공이 발생하면 대기압에 의해 스프링이 압축되어 디스크가 열리고 공기가 내부로 빨려 들어가게 되고, 진공이 깨지고 나면 내부압력이 다시 높아지므로 스프링 탄성에 의해 디스크는 닫쳐서 원래 상태가 된다. 공기 출구측이 배관이나 용기에 접속되고 공기 입구는 대기에 노출되도록 설치한다. **표 17**은 예로 든 모델의 설정 압력에 따른 흡입용량(m^3/h)이다.

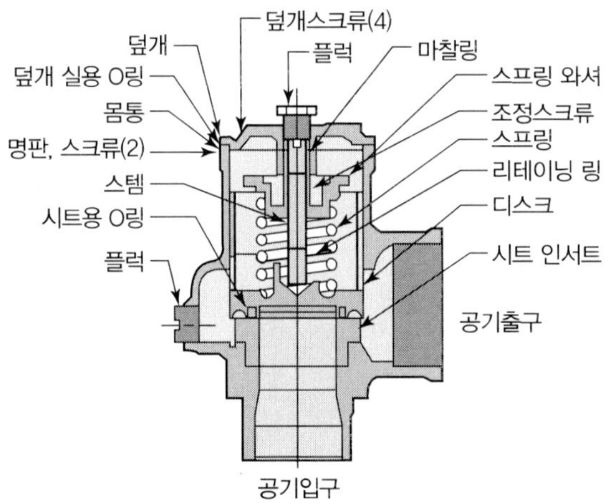

그림 17 진공 릴리프밸브 주요 구성부와 그 명칭

표 17 공기 흡입량, Nm^3/h

진공설정, kPa \ 포트 DN / 단면적 cm^2	50×50	65×65	80×80
	14.348	21.544	33.259
27	635	964	1 390
30	651	993	1 431
34	667	1 021	1 471
37	676	1 479	2 132
40	685	1 043	1 509
44	691	1 050	1 516
47	691	1 050	1 516
50	691	1 050	1 516
67	691	1 050	1 516
84	691	1 050	1 516
101	691	1 050	1 516

주 (1) 호칭지름은 밸브의 입구 측과 출구 측임.
(2) 설정압력보다 10% 높아졌을 때의 흡입용량임.
(3) 공기가 유입되는 포트의 면적임.

자료 참고문헌 4, p95 14-600S

(3) 적용할 크기 선정

적용할 크기의 선정은 설정된 진공도에서의 공기 흡입량을 기준으로 한다. 모델이나 규격에 따라 용량이 다르므로 설계 시에는 사용하고자 하는 제품의 자료를 참고한다.

(4) VRV 설치

그림 18은 저탕탱크의 온수를 공급하는 급탕 배관과 같이, 밀폐탱크내 유체를 이송시키는 계통에 VRV를 설치하는 예를 보여준다.

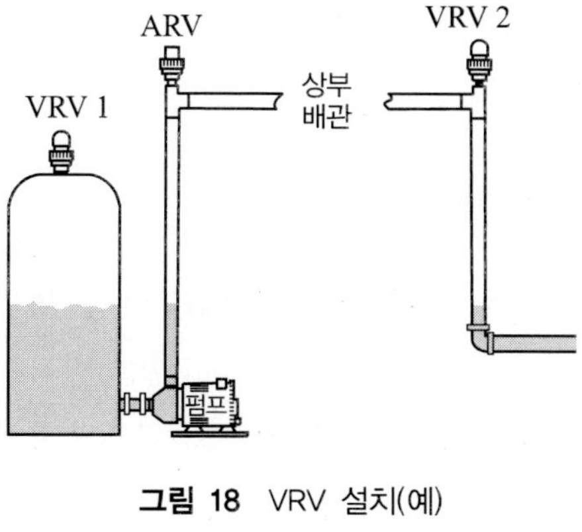

그림 18 VRV 설치(예)

VRV는 1차로 밀폐탱크의 정상부에 설치하여 유체를 퇴수할 때 진공 상태가 되어 탱크의 내파(內破, implosion) 현상을 방지한다. 2차로, 수직배관에 설치하여 사이펀 작용을 방지한다. 사이펀작용은 수직배관 및 이후 배관에 에어포켓을 형성하게 되고 이 에어포켓은 유체의 흡입과 유체의 흐름을 막아주는 역할을 하게 된다. 펌프 정지 시에는 수직관 내의 유체 즉 물기둥을 밑으로 떨어지게 만든다.

펌프 토출관 정부(頂部)에는 에어 릴프밸브를 설치하여 펌프 재가동 시 포켓을 형성했던 공기가 방출되고 시스템이 안전하고 효율적으로 운전되도록 한다. 관지름이 크고 배관계통이 복잡한 경우에는 릴리프밸브를 여러 지점에 추가해야 한다.

2 에어 릴리프밸브

(1) 용도

에어 릴리프밸브(air relief valve, ARV)는 프레셔 릴리프밸브나 진공 릴리프밸브처럼 일정한 압력에 도달할 때 밸브가 열려 자동으로 배관 내의 공기를 배출해 주는 밸브이다.

배관계통이나 밀폐된 용기에서 발생하였거나 유입된 공기를 배출시키지 않으면 유로가 차단되어 물이 흐르지 못하기 때문이다. 에어벤트, 공기 빼기밸브 또는 자동 에어벤트 등으로 불려왔던 소형 기구도 시간당 유량이 제시되어 사이징이 가능하다면 넓은 의미에서 에어 릴리프밸브 범주에 들 수 있다.

소형기구를 사용하는 경우, 예를 들어 시스템이나 담당해야 하는 배관 구간에서의 배기량 즉 단위시간 당의 유량에 대한 검토가 없이 최소형(주로 DN 15) 밸브를 설치한 경우를 보자. 공사가 준공되고 시스템에 유체를 채우기 위해서는 오랜 시간이 걸려야 한다. 공기 배출능력이 작은 밸브를 사용했기 때문에 배관에 채워진 공기 배출이 빠르게 이루어지지 못하기 때문이다.

(2) 구조, 작동원리와 용량선정

에어 릴리프밸브도 역시 배관계통이나 장비로부터 단위 시간당 배출되어야 하는 공기의 양을 기준으로 선정한다. 따라서 이 밸브도 다른 릴리프밸브와 마찬가지로 규격별 유량표가 제시된다. **그림 19**는 에어 릴리프밸브의 구조별 명칭을 보여주는 것이다. 코드(BPVC. S-8)에 따른 것으로 규격은 DN 10~25까지이고 설정압력 범위는 1~17 barg,

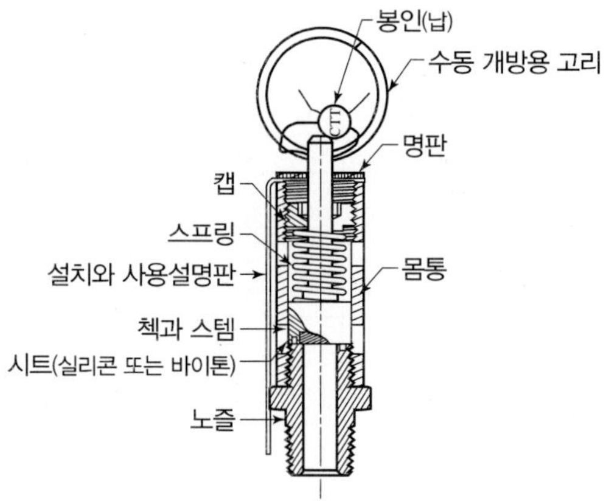

그림 19 중유량 에어 릴리프밸브

최고 사용 온도는 160°C이다.

작동 원리는 프레셔 세이프티 릴리프밸브와 같고, VRV와는 정반대이다. 설정된 압력에서 배출되는 공기량을 기준으로 배관 계통이나 밀폐탱크에 적용할 규격을 정한다.

표 18은 예로 든 모델의 밸브에서 설정압력별 규격별 공기배출량이다.

표 18 ARV의 공기배출량, Nm^3/h(1/2)

DN / 설정압력, kPa	10	12, 15	20	25
103	–	96	172	357
138	–	112	199	411
172	–	127	225	466
207	–	141	251	519
241	–	157	280	580
276	69	175	310	640
310	75	191	339	699
345	82	206	368	760
379	88	223	397	820
414	96	239	426	879
448	103	255	455	939
483	109	273	484	1 000
517	116	288	513	1 059
551	122	305	542	1 119
586	129	321	571	1 180
620	135	337	600	1 239
655	141	354	628	1 299
689	148	370	657	1 358
724	154	387	686	1 419
758	161	403	715	1 479
793	167	419	744	1 538
827	174	436	773	1 599

표 18 ARV의 공기배출량, Nm^3/h(2/2)

설정압력, kPa \ DN	10	12, 15	20	25
862	180	452	802	1 659
896	186	469	831	1 718
931	193	485	860	1 778
965	199	501	889	1 839
1 000	207	518	918	1 898
1 034	214	534	947	1 958
1 069	220	550	976	2 019
1 103	227	567	1 005	2 078
1 138	233	583	1 035	2 138
1 172	239	600	1 064	2 199
1 206	246	616	1 093	2 258
1 241	252	632	1 122	2 318
1 275	259	648	1 151	2 377
1 310	265	665	1 180	2 439
1 344	272	681	1 209	2 498
1 379	278	694	1 238	2 557
1 413	-	714	1 267	2 619
1 448	-	730	1 296	2 678
1 482	-	746	1 325	2 738
1 517	-	763	1 353	2 797
1 551	-	778	1 382	2 858
1 586	-	796	1 411	2 918
1 620	-	812	1 440	2 977
1 655	-	828	1 469	3 038
1 689	-	844	1 498	3 098
1 724	-	860	1 527	3 157

주 설정압력보다 10% 높아졌을 때의 배출용량이며, 실제는 이 값의 90%를 적용한다.

자료 참고문헌 4, p99 15S

3 릴리프밸브 유량보정

압력, 온도-압력, 진공, 공기 등의 릴리프밸브는 압력이나 온도를 떨어뜨리기 위해서 내부의 유체를 방출해야 한다. 앞의 여러 가지 유량표는 물과 공기를 그것도 정해진 온도를 기준한 것이다. 따라서 다른 액체나 기체에 적용하기 위해서는 어떤 형태로든 보정이 필요하다. **표 19**는 프레셔 릴리프밸브를 물 이외의 액체나 기체에 사용할 경우 비중 기준으로 배출량 보정계수이다.

표 20은 진공이나 에어 릴리프밸브에서의 유입 또는 배출량은 상온을 기준한 것이므로, 온도가 다를 경우에 한한 유량 보정계수이다.

표 19 가스와 액체 밀도 보정 계수

비중량	Ksg	비중량	Ksg	비중량	Ksg	비중량	Ksg
0.10	3.160	0.75	1.155	1.25	0.913	2.50	0.633
0.20	2.240	0.80	1.117	1.30	0.877	3.00	0.577
0.30	1.825	0.90	1.085	1.40	0.845	3.50	0.535
0.40	1.580	0.95	1.025	1.50	0.817	4.00	0.500
0.50	1.414	1.00	1.000	1.60	0.791	4.50	0.471
0.55	1.350	1.05	0.975	1.70	0.768		
0.60	1.290	1.10	0.955	1.80	0.745		
0.65	1.240	1.15	0.933	1.90	0.725		
0.70	1.195	1.20	0.913	2.00	0.707		

주 공기 또는 물 이외의 가스나 액체를 사용하는 경우에는 세이프티 릴리프밸브의 유량표의 유량에 보정계수(Ksg)를 곱한 값으로 한다.

자료 참고문헌 4, p50

표 20 공기와 가스 온도 보정 계수

온도, °C	Kt	온도, °C	Kt	온도, °C	Kt	온도, °C	Kt
−18	1.063	32	0.972	127	0.850	227	0.760
−12	1.052	38	0.964	138	0.838	238	0.752
−7	1.041	49	0.947	149	0.827	249	0.744
−1	1.030	60	0.931	160	0.816	260	0.737
4	1.020	71	0.916	171	0.806	288	0.718
10	1.010	82	0.901	182	0.796	316	0.701
16	1.000	93	0.888	193	0.787	343	0.685
21	0.991	104	0.874	204	0.778	371	0.669
27	0.981	116	0.862	216	0.769	399	0.656

주 밸브 입구에서의 온도가 15°C가 아닌 다른 온도인 경우에는 공기 배출량 표에서의 유량에 보정계수(Kt)를 곱한 값으로 한다.

자료 참고문헌 4, p50에 의거 재작성

3.3 세이프티와 릴리프밸브 크기 선정

① 선정 기준

(1) 릴리프밸브 설정압력 및 누적압력 제한

시스템이나 압력용기에 설치할 릴리프밸브(여기서는 세이프 밸브를 포함한 대표적인 표기이다)는 표준[9]에 제시된 방정식을 사용하여 그 크기를 선정할 수 있다.

방정식은 특정 밸브 설계에서는 무관하거나 사용되지 않는 유효 배출계수 및 유효면적이 주요 변수로 사용된다. 또한 방정식은 증기(vapors), 가스(스팀 포함), 액체 및 2상 유체용으로 구분된다.

방정식 적용에 앞서 설정 압력과 누적압력에 대한 기준을 확인해야 한다.

설정압력(set pressure)은 릴리프밸브가 개방되도록 설정된 입구 압력이며, 누적(累積, accumulation) 압력이란 압력용기의 MAWP를 초과하는 압력으로, 압력 단위로 표시되거나 MAWP 또는 설계압력에 대한 백분율로 표시된다. 최대 허용 누적압력은 비상운영 및 화재 비상사태 관련 코드에 의해 설정된다.

표 21은 보호 대상의 주위환경 조건을 기준으로 할 때 화재가 발생했을 때를 대비할 것 인지의 여부에 따라 화재, 비화재로 구분하고, 각각 릴리프밸브의 최대 누적 및 설정 압력에 대한 제한범위를 나타낸 것이다. 단일설치는 압력용기와 같은 보호 대상에 릴리프밸브를 1개만 설치하는 것이고, 다중설치란 배관과 같은 보호 대상에 여러 개의 릴리프밸브를 순차적으로 설치는 하는 경우이다.

표 21 화재상황 대비 여부에 따른 릴리프밸브에 설정압력 및 누적압력 설정 한계

	단일 설치		다중 설치	
	최대 설정압력. %	최대 누적압력. %	최대 설정압력. %	최대 누적압력. %
비 화재 경우				
첫 번째 릴리프밸브	100	110	100	116
추가 릴리프밸브	–	–	105	116
화재 경우				
첫 번째 릴리프밸브	100	121	100	121
추가 릴리프밸브			105	121
보조 장치			110	121

주 모든 값은 최대 허용압력(MAWP[10])에 대한 비율임

자료 참고문헌 3.

9. 참고문헌 5.
10. **제1장** 참조. 이 압력은 압력용기 설계 규칙에 의해 결정된 순수한 두께를 기준으로 한 내부 또는 외부에 작용하는 최소 압력, 즉 부식이나 하중을 고려한 여유 두께가 가산되지 않은 것이다. 릴리프밸브의 설정압력의 기본이 되며, 일반적으로 설계압력보다 높지만, 그 값을 구할 수 없을 때는 설계압력으로 한다.

표 22 단일 릴리프밸브 설치시 배출압력 결정의 예

특성	비화재 경우		화재 경우	
	psig	kPag	psig	kPag
릴리프밸브 설정압력이 MAWP와 같음				
보호대상 압력용기 MAWP	100.0	689	100.0	689
최대 누적압력	110.0	758	121.0	834
릴리프밸브 설정압력	100.0	689	100.0	689
허용 과압	10.0	69	21.0	145
기압	14.7	101	14.7	101
배출압력, P_1	124.7	860	135.7	936
릴리프밸브 설정압력이 MAWP보다 낮다				
보호대상 압력용기 MAWP	100.0	689	100.0	689
최대 누적 압력	110.0	758	121.0	834
릴리프밸브 설정 압력	90.0	621	90.0	621
허용 과압	20.0	138	31.0	214
기압	14.7	101	14.7	101
배출 압력, P_1	124.7	860	135.7	936

주 위의 예는 14.7 psia(101.3 kPa)의 기압을 가정한 것이므로, 현장 고도에 해당하는 기압이 사용되어야 한다

자료 고문헌 5, Table 2와 Table 4에 의거 재작성

(2) MAWP 기준 배출압력 설정

릴리프밸브의 배출압력은 MAWP를 기준으로 설정한다. 이 경우는 누적압력이나 설정압력도 MAWP를 기준으로 제한된다. **표 22**는 설정압력이 보호 대상 압력용기의 MAWP보다 낮거나 같을 경우 릴리프밸브의 배출압력 결정의 예를 보여주는 것이다.

(3) 릴리프밸브의 유효 오리피스 면적

릴리프밸브는 제조업체에 따라 형식이나 모양 용량 등이 다양하므로, 설계자나 사용자가 적정한 크기를 선정하는 일이 결코 쉽지가 않다. 따라서 표준에서는 사용 유체별로 적용할 수 있는 크기 선정 방정식을 만들어 냈고, 또한 다양한 릴리프밸브를 방출면적 즉 유효 오리피스 면적을 기준으로 표준화하였다.

표 23은 유효 오리피스 면적을 작은 것에서부터 큰 것 순으로 구분하고, 각각의 면적별로 D에서 T까지의 기호를 부여한 것이다.

즉, 릴리프밸브의 제조자가 다르더라도 유효 오리피스 면적에 대한 기호만 동일하면 같은 용량이 되는 것이다. 이 표는 다음에서 설명하는 릴리프밸브 크기를 선정하는 방

표 23 릴리프밸브의 표준 유효 방출면적과 그 기호

기호	유효 오리피스 면적		기호	유효 오리피스 면적	
	in^2	mm^2		in^2	mm^2
D	0.110	71	L	2.853	1 841
E	0.196	126	M	3.600	2 323
F	0.307	198	N	4.340	2 800
G	0.503	325	P	6.380	4 116
H	0.785	506	Q	11.050	7 129
J	1.287	830	R	16.000	10 323
K	1.838	1 186	T	26.000	16 774

자료 참고문헌 7, Table 1에 의거 재작성

정식을 적용하여 방출면적을 계산하는 경우에만 적용이 유효하다는 점에 유의하여야 한다.

2 증기 또는 가스용 릴리프밸브

(1) 가정

증기(vapor) 또는 가스용의 릴리프밸브에 대한 크기를 선정하는 수식은 등방성 경로를 따른 압력별 체적 관계가 팽창관계에 의해 잘 설명되어 있다고 가정한다. 압력을 P, 체적 을 V, 방출 온도에서 이상적인 가스의 비열비를 k라고 하면 $PV^k = C$ 가 성립한다.

그러나, 가정의 유효성은 매우 높은 압력에서 또는 증기(또는 가스, 이하 같음)가 열역학적 임계 위치에 접근함에 따라 감소할 수 있다. 증기가 이들 영역 중 하나에 있을 수 있다는 지표는 압축률 Z가 대략 0.8 이하 또는 1.1 이상이다. 가장 적절한 크기 선정 결과를 얻기 위해서는 시스템에 대한 적용 한계를 잘 설정해야 한다.

(2) 임계 유량비

절대 단위의 임계 유량비는 식(17)의 이상적인 가스 관계를 사용하여 추정할 수 있다. 팽창법칙인 $PV^k = C$인 경우 압력/비체적 관계의 근사치이다.

$$\frac{P_{cf}}{P_1} = \left[\frac{2}{k+1}\right]^{\frac{k}{k-1}} \tag{17}$$

식에서

P_{cf} : 임계 유량에서의 노즐 압력

P_1 : 상류 릴리빙 프레셔이고

k : 방출 온도에서 이상적인 가스에 대한 비열비(C_p/C_v)

이다.

이상적인 가스 비열비는 압력과 무관하다. 대부분의 공정 모의시험에서는 이상적인 가스 비열비 대신 실제 가스 비열비를 사용하지만, 사실은 수식에 실제 가스 비열비를 사용해서는 안 된다. 실제 가스 비열비는 등엔트로피 팽창계수를 잘 나타내주지 않기 때문이다.

(3) 릴리프밸브의 크기

임계 유량 조건에서 작동하는 가스 또는 증기용의 릴리프밸브는 식(18)~(20)을 사용하여 크기를 선정할 수 있다. 각각의 식은 각기 다른 변수를 사용하여 릴리프밸브에서 배출 되어야 하는 유량에 합당한 유효 배출면적을 구하는 것이다. 그리고 계산된 A값보다 동등 이상의 방출면적을 갖는 릴리프밸브를 선택하면 된다.

$$A = \frac{W}{CK_dP_1K_bK_c}\sqrt{\frac{TZ}{M}} \tag{18}$$

$$A = \frac{2.67 \times V\sqrt{TZM}}{CK_dP_1K_bK_c} \tag{19}$$

$$A = \frac{14.41 \times V\sqrt{TZG_v}}{CK_dP_1K_bK_c} \tag{20}$$

식에서

A : 장치의 필요한 유효 방출면적, mm^2

W : 장치를 통해 배출되어야 하는 유량, kg/h

C : 입구 방출유체 온도에서의 가스 또는 증기의 이상적인 가스 비열($k = C_p/C_v$)의 함수로, 다음 식으로 구한다.

$$C = 0.03948\sqrt{k\left(\frac{2}{k+1}\right)^{\frac{(k+1)}{(k-1)}}} \tag{21}$$

이상적인 가스의 비열비는 압력과 무관하다. 대부분의 공정 모의시험에는 실제 가스 비열을 사용하지만, 사실은 이 수식에서 사용해서는 안 된다. 프레셔 릴리프밸브가 작게 선정될 수 있기 때문이다. k값에 대한 C값은 **표 24**와 같다. k를 설정할 수 없는 이상적인 가스의 경우에는 0.0239와 같은 보수적 C값을 사용하는 것이 좋다.

이상의 식에서

P_1 : 상류 릴리빙 프레셔(kPa)로 설정압력 + 허용과압 + 대기압이다.

K_b : 배압 보정 계수로, 균형식 릴리프밸브에만 적용된다. 이 값은 제조자나 **그림 14** 로부터 예비 크기를 추정할 수 있다. 일반적인 릴리프밸브 및 파일럿 작동식의 경우 K_b 값은 1.0으로 한다.

표 24 C값

k	C	k	C	k	C	k	C
1.00	0.0239	1.26	0.0261	1.51	0.0277	1.76	0.0292
1.01	0.0240	1.27	0.0261	1.52	0.0278	1.77	0.0292
1.02	0.0241	1.28	0.0262	1.53	0.0279	1.78	0.0293
1.03	0.0242	1.29	0.0263	1.54	0.0279	1.79	0.0293
1.04	0.0243	1.30	0.0263	1.55	0.0280	1.80	0.0294
1.05	0.0244	1.31	0.0264	1.56	0.0280	1.81	0.0294
1.06	0.0245	1.32	0.0265	1.57	0.0281	1.82	0.0295
1.07	0.0246	1.33	0.0266	1.58	0.0282	1.83	0.0296
1.08	0.0246	1.34	0.0266	1.59	0.0282	1.84	0.0296
1.09	0.0247	1.35	0.0267	1.60	0.0283	1.85	0.0297
1.10	0.0248	1.36	0.0268	1.61	0.0283	1.86	0.0297
1.11	0.0249	1.37	0.0268	1.62	0.0284	1.87	0.0298
1.12	0.0250	1.38	0.0269	1.63	0.0285	1.88	0.0298
1.13	0.0251	1.39	0.0270	1.64	0.0285	1.89	0.0299
1.14	0.0251	1.40	0.0270	1.65	0.0286	1.90	0.0299
1.15	0.0252	1.41	0.0271	1.66	0.0286	1.91	0.0300
1.16	0.0253	1.42	0.0272	1.67	0.0287	1.92	0.0300
1.17	0.0254	1.43	0.0272	1.68	0.0287	1.93	0.0301
1.18	0.0254	1.44	0.0273	1.69	0.0288	1.94	0.0301
1.19	0.0255	1.45	0.0274	1.70	0.0289	1.95	0.0302
1.20	0.0256	1.46	0.0274	1.71	0.0289	1.96	0.0302
1.21	0.0257	1.47	0.0275	1.72	0.0290	1.97	0.0302
1.22	0.0258	1.48	0.0276	1.73	0.0290	1.98	0.0303
1.23	0.0258	1.49	0.0276	1.74	0.0291	1.99	0.0303
1.24	0.0259	1.50	0.0277	1.75	0.0291	2.00	0.0304
1.25	0.0260	–	–	–	–	–	–

주 C의 단위는 $\frac{\sqrt{\mathrm{kg}\times\mathrm{kg-mol}\times\mathrm{K}}}{\mathrm{mm}^2\times\mathrm{h}\times\mathrm{kPa}}$ 이다.

자료 참고문헌 5. Table 8에 의거 재작성

K_c : 릴리프밸브의 상류측에 파열판이 설치되어 있을 때의 보정계수로, 파열판이 없는 경우 K_c 값은 1.0으로 한다. 파열판이 릴리프밸브와 함께 설치되나 인증된 값이 없는 경우 K_c 값은 0.9로 한다.

T : 가스 또는 증기 입구 방출온도, K (°C+273)

Z : 완전가스로부터 실제 가스의 편차에 대한 압축률이며, 유입구 릴리빙 조건에서 평가된 비율.

M : 입구 릴리빙 조건에서 기체 또는 증기의 분자량(kg/kg－mole). 편람 등 여러 자료에 분자량을 명시하고 있지만 유동기체 또는 증기의 조성은 서로 다르다. 그러므로 수식에 적용할 값은 실제의 공정(工程)을 기준으로 한 표준에 명시된 값[11]를 사용해야 한다.

V : 릴리프밸브에 요구되는 유량. 0°C, 101.325 kPa에서 Nm^3/min(60°F, 14.7 psig에서 SCFM)

G_v : 표준 조건에서의 가스 비중량으로, 표준 조건에서의 공기값을 참조한다. 즉 0°C, 101.325 kPa(60°F, 14.7 psig)에서 공기의 경우 $G_v = 1$이다.

❸ 스팀용 릴리프밸브

임계 유량 조건에서 작동하는 스팀용의 릴리프밸브는 식(22)를 사용하여 크기를 선정할 수 있다.

$$A = \frac{190.5\,W}{P_1 K_d K_b K_c K_n K_{sh}} \tag{22}$$

식에서

A : 릴리프밸브의 필요한 유효 방출면적, mm^2

W : 릴리프밸브에서 배출되어야 하는 유량, kg/h

P_1 : 상류 배출압력(kPa)으로, 설정압력+허용과압+대기압 이다.

K_d : 유효 방출계수이며 예비 크기 선정 시에는 다음 값을 사용한다.

0.975 : 릴리프밸브가 파열판[12]과 함께 또는 없이 설치되는 경우.

---

11. API 520 Table 7
12. rupture disk. 압력 안전 디스크, 버스트 디스크, 파열 디스크 또는 버스트 다이어프램이라고도

0.62 : 릴리프밸브는 설치되지 않고, 파열판 크기만 선정하는 경우.

K_b : 배압 보정계수로, 균형식 릴리프밸브에만 적용된다. 이 값은 제조업체의 자료를 참고하거나 **그림 14**에서 예비 크기를 추정한다. 일반적인 릴리프밸브 및 파일럿식은 대기에 방출하는 것으로 $K_b = 1.0$으로 한다.

K_c : 릴리프밸브의 상류에 파열판이 설치되는 경우, 설비의 조합 보정계수. 파열판이 설치되지 않은 경우 $K_c = 1.0$으로 하고 파열판을 릴리프밸브와 함께 설치하지만 인증된 값이 없는 경우 $K_c = 0.9$로 한다.

K_n : 네이피어[13] 공식에 대한 보정계수.

$$K_n = 1.0 \tag{23}$$

그러나 배출압력이 $P_1 > 30\,339\ \mathrm{kPa(a)}$(1 500 psia) 그리고 $P_1 \leq 22\ 057\ \mathrm{kPa(a)}$(3 200 psia)이면

$$K_n = \frac{0.02764P_1 - 1\,000}{0.03324P_1 - 1\,061} \tag{24}$$

가 된다.

K_{sh} : 과열 보정계수로 **표 25**와 같다. 임의의 압력에서의 포화 증기에 대한 $K_{sh} = 1.0$ 이다. 1 200°F(649°C) 이상의 온도에서의 임계 스팀에 대해서는 식(18)~(20)을 사용한다.

예제 2

다음과 같은 조건의 스팀 보일용 릴리프밸브의 크기를 선정한다.
그 릴리프밸브에서의 배출유량(W)은 10% 누적압력과 11 032 kPa(1 600 psig) 설정압력에서 69 615 kg/h의 포화 증기이다. 설정압력은 설계압력과 같고, 파열판은 설치되지 않는다.

하는 파열 디스크는 대부분의 경우 압력 용기, 장비 또는 시스템을 과압 또는 잠재적으로 손상되지 않도록 보호하는 비 폐쇄식 압력 안전 장치이다.

13. Robert D. Napier(182~1885.5 스코틀랜드). 엔지니어. "On the Velocity of Steam and other Gases, and the True Principles of the Discharge of Fluids(증기 및 기타 가스의 속도와 유체 배출의 진정한 원리, 1866)"로 가장 잘 알려져 있다. 네이피어 공식은 오리피스를 통한 증기 손실을 계산하는 수식이다.

표 25 과열 보정계수, K_{sh}

설정압력		온도 °F(°C)									
psig	kPag	300 (149)	400 (204)	500 (260)	600 (316)	700 (371)	800 (427)	900 (482)	1 000 (538)	1 100 (593)	1 200 (649)
15	103	1.00	0.98	0.93	0.88	0.84	0.80	0.77	0.74	0.72	0.70
20	138	1.00	0.98	0.93	0.88	0.84	0.80	0.77	0.74	0.72	0.70
40	276	1.00	0.99	0.93	0.88	0.84	0.81	0.77	0.74	0.72	0.70
60	414	1.00	0.99	0.93	0.88	0.84	0.81	0.77	0.75	0.72	0.70
80	551	1.00	0.99	0.93	0.88	0.84	0.81	0.77	0.75	0.72	0.70
100	689	1.00	0.99	0.94	0.89	0.84	0.81	0.77	0.75	0.72	0.70
120	827	1.00	0.99	0.94	0.89	0.84	0.81	0.78	0.75	0.72	0.70
140	965	1.00	0.99	0.94	0.89	0.85	0.81	0.78	0.75	0.72	0.70
160	1 103	1.00	0.99	0.94	0.89	0.85	0.81	0.78	0.75	0.72	0.70
180	1 241	1.00	0.99	0.94	0.89	0.85	0.81	0.78	0.75	0.72	0.70
200	1 379	1.00	0.99	0.95	0.89	0.85	0.81	0.78	0.75	0.72	0.70
220	1 516	1.00	0.99	0.95	0.89	0.85	0.81	0.78	0.75	0.72	0.70
240	1 654	–	1.00	0.95	0.90	0.85	0.81	0.78	0.75	0.72	0.70
260	1 792	–	1.00	0.95	0.90	0.85	0.81	0.78	0.75	0.72	0.70
280	1 930	–	1.00	0.96	0.90	0.85	0.81	0.78	0.75	0.72	0.70
300	2 068	–	1.00	0.96	0.90	0.85	0.81	0.78	0.75	0.72	0.70
350	2 413	–	1.00	0.96	0.90	0.86	0.82	0.78	0.75	0.72	0.70
400	2 757	–	1.00	0.96	0.91	0.86	0.82	0.78	0.75	0.72	0.70
500	3 446	–	1.00	0.96	0.92	0.86	0.82	0.78	0.75	0.73	0.70
600	4 136	–	1.00	0.97	0.92	0.87	0.82	0.79	0.75	0.73	0.70
800	5 514	–	–	1.00	0.95	0.88	0.83	0.79	0.76	0.73	0.70
1000	6 893	–	–	1.00	0.96	0.89	0.84	0.78	0.76	0.73	0.71
1250	8 616	–	–	1.00	0.97	0.91	0.85	0.80	0.77	0.74	0.71
1500	10 339	–	–	–	1.00	0.93	0.86	0.81	0.77	0.74	0.71
1750	12 063	–	–	–	1.00	0.94	0.86	0.81	0.77	0.73	0.70
2000	13 786	–	–	–	1.00	0.95	0.86	0.80	0.76	0.72	0.69
2500	17 232	–	–	–	1.00	0.95	0.85	0.78	0.73	0.69	0.66
3000	20 679	–	–	–	–	1.00	0.82	0.74	0.69	0.65	0.62

자료 참고문헌 5, Table 9.

(1) 각각의 보정계수를 구한다.

① 배출압력은 $P_1 = 11\ 032 \times 1.1 \times 101 = 12\ 236\ (kPa)$

② 유효방출계수 $K_d = 0.975$

③ 배압 보정계수 $K_b = 1.0$ (대기 방출)

④ 용량 보정계수 $K_c = 1.0$ (파열판 없음)

⑤ 네이피어 공식에 대한 보정계수는 식(25)를 사용하여 구한다.

$$K_n = \frac{0.02764P_1 - 1\ 000}{0.03324P_1 - 1\ 061} = \frac{0.02764 \times 12\ 236 - 1\ 000}{0.033224 \times 12\ 236 - 1\ 061} = 1.01$$

⑥ 과열증기 보정계수 $K_{sh} = 1.0$ (임의의 압력에 대한 보수적인 값을 취함)

(2) 식(22)에 각각의 주어진 값과 계산된 보정계수를 대입하여 유효 방출면적을 구한다.

$$A = \frac{190.5\,W}{P_1 K_d K_b K_c K_n K_{sh}} = \frac{190.5 \times 69\,615}{12\,236 \times 0.975 \times 1.0 \times 1.0 \times 1.01 \times 1.0}$$

$$= 1\,100\,(\mathrm{mm}^2)$$

(3) 적절한 오리피스 크기를 선택한다.

계산된 값에 근사한 유효 오리피스 면적을 표 23에 찾으면 1 186 mm^2 이므로 K 크기를 선택한다.

4 용량 인증을 받아야 하는 액체용 릴리프밸브

(1) 용량 인증

물을 포함한 액체용으로 설계된 릴리프밸브에 대하여 BPVC 코드에서는 용량 인증을 받도록 규정하고 있다. 용량 인증 획득 절차에는 10% 과압에서 액체용 릴리프밸브의 정격 배출계수를 결정하는 테스트가 포함된다.

실무적으로는 이 용량 인증 시에 사용하는 방적식을 릴리프밸브 크기선정에 사용한다.

(2) 가정

여기서 설명하는 액체용 릴리프밸브에 대한 크기 선정 방정식은 액체가 압축 불가능한 것으로 가정한다. 즉, 압력이 감압된 압력에서 총 배압으로 감소함에 따라 액체의 밀도는 변하지 않는다고 본 것이다.

(3) 적용 방정식

BPVC 코드에 따라 설계된 액체용 릴리프밸브는 식(25)를 사용하여 초기에 크기를 조정할 수 있다.

$$A = \frac{11.78\,Q}{K_d K_w K_c K_v}\sqrt{\frac{G_l}{P_1 - P_2}} \qquad (25)$$

식에서

A : 장치의 필요한 유효 방출면적, mm^2

Q : 릴리프밸브에서 배출되어야 하는 유량, $L/\min$

P_1 : 상류 배출압력(kPa)로 설정압력+허용과+대기압 이다.

K_d : 정격방출 계수로 밸브 제조업체로부터 얻어야 하는 자료이다.

예비로 크기를 정하는 경우 다음과 같이 유효 배출계수를 사용할 수 있다.

0.65 : 릴리프밸브가 파열판과 함께 또는 없이 설치될 되는 경우.

0.62 : 릴리프밸브가 설치되지 않고 파열판 크기만 구하는 경우.

K_w : 배압 보정계수로, 배압이 대기 상태일 경우, $K_w = 1$을 사용한다. 균형식 릴리프밸브에 대해서만 **그림 15**에서 결정한 보정계수를 요구한다. 해당하는 경우는 그 값을 구한다. 일반적인 릴리프밸브 및 파일럿식은 보정이 불필요하다.

K_c : 릴리프밸브의 상류측에 파열판을 함께 설치하는 경우 조합 보정계수로 다음 값을 사용한다. 1.0(파열판이 설치되지 않은 경우), 0.9(파열판이 릴리프밸브와 함께 설치되나 조합에 대한 인증된 값이 없는 경우)

K_v : 점도로 인한 보정계수로 식(26)으로부터 구한다.

$$K_v = (0.9935 + \frac{2.878}{R_e^{0.5}} + \frac{342.75}{R_e^{1.5}})^{-1.0} \tag{26}$$

G_l : 유동 온도에서의 액체의 비중량이며 표준 조건에서 물을 지칭한다.

P_1 : 상류 방출압력(kPag)으로, 설정압력+과압이다.

P_2 : 총 배압, kPag이다.

(4) 점성 액체용 릴리프밸브의 크기를 정할 때

우선 그 크기는 비점성 액체용(예 $K_v = 1.0$)과 같아야 하며, 사전 요구되는 방출면적 A는 식(25)로 구한다. 표준 오리피스 크기에서 A보다 큰 다음 오리피스 크기를 결정하기 위해서는 다음 관계 중 하나에서 구한 레이놀드수 R_e를 사용해야 한다.

$$R_e = \frac{Q(18\ 800 \times G_l)}{\mu \sqrt{A}} \tag{27}$$

또는

$$R_e = \frac{85\ 220 \times Q}{U \sqrt{A}} \tag{28}$$

식에서

R_e : 레이놀드수.

Q : 유동 온도에서의 유량, L/min

G_l : 표준 조건에서 물을 지칭하는 유동 온도에서의 액체의 비중량

μ : 유동 온도에서의 절대 점도, 센티 포이즈

A : 유효 방출면적, mm^2 (참고문헌 7의 표준 오리피스 면적)

U : 유동 온도에서의 점도, SSU이다. 식(28)에 100 SSU 미만의 점도는 권장되지 않는다.

(5) 레이놀드수

R_e가 결정된 후 **그림** 20으로부터 계수 K_v값을 구하고 식(29)에서 적용하여 예비 요구 방출면적을 보정한다. 수정된 방출면적이 선택한 표준 오리피스 면적을 초과하면 다음으로 큰 표준 오리피스 크기를 사용하여 위 계산을 반복한다.

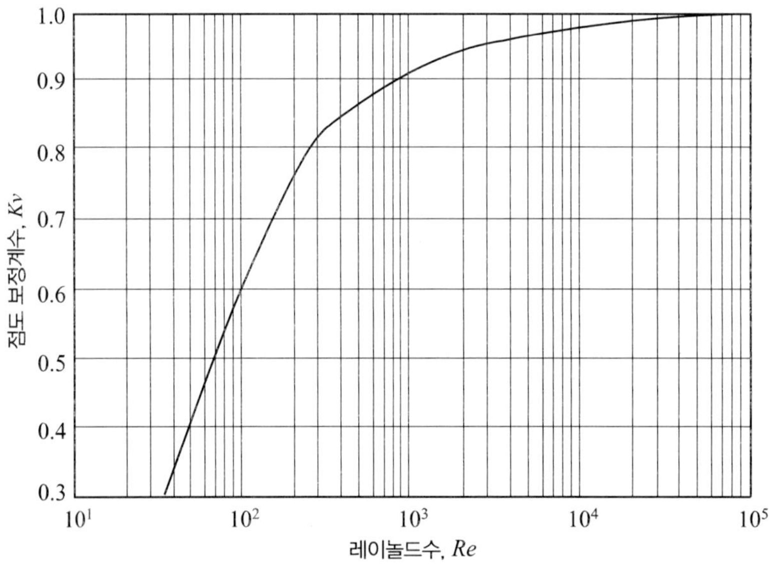

그림 20 용량 보정계수, 점도에 의한 K_v

(참고문헌 5 , Fig.37에 의거 재작성)

예제 3

다음과 같은 조건의 원유(crude oil) 배관에서 흐름이 차단될 때에 대비한 릴리프밸브의 크기를 선정한다.

원유 배출량(Q)은 6 814 L/min(1 800 GPM)이고, 비중(G_l)은 0.90, 흐르는 온도에서의 점도는 200 SSU 이다. 릴리프밸브의 설정압력(P_s)은 장비의 설계압력인 1 724 kPag(250 psig)로 하고, 배압(P_b)은 0~345 kPag(0~50 psig)로 가변적이며, 과압은 10%로 한다.

해답 (1) 각각의 보정계수를 구한다.

① 배출압력 $P_1 = 1.1 \times 1\ 724 = 1\ 896\ (\mathrm{kPag})$

② 배압은 최대가 345 kPag 이므로 게이지압력 비는 $(345/1\ 724) \times 100 = 20(\%)$ 가 된다.

③ 배압이 가변적이므로 균형식 릴리프밸브를 선택해야 하고, 배압 용량 보정계수는 그림 15에서 $K_w = 0.97$이 된다.

④ 정격 방출계수 K_d는 예비로 크기를 정하는 경우 이므로, 유효 배출계수를 사용하고, 파열판 없이 릴리프밸브만 사용하므로 $K_d = 0.65$이다.

(2) 점도 보정 없이($K_v = 1.0$) 예비선정의 경우도 릴리프밸브 크기는 식(29)를 적용하여 구한다.

$$A_R = \frac{11.78 \times Q}{K_d K_w K_c K_v} \sqrt{\frac{G_1}{P_1 - P_2}} \tag{29}$$

$$= \frac{11.78 \times 6\ 814}{0.65 \times 0.97 \times 1.0 \times 1.0} \sqrt{\frac{0.9}{1\ 896 - 345}}$$

$$= 3\ 066\ (\mathrm{mm}^2)$$

식에서 A_R은 점도 보정이 없는 릴리프밸브의 방출면적이다. 그러므로 표 23에서 면적이 4 116 mm^2(6.38 in^2)인 오리피스 P를 선택해야 한다.

(3) 레이놀드수 R_e를 구한다. 식(28)를 사용하면,

$$Re = \frac{85\ 220 \times Q}{U\sqrt{A}} = \frac{85\ 220 \times 6\ 814}{2\ 000\sqrt{4\ 116}}$$

$$= 4\ 525$$

(4) 점도 보정계수를 구한다.

$R_e = 4\ 523$이므로, 그림 20에서 점도 보정계수 $K_v = 0.964$가 된다.

릴리프밸브의 방출면적

$$A = \frac{A_R}{K_v} = \frac{3\ 066}{0.964} = 3\ 180\ (\text{mm}^2)$$

이므로 최종적으로 선택할 릴리프밸브는 표 23에서 면적이 4 116 mm^2(6.38 in^2)인 오리피스 P를 선택해야 한다.

예제 4

다음과 같은 조건의 온수 보일러에 설치할 릴리프밸브의 크기를 선정한다.

유량(Q)은 4 546 L/min(1 000 GPM)이고, 비중(G_l)은 1.0. 릴리프밸브의 설정압력 (P_s)은 장비의 설계압력인 1 034 kPag(150 psig)로 하고, 배압(P_b)은 207 kPag(30 psig), 과압은 10%로 한다.

해답 (1) 각각의 보정계수를 구한다.

① 방출압력 $P_1 = 1.1 \times 1\ 034 = 1\ 138\ (kPag)$

② 정격 방출계수 K_d는 예비로 크기를 정하는 경우로, 유효 배출계수를 사용하되 파열판이 없으므로 $K_d = 0.65$로 한다.

③ 배압은 207 $kPag$로, 일정하므로 배압 보정은 불필요하므로 $K_w = 1.0$

④ 용량 보정계수는 파열판이 없는 경우의 조합 보정계수를 사용하여 $K_c = 1.0$

⑤ 점도 보정계수는 물이므로 보정 없이 $K_v = 1.0$

(2) 릴리프밸브 크기 즉 방출면적은 식(25)를 적용하여 구한다.

$$A = \frac{11.78 \times Q}{K_d K_w K_c K_v} \sqrt{\frac{G_1}{P_1 - P_2}}$$

$$= \frac{11.78 \times 4546}{0.65 \times 1.0 \times 1.0 \times 1.0} \sqrt{\frac{1.0}{1034 - 207}}$$

$$= 2\ 865\ (\text{mm}^2)$$

(3) 오리피스 면적

① 표 23에서 면적이 4 116 mm^2(6.38 in^2)인 오리피스 P를 선택한다.

② 그림 13의 스프링식 릴리프밸브을 사용하는 경우라면, 방출압력 $P_1 = 1\ 138$ kPag와 방출면적 $A = 2\ 865\ \text{mm}^2$를 기준으로 DN 50×65, 설정압력 1 069 kPag을 선택한다. 릴리프밸브 작동 시의 온수 배출량은 5.91 kW가 된다.

5 용량 인증을 받지 않아도 되는 액체용 릴리프밸브

(1) 적용 범위

코드에서 용량 인증 요구사항을 통합하기 이전에는 릴리프밸브는 일반적으로 식(30)을 사용하여 크기를 조정하였다. 이 방법에서는 유효 배출계수 Kd = 0.62와 25% 과압으로 가정한다. 25% 과압 이외의 압력으로 완화하려면 추가 용량 보정계수 Kp가 필요하다(**그림 21** 참조).

이 방법은 릴리프밸브에 대한 용량 인증이 필요하지 않거나 확립되지 않은 경우에 사용될 수 있다.

(2) 10% 과압용으로 적용할 경우

이 방법을 일반적으로 10% 과압용의 액체용 릴리프밸브 선정에 적용할 경우에는 크기가 크게 선정될 수가 있다. 이 경우 보정계수 $K_p = 0.6$을 사용한다(**그림 21** 참조).

$$A = \frac{11.78Q}{K_d K_w K_c K_v K_p}\sqrt{\frac{G_1}{1.25P_1 - P_2}} \tag{30}$$

식에서

- A : 필요한 유효 배출면적, mm^2
- Q : 유량, L/min
- K_d : 밸브 제조자로부터 얻어야 하는 정격 배출계수. 예비로 크기를 추정하기 위해서는 유효 방출계수 0.62가 사용될 수 있다.
- K_w : 배압 보정계수. 배압이 대기압인 경우 $K_w = 1$. 배압용 균형 릴리프밸브에는 **그림 14**에서 결정된 보정계수가 필요하다. 일반적인 릴리프밸브 및 파일럿식은 특별한 보정이 필요하지 않다.
- K_c : 릴리프밸브의 상류에 파열판이 있는 설비의 조합 보정계수. 파열판이 존재하지 않는 경우 $K_c = 1.0$으로 한다.
- K_v : 점도 보정계수로 **그림 20** 또는 식(26)으로 구한다.
- K_p : 과압으로 인한 보정 계수. 과압 25%에서 $K_p = 1.0$로 한다. 25% 이외의 과압의 경우 K_p는 **그림 21**에서 값을 결정한다.

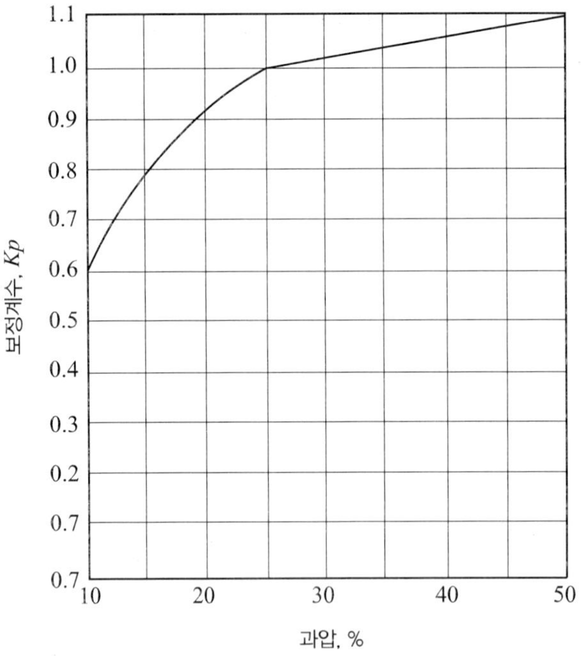

주 이 선도는 최대 25%의 과압을 포함하여 용량이 밸브 개도의 변화, 오리피스 배출계수의 변화 및 과압의 변화에 의해 영향을 받는다는 것을 보여준다. 과압이 25%를 초과하면 용량은 과압의 변화에 의해서만 영향을 받는다. 저압용으로 인증받지 않은 릴리프밸브는 떨리는 경향이 있다. 따라서 10% 미만의 과압은 피해야 한다.

그림 21 용량 인증을 받지 않는 액체용 릴리프밸브의 과압에 의한 용량 보정계수
(참고문헌 5 , Fig. 38에 의거 재작성)

G_l : 표준 조건과 유동 온도에서의 물을 지칭하는 액체의 비중량.

P_s : 설정압력, kPag

P_2 : 총 배압, kPag

이다.

3.4 세이프티 샤워

1 물을 사용하는 비상장비[14]

(1) 종류와 설치장소

비상샤워(emergency shower) 또는 세이프티 샤워(safety shower)란 세안장치(eye wash), 세면장치(facewash)와 함께 비상장비(emergency equipment)로 취급된다.

사람이 유출된 화학물질 등의 위험물질을 뒤집어썼거나 이에 노출되었을 때 빨리 씻어 내기 위하여 사용되는 비상기구 즉, 물을 사용하는 기구이다. 샤워 기능만 가진 것과 세안장치를 결합한 것이 있다.

장비나 시스템 보호가 아닌, 직접적으로 사람을 보호하는 안전장치 임에도 불구하고 국내에서는 소홀하게 다루어지는 경향이 있다. 위험한 물질을 다루는 공장이나 창고는 물론, 연구실, 실험실, 교육기관 등 설치를 해야 하는 대상 건물은 광범위하다. 그러나 위생분야나 소방분야처럼 강제가 아니면 설치한다는 보장이 없으므로 이 분야 역시 관련 코드에서 설치 등에 관한 일체를 규정하고 있다.

물을 사용하는 기구이므로, 제품 선정으로부터 설치공사 후 시운전, 유지관리 등은 역시 파이핑 엔지니어에 의해서 이루어지지 않으면 안 된다.

(2) 세이프티 샤워의 요건

위험물질에 노출될 경우 즉시 물로 씻어내기 위하여 설치하는 것이 세이프티 샤워이다. 만약 건물의 외부나 대기 중에 노출 설치된 경우라도 동파가 염려된다고 하여 동절기에는 샤워로 공급되는 급수 급탕을 차단해서는 절대로 안 된다.

그러므로 샤워에는 기본적으로 갖추어야 할 조건이 있다[15].

샤워의 설치높이, 쏟아지는 물이 퍼지는 원형면적(반지름 0.5 m), 조정밸브나 액츄에이터의 작동방식, 설치거리(최대 10초 이내에 도달할 수 있는 거리 또는 30 m 이내), 샤워가 설치된 장소(밝고, 표시판이 설치되고, 잘 보이는 곳) 등의 하드웨어 측면의 요건에 대해서는 **그림 22**와 같이 관계 기준이 뚜렷하므로 논외로 하고, 물을 사용하는 기

주14 참고문헌 6, 8, 9, 10

주15 참고문헌 9, definition, p8

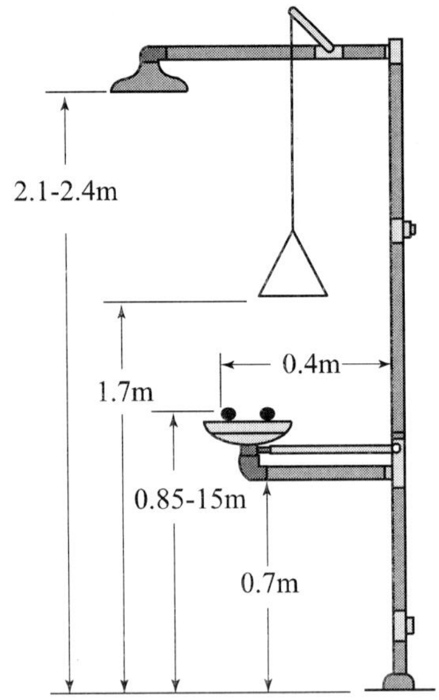

그림 22 세이프티 샤워 설치 기준

구이므로 여기서는 물에 대한 항목에 대해서만 다루기로 한다.

2 공급수에 대한 기준

(1) 수질

수질은 사람이 사용하는 것이므로 음용수 수질 기준에 맞아야 한다.

(2) 유량

샤워에서 쏟아져야 하는 유량(water capacity)을 말하며, 수직 방향으로 물이 토출되는 기준으로 기구별 최소한의 유량은 **표 26**과 같아야 한다. 수압은 물을 분사하는 즉 물이 토출되고 있을 때의 압력(flow pressure)을 말한다. 주택을 포함한 건축물에서 목욕 시 샤워의 수압 100 kPa의 두 배이다. 세이프티 샤워는 옷을 입은 상태에서 물을 사용할 뿐만 아니라 옷이나 몸에 붙어 있는 화공약품 등의 위험물질을 떨어내야 하기 때문이다. 그러므로 이보다 높은 수압이 작용하는 경우라면 감압도 필요하다.

표 26 기구 별 토출량 기준

기구	수압, kPag	최소유량, L/s	DN
샤워	200	1.2	25(최소)
세안장치	200	0.025	15
세면장치	200	0.2	15

자료 참고문헌 9

(3) 수온

미지근한 물(tepid water)이어야 한다. 미지근하다는 의미는 차지도 않고 뜨겁지도 않은 것이다. 유체역학의 정의는 없으나, 시험결과로 보면 25~26°C 정도이다.
쾌적상태 방정식에서는 "체온보다 10°C 낮은 온도"라는 기준이 있고, 코드의 정의에서는 16~38°C 이므로, 평균온도로는 27°C가 된다. 이와 같은 3가지 자료를 종합하면 미지근한 물의 온도는 25~27°C의 범위가 된다.

(4) 물의 과열과 냉각방지

위험물에 노출되었을 때 샤워로 씻어내야 하는 시간은 최소 15분으로 되어있다. 그러므로 물이 뜨거우면 사용자가 화상을 입게 되고, 냉수일 경우는 저온 쇼크가 일어나게 된다. 38°C를 초과하는 온도에서는 화상(火傷, scald)을 입을 수 있다. 화상으로 인한 부상 정도를 결정하는 중요한 요소는 물질의 온도와 피부가 그 물질에 노출된 시간이다. 예로, 사람이 물에 의해 3도 화상을 입는 데 걸리는 시간은 **표 27**과 같다.

반대로 16°C 미만의 온도에서는 저온쇼크, 즉 저체온증(低體溫症, hypothermia)에 걸릴 수 있어서 저체온 현상을 방지해야 한다.

또한 세이프티 샤워는 사계절 내내 사용될 수 있어야 하므로 과열방지는 물론 동결

표 27 피부가 3도 화상을 입는 데 걸리는 시간 및 온도의 관계

물 온도, °C	시간	물의 온도, °C	시간
49	9.5 분	60	5.0 초
52	2.0 분	63	2.5 초
54	30 초	66	1.8 초
57	15 초	70	1.0 초

자료 참고문헌 11.

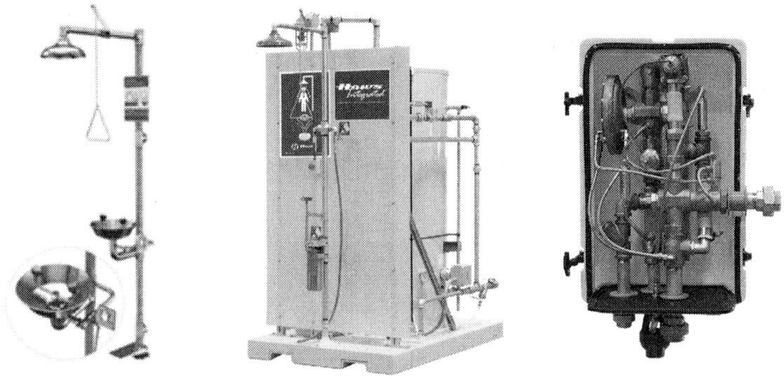

(a) 중앙공급시스템　　(b) 전용공급설비　　(c) 믹스 스테이션

그림 23 미지근한 물을 공급하기 위한 방법

방지도 필요하다. 그러므로 샤워에 공급되는 급수 급탕시스템은 특별히 과열방지와 동결방지 조치가 이루어져야 한다. **그림 23**은 이러한 요구조건을 충족시키기 위하여 적용되는 방법들의 예를 보여주는 것이다.

그림 23(a)는 중앙의 급수급탕 공급원으로부터 물을 공급받는 일반적인 형태로 정밀한 온도 제어가 이루어지지 않으면 요구되는 수온의 물을 공급하기 어려울 수 있다.

그림 23(b)는 세이프티 샤워 전용의 물 공급설비를 갖춘 형태로, 요구하는 온도의 물을 사용하는 것이 보장된다.

그림 23(c)는 공장이나 시설물에 사용되고 있는 스팀과 냉수를 이용하여 즉시 미지근한 물을 공급하는 장치(mix station)의 예이다. 다이아프램밸브, 템퍼링밸브 및 스팀 제어밸브로 구성된 이 장치는 기존의 샤워에 간단히 연결하여 사용할 수 있다. 샤워가 작동하면 다이어프램의 압력 강하로 스팀 제어밸브가 열려 물과 증기가 유입되고 혼합되어 즉시 미지근한 물이 공급되는 방식이다. 물(샤워) 사용이 중단되면 스팀밸브는 닫힌 상태로 원위치된다. 사용 시에만 작동되고, 최소한의 물만 사용하게 되므로 경제적인 방식이다. 역시 요구하는 온도의 물을 사용하는 것이 보장된다.

코드의 지침[16]에서는 생명을 잃을 수도 있는 사람을 살려내는 장치인 만큼, 그 장치를 구성하는 요소로서 다음과 같은 기구들을 설치하도록 권하고 있다.

①배관계통의 동파방지를 위한 안전장치로 동결방지밸브 설치, ②물의 온도가 너무

주 16 참고문헌 10.

높아져 화상을 입지 않도록 과열되기 직전에 열 공급을 중지시키는 과열 방지밸브 설치 등이다. 동결방지와 과열방지는 반대의 기능이므로 세이프티 샤워로부터 토출되는 물이 뜨겁지 않고 동결을 방지하면서 미지근한 온도로 유지되도록 하는 역할이다.

4 특수 목적용 밸브

4.1 감압밸브

1 특성

(1) 목표치가 2개인 조절밸브

감압밸브는 배관계통에 작용하는 높은 압력을 기구나 장비에 적합한 압력으로 낮추고 동시에 해당 계통에 필요한 유량을 통과시키는 압력과 유량 두 가지 조건을 동시에 충족시켜야 하는, 즉 2개의 목표치를 갖는다.

스팀용과 물용이 있으나 작동원리는 같다. 이 장에서는 물용 감압밸브를 위주로 다룬다. 감압밸브는 스프링과 다이어프램을 사용하여 1, 2차측 압력과 연동시켜서 목표치를 맞추게 된다. 즉 감지나 조절과 같은 기능을 별도의 기구에 의존하지 않고 밸브 내부에서 자체적으로 수행하는 내장형(built-in type) 조절밸브이다. 기본적으로 포트가 1개인 싱글시트형과 포트가 2개인 더블시트형으로 구분된다.

(2) 싱글시트형 감압밸브

싱글시트형은 직동식과 파일럿식으로 나누어지며, 오리피스 등의 요소에 의한 압력 손실을 크게하여 감압하는 방식이다.

그림 24는 대표적인 싱글지트형 직동식 감압밸브로, 디스크플럭은 포트 하부에 위치하고, 2차측 압력이 다이아프램에 가해지는 구조이다. 따라서 설정시 스프링 장력을 크게 할수록 밸브개도가 커진다. 상시닫침 상태이며 유량이 적어지면 밸브의 개도가 줄어들고 물의 흐름이 정지되면 전폐된다. 따라서 급수 급탕용으로 사용하는 경우 수도꼭지로부터 물이 토출되는 동안의 2차측 압력의 최소 값은 설정된 압력에서 fall-off 만큼 감소된 압력이 되며, 유동이 정지될 때(유량=0)의 2차측 압력은 설정압력과 일치한다.

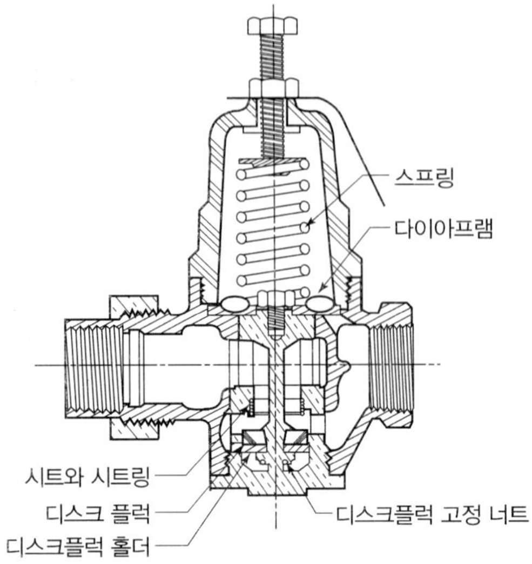

그림 24 싱글시트 직동식 감압밸브

또한 시트와 다이어프램 면적의 비율에 따라 2차측 압력이 비례적으로 변화되므로 기하학적 구조상 최소한의 크기를 가지지 않으면 안 된다. 외형이 너무 작으면 요구하는 포트의 크기가 될 수 없으므로 감압밸브로서의 올바른 기능을 기대할 수 없다.

적용성은, 아파트와 같은 주거용이나 상업용 건물에서 유동이 정지되면 밸브도 전폐가 필요한 계통에 적합하다. 그러나 1차측 압력이 높으면서 유량이 크고, 상당히 낮은 압력으로 감압되어야 하는 경우는 대유량 용이라도 적합하지 않다. 밸브시트 전후의 압력차가 커져서 비효율적이기 때문이다. 이러한 곳에는 파일럿형 밸브를 사용한다. 파일럿형 감압밸브는 감압의 폭이 큰 경우에 적용성이 좋다. 그러나 압력강하가 작은 경우에는 적용에 제한이 따른다.

(3) 더블시트형

이런 형태의 감압밸브 역시 직동식과 파일럿식으로 나누어지며, 흐름이 정지되는 경우에도 전폐되지 않는다. 따라서 차단이 필요한 용도로 보다는 연속 유량이 필요한 곳에 사용한다.

직동식은 1차측 압력 변동에 관계없이 최초에 설정된 2차측 압력을 일정하게 유지하며, 유동정지 중에도 감압 기능을 유지한다. 설정된 압력에서 스프링힘과 다이어프램 힘이 균형을 이루면서 닫혀있는 상태에서 물의 사용이 시작되면 2차측 압력은 낮아지고 즉시 다이어프램에 미치는 압력이 감소한다. 그러면 스프링 힘으로 밸브스템이 밀려

표 28 감압밸브 형태별 적용특성

구분		유량, 압력특성	적용특성
싱글 시트	직동식	· 유량이 줄어들면 밸브 개도도 줄어든다. · 유량이 0이면 밸브는 전폐되고, 이때의 2차측 압력은 설정된 압력이 된다. · 유동이 시작되면 2차측 압력은 fall-off 만큼 감소했다가 설정압력으로 회복된다. · 1차측 압력 변동에도 불구하고 2차측 압력은 일정하게 유지된다.	· 유량이 0이면 밸브의 전폐가 요구되는 계통. · 1차측 압력이 높고 유량이 크며 낮은 2차 측 압력이 요구되는 계통에는 부적합.
	파일로트식	· 대 유량에 적합. · 전체 작동범위에서 2차측 압력은 일정하게 유지된다.	· 1차측 압력이 높고 유량이 크며 낮은 2차측 압력이 요구되는 계통. · 감압의 폭이 클 때 · 차압이 작게 발생되는 계통에는 부적합.
더블 시트	직동식	· 유량이 줄어들어도 밸브 개도는 열림. · 1차측 압력 변동에도 불구하고 2차측 압력은 일정하게 유지된다.	· 연속적인 유량이 요구되는 계통. · 유동정지 중에도 감압이 유지되어야 하는 계통.
	파일로트식	· 2차측 압력에 연동되는 소형 파일로트 밸브에 의해 주 밸브가 작동된다.	· 대유량에 사용

내려가며 밸브시트는 열리게 된다. 물이 사용되는 동안에는 다이어프램에 미치는 압력과 스프링힘의 균형을 통해 설정된 압력을 일정하게 유지하는 것이다. 물 사용이 중단되면 출구측의 압력이 상승되고 이 압력은 다이어프램에 작용해서 밸브스템을 밀어 올려 밸브시트는 닫힌다. **표 28**은 이상의 밸브 형태별 유량과 압력 특성을 요약한 것이다.

파일럿식은 2차측 압력에 의하여 작동하는 소형의 직동직 감압밸브로 주밸브를 작동시켜 압력을 조정하는 밸브로 대유량 용에 주로 사용한다. 파일럿밸브의 구조는 직동식 감압밸브와 유사하며 상시열림(normal open) 형식의 밸브다. 파일럿 밸브는 스프링 힘으로 열려 있으며 출구측 압력이 높아지면 닫힌다.

(4) 작동원리

그림 24의 싱글시트 직동식 감압밸브를 기준으로 작동원리를 살펴보면, 밸브 입출구의 압력 P_1, P_2(kPa)와 스프링에 의한 힘 F_s(kg), P_2에 의한 다이어프램에 작용하는 힘 F_d(kg) 간의 상호작용을 통하여 감지와 조절 기능을 겸한 동작이 이루어지게 된다.

$$F_s = k\delta \tag{31}$$

밸브의 2차측 압력 P_2에 이해 다이아프램에 가해지는 힘은

$$F_d = A_d P_2 \quad (32)$$

가 되고,

$$F_s = F_d \quad (33)$$

가 되도록 스프링과 다이어프램은 P_1, P_2에 연동하여 부단히 움직이게 된다.

이상의 식에서

k : 스프링 상수, kg/mm

δ : 스프링 변위, mm

A_d : 다이어프램의 유효면적, mm^2

이다.

밸브스템의 변위를 L(mm)이라 하면 이는 스프링의 변위와 같다. 그리고 밸브 포트의 지름을 d(mm), 유체가 통과되는 유로 면적을 $A_f(mm^2)$라고 하면

$$A_f = \pi dL, \ mm^2 \quad (34)$$

이 되므로, 밸브를 통과하는 유량

$$Q = \pi dLv, \ L/s \quad (35)$$

이다. 그러므로 밸브 포트를 작게 하면, 즉 밸브의 외형이 적으면 유량이 부족하게 된다.

2 감압밸브의 성능

(1) 성능시험 항목

감압밸브의 성능이란 배관계통에 작용하는 높은 압력을 기구나 장비에 적합한 압력으로 낮추어 주는 동시에 해당 구간에서 필요로 하는 유량을 연속적으로 토출할 수 있는 능력이다. 이런 성능을 판단하는 시험은 다음과 같이 8가지 항목[17]이다.

①정역학 시험1(1차측에서 2차측으로의 누설 여부 판단) , ②정역학 시험2(밸브 내

17. 참고문헌 12

표 29 감압밸브 최저 감압능력 시험용 유량

DN		15	20	25	32	40	50	65	80
유량	L/s	0.63	1.05	1.58	2.65	3.46	4.90	6.30	15.75
	L/min	37.8	63.0	94.8	159.0	207.6	294	378	945

부에서 외부로의 누설여부 판단), ③사용온도 범위 시험(물리적 변형이나 재질상의 문제 여부 판단), ④1차측압력 변화에 따른 2차측압력 편차시험(10단계 시험에서 단계별 2차측압력 변동폭은 7 kPa 이하일 것), ⑤최저 감압능력시험(10단계 시험에서 토출량은 **표 29**의 유량 이상일 것), ⑥감압조정범위 시험(감압비율은 25% 이상일 것), ⑦용량시험(2차측압력의 fall-off는 117 kPa<17 psi>을 초과하지 않을 것), ⑧바이패스용 릴리프밸브에 대한 차압시험(열팽창압력 작용 시 바이패스 밸브 개방 여부 판단)이다.

이 중 가장 중요한 2개 항목이 최저 감압능력시험과 용량시험이다.

(2) 규격별 유량

국제적으로 통용되는, 특히 급수급탕 등 물에 사용하는 감압밸브는 청동제로 DN 80까지 규정되어 있다. 이들은 유량범위에 따라서 소유량, 중유량, 대유량 모델로 구분된다. **표 30**은 국제표준 감압밸브의 크기별 유량의 예이다.

급수급탕 이외의 용도는 주철제로 DN 40~600까지 규정되어 있다. 주철제라 해도

표 30 감압밸브 규격별 유량(L/min)

		소유량	중유량	대유량
압력적용범위	1차측	~2.8 MPa		
	2차측	176~528 kPa		
DN 15		20~70	30~80	60~100
20		20~80	34~100	90~155
25		34~100	53~155	130~250
32			83~240	230~500
40			120~305	280~530
50/50F			170~530	540~1 050
65/65F				600~1 250
80/80F				790~1 650

주 적용가능 fall-off 범위를 기준한 것이지

자료 ASSE 1003(참고 문헌 12) 규격품 기준. F는 플랜지형임

일반적으로 트림의 요소는 음용수에 영향을 미치지 않는 재료를 사용하며, 몸통의 내부도 에폭시 등으로 도장된 것이 사용된다.

3 감압밸브의 fall-off 선도

(1) 선도의 의미

통상 유량선도로 불리는 유량-압력 관계를 표시하는 선도이지만, 감압밸브에 대해서만은 fall-off 선도라하여 일반적인 조절밸브에서 사용되는 선도와 구분한다.

일반적인 유량선도에서는 밸브를 통과하는 유량에 대한 압력강하를 표시 하지만 감압밸브에서는 이와 다른 압력을 표시하기 때문이다.

fall-off란 감압밸브에서 유동이 정지된 상태에서 재 유동되는 경우, 유량은 0에서 출발하여 정상유량에 도달할 때까지의 짧은 시간동안 2차측 압력은 설정된 압력보다 약간 낮아진 후 다시 상승하여 정상압력이 유지된다. 이처럼 설정압력보다 낮아진 압력을 말하는 것이다. 그러나 용량이 부족한 감압밸브의 경우는 fall-off 값이 계속 증가될 뿐 요구 유량에는 도달되지 못하며, 동시에 2차측 압력은 계속 떨어진다. 그러므로 정상적인 용량의 밸브를 위하여 표준에서 이 값을 제한하는 것이다.

(2) 감압밸브의 유량선도 작성

감압밸브의 유량선도는 **그림 25**에서와 같이 설정압력 기준의 fall-off-유량 관계로 표시한다. 성능선도에서 유량 0은 물의 흐름이 정지된 상태이며 이 때의 압력이 감압밸

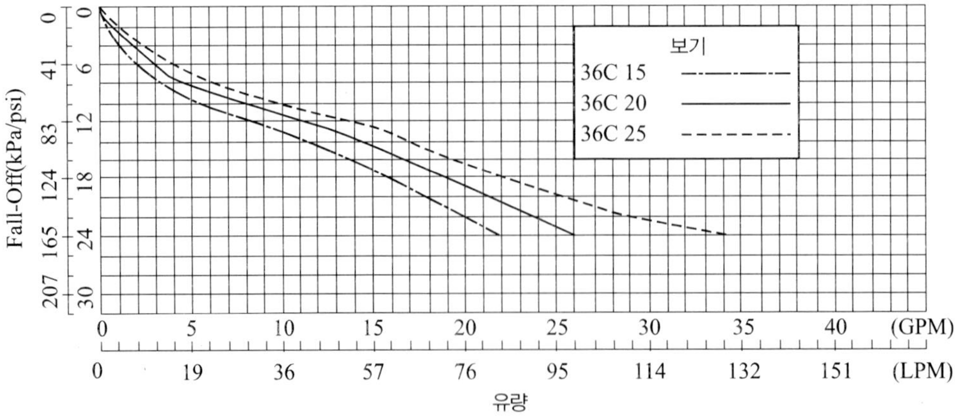

그림 25 감압밸브의 유량-Fall Off 선도

브의 설정압력이다. 0 아래의 수치들은 규격별 압력변화 즉 어떤 유량에 도달할 때까지 요구되는 fall-off 이다. 그러므로 이 값은 감압밸브의 형태나 크기를 선정하는 데 가장 중요한 요소이다. 이 선도는 2차측 설정압력 350 kPa 기준으로 그려진 것이나, 다른 압력에 대해서도 유사하다.

(3) fall-off 허용범위[18]

감압밸브의 필요 용량은 어떤 용도로 사용할 것인가로 결정한다. 주택과 학교, 아파트, 병원에서와 같이 세면기, 변기, 욕조와 샤워 등의 일반적인 급수시스템에서는 25~30% 정도가 적당하지만 세탁설비, 애완동물 목욕설비, 식기세척기 등 상업용의 기구에서는 10~15%가 적당하다.

감압밸브 유량선도는 이상의 허용범위를 모두 고려한 것이다. 일반적으로 유량의 변동이 심한 경우에는 밸브의 용량이 더 커야 한다. 같은 모델의 밸브를 기준할 때, 동일 유량에 대해서는 규격이 큰 밸브가 작은 밸브보다 fall-off 가 작다. 또한 fall-off는 유량이 커질수록 증가 되므로(**그림 25 참조**) 최대치에 제한을 두지 않으면 안 된다. 제조자는 137 kPa(20 psi)을 권장값으로 제시하고, 표준에서는 117 kPa(17 psi)을 규정하고 있다. 그러므로 성능상으로 폭넓은 적용 범위를 제공하는 감압밸브가 우수한 것이다.

감압밸브의 용량은 배관의 크기에 따라서도 달라질 수 있지만, 용도에 가장 적합한 밸브를 선택하는 것은 관지름이 아니라 감압밸브의 성능을 기준으로 해야 한다.

예제 5

유량이 53 L/min인 계통에 설치할 감압밸브의 크기를 선정한다. 감압밸브의 1차측 압력 P_1 =690 kPa, 설정된 2차측 압력 P_2=345 kPa 이다.

해답 표 30의 소유량 제품으로 하고, 유량선도(그림 25)에서 해당 유량에 적용할 수 있는 크기는 DN 15, 20, 25 등 3가지 모두 해당된다. 그러나 허용 범위를 벗어나지 않는다면 가장 작은 규격을 선정한다.

DN 15도 fall-off 허용기준 117 kPa를 넘지 않기 때문이다. 그리고 유동이 개시되면 2차 측 압력은 235 kPa에서 요구유량에 도달하며 이후 압력은 정상인 345 kPa로 회복된다.

18. 참고문헌 12, 13

〈유량에 대한 규격별 fall-off〉

DN	15	20	25
유량, L/min	53	53	53
fall-off, kPa	110	96	83
선정	0		

4 감압밸브에서의 캐비테이션

(1) 크기선정 시 유의점

감압밸브를 설치한 계통에서 대두되는 문제는 2차측 압력이 설정압력보다 낮은 것이다. 밸브자체의 fall-off를 감안하고서도 설정압력보다 현저하게 낮은 압력이 작용하면 이는 밸브의 규격선정에 오류가 있는 것이다.

감압밸브도 모든 유량조절 밸브와 같이 용량을 기준으로 선정한다. 출구압력이 fall-off를 감안한 설정압력보다도 더 낮을 때는 사용유량이 밸브 용량보다도 큰 것이므로 요구 유량에 이를 때까지의 출구압력은 감소할 수 밖에 없다. 이런 경우는 사용 유량에 맞는 더 큰 용량의 규격으로 교체하여야 한다.

반대로 밸브용량이 과대하게 선정된 경우에도 심각한 문제가 발생할 수 있다. 즉 심한 소음이 발생하며, 특히 최소 유량 상태에서는 밸브시트를 손상시키고 나아가 감압밸브의 기능을 상실한다. 따라서 사용할 제품의 특성을 잘 파악하여야 한다. 크기 결정에 필수적인 자료가 유량-fall-off 선도다.

(2) 캐비테이션 지수

감압밸브를 잘못 선정하면 감압 과정에서 캐비테이션이 발생할 수 있다. 그러므로 설계 시나 설치할 크기 선정 시에는 반드시 캐비테이션 발생 여부를 검토해야 한다. 캐비테이션은 감압의 폭이 클 때 발생하기 때문이다.

일반적인 조절밸브에서의 입출구 간의 차압은 그 밸브의 구조에 따라 발생하는 에너지 손실 자체이다. 압력강하로 표시되며 100 kPa 이하이고, 입구측 압력에서 압력강하를 뺀 것이 출구압력이 된다.

그러나 감압밸브에서의 입출구 간의 압력차는 다르다. 입구측의 높은 압력을 낮은 압력(통상 25%까지로 제한되지만 특수한 경우는 10%까지도 가능하다)으로 낮추는 것이므로 차압은 일반적인 조절밸브에서 보다 훨씬 크다. 밸브 자체의 에너지손실 외에 인위적인 압력강하가 추가되었기 때문이다.

따라서 일반적 조절밸에 대한 캐비테이션 지수(**제10장** 식(19) 참조)와는 별도로 감압 밸브만의 캐비테이션 지수를 사용한다. 또한 캐비테이션 지수를 구하는 수식은 압력을 변수로 하는 것 만이 아니라, 유체의 밀도와 유속을 변수로 하는 등으로 여러가지 수식이 있다는 점에 유의하여야 한다.

감압밸브에는 압력을 변수로 하는 식(36)을 사용하여 캐비테이션 발생 여부를 확인한다.

$$K = \frac{P_2 + 103}{P_1 - P_2} \tag{36}$$

식에서

- K : 캐비테이션 지수(무차원수)
- P_1, P_2 : 입, 출구측 압력(절대압력), kPa
- 103 : 5~20°C 물에 대한 해면에서의 증발점을 표시하는 정수로 103(kPa)으로 한다.

계산결과 $K < 0.5$이면 캐비테이션이 발생하는 구간이다. 따라서 입구측 압력에 따른 감압 범위는 $K \geq 0.5$가 되도록 선정하여야 하고, $K < 0.5$이면 2단 이상으로 감압하여야 한다.

예제 6

2 000 kPa의 수압을 400 kPa으로 감압하고자 한다. 1단 감압이 가능한지의 여부를 판단하고, 2단 감압이 불가피할 경우는 중간압력을 구한다.

해답 (1) 식(36)에 절대압력으로 $P_1 = 2\ 100\ \text{kPa}$, $P_2 = 500\ \text{kPa}$을 대입하면

$$K = \frac{P_2 + 103}{P_1 - P_2} = \frac{500 + 103}{2\ 100 - 500} = 0.38$$

∴ 캐비테이션이 발생하게 되므로 2단 감압이 되어야 한다.

(2) 2단 감압 시의 중간압력을 구하면

$$K_1 = (P_2 + 103)/(P_1 - P_2), \quad K_2 = (P_3 + 103)/(P_2 - P_3)$$

로 놓고

$$K_1 = K_2 \text{ 에서 } P_2 = 1\ 147\ \text{kPaa} = 1\ 047\ \text{kPa}$$

이 된다.

그러므로 $P_1 = 2\ 000\ \mathrm{kPa}$에서 $P_2 = 1\ 047\ \mathrm{kPa}$로 1단 감압하고 다시 $P_3 = 400\ \mathrm{kPa}$로 2단 감압한다. ■

4.2 밸런싱밸브

1 특성 및 용도

밸런싱이란 배관계통의 구간 별 저항을 조정하여 실제 유량이 설계유량 비율대로 흐르도록 하는 것이다. 난방이나 공조계통에 필수적으로 적용되는 이유는 최종적으로 요구하는 공간의 온도를 적정하게 유지하기 위함이다.

관의 배열만으로는 구간별 저항을 균일하게 하거나 비율적으로 조정하기가 불가능하지만, 밸브를 사용하면 구간별 개도를 달리하여 이와 같은 목적을 달성할 수가 있다.

밸런싱밸브는 바로 이러한 용도에 사용되는 것으로 개도의 조절만으로 간편하게 저항 값을 늘리고 줄일 수 있게 만들어져, 동일한 크기에서도 저항을 크게한 밸브쪽으로는 유량이 작게, 저항을 작게한 밸브쪽으로의 유량은 많이 흐르게 된다. 그러므로 밸런싱밸브란 1차적으로 계통에 저항으로 작용함으로써 그 결과 2차적으로 유량조절이 되도록 하는 밸브이다.

국내에서는 카트리지 형태의 유량 제한밸브(flow limit valve)를 정유량(定流量) 밸런싱밸브라는 명칭으로 사용된 경우가 있으나, 이는 용어나 적용이 올바르지 않은 것이다. 배관계통의 유량은 압력에 따라 항상 변동되므로 어느 구간에 정유량이 흐를 수는 없기 때문이다.

2 밸런싱밸브의 성능[19]

(1) 밸런싱밸브 선정을 위한 자료

밸런싱밸브를 선정하기 위해서는 사전에 사용하고자 하는 밸브에 대하여 기본적으로

19. 참고문헌 14, 15

①유량계수, ②레인저빌리티, ③압력강하 자료가 준비되어야 한다. 이러한 자료는 밸런싱밸브의 성능을 나타내는 값이기도 하다.

유량계수 C_v 또는 K_v값은 밸브의 크기을 결정하는 데 필수적인 자료로 제조자가 실험 결과로 제시하는 값이다. 밸런싱밸브 이외의 일반적인 조절밸브의 경우는 대표적인 값 즉 최대값만 제시하면 되지만, 밸런싱밸브는 한가지 크기에 대하여 5%, 10%, 15%. 100% 등 여러 개도(開度)에 대한 유량계수가 주어져야 하므로, 이 값이 많이 제시될수록 용도가 넓은 제품이다.

레인저빌리티(rangeability), 즉 제어 가능한 최대유량과 최소유량의 비는 일반적으로 공조용 유량조절 밸브의 경우 30 : 1, 공업용은 50 : 1 정도이다. 따라서 사용하는 유량조절밸브의 크기는 관의 크기와 꼭 일치하지 않는다. 대개 관의 DN보다 밸브의 DN이 작게 선정된다.

해당 밸브에서의 압력강하(pressure drop, $\triangle p$) 즉 부차적 손실은 배관계통의 전체 저항 계산에 필요하고, 밸브를 통과할 수 있는 유량 계산에도 사용된다. 압력강하가 크면 밸브를 통과할 수 있는 유량도 증가 되지만, 일정 범위를 넘어서면 더 이상의 유량 증가는 없다. 이를 임계 압력강하라 한다. 임계 압력강하 이상에서는 밸브에서의 소음과 마모가 극심하게 되므로 그 값은 밸브 입구 측 배관 내 절대압력의 50% 이하로 한다.

(2) 밸런싱밸브 통과 유량과 유속

포트와 디스크플럭 사이의 유체통과 면적을 교축시켜 압력을 조절하므로 유체가 교축점을 지날 때의 에너지 방정식을 변형한 식(37)로 유량($\mathrm{m^3/h}$)을 계산할 수 있다.

$$Q = K_v \sqrt{\Delta p} \tag{37}$$

식에서

K_v : 밸브의 유량계수($\mathrm{m^3/h}$)로 제조사가 제시하는 값이다.

$\triangle p$: 밸브 전후의 압력차, bar이다.

정상적인 밸브라면 식(37)를 기준으로 한 차압-유량선도를 제시하고 있으므로 계산을 하지 않고도 적정한 밸브의 규격을 선정하거나 밸런싱 작업이 가능하다.

식(37)에서는 유량이 압력의 함수로만 표시되므로, 밸브의 임의 개도에서의 유속은 알 수 없다. 그래서 밸브 제조자는 식(38)과 같이 표시되는 ξ값을 주어 유속과 부차적 손실 값을 구할 필요가 있을 때 사용하도록 한다.

$$\zeta = \frac{2g\triangle p}{V^2\gamma} \tag{38}$$

이 식으로부터 유속을 계산할 수 있다.

$$V = \sqrt{\frac{2g\triangle p}{\zeta\gamma}} \tag{39}$$

두 식에서

g : 중력 가속도, 9.8 $\mathrm{m/s^2}$

$\triangle p$: 차압, bar

γ : 유체의 비중량(물의 경우 1 000 $\mathrm{kg/m^3}$)

이다.

그러므로 감압밸브는 K_v값, 차압-유량선도와 함께 각 설정점에 대한 ζ값도 함께 제시 되어야 한다.

3 밸런싱밸브 구조

(1) Y자형과 T자형

밸렁싱밸브는 기본적으로 글로브 밸브의 형태를 취하지만 크기를 기준으로 소형은 청동제 나사식으로 대형은 주철제 플랜지식으로 공급된다. 전자는 유체 유동 시 저항의 최소화를 위한 Y자형 몸통이고, 후자는 T자형 몸통으로 대 유량에 따른 힘을 견딜 수 있고, 수압이 작용하는 상태에서도 작은 외력으로 밸브 작동이 용이하도록 한다. 공통적으로 교축용도에 적합한 컨투어플럭을 사용한다.

(2) 외형적 구성요소

밸런싱밸브에는 ①설치된 상태에서 유량이나 차압을 측정하거나, 설정점의 적정여부 판단 또는 재조정 필요시 전용의 측정기(test kit)를 연결하기 위한 2개의 콕이 붙어 있어야 하고, ②유량과 차압이 결정되면 설정점을 쉽게 맞출 수 있도록 밸브 개도를 표시하는 눈금이 표시되어 있어야 하며, ③설정점이 정해지면 정해진 개도를 기억할 수 있는 고정 장치와 ④유량조절이 완전히 이루어져 더 이상 개도 조정이 불필요하다고 판단되면 그 위치를 고정하고 밸브 개도를 조절할 수 없도록 봉인할 수 있는 기능이 갖추

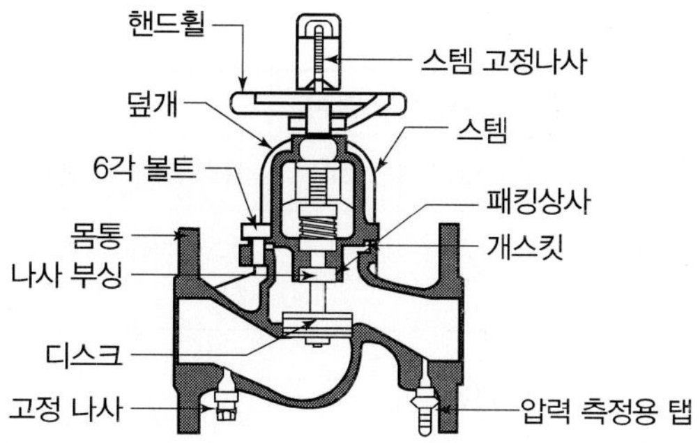

그림 26 주철제 플랜지식 밸런싱 밸브의 구조

어져 있다. **그림 26**은 밸런싱밸브 주요 구성요소와 그 명칭을 보여주는 것이다.

4 냉온수 시스템에의 밸런싱밸브 적용

급수 급탕, 냉방과 난방 설비에서의 유량은 항상 변동된다. 이는 온수 난방시스템에서의 유량-양정 곡선을 기준으로 간단히 요약할 수 있다.

그림 27에서와 같이 유량과 양정은 $Q_2 \sim Q_3$, $H_2 \sim H_3$ 범위에서 항상 변화한다. 이를 요약하면 **표 31**과 같다.

밸런싱밸브는 유량이 정상운전 상태보다 증가하거나 감소하여도, 정상운전 상태 기준으로 배분된 유량 비율이 그대로 유지된다. 그러므로 언제나 각 구간의 유량은 밸런스를 유지하게 된다.

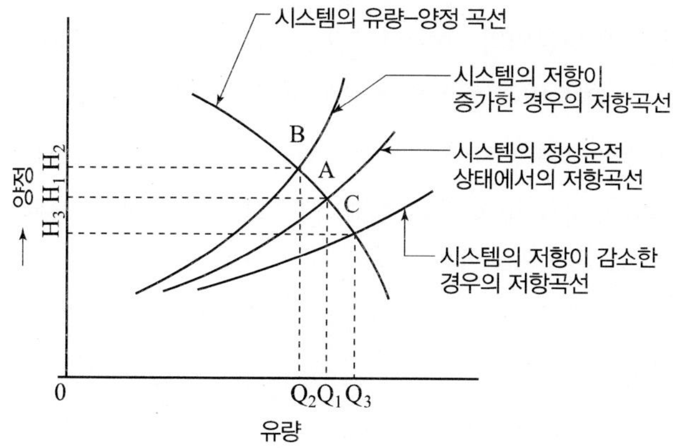

그림 27 온수 난방시스템의 유량-양정곡선

표 31 시스템운전에 따른 유량-양정의 관계

운전상태	운전점	유량	양정	비고
정상적인 운전 상태	A	Q_1	H_1	시스템에 적정한 유량과 양정이 유지된 상태
시스템에 저항이 증가된 운전상태	B	Q_2	H_2	유량은 $Q_1 - Q_2$ 만큼 부족하고, 양정은 $H_2 - H_1$ 만큼 높아진다.
시스템에 저항이 감소된 운전상태	C	Q_3	H_3	유량은 $Q_3 - Q_1$ 만큼 증가하고, 양정은 $H_1 - H_3$ 만큼 낮아진다.

4.3 역류방지밸브

1 종류와 적용범위

역류방지밸브(backflow preventer, BFP)는 배관계통에서 유체의 역류 현상을 차단하는 밸브이다. 액체 배관에서의 역류는 역압(back pressure) 또는 역사이펀(back-siphonage) 현상에 의하여 발생하며, 특히 음용수 계통에서 역류가 발생하면 오염된 물이 음용수를 오염 시키므로 이를 방지하지 않으면 안 된다.

역류방지밸브는 기본적으로 복식 첵밸브와 감압형 2종이며 여기에 역류 탐지기능을 추가한 것을 합하여 모두 4종으로 각각의 표준[20]이 정해져 있다.

이러한 역류방지밸브의 종류는 음용수 오염의 구분에 따른 것으로, 전문분야에서는 오염을 정의할 때 정도에 따라 불쾌성오염(pollutant)과 위해성오염(contaminant)으로 구분한다. 따라서 역류방지밸브도 ①불쾌성오염 방지용과 ②위해성오염 방지용으로 구분된 것이다. 그리고 위생설비와 소방설비별로 사용에 편리하도록 구분되었다. **표 32**는 표준을 기준으로 한 역류방지밸브의 종류별 적용 범위의 요약이다.

국내에는 1991부터 역류방지밸브가 소개되어 사용이 시작되었으나 미미한 정도였고, 본격적으로는 학술적 자료의 보급과 함께 적극적인 논의가 시작된 2001년 이후이다[21].

20. 참고문헌 16, 17, 18, 19
21. 참고문헌 20, 21

표 32 표준 기준 역류방지밸브의 종류

	표준형		탐지기능 추가형	
표준	ASSE 1015	ASSE 1013	ASSE 1048	ASSE 1047
명칭	복식 첵밸브형 역류방지밸브	감압형 역류방지밸브	복식 첵밸브형 누설탐지 역류방지밸브	감압형 누설탐지 역류방지밸브
용도	DC(위생용), DCF(소방용)	RP(위생용), RPF(소방용)	DCDA DCDA-II	RPDA RPDA-II
DN (NPS)	8(1/4)~400(16)	8(1/4)~400(16)	40(1-1/2)~400(16)	40(1-1/2)~400(16)
적용	불쾌성오염 방지	위해성오염 방지	불쾌성오염 방지	위해성오염 방지
역류 원인	역압, 역사이펀 차단		역압, 역사이펀 차단	
적용	위생설비, 소방설비		소방설비(위생설비에도 사용가능)	
설계 압력 psi(kPa)	DC: 150(1 034) 이상 DCF: 175(1 206) 이상	RP: 150 이상 RPF: 175 이상	상용입력 175 이상	상용입력 175 이상
사용온도	냉수: 0.55~43℃(33~110°F), 온수: 0.55~82.2℃(33~18°F)			

주 DC: Double Check Valve Backflow Prevention Assembly(복식 첵밸브형 역류방지밸브)

DCF: Double Check Valve Fire Protection Backflow Prevention Assembly(소방용 복식 첵밸브형 역류방지밸브)

RP: Reduced Pressure Principle Backflow Prevention Assembly(감압형 역류방지밸브)

RPF: Reduced Pressure Principle Fire Protection Backflow Prevention Assembly(소방용 감압형 역류방지밸브)

DCDA: Double Check Detector Fire Protection Backflow Prevention Assembly(소방용 복식 첵밸브 누설탐지형 역류방지밸브

RPDA: Reduced Pressure Detector Fire Protection Backflow Prevention Assembly(소방용 감압식 누설탐지형 역류방지밸브)

2 복식첵밸브형(DC, DCF)

(1) 구조와 용도

구조는 **그림 28**에서와 같이 독립적으로 작동하는 두 개의 포펫(poppet) 첵밸브가 한 몸통 안에 들어있고, 입출구측 정지밸브와 4개의 테스트콕을 갖추고 있다. 정지밸브로는 볼밸브(DN 50 이하)와 게이트 밸브(DN 65 이상)가 사용된다. 이런 형태는 수평설치가 원칙이나 일부 규격은 수직 방향으로도 설치할 수 있고 설치된 상태에서 보수와 시험 그리고 트림의 요소를 교환할 수 있다.

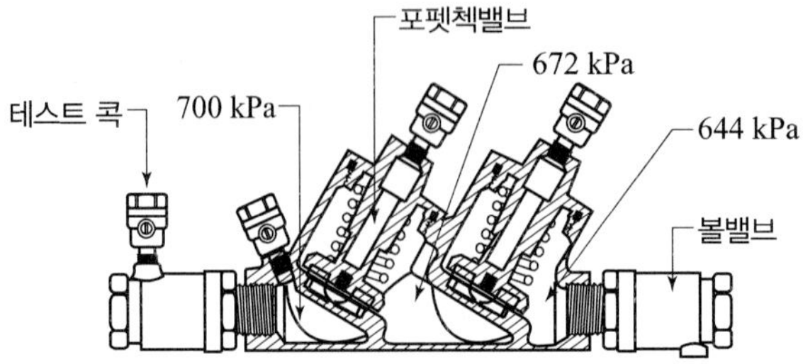

주 표시된 압력은 유동중 각 구간에 발생하는 압력차의 예임

그림 28 DC(DCF)의 주요 구성과 각부 명칭

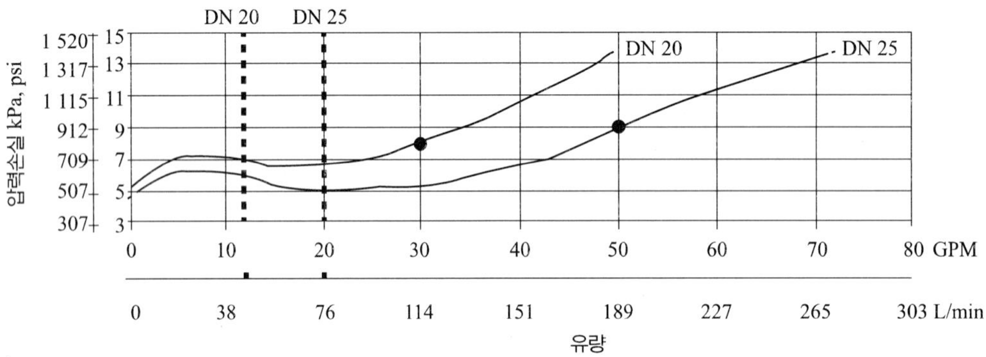

주 ●표시는 가장 효율적(경제적)인 사용점을, 수직 점선은 유속이 2,3 m/s(7.2 ft/s)인 지점을 표시한다.

그림 29 DC의 유량-압력손실 선도

(2) 동작

정상적인 유동상태에서는 두 첵밸브가 모두 열려 물은 하류로 흐르며 1차측과 중간측, 중간측과 하류측 간에는 최소 28 kPa(4 psi)의 압력차가 유지된다. 그러다가 만약 하류측의 압력이 상류 측보다 7 kPa(1 psi) 높아지면 포펫 첵밸브는 닫쳐서 역류는 차단된다.

유동 정지상태(밸브 전폐)에서도 1차측과 중간측, 중간측과 하류측 간에는 최소한 7 kPa의 차압이 유지되는 것이 이 밸브의 성능이다.

(3) 밸브를 통과하는 유량

그림 29는 DC의 일부 규격에 대한 유량과 압력손실 선도의 예로, 유량 기준으로 설치할 크기를 선정했을 때의 압력강하를 보여주는 것이다.

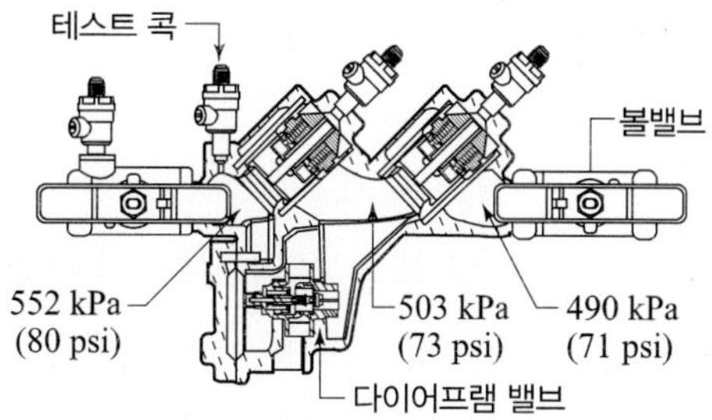

주 표시된 압력은 유동중 각 구간에 발생하는 압력차의 예임

그림 30 RP(Z)의 주요 구성과 각부 명칭

③ 감압형(RP, RPF)

(1) 구조와 용도

구조는 **그림 30**에와 같이 DC의 하부에 자동 차압식 릴리프밸브로써 다이어프램 밸브가 추가된 형태이다. 그 외의 조건은 동일하다. 역압과 역사이펀 현상 모두를 방지하며, 오염의 위험이 높은 즉 위해성 오염 방지목적에 사용된다.

(2) 동작

정상 유동상태에서는 두개의 체밸브가 열려 물은 하류측으로 흐르며 1차측과 중간측 간에는 최소 48 kPa(7 psi), 중간측과 하류측 간에는 최소 14 kPa(2 psi)의 압력차가 유지된다. 그러므로 역압이나 역사이펀 현상이 발생하면 두 번째 첵밸브가 닫쳐 역류가 차단된다. 두 번째 첵밸브가 닫쳐서 중간실의 압력이 상승하면 순간적으로 릴리프밸브가 개방되어 퇴수가 이루어지면서 압력이 저하되어 중간실의 압력은 상류측 압력보다는 항상 낮고 대기압보다는 높은 압력으로 유지된다.

밸브가 전폐된 상태에서도 1차측과 중간측 간에는 최소한 35 kPa(5 psi), 중간측과 하류 측 간에는 최소한 7 kPa(1 psi)의 차압이 유지되는 것이 이 밸브의 성능이다.

이 밸브 사용 시의 유의점은 중간실 압력을 낮추기 위해 순간적으로 릴리프밸브가 작동하여 물이 분사(噴射)될 때 이로 인한 피해가 있을 수 있는 장소에는 설치하지 않는다. 부득이한 경우에는 퇴수 배관을 둔다. 특히 동결 우려가 있는 장소에 설치되는 경우에는 동결방지밸브를 추가하는 등의 대책을 강구하여야 한다.

4 탐지기능이 있는 역류방지밸브(DCDA RPDA)

(1) 특징

기본형 DC와 RP형에 시스템 누설 또는 물의 무단 사용에 대한 시각적 또는 청각적 표시를 제공하는 바이패스가 추가된 것으로, 바이패스 배관은 유량계(수도계량기)와 소형 역류방지밸브 및 2개의 차단밸브로 구성된다.

차단밸브는 플랜지식이나 그루브식 등 수요자의 요구에 따라 선택할 수 있다. 바이패스 배관에 들어가는 소형의 싱글 첵밸브는 테스트가 가능하며 최소 차압 1 psi(7 kPa)를 유지해야 한다.

주로 소방설비 용이지만 필요한 경우 급수설비 등 음용수 배관에도 사용된다.

(2) DCDA, DCDA-Ⅱ

DCDA(DCDA-Ⅱ)는 최근에 추가된 형식이다. 설치 후 테스트를 보다 더 간편하게 하기 위한 것이다. 기능은 동일하고, 바이패스 배관의 입구와 출구의 접속 위치만 다를 뿐이다. DCDA의 바이패스 배관에는 소형 DC가 포함되며, 주 역류방지밸브의 첵밸브 #1, #2를 모두 피하도록 설치된다.

이에 비하여 DCDA-Ⅱ에서는 바이패스 배관이 주 역류방지밸브의 중간실(첵밸브 #1 #2 사이)에서 나와서 첵밸브 #2와 출구 차단밸브 사이로 들어 간다. 그리고 바이패스 배관에는 소형의 싱글 첵밸브가 포함된다.

(3) RPDA, RPDA-Ⅱ

RPDA의 바이패스 배관도 DCDA와 같으나, 소형의 RP가 들어가는 점만 다르다.

그림 31(a)는 일반적인 형태(종전과 동일)이고 **그림 31(b)**의 RPDA-Ⅱ는 바이패스는 구성상 주 역류방지 밸브의 첵밸브 #1과 주 역류방지 밸브의 감압구역(중간실) 및 릴리프밸브도 사용된다. 첵밸브 #2만 바이패스 되도록 설치된다. 바이패스 배관에 들어가는 소형 역류방지밸브는 싱글 첵밸브만 필요하다. 상세한 기술적인 자료는 공급자의 기술자료를 참고한다.

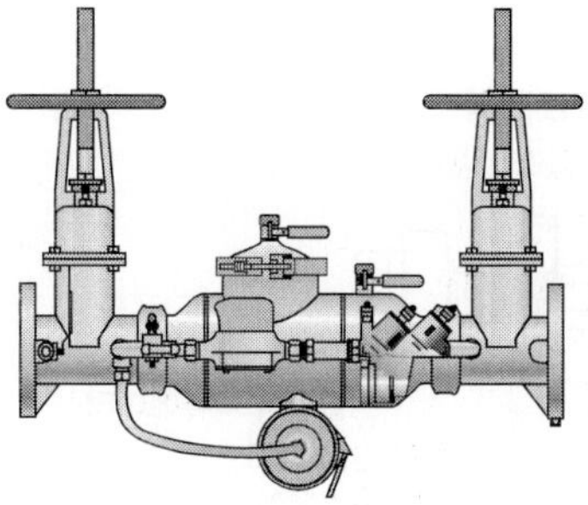

(a) RPDA

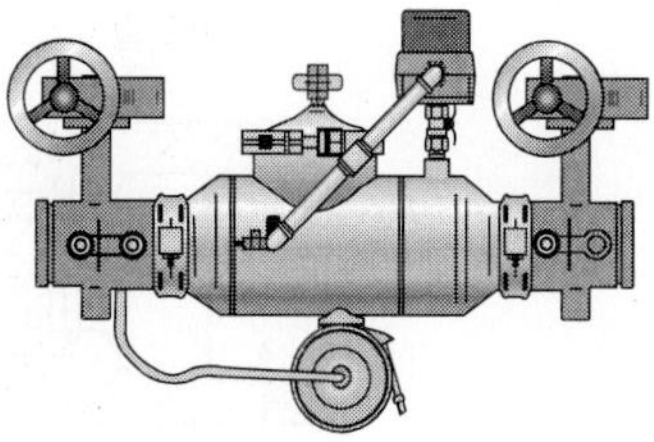

(b) RPDA-Ⅱ

그림 31 RPDA의 예

4.4 동결방지밸브

❶ 종류별 특성

물이 어는 것은 액체에서 고체로의 상변화이다. 얼음은 물보다 체적이 크기 때문에 용기나 배관처럼 제한된 공간에서 물이 얼면 엄청난 내압을 발생시켜 용기나 관은 물론 배관계통을 구성하고 있는 관이음쇠나 밸브가 깨지거나 터진다. 이것이 바로 동파다.

동결방지밸브는 얼기 직전에 물을 빼(drain) 주다가 다시 온도가 상승하면 닫혀 물이 동결 온도 이상으로 유지되도록 조절하는, 외부로부터 동력을 공급받지 않고 자체적인 힘으로 작동하는 내장형 자력식밸브이다[22].

물이 공급되는 시스템은 ①상수도나 급수배관에서와 같이 소비되는 양만큼 항상 물이 재공급되는 시스템(resupply system)과 ②자동차나 디젤기관차의 냉각기(radiator)와 같이 계통에 들어있는 유체의 양이 일정하고 한번 퇴수되면 다시 그 양을 재충전하는 식의 고정유량시스템(fixed volume system)이 있다. 따라서 적용할 수 있는 모델이 다르다.

❷ 물이 재공급되는 시스템에 적용하는 동결방지 밸브

이 범주에 속하는 동결방지벨브로는 내부 유체온도 감지식과 외기온도 감지식이 있다.

---

22. 참고문헌 22.

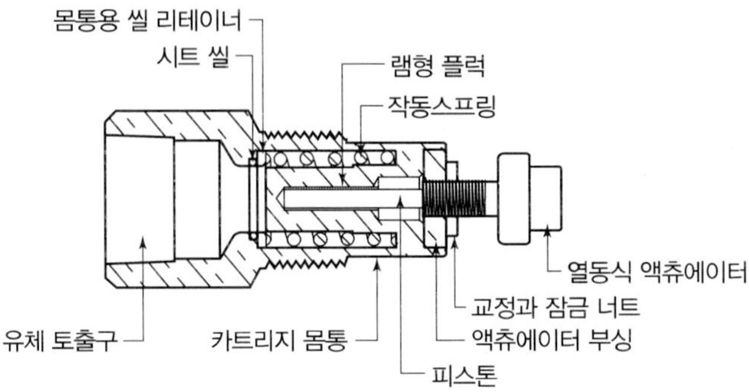

그림 32 유체 온도감지식 동결방지밸브의 구성 및 그 명칭

내부 유체온도 감지식은 내부의 유체 온도를 기준으로 개폐가 이루어지는 밸브로 배관의 끝부분이나 용기의 경우 하부에 설치하여 사용한다.

작동원리는 내부유체가 동결온도에 가까워지면 액츄에이터(thermal actuator)가 작동하여 밸브가 개방되고, 동결로부터 안전한 온도가 되면 밸브는 다시 닫치는 동작을 반복하여 계통을 정상으로 유지시킨다. 밸브를 통하여 물이 빠지면 계속에서 보급이 이루어지면서 동결 직전의 온도보다는 높은 온도의 물이 공급되어 동결은 방지되고, 다시 밸브는 닫치게 되므로 물의 배출도 정지된다. **그림 32**는 주요 구성과 그 명칭을 보여주는 것이다.

이에 비하여 외기온도 감지식은 외기 온도를 기준으로 개폐가 이루어지는 밸브로 설치와 사용 방법 및 작동원리는 내부 유체온도 감지형과 같다. **그림 33**은 주요 구성부와 그 명칭을 보여주는 것이다.

이러한 밸브의 대표적인 사용 예는 태양열 난방이나 급탕시스템, 실험실이나 위험물 취급 장소에 설치되는 비상샤워 등이다. 노출된 배관과 집열판의 동파 방지에 효과적이다. 주요 제원은 **표 33**과 같다.

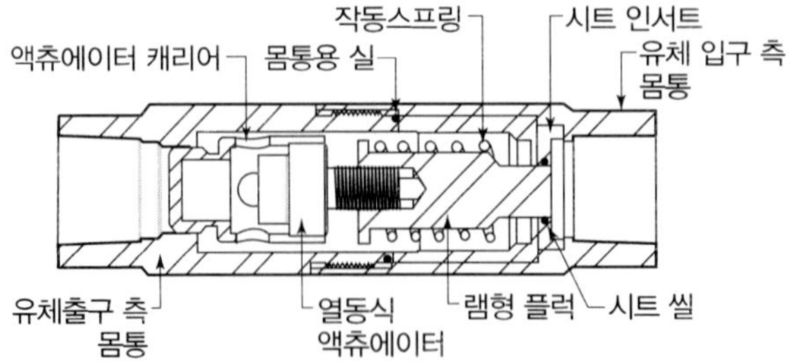

그림 33 외기 온도감지식 동결방지밸브

표 22 동결방지밸브의 제원

구분		내부유체온도 감지형	외기온도 감지형
재질	몸통	황동 또는 스테인리스강	스테인리스강
	주요부	스테인리스강	
상용압력, bar		6.9, 10	20.7
최고 사용온도, °C		149	149
전개 온도, °C		1.7	1.7
전폐 온도, °C		4.4	4.4
유량계수, Kv		0.7, 1.52	1.52, 2.32

(3) 고정유량 시스템에 적용하는 동결방지밸브

공조기용 냉각장치나 쿨링타워와 같이 외기에 노출 설치된 용기 등의 동결방지에 사용하는 동결방지 밸브는 동결방지 플럭이라고 하며 **그림 34**와 같이 육각소켓 형태의 몸통 부분과 슬롯형 열동식 액츄에이터 두 부분으로 구성된다. 소켓은 동파를 방지하고자 하는 대상물의 하부에 설치하고 여기에 액츄에이터를 삽입하면 된다.

작동원리는 내부 유체가 동결온도에 가까워지면 액츄에이터가 소켓으로부터 자동 분리되고, 용기나 장치에 채워진 물을 퇴수 시킴으로서 동파를 방지한다.

한번 작동하여 분리된 액츄에이터는 다시 소켓에 장착하여 원위치 시킨다음 계속 사용한다. 재장착을 위해서는 액츄에이터를 더운 물에 담구거나, 뜨거운 물에 담갔던 수건 등으로 감싸 내부의 상태를 원 위치(reset) 시킨 후 소켓에 밀어 넣으면 된다. 완전하게 원 상태로 되돌려 지지 않으면 액츄에이터가 소켓에 삽입되지 않는다. 그리고 용기나 장치에 다시 물을 채워주면 플럭이 작동하기 이전의 상태가 된다.

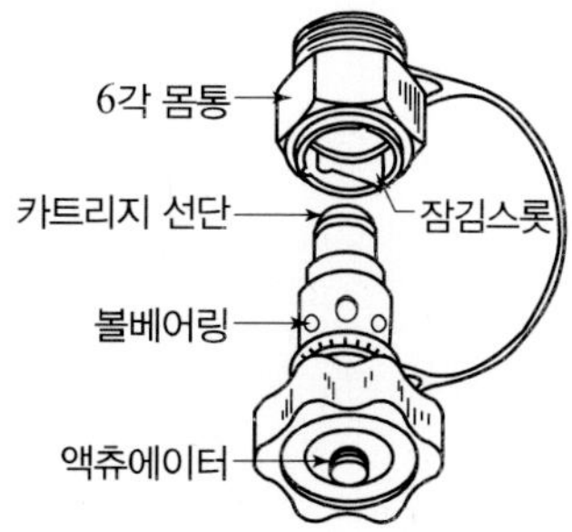

그림 34 동결방지 플럭의 구조

액츄에이터가 몸통으로부터 분리되는 온도는 1.7°C(35°F)와 4.5°C(40°F) 2종으로 구분 된다. 또한 포트의 지름은 DN 32이고, 주로 일정 용량을 갖는 용기의 하부에 설치하여 사용되므로 상용압력은 345 kPa 정도이다.

이러란 밸브는 가능한 한 노출된 관의 말단에 근접하도록 설치한다. 이는 밸브 하류에 냉각된 물이 빠지지 않아 동결될 수 있는 부분이 없도록 함이다. 또한 주관으로부터 분기된 지관이 여러 개일 경우에는 매 지관마다 설치하여야 한다. 동결방지밸브 토출측에는 퇴수관을 두며, 이 퇴수관도 동결되지 않도록 한다. 동결방지밸브는 난방배관 등과 같은 열원(전도와 대류 및 복사 포함)으로 인하여 밸브의 작동에 영향을 줄 수 있는 부근에 설치해서는 안 된다.

참고문헌

1. Procession Control and Optimization Vol. 2. ISA(The Instrumentation and Automation Society)
2. Mohinder L. Nayyar, Piping Handbook, 7th. McGraw Hill
3. ASME Boiler and Pressure Vessel Code (BPVC)
4. Conbrao 기술자료집. CPCA 9000. 2017.6, Safety and Relief Valves. 2015.5
5. API Standard 520 Sizing, Selection, and Installation of Pressure-relieving Devices in Refineries. Part I-Sizing and Selection
6. ANSI Z 21.22 Relief Valves for Hot Water System
7. API Standard 526 Flanged Steel Pressure Relief Valves
8. 金永浩, 국내 Emergency Shower-사용상 안전한가. 대한설비공학회 2016 하계학술대회 논문집(2016-06)
9. ANSI Z358.1. Emergency Eyewash and Shower Equipment
10. OSHA(Occupational Safety and Health Administration) Guide
11. The time and temperature relationship chart was developed by a number of studies conducted by; Lewis & Love(1926), Wu Yung-Chi, NBS(1972), Dr. M.A. Stoll, for US Navy(1979)
12. ASSE 1003 Performance Requirements for Water Pressure Reducing Valves,
    - 12-1 ANSI A112.26.2 Water Pressure Reducing Valves
    - 12-2 Conbraco Ind. Inc. Water Pressure Reducing Valves
13. 金永浩, 감압밸브에서의 Fall-Off. 대한설비공학회 2012 하계학술대회 논문집(2012-06) pp.287-292
14. 金永浩, 밸런싱밸브의 구조와 적용특성. 설비공학회. 공기조화 냉동공학 제22권 제3호, 1993.3. pp172-186
15. 金永浩, 난방시스템의 밸런싱. 1994.8
16. ASSE 1013 Reduced Pressure Principle Backflow Preventers(RP) and Reduced Pressure Principle Fire Protection Backflow Preventers(RPF)

17. ASSE 1015 Performance Requirements for Double Check Backflow Prevention Assemblies(DC) and Double Check Fire Protection Backflow Prevention Assemblies(DCF)

18. ASSE 1047 Performance Requirements for Reduced Pressure Detector Fire Protection Backflow Prevention Assemblies

    (a) Reduced Pressure Detector Assembly (RPDA)

    (b) Reduced Pressure Detector Assembly Type II (RPDA-II)

19. ASSE 1048 Performance Requirements for Double Check Detector Fire Protection Backflow Prevention Assemblies

    (a) Double Check Detector Assembly (DCDA)

    (b) Double Check Detector Assembly Type II (DCDA-II)

20. 金永浩, 역류의 원인과 방지대책. 대한설비공학회 2001 하계학술대회 논문집(2001-07), pp266-271

21. 한국설비 기술협회. 空調冷凍衛生設備史, 2017.9

22. 金永浩, 노출된 배관 및 장비의 동결방지 기법. 대한설비공학회 2007 동계학술대회 논문집(2007-11)

제 4 편

설계 시공 검사

13장 배관 설계

1 설계조건 및 기준

1.1 설계 조건

❶ 배관의 용도

배관 설계를 위한 조건은 먼저 **제3장**에서 언급된 배관의 용도가 무엇인지를 알아야 한다. 그러나 일반적으로 배관이라 함은 유체의 수송이 제일 중요한 용도가 되므로, 압력과 온도는 기본적인 설계 조건이 되며, 그 외 동적인 영향, 열팽창과 수축 하중 등이 고려되어야 한다. 배관계통은 기동 및 정지를 포함한 정상 운전상태에서 예상되는 가장 가혹하며 동시에 작용할 수 있는 압력과 온도 및 부하 조건을 고려하게 된다. 가장 가혹한 조건이란 즉 필요한 관 두께가 가장 두껍고 등급이 가장 높아야 한다는 것이다.

❷ 압력

(1) 배관에 작용하는 압력

배관계통에 작용하는 압력은 관 내부에 작용하는 것과 경우에 따라 관 외부에 작용하는 것으로 구분하여 고려된다. 내부 설계 압력은 정적으로 작용하는 수두(水頭, head)의 영향을 포함한 배관계통 내 유체에 작용하는 최대압력보다 낮아서는 안 되며, 또한 배관 내에서 발생 가능한 워터해머 압력은 물론, 펌프가 정지될 때의 압력도 함께 고려되어야 한다.

(2) 외부 압력이 작용하는 배관

외부에도 압력이 작용하는 배관일 경우에는 정상 작동 상태에서 예상되는 최대 차압(내압과 외압)을 기준으로 설계되어야 한다. 그리고 배관에 가해지는 과도한 압력을 안전하게 억제하거나 도피시킬 수 있는 조치를 취해야 한다. 만약 압력 완화장치로부터 보호될 수 없거나, 압력 완화장치로부터 멀리 떨어져 있어서 보호를 받을 수 없는 배관인 경우에는 적어도 발생할 수 있는 최고 압력에 대한 이상이 없도록 관 두께를 더 두껍게 선정하는 등으로 안전을 고려한 설계가 되어야 한다.

(3) 유체의 냉각으로 인하여 배관 내 압력이 대기압보다 낮아질 수 있는 경우

이러한 배관은 외부 압력에 견딜 수 있도록 설계되어야 하며, 또한 진공을 파괴시킬 수 있는 장치[1]가 부착되어야 한다.

또한 배관 내 유체의 팽창으로 인하여 압력이 증가할 수도 있다. 이러한 현상이 있거나 또는 예상되는 경우의 배관계통에는 증가된 압력에 견딜 수 있도록 설계되어야 하며, 초과 압력 완화 조치가 취해져야 한다.

3 온도

배관계통은 예상되는 최대온도에 맞게 설계해야 한다. 이 경우 배관 재료의 온도는 배관 내 유체의 최고온도와 동일한 것으로 간주한다.

4 동적인 영향

배관은 진동, 유체충격, 바람 및 지진 등을 충분히 고려하여 배치 및 지지장치가 설계되어야 한다. 배관의 지지 및 관련 구조물에 대한 내진 분석이나 내진설계에 대해서는 법규상의 요구사항을 준수해야 한다. 또한 팽창 및 수축을 억제하기 위하여 배관계통에

1. VRV(Vacuum relief valve)

앵커 및 구속장치를 설치할 때는 추력과 모멘트값도 계산된 결과를 반영해야 한다.

1.2 설계 기준

1 공학적 기준

(1) 코드의 규정

배관 설계를 위해서는 여러 가지 공학적 기준이 사용된다. 재료의 등급, 응력값, 허용응력 기준, 설계 허용치 및 최소 설계값 등이 사용되며 코드에 규정 값이 주어진다.

(2) 배관 구성요소들에 대한 압력-온도 등급

배관을 구성하는 주요 요소들에 대해서는 압력-온도 등급이 설정되어 있다. 이는 공학적 근거에 의한 표준값으로 코드(**제4장** 참조)에 명시되어 있으며, 이러한 기준은 전 세계에서 공통적으로 사용되는 중요한 자료이다. 코드에 언급되어 있지 않은 재료나 구성요소를 사용해야 하는 경우에는 설계자 또는 제조자가 제공하는 등급과 기타 용도 제한범위 내에서만 사용되어야 한다.

배관계통은 운전에 대한 안전이 최우선으로 고려되어야 한다. 계통의 어느 부분에서나 구성요소에 가해질 최대압력은 허용되는 설계온도에서의 최대압력을 초과하지 않아야 한다. 만약, 설계조건이 다른 계통이 연결되어 운전되는 경우에는 밸브를 설치하여 두 계통을 구획할 수 있어야 하며, 그 밸브는 두 배관계통 중 높은 쪽 압력-온도 등급에 합당해야 한다.

예로, 표준제품이 아닌 용접으로 제작된 관이음쇠에 대한 사용 제한 조건은 ①맞대기 용접으로 제작된 관이음쇠의 두께는 최소한 연결되는 관의 두께 이상이어야 한다. ②단조강 또는 합금강의 나사식 및 맞대기 용접식 관이음쇠의 압력등급은 최소한 연결되는 관의 등급(class) 이상이어야 한다.

2 허용응력과 제한응력

(1) 허용응력값

설계 계산에는 **부록 1**의 허용응력값을 사용한다. 제품별 S(기본허용응력), E(이음

표 1 언급되지 않은 재료별 사용 온도에 대한 기본 허용응력값 적용기준

구분	적용기준
주철	· 실온에서의 최소 항복강도의 1/10 이하 · 사용 온도에서의 인장강도의 1/10 이하
가단주철, 덕타일 주철	· 실온에서의 최소 인장강도의 1/5 이하 · 사용 온도에서의 인장강도의 1/10 이하
주철과 가단주철 이외의 재료, 볼트 재료	· 실온에서의 최소 인장강도의 1/4 이하 · 사용 온도에서의 인장강도의 1/4 이하 · 실온에서의 최소 항복강도의 2/3 이하 · 사용 온도에서의 항복강도의 2/3 이하
열가소성 재료	· 설계 온도에서 적압 작용 시 응력의 1/2 이하
강화 열경화성 플라스틱	· 설계 온도에서 정압 작용 시 응력의 1/2 이하
전단력이 작용할 경우	· 허용응력 값은 $0.8S$로 한다
구름응력이 작용할 경우	· 허용응력 값은 $1.16S$로 한다.
배관 지지금구	· **부록** 1에 명시된 재료의 허용응력: 최소 인장강도의 1/4 · 표준이 알려지지 않은 탄소강: 허용응력은 65.5 MPa 이하 · 허용 가능한 초과 응력: 허용응력의 증가는 수압시험용 최소 항복강도의 80%까지 허용되며, 미지의 탄소강에 대해서는 165.5 MPa 이하

주 적용 기준이 여러 가지일 경우 가장 낮은 값을 설계에 적용한다.

자료 참고문헌 1. 902.3(Allowable stresses and other stress limits)에 의거 재작성.

효율 계수), SE(허용응력) 등의 값이 주어졌다. 국제적으로 통용되는 제품표준을 기준으로 하였으며, 해당되는 국내 제품표준도 비고란에 병기하였다.

길이방향 또는 스파이럴 이음부를 포함하지 않는 파이프나 튜브에 대해서는 **부록** 1의 제품별 기본허용응력 S 를 적용한다.

길이방향 또는 스파이럴 이음부를 포함하는 파이프나 튜브에 대해서는 **부록** 1의 제품별 기본허용응력 S와 길이방향 또는 스파이럴 이음효율계수 E를 함께 적용해야 한다. SE는 허용응력이다. 이음효율 계수를 고려할 필요가 없는 재료는 표의 값(SE)을 E로 나누어 얻은 값이 기본허용응력 S가 된다. 언급되지 않은 재료에 대해서는 **표** 1의 기준을 따른다.

(2) 지속적인 부하와 열팽창 및 수축을 기준으로 계산된 응력값 사용에 대한 제한

배관에는 내압만이 작용하는 경우와 내압과 외압이 같이 작용하는 경우가 있고, 배관의 신축과 팽창뿐만 아니라 부가적으로 가해지는 하중 등이 있으므로 각각의 경우에

대하여 발생하는 응력값을 계산해야 한다.

내압의 작용에 따른 응력은 **부록** 1의 SE값을 초과하지 않아야 하며, 외압 작용에 대하여 계산된 응력은 배관 구성요소의 두께가 합당하면 수용 가능한 것으로 간주된다. 기본적으로 굽힘 및 비틀림 응력을 받는 배관계통의 수축팽창 응력에 대한 허용응력 범위 S_A는 **부록** 1의 기본 허용응력 S를 사용하여 다음 식(1)과 (2)로 구한다.

$$S_A = f(1.25S_c + 0.25S_h) \tag{1}$$

S_h가 S_L보다 클 경우에는 그 차이 만큼을 $0.25S_h$에 추가해야 한다. 그리고 허용응력 범위는 다음과 같이 변형된다.

$$S_A = f(1.25S_c + 0.25S_h - S_L) \tag{2}$$

식에서

f : 사이클응력 범위계수[2]. 동일한 변위를 기준으로 한 응력범위 사이클 총수에 대한 값으로 식(3)으로 구하며, 무차원수 이다.

$$f = \frac{6}{N^{0.2}} \leq 1.0 \tag{3}$$

식에서

N : 배관의 수명 동안, 동일한 변위를 기준으로, 예상되는 응력범위 사이클 총수. 동일한 변위를 기준으로, 예상되는 응력범위 사이클 총수가 10^8보다 클 경우 f의 최소값은 0.15로 한다.

S_c : 예상되는 응력사이클 동안 금속의 최소온도에 허용되는 기본 재료의 허용응력[3], kPa

S_h : 예상되는 응력사이클 동안 금속의 최대온도에 허용되는 기본 재료의 허용응력[4], kPa

S_L : 길이방향 압축 응력, kPa

---

2. 기본적으로 부식되지 않은 배관에 적용. 부식은 주기 수명을 급격히 감소시킬 수 있으므로 큰 숫자의 응력범위 주기가 예상되는 부분에는 내식성 재료 사용을 고려해야 한다. 또한, 높은 온도에서 작동하는 재료의 경우 피로 수명이 줄어들 수 있다.
3. 최소 인장강도가 480 MPa 이상인 재료의 경우, 별도의 요구가 없는 한, S_c 또는 S_h 값을 140 MPa 이하로 하여 식 (1) 및 (2)로 계산한다.
4. 주기3과 동일.

이다.

그 외에도 배관계통에는 부가적인 응력이 발생한다. 압력이나 중량 또는 기타 지속적인 하중의 작용으로 인한 것이다. 이러한 부가적으로 발생하는 길이방향 응력의 합은 계통에 허용되는 고온 사용조건에서의 응력 S_h을 초과하지 않아야 한다. 길이방향 응력의 합이 S_h보다 작으면 두 값의 차를 식(1)의 $0.25S_h$항에 가산한다. 허용응력범위 S_A는 식(1)이나 (2)로 구한다.

압력에 의해 발생하는 길이방향 응력 S_{LP}는 내압에 의한 최종 힘을 관 두께의 단면적으로 나누어 구한다.

(3) 간헐적으로 작용하는 하중을 기준으로 계산된 응력값 사용에 대한 제한

고정하중과 동하중, 바람, 지진과 같이 간헐적으로 작용하는 하중에 의해 발생하는 길이방향 응력의 합은 허용응력(**부록 1**) S의 1.33배를 넘지 않아야 하며, 이 경우 바람과 지진이 동시에 발생하는 것으로는 고려하지 않는다.

시험조건으로서의 응력은 제한의 대상이 아니다. 기타 하중 즉 바람이나 지진과 같이 간헐적으로 작용하는 하중과 시험 시 동시에 발생하는 정하중과 동하중은 고려하지 않는다.

3 허용오차

(1) 부식과 침식

부식이나 침식이 예상되는 배관계통의 설계에서는, 배관에 코팅 또는 음극 보호장치와 같은 부식 조절장치를 설치하지 않는 한, 다른 설계조건에서 요구되는 관 두께에 여유를 주어 더 두껍게 해야 한다. 허용오차는 설계자의 판단에 의한 배관의 기대수명을 고려하여 결정되어야 한다.

(2) 나사 가공과 그루빙

나사를 가공하거나 그루빙을 해야 하는 금속제 배관에 대한 계산된 최소두께는 나사의 깊이가 고려되어야 하며, 그 허용 오차는 나사 깊이와 같거나 나사의 깊이에 상당하는 두께여야 한다. 기계 가공된 표면 또는 그루빙할 때 허용치가 규정되어 있지 않

표 2 용접 효율계수 E

길이방향 또는 스파이럴용접 형태	용접효율 계수, E
단일 맞대기용접	0.8
이중 맞대기용접	0.9
100 % 방사선 촬영 또는 초음파 탐상 검사에 의한 단일 또는 이중 맞대기 용접	1
전기 저항 용접	0.85
로(爐) 맞대기용접(또는 연속용접)	0.6
스파이럴 용접	0.75

자료 참고문헌 1. Joint factors

은 경우에는 깊이나 절단면보다 0.4 mm(1/64 in)를 가산한 두께로 한다. 플라스틱관에 대해서는 해당 표준에서 허용하는 값을 따른다.

(3) 이음 효율 계수

길이방향 또는 스파이럴 용접이음에 대한 효율계수는 허용응력 값 SE (**부록** 1)가 포함된 것이다. **표** 2는 여러 가지 용접이음에 대한 이음의 효율을 보여주는 것이다.

(4) 기계적 강도

기계적 강도가 필요할 때의 관의 두께는 더 두껍게 해야 한다. 이는 파손, 쭈그러짐, 과도한 처짐과 지지금구 또는 다른 원인으로 위쪽에서 작용하는 하중에 의한 관의 좌굴을 방지하기 위한 것이다. 만약 이 하중이 처리 불가능 하거나 또는 부분적으로 초과응력 발생의 원인이 될 경우에는 좌굴하중을 줄이거나 또는 다른 설계 방법을 적용하여 과대한 응력발생 요인을 제거해 주어야 한다.

2 배관 요소별 내압설계

2.1 강, 합금강, 비철계 금속관의 직선배관

1 내압이 작용하는 배관에 대한 공통 기준

내압이 작용하는 직선배관을 구성하는 요소들은 각각의 표준에 맞게 제조되어야 하고, 압력-온도 등급(**제4장** 참조)과 허용응력 기준(**부록 1**)에 적합해야 한다는 것은 압력설계에 대한 공통적인 기준이다.

2 강, 합금강, 비철계 금속관

허용오차를 포함한 관의 최소두께는 식(4)로 구한 값보다 두꺼워야 한다.

$$t_m = \frac{PD}{2SE} + A \tag{4}$$

식에서

t_m : 최소두께, mm

P : 내압, kPa

D : 관의 바깥지름, mm

SE : 내압에 대한 최대 허용응력, kPa

A : 부식을 고려하여 허용하는 여유 두께, mm

이다.

그러므로 설계압력은 식(5)로 계산된 값을 넘지 않아야 한다.

$$P = \frac{2SE(t_m - A)}{D} \tag{5}$$

표준 두께의 관을 주문하더라도 제조 시에는 표준 두께에 공차가 감안된다. 즉 최소두께 t_m이 구해진 후, 제품별 표준에 따른 제조 시의 허용두께가 가산되므로 최소 두께는 계산된 값보다 더 두껍게 된다. 최종적으로 상품화된 두께는 이보다 더 두껍게 되고 사용자는 이것을 선택하게 된다.

정의된 최소두께 t_m의 관에 사용할 수 있는 압력은 식(5)로 계산된 압력에 69 kPa (10 psi)을 가산한 값을 사용한다.

3 가단주철관

가단 주철관의 두께 계산방법을 규정하고 있는 표준은 여러 가지가 있으므로[5] 그 중의 한 가지 방법를 적용하면 되지만, 기본은 발로우공식(**제1장 식(1)과 (2) 참조**) 이다.

AWWA 방법을 기준으로, 관 내부에 작용하는 압력에 대한 순수 필요두께 t와 설계 압력 P_i 는 식(6)과 (7)로 계산된다.

$$t = \frac{P_i D}{2S} \tag{6}$$

$$P_i = 2.0(P_w + P_s) \tag{7}$$

식에서

P_i : 설계 압력, kPa

D : 관의 바깥지름, mm

S : 인장강도 290 MPa에서의 최소 항복강도, MPa

P_w : 작용 압력, kPa

P_s : 서지 압력, kPa

이다.

예상되는 서지 압력이 690 kPa(100 psi)보다 큰 경우는 최대 예상 압력을 사용해야 한다. 평판의 두께는 주조 시의 허용 오차가 포함되고, 워터해머 압력도 고려된 것이다.

4 비금속관

플라스틱과 그 외 비금속제 관에 대한 최대 압력등급은 해당 제품의 표준에 있다.

---

5. ANSI/AWWA C150/A21.50 또는 C151/A21.51, ANSI A21.14 또는 SA21.52, ANSI A21.14 또는 SA21.52

표 3 벤드 제작을 위한 관의 두께

벤드의 반지름, 관의 지름 DN	벤딩전 관의 최소 두께 t_m, mm(in)
150 이상	26.92 (1.06)
125	27.43 (1.08)
100	28.96 (1.14)
80	31.50 (1.24)

주 표 이외의 반지름에 대해서는 보간법으로 정한다.

2.2 관으로 제작되는 벤드와 미터이음쇠

1 벤드

(1) 벤드의 두께

배관의 방향이 바뀌는 경우에 사용되는 각종 엘보나 벤드는 표준화 된 관이음쇠를 사용하는 것이 편리하지만, 경우에 따라서는 표준 부품을 사용할 수 없기 때문에 관을 사용하여 여건에 맞도록 직접 제작하여 사용한다.

이때는 반드시 사용압력에 대한 안전성이 확보되어야 한다. 완전히 관을 굽혀 제작된 벤드의 최소두께 t_m은 어느 부분이나 식(4)에 의해 계산된 두께보다 두꺼워야 한다.

표 3은 벤드를 제작하기 위한 재료로서 관을 주문할 때의 두께를 규정하는 지침으로 사용될 수 있다.

(2) 벤드의 진원도

벤드의 진원도는 최대 반지름과 최소 반지름의 차로 측정하였을 때 벤딩 전 관의 바깥지름 평균의 8%를 넘지 않아야 한다. 설계에 명시된 경우는 진원도에 대한 허용 한계를 더 넓거나 좁게 할 수 있다.

2 미터 이음쇠

(1) 미터 이음쇠의 두께

미터 이음쇠(**제1장 그림 3** 참조)의 두께는 식(4)에 따르며, 미터를 구성하는 파이프 조각 간의 응력 불연속(단절)은 허용되지 않는다. 이 불연속성 응력은 용도에 상관없이

미터의 각도가 3도 이하이면 무시할 수 있고, 미터이음쇠가 345 kPa(50 psig) 이하의 불연성, 무독성 액체용이거나, 밸브 없이도 대기 중으로 벤트가 가능하면 무시한다.

(2) 허용압력

다른 용도 및 345 kPa(50 psig) 이상인 경우, θ가 22.5도 이하인 미터이음쇠의 최대 허용 압력은 식(8)과 식(9)로 계산된 압력보다는 낮은 압력이어야 한다.

$$P = \frac{SET}{r_2}\left(\frac{T}{T + 0.64\tan\theta\sqrt{r_2 T}}\right) \tag{8}$$

$$P = \frac{SET}{r_2}\left(\frac{R_1 - r_2}{R_1 - 0.5r_2}\right) \tag{9}$$

식에서

P : 내압, kPa

SE : 내압에 대한 최대 허용응력, kPa

T : 측정된 또는 부식 여유가 가산된 최소두께, mm

θ : 미터 조각의 각도(미터이음쇠에서 방향의 변경이 1/2 이루어짐), 도

r_2 : 관의 평균 반지름(표준상의 치수 기준), mm

R_1 : 미터조인트의 유효 반지름(미터이음쇠 중심점으로부터 연장된 선과 관의 중심선의 교차점까지의 최단거리), mm

이다.

식(8)과 식(9)는 R_1이 최소한 식(10)로 계산된 값보다 클 때에만 적용한다.

$$R_1 = \frac{25.4}{\tan\theta} + \frac{D}{2} \tag{10}$$

식에서

D : 관의 바깥지름(측정 또는 표준상의 치수 기준), mm

이다.

2.3 지관

① 지관 연결 방법

(1) 표준의 관이음쇠 사용

주관으로부터 지관을 분기하는 방법은 표준화된 관이음쇠를 사용하는 경우와 직접 주관에 구멍을 내어 지관을 용접하는 방법이 있다. 지관 연결에 대한 설계상의 요구조건은 주관과 지관 간의 각도 45~90도를 기준으로 하며, 지관 설치 방법은 표준의 관이음쇠(티, Y, YT, 크로스 등)를 선택한다. 각 품목은 표준에 따라 제조된 것을 사용하게 되므로 가장 편리한 방법이다.

(2) 아웃렛 부품 사용

아웃렛 부품(**제7장 표 5 및 그림 12 참조**)을 주관에 용접한 다음 여기에 지관을 맞추고 용접하는 것이다. 아웃렛 부품은 주조 또는 단조 방식으로 제조된 것으로 완전히 보강된 상태이고 관에 직접 용접할 수 있는 형태를 취하고 있다.

주관에 지관을 직접 용접하는 방식으로, 보강판의 유무와는 관계가 없다.

② 지관 연결부에 대한 강도

(1) 보강

지관이 연결된 주관은 지관 연결을 위해 필요한 만큼의 개구부를 만들기 위하여 관을 도려내야 하므로 강도가 약해지게 된다. 그러므로 주관과 지관의 두께가 작용하는 압력을 견딜 만큼 충분하다고 해도, 보강이 필요하다.

(2) 다수의 개구부를 만드는 경우

주관에 지관 설치를 위한 개구부가 다수일 경우에는 개구부 중심과 중심 간의 거리는 최소한 개구부 지름 d를 합한 길이가 되어야 한다.

(3) 보강이 필요치 않은 지관 연결

계산하지 않고도 지관 연결부가 관내 압력이나 관 외부에 작용하는 압력에 견딜 수 있는 충분한 강도가 있다고 판단되는 다음과 같은 경우에는 보강하지 않아도 된다. ① 관이음쇠 (티, Y, YT, 크로스 등)를 사용하여 지관을 설치한 경우, ②NPS 2 또는 주관의 호칭지름 1/4 이하인 지관을 나사 또는 소켓 용접식 카프링, 하프커플링[6]을 사용하여 직접 용접하는 경우. 이 때 커플링의 최소두께는 나사가 가공되지 않은 지관의 두께 이상이어야 한다.

(4) 완전 보강된 아웃렛 부품을 사용하여 주관에 직접 연결한 경우

아웃렛 부품은 모재와의 용접에 합당한 재질이어야 하고, 관 내에 작용하는 압력으로의 내압 시험을 거쳐야 한다. 지관용 이음쇠와의 이음부 강도는 주관 또는 지관의 강도와 같아야 한다.

(5) 지관 연결에 대한 설계 압력

이음부 형태에 대한 문제를 다룰 때 지관 연결에 대한 설계 압력은 식(11)로 계산된 압력 P보다 낮게 잡아야 한다. 식(11)은 보강되지 않은 상태에서 주관에서의 짤려 나가야할 면적과 주관에 붙여야 할 지관의 면적을 동일하게 본 최대 허용압력 계산식이다.

$$P = \frac{SE_m SE_b[T_m(D_b - 2T_b) + T_b^2(5 + \sin\alpha)]}{SE_b D_m(D_b - 2T_b) + 5SE_m T_b D_b} \tag{11}$$

식에서

P : 보강 없는 이음부의 최대압력, kPa

D_b : 지관의 바깥지름, mm

D_m : 주관의 바깥지름, mm

SE_b : 지관 재료의 허용응력, kPa

SE_m : 주관 재료의 허용응력(용접된 파이프의 $E = 1.0$, 주관의 용접부가 분기점과 교차하지 않을 경우), kPa

T_b : 지관의 두께(제조 시의 공차 가산 두께나 부식여유를 가산한 두께보다 얇다), mm

T_m : 주관의 두께(제조 시의 공차와 부식여유를 가산하지 않은 순수 두께), mm

---

6. 반쪽은 나사식, 반쪽은 용접식으로 가공된 커플링

α: 주관과 지관 간의 각도(각각의 중심선 기준)이다.

2.4 관단의 막음

관단(端)을 막아야 하는 경우는 플럭, 캡, 블라인드 플랜지 같은 관이음쇠를 사용하거나, 평판을 관의 바깥지름에 맞게 원형으로 가공하여 관에 직접 용접할 수 있다. 다만 단일 맞대기 용접으로 고정해서는 안 되며, 사용할 평판의 최소두께 t_c는 식(12)로 계산된 값 이상이어야 한다.

$$t_c = d\sqrt{CP/S} + A \qquad (12)$$

식에서

d : 관의 안지름, mm

P : 내압, kPa

$C = 0.5t_m/T$으로, 최소 0.3 이상

S : 폐쇄용 판 재질의 기본 허용응력(이음의 효율 E를 감안하기 전), kPa

A : 부식여유, mm

이다.

배관 단의 막음부에 개구부를 설치해야 하는 경우는 용접, 압출 또는 나사식으로 하고, 막음부를 관에 부착하는 경우는 보강을 해 주어야 한다. 개구부의 크기가 막음부 안지름의 1/2보다 클 경우의 개구는 레듀싱 형태로 설계해야 한다.

2.5 플랜지와 브랭크의 내압설계

해당 표준에 의해 제조된 플랜지(브라인드 플랜지 포함)는 규정된 압력-온도 등급(**제4장** 참조)이 정해져 있으므로, 설계 압력과 온도에 적합한 제품을 사용하면 된다. 다만, 플랜지와 플랜지 사이에 끼워져 영구적으로 사용되는 브랭크의 경우는 사용두께가 제한된다. 즉 브랭크의 최소두께 t_c(mm)는 식(13)으로 계산된 값을 사용하여야 한다.

$$t_c = d_g\sqrt{3P/16S} + A \qquad (13)$$

식에서

d_g : RF 또는 SS 플랜지용 개스킷 안지름, mm

P : 내압, kPa

S : 브랭크 재료의 허용응력. 재료가 주강일 경우에는 S_f(내압 작용에 대한 최대 허용응력. 설계 온도에 대한 주조 품질계수가 고려됨)를 사용한다. kPa

A : 부식여유, mm

이다.

브랭크는 비압축성 유체로 시험할 때에만 사용되며, 식(13)에 의해서 계산된 두께를 사용해야 한다. 그러나 P를 시험압력으로 하고, S는 브랭크 재료의 규정된 최소 항복 강도의 0.95배를 취하는 경우는 예외이다.

2.6 레듀서와 기타 압력이 작용하는 상태에서 사용되는 기타 배관 구성 요소

해당 표준에 의해 제조된 레듀서는 공칭 두께를 가진 관에 사용하는 데 적합해야 한다.

길이방향 용접으로 제조된 레듀서의 경우 지름이 큰쪽의 최소두께는 용접 이음효율을 0.6으로 하여 구하고, 축소 부분의 경사 각도는 관축을 기준으로 하여 30도를 초과하지 않아야 한다.

그 외 압력이 작용하는 상태에서 사용되는 기타 배관 구성요소들에 대해서는 ①표준이 있는 항목은 압력-온도 등급에 적합한 것, ②해당 표준이 없는 요소는 공학적인 계산이나 경험적으로 응력이 해석된 것, 또는 다른 규정에 의한 시험으로 입증된 것 등을 사용한다.

3 요소의 선택과 제한

3.1 관

1 금속관

표준이 있는 관은 압력-온도 등급 또는 허용응력 범위 내에서와 이음 방법의 제한 등의 규정에 맞으면 사용할 수 있다.

구체적으로 제한이 되는 사항으로는 ①주철관은 오일이나 인화성 유체 및 압축 가스용의 지상 배관에는 사용하지 않는다. ②강관 중 로내 맞대기 용접 강관은 가연성 유체 배관에는 사용하지 않는다. ③동파이프 및 튜브는 인화성 또는 가연성 액체 배관에는 사용하지 않는다.

2 비금속관

(1) 표준이 없는 비금속관

표준이 없는 보강 열경화성 플라스틱관은 사용하지 않는다.

(2) 열가소성 플라스틱관

열가소성 플라스틱은 취성과 가연성이 있고, 온도가 약간만 증가해도 강도를 잃게 된다는 특성을 고려해야 한다. 따라서 열가소성 플라스틱을 선택할 때의 설계 특성은 유형과 등급에 따라서 상당한 차이를 보인다는 점에 유의해야 한다.

열가소성 플라스틱 사용에 대한 제한조건은 다음과 같다. ①독성 유체 또는 산소 배관으로 사용하지 않는다. ②지상의 인화성 액체 또는 인화성 가스 배관용으로 사용하지 않는다. ③압축공기 또는 기타 압축가스에 사용되는 경우에는 특별한 예방 조치를 취해야 한다. 배관에 들어있는 에너지와 관 사이에 일어날 수 있는 특정한 고장 여건을 고려해야 하기 때문이다. ④취성파단이 있을 수 있는 PVC, CPVC 및 PVDF와 같은 재질은 압축공기 또는 가스용 배관으로 사용해서는 안 된다.

3.2 관이음쇠, 벤드와 크로스

(1) 관이음쇠

표준이 있는 관이음쇠 즉 해당 표준에 의해 제조된 관이음쇠는 사용등급 또는 허용응력과 사용에 대한 제한범위와 이음 방법의 제한범위 내에서 사용에 적합해야 한다.

(2) 벤드와 미터이음쇠

용도 제한과 금지 사항 이외에는 사용할 수 있다.

(3) 관이음쇠에 대한 제한

주철제 관이음쇠는 인화성액체 또는 가스용 배관으로 사용하지 않는다. 열가소성 플라스틱관 이음쇠는 열가소성 플라스틱관에 대한 제한사항과 같다.

3.3 보호관

센서 등의 보호관(thermowells)은 압력 용기나 관에 삽입되어야 하는 관이므로 외부 압력에 의한 힘과 내부 유체 충돌로 인한 정적과 동적으로 작용하는 모든 힘의 조합을 고려하지 않으면 안 된다. 그래서 해당 금속 봉(棒)의 내부를 파내는 방식으로 제작된다. 그리고 보호관의 삽입부 형태는 **그림** 1에서와 같이 직선형, 계단형(step-shank) 및 테이퍼형, 용기나 관에 부착하는 방법으로는 나사식, 플랜지식, 소켓 용접식이 표준으로 사용된다. 다양한 응용 분야가 있기 때문에 용도별 특수성에 따라서는 다른 형태와 설치 방법을 취할 수도 있다. 그러나 여기서는 표준형태와 설치방법이 대상이며 각부 치수표기는 **그림** 2와 같다. 파이프로 제조된 보호관이나 특별히 고안된 형태의 표면을 갖는 보호관(예 미끄러짐 방지를 위한 우툴두툴한 표면이나 나선형의 골이 가공된 표면)은 해당하지 않는다.

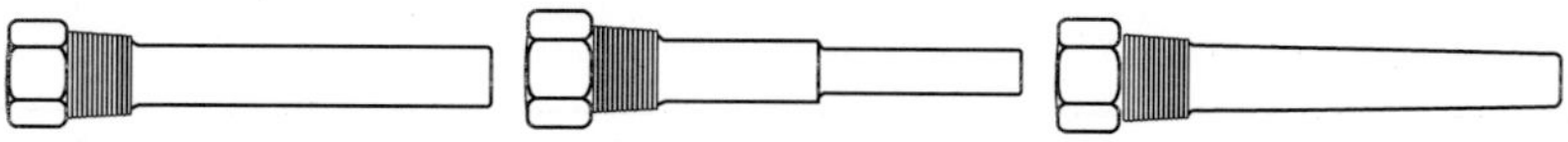

(a) 나사식(직선형, 2단형, 테이퍼형)

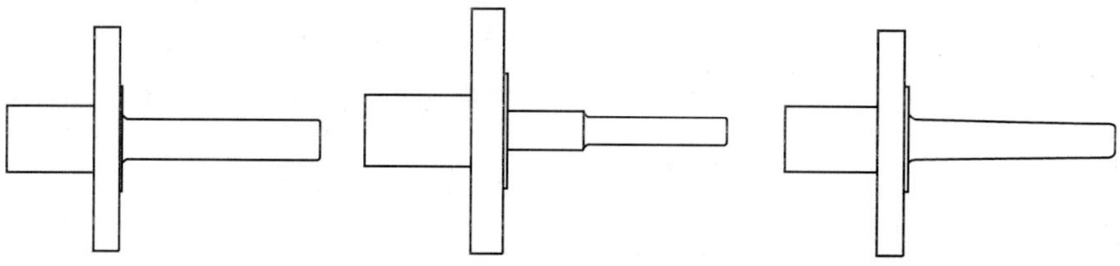

(b) 플랜지식(직선형, 2단형, 테이퍼형)

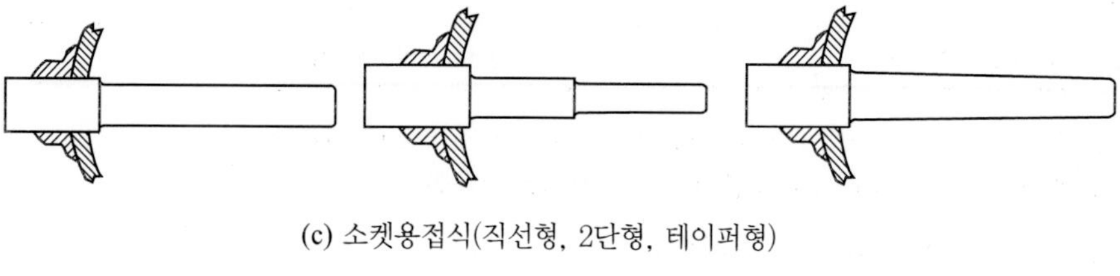

(c) 소켓용접식(직선형, 2단형, 테이퍼형)

그림 1 보호관의 설치 방법별 잠김부(shank) 형태

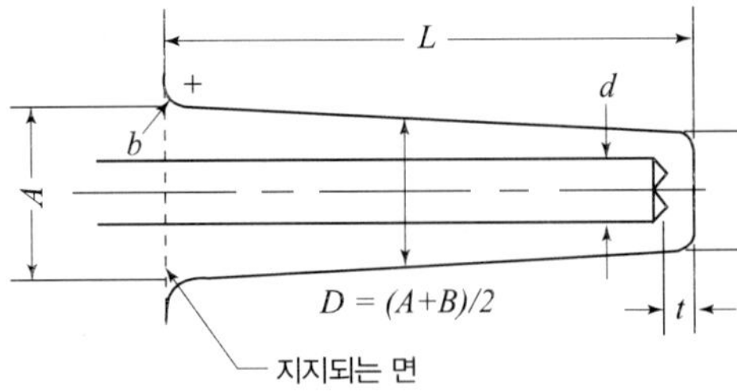

(a) 직선형과 테이퍼형 보호관의 단면

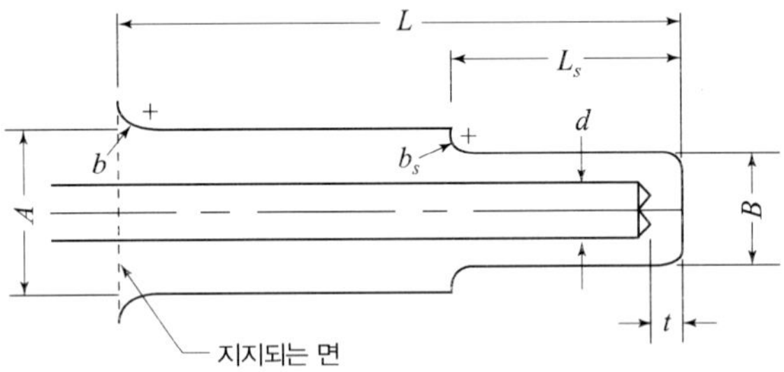

(b) 2단형 보호관의 단면

그림 2 보호관의 각부치수

직선형 및 테이퍼형 보호관과 삽입부가 2단으로 제작되는 보호관에 대한 각부 치수는 **표 4**, **표 5**와 같다.

표 4 직선형 및 테이퍼형 보호관의 치수 제한치

명세	표시기호	최소	최대
지지되지 않는 길이	L	6.35 cm(2.5 in) 주(1)	60.96 cm(24 in) 주(2)
보호관 구멍의 지름	d	0.375 cm(0.125 in)	2.09556 cm(0.825 in)
보호관 끝의 바깥지름	B	0.92 cm(0.36 in)	4.65 cm(1.83 in)
테이퍼 비율	B/A	0.58	1
구멍의 비율	d/B	0.16	0.71
가로 세로 비율	L/B	2	-
두께	$(B-d)/2$	0.30 cm(0.12 in)	-
보호관 끝부분의 두께	t	0.30 cm(0.12 in)	-

주 (1) 규정된 길이보다 작은 길이의 보호관은 별도의 설계 방법에 따른다.
(2) 봉을 드릴링 가공하여 제작한 통자 보호관에만 적용됨.

자료 참고문헌 2, Table 4-1-1에 의거 재작성

표 5 2단형 보호관의 치수 제한치

명세	표시기호	최소	최대
지지되지 않는 길이	L	1.27 cm(5 in)	60.96 cm(24 in)
보호관 구멍의 지름	d	0.61 cm(0.24 in)	0.67 cm(0.265 in)
계단 지름 비율 $B = 1.270$ cm(0.5 in)	B/A	0.5	0.8
계단 지름 비율 $B = 2.223$ cm(0.875 in)	B/A	0.583	0.875
길이 비율	L_s/L	0	0.6
두께	$(B-d)/2$	0.30 cm(0.12in)	-
보호관 끝부분의 두께	t	0.30 cm(0.12in)	-
보호관 끝의 바깥지름	B	1.27 cm(0.5 in)와 1.223 1.223 cm(0.875 in) 주(1)	

주 (1) 2단 보호관의 경우, 제시된 B 치수에 대해서만 고유 진동수 상관관계가 적용된다.
이 표에서의 치수 한계 외에도 더 강화된 기준이 있을 경우는 가공 허용오차가 추가되어 적용될 수 있다.

자료 참고문헌 2, Table 4-2-1에 의거 재작성

3.4 밸브

1 표준에 의한 밸브와 표준 이외의 밸브

표준에 의해 제조된 밸브는 그것의 사용압력 등급과 허용응력, 그리고 기타 사용에 대한 제한 및 이음 방법에 대한 규정에 맞으며 사용에 적합해야 한다.

표준을 따르지 않고 제조된 밸브는 구성, 기계적 성질, 치수, 제조 방법 및 품질 관리를 고려하여 서비스 및 등급에 대한 제조업체의 권장 범위 내에서, 표준 밸브에 대한 제한과 동등하게 사용해야 한다.

2 밸브에 대한 표식

각 밸브는 ①제조사의 이름이나 상표, ②사용 등급기호, ③사용된 재료, ④밸브의 용도 ⑤규격 등의 표식이 있어야 한다. 특별히 필요한 경우 다른 표식을 추가할 수 있다.

사용된 재료에 대한 표기는 금속재료와 비금속재료로 구분하며 **표 6**과 **표 7**에 표시

표 6 금속재료별 표식

재료	표시기호	재료	표시 기호
알미늄	AL	니켈-동합금	Ni Cu
황동	BRS	소프트 메탈	SM
청동	BRZ	스테인리스강	SS
탄소강	CS	강, 13크롬	Cr 13
회주철	GI	강, 18크롬	Cr 18
동-니켈합금	Cu Ni	강, 28크롬	Cr 28
주철	DI	강, 18-8	18-8
Hard Facing	HF	강, 18-8 w/몰리부덴	18-8SMo
내부시트	INT	강, 18-8 w/콜룸븀	18-8SCb
가단주철	MI	표면 경화강	SH

자료 참고문헌 3, Table1에 의거 재작성

표 7 비금속 재료별 표식

재료	표시기호	재료	표시기호
석면	ASB	이소프렌 고무	IR
부타디엔 고무	BR	천연고무	NR
클로로프렌 또는 네오프렌	IIR	니트릴 또는 부나 고무	NBR
클로로플루오르화 폴리에틸렌	CR	나일론	NYL
클로로 트리 플루오로 에틸렌	CSM	폴리 아크릴릭 고무	ACM
에틸렌-프로필렌 고무	CIFE	폴리 염화 비닐	PVC
에틸렌-프로필렌 공중합체	EPDM	실리콘 고무	SI
플렉시블 그래파이트	GRAF	스티렌 부타디엔 고무	SBR
플루오로 카본 고무	FKM	테트라 플루오로 에틸렌	TFE
불소화 에틸렌 프로필렌	FEP	열가소성 재료	T PLAS
융착 에폭시	FBE	열경화성 재료	T SET

자료 참고문헌 3, Table2에 의거 재작성

된 기호를 사용한다.

3.5 플랜지, 브랭크, 개스킷과 볼트 재료

(1) 표준이 있는 요소

표준에 따라 제조된 플랜지, 블랭크, 개스킷 및 볼트는 제조자의 권장범위 내에서 해당 압력-온도 등급에 따르고, 앞에서 언급된 제한사항과 이음 방법에 대한 제한범위 내에서 사용할 수 있다.

(2) 플랜지 표면

플랜지 표면의 형태는 해당 표준에 따르거나 별도의 기준이 있능 경우는 이에 따른다. RF형 강플랜지를 FF형 주철플랜지와 연결하기 위하여 볼트를 체결할 때는 주철제 플랜지에 균열이 생기지 않도록 볼트 체결토크를 제한해야 한다. 그렇지 않은 경우, 강제 플랜지는 FF형이어야 하고, 전면 개스킷이 사용되어야 한다.

(3) 개스킷

재료, 두께 및 개스킷의 종류는 취급 유체 및 설계 압력과 온도에 적합하도록 선택되어야 한다.

(4) 볼트 재료

볼트, 너트 및 와셔는 해당 표준에 부합해야 한다.

4 이음 방법 선택과 제한

4.1 용접

(1) 선택조건

배관은 관과 관, 관과 관이음쇠 간의 이음으로 형성되므로, 사용될 이음의 유형은 설계 조건과 사용 유체에 적합해야 하며, 이음부의 견고성과 기계적 강도를 고려하여 선택해야 한다. 대표적인 방법은 기계적인 방법과 용접이다.

(2) 용접에 대한 절차, 용접기 및 용접사 자격요건

용접에 대한 절차, 용접기 및 용접사 자격요건이 요구되는 경우는 별도의 규정을 따른다.

(3) 금속관의 용접

용접은 판, 관과 같은 재료에만 사용해야 한다.

맞대기 용접과 미터이음 용접은 **제8장**에 언급된 방법을 따르며, 완전 침투용접이어야 한다. 이런 용접에서 배킹링의 사용은 권장되지 않는다.

소켓용접에 사용되는 소켓형 이음쇠의 치수는 해당 표준에 따르며, 적절하게 설계된 필릿 용접은 **제8장**의 배관용접에 따라 이루어져야 한다.

씰용접은 나사 이음에서의 누설에 대한 기밀성 제고를 위한 것일 뿐이며 이음의 강도를 높여주는 것으로 간주되지 않는다.

(4) 비금속관의 용접

열가소성 재료의 용접은 **제7장**(플라스틱 파이프 이음)에서의 요구 사항을 준수해야 한다. 열가소성 재료의 소켓 용접 치수는 해당되는 관이음쇠의 표준에서의 치수를 준수해야 한다.

4.2 플랜지 이음

(1) 기계적 이음쇠 및 특허를 가진 이음방법

홈, 압출, 확장, 압연, O 링, 크램프, 그랜드형 및 기타 기계적 또는 특허를 가진 이음방법은 경험 및 검사를 거쳐 이음쇠가 작동 조건이나 수송 유체에 대한 안전이 입증되고, 사용 중 이음쇠가 분리되거나 이탈되는 현상을 방지하기 위한 적절한 조치가 취해진 경우에만 사용되어야 한다.

이러한 모든 이음 방법은 압력-온도 등급, 제조자의 설치 및 사용에 대한 권장과 제한범위 내에서만 사용되어야 한다.

(2) 기계적 이음쇠 및 특허를 가진 이음방법 적용에 대한 제한

기계적 연속성 또는 누설 방지를 위해 가연성 또는 저 융점 물질의 마찰특성 또는 탄력성에 의존하는 이음방법은 건물 내부의 인화성 유체나 가스용 배관으로 사용하지 않아야 한다.

4.3 나사식 이음

(1) 허용 가능 유형

나사식 이음쇠는 관이음쇠 사용 재질에 대한 제한과 이음 방법의 제한범위 내에서 사용할 수 있다.

관 및 관이음쇠의 나사는 표준에 의한 관용 테이퍼나사이어야 한다. 그러나 DN 50 이하의 강제 커플링 및 직관에 가공된 나사는 예외로 한다. 관용 테이퍼 나사 이외의 나사는 이음부에서의 누설 방지가 나사보다는 씰용접 또는 암수 나사의 접촉면에 의해서 이루어지고, 경험이나 시험 결과로 나사가 더 적합하다고 입증된 곳에만 사용할 수 있다.

(2) 나사 이음의 제한

나사 이음은 작은 지름의 배관에 많이 사용되지만, 다음과 같은 제한이 따른다. ①배관 주변의 환경을 고려할 때 침식, 틈새부식, 충격 또는 진동 발생이 예상되는 곳에는 사용하지 않아야 한다. ②표준[7]의 두께보다 얇은 금속관에는 용도를 불문하고 나사를 가공해서는 안 된다. ③Sch80보다 얇은 두께의 플라스틱관에는 나사를 가공해서는 안 된다. ④PE관과 PB관에는 나사를 가공해서는 안 된다.

4.4 플래어 이음과 압축식 이음

플래어 이음 및 압축식 관이음쇠는 해당 표준에서의 제한, 재료 및 기타 제한범위 내에서 사용될 수 있다. 관이음쇠의 재질이나 이음방법은 사용되는 관의 재료와 호환되어야 하며, 제조업체가 제시하는 압력-온도 등급 범위 내에서만 사용되어야 한다. 그리고 각각의 용도별도 진동 및 열사이클링이 고려되어야 한다.

---

7. 참고문헌 4

4.5 벨-스피곳 이음

(1) 방법

한쪽 끝에는 벨(bell 또는 socket)이 있고 다른 한쪽에 스피곳(spigot)이 있는 관과 관을 연결해 나갈 때 사용되는 이음의 형태를 말한다. 이음부는 코킹 컴파운드, 압축링 또는 끓인 납을 부어 넣는 방법으로 밀봉된다.

(2) 코킹 또는 납코킹 이음

납이나 패킹재로 코킹된 벨 및 스피곳 이음쇠는 38°C(100°F) 이하의 물용에만 사용할 수 있으며, 이음부의 이완을 방지하기 위한 적절한 조치가 이루어져야 한다.

주철관을 사용하는 압력배관에 대한 이음은 관계 표준[8]을 참조한다.

(3) 탄성중합체 개스킷을 사용하는 푸시형 이음쇠

탄성중합체[9] 개스킷이 들어있는 푸시형 이음쇠는 작동 조건과 유체를 수송하는 데 안전하며, 이음쇠가 분리되는 것을 방지하기 위한 적절한 조치가 취해진다는 것이 경험이나 시험에 의해 입증된 곳에서만 사용할 수 있다.

4.6 브레이징, 솔더링

(1) 일반 사항

브레이징, 솔더링용 소켓형 조인트는 **제7장**의 솔더링 관이음쇠에 따라 제작되어야 한다. 솔더링 또는 브레이징 휠러메탈은 모재와 호환되며 압력, 온도 및 기타 사용조건이 동등해야 한다.

(2) 브레이징 이음쇠

소켓형 브레이징 이음쇠는 **제7장**의 재료에 대한 제한 내에서 사용될 수 있다.

---

8. ANSI/AWWA C600
9. Elastomer: 고무와 같은 성질을 가진 물질, 실리콘 고무와 같은 합성고무 따위

(3) 솔더링 이음쇠

소켓형 솔더링 이음쇠는 **제4장 표 12**의 압력-온도 제한범위 내에서 사용될 수 있다. 소켓형 이외의 솔더링 이음쇠는 사용되어서는 안 된다.

솔더링 이음쇠는 인화성 또는 유독가스나 액체용 배관으로 사용해서는 안 된다. 또한 DN 100 이상은 압축공기나 기타 압축가스 배관에 사용 해서는 안 된다. 다만 최대 압력이 138 kPa(20psig) 이하로 제한되는 경우는 예외로 한다.

5 신축성, 유연성과 지지

5.1 신축성, 유연성

1 열에 의한 영향

압력, 중량 및 기타 하중에 대한 설계 요구사항 외에도, 배관계통의 열에 의한 신축이나 다른 원인으로 부가되는 유사한 움직임을 방지할 수 있는 설계가 되어야 한다.

이를 위해서는 다음과 같은 사항을 고려한다. ①과부하 또는 피로로 인한 배관 또는 지지 대의 고장, ②관이음쇠의 누설, ③연결된 장비(펌프, 터빈, 밸브 등)에 의해 배관계통에 작용되는 유해한 응력 또는 비틀림으로 인한 과도한 추력과 모멘트.

2 유연성 분석

이 장에서의 유연성 분석은 가장 단순한 배관계를 기준한 것이므로 호환되지 않는 배관계통에 대한 유연성 분석이 필요한 경우는 다른 방법을 사용해야 한다.

배관계통의 유연성은 다음과 같은 방법 중 한 가지 또는 두가지를 중복 적용 하므로서 증가시킬 수 있다.

(1) 유연성을 높이는 수단

①가능한 한 엘보, 벤드 또는 루프의 추가. ②익스펜션조인트, 적절한 가이드와 구속장치 설치. ③스위블 조인트와 같은 로터리 조인트를 설치하고, 적절한 가이드와 구속

장치 설치.

(2) 비금속 배관의 유연성

비금속 배관재를 사용하는 배관계통은 관의 배열방식에 특별한 주의를 기울여야 한다. 비금속 배관은 과대 응력에 대한 허용량이 매우 제한적이므로, 분석이 어렵거나 불가능하다. 즉 취성파괴 되기 쉽고, 열팽창 계수가 크며 비선형적인 응력-변형 특성을 가지기 때문이다.

3 분석을 위한 자료

이 책에서 사용된 많은 금속 및 비금속 재료의 분석을 위한 열팽창 특성에 대한 자료는 **부록** 2(탄성계수 및 열팽창계수)를 참조한다.

4 금속배관에 대한 분석

(1) 단순 분석

다음 기준 중 한가지를 충족하는 배관계통인 경우에는 공식적인 분석이 필요치 않다.

①설치되어 성공적으로 작동하고 있는 배관계통을 복제한 것이거나, 만족스럽게 사용되고 있는 배관계통으로 교체한 경우, ②배관계통이 연성재료(주철관 이음쇠가 없다)로 되어 있는 경우로, 분석되는 구간에는 두 개 이상의 앵커가 없고 중간에 구속장치도 없다, 배관은 두 개 이상의 크기를 가지고 있지 않다. 최소 관의 두께는 최대 관 두께의 75% 이상이며 그 구간의 열팽창은 식(14)를 만족한다. ③배관계통은 고유 유연성에 안전율을 감안하여 배치되거나, 제조업체의 지침에 따라 이음 방법, 신축흡수 장치 또는 이음방법 및 신축흡수 장치의 조합을 사용한다.

$$DY/(L-U)^2 \leq 208.3 \tag{14}$$

식에서

D : 구간에서의 큰관의 호칭지름

L : 직선 배관거리, m

U : 앵커 간의 직선거리, m

Y : 배관에서 흡수해야 할 움직임(변위), m

이다.

(2) 기타 분석방법

단순 분석 기준을 충족하지 않는 배관계통은 다른 방법[10]으로 분석해야 한다.

5 변위와 반작용

(1) 변위

관의 변위는 열팽창 또는 수축과 기타 유사한 하중으로 인하여 발생하므로, 이에 대한 값을 구하고, 변위를 저지할 수 있도록 지지장치가 설계되어야 한다.

(2) 반작용

지지 구조나 연결된 장비가 그러한 하중의 영향을 받을 가능성이 있는 경우 말단의 반작용과 그에 따른 모멘트를 고려해야 한다. 이러한 하중을 결정하기 위해서는 분석이 필요할 수 있다.

6 콜드스프링

(1) 콜드스프링의 의미

콜드스프링은 배관을 조립할 때 미리 배관계통에 응력이 가해지도록 의도적으로 탄성변형을 가한 것이다. 콜드스프링을 사용하는 데 따른 이점은 다음과 같다. ①초기 가동 중의 과도한 변형 가능성 감소, ②설치된 행어 위치의 편차 감소. ③최종 반응의 감소. 그러나 응력 범위 계산에는 콜드스프링 대한 것은 포함되지 않는다.

(2) 콜드스프링 설치방법

콜드스프링은 배관계통의 운전 중에 보다 유리한 반작용과 응력을 얻을 수 있다. 통

---

10. 참고문헌 5. Para 119.7.1(c),(d)

상적인 방법은 배관의 길이를 각 방향에서 계산된 팽창량의 일정 비율만큼 짧게 제작하는 것이다. 즉 팽창으로 인해 예상되는 전체 배관의 변위의 절반을 보상하도록 적용한다.

그런 다음 배관 각 방향의 “짧아진 길이” 만큼의 거리를 띄운 상태로 배열하고 그 틈새를 용접으로 채운다. 필요에 따라 힘과 모멘트가 양 끝에 가해진 상태로 최종 이음부를 완성한다. 이 작업이 완료되면 용접 작업 중이거나 용접 후의 열처리와 최종 검사 중에 정렬을 유지하기 위해 익스펜션조인트의 양쪽에 앵커를 설치해야 한다. 용접이 완료되고 구속력이 제거되면, 결과적인 반작용은 양쪽 끝에 의해 흡수되고 관은 응력을 받는 상태에 있게 된다.

(3) 배관계통 가동 중의 콜드스프링의 작용

배관계통의 가동 중에는 온도가 상승함에 따라 관이 팽창되고 초기 냉간 스프링으로 인한 응력 및 말단의 반작용이 감소하게 된다. 100% 콜드스프링 상태일 때, 반작용 및 응력은 추운 조건에서 최대가 되고, 고온 조건에서는 이론적으로 0이 된다.

(4) 콜드스프링 설치에 따른 유의 사항

실무적으로 완전한 콜드스프링이 달성되었다는 것을 보장하는 것은 매우 어렵다. 그래서 관련 코드에서도 플랙시빌리티(유연성) 계산 결과를 전적으로 신용해서는 안 된다는 것을 명시하고 있다. 또한 크리프 범위에서 작동하는 배관 경우는 궁극적으로 완전히 이완된 상태에 도달한다는 것도 명심해야 한다. 콜드스프링은 단순히 그 상태에 더 빨리 도달하게 할 뿐이다.

(5) 콜드스프링의 적용

콜드스프링은 역사적으로 중앙집중식 발전소의 스팀주관 및 고온 재열배관 같은 고온 배관계통에 주로 적용되었을 뿐, 다른 분야의 배관에까지 보편화 된 방법은 아니다.

콜드스프링이 적용된 배관이거나 또는 어느 정도의 크리프가 이뤄진 배관을 수리할 때는 주의해야 한다. 즉 해당 라인은 추울 때는 응력을 받는 상태가 되므로 이를 절단할 때 주의해야 한다. 가능한 사고를 예방하기 위해 배관의 짤리는 부분의 양쪽에 고정점(앵커)을 설치한 후 작업해야 한다.

5.2 관의 지지 요소에 작용하는 하중

❶ 지지요소

이 장에서 사용된 지지대에는 강성(리지드) 행어(스프링 없음)와 스프링 행어, 서포트, 가이드와 앵커 등이 포함된다.

(1) 서포트에 작용하는 하중

설계 시에 고려해야 할 서포트에 작용하는 하중은 ①관, 부속품, 밸브, 단열재, 배관에 설치된 장비, 행어 시스템 및 기타 파이프라인(고려 중인 라인에서 지지되는 경우) 등의 정하중, ②내용물의 실제 중량, ③시험시 사용할 액체의 중량, ④얼음, 바람, 지진과 같은 간헐적인 하중 등이다. 여기서 시험시 사용할 액체의 중량과 간헐적인 하중을 동시에 고려할 필요는 없다.;;‘

(2) 구속장치에 작용하는 하중

앵커, 가이드 및 기타 구속장치는 배관의 하중 외에도 내부 압력작용으로 인한 배관의 움직임과 열팽창으로 인한 하중을 견딜 수 있도록 설계되어야 한다.

익스펜션조인트의 사용은 일반적으로 앵커에서의 반작용을 증가시키게 되므로, 벨로우즈형 및 슬립형 익스펜션조인트를 사용할 경우, 제조자의 자료가 없다면, 앵커에서의 반작용은 다음의 합으로 계산된다. ①작동 압력 × 벨로우즈의 최대 안지름에 해당하는 면적, ②익스펜션조인트의 최대 정격 처짐이 발생하는 데 필요한 힘, ③가이드 및 서포트에서의 마찰력. 특히, 익스펜션조인트가 엘보 또는 벤드에 있는 경우는 유체 흐름의 방향 변경으로 인한 벡터 힘도 포함되어야 한다.

(3) 기타 하중

충격과 진동으로 인한 하중은 가급적 적절한 감쇠장치 또는 제대로 배치된 지지대와 구속장치로 최소화시켜야 한다.

2 시험 하중

(1) 강성 서포트에 가해지는 시험 하중

시험 중에 임시의 지지대가 추가되지 않는 한 정상 작동 조건 및 시험조건에서의 총 하중을 견딜 수 있어야 한다.

(2) 스프링 행어에 가해지는 시험 하중

정상 작동을 위한 하중 계산 조건에는 테스트 하중을 포함해서는 안 된다. 그러나 조립이 완성된 행어는 시험 중 지지대가 추가되지 않는 한 정상 작동 조건 및 시험조건에서 총 하중을 견딜 수 있어야 한다.

5.3 배관지지 요소 설계

1 원칙

(1) 변위의 허용

배관지지 요소는 동시에 작용하는 모든 하중의 합을 지탱할 수 있도록 설계되어야 한다.

전체 하중에 의한 힘과 모멘트를 견디어 배관의 움직임을 고정 시키거나(앵커설치) 억제하도록(구속장치 설치) 설계되지 않는 한 지지 요소들은 열팽창 또는 기타 원인으로 인한 배관의 자유로운 움직임을 허용할 수 있어야 한다.

또한 지지요소는 과도한 응력 및 변형으로부터 지지 배관을 보호할 수 있는 간격으로 배치되어야 한다.

(2) 재료와 응력

배관지지 요소로 사용되는 재료의 허용응력은 **부록** 1에 표시된 인장강도의 1/4로 한다. 표준이 알려지지 않은 탄소강의 허용응력은 65.5 MPa 이하로 하며, 특히 다음과 같은 원칙을 준수해야 한다. ①나사가 가공된 부분에 대한 최대 안전하중은 나사의 골지름 영역을 기준으로 계산한다. ②재료의 허용응력을 초과하는 응력이 발생할 수 있는 부분에 대한 허용범위는 수압 시험용 최소 항복강도의 80%까지로 하고, 항복강도를 알 수 없는 탄소강에 대해서는 165.5 MPa을 초과하지 않도록 한다. ③행어와 서포트용 재료의 선택기준은 우선 배관 재료의 특성과 호환되어야 하며, 어느 것도 다른 배관 재료에 악영향을 미치지 않아야 한다.

(3) 행어의 조정

DN 65 이상의 배관을 지지하는 행어는 하중을 지지하면서 배관이 완료된 후 조정이 가능하도록 설계되어야 한다. 조정을 위한 나사 부품 즉 턴버클 및 조정 너트는 전체가 나사로 이루어져야 하며, 나사 길이 조정을 위한 적절한 잠금장치가 있어야 한다.

(4) 지지 간격

배관의 지지 간격은 다음과 같은 기준에 따른다. ①응력을 고려한다. 즉 지지 간격으로 인하여 배관에 발생하는 응력은, 실제 간격의 두 배의 지지 간격을 기준으로 계산했을 때 기본응력 S 를 초과하지 않아야 한다. ②지지대 사이 배관의 변형(휨 또는 처짐) 허용량은 6.4 mm(0.25 in) 또는 관 바깥지름의 15%를 초과하지 않아야 한다. 이때 적용 하중은 관의 자중과 내부유체(비중량$\leq$ 1.0)의 중량 및 보온재 중량을 합친 것을 기준으로 한다. ③강관의 지지간격은 **표 8**과 같다. 유연한 배관계통(flexible systems)이란 집중하중이 작용하지 않는 직선 배관으로, 직선 방향의 움직임 만이 작용하는 배관이며, 그 이외의 경우를 견고한 배관계통(rigid systems)으로 본 것이다.

2 지지재

(1) 앵커와 가이드

앵커, 가이드, 회전축(pivots) 및 기타 구속(拘束) 장치는 각기 다른 위치에서 배관이 특정 평면이나 방향으로의 움직임은 고정하고, 다른 곳에서는 자유롭게 움직일 수 있도록 설계해야 한다. 그리고 추력, 모멘트 및 부과된 하중을 견디는 데 구조적으로 적합해야 한다. 벨로우즈 또는 슬립형 익스펜션조인트가 사용되는 경우, 조인트 축을 따라 직접 수축 팽창으로 인한 움직임을 허용할 수 있도록 앵커와 가이드가 설치되어야 한다.

수직 배관의 익스펜션조인트에 대한 가이드 간격을 결정할 때는 반드시 관의 좌굴강도를 고려해야 한다. 이는 특히 작은 지름의 배관에 적용된다. 관의 재료 또는 두께

표 8 견고한 배관과 유연한 배관계통의 지지 간격

(a) 견고한(rigid) 배관계통

DN	최대지지 간격(m)					
	물배관			가스 또는 공기배관		
	주(1)	주(2)	주(3)	주(1)	주(2)	주(3)
25	2.1	2.7	3.7	2.7	2.7	3.7
32	2.1	3.4	3.7	2.7	3.4	3.7
40	2.1	3.7	4.6	2.7	4.0	4.6
50	3.1	4.0	4.6	4.0	4.6	4.6
80	3.7	4.6	4.6	4.6	5.2	4.6
100	4.3	5.2	4.6	5.2	6.4	4.6
150	5.2	6.1	4.6	6.4	7.6	4.6
200	5.8	6.4	4.6	7.3	8.5	4.6
250	5.8	6.4	4.6	7.3	9.5	4.6
300	7.0	6.4	4.6	9.1	10.1	4.6
350	7.0	6.4	4.6	9.1	10.1	4.6
400	8.2	6.4	4.6	10.7	10.1	4.6
450	8.2	6.4	4.6	10.7	10.1	4.6
500	9.1	6.4	4.6	11.9	10.1	4.6
600	9.8	6.4	4.6	12.8	10.1	4.6

주 (1) 참고문헌 4, (2) 참고문헌 1, (3) 참고문헌 5

(b) 유연한(flexible) 배관계통

DN	배관 거리, m (in)									
	2.1 (7)	3 (10)	3.7 (12)	4.6 15	6.1 (20)	6.7 (22)	7.6 (25)	9.1 (30)	10.7 (35)	12.2 (40)
	배관 길이당 행어수(간격 균일) 주(1)									
20-25	1	2	2	2	3	3	4	4	5	6
32-50	1	2	2	2	3	3	4	4	5	5
65-100	1	1	2	2	2	2	2	3	4	4
125-200	1	1	1	2	2	2	2	3	3	3
250-300	1	1	1	2	2	2	2	3	3	3
350-400	1	1	1	2	2	2	2	3	3	3
450-600	1	1	1	2	2	2	2	3	3	3
700-1050	1	1	1	1	2	2	2	3	3	3

주 (1) 2개의 카프링 사이의 배관은 모두 지지되는 경우.

자료 참고문헌 6, p.A441

에 대한 가이드의 최대 간격은 식(15)을 사용하여 계산한다.

$$L_s = 0.00157\sqrt{\frac{E_m I}{PB + Q}} \tag{15}$$

식에서

L_s : 지지대 또는 가이드 간의 거리, m

E_m : 탄성계수, kPa (**부록 2** 참조)

I : 관성 모멘트, mm^4

P : 설계된 관내 압력, kPa

B : 관이나 익스펜션조인트의 벨로우즈 최대 내면적, m^2

Q : 익스펜션조인트의 스프링 속도 또는 마찰을 극복할 수 있는 힘(익스펜션조인트가 압축일 때는 +이며 팽창일 때는 -이다), N/mm

이다.

롤링 또는 슬라이딩 지지대는 배관의 자유로운 움직임을 허용하며, 배관은 부과된 하중 뿐만 아니라 지지대의 마찰력을 포함시켜 설계하여야 한다. 슬라이딩 지지대에 사용되는 재료 및 윤활제는 접촉점의 금속 온도에 적합해야 한다.

(2) 기타 리지드 서포트

행어 로드에 대한 안전하중은 나사가 가공된 부분, 그중에서도 골 영역과 재료에 허용되는 응력을 기준으로 해야 한다. 어떠한 경우에도 지름 9.5 mm(3/8 in) 미만의 행어 로드는 DN 40 이상의 배관 지지용으로 사용하지 않아야 한다. 탄소강제 로드의 허용 하중에 대해서는 **표 9**를 참조한다. 행어 로드와 동등한 강도 및 유효 면적의 관, 스트랩 또는 바를 사용할 수도 있다.

회주철[11]은 주로 압축 하중이 작용하는 곳의 베이스, 롤러, 앵커 및 서포트의 부품으로 사용할 수 있다. 회주철 부품은 인장력이 작용하는 곳에는 사용하지 않는다.

가단주철[12]은 수평 및 수직 배관의 클램프, 행어용 플랜지, 클립, 베이스, 스위블링 및 배관 서포트의 부품으로 사용할 수 있다.

---

11. 재질에 대한 표준은 참고문헌 8 참조
12. 재질에 대한 표준은 참고문헌 9 참조

표 9 구조용 탄소강제 로드의 허용 하중

로드 지름, in (mm)	나사부 단면적, mm^2	최대 안전하중, kg
1/4 (8)	17.4	141
3/8 (12)	43.9	359
1/2 (15)	81.3	663
5/8 (19)	130.3	1 062
3/4 (20)	194.8	1 589
7/8 (22)	270.3	2 206
1 (25)	356.1	2 906
1-1/8 (28)	447.1	3 632
1-1/4 (32)	573.5	4 676

주 구조용 탄소강은 참고문헌 7, 기본 허용응력(S) 80 MPa(11.6 ksi)기준

(3) 가변 스프링 서포트

가변 스프링 서포트는 중량 균형 계산에 의해 결정되는 하중과 동일한 지지력을 발휘하도록 설계되어야 하며, 부착 지점의 스프링에 의해 지지되는 모든 행어 부품(클램프, 로드 등)의 중량을 관 중량에 더해야 한다. 정렬 불량이나, 좌굴, 편심 및 스프링에 초과 응력을 발생시킬 수 있는 과부하를 제한할 수 있어야 한다. 최대 변위는 열팽창에 의한 전체 움직임의 25%가 되도록 설계하는 것이 좋다.

스프링을 사용하는 모든 행어에는 배관 계통이 고온이나 저온 상태가 되었을 때 항상 스프링의 압축 정도를 표시하는 수단으로 인디케이터가 있는 것이 좋다. 다만, 충격에 대비한 쿠션이나 작동 시의 위치를 표시하는 기구가 별도로 구비되거나 또는 배관 계통의 작동 온도가 121°C 미만인 경우는 예외로 한다.

3 부착물

(1) 고정적으로 부착되지 않는 부착물

배관의 지지를 위해 사용되지만 관에 직접 부착하지 않는 요소들로 클램프, 슬링(slings), 크래들(cradles), 새들, 스트랩 및 클리비스(clevises) 등이다.

클램프를 사용하여 수직 배관을 지지하는 경우 배관의 중량, 관내 유체, 보온재 및 익스펜션조인트와 같은 기타 하중을 포함한 총 하중을 지탱할 수 있도록 설계되어야 한다. 미끄러짐을 방지하기 위해 전단 러그를 붙이거나 클램프를 파이프에 용접할 수도

있다.

(2) 고정적으로 부착되는 부착물

배관의 지지를 위해 관에 직접 부착되어 관과 일체를 이루는 요소들로 이어, 슈, 러그, 원통형 부착물, 링 및 스커트 등으로 배관의 일부분이 된다. 이것들을 관에 용접할 때, 재료 및 작업 절차는 배관과 호환되어야 하며 강도는 모든 예상 하중에 적합해야 한다. 배관 및 지지 재료간의 허용응력이 서로 다른 경우는 낮은 값을 기준으로 설계해야 한다.

여러 방향 하중이 가해지는 일체형 부착물은 구속장치 또는 브레이스와 결합하여 사용한다. 설계는 부과된 모든 중량 및 열에 의한 하중을 고려해야 하며, 지지금구가 부착된 배관 부분에 발생되는 국부 응력을 최소화해야 한다.

4 콘크리트에 부착해야 하는 부착물

(1) 부착물의 최대하중

앵커나 콘크리트 타설 시 삽입된 인서트 및 기타 콘크리트에 부착될 지지 금구의 하중은 제조업체가 콘크리트의 압축강도 시험을 통하여 부착가능하다고 판단한 강도(최소한 17.2 MPa<2 500 psi>)의 1/5을 초과하지 않도록 한다.

콘크리트의 압축강도가 알려지지 않았다면 17.2 MPa로 가정하고 시험에 사용된 강도와 17.2 MPa의 비율로 패스너(fasteners)에 대한 제조자의 정격 시험 하중을 감소시켜야 한다.

제조자의 자료가 없는 경우, 물착물은 극한강도 시험을 거쳐야 한다.

(2) 익스펜션 스터드와 앵커

기계적으로 콘크리트 또는 벽돌 벽에 부착된 앵커는 제조자가 권장하는 최소한 이격거리를 유지해야 한다. 권장 사항이 없을 경우는 인서트나 스터드 지름의 최소 4.5배의 거리로 한다. 하중을 지지하기 위해 여러 개의 앵커가 필요한 경우 각 앵커 중심 간의 거리는 인서트나 스터드 지름의 8배를 유지해야 한다.

(3) 총으로 쏘아 박는 패스너

총 하중을 지탱하기 위해서는 여러 개의 패스너가 필요한 곳에서는 사용할 수 없다.

(4) 분할 핀 압축 앵커

분할 핀 형태의 압축 앵커는 전단 하중이 작용하는 곳에서만 사용해야 한다.

6 시스템

6.1 감압이 필요한 시스템

1 기본사항

감압밸브가 사용되는 경우, 시스템의 하류측(저압측)에 릴리프밸브나 세이프티밸브가 설치 되어야 한다. 그렇지 않으면 시스템의 저압측 배관 및 장비는 상류측(고압측) 설계압력에 견딜 수 있도록 설계되어야 한다. 릴리프 또는 세이프티밸브는 감압밸브와 인접하거나 가능한 한 가깝게 배치해야 한다. 감압밸브와 릴리프 또는 세이프티밸브를 같이 설치하는 것은, 감압밸브가 개방상태에서 이상이 발생할 경우에도 하류측 시스템의 설계압력보다 높은 압력이 작용하지 않도록 하기 위함이다.

2 대체 시스템

(1) 스팀 시스템

스팀 시스템에는 릴리프밸브의 사용이 불가능하다. 벤트 배관을 예로 들면 배출구가 허용되지 않기 때문이다. 그러므로 릴리프밸브를 대신할 수 있도록 설계되어야 한다.

다음 (2)(3)의 경우 모두 운전자에게 감압밸브에 이상이 발생한 경우 이를 확실하게 알릴 수 있는 경보를 제공할 수 있도록 하는 설계가 권장된다.

(2) 스팀 감압밸브 직렬설치

두 개 이상의 스팀 감압밸브를 직렬로 설치할 수 있으며, 각 밸브는 사용되는 장비의 안전한 작동 압력 이하로 설정한다. 이 경우에는 릴리프밸브를 설치하지 않아도 되지만, 각 감압밸브는 다음과 같은 기능을 가져야 한다. ①다른 밸브가 열림 상태로 고장나더라도 전체 시스템 압력이 작용하는 상태에서도 완전 차단이 될 수 있고, ②저압측의 설계 압력 또는 그 이하의 감압된 압력으로 조절할 수 있어야 한다.

(3) 트립 스톱밸브

저압 시스템의 설계 압력 또는 그 이하의 압력에서 닫히도록 설정된 트립 스톱 스팀 밸브는 2차 감압밸브 또는 릴리프밸브 대신으로 사용될 수 있다.

(4) 바이패스 밸브

하류측 배관이 릴리프밸브에 의해 보호되는 경우 또는 하류측 배관시스템 및 장비의 설계 압력이 상류측의 압력만큼 높은 경우, 감압밸브보다 더 큰 용량을 갖는 수동 제어 바이패스 밸브를 감압밸브 주위에 설치할 수 있다.

(5) 스톱밸브와 릴리프밸브

감압밸브, 바이패스 밸브 및 릴리프밸브는 입구측 즉 상류측의 높은 압력 및 온도 조건을 기준으로 설계되어야 한다.

6.2 스팀트랩 배관

(1) 드립 배관

다른 압력에서 작동하는 스팀 헤더, 횡주관, 분리기, 히터 또는 기타 장비의 드립(drip) 배관을 하나의 트랩을 통해 배출되도록 배관해서는 안 된다.

(2) 배출배관

트랩의 배출 배관은 입구측 배관과 동일한 압력 및 온도로 설계되어야 한다. 다만 다음과 같은 경우는 예외로 한다. ①배출물이 대기로 배출된다, ②저압에서 작동하며 스톱밸브가 없다.

6.3 연료용 오일 배관

1 관의 재료

(1) 강관

건물내 배관 재료는 표준을 가진 재료의 강관이어야 한다. 그러나 ①노내 맞대기 용접으로 제조된 파이프는 벽, 벽면의 홈, 샤프트 또는 천정 위와 같은 은폐된 곳에서는 사용할 수 없다. ②스파이럴 용접 파이프는 사용할 수 없다.

(2) 동관

L형 동관은 화재에 노출되지 않도록 보호되는 경우에만 건물 내 배관재로 사용할 수 있다.

(3) 지하 배관

강관, K형 동관, 알루미늄관, 덕타일주철관, 열가소성 플라스틱관 또는 보강 열가소성 플라스틱관을 사용할 수 있다. 지하에 매설되는 관과 관이음쇠는 부식 방지가 되어야 한다.

2 관이음쇠

(1) 건물 내 배관

나사식, 용접식, 브레이징 또는 플래어 이음을 사용해야 한다. 나사 이음에 사용하는 컴파운드는 나사 이음에 사용하는 오일에 적합한 재질이어야 한다. 마찰 또는 가연성 물질을 사용해야 하는 이음 방법을 사용해서는 안 된다.

동관은 브레이징 또는 플래어 이음을 사용해야 한다. 플랜지 또는 그루빙 조인트에는 표준을 충족하는 개스킷 재료를 사용해야 한다.

(2) 지하 배관

지하 배관의 경우 마찰형 조인트와 홈조인트도 사용할 수 있다.

③ 밸브

지하 배관이 건물로 진입하는 지점에는 오일의 흐름을 제어하기 위해 접근 가능한 위치에 강 또는 주철제 밸브를 설치해야 한다.

참고문헌

1. ASME B31.9 Building Service Piping
2. ASME PTC 19.3 TW Thermowells
3. ANSI/MSS SP-25 Standard Marking System for Valves, Fittings, Flanges, and Unions
4. ASME B36.10M Welded and Seamless Wrought Steel Pipe
5. ASME B31.1 Pressure Piping
5. NFPA 13 Sprinkler Systems.
6. Mohinder L. Nayyar. Piping Handbook, 7th Edition
7. ASTM A36 Carbone Structural Steel
8. ASTM A48 Gray Iron Castings
9. ASTM A47 Ferritic Malleable Iron Castings
10. MSS SP-58, Materials and Design of Pipe Supports

14장 제작 조립 및 설치

1 금속의 용접

1.1 재료

1 용접봉과 휠러메탈

사용할 용접봉 및 휠러메탈은 다음에 합당한 용접 제작물을 만들 수 있어야 한다.

①용접봉의 공칭 인장강도는 이음하려는 모재금속의 인장강도와 같거나 그 이상 이어야 한다. ②인장 강도가 다른 두 가지 모재금속을 용접하는 경우 용접금속의 공칭 인장강도는 두 가지 중 약한 금속의 인장강도와 같거나 그 이상이어야 한다. ③용접금속의 공칭 화학적 성분은 모재금속의 주요 합금의 화학적 성분과 같아야 한다. ④화학적 성분이 다른 모재 간의 결합인 경우, 용접금속의 공칭 화학성분은 모재금속 또는 두 재료의 중간 조성과 동일해야 한다. 다만 페라이트계 강재에 오스테나이트계 강재를 이음하는 ⑤의 경우는 제외한다. ⑤오스테나이트계 강재가 페라트계 강재에 이음될 때의 용접금속은 오스테나이트 구조를 가져야 한다. ⑥비철계 금속 이음의 경우 용접금속은 비철계금속 제조사 또는 그 금속을 관장하는 단체나 협회가 추천한 금속을 사용한다. ⑦특이한 재료 또는 조합된 재료의 경우는 설계자가 지정한 용접금속을 사용해야 한다.

2 백킹링

백킹링은 반드시 사용해야 하는 것은 아니다. 그러나 사용할 경우에는 모재금속과 호환되는 재료여야 하며 관의 안지름에 맞아야 한다. 백킹링은 관 내부에 붙일 수 있으며 용접부의 루트에 융접되어야 한다.

1.2 작업준비

1 맞대기 및 미터 용접

(1) 최종 준비

맞대기 및 미터이음쇠 용접에 대한 최종 준비는 용접절차 명세서에 제시된 것과 같아야 한다. 표준[1]에 표시된 기본 베벨 각도를 사용할 수 있다. **그림 1**은 모재의 두께를 기준한 베벨각도와 두트면의 두께를 보여주는 것이다. 특히 베벨각도는 적용하고자 하는 용접 방법에 따라 다른 기준이 적용된다. **표 1**은 이에 대한 기준을 정리한 것이다.

산소 또는 아크 절단방법은 절단이 비교적 부드럽게 이루어지고 직선인 경우에만 허용된다. 화염으로 절단된 표면에 남아있을 수 있는 변색은 유해한 산화로 간주되지 않는다.

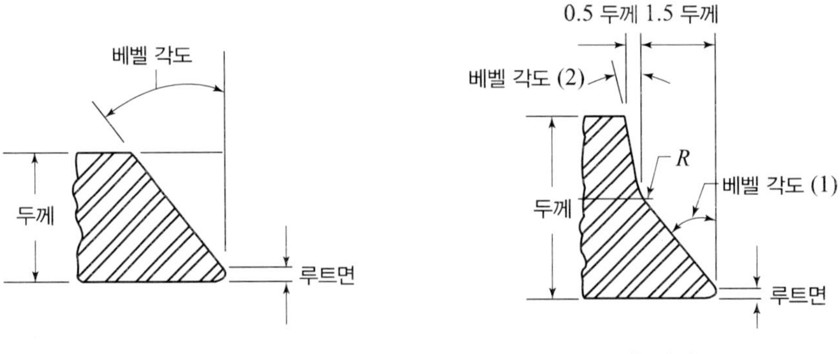

(a) 단각 베벨[2]　　(b) 2각 베벨[3]

그림 1 용접단부의 베벨각 및 각부 명칭

1. 참고문헌 1
2. single bevel
3. compound bevel

표 1 용접부 두께별 베벨 방법과 각도(그림 1 참조)

(a) 가스텅스텐 아크용접(GTAW) 이외의 용접방법 적용할 경우

두께, mm	용접부	베벨각도(1)	베벨각도(2)	루트면 두께
3 미만	정사각형 또는 약간의 베벨			용접부 두께
3~22	단각 베벨	37.5±2.5도		1.6±0.8
22 초과	2각 베벨	37.5±2.5도	10±2.5도	1.6±0.8

(b) 가스텅스텐아크용접 방법을 적용할 경우

두께, mm	용접부	베벨각도(1)	베벨각도(2)	루트면 두께
3 미만	정사각형 또는 약간의 베벨			용접부 두께
3~10	단각 베벨. 약간 오목하게 베벨	37.5±2.5도		
10~25	단각 베벨	20±2.5도		2.0±0.4
25 초과	2각 베벨	20±2.5도	10±2.5도	2.0±0.4

(2) 청소

용접 영역과 모재의 표면은 깨끗하고 용접에 유해한 페인트, 오일, 녹, 스케일 또는 기타 물질이 남아있지 않아야 한다. 용접부 또는 모재금속은 용접작업 중에 깨끗하게 유지되어야 한다. 화염 절단 표면의 모든 스래그는 깨끗하게 제거되어야 한다.

(3) 내부 정렬

이음할 배관 부품의 용접될 부분의 관지름, 두께 및 진원도 등은 규정된 허용오차 내에서 정확하게 정렬되어야 한다. 그리고 이 정렬된 상태는 용접작업 내내 유지되어야 한다.

(4) 루트간격

루트간격(root opening)을 두는 것은 용접이 잘 되도록 하여 용접부의 강도를 좋게 하기 위함이지만, 코드에서도 띄우는 거리를 정확하게 규정하지는 않는다.

관과 같은 원통형을 용접할 때의 루트간격은 용접되는 두 모재 중 얇은 두께의 2배 또는 20 mm(3/4 in) 중에서 더 작은 값보다 크지 않아야 한다. 다만, 용접 작업을 시작

하기 전에 허용 가능한 치수로 수정할 수 있다[4]. 이처럼 최대 범위만을 제한할 뿐이다. 그러므로 작업자가 경험을 토대로하여 정하면 된다.

② 필릿 용접

필릿 용접이 배관 구성요소를 이음하는 데 사용되는 경우에도, 전술한 맞대기 및 미터 용접에서와 같은 절차를 따라야 하고 용접할 부품에 대한 준비사항이 충족되어야 한다.

③ 동적인 영향

배관은 진동, 유체충격(워터해머), 바람 및 지진 등을 충분히 고려하여 배치 및 지지대가 설계되어야 한다. 배관의 지지 및 관련 구조물에 대한 내진 분석이나 내진 설계에 대해서는 법규상의 요구사항(**부록 5 참조**)을 준수해야 한다. 또한 팽창 및 수축을 억제하기 위하여 배관계통에 앵커 및 레스트레인을 설치할 때는 추력과 모멘트값도 계산된 결과를 반영해야 한다.

1.3 용접규칙

① 작업 보호

용접 작업은 실내에서뿐만 아니라 실외에서도 이루어지므로, 용접 부위에 비, 눈, 진눈깨비가 내리거나, 강풍이 불거나, 용접 부위에 성애가 끼거나 젖은 경우에는 용접 작업을 해서는 안 된다.

② 예열

(1) 예열의 필요성

본격적인 용접 작업에 들어가기 전 용접부를 예열하게 되는데, 예열온도에 대한 기준

4. 참고문헌 2. 5.21.4.2

의 적용은 간단하지가 않다. 작업별 용접절차서의 요구조건에 따르면 되겠지만 기준이 없을 수도 있다. 이런 경우에는 코드를 따라야 한다.

페라이트계 강은 용접온도에서 주변 온도로 냉각될 때 야금학적 상변화를 일으키게 된다. 0.20% 이하의 탄소 및 1% 망간을 함유하는 연강은 두께가 25 mm 이하일 때는 예열없이 용접 할 수 있다. 그러나, 탄소, 망간 및 규소의 증가 또는 크롬 및 특정의 다른 원소의 첨가에 의해 화학적 조성이 변화함에 따라 예열은 점점 중요해지고 있다. 왜냐하면 고탄소강 및 크롬-몰리브덴 강은 용접온도로부터 빠르게 냉각될 때 균열에 민감한 마르텐사이트계, 마르텐사이트-베이나이트계 및 기타의 혼합상 구조로 발전할 수 있기 때문이다.

또한 SMAW[5] 전극 코팅 또는 모재금속 표면의 습기로 인한 수소가 용접에 의해 용해될 수 있다. 그리고 용접부가 냉각됨에 따라 수축으로 인한 응력이 부품에 가해져 변형될 수 있으며, 두께가 증가함에 따라 용접 열로 인한 열충격으로 인해 균열이 더 쉽게 발생할 수 있다.

용접전 예열은 이러한 문제의 대부분에 대한 해결책이다. 예열은 용접 이음쇠의 냉각속도를 늦추고 용접금속과 열영향부(HAZ[6])에 연성 금속이 더 많이 형성되게 해준다. 용해된 수소가 보다 쉽게 확산되도록 하며 잔류응력에 의한 수축, 변형 및 발생 가능한 균열을 줄이는 데 도움이 된다. 대부분의 재료에 대해 취성파괴 전이구역 이상으로 재료의 온도를 충분히 높여 주는 역할을 하게 된다.

(2) 코드의 예열 조건

코드에서의 예열 조건은 서로 다르다. 한 코드에서는 의무적인 예열을 요구하는 반면, 다른 코드에서는 수준을 제한하는 정도다. 예를 들어 탄소강 용접의 경우, 어떤 코드에서는 탄소 함량을 기준으로 하여 0.30%를 초과하고 접합부의 두께가 25 mm를 초과할 때는 80°C의 온도로 예열할 것을 요구한다. 또 모재금속의 강도를 기준으로 하여 강도가 409 MPa를 초과하거나 두께가 25 mm를 초과할 경우 80°C로 예열할 것을 권장한다[7].

---

5. shielded metal arc welding
6. heat-affected zone
7. 참고문헌 3

표 2 일반적인 예열 요구사항

P-번호	예열온도		화학적 조성과 두께 제한	비고
	°F	°C		
1	175	80	C 함량 0.30% 초과, 두께 25 mm 초과	탄소-망간강
	50	10	그 외 모든 경우	
3	175	80	인장강도 413.7 MPa 초과 또는 두께 13 mm 초과	1/2Mo 또는 1/2Cr, 1/2Mo
	50	10	그 외 모든 경우	
4	250	120	인장강도 413 MPa 초과 또는 두께 13 mm 초과	1/2Cr, 1/2Mo(크롬 몰리브덴강 SA387)
	50	10	그 외 모든 경우	
5A, 5C	400	200	인장강도 413.7 MPa 초과 또는 Cr 함량 6.0% 초과 및 두께 13 mm 초과	2-1/2Cr, 1Mo 5Cr, 1/2Mo 또는 9Cr, 1Mo
	300	150	그 외 모든 경우	
6	400	200	모든 재료	마르텐사이트계 스테인리스강 (Gr.410, 415, 429)
9A	250	120	모든 재료	2Ni강
9B	300	150	모든 재료	3Ni강
10I	300	150	인터 패스 온도는 최대 230°C(450°F)	고크롬스테인리스강
15E	400	200	모든 재료	9Cr,1Mo

자료 참고문헌 3. 131.4에 의거 재작성

다른 코드에서는 탄소망간강[8]의 경우 최대 탄소 함량이 0.30% 이하이고 두께가 40 mm를 초과할 때 95°C의 예열을 제안한다. 또한 탄소함량이 0.30%를 초과하고 벽두께가 25 mm를 초과하는 재료에 대해서 120°C의 예열을 제안한다[9].

또 다른 코드에서는 탄소당량[10]을 기준으로 예열을 요구한다. 분석에 의한 탄소함량이 0.32%를 초과하거나 탄소당량(C+1/4Mn)이 0.65%를 초과할 경우 예열이 필요하다.

그러므로 예열 요건에 대해서는 작업에 적합한 특정한 코드의 참조가 권장된다.

대표적인 예열 요건은 **표 2**를 참조한다.

8. 참고문헌 4. P번호 1 Gr No. 1 또는 P번호 1 Gr No.2
9. 참고문헌 4. P번호 1 Gr No. 1 또는 P번호 1 Gr No.2
10. carbon equivalents. 참고문헌 5, 참고문헌 6

③ 맞대기용접과 미터용접

(1) 가접

가접(假接, tack weld)은 압정(押釘)용접이라고도 불리며 자격을 갖춘 용접공에 의해 만들어지고 또한 제거되어야 한다. 금이 간 가접은 제거해야 하며, 가접에 사용된 용접재와 호환되는 용접재로 본 용접이 이루어져 가접에 사용한 용접재료와 융합되도록 하여야 한다.

(2) 외부 정렬

용접될 두 부재 간의 외부 표면이 정렬되지 않으면 용접부에 경사가 생기게 되어 용접이 불가하거나, 용접이 되더라로 불량의 원인이 될 수 있다.

(3) 접합부 설계 및 맞춤

관의 절단, 적정한 각도로의 베벨 및 가접하거나 또는 다른 방법으로 정렬하여 고정한다. 정확한 맞춤이 되어야 완전한 침투 용접이 가능하다.

④ 필릿 용접과 소켓용접

(1) 가접

필릿 용접이나 소켓용접에서의 가접도 맞대기용접과 미터용접에서와 같은 가접 방법을 따른다.

(2) 윤곽

필릿 용접 및 소켓용접은 볼록형에서 오목형으로 다를 수 있다. 필릿 용접의 크기를 표시하는 방법과 주요부의 명칭은 **그림** 2와 같이, ①등각 필릿 용접의 크기는 가장 큰 이등변 직각 삼각형의 길이이고, 이론적 목의 길이는 용접크기 × 0.707과 같다.

②부등각 필릿 용접의 크기는 용접 단면 내에 생길 수 있는 가장 큰 직각 삼각형의 길이이다. 예를 들면 12.7 mm × 19 mm 같은 것이다.

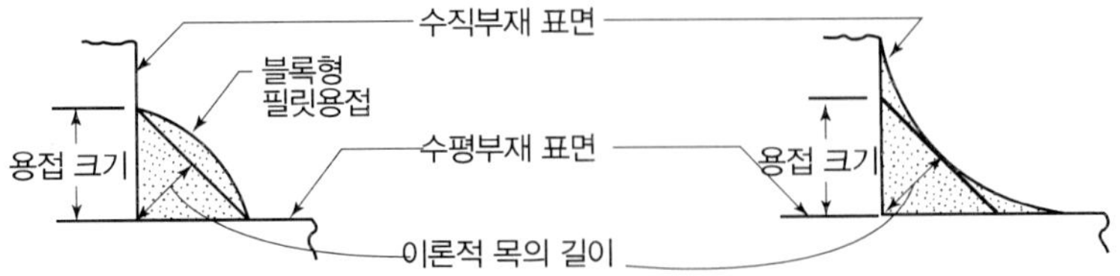

(a) 등각 필릿 용접

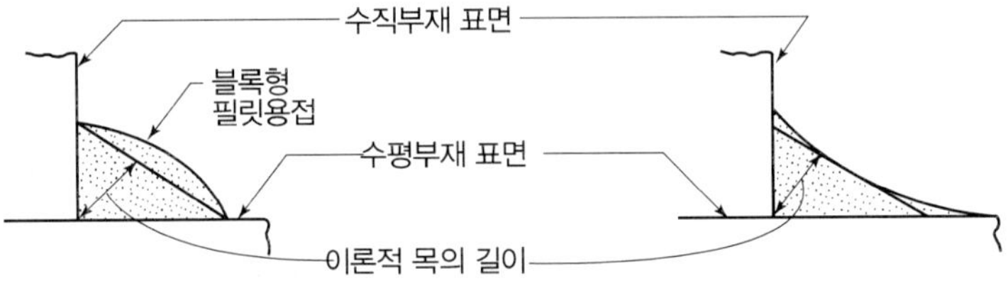

(b) 부등각 필릿 용접

그림 2 필릿 용접의 크기

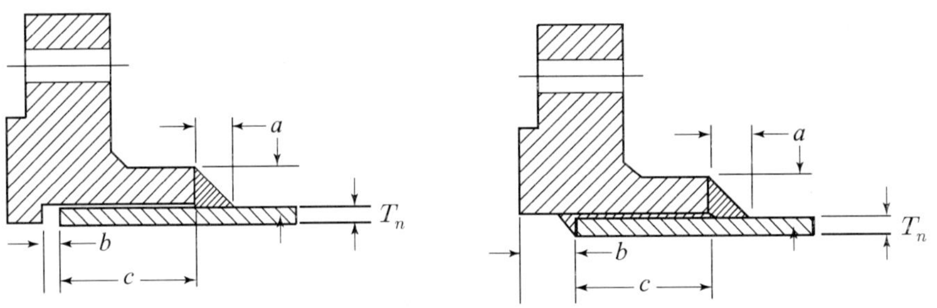

a : 용접 크기로 1.4 T_n 또는 허브의 두께 중 더 얇은 것보다 3 mm 이상
b : 후퇴 길이로 플랜지면에 씰용접을 하지 않는 경우 최소 1.5 mm.
플랜지면에 씰용접을 하는 경우는 용접으로 인한 개스킷 표면의 손상을 방지하는 데 필요한 최소한의 길이이어야 한다.
c : 삽입 깊이로 최소한 T_n 또는 6 mm보다 커야 한다.
T_n: 공칭 관 두께이다.

그림 3 슬립온과 소켓용접식 플랜지의 최소 용접크기, 후퇴길이 및 삽입깊이

(3) 방법 및 용접치수

관에 플랜지를 부착하는 방법은 여러 가지가 있지만 **그림 3** 및 **그림 4**는 그중의 몇가지 방법으로서 슬립온 플랜지 및 소켓용접 부품에 대한 필릿 용접의 예를 보여주는 것이다. 그림에서 후퇴길이(setback)란 비워두는 공간을 말하는 것으로, 작업 중의 열

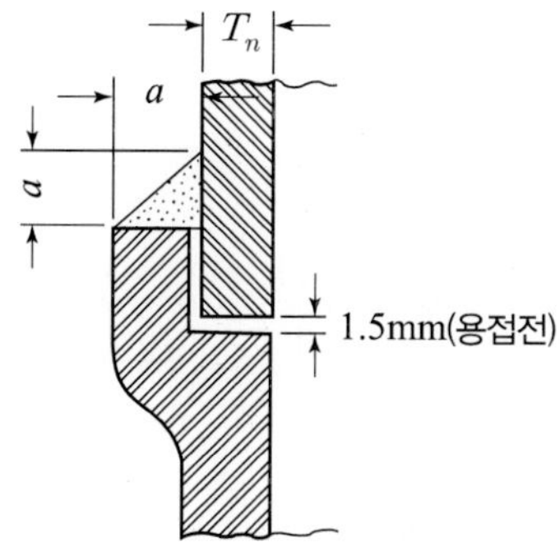

a: $1.1\,T_n$ 또는 3.2 mm보다 커야 한다.

그림 4 플랜지 이외의 소켓 용접 부품의 최소 용접 치수

팽창으로 인한 문제에 대비하기 위한 것이며, 삽입 깊이는 설명을 위한 것이다. 플랜지 면에 씰용접을 추가하는 것은 설계에 명시되지 않는 한 선택 사항이다.

5 씰용접과 평판 헤드용접

나사식 이음쇠에 씰(seal)용접 하는 경우는, 표면을 청소하고 노출된 모든 나사산을 씰용접으로 덮어야 한다. 씰용접의 목적은 누설방지에 있을 뿐 용접의 강도를 높이기 위함이 아니다. 그러므로 씰용접은 자격 있는 용접공이 수행해야만 한다.

평판 헤드 용접은 배관의 단을 막거나 헤더를 제작할 경우와 같이 전형적으로 평평한 판재로 관단을 막아주는 용접이다. 막음 판의 두께는 관 두께의 2배 또는 실제 관 두께의 1.25배 이상의 두께이어야 하며, 막음 판의 지름은 관의 바깥지름과 같아야 한다. 막음 판의 크기가 관의 바깥지름보다 커서 돌출부가 있게 하는 부착 방법은 허용되지 않는다.

6 지관용접

(1) 지관 연결

본관에서 지관을 분기하는 작업은 관이음쇠를 사용하는 것이 가장 간단하고 편리하다. 그러나 관이음쇠를 사용할 수 없는 여러 가지 경우가 있다. 그래서 불가피하게 관에 직접 지관을 설치해야 하는 경우가 생긴다. 주관과 지관의 설치 각도를 기준으로 직

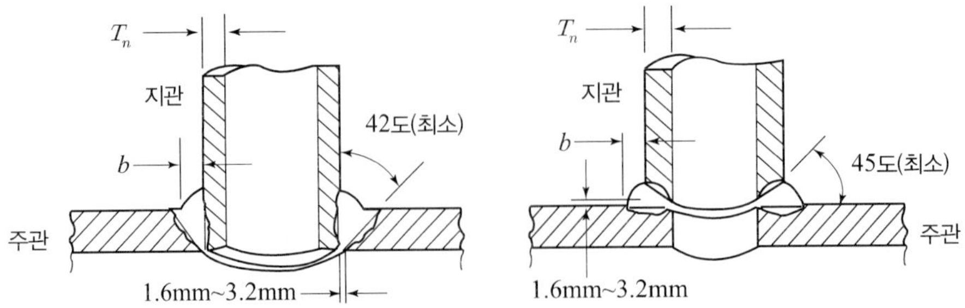

주 그림에서 b는 T_n 또는 6.4 mm보다 작아야 한다

(a) 지관을 주관에 삽입 용접 (b) 지관을 주관의 외부에 부착 용접

그림 5 주관에 지관 설치 용접상세

각 분기관과 예각(銳角) 분기관이 있고, 용접부를 보강하거나 보강하지 않은 경우가 있다. 이러한 구분은 설계에 명시된 기준을 따르게 되지만, 현장의 여건상 설계와 다른 각도의 분기관이 설치될 수도 있다.

(2) 용접 세부 사항

그림 5는 지관 제작에 사용되는 기본 용접 유형을 보여주는 것이다. 용접의 위치와 최소 크기는 이 그림의 요구사항을 준수해야 한다. **그림** 5(a)는 주관의 두께만큼 지관을 삽입하게 되므로 주관으로부터 도려내지는 개구부의 크기는 지관의 바깥지름과 같아야 한다. **그림** 5(b)는 주관의 외부 즉 바깥지름에 접하도록 지관을 가공하게 되고 주관으로부터 도려내지는 개구부의 크기는 지관의 안지름과 같아야 한다. 그래야 완전하게 용융된 홈 용접이 가능하다. 어느 경우이거나 일체형의 보강된 용접 아웃렛 피팅이 포함된다.

(3) 보강

지관 연결부를 링 형태 또는 새들 형태의 보강판을 대는 경우, 보강재는 주관의 바깥지름에 맞게 가공된 아웃렛(**제7장 그림** 12 참조) 부품이나 보강판을 사용하고 지관과 그 외부 주변에 용접한다. 보강판에는 통기구멍을 두어 지관과 주관 사이의 용융용접의 상태가 보이도록 함과 동시에 용접 또는 열처리 시 배기가 가능하도록 한다. 보강판는 충분한 강도가 있어야 하고, 두 개 이상의 조각으로 분리하여 만들 수 있다. 각 조각에는 통기 구멍이 있어야 하고, 보강판은 주관 부착면과는 물론 부품 간의 접촉면이 잘 맞아야 한다.

7 구조용 부착물 및 지지대

구조용 부착물 및 지지대를 위한 용접은 설계에 특별히 명시되지 않는 한 홈용접 또는 필릿 용접으로 완전침투용접[11]이 되어야 하고, 부착 용접은 유자격 용접사가 수행해야 한다.

8 용접결함의 수리

용접부의 결함은 최초의 정상적인 금속상태[12]가 되도록 제거되어야 한다. 수리 용접은 원래 용접에 사용된 절차에 따르거나 또는 다른 공인된 절차를 따르는 경우에만 다른 용접 방법으로 수행할 수 있으며, 수리된 구멍은 원래 이음쇠의 윤곽과 치수가 다를 수 있다는 것에 유의해야 한다.

2 브레이징과 솔더링

2.1 브레이징

(1) 필러메탈

브레이징에 사용되는 용접재를 필러메탈이라고 한다. 용접부 틈을 채워준다는 의미에서 붙여진 것으로, 여러 가지 원소가 함유된 합금이다. 기계적 성질보다는 합금의 화학적 성분에 의하여 분류된다. 다음과 같이 잘 정의된 8가지 그룹 54종으로 표준화(**제8장** 참조)되어 있다[13]. 필러메탈의 공통점은 용융점인데, 모재(동)보다는 낮고 450°C보다는 높다.

---

11. full penetration weld
12. sound metal
13. 참고문헌 7, 8, 9, 10

(2) 플럭스

필요한 경우 플럭스는 브레이징될 재료 및 사용될 필러메탈과 호환 가능해야 한다. 작업이 완료되면 플럭스 잔여물을 제거해야 한다.

(3) 브레이징 작업 기준

브레이징을 위한 준비와 작업은 국제적으로 CDA[14]의 브레이징 기술을 따른다. 이 책에서는 **제8장** 용접에서 다루었으므로 이를 참조한다.

2.2 솔더링

(1) 솔더

솔더링에 사용하는 용접재도 브레이징 필러메탈과 마찬가지로 용융되어 요접부의 틈을 채워주기 때문에 역시 필러메탈이라고도 하지만, 일반적으로 솔더링에 사용되는 용접재를 솔더 또는 솔더메탈이라고 하며, 합금등급으로 표준화[15]되어 있다. 솔더는 특정 온도 범위 내에서 녹고 자유롭게 유동되어야 한다. 소재에 따라 주석-납(Sn-Pb) 합금, 주석-안티몬(Sn-Sb) 합금, 주석-은(Sn-Ag) 합금 등 50여 종(**제8장** 참조)이 사용된다. 상품화된 솔더는 주석의 함량을 기준으로 호칭되기도 한다.

(2) 플럭스

솔더링 중 산화를 방지하고 표면 습기 제거를 위해 플럭스를 사용해야 한다.

(3) 솔더링 작업 기준

국제적으로 모세관작용을 이용하는 솔더링 작업 표준[16]을 따른다. 이 책에서는 **제8장** 용접에서 다루었으므로 이를 참조한다.

---

14. 참고문헌 8, 9, 10
15. 참고문헌 11
16. 참고문헌 12

3 굽힘과 성형

3.1 굽힘작업으로 만든 벤드

(1) 적용요건

관은 열간 또는 냉간공법으로 표면에 균열이나 좌굴의 발생 없이 모든 반지름으로 굽혀서 벤드를 만들 수 있다. 그러한 굽힘은 벤드나 미터이음쇠 제작용 관의 두께가 설계 요건(**제7장 2.2 참조**)을 충족해야 한다.

설계에 명시되어 있으면 주름관으로 만든 벤드의 사용도 가능하다.

(2) 굽힘의 경제성

관의 방향이 전환될 때 관을 굽혀서 만든 벤드를 사용할 것인지, 용접 제작한 미터이음쇠를 사용할 것인지는 현장의 여건과 경제적 관점에서 평가되고 결정된다.

곡률 반지름 범위가 관지름의 3~5배인 벤드일 경우는 시스템에 적절한 유연성을 유지하면서 유체흐름에 다른 부차적 손실이 최소화된다. 벤드는 미터이음쇠에 비하여 용접부가 최소한 1개 이상 줄어들기 때문에 검사를 받아야 하는 숫자도 그만큼 줄어들게 되므로 경제성을 고려하여 벤드 사용이 선택되는 경우가 매우 많다. 특히 대형 배관의 경우에는 벤딩이 유일한 선택사항일 수도 있다.

(3) 벤드 사용의 제한

벤드 제작용 금속은 가급적 연성이 우수하고 변형률도 낮아야 한다. 배관계통을 구성하는 대부분의 금속은 이러한 요건을 충족한다. 성공적인 굽힘 작업이 된다는 것은 완성된 벤드의 지름, 두께, 곡률반지름이 잘 나온 것이다. 지름-두께 비율이 증가하고 곡률반지름이 작아질수록 평탄화 및 좌굴의 가능성이 더 커진다. 각 굽힘 공정에서는 서로 다른 기능이 필요하므로 작업이 원활하게 이루어지도록 하기 위해서는 관련된 재료, 관지름, 두께 및 요구되는 곡률반지름을 얻을 수 있는 장비가 갖추어져야 하고 또한 이를 다루는 작업자의 기능적인 능력이 중요하다.

굽힘으로 만든 벤드의 사용 여부에 대한 특정 요구사항이 있을 수 있으므로 관련 코드를 확인하는 일도 중요하다.

3.2 성형

1 일반

배관 구성요소는 적절한 열간 또는 냉간 공법을 사용하여 균일한 치수를 갖는 부품으로 형성할 수 있다. 배관 구성요소의 제작과 관련된 성형에는 굽힘을 포함하여, 압출, 축관, 겹침(lapping) 및 관 끝의 확관, 플랜징, 뒤집기 등의 작업이 있다.

이 모든 작업을 위해서는 일반적으로 배관의 제작 및 조립공장에서 사용되는 장비가 확보되어야 한다. 엘보, 티, 레듀서 및 겹침된 관이음쇠, 스터브 및 현장에서 요구되는 관의 단 형태를 갖춘 용접 부속품이나 관이음쇠를 사용할 수 있는 경우에는 이러한 작업의 필요성이 없어지겠지만, 기존의 상품화된 부품이 없거나 또는 경제성을 고려하여 특수 파이프나 특히 지름이 큰 관의 경우에는 성형방법을 적용할 수 있다.

2 동관을 압출 성형한 아울렛 제작

(1) 칼러 성형

기계적으로 압출 형성된 아웃렛은 주관(헤더)의 축과 수직이 되어야 한다. 먼저 공구가 들어갈 수 있도록 구멍을 뚫고 공구를 넣어 관 표면을 뽑아 올려 그 높이가 두께의 3배 이상의 칼러(collar)를 형성한다. 칼라를 만드는 기구는 연결될 지관에 적절한 깊이에서 멈춰지도록 위치 표시를 할 수 있어야 한다. 작업 방법은 소구경 동관에 사용하는 티뽑기와 같은 원리이다.

(2) 지관의 삽입

지관의 삽입은 칼라에 내부 보강을 할 수 있도록 주관의 안지름 내로 돌출되어 흐름에 저항 요소로 작용하지 않도록 칼라 내의 특정 깊이 만큼만 삽입되어야 한다.

(3) 지관의 크기

지관의 최대 크기는 주관의 관지름까지이다[17]. 성형 절차는 공구 제조자의 권장 사항

17. 참고문헌 13

에 따라야 한다.

(4) 용접

이 방식을 적용한 모든 이음에는 브레이즈 용접해야 한다.

(5) 이음부에 대한 허용압력

이 방식에 의한 이음부에 대한 허용압력은 식(1), (2) 및 (3)으로 계산된 값 중 가장 작은 값을 사용한다.

$$P = \frac{S[D_b T_m + 5.00(T_b + T_m)]}{D_b(D_m + 2.5)} \tag{1}$$

$$P = \frac{2ST_m}{D_m} \tag{2}$$

$$P = \frac{2ST_b}{D_b} \tag{3}$$

식에서

P : 허용압력, kPa

D_b : 지관의 바깥지름, mm

D_m : 주관의 바깥지름, mm

S : 재료의 허용응력, kPa

T_b : 지관 두께(허용 오차와 부식 여유를 제외한 순수 두께), mm

T_m : 주관 두께(허용 오차와 부식 여유를 제외한 순수 두께), mm

이다.

4 비금속제 배관 요소 제작

4.1 열가소성 플라스틱 배관재의 이음

1 재료

배관 구성요소를 이음하는 데 사용되는 접착제, 시멘트 및 실러는 이음되는 재료와 호환 성이 있어야 하며 적용해야 하는 표준을 준수해야 한다. 공기에 노출로 인해 악화된 물질, 제조자가 권고한 유효 기간을 넘은 물질 또는 원활하게 퍼지지 않는 물질은 이음의 재료로 사용할 수 없다.

2 솔벤트 시멘트 이음

(1) 준비

솔벤트 시멘트 이음될 PVC 및 CPVC의 표면은 깨끗이 청소해야 한다. 특히 ABS의 세척은 표준[18]에서의 요구사항을 준수해야 한다. 절단 후에는 덧살(burr)를 제거해야 한다. 원주 절단면은 90도 절단용 치구와 톱을 사용하여 얻은 것과 같은 직각이어야 한다. 관과 연결되는 소켓 사이에 약간의 끼워 맞춤이 되어야 하며, 관바깥지름과 소켓 안지름 사이의 간격은 1.0 mm를 초과하지 않아야 한다. 이 맞춤 상태는 솔벤트 시멘트 이음 작업 전에 확인되어야 한다.

(2) 절차

솔벤트 시멘트 이음은 표준[19]에 따라 작업되어야 한다. 열가소성 플라스틱용 시멘트는 **표 3**에 적합하여야 한다. 이음부 양쪽 면에 시멘트를 칠한 후 조립하면 이음부 바깥쪽에 시멘트의 연속 띠가 나타나야 한다.

티를 사용하지 않는 지관 연결 즉 주관에 직접 지관을 설치하는 경우는 **그림 6**과 같은 새들(안장)형의 분기소켓을 사용하여야 한다. 이 부품은 주관과의 접촉면은 물론 지

18. 참고문헌 14
19. 참고문헌 15

표 3 열가소성 플라스틱용 시멘트

재료	ASTM 표준	비고
PVC	D2564	PVC 플라스틱 배관용 솔벤트 시멘트
CPVC	D2846	CPVC 플라스틱 온냉수 시스템
ABS	D2235	ABS 플라스틱 관과 관이음쇠용 솔벤트 시멘트

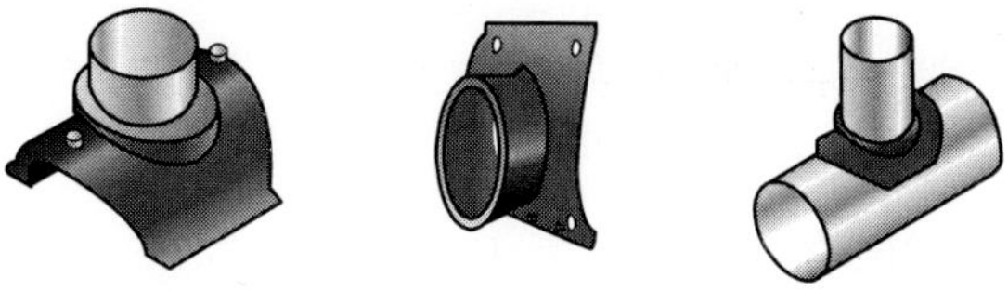

그림 6 새들형 분기소켓

관과의 접촉면이 넓기 때문에 이음 강도가 높다. 또한 주관과 접하는 새들 및 원주 주위를 에폭시 수지로 포화시킨 유리섬유 테이프를 감아주는 방법으로 추가 보강할 수도 있다. 솔벤트 시멘트는 화재 등의 위험성이 있으므로 표준[20]에서의 취급에 대한 권장사항에 따라야 한다.

3 열융착

(1) 준비

열 융착될 양 표면에는 이물질이 붙어있지 않아야 하고 표면에 수막이 없어야 한다. 절단면에는 덧살이 없어야 하며, 원주 절단면은 90도 절단용 치구와 톱을 사용하여 얻은 것과 같은 직각이어야 한다. 이음 작업 시에는 관과 이음쇠가 잘 맞춰지도록 고정장치를 사용해야 한다.

(2) 방법

일반적으로 폴리에틸렌, 폴리프로필렌 및 기타 열가소성 플라스틱의 열융착 방법은 표준[21]의 소켓융착 또는 맞대기융착 방법 및 제조자의 권장 사항에 따른다. 이음되는

20. 참고문헌 16
21. 참고문헌 17

양 표면과 그 조립체가 균일하게 가열되어 이음부 외부에 융착된 물질로 이루어진 작은 연속된 띠가 만들어져야 한다. 지관을 설치할 때는 성형된 부속품을 사용해야 한다.

4 플래어 이음쇠 및 탄성중합체 봉합 이음쇠

(1) 플래어 이음쇠

플래어 이음부는 해당표준[22]에 따른다.

(2) 탄성중합체 봉합 이음쇠

탄성중합체 봉합 이음쇠(elastomeric-sealed joints)는 표준[23]에 따른다.

4.2 강화 열경화성 플라스틱 배관재의 이음

(1) 재료

강화 열경화성 플라스틱관의 이음 재로도 열가소성 플라스틱 배관재의 이음 재료와 같다.

(2) 준비

관의 절단은 깍아 낸 부스러기의 발생이나 또는 균열이 없이 이루어져야 한다. 특히 원심 주조 관의 경우는 내면이 그래야 한다. 이러한 요구 사항을 준수하기 위해 필요한 경우는 관을 예열한다. 절단면에는 덧살이 남아 있지 않아야 하며, 원주 절단은 90도 절단용 치구와 톱을 사용하여 직각이 되도록 한다.

지관을 연결해야 하는 경우, 주관의 구멍은 구멍 톱을 사용하여 만든다. 접착을 방해할 수 있는 몰드 방출제 및 기타 재료를 샌딩 등의 방법으로 표면에서 완전히 제거한 후 보강을 해 주어야 한다.

---

22. 참고문헌 18
23. 참고문헌 19

(3) 화학적 응결 접착제 이음

화학적으로 응결되는 접착제를 사용하는 이음은 제조자의 권고 사항에 따라 작업되어야 한다. 이음이 되는 양쪽 표면에 접착제를 도포하면 그 사이에 연속적인 본드 층이 생겨야 한다. 지관 연결의 경우, 새들형의 분기 소켓(**그림 6** 참조)을 사용한다. 분기소켓의 돌출부는 노즐을 완성하거나 지관 연결이 원할하도록 충분하게 돌출되어야 한다. 새들이 주관에 이음될 때 주관의 구멍 절단면 주변은 접착제로 밀봉되어야 한다.

(4) 보강용 테이프를 손으로 감아주는 이음

접착할 표면에 촉매 수지로 적신 보강 테이프를 연속적으로 감아주면, 이것이 굳어서 구조물이 생성된다. 절단부는 배관 내용물로부터 보강 부분을 보호하기 위해 밀봉해야 한다. 감아준 테이프의 두께는 최소한 배관 두께와 같아야 한다.

4.3 결함 복구 작업

검사 결과 및 설계의 요건을 충족하지 못하는 결함이 있는 비금속 관의 재료, 이음쇠 및 시공 상태가 부적합한 부위에 대해서는 허용 가능한 방법으로 수리하거나 교체해야 한다.

배관 부위를 절단하여 재시공할 수 없을 경우에는 **그림 7**과 같은 덧대기용 새들(patching saddle)을 사용하여 플라스틱 배관의 결함을 수리하는 방법도 고려할 수 있다.

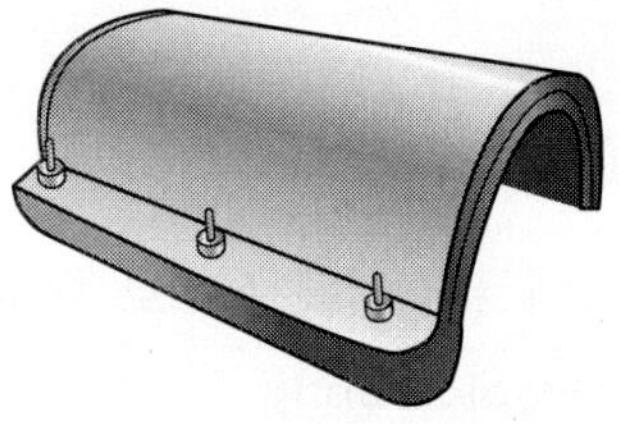

그림 7 비금속 배관용 덧대기용 새들의 예

5 조립

5.1 일반

공장 또는 현장에서 설치할 배관 구성품을 미리 조립 및 설치하여 일정한 크기로 제작한 후 설치할 장소로 옮겨 조립함으로써 시스템을 구성할 수 있다. 이 때에는 조립이 완성된 배관의 형태를 기준으로 코드 및 설계 요건을 준수하도록 수행되어야 한다.

DN 300 이상인 플랜지형 이음쇠와 관을 조립할 때 링 형태의 개스킷을 사용하는 경우에는 누설방지를 위한 특별 지침[24]을 따르는 것이 좋다.

5.2 볼트체결

(1) 정열

플랜지 이음은 볼트로 고정하기 전에 개스킷이 플랜지 면에 균일하게 접착되도록 맞춘 다음, 마주 보는 방향으로 볼트를 조여 상대적으로 균일한 볼트 응력이 작용하도록 조여 나간다.

(2) 개스킷에 작용하는 하중

개스킷 플랜지 이음쇠를 볼트로 조일 때, 사용된 개스킷의 유형에 적용되는 설계 원칙에 따라 균일하게 압축되어야 한다.

(3) 강제 플랜지와 주철제 플랜지의 이음

RF 강제 플랜지와 FF 주철제 플랜지를 볼트로 체결할 때는 주철 플랜지의 손상을 방지를 위해 조임시 주의를 기울여야 한다.

(4) 볼트 체결

모든 볼트 및 너트는 완전히 체결되어야 한다.

---

24. 참고문헌 20

5.3 벨과 스피곳 이음

(1) 코킹 이음

벨(bell)에 스피곳(spigot)을 끼우고 그 틈새를 코킹으로 이음할 때는 오큠(oakum)이나 얀(yarn)을 채운 다음 녹인 납을 주입하거나 또는 용도에 적합한 기타 이음 컴파운드를 사용하여 조립해야 한다. 벨은 허브(hub) 또는 소켓(socket) 등으로도 불린다.

(2) 주철제

주철제의 벨과 스피곳을 압력 배관용으로 사용할 때는 코드[25]의 요건을 충족해야 한다.

5.4 나사 이음

(1) 나사

나사 배관을 위한 관과 관이음쇠 등의 요소별 나사의 치수는 해당 표준을 준수해야 한다.

나사산은 깨끗하고 깨지거나 찢어진 곳이 없어야 한다.

(2) 나사 이음용 컴파운드

나사 이음에 사용되는 모든 화합물 또는 윤활제는 배관의 용도에 적합해야 하며, 관내 유체 또는 배관 재료에 좋지 않은 영향을 주어서는 안 된다.

(3) 씰 용접

씰 용접되는 나사 이음에는 나사 이음용 컴파운드를 사용하지 않고 조립되어야 한다.

(4) 나사를 푸는 방향으로의 조임 금지

관의 정렬을 용이하게 하기 위해 나사를 푸는 방향으로(backing off)의 조임은 허용되지 않는다.

---

25. 참고문헌 21

(5) 플라스틱관의 나사 이음

나사 이음을 위한 조임에는 스트랩 렌치 또는 다른 전체 원주 렌치를 사용하여야 한다. 힘을 가하거나 잡아주기 위해 사용되는 도구 및 기타 장비는 관 표면에 물린 자국이나 심한 긁힘을 남기지 않은 것이어야 한다.

강화 열경화성 플라스틱 배관의 경우에는 나사부를 촉매 처리된 플라스틱으로 완전하게 코팅하고, 관과 관이음쇠 간의 틈새를 충분하게 채워주어야 한다.

5.5 기타 이음

(1) 플래어 이음

관 끝은 직각으로 절단되고 덧살이 제거되어야 한다. 벌려진 표면에는 긁힘, 파손, 갈라진 틈, 균열 또는 다른 흠집이 있어서는 안 된다.

(2) 페룰 바이트 이음쇠

기계적 이음 방식의 일종으로, 관을 삽입하고 너트만 조이면 이음이 완료되는 관이음쇠(ferrule bite joints)를 사용하는 이음 방식이다. 이음 작업 시에는 관이음쇠에 삽입될 관 끝이 직각으로 절단되고 덧살이 제거되어야 한다. 삽입부의 외 표면에는 긁힘, 파손, 갈라진 틈, 또는 다른 흠집이 없어야 한다.

너트를 조일 때에는 관에 가볍고 균일하게 물리기에 충분한 토크만 사용해야 한다.

(3) 압축 이음쇠

기계적 이음 방식의 일종으로, 관을 삽입하고 너트만 조이면 이음이 완료되는 관이음쇠(compression joint)를 사용하는 이음 방식이다. 이음 작업 시에는 관이음쇠에 삽입될 관 끝이 직각으로 절단되고 덧살이 제거되어야 한다. 삽입부의 외 표면에는 긁힘, 갈라진 틈, 또는 다른 흠집이 없어야 한다.

(4) 특허로 독점권을 가진 관이음쇠

그루브, 확관, 압연, O-링, 클램프, 그랜드 등의 특허로 독점권을 가진 관이음쇠를 사용하는 경우에는 제조자의 작업지침에 따라 조립되어야 한다.

(5) 붕규산 유리 배관

유리관 대 유리관 연결은 커플링으로 이루어진 압축식 클램프를 사용하여야 한다. 마개 부분은 정확한 치수로 공급되는 제품을 사용하는 것이 좋다. 필요한 경우, 유리관은 제조업체 지침에 따라 현장 절단 및 구부릴 수 있다. 구부린 관과 직관의 연결은 이러한 목적을 위해 특별히 고안된 커플링을 사용한다.

모든 유리 배관에 대한 정렬 및 지지는 이음부를 조이기 전에 제조업체의 지침에 따라 확인하여 조정되어야 한다.

(6) 장비에 관의 연결

장비 또는 변위에 민감한 배관 요소에 관을 연결할 때에는 정렬 불량으로 인하여 바람직하지 않은 반작용이 발생할 수 있으므로 이러한 현상을 방지하기 위해 주의를 기울여야 한다.

(7) 콜드스프링

이음부를 콜드스프링이 되도록 조립하기 전에 지지대, 가이드 및 앵커에 대해 검사하여 원하는 움직임을 방해하거나 원치 않는 움직임을 유발하지 않는지 확인해야 한다. 최종 조립 전 간격 또는 중첩은 도면에 표시된 것과 일치하도록 확인하고 필요에 따라 수정해야 한다.

(8) 밸브 설치

밸브스템이 배관의 수평선 아래에 위치하도록 설치하는 것은 허용되지 않는다.

(9) 결함부 복구

시험 중 누설이 있는 연결부는 작업절차서 또는 제조자 지침의 한도 내에서 조여 주어야 한다. 시스템의 공압 시험에서 누설이 발생한 이음부는 조이지 않는다. 안전하게 조일 수 없는 이음쇠는 교체해야 한다. 검사 중 불합격된 조립품은 수리 및 조립 또는 교체되어야 한다. 이가 빠지거나 긁힌 유리배관 요소는 교체해야 한다.

참고문헌

1. ASME B16.25 Buttwelding Ends for Pipe, Valves, Flanges, and Fittings
2. AWS-D1-1 Structural Welding Code-Steel 2015
3. ASME B31.1 American Standard Code for Pressure Piping
4. ASME. Boiler and Pressure Vessel Code, IX(용접성이 유사한 모재 그룹과 용접절차, 용접장비 및 용접사 기량 검정법 등의 규정)
5. ASME B31.4 Pipeline Transportation Systems for Liquid Hydrocarbons and Other Liquids
6. ASME B31.8 Gas Transportation and Distribution Piping Systems
7. AWS. Brazing Handbook 5th
8. CDA. Copper Tube Handbook
9. 金永浩. 銅管의 標準設計와 施工. 1984
10. 金永浩. 銅管 銅管이음쇠. 1990.12.30.
11. ASTM A32 Solder Meral
12. ASTM B828 Standard Practice for Making Capillary Joints by Soldering of Copper and Copper Alloy Tube and Fittings
13. ASTM F2014 Standard Specification for Non-Reinforced Extruded Tee Connections for Piping Applications
14. ASTM D2235 Solvent Cement for Acrylonitrile-Butadiene-Styrene(ABS) Plastic Pipe and Fittings
15. ASTM D2855 Two-Step (Primer and Solvent Cement) Method of Joining PVC or CPVC Pipe and Piping Components with Tapered Sockets
16. ASTM F402 Safe Handling of Solvent Cements, Primers, and Cleaners Used for Joining Thermoplastic Pipe and Fittings
17. ASTM B2657 Standard Practice for Heat Fusion Joining of Polyolefin Pipe and Fittings
18. ASTM D3140 Standard Practice for Flaring Polyolefin Pipe and Tubing

(Withdrawn 1999)

19. ASTM D3139 Standard Specification for Joints for Plastic Pressure Pipes Using Flexible Elastomeric Seals
20. ASME PCC-1Guidelines for Pressure Boundary Bolted Flange Joint Assembly
21. AWWA C600 Installation of Ductile-Iron Mains and Their Appurtenances

15장 검사 및 시험

1 검사

1.1 국제표준에서의 검사

1 인스펙션과 이그재머네이션

(1) 인스펙션

우리가 통상적으로 사용하는 검사(檢査)는 인스펙션(inspection)과 이그재머네이션(examination)을 포함하는 의미이다. 그러나 국제적으로는 두 용어가 명확하게 구분된다.

인스펙션은 건물이나 시설의 소유자 또는 소유자가 지정한 제조자, (제작자 또는 설치업자<이들 모두를 합한 것이 시공자> 이외의) 사람에 의해서 품질보증의 기능으로 시행되는 검사이다.

(2) 이그재머네이션

이그재머네이션은 시공자(배관의 제조자, 조립자 또는 설치자)가 고용한 직원이 수행하는 품질관리 기능의 검사이다.

따라서 운전을 시작하기 전에 필요한 모든 검사는 시공자에 의하여 이루어지는 품질관리 차원의 검사이며, 시공자에 의하여 검사 및 시험이 완료되었는지를 확인하고 배관을 검사하는 것은 소유자의 책임으로 이루어지는 것으로, 이런 일을 하는 사람을 인스펙터라고 한다.

그러므로 소유자와 그의 대리인은 배관 관련 작업이 수행되는 모든 장소에 접근할 수 있어야 한다. 모든 장소라 함은 제조, 제작, 조립, 설치, 시공자 검사 및 시험 등 전 공정이 포함되는 것이다.

2 인스펙터와 시공자

(1) 인스펙터

인스펙터 즉 소유자 또는 그의 대리인은 모든 시공자가 시행하는 검사를 감사하고, 설계에 명시된 검사 방법을 사용하여 배관을 검사하며, 공사에 관한 모든 인증 및 기록을 검토할 권리가 있다.

(2) 시공자

모든 필수 검사를 시행하고 소유자가 사용하는 데에 적합하도록 기록을 준비하는 것은 시공자의 책임으로 이루어지지만, 그렇다고 인스펙터에 의한 검사가 생략되거나 완화되는 것은 아니다.

3 시공자가 행하는 검사

시공자를 대리하는 검사자는 해당 공사에 대한 전문적인 지식을 갖춘 경험이 있는 유능한 직원이 수행해야 한다.

검사자는 재료, 구성부품, 조인트, 지지대 및 기타 배관 요소들의 제조, 제작, 조립 및 설치 전, 또는 후에 노출되어 있는 부분을 관찰하여 이상 유무를 확인하고, 수정이나 보완이 이루어진 부분에 대해서는 그 결과를 정확히 기록해 둔다.

시공자 검사 항목에는 ①재료 및 구성요소, ②치수, ③이음 준비, ③배열, ④이음방법, ⑤지지, ⑥조립 및 설치 등이 해당 코드 및 설계 요구사항에 적합한지를 검증하여야 한다.

1.2 시공자 검사의 합격기준

① 검사에 의해 드러난 결함 또는 결함가능 부분

발견된 결함들은 코드 및 설계에 지정된 제한 범위를 초과하지 않는 한 합격으로 한다. 명시된 한도를 초과하는 결함은 수리하거나 설계 요건에 따라 교체되어야 한다.

결함에 대한 평가는 다음의 기준에 따른다.

② 온둘레 용접 및 그루브 용접결함에 대한 제한

(1) 균열

용접부의 균열은 허용되지 않는다.

(2) 용입 부족

비융착 지역의 길이는 관 둘레의 20% 또는 용접부 전체 길이의 20% 이하이어야 하며, 용접부 152 mm(6 in)당 25% 이하로 한다.

(3) 불완전한 침투

총 용입부는 불완전한 루트를 제외하고 결합되는 요소의 얇은 두께 이상으로 한다.

1 mm 또는 필요한 두께의 20%보다 작은 불완전 용입부는 허용된다. 그 범위는 용접부 152 mm(6 in)당 25% 이하로 한다.

(4) 언더컷 및 보강

언더컷은 1 mm 또는 벽 두께의 12.5% 중 작은 값을, 용접 보강재의 두께는 4.8 mm를 초과하지 않도록 한다.

(5) 오목한 루트

루트 표면의 오목함은 결합되는 구성요소의 보강을 포함한 이음부의 전체 두께 중 얇은 두께보다 깊지 않도록 한다.

(6) 루트의 과다 용입

루트부의 과다 용입량은 3.2 mm 또는 관 안지름의 5%를 초과하지 않도록 한다.

(7) 용접 표면

용접부의 표면은 겹치거나 급격한 굴곡이 없어야 한다.

3 필릿 용접결함에 대한 제한

필릿, 소켓 및 씰 용접부의 결함에 대한 제한은 2의 균열, 융입부족, 언더컷 및 용접 표면과 동일하다.

4 브레이징과 솔더링에 대한 제한

브레이징 및 솔더링 결함에 대한 제한은 다음과 같다.

(1) 필러메탈

필러메탈은 관 두께의 100%를 넘을 정도로 관의 내부로 흘러 들어가지 않도록 한다.

(2) 용입부족

육안으로 확인될 정도의 용입부족이 없어야 한다.

(3) 용접부 과열

육안으로 확인될 정도의 과열된 부분이 없어야 한다.

5 나사 이음에 대한 제한

나사 이음에 대한 결함의 제한은 다음과 같다.

(1) 이음부 구성 후

이음이 완료된 후 2~6개의 나사산이 보여야 한다.

(2) 이 빠짐이나 찢어짐

나사산에 육안으로 확인될 정도의 이 빠짐이나 찢어짐이 없어야 한다.

6 코킹과 납코킹 이음의 결함에 대한 제한

(1) 납 테두리

완성된 이음부에 보이는 납의 테두리는 벨 끝에서 6.4 mm(1/4 in) 이내이어야 한다.

(2) 스피곳의 바깥지름과 벨 안지름 간의 간격

완성된 이음부의 스피곳의 바깥지름과 벨 안지름 간의 간격은 3.2 mm(1/4 in) 이내이어야 한다.

(3) 납 주입

이음 작업 시에는 납을 연속적으로 부어 넣어야 한다. 한번에 작업을 완료하지 않고 여러 차례로 나누어 납을 부으면 납과 납 사이에 틈새가 발생하여 누설의 원인이 된다.

7 플랜지 이음의 결함에 대한 제한

(1) 플랜지 표면

플랜지 표면은 1도 이내에서 평행하여야 하며, 배관 축을 정렬하는 데 필요한 힘은 10 lb_f(44.5 N)에 NPS를 곱한 값을 초과하지 않도록 한다.

(2) 볼트와 너트 체결

볼트와 너트는 완전하게 체결되어야 한다. 너트는 볼트가 너트 표면과 같은 높이에 있을 때 완전히 체결된 것으로 간주된다.

8 플래어 및 압축 이음의 결함에 대한 제한

(1) 균열

플래어 또는 접합되는 튜브 끝에는 균열이 없어야 한다.

(2) 튜브의 절단면

접합되는 튜브 끝은 직각으로 절단되어야 한다.

(3) 결함

접합되는 튜브 끝에는 조립 또는 씰링을 방해할 수 있는 변형 또는 홈이 없어야 한다.

(4) 조임력

끝을 맞추기 위해 적절한 힘이 가해져야 한다.

9 기계적 이음 및 독점적인 이음쇠를 사용한 이음의 결함에 대한 제한

기계적 이음 방법을 적용하였거나 특허에 의한 독점적인 이음쇠나 이음 방법을 적용한 경우 이음부에 대한 결함은 제조업체가 정한 한계 내에 있어야 한다.

10 솔벤트 시멘트, 접착제 및 열융착 이음의 결함에 대한 제한

(1) 내부 돌출

내부 돌출은 솔벤트 시멘트의 경우 벽 두께의 50%를, 접착제 및 열융착의 경우 25%를 초과하지 않아야 한다.

(2) 접착 부족

눈에 보일 정도의 덜 채워진 부분이나 접착되지 않은 영역이 없어야 한다.

⑪ 손으로 감아주는(hand lay-up) 이음의 결함에 대한 제한

(1) 접착부족

육안으로 확인될 정도의 접착 부족 부분이 없어야 한다.

(2) 이음부의 길이

손으로 감아주는 이음부의 길이는 최소한 102 mm (4 in) 또는 배관의 호칭지름보다 작아야 한다.

(3) 적층 이음부의 두께

적층 이음부의 최소 두께는 얇은 관의 벽두께와 같아야 한다.

2 시험

2.1 시험에 대한 일반 사항

① 압력 시험

대부분의 배관 코드는 신설배관, 개조 또는 수리된 배관계통이 정격압력을 안전하게 견딜 수 있고 누설이 없음을 검증하기 위해 압력 시험을 요구한다.

압력 시험은 법적으로 요구되는 것이든 아니든 작업자를 보호하고 공공의 안전을 위한 유용한 목적에 기여한다. 또한 압력 시험은 계산에 의해 안전 등급을 설정할 수 없는 구성품 또는 특수 시스템에 대한 압력 등급을 설정하는 데에도 사용된다.

압력 시험은 통상적으로 수압 시험으로 하며, 수압시험 압력은 구성품 또는 배관계통에 누설이 처음 발생할 때까지 또는 파열될 때까지 점진적으로 증가시킨다. 그런 다음, 구성품이나 배관계통에 적합한 코드 또는 표준에 명시된 계수를 사용하여 실험 데이터로부터 설계 압력 등급을 설정할 수 있다.

② 누설 시험

압력 시험은 안전성 확인을 위한 시험으로 배관이나 구성부품에 대한 파단점까지의 수압을 가하는 데 비하여, 압력 시험의 일종인 누설시험은 설계압력을 기준으로 한 완성된 배관계통에서의 누설 유무를 판단하기 위한 압력 시험이다.

현장에서 사용되고 있는 누설시험은 매우 다양하다. 그중 많이 사용되는 방법으로는 ①압력 상태에서 물이나 다른 액체를 사용하는 정수압 시험. ②기압을 받는 공기 또는 다른 가스를 사용하는 공압 또는 기체유동 시험. ③공압시험과 정수압시험의 조합으로, 저압공기를 사용하여 누설 검출. ④최초 사용시험. 이는 시스템이 처음 가동되었을 때의 누설 검사이다. ⑤진공 시험, 음압을 사용해 누수 여부 점검. ⑥정압시험은 일반적으로 배수 배관에 대해 일정 시간 동안 수직 배관에 물을 채워둔 상태로 수행된다. ⑦할로겐 및 헬륨 누설 감지 등 7가지이다.

2.2 국제 표준에서의 시험

① 테스팅

우리가 통상적으로 사용하는 시험(試驗)은 국제표준에서의 테스팅(testing)을 의미한다.

한때, 복잡한 형태의 배관계통에 대해서는 의도한 용도에 대한 적합성 여부 판단을 위해 압력시험을 거쳤다. 이는 구성부품의 사용 응력보다 높지만 파열응력보다는 낮은 압력을 가하는 것으로 압력 시험이라고 불렀다.

현재 대부분의 코드는 용도에 대한 적합성보다는 누설에 대한 기밀성을 확인하기 위해 몇 가지 유형의 시험을 요구하고 있으며, 배관 시스템에 대한 누설시험의 가장 일반적인 방법은 주변 온도의 물을 사용하는 정수압 시험이다.

② 수압시험 압력

시험압력은 코드별로 약간의 차이는 있지만, 설계압력의 1.25배(ASME Ⅲ)~1.5배(ASME B31.2)이다. 어떤 코드에서는 시험 온도에서의 허용응력을 운전온도에서의 허용응력으로 나눈 값을 기준으로 설계압력을 조정한 후 이의 1,5배를 요구(ASME B31.3)하는 경우도 있다.

그러나 각 경우, 수압시험에 분리되지 않은 장비나 배관 구성요소 중의 일부 기능부품에 대한 항복응력 등은 시험 수압에 대한 제한 요인이 될 수 있다. 대상 계통은 시험수압이 작용하는 상태로 10분 이상 유지되어야 하지만 해당 코드에서 허용되는 만큼 시간을 단축시킬 수 있다.

특정 상황에 따라 물 대신 대체 시험액을 사용할 수 있다. 예를 들어, 물이 매우 위험할 수 있는 액체 나트륨 시스템 또는 동결 가능성이 있는 경우 탄화수소 또는 다른 액체를 사용할 수 있다. 물이나 다른 액체가 허용되지 않거나 추가되는 중량을 운반하기에 지지대가 충분하지 않을 경우 공압 시험을 수행할 수 있다.

3 공압 시험

공압 시험은 잠재적으로 정수 시험보다 더 위험하며, 극도의 주의를 기울여야 한다.

공압시험 압력으로는 설계 압력의 1.2배(ASME B31.1과 BPVC S-3) 이상으로 또는 1.1배의 설계압력(ASME B31.3)으로 수행할 것을 요구한다.

각 경우, 앞의 정수압 시험시 분리되지 않은 장비나 배관 구성요소 중의 일부 기능부품의 항복응력에 대한 것도 똑같이 고려되어야 한다.

4 시험할 계통에 대한 구획설정

시험 전에 시험할 계통에 대한 구획설정은 다음 사항을 염두에 두고 행하여야 한다.

①영구 지지대가 시험 유체의 추가 중량을 견딜수 있도록 설계되지 않은 구간의 임시 지지대. ②익스펜션조인트 격리 또는 구속. ③시험압력에 견딜수 없는 장비 또는 밸브의 격리. ④시험 펌프의 위치 및 고도차이에 의한 수두의 변화가 현저할 경우 추가 시험 게이지의 필요성. ⑤통기구와 배수구의 위치. ⑥시험 유체의 열팽창으로 인한 과도한 압력 방생 방지를 위한 압력 릴리프밸브의 설치 위치. ⑦배관계통 구성요소 중 취성파단이 예상되는 부품이나 기구에 대한 파단강도와 관련된 주변 시험온도 고려. 이 경우 물을 가열하는 것이 해결책이 될 수 있다. ⑧대체 테스트 용액. ⑨검사를 위한 용접 조인트 접근성. 코드에서는 시험 후까지 용접부위 노출을 요구한다. ⑩시스템의 어떤 부분도 항복강도의 90%를 초과하지 않도록 한다.

각 시험 범위와 구획을 요약한 서류를 준비하여 안전한 방법으로 수행되도록 하는 것이 바람직하다. 코드에서는 필요한 시험압력, 시험압력 유지시간, 누설검사 압력 및 대체 시험 수행 가능여부에 따라 기준이 약간씩 다르다. 그러므로 적용할 코드를 구체적으로 살펴보는 것이 좋다.

2.3 누설시험

1 시험준비

(1) 이음부의 노출

용접부를 포함한 모든 이음부는 시험 중 검사를 위해 보온되지 않은 상태로 노출되어야 한다.

(2) 임시 지지대

증기 또는 가스를 위해 설계된 배관은 시험 액체의 무게를 지지하기 위해 필요한 경우 임시 지지대를 설치할 수 있다.

(3) 익스펜션조인트

시험압력으로 인해 반작용을 일으킬 수 밖에 없는 익스펜션조인트에는 임시로 구속장치가 설치되어야 하며, 그렇지 않으면 시험 중에는 시험 구간으로부터 분리시켜 두어야 한다.

(4) 시험 대상이 아닌 장비

시험압력을 받을 수 없거나 시험압력이 가해져서는 안 되는 기기는 수압시험 중 배관에서 분리되어 있어야 한다. 기기가 밸브를 잠금에 의하여 배관으로부터 분리되는 경우, 그 밸브는 시험압력에 대해 손상되지 않고 수압을 차단할 수 있는 용량 즉 압력등급을 가져야 한다. 장비를 분리하기 위해 블라인드 플랜지를 삽입하기 위한 플랜지 이음은 시험하지 않아도 된다.

(5) 과대한 압력에 대한 주의

시험압력이 일정 시간 동안 유지되어야 하는 경우, 시험압력으로 인한 시험 유체의 열팽창 또는 다른 쪽에 과대한 압력을 발생시키는 원인이 될 경우, 그 곳에는 과대한 압력을 도피시킬 수 있는 압력릴리프밸브의 설치와 같은 예방조치를 취해야 한다.

2 정수압 시험

(1) 시험용 매체

동결로 인한 손상의 위험이 있는 경우를 제외하고는 주위 온도의 물을 시험 매체로 사용한다. 작업자에게 안전하고 배관에 영향을 주지 않는 다른 액체도 사용할 수 있다.

(2) 에어 릴리프밸브와 퇴수밸브

시스템에 시험 매체를 채우는 동안 배관 내 갇혀있던 공기를 방출하기 위해 시스템의 높은 지점에 에어 릴리프밸브를 설치해야 한다. 또한 시험 매체를 완전히 제거할 수 있도록 배관의 낮은 곳에는 퇴수밸브를 설치해야 한다.

(3) 예비 점검

시험압력을 견딜 수 없는 모든 장비와 부품이 제대로 격리되어 있는지, 시험장비는 단단하게 고정되었는지, 저압 충전 라인은 분리되었는지를 확인하고 검사해야 한다.

3 정수압 시험압력

(1) 최소 압력

최소 압력은 (2)의 제한된 경우를 제외하고, 배관 계통의 모든 지점에서 설계 압력의 1.5배 이상의 압력을 받아야 한다.

(2) 최대 압력의 제한

시험압력은 시험 중인 시스템의 모든 용기, 펌프, 밸브 또는 기타 구성 요소에 대한 최대 시험압력을 초과해서는 안 된다. 수직 배관의 최저부는 압력으로 인하여 발생되는 응력이 다음 중 하나를 초과 해서는 안 된다. ①최소 항복강도의 90%, ②최대 허용응력 SE 값의 1.7 배(취성재료의 경우)

(3) 누설 검사

수압 시험 압력을 최소 10분 동안 가한 후, 배관, 관이음쇠 및 이음부 등 연결부의 누설 여부를 검사한다. 누설이 발견되면 누설부를 적절히 조이고 수리하거나 교체하고 다시 수압시험을 실시한다. 누설이 없어질 때까지 이 과정을 반복한다.

4 공압 시험

(1) 일반

압축 가스는 저장된 에너지가 갑자기 방출될 위험이 있다. 이러한 이유로 공압시험은 다음과 같은 경우에만 사용하도록 제한된다. ①배관 시스템에는 취성파손이 있는 주철관 또는 플라스틱 파이프가 포함되어 있지 않다. ②배관계통의 DN 50 이상의 배관에는 솔더링 또는 솔벤트 시멘트 이음부가 없다. ③시험 압력은 1 034 kPa(150 psig)를 초과하지 않는다. ④배관계통이 가스용에 사용되거나 다른 이유로 물로 채워질 수 없다. ⑤시험용 액체가 남아 있으면 배관의 의도된 사용에 해로울 수 있다.

(2) 시험용 매체

공압 시험용으로 사용하는 가스는 불연성이며 무독성이어야 한다.

(3) 예비 시험

완전한 공압시험 압력을 가하기 전에, 주요 누설 가능성을 밝히기 위해 69 kPa(10 psi) 이하의 예비 시험을 실시한다. 이 예비 시험은 (2)항의 제한을 받지 않으며 수압시험 또는 최초 사용시험과 함께 사용될 수 있다.

4 공압시험 압력

(1) 시험 압력

제한된 경우를 제외하고, 시험압력은 설계 압력의 1.25 배를 초과하지 않아야 한다.

압력을 가할 때는 낮은 압력으로부터 시작하여 여러 단계로 나누어 시험압력에 도달되게 하여야 하며, 각 단계 별로 유지시간을 두어 배관계통이 평형상태에 도달할 수 있도록 한다.

(2) 제한

시험 압력은 시험 대상에 포함된 시스템의 모든 용기, 펌프, 밸브 또는 다른 구성요소에 대한 최대 공압시험 압력을 초과해서는 안 된다.

5 공압 누설검사

예비시험 후 압력은 최대 공압시험 압력까지 25% 이하로 단계적으로 상승시켜야 한다. 각 단계 별로 시간을 두어 변형이 균등화되고 주요 누설이 탐지 되도록 한다.

최소 10분 동안 시험 압력을 가한 다음에는 시험압력을 설계 압력으로 낮추고 배관 누설에 대한 검사를 실시한다.

누설은 비눗 방울, 할로겐 가스, 향기 나는 가스, 테스트 게이지 모니터링, 초음파 또는 기타 적절한 수단으로 감지할 수 있다. 누설이 발견되면 압력을 배출하고 적절하게 수리 하고, 수리가 불가능할 경우에는 교체해야 한다. 공기 누설이 발견되지 않을 때까지 공기압 시험을 반복해야 한다.

2.4 최초 사용을 위한 누설시험

1 일반

이 시험은 일반적으로 시스템을 처음 작동할 때 시행된다. 배관계통을 정상 작동 압력 또는 설계 압력으로 점진적으로 상승시킨다. 그런 다음 누설 검사가 수행되는 동안 해당 압력으로 유지한다.

103 kPa(15 psig) 이하의 가스, 증기 및 응축수 용도의 배관과, 689 kPa(100 psig) 93°C(200°F) 이하의 무독성, 불연성 및 비가연성 액체용 배관은 점검용 시험에 명시된 대로 사용 유체를 사용하여 배관계통에 대한 시험을 행할 수 있다.

2 점검용 시험

점검을 위한 시험에는 저압의 공기를 사용할 수 있다. 어떤 경우에도 배관계통은 작동 압력의 1/2~2/3 압력으로부터 시작하여 육안검사를 행하면서 점진적으로 작동 압력으로 상승시켜야 한다.

최종 검사는 작동 압력에서 실시되어야 한다. 배관 시스템에 누설이 없는 경우는 요구 사항이 충족되는 것으로 본다.

참고문헌

1. ASME B31.1 Pressure Piping
2. ASME. Boiler and Pressure Vessel Code. Section Ⅲ
3. ASME B31.3 Process Piping
4. Mohinder L. Nayyar, Piping Handbook 7 Edition McGraw-Hill

부록

1. 재료별 허용응력

1.1 금속제 파이프와 튜브의 허용응력

1 탄소강

재료	표준	Gr.	cL	노트	계수 E, F	강도		허용응력 SE. MPa, max						
						인장, min MPa	항복, min MPa	재료의 온도, ℃						
								−17.8~37.8 (0~100°F)	65.6 (150°F)	93.3 (200°F)	121.1 (250°F)	148.9 (300°F)	176.7 (350°F)	204.4 (400°F)
이음매없는관	A53	S	S	…	1.00	330.7	206.7	94.4	94.4	94.4	94.4	94.4	94.4	94.4
	A53	B	S	…	1.00	413.4	241.2	117.8	117.8	117.8	117.8	117.8	117.8	117.8
	A106	A	…	…	1.00	330.7	206.7	94.4	94.4	94.4	94.4	94.4	94.4	94.4
	A106	B	…	…	1.00	413.4	241.2	117.8	117.8	117.8	117.8	117.8	117.8	117.8
맞대기용접관	A53	…	F	(2)	0.60	330.7	206.7	56.5	56.5	56.5	56.5	56.5	56.5	56.5
ERW관	A53	A	E	…	0.85	330.7	206.7	80.6	80.6	80.6	80.6	80.6	80.6	80.6
	A53	B	E	…	0.85	413.4	241.2	100.6	100.6	100.6	100.6	100.6	100.6	100.6
	A135	A	…	…	0.85	330.7	206.7	80.6	80.6	80.6	80.6	80.6	80.6	80.6
	A135	B	…	…	0.85	413.4	241.2	100.6	100.6	100.6	100.6	100.6	100.6	100.6
단조, 관이음쇠	A105	…	…	…	…	482.3	248.0	137.8	137.8	137.8	137.8	137.8	137.8	137.8
	A181	60	…	…	…	413.4	206.7	117.8	117.8	117.8	117.8	117.8	117.8	117.8
	A181	70	…	…	…	482.3	248.0	137.8	137.8	137.8	137.8	137.8	137.8	137.8
	A234	WPB	…	…	1.00	413.4	241.2	117.8	117.8	117.8	117.8	117.8	117.8	117.8
	A234	WPC	…	…	1.00	482.3	275.6	137.8	137.8	137.8	137.8	137.8	137.8	137.8
구조용강재	A36	…	…	(1)(3)	…	399.6	248.0	104.7	104.7	104.7	104.7	104.7	104.7	104.7
	A992	…	…	(1)(3)	…	447.9	344.5	117.8	117.8	117.8	117.8	117.8	117.8	117.8
볼트,너트,스터드	A307	B	…	…	…	413.4	…	48.2	48.2	48.2	48.2	48.2	48.2	48.2
연성철관	A377			(1)(5)	…	…	…	…	…	…	…	…	…	…
관이음쇠	A395	60-40-18	…	…	0.80	413.4	275.6	66.1	66.1	…	…	…	…	…
	A395	65-45-12	…	…	0.80	447.9	310.1	71.7	71.7	…	…	…	…	…
	A536	60-42-10	…	(1)	0.80	413.4	289.4	33.1	33.1	…	…	…	…	…
	A536	70-50-05	…	(2)	0.80	482.3	344.5	38.6	38.6	…	…	…	…	…

2 스테인리스강

재료	표준	Gr.	cL	노트	계수 E, F	강도		허용응력 SE. MPa, max						
								재료의 온도, ℃						
						인장, min MPa	항복, min MPa	−17.8~37.8 (0~100°F)	65.6 (150°F)	93.3 (200°F)	121.1 (250°F)	148.9 (300°F)	176.7 (350°F)	204.4 (400°F)
18Cr-8Ni	A312	S30400	…	…	1.00	516.8	206.7	137.8	123.3	115.1	108.9	103.4	98.5	95.1
18Cr-8Ni	A312	S30400	…	(6)	1.00	516.8	206.7	137.8	137.8	137.8	133.0	130.2	128.2	126.1
18Cr-8Ni	A312	S30403	…	(1)	1.00	482.3	172.3	115.1	104.7	98.5	93.0	88.2	84.1	80.6
18Cr-8Ni	A312	S30403	…	(1)(6)	1.00	482.3	172.3	115.1	115.1	115.1	115.1	115.1	113.0	108.9
16Cr-12Ni-2Mo	A312	S31600	…	…	1.00	516.8	206.7	137.8	126.8	119.2	113.7	107.5	102.7	98.5
16Cr-12Ni-2Mo	A312	S31600	…	(6)	1.00	516.8	206.7	137.8	137.8	137.8	137.8	137.8	137.8	133.0
16Cr-12Ni-2Mo	A312	S31603	…	(1)	1.00	482.3	172.3	115.1	104.7	97.8	93.0	87.5	84.1	80.6
16Cr-12Ni-2Mo	A312	S31603	…	(1)(6)	1.00	482.3	172.3	115.1	115.1	115.1	115.1	115.1	113.0	108.2
18Cr-13Ni-3Mo	A312	S31700	…	(1)	1.00	516.8	206.7	137.8	126.8	119.2	113.7	107.5	102.7	98.5
18Cr-13Ni-3Mo	A312	S31700	…	(1)(6)	1.00	516.8	206.7	137.8	137.8	137.8	137.8	137.8	137.8	133.0

3 알루미늄 및 알루미늄합금

재료 및 표준	합금 번호	템퍼	두께, mm	노트	강도		허용응력 SE. MPa, max						
							재료의 온도, ℃						
					인장, min MPa	항복, min MPa	−17.8~37.8 (0~100°F)	65.6 (150°F)	93.3 (200°F)	121.1 (250°F)	148.9 (300°F)	176.7 (350°F)	204.4 (400°F)
	이음매없는 인발 파이프와 튜브												
B210	3003	O	0.254~12.7	(1)	96.5	34.5	23.4	23.4	23.4	20.7	16.5	12.4	9.6
B210	3003	H14	0.254~12.7	(1)(7)	137.8	117.1	39.3	39.3	39.3	33.8	29.6	20.7	15.8
B210	5050	O	0.457~12.7	(1)	124.0	41.3	27.6	27.6	27.6	27.6	27.6	19.3	9.6
B210	6061	T4	0.635~12.7	(1)(8)	206.7	110.2	59.3	59.3	59.3	51.0	47.5	43.4	31.0
B210	6061	T6	0.635~12.7	(1)(8)	289.4	241.2	82.7	82.7	82.7	68.2	57.9	43.4	31.0
B210	6061	T4,T6	0.635~12.7	(1)(9)	165.4	68.9	47.5	47.5	47.5	46.2	43.4	31.7	24.1

재료 및 표준	합금 번호	템퍼	두께, mm	노트	강도		허용응력 SE, MPa, max						
							재료의 온도, ℃						
					인장, min MPa	항복, min MPa	−17.8~37.8 (0~100°F)	65.6 (150°F)	93.3 (200°F)	121.1 (250°F)	148.9 (300°F)	176.7 (350°F)	204.4 (400°F)
이음매없는 파이프와 압출튜브													
B241	3003	O	전체	(1)	96.5	34.5	23.4	23.4	23.4	20.7	16.5	12.4	9.6
B241	3003	H18	∠25.4	(1)(7)	186.0	165.4	53.7	53.7	53.1	43.4	37.2	24.1	17.2
B241	3003	H112	전체	(1)(7)	96.5	34.5	22.7	22.7	22.7	20.7	16.5	12.4	9.6
B241	5083	O	전체	(1)(10)	268.7	110.2	73.7	73.7	…	…	…	…	…
B241	5083	H112	전체	(1)(10)	268.7	110.2	73.7	73.7	…	…	…	…	…
B241	6061	T4	전체	(1)(8)(11)	179.1	110.2	51.0	51.0	51.0	44.1	41.3	40.0	31.0
B241	6061	T6	전체	(1)(8)(11)	261.8	241.2	75.1	75.1	75.1	62.7	54.4	43.4	31.0
B241	6061	T4,T6	전체	용접(1)(9)(11)	165.4	68.9	47.5	47.5	47.5	46.2	43.4	31.7	24.1
B241	6063	T6	전체	(1)(8)	206.7	172.3	59.3	59.3	59.3	59.3	45.5	23.4	13.8
B241	6063	T5,T5	전체	용접(1)(9)	117.1	68.9	29.6	29.6	29.6	28.9	26.9	20.7	13.8

4 동, 동합금

재료	표준	합금번호	템퍼	노트	강도		허용응력 SE, MPa, max						
							재료의 온도, ℃						
					인장, min MPa	항복, min MPa	−17.8~37.8 (0~100°F)	65.6 (150°F)	93.3 (200°F)	121.1 (250°F)	148.9 (300°F)	176.7 (350°F)	204.4 (400°F)
이음매없는 동파이프													
파이프 DN 6~50	B42	102,122	Annealed	…	206.7	62.0	41.3	35.1	33.8	33.1	32.4	27.6	20.7
파이프 DN 6~50	B42	102,122	Hard drawn	(12)	310.1	275.6	88.9	88.9	88.9	88.9	86.1	81.3	29.6
파이프 DN 65~300	B42	102,122	Light drawn	(12)	248.0	206.7	71.0	71.0	71.0	91.6	68.9	66.8	64.8
레드브라스	B43	230	Annealed	…	275.6	82.7	55.1	55.1	55.1	55.1	55.1	48.2	34.5
튜브	B68	102,122	Annealed	(1)	206.7	62.0	41.3	35.1	33.8	33.1	32.4	27.6	20.7
튜브	B75	102,122	Annealed	…	206.7	62.0	41.3	35.1	33.8	33.1	32.4	27.6	20.7
튜브	B75	102,122	Light drawn	(12)	248.0	206.7	71.0	71.0	71.0	71.0	68.9	66.8	64.8

재료	표준	합금번호	템퍼	노트	강도		허용응력 SE, MPa, max						
							재료의 온도, ℃						
					인장, min MPa	항복, min MPa	−17.8~37.8 (0~100°F)	65.6 (150°F)	93.3 (200°F)	121.1 (250°F)	148.9 (300°F)	176.7 (350°F)	204.4 (400°F)
튜브	B75	102,122	Hard drawn	(12)	310.1	275.6	77.9	77.9	77.9	77.9	75.8	71.0	29.6
튜브	B88	102,122	Annealed	(1)	206.7	62.0	41.3	35.1	33.8	33.1	32.4	27.6	20.7
튜브	B88	102,122	Drawn	(1)(12)	248.0	206.7	71.0	71.0	71.0	71.0	68.9	66.8	64.8
브라스튜브	B135	230	Annealed	…	275.6	82.7	55.1	55.1	55.1	55.1	55.1	48.2	34.5
튜브	B280	102,122	Annealed	(1)	206.7	62.0	41.3	35.1	33.1	33.1	32.4	27.6	20.7
파이프,나사없음	B302	102,122	Drawn	(1)	248.0	206.7	71.0	71.0	71.0	71.0	68.9	66.8	64.8

표 활용에 대한 일반적인 참고 사항

1. 노트에 명시된 것을 제외하고 표의 자료는 ASTM을 기준한 것이다. 보일러 외부 배관의 경우에는 BPVC S-II의 값을 사용한다.
2. 중간 온도에서의 허용응력을 결정하기 위해 응력 값을 보간할 수 있다.
3. 이 표에 포함되지 않은 재료에 대한 허용응력 값은 ASME B31.1 또는 BPVC S-I, BPVC S-VIII의 값을 사용할 수 있다.

노트

(1) 보일러 외부 배관에는 이 재료를 사용할 수 없다.
(2) ASTM A53 타입 F 관은 인화성 또는 유독성 유체에 사용하지 않는다.
(3) 이 응력 값은 압력작용 상태로 사용되는 구성요소 제조용으로 사용되는 구조재에 대해 0.92의 품질 계수를 포함한다. 지지대로 사용되는 재료의 허용응력 값은 인장을 기준으로, 최소 인장강도의 1/5로 한다.
(4) 구조용 재료로 사용될 수 있다.
(5) 다양한 지름 및 압력 및 배치 조건의 조합에 적합한 두께를 제공한다. ANSI/AWWA C150/A21.50, 덕타일 주철관 두께 설계 매뉴얼 참조.
(6) 항복강도가 상대적으로 낮기 때문에, 이러한 높은 응력 값은 단시간 인장 특성이 지배적인 온도에서 사용하도록 설정되었으며, 약간 더 큰 변형이 허용되는 경우 이러한 합금의 사용이 허용된다. 이 범위의 응력 값은 해당 온도에서의 항복강도의 62.5%를 초과 하지만 항복강도의 90%를 초과하지는 않는다. 이러한 응력값의 사용은 영구변형으로 인해 치수가 변할 수 있다. 이러한 응력값은 개스킷을 사용하는 이음 또는 약간의 비틀림이 있어 누설 또는 고장을 유발될 수 있는 플랜지 이음에는 권장되지 않는다.
(7) 응력값은 용접이나 열 절단에는 적용할 수 없다. 그런 경우에는 템퍼가 O인 값을 사용한다.
(8) 응력값은 용접이나 열 절단에는 적용할 수 없다. 이런 경우에는 용접상태의 값을 사용한다.
(9) 용접과정의 품질을 확보하기 위해서는 단면 감소된 인장 시험편의 강도가 요구된다(BPVC S-IX, QW-150 참조).
(10) 재료 공급자는 설계조건 및 응력과 부식환경의 조합 하에서 응력부식 균열에 견딜 수 있는 합금의 능력에 대해 협의해야 한다.
(11) 응력 제거재(T351, T3510, T3511, T451, T4510, T4511, T651, T6510, T6511)의 경우, 기본 템퍼 재료의 응력값을 사용해야 한다.
(12) 브레이즈된 구조를 사용하는 경우, 풀림된 응력값이 사용되어야 한다.

1.2 열가소성 플라스틱관에 대한 정수압 설계응력(HDS) 및 권장온도

표준	재료	권장온도한계(1)(2)		정수압 설계응력(HDS), MPa		
		min,℃	max,℃	22.8℃(3)	37.8℃	82.2℃
D1527	ABS1210	-34.4	82.2	6.89	5.51	…
	ABS1316	-34.4	82.2	11.02	8.61	…
	ABS2112	-34.4	82.2	8.61	6.89	…
D2282	ABS1210	-34.4	82.2	6.89	5.51	…
	ABS1316	-34.4	82.2	11.02	8.61	…
	ABS2112	-34.4	82.2	8.61	6.89	…
D2513	ABS1210	-34.4	82.2	6.89	5.51	…
	ABS1316	-34.4	82.2	11.02	8.61	…
	ABS2112	-34.4	82.2	8.61	6.89	…
D2846	CPVC4120	-17.8	98.9	13.78	11.02	3.45
F441	CPVC4120	-17.8	98.9	13.78	11.02	3.45
F442	CPVC4120	-17.8	98.9	13.78	11.02	3.45
D2513	PB2110	-17.8	98.9	6.89	5.51	3.45
D2104	PE2306	-34.4	60.0	4.34	2.76	…
	PE3306	-34.4	71.1	4.34	3.45	…
	PE3406	-34.4	82.2	4.34	3.45	…
	PE3408	-34.4	82.2	5.51	3.45	…
D2239	PE2306	-34.4	60.0	4.34	2.76	…
	PE3306	-34.4	71.1	4.34	3.45	…
	PE3406	-34.4	82.2	4.34	3.45	…
	PE3408	-34.4	82.2	5.51	3.45	…
D2447	PE2306	-34.4	60.0	4.34	2.76	…
	PE3306	-34.4	71.1	4.34	3.45	…
	PE3406	-34.4	82.2	4.34	3.45	…
	PE3408	-34.4	82.2	5.51	3.45	…
D2513	PE2306	-34.4	60.0	4.34	2.76	…
	PE3306	-34.4	71.1	4.34	3.45	…
	PE3406	-34.4	82.2	4.34	3.45	…
	PE3408	-34.4	82.2	5.51	3.45	…
D2737	PE2306	-34.4	60.0	4.34	2.76	…
	PE3306	-34.4	71.1	4.34	3.45	…
	PE3406	-34.4	82.2	4.34	3.45	…
	PE3408	-34.4	82.2	5.51	3.45	…
D3035	PE2306	-34.4	60.0	4.34	2.76	…
	PE3306	-34.4	71.1	4.34	3.45	…
	PE3406	-34.4	82.2	4.34	3.45	…
	PE3408	-34.4	82.2	5.51	3.45	…
…	PP	-1.1	98.9	…	…	…
F2389	PP	-17.8	98.9	4.34	3.45	1.38

표준	재료	권장온도한계(1)(2)		정수압 설계응력(HDS), MPa		
		min,℃	max,℃	22.8℃(3)	37.8℃	82.2℃
D1785	PVC1120	-17.8	65.6	13.78	11.02	…
	PVC1220	-17.8	65.6	13.78	11.02	…
	PVC2110	-17.8	54.4	6.89	5.51	…
	PVC2120	-17.8	65.6	13.78	11.02	…
D2241	PVC1120	-17.8	65.6	13.78	11.02	…
	PVC1220	-17.8	65.6	13.78	11.02	…
	PVC2110	-17.8	54.4	6.89	5.51	…
	PVC2120	-17.8	65.6	13.78	11.02	…
D2513	PVC1120	-17.8	65.6	13.78	11.02	…
	PVC1220	-17.8	65.6	13.78	11.02	…
	PVC2110	-17.8	54.4	6.89	5.51	…
	PVC2120	-17.8	65.6	13.78	11.02	…
D2672	PVC1120	-17.8	65.6	13.78	11.02	…
	PVC1220	-17.8	65.6	13.78	11.02	…
	PVC2110	-17.8	54.4	6.89	5.51	…
	PVC2120	-17.8	65.6	13.78	11.02	…

주의 (1) 이러한 권장 한계는 열가소성 플라스틱의 특성에 큰 영향을 미치지 않는 물 및 기타 액체를 포함한 저압 조건에서의 사용에 대한 것이다. 상온 한계는 사용 유체 및 예상수명의 조합에 따라 더 높은 압력에 대한 최고 사용온도는 낮아진다. 낮은 온도로 사용을 제한하는 것은 강도보다 환경, 안전 및 설치 조건에 더 많은 영향을 받기 때문이다.

(2) 이 권장 한계는 나열된 재료에만 적용된다. 나열되지 않은 특정 재료에 대한 온도 제한 범위는 제조자와 협의해야 한다.

(3) 모든 저온에 대하여 이 정수압 설계응력(HDS, hydrostatic design stress) 값을 사용한다.

1.3 열경화성 강화플라스틱관의 설계 응력값

재료 표준	수지	보강재	두께, mm	응력값, kPa, (1)
ASTM C682	폴리에스터	그라스화이버	3.17~4.76	4826
			6.35	8274
			7.94	9308
			≥9.52	10342

주 (1) 응력 값은 -29 ~ 82℃ 범위에서 적용된다.

1.4 PVC 플라스틱 파이프에 대한 지속 압력시험 조건

호칭지름		수압시험 압력 MPa, 수온 23℃											
		Sch40				Sch80				Sch120			
NPS	DN	PVC1120, 1220,2120	PVC2116	PVC2112	PVC2110	PVC1120, 1220,2120	PVC2116	PVC2112	PVC2110	PVC1120, 1220,2120	PVC2116	PVC2112	PVC2110
1/8	6	11.65	9.36	7.79	6.41	17.72	14.21	11.86	9.72				
1/4	8	11.31	9.03	7.52	6.21	16.34	13.10	10.90	8.96				
3/8	10	9.03	7.24	6.00	4.96	13.31	10.62	8.89	7.31				
1/2	15	8.62	6.89	5.79	4.76	12.27	9.86	6.20	6.76	14.69	11.79	9.79	8.07
3/4	20	6.96	5.56	4.69	3.79	9.93	8.00	6.62	5.45	11.17	8.96	7.45	6.14
1	25	6.55	5.24	4.34	3.59	9.10	7.31	6.07	4.96	10.41	8.27	6.89	5.72
1-1/4	32	5.31	4.27	3.59	2.90	7.52	6.00	5.03	4.14	8.62	6.89	5.72	4.69
1-1/2	40	4.76	3.86	3.17	2.62	6.83	4.96	4.55	3.72	7.79	6.21	5.17	4.27
2	50	4.00	3.24	2.69	2.21	5.86	4.69	3.93	3.17	6.83	5.45	4.55	3.72
2-1/2	65	4.41	3.52	2.96	2.41	6.14	4.90	4.07	3.36	6.76	5.38	4.48	3.72
3	80	4.07	3.03	2.55	2.55	5.45	4.34	3.59	2.96	6.41	5.17	4.27	3.52
3-1/2	90	3.45	2.76	2.34	1.93	5.03	4.00	3.31	2.76	5.58	4.41	3.72	3.03
4	100	3.24	2.55	2.14	1.79	4.69	3.72	3.10	2.55	6.21	4.96	4.14	3.38
5	125	2.83	2.28	1.86	1.52	4.21	3.38	2.76	2.28	5.72	4.55	3.79	3.10
6	150	2.55	2.07	1.72	1.38	4.07	3.24	2.69	2.21	5.38	4.27	3.59	2.96
8	200	2.26	1.79	1.79	1.52	3.59	2.83	2.34	1.93	5.24	4.21	3.52	2.90
10	250	2.07	1.65	1.36	1.10	3.38	2.69	2.28	1.86	5.31	4.27	3.52	2.90
12	300	1.93	1.52	1.24	1.03	3.31	2.62	2.21	1.79	4.90	3.93	3.31	2.69
14	350	1.89	1.54	1.26	1.05	3.29	2.66	2.24	1.82				
16	400	1.89	1.54	1.26	1.05	3.29	2.50	2.17	1.82				
18	450	1.89	1.54	1.26	1.05	3.22	2.50	2.17	1.75				
20	500	1.82	1.47	1.19	0.98	3.22	2.50	2.10	1.75				
24	600	1.75	1.40	1.19	0.98	3.15	2.52	2.10	1.75				

주 수압시험 압력을 도출하기 위하여 사용된 재료별 응력은 다음과 같다.

PVC 재료	1120	1220	2120	2116	2112	2110
응력, MPa	29.0	29.0	29.0	23.2	19.3	15.9

자료 ASTM D1785 Table 3에 의거 재작성

2. 배관재별 탄성계수 및 열팽창계수

재료	탄성계수 MPa	열팽창계수 m/m℃×10^{-6}	20℃와 표시된 온도 간의 선팽창량 mm/100m															
			−20 ℃	−5	10	20	35	50	65	80	90	110	120	135	150	160	180	190
			Δt=−40℃	−25	−10	−	15	30	45	60	70	90	100	115	130	140	160	170
탄소강	189 475	11.39	−45.58	−28.49	−11.39	−	17.09	34.18	51.27	68.36	79.76	102.55	113.94	131.03	148.12	159.52	182.30	193.70
오스테나이트계 SS	199 810	16.69	−76.05	−47.53	−16.69	−	25.03	50.06	75.09	100.12	116.80	150.17	166.86	191.89	216.92	233.60	266.98	283.66
알미늄	68 900	22.84	−173.71	−108.57	−22.84	−	34.26	68.53	102.79	137.05	159.89	205.58	228.42	262.68	296.95	319.79	365.47	388.31
회주철	9 570	10.37	−180.10	−112.56	−10.37	−	15.55	31.10	46.66	62.21	72.58	93.31	103.68	119.23	134.78	145.15	165.89	176.26
가단주철	…	10.75	−193.54	−120.96	−10.75	−	16.12	32.24	48.36	64.48	75.22	96.71	107.46	123.58	139.70	150.44	171.94	182.68
동(C1220)	117 130	17.10	−330.95	−206.84	−17.10	−	25.65	51.30	76.95	102.60	119.70	153.90	171.00	196.65	222.30	239.40	273.60	290.70
단동(85Cu)	117 130	18.72	−619.54	−387.21	−18.72	−	28.08	56.16	84.24	112.32	131.04	168.48	187.20	215.28	243.36	262.08	299.52	318.24
ABS1210	1 723	99.00	…	…	−99.00	−	148.50	…	…	…	…	…	…	…	…	…	…	…
1316	2 343	72.00	…	…	−72.00	−	108.00	…	…	…	…	…	…	…	…	…	…	…
2112	..	72.00	…	…	−72.00	−	108.00	…	…	…	…	…	…	…	…	…	…	…
CPVC1120	2 894	63.00	…	…	−63.00	−	94.50	189.00	283.50	378.00	…	…	…	…	…	…	…	…
PVC1120	2 894	54.00	…	…	−54.00	−	81.00	…	…	…	…	…	…	…	…	…	…	…
1220	2 825	63.00	…	…	−63.00	−	94.50	…	…	…	…	…	…	…	…	…	…	…
2110	2 343	90.00	…	…	−90.00	−	135.00	…	…	…	…	…	…	…	…	…	…	…
2120	…	54.00	…	…	−54.00	−	81.00	…	…	…	…	…	…	…	…	…	…	…
PB2110	…	129.60	…	…	−129.60	−	194.40	388.80	583.20	777.60	…	…	…	…	…	…	…	…
PE2306	620	144.00	…	…	−144.00	−	216.00	…	…	…	…	…	…	…	…	…	…	…
2606	689	180.00	…	…	−180.00	−	270.00	…	…	…	…	…	…	…	…	…	…	…
2708	689	180.00	…	…	−180.00	−	270.00	…	…	…	…	…	…	…	…	…	…	…
3306	896	126.00	…	…	−126.00	−	189.00	…	…	…	…	…	…	…	…	…	…	…
3406	1 034	108.00	…	…	−108.00	−	162.00	…	…	…	…	…	…	…	…	…	…	…
3608	861	162.00	…	…	−162.00	−	243.00	…	…	…	…	…	…	…	…	…	…	…
3708	86	162.00	…	…	−162.00	−	243.00	…	…	…	…	…	…	…	…	…	…	…
3710	861	162.00	…	…	−162.00	−	243.00	…	…	…	…	…	…	…	…	…	…	…
4708	896	144.00	…	…	−144.00	−	216.00	…	…	…	…	…	…	…	…	…	…	…
4710	896	144.00	…	…	−144.00	−	216.00	…	…	…	…	…	…	…	…	…	…	…
PP1110	…	86.40	…	…	−86.40	−	129.60	…	…	…	…	…	…	…	…	…	…	…
1208	…	77.40	…	…	−77.40	−	116.10	…	…	…	…	…	…	…	…	…	…	…
2105	…	72.00	…	…	−72.00	−	108.00	…	…	…	…	…	…	…	…	…	…	…
RTRP	제조자 자료 참조																	

주 열팽창계수는 데이터가 표시되는 온도 범위에 대한 값의 평균임. / **자료** ASME B31.9 Table 919.3.1에 의거 재작성

3. 파이프와 튜브 자료

3.1 용접 및 이음매없는 강관의 치수 및 중량

ft−lb				두께 표시		SI			
NPS	OD, in	두께, in	중량, lb/ft	중량계	SchNo	DN	OD, mm	두께, mm	중량, kg/m
1/8	0.41	0.049	0.19	…	10	6	10.3	1.24	0.28
1/8	0.41	0.057	0.21	…	30	6	10.3	1.45	0.32
1/8	0.41	0.068	0.24	STD	40	6	10.3	1.73	0.37
1/8	0.41	0.095	0.31	XS	80	6	10.3	2.41	0.47
1/4	0.54	0.065	0.33	…	10	8	13.7	1.65	0.49
1/4	0.54	0.073	0.36	…	30	8	13.7	1.85	0.54
1/4	0.54	0.088	0.43	STD	40	8	13.7	2.24	0.63
1/4	0.54	0.119	0.54	XS	80	8	13.7	3.02	0.80
3/8	0.68	0.065	0.42	…	10	10	17.1	1.65	0.63
3/8	0.68	0.073	0.47	…	30	10	17.1	1.85	0.70
3/8	0.68	0.091	0.57	STD	40	10	17.1	2.31	0.84
3/8	0.68	0.126	0.74	XS	80	10	17.1	3.20	1.10
1/2	0.84	0.065	0.54	…	5	15	21.3	1.65	0.80
1/2	0.84	0.083	0.67	…	10	15	21.3	2.11	1.00
1/2	0.84	0.095	0.76	…	30	15	21.3	2.41	1.12
1/2	0.84	0.109	0.85	STD	40	15	21.3	2.77	1.27
1/2	0.84	0.147	1.09	XS	80	15	21.3	3.73	1.62
1/2	0.84	0.188	1.31	…	160	15	21.3	4.78	1.95
1/2	0.84	0.294	1.72	XXS	…	15	21.3	7.47	2.55
3/4	1.05	0.065	0.69	…	5	20	26.7	1.65	1.03
3/4	1.05	0.083	0.86	…	10	20	26.7	2.11	1.28
3/4	1.05	0.095	0.97	…	30	20	26.7	2.41	1.44
3/4	1.05	0.113	1.13	STD	40	20	26.7	2.87	1.69
3/4	1.05	0.154	1.48	XS	80	20	26.7	3.91	2.20
3/4	1.05	0.219	1.95	…	160	20	26.7	5.56	2.90
3/4	1.05	0.308	2.44	XXS	…	20	26.7	7.82	3.64
1	1.32	0.065	0.87	…	5	25	33.4	1.65	1.29
1	1.32	0.109	1.41	…	10	25	33.4	2.77	2.09
1	1.32	0.114	1.46	…	30	25	33.4	2.90	2.18
1	1.32	0.133	1.68	STD	40	25	33.4	3.38	2.50
1	1.32	0.179	2.17	XS	80	25	33.4	4.55	3.24
1	1.32	0.250	2.85	…	160	25	33.4	6.35	4.24
1	1.32	0.358	3.66	XXS	…	25	33.4	9.09	5.45
1-1/4	1.66	0.065	1.11	…	5	32	42.2	1.65	1.65
1-1/4	1.66	0.109	1.81	…	10	32	42.2	2.77	2.69

ft−lb				두께 표시		SI			
NPS	OD, in	두께, in	중량, lb/ft	중량계	SchNo	DN	OD, mm	두께, mm	중량, kg/m
1-1/4	1.66	0.117	1.93	···	30	32	42.2	2.97	2.87
1-1/4	1.66	0.140	2.27	STD	40	32	42.2	3.56	3.39
1-1/4	1.66	0.191	3.00	XS	80	32	42.2	4.85	4.47
1-1/4	1.66	0.250	3.77	···	160	32	42.2	6.35	5.61
1-1/4	1.66	0.382	5.22	XXS	···	32	42.2	9.70	7.77
1-1 / 2	1.90	0.065	1.28	···	5	40	48.3	1.65	1.90
1-1 / 2	1.90	0.109	2.09	···	10	40	48.3	2.77	3.11
1-1 / 2	1.90	0.125	2.37	···	30	40	48.3	3.18	3.53
1-1 / 2	1.90	0.145	2.72	STD	40	40	48.3	3.68	4.05
1-1 / 2	1.90	0.200	3.63	XS	80	40	48.3	5.08	5.41
1-1 / 2	1.90	0.281	4.86	···	160	40	48.3	7.14	7.25
1-1 / 2	1.90	0.400	6.41	XXS	···	40	48.3	10.15	9.55
2	2.38	0.065	1.61	···	5	50	60.3	1.65	2.39
2	2.38	0.083	2.03	···	···	50	60.3	2.11	3.03
2	2.38	0.109	2.64	···	10	50	60.3	2.77	3.93
2	2.38	0.125	3.01	···	30	50	60.3	3.18	4.48
2	2.38	0.141	3.37	···	···	50	60.3	3.58	5.01
2	2.38	0.154	3.66	STD	40	50	60.3	3.91	5.44
2	2.38	0.172	4.05	···	···	50	60.3	4.37	6.03
2	2.38	0.188	4.40	···	···	50	60.3	4.78	6.54
2	2.38	0.218	5.03	XS	80	50	60.3	5.54	7.48
2	2.38	0.250	5.68	···	···	50	60.3	6.35	8.45
2	2.38	0.281	6.29	···	···	50	60.3	7.14	9.36
2	2.38	0.344	7.47	···	160	50	60.3	8.74	11.11
2	2.38	0.436	9.04	XXS	···	50	60.3	11.07	13.44
2-1 / 2	2.88	0.083	2.48	···	5	65	73.0	2.11	3.69
2-1 / 2	2.88	0.109	3.22	···	···	65	73.0	2.77	4.80
2-1 / 2	2.88	0.120	3.53	···	10	65	73.0	3.05	5.26
2-1 / 2	2.88	0.125	3.67	···	···	65	73.0	3.18	5.48
2-1 / 2	2.88	0.141	4.12	···	···	65	73.0	3.58	6.13
2-1 / 2	2.88	0.156	4.53	···	···	65	73.0	3.96	6.74
2-1 / 2	2.88	0.172	4.97	···	···	65	73.0	4.37	7.40
2-1 / 2	2.88	0.188	5.40	···	30	65	73.0	4.78	8.04
2-1 / 2	2.88	0.203	5.80	STD	40	65	73.0	5.16	8.63
2-1 / 2	2.88	0.216	6.14	···	···	65	73.0	5.49	9.14
2-1 / 2	2.88	0.250	7.02	···	···	65	73.0	6.35	10.44
2-1 / 2	2.88	0.276	7.67	XS	80	65	73.0	7.01	11.41
2-1 / 2	2.88	0.375	10.02	···	160	65	73.0	9.53	14.92
2-1 / 2	2.88	0.552	13.71	XXS	···	65	73.0	14.02	20.39
3	3.50	0.083	3.03	···	5	80	88.9	2.11	4.52

ft−lb				두께 표시		SI			
NPS	OD, in	두께, in	중량, lb/ft	중량계	SchNo	DN	OD, mm	두께, mm	중량, kg/m
3	3.50	0.109	3.95	…	…	80	88.9	2.77	5.88
3	3.50	0.120	4.34	…	10	80	88.9	3.05	6.46
3	3.50	0.125	4.51	…	…	80	88.9	3.18	6.72
3	3.50	0.141	5.06	…	…	80	88.9	3.58	7.53
3	3.50	0.156	5.58	…	…	80	88.9	3.96	8.30
3	3.50	0.172	6.12	…	…	80	88.9	4.37	9.11
3	3.50	0.188	6.66	…	30	80	88.9	4.78	9.92
3	3.50	0.216	7.58	STD	40	80	88.9	5.49	11.29
3	3.50	0.250	8.69	…	…	80	88.9	6.35	12.93
3	3.50	0.281	9.67	…	…	80	88.9	7.14	14.40
3	3.50	0.300	10.26	XS	80	80	88.9	7.62	15.27
3	3.50	0.438	14.34	…	160	80	88.9	11.13	21.35
3	3.50	0.600	18.60	XXS	…	80	88.9	15.24	27.68
3-1 / 2	4.00	0.083	3.48	…	5	90	101.6	2.11	5.18
3-1 / 2	4.00	0.109	4.53	…	…	90	101.6	2.77	6.75
3-1 / 2	4.00	0.120	4.98	…	10	90	101.6	3.05	7.41
3-1 / 2	4.00	0.125	5.18	…	…	90	101.6	3.18	7.72
3-1 / 2	4.00	0.141	5.82	…	…	90	101.6	3.58	8.65
3-1 / 2	4.00	0.156	6.41	…	…	90	101.6	3.96	9.54
3-1 / 2	4.00	0.172	7.04	…	…	90	101.6	4.37	10.48
3-1 / 2	4.00	0.188	7.66	…	30	90	101.6	4.78	11.41
3-1 / 2	4.00	0.226	9.12	STD	40	90	101.6	5.74	13.57
3-1 / 2	4.00	0.250	10.02	…	…	90	101.6	6.35	14.92
3-1 / 2	4.00	0.281	11.17	…	…	90	101.6	7.14	16.63
3-1 / 2	4.00	0.318	12.52	XS	80	90	101.6	8.08	18.64
4	4.50	0.083	3.92	…	5	100	114.3	2.11	5.84
4	4.50	0.109	5.12	…	…	100	114.3	2.77	7.62
4	4.50	0.120	5.62	…	10	100	114.3	3.05	8.37
4	4.50	0.125	5.85	…	…	100	114.3	3.18	8.71
4	4.50	0.141	6.57	…	…	100	114.3	3.58	9.78
4	4.50	0.156	7.24	…	…	100	114.3	3.96	10.78
4	4.50	0.172	7.96	…	…	100	114.3	4.37	11.85
4	4.50	0.188	8.67	…	30	100	114.3	4.78	12.91
4	4.50	0.203	9.32	…	…	100	114.3	5.16	13.89
4	4.50	0.219	10.02	…	…	100	114.3	5.56	14.91
4	4.50	0.237	10.80	STD	40	100	114.3	6.02	16.08
4	4.50	0.250	11.36	…	…	100	114.3	6.35	16.91
4	4.50	0.281	12.67	…	…	100	114.3	7.14	18.87
4	4.50	0.312	13.97	…	…	100	114.3	7.92	20.78
4	4.50	0.337	15.00	XS	80	100	114.3	8.56	22.32

ft−lb				두께 표시		SI			
NPS	OD, in	두께, in	중량, lb/ft	중량계	SchNo	DN	OD, mm	두께, mm	중량, kg/m
4	4.50	0.438	19.02	···	120	100	114.3	11.13	28.32
4	4.50	0.531	22.53	···	160	100	114.3	13.49	33.54
4	4.50	0.674	27.57	XXS	···	100	114.3	17.12	41.03
5	5.56	0.083	4.86	···	···	125	141.3	2.11	7.24
5	5.56	0.109	6.36	···	5	125	141.3	2.77	9.46
5	5.56	0.125	7.27	···	···	125	141.3	3.18	10.83
5	5.56	0.134	7.78	···	10	125	141.3	3.40	11.56
5	5.56	0.156	9.02	···	···	125	141.3	3.96	13.41
5	5.56	0.188	10.80	···	···	125	141.3	4.78	16.09
5	5.56	0.219	12.51	···	···	125	141.3	5.56	18.61
5	5.56	0.258	14.63	STD	40	125	141.3	6.55	21.77
5	5.56	0.281	15.87	···	···	125	141.3	7.14	23.62
5	5.56	0.312	17.51	···	···	125	141.3	7.92	26.05
5	5.56	0.344	19.19	···	···	125	141.3	8.74	28.57
5	5.56	0.375	20.80	XS	80	125	141.3	9.53	30.97
5	5.56	0.500	27.06	···	120	125	141.3	12.70	40.28
5	5.56	0.625	32.99	···	160	125	141.3	15.88	49.12
5	5.56	0.750	38.59	XXS	···	125	141.3	19.05	57.43
6	6.63	0.083	5.80	···	···	150	168.3	2.11	8.65
6	6.63	0.109	7.59	···	5	150	168.3	2.77	11.31
6	6.63	0.125	8.69	···	···	150	168.3	3.18	12.95
6	6.63	0.134	9.30	···	10	150	168.3	3.40	13.83
6	6.63	0.141	9.77	···	···	150	168.3	3.58	14.54
6	6.63	0.156	10.79	···	···	150	168.3	3.96	16.05
6	6.63	0.172	11.87	···	···	150	168.3	4.37	17.67
6	6.63	0.188	12.94	···	···	150	168.3	4.78	19.28
6	6.63	0.203	13.94	···	···	150	168.3	5.16	20.76
6	6.63	0.219	15.00	···	···	150	168.3	5.56	22.31
6	6.63	0.250	17.04	···	···	150	168.3	6.35	25.36
6	6.63	0.280	18.99	STD	40	150	168.3	7.11	28.26
6	6.63	0.312	21.06	···	···	150	168.3	7.92	31.33
6	6.63	0.344	23.10	···	···	150	168.3	8.74	34.39
6	6.63	0.375	25.05	···	···	150	168.3	9.53	37.31
6	6.63	0.432	28.60	XS	80	150	168.3	10.97	42.56
6	6.63	0.500	32.74	···	···	150	168.3	12.70	48.73
6	6.63	0.562	36.43	···	120	150	168.3	14.27	54.21
6	6.63	0.625	40.09	···	···	150	168.3	15.88	59.69
6	6.63	0.719	45.39	···	160	150	168.3	18.26	67.57
6	6.63	0.750	47.10	···	···	150	168.3	19.05	70.12
6	6.63	0.864	53.21	XXS	···	150	168.3	21.95	79.22

ft-lb				두께 표시		SI			
NPS	OD, in	두께, in	중량, lb/ft	중량계	SchNo	DN	OD, mm	두께, mm	중량, kg/m
6	6.63	0.875	53.78	…	…	150	168.3	22.23	80.08
8	8.63	0.109	9.92	…	5	200	219.1	2.77	14.78
8	8.63	0.125	11.36	…	…	200	219.1	3.18	16.93
8	8.63	0.148	13.41	…	10	200	219.1	3.76	19.97
8	8.63	0.156	14.12	…	…	200	219.1	3.96	21.01
8	8.63	0.188	16.96	…	…	200	219.1	4.78	25.26
8	8.63	0.203	18.28	…	…	200	219.1	5.16	27.22
8	8.63	0.219	19.68	…	…	200	219.1	5.56	29.28
8	8.63	0.250	22.38	…	20	200	219.1	6.35	33.32
8	8.63	0.277	24.72	…	30	200	219.1	7.04	36.82
8	8.63	0.312	27.73	…	…	200	219.1	7.92	41.25
8	8.63	0.322	28.58	STD	40	200	219.1	8.18	42.55
8	8.63	0.344	30.45	…	…	200	219.1	8.74	45.34
8	8.63	0.375	33.07	…	…	200	219.1	9.53	49.25
8	8.63	0.406	35.67	…	60	200	219.1	10.31	53.09
8	8.63	0.438	38.33	…	…	200	219.1	11.13	57.08
8	8.63	0.500	43.43	XS	80	200	219.1	12.70	64.64
8	8.63	0.562	48.44	…	…	200	219.1	14.27	72.08
8	8.63	0.594	51.00	…	100	200	219.1	15.09	75.92
8	8.63	0.625	53.45	…	…	200	219.1	15.88	79.59
8	8.63	0.719	60.77	…	120	200	219.1	18.26	90.44
8	8.63	0.750	63.14	…	…	200	219.1	19.05	93.98
8	8.63	0.812	67.82	…	140	200	219.1	20.62	100.93
8	8.63	0.875	72.49	XXS	…	200	219.1	22.23	107.93
8	8.63	0.906	74.76	…	160	200	219.1	23.01	111.27
8	8.63	1.000	81.51	…	…	200	219.1	25.40	121.33
10	10.75	0.134	15.21	…	5	250	273.0	3.40	22.61
10	10.75	0.156	17.67	…	…	250	273.0	3.96	26.27
10	10.75	0.165	18.67	…	10	250	273.0	4.19	27.78
10	10.75	0.188	21.23	…	…	250	273.0	4.78	31.62
10	10.75	0.203	22.89	…	…	250	273.0	5.16	34.08
10	10.75	0.219	24.65	…	…	250	273.0	5.56	36.67
10	10.75	0.250	28.06	…	20	250	273.0	6.35	41.76
10	10.75	0.279	31.23	…	…	250	273.0	7.09	46.49
10	10.75	0.307	34.27	…	30	250	273.0	7.80	51.01
10	10.75	0.344	38.27	…	…	250	273.0	8.74	56.96
10	10.75	0.365	40.52	STD	40	250	273.0	9.27	60.29
10	10.75	0.438	48.28	…	…	250	273.0	11.13	71.88
10	10.75	0.500	54.79	XS	60	250	273.0	12.70	81.53
10	10.75	0.562	61.21	…	…	250	273.0	14.27	91.05

ft−lb				두께 표시		SI			
NPS	OD, in	두께, in	중량, lb/ft	중량계	SchNo	DN	OD, mm	두께, mm	중량, kg/m
10	10.75	0.594	64.49	…	80	250	273.0	15.09	95.98
10	10.75	0.625	67.65	…	…	250	273.0	15.88	100.69
10	10.75	0.719	77.10	…	100	250	273.0	18.26	114.71
10	10.75	0.812	86.26	…	…	250	273.0	20.62	128.34
10	10.75	0.844	89.38	…	120	250	273.0	21.44	133.01
10	10.75	0.875	92.37	…	…	250	273.0	22.23	137.48
10	10.75	0.938	98.39	…	…	250	273.0	23.83	146.43
10	10.75	1.000	104.23	XXS	140	250	273.0	25.40	155.10
10	10.75	1.125	115.75	…	160	250	273.0	28.58	172.27
10	10.75	1.250	126.94	…	…	250	273.0	31.75	188.90
12	12.75	0.156	21.00	…	5	300	323.8	3.96	31.24
12	12.75	0.172	23.13	…	…	300	323.8	4.37	34.43
12	12.75	0.180	24.19	…	10	300	323.8	4.57	35.98
12	12.75	0.188	25.25	…	…	300	323.8	4.78	37.61
12	12.75	0.203	27.23	…	…	300	323.8	5.16	40.55
12	12.75	0.219	29.34	…	…	300	323.8	5.56	43.64
12	12.75	0.250	33.41	…	20	300	323.8	6.35	49.71
12	12.75	0.281	37.46	…	…	300	323.8	7.14	55.76
12	12.75	0.312	41.48	…	…	300	323.8	7.92	61.70
12	12.75	0.330	43.81	…	30	300	323.8	8.38	65.19
12	12.75	0.344	45.62	…	…	300	323.8	8.74	67.91
12	12.75	0.375	49.61	STD	…	300	323.8	9.53	73.86
12	12.75	0.406	53.57	…	40	300	323.8	10.31	79.71
12	12.75	0.438	57.65	…	…	300	323.8	11.13	85.82
12	12.75	0.500	65.48	XS	…	300	323.8	12.70	97.44
12	12.75	0.562	73.22	…	60	300	323.8	14.27	108.93
12	12.75	0.625	81.01	…	…	300	323.8	15.88	120.59
12	12.75	0.688	88.71	…	80	300	323.8	17.48	132.05
12	12.75	0.750	96.21	…	…	300	323.8	19.05	143.17
12	12.75	0.812	103.63	…	…	300	323.8	20.62	154.17
12	12.75	0.844	107.42	…	100	300	323.8	21.44	159.87
12	12.75	0.875	111.08	…	…	300	323.8	22.23	165.33
12	12.75	0.938	118.44	…	…	300	323.8	23.83	176.29
12	12.75	1.000	125.61	XXS	120	300	323.8	25.40	186.92
12	12.75	1.062	132.69	…	…	300	323.8	26.97	197.43
12	12.75	1.125	139.81	…	140	300	323.8	28.58	208.08
12	12.75	1.250	153.67	…	…	300	323.8	31.75	228.68
12	12.75	1.312	160.42	…	160	300	323.8	33.32	238.69
14	14.00	0.156	23.09	…	5	350	355.6	3.96	34.34
14	14.00	0.188	27.76	…	…	350	355.6	4.78	41.36

ft−lb				두께 표시		SI			
NPS	OD, in	두께, in	중량, lb/ft	중량계	SchNo	DN	OD, mm	두께, mm	중량, kg/m
14	14.00	0.203	29.94	…	…	350	355.6	5.16	44.59
14	14.00	0.210	30.96	…	…	350	355.6	5.33	46.04
14	14.00	0.219	32.26	…	…	350	355.6	5.56	48.00
14	14.00	0.250	36.75	…	10	350	355.6	6.35	54.69
14	14.00	0.281	41.21	…	…	350	355.6	7.14	61.36
14	14.00	0.312	45.65	…	20	350	355.6	7.92	67.91
14	14.00	0.344	50.22	…	…	350	355.6	8.74	74.76
14	14.00	0.375	54.62	STD	30	350	355.6	9.53	81.33
14	14.00	0.406	59.00	…	…	350	355.6	10.31	87.79
14	14.00	0.438	63.50	…	40	350	355.6	11.13	94.55
14	14.00	0.469	67.84	…	…	350	355.6	11.91	100.95
14	14.00	0.500	72.16	XS	…	350	355.6	12.70	107.40
14	14.00	0.562	80.73	…	…	350	355.6	14.27	120.12
14	14.00	0.594	85.13	…	60	350	355.6	15.09	126.72
14	14.00	0.625	89.36	…	…	350	355.6	15.88	133.04
14	14.00	0.688	97.91	…	…	350	355.6	17.48	145.76
14	14.00	0.750	106.23	…	80	350	355.6	19.05	158.11
14	14.00	0.812	114.48	…	…	350	355.6	20.62	170.34
14	14.00	0.875	122.77	…	…	350	355.6	22.23	182.76
14	14.00	0.938	130.98	…	100	350	355.6	23.83	194.98
14	14.00	1.000	138.97	…	…	350	355.6	25.40	206.84
14	14.00	1.062	146.88	…	…	350	355.6	26.97	218.58
14	14.00	1.094	150.93	…	120	350	355.6	27.79	224.66
14	14.00	1.125	154.84	…	…	350	355.6	28.58	230.49
14	14.00	1.250	170.37	…	140	350	355.6	31.75	253.58
14	14.00	1.406	189.29	…	160	350	355.6	35.71	281.72
14	14.00	2.000	256.56	…	…	350	355.6	50.80	381.85
14	14.00	2.125	269.76	…	…	350	355.6	53.98	401.52
14	14.00	2.200	277.51	…	…	350	355.6	55.88	413.04
14	14.00	2.500	307.34	…	…	350	355.6	63.50	457.43
16	16.00	0.165	27.93	…	5	400	406.4	4.19	41.56
16	16.00	0.188	31.78	…	…	400	406.4	4.78	47.34
16	16.00	0.203	34.28	…	…	400	406.4	5.16	51.06
16	16.00	0.219	36.95	…	…	400	406.4	5.56	54.96
16	16.00	0.250	42.09	…	10	400	406.4	6.35	62.65
16	16.00	0.281	47.22	…	…	400	406.4	7.14	70.30
16	16.00	0.312	52.32	…	20	400	406.4	7.92	77.83
16	16.00	0.344	57.57	…	…	400	406.4	8.74	85.71
16	16.00	0.375	62.64	STD	30	400	406.4	9.53	93.27
16	16.00	0.406	67.68	…	…	400	406.4	10.31	100.71

ft−lb				두께 표시		SI			
NPS	OD, in	두께, in	중량, lb/ft	중량계	SchNo	DN	OD, mm	두께, mm	중량, kg/m
16	16.00	0.438	72.86	…	…	400	406.4	11.13	108.49
16	16.00	0.469	77.87	…	…	400	406.4	11.91	115.87
16	16.00	0.500	82.85	XS	40	400	406.4	12.70	123.31
16	16.00	0.562	92.75	…	…	400	406.4	14.27	138.00
16	16.00	0.625	102.72	…	…	400	406.4	15.88	152.94
16	16.00	0.656	107.60	…	60	400	406.4	16.66	160.13
16	16.00	0.688	112.62	…	…	400	406.4	17.48	167.66
16	16.00	0.750	122.27	…	…	400	406.4	19.05	181.98
16	16.00	0.812	131.84	…	…	400	406.4	20.62	196.18
16	16.00	0.844	136.74	…	80	400	406.4	21.44	203.54
16	16.00	0.875	141.48	…	…	400	406.4	22.23	210.61
16	16.00	0.938	151.03	…	…	400	406.4	23.83	224.83
16	16.00	1.000	160.35	…	…	400	406.4	25.40	238.66
16	16.00	1.031	164.98	…	100	400	406.4	26.19	245.57
16	16.00	1.125	178.89	…	…	400	406.4	28.58	266.30
16	16.00	1.188	188.11	…	…	400	406.4	30.18	280.01
16	16.00	1.219	192.61	…	120	400	406.4	30.96	286.66
16	16.00	1.250	197.10	…	…	400	406.4	31.75	293.35
16	16.00	1.438	223.85	…	140	400	406.4	36.53	333.21
16	16.00	1.594	245.48	…	160	400	406.4	40.49	365.38
18	18.00	0.165	31.46	…	5	450	457.0	4.19	46.79
18	18.00	0.188	35.80	…	…	450	457.0	4.78	53.31
18	18.00	0.219	41.63	…	…	450	457.0	5.56	61.90
18	18.00	0.250	47.44	…	10	450	457.0	6.35	70.57
18	18.00	0.281	53.23	…	…	450	457.0	7.14	79.21
18	18.00	0.312	58.99	…	20	450	457.0	7.92	87.71
18	18.00	0.344	64.93	…	…	450	457.0	8.74	96.62
18	18.00	0.375	70.65	STD	…	450	457.0	9.53	105.17
18	18.00	0.406	76.36	…	…	450	457.0	10.31	113.58
18	18.00	0.438	82.23	…	30	450	457.0	11.13	122.38
18	18.00	0.469	87.89	…	…	450	457.0	11.91	130.73
18	18.00	0.500	93.54	XS	…	450	457.0	12.70	139.16
18	18.00	0.562	104.76	…	40	450	457.0	14.27	155.81
18	18.00	0.625	116.09	…	…	450	457.0	15.88	172.75
18	18.00	0.688	127.32	…	…	450	457.0	17.48	189.47
18	18.00	0.750	138.30	…	60	450	457.0	19.05	205.75
18	18.00	0.812	149.20	…	…	450	457.0	20.62	221.91
18	18.00	0.875	160.18	…	…	450	457.0	22.23	238.35
18	18.00	0.938	171.08	…	80	450	457.0	23.83	254.57
18	18.00	1.000	181.73	…	…	450	457.0	25.40	270.36

ft−lb				두께 표시		SI			
NPS	OD, in	두께, in	중량, lb/ft	중량계	SchNo	DN	OD, mm	두께, mm	중량, kg/m
18	18.00	1.062	192.29	⋯	⋯	450	457.0	26.97	286.02
18	18.00	1.125	202.94	⋯	⋯	450	457.0	28.58	301.96
18	18.00	1.156	208.15	⋯	100	450	457.0	29.36	309.64
18	18.00	1.188	213.51	⋯	⋯	450	457.0	30.18	317.68
18	18.00	1.250	223.82	⋯	⋯	450	457.0	31.75	332.97
18	18.00	1.375	244.37	⋯	120	450	457.0	34.93	363.58
18	18.00	1.562	274.48	⋯	140	450	457.0	39.67	408.28
18	18.00	1.781	308.79	⋯	160	450	457.0	45.24	459.39
20	20.00	0.188	39.82	⋯	5	500	508.0	4.78	59.32
20	20.00	0.219	46.31	⋯	⋯	500	508.0	5.56	68.89
20	20.00	0.250	52.78	⋯	10	500	508.0	6.35	78.56
20	20.00	0.281	59.23	⋯	⋯	500	508.0	7.14	88.19
20	20.00	0.312	65.66	⋯	⋯	500	508.0	7.92	97.68
20	20.00	0.344	72.28	⋯	⋯	500	508.0	8.74	107.61
20	20.00	0.375	78.67	STD	20	500	508.0	9.53	117.15
20	20.00	0.406	85.04	⋯	⋯	500	508.0	10.31	126.54
20	20.00	0.438	91.59	⋯	⋯	500	508.0	11.13	136.38
20	20.00	0.469	97.92	⋯	⋯	500	508.0	11.91	145.71
20	20.00	0.500	104.23	XS	30	500	508.0	12.70	155.13
20	20.00	0.562	116.78	⋯	⋯	500	508.0	14.27	173.75
20	20.00	0.594	123.23	⋯	40	500	508.0	15.09	183.43
20	20.00	0.625	129.45	⋯	⋯	500	508.0	15.88	192.73
20	20.00	0.688	142.03	⋯	⋯	500	508.0	17.48	211.45
20	20.00	0.750	154.34	⋯	⋯	500	508.0	19.05	229.71
20	20.00	0.812	166.56	⋯	60	500	508.0	20.62	247.84
20	20.00	0.875	178.89	⋯	⋯	500	508.0	22.23	266.31
20	20.00	0.938	191.14	⋯	⋯	500	508.0	23.83	284.54
20	20.00	1.000	203.11	⋯	⋯	500	508.0	25.40	302.30
20	20.00	1.031	209.06	⋯	80	500	508.0	26.19	311.19
20	20.00	1.062	215.00	⋯	⋯	500	508.0	26.97	319.94
20	20.00	1.125	227.00	⋯	⋯	500	508.0	28.58	337.91
20	20.00	1.188	238.91	⋯	⋯	500	508.0	30.18	355.63
20	20.00	1.250	250.55	⋯	⋯	500	508.0	31.75	372.91
20	20.00	1.281	256.34	⋯	100	500	508.0	32.54	381.55
20	20.00	1.312	262.10	⋯	⋯	500	508.0	33.32	390.05
20	20.00	1.375	273.76	⋯	⋯	500	508.0	34.93	407.51
20	20.00	1.500	296.65	⋯	120	500	508.0	38.10	441.52
20	20.00	1.750	341.41	⋯	140	500	508.0	44.45	508.15
20	20.00	1.969	379.53	⋯	160	500	508.0	50.01	564.85
22	22.00	0.188	43.84	⋯	5	550	559.0	4.78	65.33

ft−lb				두께 표시		SI			
NPS	OD, in	두께, in	중량, lb/ft	중량계	SchNo	DN	OD, mm	두께, mm	중량, kg/m
22	22.00	0.219	50.99	…	…	550	559.0	5.56	75.89
22	22.00	0.250	58.13	…	10	550	559.0	6.35	86.55
22	22.00	0.281	65.24	…	…	550	559.0	7.14	97.17
22	22.00	0.312	72.34	…	…	550	559.0	7.92	107.64
22	22.00	0.344	79.64	…	…	550	559.0	8.74	118.60
22	22.00	0.375	86.69	STD	20	550	559.0	9.53	129.14
22	22.00	0.406	93.72	…	…	550	559.0	10.31	139.51
22	22.00	0.438	100.96	…	…	550	559.0	11.13	150.38
22	22.00	0.469	107.95	…	…	550	559.0	11.91	160.69
22	22.00	0.500	114.92	XS	30	550	559.0	12.70	171.10
22	22.00	0.562	128.79	…	…	550	559.0	14.27	191.70
22	22.00	0.625	142.81	…	…	550	559.0	15.88	212.70
22	22.00	0.688	156.74	…	…	550	559.0	17.48	233.44
22	22.00	0.750	170.37	…	…	550	559.0	19.05	253.67
22	22.00	0.812	183.92	…	…	550	559.0	20.62	273.78
22	22.00	0.875	197.60	…	60	550	559.0	22.23	294.27
22	22.00	0.938	211.19	…	…	550	559.0	23.83	314.51
22	22.00	1.000	224.49	…	…	550	559.0	25.40	334.25
22	22.00	1.062	237.70	…	…	550	559.0	26.97	353.86
22	22.00	1.125	251.05	…	80	550	559.0	28.58	373.85
22	22.00	1.188	264.31	…	…	550	559.0	30.18	393.59
22	22.00	1.250	277.27	…	…	550	559.0	31.75	412.84
22	22.00	1.312	290.15	…	…	550	559.0	33.32	431.96
22	22.00	1.375	303.16	…	100	550	559.0	34.93	451.45
22	22.00	1.438	316.08	…	…	550	559.0	36.53	470.69
22	22.00	1.500	328.72	…	…	550	559.0	38.10	489.44
22	22.00	1.625	353.94	…	120	550	559.0	41.28	527.05
22	22.00	1.875	403.38	…	140	550	559.0	47.63	600.67
22	22.00	2.125	451.49	…	160	550	559.0	53.98	672.30
24	24.00	0.218	55.42	…	5	600	610.0	5.54	82.58
24	24.00	0.250	63.47	…	10	600	610.0	6.35	94.53
24	24.00	0.281	71.25	…	…	600	610.0	7.14	106.15
24	24.00	0.312	79.01	…	…	600	610.0	7.92	117.60
24	24.00	0.344	86.99	…	…	600	610.0	8.74	129.60
24	24.00	0.375	94.71	STD	20	600	610.0	9.53	141.12
24	24.00	0.406	102.40	…	…	600	610.0	10.31	152.48
24	24.00	0.438	110.32	…	…	600	610.0	11.13	164.38
24	24.00	0.469	117.98	…	…	600	610.0	11.91	175.67
24	24.00	0.500	125.61	XS	…	600	610.0	12.70	187.07
24	24.00	0.562	140.81	…	30	600	610.0	14.27	209.65

ft−lb				두께 표시		SI			
NPS	OD, in	두께, in	중량, lb/ft	중량계	SchNo	DN	OD, mm	두께, mm	중량, kg/m
24	24.00	0.625	156.17	…	…	600	610.0	15.88	232.67
24	24.00	0.688	171.45	…	40	600	610.0	17.48	255.43
24	24.00	0.750	186.41	…	…	600	610.0	19.05	277.63
24	24.00	0.812	201.28	…	…	600	610.0	20.62	299.71
24	24.00	0.875	216.31	…	…	600	610.0	22.23	322.23
24	24.00	0.938	231.25	…	…	600	610.0	23.83	344.48
24	24.00	0.969	238.57	…	60	600	610.0	24.61	355.28
24	24.00	1.000	245.87	…	…	600	610.0	25.40	366.19
24	24.00	1.062	260.41	…	…	600	610.0	26.97	387.79
24	24.00	1.125	275.10	…	…	600	610.0	28.58	409.80
24	24.00	1.188	289.71	…	…	600	610.0	30.18	431.55
24	24.00	1.219	296.86	…	80	600	610.0	30.96	442.11
24	24.00	1.250	304.00	…	…	600	610.0	31.75	452.77
24	24.00	1.312	318.21	…	…	600	610.0	33.32	473.87
24	24.00	1.375	332.56	…	…	600	610.0	34.93	495.38
24	24.00	1.438	346.83	…	…	600	610.0	36.53	516.63
24	24.00	1.500	360.79	…	…	600	610.0	38.10	537.36
24	24.00	1.531	367.74	…	100	600	610.0	38.89	547.74
24	24.00	1.562	374.66	…	…	600	610.0	39.67	557.97
24	24.00	1.812	429.79	…	120	600	610.0	46.02	640.07
24	24.00	2.062	483.57	…	140	600	610.0	52.37	720.19
24	24.00	2.344	542.64	…	160	600	610.0	59.54	808.27
26	26.00	0.250	68.82	…	…	650	660.0	6.35	102.36
26	26.00	0.281	77.26	…	…	650	660.0	7.14	114.96
26	26.00	0.312	85.68	…	10	650	660.0	7.92	127.36
26	26.00	0.344	94.35	…	…	650	660.0	8.74	140.37
26	26.00	0.375	102.72	STD	…	650	660.0	9.53	152.88
26	26.00	0.406	111.08	…	…	650	660.0	10.31	165.19
26	26.00	0.438	119.69	…	…	650	660.0	11.13	178.10
26	26.00	0.469	128.00	…	…	650	660.0	11.91	190.36
26	26.00	0.500	136.30	XS	20	650	660.0	12.70	202.74
26	26.00	0.562	152.83	…	…	650	660.0	14.27	227.25
26	26.00	0.625	169.54	…	…	650	660.0	15.88	252.25
26	26.00	0.688	186.16	…	…	650	660.0	17.48	276.98
26	26.00	0.750	202.44	…	…	650	660.0	19.05	301.12
26	26.00	0.812	218.64	…	…	650	660.0	20.62	325.14
26	26.00	0.875	235.01	…	…	650	660.0	22.23	349.64
26	26.00	0.938	251.30	…	…	650	660.0	23.83	373.87
26	26.00	1.000	267.25	…	…	650	660.0	25.40	397.51
28	28.00	0.250	74.16	…	…	700	711.0	6.35	110.35

ft-lb				두께 표시		SI			
NPS	OD, in	두께, in	중량, lb/ft	중량계	SchNo	DN	OD, mm	두께, mm	중량, kg/m
28	28.00	0.281	83.26	…	…	700	711.0	7.14	123.94
28	28.00	0.312	92.35	…	10	700	711.0	7.92	137.32
28	28.00	0.344	101.70	…	…	700	711.0	8.74	151.37
28	28.00	0.375	110.74	STD	…	700	711.0	9.53	164.86
28	28.00	0.406	119.76	…	…	700	711.0	10.31	178.16
28	28.00	0.438	129.05	…	…	700	711.0	11.13	192.10
28	28.00	0.469	138.03	…	…	700	711.0	11.91	205.34
28	28.00	0.500	146.99	XS	20	700	711.0	12.70	218.71
28	28.00	0.562	164.84	…	…	700	711.0	14.27	245.19
28	28.00	0.625	182.90	…	30	700	711.0	15.88	272.23
28	28.00	0.688	200.87	…	…	700	711.0	17.48	298.96
28	28.00	0.750	218.48	…	…	700	711.0	19.05	325.08
28	28.00	0.812	236.00	…	…	700	711.0	20.62	351.07
28	28.00	0.875	253.72	…	…	700	711.0	22.23	377.60
28	28.00	0.938	271.36	…	…	700	711.0	23.83	403.84
28	28.00	1.000	288.63	…	…	700	711.0	25.40	429.46
30	30.00	0.250	79.51	…	5	750	762.0	6.35	118.34
30	30.00	0.281	89.27	…	…	750	762.0	7.14	132.92
30	30.00	0.312	99.02	…	10	750	762.0	7.92	147.29
30	30.00	0.344	109.06	…	…	750	762.0	8.74	162.36
30	30.00	0.375	118.76	STD	…	750	762.0	9.53	176.85
30	30.00	0.406	128.44	…	…	750	762.0	10.31	191.12
30	30.00	0.438	138.42	…	…	750	762.0	11.13	206.10
30	30.00	0.469	148.06	…	…	750	762.0	11.91	220.32
30	30.00	0.500	157.68	XS	20	750	762.0	12.70	234.68
30	30.00	0.562	176.86	…	…	750	762.0	14.27	263.14
30	30.00	0.625	196.26	…	30	750	762.0	15.88	292.20
30	30.00	0.688	215.58	…	…	750	762.0	17.48	320.95
30	30.00	0.750	234.51	…	…	750	762.0	19.05	349.04
30	30.00	0.812	253.36	…	…	750	762.0	20.62	377.01
30	30.00	0.875	272.43	…	…	750	762.0	22.23	405.56
30	30.00	0.938	291.41	…	…	750	762.0	23.83	433.81
30	30.00	1.000	310.01	…	…	750	762.0	25.40	461.41
30	30.00	1.062	328.53	…	…	750	762.0	26.97	488.88
30	30.00	1.125	347.26	…	…	750	762.0	28.58	516.93
30	30.00	1.188	365.90	…	…	750	762.0	30.18	544.68
30	30.00	1.250	384.17	…	…	750	762.0	31.75	571.79
32	32.00	0.250	84.85	…	…	800	813.0	6.35	126.32
32	32.00	0.281	95.28	…	…	800	813.0	7.14	141.90
32	32.00	0.312	105.69	…	10	800	813.0	7.92	157.25

ft−lb				두께 표시		SI			
NPS	OD, in	두께, in	중량, lb/ft	중량계	SchNo	DN	OD, mm	두께, mm	중량, kg/m
32	32.00	0.344	116.41	…	…	800	813.0	8.74	173.35
32	32.00	0.375	126.78	STD	…	800	813.0	9.53	188.83
32	32.00	0.406	137.12	…	…	800	813.0	10.31	204.09
32	32.00	0.438	147.78	…	…	800	813.0	11.13	220.10
32	32.00	0.469	158.08	…	…	800	813.0	11.91	235.29
32	32.00	0.500	168.37	XS	20	800	813.0	12.70	250.65
32	32.00	0.562	188.87	…	…	800	813.0	14.27	281.09
32	32.00	0.625	209.62	…	30	800	813.0	15.88	312.17
32	32.00	0.688	230.29	…	40	800	813.0	17.48	342.94
32	32.00	0.750	250.55	…	…	800	813.0	19.05	373.00
32	32.00	0.812	270.72	…	…	800	813.0	20.62	402.94
32	32.00	0.875	291.14	…	…	800	813.0	22.23	433.52
32	32.00	0.938	311.47	…	…	800	813.0	23.83	463.78
32	32.00	1.000	331.39	…	…	800	813.0	25.40	493.35
32	32.00	1.062	351.23	…	…	800	813.0	26.97	522.80
32	32.00	1.125	371.31	…	…	800	813.0	28.58	552.88
32	32.00	1.188	391.30	…	…	800	813.0	30.18	582.64
32	32.00	1.250	410.90	…	…	800	813.0	31.75	611.72
34	34.00	0.250	90.20	…	…	850	864.0	6.35	134.31
34	34.00	0.281	101.29	…	…	850	864.0	7.14	150.88
34	34.00	0.312	112.36	…	10	850	864.0	7.92	167.21
34	34.00	0.344	123.77	…	…	850	864.0	8.74	184.34
34	34.00	0.375	134.79	STD	…	850	864.0	9.53	200.82
34	34.00	0.406	145.80	…	…	850	864.0	10.31	217.06
34	34.00	0.438	157.14	…	…	850	864.0	11.13	234.10
34	34.00	0.469	168.11	…	…	850	864.0	11.91	250.27
34	34.00	0.500	179.06	XS	20	850	864.0	12.70	266.63
34	34.00	0.562	200.89	…	…	850	864.0	14.27	299.04
34	34.00	0.625	222.99	…	30	850	864.0	15.88	332.14
34	34.00	0.688	245.00	…	40	850	864.0	17.48	364.92
34	34.00	0.750	266.58	…	…	850	864.0	19.05	396.96
34	34.00	0.812	288.08	…	…	850	864.0	20.62	428.88
34	34.00	0.875	309.84	…	…	850	864.0	22.23	461.48
34	34.00	0.938	331.52	…	…	850	864.0	23.83	493.75
34	34.00	1.000	352.77	…	…	850	864.0	25.40	525.30
34	34.00	1.062	373.94	…	…	850	864.0	26.97	556.73
34	34.00	1.125	395.36	…	…	850	864.0	28.58	588.83
34	34.00	1.188	416.70	…	…	850	864.0	30.18	620.60
34	34.00	1.250	437.62	…	…	850	864.0	31.75	651.65
36	36.00	0.250	95.54	…	…	900	914.0	6.35	142.14

ft−lb				두께 표시		SI			
NPS	OD, in	두께, in	중량, lb/ft	중량계	SchNo	DN	OD, mm	두께, mm	중량, kg/m
36	36.00	0.281	107.30	…	…	900	914.0	7.14	159.68
36	36.00	0.312	119.03	…	10	900	914.0	7.92	176.97
36	36.00	0.344	131.12	…	…	900	914.0	8.74	195.12
36	36.00	0.375	142.81	STD	…	900	914.0	9.53	212.57
36	36.00	0.406	154.48	…	…	900	914.0	10.31	229.77
36	36.00	0.438	166.51	…	…	900	914.0	11.13	247.82
36	36.00	0.469	178.14	…	…	900	914.0	11.91	264.96
36	36.00	0.500	189.75	XS	20	900	914.0	12.70	282.29
36	36.00	0.562	212.90	…	…	900	914.0	14.27	316.63
36	36.00	0.625	236.35	…	30	900	914.0	15.88	351.73
36	36.00	0.688	259.71	…	…	900	914.0	17.48	386.47
36	36.00	0.750	282.62	…	40	900	914.0	19.05	420.45
36	36.00	0.812	305.44	…	…	900	914.0	20.62	454.30
36	36.00	0.875	328.55	…	…	900	914.0	22.23	488.89
36	36.00	0.938	351.57	…	…	900	914.0	23.83	523.14
36	36.00	1.000	374.15	…	…	900	914.0	25.40	556.62
36	36.00	1.062	396.64	…	…	900	914.0	26.97	589.98
36	36.00	1.125	419.42	…	…	900	914.0	28.58	624.07
36	36.00	1.188	442.10	…	…	900	914.0	30.18	657.81
36	36.00	1.250	464.35	…	…	900	914.0	31.75	690.80
38	38.00	0.312	125.70	…	…	950	965.0	7.92	186.94
38	38.00	0.344	138.47	…	…	950	965.0	8.74	206.11
38	38.00	0.375	150.83	STD	…	950	965.0	9.53	224.56
38	38.00	0.406	163.16	…	…	950	965.0	10.31	242.74
38	38.00	0.438	175.87	…	…	950	965.0	11.13	261.82
38	38.00	0.469	188.17	…	…	950	965.0	11.91	279.94
38	38.00	0.500	200.44	XS	…	950	965.0	12.70	298.26
38	38.00	0.562	224.92	…	…	950	965.0	14.27	334.58
38	38.00	0.625	249.71	…	…	950	965.0	15.88	371.70
38	38.00	0.688	274.42	…	…	950	965.0	17.48	408.46
38	38.00	0.750	298.65	…	…	950	965.0	19.05	444.41
38	38.00	0.812	322.80	…	…	950	965.0	20.62	480.24
38	38.00	0.875	347.26	…	…	950	965.0	22.23	516.85
38	38.00	0.938	371.63	…	…	950	965.0	23.83	553.11
38	38.00	1.000	395.53	…	…	950	965.0	25.40	588.57
38	38.00	1.062	419.35	…	…	950	965.0	26.97	623.90
38	38.00	1.125	443.47	…	…	950	965.0	28.58	660.01
38	38.00	1.188	467.50	…	…	950	965.0	30.18	695.77
38	38.00	1.250	491.07	…	…	950	965.0	31.75	730.74
40	40.00	0.312	132.37	…	…	1 000	1 016.0	7.92	196.90

ft−lb				두께 표시		SI			
NPS	OD, in	두께, in	중량, lb/ft	중량계	SchNo	DN	OD, mm	두께, mm	중량, kg/m
40	40.00	0.344	145.83	…	…	1 000	1 016.0	8.74	217.11
40	40.00	0.375	158.85	STD	…	1 000	1 016.0	9.53	236.54
40	40.00	0.406	171.84	…	…	1 000	1 016.0	10.31	255.71
40	40.00	0.438	185.24	…	…	1 000	1 016.0	11.13	275.82
40	40.00	0.469	198.19	…	…	1 000	1 016.0	11.91	294.92
40	40.00	0.500	211.13	XS	…	1 000	1 016.0	12.70	314.23
40	40.00	0.562	236.93	…	…	1 000	1 016.0	14.27	352.53
40	40.00	0.625	263.07	…	…	1 000	1 016.0	15.88	391.67
40	40.00	0.688	289.13	…	…	1 000	1 016.0	17.48	430.45
40	40.00	0.750	314.69	…	…	1 000	1 016.0	19.05	468.37
40	40.00	0.812	340.16	…	…	1 000	1 016.0	20.62	506.17
40	40.00	0.875	365.97	…	…	1 000	1 016.0	22.23	544.81
40	40.00	0.938	391.68	…	…	1 000	1 016.0	23.83	583.08
40	40.00	1.000	416.91	…	…	1 000	1 016.0	25.40	620.51
40	40.00	1.062	442.05	…	…	1 000	1 016.0	26.97	657.82
40	40.00	1.125	467.52	…	…	1 000	1 016.0	28.58	695.96
40	40.00	1.188	492.90	…	…	1 000	1 016.0	30.18	733.73
40	40.00	1.250	517.80	…	…	1 000	1 016.0	31.75	770.67
42	42.00	0.344	153.18	…	…	1 050	1 067.0	8.74	228.10
42	42.00	0.375	166.86	STD	…	1 050	1 067.0	9.53	248.53
42	42.00	0.406	180.52	…	…	1 050	1 067.0	10.31	268.67
42	42.00	0.438	194.60	…	…	1 050	1 067.0	11.13	289.82
42	42.00	0.469	208.22	…	…	1 050	1 067.0	11.91	309.90
42	42.00	0.500	221.82	XS	…	1 050	1 067.0	12.70	330.21
42	42.00	0.562	248.95	…	…	1 050	1 067.0	14.27	370.48
42	42.00	0.625	276.44	…	…	1 050	1 067.0	15.88	411.64
42	42.00	0.688	303.84	…	…	1 050	1 067.0	17.48	452.43
42	42.00	0.750	330.72	…	…	1 050	1 067.0	19.05	492.33
42	42.00	0.812	357.52	…	…	1 050	1 067.0	20.62	532.11
42	42.00	0.875	384.67	…	…	1 050	1 067.0	22.23	572.77
42	42.00	0.938	411.74	…	…	1 050	1 067.0	23.83	613.05
42	42.00	1.000	438.29	…	…	1 050	1 067.0	25.40	652.46
42	42.00	1.062	464.76	…	…	1 050	1 067.0	26.97	691.75
42	42.00	1.125	491.57	…	…	1 050	1 067.0	28.58	731.91
42	42.00	1.188	518.30	…	…	1 050	1 067.0	30.18	771.69
42	42.00	1.250	544.52	…	…	1 050	1 067.0	31.75	810.60
44	44.00	0.344	160.54	…	…	1 100	1 118.0	8.74	239.09
44	44.00	0.375	174.88	STD	…	1 100	1 118.0	9.53	260.52
44	44.00	0.406	189.20	…	…	1 100	1 118.0	10.31	281.64
44	44.00	0.438	203.97	…	…	1 100	1 118.0	11.13	303.82

ft−lb				두께 표시		SI			
NPS	OD, in	두께, in	중량, lb/ft	중량계	SchNo	DN	OD, mm	두께, mm	중량, kg/m
44	44.00	0.469	218.25	⋯	⋯	1 100	1 118.0	11.91	324.88
44	44.00	0.500	232.51	XS	⋯	1 100	1 118.0	12.70	346.18
44	44.00	0.562	260.97	⋯	⋯	1 100	1 118.0	14.27	388.42
44	44.00	0.625	289.80	⋯	⋯	1 100	1 118.0	15.88	431.62
44	44.00	0.688	318.55	⋯	⋯	1 100	1 118.0	17.48	474.42
44	44.00	0.750	346.76	⋯	⋯	1 100	1 118.0	19.05	516.29
44	44.00	0.812	374.88	⋯	⋯	1 100	1 118.0	20.62	558.04
44	44.00	0.875	403.38	⋯	⋯	1 100	1 118.0	22.23	600.73
44	44.00	0.938	431.79	⋯	⋯	1 100	1 118.0	23.83	643.03
44	44.00	1.000	459.67	⋯	⋯	1 100	1 118.0	25.40	684.41
44	44.00	1.062	487.47	⋯	⋯	1 100	1 118.0	26.97	725.67
44	44.00	1.125	515.63	⋯	⋯	1 100	1 118.0	28.58	767.85
44	44.00	1.188	543.70	⋯	⋯	1 100	1 118.0	30.18	809.65
44	44.00	1.250	571.25	⋯	⋯	1 100	1 118.0	31.75	850.54
46	46.00	0.344	167.89	⋯	⋯	1 150	1 168.0	8.74	249.87
46	46.00	0.375	182.90	STD	⋯	1 150	1 168.0	9.53	272.27
46	46.00	0.406	197.88	⋯	⋯	1 150	1 168.0	10.31	294.35
46	46.00	0.438	213.33	⋯	⋯	1 150	1 168.0	11.13	317.54
46	46.00	0.469	228.27	⋯	⋯	1 150	1 168.0	11.91	339.56
46	46.00	0.500	243.20	XS	⋯	1 150	1 168.0	12.70	361.84
46	46.00	0.562	272.98	⋯	⋯	1 150	1 168.0	14.27	406.02
46	46.00	0.625	303.16	⋯	⋯	1 150	1 168.0	15.88	451.20
46	46.00	0.688	333.26	⋯	⋯	1 150	1 168.0	17.48	495.97
46	46.00	0.750	362.79	⋯	⋯	1 150	1 168.0	19.05	539.78
46	46.00	0.812	392.24	⋯	⋯	1 150	1 168.0	20.62	583.47
46	46.00	0.875	422.09	⋯	⋯	1 150	1 168.0	22.23	628.14
46	46.00	0.938	451.85	⋯	⋯	1 150	1 168.0	23.83	672.41
46	46.00	1.000	481.05	⋯	⋯	1 150	1 168.0	25.40	715.73
46	46.00	1.062	510.17	⋯	⋯	1 150	1 168.0	26.97	758.92
46	46.00	1.125	539.68	⋯	⋯	1 150	1 168.0	28.58	803.09
46	46.00	1.188	569.10	⋯	⋯	1 150	1 168.0	30.18	846.86
46	46.00	1.250	597.97	⋯	⋯	1 150	1 168.0	31.75	889.69
48	48.00	0.344	175.25	⋯	⋯	1 200	1 219.0	8.74	260.86
48	48.00	0.375	190.92	STD	⋯	1 200	1 219.0	9.53	284.25
48	48.00	0.406	206.56	⋯	⋯	1 200	1 219.0	10.31	307.32
48	48.00	0.438	222.70	⋯	⋯	1 200	1 219.0	11.13	331.54
48	48.00	0.469	238.30	⋯	⋯	1 200	1 219.0	11.91	354.54
48	48.00	0.500	253.89	XS	⋯	1 200	1 219.0	12.70	377.81
48	48.00	0.562	285.00	⋯	⋯	1 200	1 219.0	14.27	423.97
48	48.00	0.625	316.52	⋯	⋯	1 200	1 219.0	15.88	471.17

ft−lb				두께 표시		SI			
NPS	OD, in	두께, in	중량, lb/ft	중량계	SchNo	DN	OD, mm	두께, mm	중량, kg/m
48	48.00	0.688	347.97	…	…	1 200	1 219.0	17.48	517.95
48	48.00	0.750	378.83	…	…	1 200	1 219.0	19.05	563.74
48	48.00	0.812	409.61	…	…	1 200	1 219.0	20.62	609.40
48	48.00	0.875	440.80	…	…	1 200	1 219.0	22.23	656.10
48	48.00	0.938	471.90	…	…	1 200	1 219.0	23.83	702.38
48	48.00	1.000	502.43	…	…	1 200	1 219.0	25.40	747.67
48	48.00	1.062	532.88	…	…	1 200	1 219.0	26.97	792.84
48	48.00	1.125	563.73	…	…	1 200	1 219.0	28.58	839.04
48	48.00	1.188	594.50	…	…	1 200	1 219.0	30.18	884.82
48	48.00	1.250	624.70	…	…	1 200	1 219.0	31.75	929.62
52	52.00	0.375	206.95	…	…	1 300	1 321.0	9.53	308.23
52	52.00	0.406	223.93	…	…	1 300	1 321.0	10.31	333.26
52	52.00	0.438	241.42	…	…	1 300	1 321.0	11.13	359.54
52	52.00	0.469	258.36	…	…	1 300	1 321.0	11.91	384.50
52	52.00	0.500	275.27	…	…	1 300	1 321.0	12.70	409.76
52	52.00	0.562	309.03	…	…	1 300	1 321.0	14.27	459.86
52	52.00	0.625	343.25	…	…	1 300	1 321.0	15.88	511.12
52	52.00	0.688	377.39	…	…	1 300	1 321.0	17.48	561.93
52	52.00	0.750	410.90	…	…	1 300	1 321.0	19.05	611.66
52	52.00	0.812	444.33	…	…	1 300	1 321.0	20.62	661.27
52	52.00	0.875	478.21	…	…	1 300	1 321.0	22.23	712.02
52	52.00	0.938	512.01	…	…	1 300	1 321.0	23.83	762.33
52	52.00	1.000	545.19	…	…	1 300	1 321.0	25.40	811.57
52	52.00	1.062	578.29	…	…	1 300	1 321.0	26.97	860.69
52	52.00	1.125	611.84	…	…	1 300	1 321.0	28.58	910.93
52	52.00	1.188	645.30	…	…	1 300	1 321.0	30.18	960.74
52	52.00	1.250	678.15	…	…	1 300	1 321.0	31.75	1 009.49
56	56.00	0.375	222.99	…	…	1 400	1 422.0	9.53	331.96
56	56.00	0.406	241.29	…	…	1 400	1 422.0	10.31	358.94
56	56.00	0.438	260.15	…	…	1 400	1 422.0	11.13	387.26
56	56.00	0.469	278.41	…	…	1 400	1 422.0	11.91	414.17
56	56.00	0.500	296.65	…	…	1 400	1 422.0	12.70	441.39
56	56.00	0.562	333.06	…	…	1 400	1 422.0	14.27	495.41
56	56.00	0.625	369.97	…	…	1 400	1 422.0	15.88	550.67
56	56.00	0.688	406.80	…	…	1 400	1 422.0	17.48	605.46
56	56.00	0.750	442.97	…	…	1 400	1 422.0	19.05	659.11
56	56.00	0.812	479.05	…	…	1 400	1 422.0	20.62	712.63
56	56.00	0.875	515.63	…	…	1 400	1 422.0	22.23	767.39
56	56.00	0.938	552.12	…	…	1 400	1 422.0	23.83	821.68
56	56.00	1.000	587.95	…	…	1 400	1 422.0	25.40	874.83

ft−lb				두께 표시		SI			
NPS	OD, in	두께, in	중량, lb/ft	중량계	SchNo	DN	OD, mm	두께, mm	중량, kg/m
56	56.00	1.062	623.70	…	…	1 400	1 422.0	26.97	927.86
56	56.00	1.125	659.94	…	…	1 400	1 422.0	28.58	982.12
56	56.00	1.188	696.10	…	…	1 400	1 422.0	30.18	1 035.91
56	56.00	1.250	731.60	…	…	1 400	1 422.0	31.75	1 088.57
60	60.00	0.375	239.02	…	…	1 500	1 524.0	9.53	355.94
60	60.00	0.406	258.65	…	…	1 500	1 524.0	10.31	384.87
60	60.00	0.438	278.88	…	…	1 500	1 524.0	11.13	415.26
60	60.00	0.469	298.47	…	…	1 500	1 524.0	11.91	444.13
60	60.00	0.500	318.03	…	…	1 500	1 524.0	12.70	473.34
60	60.00	0.562	357.09	…	…	1 500	1 524.0	14.27	531.30
60	60.00	0.625	396.70	…	…	1 500	1 524.0	15.88	590.62
60	60.00	0.688	436.22	…	…	1 500	1 524.0	17.48	649.44
60	60.00	0.750	475.04	…	…	1 500	1 524.0	19.05	707.03
60	60.00	0.812	513.77	…	…	1 500	1 524.0	20.62	764.50
60	60.00	0.875	553.04	…	…	1 500	1 524.0	22.23	823.31
60	60.00	0.938	592.23	…	…	1 500	1 524.0	23.83	881.63
60	60.00	1.000	630.71	…	…	1 500	1 524.0	25.40	938.73
60	60.00	1.062	669.11	…	…	1 500	1 524.0	26.97	995.71
60	60.00	1.125	708.05	…	…	1 500	1 524.0	28.58	1 054.01
60	60.00	1.188	746.90	…	…	1 500	1 524.0	30.18	1 111.83
60	60.00	1.250	785.05	…	…	1 500	1 524.0	31.75	1 168.44
64	64.00	0.375	255.06	…	…	1 600	1 626.0	9.53	379.91
64	64.00	0.406	276.01	…	…	1 600	1 626.0	10.31	410.81
64	64.00	0.438	297.61	…	…	1 600	1 626.0	11.13	443.25
64	64.00	0.469	318.52	…	…	1 600	1 626.0	11.91	474.09
64	64.00	0.500	339.41	…	…	1 600	1 626.0	12.70	505.29
64	64.00	0.562	381.12	…	…	1 600	1 626.0	14.27	567.20
64	64.00	0.625	423.42	…	…	1 600	1 626.0	15.88	630.56
64	64.00	0.688	465.64	…	…	1 600	1 626.0	17.48	693.41
64	64.00	0.750	507.11	…	…	1 600	1 626.0	19.05	754.95
64	64.00	0.812	548.49	…	…	1 600	1 626.0	20.62	816.37
64	64.00	0.875	590.46	…	…	1 600	1 626.0	22.23	879.23
64	64.00	0.938	632.34	…	…	1 600	1 626.0	23.83	941.57
64	64.00	1.000	673.47	…	…	1 600	1 626.0	25.40	1 002.62
64	64.00	1.062	714.52	…	…	1 600	1 626.0	26.97	1 063.55
64	64.00	1.125	756.15	…	…	1 600	1 626.0	28.58	1 125.90
64	64.00	1.188	797.69	…	…	1 600	1 626.0	30.18	1 187.74
64	64.00	1.250	838.50	…	…	1 600	1 626.0	31.75	1 248.30
68	68.00	0.469	338.57	…	…	1 700	1 727.0	11.91	503.75
68	68.00	0.500	360.79	…	…	1 700	1 727.0	12.70	536.92

ft−lb				두께 표시		SI			
NPS	OD, in	두께, in	중량, lb/ft	중량계	SchNo	DN	OD, mm	두께, mm	중량, kg/m
68	68.00	0.562	405.15	⋯	⋯	1 700	1 727.0	14.27	602.74
68	68.00	0.625	450.15	⋯	⋯	1 700	1 727.0	15.88	670.12
68	68.00	0.688	495.06	⋯	⋯	1 700	1 727.0	17.48	736.95
68	68.00	0.750	539.18	⋯	⋯	1 700	1 727.0	19.05	802.40
68	68.00	0.812	583.21	⋯	⋯	1 700	1 727.0	20.62	867.73
68	68.00	0.875	627.87	⋯	⋯	1 700	1 727.0	22.23	934.60
68	68.00	0.938	672.45	⋯	⋯	1 700	1 727.0	23.83	1 009.92
68	68.00	1.000	716.23	⋯	⋯	1 700	1 727.0	25.40	1 065.89
68	68.00	1.062	759.93	⋯	⋯	1 700	1 727.0	26.97	1 130.73
68	68.00	1.125	804.26	⋯	⋯	1 700	1 727.0	28.58	1 179.09
68	68.00	1.188	848.49	⋯	⋯	1 700	1 727.0	30.18	1 262.92
68	68.00	1.250	891.95	⋯	⋯	1 700	1 727.0	31.75	1 327.39
72	72.00	0.500	382.17	⋯	⋯	1 800	1 829.0	12.70	568.87
72	72.00	0.562	429.18	⋯	⋯	1 800	1 829.0	14.27	638.64
72	72.00	0.625	476.87	⋯	⋯	1 800	1 829.0	15.88	710.06
72	72.00	0.688	524.48	⋯	⋯	1 800	1 829.0	17.48	780.92
72	72.00	0.750	571.25	⋯	⋯	1 800	1 829.0	19.05	850.32
72	72.00	0.812	617.93	⋯	⋯	1 800	1 829.0	20.62	919.60
72	72.00	0.875	665.29	⋯	⋯	1 800	1 829.0	22.23	990.52
72	72.00	0.938	712.55	⋯	⋯	1 800	1 829.0	23.83	1 060.87
72	72.00	1.000	758.99	⋯	⋯	1 800	1 829.0	25.40	1 129.78
72	72.00	1.062	805.34	⋯	⋯	1 800	1 829.0	26.97	1 198.57
72	72.00	1.125	852.36	⋯	⋯	1 800	1 829.0	28.58	1 268.98
72	72.00	1.188	899.29	⋯	⋯	1 800	1 829.0	30.18	1 338.83
72	72.00	1.250	945.40	⋯	⋯	1 800	1 829.0	31.75	1 407.25
76	76.00	0.500	403.55	⋯	⋯	1 900	1 930.0	12.70	600.50
76	76.00	0.562	453.21	⋯	⋯	1 900	1 930.0	14.27	674.18
76	76.00	0.625	503.60	⋯	⋯	1 900	1 930.0	15.88	749.62
76	76.00	0.688	553.90	⋯	⋯	1 900	1 930.0	17.48	824.45
76	76.00	0.750	603.32	⋯	⋯	1 900	1 930.0	19.05	897.77
76	76.00	0.812	652.65	⋯	⋯	1 900	1 930.0	20.62	970.96
76	76.00	0.875	702.70	⋯	⋯	1 900	1 930.0	22.23	1 045.89
76	76.00	0.938	752.66	⋯	⋯	1 900	1 930.0	23.83	1 120.22
76	76.00	1.000	801.75	⋯	⋯	1 900	1 930.0	25.40	1 193.05
76	76.00	1.062	850.75	⋯	⋯	1 900	1 930.0	26.97	1 265.74
76	76.00	1.125	900.47	⋯	⋯	1 900	1 930.0	28.58	1 340.17
76	76.00	1.188	950.09	⋯	⋯	1 900	1 930.0	30.18	1 414.01
76	76.00	1.250	998.85	⋯	⋯	1 900	1 930.0	31.75	1 486.33
80	80.00	0.562	477.25	⋯	⋯	2 000	2 032.0	14.27	710.08
80	80.00	0.625	530.32	⋯	⋯	2 000	2 032.0	15.88	789.56

ft−lb				두께 표시		SI			
NPS	OD, in	두께, in	중량, lb/ft	중량계	SchNo	DN	OD, mm	두께, mm	중량, kg/m
80	80.00	0.688	583.32	…	…	2 000	2 032.0	17.48	868.43
80	80.00	0.750	635.39	…	…	2 000	2 032.0	19.05	945.69
80	80.00	0.812	687.37	…	…	2 000	2 032.0	20.62	1 022.83
80	80.00	0.875	740.12	…	…	2 000	2 032.0	22.23	1 101.81
80	80.00	0.938	792.77	…	…	2 000	2 032.0	23.83	1 180.17
80	80.00	1.000	844.51	…	…	2 000	2 032.0	25.40	1 256.94
80	80.00	1.062	896.17	…	…	2 000	2 032.0	26.97	1 333.59
80	80.00	1.125	948.57	…	…	2 000	2 032.0	28.58	1 412.06
80	80.00	1.188	1 000.89	…	…	2 000	2 032.0	30.18	1 489.92
80	80.00	1.250	1 052.30	…	…	2 000	2 032.0	31.75	1 566.20

자료 ASME B36.10/36.10M

3.2 용접 및 이음매없는 스테인리스강관의 치수 및 중량

ft−lb					SI			
NPS	OD, in	두께, in	중량, lb / ft	SchNo	DN	OD, mm	두께, mm	중량, kg / m
1 / 8	0.41	–	–	5S	6	10.3	–	–
1 / 8	0.41	0.05	0.19	10S	6	10.3	1.24	0.28
1 / 8	0.41	0.07	0.24	40S	6	10.3	1.73	0.37
1 / 8	0.41	0.10	0.31	80S	6	10.3	2.41	0.47
1 / 4	0.54	–	–	5S	8	13.7	–	–
1 / 4	0.54	0.07	0.33	10S	8	13.7	1.65	0.49
1 / 4	0.54	0.09	0.43	40S	8	13.7	2.24	0.63
1 / 4	0.54	0.12	0.54	80S	8	13.7	3.02	0.80
3 / 8	0.68	–	–	5S	10	17.1	–	–
3 / 8	0.68	0.07	0.42	10S	10	17.1	1.65	0.63
3 / 8	0.68	0.09	0.57	40S	10	17.1	2.31	0.84
3 / 8	0.68	0.13	0.74	80S	10	17.1	3.20	1.10
1 / 2	0.84	0.07	0.54	5S	15	21.3	1.65	0.80
1 / 2	0.84	0.08	0.67	10S	15	21.3	2.11	1.00
1 / 2	0.84	0.11	0.85	40S	15	21.3	2.77	1.27
1 / 2	0.84	0.15	1.09	80S	15	21.3	3.73	1.62
3 / 4	1.05	0.07	0.69	5S	20	26.7	1.65	1.02
3 / 4	1.05	0.08	0.86	10S	20	26.7	2.11	1.28
3 / 4	1.05	0.11	1.13	40S	20	26.7	2.87	1.69
3 / 4	1.05	0.15	1.48	80S	20	26.7	3.91	2.20
1	1.32	0.07	0.87	5S	25	33.4	1.65	1.29
1	1.32	0.11	1.41	10S	25	33.4	2.77	2.09
1	1.32	0.13	1.68	40S	25	33.4	3.38	2.50
1	1.32	0.18	2.17	80S	25	33.4	4.55	3.24
1-1 / 4	1.66	0.07	1.11	5S	32	42.2	1.65	1.65
1-1 / 4	1.66	0.11	1.81	10S	32	42.2	2.77	2.69
1-1 / 4	1.66	0.14	2.27	40S	32	42.2	3.56	3.39
1-1 / 4	1.66	0.19	3.00	80S	32	42.2	4.85	4.47
1-1 / 2	1.90	0.07	1.28	5S	40	48.3	1.65	1.90
1-1 / 2	1.90	0.11	2.09	10S	40	48.3	2.77	3.11
1-1 / 2	1.90	0.15	2.72	40S	40	48.3	3.68	4.05
1-1 / 2	1.90	0.20	3.63	80S	40	48.3	5.08	5.41
2	2.38	0.07	1.61	5S	50	60.3	1.65	2.39
2	2.38	0.11	2.64	10S	50	60.3	2.77	3.93
2	2.38	0.15	3.66	40S	50	60.3	3.91	5.44
2	2.38	0.22	5.03	80S	50	60.3	5.54	7.48
2-1 / 2	2.88	0.08	2.48	5S	65	73.0	2.11	3.69
2-1 / 2	2.88	0.12	3.53	10S	65	73.0	3.05	5.26

ft−lb					SI			
NPS	OD, in	두께, in	중량, lb / ft	SchNo	DN	OD, mm	두께, mm	중량, kg / m
2-1 / 2	2.88	0.20	5.80	40S	65	73.0	5.16	8.63
2-1 / 2	2.88	0.28	7.67	80S	65	73.0	7.01	11.41
3	3.50	0.08	3.03	5S	80	88.9	2.11	4.52
3	3.50	0.12	4.34	10S	80	88.9	3.05	6.46
3	3.50	0.22	7.58	40S	80	88.9	5.49	11.29
3	3.50	0.30	10.26	80S	80	88.9	7.62	15.27
3-1 / 2	4.00	0.08	3.48	5S	90	101.6	2.11	5.18
3-1 / 2	4.00	0.12	4.98	10S	90	101.6	3.05	7.41
3-1 / 2	4.00	0.23	9.12	40S	90	101.6	5.74	13.57
3-1 / 2	4.00	0.32	12.52	80S	90	101.6	8.08	18.64
4	4.50	0.08	3.92	5S	100	114.3	2.11	5.84
4	4.50	0.12	5.62	10S	100	114.3	3.05	8.37
4	4.50	0.24	10.80	40S	100	114.3	6.02	16.08
4	4.50	0.34	15.00	80S	100	114.3	8.56	22.32
5	5.56	0.11	6.36	5S	125	141.3	2.77	9.46
5	5.56	0.13	7.78	10S	125	141.3	3.40	11.56
5	5.56	0.26	14.63	40S	125	141.3	6.55	21.77
5	5.56	0.38	20.80	80S	125	141.3	9.53	30.97
6	6.63	0.11	7.59	5S	150	168.3	2.77	11.31
6	6.63	0.13	9.30	10S	150	168.3	3.40	13.83
6	6.63	0.28	18.99	40S	150	168.3	7.11	28.26
6	6.63	0.43	28.60	80S	150	168.3	10.97	42.56
8	8.63	0.11	9.92	5S	200	219.1	2.77	14.78
8	8.63	0.15	13.41	10S	200	219.1	3.76	19.97
8	8.63	0.32	28.58	40S	200	219.1	8.18	42.55
8	8.63	0.50	43.43	80S	200	219.1	12.70	64.64
10	10.75	0.13	15.21	5S	250	273.1	3.40	22.61
10	10.75	0.17	18.67	10S	250	273.1	4.19	27.78
10	10.75	0.37	40.52	40S	250	273.1	9.27	60.31
10	10.75	0.59	64.49	80S	250	273.1	12.70	81.59
12	12.75	0.16	21.00	5S	300	323.9	3.96	31.24
12	12.75	0.18	24.19	10S	300	323.9	4.57	35.99
12	12.75	0.38	49.61	40S	300	323.9	9.53	73.88
12	12.75	0.50	65.48	80S	300	323.9	12.70	97.47
14	14.00	0.16	23.09	5S	350	355.6	3.96	34.34
14	14.00	0.19	27.76	10S	350	355.6	4.78	41.36
14	14.00	0.38	64.62	40S	350	355.6	9.53	81.33
14	14.00	0.50	77.16	80S	350	355.6	12.70	107.40
16	16.00	0.17	27.93	5S	400	406.4	4.19	41.56
16	16.00	0.19	31.78	10S	400	406.4	4.78	47.34

ft−lb					SI			
NPS	OD, in	두께, in	중량, lb / ft	SchNo	DN	OD, mm	두께, mm	중량, kg / m
16	16.00	0.38	62.64	40S	400	406.4	9.53	93.27
16	16.00	0.50	82.85	80S	400	406.4	12.70	123.31
18	18.00	0.17	31.46	5S	450	457.0	4.19	46.79
18	18.00	0.19	35.80	10S	450	457.0	4.78	53.51
18	18.00	0.38	70.65	40S	450	457.0	9.53	–
18	18.00	0.50	93.54	80S	450	457.0	12.70	–
20	20.00	0.19	39.82	5S	500	508.0	4.78	59.32
20	20.00	0.22	46.10	10S	500	508.0	5.54	68.65
20	20.00	0.38	78.67	40S	500	508.0	9.53	117.15
20	20.00	0.50	104.23	80S	500	508.0	12.70	155.13
22	22.00	0.19	43.84	5S	550	559.0	4.78	65.33
22	22.00	0.22	50.76	10S	550	559.0	5.54	75.62
22	22.00	–	–	40S	550	559.0	–	–
22	22.00	–	–	80S	550	559.0	–	–
24	24.00	0.22	55.42	5S	600	610.0	5.54	82.58
24	24.00	0.25	63.47	10S	600	610.0	6.35	94.53
24	24.00	0.38	94.71	40S	600	610.0	9.53	141.12
24	24.00	0.50	125.61	80S	600	610.0	12.70	187.07
30	30.00	0.25	79.51	5S	750	762.0	6.35	118.34
30	30.00	0.31	99.02	10S	750	762.0	7.92	147.29
30	30.00	–	–	40S	750	762.0	–	–
30	30.00	–	–	80S	750	762.0	–	–

자료 ASME B36.19 / 36.19M

3.3 Sch 강관과 스테인리스강관의 두께

호칭지름		바깥지름		강관의 두께, mm														스테인리스강관의 두께, mm			
NPS	DN	in	mm	Sch5	Sch10	Sch20	Sch30	STD	Sch40	Sch60	XS	Sch80	Sch100	Sch120	Sch140	Sch160	XXS	Sch5s	Sch10s	Sch40s	Sch80s
1/8	6	0.41	10.3		1.24	–	1.45	1.73	1.73	–	2.41	2.41	–	–	–	–	–	–	1.24	-	-
1/4	8	0.54	13.7		1.65	–	1.85	2.24	2.24	–	3.02	3.02	–	–	–	–	–	–	1.65	-	-
3/8	10	0.68	17.1		1.65	–	1.85	2.31	2.31	–	3.20	3.20	–	–	–	–	–	–	1.65	-	-
1/2	15	0.84	21.3	1.65	2.11	–	2.41	2.77	2.77	–	3.73	3.73	–	–	–	4.78	7.47	1.65	2.11	2.77	3.73
3/4	20	1.05	26.7	1.65	2.11	–	2.41	2.87	2.87	–	3.91	3.91	–	–	–	5.56	7.82	1.65	2.11	2.87	3.91
1	25	1.32	33.4	1.65	2.77	–	2.90	3.38	3.38	–	4.55	4.55	–	–	–	6.35	9.09	1.65	2.77	3.38	4.55
1-1/4	32	1.66	42.2	1.65	2.77	–	2.97	3.56	3.56	–	4.85	4.85	–	–	–	6.35	9.70	1.65	2.77	3.56	4.85
1-1/2	40	1.90	48.3	1.65	2.77	–	3.18	3.68	3.68	–	5.08	5.08	–	–	–	7.14	10.15	1.65	2.77	3.68	5.08
2	50	2.38	60.3	1.65	2.77	–	3.18	3.91	3.91	–	5.54	5.54	–	–	–	8.74	11.07	1.65	2.77	3.91	5.54
2-1/2	65	2.88	73.0	2.11	3.05	–	4.78	5.16	5.16	–	7.01	7.01	–	–	–	9.53	14.02	2.11	3.05	5.16	7.01
3	80	3.50	88.9	2.11	3.05	–	4.78	5.49	5.49	–	7.62	7.62	–	–	–	11.13	15.24	2.11	3.05	5.49	7.62
3-1/2	90	4.00	101.6	2.11	3.05	–	4.78	5.74	5.74	–	8.08	8.08	–	–	–	–	–	2.11	3.05	5.74	8.08
4	100	4.50	114.3	2.11	3.05	–	4.78	6.02	6.02	–	8.56	8.56	–	11.13	–	13.49	17.12	2.11	3.05	6.02	8.56
5	125	5.56	141.3	2.77	3.40	–	–	6.55	6.55	–	9.53	9.53	–	12.70	–	15.88	19.05	2.77	3.40	6.55	9.53
6	150	6.63	168.3	2.77	3.40	–	–	7.11	7.11	–	10.97	10.97	–	14.27	–	18.26	21.95	2.77	3.40	7.11	10.97
8	200	8.63	219.1	2.77	3.76	6.35	7.04	8.18	8.18	10.31	12.70	12.70	15.09	18.26	20.62	23.01	22.23	2.77	3.76	8.18	12.70
10	250	10.75	273.1	3.40	4.19	6.35	7.80	9.27	9.27	12.70	12.70	15.09	18.26	21.44	25.40	28.58	25.40	3.40	4.19	9.27	12.70
12	300	12.75	323.9	3.96	4.57	6.35	8.38	9.53	10.31	14.27	12.70	17.48	21.44	25.40	28.58	33.32	25.40	3.96	4.57	9.53	12.70
14	350	14.00	355.6	3.96	6.35	7.92	9.53	9.53	11.13	15.09	12.70	19.05	23.83	27.79	31.75	35.71	–	3.96	4.78	9.53	12.70
16	400	16.00	406.4	4.19	6.35	7.92	9.53	9.53	12.70	16.66	12.70	21.44	26.19	30.96	36.53	40.49	–	4.19	4.78	9.53	12.70
18	450	18.00	457.0	4.19	6.35	7.92	11.13	9.53	14.27	19.05	12.70	23.83	29.36	34.93	39.67	45.24	–	4.19	4.78	9.53	12.70
20	500	20.00	508.0	4.78	6.53	9.53	12.70	9.53	15.09	20.62	12.70	26.19	32.54	38.10	44.45	50.01	–	4.78	5.54	9.53	12.70
22	550	22.00	559.0	4.78	6.35	9.53	12.70	9.53	-	22.23	12.70	28.58	34.93	41.28	47.63	53.98	–	4.78	5.54		
24	600	24.00	610.0	5.54	6.35	9.53	14.27	9.53	17.48	24.61	12.70	30.96	38.89	46.02	52.37	59.54	–	5.54	6.35	9.53	12.70
26	650	26.00	660.0	–	7.92	12.70	–	9.53	–	–	12.70	–	–	–	–	–	–	–	–	–	–
28	700	28.00	711.0	–	7.92	12.70	15.88	9.53	–	–	12.70	–	–	–	–	–	–	–	–	–	–
30	750	30.00	762.0	6.35	7.92	12.70	15.88	9.53	–	–	12.70	–	–	–	–	–	–	6.35	7.92	–	–
32	800	32.00	813.0	–	7.92	12.70	15.88	9.53	17.48	–	12.70	–	–	–	–	–	–	–	–	–	–
34	850	34.00	864.0	–	7.92	12.70	15.88	9.53	17.48	–	12.70	–	–	–	–	–	–	–	–	–	–
36	900	36.00	914.0	–	7.92	12.70	15.88	9.53	19.05	–	12.70	–	–	–	–	–	–	–	–	–	–
38	950	38.00	965.0	–	–	–	–	8.74	–	–	21.70	–	–	–	–	–	–	–	–	–	–
40	1 000	40.00	1,016	–	–	–	–	9.53	–	–	12.70	–	–	–	–	–	–	–	–	–	–
42	1 050	42.00	1,067	–	–	–	–	9.53	–	–	12.70	–	–	–	–	–	–	–	–	–	–

주 강관 : ASME B36.10M Welded and Seamless Wrought Steel Pipe, 스테인리스강관 : ASME B36.19M Stainless Steel Pipe

3.4 동관 치수와 중량(ASTM B88)

NPS	형	두께, mm	지름, mm		표면적, m^2/m		단면적, mm^2		중량, kg/m		상용압력(1)(2)(3)ASTM B88, ~120℃, MPa	
			OD	ID	외표면	내표면	재료	유로	관	물	연질	경질
1/4	K	0.89	9.53	7.75	0.030	0.0244	24	47	0.216	0.047	5.868	11.004
	L	0.76	9.53	8.00	0.030	0.0250	21	50	0.188	0.050	5.033	9.432
3/8	K	1.24	12.70	10.21	0.040	0.0320	45	82	0.400	0.082	6.164	11.556
	L	0.89	12.70	10.92	0.040	0.0344	33	94	0.295	0.094	4.399	8.253
	M	0.64	12.70	11.43	0.040	0.0360	24	103	0.216	0.103	3.144	5.895
1/2	K	1.24	15.88	13.39	0.050	0.0421	57	141	0.512	0.141	4.930	9.246
	L	1.02	15.88	13.84	0.050	0.0436	48	151	0.424	0.151	4.027	7.543
	M	0.71	15.88	14.45	0.050	0.0454	34	164	0.302	0.164	2.820	5.282
5/8	K	1.24	19.05	16.56	0.060	0.0521	70	215	0.622	0.215	4.109	7.702
	L	1.07	19.05	16.92	0.060	0.0530	60	225	0.539	0.225	3.523	6.605
3/4	K	1.65	22.23	18.92	0.070	0.0594	106	281	0.954	0.281	4.668	8.757
	L	1.14	22.23	19.94	0.070	0.0628	75	312	0.677	0.312	3.234	6.061
	M	0.81	22.23	20.60	0.070	0.0646	55	333	0.488	0.333	2.303	4.309
1	K	1.65	28.58	25.27	0.090	0.0792	139	502	1.249	0.502	3.634	6.812
	L	1.27	28.58	26.04	0.090	0.0817	109	532	0.973	0.532	2.792	5.240
	M	0.89	28.58	26.80	0.090	0.0841	77	564	0.691	0.564	1.958	3.668
1 1/4	K	1.65	34.93	31.62	0.110	0.0994	173	785	1.543	0.785	2.972	5.571
	L	1.40	34.93	32.13	0.110	0.1009	147	811	1.316	0.811	2.517	4.716
	M	1.07	34.93	32.79	0.110	0.1030	114	845	1.015	0.845	1.924	3.599
	DWV	1.02	34.93	32.89	0.110	0.1033	108	850	0.967	0.850	1.827	3.427
1 1/2	K	1.83	41.28	37.62	0.130	0.1183	226	1 111	2.025	1.111	2.786	5.226
	L	1.52	41.28	38.23	0.130	0.1201	190	1 148	1.701	1.148	2.324	4.351
	M	1.24	41.28	38.79	0.130	0.1219	157	1 181	1.399	1.182	1.896	3.558
	DWV	1.07	41.28	39.14	0.130	0.1228	135	1 203	1.204	1.203	1.627	3.048
2	K	2.11	53.98	49.76	0.170	0.1564	343	1 945	3.070	1.945	2.455	4.606
	L	1.78	53.98	50.42	0.170	0.1585	292	1 997	2.606	1.997	2.069	3.951
	M	1.47	53.98	51.03	0.170	0.1603	243	2 045	2.171	2.045	1.717	3.220
	DWV	1.07	53.98	51.84	0.170	0.1628	177	2 111	1.585	2.111	1.241	2.331
2 1/2	K	2.41	66.68	61.85	0.209	0.1942	287	3 004	4.35	3.004	2.275	4.268
	L	2.03	66.68	62.61	0.209	0.1966	413	3 079	3.69	3.079	1.917	3.592
	M	1.65	66.68	63.37	0.209	0.1990	337	3 154	3.02	3.154	1.558	2.917
3	K	2.77	79.38	73.84	0.249	0.2320	666	4 282	5.96	4.282	2.193	4.109

NPS	형	두께, mm	지름, mm		표면적, m^2/m		단면적, mm^2		중량, kg/m		상용압력(1)(2)(3)ASTM B88, ~120℃, MPa	
			OD	ID	외표면	내표면	재료	유로	관	물	연질	경질
	L	2.29	79.38	74.80	0.249	0.2350	554	4 395	4.95	4.395	1.813	3.392
	M	1.83	79.38	75.72	0.249	0.2378	446	4 503	3.98	4.503	1.448	2.717
	DWV	1.14	79.38	77.09	0.249	0.2423	281	4 667	2.51	4.667	0.903	1.696
3 1/2	K	3.05	92.08	85.98	0.289	0.2701	852	5 806	7.62	5.806	2.082	3.903
	L	2.54	92.08	87.00	0.289	0.2733	714	5 944	6.39	5.944	1.738	3.254
	M	2.11	92.08	87.86	0.289	0.2761	596	6 063	5.33	6.063	1.441	2.703
4	K	3.40	104.78	97.97	0.329	0.3078	1084	7 538	9.69	7.538	2.041	3.827
	L	2.79	104.78	99.19	0.329	0.3115	895	7 727	8.00	7.727	1.675	3.144
	M	2.41	104.78	99.95	0.329	0.3139	776	7 846	6.94	7.846	1.448	2.717
	DWV	1.47	104.78	101.83	0.329	0.3200	478	8 144	4.27	8.144	0.883	1.655
5	K	4.06	130.18	122.05	0.409	0.3834	1610	11 699	14.39	11.70	1.965	3.682
	L	3.18	130.18	123.83	0.409	0.3889	1266	12 042	11.32	12.04	1.531	2.875
	M	2.77	130.18	124.64	0.409	0.3917	1108	12 201	9.91	12.20	1.338	2.510
	DWV	1.83	130.18	126.52	0.409	0.3975	737	12 572	6.59	12.57	0.883	1.655
6	K	4.88	155.58	145.82	0.489	0.4581	2 309	16 701	20.64	16.70	1.972	3,696
	L	3.56	155.58	148.46	0.489	0.4663	1 698	17 311	15.18	17.31	1.434	2.696
	M	3.10	155.58	149.38	0.489	0.4694	1 484	17 525	13.27	17.53	1.255	2.351
	DWV	2.11	155.58	151.36	0.489	0.4755	1 016	17 993	9.09	17.99	0.855	1.600
8	K	6.88	206.38	192.61	0.648	0.6050	4 314	29 137	38.56	29.14	2.096	3.930
	L	5.08	206.38	196.22	0.648	0.6163	3 212	30 238	28.71	30.24	1.544	2.903
	M	4.32	206.38	197.74	0.648	0.6212	2 741	30 710	24.50	30.71	1.317	2.468
	DWV	2.77	206.38	200.84	0.648	0.6309	1 771	31 680	15.83	31.62	0.841	1.579
10	K	8.59	257.18	240.00	0.808	0.7541	6 705	45 241	59.93	45.15	2.096	3.937
	L	6.35	257.18	244.48	0.808	0.7681	5 004	46 942	44.73	46.94	1.551	2.910
	M	5.38	257.18	246.41	0.808	0.7742	4 259	47 686	38.07	47.69	1.317	2.468
12	K	10.29	307.98	287.40	0.968	0.9028	9 621	64 873	85.99	64.87	2.103	3.937
	L	7.11	307.98	293.75	0.968	0.9229	6 722	67 771	60.09	67.77	1.455	2.724
	M	6.45	307.98	295.07	0.968	0.9269	6 112	68 382	54.63	68.38	1.317	2.468

주 (1) 솔더링 또는 브레이징용 관이음쇠를 사용할 때, 관이음쇠에 의해 제한 압력을 결정한다.

(2) 상용압력은 ASME B31.9의 허용응력을 사용하여 계산된 것이다. 관 두께에 5% 공장 허용오차가 사용되었다. 더 높은 관 등급은 더 낮은 온도에 대한 허용응력을 사용하여 계산될 수 있다.

(3) 솔더링 또는 브레이징용 관이음쇠을 경질의 인발관에 사용하는 경우는 연질등급을 사용한다. 관의 허용압력은 플래어 또는 압축식 관이음쇠에도 그대로 적용된다.

3.5 종별 치수비교 종합(1/2)

		강관 B36.10 SS B36.19		CIP AWWA C-150		동관 B42 B43 B302		동관 B88		PVC관 D1785 S40,80,120		PVC관 D2241 SDR		PVC관 D2241 SDR/CTS	
호칭지름		OD		OD		OD		OD		OD		OD		OD	
NPS	DN	in	mm	in	mm	in	mm	in	mm	in	mm	in	mm	in	mm
1/8	6	0.41	10.3			0.41	10.3			0.41	10.3	0.41	10.3		
1/4	8	0.54	13.7			0.54	13.7	0.375	9.53	0.54	13.7	0.54	13.7		
3/8	10	0.68	17.1			0.68	17.1	0.500	12.70	0.68	17.4	0.68	17.4		
1/2	15	0.84	21.3			0.84	21.3	0.625	15.88	0.84	21.3	0.84	21.3	0.625	15.88
3/4	20	1.05	26.7			1.05	26.7	0.875	22.23	1.05	26.7	1.05	26.7	0.875	22.22
1	25	1.32	33.4			1.32	33.4	1.125	28.58	1.32	33.4	1.32	33.4	1.125	28.58
1-1/4	32	1.66	42.2			1.66	42.2	1.375	34.93	1.66	42.2	1.66	42.2	1.375	34.92
1-1/2	40	1.90	48.3			1.90	48.3	1.625	41.28	1.90	48.3	1.90	48.3	1.625	41.28
2	50	2.38	60.3			2.38	60.3	2.125	53.98	2.38	60.3	2.38	60.3	2.125	53.98
2-1/2	65	2.88	73.0			2.88	73.0	2.625	66.68	2.88	73.0	2.88	73.0		
3	80	3.50	88.9	3.96	100.6	3.50	88.9	3.125	79.38	3.50	88.9	3.50	88.9		
3-1/2	90	4.00	101.6			4.00	101.6	3.625	92.08	4.00	101.6	4.00	101.6		
4	100	4.50	114.3	4.48	121.9	4.50	114.3	4.125	104.78	4.50	114.3	4.50	114.3		
5	125	5.56	141.3			5.56	141.3	5.125	130.18	5.56	141.3	5.56	141.3		
6	150	6.63	168.3	6.90	175.3	6.63	168.3	6.125	155.58	6.63	168.3	6.63	168.3		
8	200	8.63	219.1	9.05	229.9	8.63	219.1	8.125	206.38	8.63	219.1	8.63	219.1		
10	250	10.75	273.1	11.10	281.9	10.75	273.1	10.125	257.18	10.75	273.1	10.75	273.1		
12	300	12.75	323.9	13.20	335.3	12.75	323.9	12.125	307.98	12.75	323.9	12.75	323.9		
14	350	14.00	355.6	15.30	388.6					14.00	355.6	14.00	355.6		
16	400	16.00	406.4	17.40	442.0					16.00	406.4	16.00	406.4		
18	450	18.00	457.0	19.50	483.9					18.00	457.2	18.00	457.2		

호칭지름		강관 B36.10 SS B36.19		CIP AWWA C-150		동관 B42 B43 B302		동관 B88		PVC관 D1785 S40,80,120		PVC관 D2241 SDR		PVC관 D2241 SDR/CTS	
		OD		OD		OD		OD		OD		OD		OD	
NPS	DN	in	mm	in	mm	in	mm	in	mm	in	mm	in	mm	in	mm
20	500	20.00	508.0	21.60	548.6					20.00	508.0	20.00	508.0		
22	550	22.00	559.0												
24	600	24.00	610.0	25.80	655.3					24.00	609.6	24.00	609.6		
26	650	26.00	660.0												
28	700	28.00	711.0												
30	750	30.00	762.0	32.00	812.8							30.00	762.0		
32	800	32.00	813.0												
34	850	34.00	864.0												
36	900	36.00	914.0	38.30	972.8							36.00	914.4		
38	950	38.00	965.0												
40	1 000	40.00	1 016.0												
42	1 050	42.00	1 067.0	44.50	1 130.3										
44	1 100	44.00	1 118.0												
46	1 150	46.00	1 168.0												
48	1 200	48.00	1 219.0	50.80	1 290.3										
52	1 300	52.00	1 321.0												
54	1 350			57.56	1 462.8										
56	1 400	56.00	1 422.0												
60	1 500	60.00	1 524.0	61.61	1 564.9										
64	1 600	64.00	1 626.0	65.67	1 668.0										
68	1 700	68.00	1 727.0												
72	1 800	72.00	1 829.0												
76	1 900	76.00	1 930.0												
80	2 000	80.00	2 032.0												

3.5 종별 치수비교 종합(2/2)

		CPVC		PE									
		F442, SDR		D2447	D3035, SDR		D2104, Sch40		D2239, SIDR				
호칭지름		OD		Sch40,80	OD		ID		ID		호칭지름	
NPS	DN	in	mm		in	mm	in	mm	in	mm	NPS	DN
1/8	6			PVC							1/8	6
1/4	8	0.54	13.7	D1785와							1/4	8
3/8	10	0.68	17.4	동일							3/8	10
1/2	15	0.84	21.3		0.84	21.3	0.622	15.80	0.622	15.80	1/2	15
3/4	20	1.05	26.7		1.05	26.7	0.824	20.93	0.824	20.93	3/4	20
1	25	1.32	33.4		1.32	33.4	1.049	26.64	1.049	26.64	1	25
1-1/4	32	1.66	42.2		1.66	42.2	1.380	35.05	1.380	35.05	1-1/4	32
1-1/2	40	1.90	48.3		1.90	48.3	1.610	40.89	1.610	40.89	1-1/2	40
2	50	2.38	60.3		2.38	60.3	2.067	52.50	2.067	52.50	2	50
2-1/2	65	2.88	73.0				2.469	62.71	2.469	62.71	2-1/2	65
3	80	3.50	88.9		3.50	88.9	3.068	77.93	3.068	77.93	3	80
3-1/2	90	4.00	101.6								3-1/2	90
4	100	4.50	114.3		4.50	114.3	4.026	102.26	4.026	102.26	4	100
5	125	5.56	141.3		5.56	141.3					5	125
6	150	6.63	168.3		6.63	168.3	6.065	154.05	6.065	154.05	6	150
8	200	8.63	219.1		8.63	219.1					8	200
10	250	10.75	273.1		10.75	273.1					10	250
12	300	12.75	323.9		12.75	323.9					12	300
14	350				14.00	355.6					14	350
16	400				16.00	406.4					16	400
18	450				18.00	457.2					18	450

호칭지름		CPVC		PE								호칭지름	
		F442, SDR		D2447	D3035, SDR		D2104, Sch40		D2239, SIDR				
		OD		Sch40,80	OD		ID		ID				
NPS	DN	in	mm		in	mm	in	mm	in	mm		NPS	DN
20	500				20.00	508.0						20	500
22	550				22.00	558.8						22	550
24	600				24.00	609.6						24	600
26	650											26	650
28	700											28	700
30	750											30	750
32	800											32	800
34	850											34	850
36	900											36	900
38	950											38	950
40	1 000											40	1 000
42	1 050											42	1 050
44	1 100											44	1 100
46	1 150											46	1 150
48	1 200											48	1 200
52	1 300											52	1 300
54	1 350											54	1 350
56	1 400											56	1 400
60	1 500											60	1 500
64	1 600											64	1 600
68	1 700											68	1 700
72	1 800											72	1 800
76	1 900											76	1 900
80	2 000											80	2 000

4. 지지대 구성 요소 60종의 명칭과 그림

본 부록은 MSS SP-58에 명시된 지지대를 구성 요소별 명칭을 알기쉽게 편집한 것이다.

시공뿐만 아니라 설계분야도 국제적인 프로젝트를 수행하는 경우가 많아졌으므로, 국제적으로 통용되는 즉 통일된 명칭을 사용할 필요가 있다.

특히 행어나 서포트 등의 지지대는 종류도 많고 형태가 다양하여 정확한 명칭이 사용되지 않으면 상대방에게 의사전달이 잘못될 수 있기 때문이다.

첨부된 그림은 ㈜建昌技研(代表 金復吉)에서 제공한 것이다.

4.1 60종 구성 요소의 명칭

No.	명칭	설명
1	조절식 강제 클레비스 행어	수평 배관을 위에서 지지하는 금구. 수직거리 조정 수단 제공
2	요크형 파이프 크램프	보온된 수평 배관을 위에서 지지하는 금구. 이 유형의 클램프는 관과 행어 사이에 충전물을 끼워 넣을 수 있도록 설계되어 비표준 배관에도 사용가능
3	탄소강 또는 합금강 재질의 3볼트 체결 파이프 크램프	수평 배관을 위에서 지지하는 금구
4	강제 파이프 크램프	보온된 수평 배관을 위에서 지지하는 금구
5	J 행어	수평 배관을 위에서 지지하는 금구. 조임부를 측면에 두고 행어 로드나 볼트를 사용하여 조이는 형태
6	조절식 회전 파이프 링, 분할 링 또는 환봉	수평 배관을 위에서 지지하는 금구
7	조절식 강제 밴드행어	수평 배관을 위에서 지지하는 금구. 수직거리 조정 수단 제공
8	수평, 수직배관 크램프	행어 로드를 사용하지 않고 수직 배관을 매다는 금구, 배관 하중의 전달은 클램프의 귀를 베어링 표면에 고정시켜 수행한다
9	조절식 밴드 행어	수평 배관을 위에서 지지하는 금구.
10	조절식 회전 링, 밴드형	수평 배관을 위에서 지지하는 금구. 수직거리 조정 수단 제공
11	분할형 파이프링, 턴버클 유무에 관계 없음.	수평 배관을 위에서 지지하는 금구. 배관하기 전이나 후에 설치 가능
12	분할형 파이프 크램프, 힌지 또는 2볼트 사용	수평 배관을 위에서 지지하는 금구. 행어 로드와의 연결은 파이프 니플사용
13	강제 턴버클	한쪽은 왼나사, 다른쪽은 오른나사. 나사 가공이 반대인 2개의 로드를 결합하여 수직거리 조정 수단 제공
14	강제 클레비스	나사가 가공된 로드를 부착하기 위한 금구. 볼트나 핀으로 연결

No.	명칭	설명
15	회전식 턴버클	배관과의 연결에 유연성을 제공하는 장치로, 수직거리 조정 수단 제공
16	가단주철 소켓	다양한 형태의 건물 부착물에 나사 가공된 로드를 부착하기 위한 금구
17	강제 아이너트	볼트나 핀에 나사 가공된 로드를 걸거나 끼울 수 있게 만든 단조강 금구
18	강제나 가단주철제 콘크리트 인서트	로드를 연결할 수 있도록 콘크리트 타설 시 천정에 삽입. 가로 거리 조정가능
19	상부 빔용 C자형 크램프	용접하지 않고 상부의 빔이나 구조적 돌출부에 기계적으로 부착하는 크램프. 로드를 수직으로 걸거나 부착하기 위함
20	빔이나 채널 측면 크램프	용접하지 않고 빔이나 채널에 기계적으로 부착하는 크램프. 로드는 돌출부 측면에 수직으로 부착된다
21	중심 빔	용접하지 않고 I 빔에 부착하는 크램프. 로드는 크램프 중심에 위치하게 된다
22	빔에 용접하는 금구	강제 빔의 하부에 용접하고 행어 로드를 연결하도록 하는 금구. 반대 방향으로 용접하여 볼트 없이 사용할 수도 있다
23	C자형 클램프	용접하지 않고 구조적 돌출부에 기계적으로 부착하고, 거기에 나사가 가공된 로드를 연결하게 하는 금구
24	U-볼트	나사가 가공된 로드를 U자로 굽힌 금구로 서포트나 가이드에 사용
25	상부 I빔용 크램프	용접하지 않고 상부의 I 빔이나 구조적 돌출부에 기계적으로 부착하는 크램프. 로드는 크램프 끝부분에 수직으로 연결한다
26	파이프 클립	클립을 구조물에 직접 볼트로 고정한다. 파이프 스트랩이라고도 한다
27	측면 빔 크램프	용접하지 않고 빔이나 구조적 돌출부에 기계적으로 부착하는 크램프. 수직 로드는 형상의 중심에서 한쪽으로 치우치게 설치된다.
28	아이 너트가 있는 강제 I빔용 클램프	용접하지 않고 빔이나 구조적 돌출부 하부에 기계적으로 부착하는 크램프. 수직 로드는 빔의 중심에 위치하게 된다
29	아이 너트가 연결된 강제 클램프	용접하지 않고 빔이나 구조적 돌출부 하부에 기계적으로 부착하는 크램프. 수직 로드는 구조의 중심에 위치하게 된다
30	확장 부품이 있는 가단주철제 빔 클램프	용접하지 않고 빔에 기계적으로 부착하는 크램프. 수직 로드는 구조의 중심에 위치하게 된다
31	경용접된 강제 브래킷	로드형 행어로 부터의 중력 하중을 지탱하기 위한 보강된 외팔보. 벽에 볼트로 고정되며, 수평 부재의 위 또는 아래에 지지대와 함께 설치 된다.
32	중(重)용접 강제 브래킷	최대 6 600 N(1 500 Lb)의 중력 하중 또는 수평 하중을 지지하기 위한 보강된 외발보 브래킷. 하중은 주 부재에 따라 어느 방향에서나 가해질 수 있다. 벽에 볼트로 고정되며, 주 부재의 위 아래 또는 양쪽 지지대와 함께 설치할 수 있다.

No.	명칭	설명
33	강(强)용접 강제 브래킷	최대 13 340 N(3 000 Lb)의 중력 또는 수평 하중을 지지하기 위한 보강된 외발보 브래킷. 하중은 주 부재에 따라 어느 방향에서나 가해질 수 있다. 벽에 볼트로 고정되며, 주 부재의 위 아래 또는 양쪽 지지대와 함께 설치할 수 있다.
34	빔 측면 브래킷	용접하지 않고 빔 또는 목제 부재의 측면에 기계적으로 부착하는 크램프. 수직거리 조정 수단 제공
35	슬라이드 및 슬라이드 플레이트	수평으로 움직이며, 마찰 계수가 낮은 배관을 밑에서 받쳐주는 지지 금구
36	파이프 새들 지지대	수평 배관을 밑에서 지지하기 위한 받침대로, 관과 같은 곡면을 가지며 배관의 길이방향 움직임(미끄러짐)을 허용한다.
37	파이프 받침용 새들	수평 배관을 밑에서 지지하기 위한 받침대로, 관은 U-볼로 고정한다. 관과 같은 곡면을 가지며 배관의 길이방향 움직임(미끄러짐)은 허용하지만 수직방향의 움직임은 제한된다
38	높이 조절식 파이프 새들 지지대	수평 배관을 받쳐주기 위한 받침대로 관과 같은 곡면을 가지며, 지지대에는 나사가 가공되어 수직 방향의 거리 조정을 제공한다.
39	관 받침 새들	보온되는 배관에서 보온재 손상을 방지하기 위해, 관이 직접 롤러와 접촉되지 않도록 배관 하부에 부착하는 금구
40	보호 새들	절연 또는 보온재의 압착 방지를 위한 보호 금구. 일반적으로 서포트 설치 부분에 사용된다
41	단일 파이프 롤	2 개의 로드를 사용하여 수평 배관을 지지하는 용도의 금구로, 수직거리 조정이 가능하며 마찰저항이 거의 없는 축 방향 움직임이 허용되는 롤러로 구성된다
42	탄소강 또는 합금강제 수직배관용 크램프	수직 배관 지지용 크램프로 관에 용접된 러그가 걸리게 된다. 배관의 하중에 견딜 수 있는 볼트가 사용된다.
43	회전 유무에 관계없이 높이 조절 가능한 롤러 행어	한 개의 로드를 사용하여 수평 배관을 지지하는 금구로, 수직 높이 조정이 가능하고 롤러 사용으로 관과의 마찰 저항이 거의 없다. 길이방향 움직임 허용
44	롤러 받침	수평 배관을 밑에서 지지하는 금구로, 수직 높이 조정이 불가하며 롤러 사용으로 관과의 마찰저항이 거의 없다. 길이방향 움직임 허용
45	롤러와 플레이트	수평 배관을 밑에서 지지하는 금구로, 수직 높이 조정이 불가하며, 미세한 길이방향 움직임 허용
46	조정 가능한 롤러 베이스	수평 배관을 밑에서 지지하는 금구로, 길이방향 이동을 허용하며 수직 높이 조정불가.
47	구속 제어 장치	배관에 작용하는 충격 하중 또는 흔들림을 제어하기 위해 사용하는 강성부재, 기계, 스프링 또는 유압 장치 등
48	스프링 쿠션	쿠션 작용이 필요한 곳에 설치하는 비교정 로드형의 단일 코일 스프링 지지 금구
49	스프링 쿠션 롤러	쿠션 작용이 필요한 곳에 설치하는 비교정 로드형의 이중 코일 스프링 지지 금구. 롤러와 함께 사용
50	스프링 브레이스	흔들리는 배관의 충격 하중 흡수 또는 제어에 사용되는 스프링 장치

No.	명칭	설명
51	베리어블 스프링 행어	열에 의한 수직 방향 움직임이 있는 배관계통의 중력 하중을 지지하는 단일 스프링 코일. 배관이 저온 상태에서 고온 상태로 변화됨에 따른 다양한 하중을 지탱한다. 위에서 배관을 지지한다
52	베리어블 스프링 서포트	열에 의한 수직 방향 움직임이 있는 배관계통의 중력 하중을 지지하는 단일 스프링 코일. 배관이 저온 상태에서 고온 상태로 변화됨에 따른 다양한 하중을 지탱한다. 밑에서 배관을 지지한다
53	베리어블 스프링 행어(그네형)	열에 의한 수직 방향 움직임이 있는 배관계통의 중력 하중 지지. 이중 스프링 코일을 가진 그네형 행어. 배관이 저온 상태에서 고온 상태로 변화됨에 따른 다양한 하중을 지탱한다. 두 개의 로드로 배관을 위에서 지지한다
54	고정식 서포트 행어(수평형)	열에 의한 수직 방향 움직임이 있는 배관계통의 중력 하중지지. 카운터 밸런싱 메커니즘과 함께 작동하는 단일 스프링 코일 금구. 배관이 저온 상태에서 고온 상태로 변화됨에 따른 다양한 하중을 지탱한다. 스프링 코일이 수평 위치에 있으며 배관을 위에서 지지한다.
55	고정식 서포트 행어(수직형)	열에 의한 수직 방향 움직임이 있는 배관계통의 중력 하중지지. 카운터 밸런싱 메커니즘과 함께 작동하는 단일 스프링 코일 금구. 배관이 저온 상태에서 고온 상태로 변화됨에 따른 다양한 하중을 지탱한다. 스프링 코일이 수직 위치에 있으며 위에서 배관을 지지한다
56	고정식 서포트 행어(그네형)	열에 의한 수직 방향 움직임이 있는 배관계통의 중력 하중지지. 카운터 밸런싱 메커니즘과 함께 작동하는 단일 스프링 코일 금구. 배관이 저온 상태에서 고온 상태로 변화됨에 따른 다양한 하중을 지탱한다. 스프링 코일이 수직 위치에 있으며 두 개의 로드로 배관을 밑에서 지지한다
57	플레이트 러그	구조용 강 부재에 구멍이 뚫린 러그를 부착하고, 이 구멍에 핀이나 볼트를 채워 행어의 로드를 연결하도록 하는 금구
58	수평 이동형 걸쇠	로드형 행어를 연결한 상태에서 수평 이동이 가능한 러그, 공간이 좁아서 기존의 구조용 부착물에 단을 지게 만드는 것이 실용적이지 않은 경우에 사용한다
59	공중그네(사다리꼴 행어)	공중그네(사다리꼴 행어)는 구조물에 매달려 있고 파이프가 지지되는 수평 부재로 하단에 연결된 평행한 수직 막대로 구성된 지지대. 팽창 또는 수축으로 인한 축방향 이동이 발생할 수 있는 두 개의 로드에서 파이프를 매다는 데 사용한다.
60	공란	공란

4.2 60종 구성 요소의 그림

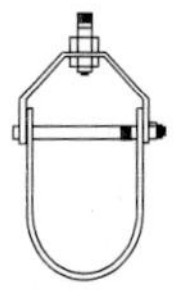
ADJUSTABLE STEEL
CLEVIS HANGER
TYPE-1

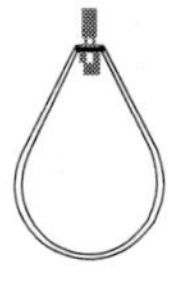
ADJUSTABLE STEEL
BAND HANGER
TYPE-7

STEEL TURNBUCKLE
TYPE-13

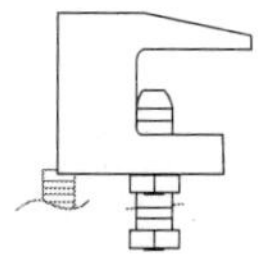
TOP BEAM C-CLAMP
AS SHOWN OR INVERTED
TYPE-19

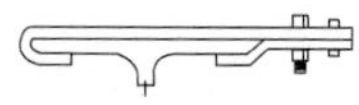
TOP BEAM CLAMP
TYPE-25

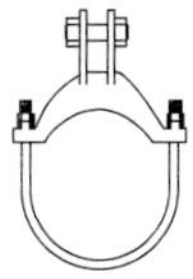
YOKE TYPE PIPE CLAMP
TYPE-2

EXTENSION
RISER CLAMP
TYPE-8

FORGED STEEL CLEVIS
TYPE-14

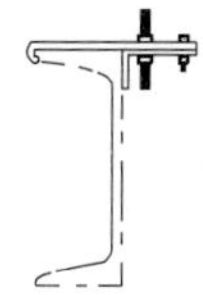
CHANNEL CLAMP
TYPE-20

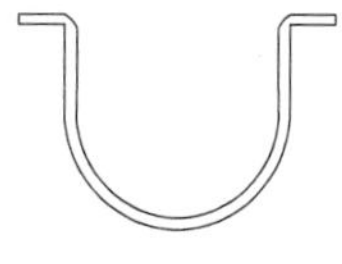
PIPE CLAMP
TYPE-26

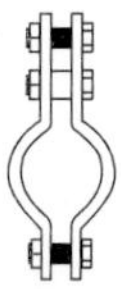
CARBON OR ALLOY STEEL
THREE BOLT PIPE CLAMP
TYPE-3

ADJUSTABLE BAND
HANGER
TYPE-9

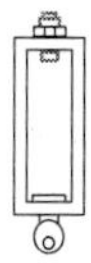
SWIVEL TURNBUCKLE
TYPE-15

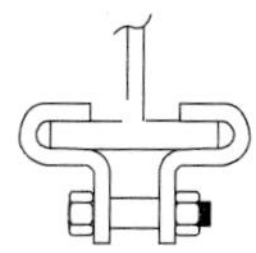
CENTER BEAM CLAMP
TYPE-21

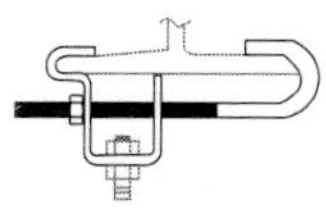
SIDE BEAM CLAMP
TYPE-27

STEEL PIPE CLAMP
TYPE-4

ADJ. SWIVEL RING
BAND HANGER
TYPE-10

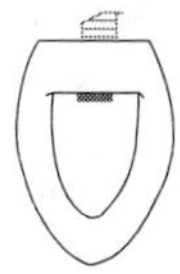
MALLEABLE IRON
SOCKET
TYPE-16

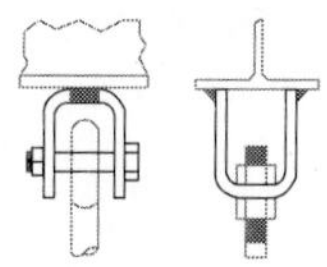
WELDED BEAM ATTACHMENT
WITH OR WITHOUT BOLT
TYPE-22

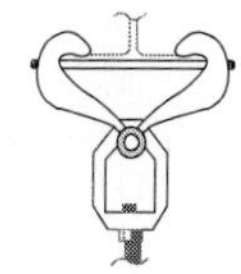
STEEL BEAM
CLAMP W / EYE NUT
TYPE-28

J-HANGER
TYPE-5

SPLIT PIPE RING WITH OR
WITHOUT TURNBUCKLE
TYPE-11

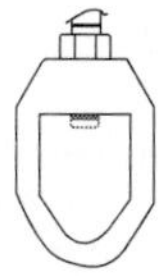
STEEL WELDLESS
EYENUT
TYPE-17

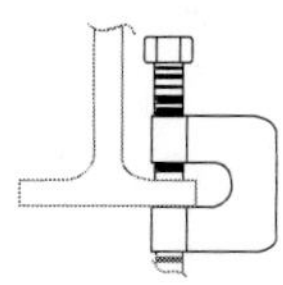
C-CLAMP
TYPE-23

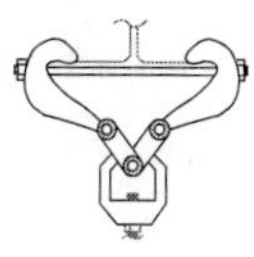
LINKED STEEL CLAMP
WITH EYE NUT
TYPE-29

ADJUSTABLE SWIVEL PIPE
RING SPLIT RING OR SOLID
RING TYPE
TYPE-6

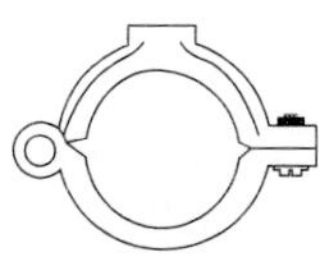
EXTENSION SPLIT PIPE
CLAMP HINGED OR TWO
BOLT
TYPE-12

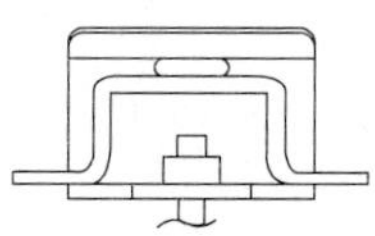
STEEL OR MALLEABLE
CONCRETE INSERT
TYPE-18

U-BOLT
TYPE-24

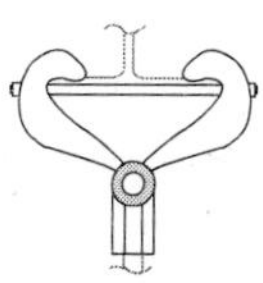
MALLEABLE BEAM CLAMP
W / EXTENSION PIECE
TYPE-30

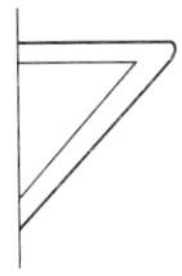
LIGHT WELDED STEEL BRACKET TYPE-31

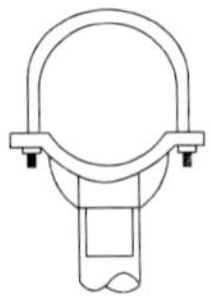
PIPE STANCHION SADDLE TYPE-37

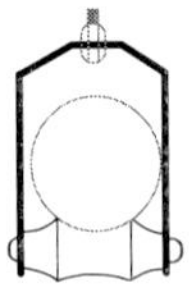
ADJUSTTABLE ROLLER HANGER W/WD SWIVEL TYPE-43

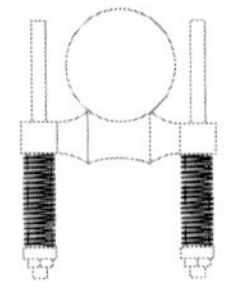
SPRING CUSHION ROLL TYPE-49

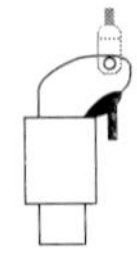
VERTICAL CONSTANT SUPPORT HANGER TYPE-55

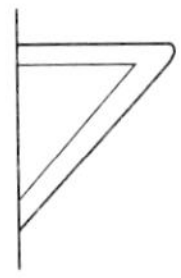
MEDIUM WELDED STEEL BRACKET TYPE-32

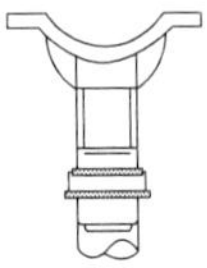
ADJUSTTABLE PIPE SADDLE SUPPORT TYPE-38

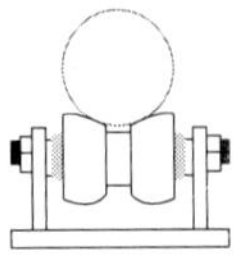
PIPE ROLL COMPLETE TYPE-44

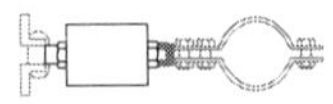
SPRING SWAY BRACE TYPE-50

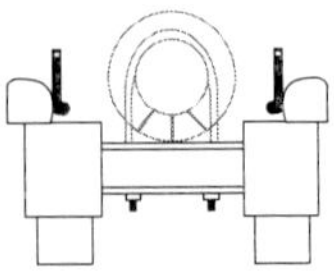
TRAPEZE CONSTANT SUPPORT HANGER TYPE-56

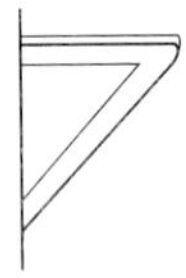
HEAVY WELDED STEEL BRACKET TYPE-33

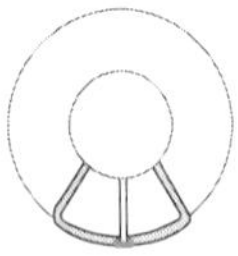
STEEL PIPE COVERING PROTECTIVE SADDLE TYPE-39

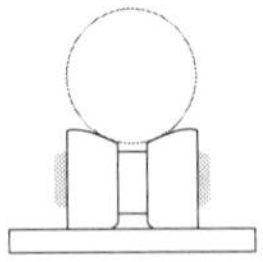
PIPE ROLL AND PLATE TYPE-45

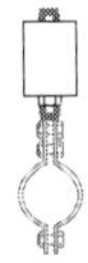
VARLABLE SPRING HANGER TYPE-51

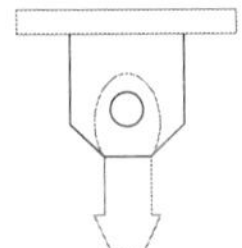
PLATE LUG TYPE-57

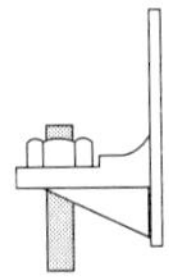
SIDE BEAM BRACKET TYPE-34

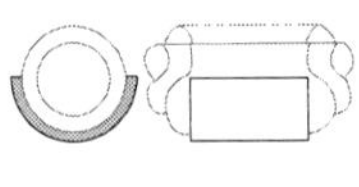
PROTECTION SHIELD TYPE-40

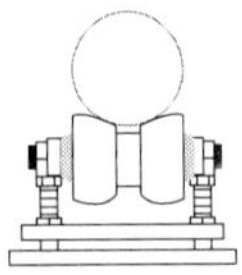
ADJUSTTABLE PIPE ROLL AND BASE TYPE-46

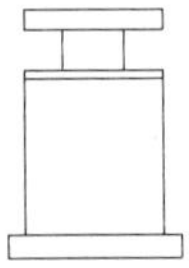
VARLABLE SPRING BASE SUPPORT TYPE-52

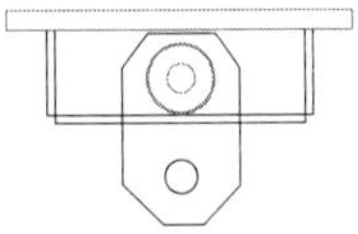
HORIZONTAL TRAVELER TYPE-58

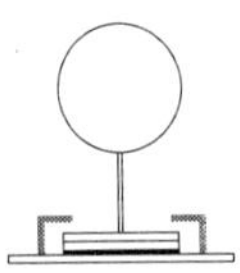
PIPE SLIDE & SLIDE PLATE TYPE-35

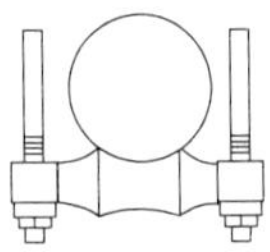
SINGLE PIPE ROLL TYPE-41

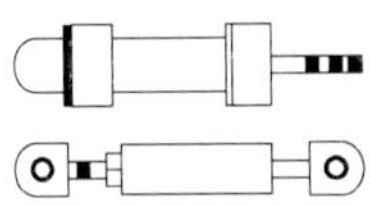
RESTRAINT CONTROL DEVICE TYPE-47

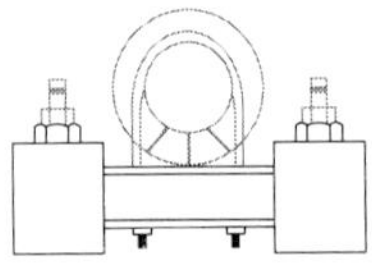
VARIABLE SPRING TRAPEZE HANGER TYPE-53

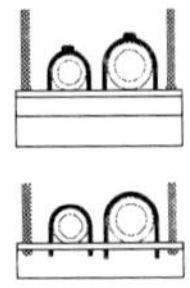
TRAPEZE HANGER TYPE-59

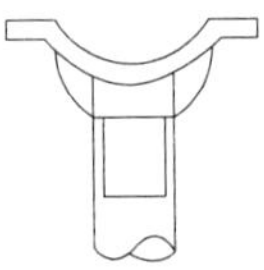
PIPE SADDLE SUPPORT TYPE-36

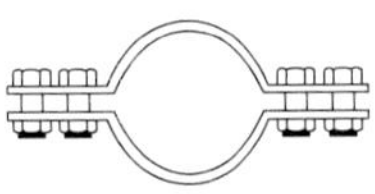
CARBON OR ALLOY STEEL RISER CLAMP TYPE-42

SPRING CUSHION TYPE-48

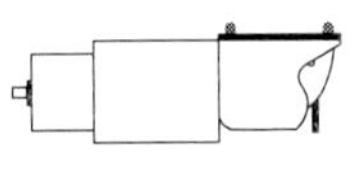
HORIZONTAL CONSTANT SUPPORT HANGER TYPE-54

5. 배관의 내진 설계

1. 일반 사항

1 적용 범위

이 부록의 내용은 앞의 본 내용에서 다룬 배관 시스템을 내진 설계로 대체하는 방법에 대한 것으로, 건축물의 내부 및 시설의 지상 배관으로서 금속 및 비금속 배관재 및 구성요소를 사용한 계통을 대상으로 한 것이다.

내진 설계를 제외한 배관 시스템은 **제2장**의 코드와 표준에 나열된 재료, 설계, 제작, 검사, 시험 등의 요구사항을 준수해야 한다.

2 내진 설계에 사용되는 주요 용어에 대한 정의

(1) 능동 구성요소 active components

지진 발생 시 또는 이후 정확하게 움직여야 하는 기기 또는 제어장치 등으로 밸브, 밸브 액츄에이터, 펌프, 컴프레서, 팬 등은 지진 중 또는 이후에 반드시 정상 작동이 되도록 설계되어야 한다.

(2) 길이방향 지진 구속장치 axial seismic restraint

지진에 의해 배관 길이방향으로 작용하는 움직임 구속장치.

(3) 임계 배관 critical piping

지진 중이나 지진 후에도 누설이 방지되고, 또한 작동이 되어야 하는 배관 시스템.

(4) 지진 설계 design earthquake

배관 시스템이 지진 기능 즉 제위치 유지, 누설차단 또는 가동성을 수행하도록 하는 설계수준.

(5) 자유장 지진 입력 free field seismic input

자유장은 지진 가속도 계측 대상 시설물이 지반운동을 대표할 수 있도록 건축물이나 구조물 등이 없는 지표면을 말하며, 시설의 위치에서 구조물 내의 진폭은 고려하지 않는 상태에서 지진으로 인하여 받게 되는 압력.

(6) 구조 내부로의 지진 입력 in-structure seismic input

건물 또는 구조물에 설치된 배관의 높이에서 건물 또는 구조물이 지진으로 인하여 받을 수 있는 압력.

(7) 측면 지진 구속장치 lateral seismic restraints

지진에 의해 배관이 축과 수직인 방향으로의 움직임에 대한 구속장치.

(8) 누설 차단성 leak tightness

지진 발생 중 또는 지진 발생 후에도 배관 시스템의 누설이 방지되는 기능.

(9) 비임계 배관 noncritical piping

위치를 유지하는 요건을 충족되지만 지진 중 또는 지진 후에 작동이 불능이거나 또는 누설이 발생할 수 있는 배관 시스템.

(10) 운전 가능성 operability

설계지진 중 또는 지진 후 흐름의 유지 또는 제어 및 차단할 수 있는 능력.

(11) 위치 유지 position retention

설계지진 중 배관 시스템이 설치된 위치나 높이에서 떨어지거나 붕괴되지 않는 능력.

(12) 내진 설계 seismic design

설계 지진 발생 시 배관 시스템이 의도한 기능 즉 위치 유지, 누설차단 또는 운전 가능성을 수행할 수 있음을 입증하는 데 필요한 활동.

(13) 내진 함수 seismic function

위치 유지, 누설 차단성 또는 운전 가능성으로 공학설계에 의해 지정되어야 하는 함수.

(14) 지진 상호작용 seismic interactions

배관 시스템의 기능에 영향을 미칠 수 있는 다른 구조물, 배관 시스템 또는 구성요소와의 공간 또는 배관 시스템 간의 상호작용.

(15) 지진 응답 스펙트럼 seismic response spectra

가속도, 속도 또는 변위 대 주파수 또는 주기의 그림이나 표.

(16) 지진 구속장치 seismic restraint

배관 시스템이 지진으로 인한 움직임 구속장치.

(17) 내진 개조 seismic retrofit

기존 배관 시스템의 내진 적합성을 평가하고 배관 시스템이 내진 기능을 수행하는데 필요한 변경 또는 개선 식별에 관련되는 활동.

(18) 지진 정적 계수 seismic static coefficient

지진 영향을 시뮬레이션 하기 위해 배관 시스템에 정적으로 가해지는 가속도 또는 힘.

3 내진 설계를 위한 사전 검토사항

내진 설계를 위해서는 사전에 다음과 같은 사항에 대한 검토와 준비가 있어야 한다. ①지진 설계 또는 개조할 배관 시스템의 범위 및 경계 설정. ②배관 시스템을 임계로 할 것인지 아니면 비임계로 할 것인지 분류하고, 그에 해당하는 내진 기능을 부여한다. 비임계 배관 시스템의 경우는 위치유지, 임계 배관 시스템의 경우에는 누설차단성 또는 운전가능성을 부여한다. ③설계 지진에 대한 자유장 내진 입력, 즉 구조물 내의 진폭은 고려하지 않는 상태에서 지진으로 인하여 받게 되는 압력으로 일반적으로 가속도 형태이다. ④필요한 경우 구조물 내 지진 대응 스펙트럼 개발. ⑤지진 하중과 동시에 발생하는 작동 조건. ⑥필요한 경우 활성 구성요소의 작동성 자격에 대한 책임. ⑦지진 작용의 평가에 대한 책임. ⑧설계도서 대비 공사범위 조정에 대한 책임 등.

4 재료

(1) 적용분야

금속 또는 비금속 연성배관 계통에 적용한다.

(2) 개조(또는 보강)

기존 배관 시스템에 대한 내진 보강을 위해서는 그 배관 시스템에 적용되어 구속장치의 상태를 고려해야 한다. 설계자는 배관계통의 상태를 평가하고 내진 기능을 방해할 수 있는 시공상의 결함과 현재 및 예상되는 성능저하 문제점을 찾아내고 이에 대한 보완을 검토해야 한다.

2. 설계

1 지진 하중

적용할 지진 하중은 수평 및 수직 지진 정적계수 또는 수평 및 수직 지진응답 스펙트럼의 형태로 이루어질 수 있다. 내진 입력은 적용 가능한 표준[1] 또는 현장 고유 내진하중 {1-3 내진 설계를 위한 사전 검토사항}에 따라 설계예로 명시되어야 한다.

내진 하중은 3개의 직각 방향(일반적으로 설비의 동서 방향, 남북 방향 및 수직 방향) 각각에 대해 지정되어야 하며, 내진 설계는 이 3방향의 하중을 기초로 한다. 두 방향의 내진 하중 즉, 동서+수직 또는 남북+수직 하중의 제곱의 제곱근의 합[2]을 사용하는 양방향 설계 접근법을 적용한다.

건물이나 구조물 내부의 배관 시스템에 적용되는 내진 하중은 구조에 의한 자유장 가속에 의한 구조 내 증폭을 감안해야 한다. 구조물 내 증폭은 적용 가능한 표준(예: 참

---

1. 참고문헌 1. Guide to the Seismic Load
2. SRSS(quare-root sum of the squares)

고문헌 1의 구조 내진계수 등) 또는 동적 평가 설비를 사용하여 결정될 수 있다.

배관 시스템의 설계 지진 응답 스펙트럼 평가를 위한 감쇠는 임계 감쇠 값의 5%이어야 한다. 시험이나 분석에 의해 정당화될 경우 에너지 흡수 구속장치를 사용하는 것과 같은 방법을 적용함으로써 더 높은 시스템 감쇠 값을 사용할 수 있다.

❷ 설계법

내진 설계 방법은 표 1에 제시되었으며, ①배관 시스템의 분류(임계 또는 비임계), ②지진 입력의 크기, ③관의 크기에 따라 달라진다.

모든 경우에 설계자는 ❹ 분석에 의한 설계에 따라 분석을 통해 배관에 대한 내진 설계를 선택할 수 있다.

표 1 내진 설계에 대한 요구 사항, 적용 가능한 섹션

가속	비임계 배관		임계 배관	
	DN ≤ 100	DN 〉 100	DN ≤ 100	DN 〉 100
a≤0.3g	NR	NR	DR	DA
	2-❾(상호작용)	2-❾(상호작용)	2-❸(규칙)	2-❹(분석)/2-❺(대체)
			2-❻(기계식이음)	2-❻(기계식이음)
			2-❼(구속장치)	2-❼(구속장치)
			2-❾(상호작용)	2-❽(부품)
				2-❾(상호작용)
a>0.3g	NR	NR	DR	DR
	2-❾(상호작용)	2-❸(규칙)	2-❹(분석)/2-❺(대체)	2-❸(분석)/2-❺(대체)
		2-❻(기계식이음)	2-❻(기계식이음)	2-❻(기계식이음)
		2-❼(구속장치)	2-❼(구속장치)	2-❼(구속장치)
		2-❾(상호작용)	2-❽(부품)	2-❽(부품)
			2-❾(상호작용)	2-❾(상호작용)

참고 사항

a : 구조 내 증폭을 포함한 피크 스펙트럼 가속도(g), DN: 호칭지름, NR(not required): 배관 시스템이 해당 코드[3]의 규정을 준수하는 경우 명시적 내진 해석이 필요치 않다(지진 하중 이외의 하중 설계 포함). DR(design by rule): 2-❸ 규칙에 다른 설계[4]
DA(design by analysis): 2-❹ 분석 결과를 기준으로 한 설계[5]

---

3. 참고문헌 2
4. 참고문헌 3
5. 참고문헌 3

3 규칙에 의한 설계

표 1에 규칙에 의한 설계가 허용되는 경우, 배관 시스템의 내진 적격성은 다음의 식(1)으로 구한 최대 간격으로 측면 지진 구속장치를 설치하는 것으로 확립될 수 있다.

$$L_{\max} = (1.94\frac{L_T}{a^{0.25}}) \text{ 와 } [0.0123 L_T(\frac{S_Y}{a})^{0.5}] \text{ 중 작은 값} \tag{1}$$

식에서

a : 파이프에 입력되는 최대 측방향 지진 가속도, g

$L_{\max}$: 측면과 수직 지진 구속장치 간의 허용 최대 배관거리, m

L_T : 배관내 유체가 물인 경우 권장되는 중량 지지 서포트 간의 배관 거리(참고치). m

S_Y : 작동 온도에서의 재료의 항복응력, MPa이다.

수배관으로 $S_Y = 241$ MPa인 강관에 몇 가지 측방향 가속도 a가 작용할 때 측방향 지진 구속장치 간의 최대 배관 거리 $L_{\max}$를 **표** 2에 제시하였다.

지진 구속장치의 내진 적합성은 제조업체 카타록과 표준 지지부품의 경우 참고문헌 4와 참고문헌 5, 강철 부재의 경우 참고문헌 6 또는 참고문헌 7, 콘크리트 앵커볼트의 경우 참고문헌 8과 같은 적용 가능한 설계 방법 및 표준을 기반으로 결정해야 한다.

비 지진 구속장치의 내진 적합성은 지진 후에 기능을 수행할 것으로 예상되는 경우

표 2 측 방향 구속장치 간의 최대 배관거리 $L_{\max}$(m)
(21℃의 물용 배관 기준)

DN	L_T	0.1g	0.3g	1.0g	2.0g	3.0g
25	2.1	7.3	5.5	4.0	3.4	2.7
50	3.0	10.4	7.9	5.8	4.9	4.0
80	3.7	12.5	9.4	7.0	5.8	4.6
100	4.3	14.6	11.3	8.2	6.7	5.5
150	5.2	17.7	13.4	9.8	8.2	6.7
200	5.8	19.8	15.2	11.0	9.1	7.6
300	7.0	24.1	18.3	13.4	11.3	9.1
400	8.2	28.3	21.3	15.8	13.4	10.7
500	9.1	31.4	23.8	17.7	14.6	11.9
600	9.8	33.5	25.6	18.9	15.8	12.8

주 참고문헌 1의 Table B-3.3.1에 의거 ft를 m로 재작성

에도 검증되어야 한다. 예로, 스프링 행어는 지진 발생 후 파이프 중량을 지탱할 필요가 있는 경우 벽을 잡아 당기는 힘이 작용하도록 해서는 안 된다.

측방향 지진 구속장치에 대한 총 지름의 간격은 6.35 mm의 틈이 허용된다. DN 50 이하의 관에 대해서는 6.35 mm보다 큰 틈이, DN 50 이상의 관에 대해서는 최대 50 mm가 허용된다. 틈새 0을 기준으로 지진 하중을 계산할 때에는 충격계수 2를 곱해 주어야 한다. 더 큰 틈 또는 더 작은 충격 계수는 분석 또는 시험결과로 정당화시킬 수 있다.

짧은 로드행어(일반적으로 3 m 미만)는 매달린 배관의 측면 동요를 제한하는 복원력을 제공할 수 있으며, 지진 하중과 움직임을 유지하도록 설계된 경우 지진 구속장치로 간주될 수 있다.

4 분석에 의한 설계

분석에 의한 설계가 **표** 1에 의해 요구되거나 또는 설계자에 의해 2-3의 규칙에 대한 대안으로 적용되는 경우, 설계지진(정적 또는 동적해석에 의한 계산)에 대하여 탄성으로 계산된 길이방향 응력은 식 (2a)~(2c)으로 계산된다.

[임계 배관의 경우]

$$\frac{PD}{4t}+0.75i\frac{M_{sustained}+M_{seismic}}{Z}\leq 1.33S \tag{2a}$$

[비임계 배관의 경우]

$$\frac{PD}{4t}+0.75i\frac{M_{sustained}+M_{seismic}}{Z}\leq \min[3S;\,2S_Y;\,60\text{ksi}] \tag{2b}$$

[임계와 비임계 배관의 경우]

$$\frac{F_{SAM}}{A}\leq S_Y \tag{2c}$$

식에서

A : 관의 단면적, in^2

D : 관의 지름, in.

F_{SAM} : 지진 앵커의 움직임 및 영구 변형으로 인한 합력(인장력 + 전단력), kips

i : 응력 강화계수

$M_{seismic}$: 지진 하중(관성 및 상대 앵커의 움직임 포함)기준, 탄성으로 계산된 합 모멘트의 진폭, in-kips

$M_{sustained}$: 지진 하중과 동시에 작용하는 지속하중 기준, 탄성으로 계산된 합 모멘트 진폭, in-kips

P : 시스템 작동 압력, ksi

S : ASME B31.9에 의한 정상 작동온도에서의 허용응력, ksi

S_Y : 용접부, 브레징 및 솔더링 접합부를 포함한 재료의 지정된 최소 항복응력[6] (SMYS), ksi

t : 관 두께(부식 여유는 감안, 제조 허용오차는 감안하지 않음), in

Z : 배관 단면 계수(부식 여유는 감안, 제조 허용오차는 감안하지 않음), in^3이다.

강화응력계수[7]는 일반적인 역학 공식에 의해 계산된 공칭 응력에 대한 최대 응력강도의 비율로 정의되며, 반복 하중 하에서 배관에 대한 국부 응력의 영향을 설명하기 위한 안전 계수로 사용된다. 배관 구성요소 즉 티, 엘보, 벤드, 아웃렛 및 기타 배관 구성요소에서 응력 집중과 피로 파괴가 발생할 수 있는 곳에 국소적으로 적용하며 그 값은 요소별 형상에 따라 다르나 최소값은 1.0이다

5 대체 설계 방법

여기서 식(2a), (2b) 또는 (2c)를 충족할 수 없는 경우에는 피로, 플라스틱 또는 한계 하중 분석을 포함한 보다 상세한 분석기법을 적용하여 배관 시스템 적합성을 부여할 수 있다.

6 기계적 이음부

임계배관 시스템의 경우 기계적 접합부의 움직임(회전, 변위) 및 하중(힘, 모멘트)은 이

6. SMYS(Specified Minimum Yield Strength)
7. SIF(Stress Intensification Factor)

음쇠 제조업체가 지정한 누설차단을 위한 조임의 한계 이내로 유지되어야 한다.

7 지진 구속장치

지진 구속장치에 가해지는 지진 하중에는 운전 하중이 추가되어야 하며, 구속장치를 콘크리트 구조에 부착하거나 고정하기 위해서는 정적 또는 동적분석에 의해 하중을 계산하여야 한다. 내진 구속장치의 내진 적정성은 제조자 카타록, 적용 가능한 설계 방법 및 표준에 따라 결정한다. 표준 지지재 구성부품의 경우 참고문헌 4와 참고문헌 5, 강 부품의 경우 참고문헌 6 또는 참고문헌 7 및 콘크리트용 앵커 볼트는 참고문헌 8과 같은 표준을 참고한다.

지진 후 기능을 수행할 것으로 예상되는 경우 비 내진 구속장치도 내진 적합성이 검증 되어야 한다. 예로, 스프링 행어가 필요한 경우 고정시켰던 벽체으로부터 떨어져 나오는(pull off) 현상이 발생하지 않도록 해야 한다.

측면 지진 구속장치의 경우, 전체 지름과의 틈새는 8 mm까지 허용된다. 틈새를 0 mm 기준으로 계산한 지진 하중이 적용되는 경우, DN 50 이하의 관에 대한 틈새는 8 mm보다 큰 틈새를, DN 50 이상의 관에 대해서는 50 mm까지의 틈새가 허용된다. 그 하중은 충격계수 2를 곱해서 구해진 것이다. 분석 또는 시험에 의해서 이보다 더 큰 틈새나 더 작은 충격계수를 적용할 수 있다.

로드가 짧은 행어(일반적으로 300mm 미만)는 지지되는 배관의 좌우 흔들림을 제한하는 경향의 복원력을 제공할 수 있으므로, 지진 하중과 움직임을 유지하도록 설계된 경우 내진 구속장치로 간주될 수 있다.

8 장비 및 부품

장비 및 구성부품 노즐 배관에 의해 가해지는 내진 및 동시 하중은 내진 설계 또는 배관 시스템 보강의 일부로 1-3에 명시한 대로 필요한 시스템 기능에 적합하게 검증되어야 한다.

위치 유지를 위해서는 일반적으로 장비 및 부품의 배관 하중으로 파열이 발생하지 않는지 확인하는 것으로 충분하다.

누설 차단에 대해서는 응력이 항복강도 내에서 유지되어야 하며 피로 파열이 발생하지 않아야 한다.

가동성에 대해서는 배관 하중은 상세한 분석, 시험 또는 내진성으로 검증된 장비 또는 구성품과의 유사성에 의해 확립된 가동성 한계 내에서 유지되어야 한다.

9 상호작용

지진 상호작용에 대해 평가되어야 한다. 신뢰할 수 있고 중요한 상호작용은 분석, 테스트 또는 하드웨어 수정을 통해 식별되고 해결되어야 한다.

10 문서

내진 설계 시에는 설계자가 제출할 문서를 명시해야 한다.

11 유지 관리

내진 설계는 지진학적으로 적합한 배관 시스템의 구성을 유지할 책임이 있다.

특히, 배치도, 지지, 구성 요소 또는 기능의 변경과 서비스 중의 재료 저하를 평가하여 시스템의 지속적인 내진 적정성을 검증해야 한다.

참고문헌

1. ASCE 7- Minimum Design Loads and Associated Criteria for Buildings and Other Structures. American Society of Civil Engineers (ASCE)
2. ASME B31.1 Power Piping
3. ASME B31.9 Building Service Piping
4. MSS SP-58 Materials and Design of Pipe Supports
5. MSS SP-69 Pipe Hangers and Supports－Selection and Application
6. Manual of Steel Construction. American Institute of Steel Construction, Inc.(AISC)
7. Specification for the Design of Cold-Formed Steel Structural Members. American Iron and Steel Institute(AISI)
8. ACI 318, Building Code Requirements for Reinforced Concrete. American Concrete Institute (ACI), 38800
9. ICBO AC156, Acceptance Criteria for Seismic Qualification Testing of Nonstructural Components. International Conference of Building Officials
10. MSS SP-127, Bracing for Piping Systems Seismic-Wind-Dynamic Design, Selection, Application

찾아보기

ㄱ

가단주철 199
가이드 388
감압밸브 422, 555
감압밸브에서의 캐비테이션 562
감압밸브의 성능 558
감압형 571
강의 분류 172
강제 플랜지 표준 307
개스킷 308
개스킷 재료 308
건식 밀봉나사 299
게이트 밸브 440
견인력 510
결함부 복구 643
고무링식 이음쇠 355
고유유량 특성 427
고정유량 시스템 575
공압 누설검사 659
공압시험 압력 658
관 34
관단의 막음 592
관용나사 22
관이음쇠의 명칭 257
관이음쇠의 크기 256
관통형 다이어프램 밸브 458
관플랜지의 압력-온도 등급 306
구속장치에 작용하는 하중 609
글로브 밸브 450
글로브 밸브 디스크의 형태 454
길이방향 응력 363

ㄴ

나사별 이음효율 301
나사식 관이음쇠 272
내압관 이음 299
내압설계 588, 594
내장형 조절밸브 491
너트 마킹 127
너트 표준 321
누설 시험 656
누설 허용기준 420
누설량 420
누설비율 406
니플 262

ㄷ

다이어프램 밸브 455
다이어프램식 액츄에이터 512
동결방지밸브 575
동관 208
동관의 상용압력 153

동관의 표준 210
동관이음쇠의 표준 284
동합금관 208
듀플렉스 스테인리스강 189

ㄹ

랙-피니언식 액츄에이터 517
레스트레인 387
루트간격 625
루프의 치수 371
리니어특성 428
릴리프밸브 유량보정 534
릴리프밸브의 표준 유효 방출면적 538

ㅁ

마르텐사이트계 스테인리스강 187
망상 스크린 487
맞대기 용접식 관이음쇠 280
메카니칼(그랜드형) 조인트 352
메트릭계열 너트 326
메트릭계열 볼트 314
물이 재공급되는 시스템 573
미지근한 물 553
미터 이음쇠의 두께 590
미터조인트 35
밀봉재 297

ㅂ

반지름방향 응력 361
배관 7
배관의 지지 382
배관의 지지 간격 391
배관재료 그룹 92
배수관이음쇠 274
배킹링 35
백주철 199
백킹링 624
밸런싱 밸브 567
밸런싱밸브의 성능 564
밸브 시트 406
밸브 재료그룹 105
밸브 크기 401
밸브에 대한 표식 597
밸브의 기능 398
밸브의 위력 431
버터플라이 밸브 478
벤드의 두께 590
벨과 스피곳 조인트 349
벨로우즈형 익스펜션조인트 377
변위의 허용 610
보호관 597
복식첵밸브형 569
볼 조인트 376
볼-소켓 조인트 351
볼밸브 466
볼밸브의 포트별 지름 468
볼콘 첵밸브 463
볼트 재료 115
볼트 조임 317
볼트의 표준 312
부착물의 최대하중 613
불소플라스틱 파이프 248
브레이스 389
브레이즈 36, 340
브레이징 36, 341
브레이징 필러메탈 341, 343
비철금속 126

ㅅ

상수피치 28
상용압력 20
서포트 386
서포트에 작용하는 하중 609
선형동작 밸브 398

성능표준 60
세이프티 릴리프밸브 522
세이프티 샤워 551
셀분류 시스템 221
소켓용접식 관이음쇠 279
솔더링 345
솔더링 관이음쇠 284
솔더링 접합부의 치수 285
솔더메탈 347
솔벤트 시멘트 이음 292
수압시험 압력 654
순동작과 역동작 514
쉘(shell) 누설시험 418
스립 조인트 375
스웨지니플 263
스크린 486
스텁엔드 262
스테인리스강관의 표준 193
스테인리스강의 분류 186
스톱 첵밸브 464
스트럿 390
스트레이너 484
신축량 363
쐐기형 디스크 444
씰용접 629

ㅇ

아웃렛 이음쇠 266
압력 바인딩 449
압력 시험 655
압력 회복계수 414
압력강하 416
액츄에이터 507
액츄에이터의 종류별 특성 513
앵커 387
어댑터 265
에어 릴리프밸브 532
엘라스토머씰 293
역류방지밸브 568
연성주철 199
열 바인딩 449
열가소성 플라스틱 102
열경화성 플라스틱 103
열융착 293
예열 626
오리피스 411
오스테나이트계 스테인리스강 188
온도-압력 등급 19
와셔 329
와셔의 표준 329
외기 온도감지식 동결방지밸브 574
요크 410
용접 334
용접강관 174
용접결함의 수리 631
용접단부의 베벨각 622
위어형 다이어프램 밸브 457
유니온 264
유량계수 41, 504
유연성 분석 605
유체 온도감지식 동결방지밸브 574
응력 해석 367
이그재머네이션 649
이렉션 32
이음 효율 계수 587
이음부에 대한 허용압력 637
이퀄퍼센테이지 특성 429
익스펜션조인트 373
익스펜션조인트 선정 379
인스펙션 649
인치계열 너트 321
인치계열 볼트 313, 314

ㅈ

자력식 조절밸브 501

잔류압축력 311
점검용 시험 662
정격압력 19
정수압 설계응력 154
정수압 시험 659
정지밸브 400, 439
제한급 147
제한응력 583
조절밸브 400
조절밸브의 구분 492
조절밸브의 기능 492
조절밸브의 누설등급 421
조절밸브의 종류 491
주철관 198
주철관 표준 201
주철제 관이음쇠 271
주철제 플랜지 306
중탄소강 173
지관 연결부에 대한 강도 592
지관용접 631
지지 간격 611
지지관련 코드 383
진공 릴리프밸브 529

ㅊ

천공 스크린 487
철강제 관이음쇠 277
첵밸브 458
초기 압축력 309
측면티 282
치수표준 59

ㅋ

캐비테이션 32, 433
캐비테이션 지수 433, 562
커플링 262
케이지 426
코드 32, 51
코드의 예열 조건 627
콜드스프링 372, 607
콜드스프링 설치방법 607
퀵오프닝특성 428
크로스 260
클래스 18, 131

ㅌ

타력식 조절밸브 496
타이튼 조인트 350
탄소강 172
테스팅 656
튜브 9
특수급 145

ㅍ

파이프 9
페라이트계 스테인리스강 186
페일-세이프 시스템 508
편심 버터플라이 밸브 481
포지셔너 521
포트 42, 422
표준 30, 51
표준 포트 42
표준급 144
표준체결량 299
표준형 관이음쇠 257
풀 포트 42
프레셔 릴리프밸브 523
프레셔 세이프티밸브 523
플라스틱 102
플라스틱 관의 표준 228
플라스틱 관이음쇠의 표준 289
플라스틱 파이프 이음 291
플라스틱의 분류 219
플래어 이음 354

플랜지 접촉면의 형식 303
플랜지식 관이음쇠 276
플랜지의 종류 302
플럭 422
플럭 밸브 474
피복금속 아크용접 335
피복제 334
피스톤식 액츄에이터 516
피팅 255
필릿 용접 339

ㅎ

합성수지 102
행어 383
허용오차 586
허용응력 583
호칭지름 10
홈 용접 337
회전동작 밸브 398
회주철 199

A

A106 183
A135 184
A182 151, 161, 163
A193 116
A21.51/C151 202
A216 92
A312 193
A320 119
A350 95
A351 161, 163
A358 193
A53 180
ABS 파이프 247
ANSI 64
ASME 65
ASTM 65

B

B302 212
B31 56
B36.10 175
B36.19 190
B42 212
B43 212
BPVC 53

C

CCW 508
CF8 98
CF8M 98
CPVC 파이프 234
CW 508
CWP 39

D

D1785 230
D2241 230
DC 569
DCDA 569
DCF 569
DN 11
DR 239

F

FAI 509
fall-off 560
FFWR 298
FRP 103
FRP 파이프 250

I

IEC 63
ISO 62

K

KS 63

L

L벤드 367

N

NPS 11
NPT 22
NRS 40, 447

O

O'let 266, 269
OS&Y 41, 448

P

PB 파이프 245
PE 파이프 236
PEX 파이프 245
PE의 셀분류 225
PN 18
PP 파이프 246
PVC 파이프 228
P번호 87

R

RP 569
RPDA 569
RPF 569
RS 41, 447
RTR 103

S

SchNo 14
SDR 36, 230
SIDR 37, 242
SMAW 335

T

T-P 릴리프밸브 528
TFFT 298

U

UNS 번호 89

V

VRV 530

W

WOG 38

Z

Z벤드 369

저자와
협의에
의해 인지를
생략함

배관공학 개정판

초판 1쇄 발행 | 2021년 1월 10일
개정판 1쇄 발행 | 2025년 8월 25일

지은이 | 김영호
펴낸이 | 조승식
펴낸곳 | (주)도서출판 북스힐

등 록 | 1998년 7월 28일 제22-457호
주 소 | 서울시 강북구 한천로 153길 17
전 화 | (02) 994-0071
팩 스 | (02) 994-0073

홈페이지 | www.bookshill.com
이메일 | bookshill@bookshill.com

정가 33,000원

ISBN 979-11-5971-709-3

Published by bookshill, Inc. Printed in Korea.